에너지아카데미의

에너지관리산업기사

필기 핵심이론 + 9개년 기출

이어진 지음

 (주)도서출판 **성안당**

■ 도서 A/S 안내

저자 문의 e-mail : chghdfus@naver.com(이어진)

본서 기획자 e-mail : coh@cyber.co.kr(최옥현)

홈페이지 : http://www.cyber.co.kr   전화 : 031) 950-6300

이 책은 우리나라 젊은이들의 미래를 등불처럼 밝혀줄 옥동자이다!

에너지관리산업기사 자격증 취득을 준비하는 수험생들에게 가장 큰 바람이 있다면 그것은 자신이 공부하고자 하는 내용을 단시간 내에 체계적으로 이해하고 드디어는 합격의 영광을 안고자 함일 것이다. 이에 저자는 그러한 절박한 요구에 부응하여 다소 기초가 부족한 수험생일지라도 본 교재로 최소 2번만 반복 학습한다면 충분히 만족할 만한 결과를 얻을 수 있도록 꾸며 놓았다고 자부한다.

본서의 특징은 다음과 같다.

첫째, 전공지식에 대한 이해 능력이 부족한 수험생들을 위하여 필수 내용들을 쉽게 요약 정리해 두었고,

둘째, 소수점과 자릿수 표시의 시각적 불편함을 해소하기 위하여 자릿수 표현의 기호를 가급적 삭제함으로써 편리를 도모하였으며,

셋째, 최근 과년도 기출문제 모두를 상세히 해설함으로써 수험생들로 하여금 더 이상의 불필요한 시간 낭비를 가급적 최소화하였고,

넷째, 본 교재에 공식 표현의 기호와 단위를 충실하게 전개하여 기초 지식의 고양 및 과년도 문제의 응용·변형된 문제가 출제되더라도 쉽게 풀 수 있도록 적용력 향상에 초점을 두었으며,

다섯째, 저자가 직접 연구·개발·적용한 암기법의 공부 방식을 적극 활용하여 정답에 한결 쉽게 접근하도록 하였고,

여섯째, 최근 들어 각광을 받고 있는 에너지 관련 기타 자격증으로까지 연계시켜 학습이 가능하도록 꾸며 놓았다.

흔히들 우리의 삶이나 시험을 엉킨 실타래 또는 매듭풀기에 비유하곤 한다. 그것은 인간의 삶이나 시험이 그만큼 쉬운 일이 아님을, 그리하여 각고의 노력과 뜨거운 열정이 뒷받침되지 않으면 성취하기 쉽지 않음을 각인시키고자 함이 아니었을까? 경험에 의하면 엉킨 실타래는 고사하고 그 어느 매듭 하나도 쉽게 풀리는 것은 없었다. 이에 저자는 수험생 여러분들이 보다 수월하게 매듭을 풀어갈 수 있도록 오랫동안 고민해 보았다. 그리고 마지막 탈고를 하며 비로소 웃을 수 있었다. 반드시 도움을 줄 수 있으리라는 확신 때문이었다.

본 수험서를 마련하며 에너지관리산업기사를 준비하는 수험생 여러분의 성공과 건투를 빈다. 혹여 출판과정에서 발생할 수 있는 오·탈자 및 오류가 발견될 경우 인터넷 카페로 연락을 주시면 수정·보완해 나갈 것이다. 아울러 질문 사항이 있다면 성의를 다해 답변드릴 것임을 약속하며 이후로도 보다 알찬 수험 교재가 되도록 노력을 아끼지 않을 것임을 밝혀 드리는 바이다.

끝으로, 편집의 책임을 다해 준 성안당 출판사 관계자분들께 감사드리며, 이 책에 대한 모든 영광을 우리 가족을 비롯하여 보살핌을 아끼지 않으셨던 부모님과 이웃들께 바칩니다.

에너지아카데미 저자 **이어진**

1 기본 정보

(1) 개요

열에너지는 가정의 연료에서부터 산업용에 이르기까지 그 용도가 다양하다. 이러한 열사용처에 있어서 연료 및 이를 열원으로 하는 열의 유효한 이용을 소모하고 연료사용기구의 품질을 향상시킴으로써 연료자원의 보전과 기업의 합리화에 기여할 인력을 양성하기 위해 자격제도를 제정하였다.

(2) 수행직무

① 각종 산업기계, 공장, 사무실, 아파트 등에 동력이나 난방을 위한 열을 공급하기 위하여 보일러 및 관련장비를 효율적으로 운전할 수 있도록 지도, 안전관리를 위한 점검, 보수업무를 수행한다.

② 유류용 보일러, 가스보일러, 연탄보일러 등 각종 보일러 및 열사용 기자재의 제작, 설치 시 효율적인 열설비류를 위한 시공, 감독하고, 보일러의 작동상태, 배관상태 등을 점검하는 업무를 수행한다.

(3) 진로 및 전망

① 사무용 빌딩, 아파트, 호텔 및 생산공장 등 열설비류를 취급하는 모든 기관과 보일러 검사 및 품질관리부서, 소형공장에서 대형공장까지 보일러 담당부서, 보일러 생산업체, 보일러 설비업체 등으로 진출할 수 있다.

② 열관리기사의 고용은 현수준을 유지하거나 다소 증가할 전망이다. 인력수요가 주로 가을과 겨울철에 편중되고 있으며, 열설비류 중 도시가스 및 천연가스 사용의 증대, 여타 유사자격증과의 업무중복 등 감소요인이 있으나, 에너지의 효율적 이용과 절약에 대한 필요성이 증대되고 에너지 낭비 규모가 미국, 일본 등 선진국에 비해 높은 수준이어서 상대적으로 열관리기사의 역할이 증대되었다. 또한 건설경기회복에 따른 열설비류의 설치대수 증가 등으로 고용은 다소 증가할 전망이지만 보일러 구조의 복잡화, 대규모화, 연료의 다양화, 자동제어 등으로 급격히 변화하고 있어 이에 수반하는 관리, 가스, 냉방 및 공기조화 관련 자격증의 추가 취득이 업무에 도움이 된다.

(4) 연도별 검정현황

연도	필기			실기		
	응시(명)	합격(명)	합격률(%)	응시(명)	합격(명)	합격률(%)
2023	4,226	1,306	30.9	2,126	683	32.1
2022	4,313	1,371	31.8	2,142	892	41.6
2021	3,349	1,163	34.7	1,373	540	39.3
2020	1,685	540	32	755	357	47.3
2019	1,582	483	30.5	644	269	41.8
2018	1,190	357	30	531	228	42.9

2 시험 정보

(1) 시험 수수료

① 필기 : 19,400원

② 실기 : 121,200원

(2) 출제경향 및 출제기준

① 필기시험의 내용은 출제기준(표)를 참고바람.

② 실기시험은 복합형으로 시행되며, 출제기준(표)를 참고바람.

(3) 취득방법

① 시행처 : 한국산업인력공단

② 관련학과 : 전문대학 및 대학의 기계공학 및 화학공학 관련학과

③ 시험과목

- 필기 : 1. 열 및 연소설비　　2. 열설비 설치
　　　　3. 열설비 운전　　　4. 열설비 안전관리 및 검사기준
- 실기 : 열설비 취급 실무

④ 검정방법

- 필기 : 객관식 4지 택일형, 과목당 20문항(과목당 20분, 총 1시간 20분)
- 실기 : 복합형(필답형(1시간 30분, 60점)＋작업형(종합응용배관작업)(3시간 정도, 40점))

⑤ 합격기준

- 필기 : 100점을 만점으로 하여 과목당 40점 이상, 전 과목 평균 60점 이상
- 실기 : 100점을 만점으로 하여 60점 이상

(4) 시험 일정

회 별	필기시험 원서접수 (인터넷)	필기시험	필기시험 합격예정자 발표	실기시험 원서접수 (인터넷)	실기(면접)시험	합격자 발표
제1회	1월 말	2월 중	3월 중	3월 말	4월 말	6월 중
제2회	4월 중	5월 말	6월 초	6월 말	7월 말	9월 초
제3회	6월 중	7월 초	8월 초	9월 중	10월 중	12월 중

[비고]

1. 원서접수 시간 : 원서접수 첫날 10시~마지막 날 18시까지입니다.
   (가끔 마지막 날 밤 12 : 00까지로 알고 접수를 놓치는 경우도 있으니 주의하기 바람!)
2. 필기시험 합격예정자 및 최종합격자 발표시간은 해당 발표일 9시입니다.
3. 시험 일정은 종목별, 지역별로 상이할 수 있습니다.
4. 자세한 시험 일정은 Q-net 홈페이지(www.q-net.or.kr)를 참고하시기 바랍니다.

③ 시험 접수에서 자격증 수령까지 안내

☑ **원서접수 안내 및 유의사항입니다.**

- 원서접수 확인 및 수험표 출력기간은 접수당일부터 시험시행일까지 출력 가능(이외 기간은 조회불가)합니다. 또한 출력장애 등을 대비하여 사전에 출력 보관하시기 바랍니다.
- 원서접수는 온라인(인터넷, 모바일앱)에서만 가능합니다.
- 스마트폰, 태블릿 PC 사용자는 모바일앱 프로그램을 설치한 후 접수 및 취소/환불 서비스를 이용하시기 바랍니다.

STEP 01	STEP 02	STEP 03	STEP 04
필기시험 원서접수	필기시험 응시	필기시험 합격자 확인	실기시험 원서접수

- 필기시험은 온라인 접수만 가능(지역에 상관없이 원하는 시험장 선택 가능)
- Q-net(www.q-net.or.kr) 사이트 회원 가입
- 응시자격 자가진단 확인 후 원서 접수 진행
- 반명함 사진 등록 필요 (6개월 이내 촬영본 / 3.5cm×4.5cm)

- 입실시간 미준수 시 시험 응시 불가 (시험시작 20분 전에 입실 완료)
- 수험표, 신분증, 계산기 지참 (공학용 계산기 지참 시 반드시 포맷)
- 2020년 4회 시험부터 CBT 시행

- CBT로 시행되므로 시험종료 즉시 합격여부 확인 가능
- Q-net(www.q-net.or.kr) 사이트 및 ARS (1666-0100)를 통해서 확인 가능

- Q-net(www.q-net.or.kr) 사이트에서 원서 접수
- 응시자격서류 제출 후 심사에 합격 처리된 사람에 한하여 원서 접수 가능 (응시자격서류 미제출 시 필기시험 합격예정 무효)

〈에너지관리산업기사 작업형 실기시험 기본 정보〉

안전등급(safety Level) : 3등급

위험	경고 ▼	주의	관심

시험장소 구분	실내
주요 시설 및 장비	용접기, 동력나사절삭기
보호구	안전화, 보안경 등

* 보호구(작업복 등) 착용, 정리정돈 상태, 안전사항 등이 채점 대상이 될 수 있습니다.
  반드시 수험자 지참공구 목록을 확인하여 주시기 바랍니다.

STEP 05	**STEP 06**	**STEP 07**	**STEP 08**
실기시험 응시	실기시험 합격자 확인	자격증 교부 신청	자격증 수령

- 수험표, 신분증, 필기구, 공학용 계산기, 종목별 수험자 준비물 지참
  (공학용 계산기는 허용된 종류에 한하여 사용 가능하며, 수험자 지참 준비물은 실기시험 접수기간에 확인 가능)

- 문자 메시지, SNS 메신저를 통해 합격 통보
  (합격자만 통보)
- Q-net(www.q-net.or.kr) 사이트 및 ARS (1666-0100)를 통해서 확인 가능

- 상장형 자격증, 수첩형 자격증 형식 신청 가능
- Q-net(www.q-net.or.kr) 사이트를 통해 신청

- 상장형 자격증은 합격자 발표 당일부터 인터넷으로 발급 가능
  (직접 출력하여 사용)
- 수첩형 자격증은 인터넷 신청 후 우편수령만 가능
  (수수료 : 3,100원 / 배송비 : 3,010원)

※ 자세한 사항은 Q-net 홈페이지(www.q-net.or.kr)를 참고하시기 바랍니다.

① CBT란

Computer Based Test의 약자로, 컴퓨터 기반 시험을 의미한다.

정보기기운용기능사, 정보처리기능사, 굴삭기운전기능사, 지게차운전기능사, 제과기능사, 제빵기능사, 한식조리기능사, 양식조리기능사, 일식조리기능사, 중식조리기능사, 미용사(일반), 미용사(피부) 등 12종목은 이미 오래 전부터 CBT 시험을 시행하고 있으며, 이외의 기능사는 2016년 5회부터, 에너지관리산업기사 등 산업기사는 2020년 마지막 시험부터 시행되었고, 모든 기사는 2022년 마지막 시험부터 CBT 시험이 시행되었다.

② CBT 시험 과정

한국산업인력공단에서 운영하는 홈페이지 큐넷(Q-net)에서는 누구나 쉽게 CBT 시험을 볼 수 있도록 실제 자격시험 환경과 동일하게 구성한 가상 웹 체험 서비스를 제공하고 있으며, 그 과정을 요약한 내용은 아래와 같다.

(1) 시험시작 전 신분 확인절차

수험자가 자신에게 배정된 좌석에 앉아 있으면 신분 확인절차가 진행된다.

이것은 시험장 감독위원이 컴퓨터에 나온 수험자 정보와 신분증이 일치하는지를 확인하는 단계이다.

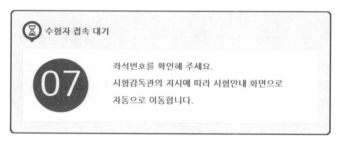

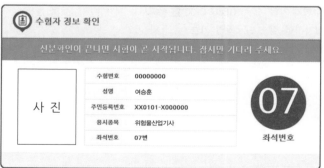

(2) CBT 시험안내 진행

신분 확인이 끝난 후 시험시작 전 CBT 시험안내가 진행된다.

> 안내사항 > 유의사항 > 메뉴 설명 > 문제풀이 연습 > 시험준비 완료

① 시험 [안내사항]을 확인한다.
- 시험은 총 5문제로 구성되어 있으며, 5분간 진행된다.
  ※ 자격종목별로 시험문제 수와 시험시간은 다를 수 있다.
  (에너지관리산업기사 필기-80문제/1시간 20분)
- 시험도중 수험자 PC 장애 발생 시 손을 들어 시험감독관에게 알리면 긴급장애조치 또는 자리이동을 할 수 있다.
- 시험이 끝나면 합격여부를 바로 확인할 수 있다.

② 시험 [유의사항]을 확인한다.
시험 중 금지되는 행위 및 저작권 보호에 관한 유의사항이 제시된다.

③ 문제풀이 [메뉴 설명]을 확인한다.
문제풀이 기능 설명을 유의해서 읽고 기능을 숙지해야 한다.

④ 자격검정 CBT [문제풀이 연습]을 진행한다.
실제 시험과 동일한 방식의 문제풀이 연습을 통해 CBT 시험을 준비한다.
- CBT 시험 문제화면의 기본 글자크기는 150%이다. 글자가 크거나 작을 경우 크기를 변경할 수 있다.
- 화면배치는 1단 배치가 기본 설정이다. 더 많은 문제를 볼 수 있는 2단 배치와 한 문제씩 보기 설정이 가능하다.

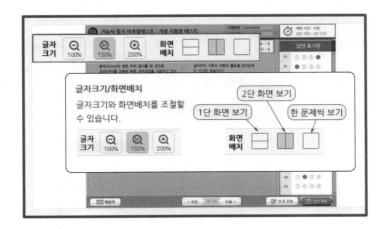

• 답안은 문제의 보기번호를 클릭하거나 답안표기 칸의 번호를 클릭하여 입력할 수 있다.
• 입력된 답안은 문제화면 또는 답안표기 칸의 보기번호를 클릭하여 변경할 수 있다.

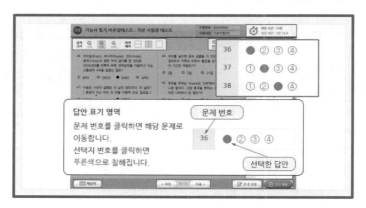

• 페이지 이동은 아래의 페이지 이동 버튼 또는 답안표기 칸의 문제번호를 클릭하여 이동할 수 있다.

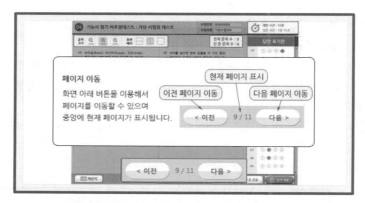

• 응시종목에 계산문제가 있을 경우 좌측 하단의 계산기 기능을 이용할 수 있다.

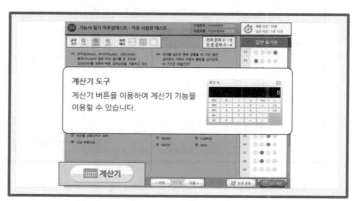

• 안 푼 문제 확인은 답안 표기란 좌측에 안 푼 문제 수를 확인하거나 답안 표기란 하단 [안 푼 문제] 버튼을 클릭하여 확인할 수 있다. 안 푼 문제번호 보기 팝업창에 안 푼 문제번호가 표시된다. 번호를 클릭하면 해당 문제로 이동한다.

• 시험문제를 다 푼 후 답안 제출을 하거나 시험시간이 모두 경과되었을 경우 시험이 종료되며 시험결과를 바로 확인할 수 있다.
• [답안 제출] 버튼을 클릭하면 답안 제출 승인 알림창이 나온다. 시험을 마치려면 [예] 버튼을 클릭하고 시험을 계속 진행하려면 [아니오] 버튼을 클릭하면 된다. 답안 제출은 실수 방지를 위해 두 번의 확인 과정을 거친다. 이상이 없으면 [예] 버튼을 한 번 더 클릭하면 된다.

⑤ [시험준비 완료]를 한다.
　시험 안내사항 및 문제풀이 연습까지 모두 마친 수험자는 [시험준비 완료] 버튼을 클릭한 후 잠시 대기한다.

(3) CBT 시험 시행

(4) 답안 제출 및 합격 여부 확인

필기

- 적용기간 : 2023. 1. 1. ~2025. 12. 31.
- 문제 수 : 80문제 (객관식)
- 시험시간 : 1시간 20분
- 직무내용 : 에너지 관련 열설비에 대한 구조 및 원리를 이해하고, 에너지 관련 설비를 시공, 보수·점검, 운영 관리하는 직무이다.

필기 과목명	주요항목	세부항목	세세항목
열 및 연소설비	1. 열의 기초	(1) 상태량 및 단위	① 온도 ② 비체적, 비중량, 밀도 ③ 압력 ④ 단위계
		(2) 열역학 법칙	① 일과 열 ② 내부에너지 ③ 엔탈피 ④ 엔트로피 ⑤ 유효 및 무효 에너지 ⑥ 열역학 법칙
		(3) 이상기체	① 상태방정식 ② 상태변화
		(4) 증기설비 관리	① 증기의 특성 ② 증기선도 ③ 증기사이클
		(5) 열전달	① 전도, 대류, 복사 ② 전열량 ③ 열관류
	2. 보일러 연소설비 관리	(1) 연소 일반	① 연료의 종류 및 특성 ② 공기량 및 공기비 ③ 연소가스량 ④ 발열량 ⑤ 연소온도 ⑥ 연소효율
		(2) 연료공급설비 관리	① 연료공급설비의 특징 ② 연료공급설비의 점검 ③ 화재 및 폭발
		(3) 연소장치 관리	① 연소장치의 종류 및 특징 ② 연소장치의 점검
		(4) 통풍장치 관리	① 통풍장치의 종류 및 특징 ② 통풍장치의 점검

필기 과목명	주요항목	세부항목	세세항목
	3. 보일러 에너지 관리	(1) 에너지원별 특성 파악	① 에너지원의 종류 및 특성 ② 에너지원의 저장, 공급, 연소 방식
		(2) 에너지효율 관리	① 에너지 사용량 ② 열정산
		(3) 에너지 원단위 관리	① 에너지 원단위 산출 ② 에너지 원단위 비교 분석
	4. 냉동설비 운영	(1) 냉동기 관리	① 냉매의 구비조건 및 종류 ② 냉동능력, 냉동률, 성능계수 ③ 냉동기의 종류 및 특징
열설비 설치	1. 요로	(1) 요로의 개요	① 요로 일반 ② 요로 내의 분위기 및 가스의 흐름
		(2) 요로의 종류 및 특성	① 철강용로의 구조 및 특징 ② 제강로의 구조 및 특징 ③ 주물용해로의 구조 및 특징 ④ 금속가열 열처리로의 구조 및 특징 ⑤ 기타 요로 ⑥ 축로의 방법 및 특징 ⑦ 노재의 종류 및 특징
	2. 보일러 배관설비 (보일러 배관설비 설치, 보일러 배관설비 관리)	(1) 배관도면 파악	① 열원 흐름도 ② 배관도면의 도시기호 ③ 배관 이음
		(2) 배관재료 준비	① 배관재료의 종류 및 용도
		(3) 배관상태 점검	① 배관의 부속기기 및 용도 ② 배관 방식 ③ 배관 장애 및 점검
		(4) 보온상태 점검	① 보온 · 단열재의 종류 및 특성 ② 보온 · 단열효과 ③ 보온상태 점검
	3. 보일러 부속설비 (보일러 부속설비 설치, 보일러 부속장치 관리)	(1) 보일러 급수장치 설치	① 급수장치의 원리 ② 분출장치
		(2) 보일러 환경설비	① 보일러 환경설비의 종류 및 특징 ② 대기오염방지 장치 ③ 슈트블로우 등
		(3) 열회수장치	① 열회수장치의 종류 및 특징 ② 열회수장치 점검

필기 과목명	주요항목	세부항목	세세항목
		(4) 계측기기	① 계측의 원리 ② 유체 측정(압력, 유량, 액면, 가스) ③ 온도 및 열량 측정 ④ 계측기기 유지관리 ⑤ 계측기기 점검
	4. 보일러 부대설비 (보일러 부대설비 설치, 보일러 부대설비 관리)	(1) 증기설비	① 증기설비의 종류 및 특징 ② 증기밸브 ③ 응축수 회수장치
		(2) 급수 · 급탕설비	① 급수 · 급탕설비의 종류 및 특징 ② 급수 · 급탕설비의 점검
		(3) 압력용기	① 압력용기의 종류 및 특징 ② 압력용기의 점검
		(4) 열교환장치	① 열교환장치의 종류 및 특징 ② 열교환장치의 점검
		(5) 펌프	① 펌프의 종류 및 특징 ② 펌프의 점검
		(6) 온수설비	① 온수설비의 종류 및 특징 ② 온수설비의 점검
열설비 운전	1. 보일러 설비운영	(1) 보일러 관리	① 보일러의 종류 및 특징 ② 보일러의 본체 및 연소장치, 부속장치 ③ 보일러 열효율 ④ 급탕탱크 관리 ⑤ 보일러의 장애
		(2) 보일러 고장 시 조치	① 수위이상 점검 ② 불착화 점검 ③ 전동기과부하 점검 ④ 과열정지 점검 ⑤ 비상정지
	2. 보일러 운전	(1) 보일러운전 준비	① 보일러 및 부속 · 부대설비 가동 전 점검
		(2) 보일러 운전	① 보일러의 운전 중 점검 ② 부속장치 정상작동 확인 ③ 연소상태 확인 ④ 계측기상태 확인 ⑤ 고장원인 파악 ⑥ 보일러의 운전 후 점검 ⑦ 휴지 시 보존관리
		(3) 흡수식 냉온수기 운전	① 정상운전 확인 ② 고장원인 파악

필기 과목명	주요항목	세부항목	세세항목
	3. 보일러 수질 관리	(1) 수처리설비 운영	① 급수의 성분 및 성질 ② 수처리설비의 기능 ③ 수처리설비의 자동제어
		(2) 보일러수 관리	① 보일러수 관리 ② 수질관리 기준
	4. 보일러 자동제어 관리	(1) 도면 파악	① 설계도면 도시기호 ② 자동제어시스템의 계통도 ③ 자동제어 입출력 관제점
		(2) 자동제어기기 점검	① 자동제어기기의 동작 특징 ② 자동제어기기의 고장 원인
		(3) 제어설비상태 점검	① 자동제어 정상상태 값 ② 검출기의 정상작동 점검
		(4) 자동제어 운용관리	① 자동제어설비 운용관리 항목 ② 자동제어설비 프로그램 운용
열설비 안전관리 및 검사기준	1. 보일러 안전관리	(1) 법정 안전검사	① 안전관련 법규 ② 검사대상기기와 검사항목 ③ 설치검사, 안전검사, 성능검사
		(2) 보수공사 안전관리	① 안전사고의 종류 및 대처 ② 안전관리 교육 ③ 안전사고 예방 ④ 작업 및 공구 취급 시의 안전
	2. 보일러 안전장치 정비	(1) 안전장치 정비	① 안전장치의 종류 및 특징 ② 안전장치 점검
	3. 에너지관계법규	(1) 에너지법	① 법, 시행령, 시행규칙
		(2) 에너지이용합리화법	① 법, 시행령, 시행규칙
		(3) 열사용기자재의 검사 및 검사면제에 관한 기준	① 특정열사용기자재 ② 검사대상기기의 검사 등
		(4) 보일러 설치시공 및 검사 기준	① 보일러 설치시공 기준 ② 보일러 계속사용 검사기준 ③ 보일러 개조 검사기준 ④ 보일러 설치장소변경 검사기준

실기

- **적용기간** : 2023.1.1.~2025.12.31.
- **시험시간** : 복합형 4시간 30분 정도(필답형 1시간 30분＋작업형 3시간 정도)
- **직무내용** : 에너지 관련 열설비에 대한 구조 및 원리를 이해하고, 에너지 관련 설비를 시공, 보수ㆍ점검, 운영 관리하는 직무이다.
- **수행준거** : 1. 보일러의 연소설비를 파악함으로써 에너지의 효율적 이용과 대기오염 예방, 보일러의 안전연소를 관리할 수 있다.
  2. 에너지원별 특성을 파악하여 보일러 및 관련 설비를 효율적으로 관리할 수 있다.
  3. 보일러 및 흡수식 냉온수기 등과 관련된 설비를 안전하고 효율적으로 운전할 수 있다.
  4. 보일러 및 관련 설비 취급 시 발생할 수 있는 안전사고를 사전에 예방할 수 있다.
  5. 보일러의 스케일 및 부식 등을 방지하기 위하여 보일러수와 수처리 설비를 관리할 수 있다.
  6. 보일러 설비의 효율적인 운영을 위하여 유체를 이송하는 배관설비를 설계도서에 따라 설치할 수 있다.
  7. 보일러 운전 중에 발생할 수 있는 안전사고를 예방하기 위하여 안전장치를 정비할 수 있다.
  8. 보일러 부속설비(수처리설비, 환경시설, 열회수장치 및 계측기기 등)를 설계도서에 따라 설치할 수 있다.
  9. 보일러 부대설비(증기설비, 급탕설비, 압력용기, 열교환장치, 펌프 등)를 설계도서에 따라 설치할 수 있다.
  10. 보일러 및 부속장치를 효율적으로 운영 관리할 수 있다.
  11. 냉동기 및 부속장치를 효율적으로 운영 관리할 수 있다.

실기 과목명	주요항목	세부항목
열설비 취급 실무	1. 보일러 연소설비 관리	(1) 연료공급설비 관리하기
		(2) 연소장치 관리하기
		(3) 통풍장치 관리하기
	2. 보일러 에너지 관리	(1) 에너지원별 특성 파악하기
		(2) 에너지효율 관리하기
		(3) 에너지 원단위 관리하기
	3. 보일러 운전	(1) 설비 파악하기
		(2) 보일러 운전 준비하기
		(3) 보일러 운전하기
		(4) 흡수식 냉온수기 운전하기

실기 과목명	주요항목	세부항목
	4. 보일러 안전관리	(1) 법정 안전검사하기
		(2) 보수공사 안전관리하기
	5. 보일러 수질 관리	(1) 수처리설비 운영하기
		(2) 보일러수 관리하기
	6. 보일러 배관설비 설치	(1) 배관도면 파악하기
		(2) 배관재료 준비하기
	7. 보일러 안전장치 정비	(1) 보일러 본체 안전장치 정비하기
		(2) 연소설비 안전장치 정비하기
		(3) 소형 온수보일러 안전장치 정비하기
	8. 보일러 부속설비 설치	(1) 보일러 수처리설비 설치하기
		(2) 보일러 급수장치 설치하기
		(3) 보일러 환경설비 설치하기
		(4) 보일러 열회수장치 설치하기
		(5) 보일러 계측기기 설치하기
	9. 보일러 부대설비 설치	(1) 증기설비 설치하기
		(2) 급탕설비 설치하기
		(3) 압력용기 설치하기
		(4) 열교환장치 설치하기
		(5) 펌프 설치하기
	10. 보일러 설비운영	(1) 보일러 관리하기
		(2) 급탕탱크 관리하기
		(3) 증기설비 관리하기
		(4) 부속장비 점검하기
		(5) 보일러 운전 전 점검하기
		(6) 보일러 운전 중 점검하기
		(7) 보일러 운전 후 점검하기
		(8) 보일러 고장 시 조치하기
	11. 냉동설비 운영	(1) 냉동기 관리하기
		(2) 냉동기·부속장치 점검하기
		(3) 냉각탑 점검하기

차례

제1과목 　　　　　　　열 및 연소설비

제2과목 　　　　　　　　열설비 설치

제3과목 　　　　　　　　열설비 운전

제4과목 　열설비 안전관리 및 검사기준

9개년 　에너지관리산업기사 필기 출제문제

[수험자 유의사항]

♣ 필기시험 유의사항

1. 시험시간은 휴식시간 없이 4과목×20분씩=1시간 20분(총 80분)으로 문제 수는 총 80문항으로 구성되어 있습니다.
2. 문제 형태는 객관식 4지(①, ②, ③, ④) 선다형 중 정답을 택일하여 클릭하는 것으로 구성되어 있습니다.
3. 시험의 진행과정
   ① 정감독 위원(1명), 부감독 위원(1명)이 시험당일 지정된 시각에 컴퓨터가 설치된 고사실에 입회합니다.
   ② 산업인력공단 주관의 좌석 지정은 감독자로부터 칠판에 부착된 좌석표 대로 각자 지정된 좌석번호를 찾아가서 착석하게 됩니다. 다만, 좌석의 변경은 불가하며 감독자 임의대로 좌석을 이동시키는 처사 또한 잘못된 것이므로 현장에서 즉각 이의제기를 신청하셔도 됩니다.
   ③ 지정된 좌석의 컴퓨터 모니터 전원 및 화면이 정상인가를 각자 확인합니다.
   ④ 시험에 관한 주의사항 전달 및 신분증에 부착된 사진과 본인 대조확인을 합니다.
   ⑤ 감독자로부터 계산에 필요한 연습지를 원하는 만큼 배부 받을 수 있습니다.
      단, 배부 받은 연습지의 상단마다에 각자의 수험번호와 성명을 모두 기입해야 합니다.
   ⑥ 감독자의 시험개시 신호에 따라 모니터 화면에는 수험생 각자마다 다른 시험문제가 열리는 것과 동시에 소요시간이 진행됩니다.
   ⑦ 풀이과목의 순서는 수험생이 결정하며 얼마든지 4개 과목 문제들과 풀이 제한시간 없이 정답체크 및 시간배분을 임의로 조절할 수 있습니다.
   ⑧ 시험시작 후 화장실 등의 임시퇴실은 허락되질 않으며, 시험시간 1/2 경과 후 퇴실이 가능합니다.
   ⑨ 80문항의 풀이 및 검토가 모두 완료되면 화면의 메뉴에서 **"종료"** 버튼을 누름과 동시에 가채점된 점수가 곧바로 뜨므로 본인의 **"예비 합격/불합격"**을 확인할 수 있습니다.

♣ 필기 답안 작성 시 유의사항

1. 수험자가 선택하여 클릭한 답안은 수정 변경이 얼마든지 가능합니다.
2. 배부된 연습지에 연필 및 볼펜으로 써도 되며, 연습지는 퇴실 시 감독자에게 회수되므로 필기시험 문제지를 베껴서 퇴실할 수는 없습니다.
3. 공학용 계산기의 사용은 허용 기종에 한하여 감독자의 리셋 후에 허락되며, 타인 간에 교환은 허락하지 않습니다.
4. 각 과목별 40점 미만 시에는 과목별 탈락이 있으므로 불합격 처리되며, 4개 과목의 합계 점수가 평균 60점 이상이면 필기시험 합격입니다.
5. 시험문제의 풀이가 모두 완료된 후 컴퓨터 화면의 메뉴에서 "종료" 버튼을 누른 후에는 취소할 수가 없음에 유의해야 합니다.

♣ 실기시험 유의사항

1. 복합형(필답형+배관작업형) 시험으로 시행되는데, 시험일자 및 시험장은 실기 원서접수 시 확인이 가능합니다.
2. 먼저 시행되는 필답형 시험시간은 1시간 30분으로 전국적으로 같은 날 동시간대에 같은 문제로 시행되며, 문제 수는 12문항으로 매 문항당 배점은 5점씩으로 같으며 총 60점입니다. 출제문제 형태는 단답형의 간단한 서술문제(8~9문항) 및 복잡한 계산문제(3~4문항)로 구성되어 있습니다.
3. 나중에 시행되는 배관작업형 시험시간은 약 3시간 정도로 실기시험 기간 중에 지역에 따라 순차적으로 지정된 날에 시행되며, 배관작업 시작 전에 수험자에게 배포된 도면대로 배관제품을 만드는 것입니다. 다만, 배관 각 부분의 치수가 다르게 또는 자른 도면을 제시해 주는 일도 있음을 참고로 알아두기를 바랍니다.
4. 배관작업형 시험에 필요한 공구는 개인적으로 준비하여 지참하여야 하며, 나사절삭기, 전기용접기, 가스용접기 등은 해당 시험장 내에 마련되어 있는 시설을 이용합니다.
5. 배관작업을 마친 후 오작동 및 누설시험의 결과를 수험자 본인에게 확인시켜 줍니다.
6. 필답형 시험(60점)에만 응시하고 배관작업형 시험(40점)에는 미응시할 경우 불합격 처리되므로, 반드시 두 종목 모두에 응시하여야 함을 유의해야 합니다.
7. 합계점수가 60점 이상이면 최종합격입니다. (과목별 탈락은 없습니다.)

♣ 실기 답안 작성 시 유의사항

1. 답안 작성 시 정정부분은 반드시 두 줄로 긋고 새로 작성하면 됩니다.
2. 임시답안을 연필로 표기해도 되며, 최종답안을 제출할 시에는 흑색볼펜으로 표기한 후에 연필로 써두었던 내용을 지우개로 모두 깨끗이 지운 후에 제출하여야 합니다.
3. 공학용 계산기의 사용은 허용 기종에 한하여 감독자의 리셋 후에 당연히 허락되며, 타인 간에 교환은 허락하지 않습니다.
4. 계산을 필요로 하는 문제에 있어서 계산과정이 없는 정답은 0점으로 처리됩니다.
5. 소수점 셋째자리에서 반올림하여 소수점 둘째자리까지만 주로 표기하도록 채점기준에서는 요구하고 있습니다.
6. 문제에서 요구한 답란의 항목 수 이상을 표기하더라도 채점에서는 요구한 항목 수의 번호 순서에 한해서만 채점합니다. (추가로 써놓아 봤자 괜히 쓸데없는 일인 셈이죠.)
7. 합계 점수가 60점 이상이면 최종합격입니다. (과목별 탈락은 없습니다.)

[방정식 풀이의 계산기 사용법]

(카시오 fx-991 EX 모델을 기준해서 설명한다.)

$$\text{<예제>} \quad \frac{20 \times (500 - t_2')}{\ln\left(\frac{0.2}{0.1}\right)} = \frac{0.2 \times (t_2' - 100)}{\ln\left(\frac{0.5}{0.2}\right)}$$

위 계산문제의 풀이를 여러분들은 어떻게 눌러서 계산하고 계시나요?

1) 1열3행의 분수키를 누른다.

  → 이때 분자에 있는 t_2' 미지수를 5열4행에 있는 (빨강색)X로 누른다.

  자판의 빨강색을 누르려면 2열1행의 ALPHA를 누른 후에 X를 누른다.

2) 분모의 값을 입력하는 것쯤이야 당연히 아실 것이기에 그냥 생략합니다.

3) 이제 주의해야 할 것은 방정식에 쓰이는 등호(=)를 잘 찾아야만 합니다.

  → 먼저 이 등호(=)는 우리가 늘 사용했던 6열 맨아래 행의 흰색=이 아닙니다

  → 2열2행에 빨강색 등호(=)를 눌러주셔야 하는 게 제일 중요합니다.

  바로, 2열1행의 ALPHA를 누른 후에 2열2행의 빨강색 등호(=)를 누른다.

4) 1항에서와 마찬가지로 우변에 분수키를 누르고 이제까지의 방법대로 입력한다.

5) 입력이 끝난 후에, 또다시 주의해야 합니다.

  → 이제 〈보기〉에 주어진 식이 계산기의 화면에 완성되어 있는 상태에서,

  → 1열1행의 SHIFT키를 누른 후에 2열2행에 있는 SOLVE키를 누르게 되면,

  → 화면 아래에 Solve for X

    어떤 숫자(???..)라고 화면에 뜨게 됩니다.

  〈주의〉: 이 상태에서 미지수 X는 아직 정답이 완성되지 않은 상태입니다.

  → 우리가 늘 사용했던 6열 맨 아래 행의 **흰색=**를 **마지막으로 눌러주셔야만**

  X = 496.9968 이라고 중간의 행에 뜨는 것이 최종 구하는 정답이 됩니다.

  ∴ t_2' = X = 496.99 = **497 ℃의 결과를 얻게** 됩니다.

의외로 많은 수험생들이 방정식의 계산기 활용 방법을 모르는 탓에, 방정식 계산에서 쓸데없이 시간을 들여서 이항을 하는 등의 번거로운 과정을 거치고 있는 것이므로, 계산문제를 풀 때는 반드시 위 사용법을 네이버에 있는 [에너지아카데미] 카페(https://cafe.naver.com/2000toe) 동영상으로 익혀서 활용할 줄 알아야 신세계를 경험하여 훨씬 수월합니다!

현실이라는 땅에 두 발을 딛고
이상인 하늘의 별을 향해 두 손을 뻗어
착실히 올라가야 한다.

- 반기문 -

꿈꾸는 사람은 행복합니다.

그러나 꿈만 좇다 보면 자칫 불행해집니다. 가시밭에 넘어지고 웅덩이에 빠져 허우적거릴 뿐, 꿈을 현실화할 수 없기 때문이죠.

꿈을 이루기 위해서는, 냉엄한 현실을 바탕으로 한 치밀한 전략, 그리고 뜨거운 열정 이라는 두 발이 필요합니다. 그러지 못하면 넘어지기 십상이지요.

우선 그 두 발로 현실을 딛고, 하늘의 별을 따기 위해 한 계단 한 계단 올 라가 보십시오. 그러면 어느 순간 여러분도 모르게 하늘의 별이 여러분의 손에 쥐어져 있을 것입니다.

Industrial Engineer Energy Management

| 에너지관리산업기사 필기 |

www.cyber.co.kr

에너지관리산업기사 필기

열 및 연소설비

제1과목

www.cyber.co.kr

제1장 **열의 기초**

1. 열역학적 계(系, system)

열역학적 계는 해석의 대상이 되는 물질의 양 또는 공간 내의 구역으로 정의된다.
물질의 양이나 공간의 구역은 지정된 경계내에 있어야만 되며 계의 경계는 변할 수도 있으며
가정적일 수도 있다.

(1) 밀폐계(Closed system, 닫힌 계, 폐쇄계 또는, 비유동계)

계(系)의 경계를 통하여 열이나 일은 전달되지만 동작물질이 이동하지 않는 계이다.
따라서 계의 질량은 변하지 않는다.

(2) 개방계(Open system, 열린 계 또는, 유동계)

계의 경계를 통하여 동작물질의 이동이 있는 계이다. 따라서 계의 질량은 변한다.
① 정상류(steady state flow, 定常流)
　: 과정간에 계의 열역학적 성질이 시간에 따라 변하지 않는 흐름
② 비정상류(nonsteady state flow, 非定常流)
　: 과정간에 계의 열역학적 성질이 시간에 따라 변하는 흐름

(3) 절연계(Isolated system, 고립계)

계의 경계를 통하여 동작물질이나 열(에너지)의 전달이 전혀 없는 계이다.
즉, 주위와의 아무런 상호작용이 없다.

(4) 단열계(Adiabatic system)

계의 경계를 통하여 열전달이 없는 계이다.
그러나, 일의 형태로 에너지의 전달은 가능하므로 주위와의 상호작용이 있다.

2. 상태량과 계(系, system)의 성질　　　　암기법 : 인(in)세 강도

모든 물리량은 계의 질량에 관계가 있는 크기성질(extensive property)과
질량에 관계가 없는 세기성질(intensive property)로 나눌 수 있다.

(1) 크기(종량)성질 - 질량, 부피(체적), 열용량, 일, 에너지, 엔탈피, 엔트로피 등

(2) 세기(강도)성질 - 온도, 압력, 농도, 비체적, 밀도, 비열, 열전달률 등

3. 온도(t, T)

(1) 섭씨온도(℃, Celsius)

표준대기압하에서의 어는점과 끓는점(비점)을 각각 0°와 100°로 정하여 그 사이를 100등분한 것을 섭씨온도라 하고 그 단위를 ℃로 표시한다.

(2) 화씨온도(℉, Fahrenheit)

표준대기압하에서의 어는점과 끓는점(비점)을 각각 32°와 212°로 정하여 그 사이를 180등분한 것을 화씨온도라 하고 그 단위를 ℉로 표시한다.

(3) 절대온도(K)

273.15 ℃는 기체의 분자운동이 정지하는 열화학적인 최저온도이며, 이것을 0°로 정한 것을 절대온도라 하고 그 단위를 K으로 표시한다.

- 켈빈(Kelvin)의 절대온도(K) = 273.15 + 섭씨온도(℃) ≒ 273 + t_C(섭씨온도)
- 랭킨(Rankin)의 절대온도(℉R) = 459.67 + 화씨온도(℉) ≒ 460 + t_F(화씨온도)

(4) 온도 사이의 관계식   암기법 : 화씨는 오구씨보다 32살 많다

- 화씨온도(℉) = $\dfrac{9}{5}$℃ + 32
- 절대온도(K) = ℃ + 273
- 랭킨온도(℉R) = ℉ + 460

4. 압력(P)

(1) 힘(Force)

- 공식 : F = m · a

  여기서, F : 힘(N, kgf),   m : 질량(kg), a : 가속도(m/sec^2)

- 절대단위 : 1 N = 1 kg × 1 m/sec^2 = 1 kg · m/sec^2
- 중력단위 : 1 kgf = 1 kg × 9.8 m/sec^2 = 9.8 kg · m/sec^2 = 9.8 N

  【주의】 공학에서는 흔히 kgf의 f(포오스)를 생략하고 kg으로만 나타내기도 한다.

(2) 압력(Pressure)

- 공식 : P = $\dfrac{F}{A}$ (단위면적당 작용하는 힘)

  여기서, P : 압력(Pa, N/m^2, kgf/m^2), A : 단면적,   F : 힘

- 표준대기압(standard atmosphere pressure, atm)

  - 중력가속도가 9.807 m/s^{2}이고 온도가 0 ℃일 때, 단면적이 1 cm^{2}이고 상단이 완전진공인 수은주를 76 cm만큼 밀어 올리는 대기의 압력.

- 1 atm = 76 cmHg = 760 mmHg = 29.92 inHg
  = 10332 mmH$_2$O = 10332 mmAq
  = 10332 kgf/m^2 = 1.0332 kgf/cm^2
  = 101325 Pa = 101.325 kPa ≒ 0.1 MPa
  = 1.01325 bar = 1013.25 mbar = 14.7 psi

(3) 압력의 구분

암기법 절대 계하지마라! 절대마진

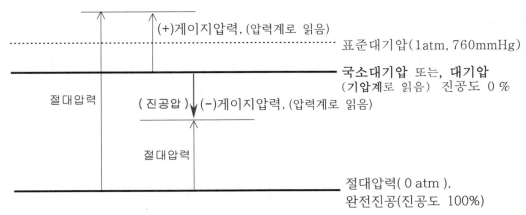

① 절대압력(absolute pressure, abs)은 완전진공을 기준으로 한다.
② 게이지압력(또는, 계기압력)은 국소대기압을 기준으로 한다.
③ 진공압(vacuum pressure)은 대기압보다 압력이 낮은 상태의 압력으로 진공계가 지시하는 압력이다.
④ 진공도(眞空度) = $\dfrac{\text{진공압}}{\text{(국소)대기압}} \times 100\,\%$ = $\dfrac{(-)\text{게이지압}}{\text{(국소)대기압}} \times 100\,\%$

5. 밀도(ρ)와 비체적(V$_S$ 또는 v)

(1) 밀도(density, ρ)

- 공식 : $\rho = \dfrac{m}{V}$ (단위체적당의 질량)

  여기서, ρ : 밀도(kg/m^3), m : 질량(kg), V : 부피, 체적(m^3)
- 물의 밀도 : 1 g/cm^3 = **1000 kg/m^3** = 1000 kg / 1000L = **1 kg/L**

(2) 비체적(specific volume, V$_S$ 또는 v)

- 공식 : V$_S$ = $\dfrac{1}{\rho}$ = $\dfrac{V}{m}$ (단위질량당의 체적)

  여기서, V$_S$: 비체적(m^3/kg), m : 질량(kg), V : 부피, 체적(m^3)
- 밀도와 역수 관계이다.

6. 비중(S)과 비중량(γ)

(1) 비중(specific gravity, S)

- 같은 부피의 기준물질에 대한 어떤 측정물질의 무게($weight$)의 비
  또는 기준물질의 밀도에 대한 측정물질의 밀도의 비로 단위가 없는 무차원수이다.

- 고체, 액체의 경우는 순수한 물 4℃를 기준물질로 한다. (물의 비중은 1 이다.)

$$S = \frac{w}{w_물} = \frac{m \cdot g}{m_물 \cdot g} = \frac{m}{m_물} = \frac{\rho V \cdot g}{\rho_물 V \cdot g} = \frac{\gamma}{\gamma_물} = \frac{\rho}{\rho_물}$$

(2) 비중량(specific weight, γ)

- 공식 : $\gamma = \rho \cdot g = \frac{m}{V} \cdot g = \frac{mg}{V} = \frac{w}{V}$ (단위체적당의 무게 또는 중량)

  여기서, V_s : 비체적(m^3/kg), w : 무게(kgf), V : 부피, 체적(m^3)

- 물의 비중량(γ_w) : $1000\,kgf/m^3$ 또는 (f)를 생략하고 $1000\,kg/m^3$ 으로도 표현한다.

  【주의】 지구의 평균중력가속도인 g의 값이 9.8 m/sec^{2}으로 동일하게 적용될 때에
  공학에서는 흔히 $1000\,kgf/m^3$의 f(포오스)를 생략하고 $1000\,kg/m^3$ 으로
  사용하기도 하며, 국제적으로는 밀도와 비중량의 단위는 같다.

7. 단위계(單位系, System of Unit)

(1) SI 기본단위
암기법 : mks mKc A

기본량의 단위인 기본단위의 기호와 명칭은 다음과 같이 7가지이다.

기호	m	kg	s	mol	K	cd	A
명칭	미터	킬로그램	초	몰	켈빈	칸델라	암페어
기본량	길이	질량	시간	물질량	절대온도	광도	전류

(2) SI 유도단위 (International System of drived Unit)

기본단위를 기초로 수학적으로 성립되는 관계식에 의해 조합, 유도되는 단위이다.

기호	kg/m^3	m^3/kg	m/s	N	Pa	J	W
명칭	킬로그램 퍼 세제곱미터	세제곱미터 퍼 킬로그램	초당 미터	뉴턴	파스칼	줄	와트
유도 물리량	밀도	비체적	속력, 속도	힘	압력	일, 에너지, 열량	일률, 전력

제2장 열역학 법칙

1. 일(W)

(1) 일(Work)

- 공식 : $W = F \cdot S$ (한 일의 양 = 힘 × 이동거리)

    여기서, F : 힘(N, kgf), m : 질량(kg), a : 가속도(m/sec^2)

- 절대단위 : $1\,J = 1\,N \times 1\,m$

- 중력단위 : $1\,kgf \cdot m = 1\,kg \times 9.8\,m/sec^2 \times 1\,m = 9.8\,N \cdot m = 9.8\,J$

2. 열량(Q)과 비열(C)

(1) 열량(heat Quantity)   암기법 : 큐는 씨암탉

- 공식 : $Q = C \cdot m \cdot \Delta t$ (열량 = 비열 × 질량 × 온도차)

    여기서, C : 비열(kJ/kg·℃ 또는, kJ/kg·K)

    m : 질량(kg)

    Δt : 온도차(℃ 또는, K)

- 단위 : kcal , kJ , kgf·m , Btu , Chu 등을 쓴다.

- 1 kcal : 표준대기압(1기압)하에서 순수한 물 1 kg의 온도를 14.5 ℃로부터 15.5 ℃
    까지 1℃ 또는 1 K 올리는데 필요한 열량을 말한다.

- 열량 단위 비교

    1 kcal = **4.184 kJ** (학문상)

    = 4.1855 kJ (줄의 실험상)

    = **4.1868 kJ** (법규 및 증기표 기준)

    = **4.2 kJ** (생활상)

    = 427 kgf·m (중력단위, 공학용단위)

    = 2.205 Chu = 3.968 Btu (단위 환산 관계)

(2) 비열(specific heat)

① 단위질량의 어떤 물체의 온도를 단위온도차(1℃, 1K, 1℉)만큼 올리는데 필요한
    열량을 비열(比熱)이라 한다.

- $C = \dfrac{Q}{m \cdot \Delta t}$ [단위: kcal/kg·℃, kcal/kg·K, Btu/lb·℉, Chu/lb·℃]

- 물의 비열 : 1 kcal/kg·℃, 4.1868 kJ/kg·℃($\fallingdotseq$ 4.184 kJ/kg·℃ $\fallingdotseq$ 4.2 kJ/kg·℃)

② **정적비열(Cv)** : 체적을 일정하게 유지하면서 물질 1 kg의 온도를 1 K (또는, 1℃) 높이는데 필요한 열량.

③ **정압비열(Cp)** : 압력을 일정하게 유지하면서 물질 1 kg의 온도를 1 K (또는, 1℃) 높이는데 필요한 열량.

④ **Cp - Cv = R** 의 관계가 성립한다.

⑤ 기체의 비열비 (또는, 단열지수 k)

기체의 정압비열(Cp)은 기체가 팽창하는데 외부에 일을 하게 되므로 이에 필요한 에너지가 더 소요되어 항상 정적비열 **Cv** 보다 **R** 만큼 더 크다.

$$k = \frac{C_P}{C_V} = \frac{C_V + R}{C_V} = 1 + \frac{R}{C_V}, \quad Cp = k \cdot Cv, \quad Cv = \frac{R}{k-1}$$

따라서, 비열비(k)의 값은 항상 1보다 크고 분자의 구조가 복잡할수록 정적비열은 커지고 비열비는 작아진다.

3. 동력 (P 또는 L) 또는, 일률, 전력

(1) 동력(Power)

- 공식 : $P = \dfrac{W}{t}$ (단위시간당 한 일의 양, $1 W = \dfrac{1 J}{1 sec}$)

- 단위 : J/sec, W(와트), kJ/sec, kW, HP(마력), PS(마력), kgf·m/sec 등을 쓴다.

- 1 HP (영국마력) = 746 W = 0.746 kW = 0.746 × 102 kgf · m/sec = 76 kgf · m/sec

- 1 PS (프랑스마력) = 735 W = 0.735 kW = 0.735 × 102 kgf · m/sec = 75 kgf · m/sec

(2) 송풍기 및 펌프의 동력 계산

- 동력 : $L \, [\mathbf{W}] = \dfrac{PQ}{\eta} = \dfrac{\gamma H Q}{\eta} = \dfrac{\rho g H Q}{\eta}$

  여기서, P : 압력 [mmH$_2$O = kgf/m^2]

  Q : 유량 [m^3/sec]

  H : 수두 또는, 양정 [m]

  η : 펌프 또는 송풍기의 효율

  γ : 물의 비중량 (1000 kgf/m^3)

  ρ : 물의 밀도 (1000 kg/m^3)

  g : 중력가속도 (9.8 m/s^2)

4. 내부에너지(U)와 엔탈피(H)

(1) 내부에너지(Internal energy, U)

① 물체의 온도가 높아지면 열운동이 활발해지고 분자의 운동에너지가 증가하므로 물체의 내부에너지가 증가한다.

② 물체를 구성하는 분자의 열운동은 외부로부터 일을 받거나 열을 얻으면 그 운동 속도가 더욱 활발해지고 내부에너지가 증가하면서 온도가 높아진다.

③ 물체의 온도는 물체가 가지는 내부에너지의 양을 나타내는 척도로서 온도가 높을 수록 물체의 내부에너지는 증가한다.

④ 계산식 : $\delta Q = dU + W$ 에서, $dU = \delta Q - W$ 로 계산한다.

(2) 엔탈피(Enthalpy, H)

엔탈피는 내부에너지와 유동에너지(또는, 유동일)의 합으로 정의되는 열역학적 상태의 성질이다.

① 엔탈피의 정의 : $H \equiv U + PV$

② 단위 : kcal, kJ

③ 비엔탈피의 정의 : $h \equiv u + pv$

④ 단위 : kcal/kg, kJ/kg, $kcal/Nm^3$, kJ/Sm^3

⑤ 엔탈피 변화량(dH)은 정압하에서 이동되는 열량(dQ)과 같다.

5. 엔트로피(entropy, S)

(1) 엔트로피

계에 출입하는 열량의 이용가치를 나타내는 물리량으로 에너지도 아니고, 온도처럼 감각으로 느낄 수도 없고, 측정할 수도 없는 열역학적 상태량이다. 엔트로피는 감소 하지 않으며, 가역과정에서는 불변이고 비가역과정에서는 항상 증가한다. 실제로 자연계에서 일어나는 모든 상태변화는 비가역과정이므로 엔트로피는 항상 증가하게 된다.

(2) 각 상태변화에서 엔트로피 변화량(ΔS)의 P,V,T 관계식

① 정적변화일 때   `암기법` : 피티네 알압

$$\Delta S = C_P \cdot \ln\left(\frac{T_2}{T_1}\right) - R \cdot \ln\left(\frac{P_2}{P_1}\right) = C_V \cdot \ln\left(\frac{T_2}{T_1}\right) = C_V \cdot \ln\left(\frac{P_2}{P_1}\right)$$

② 정압변화일 때   `암기법` : 브티알 보자

$$\Delta S = C_V \cdot \ln\left(\frac{T_2}{T_1}\right) + R \cdot \ln\left(\frac{V_2}{V_1}\right) = C_P \cdot \ln\left(\frac{T_2}{T_1}\right) = C_P \cdot \ln\left(\frac{V_2}{V_1}\right)$$

③ 등온변화일 때　　　　　　　　　　　　　　　　　**암기법** : 피부 부피

$$\Delta S = C_P \cdot \ln\left(\frac{V_2}{V_1}\right) + C_V \cdot \ln\left(\frac{P_2}{P_1}\right) = -R \cdot \ln\left(\frac{P_2}{P_1}\right) = R \cdot \ln\left(\frac{P_1}{P_2}\right) = R \cdot \ln\left(\frac{V_2}{V_1}\right)$$

④ 폴리트로픽변화일 때

$$\Delta S = \frac{n-k}{n-1} \cdot C_V \cdot \ln\left(\frac{T_2}{T_1}\right)$$　여기서, n : 폴리트로픽 지수,　k : 비열비

⑤ 단열변화일 때

$$\Delta S = 0\,(\text{즉, 등엔트로피 변화})$$

6. 열역학 법칙

(1) 열역학 제 0 법칙 (또는, 열평형의 법칙)

물체 A와 B가 열평형을 이루고 물체 A와 C가 열평형을 이룬다면, 물체 B와 C도 열평형을 이룬다. 이 관계를 열역학 제0법칙이라고 한다.

- 혼합된 후의 열평형 시 온도를 t 라 하고,
  고온 물질의 질량을 m_1, 저온 물질의 질량을 m_2 라 두면 열평형법칙에 의해

  고온물질이 잃은 열량($Q_{잃은}$) = 저온물질이 얻은 열량($Q_{얻은}$)

  $$C_1 \cdot m_1 \cdot (t_1 - t) = C_2 \cdot m_2 \cdot (t - t_2)$$

(2) 열역학 제 1 법칙 (또는, 에너지보존 법칙)

열역학 제1법칙은 열에너지와 역학적에너지를 포함한 에너지보존 법칙에 해당한다. 에너지는 결코 생성되지도 소멸되지도 않고 다만 한 형태에서 다른 형태의 에너지로 바뀔 뿐이다. 따라서, 제1종 영구기관(입력보다 출력이 더 큰 기관)은 제작이 불가능하다.

- 열역학 제1법칙의 식 표현

$$\Delta Q = \Delta U + W$$
$$Q_{in}(\text{또는, } \delta Q) = dU + W_{out}$$

한편, $W = P \cdot dV$ 이므로

$$\delta Q = dU + P \cdot dV$$

한편, 엔탈피 $H = U + PV$ 에서 $U = H - PV$ 이므로

$$= d(H - PV) + P \cdot dV = dH - P \cdot dV - V \cdot dP + P \cdot dV$$

$$\delta Q = dH - V \cdot dP$$

또는, $dH = \delta Q + V \cdot dP$

(3) 열역학 제 2 법칙 (또는, 방향성의 법칙 또는, 엔트로피 증가의 법칙)

① 가역 변화와 비가역 변화(또는, 가역과정과 비가역과정)

외부에 어떤 변화도 남기지 않고 원래의 상태로 되돌아갈 수 있는 변화를 가역 변화라 한다. 그러나 실제로는 공기의 저항이나 마찰 등에 의하여 외부에 어떤 변화도 남기지 않고 원래의 상태로 되돌아갈 수 없는 변화를 비가역변화라 한다.

② 열역학 제2법칙의 여러 가지 표현

㉠ 열은 고온의 물체에서 저온의 물체 쪽으로 자연적으로 흐른다. (열이동의 방향성)

㉡ 제2종 영구기관은 제작이 불가능하다.

　↳ 저열원에서 열을 흡수하여 움직이는 기관 또는 공급받은 열을 모두 일로 바꾸는 가상적인 기관을 말하며, 이것은 열역학 제2법칙에 위배 되므로 그러한 기관은 존재 할 수 없다.

㉢ 고립된 계의 비가역변화는 엔트로피가 증가하는 방향(확률이 큰 방향, 무질서한 방향)으로 진행한다.

㉣ 역학적에너지에 의한 일을 열에너지로 변환하는 것은 용이하지만, 열에너지를 일로 변환하는 것은 용이하지 못하다.

㉤ 클라우지우스(Clausius)의 적분형 표현(또는 부등식 표현)

ⓐ 적분형의 일반적 표현식 : $\oint \dfrac{\delta Q}{T} \leqq 0$ 에서,

● **가역** 과정일 때는 : $\oint_{가역} \dfrac{\delta Q}{T} = 0$ 으로 등식이 성립된다.

● **비가역** 과정일 때는 : $\oint_{비가역} \dfrac{\delta Q}{T} < 0$ 보다 작은 부등식으로 표현된다.

ⓑ 열은 저온의 물체에서 고온의 물체 쪽으로 스스로 이동할 수는 없다. 따라서, 반드시 일을 소비하는 열펌프(Heat pump)를 필요로 한다.

ⓒ 성적계수가 무한대인 냉동기관의 제작은 불가능하다.

ⓓ 실제 사이클은 엄밀히 말하면 모두 비가역 사이클이다.

㉥ 켈빈(Kelvin)-플랑크(Plank)의 표현

ⓐ 열원으로부터 받은 열량을 전부 일로 전환시키며 주위에 어떠한 변화도 남기지 않는 사이클(순환과정)은 존재하지 않는다.

ⓑ 제2종 영구기관(즉, 100 % 효율을 가진 열기관)의 제작은 불가능하다.

(4) 열역학 제 3 법칙

카르노 기관의 열효율 $\eta_c = 1 - \dfrac{Q_2}{Q_1} = 1 - \dfrac{T_2}{T_1}$ 에서 $T_2 = 0$ K인 저열원은 있을 수 없다.

(절대온도 0 K을 저열원으로 하는 열기관에서는 $\Delta S = dS = \dfrac{dQ}{T_2}$ 에서,

$dQ = T_2 \cdot dS = 0$ 이 되므로 열역학 제2법칙에 위배되기 때문이다.)

제3장 이상기체(또는, 완전가스)

1. 이상기체에 적용되는 법칙들

이상기체란 분자와 분자사이의 거리가 매우 멀어서 분자사이의 인력이 0인 상태이므로 분자는 자유로워야 한다. 분자의 크기(부피)는 무시되며 분자가 벽 또는 다른 분자에 대하여 행하는 충돌은 완전탄성충돌이다. (운동량과 운동에너지는 모두 보존됨)

(1) 아보가드로(Avogadro)의 법칙

모든 기체는 표준상태(0℃, 1기압)에서 1 mol이 차지하는 체적은 22.4 L 이며, 그 속에는 아보가드로수(6.02×10^{23}개) 만큼의 분자수가 들어있다.

즉, 기체는 온도와 압력이 같을 때 같은 부피(체적)에는 같은 분자수를 갖는다.

(2) 보일(Boyle)의 법칙

온도가 일정할 경우 기체의 부피는 압력에 반비례한다.

$$P \cdot V = Const(일정), \qquad P_1 \cdot V_1 = P_2 \cdot V_2$$

(3) 샤를(Charles)의 법칙 또는 게이-뤼삭(Gay-Lussac)의 법칙

압력이 일정할 경우 기체의 부피는 절대온도에 비례한다.

$$\frac{V}{T} = Const(일정), \qquad \frac{V_1}{T_1} = \frac{V_2}{T_2}$$

(4) 보일-샤를의 법칙

기체의 부피는 압력에 반비례하고, 절대온도에 비례한다.

$$\frac{PV}{T} = Const(일정), \qquad \frac{P_1 V_1}{T_1} = \frac{P_2 V_2}{T_2}$$

(5) 줄(Joule)의 법칙

이상기체의 내부에너지는 체적에 무관하고 온도만의 함수이다.

$$dU = Cv \cdot dT = Cv \cdot (T_2 - T_1)$$

(6) 돌턴(Dalton)의 분압 법칙

혼합기체가 차지하는 전체압력은 각 성분기체의 분압의 합과 같다.

$$Pt = P_1 + P_2 + P_3 + \cdots$$

(7) 아마가트(Amagat)의 분용 법칙

혼합기체가 차지하는 전체체적은 각 성분기체의 부분체적(부분용적)의 합과 같다.

$$Vt = V_1 + V_2 + V_3 + \cdots\cdots$$

2. 이상기체의 상태방정식

(1) 공식의 표현

$PV = nRT$

여기서, P : 압력(atm), V : 체적(m^3), n : 몰수(kmol)
R : 기체상수(atm·m^3/kmol·K), T : 절대온도(K)

$PV = mRT$

여기서, m : 질량(kg), M : 분자량(kg/kmol), $n = \dfrac{m}{M}$

$P = \rho RT$

여기서, ρ : 밀도(kg/m^3), $\rho = \dfrac{m}{V}$

$P V_s = RT$

여기서, V_s 또는 v : 비체적(m^3/kg), $V_s = \dfrac{1}{\rho} = \dfrac{V}{m}$

(2) 표준상태(0℃ = 273K, 1기압)에서의 평균기체상수($\overline{R}$) 또는 공통기체상수

상태방정식 $PV = n\overline{R}T$ 에서 $\overline{R} = \dfrac{PV}{nT}$ 에 아보가드로 법칙을 적용하게 되면

① $\overline{R} = \dfrac{1\,atm \times 22.4\,m^3}{1\,kmol \times 273\,K}$ = 0.082 atm · m^3 / kmol · K

② $\overline{R} = \dfrac{760\,mmHg \times 22.4\,m^3}{1\,kmol \times 273\,K}$ = 62.36 mmHg · m^3 / kmol · K

③ $\overline{R} = \dfrac{1.0332\,kgf/cm^2 \times 22.4\,m^3}{1\,kmol \times 273\,K}$ = 0.0848 kgf/cm^2 · m^3 / kmol · K

④ $\overline{R} = \dfrac{10332\,kgf/m^2 \times 22.4\,m^3}{1\,kmol \times 273\,K}$ = 847.8 = 848 kgf · m / kmol · K

⑤ $\overline{R} = \dfrac{101325\,N/m^2 \times 22.4\,m^3}{1\,kmol \times 273\,K}$ = 8314 N · m / kmol · K = 8.314 J / mol · K

해당기체의 종류에 따른 **기체상수(R)**는 기체마다 분자량이 달라 단위질량당 체적이 다르기 때문에 해당기체의 **분자량**으로 나누어 주어야 한다. 암기법 : 알바($\overline{R}$)는 MR

$\overline{R} = MR$ 에서, R = $\dfrac{\overline{R}}{M}$

3. 이상기체의 상태변화

기체는 온도가 상승하면 팽창하는 성질을 이용하여 열에너지를 기계적 에너지로 변환시켜 유용한 동력일을 얻을 수 있다.

이상기체의 상태변화에는 가역변화(정압변화, 정적변화, 정온변화, 폴리트로픽 변화, 단열변화 등)와 비가역변화(교축, 가스의 혼합, 비가역 단열변화 등)가 있다.

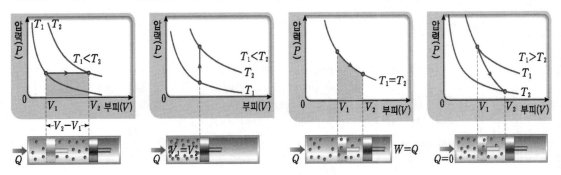

(1) 정적변화(또는, 등적과정)

어떤 용기에 들어있는 이상기체를 가열하였을 때 체적의 변화가 없는 과정을 말한다.

① P, V, T 관계식 : $V_1 = V_2 = V$ 이므로, dV = 0

$$\frac{P_1}{T_1} = \frac{P_2}{T_2} = \frac{P}{T} = \text{Const(일정)}$$

② 절대일(외부에 대한 일) : 열역학 제1법칙 dQ = dU + P·dV 에서 정적(dV = 0) 이므로

$$_1W_2 = \int_1^2 P\cdot dV = 0 \ (즉, 외부에 대한 일은 0이다.)$$

③ 공업일(유동일) : $W_t = -\int_1^2 V\cdot dP = \int_2^1 V\cdot dP = V(P_1 - P_2) = R(T_1 - T_2)$

④ 단위질량당 가열량 및 이동열량 : dQ = dU + P·dV **= dU** = Cv·dT 이므로

$$_1Q_2 = \int_1^2 Cv\cdot dT = Cv(T_2 - T_1)$$

즉, 정적과정에서의 이동열량은 내부에너지 변화량과 같다.

⑤ 내부에너지 변화량 : dU = Cv·dT 에서, $\Delta U = \int_1^2 Cv\cdot dT = Cv(T_2 - T_1)$

$$= \frac{R}{k-1}(T_2 - T_1) = \frac{V}{k-1}(P_2 - P_1)$$

⑥ 엔탈피 변화량 : dH = C_P·dT 에서, $\Delta H = \int_1^2 C_P\cdot dT = C_P(T_2 - T_1)$

$$= \frac{k}{k-1}V(P_2 - P_1) = k\cdot dU$$

(2) 정압변화(또는, 등압과정)

어떤 용기에 들어있는 이상기체의 압력을 일정하게 유지하면서, 가열하였을 때의 상태변화 과정을 말한다.

① P, V, T 관계식 : $P_1 = P_2 = P$ 이므로, $dP = 0$

$$\frac{V_1}{T_1} = \frac{V_2}{T_2} = \frac{V}{T} = \text{Const(일정)}$$

② 절대일(외부에 대한 일) : 열역학 제1법칙 $dQ = dU + {}_1W_2 = dU + P \cdot dV$ 에서

$${}_1W_2 = \int_1^2 P \cdot dV = P \int_1^2 dV = P(V_2 - V_1)$$

한편, 상태방정식 $PV = RT$ 이므로

$$= R(T_2 - T_1)$$

③ 공업일(유동일) : $W_t = -\int_1^2 V \cdot dP = -V \int_1^2 dP = -V(P_2 - P_1) = 0$

④ 단위질량당 가열량 및 이동열량 : 열역학 제1법칙 $dQ = dU + PdV$ 에서

한편, 엔탈피 $H = U + PV$

$U = H - PV$ 이므로

$$dQ = d(H - PV) + PdV = dH - PdV - VdP + PdV$$
$$= dH - VdP$$
$$= \mathbf{dH} = C_P \cdot dT$$

$${}_1Q_2 = Q_2 - Q_1 = \int_1^2 C_P \cdot dT = C_P(T_2 - T_1)$$

즉, 정압과정에서의 이동열량은 엔탈피 변화량과 같다.

⑤ 내부에너지 변화량 : $dU = Cv \cdot dT$ 에서, $\Delta U = \int_1^2 Cv \cdot dT = Cv(T_2 - T_1)$

$$= \frac{P}{k-1}(V_2 - V_1)$$

⑥ 엔탈피 변화량 : $dH = C_P \cdot dT$ 에서, $\Delta H = \frac{k}{k-1} P(V_2 - V_1) = k \cdot dU$

(3) 정온변화(또는, 등온과정)

어떤 용기에 들어있는 이상기체의 온도를 일정하게 유지하면서 가열하였을 때의 상태 변화 과정으로서, 계(系)가 외부에 한 일에 상당하는 열량을 주위로부터 받아들인다면 계의 내부에서는 온도가 일정하게 유지할 수 있다.

① P, V, T 관계식 : $T_1 = T_2 = T$ 이므로, $dT = 0$

$$P_1 \cdot V_1 = P_2 \cdot V_2 = P \cdot V = \text{Const(일정)}$$

② 절대일(외부에 대한 일) : 열역학 제1법칙 dQ = dU + $_1W_2$ = dU + P·dV 에서

$$_1W_2 = \int_1^2 P \cdot dV = \int_1^2 \frac{RT}{V} \cdot dV = RT \int_1^2 \frac{dV}{V} = RT \cdot \ln\left(\frac{V_2}{V_1}\right)$$

$$= RT \cdot \ln\left(\frac{P_1}{P_2}\right) = P_1 V_1 \cdot \ln\left(\frac{P_1}{P_2}\right) = P_1 V_1 \cdot \ln\left(\frac{V_2}{V_1}\right)$$

③ 공업일(유동일) : $W_t = -\int_1^2 V \cdot dP = RT \cdot \ln\left(\frac{P_1}{P_2}\right) = P_1 V_1 \cdot \ln\left(\frac{P_1}{P_2}\right)$

$$= P_1 V_1 \cdot \ln\left(\frac{V_2}{V_1}\right) = {}_1W_2$$

즉, 등온과정에서 계의 절대일과 공업일은 그 값이 서로 같다.

④ 단위질량당 가열량 및 이동열량 : 열역학제1법칙 dQ = dU + $_1W_2$ = dU + P·dV 에서

한편, 등온에서 dU = Cv·dT = 0 이므로

$$dQ = {}_1W_2 = P \cdot dV = W_t$$

즉, 등온과정에서 이동열량과 일(절대일, 공업일)의 양은 **모두 같다**.

⑤ 내부에너지 변화량 : 이상기체에서 내부에너지의 변화는 온도만의 함수이므로,

dU = Cv·dT 에서,

한편, 등온(dT = 0)이므로

dU = 0 (즉, 등온변화에서 내부에너지의 변화량은 없다.)

⑥ 엔탈피 변화량 : 이상기체에서 엔탈피의 변화도 온도만의 함수이므로,

dH = C_P · dT 에서,

한편, 등온(dT = 0)이므로

dH = 0 (즉, 등온변화에서 엔탈피의 변화량은 없다.)

(4) 단열변화(또는, 등엔트로피과정)

어떤 용기에 들어있는 이상기체를 외부와 열출입이 전혀 없는 상태변화 과정으로서, 계(系)의 내부에너지는 외부와의 일에 상당하는 만큼의 증감을 하게 되는데 외부로 일을 하면 계의 온도는 낮아지고, 외부로부터 일을 받아들이면 계의 온도는 높아진다.

① 단열변화의 P, V, T 관계 방정식 : $P \cdot V^k$ = Const

㉠ PV 관계식 : $P \cdot V^k$ = Const

㉡ TV 관계식 : $T \cdot V^{k-1}$ = Const

㉢ PT 관계식 : $P \cdot T^{\frac{k}{1-k}}$ = Const

㉣ TP 관계식 : $T \cdot P^{\frac{1-k}{k}}$ = Const

② 절대일(외부에 대한 일)

$$_1W_2 = \frac{1}{k-1} R(T_1 - T_2) = \frac{1}{k-1}(P_1V_1 - P_2V_2)$$

$$= \frac{P_1V_1}{k-1}\left(1 - \frac{T_2}{T_1}\right) = \frac{P_1V_1}{k-1}\left[1 - \left(\frac{P_2}{P_1}\right)^{\frac{k-1}{k}}\right]$$

③ 공업일(유동일) : $W_t = -\int_1^2 V \cdot dP$

$$= \frac{k}{k-1}(P_1V_1 - P_2V_2) = \frac{k}{k-1} R(T_1 - T_2) = k \times {_1W_2}$$

즉, 단열과정에서 계의 **공업일** = **k × 절대일**과 같다.

④ 단위질량당 가열량 및 이동열량 : $dQ = 0$, $\quad _1Q_2 = 0$

즉, 단열과정에서는 이동열량이 전혀 없다.

⑤ 내부에너지 변화량 : $dU = Cv \cdot dT$ 에서,

$$\Delta U = \frac{RT_1}{k-1}\left[\left(\frac{P_2}{P_1}\right)^{\frac{k-1}{k}} - 1\right] = -{_1W_2}$$

즉, 단열과정에서 내부에너지변화량은 절대일과 같다.

⑥ 엔탈피 변화량 : $dH = C_P \cdot dT$ 에서,

$$\Delta H = \frac{k}{k-1} RT_1 \cdot \left[\left(\frac{P_2}{P_1}\right)^{\frac{k-1}{k}} - 1\right] = -W_t$$

즉, 단열과정에서 엔탈피변화량은 공업일과 같다.

(5) 폴리트로픽(Poly-tropic, 폴리트로프) 변화 (또는, 다향성 변화)

실제로 내연기관이나 공기압축기 등의 가스 사이클에서 완전 단열적이지는 못하므로 다소의 열출입을 수반하게 되어 상태변화를 4개의 변화만으로는 설명되지 않으므로 폴리트로픽 지수(n)의 값의 범위를 $1 < n < k$ (좁은 범위일 때), $-\infty < n < +\infty$ (넓은 범위일 때)로 취하면서 상태변화에 오차가 발생하는 경우와 지금까지 다루었던 모든 상태변화를 포함하는 임의의 상태변화를 "폴리트로픽 변화"라고 한다.

① P, V, T 관계 방정식 : $P \cdot V^n = $ **Const**

㉠ PV 관계식 : $P \cdot V^n = $ Const

㉡ TV 관계식 : $T \cdot V^{n-1} = $ Const

㉢ PT 관계식 : $P \cdot T^{\frac{n}{1-n}} = $ Const

㉣ TP 관계식 : $T \cdot P^{\frac{1-n}{n}} = $ Const

② 절대일(외부에 대한 일) : 열역학 제1법칙 $dQ = dU + {}_1W_2 = dU + P \cdot dV$ 에서

$${}_1W_2 = \int_1^2 P \cdot dV = \frac{1}{n-1}(P_1 V_1 - P_2 V_2) = \frac{1}{n-1} R(T_1 - T_2)$$

③ 공업일(유동일) : $W_t = -\int_1^2 V \cdot dP = \frac{n}{n-1}(P_1 V_1 - P_2 V_2)$

$$= \frac{n}{n-1} R(T_1 - T_2) = n \times {}_1W_2$$

④ 단위질량당 가열량 및 이동열량 : 열역학 제1법칙 $dQ = dU + {}_1W_2$ 에서

$$dQ = dU + PdV = Cv \cdot dT + PdV$$

$$= \frac{n-k}{n-1} \cdot C_V (T_2 - T_1)$$

여기서, 폴리트로픽 비열 $C_n = \frac{n-k}{n-1} \cdot C_V$ 로 정의한다.

$${}_1Q_2 = C_n \cdot (T_2 - T_1) = C_n \cdot dT$$

⑤ 내부에너지 변화량 : $dU = Cv \cdot dT$ 에서,

$$\Delta U = \int_1^2 Cv \cdot dT = \frac{R T_1}{n-1}\left[\left(\frac{P_2}{P_1}\right)^{\frac{n-1}{n}} - 1\right] = -{}_1W_2$$

⑥ 엔탈피 변화량 : $dH = C_P \cdot dT$ 에서,

$$\Delta H = \int_1^2 C_P \cdot dT = \frac{n}{n-1} RT_1 \cdot \left[\left(\frac{P_2}{P_1}\right)^{\frac{n-1}{n}} - 1\right] = -W_t$$

⑦ 폴리트로픽 지수(n)에 따른 상태변화

$P \cdot V^n = Const$(일정)에서, n이 특정값을 가질 때 상태변화 과정은 다음과 같다.

㉠ $n = 0$ 일 때 : 등압과정   [해설] $P \cdot V^0 = P \times 1 = P = Const$

㉡ $n = 1$ 일 때 : 등온과정   [해설] $P \cdot V^1 = P \cdot V = RT = Const$

㉢ $n = k$ 일 때 : 단열과정   [해설] $P \cdot V^k = Const$

㉣ $n = \infty$ 일 때 : 등적과정   [해설] $P \cdot V^n = Const$ 에서, 양변의 지수에 $\times \frac{1}{n}$ 을 한다.

$$P^{\frac{1}{n}} \cdot V^{n \times \frac{1}{n}} = C^{\frac{1}{n}} = C$$

$$P^{\frac{1}{n}} \cdot V = P^{\frac{1}{\infty}} \cdot V = P^0 \cdot V = 1 \cdot V = V = Const$$

제4장 증기설비 관리

1. 증기의 일반적인 성질과 특성

(1) 정압하에서 증발과정

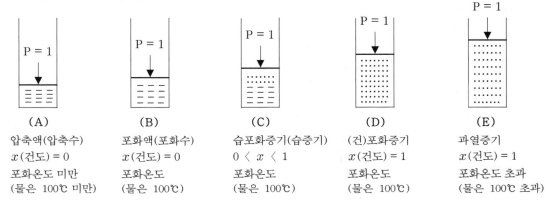

(A)	(B)	(C)	(D)	(E)
압축액(압축수)	포화액(포화수)	습포화증기(습증기)	(건)포화증기	과열증기
x(건도) = 0	x(건도) = 0	$0 < x < 1$	x(건도) = 1	x(건도) = 1
포화온도 미만	포화온도	포화온도	포화온도	포화온도 초과
(물은 100℃ 미만)	(물은 100℃)	(물은 100℃)	(물은 100℃)	(물은 100℃ 초과)

- 정량의 액체(물)를 실린더속에 넣고, 일정한 압력(즉, 정압)하에서 서서히 가열하면 일반적으로 액체(물)의 온도가 상승하고 실린더의 체적이 약간 팽창하는데, 액체의 온도가 더 이상 상승하지 않고 증발을 막 시작하여 증기로 상변화가 일어나는 때를 "포화액(saturated liquid)"이라 하고 이때 온도를 "포화온도(saturation temperature)"라 하며, 포화상태에 이르기 까지 필요한 열량을 "현열(sensible heat 또는, 감열)"이라고 한다. 포화온도는 액체의 종류와 압력에 따라 달라진다. 포화액을 계속해서 가열하면 온도 상승이 없이 포화액의 일부가 증발이 일어나는데 액체상태와 기체상태가 공존하는 상태인 2상 영역에 해당한다. 이때의 증기를 "습포화증기(wet saturated vapor 또는, 습증기)"라 한다. 습포화증기를 계속해서 가열하면 액체가 모두 증기로 바뀐 상태가 되는데 이때의 증기를 "건포화증기(dry saturated vapor 또는, 포화증기)"라 한다. 건포화증기를 더욱 가열하면 온도가 다시 상승하여 포화온도 이상의 증기상태로 되는데 이때의 증기를 "과열증기(superheated vapor)"라 한다. 또한, 정압하에서 과열증기온도와 포화증기온도의 온도차를 "과열도(degree of superheat)"라 한다. (과열도 = 과열증기온도 − 포화증기온도)

(2) 물질의 상평형도

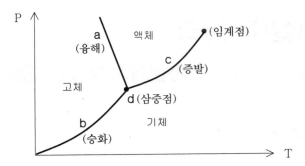

① P - T 선도에서 경계선은 상태변화를 의미한다.
  ㉠ 융해 (경계선 a) : 고체 - 액체가 혼합하여 존재
  ㉡ 승화 (경계선 b) : 고체 - 기체가 혼합하여 존재
  ㉢ 증발 (경계선 c) : 액체 - 기체가 혼합하여 존재

② **삼중점**(triple point)
  ㉠ 물질은 온도와 압력에 따라 화학적인 성질의 변화 없이 물리적인 성질만이 변화하는 상이 존재하는데 물의 경우에는 고체, 액체, 기체의 3상이 동시에 존재하는 점을 "삼중점"이라 한다.
  ㉡ 물의 삼중점 온도 : **0.01**℃ = (0.01 + 273.15) K = **273.16 K**, 압력 : 0.61 kPa
  ㉢ 평형수소의 삼중점 온도 : -259.34℃ = (-259.34 + 273.15) K = **13.80 K**

③ **임계점**(K, critical point)
  - 습증기 구간에서 압력을 더욱 높여 정압가열하면 습증기로서의 체적팽창 범위는 0이 되고, 증발을 시작하는 점과 끝나는 점이 임계점에서 일치한다. 즉, 어떤 압력에서도 기화가 일어나지 않는 압력을 임계압력(critical pressure), 임계점에서의 온도를 임계온도(critical temperature)라 한다.
  ㉠ 임계온도 이상에서 압력을 높이더라도 기체 상태로만 존재하므로 액화되지 않는다.
  ㉡ 임계점은 액상과 기상이 평형상태로 존재할 수 있는 최고온도 및 최고압력을 말한다.
  ㉢ 임계압력 상태에서는 기체 상태로만 존재하므로 더 이상 증발을 일으키지 않으므로 증발잠열은 0 이 된다.
  ㉣ 물의 증발잠열은 표준대기압(101.3 kPa)하에서는 539 kcal/kg(또는, 2257 kJ/kg) 이며, 포화압력이 높아질수록 작아진다. 따라서, 포화압력이 임계압력에 이르게 되면 증발잠열은 0 이 된다.
  ㉤ 고온, 고압의 임계점에서는 액상과 기상을 구분할 수 없으며, 포화액과 포화증기의 구별이 없어진다.
  ㉥ 물의 임계점은 **374**.15℃, 225.56 kg/cm^2 (약 **22 MPa**) 이다.

암기법 : 22(툴툴매파), 374(삼칠사)

(3) 물의 상태를 표시하는 증기선도(蒸氣線圖)

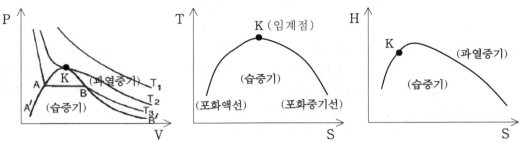

① 선도(Chart 또는, 그래프)의 종류

　㉠ P-V 선도 : 압력과 (비)체적의 관계를 나타낸다.

　㉡ T-S 선도 : 온도와 (비)엔트로피의 관계를 나타낸다.

　㉢ H-S 선도(또는, 몰리에 선도) : 엔탈피와 (비)엔트로피의 관계를 나타낸다.

　㉣ 그림에서 포화액선과 포화증기선은 압력이 상승함에 따라서 점차 가까워지며, 임계점에서는 일치하여 하나의 곡선이 되는데 이 곡선을 포화한계선(boundary curve) 또는, 포화선(saturation line)이라 한다.

② 각종 용어의 정의

　㉠ 현열(顯熱 또는, 감열, 액체열)

　　- 물체의 상태변화(상변화) 없이 온도변화만을 일으키는데 필요한 열량

　㉡ 잠열(潛熱 또는, 숨은열)

　　- 물체의 온도변화 없이 상태변화(상변화)만을 일으키는데 필요한 열량

　㉢ 전열(全熱, 전체열량)

　　- 현열(sensible heat)과 잠열(latent heat)을 합친 총열량

　㉣ 포화온도(飽和溫度)

　　- 어떤 일정한 온도(1기압에서 물은 100℃)에 도달하면 액체의 상태에서는 그 이상의 온도로 높아지지 않는다. 이 한계의 온도를 포화온도라고 한다. 포화온도는 액체의 종류와 그때 가해진 압력 조건에 따라 달라진다.

　㉤ 압축액(compressed Liquid 또는, 과냉각액, 압축수)

　　- 포화온도 미만의 상태인 액체

　㉥ 포화액(飽和額 또는, 포화수)

　　- 액체의 온도가 더 이상 상승하지 않고 증발을 막 시작하여 증기로 상변화가 일어나는 포화온도일 때의 액체

　㉦ 포화압력(飽和壓力)

　　- 상전이가 일어나는 포화온도일 때의 특정한 압력을 말하며, 포화압력이 높아지면 포화온도도 따라서 높아진다.

　㉧ 증발(蒸發 evaporation)

　　- 액체가 기체로 상태변화(즉, 기화) 하는 현상이다.

ⓩ 증발잠열(또는, 증발열, 증발엔탈피)
   - 액체가 기화할 때 외부에서 흡수하는 열량
ⓩ 비등(沸騰, Boiling)
   - 일반적으로 증발은 액체의 표면에서 일어나지만, 가열이 급격한 때에는 액체의 표면뿐만이 아니라 내부에서도 증발이 일어나 증기는 기포(氣泡)로 발생하여 액체 속을 떠올라가게 된다. 이처럼 액체 속에서의 증발현상을 비등이라 한다.
㉠ 비등점(沸騰點 Boiling point 또는, 끓는점)
   - 정압하에서 액체가 끓기 시작하는 포화온도를 말한다.
㉣ 습포화증기(wet saturated vapor 또는, 습증기)
   - 증발 진행 시 실린더 안에서 액체와 증기가 공존하는 2상 상태의 증기를 말한다.
㉤ 건포화증기(dry saturated vapor 또는, 포화증기)
   - 액체가 모두 증기로 증발한 상태로 액체 성분을 전혀 포함하지 않는 증기
ⓢ 증기건도(dryness fraction 또는, 증기건조도, x로 표시함)
   - 포화수와 증기의 전체 혼합물에 대한 증기의 질량비를 백분율로 나타낸 것

   즉, 혼합물의 증기건도 $x = \dfrac{포화증기}{혼합물} \times 100\,(\%)$

   $\qquad\qquad = \dfrac{포화증기}{습포화증기} \times 100\,(\%)$

   $\qquad\qquad = \dfrac{포화증기}{포화수 + 포화증기} \times 100\,(\%)$

⑪ 과열증기(過熱蒸氣, superheated vapor)
   - (건)포화증기를 더욱 가열하면 온도가 다시 상승하여 포화온도를 초과한 과열온도의 증기 상태로 된 증기를 말한다.

③ 물의 증기선도에서 건도와 증발잠열(증발열)의 특성을 다음과 같이 알 수 있다.
   ㉠ 압축수의 압력을 낮추면 습증기영역에 들어간 후 건도는 증가한다.
   ㉡ 과열증기의 압력을 낮추면 습증기영역에 들어갔을 때 건도가 감소한다.
   ㉢ 습증기의 압력을 높이면 건도는 감소 또는 증가한다.
   ㉣ 포화온도가 상승하면 증발잠열이 감소한다.
   ㉤ 포화압력이 상승하면 증발잠열이 감소한다.

2. 증기의 열적(熱的) 상태량

(1) 습증기의 성질

습증기의 열역학적 상태량은 압력, 온도 또는, 건조도 x에 의하여 표시되며, 건도 x인 습증기의 비체적(v), 비내부에너지(u), 비엔탈피(h), 비엔트로피(s)는 주로 [포화증기표]를 사용하여 다음 공식으로 계산한다.

① 비체적 $v_x = v_f + x(v_g - v_f)$ 또는, $v = v_1 + x(v_2 - v_1)$

   $\qquad\qquad = v_f + x \cdot v_{fg}$ $\qquad\qquad\qquad = v_1 + x \cdot R$

   여기서, 하첨자 f(fluid) 또는 1 : 증기건도 0인 상태의 포화액(포화수)

   하첨자 g(gaseous 또는 2 : 증기건도 1인 상태의 포화증기

   하첨자 fg 또는 R : $(g - f)$인 상태의 증발을 뜻한다.

② (비)내부에너지 $u_x = u_f + x(u_g - u_f)$ 또는, $u = u_1 + x(u_2 - u_1)$

   $\qquad\qquad\qquad = u_f + x \cdot u_{fg}$ $\qquad\qquad\qquad = u_1 + x \cdot R$

③ (비)엔탈피 $h_x = h_f + x(h_g - h_f)$ 또는, $h = h_1 + x(h_2 - h_1)$

   $\qquad\qquad\qquad = h_f + x \cdot h_{fg}$ $\qquad\qquad\qquad = h_1 + x \cdot R$

④ (비)엔트로피 $S_x = S_f + x(S_g - S_f)$ 또는, $S = S_1 + x(S_2 - S_1)$

   $\qquad\qquad\qquad = S_f + x \cdot S_{fg}$ $\qquad\qquad\qquad = S_1 + x \cdot R$

(2) 교축과정(絞縮過程, throtting 스로틀링 또는, 등엔탈피 변화)

유체 통로의 일부에 밸브(Valve)나 오리피스(Orifice) 또는, 가느다란 구멍이 뚫린 판 등을 부착하여 유체 흐름의 단면적을 좁히면 유체가 급격하게 좁아진 통로를 통과할 때는 외부에 대해서는 일을 하지 않고, 이미 존재하는 압력차에 의해 유속이 강제적으로 증가되고, 이에 따라 분자 간의 거리가 멀어져 비체적이 증가하고 엔트로피는 항상 증가하며 압력과 온도는 하강하는 현상을 교축과정이라고 한다. 교축과정은 비가역 정상류의 단열 과정으로 열전달이 전혀 없고 일을 하지 않는 과정으로서 엔탈피는 항상 일정하게 유지되는 등엔탈피 변화(H1 = H2 = constant)이다.

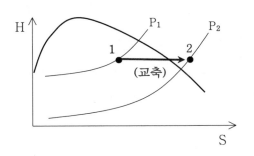
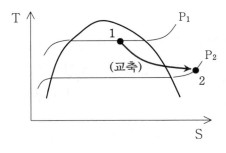

3. 증기 사이클(cycle)

(1) 열기관

증기기관이나 가솔린기관, 디젤기관, 제트기관, 증기터빈 등과 같이 동작유체(수증기, 연료)가 고온부와 저온부의 열원 사이에서 몇 단계의 열역학적 과정을 거쳐서 원래 상태로 돌아오는 순환과정을 반복하면서 열에너지를 유용한 기계적(역학적)에너지인 일로 바꾸는 장치를 열기관(heat engine)이라고 한다.

① 열기관의 일

한번 순환하는 사이에 동작유체가 고온부의 열원에서 흡수하는 열량을 Q_1, 저온부의 열원에서 방출하는 열량을 Q_2라고 하면 열기관이 외부에 하는 일은 열역학 제1법칙인 에너지보존법칙에 의하여 $Q_1 = Q_2 + W$에서, $W = Q_1 - Q_2$이다.

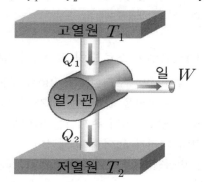

② 열기관의 열효율(η)

$$\eta = \frac{(유효)출력}{입력} = \frac{W_{net}}{Q_1}\left(\frac{유효일}{공급열}\right) = \frac{Q_1 - Q_2}{Q_1} = 1 - \frac{Q_2}{Q_1} \quad \text{---- (기본식)}$$

③ 카르노(Carnot) 기관

열효율이 가장 높은 이상적인 열기관으로, 고열원의 온도가 T_1이고 저열원의 온도가 T_2일 때 이상적인 열기관의 효율(η)은 온도에 의해서 결정된다.

$$\eta = \frac{T_1 - T_2}{T_1} = 1 - \frac{T_2}{T_1}$$

(2) 열기관의 사이클

순환과정을 표시하는 P-V선도에서 면적 ABCDA는 계가 한 번 순환하는 사이에 높은 압력에서 체적이 증가하는 쪽으로 화살표가 표시될 때 외부에 한 일(+W)을 나타내고, 반대로 부피가 감소하는 쪽으로 화살표가 표시될 때 외부에서 받은 일(-W)을 나타낸다. 한번 순환하여 처음의 상태로 되돌아올 때는 계의 내부에너지도 처음의 상태로 되돌아오므로 내부에너지 변화 dU = C$_V$·dT = 0이 된다.

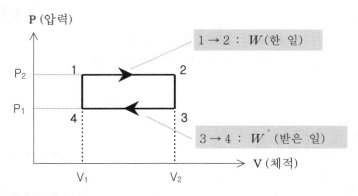

열역학 제1법칙 Q_{in}(또는, dQ) = dU + W_{out} = dU + $P \cdot dV$ 에서

$$dQ - W_{out} = dU = 0$$

$$dQ = W_{out}$$

즉, 계가 한번 순환하는 동안에 dQ(흡수 열량, 가해진 열량)은 W_{out} (외부에 한 일)과 같다.

(3) 사이클의 종류

● 사이클(cycle) 과정의 순서(시계방향)는 반드시 암기하고 있어야 한다.

암기법 : 단적단적한.. <u>내</u>, <u>오디사</u> <u>가</u>(부러), <u>예스</u> 랭!
  ↳내연기관.   ↳외연기관

오	**단적~단적**	오토	(단열-등적-단열-등적)
디	**단합~** 〃	디젤	(단열-등압-단열-등적)
사	**단적합~** 〃	사바테	(단열-등적-등압-단열-등적)

가(부) **단합~단합.** 가스터빈(부레이톤) (단열-등압-단열-등압) 암기법 :가!~단합해

예 **온합~온합** 에릭슨 (등온-등압-등온-등압) 암기법 : 예혼합.

스 **온적~온적** 스털링 (등온-등적-등온-등적) 암기법 :스탈린 온적있니?

랭킨 **합단~합단** 랭킨 (등압-단열-등압-단열) 암기법 : 링컨 가랭이
  ↳**증기 원동소의 기본 사이클**

(4) 카르노 사이클 (Carnot cycle)

● 열역학 제2법칙에서 열을 일로 변환시킨다는 것이 제한을 받는다는 것을 알았으므로 공급된 열량을 100% 일로 전환하는 것이 불가능하다.
  비가역변화 과정에서는 에너지손실에 따라 열효율이 저하되므로, 사이클을 구성하는 각 상태변화는 가역변화 과정이어야 한다.
  결국, 상태변화가 가역과정인 변화는 등온변화와 단열변화로 이루어진 열기관 사이클이 가장 이상적이라 할 수 있다. 열기관의 이상적인 사이클은 프랑스의 카르노(Carnot)에 의해 고안된 카르노 사이클이다.

① 작동원리 　　　　　　　　　　　　　　　　 | 암기법 | : 카르노 온단다
- 카르노 사이클은 2개의 등온과정과 2개의 단열과정으로 구성되며, 그 과정을 가역적으로 시키면서 외부에 일을 하게 되는 사이클이다.

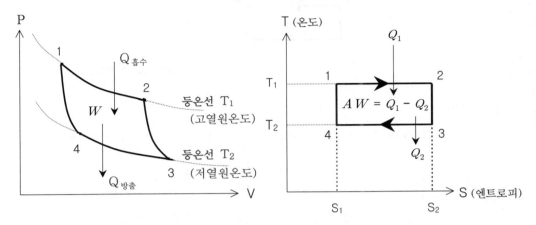

【그래프 설명】　　1→2 : 등온팽창.(열흡수, 가열)

　　　　　　　　　 2→3 : 단열팽창.(열출입없이 외부에 일을 한다. ∴ 온도하강)

　　　　　　　　　 3→4 : 등온압축.(열방출, 방열)

　　　　　　　　　 4→1 : 단열압축.(열출입없이 외부에서 일을 받는다. ∴ 온도상승)

- 그래프에서 면적(1234)은 외부에 한 일($W = Q_1 - Q_2$)에 해당한다.

② 카르노 사이클의 열효율 $\eta = \dfrac{W_{net}}{Q_1}\left(\dfrac{유효일}{공급열}\right)$

　　　　　　　 한편, 열역학 제1법칙(에너지보존) $Q_1 = Q_2 + W$ 에서

　　　　　　　　　　　　　　　　　　　 $W = Q_1 - Q_2$

　　　 $\eta = \dfrac{Q_1 - Q_2}{Q_1} = 1 - \dfrac{Q_2}{Q_1} = 1 - \dfrac{T_2}{T_1}$

(5) 오토(Otto) 사이클 (또는, 정적 사이클)

동작유체를 단열압축하여 일정한 체적하에서 전기점화에 의해 연소시키는 방식으로 2개의 단열과정과 2개의 정적과정으로 이루어진 사이클로서, 일정한 체적하에서 가열하므로 "정적(또는, 등적)사이클"이라고도 부른다. 전기점화식(또는, 불꽃점화식) 내연기관의 이상적인 사이클로 승용차용 가솔린기관, 가스기관 등에 사용되는 기본 사이클이다.

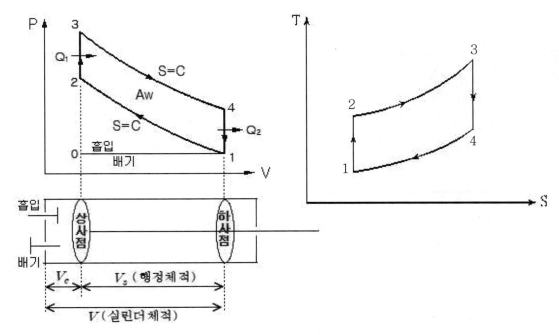

【그래프 설명】 $1 \rightarrow 2$: 단열압축 : $W < 0$ (일을 받는 과정)

$2 \rightarrow 3$: 정적가열 : 연소과정

$3 \rightarrow 4$: 단열팽창 : $W > 0$ (일을 하는 과정)

$4 \rightarrow 1$: 정적방열 : 냉각과정

- 오토사이클의 열효율 $\eta = \dfrac{W_{net}}{Q_1}\left(\dfrac{\text{유효일}}{\text{공급열}}\right) = 1 - \dfrac{Q_2}{Q_1} = 1 - \dfrac{T_4 - T_1}{T_3 - T_2}$

$$= 1 - \left(\dfrac{1}{\varepsilon}\right)^{k-1}$$

여기서, k : 비열비, ε : 압축비$\left(= \dfrac{V_1}{V_2}\right)$ 이다.

(6) 디젤(Diesel) 사이클 (또는, 정압 사이클)

동작유체를 단열압축하여 고온, 고압하에서 압축열만으로 착화온도까지 이르게 하여 자연착화 연소시키는 방식으로 2개의 단열과정과 1개의 정압과정, 1개의 정적과정 으로 이루어진 사이클로서, 일정한 압력하에서 연소되므로 "정압(또는, 등압) 사이클" 이라고도 부른다. 선박용 저속·중속 디젤기관, 압축착화기관에 사용되는 기본 사이클이다.

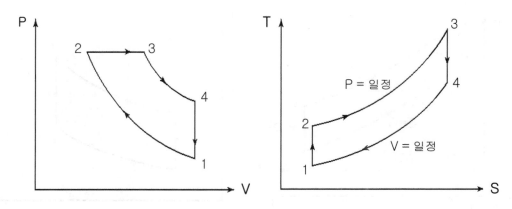

【그래프 설명】　1 → 2 : 단열압축 : 흡입공기를 단열압축하는 과정
　　　　　　　　 2 → 3 : 정압가열 : 연료를 분사하여 정압하에서 연소
　　　　　　　　 3 → 4 : 단열팽창 : 연소가스가 단열팽창하는 과정
　　　　　　　　 4 → 1 : 정적방열 : 정적하에서 연소가스를 배출한다.

- 디젤사이클의 열효율　$\eta = \dfrac{W_{net}}{Q_1} \left(\dfrac{유효일}{공급열}\right) = \dfrac{Q_1 - Q_2}{Q_1} = 1 - \dfrac{Q_2}{Q_1}$

$$= 1 - \frac{C_V \cdot (T_4 - T_1)}{C_P \cdot (T_3 - T_2)} = 1 - \left(\frac{1}{\varepsilon}\right)^{k-1} \cdot \frac{\sigma^k - 1}{k(\sigma - 1)}$$

여기서, k : 비열비, ε : 압축비, σ : 단절비 이다.

(7) 사바테(Savathe) 사이클 (또는, 정적·정압 사이클, 이중연소 사이클, 복합 사이클)

동작유체를 2개의 단열과정과 1개의 정압과정, 2개의 정적과정으로 이루어진 오토 사이클과 디젤 사이클과의 조합으로서, 정적 및 정압하의 두 부분에서 이중 연소 가열로 이루어지므로 "정적·정압 사이클 또는 복합 사이클"이라고도 부른다. 차량용 고속 디젤기관에 사용되는 기본 사이클이다.

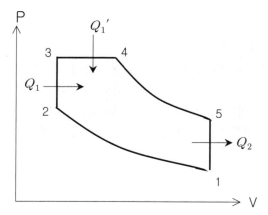 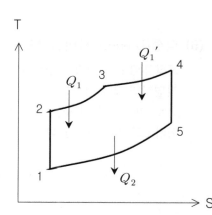

【그래프 설명】　1 → 2 : 단열압축 : $W < 0$ (일을 소비하는 과정)

2 → 3 : 정적가열 : 연소과정

3 → 4 : 정압가열 : 연소과정

4 → 5 : 단열팽창 : $W > 0$ (일을 생산하는 과정)

5 → 1 : 정적방열 : 냉각과정

- 사바테 사이클의 열효율 $\eta = \dfrac{W_{net}}{Q_1}\left(\dfrac{유효일}{공급열}\right) = \dfrac{Q_1 - Q_2}{Q_1} = 1 - \dfrac{Q_2}{Q_1}$

$$= 1 - \left(\frac{1}{\varepsilon}\right)^{k-1} \cdot \left[\frac{\rho \cdot \sigma^k - 1}{(\rho - 1) + \rho k(\sigma - 1)}\right]$$

여기서, k : 비열비, ε : 압축비, σ : 단절비, ρ : 폭발비 이다.

(8) 가스터빈의 이상 사이클(gas turbine) 또는, 브레이톤(Brayton) 사이클

연료와 공기를 동작유체로 2개의 단열과정과 2개의 정압과정으로 이루어져 고온·고속의 연소가스를 터빈날개에 분사시켜 직접 회전 일을 얻어 동력을 발생시키는 열기관으로서, 제트엔진, 자동차, 발전소 등에 사용되는 기본 사이클이다.

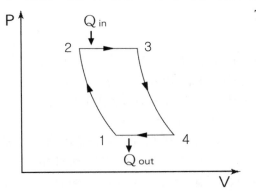
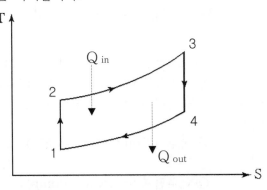

【그래프 설명】　1 → 2 : 공기압축기에서의 단열압축 : $W < 0$ (일을 소비하는 과정)

(열출입없이 외부에서 일을 받는다. ∴ 온도상승)

2 → 3 : 정압가열 : 연소과정.(열흡수)

3 → 4 : 터빈에서의 단열팽창 : $W > 0$ (일을 생산하는 과정)

(열출입없이 외부에 일을 한다. ∴ 온도하강)

4 → 1 : 정압방열 : 냉각과정.(열방출)

- 브레이톤 사이클의 열효율 $\eta = \dfrac{W_{net}}{Q_1}\left(\dfrac{유효일}{공급열}\right) = \dfrac{Q_1 - Q_2}{Q_1} = 1 - \dfrac{Q_2}{Q_1}$

$$= 1 - \left(\frac{1}{\gamma}\right)^{\frac{k-1}{k}}$$

여기서, k : 비열비, γ : 압력비 이다.

(9) 증기원동소 사이클(Steam power plant) 또는 랭킨 사이클(Rankine cycle)

2개의 정압과정과 2개의 단열과정(등엔트로피 과정)으로 이루어진 사이클로서,
연료의 연소열을 증기보일러내의 물에 전달하여 수증기를 발생시키고, 이 증기를 터빈을
돌리는 작동유체로 사용하는데 필요한 장치들을 포함하여 증기원동소라고 부른다.
증기원동소 사이클 중에서 기본이 되는 이상적 사이클인 랭킨사이클은 증기터빈 기관이나
왕복증기기관에 사용된다.

① 랭킨사이클의 구성요소 : 보일러 → 과열기 → 터빈 → 복수기(냉각기) → (급수)펌프

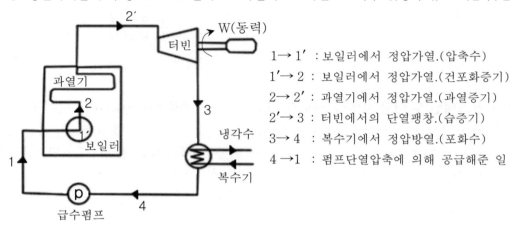

1→1′ : 보일러에서 정압가열.(압축수)
1′→2 : 보일러에서 정압가열.(건포화증기)
2→2′ : 과열기에서 정압가열.(과열증기)
2′→3 : 터빈에서의 단열팽창.(습증기)
3→4 : 복수기에서 정압방열.(포화수)
4→1 : 펌프단열압축에 의해 공급해준 일

㉠ 증기보일러(Boiler) : 연료를 연소하여 물을 고온·고압의 증기로 만드는 장치이다.
㉡ 과열기(Super heater) : 고온·고압의 증기를 더욱 가열시켜서 과열증기로 만드는 장치이다.
㉢ 증기터빈(Steam Turbine, 증기원동기) : 과열증기를 단열팽창시켜서 동력일(터빈일)을
발생시키는 장치이다.
㉣ 복수기(Condenser, 응축기) : 고온·고압의 증기가 터빈일을 끝내고 나온 저압증기를
냉각시켜서 물로 회복되게 하는 장치이다.
㉤ 급수펌프(feed water Pump) : 복수시킨 물을 다시 보일러수로 돌려보내는 장치이다.

② 랭킨사이클의 선도 해석

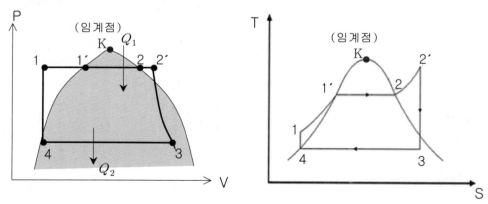

1 → 2 : 보일러에서의 정압가열로 온도가 상승하여 압축수(1)는 먼저 포화수(1')가
    되었다가 계속 증발하여 건포화증기(2)로 된다.

2 → 2' : 과열기에서 정압가열로 온도가 상승하여 건포화증기(2)는 과열증기(2')로 된다.

2' → 3 : 과열증기(2')는 터빈입구로 들어가서 단열(등엔트로피)팽창에 의해 터빈 일을
    하므로 습증기(3)가 되어 터빈출구로 배출된다.

3 → 4 : 배출된 습증기(3)는 복수기(응축기)내에서 정압방열에 의해 냉각·응축되어
    처음의 포화수(4)로 되돌아간다.

4 → 1 : 포화수(4)는 급수펌프의 단열(등엔트로피)압축에 의해 압축수(1)가 되어
    보일러의 급수로 공급된다.(여기서, 펌프의 단열압축 포화수(4)는 비압축성유체
    이므로 체적변화가 거의 없는 정적변화로 볼 수 있다.)

③ 랭킨사이클의 열효율 $\eta = \dfrac{W_{net}}{Q_1} \left(\dfrac{\text{유효일}}{\text{공급열}} \right) = \dfrac{Q_1 - Q_2}{Q_1} = 1 - \dfrac{Q_2}{Q_1}$

여기서, Q_1 : 증발 및 과열에 공급된 열량 ($h_{2'} - h_1$)
Q_2 : 응축에 의한 방출열량 ($h_3 - h_4$)

$$\eta = \frac{(h_{2'} - h_1) - (h_3 - h_4)}{h_{2'} - h_1} = 1 - \frac{h_3 - h_4}{h_{2'} - h_1}$$

여기서, W_T : 터빈 일 ($h_{2'} - h_3$)
W_P : 펌프 일 ($h_1 - h_4$)

$$= \frac{(h_{2'} - h_3) - (h_1 - h_4)}{h_{2'} - h_1} = \frac{W_T - W_P}{Q_1} = \frac{W_{net}}{Q_1}$$

만약, W_P : 펌프 일은 무시되는 경우에는 ($h_1 = h_4$ 이므로)

$$= \frac{W_T - 0}{Q_1} = \frac{W_T}{Q_1} = \frac{h_{2'} - h_3}{h_{2'} - h_1} = \frac{h_{2'} - h_3}{h_{2'} - h_4} \text{ 계산한다.}$$

(10) 재열(Reheat, 再熱) 사이클 또는, 재열 랭킨사이클

랭킨사이클의 열효율을 높이기 위하여 초온·초압을 높게 하면 터빈에서 단열팽창
중의 증기 건조도가 빨리 저하되어 습증기가 됨으로써 마찰손실 및 터빈의 날개를 부식
시키게 되는 단점이 있으므로, 증기원동소 사이클(랭킨사이클)에서 터빈출구의 증기
건도를 증가(또는, 터빈출구의 습도를 감소)시키기 위하여 고압터빈 내에서 팽창 도중의
증기를 취출시켜 가열장치인 재열기로 적절한 온도까지 다시 가열(즉, 재열)하여
과열도를 높인 다음 이것을 저압터빈으로 다시 보내어 터빈 일을 함으로써, 랭킨사이클의
열효율을 개선하고 터빈날개에서의 마찰손실을 방지하는 등의 기계적 이익을 가져다주는
사이클을 재열 사이클이라고 부른다. 터빈은 재열기의 개수보다 하나 더 많다.

• 재열사이클의 구성요소 : 보일러 → 과열기 → 터빈 → 재열기 → 터빈 → 복수기 → (급수)펌프

(11) 재생(Regenerative, 再生) 사이클

랭킨(Rankine)사이클의 열효율이 카르노사이클에 비하여 열효율이 훨씬 낮은 이유는
급수의 정압가열에 있는 것이다. 따라서 열효율을 높이기 위하여 터빈에서 팽창도중의
증기를 일부 빼내어 그 증기에 의해 복수기에서 나오는 저온의 급수를 가열하여 보일러에
공급해 줌으로써, 배출증기가 갖는 열량을 될 수 있는 대로 급수의 예열에 재생시켜
랭킨사이클의 열효율을 열역학적으로 개선한 사이클을 재생 사이클이라고 부른다.

- 재생사이클의 구성요소 : 보일러 → 과열기 → 터빈 → 복수기 → 급수가열기 → 급수펌프

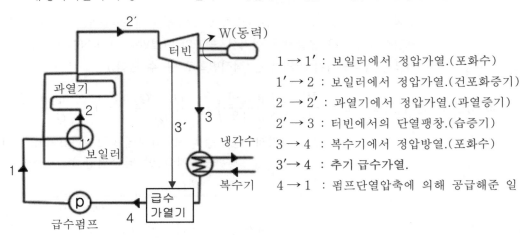

1 → 1′ : 보일러에서 정압가열.(포화수)
1′ → 2 : 보일러에서 정압가열.(건포화증기)
2 → 2′ : 과열기에서 정압가열.(과열증기)
2′ → 3 : 터빈에서의 단열팽창.(습증기)
3 → 4 : 복수기에서 정압방열.(포화수)
3′ → 4 : 추기 급수가열.
4 → 1 : 펌프단열압축에 의해 공급해준 일

(12) 재열·재생 (Reheating and Regenerative) 사이클

재열사이클은 팽창 후의 증기온도를 높여서 열효율을 증가시킬 뿐만 아니라 증기건도를
높임으로서 물방울로 인한 터빈과의 마찰손실을 줄이는 것이며, 재생사이클은 배출
증기가 갖는 열량을 가급적 복수기에서 버리지 않고 급수의 예열에 재생시켜 열효율을
증가시키는 특징이 있다. 이 양자의 효과를 조합하여 더 한층 열효율을 개선한 사이클을
재열·재생 사이클이라고 부른다.

- 재열·재생사이클의 구성요소 : 보일러 → 과열기 → 터빈 → 재열기 → 터빈 →
  복수기 → 급수가열기 → 급수펌프

제5장 **열전달**

1. 열전달 이론

열전달(Heat transfer, 또는 전열)이란 온도차를 지닌 두 물체 사이에서 일어나는 열에너지의 전달을 말하는데, 열전달의 방법에는 전도, 대류, 복사의 3가지 형태로 이루어진다.

(1) 열전달 방법

① 전도(conduction) : 고체를 매개체로 하여 열이 고온에서 저온으로 이동하는 현상.
② 대류(convection) : 고체 벽이 온도가 다른 유체와 접촉하고 있을 때 유체에 유동이 생기면서 열이 이동하는 현상.
③ 복사(radiation 또는, 방사) : 중간에 매개체가 없이 열에너지가 이동하는 현상.

(2) 열전달의 방법에 따른 법칙

① **전도(傳導) 열전달** : 푸리에(Fourier)의 법칙 (또는, 전도의 법칙)

$$Q = \frac{\lambda \cdot \Delta t \cdot A}{d} \times T$$

여기서, Q : 전달열량(또는, 전열량) [kcal]
λ : 열전도율(또는, 열전도계수) [kcal/mh℃]
Δt : 온도차 [℃]
A : 전열 표면적 [m²]
d : 고체벽(또는, 판)의 두께 [m]
T : 열전달시간 [hour, min, sec]

② **대류(對流) 열전달** : 뉴턴(Newton)의 냉각법칙 (또는, 대류의 법칙)

$$Q = \alpha \cdot \Delta t \cdot A \times T$$

여기서, α : 열전달률(또는, 열전달계수) [kcal/m²h℃]

③ **복사(輻射 또는, 방사 放射) 열전달**

㉠ 스테판-볼츠만(Stefan-Boltzmann)의 법칙(또는, 복사의 법칙)
: "흑체(black body)로부터의 복사 전열량은 절대온도의 **4제곱**에 비례한다."

$$Q = \varepsilon \cdot \sigma \cdot T^4 \times A \times t$$

여기서, ε : 표면 복사율(방사율) 또는, 흑도, 복사능
(별도로 제시가 없으면 1 로 한다.)

σ : 스테판-볼츠만 상수 [4.88×10^{-8} kcal/m$^2 \cdot$h$\cdot$K^4

또는, = 5.7×10^{-8} W/m$^2 \cdot$K^4]

T : 표면온도(단, 절대온도 K)

A : 방열물체의 표면적 [m^2]

t : 열전달시간 [hour]

$$Q = C_b \cdot \left(\frac{T}{100} \right)^4$$

여기서, C_b : 흑체복사 정수 [5.67 W/m$^2 \cdot$K^4]

즉, 흑체복사정수 계수 5.67 로 표현할 때 $T^4 \times 10^{-8}$ 으로 하려면

분모를 $\left(\dfrac{T}{100} \right)^4$ 으로 표현하게 되는 것이다.

$$Q = \varepsilon \times \sigma (T_1^4 - T_2^4) \times A \times t$$

여기서, T_1 : 고온측 방열물체의 표면온도(K)

T_2 : 저온측 실내온도(K)

A : 방열물체의 표면적(제시없으면 1 m^{2}으로 한다.)

【참고】 • 스테판-볼츠만 상수 σ = 4.88×10^{-8} kcal/m^{2}hK^4

$$= 4.88 \times 10^{-8} \times \frac{kcal \times \dfrac{4.1868 \, kJ}{1 \, kcal} \times \dfrac{10^3 \, J}{1 \, kJ}}{h \times \dfrac{3600 \sec}{1 \, h} \times m^2 \cdot K^4}$$

$$= 5.67 \times 10^{-8} \text{ W/m}^2\text{K}^4 \doteqdot 5.7 \times 10^{-8} \text{ W/m}^2\text{K}^4$$

ⓒ 플랑크(Planck)의 법칙

: "고온의 물체에서 복사되는 열량(또는, 복사에너지)은 파장의 길이에 반비례한다."

$$E = h \cdot f = h \cdot \frac{c}{\lambda}$$

여기서, h : 플랑크 상수(6.63×10^{-34} J $\cdot$ sec)

f : 진동수(Hz)

λ : 파장의 길이 [m]

c : 빛의 속도(3×10^5 km/sec)

ⓒ 빈(Wien)의 법칙

: "어떤 주어진 온도에서 최대 복사강도에서의 파장 λ_{max}는 절대온도에 반비례한다."

$$\lambda_{max} \propto \frac{1}{T}$$

여기서, T : 표면온도(단, 절대온도 K)

(3) 열전달 특성에 사용되는 무차원수

① **Nusselt (넛셀)수** $\text{Nu} = \left(\dfrac{\text{대류열전달계수}}{\text{전도열전달계수}}\right)$

② **Prandtl (프란틀)수** $\text{Pr} = \left(\dfrac{\text{동점성계수}}{\text{열전도계수}}\right) = \left(\dfrac{\text{열전도계수}}{\text{열확산계수}}\right) = \left(\dfrac{\text{운동량의 퍼짐도}}{\text{열적 퍼짐도}}\right)$

③ **Reynolds (레이놀즈)수** $\text{Re} = \left(\dfrac{\text{관성력}}{\text{점성력}}\right)$에 따라 유체는 층류와 난류로 구분된다.

④ **Stanton (스텐톤)수** $\text{St} = \left(\dfrac{Nu수}{Re수 \times Pr수}\right)$는 열전달계수와 관계가 있다.

⑤ **Eckert (에거트)수** $\text{Ec} = \left(\dfrac{\text{운동에너지}}{\text{엔탈피}}\right)$는 확산계수와 관계가 있다.

⑥ **Schmidt(슈미트)수** $\text{Sc} = \left(\dfrac{\text{운동량}}{\text{확산계수}}\right)$는 물질전달계수와 관계가 있다.

⑦ **Grashof(그라쇼프)수** $\text{Gr} = \left(\dfrac{\text{부력}}{\text{점성력}}\right)$는 자연대류의 흐름과 관계가 있다.

⑧ **Sherwood(셔우드)수** $\text{Sh} = Re수 \times Sc수$

⑨ **Lewis(루이스)수** $\text{Le} = \dfrac{Sc수}{Pr수}$ 는 열확산계수와 관계가 있다.

【보충】 Prandtl (프란틀)수 $\text{Pr} \equiv \dfrac{C_P \cdot \mu}{\lambda} \left(\dfrac{\text{정압비열} \times \text{점성계수}}{\text{열전도계수}}\right)$ 한편, $\mu = \rho \cdot \nu$ 이므로

$= \dfrac{C_P \cdot \rho \, \nu}{\lambda} \left(\dfrac{\text{정압비열} \times \text{밀도} \times \text{동점성계수}}{\text{열전도계수}}\right)$

$= \dfrac{\nu}{\alpha} \left(\dfrac{\text{동점성계수}}{\text{열확산계수}}\right)$

2. 열관류율

(1) 열전도율 (λ 또는, 열전도계수, 열전도도)   암기법 : 김미화씨

① 1개의 물체를 구성하고 있는 물질 부분을 차례차례로 열이 전달되는 경우 또는 직접 접촉하고 있는 2개의 물체 중 한 물체에서 다른 물체로 열이 전달되는 현상으로서, 단위면적당 두께가 1m인 재료의 열전달 특성을 말한다.

② 열전도율의 단위 : W/m·K (SI 단위) 또는, kcal/m·h·℃ (공학용 단위)

(2) 열저항 (R 또는, 전열저항, 열전도저항)

① 열저항의 공식 : $R = \dfrac{d}{\lambda} = \dfrac{\text{재료의 두께}(m)}{\text{열전도율}(kcal/mh℃ \text{ 또는, } W/mK)}$

② 열저항의 단위 : m²·K / W (SI 단위) 또는, m²·h ·℃ / kcal (공학용 단위)

③ 다층 구조체의 열저항 : $\displaystyle\sum_i R_i = R_1 + R_2 = \dfrac{d_1}{\lambda_1} + \dfrac{d_2}{\lambda_2}$ (직렬연결)

(3) 열전달률 (α 또는, 열전달계수, 경막계수)

① 고체의 표면과 직접 접촉하고 있는 유체와의 사이에 유체의 유동 및 복사에 의하여 열이 전달되는 현상으로서, 단위면적당 온도차가 1℃일 때의 열전달 특성을 말한다.

② 열전달률의 단위 : $W/m^2 \cdot K$ (SI 단위) 또는, $kcal/m^2 \cdot h \cdot ℃$(공학용 단위)

③ 대류열전달률(αc) : 고체의 표면에 접촉한 유체의 대류운동에 의한 열전달계수이다.

④ 복사열전달률(αr) : 고체의 표면에서 복사에 의한 열전달계수이다.

(4) 열관류율 (K 또는, 열통과율, 총괄열전달계수)

① 고온유체 벽 표면에서의 열전달, 구조체(벽) 내부의 열전도, 저온유체 벽 표면에서의 열전달 등 세 과정을 거쳐서 열량 Q가 고온측 유체로부터 저온측 유체로 전달된다. 이와 같이 조합된 전열과정의 열전달 특성을 "열관류율" 또는 "열통과율"이라 한다.

② 열관류율 계산공식 : $K = \dfrac{1}{\dfrac{1}{\alpha_1} + \dfrac{d_1}{\lambda_1} + \dfrac{d_2}{\lambda_2} + \dfrac{d_3}{\lambda_3} + \dfrac{1}{\alpha_2}}$

③ 열관류율의 단위 : $W/m^2 \cdot K$ (SI 단위) 또는, $kcal/m^2 \cdot h \cdot ℃$ (공학용 단위)

(5) 열유속 (熱流束, Heat flow flux)

① 단위면적당, 단위시간당 열전달량(Q)을 말한다.

② 열유속 = $\dfrac{Q}{A} \left[\dfrac{kcal/h}{m^2} \right]$

③ 열유속의 단위 : W/m^2 또는, $kcal/m^2 \cdot h$

3. 전열량(또는, 열전달량) 계산

(1) 평면벽(또는, 평면판) 구조체의 열전도

① 실내·외 표면의 열전달률이 제시되어 있지 않은 경우

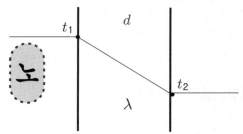

$$Q = \dfrac{\Delta t \cdot A}{R} \quad \text{여기서, 열저항 R} = \dfrac{d}{\lambda} \text{이므로}$$

$$= \dfrac{\lambda \cdot \Delta t \cdot A}{d}$$

② 실내·외 표면의 대류 및 복사 열전달률(또는, 열전달계수)이 제시되어 있는 경우

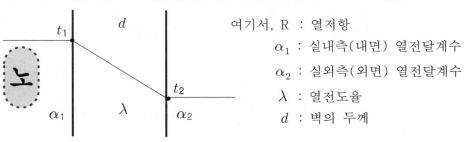

여기서, R : 열저항

α_1 : 실내측(내면) 열전달계수

α_2 : 실외측(외면) 열전달계수

λ : 열전도율

d : 벽의 두께

$$Q = \frac{\Delta t \cdot A}{\dfrac{1}{\alpha_1} + R + \dfrac{1}{\alpha_2}} = \frac{\Delta t \cdot A}{\dfrac{1}{\alpha_1} + \dfrac{d}{\lambda} + \dfrac{1}{\alpha_2}}$$

(2) 다층 평면벽(또는, 다층판) 구조체의 열전도

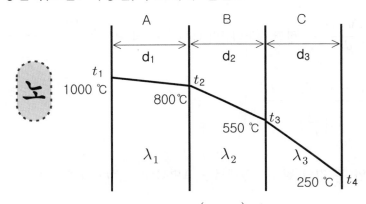

$$Q = \frac{\Delta t \cdot A}{\dfrac{d_1}{\lambda_1} + \dfrac{d_2}{\lambda_2} + \dfrac{d_3}{\lambda_3}} = \frac{(t_1 - t_4) \cdot A}{\dfrac{d_1}{\lambda_1} + \dfrac{d_2}{\lambda_2} + \dfrac{d_3}{\lambda_3}}$$

(3) 원통형 배관의 열전도

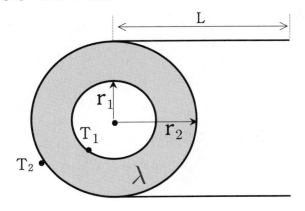

① 길이가 L 인 한 겹의 **원통** 배관에서는 표면적 A = $2\pi r \cdot L$ 이므로

$$\int_{r_1}^{r_2} \frac{Q}{A} \, dr = \int_{r_1}^{r_2} \frac{Q}{2\pi r \cdot L} \, dr = \frac{Q}{2\pi L} \int_{r_1}^{r_2} \frac{1}{r} \, dr = \frac{Q}{2\pi L} \left[\ln r \right]_{r_1}^{r_2}$$

$$= \frac{Q}{2\pi L} (\ln r_2 - \ln r_1) = \frac{Q}{2\pi L} \cdot \ln\left(\frac{r_2}{r_1}\right) = \lambda \cdot \Delta T \text{ 에서,}$$

$$\therefore Q = \frac{\lambda \cdot \Delta T \cdot 2\pi L}{\ln\left(\dfrac{r_2}{r_1}\right)} \text{ 으로 표현하여 사용한다.}$$

② 원통형 배관에서의 전열량은 평면벽의 일정한 면적과는 달리, 그 내면과 외면의 면적이 같지 않으므로 내·외면의 대수평균면적(A_m)을 구하여 평면벽의 열전도 공식에 적용해야 한다.

$$Q = \frac{\lambda \cdot \Delta t \cdot A_m}{d} \quad \text{한편, 내·외면의 대수평균면적 } A_m = \frac{2\pi L \cdot (r_0 - r_i)}{\ln\left(\dfrac{r_0}{r_i}\right)} \text{ 이므로}$$

$$= \frac{2\pi L \times \lambda \cdot (T_0 - T_i)}{\ln\left(\dfrac{r_0}{r_i}\right)}$$

③ 길이가 L 인 두 겹의 **원통** 배관에서는 표면적 A = $2\pi r \cdot L$ 이므로

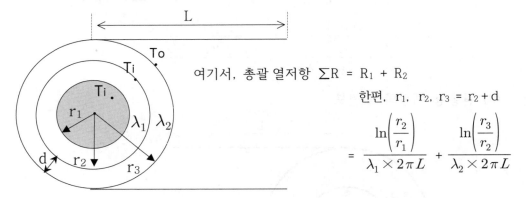

여기서, 총괄 열저항 $\sum R = R_1 + R_2$

한편, r_1, r_2, $r_3 = r_2 + d$

$$= \frac{\ln\left(\dfrac{r_2}{r_1}\right)}{\lambda_1 \times 2\pi L} + \frac{\ln\left(\dfrac{r_3}{r_2}\right)}{\lambda_2 \times 2\pi L}$$

$$\therefore Q = K \cdot \Delta T = \frac{\Delta T}{\sum R} \text{ 으로 계산할 수 있게 된다.}$$

(4) 구형용기의 열전도

- 반지름이 r 인 구형 용기에서는 표면적 A = 4πr² 이므로

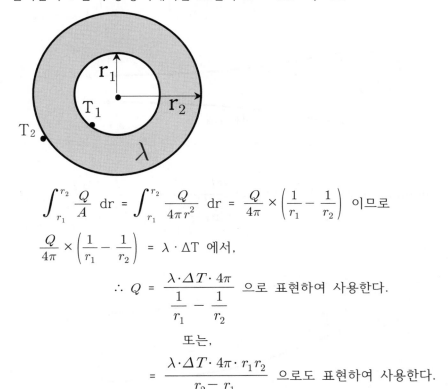

$$\int_{r_1}^{r_2} \frac{Q}{A}\ dr = \int_{r_1}^{r_2} \frac{Q}{4\pi r^2}\ dr = \frac{Q}{4\pi} \times \left(\frac{1}{r_1} - \frac{1}{r_2}\right) \text{ 이므로}$$

$$\frac{Q}{4\pi} \times \left(\frac{1}{r_1} - \frac{1}{r_2}\right) = \lambda \cdot \Delta T \text{ 에서},$$

$$\therefore Q = \frac{\lambda \cdot \Delta T \cdot 4\pi}{\dfrac{1}{r_1} - \dfrac{1}{r_2}} \text{ 으로 표현하여 사용한다.}$$

$$\text{또는,}$$

$$= \frac{\lambda \cdot \Delta T \cdot 4\pi \cdot r_1 r_2}{r_2 - r_1} \text{ 으로도 표현하여 사용한다.}$$

4. 열교환기의 전열량

(1) 열교환기의 흐름방식

① 병류식(또는, 평행류) : 고온유체(또는, 방열유체)와 저온유체(또는, 수열유체)의 흐름 방향이 같다.

② 향류식(또는, 대향류) : 고온유체(또는, 방열유체)와 저온유체(또는, 수열유체)의 흐름 방향이 서로 반대이다. 일반적으로 향류형이 병류형보다 열이 잘 전해지므로 대개의 경우 향류식을 사용하여 열교환한다.

(2) 대수평균온도차 (LMTD : Logic mean temperature difference 또는, Δt_m)

열교환기에 있어서 전열량을 계산할 때에는 그 전열면 전체에 걸친 두 유체의 평균 대수온도차를 사용하는데, 열교환기의 고온유체의 입구에서의 유체 온도차를 Δt_1, 고온유체의 출구에서의 유체 온도차를 Δt_2라 하면 대수평균온도차(Δt_m)는 다음 식 으로 계산한다.

① 병류(pararell flow)일 경우, $\Delta t_m = \dfrac{\Delta t_1 - \Delta t_2}{\ln\left(\dfrac{\Delta t_1}{\Delta t_2}\right)} = \dfrac{(t_1 - t_2) - (t_1' - t_2')}{\ln\left(\dfrac{t_1 - t_2}{t_1' - t_2'}\right)}$

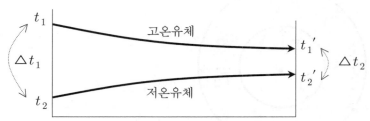

② 향류(counter flow)일 경우, $\Delta t_m = \dfrac{\Delta t_1 - \Delta t_2}{\ln\left(\dfrac{\Delta t_1}{\Delta t_2}\right)} = \dfrac{(t_1 - t_2') - (t_1' - t_2)}{\ln\left(\dfrac{t_1 - t_2'}{t_1' - t_2}\right)}$

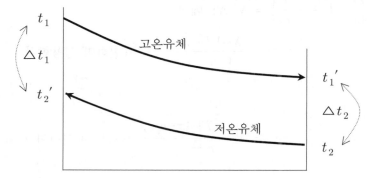

(3) 열교환기의 전열량(Q 또는, 교환열량) 계산   암기법 : 교관온면

$$Q = K \cdot \Delta t_m \cdot A$$

여기서, Q : 교환열량 [kcal/h]

K : 관류율(또는, 총괄전열계수) [kcal/m²·h·℃]

Δt_m : 대수평균온도차 [℃]

A : 전열면적 [m²]

(4) 열교환기의 열전달 성능을 향상시킬 수 있는 방법   암기법 : 열, 유향온전

① 유체의 유속을 빠르게 한다.
② 수열유체와 방열유체의 흐름방향을 향류식으로 한다.
③ 두 유체 사이의 온도차를 크게 한다.
④ 열전도율이 높은 재료를 사용한다.
⑤ 전열면적을 크게 한다.

제6장 연소 일반

1. 연료의 종류 및 특성

(1) 연료의 분류

연료는 그 물질의 상태에 따라 고체연료, 액체연료, 기체연료의 3가지로 분류한다.

① 연료의 종류에 따른 원소 조성비

연료의 종류	C (%)	H (%)	O 및 기타 (%)	탄수소비 $\left(\dfrac{C}{H}\right)$
고체연료	95 ~ 50	6 ~ 3	44 ~ 2	15 ~ 20
액체연료	87 ~ 85	15 ~ 13	2 ~ 0	5 ~ 10
기체연료	75 ~ 0	100 ~ 0	57 ~ 0	1 ~ 3

[표의 해설] 고체연료의 주성분은 C, O, H로 조성되며, 액체연료에 비해서 산소함유량이 많아서 수소가 적다. 따라서, 고체연료의 탄수소비가 가장 크다.

기체연료는 탄소, 수소가 대부분이며, $\left(\dfrac{C}{H}\right)$는 고체 〉 액체 〉 기체의 순서이다.

② 연료의 성분에 따른 영향

㉠ 탄소(C) : 가연성 원소(C, H, S) 중의 한 성분으로 발열량이 높으며, 연료의 가치 판정에 영향을 미친다.

- $C + O_2 \rightarrow CO_2 + 97200 \, kcal/kmol$

㉡ 수소(H) : 가연성 원소(C, H, S) 중의 한 성분으로 발열량이 높으며, 고위발열량과 저위발열량의 판정요소가 된다.

- $H_2 + \dfrac{1}{2}O_2 \rightarrow H_2O(액체) + 68000 \, kcal/kmol$: (고위발열량)

- $H_2 + \dfrac{1}{2}O_2 \rightarrow H_2O(기체) + 57200 \, kcal/kmol$: (저위발열량)

∴ 물의 증발(잠)열 $R_w = H_h - H_\ell = 68000 - 57200 = 10800 \, kcal/kmol$

㉢ 산소(O) : 함유량이 매우 적으며 가연성 원소가 아니므로 발열량에는 도움이 없고 탄소나 수소와의 결합으로 오히려 발열량을 감소시킨다.

㉣ 질소(N) : 함유량이 매우 적으며 반응시 흡열반응에 의해 발열량이 감소한다.

㉤ 황(S) : 함유량이 매우 적으며 가연성 원소(C, H, S) 중의 한 성분이므로 발열량에 도움을 준다.

그러나, 아황산가스(SO_2)는 유독성물질로서 금속(철판)을 저온부식시키며 대기오염의 원인이 된다.

- $S + O_2 \rightarrow SO_2 + 80000 \ kcal/kmol$
- $SO_2 + \dfrac{1}{2}O_2 \rightarrow SO_3$
- $SO_3 + H_2O \rightarrow H_2SO_4$(황산)   암기법 : 고바, 황저

ⓑ 바나듐(V) : 연료 중에 극소량 포함된 바나듐(V), 나트륨(Na) 등이 상온에서는 안정적이지만 연소에 의하여 고온에서는 산소와 반응하여 V_2O_5 (오산화바나듐), Na_2O(산화나트륨)으로 되어 연소실내의 고온 전열면인 과열기·재열기에 부착되어 표면을 고온부식시킨다.

ⓐ 수분(w) : 함유량이 매우 적으며 착화를 방지하고 기화잠열(또는, 증발잠열)로 인한 열손실이 많으며 분탄화를 방지하고 재날림을 방지한다.

◎ 회분(灰分, 무기물질) : 고체연료에 많으며 발열량이 저하되고 클링커(Clinker) 생성을 일으키며, 가연성분들의 연소를 방해하는 불완전연소의 원인이 된다.

(2) 연료의 종류별 특성

① 고체연료의 일반적 특징

[장점]
- ㉠ 주성분은 C, O, H로 조성된다.
- ㉡ 액체연료에 비해서 산소함유량이 많아서 수소가 적다. 따라서, 고체연료의 탄수소비(C/H)가 가장 크다.
- ㉢ 연료가 풍부하므로 가격이 저렴하고 연료를 구하기 쉽다.

[단점]
- ㉠ 연료의 품질이 균일하지 못하므로 완전연소가 어렵고, 공기비가 크다.
- ㉡ 완전연소가 어려우므로, 연소효율이 낮으며 고온을 얻을 수 없다.
- ㉢ 점화 및 소화가 곤란하고 온도조절이 용이하지 못하다.
- ㉣ 회분에 의한 매연발생이 심하고 재의 처리가 곤란하다.
- ㉤ 연소속도가 느리므로 특수용도에 적합하다.

② 액체연료의 일반적 특징

[장점]
- ㉠ 주성분은 C, H, O로 조성된다.
- ㉡ 고체연료에 비해서 산소함유량이 적어서 비교적 수소가 많다. 따라서, 고체연료의 탄수소비(C/H)보다 작다.
- ㉢ 고체연료보다 발열량이 크다.
- ㉣ 고체연료에 비해서 연료의 품질이 거의 균일하므로 완전연소가 가능하다.
- ㉤ 완전연소가 가능하므로, 연소효율이 높으며 고온을 얻을 수 있다.
- ㉥ 점화 및 소화가 용이하고 온도조절이 용이하다.
- ㉦ 석탄에 비하여 회분이 거의 함유되어 있지 않으므로, 매연발생량이 적다.
- ◎ 계량과 기록이 용이하다.
- ㉧ 고체연료에 비해서 운반·저장·취급이 쉽고, 저장 중에 변질이 적다.

[단점]

- ㉠ 발열량이 커서 연소온도가 높기 때문에 국부과열(局部過熱)을 일으키기 쉽다.
- ㉡ 휘발하기 쉬우므로 화재, 역화(逆火) 등에 의한 사고 위험성이 크다.
- ㉢ 사용버너의 종류에 따라서는 연소할 때 소음이 크게 발생한다.
- ㉣ 일반적으로 황(S)분이 많아서 대기오염의 주원인이 되고 있다.
- ㉤ 국내생산이 없이 전량을 수입에 의존하므로 가격이 비싸다.

③ **기체연료의 일반적 특징**

[장점]

- ㉠ 주성분 : 포화탄화수소($C_n H_{2n+2}$), 불포화탄화수소($C_m H_n$), CO, H_2 등
- ㉡ 고체·액체연료에 비해 수소함유량이 많아서, 탄수소비가 가장 작다.
- ㉢ 연소용 공기는 물론 연료 자체도 예열이 가능하므로 비교적 발열량이 낮은 기체연료로도 고온을 얻기가 쉽다.
- ㉣ 연료의 품질이 균일하므로 완전연소가 가능하다.
- ㉤ 적은 양의 과잉공기로도 완전연소가 가능하므로, 연소효율이 가장 높다.
- ㉥ 점화 및 소화가 용이하고 온도조절이 매우 용이하다.
- ㉦ 회분, 황분이 전혀 없으므로 재와 매연의 발생이 거의 없어 청결하다.
- ◎ 계량과 기록이 용이하다.

[단점]

- ㉠ 배관공사 등의 시설비가 많이 들어 연료비·설비비가 가장 비싸다.
- ㉡ 취급 시 누출 등에 의한 폭발사고 위험성이 크다.
- ㉢ 수송 및 저장이 불편하다.

2. 공기량 및 공기비

(1) 주요물질의 원자량과 분자량

암기법 : 수헬리베, 붕탄질산 ···· 황

원자	H	···	C	N	O	···	S
번호	1	···	6	7	8	···	16
원자량	1	···	12	14	16	···	32
분자	H_2	···	C	N_2	O_2	···	S
분자량	2		12	28	32		32
몰	1 mol		1 mol	1 mol	1 mol		1 mol
킬로몰	1 kmol		1 kmol	1 kmol	1 kmol		1 kmol

【참고】 연료의 화학반응 계산 시 분자량에 g(그램)을 붙인 것을 1 mol(몰)이라 하고, kg(킬로그램)을 붙인 것을 1 kmol(킬로몰)이라 하는데, 모든 물질 1 mol은 표준상태(0℃, 1기압)하에서 22.4 L의 체적을 차지하므로 1 kmol은 22.4 Sm^3(또는, Nm^3)의 체적을 차지한다.

그 무게는 분자량에 g이나 kg을 붙여서 나타낸다. 또한 반응 전·후에 있어서 질량의 합은 변화하지 않으므로 반응 전·후의 원소의 수는 서로 같아야 한다.

(2) 공기의 조성비율

연료가 연소할 때 꼭 필요한 산소를 공급하는 공기 속에는 산소 외에 질소가 더 많이 함유되어 있다.

공기	체적(Sm^3)비	중량(kg)비
산소	21 %	23.2 %
질소	79 %	76.8 %

3. 연소반응식

(1) 탄소의 완전연소 반응식

[화학반응식]	C	+	O_2	→	CO_2	+	97200 kcal
[kmol수]	1 kmol		1 kmol		1 kmol	+	97200 kcal/kmol
[중량]	12 kg		32 kg		44 kg		
[체적]	22.4 Sm^3		22.4 Sm^3		22.4 Sm^3		

[탄소 1 kg당] $\dfrac{12\,kg}{12}$ $\dfrac{32\,kg}{12}$ $\dfrac{44\,kg}{12}$ + $\dfrac{97200\,kcal}{12}$

          (1kg)   (2.667kg)   (3.667kg)   +   8100 kcal/kg

[탄소 1 kg당] $\dfrac{12\,kg}{12}$ $\dfrac{22.4\,Sm^3}{12}$ $\dfrac{22.4\,Sm^3}{12}$

          (1kg)   (1.867 Sm^3)   (1.867 Sm^3)

【설명】 탄소 1 kg이 완전연소시 필요한 산소는 중량으로 2.667 kg이며 체적으로는 1.867 Sm^3 이다. 이 때 생기는 연소생성물인 CO_2 가스량은 중량으로 3.667 kg이며 체적으로는 1.867 Sm^3 이고, 발열량은 8100 kcal/kg 이다.

(2) 탄소의 불완전연소 반응식

[화학반응식]	C	+	$\frac{1}{2}O_2$	→	CO	+	29200 kcal
[kmol수]	1 kmol		0.5 kmol		1 kmol	+	29200 kcal/kmol
[중량]	12 kg		16 kg		28 kg		
[체적]	22.4 Sm^3		11.2 Sm^3		22.4 Sm^3		

[탄소 1 kg당] $\dfrac{12\,kg}{12}$ $\dfrac{16\,kg}{12}$ $\dfrac{28\,kg}{12}$ + $\dfrac{29200\,kcal}{12}$

          (1kg)   (1.33kg)   (2.33kg)   +   2433 kcal/kg

[탄소 1 kg당] $\dfrac{12\,kg}{12}$ $\dfrac{11.2\,Sm^3}{12}$ $\dfrac{22.4\,Sm^3}{12}$

          (1kg)   (0.933 Sm^3)   (1.867 Sm^3)

【설명】 탄소 1 kg이 연소시 필요한 산소는 중량으로 1.33 kg이며 체적으로는 0.933 Sm³ 이다.
이 때 생기는 연소생성물인 CO 가스량은 중량으로 2.33 kg이며 체적으로는 1.867 Sm³ 이고,
발열량은 2433 kcal/kg 이다.

(3) 수소의 완전연소 반응식

[화학반응식]	H_2	$+$	$\frac{1}{2}O_2$	$\rightarrow$	H_2O(액체)	$+$	68000 kcal
[kmol수]	1 kmol		0.5 kmol		1 kmol	$+$	68000 kcal/kmol
[중량]	2 kg		16 kg		18 kg		
[체적]	22.4 Sm³		11.2 Sm³		22.4 Sm³		

[수소 1 kg당] $\dfrac{2\,kg}{2}$ $\dfrac{16\,kg}{2}$ $\dfrac{18\,kg}{2}$ $+$ $\dfrac{68000\,kcal}{2}$

(1kg)   (8kg)   (9kg) $+$ 34000 kcal/kg

[수소 1 kg당] $\dfrac{2\,kg}{2}$ $\dfrac{11.2\,Sm^3}{2}$ $\dfrac{22.4\,Sm^3}{2}$

(1kg)   (5.6 Sm³)   (11.2 Sm³)

【설명】 수소 1 kg이 연소시 필요한 산소는 중량으로 8 kg이며 체적으로는 5.6 Sm³ 이다.
이 때 생기는 연소생성물인 H_2O 가스량은 중량으로 9 kg이며 체적으로는 11.2 Sm³ 이고,
발열량은 **34000** kcal/kg 이다.

【참고】 열량계로 발열량을 측정하였을 경우에 수소의 완전연소 반응식

- $H_2 + \frac{1}{2}O_2 \rightarrow H_2O$(액체) + 68000 kcal/kmol : (고위발열량)
- $H_2 + \frac{1}{2}O_2 \rightarrow H_2O$(기체) + 57200 kcal/kmol : (저위발열량)

∴ 물의 증발(잠)열 $R_w = H_h - H_\ell$ = 68000 - 57200 = 10800 kcal/kmol

$$= \frac{10800\,kcal}{kmol \times \frac{18\,kg}{1\,kmol}} = \textbf{600 kcal/kg}$$

(4) 황의 완전연소 반응식

[화학반응식]	S	$+$	O_2	$\rightarrow$	SO_2	$+$	80000 kcal
[kmol수]	1 kmol		1 kmol		1 kmol	$+$	80000 kcal/kmol
[중량]	32 kg		32 kg		64 kg		
[체적]	22.4 Sm³		22.4 Sm³		22.4 Sm³		

[황 1 kg당] $\dfrac{32\,kg}{32}$ $\dfrac{32\,kg}{32}$ $\dfrac{64\,kg}{32}$ $+$ $\dfrac{80000\,kcal}{32}$

(1kg)   (1kg)   (2kg) $+$ 2500 kcal/kg

[황 1 kg당] $\dfrac{32\,kg}{32}$ $\dfrac{22.4\,Sm^3}{32}$ $\dfrac{22.4\,Sm^3}{32}$

(1kg)   (0.7 Sm³)   (0.7 Sm³)

【설명】 황 1 kg이 완전연소시 필요한 산소는 중량으로 1 kg이며 체적으로는 0.7 Sm^3 이다.
이 때 생기는 연소생성물인 SO_2 가스량은 중량으로 2 kg이며 체적으로는 0.7 Sm^3 이고,
발열량은 2500 kcal/kg 이다.

(5) 일산화탄소의 완전연소 반응식

| [화학반응식] | CO | + | $\frac{1}{2}O_2$ | → | CO_2 | + | 68000 kcal |

| [kmol수] | 1 kmol | 0.5 kmol | 1 kmol | + 68000 kcal/kmol |

[중량]　　　28 kg　　　16 kg　　　44 kg

[체적]　　　22.4 Sm^3　　11.2 Sm^3　　22.4 Sm^3

[일산화탄소 1 kg당]　$\frac{28\,kg}{28}$　　$\frac{16\,kg}{28}$　　$\frac{44\,kg}{28}$　+　$\frac{68000\,kcal}{28}$

　　　　　　　　　(1kg)　　(0.57kg)　　(1.57kg)　+　2428 kcal/kg

[일산화탄소 1 kg당]　$\frac{28\,kg}{28}$　　$\frac{11.2\,Sm^3}{28}$　　$\frac{22.4\,Sm^3}{28}$

　　　　　　　　　(1kg)　　(0.4 Sm^3)　　(0.8 Sm^3)

【설명】 일산화탄소 1 kg이 연소시 필요한 산소는 중량으로 0.57 kg이며 체적으로는 0.4 Sm^3 이다.
이 때 생기는 연소생성물인 CO_2 가스량은 중량으로 1.57 kg이며 체적으로는 0.8 Sm^3 이고,
발열량은 2428 kcal/kg 이다.

(6) 각종 탄화수소의 완전연소 반응식

[화학반응식]　C_mH_n　　+　$\left(m+\frac{n}{4}\right)O_2$　→　$m\,CO_2$　+　$\frac{n}{2}H_2O$

[중량비]　　(12m + n) kg　+　$\left(m+\frac{n}{4}\right)\times 32$　→　$m\times 44$　+　$\frac{n}{2}\times 18$

[체적비]　　　1　　:　$\left(m+\frac{n}{4}\right)$　　:　m　:　$\frac{n}{2}$

① 메탄의 연소

　CH_4　+　　2 O_2　→　CO_2　+　2 H_2O(기체)　+　191300 kcal

② 에탄의 연소

　C_2H_6　+　　3.5 O_2　→　2 CO_2　+　3 H_2O(기체)　+　340500 kcal

③ 에틸렌의 연소

　C_2H_4　+　　3 O_2　→　2 CO_2　+　2 H_2O(기체)　+　318500 kcal

④ 프로판의 연소　　　　　　　　　　　　　　　　　암기법 : 3, 4, 5

　C_3H_8　+　　5 O_2　→　3 CO_2　+　4 H_2O(기체)　+　530000 kcal

⑤ 부탄의 연소　　　　　　　　　　　　　　　　　암기법 : 4, 5, 6.5

　C_4H_{10}　+　　6.5 O_2　→　4 CO_2　+　5 H_2O(기체)　+　700000 kcal

4. 연료의 완전연소에 소요되는 공기량 계산

(1) 이론산소량(O_0)

- 연료를 이론적으로 완전연소시키는데 필요한 최소한의 산소량을 말하며, 연료의 성분 중 가연성 원소인 C, H, S가 연소반응식에서 필요로 하는 산소량만의 합으로 구한다.

① 고체연료 및 액체연료의 이론산소량

㉠ 중량(kg/kg-f)으로 구할 경우

$$O_0 = \frac{32}{12}C + \frac{16}{2}\left(H - \frac{O}{8}\right) + \frac{32}{32}S$$

$$= 2.667\,C + 8\left(H - \frac{O}{8}\right) + S$$

㉡ 체적(Sm^3/kg-f)으로 구할 경우

$$O_0 = \frac{22.4}{12}C + \frac{11.2}{2}\left(H - \frac{O}{8}\right) + \frac{22.4}{32}S$$

$$= 1.867\,C + 5.6\left(H - \frac{O}{8}\right) + 0.7\,S$$

② 기체연료의 이론산소량

- 기체연료량은 표준상태(0℃, 1기압)에 대한 체적(Sm^3-f)으로 나타내므로, 체적(Sm^3/Sm^3-f)으로만 주로 구한다.

$$O_0 = \frac{11.2}{22.4}CO + \frac{11.2}{22.4}H_2 + \frac{44.8}{22.4}CH_4 + \frac{67.2}{22.4}C_2H_4 + \cdots\cdots - O_2$$

$$= 0.5\,CO + 0.5\,H_2 + 2\,CH_4 + 3\,C_2H_4 + \cdots\left(m + \frac{n}{4}\right)C_mH_n \cdots\cdots - O_2$$

$$= 0.5\,(CO + H_2) + 2\,CH_4 + 3\,C_2H_4 + \cdots\left(m + \frac{n}{4}\right)C_mH_n \cdots\cdots - O_2$$

(2) 이론공기량(A_0)

- 어떤 연료를 이론적으로 완전연소시키는데 필요한 최소한의 공기량을 말하며, 공기 중의 산소량이 일정하므로 이론산소량을 먼저 구해야 이론공기량을 계산할 수 있다. 즉, 중량으로 구할 경우 $A_0 \times 23.2\% = O_0$, 체적으로 구할 경우 $A_0 \times 21\% = O_0$

① 고체연료 및 액체연료의 이론공기량

㉠ 중량(kg/kg-f)으로 구할 경우

$$A_0 = \frac{O_0}{0.232}$$

$$= \frac{1}{0.232}\left\{2.667\,C + 8\left(H - \frac{O}{8}\right) + S\right\}$$

$$= 11.49\,C + 34.48\left(H - \frac{O}{8}\right) + 4.31\,S$$

ⓒ 체적(Sm^3/kg_{-f})으로 구할 경우

$$A_0 = \frac{O_0}{0.21}$$

$$= \frac{1}{0.21}\left\{1.867\,C + 5.6\left(H - \frac{O}{8}\right) + 0.7\,S\right\}$$

$$= 8.89\,C + 26.67\left(H - \frac{O}{8}\right) + 3.33\,S$$

② 기체연료의 이론공기량

- 기체연료량은 표준상태(0℃, 1기압)에 대한 체적(Sm^3_{-f})으로 나타내므로, 체적(Sm^3/Sm^3_{-f})으로만 주로 구한다.

$$A_0 = \frac{O_0}{0.21}$$

$$= \frac{1}{0.21}\left\{0.5\,CO + 0.5\,H_2 + 2\,CH_4 + 3\,C_2H_4 + \cdots\left(m + \frac{n}{4}\right)C_mH_n - O_2\right\}$$

$$= 2.38(CO + H_2) + 9.52\,CH_4 + 14.3\,C_2H_4 + \cdots - 4.76\,O_2$$

(3) 실제공기량 또는, 소요공기량(A)

- 실제로 연료를 연소시킬 경우에는 연료의 가연성분과 공기 중 산소와의 접촉이 순간적으로 완전히 이루어지지 못하기 때문에 그 연료의 이론공기량(A_0)만으로 완전연소 시킨다는 것은 거의 불가능하며 불완전연소가 되기 쉽다. 따라서 이론공기량보다 더 많은 공기량 (과잉공기량)을 공급하여 가연성분과 산소와의 접촉을 원만하게 이루어지도록 해주어야 한다.

① 과잉공기량(A') = 실제공기량(A) - 이론공기량(A_0) = mA_0 - A_0 = (m - 1)A_0

② 과잉공기율 = (m - 1) × 100% = $\left(\dfrac{A}{A_0} - 1\right)$ × 100% = $\left(\dfrac{A - A_0}{A_0}\right)$ × 100%

③ 공기비 또는 공기과잉계수(m) = $\dfrac{A}{A_0}\left(\dfrac{\text{실제 공기량}}{\text{이론 공기량}}\right)$

$$= \frac{A_0 + A'}{A_0}$$

$$= 1 + \frac{A'}{A_0}$$

$$= 1 + \frac{A - A_0}{A_0}$$

【참고】 ※ 단일 기체연료의 이론산소량(O_0) 및 이론공기량(A_0)을 구하는 문제의 4가지 유형

【예제1】 메탄 1 kg을 완전연소 시킬 때 필요한 이론공기량은 약 몇 kg 인가?

$$CH_4 \quad + \quad 2O_2 \quad \rightarrow \quad CO_2 + 2H_2O$$

1kmol   2kmol

16 kg   2×32=64kg

즉, $O_0 = \dfrac{64 \ kg_{-산소}}{16 \ kg_{-연료}}$ ∴ $A_0 = \dfrac{O_0}{0.232} = \dfrac{\frac{64}{16}}{0.232} ≒ 17.24$ kg/kg-연료

【예제2】 메탄 1 kg을 완전연소 시킬 때 필요한 이론공기량은 약 몇 Sm³ 인가?

$$CH_4 \quad + \quad 2O_2 \quad \rightarrow \quad CO_2 + 2H_2O$$

1kmol   2kmol

16 kg   2×22.4=44.8Sm^3

즉, $O_0 = \dfrac{44.8 \ Sm^3_{-산소}}{16 \ kg_{-연료}}$ ∴ $A_0 = \dfrac{O_0}{0.21} = \dfrac{\frac{44.8}{16}}{0.21} ≒ 13.33$ Sm³/kg-연료

【예제3】 메탄 1 Sm³을 완전연소 시킬 때 필요한 이론공기량은 약 몇 kg 인가?

$$CH_4 \quad + \quad 2O_2 \quad \rightarrow \quad CO_2 + 2H_2O$$

1kmol   2kmol

22.4Sm^3 2×32=64kg

즉, $O_0 = \dfrac{64 \ kg_{-산소}}{22.4 \ Sm^3_{-연료}}$ ∴ $A_0 = \dfrac{O_0}{0.232} = \dfrac{\frac{64}{22.4}}{0.232} ≒ 12.32$ kg/Sm³-연료

【예제4】 메탄 1 Sm³을 완전연소 시킬 때 필요한 이론공기량은 약 몇 Sm³ 인가?

$$CH_4 \quad + \quad 2O_2 \quad \rightarrow \quad CO_2 + 2H_2O$$

1kmol   2kmol

22.4Sm^3 2×22.4Sm^3

1 Sm^3 2 Sm^3

즉, $O_0 = 2$ Sm³/Sm³-연료   ∴ $A_0 = \dfrac{O_0}{0.21} = \dfrac{2}{0.21} ≒ 9.52$ Sm³/Sm³-연료

【예제】 프로판 1 kg을 완전연소 시키는데 필요한 이론공기량은 약 몇 kg 인가?

① 15.7　　　　　　② 31.1　　　　　　③ 60.1　　　　　　④ 63.0

[해설]　　　　　　　　　　　　　　　　　　　　　　암기법 : 프로판 3,4,5

● 아래의 【유형2】에 설명되어 있으며, 기초가 부족한 수험자에게는 매우 헷갈리기 쉬운 계산이므로 4 가지 유형으로 출제되는 형태라는 것을 완전히 숙지한 후에, 다른 기체연료에서도 아래와 같은 방식으로 풀이를 해나가면 된다!　　　　정답 : ①

【유형1】 프로판 1 kg을 완전연소 시킬 때 필요한 이론공기량은 약 몇 Nm^3 인가?

C_3H_8　　+　$5O_2$　　→　$3CO_2 + 4H_2O$

(1kmol)　　　(5kmol)

44kg　　　($5 \times 22.4Nm^3$)

즉, $O_0 = \dfrac{112\ Nm^3_{-산소}}{44\ kg_{-연료}}$　∴ $A_0 = \dfrac{O_0}{0.21} = \dfrac{\frac{112}{44}}{0.21} = 12.12\ Nm^3/kg_{-연료}$

【유형2】 프로판 1 kg을 완전연소 시킬 때 필요한 이론공기량은 약 몇 kg 인가?

C_3H_8　　+　$5O_2$　　→　$3CO_2 + 4H_2O$

(1kmol)　　　(5kmol)

44kg　　　($5 \times 32 = 160kg$)

즉, $O_0 = \dfrac{160\ kg_{-산소}}{44\ kg_{-연료}}$　∴ $A_0 = \dfrac{O_0}{0.232} = \dfrac{\frac{160}{44}}{0.232} = 15.67\ kg/kg_{-연료}$

【유형3】 프로판 $1\ Nm^3$을 완전연소 시킬 때 필요한 이론공기량은 약 몇 Nm^3 인가?

C_3H_8　　+　$5O_2$　　→　$3CO_2 + 4H_2O$

(1kmol)　　　(5kmol)

($22.4Nm^3$)　　($5 \times 22.4Nm^3$)

($1Nm^3$)　　　($5Nm^3$)

즉, $O_0 = 5Nm^3/Nm^3_{-연료}$　∴ $A_0 = \dfrac{O_0}{0.21} = \dfrac{5}{0.21} = 23.81\ Nm^3/Nm^3_{-연료}$

【유형4】 프로판 $1\ Nm^3$을 완전연소 시킬 때 필요한 이론공기량은 약 몇 kg 인가?

C_3H_8　　+　$5O_2$　　→　$3CO_2 + 4H_2O$

(1kmol)　　　(5kmol)

($22.4Nm^3$)　　($5 \times 32 = 160kg$)

즉, $O_0 = \dfrac{160\ kg_{-산소}}{22.4\ Nm^3_{-연료}}$　∴ $A_0 = \dfrac{O_0}{0.232} = \dfrac{\frac{160}{22.4}}{0.232} = 30.79\ kg/Nm^3_{-연료}$

5. 공기비(m 또는, 공기과잉계수) 계산

(1) 완전연소 시(즉, 배가스 중에 CO의 배출이 없는 경우)

① 배기가스 성분 분석으로부터 N₂(%)를 이용하여 구할 때

배가스 중의 체적%인 N_2량 = 실제공기량(A) × 0.79 이므로, $A = \dfrac{N_2}{0.79}$

O_2량 = 과잉공기량(A′) × 0.21 이므로, $A' = \dfrac{O_2}{0.21}$

㉠ 배가스 중 $N_2 \neq 79\%$ 일 때 적용

$$m = \frac{A}{A_0} = \frac{A}{A - A'}$$

$$= \frac{\dfrac{N_2}{0.79}}{\dfrac{N_2}{0.79} - \dfrac{O_2}{0.21}} = \frac{N_2}{N_2 - 3.76\,O_2} \quad \text{또는,} = \frac{21(N_2)}{21(N_2) - 79(O_2)}$$

㉡ 배가스 중 $N_2 = 79\%$ 이고, 산소의 농도 O_2(%)로만 구할 때 적용

$$m = \frac{21}{21 - O_2(\%)}$$

② 배기가스 성분 분석으로부터 최대탄산가스 함유율 CO₂max(%)을 이용하여 구할 때

$$m = \frac{CO_{2\max}(\%)}{CO_2(\%)}$$

【참고】 최대 탄산가스 함유율 CO₂max(%)이란?　　　　　　　　　암기법 : 최대리

연료 중의 C(탄소)가 연소하여 연소생성물인 CO_2(이산화탄소, 탄산가스)가 되는데, 연소용공기가 이론공기량을 넘게 되면 연소가스 중에 과잉공기가 들어가기 때문에 최대 탄산가스 함유율 CO₂max(%)는 이론공기량일 때보다 희석되어 그 함유율이 낮아지게 된다. 따라서, 연소가스 분석결과 CO_2가 최대의 백분율이 되려면 **이론공기량**으로 연소하였을 경우이다.

(2) 불완전연소 시(즉, 배가스 중에 CO의 배출이 있는 경우)

$$C \quad + \quad \frac{1}{2}O_2 \quad \rightarrow \quad CO$$

(1 kmol)　　(0.5 kmol)　　(1 kmol)

즉, CO(%)가 생성되는데 0.5 kmol의 산소가 쓰였으므로 과잉산소량에서 **빼주어야** 한다.

$$m = \frac{\dfrac{N_2}{0.79}}{\dfrac{N_2}{0.79} - \dfrac{(O_2\text{량} - 0.5\,CO\text{량})}{0.21}} = \frac{N_2}{N_2 - 3.76(O_2 - 0.5\,CO)}$$

여기서, N_2(%) = 100 - (CO_2 + O_2 + CO)으로 계산한다.

(3) 공기비의 특성

① 연료의 종류에 따른 공기비
- 고체연료(1.5 ~ 1.7) / 액체연료(1.2 ~ 1.5) / 기체연료(1.1 ~ 1.3)

② 공기비가 클 경우
- ㉠ 완전 연소된다.
- ㉡ 과잉공기에 의한 배기가스로 인한 손실열이 증가한다.
- ㉢ 배기가스 중 질소산화물(NO_x)이 많아져 대기오염을 초래한다.
- ㉣ 연료소비량이 증가한다.
- ㉤ 연소실 내의 연소온도가 낮아진다.
- ㉥ 연소효율이 감소한다.

③ 공기비가 작을 경우
- ㉠ 불완전 연소가 되어(CO 발생) 매연 발생이 심해진다.
- ㉡ 미연소가스로 인한 역화 현상의 위험이 있다.
- ㉢ 불완전연소, 미연성분에 의한 손실열이 증가한다.
- ㉣ 연소효율이 감소한다.

(4) 완전연소의 구비조건
① 적정한 공기비를 유지할 것
② 공기와 연료의 혼합도가 커야 한다.
③ 연소실에서의 충분한 체류시간이 필요하다.
④ 연소실 온도를 착화온도 이상의 고온으로 유지해야 한다.
⑤ 연소실 체적은 연료가 완전연소하는데 필요한 충분한 크기이어야 한다.
⑥ 연소가스의 방출이 신속히 될 수 있는 구조이어야 한다.
⑦ 연료를 인화점 이상으로 예열하여 공급하여야 한다.

6. 연소가스량 또는 배기가스량 계산

- 연료가 공기 중의 산소와 연소하여 생성되는 고온의 가스를 "연소가스"라 하고, 이 연소가스가 피가열물에 열을 전달한 후 연돌(굴뚝)로 배출되는 가스를 "배기가스" 라고 한다.
한편, 연료에 포함된 수소(H_2) 또는 수분(H_2O)이 연소과정을 거치면서 불포화상태의 수증기로 배기가스 내에 존재하게 되는데 이 불포화상태의 수증기를 포함한 가스를 "습연소가스"라 하며, 수증기를 제외한 가스를 "건연소가스"라고 한다.

(1) 고체 · 액체연료의 연소가스량

연료의 원소성분 중 탄소(C), 수소(H), 황(S), 산소(O), 수분(w), 질소(n) 조성에서 가연성분인 C, H, S의 연소반응으로 생성된 연소생성물과 반응계의 공기량을 총합하여 연소가스량(G)을 계산한다.

【참고】 연소반응식으로 반응물질에 의한 연소생성물의 체적과 질량을 알 수 있다.

$$C + O_2 \rightarrow CO_2 \qquad \frac{22.4 \, Sm^3}{12 \, kg} = 1.867 \quad , \quad \frac{44 \, kg}{12 \, kg} = 3.667$$

$$H_2 + \frac{1}{2}O_2 \rightarrow H_2O \qquad \frac{22.4 \, Sm^3}{2 \, kg} = 11.2 \quad , \quad \frac{18 \, kg}{2 \, kg} = 9$$

$$S + O_2 \rightarrow SO_2 \qquad \frac{22.4 \, Sm^3}{32 \, kg} = 0.7 \quad , \quad \frac{64 \, kg}{32 \, kg} = 2$$

연료 중 n_2는 불연성이므로 $\dfrac{22.4 \, Sm^3}{28 \, kg} = 0.8 \quad , \quad \dfrac{28 \, kg}{28 \, kg} = 1$

① **이론 건연소가스량(G_{0d})** : 이론공기량으로 완전연소되어 생성되는 건조한 연소가스량

G_{0d} = 이론공기중의 질소량 + 연소생성물(수증기 제외)

$\quad = 0.79 \, A_0 + 1.867 \, C + 0.7 \, S + 0.8 \, n \; [\mathbf{Sm^3/kg_{-f}}]$

② **이론 습연소가스량(G_{0w})** : 이론공기량으로 완전연소되어 생성되는 습윤한 연소가스량

G_{0w} = 이론공기중의 질소량 + 연소생성물(수증기 포함)

$\quad = 0.79 \, A_0 + 1.867 \, C + 0.7 \, S + 0.8 \, n + Wg$

$\quad = 0.79 \, A_0 + 1.867 \, C + 0.7 \, S + 0.8 \, n + 1.25(9 \, H + w)$

$\quad = G_{0d} + 1.25(9 \, H + w) \; [\mathbf{Sm^3/kg_{-f}}]$

【참고】 연소가스 중의 수증기량(Wg)은 연료 중 수소(H)의 연소와 포함되어 있던 수분(w)에 의한 것이다.

$$H_2 + \frac{1}{2}O_2 \rightarrow H_2O$$

$\quad$ 1 kmol $\qquad\qquad$ 1 kmol

$\quad$ (2kg) $\qquad\qquad$ (18kg)

$\qquad\qquad\qquad\qquad$ $22.4 \, Sm^3$ 에서,

$$\therefore Wg = \frac{22.4 \, Sm^3}{2 \, kg} H + \frac{22.4 \, Sm^3}{18 \, kg} w$$

$\quad = 11.2 \, H + 1.244 \, w$

$\quad = 1.244(9 \, H + w) ≒ 1.25(9 \, H + w) \; [\mathbf{Sm^3/kg_{-f}}]$

③ **실제 건연소가스량(G_d)** : 실제공기량으로 완전연소되어 생성되는 건조한 연소가스량

G_d = 이론건연소가스량 + 과잉공기량

$\quad = G_{0d} + (m - 1) \, A_0$

$\quad = 0.79 \, A_0 + 1.867 \, C + 0.7 \, S + 0.8 \, n + (m - 1) \, A_0$

$\quad = (m - 0.21) A_0 + 1.867 \, C + 0.7 \, S + 0.8 \, n \; [\mathbf{Sm^3/kg_{-f}}]$

④ **실제 습연소가스량(G_w)** : 실제공기량으로 완전연소되어 생성되는 습윤한 연소가스량

G_w = 이론습연소가스량 + 과잉공기량

$\quad = G_{0w} + (m - 1) \, A_0$

$\quad = 0.79 \, A_0 + 1.867 \, C + 0.7 \, S + 0.8 \, n + Wg + (m - 1) \, A_0$

$\quad = (m - 0.21) A_0 + 1.867 \, C + 0.7 \, S + 0.8 \, n + 1.25(9 \, H + w)$

$\quad = G_d + 1.25(9 \, H + w) \; [\mathbf{Sm^3/kg_{-f}}]$

⑤ 이론 건연소가스량(G_{0d})

G_{0d} = 이론공기중의 질소량 + 연소생성물(수증기 제외)

= $0.768\,A_{0m}$ + $3.667\,C$ + $2\,S$ + n $\mathbf{[kg/kg_{-f}]}$

⑥ 이론 습연소가스량(G_{0w})

G_{0w} = 이론공기중의 질소량 + 연소생성물(수증기 포함)

= $0.768\,A_{0m}$ + $3.667\,C$ + $2\,S$ + n + Wg

= $0.768\,A_{0m}$ + $3.667\,C$ + $2\,S$ + n + $(9\,H + w)$

= G_{0d} + $(9\,H + w)$ $\mathbf{[kg/kg_{-f}]}$

【참고】 연소가스 중의 수증기량(Wg)은 연료 중 수소(H)의 연소와 포함되어 있던 수분(w)에 의한 것이다.

$$H_2 \quad + \quad \frac{1}{2}O_2 \quad \rightarrow \quad H_2O$$

1 kmol $\qquad\qquad$ 1 kmol

(2kg) $\qquad\qquad$ (18kg) 에서,

$$\therefore \ Wg = \frac{18\,kg}{2\,kg}H + \frac{18\,kg}{18\,kg}w = 9\,H + w \ \mathbf{[kg/kg_{-f}]}$$

⑦ 실제 건연소가스량(G_d)

G_d = 이론건연소가스량 + 과잉공기량

= G_{0d} + $(m - 1)\,A_{0m}$

= $0.768\,A_{0m}$ + $3.667\,C$ + $2\,S$ + n + $(m - 1)\,A_{0m}$

= $(m - 0.232)A_{0m}$ + $3.667\,C$ + $2\,S$ + n $\mathbf{[kg/kg_{-f}]}$

⑧ 실제 습연소가스량(G_w)

G_w = 이론습연소가스량 + 과잉공기량

= G_{0w} + $(m - 1)\,A_{0m}$

= $0.768\,A_{0m}$ + $3.667\,C$ + $2\,S$ + n + Wg + $(m - 1)\,A_{0m}$

= $(m - 0.232)A_{0m}$ + $3.667\,C$ + $2\,S$ + n + $(9\,H + w)$ $\mathbf{[kg/kg_{-f}]}$

= G_d + $(9\,H + w)$

【예제】 액체연료인 중유를 원소분석한 결과 탄소(C) = 87%, 수소(H) = 9.5%, 산소(O) = 0.43%, 황(S) = 1.67%, 질소(n) = 0.4%, 수분(w) =1.0% 이었다. 연소시의 공기비는 1.3일 때 다음을 계산하시오.

① 이 연료의 완전연소시 필요한 이론공기량 A_0는 몇 Sm^3/kg인가?
② 실제 소요되는 공기량 A는 몇 Sm^3/kg인가?
③ 이론 건연소가스량은 몇 Sm^3/kg인가?
④ 연소가스에 들어있는 수증기량은 몇 Sm^3/kg인가?
⑤ 이론 습연소가스량은 몇 Sm^3/kg인가?
⑥ 실제 건연소가스량은 몇 Sm^3/kg인가?
⑦ 실제 습연소가스량은 몇 Sm^3/kg인가?

[해설] ① $A_0 = \dfrac{1}{0.21} \times \left\{ 1.867\, C + 5.6\left(H - \dfrac{O}{8} \right) + 0.7\, S \right\}$

$= 8.89\, C + 26.67\left(H - \dfrac{O}{8} \right) + 3.33\, S$

$= 8.89 \times 0.87 + 26.67 \times \left(0.095 - \dfrac{0.0043}{8} \right) + 3.33 \times 0.0167$

$= 10.31\ \text{Sm}^3/\text{kg}$

② $A = m\, A_0 = 1.3 \times 10.31 = 13.40\ \text{Sm}^3/\text{kg}$

③ $G_{0d} = 0.79\, A_0 + 1.867\, C + 0.7\, S + 0.8\, n$

$= 0.79 \times 10.31 + 1.867 \times 0.87 + 0.7 \times 0.0167 + 0.8 \times 0.004$

$= 9.78\ \text{Sm}^3/\text{kg}$

④ $W_g = 1.244(9\, H + w) = 1.244\,(9 \times 0.095 + 0.01) = 1.08\ \text{Sm}^3/\text{kg}$

⑤ $G_{0w} = G_{0d} + W_g = 9.78 + 1.08 = 10.86\ \text{Nm}^3/\text{kg}$

⑥ $G_d = G_{0d} + (m-1)A_0 = 9.78 + (1.3 - 1) \times 10.31 = 12.87\ \text{Sm}^3/\text{kg}$

⑦ $G_w = G_{0w} + (m-1)A_0 = 10.86 + (1.3 - 1) \times 10.31 = 13.95\ \text{Sm}^3/\text{kg}$

(2) 기체연료의 연소가스량

기체(Gss)연료의 연소반응으로 생성된 연소생성물과 반응계의 공기량을 총합하여 연소가스량(G)을 계산하며, 기체의 연소가스량을 질량으로 계산하는 것은 복잡하므로 체적으로 계산하는 것만을 주로 다룬다.

【참고】 연소반응식으로 반응물질에 의한 연소생성물의 체적과 질량을 알 수 있다.

$$CO + \frac{1}{2}O_2 \rightarrow CO_2 \qquad\qquad \frac{22.4\, Sm^3}{22.4\, Sm^3_{-\,연료}} = 1$$

$$H_2 + \frac{1}{2}O_2 \rightarrow H_2O \qquad\qquad \frac{22.4\, Sm^3}{22.4\, Sm^3_{-\,연료}} = 1$$

$$CH_4 + 2O_2 \rightarrow CO_2 + 2H_2O \qquad \frac{22.4\, Sm^3}{22.4\, Sm^3_{-\,연료}} + \frac{2 \times 22.4\, Sm^3}{22.4\, Sm^3_{-\,연료}} = 3$$

$$\vdots \qquad \vdots \qquad\qquad \vdots \qquad \vdots \qquad\qquad \vdots$$

$$C_mH_n + \left(m + \frac{n}{4} \right)O_2 \rightarrow m\, CO_2 + \frac{n}{2}H_2O \qquad \left(m + \frac{n}{2} \right) C_mH_n$$

① **이론 건연소가스량(G_{0d})** : 이론공기량으로 완전연소되어 생성되는 건조한 연소가스량

G_{0d} = 이론공기중의 질소량 + 연소생성물(수증기 제외)

$= 0.79\, A_0 + CO + CH_4 + \cdots\cdots + m\, C_mH_n$ $[\text{Sm}^3/\text{Sm}^3_{-f}]$

② **이론 습연소가스량(G_{0w})** : 이론공기량으로 완전연소되어 생성되는 습윤한 연소가스량

G_{0w} = 이론공기중의 질소량 + 연소생성물(수증기 포함)

$= 0.79\, A_0 + CO + H_2 + 3CH_4 + \cdots\cdots + \left(m + \frac{n}{2} \right) C_mH_n$

$= G_{0d} + \left(H_2 + 2CH_4 + \cdots + \frac{n}{2} C_mH_n \right)$ $[\text{Sm}^3/\text{Sm}^3_{-f}]$

③ **실제 건연소가스량(G_d)** : 실제공기량으로 완전연소되어 생성되는 건조한 연소가스량

G_d = 이론건연소가스량 + 과잉공기량

    = G_{0d} + (m - 1) A_0

    = $0.79 A_0$ + CO + CH_4 + ······ + $m\,C_mH_n$ + (m - 1) A_0

    = (m - 0.21)A_0 + CO + CH_4 + ······ + $m\,C_mH_n$ $[Sm^3/Sm^3_{-f}]$

④ **실제 습연소가스량(G_w)** : 실제공기량으로 완전연소되어 생성되는 습윤한 연소가스량

G_w = 이론습연소가스량 + 과잉공기량

    = G_{0w} + (m - 1) A_0

    = $0.79\,A_0$ + CO + H_2 + $3CH_4$ + ······ + $\left(m + \dfrac{n}{2}\right) C_mH_n$ + (m - 1) A_0

    = (m - 0.21)A_0 + CO + H_2 + $3CH_4$ + ······ + $\left(m + \dfrac{n}{2}\right) C_mH_n$

【참고】 만약, 기체연료 성분 중에 이산화탄소(CO_2), 질소(n_2)가 혼합되어 있는 경우에는,

G_w = 연료중 CO_2 + 연료중 n_2 + 이론습연소가스량 + 과잉공기량

    = 연료중 CO_2 + 연료중 n_2 + (m - 0.21)A_0 + CO + H_2 + $3CH_4$ + ··· + $\left(m + \dfrac{n}{2}\right) C_mH_n$

【예제】 다음 조성의 혼합가스를 15 %의 과잉공기로 완전연소 시켰을 때 아래 물음에 답하시오.

> H_2 6.3 %, CH_4 2.4 %, CO_2 0.7 %, CO 31.3 %, N_2 59.3 %

① 이 기체연료의 완전연소시 필요한 이론공기량 A_0는 몇 Sm^3/Sm^3 인가 ?
② 실제 소요되는 공기량 A는 몇 Sm^3/Sm^3 인가 ?
③ 실제 건연소가스량은 몇 Sm^3/Sm^3 인가 ?
④ 실제 습연소가스량은 몇 Sm^3/Sm^3 인가 ?

[해설]　① 이론공기량을 구하려면 연료조성에서 가연성분의 연소에 필요한 산소량을 먼저 알아야 한다.

O_0 = (0.5 × H_2 + 0.5 × CO + 2 × CH_4) − O_2

   = (0.5 × 0.063 + 0.5 × 0.313 + 2 × 0.024) − 0 = 0.236 $Sm^3/Sm^3_{-연료}$

$A_0 = \dfrac{O_0}{0.21} = \dfrac{0.236}{0.21}$ = 1.124 $Sm^3/Sm^3_{-연료}$

② A = mA_0 = 1.15 × 1.124 $Sm^3/Sm^3_{-연료}$ = 1.2926 $Sm^3/Sm^3_{-연료}$

③ G_d = 연료중 CO_2 + 연료중 n_2 + (m − 0.21)A_0 + CO + $m\,C_mH_n$

    = 0.007 + 0.593 + (1.15 − 0.21) × 1.124 + 0.313 + 0.024

    ≒ 1.99 $Sm^3/Sm^3_{-연료}$

④ G_w = 연료중 CO_2 + 연료중 n_2 + (m − 0.21)A_0 + CO + H_2 + $\left(m + \dfrac{n}{2}\right) C_mH_n$

    = 0.007 + 0.593 + (1.15 − 0.21) × 1.124 + 0.313 + 0.063

    + $\left(1 + \dfrac{4}{2}\right)$ × 0.024 ≒ 2.10 $Sm^3/Sm^3_{-연료}$

7. 연료의 발열량

(1) 고체연료 및 액체연료의 발열량[kcal/kg] 계산식 `암기법` : 씨팔 일수세상, 황이오↑

- 단위중량(kg)당의 탄소, 수소, 황의 연소열이 알려져 있으므로 다음 식으로 계산한다.

① **고위발열량** $H_h = 8100\,C + 34000\left(H - \dfrac{O}{8}\right) + 2500\,S$ [kcal/kg]

여기서, C, H, S, O, w 는 연료 1 kg당 함유된 각 성분의 양을 kg으로
표시한 것이므로, 예를 들어 탄소가 23 % 포함되어 있다면
C = 0.23 으로 계산한다.

② **저위발열량** $H\ell = 8100\,C + 28600\left(H - \dfrac{O}{8}\right) + 2500\,S - 600\left(w + \dfrac{9}{8}O\right)$ [kcal/kg]

한편, 연료속의 H성분에 의해 생성되는 물(H_2O)의 양을 W 라 두면

[화학반응식]	H_2	+	$\dfrac{1}{2}O_2$	→	H_2O
[kmol수]	1 kmol		0.5 kmol		1 kmol
[중량]	2kg		16kg		18kg
[중량비]	1			:	9 이므로

∴ 물의 양 W = 9H

한편, 연료속에 함유된 수분의 양을 w 라 두면 물의 전체 양은 (9H + w)가 된다.
다른 한편, 물의 증발잠열은 0℃를 기준으로 하여

$\dfrac{10800\ kcal}{18\ kg} = 600$ [kcal/kg], $\dfrac{10800\ kcal}{22.4\ Sm^3} = 480$ [kcal/Sm^3] 이므로

∴ 물의 전체 증발잠열 = 600 × (9H + w) [kcal/kg]

③ **저위발열량** $H\ell = H_h - 600 \times$ (9H + w) [kcal/kg]

④ **저위발열량** $H\ell = H_h - 480 \times$ n [kcal/Sm^3]   여기서, n : 생성된 물의 kmol 수

⑤ **유효수소란 ?**

고체연료 및 액체연료 중에 포함되어 있는 산소는 기체연료 중에 포함된 산소(O_2)와
같이 유리(遊離)되어 있지 않고 다른 성분과 화합하여 함유되어 있다. 그러므로
연소용의 산소로서는 이용할 수가 없다. 보통은 수소의 일부분(즉, 중량비로서
수소 : 산소 = 1 : 8)인 $\dfrac{1}{8}$O만큼은 이 산소와 결합하여 결합수의 형태로 되어 있으므로
실제로 연소에 이용될 수 있는 것은 그 나머지의 수소에 해당하는 $\left(H - \dfrac{O}{8}\right)$ 뿐이다.
이렇게 연소에 실제 유효한 수소를 "유효수소 또는, 유효수소수"라고 한다.

(2) 기체연료의 발열량[kcal/Sm^3] 계산식

- 기체연료의 가연성분으로는 다양하지만 보통 공업적 연료로서는 일산화탄소, 수소,
포화탄화수소(CH_4, C_2H_6, C_3H_8, C_4H_{10} 등), 불포화탄화수소(C_2H_4, C_3H_6 등)을 사용한다.
단, 연료 속에 함유된 N_2, O_2, CO_2 는 발열량에 관계없다.

① 고위발열량 H_h = $3035(CO)$ + $3050(H_2)$ + $9530(CH_4)$ + $14080(C_2H_2)$ +
$15280(C_2H_4)$ + $16820(C_2H_6)$ + $24370(C_3H_8)$ + $32000(C_4H_{10})$
[kcal/Sm³]

② 저위발열량 H_L = $3035(CO)$ + $2570(H_2)$ + $8570(CH_4)$ + $13120(C_2H_2)$ +
$14320(C_2H_4)$ + $15370(C_2H_6)$ + $22350(C_3H_8)$ + $29610(C_4H_{10})$
[kcal/Sm³]

③ 저위발열량 H_L = H_h - $480 \times \left(H_2 + 2CH_4 + C_2H_2 + 2C_2H_4 + \cdots \left(\dfrac{n}{2} \right) C_m H_n \right)$

= H_h - $480 \times (H_2 + 2CH_4 + C_2H_2 + 2C_2H_4 + 3C_2H_6 + 4C_3H_8 + \cdots)$

[kcal/Sm³]   여기서, 계수 : 생성된 물의 kmol 수

8. 연소온도(또는, 화염온도)

연소가 시작되면 연소열이 발생하여 온도가 상승하지만 열손실도 많아지게 되어 발생
열량과 방산열량이 평형을 유지하면서 연소가 계속되는데, 이 때의 온도를 연소온도
또는 화염온도라 한다.

(1) 이론 연소온도(t_g)

연료를 이론공기량으로 완전연소 하였을 때 생성되는 연소가스가 도달할 수 있는
최고온도를 말하며, 다음 식으로 계산한다.

$$t_g = \frac{H_\ell}{C_g \cdot G_0} + t_0$$

여기서, C_g : 이론연소가스의 비열
G_0 : 이론연소가스량
H_ℓ, H_h : 연료의 저위발열량, 고위발열량
t_0 : 기준온도(제시 없을 때는 0℃로 한다.)

(2) 실제 연소온도($t_g{}'$)

실제공기량으로 연료를 연소 하였을 때 생성되는 연소가스의 온도로서 연소효율,
손실열 등을 고려하는 다음 식으로 계산한다.

$$t_g{}' = \frac{(\eta \times H_\ell) + Q_f + Q_a - Q_{손실}}{C_g \cdot G} + t_0$$

여기서, C_g : 실제연소가스의 비열, G : 실제연소가스량
η : 연소기(연소장치) 효율(%), Q_f : 연료의 현열
Q_a : 연소용공기의 현열, $Q_손$: 손실열

(3) 연소온도를 높이는 조작방법

① 공급되는 연소용 공기는 이론공기량(공기비 m = 1)에 가깝도록 한다.
  (즉, 가능한 한 과잉공기를 적게 사용한다.)

② 연소속도를 빠르게 하기 위하여 연료나 공기를 예열하여 사용한다.

③ 연료를 완전연소 시킨다.

④ 노 벽 등의 열손실을 방지한다.

⑤ 발열량이 높은 연료를 사용한다.

9. 연소효율

(1) 열효율(η)

- 장치 내에 공급된 열량($Q_f = m_f \cdot H_\ell$)에 대해 유효하게 이용된 열량(Q_s)의
  비율을 나타내는 값으로서, 기기의 성능을 표시하는 이외에 생산된 제품의 원단위
  기준표시에도 적용되는 값이다.

$$\therefore \ \eta = \frac{Q_s}{Q_f} \times 100\,(\%) = \left(1 - \frac{Q_{손실}}{Q_{입열}}\right) \times 100\,(\%) \ 또는,$$

$$= \eta_c \times \eta_f$$

(2) 연소효율(η_c) 　　　　　　　　　　　암기법 : 소발년↑

- 단위연료량(1 kg)이 완전연소 하였을 때 발생하는 이론상의 발열량(H_ℓ)에 대하여
  실제로 연소했을 때의 발열량(Q_r)의 비율을 나타내는 값으로서, 실제의 연소열
  (Q_r)은 미연 탄소분에 의한 손실(L_1)과 불완전연소에 의한 손실(L_2)에 의해
  연료의 저위발열량(H_ℓ) 일부가 실제로는 열로 전환되지 않은 것을 감안한 값이다.

$$\therefore \ \eta_c = \frac{Q_r}{H_\ell} \times 100\,(\%) = \frac{H_\ell - (L_1 + L_2)}{H_\ell} \times 100\,(\%)$$

(3) 전열효율(η_f) 　　　　　　　　　　　암기법 : 전연유↑

- 연료가 연소되어 실제로 발생한 열량(Q_r)에 대하여 전열면을 통하여 유효하게
  이용된 열량(Q_s)의 비율을 나타내는 값으로서, 배가스에 의한 손실, 방사에 의한
  손실, 전도에 의한 손실 등의 열발생장치의 제손실을 감안한 값이다.

$$\therefore \ \eta_f = \frac{Q_s}{Q_r} \times 100\,(\%) = \frac{Q_s}{H_\ell - (L_1 + L_2)} \times 100\,(\%)$$

제7장 연료공급설비 및 연소장치 관리

1. 연료공급설비와 연소장치의 관리 및 점검

(1) 고체연료의 연소장치

고체연료를 연소시키는 방법에는 화격자 연소방법, 미분탄 연소방법, 유동층 연소 방법의 3종류로 구분한다.　　　　　　　　　　　암기법 : 고미화~유

① 화격자(火格子) 연소장치

- 격자 모양의 간격이 있는 화격자 위에서 고체연료(석탄류 등)를 연소시키는 것을 말한다. 화격자 위에 연료를 공급하는 방법에는 인력으로 수작업 하는 수분(手焚) 연소와 동력으로 하는 기계분(機械焚, Stoker 스토커)연소 등이 있다.

㉠ 상부투입연소(上部投入燃燒)와 하부투입연소(下部投入燃燒)

ⓐ 상입연소 : 급탄 방향과 1차공기의 공급 방향이 반대인 연소방식이다.
　　　　　　　ex> 수분연소, 산포식 스토커연소

ⓑ 하입연소 : 급탄 방향과 1차공기의 공급 방향이 동일한 연소방식으로, 타고 있는 석탄의 밑에 급탄을 시키는 방식이다.
　　　　　　　ex> 하입 스토커연소, 이상(移床) 스토커연소

㉡ 화층(또는, 탄층)의 구성　　　　　　　　암기법 : 건강한 사내(산회)

- 화격자 상의 화층의 연소층 구성은 상입 연소시 다음의 순서로 형성된다.

ⓐ 석탄층 : 새로 투입된 석탄은 여기서 온도가 상승하고, 수분을 증발시킨다.

ⓑ 건류층(또는, 건조층) : 석탄은 가열되어 열분해하고 휘발분을 방출한다. 이 열분해는 200℃ 정도의 온도로 시작되며 500℃ 이상으로 되면 심하게 된다. 방출된 휘발분은 연소실에 나와 대부분이 1차, 2차공기에 의하여 연소한다.

ⓒ 환원층 : 산화층에서 발생한 CO_2 가스는 이 층의 열을 흡수하여 CO 가스로 환원되어 방출된다. 이 일산화탄소는 연소실에 나와 다른 가연성 가스와 함께 연소한다.

ⓓ 산화층 : 석탄의 고정탄소분은 연소하여 CO_2 가스로 된다. 이 층의 온도는 화층 중에서 가장 높고 1200℃ ~ 1500℃로 된다.

ⓔ 회층 : 석탄이 다 타버리고 남은 찌꺼기의 부분이다.

ⓒ 스토커(Stoker, 기계로 넣기) 형식의 종류

- 화격자의 경사, 형상, 운동, 급탄방향, 통풍방식에 따라 구분된다.

ⓐ 산포(散布)식(또는, 상급식, 살포식)

: 산포식 스토커는 호퍼(hopper), 스크류피더, 회전익차가 주요 구성요소이다.

ⓑ 하급(下級)식

: 화층의 밑에서 급탄되어 통풍은 급탄방향과 직각의 방향으로 행하여지며, 사용연료에 대한 제한이 까다롭다.

ⓒ 계단(階段)식

: 화격자가 경사(30 ~ 40°)지고 상단에 설치한 호퍼(hopper)에서 공급된 연료가 화격자 위를 굴러 떨어지면서 착화 연소하고, 재는 하단부에서 퍼내게 된다. 특히, 쓰레기 소각로에 가장 적합한 형식이다.

ⓓ 쇄상(鎖床)식

: 이동하는 화상을 체인(鎖)처럼 서로 엮어 구성한 것으로. 고체연료는 이동하는 체인위에 공급되고 체인위에서 착화 연소한 후 재가 되어 후단에 있는 재떨이 구덩이로 떨어진다.

ⓔ 이동화상(移動火床)식(또는, 이상식)

: 수평으로 이동하는 화상위에 급탄을 하여 연소시키는 방식이다.

② **미분탄(微粉炭) 연소장치**

- 공간연소 방식으로서 석탄을 0.1 mm(200 mesh)이하의 미세한 가루로 잘게 부수어 분말상으로 하여 1차공기와 함께 버너로 불어넣어 연소시키는 방식을 말한다.

㉠ 미분탄 연소장치의 계통도

• 연료탄 → 쇄탄기 → 철편제거장치 → 건조기 → 미분쇄기 → 버너

㉡ 미분탄의 연소형식의 종류

ⓐ L자형 연소 : 선회류(旋回流) 버너를 사용하여 연료와 공기의 혼합을 좋게 하여 연소하므로 화염이 비교적 짧다.

ⓑ U자형 연소(또는, 수직연소) : 편평류(扁平流) 버너를 일렬로 나란히 배치하여 노의 상부로부터 2차 공기와 함께 연료를 분사 연소시키는 형식으로, 노 내의 화염 형상이 U자형으로 되어 있다.

ⓒ 각우(Conner)식 연소 : 노를 정방형으로 하고 4각 모서리에서 연료를 분사 연소시키는 방식으로 노 중심부에서 공기와 혼합이 잘되므로 연소가 양호하다. 상하 30° 정도의 범위에서 움직이는 틸팅(Tilting)버너가 많이 사용되고 있다.

ⓓ 슬래그탭(Slag tap)식 연소 : 연소실이 2개 부분으로 나누어 설계한 슬래그탭로라고 불리는 1차로(爐)에서 고온연소시켜 80% 정도의 재가 녹은 상태로 2차로 배출하여 완전연소 시키는데, 재를 용융하여 배출

시키기 위해 고온으로 유지해야 하므로 로의 특별한 구조를 필요로 하는 연소장치이다. 공기비가 1.2 이하로 작으므로 배가스에 의한 열손실이 적고 연소효율이 높다.

ⓔ 클레이머(Cramer)식 연소 : 수분이나 회분이 많이 함유된 저품위의 석탄을 분쇄하는데 소요되는 동력이 비교적 적게 들며, 구조가 간단하고 분쇄기 해머의 수명도 길며, 재(회분) 날림이 적은 연소장치이다.

ⓕ 사이클론(Cyclone)식 연소 : 석탄과 1차공기와의 혼합물을 강한 선회운동을 시키면서 연소하여 재를 용융상태에서 배출하는 고속도의 사이클론 버너를 연소장치로 한 것이다.

③ **유동층(流動層, fluid bed) 연소장치**

- 화격자 연소와 미분탄 연소의 중간 형태를 이루는 것으로서, 모래 등의 내열성 분립체(粉粒體)를 유동매체로 충전(充塡)하고 바닥에 설치된 공기 분사판을 통하여 고온가스의 열풍을 불어넣어 마치 더운물이 끓고 있는 것처럼 부유유동층을 형성시켜 유동매체의 온도를 700~800℃로 유지하면서 이 유동층 상부에 미분탄을 분사하고 유동층으로 화격자를 대신하여 석탄을 연소시키는 방식을 말한다.

(2) 액체연료의 연소장치

① **액체연료의 연소방법**

- 액체연료의 연소방법에는 증발연소 방법과 무화연소 방법 등으로 분류한다.

㉠ 증발(또는, 기화) 연소방법

: 경질유(가솔린, 등유, 경유 등)를 고온을 가진 물체에 접촉시켜 연료를 기체로 바꾸어 연소시키는 방식으로 증발식, 포트식, 심지식 연소법 등이 있다.

㉡ 무화 연소방법

: 중질유(중유, 타르 등)의 비표면적을 크게 하기 위하여 버너의 노즐에서 연료의 입자를 작게 안개와 같이 분출공기와 혼합 연소시키는 방식이다.

② **액체연료의 무화(霧化 또는, 분무)**

㉠ 무화의 목적

ⓐ 연료의 단위중량당 표면적을 크게 한다.
ⓑ 주위 공기와 고르게 혼합시킨다.
ⓒ 연소실의 열부하를 증가시킨다.
ⓓ 연소효율을 증가시킨다.

㉡ 미립화(무화)방법의 종류　　　　　　　　　암기법 : 미진정하면, 고충와유~

ⓐ **유압식**(또는, 유압분무식, 가압분사식)
: 펌프로 연료를 가압하여 노즐로 고속분출시켜 무화시킨다.

ⓑ **이류체식**(또는, 기류분무식, **고속기류식**, 고압기류식)
: 압축된 공기 또는 증기를 고속으로 불어넣은 2유체 방식으로 무화시킨다.

ⓒ 회전식(또는, 와류식) : 고속 회전하는 컵이나 원반에 연료를 공급하여 원심력에 의해 무화시킨다.

ⓓ **충**돌식 : 연료를 금속판에 고속으로 충돌시켜 무화시킨다.

ⓔ **정**전기식 : 연료에 고압 정전기를 통과시켜서 무화시킨다.

ⓕ **진**동식 : 음파 또는 초음파에 의해서 연료를 진동·분열시켜 무화시킨다.

③ 기름(Oil, 오일) 연소장치와 그 부속장치

ㄱ 기름 연소장치의 구성

- 연료유를 완전연소 시키는데 필요한 구성기기를 말한다. 기름버너의 형식에 따라 연소장치의 계통도는 다소 달라진다.

※ 급유계통 이송순서

• 오일 저장탱크 → 여과기 → 오일 이송펌프 → 서비스 탱크 → 유수분리기 → 오일 예열기 → 급유펌프 → 급유 온도계 → 오일 유량계 → 전자밸브 → 오일 버너

④ 기름(Oil, 또는 중유) 버너의 종류 및 특징

ㄱ 유압분무식 버너(또는, 압력분무식 버너)

- 연료(유체)에 펌프로 직접 압력을 가하여 노즐을 통해 고속 분사시키는 방식이다.

ⓐ 무화매체인 증기나 공기가 별도로 필요치 않으므로 구조가 간단하다.

ⓑ 유지 및 보수가 용이하다.

ⓒ 분사각(또는, 분무각, 무화각)은 40 ~ 90° 정도로 가장 넓다.

ⓓ 주로 중·소형 버너에 이용되지만, 대용량의 버너로도 제작이 용이하다.

ⓔ 유량조절범위가 1 : 2 정도로 가장 좁다.

ⓕ 사용유압은 0.5 MPa ~ 3 MPa로 기름에 가해지는 압력이 가장 높다.

ⓖ 보일러 가동 중 버너교환이 가능하다.

ⓗ 사용유압이 0.5 MPa 이하이거나 점도가 높은 기름에는 무화가 나빠지므로 연소의 제어범위가 좁다.

ⓘ 부하변동에 대한 적응성이 나쁘다.

ⓙ 연소 시 소음발생이 적다.

ㄴ 고압기류분무식 버너(또는, 고압공기분무식 버너)

- 고압(0.2 ~ 0.8 MPa)의 공기나 증기를 이용하여 중유를 무화시키는 방식이다.

ⓐ 종류에는 증기분무식, 내부혼합식, 외부혼합식, 중간혼합식이 있다.

ⓑ 외부혼합 방식보다 내부혼합 방식이 무화가 잘 된다.

ⓒ 분무각은 20° ~ 30° 정도로 가장 좁으며, 화염은 장염이다.

ⓓ 유량조절범위가 1 : 10 정도로 가장 커서 고점도 연료도 무화가 가능하다.

ⓔ 분무매체는 공기나 증기를 이용한다.

ⓕ 부하변동에 대한 적응성이 좋으므로 부하변동이 큰 대용량의 버너에 적합하다.

ⓖ 분무매체를 이용하므로, 연소 시 소음발생이 크다.

ⓗ 무화용 공기량은 이론공기량의 7 ~ 12% 정도로 적게 소요된다.

ⓒ **저압기류분무식 버너(또는, 저압공기분무식 버너)**

- 저압(0.02 ~ 0.2 MPa)의 공기나 증기를 이용하여 중유를 무화시키는 방식이다.

ⓐ 분무각은 30° ~ 60°이며, 비교적 좁은 각도의 짧은 화염을 가진다.

ⓑ 분무에 사용되는 공기량은 이론공기량의 30 ~ 50% 정도로 많이 소요된다.

ⓒ 유량조절범위가 1 : 5 정도로 비교적 넓다.

ⓓ 소용량의 버너에 사용된다.

ⓔ **건타입(gun type) 버너**

- 유압식과 고압기류분무식을 병합한 방식이다.

ⓐ 오일펌프 속에 있는 유압조절밸브에서 조절 공급되므로 연소상태가 양호하다.

ⓑ 비교적 소형이며 구조가 간단하다.

ⓒ 다익형 송풍기와 버너 노즐을 하나로 묶어서 조립한 장치로 되어 있다.

ⓓ 제어장치의 이용도 손쉽게 되어 있으므로 보일러나 열교환기에 널리 사용된다.

ⓔ 사용연료는 등유, 경유이다.

ⓕ 노즐에 공급하는 유압은 0.7 MPa(7 kg/cm^2) 이상이다.

ⓜ **회전식 버너(Rotary burner, 로터리 버너 또는, 수평로터리 버너)**

- 분무컵을 고속으로 회전시켜 연료를 분사하고 1차공기를 이용하여 무화시키는 방식이다.　　　　　　　　　　　　　　 **암기법** : 버너회사 팔분, 오영삼

ⓐ 분사각은 40 ~ 80° 정도로 비교적 넓은 각이 된다.

ⓑ 유량조절범위는 1 : 5 정도로 비교적 넓다.

ⓒ 불순물 제거를 위해 버너 입구 배관부에 여과기(스트레이너)를 설치한다.

ⓓ 버너 입구의 유압은 0.3 ~ 0.5 kg/cm^2 (30 ~ 50 kPa)정도로 가압하여 공급한다.

ⓔ 중유와 공기의 혼합이 양호하므로 화염이 짧고 연소가 안정하다.

ⓕ 설비가 간단하여 청소 및 점검·수리가 용이하며, 자동화가 쉽다.

ⓖ B중유 및 C중유는 점도가 높기 때문에 상온에서는 무화되지 않으므로, 중유를 예열하여 점도를 낮추어서 버너에 공급한다.

ⓗ 연료유에 수분이 함유됐을 때 연소 중 화염이 꺼지거나 진동연소의 원인이 되며 여과기(strainer)의 능률을 저하시키게 되므로 수분을 분리, 제거한다.

⑤ **버너의 선정 시 고려해야 할 사항**

㉠ 노의 구조와 가열조건에 적합한 것이어야 한다.

㉡ 버너의 용량이 보일러 용량에 알맞은 것이어야 한다.

㉢ 사용 연료의 성상에 적합한 것이어야 한다.

㉣ 부하변동에 따른 유량조절범위를 고려해야 한다.

㉤ 제어방식에 따른 버너 형식을 고려해야 한다.

(3) 기체연료의 연소장치

① 확산연소 방식과 연소장치

㉠ 확산연소 방식의 특징
- 가스와 연소용 공기를 혼합시키지 않고 각각 노내에 따로 분출시켜 확산(擴散)에 의해 가스와 공기를 서서히 혼합시키면서 연소시키는 방식이다.

㉡ 확산 연소장치의 종류
- 확산연소방식에 사용되는 버너는 포트형과 버너형(선회형, 방사형)이 있다.

② 예혼합연소 방식과 연소장치

㉠ 예혼합연소 방식의 특징
- 가연성 기체와 공기를 완전연소가 될 수 있도록 적당한 혼합비로 버너 내부에서 사전에 미리 혼합시킨 후 연소실에 분사시켜 연소시키는 방식이다.

㉡ 예혼합 연소장치의 종류
- 예혼합연소장치에 사용되는 버너는 고압버너, 저압버너, 송풍버너 등이 있다.

③ 확산연소 방식과 예혼합연소 방식의 특징 비교

구 분	확산연소 방식	예혼합연소 방식
특 징	외부혼합형이다	내부혼합형이다
	역화 위험이 없다	역화 위험이 있다
	화염(불꽃)의 길이가 길다	화염(불꽃)의 길이가 짧다
	부하에 따른 조작범위가 넓다	부하에 따른 조작범위가 좁다
	가스와 공기의 고온예열이 가능하다	가스와 공기의 고온예열시 위험성이 따른다
	탄화수소가 적은 고로가스나 발생로가스가 사용된다	탄화수소가 많은 천연가스, 도시가스, 부탄가스, LPG가스가 사용된다
연소장치의 종류	포트형, 버너형(선회형, 방사형)	고압버너, 저압버너, 송풍버너

2. 화재 및 폭발

(1) 화재의 분류에 따른 소화방법

화재의 분류		가연물	소화기 표시색	소화방법	특징
등급별	명칭				
A급	일반화재	목재,종이, 섬유류	백색	냉각효과	백색연기 발생 연소 후 재를 남김
B급	유류화재	유류	황색	질식효과	흑색연기 발생, 연소 후 재를 남기지 않음
C급	전기화재	전기	청색	질식효과	감전의 우려가 있어 주수 소화 곤란함
D급	금속화재	금속분말	무색	질식효과	금속이 열을 생성
E급	가스화재	가스	황색	질식효과	재를 남기지 않음

(2) 가스폭발의 형태

① 블레비 폭발 (BLEVE, Boiling Liquid Expanding Vapor Explosion)

- 가연성 액체의 저장탱크 주위에서 화재가 발생하여 저장탱크 벽면이 장시간동안 화염에 노출되어 가열되면 탱크 내부의 액체가 비등하여 내부의 압력이 급격히 상승한다. 뿐만 아니라 탱크 상부의 온도가 상승하면서 재질의 강도가 약해져 탱크 벽면이 파열된다. 이 때 탱크 내부압력이 급격히 감소되고 과열된 액화가스가 급속히 증발하면서 유출, 팽창되어 액화가스의 증기가 공기와 혼합되어 연소범위가 형성되어 공 모양의 대형화염이 상승하는 화구(Fire ball)를 형성하여 폭발하는 현상을 말한다.

② 증기운 폭발 (UVCE, Unconfined Vapor Cloud Explosion)

- 개방된 대기 중에 다량의 인화성 액체나 가연성 가스가 유출되어 그것으로부터 발생하는 가연성 증기가 공기와 혼합되어 폭발성의 증기운을 형성하여 떠돌다가 점화원에 접촉하게 되면 착화되어 공 모양의 대형화염이 상승하는 화구(Fire ball)를 형성하여 폭발하는 현상을 말한다.

③ 폭연 (爆燃, Deflagration)

- 화염의 전파속도가 화염 바로 앞의 미연소가스 속으로 음속보다 느리게 이동하는 연소현상으로, 화염의 전파속도는 0.1 ~ 10 m/sec로서 보통 연소가 전파되는 속도보다는 빠르고 폭굉이 전파되는 속도보다는 훨씬 느리다.

④ 폭굉 (爆轟, Detonation 데토네이션)

- 화염의 전파속도가 급격히 가속되어 화염 바로 앞의 미연소가스 속으로 음속보다 빠르게(초음속) 이동하는 연소현상이며, 파면 선단에서 충격파라고 하는 압력파가 생겨 심한 파괴작용을 일으키는 현상으로, 화염의 전파속도는 1000 ~ 3500 m/sec 에 이른다.

(3) 유증기(油蒸氣)폭발

- 기름방울(1 ~ 10 μm)의 유증기가 공기 중에 안개형태로 분포되어 있는 상태에서 점화원에 의해 착화되어 폭발하는 것으로, 가스가 누출된 상태의 폭발과 유사하다고 볼 수 있다.

(4) 분진폭발

- 미세한 가연성 분진입자가 공기 중에 부유하여 폭발범위를 형성하고 있다가 점화에너지에 의해 착화되어 폭발하는 것으로, 기체상태의 폭발과 유사하다고 볼 수 있다.

① 분진의 폭발범위 : 약 30 mg/L(하한값) ~ 80 mg/L(상한값)

② 분진폭발이 발생하는 물질 : 밀가루, 쌀가루, 솜가루, 커피가루, 금속분말 등

(5) 자연발화(自然發火)

- 외부에서의 인위적인 점화에너지 공급이 없이 물질 스스로 서서히 산화되면서 발생된 열을 축적하여 발화점에 이르게 되면 발화하는 현상을 말한다.

제8장 통풍장치 관리

1. 통풍방법

(1) 자연통풍(또는, 연돌통풍)

- 송풍기가 없이 오로지 연돌에 의한 통풍방식으로, 연돌내의 연소가스와 외부공기의 밀도차(또는, 비중량차)에 의해서 생기는 압력차를 이용하여 이루어지는 대류현상을 말한다.
  - ㉠ 노내 압력은 항상 부압(-)으로 유지된다.
  - ㉡ 동력소비가 없으므로 설비비가 적게 든다.
  - ㉢ 통풍력은 연돌의 높이, 배기가스의 온도, 외기온도, 습도 등의 영향을 받는다.
  - ㉣ 통풍력은 약 20 mmAq 정도로 약하여 구조가 복잡한 보일러에는 부적합하다.
  - ㉤ 배기가스 유속은 3 ~ 4 m/s 이다.
  - ㉥ 연소실 내부가 대기압에 대하여 부압(-)으로 유지되어, 냉기의 침입으로 열손실이 증가한다.

(2) 강제통풍(또는, 인공통풍)

- 송풍기를 가동하는 것으로 통풍력이 자유로이 증감되어 부하의 변동에 대응하기 쉬우며, 배기가스온도에 영향을 받지 않으므로 연도에 폐열회수장치를 설치하여 보일러 효율을 증가시킬 수 있는 방법으로, 송풍기의 설치위치에 따라 압입통풍, 흡인통풍, 평형통풍 방식의 3가지로 분류한다.

  ① **압입통풍(押入通風, 가압통풍)**

  노 앞에 설치된 송풍기에 의해 연소용공기를 대기압 이상의 압력으로 가압하여 노 안에 압입하는 방식이다.
  - ㉠ 노내 압력은 항상 정압(+)으로 유지된다.
  - ㉡ 노내의 압력이 대기압보다 높은 정압(+)이므로 연소가스가 누설되기 쉬우므로 연소실 및 연도의 기밀을 유지해야 한다.
  - ㉢ 송풍기에 의해 가압된 공기를 가열하는 장치인 공기예열기를 부착하여 연소용 공기를 예열할 수 있으므로 연소속도를 높일 수 있다.
  - ㉣ 가열 연소용 공기를 사용하므로 경제적이다.
  - ㉤ 송풍기의 고장이 적으며, 점검 및 보수가 용이하다.
  - ㉥ 송풍기의 동력소비가 흡인통풍 방식보다 적다.
  - ㉦ 배기가스 유속은 8 m/s 정도이다.

② **흡인통풍(吸引通風, 흡입통풍, 유인통풍, 흡출통풍)**

연소로의 배기가스가 나가는 연도 중의 댐퍼 뒤에 송풍기(Fan)를 설치하여 배기가스를 직접 빨아들여 강제로 배출시키는 방식이다.

㉠ 노내 압력은 항상 부압(-)으로 유지된다.

㉡ 흡출기(吸出機)로 배기가스를 방출하므로 연돌의 높이에 관계없이 연소할 수 있다.

㉢ 고온가스에 대한 송풍기의 재질이 견딜 수 있어야 한다.

㉣ 연소용 공기를 예열하여 사용하기에 부적합하다.

㉤ 송풍기의 동력소비가 크다.

㉥ 송풍기의 수명이 짧고, 점검 및 보수가 불편하다.

㉦ 배기가스 유속은 10 m/s 정도이다.

③ **평형통풍(平衡通風)**

노 앞과 연도 끝에 송풍기를 설치하여 양 송풍기의 회전수와 댐퍼의 개도를 조절하는 방식으로 압입통풍과 흡인통풍을 병행한 것이다.

㉠ 노내 압력을 정압이나 부압으로 임의로 조절할 수 있다.

㉡ 연도의 통풍저항이 큰 경우에도 강한 통풍력을 얻을 수 있다.

㉢ 항상 안전한 연소를 할 수 있다.

㉣ 송풍기의 동력소비가 크다.

㉤ 설비비 및 유지비가 많이 든다.

㉥ 배기가스 유속은 10 m/s 이상이다.

㉦ 통풍저항이 큰 중·대형보일러에 적합하다.

2. 연돌(煙突)의 성질

(1) 연돌에 의한 통풍력

① **통풍력(通風力, 또는 통풍압력)**

- 연돌(굴뚝)내 배기가스와 연돌밖 외부공기와의 밀도차(비중량차)에 의해 생기는 압력차를 이용하여 공기와 배기가스의 연속적인 이동(흐름)을 일으키는 원동력을 통풍력이라 하며, 그 단위는 $mmAq(= mmH_2O = kgf/m^2)$를 주로 쓴다.

② **이론 통풍력(Z)과 연돌의 높이(h) 계산**

㉠ 배기가스와 외기의 밀도차(또는, 비중량차)만이 제시된 경우

- 통풍력 $Z = P_2 - P_1$

$$= (P_0 + \rho_a g h) - (P_0 + \rho_g g h)$$

$$= (\rho_a - \rho_g) g h$$

$$= (\gamma_a - \gamma_g) h$$

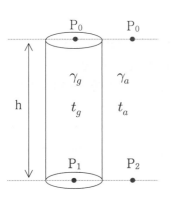

여기서, Z : 통풍력 [mmH$_2$O]

P_2 : 굴뚝 외부공기의 압력 [mmH$_2$O]

P_1 : 굴뚝 하부(유입구)의 압력 [mmH$_2$O]

ρ_a : 외부공기의 밀도 [kg/m^3]

ρ_g : 배기가스의 밀도 [kg/m^3]

g : 중력가속도 [9.8 m/s^2]

γ_a : 외부공기의 비중량 [kgf/m^3]

γ_g : 배기가스의 비중량 [kgf/m^3]

h : 연돌의 높이 [m]

[참고.] 비중량 $\gamma = \rho \cdot g$ 의 단위를 공학에서는 [kgf/m^3] 또는 [kg/m^3] 으로 표현한다.

 ⓛ 배기가스와 외기의 비중량 및 온도가 제시된 경우

  • 통풍력 $Z = (\gamma_{0a} - \gamma_{0g})\,h$

$$= \left(\frac{273\,\gamma_a}{273 + t_a} - \frac{273\,\gamma_g}{273 + t_g} \right) h$$

$$= 273 \times h \times \left(\frac{\gamma_a}{273 + t_a} - \frac{\gamma_g}{273 + t_g} \right)$$

   여기서, Z : 통풍력 [mmH$_2$O], t_a : 외기(또는, 대기)의 온도(℃)

     t_g : 배기가스의 온도(℃), h : 연돌의 높이 [m]

 ⓒ 배기가스와 외기의 온도만이 제시된 경우

  • 배기가스와 외기의 비중량이 제시되어 있지 않을 때는 배기가스와 외기를 이상기체로 가정하여 평균비중량 값인 1.3 kgf/m^3 으로 계산한다.

   (즉, $\gamma_a = \gamma_g = 1.293$ kgf/m^3 ≒ 1.3 kgf/m^3)

  • 통풍력 $Z = 273 \times 1.3 \times h \times \left(\dfrac{1}{273 + t_a} - \dfrac{1}{273 + t_g} \right)$

$$≒ 355 \times h \times \left(\frac{1}{273 + t_a} - \frac{1}{273 + t_g} \right)$$

③ 실제 통풍력(Z′)과 연돌의 높이(h) 계산

 - 연돌에서의 실제 통풍력은 연소실, 연도, 연돌 내의 마찰저항, 굴곡부 저항, 방열 등의 통풍저항을 받으므로 이론 통풍력보다 감소되어 약 80 % 정도이다.

  ㉠ 실제 통풍력(Z′) = 이론 통풍력(Z) - 통풍력 손실

  ㉡ 이론 통풍력(Z) = 실제 통풍력(Z′) + 통풍력 손실

  ㉢ 통풍력 손실을 이론통풍력의 x % 라고 하면

   • 실제 통풍력(Z′) $= 273 \times h \times \left(\dfrac{\gamma_a}{273 + t_a} - \dfrac{\gamma_g}{273 + t_g} \right) \times (1 - x)$

(2) 연돌의 단면적 계산

① 연돌의 설치목적은 연소실내에 통풍력을 높이고 연소 후 생성되는 배기가스를 대기 중에 멀리 확산시켜 대기오염물에 의한 피해를 감소시키고자 함이며, 연돌의 높이는 통풍력에 밀접한 영향을 미치므로 일반적으로 연돌의 높이를 주위 건물높이의 2.5배 이상으로 하여야 한다.

② 연돌은 설계 강도의 관계에서 상부 쪽으로 올라갈수록 배기가스의 온도 저하로 그 체적이 감소하므로 연돌의 상부 단면적이 하부 단면적보다 작아야 한다.

③ 연돌 상부 단면적 A = $\dfrac{V(1 + 0.0037t)}{3600\,v}$

여기서, A : 상부 단면적(m^2)
V : 배기가스 유량(Nm^3/h)
t : 배기가스 온도(℃)
v : 연돌의 출구 배기가스 유속(m/sec)

④ 연돌의 용량은 상부 단면적에 따라 결정된다.

⑤ 연돌의 단면적이 너무 작으면 유속이 빨라져 마찰저항이 증가되고, 너무 크면 연돌 내 냉기의 침입으로 통풍력이 저하되므로 배기가스량, 유속, 온도, 연료사용량에 따라 적당한 크기의 단면적으로 설치하여야 한다.

3. 통풍장치

(1) 송풍기(Fan)의 종류 및 특징

- 보일러 운전 중 통풍력을 적정하게 유지시키기 위하여 사용되는 송풍기는 원심식과 축류식으로 구분된다.

① 원심식(또는, 원심력식) 송풍기   [암기법] : 원터플, 시로(싫어)

- 임펠러(Impeller, 날개)의 회전에 의한 원심력을 일으켜 공기를 공급하는 형식의 것으로서, 사용가능한 압력과 풍량의 범위가 광범위하여 가장 널리 사용되고 있으며 그 형식에 따라 터보형, 플레이트형, 시로코형 등이 있다.

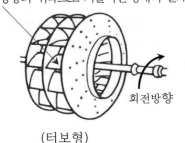

회전방향의 뒤쪽으로 기울어진 형태의 날개

회전방향

(터보형)

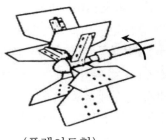

(플레이트형)

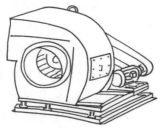

(다익형)

② 축류식 송풍기
- 프로펠러형의 블레이드(blade, 날개깃)가 축방향으로 공기를 유입하고 송출하는 형식이다.

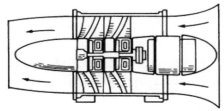

ㄱ 특징
ⓐ 송풍기의 축과 평행한 방향으로 공기가 유입, 유출되어 흐른다.
ⓑ 저풍압에 대풍량을 송풍하는데 적합하다.
ⓒ 환기용, 배기용으로 적당하다.
ⓓ 원심식 송풍기에 비해 소음발생이 크다.
ⓔ 덕트 도중에 설치하여 통풍력을 높이거나 냉각탑 등에 사용된다.

ㄴ 종류
ⓐ 프로펠러(propeller)형
ⓑ 튜브(tube)형
ⓒ 베인(vane)형
ⓓ 디스크(disk)형

③ 송풍기의 용량 계산

ㄱ 송풍기의 소요동력 : $L = \dfrac{9.8\,HQ}{\eta}$ [kW] $= \dfrac{P \cdot Q}{102 \times \eta}$ [kW]

여기서, H : 수두 [m]
P : 풍압 [mmH$_2$O = kgf/m^2]
Q : 풍량 [m^3/sec]
η : 송풍기의 효율

ㄴ 송풍기의 소요마력 : $L = \dfrac{P \cdot Q}{76 \times \eta}$ [HP] $= \dfrac{P \cdot Q}{75 \times \eta}$ [PS]

여기서, 1 HP (영국마력) = 0.746 kW = 0.746 × 102 kgf · m/s = 76 kgf · m/s
1 PS (프랑스마력) = 0.735 kW = 0.735 × 102 kgf · m/s = 75 kgf · m/s

④ 송풍기의 풍량 제어방법의 효율이 큰 순서   **암기법** : 회치베 덤프(흡·토)
• 회전수 제어 > 가변피치 제어 > 흡입베인 제어 > 흡입댐퍼 제어 > 토출댐퍼 제어

(2) 댐퍼(Damper)

- 자동제어에 의한 조작으로 덕트의 단면에 변화를 주어 공기 및 배기가스량을 증감하는 장치로서 그 역할이 배관에 설치된 밸브와 비교된다고 볼 수 있다.

① 댐퍼의 설치목적
ㄱ 통풍력을 조절한다.
ㄴ 덕트 내 배기가스의 흐름을 조절하거나 차단한다.
ㄷ 주연도, 부연도가 있는 경우에는 배기가스의 흐름을 바꾼다.
ㄹ 연소효율을 증가시킨다.

② 작동상태에 의한 분류
ㄱ 회전식 댐퍼
ㄴ 승강식 댐퍼
ㄷ 스프링식 댐퍼

③ 구조에 의한 분류
ㄱ 버터플라이(butterfly) 댐퍼 : 보일러의 댐퍼로 가장 많이 사용된다.
ㄴ 다익(siroco) 댐퍼
ㄷ 스플릿(split) 댐퍼
ㄹ 푸쉬(push) 댐퍼

④ 용도에 의한 분류
ㄱ 급기 댐퍼
ㄴ 연도 댐퍼
ㄷ 방화 댐퍼
ㄹ 배연 댐퍼

(3) 덕트(Duct)

- 공기나 배기가스 등의 유체가 흐르는 통로로서 그 단면의 형상이 직사각형, 원형, 타원형 등이 있으며 보통은 아연도금 철판이 많이 사용되고 있다.
덕트는 내부에 운송되는 유체의 풍속에 따라서 15 m/sec 이하의 것을 저속 덕트, 15 m/sec 를 초과하는 것을 고속 덕트라 한다.
공기의 압력손실, 누설 및 기류에 의한 소음발생이 적도록 제작하고 송풍량에 의하여 덕트의 용적을 설계할 때는 필요풍량의 10 % 정도를 가산하여 결정하여야 한다.

(4) 노내압(爐內壓) 제어

- 연소실 내부의 압력을 정해진 범위 이내로 억제하기 위한 제어로서, 연소장치가 최적값으로 유지되기 위해서는 연료량 조작, 공기량 조작, 연소가스 배출량 조작(송풍기의 회전수 조작 및 댐퍼의 개도 조작)이 필요하다.

제9장 보일러 에너지 관리

1. 에너지원별 연소방법(또는, 연소형태, 연소방식)

(1) 고체연료의 연소방법   암기법 : 고 자증나네, 표분

① **자기연소**(또는, 내부연소)   암기법 : 내 자기, 피티니?

- 가연물질이면서 그 분자 내에 연소에 필요한 충분한 양의 산소공급원을 함유하고 있는 물질의 연소방식으로 외부로부터의 산소공급이 없어도 연소가 진행될 수 있어 연소속도가 매우 빨라 폭발적으로 연소한다.

  ex> 피크린산 , TNT(트리니트로톨루엔), 니트로글리세린 (위험물 제5류)

② **증발연소**   암기법 : 황나양파 휘발유, 증발사건

- 고체 가연물질 중 승화성 물질의 단순 증발에 의해 발생된 가연성 기체가 연소하는 형태이다.

  ex> 황, 나프탈렌, 양초, 파라핀, 휘발유(가등경중), 알코올, <증발>

③ **표면연소**(또는, 작열연소)   암기법 : 시간표, 수목금코

- 고체의 표면에서 가연성 기체가 발생되지 않아 고체 표면에서 불꽃을 형성하지 않고 연소하는 형태이다.

  ex> 숯, 목탄, 금속분, 코크스

④ **분해연소**   암기법 : 아플땐 중고종목 분석해~

- 고체 가연물질이 온도상승에 의한 열분해를 통하여 여러 가지 가연성 기체를 발생시켜 연소하는 형태이다.

  ex> 아스팔트, 플라스틱, 중유, 고무, 종이, 목재, 석탄(무연탄), <분해>

(2) 액체연료의 연소방법

① 증발연소(증발식)

- 액체 가연물질은 액체상태의 연소가 아닌 액체로부터 발생된 가연성 기체가 연소하는 것이다. 액체가 증발에 의해 기체가 되고, 그 기체가 산소와 반응하여 연소하는 형태이다. ex> 휘발유(가·등·경·중유), 알코올

② 분해연소

- 비점이 높아 쉽게 증발이 어려운 액체 가연물질에 계속 열을 가하면 복잡한 경로의 열분해 과정을 거쳐 탄소수가 적은 저급의 탄화수소가 되어 연소하는 형태이다.

  ex> 기계유, 실린더유

③ 분무연소(분무식)
  - 액체연료를 입자가 작은 안개상태로 분무하여 공기와의 접촉면을 많게 함으로써 연소시키는 방식으로 공업용 연료의 대부분이 중유를 사용하고 있으므로 무화방식이 가장 많이 이용되고 있다.
④ 액면연소(포트식)
  - 연료를 접시모양의 용기(Pot)에 넣어 점화하는 증발연소로서, 가장 원시적인 방법이다.
⑤ 심지연소 또는, 등심연소(심지식)
  - 탱크 속의 연료에 심지를 담가서 모세관현상으로 빨아올려 심지의 끝에서 증발연소시키는 방식으로, 공업용으로는 부적당하다.

(3) 기체연료의 연소방법

① 확산연소
  - 연료와 연소용 공기를 각각 노내에 분출시켜 확산 혼합하면서 연소시키는 방식으로 대부분의 가연성 가스(수소, 아세틸렌, LPG 등)의 일반적인 연소를 말한다.
    역화 위험이 없다.
② 예혼합연소
  - 가연성 연료와 공기를 완전연소가 될 수 있도록 적당한 혼합비로 미리 혼합시킨 후 분사시켜 연소시키는 방식을 말한다. 따라서 화염의 온도가 높고, 역화 위험이 있다.
③ 폭발연소
  - 밀폐된 용기에 공기와 혼합가스가 있을 때 점화되면 연소속도가 급격히 증가하여 폭발적으로 연소되는 현상을 말한다.
    ex> 폭연, 폭굉

2. 에너지효율 관리

(1) 에너지 사용량

① **액체연료의 사용량**

$$F = V_t \cdot d \cdot K$$

여기서, F : 연료사용량 (kg/h)
V_t : t℃에서 실측한 연료사용량 (L/h)
d : 연료의 비중 (kg/L)
K : 연료의 온도에 따른 체적보정계수

② **기체연료의 사용량**

$$F = V_t \times 온도보정계수 \times 압력보정계수$$

$$= V_t \times \frac{T_0}{T} \times \frac{P}{P_0}$$

여기서, F 또는 V_0 : 표준상태로 환산한 기체연료 사용량 ($N \cdot m^3/h$)

V_t 또는 V : t℃에서 실측한 연료측정량 (m^3/h)

T : 가스연료 절대온도(273 + t ℃)

T_0 : 표준상태 절대온도(273K)

P : 가스연료 절대압력(단위 : atm , mmHg, mmAq 등)

P_0 : 표준상태 대기압력(단위 : 1atm, 760mmHg, 10332mmAq)

한편, 보일-샤를의 법칙 $\dfrac{P_0 V_0}{T_0} = \dfrac{PV}{T}$ 에서 $V_0 = \dfrac{PV}{T} \times \dfrac{T_0}{P_0}$ 이다.

【참고】 ※ 한국에너지공단의 열정산 기준

열정산은 사용시의 연료단위량 즉, 고체·액체 연료의 경우 **1kg당** 기준으로 한다. 기체연료의 경우는 계측시의 온도 및 압력 조건에 따라 크게 변동이 되기 때문에 **표준상태 조건(온도 0℃, 압력 1atm)**에서의 체적으로 **환산한 $1N \cdot m^3$당 기준**으로 실시한다.

(2) 열정산(또는, 열수지)

① 열정산 목적

특정설비에 공급된 열량과 그 사용 상태를 검토하고 유효하게 이용되는 열량과 손실열량을 세밀하게 분석함으로써 합리적 조업 방법으로의 개선과 기기의 설계 및 개조에 참고하기 위함이라고 볼 수 있다.

② 열정산 기준

㉠ 정상조업 상태에서 원칙적으로 1 ~ 2시간 이상을 연속 가동한 후에 측정하는데 측정시간은 **1시간 이상**의 운전 결과를 이용하며, 측정은 매 **10분마다** 실시한다.

㉡ 성능측정 시험부하는 원칙적으로 정격부하로 하고, 필요에 따라서는 $\dfrac{3}{4}$, $\dfrac{2}{4}$, $\dfrac{1}{4}$ 등의 부하로 시행할 수 있다.

㉢ 시험을 시행할 경우에는 미리 보일러 각 부를 점검하여 연료, 증기, 물 등의 누설이 없는가를 확인하고, 시험 중에는 블로 다운(Blow down), 슈트블로잉(Soot Blowing, 매연 제거) 등의 강제통풍을 하지 않으며 안전밸브가 열리지 않은 상태로 운전한다.

㉣ 시험용 보일러는 다른 보일러와 무관한 상태로 하여 실시한다.

㉤ 열정산은 연료단위량을 기준으로 계산한다.

즉, 고체·액체 연료의 경우 1kg을 기준으로 하고

기체연료의 경우는 0℃, 1기압으로 환산한 $1Nm^3$를 기준으로 한다.

ⓗ 발열량은 원칙적으로 **고위발열량을 기준**으로 하며, 필요에 따라서는
저위발열량으로 하여도 되며 어느 것을 취했는지를 명기해야 한다.

ⓢ 열정산의 기준온도는 **외기온도**로 한다.

ⓞ 과열기·재열기·절탄기·공기예열기를 갖는 보일러는 이것들을 그 보일러의 표준
범위에 포함시킨다. 다만, 당사자 간의 약속에 의해 표준범위를 변경하여도 된다.

ⓩ 단위연료량에 대한 공기량이란 원칙적으로 수증기를 포함하는 것으로 그 단위는
고체·액체연료의 경우 Nm^3/kg, 기체연료는 $Nm^3/Nm^3(Sm^3/Sm^3)$으로 표시한다.

ⓒ 증기의 건도는 98 % 이상인 경우에 시험함을 원칙으로 한다.
(건도가 98 % 이하인 경우에는 수위 및 부하를 조절하여 건도를 98 % 이상 유지한다.)

ⓣ 온수보일러 및 열매체보일러의 열정산은 증기보일러의 경우에 준하여 실시한다.

ⓔ 전기에너지는 1 kWh당 860 kcal로 환산한다.

ⓟ 보일러의 효율 산정 방식은 다음 2가지 방식 중 어느 하나에 따른다.

ⓐ 입·출열법에 따른 효율.(직접법)

$$\eta = \frac{유효출열량}{총입열량} \times 100 \ (\%)$$

ⓑ 열손실법에 따른 효율.(간접법)

$$\eta = \left(1 - \frac{총손실열}{총입열량} \right) \times 100 \ (\%)$$

③ **입열 항목**   `암기법` : 연(발·현) 공급증

㉠ 연료의 발열량
㉡ 연료의 현열
㉢ 공기의 현열
㉣ 급수의 현열
㉤ 노내 분입 증기에 의한 입열

④ **출열 항목**   `암기법` : 증·손(배불방미기)

㉠ 발생증기의 흡수열량(유효출열량)
㉡ 배기가스 보유열
㉢ 불완전연소에 의한 열손실
㉣ 방사열 또는 방열에 의한 열손실
㉤ 미연소에 의한 열손실
㉥ 기타(분출수 등)의 열손실

3. 에너지 원단위 관리

(1) 에너지 원단위 산출

① **에너지 원단위** - 일정 부가가치 또는 생산액을 생산하기 위해 투입된 에너지의 양을 말하며, 건물의 경우는 단위면적당 연간 에너지사용량을 말한다.

② **에너지 원단위 산출**
- 에너지 원단위 산출은 에너지법 시행규칙 [별표] "에너지열량 환산기준"에 의거한다.

※ **에너지열량 환산기준** [에너지법 시행규칙 별표, 2022.11.21. 일부개정]

구분	에너지원	단위	총발열량			순발열량		
			MJ	kcal	석유환산톤 (10^{-3} toe)	MJ	kcal	석유환산 (10^{-3} toe)
석유 (17종)	원유	kg	45.7	10920	1.092	42.8	10220	1.022
	휘발유	L	32.4	7750	0.775	30.1	7200	0.720
	등유	L	36.6	8740	0.874	34.1	8150	0.815
	경유	L	37.8	9020	0.902	35.3	8420	0.842
	바이오디젤	L	34.7	8280	0.828	32.3	7730	0/773
	B-A유	L	39.0	9310	0.931	36.5	8710	0.871
	B-B유	L	40.6	9690	0.969	38.1	9100	0.910
	B-C유	L	41.8	9980	0.998	39.3	9390	0.939
	프로판(LPG 1호)	kg	50.2	12000	1.200	46.2	11040	1.104
	부탄(LPG 3호)	kg	49.3	11790	1.179	45.5	10880	1.088
	나프타	L	32.2	7700	0.770	29.9	7140	0.714
	용제	L	32.8	7830	0.783	30.4	7250	0.725
	항공유	L	36.5	8720	0.872	34.0	8120	0.812
	아스팔트	kg	41.4	9880	0.988	39.0	9330	0.933
	윤활유	L	39.6	9450	0.945	37.0	8830	0.883
	석유코크스	kg	34.9	8330	0.833	34.2	8170	0.817
	부생연료유1호	L	37.3	8900	0.890	34.8	8310	0.831
	부생연료유2호	L	39.9	9530	0.953	37.7	9010	0.901
가스 (3종)	천연가스(LNG)	kg	54.7	13080	1.308	49.4	11800	1.180
	도시가스(LNG)	Nm³	42.7	10190	1.019	38.5	9190	0.919
	도시가스(LPG)	Nm³	63.4	15150	1.515	58.3	13920	1.392
석탄 (7종)	국내무연탄	kg	19.7	4710	0.471	19.4	4620	0.462
	연료용수입무연탄	kg	23.0	5500	0.550	22.3	5320	0.532
	원료용수입무연탄	kg	25.8	6170	0.617	25.3	6040	0.604
	연료용유연탄(역청탄)	kg	24.6	5860	0.586	23.3	5570	0.557
	원료용유연탄(역청탄)	kg	29.4	7030	0.703	28.3	6760	0.676
	아역청탄	kg	20.6	4920	0.492	19.1	4570	0.457
	코크스	kg	28.6	6840	0.684	28.5	6810	0.681
전기 등 (3종)	전기(발전기준)	kWh	8.9	2130	0.213	8.9	2130	0.213
	전기(소비기준)	kWh	9.6	2290	0.229	9.6	2290	0.229
	신탄	kg	18.8	4500	0.450	-	-	-

③ **에너지 원단위 비교분석**
- ㉠ **"총발열량"**: 연료의 연소과정에서 발생하는 수증기의 잠열을 포함한 발열량을 말한다.
- ㉡ **"순발열량"**: 연료의 연소과정에서 발생하는 수증기의 잠열을 제외한 발열량을 말한다.

ⓒ **"석유환산톤"**(toe : ton of oil equivallent)이란 원유 1톤(t)이 갖는 열량으로 약 10^7 kcal를 말한다.

ⓔ 석탄의 발열량은 인수식을 기준으로 한다. 다만, 코크스는 건식을 기준으로 한다.

ⓜ 최종 에너지사용자가 사용하는 전력량 값을 열량 값으로 환산할 경우에는 1kWh = 860 kcal 적용한다.

ⓗ 1cal = **4.1868 J** 이며, 도시가스 단위인 Nm^3은 0℃, 1기압(atm) 상태의 부피 단위(m^3)를 말한다.

ⓢ 에너지원별 발열량(MJ)은 소수점 아래 둘째 자리에서 반올림한 값이며, 발열량(kcal)은 발열량(MJ)으로부터 환산한 후 1의 자리에서 반올림한 값이다. 두 단위 간 상충될 경우 발열량(MJ)이 우선한다.

(2) TOE(티.오.이)와 석유환산계수 & 온실가스 배출량 계산

① TOE (석유환산톤, Ton of Oil Equivalent)

ⓐ 에너지의 양을 나타내는 단위이다.

ⓑ 타 연료의 에너지양을 원유 1톤(ton)을 연소할 때의 발열량을 기준으로 표준화한 에너지 단위로 환산한다.

ⓒ $1\ TOE = \dfrac{타\,연료의\,에너지발열량(kcal)}{원유\,1톤의\,발열량\quad(10^7 kcal)}$

ⓓ 단위관계

$1\ Toe = 10^7\ kcal$

$1\ Koe\ 또는\ KgOE = 10^4\ kcal$

$1\ Toe = 1000\ K(g)oe$

② 온실가스 배출량

ⓐ **이산화탄소 배출량**을 말한다.

ⓑ 단위 : tCO_2 <------- **" CO_2톤 "** 이라고 읽는다.

ⓒ tCO_2 = 에너지별 Toe × 탄소배출계수(ton C/Toe)

= ton C

= ton C × $\dfrac{CO_2\,(44g)}{C\,\ (12g)}$

여기서, $\dfrac{CO_2\,분자량}{C\,\ 원자량} = \dfrac{44\,g}{12\,g} = 3.667$

= tC × 3.667   <------- **" 탄소톤 "** 이라고 읽는다.

제10장 냉동기 관리

1. 냉매의 구비조건 및 종류

(1) 냉매의 구비조건

암기법 : 냉전증인임↑

① 전열이 양호할 것.(또는, 증발잠열이 큰 순서)

암기법 : 암물프공이

(전열이 양호한 순서 : NH_3 > H_2O > Freon (프레온) > Air (공기) > CO_2 (이산화탄소))

② 증발잠열이 클 것. (1 RT당 냉매순환량이 적어지므로 냉동효과가 증가된다.)

③ 인화점이 높을 것. (폭발성이 적어서 안정하다.)

④ 임계온도가 높을 것. (상온에서 비교적 저압으로도 응축이 용이하다.)

⑤ 상용압력범위가 낮을 것.

암기법 : 압점표값과 비(비비)는 내린다↓

⑥ 점성도와 표면장력이 작아 순환동력이 적을 것.

⑦ 값이 싸고 구입이 쉬울 것.

⑧ 비체적이 작을 것.

(한편, 비중량이 크면 동일 냉매순환량에 대한 관경이 가늘어도 됨)

⑨ 비열비가 작을 것.

(비열비가 작을수록 압축후의 토출가스 온도 상승이 적다.)

⑩ 비등점이 낮을 것.

⑪ 금속 및 패킹재료에 대한 부식성이 적을 것.

⑫ 환경 친화적일 것.

⑬ 독성이 적을 것.

(2) 냉매의 종류

① CFC계 (Chloro Fluoro Carbon , 염화불화탄소) : 염소, 불소, 탄소
ex> R-11, R-12, R-113, R-114 등

② HCFC계 (Hydro Chloro Fluoro Carbon , 수소염불화탄소) : 수소, 염소, 불소, 탄소
ex> R-22, R-123, R-124 등

③ HFC계 (Hydro Fluoro Carbon , 수소불화탄소) : 수소, 불소, 탄소
ex> R-23, R-134a, R-404A, R-407C, R-410A, R-507 등

2. 냉동능력, 냉동률, 성능계수

(1) 냉동열량의 표시

① 냉동능력(Q_2)

: 단위 시간당 냉동기가 흡수하는 열량(kcal/h, kJ/h)을 말한다.

② 냉동효과(q_2)

: 냉매 1kg이 흡수하는 열량(kcal/kg, kJ/kg)을 말한다.

③ 냉동톤(Ton of Refrigeration)

㉠ 정의 : 0 ℃의 물 1 ton을 1일(24 hour)동안 0 ℃의 얼음으로 만드는 냉동능력

㉡ 표준기압(1기압)하에서 얼음의 융해열은 79.68 kcal/kg ≒ 80 kcal/kg 이다.

㉢ 1 RT(냉동톤) = $\dfrac{1\,Ton}{1\,일}$ = $\dfrac{10^3\,kg \times 79.68\,kcal/kg}{24\,h}$ ≒ **3320 kcal/h**

㉣ 1 USRT(미국냉동톤) = $\dfrac{2000\,lb \times 144\,Btu/lb \times \dfrac{1\,kcal}{3.968\,Btu}}{24\,h}$ ≒ **3024 kcal/h**

④ 냉매 순환량(m_R)

● m_R = $\dfrac{Q_2\,(냉동능력\,)}{q_2\,(냉동효과\,)}$

(2) 냉동률

– 1ps의 동력으로 1시간에 발생하는 이론 냉동능력을 말한다.

(3) 성능계수($COP_{(R)}$ 또는, 성적계수, 동작계수, 실행계수)

① 냉동기의 성능계수

$$COP_{(R)} = \frac{Q_2}{W}\left(\frac{냉동열량}{압축일량}\right) = \frac{Q_2}{Q_1 - Q_2} = \frac{T_2}{T_1 - T_2}$$

② 열펌프의 성능계수

$$COP_{(h)} = \frac{Q_1}{W}\left(\frac{방출열량}{압축일량}\right) = \frac{Q_1}{Q_1 - Q_2} = \frac{T_1}{T_1 - T_2}$$

③ 냉동기와 열펌프의 COP 관계   암기법 : 따뜻함과 차가움의 차이는 1 이다.

$$COP_{(R)} = \frac{Q_2}{W} = \frac{Q_1 - W}{W} = \frac{Q_1}{W} - 1 = COP_{(h)} - 1$$

(즉, 냉동기의 성능계수가 열펌프의 성능계수보다 항상 1이 작다.)

$$COP_{(h)} - COP_{(R)} = 1$$

3. 냉동기의 종류 및 특징

(1) 증기압축식 냉동기

① 주요 구성요소

암기법 : 압→응→팽→증

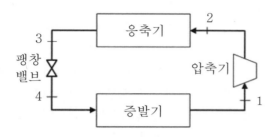

㉠ 압축기(Compressor)

저온·저압측에서 증발한 냉매가스를 압축하여 고온·고압의 과열증기로 만들어서 응축기로 보낸다. 압축기는 전동기(Motor)에 의하여 운전된다.

㉡ 응축기(Condenser)

압축기에서 토출된 고온·고압의 과열증기를 공랭식, 수냉식, 증발식으로 냉각하여 응축시킨다.

㉢ 팽창밸브(또는, 팽창변 Expansion valve)

수액기 내의 고압액화 냉매가 팽창밸브의 좁은 통로를 지날 때 **교축작용**에 의해 온도와 압력을 하강시킴으로서 증발기에서 증발이 쉽게 되도록 하는 작용과 함께 증발기의 냉매유량을 조절하는 역할도 한다.

㉣ 증발기(Evaporator)

팽창밸브를 통한 습증기 내에서 주위로부터 열을 흡수하여 증발하면서 포화증기로 된다.

② 냉매의 순환 경로

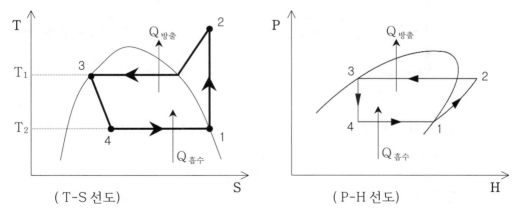

(T-S 선도) (P-H 선도)

- 1 → 2 : 증발기에서 나온 저온·저압의 가스를 압축기에 의해서 단열적으로 압축하여 고온·고압의 과열증기로 만든다.
- 2 → 3 : 압축기에 의하여 고온·고압이 된 냉매증기는 응축기에서 냉각수나 공기에 의해서 열을 방출하고 냉각되어 액화된다.
  즉, 과열증기가 냉각됨으로써 엔트로피는 감소하고 건포화증기가 되고 더욱 상태 변화하여 습증기를 거쳐서 포화액으로 된다.
- 3 → 4 : 응축기에서 액화된 냉매는 팽창밸브를 통하여 교축팽창을 하게 된다.
  따라서 온도와 압력이 하강하고 일부가 증발하여 습증기로 변한다.
  교축과정 중에는 외부와 열을 주고받는 일이 없으므로 이 과정은 단열팽창인 동시에 등엔탈피 변화이다.
- 4 → 1 : 팽창밸브를 통하여 증발기의 압력까지 팽창한 냉매는 주위로부터 증발에 필요한 잠열을 흡수하여 증발한다. 이 과정은 등온·등압팽창 과정이다.

(2) 흡수식 냉동기

① 흡수식 냉동기의 구성과 원리

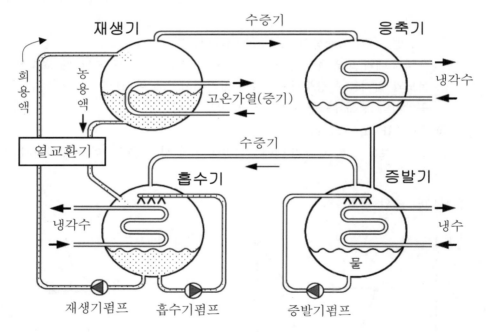

② 냉매순환 사이클 : 흡수기 → 재생기 → 응축기 → (팽창밸브) → 증발기

③ 흡수식 냉동기의 성적계수

- $COP = \dfrac{Q_e}{Q_{re}} = \dfrac{증발기에서\ 냉각한\ 열량(냉수가\ 갖고\ 나간\ 열량)}{재생기에\ 공급해\ 준\ 열량}$

열설비 설치

제2과목

www.cyber.co.kr

| 제1장 | **요로의 개요** |

1. 요로의 정의 및 분류

(1) 요로(窯爐)의 정의

요로는 열을 이용하여 물체를 가열시켜 소성 또는 용융하는 공업적 장치를 말한다.
요(Kiln, 키른)는 불로 굽는다는 뜻으로 물체를 가열 소성하며 주로 비금속 재료를 취급하는 요업용으로 사용되고, 로(Furnace)는 "가마"라는 뜻으로 물체를 가열 용융시키며 주로 금속 재료를 취급하는 공업용으로 사용된다.
요와 로는 구조적으로 재료를 가열하는 장치로 같은 것을 의미하고 있으나 사용하는 업종에 따라 구별하여 부르고 있기는 하지만 각종 가열장치를 엄격히 구별하기는 어려우므로 일반적으로는 혼동해서 부르고 있다.

(2) 요로의 분류

요로는 열원, 사용목적, 가열방법, 조업방식 등의 분류 방식에 따라 다양하게 분류된다.

① 가열 열원에 따른 분류

- ㉠ 연료(석탄, 중유, 가스 등)의 발열반응을 이용하는 장치
- ㉡ 전열(電熱)을 이용하는 장치
- ㉢ 연료의 환원반응을 이용하는 장치

② 사용목적에 의한 분류

- ㉠ 고로(용광로) : 조직의 화학변화를 동반하는 소성(燒成), 가소(煆燒)를 목적으로 한다.
- ㉡ 가열로 : 가공을 위한 가열을 목적으로 한다.
- ㉢ 용해로 : 피열물의 용융을 목적으로 한다.
- ㉣ 소성로 : 조합된 원료를 가열하여 경화성 물질로 만드는 것을 목적으로 한다.
- ㉤ 균열로 : 강괴 표면의 과열을 최소로 하여 압연이 가능한 온도까지 균일하게 가열하는 것을 목적으로 한다.
- ㉥ 소둔로 : 금속 등의 내부조직 변화 및 변형의 제거를 목적으로 한다.
- ㉦ 평로 : 용해하여 야금, 정련 등의 화학반응을 수반하는 것을 목적으로 한다.

③ 가열방법(불꽃과 피소성물과의 접촉상황)에 의한 분류

- ㉠ 직접 가열식 가마 (또는, 직화식 가마)
- ㉡ 반간접 가열식 가마 (또는, 반머플요) : 직접가열 및 간접가열 소성을 병용하는 것이다.
- ㉢ 간접 가열식 가마 (또는, 머플가마, 머플요 Muffle furnace) : 평로

④ **조업방식(작업방식)에 따른 분류**

㉠ 연속식 : 피가열물이 로의 한쪽에서 연속적으로 장입되고 로 내에서 일정한 속도로
이송되는 동안에 가열이 이루어지며 가열 또는 냉각이 끝난 피가열물은
다른 출구로 추출되어 나가는 방식으로 조업을 한다.

ex> 터널요, 윤요(輪窯, 고리가마), 견요(堅窯, 샤프트로), 회전요(로터리 가마)

㉡ 반연속식 : 일정한 시간동안만 장입 및 추출이 연속적으로 이루어지는 방식이다.

ex> 셔틀요, 등요

㉢ 불연속식 : 피가열물이 로내에 장입된 후부터 가열 또는 냉각이 끝나서 추출될
때까지 로내에 방치된 상태로 있게 하는 방식이다.

ex> 횡염식요, 승염식요, 도염식요

㉣ 배치식(batch type) : 불연속식 로의 일종이다.

⑤ **화염(불꽃)의 진행방식에 따른 분류**

㉠ 횡염식(옆 불꽃)요

㉡ 승염식(오름 불꽃)요 : 등요

㉢ 도염식(꺽임 불꽃)요 : 각요(또는, 단가마), 원요

⑥ **구조 및 형상에 따른 분류**

㉠ 셔틀요(Shuttle kiln) : 가마 1개당 2대 이상의 대차를 각각 사용한다.

㉡ 터널요(Tunnel Kiln) : 가늘고 긴(70 ~ 100m) 터널형의 가마이다.

㉢ 각요(角窯 또는, 單窯 단가마, 단독가마) : 네모난 한 칸의 단독형 가마이다.

㉣ 윤요(輪窯, Ring kiln, 고리가마) : 긴 원형의 고리모양으로 만든 가마이다.

㉤ 횡요(橫窯, 또는 平爐 평로) : 가로로 편평한 형태로 만든 가마이다.

㉥ 원요(圓窯, 둥근가마) : 둥근 모양의 가마이다.

㉦ 등요(登窯, up hil kiln, 통굴가마) : 경사면에 통굴식으로 길게 만든 가마이다.

㉧ 회전요(Rotary kiln, 로터리 가마) : 긴 원통형의 회전식 가마이다.

㉨ 견요(堅窯, Shaft kiln 샤프트로, 선가마, 입요) : 세로로 서있는 형태의 가마이다.

⑦ **폐열회수 방식에 따른 분류**

㉠ 축열식(蓄熱式)

고온의 배기가스가 지닌 현열을 쉽게 흡수하는 전열매체(벽돌 등)를 이용하여
그 축열에 의해 가스연료나 연소용 공기를 예열시키는 방법으로서, 전열매체가
고정되어 있는 축열실(regenerator)과 전열매체가 연속적 이동하는 페블 히터
(pebble heater) 등이 있다.

㉡ 환열식(換熱式)

고온의 배기가스가 지닌 현열을 이용하여 연소용 공기를 예열시키는 장치로서,
병류식, 향류식, 혼류식(또는, 직교류식)으로 구분하며 환열실(recuperator,
레큐퍼레이터)이 이에 속한다.

⑧ **사용연료에 따른 분류** : 장작요, 석탄요, 기름요, 전기요, 가스요

⑨ **연료 투입방법에 따른 분류** : 상분식, 하분식, 측방분식

2. 요로내의 분위기 및 가스의 흐름

(1) 피열물과 분위기(雰圍氣)

① 강의 산화(酸化)

ⓐ 연소가스 중의 CO_2, H_2O, O_2 등에 의해서 산화가 일어나므로, 과잉공기량의 연소가스일수록 산화가 심하다.

ⓑ CO를 함유하는 불완전연소 등에 의하여 산화를 어느 정도 감소시킬 수는 있으나 완전하지는 못하다.

ⓒ 완전연소가스에 의한 산화는 온도가 높을수록 증대된다.

(2) 노(爐)내 연소가스의 흐름

① 노내 연소가스의 흐름은 고온의 분류(噴流)로 볼 수 있다.

② 가연성가스를 함유한 연소가스는 흘러가면서 연소가 진행됨에 따라, 온도가 상승하고 밀도가 작아져 유속이 빨라진다.

③ 연소가스의 흐름은 노내에 확산되므로 결국 노의 가장자리로 갈수록 연소가스의 유속은 느려지고 균일화되어 간다.

④ 노내 연소가스의 평균유속은 5 ~ 10 m/s 정도이다.

⑤ 연소가스는 일반적으로 가열실 내에 충만되도록 흐르는 것이 좋다.

⑥ 피열물의 주변에 저온가스가 체류하게 되면 화염으로부터의 전열효율을 감소시키므로 피해야 한다.

⑦ 같은 흡입 조건하에서 고온가스는 천장쪽으로 흐른다.

제2장 요로의 종류 및 특성

1. 요로(窯爐)의 구조 및 특징

(1) 연속식 요

작업이 연속적으로 이루어질 수 있도록 만들어진 가마이다.

① 터널요(Tunnel Kiln)

가마 내부에 레일이 설치된 긴 터널 형태의 이동화상식 가마로 가열물체(또는, 피소성품)를 실은 대차가 레일 위를 연소가스가 흐르는 방향과 반대로 진행하면서 예열 → 소성 → 냉각 과정의 순서를 거쳐 제품이 완성된다.

[특징] ㉠ 소성시간이 짧고, 소성을 균일하게 할 수 있어서 제품의 품질이 좋다.
　　　 ㉡ 노내 온도조절이 용이하여 자동화가 쉽다.
　　　 ㉢ 열효율이 좋아서 연료비가 절감된다.
　　　 ㉣ 연속공정이므로 제품의 대량생산이 가능하다.
　　　 ㉤ 인건비·유지비가 적게 든다.
　　　 ㉥ 연속공정이므로 제품의 구성과 생산량 조정이 곤란하여 다종 소량생산에는 부적당하다.
　　　 ㉦ 도자기를 구울 때 유약이 함유된 산화금속을 환원하기 위하여 가마 내부의 공기소통을 제한하고 연료를 많이 공급하여 산소가 부족한 상태인 환원염을 필요로 할 때에는 사용연료의 제한을 받으므로 전력소비가 크다.
　　　 ㉧ 작업자의 숙련된 기술이 요구된다.

② 윤요(輪窯, Ring Kiln 고리가마)

가마실의 각 실을 고리식으로 설치하고 중앙에 설치한 연돌의 흡기작용에 의하여 연속 소성이 가능하도록 만든 연속식 가마이며 피열물을 정지시켜 놓은 고정화상식으로 고리 주위에 원형이나 타원형의 소성실을 12 ~ 18개 정도 설치하여 소성대의 위치를 점차 바꾸어 가면서 벽돌, 기와, 보도타일 등 건축재료를 소성하는 가마로서 소성실, 주연도 및 연돌로 구성되어 있으며, 그 종류로는 **호프만(Hoffman) 가마**, **복스형 가마**, **해리**슨(Harrison) 가마 등이 있다. 　　　　　　　　 암기법 : 윤호, 복스, 해리

[특징] ㉠ 열효율이 좋다.
　　　 ㉡ 종이 칸막이가 있다.
　　　 ㉢ 소성이 불균일하다.
　　　 ㉣ 폐가스의 수증기나 아황산가스에 의해 제품이 손상될 우려가 있다.

③ **견요(堅窯, Shaft kiln 샤프트로, 선가마, 세로형가마, 입형로)**

세로로 선 형태의 가마로서 연소부를 일정한 높이로 유지하고 위쪽에서 원료, 연료를 계속 장입하고 아래에서부터 연소물을 꺼내는 방식으로 연속조업을 한다.

[특징] ㉠ 상부에서 연료를 장입하고, 하부에서 공기를 흡입하는 형식이다.
ㄴ 석회석(시멘트) 클링커(Clinker) 제조에 널리 사용된다.
ㄷ 제품의 여열을 이용하여 연소용 공기를 예열한다.
ㄹ 이동화상식이며 연속요에 속한다.
ㅁ 화염은 오름불꽃 형태이며, 직접 가열식이다.
ㅂ 열효율은 비교적 좋다.
ㅅ 회전요에 비해서 가마 안의 온도분포가 불균일하므로 제품의 품질이 나쁘다.

④ **회전요(Rotary kiln, 로터리가마)**

약 5 % 정도의 경사를 갖고 수평으로 길게(50 ~ 80m) 놓인 원통형의 노(爐)를 1분에 2 ~ 3회의 속도로 회전시키면서 내부 내용물을 가열·용해시킨다.

[특징] ㉠ 석회석(시멘트) 클링커의 소성에 널리 사용된다.
ㄴ 시멘트 클링커의 제조방법에 따라 건식법, 습식법, 반건식법으로 분류된다.
ㄷ 온도에 따라 건조대, 예열대, 가소대, 소성대, 냉각대 등으로 구분된다.
ㄹ 소성대에서는 초고온의 염기성 내화벽돌을 사용하므로 시멘트 원료가 1450℃에서 소결 용융 반응이 일어나기 때문에 이러한 부위의 벽돌은 시멘트 광물(주로 염기성 성질)에 의하여 코팅되고 있어서 침식에 강하다.
ㅁ 이동화상식이며 연속요에 속한다.
ㅂ 원료와 연소가스는 서로 반대방향으로 이동함으로써 열교환이 일어난다.
ㅅ 제품의 여열을 이용하여 연소용 공기를 예열한다.
ㅇ 견요에 비해서 가마 안의 온도분포가 균일하므로 제품의 품질이 좋다.
ㅈ 연속적으로 처리할 수 있는 시설이 필요하므로 건설비가 많이 든다.
ㅊ 열효율이 비교적 불량하다.
ㅋ 연소가스의 여열을 회수하는 장치의 설치가 필요하다.
ㅌ 회전요의 내장에 사용된 요동체의 굴곡이나 비틀림 우려가 있으므로 기계적 응력에 대한 저항성을 가져야 한다.

(2) 불연속식 요

예열, 소성, 냉각 그리고 가마내기 등을 순차적으로 실행하여야 하는 단가마(Box kiln, 單窯, 단독가마)는 네모난 한 칸의 내부를 가진 각가마(角窯)로서 연소가스(화염)의 진행방향에 따라 분류하며, 제품의 대량생산에는 적합하지 않다.

<횡염식>

<승염식>

<도염식>

① 횡염식요(옆불꽃식 가마)
   ㉠ 연소실 내의 화염이 옆으로 진행하면서 피가열체를 소성하는 방식이다.
   ㉡ 연소실 부근과 연돌부근의 온도 차이가 크다.
   ㉢ 소성실 내의 온도분포가 불균일하다.
   ㉣ 건축용 벽돌이나 도자기 생산에 주로 사용된다.

② 승염식요(오름불꽃식 가마)
   ㉠ 연소실 내의 화염이 소성실 내부를 상승하면서 피가열체를 소성하는 방식이다.
   ㉡ 도자기 생산에 주로 사용된다.
   ㉢ 구조가 간단하지만 시설비, 보수비가 비싸다.
   ㉣ 소성실 내의 위·아래 온도분포가 불균일하다.

③ 도염식요(꺾임불꽃식 가마)
   ㉠ 연소실 내의 화염이 소성실 내부에서 천장으로 올라갔다가 다시 피가열체 사이를
      지나서 가마바닥의 흡입구멍을 통하여 밖으로 나가게 되는 방식이다.
   ㉡ 소성실 내의 온도분포가 균일하다.
   ㉢ 불연속식 가마 중에서 가장 열효율이 높은 구조이다.
   ㉣ 연료소비가 비교적 적은 편이다.
   ㉤ 굴뚝의 높이에 따라 강제로 흡입 및 배출하기 때문에 가마 내부의 용적에 비례하여
      불구멍의 넓이 및 굴뚝의 높이와 넓이 등이 크게 영향을 미친다.
   ㉥ 내화벽돌이나 도자기 생산에 주로 사용된다.
   ㉦ 단가마의 대부분은 도염식(倒炎式) 가마이다.

④ 원요(圓窯, Round kiln, 종가마)
   둥근 모양의 종 모양으로 된 가마벽 1개에 가마바닥 2개를 설치하여 소성작업과
   가마내기 및 가마재임을 할 수 있도록 만든 가마이다.

(3) 반연속식 요

한정된 구간까지는 소성 작업을 연속적으로 하고, 그 이후 불을 끄고 가마내기, 가마재임을
하는 동안은 쉬었다가 다시 연속적으로 작업을 하는 가마이다.

① 셔틀요(Shuttle kiln, 셔틀 키른)
   연속식인 터널요에서 소성이 곤란한 소량, 다종, 복잡한 형상 등의 단점을 보완하고
   또한, 불연속식인 단가마의 단점을 보완하기 위해 이용되는 것으로 가마 1개당 2대
   이상의 대차를 사용하여 1개 대차에서 소성시킨 피가열 제품을 급랭파가 생기지 않을
   정도의 고온까지 냉각하여 1개 대차를 끌어내고, 다른 대차를 밀어넣어 소성작업을 한다.
   ㉠ 작업이 간편하여 조업주기가 단축된다.
   ㉡ 요체의 보유열을 이용할 수 있어 경제적이다.
   ㉢ 가마의 보유열보다 대차의 보유열이 열 절약의 요인이 된다.
   ㉣ 가마 1개당 2대 이상의 대차가 있어야 한다.

　　　　⑩ 손실열에 해당하는 대차의 보유열로 저온의 제품을 예열하는데 쓰므로 경제적이다.
　　　　ⓑ 급랭파가 생기지 않을 정도의 고온에서 제품을 꺼낸다.

　② **등요(登窯, up hil kiln 오름가마)**
　　　경사도가 3/10 ~ 5/10 정도로 경사진 언덕에 터널형(통굴식)으로 길게 소성실을 4 ~ 5개
　　　인접시켜 설치한 구조로, 앞쪽 소성실에서 피가열체를 가열하고 배출된 연소가스는
　　　그 다음 소성실로 들어가 장입되어 있는 피가열물의 예열에 이용되며, 소성이 끝난
　　　고온의 제품사이를 통과한 공기는 예열되어 소성실의 2차공기로 사용되는 방식이다.
　　　　㉠ 가마의 경사도에 따라 통풍력이 영향을 받는다.
　　　　㉡ 통굴식이므로, 내화점토로만 축요한다.
　　　　㉢ 내화점토로 구축되었으므로, 벽 두께가 얇다.
　　　　㉣ 소성실 내의 온도분포가 불균일하다.
　　　　㉤ 옹기, 토기 등의 미술 공예품을 소성하는데 주로 이용된다.
　　　　㉥ 각 실에 소성품을 재어 놓고 아래부터 조업하는 형식이다.
　　　　　각 실의 마무리 소성은 각 실의 측벽에서 연료를 투입함으로써 이루어진다.

2. 철강 제조용 로의 구조 및 특징

(1) 배소로(焙燒爐, Roasting Furnace)
　　　용광로 이전에 설치하여, 용광로에 장입되는 철광석(인이나 황을 포함하고 있음)을
　　　용융되지 않을 정도로 공기의 존재하에서 녹는점 이하로 가열하여 그 화학적 조성 중
　　　불순물(P, S 등의 유해성분)의 제거 및 금속산화물로 산화도의 변화(즉, 산화배소)를
　　　주어 제련상 유리한 상태로 전처리함으로써 용광로의 출선량을 증가시켜 준다.
　① 배소의 목적
　　　　㉠ 균열 등의 물리적 변화를 촉진
　　　　㉡ 원광석의 화합수(化合水)와 탄산염의 분해를 촉진
　　　　㉢ 인(P), 황(S) 등의 유해성분을 제거
　　　　㉣ 산화도를 변화시켜 제련을 용이하게 함
　　　　㉤ 산화배소는 일반적으로 발열반응이다.
　② 배소로의 종류
　　　　㉠ 유동 배소로
　　　　㉡ 다단(多段) 배소로
　　　　㉢ 플래시(flash) 배소로

(2) 괴상화용로(塊狀化用爐 또는, 소결로)
　　　가루(분)상의 철광석을 용광로에 장입하면 가스의 유동이 나빠져서 용광로의 능률이
　　　저하되므로 괴상화용 로(爐)를 설치하여 분상의 철광석을 발생가스 및 회 등과 함께
　　　괴상(덩어리 모양)으로 소결시켜 장입시키게 되면 통풍이 잘 되고 용광로의 조업 능률을
　　　향상시키기 위해서 사용되며, 괴상화에는 펠릿법, 소결법, 단광법 등이 있다.

(3) 용광로(鎔鑛爐, 일명 高爐 고로, blast Furnace 또는 Shaft Furnace)

벽돌을 쌓아서 구성된 샤프트 형으로서 철광석을 용융시켜 선철(탄소 2.5 ~ 5 %)을 제조하는데 가장 중요하게 쓰이는 제련로(製鍊爐)이다.

그 구조체는 상부로부터 노구(Throat) → 샤프트(Shaft) → 보시(Bosh) → 노상(Hearth) 부분으로 구성되어 있다.

노의 하부에는 800℃ 정도로 열풍로에서 예열된 공기가 송풍구로 들어오는데 철광석을 원료로 하여 노정(爐頂, 노의 상부)에서 열원 및 환원제로 코크스, 불순물 제거용으로 석회석 등을 첨가하여 함께 층상으로 장입하고 열풍을 불어넣어 코크스(cokes) 연소열에 의하여 철광석이 용해되고 코크스 발생 시 생성된 가스가 분해된 CO와 H_2의 환원성 가스에 의해서 산화철이 환원되어 노의 하부에 고이게 되는데 이를 용선(熔銑)이라 하며, 용선으로서 용광로 밖으로 꺼낸다.

용광로의 크기(용량)는 1일(24시간)당 생산되는 선철의 무게를 Ton(톤)으로 나타내며, 이 선철은 다시 큐폴라(Cupola, 용선로)에 의해 주철로 된다.

① 용광로의 사용 목적 : 조직의 화학변화를 동반하는 소성, 가소를 목적으로 한다.

② 용광로 내부에서의 제철과정

$$2C + O_2 \rightarrow 2CO$$
$$3Fe_2O_3(적철광) + CO \rightarrow 2Fe_3O_4(자철광) + CO_2$$
$$Fe_3O_4 + CO \rightarrow 3FeO + CO_2$$
$$FeO(산화철) + CO \rightarrow Fe + CO_2$$

③ 용광로에 장입되는 물질의 역할

 ㉠ 철광석 : 용광로에서 선철을 만들 때 쓰이는 주원료이다.

 ㉡ 망간광석 : 탈황 및 탈산을 위해서 첨가된다.   **암기법** : 망황산

 ㉢ 코크스 : 열원으로 사용되는 연료이며, 연소시 발생된 CO, H_2 등의 환원성 가스에 의해 산화철(FeO)을 환원시킴과 아울러 가스성분인 탄소의 일부가 선철 중에 흡수되는 흡탄작용으로 선철의 성분이 된다.

 ㉣ 석회석 : 철광석 중에 포함되어 있는 SiO_2, P 등을 흡수하고 용융상태의 광재를 형성하여 선철위에 떠서 철과 불순물이 잘 분리되도록 하는 매용제(媒溶劑) 역할을 하여 염기성 슬래그(Slag)를 조성한다.

3. 제강용 로의 구조 및 특징

(1) 평로(平爐, Open hearth Furnace)

바닥이 낮고 편평한 반사로를 이용하는 평로(平爐)는 선철에 고철(파쇄), 철광석 등을 첨가한 후, 연료의 연소열로 고온으로 가열하여 용융시켜 탄소 등 불순물을 제거하여 필요한 강철을 생산하는 로이다.

① 평로의 사용목적 : 용해하여 야금, 정련 등의 화학반응을 수반하는 것을 목적으로 한다.

② 축열식 반사로를 사용하는 간접가열식에 해당한다.

③ 격자로 쌓은 내화벽돌로 이루어진 축열실은 평로에서 배출되는 배기가스 열량을 회수하여 연소용 공기의 예열이나 연료가스 예열에 이용하고자 설치한 열교환 장치이다.
④ 노 내부를 보호하는데 사용되는 내화물의 종류에 따라 산성 평로와 염기성 평로로 나눈다.

(2) 전로(轉爐, Converter)

용광로에서 나온 선철(쇳물)은 탄소 함유량이 많고 Si, Mn, P, S 등의 불순물이 포함돼 있어 경도가 높고 제품의 압연이나 단조 등의 소성 가공의 저하 및 균열 등을 일으키므로 양질의 (철)강을 만들기 위해서는 이를 제거하는 제강 공정을 거쳐 탄소함유량을 0.02 ~ 2 % 정도로 산화 감소시키고 필요한 성분을 첨가하여 강철(Steel)을 만드는 것으로, 선철을 강으로 전환하는 노(爐)라는 의미에서 붙여진 이름이다.
평로법과는 달리 용선 내의 불순물 산화에 의한 발열량으로 시종 노 내의 온도를 유지시켜 용강(쇳물)을 얻는 방법이므로 별도의 연료가 필요 없다.

(3) 전기로(電氣爐, electric furnace)

① 전기로의 종류 : 발열방식에 따라 분류한다.
　　㉠ 저항로(抵抗爐)
　　　노 안에 전기저항체를 시설하고 전기를 통할 때 발생하는 주울열로 노 자체를 가열하고 그 열로 피가열체를 가열한다.
　　㉡ 아크로(Arc 爐)
　　　흑연 전극 사이 또는 전극과 피가열체 사이에서 아크방전을 일으켜 그 열로 피가열체를 가열한다.
　　㉢ 유도로(誘導爐)
　　　전자기유도 현상에 의해 코일 내의 전기전도성의 피가열체 또는 용기에 교류 자기장을 작용시켜 전류를 유도하여 이 맴돌이 전류에 의한 주울열로 가열한다.
　　㉣ 전자빔로(誘導爐)
　　　고전압에서 가속한 전자를 피가열체에 충돌(전자충격)시킴으로써 국부적으로 고온이 얻어지는 방식이다.
② 전기로의 특징
　　㉠ 비교적 고온을 얻을 수 있을 뿐만 아니라 온도제어 등의 자동화가 용이하다.
　　㉡ 취급이 편리하다.
　　㉢ 대량생산이 가능하고 원가가 적게 든다.
　　㉣ 산소이외의 해로운 가스의 흡입이 적어지므로 합금강 및 고급강의 제조에 적합하다.
　　㉤ 선철, 고철 등 원료를 쇳물로 용해하여 합금강을 만들며, 금속의 열처리 등에도 사용된다.
　　㉥ 열효율이 좋다.

4. 주물 용해로의 구조 및 특징

용광로에서 나온 선철(쇳물)은 주조성이 좋기 때문에 선철의 일부는 용선로에서 용해되어 주철로 사용한다.

(1) 용선로(鎔銑爐, Cupola 큐폴라)

선철 주물을 만들기 위하여 바깥쪽을 강판으로 만든 원통형의 수직로인데, 안쪽은 내화벽돌과 내화점토로 라이닝이 되어 있으며 노내에 소정의 높이까지 코크스, 선철, 석회석 순서로 장입하여 송풍구(送風口)에서 압풍을 보내어 코크스를 직화식으로 연소시켜 주물을 용해한다.

(2) 반사로(反射爐, reverberatory furnace)

바닥이 얕고 천장을 낮게 하여 연소열과 아치형 천장에서 반사되는 복사열을 이용하여 가열하는 형식의 노로서, 노체는 내화벽돌로 만들어져 있으나 노상은 산성내화물인 규석벽돌이나 염기성내화물인 돌로마이트질로 되어 있으며, 주로 알루미늄, 구리 등의 금속용해로이다. 앞에서 언급한 제강로인 평로(平爐)는 일종의 반사로이다.

(3) 도가니로(Cruciable furnace)

제련을 목적으로 하지 않고 동합금(청동, 황동), 경금속합금 등의 **비철금속 용해로**로 사용되고 있으며, 그 종류에는 연소가스가 직접적으로 금속에 접촉하지 않는 Separate형 도가니로, Oven형 도가니로, 금속용융용 도가니로, 유리제조용 도가니로 등이 있다.

5. 금속 가열로의 구조 및 특징

(1) 연속식 가열로
암기법 : 푸하하~ 워킹회

① 푸셔식(pusher type) : 입구측에서 푸셔(밀어내기)로 피열물을 이송시키는 방식이다.
② 워킹-빔식(walking beam type) : 2개의 고정빔과 이동빔의 주기운동으로 피열물을 이동시킨다.
③ 워킹-하아드식(walking hearth type) : 빌레트 등과 같이 푸셔방식으로 처리하기 곤란한 얇은 재료의 이송에 쓰인다.
④ 롤러-하아드식(roller hearth type) : 회전하는 롤러 위로 피열물을 이송시킨다.
⑤ 회전로상식(rotary hearth type) : 측벽과 천장이 고정되고 로상(爐床)이 전동기에 의해 감속기를 거쳐 구동되고 피열물은 원형 중심을 향하여 장입된다.

(2) 배치식(Batch type) 가열로

① 대차식 가열로 : 압연온도까지 가열하는 사이에 강재를 노상에 고정해 놓고 단속적으로 작업을 행하는 배치식에 속한다.
② 균열로(均熱爐) : 압연공장과 연속 주조실 중간에 설치하여 강괴 내외를 압연이 가능한 온도까지 균일하게 가열하는 것을 목적으로 하는 배치식에 속한다. 균열실에서 배출된 연소가스는 환열실을 통하여 열 회수된다.

6. 열처리로의 구조 및 특징

강을 가열과 냉각의 방법으로 확산이나 변태를 일으켜 조직을 조정하거나, 강 내부의 변형을 제거하는 이외에 변태의 일부를 막고 적당한 조직을 만들어 목적하는 성질이나 상태를 얻기 위한 조작을 열처리라 한다. 금속 및 합금에 필요한 성질을 주기 위하여 가열과 냉각의 열처리에 사용하는 노인 열처리로(Heat treating furnace)는 구조에 따라 상형로(箱形爐,상자모양), 대차로(臺車爐), 회전로(回轉爐) 등으로 분류한다. 중요한 열처리로 및 그 기능은 다음과 같다.

(1) 담금질로(Quenching, 燒入爐 소입로)   `암기법` : qnta, 담뱃불 똠으로 풀었다.

재료를 일정한 고온으로 가열하여 물, 기름, 염욕(鹽欲) 등에 급랭시켜 금속이나 합금의 내부에서 일어나는 변화를 저지하여 재료의 경도를 높이는 것이다.

(2) 불림로(Normalizing, 燒準爐 소준로)

단조, 압연 등의 소성가공이나 주조로 거칠어진 결정 조직을 미세화하여 안정하게 하고 잔류응력을 제거하여 기계적·물리적 성질 등을 표준화시킨다.

(3) 뜨임로(Tempering, 燒戻爐 소려로)

강철을 담금질하면 경도는 높아지는 반면에 취성(脆性)을 가지게 되므로 적당한 온도로 재가열하였다가 공기 속에서 냉각, 조직을 연화·안정시켜 내부응력을 제거하여 강인성을 부여하는 것이다.

(4) 풀림로(Annealing, 燒鈍爐 소둔로)

기계가공(용접)을 할 때에는 고열이 발생하여 모재와 용착부에 이 열의 영향으로 재료의 내부에 잔류응력이 생기게 된다. 열처리로 경화된 재료를 잔류응력을 제거하기 위하여 변태점 이상의 적당한 온도(약 600 ℃)로 가열한 다음 서서히 냉각하여 강의 입도를 미세화하여 조직을 연화·안정시켜 내부응력을 제거하여 연성을 높이는 것이다.

7. 유리 제조용 가마

유리는 규사(SiO_2), 석회석($CaCO_3$), 소다회(Na_2CO_3), 붕사($Na_2B_4O_7$) 등을 고온에서 용융 시켜 만들며, 사용되는 용해용(또는, 용융용) 가마에는 도가니요와 탱크요가 있다.

(1) 도가니요(Crucible kiln)

광학 유리, 이화학용 유리, 공예 유리 등의 소규모, 다품종 소량생산의 유리 용융용이나 주물 공정 및 연구기관의 실험로에 많이 사용되고 있는 형식의 전형적인 비철금속 용해로 중의 하나로서, 가마 바닥위에 놓인 도가니 속에 유리 원료를 넣고 밑에서 연료를 태우면서 불꽃이 가마 속으로 들어가 도가니 주위를 가열하는 방식이다.

(2) 탱크요(Tank kiln)

판유리, 제병, 전구, 용기 등의 생산을 위해서 소형탱크에서부터 수백 톤의 유리를 연속적 으로 대량 생산하는 대형 탱크가 있다.

(3) 서냉로(徐冷爐, annealing kiln)

성형이 끝난 유리제품의 변형이 생기지 않도록 내부응력이나 가스를 제거할 목적으로 한번 냉각한 유리 성형품을 서냉 온도까지 재가열하여 적정온도로 **서**서히 **냉**각시키는 용도에 사용되는 가마이다.

(4) 인쇄로(印刷爐)

유리 표면의 인쇄(印刷)에 쓰이는 가마이다.

8. 축로(築爐)의 방법 및 특징

(1) 지반의 선택 및 가마의 설계순서

① 지반의 선택조건
　　㉠ 지반이 튼튼한 곳이어야 한다.
　　㉡ 지하수가 생기지 않는 곳이어야 한다.
　　㉢ 배수 및 하수의 처리가 잘 되는 곳이어야 한다.
　　㉣ 요로의 제조 및 조립이 편리한 곳이어야 한다.

② 지반의 적부 결정 시험항목
　　㉠ 지하탐사
　　㉡ 토질시험
　　㉢ 지내력(地耐力)시험

③ 가마의 설계순서
　　㉠ 피열물의 성질을 결정한다.
　　㉡ 피열물의 양을 결정한다.
　　㉢ 이론적으로 소요되는 열량을 결정한다.
　　㉣ 경제적 인자를 결정한다.
　　㉤ 부속설비를 설계한다.

(2) 축로(築爐) 순서

　● 기초 공사 → 벽돌쌓기 → 천장 → 가마의 보강 → 연돌(굴뚝) 시공

9. 노재의 종류 및 특징

(1) 내화물의 정의

내화물이란 일반적으로 요로 기타 고온 공업용에 쓰이는 불연성의 비금속 무기재료의 총칭이며, 한국산업규격(KS)에서는 SK26번 (1580℃) 이상의 내화도를 가진 것을 말한다. 내화도는 그 내화물이 일정 조건하에 가열시 동일하게 또는 근사한 연화변형상태를 나타낸 표준 콘(cone)의 번호인데, 우리나라에서는 독일, 일본에서 쓰는 Seger Kegel의 첫 글자를 딴 SK번호로 표시한다. 예를 들어, SK 28번이라 하면 Seger Kegel 28번과 같거나 가장 근사한 연화 변형상태를 갖는 것을 뜻한다. 대표적인 내화물은 내화벽돌로서 철강 관계의 로재(爐材)나 요업의 축로재료(築爐材料) 등에 사용된다.

(2) 요로에 쓰이는 내화물의 구비조건

암기법 : 내화물차 강내 안 스내?↑, 변소(小)↓가야하는데.

① 압축강도가 클 것
② 내마모성, 내침식성이 클 것
③ 화학적으로 안정성이 클 것
④ 내열성 및 내스폴링성이 클 것
⑤ 사용온도에서 연화 변형이 적을 것
⑥ 열에 의한 팽창·수축이 적을 것
⑦ 사용목적에 따른 적당한 열전도율을 가질 것

(3) 내화물의 다양한 분류 방법

① 원료의 종류에 따른 분류
② 형상에 의한 분류
③ 열처리법에 따른 분류
④ 내화도에 의한 분류
⑤ 화학조성에 의한 분류

(4) 내화도

내화물에 고온의 열을 가했을 때, 그 초기상태를 유지할 수 있는 내열성의 한계를 나타내는 정도이다. 정확하게 단위가 정해져 있지는 않지만 편의상 제게르콘(SK) 번호로 표시한다.

① 표시방법

ⓐ SK 콘 : 제게르(Seger)콘으로 측정한 것으로 SK 26번 (1580℃) 이상을 기준으로 한다.

ⓑ PCE 콘 : 오턴(Orton)콘으로 측정한 것으로 PCE 15번 (1430℃) 이상을 기준으로 한다.

② 제게르 콘은 80° 각으로 세우며, PCE 콘은 90° 각으로 세워서 측정한다.

③ SK 번호에 따른 용융온도 표

SK 번호	용융온도(℃)	SK 번호	용융온도(℃)
26	1580	37	1825
27	1610	38	1850
28	1630	39	1880
29	1650	40	1920
30	1670	41	1960
31	1690	42	2000
32	1710		
33	1730		
34	1750		
35	1770		
36	1790		

④ 내화물에서 산성 성분인 규산질(SiO_2) 함유량이 많을수록 내화도가 낮아지고, 염기성 성분(MgO, CaO) 함유량이 많을수록 내화도는 높아진다.

(5) 화학조성에 따른 내화물의 종류 및 특성

① 산성 내화물 　　　　　　　　　　　　　　　　　 **암기법** : 산규 납점샤
　　㉠ 규석질 내화물
　　㉡ 반규석질 내화물
　　㉢ 납석질 내화물
　　㉣ 샤모트질(Chamotte) 내화물, 또는 점토질 내화물

② 중성 내화물 　　　　　　　　　　　　　　　　　 **암기법** : 중이 C 알
　　㉠ 고알루미나질 내화물
　　㉡ 크롬질 내화물
　　㉢ 탄화규소질 내화물
　　㉣ 탄소질 내화물, 또는 흑연 내화물
　　㉤ 질화규소(窒化硅素, Si_3N_4)질 내화물

③ 염기성 내화물 　　　　　　　　　　　　　　　　 **암기법** : 염병할~ 포돌이 마크
　　㉠ 마그네시아질 내화물
　　㉡ 돌로마이트질 내화물
　　㉢ 포스테라이트질(또는, 폴스테라이트질) 내화물
　　㉣ 마그네시아-크롬질 내화물, 또는 마그-크롬 내화물, 크롬-마그 벽돌

제3장 보일러 배관설비

1. 배관도면 파악

(1) 열원 흐름도

보일러에서 연료를 이용해 열매체를 가열하여 사용하는 열원에는 난방에 필요한
증기, 온수, 응축수 등이 있으며, 대표적으로 증기보일러 열원 흐름도를 이해하자.

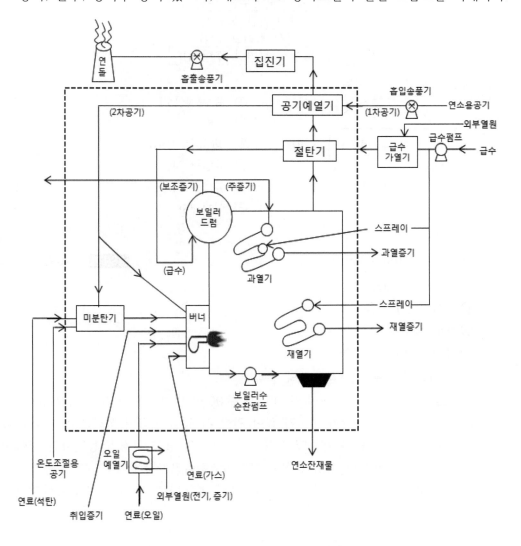

(2) 배관도면의 도시기호

① 배관의 도시법

하나의 실선으로 표시하며 동일한 도면에서 다른 관을 표시할 때는 같은 굵기로 나타내고, 유체의 종류는 문자로 나타내되 관을 표시하는 선 위에 표시하거나 인출선에 의해 도시한다.

② 배관내 물질의 종류에 따른 식별 색상

물질의 종류	식별 색상
증기	암적색(어두운 빨강색)
물	청색(파랑색)
공기	백색(흰색)
기름	암황적색(어두운 주황색)
가스	황색(연한 노랑색)
산 또는 알칼리	회자색(회보라색)
전기	담황적색(연한 주황색)

③ 방열기 호칭 및 도시법

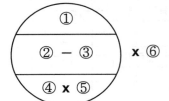

①: 쪽수(섹션수)

②: 종별

③: 형(치수, 높이)

④: 유입관 지름

⑤: 유출관 지름

⑥: 설치개수

(3) 배관 이음

① 강관의 이음(pipe joint) 방법

ㄱ 플랜지(Flange) 이음

ㄴ 나사(소켓) 이음

ㄷ 용접 이음

ㄹ 유니언(Union) 이음

암기법 : 플랜이 음나용?

② 배관 이음에 사용되는 부속품의 종류

ㄱ 엘보(Elbow) : 배관의 흐름을 45˚ 또는 90˚의 방향으로 변경할 때 사용

ㄴ 소켓(Socket) : 배관의 길이가 짧아 연장 시 동일 지름의 직선으로 연결할 때 사용

ㄷ 티(Tee) : 배관을 분기할 때 사용되며 관의 세 방향 구경이 동일하면 정티 배관 연결부의 직경이 상이하면 이경티라고 부른다.

ㄹ 캡(Cap) : 배관을 마감하는 부품으로 내부에 나사선이 있어, 바깥나사에 체결하여 관 끝을 막는데 사용

ⓟ 플러그(Plug) : 배관의 끝 부분을 마감하기 위한 용도로 사용

ⓗ 리듀서(Reducer) : 배관의 지름을 줄이거나 늘리기 위한 용도로 사용

ⓢ 니플(Nipple) : 끝부분을 나사선으로 처리하여 관을 직선으로 연결

ⓞ 유니언(Union) : 관과 관 사이를 직선으로 연결하는 장치로 관의 수리, 점검, 교체 시 주로 사용된다.

2. 배관재료의 종류 및 용도

(1) 강관(Steel Pipe, 鋼管)

① 특징

㉠ 인장강도가 크므로, 내충격성이 크다.

㉡ 배관작업이 용이하다.

㉢ 비철금속관에 비하여 가격이 저렴하므로 경제적이다.

㉣ 부식이 발생하기 쉽다.

㉤ 배관 수명이 짧다.

② 강관의 분류

㉠ 사용되는 분야에 의한 분류 : 배관용, 수도용, 열교환용, 건축의 구조용

㉡ 재질에 따른 분류 : 탄소강관, 스테인리스강관, 합금강관 등

㉢ 제조방법에 의한 분류 : 이음매 있는 관(단접관, 전기저항용접관, 가스용접관, 아크용접관 등), 이음매 없는 관

㉣ 표면처리에 의한 분류 : 흑관(도금처리를 하지 않은 강관), 백관(아연도금강관)

③ 강관의 종류에 따른 KS 규격 기호 및 명칭

㉠ 배관용 강관

ⓐ 일반배관용 탄소강관(SPP, carbon Steel Pipe Piping)

ⓑ 압력배관용 탄소강관(SPPS, carbon Steel Pipe Pressure Service)

ⓒ 고압배관용 탄소강관(SPPH, carbon Steel Pipe High Pressure)

ⓓ 배관용 합금강관(SPA, Steel Pipe Alloy)

ⓔ 배관용 스테인리스강관(STS, STainless Steel pipe)

ⓕ 저온배관용 탄소강관(SPLT, carbon Steel Pipe Low Temperature service)

ⓖ 고온배관용 탄소강관(SPHT, carbon Steel Pipe High Temperature service)

ⓗ 배관용 아크용접 탄소강관(SPW, carbon Steel Pipe electric arc Welded)

㉡ 수도용 강관

ⓐ 수도용 아연도금 강관(SPPW, Steel Pipe Piping for Water service)

ⓑ 수도용 도복장 강관(STPW, coated and wrapped STeel Pipe for Water service)

ⓒ 열교환용 강관

　ⓐ 보일러 및 열교환기용 탄소강관(STBH 또는, STH, carbon Steel Tube Boiler and Heat exchanger)

　ⓑ 보일러 및 열교환기용 합금강관(STHA, carbon Steel Tube boiler and Heat exchaner Alloy)

　ⓒ 보일러 및 열교환기용 스테인리스강관(STS×TB, STainless Steel Tube Boiler)

　ⓓ 저온 열교환기용 강관(STLT, carbon Steel Tube Low Temperature service)

(2) 주철관(Cast Iron Pipe, 鑄鐵管)

① 특징

　㉠ 다른 관에 비하여 내식성, 내압성이 우수하다.

　㉡ 수도관, 가스관, 양수관, 전화용 지하 케이블관, 배수관, 위생설비 배관 등에 사용한다.

　㉢ 인장강도가 작다.

　㉣ 용접이 어렵다.

② 주철관의 이음(또는, 접합) 방법

　㉠ 소켓(Socket) 이음

　㉡ 플랜지(Flange) 이음

　㉢ 특수 이음 : 기계적(Mechanical) 이음, 빅토릭(Victoric) 이음, 타이톤(Tyton) 이음

(3) 비철금속관(非鐵金屬管)

① 동관(銅管, Copper Pipe, 구리관)

[장점] ㉠ 전기 및 열의 양도체이다.

　　　㉡ 내식성, 굴곡성이 우수하다.

　　　㉢ 내압성도 있어서 열교환기의 내관(tube), 급수관 등 화학공업용으로 사용된다.

　　　㉣ 철관이나 연관보다 가벼워서 운반이 쉽다.

　　　㉤ 상온의 공기 중에서는 변화하지 않으나 탄산가스를 포함한 공기 중에서는 푸른 녹이 생긴다.(즉, 산에 약하고, 알칼리에 강하다.)

　　　㉥ 가공성이 좋아 배관시공이 용이하다.

　　　㉦ 아세톤, 에테르, 프레온가스, 휘발유 등의 유기약품에 침식되지 않는다.

　　　㉧ 관 내부에서 마찰저항이 적다.

　　　㉨ 동관의 이음방법에는 플레어(flare) 이음, 플랜지 이음, 용접 이음이 있다.

[단점] ㉠ 담수(淡水)에 대한 내식성은 우수하지만, 연수(軟水)에는 부식된다.

　　　㉡ 기계적 충격에 약하다.

　　　㉢ 가격이 비싸다.

　　　㉣ 암모니아, 초산, 진한황산에는 심하게 침식된다.

② 황동관(黃銅管, 동합금관)

    ㉠ 구리에 아연을 첨가하여 만든 동합금으로 놋쇠라고도 한다.

    ㉡ 황동관은 동관과 같은 성질이 있으므로 열교환기의 내관(tube), 복수기 등에 사용된다.

③ 연관(鉛管, 납관)

    ㉠ 구부리기 쉽고, 내산성, 내식성도 우수하므로 수도관으로 널리 사용된다.

    ㉡ 전연성(전성 + 연성)이 풍부하여 상온가공이 용이하다.

    ㉢ 중량이 무거워 수평관에는 휘어져 처지기 쉽다.

    ㉣ 건조공기 중에서는 침식되지 않으나, 초산, 진한황산 등에는 침식된다.

    ㉤ 산에 강하고 알칼리에 약하다.

    ㉥ 용도에 따라 1종(화학공업용), 2종(일반용), 3종(가스용)으로 구분된다.

    ㉦ 연관의 이음방법에는 납땜 이음, 플라스턴(plastan, 납과 주석의 합금) 이음이 있다.

④ 알루미늄관

    ㉠ 동관 다음으로 전기전도도 및 열전도가 좋다.

    ㉡ 가공, 용접 등이 용이하다.

    ㉢ 비중이 작고(가볍고), 내식성이 우수하므로 항공기의 각종 배관용으로 사용된다.

(4) 비금속관(非金屬管)

① 염화비닐관(PVC관, Poly Vinyl Chioride Pipe)

    ㉠ 내식성, 내산성, 내알칼리성이 크다.

    ㉡ 전기절연성이 크며, 열의 불량도체(열전도율은 철의 1/350)이다.

    ㉢ 가볍고, 강인하며 배관가공이 용이하다.

    ㉣ 가격 및 시공비가 저렴하다.

    ㉤ 사용온도는 5 ~ 70℃ 정도이며, 저온 및 고온에서는 강도가 취약하다.

    ㉥ 열팽창율이 크고, 외부의 충격에 강도가 적어 잘 깨진다.

    ㉦ 유기약품의 용제에 약하다.

    ㉧ 수도관, 도시가스, 하수, 약품관, 전선관 등에 사용된다.

② 폴리에틸렌관(PE관, Polyethylene Pipe)

    ㉠ 내충격성, 내열성, 내약품성, 전기절연성이 PVC보다 우수하다.

    ㉡ 상온에서 유연성이 풍부하여 휘어지므로, 긴 롤관의 제작 및 운반도 가능하다.

    ㉢ PVC보다 가볍다.

    ㉣ 가격 및 시공비가 저렴하다.

    ㉤ 동절기에도 파손 위험이 없다.

    ㉥ 외부의 충격에 강도가 크다.

    ㉦ 장시간 일광에 노출 시 노화가 되며, 열에 특히 약하다.

③ 석면 시멘트관(Asbestos Cement Pipe)

  ㉠ 석면 섬유와 시멘트를 1 : 5 정도의 중량비율로 배합하고 물을 혼입시켜서 가압 ·
    성형하여 만든 관이다.

  ㉡ 주철관보다 가볍고 경제적이다.

  ㉢ 부식에 강하다.

  ㉣ 급수, 배수의 수도관, 화학공장의 배관에 사용된다.

  ㉤ 외부 충격에 약하다.

④ 콘크리트관(Concrete Pipe)

  ㉠ 콘크리트(모래와 시멘트를 1 : 2 정도의 중량비율로 배합)제의 관을 말하는 것으로
    철근으로 보강을 한 경우가 많다.

  ㉡ 상·하수도용 배관에 사용된다.

⑤ 도관(陶器管 또는, 토관)

  ㉠ 철분이 약간 많은 점토를 사용하여 압출기로 성형하고, 건조 후 유약을 발라 구워
    만든 것으로, 직관과 이형관의 형태가 있다.

  ㉡ 하수용, 오수용의 배수관으로 사용된다. (화장실의 세면기 등)

3. 배관상태 점검

(1) 배관의 부속기기 및 용도

  ① 배관용 지지구

    ㉠ 행거(Hanger)

      - 배관의 하중을 위에서 걸어 잡아당겨줌으로써 지지해주는 역할의 배관용
        지지대로서, 관을 고정하지는 않는다.

      ⓐ 리지드(Rigid) : 이동식 철봉대나 파이프 행거 시 수직방향으로 변위가 없는 곳에
        사용한다.

      ⓑ 스프링(Spring) : 스프링의 장력을 이용하여 변위가 적은 곳에 사용한다.

      ⓒ 콘스턴트(Constant) : 배관의 상·하 이동을 허용하면서 변위가 큰 곳에 사용한다.

    ㉡ 서포트(Support)

      - 배관의 하중을 아래에서 받쳐 위로 지지해주는 역할의 배관용 지지구이다.

      ⓐ 리지드(Rigid) : H빔으로 만든 것으로 종류가 다른 여러 배관을 한꺼번에 지지한다.

      ⓑ 파이프 슈(Pipe Shoe) : 배관의 엘보 부분과 수평부분에 영구히 고정, 배관의
        이동을 구속한다.

      ⓒ 롤러(Roller) : 배관의 신축을 자유롭게 하면서 롤러가 관을 받치면서 지지한다.

      ⓓ 스프링(Spring) : 상·하 이동이 자유롭고 배관 하중의 변화에 따라 스프링이
        완충작용을 한다.

ⓒ 레스트레인트(restraint)
- 열팽창 등에 의한 신축이 발생될 때 배관 상·하, 좌·우의 이동을 구속 또는 제한하는데 사용하는 것이다.
  ⓐ 앵커(Anchor) : 배관의 이동이나 회전을 모두 구속하기 위하여 지지부분에 완전히 고정시켜 사용한다.
  ⓑ 스토퍼(Stopper) : 회전 및 배관축과 직각인 특정방향에 대한 이동과 회전을 구속하고 나머지 방향은 자유롭게 이동할 수 있다.
  ⓒ 가이드(Guide) : 신축이음(루프형, 슬리브형) 등에 설치하는 것으로 배관축과 직각방향의 이동은 구속하고, 배관라인의 축방향 이동은 허용하는 안내 역할을 한다.

ⓔ 브레이스(Brace)
- 펌프, 압축기 등에서 발생하는 진동을 흡수하거나 감쇠시켜 배관계통에 전달되는 것을 방지하는 역할을 하는데 사용하는 것이다.
  ⓐ 방진기 : 진동을 방지하거나 완화시키는 역할을 한다.
  ⓑ 완충기 : 배관 내의 수격작용, 안전밸브의 분출반력 등 충격을 완화하는 역할을 한다.

ⓜ 기타 지지장치 : 이어(eaes), 슈즈(shoes), 러그(lugs), 스커트(skirts) 등이 있다.

② **패킹재료**

㉠ 플랜지 패킹재
  ⓐ 천연고무 : 탄성이 우수하고 내식성이 좋지만 열과 기름에는 침식된다.
  ⓑ 합성고무(Neoprene, 네오프렌)
    : 열과 기름에도 강하고, 내열범위는 -46 ~ 120℃ 이므로 121℃ 이상의 증기배관에는 사용할 수 없다.
  ⓒ 석면 조인트 시트
    : 미세한 섬유질의 광물질로서 내열범위가 450℃ 이므로 증기나 온수, 고온의 기름 배관에 적합하다.
  ⓓ 합성수지(Teflon, 테프론)
    : 탄성은 부족하나 화학적으로 매우 안정되어 있으므로 약품, 기름에도 침식이 거의 되지 않으며, 내열범위는 -260 ~ 260℃ 이다.
  ⓔ 오일 실(Oil seal) 패킹
    : 식물성 섬유제품이므로 내유성은 좋으나 내열성이 나쁘므로 기어박스, 펌프, 유류배관 등에 사용된다.
  ⓕ 금속 패킹 : 납, 주석, 구리 알루미늄 등의 금속을 사용하므로 탄성이 적어 배관의 팽창, 수축, 진동 등에 의해 누설되기 쉽다.

ⓒ 나사용 패킹재

ⓐ 페인트 : 고온의 기름배관 외에는 모두 사용된다.

ⓑ 일산화연(납) : 페인트에 소량의 일산화납을 첨가한 것으로서, 냉매 배관에 주로 사용된다.

ⓒ 액상 합성수지 : 화학약품에 강하므로 약품, 증기, 기름 배관에 사용된다.

ⓒ 글랜드(Gland) 패킹재

- 회전축이나 밸브의 회전 부분에서의 누설을 적게 하는 밀봉법으로서, 석면 각형 패킹, 석면 얀(yarn) 패킹, 몰드(mold) 패킹, 아마존(Amazon) 패킹, 메탈 패킹 등이 있다.

(2) 신축이음장치의 종류

① 루프형(Loop type, 만곡관형) 이음

㉠ 만곡관(彎曲管)으로 만들어진 배관의 가요성(可撓性, 휨)을 이용한 것이다.

㉡ 고온·고압에 잘 견디며 주로 고압증기의 옥외 배관에 사용한다.

㉢ 조인트의 곡률반경은 관지름의 6배 이상으로 하는게 좋다.

㉣ 구조가 간단하고 내구성이 좋아서 고장이 적다.

㉤ 곡선 이음이므로 조인트가 차지하는 면적이 커서 설치장소에 제한을 받는다.

㉥ 신축으로 인한 응력을 수반하는 단점이 있다.

② 슬리브형(Sleeve type, 미끄럼형, 슬라이딩형, 옷소매형) 이음

㉠ 슬리브와 본체사이에 석면으로 만든 패킹을 넣어 온수나 증기의 누설을 방지한다.

㉡ 고온, 고압에는 부적당하므로, 비교적 저온(180℃ 이하), 저압(8 kgf/cm^2 이하)의 공기, 가스, 기름 등의 배관에 사용된다.

㉢ 50A 이하의 배관에는 나사식 이음, 50A 이상의 배관에는 플랜지(Flange)식 이음을 사용한다.

③ 벨로스형(Bellows type, 주름형, 파상형) 이음

㉠ 주름잡힌 모양인 벨로우즈관의 신축을 이용한 것이다.

㉡ 신축으로 인한 응력이 생기지 않는다.

㉢ 조인트가 차지하는 면적이 적으므로 설치장소에 제한을 받지 않는다.

㉣ 단식과 복식의 2종류가 있다.

㉤ 누설의 염려가 없다.

④ 스위블형(Swivel type, 회전형) 이음

㉠ 2개 이상의 엘보(Elbow)를 사용하여 직각방향으로 어긋나게 하여 나사맞춤부 (회전이음부)의 작용에 의하여 신축을 흡수하는 것이다.

㉡ 온수난방 또는 저압증기의 배관 및 분기관 등에 사용된다.

㉢ 지나치게 큰 신축에 대하여는 나사맞춤이 헐거워져 누설의 염려가 있다.

[비교] 압력이 큰 순서(신축량이 큰 순서) : 루프형 > 슬리브형 > 벨로스형 > 스위블형

(3) 배관 방식

① **온수난방**

　㉠ 온수난방 방법의 분류

　　ⓐ 온수 온도에 따라 : 저온수식, 고온수식

　　ⓑ 온수관의 배관방식에 따라 : 단관식, 복관식

　　ⓒ 온수 공급방식에 따라 : 상향공급식, 하향공급식

　　ⓓ 온수 순환방식에 따라 : 중력환수식(자연순환식), 강제순환식

　㉡ 온수난방의 특징

　　ⓐ 난방부하의 변동에 따른 방열량 조절이 쉬워 온도조절이 용이하고, 실내 쾌감도가 높다.

　　ⓑ 소규모주택에 적합하고, 증기트랩이 불필요하다.

　　ⓒ 예열 및 냉각시간이 오래 걸리지만 잘 식지 않는다.

　　ⓓ 취급이 용이하고 증기난방보다 동결 및 화상의 우려가 적다.

② **증기난방**

　㉠ 증기난방 방법의 분류

　　ⓐ 증기압력에 따라 : 고압식, 저압식, 진공식

　　ⓑ 증기관의 배관방식에 따라 : 단관식, 복관식

　　ⓒ 증기 공급방식에 따라 : 상향공급식, 하향공급식

　　ⓓ 환수관의 배관방식에 따라 : 건식, 습식

　　ⓔ 응축수의 환수방식에 따라 : 중력환수식, 진공환수식, 기계환수식

　㉡ 증기난방의 특징

　　ⓐ 방열기의 표면온도가 높아서 실내 쾌감도가 낮다.

　　ⓑ 난방부하의 변동에 따른 방열량 조절 및 제어가 곤란하다.

　　ⓒ 예열시간이 온수난방에 비해 짧다.

　　ⓓ 잠열을 이용하기 때문에 증기 순환이 빠르고 열의 운반능력이 크다.

　　ⓔ 방열면적과 관경을 온수난방보다 작게 할 수 있으므로 설비비가 저렴하다.

　　ⓕ 응축수 환수관 내의 부식으로 장치의 수명이 짧다.

③ **복사난방**

　㉠ 복사난방 방법의 분류(또는, 열매체의 종류에 따른 분류)

　　ⓐ 온수 복사난방

　　ⓑ 증기 복사난방

　　ⓒ 온풍 복사난방

　　ⓓ 전열선 복사난방

  ⓒ 복사난방의 특징

   ⓐ 온도분포가 균일하여 쾌감도가 높다.

   ⓑ 방열기의 설치가 필요 없으므로 바닥면의 이용도가 높다.

   ⓒ 실내공기의 대류가 없으므로 먼지에 의한 공기의 오염도가 적다.

   ⓓ 천장이 높은 건물의 난방에 적합하다.

   ⓔ 고장시 발견이 어렵고, 벽 표면이나 시멘트 부분에 균열이 발생한다.

   ⓕ 배관을 매설하기 때문에 시공이 어렵고 설비비가 비싸다.

(4) 배관 장애 및 점검

 ① 온수난방 시공

  ㉠ 단관 중력순환식(중력환수식)

   - 온수가 중력의 힘으로 순환하는 방식이므로 배관을 주관 쪽으로 앞 내림 구배 (즉, 선하향 구배)로 설치하여 관 내의 공기가 방열기 쪽으로 빠지도록 한다.

  ㉡ 복관 중력순환식

   ⓐ 하향공급식은 공급관이나 환수관 모두 다 선단하향 구배이다.

   ⓑ 상향공급식은 공급관을 선단상향 구배, 환수관은 선단하향 구배이다.

  ㉢ 강제순환식

   ⓐ 배관의 구배는 선단 상향 및 하향과는 무관하다.

   ⓑ 배관 내에 에어포켓을 만들어서는 안 된다.

  ㉣ 역환수식(역귀환식) 배관법

   ⓐ 환수관(방열기에서 보일러까지)의 길이와 온수관(보일러에서 방열기까지)의 길이를 같게 하는 배관방식이다.

   ⓑ 각 방열기마다 온수의 유량분배가 균일하여 전·후방 방열기의 온수 온도를 일정하게 할 수 있는 장점이 있다.

   ⓒ 환수관의 길이가 길어져 설치비용이 많아지고 추가 배관 공간이 더 요구되는 단점이 있다.

 ② 증기난방 시공

  ㉠ 단관 중력환수식

   ⓐ 공급관(증기관)과 환수관(응축수관)이 1개의 동일한 배관으로 흐르도록 하는 방식이다.

   ⓑ 배관이 짧아 설비비가 절약된다.

   ⓒ 난방이 불안정하여 구배를 잘못하면 수격현상이 발생하므로 소규모 주택의 난방에 사용된다.

ⓓ 환수관이 별도로 없으므로 충분한 난방을 위해 공기빼기 밸브를 설치해야 한다.

ⓛ 복관 중력환수식

　　ⓐ 공급관(증기관)과 환수관(응축수관)이 각각 다른 2개의 배관으로 흐르도록 하는 방식이다.

　　ⓑ 증기관과 환수관이 연결되는 곳에는 반드시 증기트랩을 설치하여 증기가 환수관으로 흐르지 않도록 방지한다.

ⓒ 진공환수식

　　ⓐ 환수관 끝(보일러 바로 앞)부분에 진공펌프를 설치하여 환수관 안에 있는 공기 및 응축수를 흡인하여 환수시킨다. 이때 환수관의 진공도는 $100 \sim 250$ mmHg 정도로 유지하여 응축수 배출 및 방열기 내 공기를 빼낸다.

　　ⓑ 증기의 발생 및 순환이 가장 빠르다.

　　ⓒ 응축수 순환이 빠르므로 환수관의 직경이 작다.

　　ⓓ 환수(응축수)는 펌프에 의해 회수하므로 환수관의 기울기를 작게 할 수 있다.

　　ⓔ 방열기 밸브를 통해 방열량을 광범위하게 조절 가능하다.

　　ⓕ 대규모 건축물의 난방에 적합하다.

　　ⓖ 보일러 및 방열기의 설치위치에 제한을 받지 않는다.

ⓔ 기계환수식

　　ⓐ 방열기에서 응축수 탱크까지는 중력으로 환수된 응축수를 펌프로 보일러에 급수(환수)하는 방식이다.

　　ⓑ 탱크내에 들어온 공기는 자동 공기빼기 밸브에 의해 배기된다.

　　ⓒ 방열기 밸브의 반대편에는 열동식 트랩을 설치한다.

　　ⓓ 응축수가 중력환수 되지 않는 건축물에 사용한다.

　　ⓔ 방열기의 설치위치에 제한을 받지 않는다.

ⓜ 하트포드(hart ford) 배관법

　　ⓐ 저압증기 난방에 사용되는 보일러 내의 수면이 안전 저수위 이하로 내려가거나 보일러가 빈 상태로 되는 것을 막기 위하여 균형관을 달고 안전 저수위보다 높은 위치에 환수관을 접속하여 보일러수 유출을 막기 위하여 배관을 연결하는 방법이다.

　　ⓑ 균형관에 접속하는 환수주관의 분기 위치는 보일러 표준수면에서 약 $50\,mm$ 아래가 적합하다.

제4장 보온상태 점검

1. 보온재의 일반

(1) 보온 단열재의 구분
암기법 : 128백 보유무기, 12월35일 단 내단 내

① 보냉재(保冷材) : 100℃ 이하를 유지하는 저온용의 보온재로서,
냉온 영역에서 외부로부터의 열유입 방지를 목적으로 한다.

② 보온재(保溫材) : 100 ~ 200℃까지의 온도에 견디는 유기질 보온재와 200 ~ 800℃
까지의 온도에 견디는 무기질 보온재가 있다.

③ 단열재(斷熱材) : 800 ~ 1200℃까지의 온도에 견디는 것

④ 내화단열재(耐火斷熱材) : 단열재와 내화물의 중간적인 것으로, 1300 ~ 1500℃
까지의 온도에 견디는 것

⑤ 내화물(내화재) : 1580℃(SK 26번) 이상에서 견디는 것

(2) 보온재의 분류

① 재질에 의한 분류

㉠ 유기질 보온재 : 코르크, 텍스, 펠트, 폼, 기포성 수지 등

㉡ 무기질 보온재 : 탄산마그네슘, 글라스울(유리섬유), 폼글라스, 암면, 규조토, 석면,
규산칼슘, 펄라이트, 세라믹 파이버, 팽창질석

㉢ 금속질 보온재 : 알루미늄박(泊)

② 최고 안전사용온도(최고 허용온도)에 의한 분류

㉠ 저온용 : 일반적으로 유기질 보온재가 해당된다.

㉡ 일반용 : 탄산마그네슘, 글라스울(유리섬유), 폼글라스, 암면, 규조토, 석면

㉢ 고온용 : 규산칼슘, 펄라이트, 세라믹 파이버, 팽창질석(Vermiculite, 버미큘라이트)

(3) 보온재의 구비조건
암기법 : 흡열장비다↓

① **흡**수성, 흡습성이 적을 것

② **열**전도율이 작을 것

③ **장**시간 사용 시 변질되지 않을 것

④ **비**중(밀도)이 작을 것

⑤ **다**공질일 것

⑥ 견고하고 시공이 용이할 것

⑦ 불연성일 것

(4) 보온재의 열전도율(열전도도 또는, 열전도계수)

① 상온(20℃)에서의 열전도율이 약 **0.1 kcal/mhK** (= 0.4186 ≒ **0.4 kJ/mhK**) 이하로 작은 것을 보온재라 말한다.

② 상온(20℃)에서의 정지된 공기의 열전도율(0.022 kcal/mh℃)은 매우 작다. 그러므로 공기의 흐름이 없는 독립된 작은 공기포나 층이 충분하게 있는 보온재는 열전도율이 작아지게 되는 것이다.

③ 보온재의 열전도율이 작아지는 조건　　　　　　　　**암기법** : 열전도율 ∝ 온·습·밀·부

　　㉠ 재료의 온도가 낮을수록

　　㉡ 재료의 습도가 낮을수록

　　㉢ 재료의 밀도가 작을수록

　　㉣ 재료의 부피비중이 작을수록

　　㉤ 재료의 두께가 두꺼울수록

　　㉥ 재료의 기공률이 클수록

④ 열전도율은 고체 > 액체 ≫ 기체의 순서이므로 기공이 많을수록 열전도율은 작아진다.

⑤ 보온재의 함수율이 크게 되면 수분(액체)이 많은 것이므로 공기의 열전도율(0.022 kcal/mh℃)과 물의 열전도율(0.5 kcal/mh℃)의 차이가 크기 때문에 열전도율이 급격히 증가한다.

⑥ 상온(20℃)에서, 주요 재료의 열전도율(kcal/mh℃)은 아래의 [표]와 같다.

재료	열전도율	재료	열전도율	재료	열전도율
은	360	스케일	2	고무	0.14
구리	340	콘크리트	1.2	그을음	0.1
알루미늄	175	유리	0.8	공기	0.022
니켈	50	물	0.5	일산화탄소	0.020
철 (탄소강)	40	수소	0.153	이산화탄소	0.013

⑦ 보온재 내 공기 이외의 가스를 사용하는 경우 가스분자량이 공기의 분자량보다 적으면 분자운동이 더 활발해지므로 열전도율은 크게 되며, 가스분자량이 공기의 분자량보다 크면 분자운동이 약해지므로 열전도율은 작게 된다.

　• 가스의 열전도율 : H_2 > N_2 > **공기** > O_2 > CO_2 > SO_2

2. 보온재의 종류 및 특성

(1) 유기질 보온재

- 종류 : 탄화 코르크(Cork), 텍스(Tex), 펠트(Felt), 기포성 수지(plastic foam, 폼) 등

(2) 무기질 보온재(일반용)

① 탄산마그네슘
  - ㉠ 염기성 탄산마그네슘 85%와 석면 15%를 혼합한 것으로, 물과 반죽하여 사용된다.
  - ㉡ 최고 안전사용온도는 250 ℃ 이하이다.
  - ㉢ 가볍다.
  - ㉣ 시공이 용이하다.
  - ㉤ 보온성이 우수하지만 300℃ 부근에서 열분해 된다.
  - ㉥ 석면을 혼합하는 비율에 따라 열전도율이 달라진다.
  - ㉦ 열전도율은 0.05 ~ 0.07 kcal/mh℃ 정도이다.

② 글라스울(Glass wool, 유리섬유)
  - ㉠ 유리를 용융하여 압축공기나 고압증기 또는 원심력을 주어 섬유 형태로 만든 것이다.
  - ㉡ 최고 안전사용온도는 300 ℃ 이하이다.
  - ㉢ 기계적 강도가 크다.
  - ㉣ 흡수성이 적다.
  - ㉤ 판상이나 원통 상으로 사용되며, 접착제를 사용하지 않고 판상으로 한 것도 있다.
  - ㉥ 일반건축의 벽체, 덕트 등에도 사용한다.
  - ㉦ 열전도율은 0.036 ~ 0.057 kcal/mh℃ 정도이다.

③ 폼글라스(Foam glass, 포유리)
  - ㉠ 유리 미세분말에 발포제를 가하여 노에서 가열 용융하여 발포와 동시에 경화 용착(容着)시켜서 만든 것이다.
  - ㉡ 최고 안전사용온도는 300 ℃ 이하이다.
  - ㉢ 기계적 강도가 크다.
  - ㉣ 흡수성이 적다.
  - ㉤ 판상이나 원통 상으로 사용된다.
  - ㉥ 열전도율은 0.05 ~ 0.06 kcal/mh℃ 정도이다.

④ 암면(Rock wool, 岩綿, 암석섬유)
  - ㉠ 현무암, 안산암 등에 석회를 섞어 용융하여 섬유상으로 제조한 것이다.
  - ㉡ 최고 안전사용온도는 400 ℃ 이하이다.
  - ㉢ 석면보다 섬유가 거칠며 꺾어지기 쉬우나 가격이 저렴하다.
  - ㉣ 흡수성이 적다.
  - ㉤ 풍화 염려가 없다.
  - ㉥ 열전도율은 0.039 ~ 0.048 kcal/mh℃ 정도이다.

⑤ **규조토(硅藻土, $SiO_2 \cdot nH_2O$)**

㉠ 규조토에 석면섬유 또는 잘게 썬 삼(蔘)여물을 약 6% 정도 혼합한 가루형태인 것으로, 물과 반죽하여 사용되며, 손으로 만지면 분말이 묻을 정도로 연하다.

㉡ 최고 안전사용온도는 500 ℃ 이하이다.

㉢ 시공 후 건조시간이 길며 접착성이 좋다.

㉣ 미세한 다공질이므로 흡수성이 강하다.

㉤ 방음 및 흡음이 뛰어나지만, 시공이 두꺼워야 하므로 어렵다.

㉥ 진동이 있는 곳에서는 잘 갈라지므로 그 사용이 부적합하다.

㉦ 열전도율은 0.083 ~ 0.095 kcal/mh℃ 정도로 다른 무기질 보온재에 비하여 크다.

⑥ **석면(Asbestos, 石綿)**

㉠ 광물인 석면(아스베토)을 접착제를 가하여 섬유 형태로 만든 것이다.

㉡ 최고 안전사용온도는 550 ℃ 이하이다.

㉢ 판상이나 원통상으로 사용된다.

㉣ 잘 갈라지지 않으므로, 진동이 있는 곳에 사용이 적합하다.

㉤ 열전도율은 0.045 ~ 0.055 kcal/mh℃ 정도이다.

(3) 무기질 보온재(고온용)

최고 안전사용온도의 범위는 600 ~ 800℃ 정도로서 유기질 보온재보다 훨씬 높으므로 주로 고온용 보온재로 사용된다.

① **규산칼슘($CaSiO_3$)**

㉠ 규산질, 석회질, 암면 등을 혼합하여 만든 것이다.

㉡ 최고 안전사용온도는 650 ℃ 이하이다.

㉢ 기계적 강도가 크다.

㉣ 내산성, 내수성, 내열성이 크다.

㉤ 끓는 물속에서도 붕괴되지 않으므로 고온 공업용에 가장 많이 사용된다.

㉥ 열전도율은 0.055 ~ 0.07 kcal/mh℃ 정도이다.

② **펄라이트(Pearlite)**

㉠ 진주암, 흑석 등을 소성, 팽창시켜 다공질로 하여 접착제와 3 ~ 15 %의 석면 등과 같은 무기질 섬유를 배합하여 판이나 원통으로 성형한 것이다.

㉡ 최고 안전사용온도는 650 ℃ 이하이다.

㉢ 수분 및 습기를 흡수하는 성질인 흡수성이 적다.

㉣ 내수성, 내열성이 크다.

㉤ 열전도율은 0.055 ~ 0.065 kcal/mh℃ 정도이다.

③ **세라믹 파이버(Ceramic Fiber)**

㉠ 석영을 녹여 만든 실리카울(Silica wool)이나 고석회질의 규산유리로부터 산처리하여 고규산으로 만든 세라믹계 섬유이다.

ⓛ 최고 안전사용온도는 1100 ~ 1300 ℃ 이하이다.

ⓒ 융점이 높아, 단열재로 쓰인다.

ⓔ 내약품성(耐藥品性)이 우수하다.

ⓜ 열전도율은 0.035 ~ 0.06 kcal/mh℃ 정도이다.

④ **팽창질석(Vermiculite, 버미큘라이트)**

㉠ 질석을 분쇄, 가열·소성하여 팽창시켜 만든다.

ⓛ 최고 안전사용온도는 1000 ℃ 이하이다.

ⓒ 방음 및 흡음이 뛰어나다.

ⓔ 열전도율은 0.1 ~ 0.2 kcal/mh℃ 정도이다.

(4) 금속질 보온재(주로, 알루미늄박 보온재)

㉠ 알루미늄박(箔) 사이에 공기층을 형성시켜 만든 것이다.

ⓛ 금속은 백색 광택의 특성이 있어 복사열에 대하여 반사(反射)하는 성질을 지니므로 열전도율이 낮아서 보온효과가 양호하다.

ⓒ 최고 안전사용온도는 1000 ℃ 이하이다.

ⓔ 열전도율은 0.028 ~ 0.048 kcal/m·h·℃ 정도이다.

※ 보냉, 보온, 단열, 내화단열, 내화재의 **최고 안전사용온도**에 따른 구분

<mark>암기법</mark> : 128백 보유무기, 12월35일 단 내단 내

보냉재 - 유기질(보온재) - 무기질(보온재) - **단열재**- 내화**단열**재 - 내화재

| 1↓ | 2↓ | 8↓ | 12↓ | 13~15↓ | 1580℃↑(이상) |

0　　　　　　　　　　0　　　　　　　　　　　　　　　　　(SK 26번)

0　　　　　　　　　　0　　　(100단위를 숫자아래에 모두 다 추가해서 암기한다.)

※ 최고 안전사용온도에 따른 **유기질 보온재**의 종류

<mark>암기법</mark> : 유비(B)가, 콜　　택시타고　　<u>벨트</u>를　　폼나게 맸다.

　　　　　　　　　　(텍스)　　(펠트)

유기질, (B)130↓　120↓　◀　100↓　➡ 80℃↓(이하)

　　　　　　　　(+ 20)　(기준)　(-20)

　　　　탄화코르크,　텍스,　　펠트,　　**폼**

※ 최고 안전사용온도에 따른 **무기질 보온재**의 종류

　　　-50　 -100　◀사➡　+100　+50

　　　　탄　　 G　　 암,　　규　　석면, 규산리 650필지의 세라믹 파이버 무기공장

　　　 250, 　300, 　400, 　500, 　550, 　　　　650℃↓　(×2배) 1300↓ 무기질

탄산마그네슘,

　　　　　Glass울(유리섬유),

　　　　　　암면

　　　　　규조토, 석면, 규산칼슘

　　　　　　　　펄라이트(석면+ 진주암),

　　　　　　　　　　　　　세라믹 파이버

---

3. 단열재(斷熱材)

(1) 사용온도에 따른 단열재의 종류

① 단열재 : 안전사용온도 800 ~ 1200 ℃에서 단열효과가 있는 재료를 말한다.

② 내화단열재 : 안전사용온도 1300 ~ 1500 ℃에서 단열효과가 있는 재료를 말한다.

(2) 공업요로에서 단열의 효과(斷熱效果)　　　　　암기법 : 단축열 확전 스

① 축열용량이 작아진다.(요로의 가열온도까지의 승온 시간이 단축된다.)

② 열전도계수(열전도도)가 작아진다.

③ 열확산계수가 작아진다.

④ 노벽의 온도구배를 줄여 스폴링 현상을 억제시킨다.

⑤ 노내의 온도가 균일하게 유지되어 피가열물의 품질이 향상된다.

(3) 단열재의 재질에 따른 종류 및 특성

① 규조토질 단열재

㉠ 저온용 단열재로, 규조토에 톱밥이나 가소성 점토를 혼합하여 800 ~ 1200 ℃로 소성하여 다공질로 만든 것이다.

㉡ 최고 안전사용온도는 800 ~ 1200 ℃ 정도이다.

㉢ 압축강도가 작다.

㉣ 내마모성이 작다.

㉤ 내스폴링성이 작다.

㉥ 재가열 및 수축률이 크다.

㉦ 열전도율은 0.12 ~ 0.2 kcal/m·h·℃ 정도이다.

② 점토질 단열재

㉠ 고온용 단열재로, 점토질에 내화 점토, 카올린, 납석, 샤모트 등을 원료로 기공형성재인 톱밥이나 발포제를 다량 혼합하여 1300 ~ 1500 ℃로 가열 소성 하여 만든 것이다.

㉡ 안전사용온도는 1300 ~ 1500 ℃ 정도이다.

㉢ 단열재와 내화재의 역할을 동시에 한다.

㉣ 내스폴링성이 크다.

㉤ 노벽이 얇아져서 노의 중량이 작아진다.

㉥ 내화벽돌에 비하여 소요온도까지의 가열시간이 25 ~ 30% 정도 단축된다.

제5장 보일러 급수장치 설치

1. 급수장치의 원리

보일러 운전이 가동되어 증기를 발생함에 따라 보일러수가 감소하므로 항상 급수를 보충하여야 하는데, 그렇게 하기 위해서는 급수장치 계통에 급수펌프, 응축수탱크, 급수관, 급수밸브, 급수내관, 급수처리 약품주입 탱크, 급수탱크, 급수량계 등의 부속품을 설치해야 한다.

(1) 급수펌프(water pump)

- 보일러 내로 물을 공급해 주는 장치이다.

① 급수펌프의 종류

㉠ 원심식 펌프

ⓐ 다수의 임펠러(impeller, 회전차)가 케이싱내에서 고속 회전을 하면 흡입관 내에는 거의 진공 상태가 되므로 물이 흡입되어 임펠러의 중심부로 들어가 회전하면 원심력에 의해 물에 에너지를 주고 속도에너지를 압력에너지로 변환시켜 토출구로 물이 방출되어 급수를 행한다.

ⓑ 원심식 펌프의 구조상 종류로는 임펠러에 안내 날개(안내 깃)를 부착하지 않고 임펠러의 회전에 의한 원심력으로 급수하는 펌프인 볼류트(Volute, 소용돌이) 펌프와, 임펠러에 안내날개를 부착한 터빈(Turbine) 펌프 등이 있다.

ⓒ 원심식 펌프는 공회전시에 펌프의 고장을 방지하기 위해서, 처음 기동할 때 펌프 케이싱 내부에 공기를 빼고 물을 가득 채워야 하는 "플라이밍(Priming)" 조작을 해주어야 하는 단점이 있다.

㉡ 왕복식(또는, 왕복동식) 펌프   `암기법` : 왕, 워플웨

ⓐ 피스톤 또는 플런저의 왕복운동에 의해 급수를 행한다.

ⓑ 종류 : 워싱턴(Worthington) 펌프, 플런저(Plunger) 펌프, 웨어(Weir) 펌프

② 펌프의 축동력(L) 계산

$$L = \frac{9.8\,HQ}{\eta}\;[\text{kW}] = \frac{\gamma \cdot H \cdot Q}{102 \times \eta}\;[\text{kW}] = \frac{\gamma \cdot H \cdot Q}{76 \times \eta}\;[\text{HP}] = \frac{\gamma \cdot H \cdot Q}{75 \times \eta}\;[\text{PS}]$$

여기서, 양정 또는 수두 $H\,(\text{m})$,　유량 $Q\,(\text{m}^3/\text{sec})$,

펌프의 효율 η,　유체의 비중량 $\gamma\,(\text{kgf}/\text{m}^3)$

(2) 인젝터(injector)

- 보조 급수펌프로서, 증기가 보유하고 있는 열에너지를 압력에너지로 전환시키고 다시 운동에너지로 바꾸어 급수하는 예비 급수장치이다.

① **원리** : 보조 증기관에서 보내어진 증기는 증기노즐을 거쳐 혼합노즐에서 물 흡입관을 통하여 올라온 물과 혼합을 하면서 증기의 잠열이 급수에 빼앗기게 되어 체적 감소를 일으켜 부압(-) 상태를 형성하므로 속도에너지를 만들게 된다. 그리하여 토출노즐에서 속도를 낮춤으로서 압력으로 전환하게 되어 증기분사력으로 보일러 동내에 급수를 하게 되는 비동력장치이다.

※ 열에너지 → 운동에너지(또는, 속도에너지) → 압력에너지 → 급수

② **인젝터의 시동 및 정지 순서**

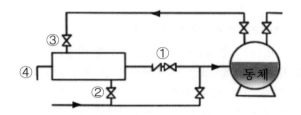

① 출구정지 밸브
② 급수 밸브
③ 증기 밸브
④ 조절 핸들

㉠ 시동 순서 : ① → ② → ③ → ④   **암기법** : 출급증핸
ⓐ 급수 출구관에 정지밸브를 연다.   ⓑ 급수밸브를 연다.
ⓒ 증기밸브를 연다.   ⓓ 핸들을 연다.

㉡ 정지 순서 : ④ → ③ → ② → ①   **암기법** : 핸증급출
ⓐ 핸들을 닫는다.   ⓑ 증기밸브를 닫는다.
ⓒ 급수밸브를 닫는다.   ⓓ 급수 출구관에 정지밸브를 닫는다.

③ **인젝터 사용시의 특징**

㉠ 장점
ⓐ 보조증기관에서 보내어진 증기로 급수를 흡입하여 증기분사력으로 토출하게 되므로 별도의 소요동력을 필요로 하지 않는다.(즉, 비동력 급수장치이다.)
ⓑ 소량의 고압증기로 다량을 급수할 수 있다.
ⓒ 구조가 간단하여 소형의 저압보일러용에 사용된다.
ⓓ 취급이 간단하고 가격이 저렴하다.
ⓔ 급수를 예열할 수 있으므로 전체적인 열효율이 높다.
ⓕ 설치에 별도의 장소를 필요로 하지 않는다.

㉡ 단점
ⓐ 급수용량이 부족하다.
ⓑ 급수에 시간이 많이 걸리므로 급수량의 조절이 용이하지 않다.
ⓒ 흡입양정이 낮다.

　　　ⓓ 급수온도가 50℃ 이상으로 높으면 증기와의 온도차가 적어져 분사력이 약해
　　　　지므로 작동이 불가능하다.
　　　ⓔ 인젝터가 과열되면 급수가 곤란하게 된다.

　④ 인젝터 작동불량(급수불능)의 원인
　　㉠ 급수의 온도가 높을 경우(약 50℃ 이상일 경우)
　　㉡ 증기압력(약 2 kg/cm^2)이 낮을 경우
　　㉢ 인젝터 자체가 과열되었을 경우
　　㉣ 내부노즐의 마모 및 이물질이 부착되어 막혔을 경우
　　㉤ 체크밸브가 고장난 경우
　　㉥ 흡입관로 및 밸브로부터 공기 유입이 있는 경우
　　㉦ 증기속에 수분이 많을 경우

(3) 급수내관(給水內管, feed water injection pipe)

－ 보일러의 급수 입구라는 한 곳에 집중적으로 차가운 급수를 하면, 그 부근의 동판이
　국부적으로 냉각되어 열의 불균일에 의한 부동팽창을 초래하게 된다.
　따라서 양단이 막힌 관의 양측 위에 작은 방수(放水) 구멍을 1열로 적당한 간격으로
　뚫고, 그 방수 구멍으로 차가운 급수를 동 내부에 평균적으로 분포시키는 관을 말한다.

　① 설치위치 : 보일러 동의 안전저수위보다 약간 아래에(50 mm)설치한다.
　② 설치목적
　　㉠ 보일러 급수 시 동판의 국부적 냉각으로 생기는 부동팽창을 방지하기 위하여
　　㉡ 급수내관을 통과하는 동안에 보일러 급수가 예열된다.
　　㉢ 관내 온도의 급격한 변화를 방지한다.

(4) 급수 탱크

－ 보일러에서 사용되는 응축수가 부족할 때 이를 보충하기 위한 보충수(지하수, 상수도)를
　급수처리하여 저장하였다가 사용하는 탱크이다.

(5) 응축수 탱크

－ 열사용처에서 사용된 증기가 물로 응축할 때 그 응축수가 회수된 후 보일러로
　공급되는 탱크이다.

(6) 급수 밸브　　　　　　　　　　　　　　　　　　　암기법 : 급체시 1520

－ 전열면적이 10 m^2 이하의 보일러에서는 관의 호칭(지름) 15 A 이상의 것이어야 하고,
　전열면적이 10 m^{2}를 초과하는 보일러에서는 관의 호칭(지름) 20 A 이상의 밸브가
　필요하며, 주로 게이트밸브와 체크밸브가 사용된다.

(7) 기타 장치

－ 급수관, 급수처리 약품주입 탱크, 급수량계, 온도계 등

2. 분출장치(噴出裝置, Blow down 블로 다운)

보일러 수에 포함된 불순물은 보일러 내에서 물의 증발과 더불어 점점 농축되므로 동체의 바닥면에 침전물(퇴적된 슬러지)이 생긴다. 이러한 불순물을 배출하여 불순물의 농도를 한계치 이하로 만들기 위하여 분출장치(분출밸브)를 설치하여 1일 1회 이상 반드시 보일러수의 일부를 분출을 실시한다.

(1) 보일러수 분출의 목적

① 물의 순환을 촉진한다.

② 가성취화를 방지한다.

③ 프라이밍 및 포밍 현상을 방지한다.

④ 보일러수의 pH를 조절한다.

⑤ 고수위 운전을 방지한다.

⑥ 보일러수의 농축을 방지하고 열대류를 높인다.

⑦ 슬러지를 배출하여 스케일 생성을 방지한다.

⑧ 부식 발생을 방지한다.

⑨ 세관작업 후 폐액을 배출시킨다.

(2) 분출장치의 종류

① 수면 분출장치(연속 분출장치)

- 안전 저수위 선상에 설치하여 보일러수보다 가벼운 불순물(유지분, 부유물 등)을 수면상에서 연속적으로 배출시킨다.

② 수저 분출장치(단속 분출장치)

- 보일러 동체 내의 수압에 의하여 동체 바닥부에 있던 스케일이나 침전물, 농축된 물 등을 동체 밖으로 강하게 배출시키는 것으로 필요시 단속적으로 배출시킨다.

(3) 분출밸브의 크기

① 호칭지름 25A(즉, 25 mm) 이상으로 한다.

② 다만, 전열면적이 $10 \, m^2$ 이하인 경우에는 20A(즉, 20 mm) 이상으로 할 수 있다.

(4) 분출밸브의 설치기준

① 보일러 동저부에는 분출배관과 분출밸브(점개밸브) 또는 분출콕밸브(급개밸브)를 설치해야 한다. 다만, 관류보일러에 대해서는 이를 적용하지 않는다.

② 최고사용압력 0.7 MPa(= 7 kg/cm^2) 이상의 보일러(이동식 보일러는 제외한다.)의 분출배관에는 분출밸브 2개 또는 분출밸브와 콕밸브를 직렬로 설치하여야 한다. 이 경우에 적어도 1개의 분출밸브는 닫힌 밸브를 전개하는데 회전축을 적어도 5회전 하는 것이어야 한다.

(5) 분출 시 밸브조작 순서 [암기법] : 열코 닫분

① 열 때 : 콕밸브(급개밸브)를 먼저 열고, 분출밸브(점개밸브)는 나중에 연다.

② 닫을 때 : 분출밸브를 먼저 잠그고, 콕밸브를 나중에 잠근다.

③ 2개의 밸브(콕밸브와 분출밸브)를 직렬로 설치한 이유
 - 콕밸브는 신속하고 민첩한 개폐를 위해서, 분출밸브는 유량조절을 위해서 점진적인 개폐를 한다. 또한, 1개가 고장 시에는 예비용으로도 사용할 수 있다.

(6) 분출 시 주의사항

① 2인이 한 조가 되어 실시한다.(1명은 수면계 주시, 1명은 분출작업)

② 2대 이상의 보일러에서 동시분출을 금지한다.

③ 안전저수위 이하가 되지 않도록 한다.

④ 분출량 조절은 분출밸브로 한다.(콕밸브가 아님.)

⑤ 분출밸브 및 콕밸브를 조절하는 담당자가 수면계의 수위를 직접 볼 수 없는 경우에는 수면계의 감시자와 공동으로 신호하면서 분출을 실시한다.

⑥ 분출작업 중에는 다른 작업을 해서는 안 된다. 혹시, 다른 작업을 할 필요가 생기는 경우에는 분출작업을 일단 중단하고 분출밸브를 닫고 하여야 한다.

(7) 분출량 계산공식

① 응축수를 회수하지 않는 경우

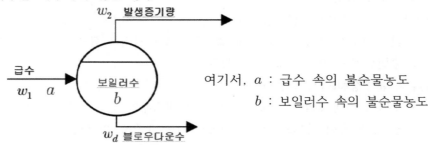

여기서, a : 급수 속의 불순물농도
b : 보일러수 속의 불순물농도

만능공식 : $w_d \times (b - a) = w_1 \times a = w_2 \times a$

• 분출량 $w_d = \dfrac{w_1 \times a}{b - a}$

② 보일러수 분출률(x)

• $x = \dfrac{w_d}{w_1} \left(\dfrac{분출량}{급수량} \right) = \dfrac{a}{b - a} \times 100\,(\%)$

③ 응축수를 회수하는 경우

• 분출량 $w_d = \dfrac{w_1(1 - R) \times a}{b - a}$ 여기서, R : 응축수 회수율(%)

④ 응축수 회수율(R)

• $R = \dfrac{w_R}{w_2} \left(\dfrac{응축수 회수량}{급수량} \right) \times 100\,(\%)$

제6장 보일러 환경설비

1. 대기오염 물질의 종류 및 오염물질의 농도측정

(1) 대기오염 물질

- [대기환경보전법] '대기오염 물질'이라 함은 매연, 가스 및 악취 등으로서 사람의 건강상 또는 재산상에 해를 미치거나 동·식물의 생육환경 등 자연환경에 영향을 끼치는 물질을 말하며 가스상 물질과 입자상 물질(粒子狀 物質)로 대별할 수 있다.
  '가스'라 함은 물질의 연소·합성·분해 시에 발생하거나 물질적 성질에 의해 발생하는 기체상 물질로서 황산화물(SO_x), 질소산화물(NO_x), 일산화탄소(CO), 오존(O_3) 등이다.
  '입자상 물질'이라 함은 물질의 파쇄·선별 등 기계적 처리 또는 연소·합성·분해 시에 발생하는 고체상 또는 액체상의 미세한 물질을 말한다.

① **질소산화물(NO_x)**

- 연소가스 내의 질소산화물에는 연소용 공기 중의 질소가 산화되어 열적(thermal)으로 발생하는 것인 열생성 NO_x와, 연료(fule) 내에 포함된 질소가 연소과정에서 산소와 반응하여 발생하는 것인 연료생성 NO_x로 구분된다.

㉠ 질소산화물의 생성을 억제할 수 있는 연소방법

㉮ 열생성 NO_x의 억제 방법
ⓐ 물 또는 수증기 분사법(또는, 연소장치 내의 연소부분 냉각법)
ⓑ 배기가스 재순환 연소법
ⓒ 저온도 연소법
ⓓ 저농도 산소 연소(또는, 저공기비 연소, 농담(濃淡)연소, 과잉공기량 감소)
ⓔ 저NO_x 버너의 형식 및 구조 개량
ⓕ 연소실 구조의 변경
㉯ 연료생성 NO_x의 억제 방법
ⓐ 2단 연소법
ⓑ 연료의 전환

㉡ 질소산화물(NO, NO_2, N_2O, N_2O_3 등)은 대기와 광화학반응을 통해 스모그 및 인체에 해로운 각종 2차 오염물질을 부생시킨다.

㉢ 연소 개선을 통하여 NO_x(질소산화물)의 배출을 최소화시키는 방법
ⓐ 과잉공기량을 감소시킨다.

ⓑ 연소온도를 낮게 유지한다.

ⓒ 로내 가스의 잔류시간을 단축시킨다.

ⓓ 질소성분을 함유하지 않은 연료를 사용한다.

ⓔ 미연소분을 최소화하도록 한다.

ⓕ 노내압을 낮게 유지한다.

ⓖ 연소용공기 중의 산소농도를 저하시킨다.

ⓗ 공기예열 온도를 낮춘다.

② **황산화물(SOₓ)**

- 일반적으로 대기오염의 황산화물은 SO_2(아황산가스)와 SO_3(삼산화황)를 말한다.

㉠ 대기 중에서는 SO_2가 SO_3로, SO_3는 SO_2로 다시 변한다.

$$S + O_2 \rightarrow SO_2 \text{ (아황산가스)}$$

$$2S + 3O_2 \rightarrow 2SO_3 \text{ (황산가스)}$$

$$SO_2 + \frac{1}{2}O_2 \leftrightarrows SO_3$$

㉡ 액체연료 연소 시 압력이 낮고, 온도가 높을수록 SO_3의 생성량은 적어진다.

㉢ 연료의 연소에 의하여 가장 많이 발생하는 것은 SO_2(아황산가스)이지만, 이 SO_2가 곧 광화학반응이나 촉매반응에 의하여 대기 중에 존재하는 다른 물질(수분 등)과 반응하여 생성되는 H_2SO_3(아황산)이 대기 중에 존재하는 황화합물 중에서 가장 많이 들어 있다.

㉣ SOₓ는 연소시 생성물로 직접 생기는 수도 있고, SO_2가 산화하여 생기는 수도 있다.

㉤ 배기가스 중의 황산화물(SO_x)을 제거하는 방법(배연탈황방법)

- 어떤 흡수제를 사용하는가에 따라 건식법과 습식법으로 분류되며, 습식법은 탈황효율이 90~95%로 높지만 폐수처리의 문제점이 뒤따른다.

2. 대기오염방지 장치의 종류 및 특징

(1) 건식 집진장치(乾式 集塵裝置)

① **중력식(또는, 침강식)**

㉠ 원리 : 매연에 함유된 입자를 중력에 의해 자연적으로 침강시켜 분리하여 포집하는 방식의 집진장치이다.

㉡ 종류 : 중력 침강식, 다단 침강식

② **원심력식**

㉠ 원리 : 분진을 포함하고 있는 가스를 사이클론의 입구로 유입시켜 중력보다 훨씬 큰 가속도를 주어 왕복 선회운동을 시키면 크고 작은 입경을 가진 분진입자는

원심력이 작용하여 외벽에 충돌하여 분진입자를 가스로부터 분리시키는 방식의 집진장치이다.

【key】 사이클론(Cyclone) : "회오리(선회)"를 뜻하므로 빠른 회전에 의해 원심력이 작용한다.

    ⓒ 종류 : 사이클론(Cyclone)식, 멀티클론(Multi-clone, 또는 멀티사이클론)식

        ⓐ 사이클론식은 고성능 전기집진장치의 전처리용으로 주로 사용된다.

        ⓑ 멀티-클론식은 소형사이클론을 2개 이상 병렬(竝列)로 조합하여 처리량을 크게 하고 집진효율을 높인 방식이다.

③ **관성력식**

    ㉠ 원리 : 함진가스를 5 ~ 30m/sec의 속도로 흐르게 하면서 방해판(장애물)에 충돌시키거나 기류의 흐름방향을 급격히 전환시키면 분진이 갖고 있는 관성력으로 인해 분진이 직진하여 기류로부터 떨어져나가는 원리를 이용하여 분진을 가스와 분리·포집하는 방식의 집진장치이다.

    ⓒ 종류

        ⓐ 집진방식에 따라 : 충돌식, 반전식

        ⓑ 방해판(Baffle, 배플)의 수에 따라 : 1단식, 다단식

        ⓒ 형식에 따라 : 곡관형, 루버형(louver), 포켓형(pocket)

④ **여과식(또는, Bag filter 백필터식)**

    ㉠ 원리 : 함진가스를 여과재(filter)에 통과시켜 입자를 분리·포집하는 방식의 집진장치이다.

    ⓒ 종류

        ⓐ 집진방식에 따라 : 간헐식, 연속식

        ⓑ 형식에 따라 : 원통식, 평판식, 역기류분사식

(2) 습식(또는, 세정식) 집진장치

① **원리** : 함진가스를 액적, 액막, 기포 등을 이용한 세정액과 충돌시키거나 충분히 접촉시키면 입자의 부착, 습도증가에 의해 입자의 응집을 촉진시켜 먼지를 분리·포집하는 방식의 습식집진장치이다.

② **습식 집진장치의 종류**   **암기법** : 세회 가유

    - 세정액의 접촉방법에 따라 유수식, 가압수식, 회전식으로 분류한다.

        ㉠ 유수식(流水式)

            ⓐ 원리 : 집진장치 내에 일정량의 세정액(물)을 채운 후 함진가스를 유입시켜 분진을 제거시키는 방법이다.

            ⓑ 종류 : S식 임펠러형, 회전형(로터형), 분수형, 선회류형

ⓒ 가압수식(加壓水式)
　ⓐ 원리 : 물을 가압공급하여 함진가스 내에 분사시켜 가스 내 오염물질을
　　　　　제거시키는 방법으로서 집진율은 비교적 우수하나 압력손실이 큰
　　　　　집진형식이다.
　ⓑ 종류 : 사이클론 스크러버, 벤투리 스크러버, 충전탑, 분무탑
ⓒ 회전식(回轉式)
　ⓐ 원리 : 송풍기(Fan)의 회전을 이용하여 세정액의 액적, 액막, 기포로 함진가스
　　　　　내의 분진을 제거시키는 방법이다.
　ⓑ 종류 : 타이젠 워셔(Theison washer), 임펄스 스크러버(Impulse scrubber),
　　　　　제트 컬렉터(Jet collector)

③ 가압수식 집진장치의 종류 및 특징
　㉠ 스크러버(Scrubber)
　　ⓐ 벤투리 스크러버(Venturi scrubber)
　　　: 함진가스를 벤투리관의 목부분에서 가스 유속을 60 ~ 90 m/s 정도로
　　　빠르게 하여 주변의 노즐을 통하여 물이 흡입, 분사되게 하여 액적에
　　　분진입자를 충돌시켜 포집하는 방식이다.
　　ⓑ 사이클론 스크러버(Cyclone scrubber)
　　　: 사이클론의 원리에 따른 습식 집진장치로서 함진가스 내에 세정액을
　　　분사하여 분진과 액적을 충돌시킴과 동시에 선회·상승운동을 주어
　　　원심력에 의해 충돌입자를 포집하는 방식이다.
　　ⓒ 멀티 스크러버(multi-scrubber)
　　　: 소형 사이클론 스크러버를 **병렬**로 조합하여 처리하는 방식이다.
　　ⓓ 제트 스크러버(Jet scrubber)
　　　: 이젝터(ejector)를 사용해서 물을 고압으로 분무시켜 함진가스를 수적과
　　　접촉시켜 포집하는 방식이다.
　【key】 스크러버(Scrubber) : "(물기를 닦는) 수세미" 이라는 뜻이므로 습식을
　　　　　　　　　　　　　　　　　떠올리면 된다.

　㉡ 충전탑(Packed tower, 충전흡수탑)
　　ⓐ 원리 : 충전탑 내에 여러 가지 충전제를 적당한 높이로 넣어, 함진가스를
　　　　　　세정액과 향류식으로 접촉시켜 분진을 제거하는 방식이다.
　　ⓑ 충전제의 종류 : 실리카겔, 탄산칼슘, 산화티타늄, 카본블랙 등
　㉢ 분무탑(Spray tower)
　　ⓐ 원리 : 탑 내에 다수의 살수노즐을 사용하여 액적을 분무하여 함진가스를
　　　　　　세정액과 향류식으로 접촉시켜 분진을 제거하는 방식이다.
　　ⓑ 특징 : 지름이 10 μm 이상의 입자의 포집에 이용된다.

(3) 전기식 집진장치 (일명, '코트렐 집진기')

① **원리** : 특고압(30 ~ 60 kV)의 직류전압을 사용하여 침상의 방전극(-)과 판상이나
관상의 집진극(+)에 고전압을 걸어서 적당한 불평등 전계(電界)를 형성시켜
그 사이로 연도가스를 통과시키면 가스분자의 충돌 및 이온화가 왕성하게 되면서
이온이 발생하고 전극간의 전계에서 발생한 코로나(corona) 방전의 형성에 의하여
배기가스 중의 분진 입자는 (-)전하로 대전되어 전기력(쿨롱의 힘)에 의해
집진극인 (+)극으로 끌려가서 벽 표면에 포집되어 퇴적된다.
이것을 추타장치로 일정한 시간마다 전극을 진동시켜서 포집된 분진을 아래로
떨어뜨리는 형식의 건식 및 습식의 집진장치이다.

② **종류** : 코트렐(Cottrell)식 집진기

3. 매연 분출장치(Soot blower, 슈트 블로워)

슈트 블로워는 보일러 전열면의 외측에 부착된 그을음 및 재 등을 물, 증기, 압축공기를
분사하여 제거하는 매연 취출장치이다.

(1) 보일러 연소과정에서 매연(그을음, 슈트, 분진, 일산화탄소 등)의 발생원인

① 연소실의 온도가 낮을 때   **암기법** : 숯!~ (연소실의) 온용운은 통 ↓ (이 작다.)
② 연소실의 용적이 작을 때
③ 운전관리자의 운전미숙일 때
④ 통풍력이 작을 때
⑤ 연료의 예열온도가 맞지 않을 때
⑥ 연료에 불순물이 많이 섞여있을 때
⑦ 불완전연소 시
⑧ 연소장치가 불량일 때

(2) 슈트 블로워의 종류

① 로터리형(회전형) : 보일러 전열면 및 연도에 있는 절탄기 등의 저온의 전열면에
주로 사용된다.
② 에어히터 클리너형(예열기 클리너형) : 공기예열기에 클리너로 사용된다.
③ 쇼트 리트랙터블형 : 연소실 노벽에 부착되어 있는 이물질을 제거하는데 사용된다.
④ 롱 리트랙터블(long Retractable)형 : 과열기 등의 고온부 전열면에는 집어넣을 수
있는 삽입형(Retractable)이 사용된다.
⑤ 건형(gun type) : 미분탄 연소보일러 및 폐열보일러 등과 같이 타고 남은 재가 많이
부착하는 보일러에 주로 사용된다

제7장 열회수장치

1. 폐열회수장치(또는, 余熱 여열장치)

보일러의 열효율을 향상시키기 위하여 외부로 배출되는 연소가스(또는, 배기가스)의 열을 회수하여 보일러로 공급되는 연소용 공기 및 급수를 예열하여 효율을 향상시키는 장치로 일종의 열교환기이다. **암기법** : 과재절공

※ 폐열회수장치 순서 : 연소실 → 과열기 → 재열기 → 절탄기 → 공기예열기

(1) 과열기(Super heater)

- 보일러 동체에서 발생한 포화증기를 일정한 압력하에 더욱 가열(즉, 정압가열)하여 온도를 상승시켜 과열증기로 만드는 장치이다.

① **과열기 설치목적** : 열역학 사이클의 효율 증가를 위하여 설치한다.

② **과열증기 생성의 4단계 과정** : 포화수 → 습포화증기(또는, 습증기) → 건포화증기 (또는, 포화증기) → 과열증기

③ **연소가스와 증기의 흐름에 따른 분류**

　㉠ 병류형 : 연소가스와 과열기내 증기의 흐름방향이 같다.

　　　　* 연소가스에 의한 과열기 소손(부식)은 적으나, 전열량이 적다.

　㉡ 향류형 : 연소가스와 과열기내 증기의 흐름방향이 서로 반대이다.

　　　　* 연소가스에 의한 과열기 소손(부식)은 크나, 전열량이 많다.

　㉢ 혼류형(또는, 직교류형) : 병류형과 향류형이 혼합된 형식의 흐름이다.

　　　　* 연소가스에 의한 과열기 소손도 적고, 전열량도 많다.

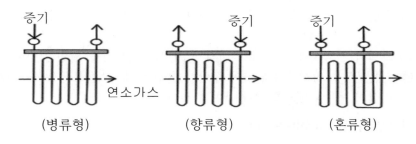

(병류형)　　　　(향류형)　　　　(혼류형)

【참고】※ 열전달은 유체의 흐름이 층류일 때보다 난류일 때 열전달이 더 양호하게
이루어지므로, 흐름에 따른 온도효율의 크기는 향류형 > 혼류형 > 병류형의
순서가 된다.

(2) 재열기(Reheater, 再熱器)

- 증기터빈 속에서 일정한 팽창을 하여 온도가 낮아져 포화온도에 접근한 과열증기를
추출하여 다시 가열시켜 과열도를 높인 다음 다시 터빈에 투입시켜 팽창을 지속
시키는 장치이다.

① **재열기 설치목적** : 발전소의 열효율 증가와 저압터빈의 날개 부식을 감소시키기
위하여 설치한다.

② **재열기의 종류**

　　㉠ 연소가스 재열기

　　　　- 보일러에 부속된 부속식과, 독립된 로를 갖는 독립식이 있다.

　　㉡ 증기 재열기

　　　　- 저온·저압의 피가열증기를 용기내에 유도하여 그 안에 설치한 관내에 고온·
고압의 가열증기를 보내어 재열을 하는 형식으로서 노실(爐室)에 설치되는
복사식과 연도(煙道)에 설치되는 대류식이 있다.

(3) 절탄기(節炭器, Economizer 이코노마이저)

- 과거에 많이 사용되었던 연료인 석탄을 절약한다는 의미의 이름으로서,
보일러의 배기가스 덕트(즉, 연도)에 설치하여 배기가스의 폐열로 급수온도를
상승시켜 줌으로써, 손실되는 열을 회수하여 연료를 절감하는 급수예열장치이다.

① **설치목적** : 연소가스의 배기열을 이용하여 보일러의 급수를 예열함으로써 연료의
절약과 증발량의 증가 및 열효율을 향상시키기 위하여 설치한다.

② **절탄기 사용시 주의사항**

　　㉠ 절탄기는 점화하기 전에 공기를 빼고 물을 가득 채워야 한다.

　　㉡ 점화 후에는 처음에는 바이패스 연도로 배기가스를 보내고 그 다음 절탄기로
급수한 후 연도댐퍼를 교체하여 배기가스를 보낸다.

ⓒ 절탄기 내에 보내는 급수는 부식방지를 위하여 공기 등의 불응축가스를 제거시킨 후 사용한다.

ⓔ 보일러 가동시에는 절탄기 내의 물이 유동되는가를 확인하여야 한다.

ⓜ 저온부식을 방지하기 위하여 절탄기 출구측 배가스온도를 노점온도(약 150℃) 이상이 될 수 있도록 조절하여야 한다.

(4) 공기예열기(Air preheater)

- 보일러의 배기가스 덕트(즉, 연도)에 설치하여 배기가스의 폐열로 연소용 공기온도를 상승시켜 줌으로써, 손실되는 열을 회수하여 연료를 절감하는 공기예열장치이다.

① **설치목적** : 연소가스의 배기열을 이용하여 보일러에 공급되는 연소용 공기를 예열함으로써 연료의 절약과 증발량의 증가 및 열효율을 향상시키기 위하여 설치한다.

② **공기예열기의 전열방법에 따른 종류**

ⓐ 전열식(또는, 전도식)

: 연소가스를 열교환기 형식으로 공기를 예열하는 방식으로 원관을 다수 조립한 형식의 관형(Sell and tube) 공기예열기와 강판을 여러 겹 조립한 형식의 판형(Plate) 공기예열기가 있다.

ⓑ 재생식(Regenerator 또는, 축열식)

: 축열실에 연소가스를 통과시켜 열을 축적한 후, 연소가스와 공기를 번갈아 금속판에 접촉시켜 연소가스 통과쪽의 금속판에 열을 축적하여 공기 통과쪽의 금속판으로 이동시켜 공기를 예열하는 방식으로, 전열요소의 운동에 따라 회전식, 고정식, 이동식이 있으며 대형보일러에 주로 사용되는 회전재생식인 융그스트롬(Ljungstrom) 공기예열기가 있다.

ⓒ 증기식

: 연소가스 대신에 증기로 공기를 예열하는 방식으로 부식의 우려가 적다.

ⓓ 히트파이프식

: 배관 표면에 핀튜브를 부착시키고 진공으로 된 파이프 내부에 작동유체(물, 알코올, 프레온 등)를 넣고 봉입한 것을 경사지게 설치하여, 작동유체의 열이동에 따른 상변화를 이용한 것으로 보일러 공기예열기용의 히트파이프 작동유체에는 물이 주로 사용된다.

2. 열교환기(Heat exchanger)

열교환기란 서로 온도가 다르고, 고체벽으로 분리되어 있는 두 유체사이에 열교환을 수행하는 장치를 말한다.

(1) 사용목적에 따른 열교환기의 분류

① 가열기(Heater)

: 저온의 유체를 증기 또는 폐열 유체로 가열하여 필요한 온도까지 상승시키기 위하여 사용하는 열교환기이다.

② 예열기(Preheater)

: 가열기와 마찬가지로 저온의 유체를 가열하여 온도를 상승시키는데 사용하지만 저온유체에 미리 열을 줌으로써 다음 공정의 효율을 증대하기 위하여 사용하는 열교환기이다.

③ 과열기(Superheater)

: 가열기와 마찬가지로 유체를 가열하여 온도를 상승시키는데 사용하지만, 유체를 재가열하여 과열상태로 만들기 위하여 사용하는 열교환기이다.

④ 재열기(Reheater)

: 가열기와 마찬가지로 유체를 가열하여 온도를 상승시키는데 사용하지만, 온도가 낮아진 과열증기를 추출하여 다시 가열시켜 과열도를 높이기 위하여 사용하는 열교환기이다.

⑤ 재비기(Reboiler)

: 설비장치 중에서 응축된 유체를 재가열하여 증발시킬 목적으로 사용하는 열교환기로 장치조작상 증발된 증기만을 송출할 때 사용하는 것과 유체와 발생한 증기의 혼합유체를 송출할 때 사용하는 것이 있다.

⑥ 증발기(Vaporizer evaporator)

: 저온 유체를 가열하여 증기를 발생시키기 위하여 사용하는 열교환기이다.

⑦ 응축기(Condenser)

: 증기를 응축시켜 잠열을 제거하여 액화시키기 위하여 사용하는 열교환기이다.

⑧ 냉각기(Cooler)

: 고온 유체를 열매체로 냉각하여 필요한 온도까지 하강시키기 위하여 사용하는 열교환기이다.

⑨ 열교환기(Heat exchanger)

: 넓은 의미에서는 가열기, 냉각기, 응축기 등도 포함되지만, 일반적으로는 폐열을 회수하기 위하여 사용하는 열교환기이다.

(2) 구조에 따른 열교환기의 종류 및 특징

- 사용목적에 따라 조작상태에 적합한 성능을 발휘할 수 있도록 전열부의 형식에 따라 다음과 같이 분류한다.

① 원통다관식(Shell & tube type, 셸 앤 튜브형) 열교환기

: 두 개의 관판과 이것을 연결한 다수의 전열관(Tube)을 평행하게 구성하고 그 바깥은 원통형의 동체(Shell)로 밀폐한 구조를 가지고 있다.

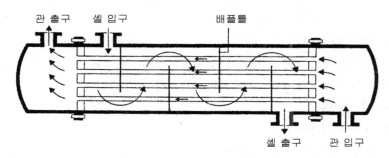

② 이중관식(Double pipe type) 열교환기

: 관을 동심원 상태로 이중으로 하고, 내관 속을 흐르는 유체와 내관과 외관사이를 흐르는 유체사이에 열교환시키는 구조를 가지고 있다.

③ 판형(Plate type, 플레이트식) 열교환기

: 장방형의 얇은 금속판을 다수의 파형이나 반구형의 돌기를 프레스 성형·가공 하여 일정 간격으로 늘어놓고 여러 장을 겹쳐 조립한 구조를 가지고 있다.

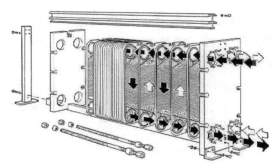

④ 코일형(Coil type) 열교환기 또는, 셸 앤 코일형(Shell & Coil type) 열교환기

: 탱크나 압력용기 내의 유체를 가열하기 위하여 전열관(전기코일, 증기라인 등)을 가는 코일식으로 감은 관다발을 용기 내에 넣어둔 구조를 가지고 있다.

제8장 **계측기기**

1. 계측의 원리

(1) 계측기기의 측정방법(Measurement method)

① **영위법**(零位法) : 측정하고자 하는 양과 같은 종류로서 크기를 독립적으로 조정할 수가 있는 기준량을 준비하여 기준량을 측정량에 평형시켜 계측기의 지침이 0의 위치를 나타낼 때의 기준량 크기로부터 측정량의 크기를 알아 내는 방법이다.

② **차동법**(差動法) : 같은 종류인 두 양의 작용의 차를 이용하는 방법이다.

③ **보상법**(補償法) : 측정하고자 하는 양을 표준치와 비교하여 양자의 근소한 차이를 정교하게 측정하는 방식이다.

④ **치환법**(置換法) : 측정량과 기준량을 치환해 2회의 측정결과로부터 구하는 측정방식 으로, 정확한 기준과 비교 측정하여 측정기 자신의 부정확한 원인이 되는 오차를 제거하기 위하여 사용되는 방법이다.

⑤ **편위법**(偏位法) : 측정하고자 하는 양의 작용에 의하여 계측기의 지침에 편위를 일으켜 이 편위를 눈금과 비교함으로써 측정을 행하는 방식이다.

⑥ **합치법**(合致法) : 합치하는 사실을 관측하여, 측정량과 기준량 사이에 일정한 관계가 성립함을 알게 됨으로써 측정량의 크기를 알아내는 방식이다.

(2) 측정의 오차(誤差, error)

① 오차(ε) ≡ 측정값 - 참값   **암기법** : 오정마차   **암기법** : 오! 참오

② 오차율 = $\dfrac{\text{오차}}{\text{참값}} = \dfrac{\text{측정값} - \text{참값}}{\text{참값}} = \dfrac{M - T}{T}$

③ 오차의 종류

   ㉠ **계통적 오차** (systematic error)

      : 일정한 원인에 의해 발생하는 오차를 말한다. 예를 들어 자를 가지고 길이를 측정할 때에 자는 온도의 영향을 받아서 팽창하여 측정중 온도가 높으면 길이가 짧게 측정되어 계통적 오차가 생긴다. 그러나 이때 팽창계수를 알고 있으면 보정할 수가 있어 오차를 제거할 수 있다.

      ⓐ 이론 오차(또는, 방법 오차)

        - 이론식 또는 관계식 중에 가정을 설정하거나 생략을 이용한 결과, 이론적

근거에 원인하여 일어나기 때문에 이론적인 보정을 함으로서 오차를
제거할 수 있다.

ⓑ 계기 오차(또는, 고유 오차)

- 계측기 자신이 가지는 고유 오차로서 눈금이 부정확하거나 외부 자기장 및
온도의 변화 등으로 발생되는 것을 말한다.

ⓒ 개인 오차

- 측정하는 개인의 습관에 의한 것으로 여러 사람이 측정하여 평균치를 얻어
오차를 제거할 수 있다.

ⓓ 환경 오차

- 온도나 습도 등 환경조건에 의한 팽창 등으로 발생되는 것을 말한다.

ⓛ **우연 오차**(accidental error)

: 측정실의 기온변동, 공기의 교란, 측정대의 진동, 조명도의 변화 등 오차의
원인을 예측할 수 없는 우연한 원인으로 인하여 발생하는 오차로서, 측정할
때마다 측정값이 일정하지 않고 분포 현상을 일으키므로 측정을 여러 번
반복하여 평균값을 추정하여 오차를 작게 할 수는 있으나 원인을 명확히 알 수
없으므로 보정은 불가능하다.

ⓒ **과오(실수)에 의한 오차**(mistake error)

: 측정 순서의 오류, 측정값을 읽을 때의 착오, 기록 오류 등 측정자의 실수에
의해 생기는 오차이며, 우연오차에서처럼 매번마다 발생하는 것이 아니고 극히
드물게 엉뚱한 값이 나타나므로 발견하기 쉬운 오차로서, 보정을 할 수 있다.

2. 유체 측정(압력, 유량, 액면, 가스)

(1) 압력 측정

① 1차 압력계의 종류 및 특징

㉠ **액주식(液柱式) 압력계**(또는, **액주계, Manometer, 마노미터**)

- 액주 속의 액체로는 물, 수은, 기름 등이 많이 이용되며, 두 액면에 미치는 압력의
차(ΔP)는 액체의 밀도(ρ)와 액주의 높이(h)를 측정하여 $P_2 - P_1 = \rho g h$ 공식에
의해 산정한다.

ⓐ **U자관식 압력계**

- U자형으로 구부러진 유리관에 기름, 물, 수은 등을 넣어 양쪽 끝에 각각의
압력을 가해서, 양쪽 액면의 높이차에 의해 차압(差壓)을 측정한다.

ⓑ **단관식 압력계**

- U자관에 있는 한쪽 관의 단면적을 다른 쪽 관의 단면적에 비해서 매우 크게
간단히 변형한 것이며, 압력측정범위는 5 ~ 2000 mmH₂O 이다.

ⓒ **경사관식 압력계**
- U자관을 변형하여 한쪽 관을 경사시켜 놓은 것으로서, 약간의 압력변화에도 액주의 변화가 크므로 **미세한 압력**을 측정하는데 적당하다.

ⓓ **링밸런스식(Ring balance type 또는, 환상천평식) 압력계**
- 원통 모양의 고리 안쪽 위에 격벽(隔壁)을 만들고, 도너츠 모양의 측정실에 액체(기름, 수은)를 반쯤 채우고 지점의 중심에서 아랫부분에 추를 달아서 평형시키고, 고리의 중심을 날받침(knife edge)으로 받쳐 고리가 날의 둘레를 자유롭게 회전할 수 있도록 한 것이다.

ⓛ **침종식(沈鍾式) 압력계**
ⓐ **단종식 압력계**
- 액체 속에 일부분이 잠겨 있는 금속제의 침종이 내외의 압력의 변화에 따라 오르내리는 것을 이용하여 압력의 크기를 눈금으로 지시한다.

ⓑ **복종식 압력계**
- 2개의 침종을 사용한 것으로서 2개의 침종이 1개의 지레에 의해 연결되어 있으므로 침종 내외의 차압에 의한 부력은 2배로 증가하고 감도가 높게 된다.

ⓒ **분동식 압력계(또는, 부유 피스톤식 압력계)**
- 램(ram, 부유피스톤), 실린더, 기름탱크, 가압펌프 등으로 구성되어 있는 분동식 표준압력계는 분동에 의해 압력을 측정하는 형식으로, 탄성식 압력계의 일반 교정용 및 피검정 압력계의 검사 및 시험을 행하는데 주로 이용된다.

② **2차 압력계의 종류 및 특징**
ⓛ **탄성식 압력계**   암기법 : 탄 돈 벌 다
ⓐ **부르돈관식(Bourdon tube type) 압력계**
- 타원형의 관을 원호상으로 구부려 한쪽 끝을 고정하고 다른 쪽 끝은 폐쇄한 관인 부르돈관에 압력이 가해지면 관의 내압이 대기압보다 클 경우 관의 곡률반경이 커지면서 지침이 회전하여 측정되는 압력을 지시한다.

ⓑ **다이어프램식(Diaphragm type 또는, 격막식·칸막이식·박막식) 압력계**
- 금속 또는 비금속, 합성수지 등의 탄성이 있는 얇은 막(박판)에 가해지는 압력을 받아 일으키는 막의 변형(변위) 크기를 기계적 확대기구에 의해 확대하여 측정압력 눈금을 지시한다.

ⓒ **벨로스식(Bellows type 또는, 벨로우즈식) 압력계**
- 탄성체인 금속 벨로우즈(주름상자형의 주름을 갖고 있는 원통상의 관)가 압력을 받으면 신축(팽창·수축)하여 발생하는 변위로써 측정하는 방식인데, 변위에 따르는 히스테리시스(hysteresis) 현상을 없애기 위하여 벨로우즈에 보조로 코일 스프링을 조합하여 특성을 개선하여 사용한다.

ⓒ **전기식 압력계**
- 압력의 변형량을 전기적인 양으로 변환시켜 측정하는 원리로서, 그 종류에는 전기저항식, 압전식, 정전용량형, 자기변형식, 전위차형 압력계가 있다.

(2) 유량 측정

① **유량 측정방법에 따른 분류**
ⓐ **직접법** : 유체의 체적이나 중량을 직접 측정하는 방법으로 유체의 성질에 영향을 적게 받는다. 그러나 구조가 복잡하고 취급하기 어렵다.
ⓑ **간접법** : 유속 등을 측정하여 유량을 구하는 방법으로 유체에 관한 베르누이의 정리를 응용한 것이다.

② **측정방식에 따른 유량계의 종류 및 원리**

분류	측정방식	유량측정의 원리	종류
직접법	용적식	용적이 일정한 용기에 유체를 유입시켜 회전자를 사용하여 유량을 실제 측정, 적산유량	오벌(Oval)식 습식 가스미터(드럼형) 루트(roots)식 로터리 팬(rotary fan) 로터리 피스톤식 로터리 베인식 왕복 피스톤식, 다이어프램식(도시가스미터)
간접법	면적식	교축기구 차압을 일정하게 하고 유로에 설치된 교축기구의 단면적을 변화시켜서 유량을 측정	피스톤(Piston)식 로터미터(rotameter) 플로트식(float, 부자식) 게이트(Gate)식
	속도수두 측정식	액체의 전압과 정압의 차로부터 유속을 측정하여 유량을 측정	피토관식 유량계, 아뉴바 유량계
	유속식	유체의 속도에 의해 유체 속에 설치된 프로펠러나 터빈의 회전수를 측정하여 유량을 측정,	임펠러식 유량계 - 단상식, 복상식 터빈식 유량계 - 워싱턴식, 월트만식
	차압식	교축기구 전·후의 유속변화로 인한 차압(압력차)을 측정하여 유량을 측정	오리피스, 벤투리 플로-노즐
	와류식	인위적인 소용돌이(와류)를 발생시켜 와류의 발생수를 응용하여 유량을 측정	칼만(Kalman) 유량계 스와르미터 델타(Delta) 유량계
	전자식	도전성 유체에 자기장을 형성시켜 기전력 측정(패러데이의 전자기유도 법칙)에 의하여 유량을 측정	전자 유량계
	열선식	유체흐름에 의한 가열선의 냉각효과를 측정하여 유량을 측정	미풍계(열선풍속계) 토마스식 유량계 서멀 유량계
	초음파식	초음파의 도플러효과(파동의 전파 시간차)를 이용하여 유량을 측정	초음파 유량계

(3) 액면 측정

① 액면계(또는, 액위계)의 구비조건

ㄱ 구조가 간단하고 조작이 용이할 것

ㄴ 고온, 고압에 잘 견디어야 할 것

ㄷ 연속 측정이 가능할 것

ㄹ 지시 기록의 원격 측정이 가능할 것

ㅁ 자동제어가 가능할 것

ㅂ 내식성이 있을 것

ㅅ 보수가 용이하고, 가격이 저렴할 것

② 측정방식에 따른 액면계의 종류

암기법 : 직접 유리 부검

분류	측정방식	측정의 원리	종류
직접법	직관식 (유리관식)	액면의 높이가 유리관에도 나타나므로 육안으로 높이를 읽는다	원형유리 평형반사식 평형투시식 2색 수면계
	부자식 (플로트식)	액면에 띄운 부자의 위치를 이용하여 액위를 측정	
	검척식	검척봉으로 직접 액위를 측정	훅 게이지 포인트 게이지
간접법	압력식 (액저압식)	액면의 높이에 따른 압력을 측정하여 액위를 측정	기포식(퍼지식) 다이어프램식
	차압식	기준수위에서의 압력과 측정액면에서의 차압을 이용하여 밀폐용기 내의 액위를 측정	U자관식 액면계 변위 평형식 액면계 햄프슨식 액면계
	편위식	플로트가 잠기는 아르키메데스의 부력 원리를 이용하여 액위를 측정	고정 튜브식 토크 튜브식 슬립 튜브식
	초음파식 (음향식)	탱크 밑에서 초음파를 발사하여 반사시간을 측정하여 액위를 측정	액상 전파형 기상 전파형
	정전용량식	정전용량 검출소자를 비전도성 액체 중에 넣어 측정	
	방사선식 (γ 선식)	방사선 세기의 변화를 측정	조사식 투과식 가반식
	저항 전극식 (전극식)	전극을 전도성 액체 내부에 설치하여 측정	

(4) 가스 분석계(Gas 分析計)

① 물리적 방법   암기법 : 세자가, 밀도적 열명을 물리쳤다.
  ㉠ 세라믹법
  ㉡ 자기식
  ㉢ 가스크로마토그래피 방법
  ㉣ 밀도법
  ㉤ 도전율법
  ㉥ 적외선법 또는, 적외선흡수법
  ㉦ 열전도율법

② 화학적 방법   암기법 : 화학 흡연자
  ㉠ 흡수분석법(오르사트식, 헴펠식) : 흡수제를 이용
  ㉡ 연소열법(연소식, 미연소식)
  ㉢ 자동화학식 분석법

③ 오르사트식(Orsat type) 가스분석기
  ㉠ CO_2 : 수산화칼륨(KOH) 30% 수용액에 흡수된다.
  ㉡ O_2 : 알칼리성 피로가놀(피로갈롤) 용액에 흡수된다.
  ㉢ CO : 암모니아성 염화제1구리(CuCl) 용액에 흡수된다.

3. 온도 및 열량 측정

(1) 온도 측정

① 측정방법에 따른 분류

분 류	측정원리	종 류
접촉식 온도계	열기전력을 이용	열전대 온도계
	전기저항 변화를 이용	전기저항 온도계, 서미스터
	압력의 변화를 이용	압력식 온도계
	열팽창을 이용	액체봉입 유리제 온도계 바이메탈 온도계
	상태변화를 이용	제게르콘, 서모컬러
비접촉식 온도계	전방사 에너지를 이용	방사 온도계, 적외선 온도계
	단파장 에너지를 이용	색 온도계, 광고온계, 광전관 온도계

  • 접촉식 암기법 : 접전, 저 압유리바, 제
  • 비접촉식 암기법 : 비방하지 마세요. 적색 광(고·전)

② 접촉식 온도계의 종류

㉠ 열전대 온도계(또는, 열전 온도계, 열전쌍 온도계, Thermocouple)

ⓐ 측정원리 : 두 가지의 서로 다른 금속선을 접합시켜 양 접점(온접점과 냉접점)의 온도를 서로 다르게 해주면 열기전력(전위차)이 발생하는 현상인 "제백(Seebeck) 효과"를 이용한다.

ⓑ 열전대 재료의 종류에 따른 극성 및 특징

종류	호칭	(+)전극	(-)전극	측정온도범위(℃)	암기법
PR	R 형	백금로듐	백금	0 ~ 1600	PRR
CA	K 형	크로멜	알루멜	-20 ~ 1200	CAK (칵~)
IC	J 형	철	콘스탄탄	-20 ~ 800	아이씨 재바
CC	T 형	구리(동)	콘스탄탄	-200 ~ 350	CCT(V)
CRC	E 형	크로멜	콘스탄탄	-200 ~ 700	

㉡ 전기저항식 온도계(또는, 저항 온도계)

ⓐ 측정원리 : 온도가 상승함에 따라 금속의 전기 저항이 증가하는 현상을 이용한다.

ⓑ **측온저항체의 종류에 따른 사용온도범위**   암기법 : 써니구백

저항소자	사용온도범위
서미스터	-100 ~ 300 ℃
니켈	-50 ~ 150 ℃
구리	0 ~ 120 ℃
백금	-200 ~ 500 ℃

㉢ 압력식 온도계

ⓐ 측정원리 : 밀폐된 관에 수은 등과 같은 액체나 기체를 봉입한 것으로 온도에 따른 열팽창에 의한 체적변화를 일으켜 관내에 생기는 압력의 변화를 이용하여 온도를 측정한다.

ⓑ 종류 : 액체압력(팽창)식, 기체압력(팽창)식, 증기압력(팽창)식 온도계

㉣ 액체봉입 유리제 온도계(또는, 유리제 온도계)

ⓐ 측정원리 : 유리나 금속으로 만든 용기 안에 액체를 봉입하여 **액체의 온도에 따른 열팽창** 현상을 이용한다.

ⓑ 종류 : 알코올 온도계, 수은 온도계, 베크만 온도계

㉤ 바이메탈식 온도계(Bimetal pyrometer)

ⓐ 측정원리 : **열팽창계수**가 서로 다른 2개의 얇은 금속판을 마주 접합한 것으로 온도변화에 의해 **선팽창계수**가 다르므로 휘어지는 현상을 이용한다.

ⓑ 측정온도 범위 : -50 ~ 500 ℃

ⓗ 제게르콘 온도계(Seger cone 또는, 제게르콘 Seger Kegel cone)

   ⓐ 측정원리 : 내열성의 점토, 규석질 및 금속산화물을 적절히 배합하여 만든 삼각추로서, 가열시켜 일정한 용융온도에 도달하게 되면 연화하여 머리 부분이 숙여지는 각도(즉, 물체의 형상변화)를 이용하여 내화물의 온도(즉, 내화도) 측정에 사용된다.

   ⓑ 측정온도 범위 : 600 ℃(SK 022) ~ 2000 ℃(SK 42)

ⓧ 서모컬러(Thermocolor, 측온도료 또는 변색안료, 카멜레온도료)

   ⓐ 측정원리 : 온도에 따라 화학변화를 일으켜 색이 변하는 성질을 가진 화합물을 이용하여 측정하려는 물체의 표면에 칠하고, 색변화에 따른 그 온도 변화를 감시한다.

   ⓑ 측정온도 범위 : 35 ~ 600 ℃

③ **비접촉식 온도계의 종류**

  ㉠ **방사 온도계(또는, 복사 온도계)**

    ⓐ 측정원리 : 물체로부터 방사되는 모든 파장의 전 방사에너지를 측정하여 온도를 측정한다.

    ⓑ 열복사에 의한 열전달량(즉, 방사열량)은 스테판-볼츠만의 법칙으로 계산된다.

$$\bullet\ Q = \varepsilon \cdot \sigma T^4 \times A$$

$$= \varepsilon \cdot C_b \left(\frac{T}{100} \right)^4 \times A$$

여기서, σ : 스테판 볼츠만 상수(5.67×10^{-8} W/m²·K⁴)
ε : 표면 복사율 또는 흑도
T : 물체 표면의 절대온도(K)
A : 방열 표면적(m²)
C_b : 흑체복사정수(5.67 W/m²·K⁴)

  ㉡ **적외선 온도계(또는, 적외선 방사 온도계)**

    ⓐ 측정원리 : 방사온도계의 원리와 같다.

    ⓑ 적외선 파장의 영역 : 0.75 ~ 400 μm

  ㉢ **색 온도계(色 溫度計)**

    ⓐ 측정원리 : 고온의 물체로부터 발광하는 색을 절대온도를 이용해 숫자로 표시한 것이다.

ⓑ 온도와 색의 관계　　　　　 암기법 : 젖팔오 주구, 백일삼

온도 (℃)	색	온도 (℃)	색
600	암적색(어두운색)	1300	백적색
850	적색(붉은색)	1500	눈부신 황백색
950	주황색(오렌지색)	2000	휘백색
1100	황적색	2500	청백색
1200	황색(노란색)		

ⓔ **광고온계(또는, 광학적 고온계)**

- 고온 물체에서 방사되는 에너지 중에서 특정한 파장($0.65\mu m$)인 적색단색광의 방사에너지(즉, 휘도)를 다른 비교용 표준전구의 필라멘트 휘도와 같을 때 필라멘트에 흐른 전류로부터 온도를 측정한다.

ⓕ **광전관식 온도계(또는, 광전관 온도계)**

- 광고온계는 수동측정이므로 개인차가 생기는 등의 불편함에 따라 광전관식은 이를 자동화한 것이다.

(2) 열량 측정

① 봄브(Bomb)식 열량계에 의한 방법

㉠ 단열식 열량계일 때

- 발열량 $Q = \dfrac{\text{물의 비열} \times \text{상승온도} \times (\text{내통수량} + \text{물당량})}{\text{시료량}}$

㉡ 비단열식 열량계일 때

- 발열량 $Q = \dfrac{\text{물의 비열} \times (\text{상승온도} + \text{냉각보정}) \times (\text{내통수량} + \text{물당량})}{\text{시료량}}$

② 원소분석에 의한 방법 [공통단위 : kcal/kg]

㉠ 고위발열량 $H_h = 8100\,C + 34000\left(H - \dfrac{O}{8}\right) + 2500\,S$

㉡ 저위발열량 $H_L = 8100\,C + 28600\left(H - \dfrac{O}{8}\right) + 2500\,S - 600\left(w + \dfrac{9}{8}O\right)$

제9장 보일러 부대설비

1. 증기설비

(1) 증기보일러의 분류

① 증기의 용도에 따른 분류

㉠ 동력용 보일러 : 발생증기를 터빈 등의 동력발생장치에 사용한다.

㉡ 난방용 보일러 : 겨울철 실내의 난방용으로 사용한다.

㉢ 가열용 보일러 : 발생증기의 잠열을 이용하여 기타 장치의 가열원으로 사용한다.

㉣ 온수용 보일러 : 온수나 급탕용수를 만들어 목욕탕, 세면장 등에 사용한다.

② 보일러의 증발량에 따른 분류

㉠ 소형 보일러 : 증발량이 10 ton/h 미만의 소용량일 때

㉡ 중형 보일러 : 증발량이 10 ~ 100 ton/h 인 용량일 때

㉢ 대형 보일러 : 증발량이 100 ton/h를 초과하는 대용량일 때

(2) 주증기관

① 주증기관의 일반적 사항

㉠ 주증기관의 역할은 보일러에서 발생시킨 고압의 증기를 증기헤더로 보내는데 사용되는 배관으로서, 증기의 마찰저항과 열손실을 감안하여 관경을 결정한다.

㉡ 주증기관은 응축수가 고이지 않도록 적당한 구배(기울기)를 주어야 한다.

㉢ 증기관은 증기가 흐르는 방향으로 경사지게(경사도는 약 1/250) 배관하여야 한다.

㉣ 증기관은 방열되는 손실을 방지하기 위해 보온피복을 시공해야 한다.

㉤ 증기관에 구배를 주지 않거나, 보온피복을 시공하지 않거나, 냉각되거나, 관경이 너무 작으면 수격작용의 원인이 된다.

㉥ 증기관에서 신축이음장치의 간격은 고압인 경우는 10m당 1개, 저압인 경우는 30m당 1개를 설치하여야 한다.

② 주증기밸브(main steam valve 또는, 증기정지밸브 steam stop valve)

㉠ 밸브의 역할 : 보일러에서 발생한 증기를 송기 및 정지하기 위해 사용한다.

㉡ 밸브의 부착위치 : 보일러 동체의 최상부 증기 취출구에 부착한다. 다만, 과열기가 있는 경우에는 과열기 출구측에 부착하여야 한다.

   ⓒ 밸브의 강도 : 보일러의 최고사용압력 이상이어야 하며, 적어도 0.7 MPa 이상의 압력에는 견뎌야 한다.

   ⓔ 기타 사항

     ⓐ 물이 고이는 위치에 밸브가 설치될 때에는 물빼기를 설치하여야 한다.

     ⓑ 주증기밸브로 가장 많이 사용되는 밸브는 앵글밸브이다.

     ⓒ 주증기밸브의 개폐는 아주 천천히(3분에 1회전) 한다.

(3) 감압밸브

① 설치목적

   ㉠ 고압유체의 압력을 저압으로 바꾸어 사용하기 위해

   ㉡ 고압측의 압력변동에 관계없이 저압측의 압력을 항상 일정하게 유지시키기 위해

   ㉢ 부하변동에 따른 증기 소비량을 줄이기 위해

   ㉣ 고압과 저압을 동시에 사용하기 위해

② 저압증기를 사용하는 이유

   ㉠ 저압증기가 증발잠열이 크므로 증기사용량을 절감시켜 에너지를 절약한다.

   ㉡ 감압을 하게 되면 증기의 총보유열량은 변하지 않으나 현열량은 감소하게 되므로 증기의 건도가 향상된다.

   ㉢ 고압의 증기는 저압의 증기에 비하여 비체적이 작으므로, 같은 양의 증기를 운송할 경우에 고압증기는 저압증기에 비하여 배관구경이 작아도 된다.

③ 감압밸브의 종류

   ㉠ 구조에 따라 : 스프링식, 추식

   ㉡ 작동방법에 따라 : 피스톤식, 벨로스식, 다이어프램식

④ 감압밸브 설치 시 주의사항

   ㉠ 생산공정에서 사용하는 증기설비는 더욱 균일한 압력과 온도를 요구하므로, 감압밸브는 보일러실보다는 가급적 증기사용처인 공정측 부하설비 가깝게 설치하는 것이 관리도 용이하고 감압밸브와 배관 등의 비용도 적게 든다.

   ㉡ 이물질이 끼면 감압이 되지 않으므로 감압밸브는 수평인 배관로에 연결하고, 이물질의 제거를 위해 반드시 감압밸브 앞에는 스트레이너(여과기)를 설치한다.

   ㉢ 설비 및 공정이 요구하는 압력을 부하변동에 관계없이 일정하게 유지해주기 위하여 감압밸브를 사용하여 1차측 압력은 높고 2차측 압력은 낮게 해주는데, 감압밸브 1차측(앞)에는 편심 리듀서를 설치하여 응축수가 고이지 않게 하고, 2차측(뒤)에는 동심 리듀서(reducer)를 사용한다.

   ㉣ 감압밸브 앞에는 기수분리기 또는 증기트랩에 의해 응축수가 제거되어야 한다.

   ㉤ 배관계에 바이패스(Bypass) 배관 및 바이패스 밸브를 나란히 설치하고 감압밸브의 점검·고장·수리 시에 증기를 바이패스 할 수 있도록 한다.

ⓑ 감압밸브와 수평 또는 상부에 바이패스 라인을 설치하는 것이 좋으며,
　　바이패스 밸브의 구경은 일반적으로 감압밸브 구경과 같게 한다.

ⓢ 감압밸브 앞쪽에 감압전의 1차 압력을, 감압밸브 뒤쪽에는 감압후의 2차 압력을
　　나타내는 압력계를 설치하여, 운전 중의 압력을 조절할 수 있도록 한다.

(4) 증기헤더(steam header)

① 설치목적 : 보일러에서 발생시킨 증기를 한 곳에 모아 증기의 공급량을 조절하여
　　　　　　　불필요한 증기의 열손실을 방지한다.

② 증기헤더의 크기 : 헤더에 부착된 최대 증기관 지름의 2배 이상으로 하여야 한다.

③ 증기헤더 설치시 이점

　　㉠ 송기 및 정지가 편리하다.

　　㉡ 불필요한 증기의 열손실을 방지한다.

　　㉢ 증기의 과부족을 일부 해소할 수 있다.

　　㉣ 증기발생과 공급의 균형을 맞춰 보일러와 증기사용처의 안정을 기한다.

④ 기타 사항

　　㉠ 증기헤더의 하부에는 드레인관 및 증기트랩 등을 설치한다.

　　㉡ 증기헤더의 접속관에 설치하는 밸브류는 조작이 용이하도록 바닥으로부터 1.5m
　　　정도의 높이에 설치한다.

(5) 증기트랩(steam trap, 스팀트랩)

① 설치목적　　　　　　　　　　　　　　　　　　　 암기법 : 응수부방

　　㉠ 응축수 배출로 인한 수격작용 방지(∵관내 유체흐름에 대한 저항이 감소되므로)

　　㉡ 응축수 배출로 인한 관내부의 부식 방지(∵급수처리된 응축수를 재사용하므로)

　　㉢ 응축수 회수로 인한 열효율 증가(∵응축수가 지닌 폐열을 이용하므로)

　　㉣ 응축수 회수로 인한 연료 및 급수비용 절약

② 작동원리에 따른 증기트랩의 분류 및 종류

분류	작동원리	종류
기계식 트랩 (mechanical trap)	증기와 응축수의 비중차를 이용하여 분리한다. (버킷 또는 플로트의 부력을 이용)	버킷식 플로트식
온도조절식 트랩 (thermostatic trap)	증기와 응축수의 온도차를 이용하여 분리한다. (금속의 신축성을 이용)	바이메탈식 벨로스식 다이어프램식
열역학적 트랩 (thermodynamic trap)	증기와 응축수의 열역학적 특성차를 이용하여 분리한다.	디스크식 오리피스식

(6) 증기축열기(Steam Accumulator, 스팀 어큐뮬레이터, 증기축압기)

- 보일러 연소량을 일정하게 하고 수요처의 저부하 시 잉여 증기를 증기사용처의 온도·압력보다 높은 온도·압력의 포화수 상태로 저장하여 축적시켰다가 갑작스런 부하변동이나 과부하 시 저장한 증기를 방출하여 증기의 부족량을 보충하는 압력용기로서, 증기의 부하변동에 대처하기 위해 사용되는 장치이다.

2. 급수 및 급탕설비

(1) 급수방식에 의한 분류

① 수도 직결식
  - 수도 본관에서 인입관을 연결하여 건물 내 사용처에 직접 급수한다.

② 옥상탱크식(또는, 고가탱크식)
  - 수도 본관의 수압이 부족한 고층 건물에서는 지하 저수조로부터 펌프로 물을 퍼올려 옥상 등에 설치한 고가수조로부터 중력에 의해 하향 급수한다.

③ 압력탱크식
  - 옥상 등에 고가탱크를 설치할 수 없는 경우 지상에 압력탱크를 설치하고 압축공기로 물에 압력을 가해 높은 곳에 급수한다.

④ 가압펌프식(일명, 부스터식)
  - 압력탱크 대신에 소형의 서지탱크를 설치하여 여러 대의 자동펌프를 이용하여 각 사용처에 급수한다.

(2) 급탕설비

① 개별식
  ㉠ 순간 온수기 : 가스나 전기를 열원으로 하여 소규모 주택용으로 사용한다.
  ㉡ 저탕형 온수기 : 가열 온수를 저탕조에 저장하여 자동온도조절기로 온도를 일정하게 유지한다.
  ㉢ 기수 혼합식 : 저탕조 속에 열원으로 고압증기를 분사하여 물을 가열시켜 공급하는 방식이다.

② 중앙식
  ㉠ 직접 가열식 : 온수보일러에서 가열된 온수를 저탕조에 저장 후 급탕관에 의해 각 사용처로 공급한다.
  ㉡ 간접 가열식 : 저탕조 내에 가열코일을 설치하고, 난방용 보일러에서 얻은 증기를 통과시켜 간접적으로 물을 가열하여 공급하는 방식이다.
  ㉢ 태양열 시스템 : 물 또는 공기를 열매체로 해서 태양열을 집열하여 물을 가열시켜 급탕 및 실내난방에 이용하는 방식이다.

3. 압력용기
[에너지이용합리화법 시행규칙 별표1에 의거함.]

(1) 1종 압력용기
최고사용압력(MPa)과 내부 부피(m^3)를 곱한 수치가 0.004를 초과하는 다음 각 호의 어느 하나에 해당하는 것.
① 증기 그 밖의 열매체를 받아들이거나 증기를 발생시켜 고체 또는 액체를 가열하는 기기로서 용기안의 압력이 대기압을 넘는 것.
② 용기안의 화학반응에 따라 증기를 발생시키는 용기로서 용기안의 압력이 대기압을 넘는 것.
③ 용기안의 액체의 성분을 분리하기 위하여 해당 액체를 가열하거나 증기를 발생시키는 용기로서 용기 안의 압력이 대기압을 넘는 것.
④ 용기안의 액체의 온도가 대기압에서의 비점(沸點)을 넘는 것.

(2) 2종 압력용기
최고사용압력이 0.2 MPa를 초과하는 기체를 그 안에 보유하는 용기로서 다음 각 호의 어느 하나에 해당하는 것.
① 내부 부피가 0.04 m^3 이상인 것.
② 동체의 안지름이 200 mm 이상이고, 그 길이가 1000 mm 이상인 것.
③ 증기헤더의 경우에는 동체의 안지름이 300 mm 초과이고, 그 길이가 1000 mm 이상인 것.

4. 열교환장치
- 제7장 열회수장치와 중복된 내용이므로 생략함.

5. 펌프

(1) 펌프의 종류 및 특징
- 제5장 급수펌프의 종류와 중복된 내용이므로 생략함.

(2) 원심식 펌프 및 송풍기의 상사성 법칙
- 회전수(N) 변화 및 임펠러 지름(D)의 변화에 따른 유량, 양정, 동력의 변화 관계를 나타낸 것이다.
① 펌프의 유량은 회전수에 비례한다.
$$Q_2 = Q_1 \times \left(\frac{N_2}{N_1}\right) \times \left(\frac{D_2}{D_1}\right)^3$$
② 펌프의 양정은 회전수의 제곱에 비례한다.
$$P_2 = P_1 \times \left(\frac{N_2}{N_1}\right)^2 \times \left(\frac{D_2}{D_1}\right)^2$$

③ 펌프의 동력은 회전수의 세제곱에 비례한다.

$$L_2 = L_1 \times \left(\frac{N_2}{N_1}\right)^3 \times \left(\frac{D_2}{D_1}\right)^5$$

여기서, Q : 유량(또는, 풍량)
P : 양정(또는, 풍압)
L : 축동력
N : 회전수
D : 임펠러의 직경(지름)

(3) 펌프의 점검

① 캐비테이션(Cavitation, 공동현상)

급수의 압력이 낮을 때 생기며 펌프 흡입양정이 너무 높아지면 수중의 기포가 발생하게 되어 펌프실 내의 소음 및 진동을 일으키고 임펠러가 손상되어 물이 흡입되지 않는 현상을 말한다.

【방지대책】 암기법 : 공캐비, 공동양 위임↓

㉠ (펌프 선정측면) **양**흡입 펌프 또는 2대 이상의 펌프를 사용한다.
㉡ (펌프 설치측면) 펌프의 설치**위**치를 수원보다 낮게 설치하여 흡입양정을 짧게 한다.
㉢ (펌프 운전측면) 펌프의 **임**펠러 회전속도를 낮추어 흡입속도를 작게 운전한다.

② 서징(Surging, 맥동현상)

펌프 입·출구의 진공계 및 압력계의 지침이 흔들리고 동시에 송출 유량이 변화하는 현상을 말한다.

【방지대책】

㉠ 관내의 공기를 제거하고 관의 단면적을 바꾼다.
㉡ 회전자의 회전수를 변화한다.
㉢ 안내 깃(Guide)의 형태 및 치수를 변화시킨다.

6. 온수설비

(1) 온수 순환펌프의 종류

① 소규모일 때 : 축류형 펌프
② 대규모일 때 : 볼류트 펌프
③ 설치 위치 : 복귀관의 최말단부

(2) 팽창탱크(Expansion Tank)

① 설치목적 : 온수 배관 시스템 내의 온도상승에 대한 물의 팽창에 대하여 여유가 없는 상태에서 팽창수로 인해 배관 내 체적과 압력이 높아져 설치기기나 배관이 파손될 수 있다. 따라서 물의 팽창, 수축과 같은 체적변화 및 발생하는 압력을 흡수하기 위하여 설치한다.

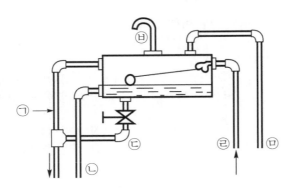

ㄱ 오버플로우관(일수관)
ㄴ 팽창관
ㄷ 배수관
ㄹ 급수관
ㅁ 방출관
ㅂ 통기관

② 팽창탱크의 종류 및 특징
　　㉠ 개방식 팽창탱크
　　　　ⓐ 체적팽창에 의한 온수의 수위가 높아지면 오버플로우(Overflow)관을 통해서
　　　　　　외부로 분출시켜 탱크 내의 물이 넘치지 않게 한다.
　　　　ⓑ 팽창관은 물을 온수로 가열할 때마다 배관 내 체적팽창한 수량을 팽창탱크로
　　　　　　배출해 주는 도피관이므로 보일러에서 팽창탱크에 이르는 팽창관의 도중에는
　　　　　　온수의 흐름을 방해하는 밸브류를 절대로 설치해서는 안 되고, 단독배관으로
　　　　　　팽창탱크에 개방시킨다.
　　　　ⓒ 설비비가 적게 든다.
　　　　ⓓ 유지·보수가 까다롭다.
　　　　ⓔ 배관수의 증발 또는 오버플로우(over flow)에 의한 손실 및 공기흡입에 의한
　　　　　　배관 부식현상이 있다.
　　㉡ 밀폐식 팽창탱크
　　　　ⓐ 배관을 완전히 밀폐시킴으로써 온수보일러 가동 여부에 따라 온도 변화에
　　　　　　따르는 압력변동이 있다.
　　　　ⓑ 압력변동을 완화하기 위하여 밀폐탱크 상부에 압축공기관을 설치한다.
　　　　ⓒ 주로 고온수 난방에 사용된다.
　　　　ⓓ 증발 또는 오버플로우(over flow)에 의한 배관수 손실이 없어 유지·보수가
　　　　　　거의 필요없다.
　　　　ⓔ 배관 부식현상이 없다.
　　　　ⓕ 개방식 팽창탱크에 비해 구조가 복잡하고 부대설비가 비싸다.

(3) 방열기(radiator 라디에이터)
　① 방열기의 종류
　　㉠ 주형 방열기 : 2주형(Ⅱ), 3주형(Ⅲ), 3세주형(3), 5세주형(5)이 있다.

ⓒ 길드 방열기 : 주철로 된 파이프에 핀을 부착한 것이다.

ⓒ 벽걸이형 방열기 : 주철제로서 입형과 횡형이 있다.

ⓔ 대류 방열기(Convector, 컨벡터) : 대류작용을 극대화하기 위해 강판제 케이스 속에 가열히터를 넣은 것이다.

ⓜ 유닛 히터 : 송풍기에 의한 강제 대류형이다.

② 방열기의 부속장치

㉠ 방열기 밸브(packless, 팩리스 밸브) : 방열기 입구에 설치해서 증기나 온수의 유량을 수동으로 조절하는 밸브이다.

ⓒ 방열기 트랩 : 방열기 출구에 설치하는 열동식 트랩은 응축수를 환수관에 보내는 역할을 한다.

③ 방열기의 설치위치

㉠ 대류작용을 원활히 하기 위해 외기와 접하는 창 밑에 설치한다.

ⓒ 벽면과는 50 ~ 60 mm 떨어진 곳에, 바닥으로부터는 150 mm 높여서 설치한다.

④ 표준방열량($Q_{표준}$) : 열매체인 증기와 온수를 기준으로 구별하여 계산한다.

암기법 : 수 사오공, 증 육오공

열매체	공학단위 (kcal/m²·h)	SI단위 (kJ/m²·h)
온수	450	1890
증기	650	2730

⑤ 상당방열면적(EDR, m^2) : 방열기의 전방열량을 표준방열량으로 나눈 값이다.

• EDR = $\dfrac{Q}{Q_{표준}}\left(\dfrac{전체방열량}{표준방열량}\right)$

⑥ 실내 방열기의 난방부하(Q)

• Q = $Q_{표준}$ × $A_{방열면적}$

   = $Q_{표준}$ × C × N × a

여기서, C : 보정계수(단, 제시 없으면 생략함.)

N : 쪽수, a : 1쪽당 방열면적

⑦ 방열기의 방열량(Q)

• Q = K × $\varDelta t$

여기서, K : 방열계수(W/m²·℃)

$\varDelta t$: 방열기 내 온수의 **평균**온도차(℃)

⑧ 방열기 내의 응축수량(w)

• $w_{응축수량}$ = $\dfrac{Q}{R_w}\left(\dfrac{방열량}{물의 증발잠열}\right)$

길을 가다가 돌이 나타나면
약자는 그것을 걸림돌이라 말하고,
강자는 그것을 디딤돌이라고 말한다.

−토마스 칼라일(Thomas Carlyle)−

☆

같은 돌이지만 바라보는 시각에 따라 그리고 마음가짐에 따라
걸림돌이 되기도 하고 디딤돌이 되기도 합니다.
자기에게 주어진 상황을 활용할 줄 아는 자만이
성공의 문에 도달할 수 있답니다.^^

열설비 운전

제3과목

www.cyber.co.kr

제3과목

제1장

보일러 설비운영

1. 보일러(Boiler)의 개요

① 보일러의 정의 : 연료를 연소시켜 발생된 열로 압력용기속의 물에 전달하여 온수 및 고온·고압의 증기를 발생시키는 장치를 말한다.

② 보일러 구성의 3대 요소 : 연소장치, 본체, 부속장치로 이루어져 있다.

> **암기법** : 3연대 본부

(1) 보일러의 구성

① 연소장치 : 연소실에 공급되는 연료를 연소시키는 장치로서, 일반적으로 고체연료를 사용하는 보일러에서는 주로 화격자(火格子)를 사용하고 액체연료 및 기체 연료를 사용하는 보일러에서는 버너(Burner)를 주로 사용한다.

② 본체(本體) : 연료의 연소열을 이용하여 온수 발생 및 고온·고압의 증기를 발생시키는 부분으로서, 기수드럼의 경우에는 동(또는 Drum, 드럼) 내부 체적의 2/3 ~ 4/5 정도 물이 채워지는 수부와 증기부로 구성된다.

③ 부속장치 : 보일러를 안전하고 경제적인 운전을 하기 위한 장치 및 부속품으로서, 급수장치, 송기장치, 폐열회수장치(과열기, 재열기, 절탄기, 공기예열기), 안전장치, 분출장치, 통풍장치를 비롯하여 보일러 자동제어장치 및 계측기기 등이 이에 속한다.

　　ㄱ 급수장치 : 급수탱크, 응축수탱크, 급수배관, 급수펌프, 인젝터, 급수밸브, 급수내관 등

　　ㄴ 송기장치 : 주증기관, 주증기밸브, 보조증기관, 보조증기밸브, 비수방지관, 기수분리기, 증기헤더, 증기트랩(스팀스랩), 감압밸브, 신축이음장치 등

　　ㄷ 폐열회수장치 : 과열기, 재열기, 절탄기, 공기예열기 등 　　**암기법** : 과재절공

　　ㄹ 안전장치 : 안전밸브, 저수위 경보기, 방폭문, 가용마개, 화염검출기, 압력제한기, 압력조절기, 전자밸브 등

　　ㅁ 분출장치 : 분출관, 분출밸브, 분출콕 등

　　ㅂ 통풍장치 : 송풍기, 연도, 댐퍼, 연돌(煙突 또는, 굴뚝) 등

　　ㅅ 자동제어장치 : 부하에 따른 연료량·공기량 및 급수량을 제어하는 장치 등

　　ㅇ 처리장치 : 집진장치, 매연취출장치, 급수처리장치, 여과기(스트레이너) 등

　　ㅈ 계측장치 : 온도계, 압력계, 수고계, 수면계, 유량계, 통풍계(드래프트게이지), 가스미터 등

ⓧ 연료공급장치 : 오일(Oil) 저장탱크, 서비스탱크, 오일 예열기(오일 프리히터), 송유관, 오일펌프 등

ⓒ 동 내부 부속장치 : 급수내관, 비수방지관, 기수분리기 등

(2) 보일러의 분류

① 사용 재질에 따른 분류

ⓐ 강철제 보일러 : 강철(주로, 저탄소강)으로 제작한 보일러이다.

ⓑ 주철제 보일러 : 주철로 제작한 보일러이다.

② 구조 및 형식에 따른 분류

ⓐ 원통형 보일러 : 보일러 본체가 지름이 큰 동(胴, 원통)으로 구성되어 있으며 이곳에서 증기를 발생시킨다.

ⓑ 수관식 보일러 : 보일러 본체가 다수의 수관(水管)으로 구성되어 있으며 수관에서 증기를 발생시킨다.

ⓒ 특수 보일러 : 주철제 보일러, 특수 열매체 보일러, 폐열보일러, 간접가열식 보일러 등

분류	형식		종류
원통형 보일러 (둥근형 보일러)	입형 (또는, 직립형)		입형연관 보일러, 입형횡관 보일러, 코크란 보일러
	횡형 (또는, 수평형)	노통 보일러	랭커셔 보일러, 코니시 보일러
		연관 보일러	횡연관 보일러, 기관차 보일러, 케와니 보일러
		노통연관 보일러	스카치 보일러, 로코모빌 보일러, 하우덴 존슨 보일러, 부르동카푸스 보일러, 노통연관패키지형 보일러
수관식 보일러	자연순환식		바브콕 보일러, 가르베 보일러, 야로식 보일러, 다꾸마 보일러, 스네기치 보일러, 2동수관식, 2동D형수관식 보일러
	강제순환식		베록스 보일러, 라몬트 보일러
	관류식		람진 보일러, 벤슨 보일러, 앤모스 보일러, 슐처 보일러
특수 보일러	주철제 보일러		주철제 증기보일러, 주철제 온수보일러
	열매체(또는,특수유체) 보일러		시큐리티 보일러, 모빌썸 보일러, 다우삼 보일러, 수은 보일러, 카네크롤 보일러
	폐열 보일러		리보일러, 하이네 보일러
	간접가열식 보일러 (2중증발 보일러)		슈미트 보일러, 레플러 보일러
	특수연료 보일러		톱밥 보일러, 바크 보일러, 버개스 보일러
	전기 보일러		전극형 보일러, 저항형 보일러

③ 연소실(또는, 화실)의 위치에 따른 분류

ⓐ 내분식(內焚式) 보일러 : 연소실이 보일러 본체 속에 있는 보일러이다.
(입형보일러, 노통보일러, 노통연관보일러)

ⓑ 외분식(外焚式) 보일러 : 연소실이 보일러 본체 밖에 있는 보일러이다.
(횡연관 보일러, 수관식 보일러, 관류식 보일러)

④ **발생 열매체(熱媒體)에 따른 분류**

　㉠ 증기 보일러 : 증기를 발생시키는 것으로 대부분의 보일러에 해당된다.

　㉡ 온수 보일러 : 온수를 발생시키는 것으로 난방용 및 급탕용으로 사용된다.

　㉢ 열매체 보일러 : 포화온도가 높은 유기열매체를 이용한 것으로 고온에서 가열,
　　　　　　　　　증류, 건조 등을 하는 공정에 사용된다.

⑤ **사용연료에 따른 분류**

　㉠ 석탄 보일러 : 석탄을 연료로 사용한다.

　㉡ 유류 보일러 : 중유(벙커C유), 경유, 등유 등의 오일(기름)을 연료로 사용한다.

　㉢ 가스 보일러 : LNG, LPG 등의 가스를 사용한다.

　㉣ 목재 보일러 : 폐목재 등의 나무를 사용한다.

　㉤ 폐열 보일러 : 공업용 요로에서 배출되는 고온의 배가스를 이용한다.

　㉥ 특수연료 보일러 : 산업 폐기물 등을 사용한다.

⑥ **보일러 본체의 구조에 따른 분류**

　㉠ 노통 보일러 : 동체 내에 노통이 있는 보일러이다.

　㉡ 연관 보일러 : 동체 내에 노통의 유무에 관계없이 다수의 연관이 있는 보일러이다.

⑦ **증기의 용도에 따른 분류**

　㉠ 동력용 보일러 : 발생증기를 터빈 등의 동력발생장치에 사용한다.

　㉡ 난방용 보일러 : 겨울철 실내의 난방용으로 사용한다.

　㉢ 가열용 보일러 : 발생증기의 잠열을 이용하여 기타 장치의 가열원으로 사용한다.

　㉣ 온수용 보일러 : 온수나 급탕용수를 만들어 목욕탕, 세면장 등에 사용한다.

⑧ **물의 순환방식에 따른 분류**　　　　　　　　　　　　**암기법** : 수자 강관

　㉠ **자연순환식 보일러** : 보일러수의 가열에 따른 포화수와 포화증기의 비중량차에
　　　　　　　　　　　　의하여 관수가 자연적으로 순환된다.

　㉡ **강제순환식 보일러** : 순환펌프를 이용하여 관수를 강제로 순환시킨다.

　㉢ **관류식 보일러** : 드럼이 없고 긴 수관만으로 구성된, 일종의 강제순환식이다.

⑨ **사용장소에 따른 분류**

　㉠ 육용(陸用) 보일러 : 육지에 설치하여 사용한다.(육상용 보일러)

　㉡ 선박용(船泊用) 보일러 : 선박에 설치하여 사용한다.(해상용 보일러)

⑩ **가열형식에 따른 분류**

　㉠ 직접가열식 보일러 : 보일러 본체내의 물을 직접 가열시키는 형식이다.

　㉡ 간접가열식 보일러 : 보일러 본체내의 물을 열교환기를 이용하여 간접적으로 가열
　　　　　　　　　　　시키는 형식이다.

⑪ **보일러의 증발량에 따른 분류**

　㉠ 소형 보일러 : 증발량이 10 ton/h 미만의 소용량일 때

　㉡ 중형 보일러 : 증발량이 10 ~ 100 ton/h 인 용량일 때

　㉢ 대형 보일러 : 증발량이 100 ton/h를 초과하는 대용량일 때

2. 보일러의 종류 및 특징

(1) 원통형 보일러 (Cylinderical boiler, 또는 둥근형 보일러)

보일러 본체가 지름이 큰 동(胴, 원통)형 용기를 주체로 하여 그 내부에 노통, 연관, 화실(Fire box, 연소실)이 구성되어 있는 보일러로서 다음과 같은 특징을 갖는다.

① 큰 동체를 가지고 있어, 보유수량이 많다.
② 구조가 간단하여 취급이 용이하고, 내부의 청소 및 검사가 용이하다.
③ 일시적인 부하변동에 대하여 보유수량이 많으므로 압력변동이 적다.
④ 4구조상 전열면적이 작고 수부가 커서 증기발생속도가 느리다.(증기발생시간이 길다.)
⑤ 저압·소용량의 경우에 적합하므로, 고압·대용량에는 부적당하다.
⑥ 보유수량이 많아 파열 사고 시에는 피해가 크다.
⑦ 열효율은 낮은 편이다.

1) 입형 보일러(Vertical boiler 또는, 직립형 보일러, 수직형 보일러)

원통형의 보일러 본체를 수직으로 세워 연소실을 그 밑부분에 설치해 놓은 내분식(內焚式) 보일러이다.

① **장점**
  ㉠ 형체가 적은 소형이므로 설치면적이 적어 좁은 장소에 설치가 가능하다.
  ㉡ 구조가 간단하여 제작이 용이하며, 취급이 쉽고, 급수처리가 까다롭지 않다.
  ㉢ 전열면적이 적어 증발량이 적으므로 소용량에 적합하고, 가격이 저렴하다.
  ㉣ 설치비용이 적으며 운반이 용이하다.
  ㉤ 연소실 상면적(床面積)이 적어, 내부에 벽돌을 쌓는 것을 필요로 하지 않는다.
  ㉥ 최고사용압력은 10 kg/cm^2 이하, 전열면 증발률은 10 ~ 15 kg/m^{2}h 정도이다.

② **단점**
  ㉠ 연소실이 내분식이고 용적이 적어 연료의 완전연소가 어렵다.
  ㉡ 전열면적이 적고 열효율이 낮다.(40 ~ 50%)
  ㉢ 열손실이 많아서 보일러 열효율이 낮다.
    (열효율 및 용량이 큰 순서 : 코크란 보일러 〉입형연관 〉입형횡관)
  ㉣ 구조상 증기부(steam space)가 적어서 습증기가 발생되어 송기되기 쉽다.
  ㉤ 보일러가 소형이므로, 내부의 청소 및 검사가 어렵다.

③ **입형(立形) 보일러의 종류**
  ㉠ 입형 횡관식 보일러
    : 전열면적을 증가시키기 위하여 화실내 수부에서 화실을 가로질러 수평으로 2 ~ 3개의 횡관(Galloway-tube)을 설치한 보일러이다.
  ㉡ 입형 연관식 보일러
    : 전열면적을 증가시키기 위하여 화실 천장판과 관판의 사이에 소구경의 연관을 수직으로 설치하고, 연관내로 연소가스를 흐르게 하는 보일러이다.

ⓒ 코크란(Cochran) 보일러

: 입형연관보일러의 단점을 보완한 것으로 다수의 연관을 수평으로 배치하였으며 입형보일러 중에서 가장 효율이 좋고 용량이 큰 보일러로서, 선박용보일러 보조용으로 사용되고 있다. 또한, 연소실의 구조를 변경하면 폐열 보일러로도 적당한 구조이다.

2) 횡형(橫形) 보일러(horizontal boiler 또는, 수평형 보일러)

지름이 큰 원통형의 보일러 본체내에 앞 경판과 뒷 경판사이로 둥근 형태로 제작한 노통 또는 다수의 연관을 설치한 대표적인 내분식 보일러로서 횡형으로 설치하여 사용하며, 열가스의 흐름이 2pass로서 입형보일러에 비하여 전열량이 많아 열효율이 좋고 용량이 큰 편이다. 그 종류는 노통보일러, (횡)연관보일러, 노통연관보일러로 구분된다.

① 노통(爐筒)보일러(flue tube boiler)

원통형 드럼과 양면을 막는 경판(鏡板)으로 구성되며, 그 내부에 노통을 설치한 보일러이다.

㉮ 노통의 종류

㉠ 평형(平形) 노통

평판의 금속판을 여러 개로 접합할 때 양 끝의 판면과 판면을 휘어서 아담슨 조인트(Adamson-joint)로 하여 둥글게 제작한 것이다.

[특징] ⓐ 제작이 쉽고, 청소 및 검사가 용이하다.

ⓑ 열에 의한 신축성이 나쁘다.

ⓒ 외압에 대한 강도가 낮다.

ⓓ **아담슨 이음**(Adamson-joint)의 설치목적은 열에 의한 평형노통의 신축을 조절하여 노통의 변형을 방지하기 위한 것으로서, 노통은 전열범위가 크기 때문에 불균일하게 가열되어 열팽창에 의한 신축이 심하므로, 열에 의한 노통의 변형을 방지하기 위하여 노통을 여러 개로 나누어 접합할 때 양끝부분을 굽혀서 만곡부를 형성하고 윤판을 중간에 넣어 보강시키는 이음을 말한다.

㉡ 파형(波形) 노통

평판의 금속판을 프레스에 눌러 파형으로 만든 것으로 대부분은 파형(물결모양)의 노통이 사용된다.

[특징] ⓐ 고열에 의한 신축과 팽창이 용이하다.

ⓑ 외압에 대한 강도가 크다.

ⓒ 전열면적이 크다.

ⓓ 제작이 어려워 가격이 비싸고, 청소 및 검사가 어렵다.

ⓔ 스케일(scale)이 생성되기 쉽다.

ⓕ 통풍저항이 커지므로 통풍력을 약화시킨다.

④ 원통형 동내의 드럼(Drum)을 관통하는 1개 또는 2개의 노통을 설비한 것으로 노통 내에 버너나 화격자 연소장치가 장착되어 있다.

 ㉠ 노통이 1개 설치된 것 : 코니시(Cornish 또는, 코르니시) 보일러

 ㉡ 노통이 2개 설치된 것 : 랭커셔(Lancashire 또는, 랭카셔) 보일러

     ※ 노통이 2개이므로 교대운전이 가능하다.

⑤ 노통 전방에서 연료의 연소로 생긴 열가스는 노통을 관통하여 벽돌벽으로 만든 연도(煙道)를 흐르고 동(胴)을 다시 외부에서 가열하여 댐퍼(damper)를 통하여 연돌(煙突, 굴뚝)로 배출된다.

⑥ 노통이 1개짜리인 코니시 보일러의 노통을 중앙에서 좌우 편심(한쪽으로 기울어지게)으로 부착하는 이유는 보일러수의 순환을 양호하게 하기 위한 것이다.

⑦ 노통보일러의 특징

 ㉠ 장점

  ⓐ 구조가 간단하여 제작이 쉽고 견고하다.

  ⓑ 동체내에 들어가 내부청소 및 검사가 용이하다.

  ⓒ 용량이 적어서(약 3 ton/h) 취급이 용이하다.

  ⓓ 보유수량이 많아 일시적인 부하변동에 대하여 압력변화가 적다.

  ⓔ 급수처리가 까다롭지 않다.

 ㉡ 단점

  ⓐ 전열면적에 비해 보유수량이 많아 증기발생에 소요되는 시간이 길다.

  ⓑ 전열면적이 적어 증발열이 적다.

  ⓒ 보일러 효율이 나쁘다.(50% 전후)

  ⓓ 보유수량이 많아 파열 사고시 피해가 크다.

  ⓔ 내분식이기 때문에 연소실의 크기에 제한을 받으므로, 양질의 연료를 선택하여야 한다.

  ⓕ 구조상 고압, 대용량에는 부적당하다.

⑧ 브레이징 스페이스(Breathing-space, 완충구역 또는 완충폭)

경판의 탄성(강도)를 높이기 위한 것으로서, 노통보일러의 평형경판에 부착하는 거싯스테이 하단과 노통의 상단부 사이의 신축거리를 말하며, 경판의 일부가 노통의 고열에 의한 신축작용에 따라 탄성작용을 하는 역할을 한다.

(경판의 두께에 따라 달라지며 아래[표]와 같이 최소한 230 mm 이상을 유지하여야 한다.)

※ 경판 두께에 따른 브레이징-스페이스

경판의 두께	브레이징-스페이스 (완충폭)	경판의 두께	브레이징-스페이스 (완충폭)
13 mm 이하	230 mm 이상	19 mm 이하	300 mm 이상
15 mm 이하	260 mm 이상	19 mm 초과	320 mm 이상
17 mm 이하	280 mm 이상		

㉔ 갤로웨이 관(Galloway tube)

노통에 직각으로 2 ~ 3개 정도 설치한 관으로 노통을 보강하고 전열면적을 증가시키며, 보일러수의 순환을 촉진시킨다.

㉕ 버팀(Stay, 스테이)

노통보일러에서 강도가 약한 부분(동판, 경판, 관판 등)의 강도를 보강하기 위하여 사용되는 지지장치를 말하며, 다음과 같이 여러 종류가 있다.

   ⊙ 거싯 스테이(gusset stay) : 3각 모양의 평판을 사용하여 경판, 동판 또는 관판이나 동판을 지지하여 보강하는데 사용된다.

   ⓒ 경사 스테이(oblique stay, 경사버팀) : 화실천장 과열부분의 압궤현상의 방지를 위해 경판 보강에 사용된다.

   ⓒ 도그 스테이(dog stay) : 맨홀 뚜껑을 보강하는데 사용된다.

   ⓔ 튜브 스테이(tube stay, 관버팀) : 연관의 팽창에 따른 관판이나 경판의 팽출에 대한 보강재이다.

   ⓜ 볼트 스테이(bolt stay, 나사버팀) : 평행한 부분의 거리가 짧고 서로 마주보는 2매의 평판의 보강에 주로 사용한다.

   ⓗ 바 스테이(bar stay, 봉버팀) : 관(pipe)대신에 연강 환봉을 사용하여 화실 천장판을 보강하는데 사용된다.

   ⓢ 거더 스테이(girder stay, 시렁버팀) : 화실천장판을 경판에 매달아 보강하는 둥근 막대버팀으로 화실천장 과열부분의 압궤현상을 방지하는데 사용된다.

② **연관 보일러(smoke tube boiler)**

보일러 동체의 수부(水部)에 연소가스의 통로가 되는 다수의 연관(煙管)을 동축에 평행하게 설치하여 연소가스가 연관속으로 흐르도록 함으로써 전열면적을 증가시킨 보일러로서 연소실 위치에 따라 내분식과 외분식이 있다.

㉮ 내분식 연관보일러

  : 연소실을 보일러 본체속에 설치한 것이므로, 벽돌의 외부 연관을 필요로 하지 않는다.

㉯ 외분식 횡연관보일러

  : 수평으로 놓여진 보일러동의 밑에 벽돌을 쌓아올린 연소실을 설치한 것으로 연소가스는 동의 밑부분을 가열하고, 한편 연관으로 들어가 다시 드럼의 측면을 외부로부터 가열되도록 유도된다.

㉰ 종류   **암기법** : 연기 켁!~

   ⊙ **기**관차(Locomotive)식 보일러 : 내분식

   ⓒ **케**와니(Kewanee) 보일러 : 내분식

   ⓒ 횡연관식 보일러 : 외분식

④ 원통형의 다른 보일러(노통 보일러, 노통 연관 보일러)에 비하여 횡연관 보일러는 보유수량이 적은 편이므로 증기발생속도가 빠르다. 따라서 연관의 배열을 바둑판 모양으로 교차되는 지점에 규칙적으로 배치하는 주된 이유는 보일러수의 순환을 빠르게 흐르도록 촉진하기 위해서이다.

㉺ 연관보일러의 특징

　㉠ 장점

　　ⓐ 연관으로 인해 전열면적이 커서, 노통보일러보다 효율이 좋다.(약 70%)

　　ⓑ 전열면적당 보유수량이 적어 증기발생 소요시간이 비교적 짧다.

　　ⓒ 외분식인 경우는 연소실의 설계가 자유로워 연료의 선택범위가 넓다.

　㉡ 단점

　　ⓐ 연관의 부착으로 내부구조가 복잡하여 청소, 수리, 검사가 어렵다.

　　ⓑ 연관을 관판에 부착하는 부분에 누설이나 고장을 일으키기 쉽다.

　　ⓒ 외분식인 경우에 분출관은 연소실에 노출되어 있으므로 과열을 방지하기 위하여 주위를 내화재로 피복하여야 한다.

　　ⓓ 내부구조가 복잡하여 청소가 곤란하므로 양질의 물을 급수하여야 한다.

③ **노통연관식 보일러(flue smoke tube boiler)**

지름이 큰 동체를 몸체로 하여 그 내부에 노통과 연관을 동체축에 평행하게 설치하여 노통을 나온 연소가스가 연관을 통해 연도로 빠져나가도록 되어 있는 구조의 내분식 보일러로서, 노통보일러와 연관보일러를 조합시켜 서로의 장점을 이용한 것이다.

㉮ 종류

　㉠ 스코치(Scotch) 보일러 : 선박용

　㉡ 하우덴 존슨(Howden-Johnson) 보일러 : 선박용

　㉢ 부르동카푸스(Bourdon-karpus) : 선박용

　㉣ 로코모빌(Locomobile) 보일러 : 육용

　㉤ 노통연관 팩키지(Package)형 보일러 : 육용

㉯ 노통연관식 보일러의 특징

　㉠ 장점

　　ⓐ 전열면적당 보유수량이 적어 증기발생 소요시간이 비교적 짧다.

　　ⓑ 노통에 의한 내분식(內焚式)이므로 노벽을 통한 복사열의 흡수가 커서, 방산에 의한 손실열량이 적다.

　　ⓒ 보일러의 크기에 비하여 전열면적이 크고 원통형 중 효율이 가장 좋다.(약 80%)

　　ⓓ 동일용량의 수관식 보일러에 비해 보유수량이 많아서 부하변동에 대해 쉽게 대응할 수 있다.(압력이나 수위의 변화가 적다.)

　　ⓔ 패키지(Package)형으로 설치공사의 시간과 비용을 절약할 수 있다.

          ⓒ 단점

              ⓐ 다른 원통형(노통, 연관식)보일러들 보다는 고압·대용량이지만 기본적으로 원통형 보일러는 수관식 보일러에 비해 고압·대용량에는 부적당하다.

              ⓑ 연관의 부착으로 내부구조가 복잡하여 청소가 곤란하다.

              ⓒ 증기발생속도가 빨라서 까다로운 급수처리가 필요하다

              ⓓ 노통연관식 보일러는 보일러 동의 수부에 연소가스의 통로가 되는 다수의 연관을 설치하여 노통을 포함하여 열량을 전열면에서 잘 흡수시키기 위해 2-패스, 3-패스, 4-패스 등의 흐름구성을 갖도록 설계하여 전열면적을 증가시킨다.

(2) 수관식 보일러 (water tube boiler)

보일러 본체가 지름이 작은 드럼(Drum)과 지름이 작은 다수의 수관(水管)으로 구성되어 있으며 수관을 전열면으로 하여 수관 내에 있는 물을 증기로 발생시키는 보일러로서, 물의 순환을 좋게 하기 위하여 승수관과 강수관을 설치하며 물의 순환방식에 따라 **자연순환식**, **강제순환식**, **관류식**으로 구분된다.   암기법 : 수자강관

① **수관식 보일러는 원통형보일러에 비하여 다음과 같은 특징을 갖는다.**

        ㄱ 외분식이므로 연소실의 크기 및 형태를 자유롭게 설계할 수 있어 연소상태가 좋고, 연료에 따라 연소방식을 채택할 수 있어 연료의 선택범위가 넓다.

        ㄴ 드럼의 직경 및 수관의 관경이 작아, 구조상 **고압 · 대용량**의 보일러 제작이 가능하다. (일반적으로 국내에서는 용량이 10 ton/h, 보일러 본체의 증기압력 10 kg/cm^2(≒ 10 bar) 이상의 고압, 대용량의 보일러에 적합하다.)

        ㄷ 관수의 순환(1 m/s)이 좋아 열응력을 일으킬 염려가 적다.

        ㄹ 구조상 전열면적당 관수 보유량이 적으므로, 단위시간당 증발량이 많아서 증기발생 소요시간이 매우 짧다. 따라서, 열량을 전열면에서 잘 흡수시키기 위한 별도의 설계를 하지 않아도 된다.

        ㅁ 보일러 효율이 높다.(90% 이상)

        ㅂ 드럼의 직경 및 수관의 관경이 작으므로, 보유수량이 적다.

        ㅅ 보유수량이 적어 파열 사고 시에도 피해가 적다.

        ㅇ 일시적인 부하변동에 대하여 관수 보유수량이 적으므로 압력과 수위변동이 크다.

        ㅈ 증기발생속도가 매우 빨라서 스케일 발생이 많아 수관이 과열되기 쉬우므로 철저한 수처리를 요한다.

        ㅊ 구조가 복잡하여 내부의 청소 및 검사가 곤란하다.

        ㅋ 제작이 복잡하여 가격이 비싸다.

        ㅌ 구조가 복잡하여 취급이 어려워 숙련된 기술을 요한다.

        ㅍ 연소실 주위에 울타리 모양 상태로 수관을 배치하여 연소실 벽을 구성한 수냉벽을 로에 구성하여, 고온의 연소가스에 의해서 내화벽돌이 연화·변형되는 것을 방지한다.

        ㅎ 수관의 특성상 기수분리의 필요가 있는 드럼 보일러의 특징을 갖는다. (참고로, 드럼이 없는 보일러는 관류식 보일러 밖에 없다.)

② 수관식 보일러의 분류

⊙ 수관내 물의 순환에 따른 분류 : 자연순환식, 강제순환식, 관류식

ⓛ 수관의 배열 형태에 따른 분류 : 직관식, 곡관식

ⓒ 수관의 경사도에 따른 분류 : 수평관식, 경사관식, 수직관식

ⓡ 동(drum)의 개수에 따른 분류 : 무동형, 단동형, 2동형, 3동형

③ 수냉노벽(Water cooled wall 또는, Water wall 수냉벽)

수관식 보일러에서 수관을 직관 또는 곡관으로 하여 연소실 주위에 마치 울타리
모양으로 수관을 배치하여 연소실 내벽을 형성하고 있는 수관군을 말한다.

※ 수냉벽의 설치목적

⊙ 전열면적의 증가로 연소실의 전열효율을 상승시켜 보일러 효율이 증가한다.

ⓛ 내화물인 노벽이 과열되어 손상(연화 및 변형)되는 것을 방지할 수 있다.

ⓒ 노벽의 지주 역할도 하여 노벽의 중량을 감소시킨다.

ⓡ 노벽 내화물의 수명이 길어진다.

ⓜ 수냉관으로 하여금 복사열을 흡수시켜 복사에 의한 열손실을 줄일 수 있다.

ⓗ 연소실의 기밀을 유지할 수 있어 가압연소가 가능하다.

1) 자연순환식(自然循環式) 보일러

드럼과 많은 수관으로 보일러수의 순환회로를 만들어 구성된 보일러로서 가열에 의한
보일러수의 온도상승에 따른 물의 비중차(또는, 비중량차)를 이용하여 보일러수에
자연순환을 일으키게 한다.

① 물의 자연적 순환을 높이기 위한 조건

⊙ 수관을 수직으로 하거나 경사지게 한다.

ⓛ 수관의 직경을 크게 한다.(물의 유동저항을 적게 한다.)

ⓒ 강수관이 가열되지 않도록 한다.

(강수관에 단열재를 피복하거나 2중관으로 하여 연소가스에 직접 접촉을 방지한다.)

ⓡ 보일러수의 비중차를 크게 한다.

② 종류   암기법 : 자는 바·가·(야로)·다, 스네기찌

⊙ 직관식 수관보일러 : 전열면으로서 곧은 수관군을 경사지게 설치한 구조의 것이다.

ⓐ 바브콕(Babcock) 보일러

ⓑ 가르베(Garbe) 보일러

ⓒ 다꾸마(Takuma) 보일러

ⓓ 스네기찌(Tsunekichi) 보일러

ⓛ 곡관식 수관보일러 : 노벽 내변에 수관을 배치한 수냉노벽이 널리 사용되어
이 노벽 수관군과 상하드럼을 연결하는 곡(曲)수관군으로
연소실을 둘러싼 구조의 것이다.

ⓐ 야로(Yarrow) 보일러

　　ⓑ 스털링(Stirling) 보일러
　　ⓒ 와그너(Wagner) 보일러
　　ⓓ 2동 D형 보일러 : 수드럼 1개, 기수드럼 1개로 구성
　　ⓔ 3동 A형 보일러 : 수드럼 2개, 기수드럼 1개로 구성

2) 강제순환식(强制循環式) 보일러　　　　　　　　　암기법 : 강제로 베라~

자연순환식 수관보일러의 발생증기압력이 높을수록(고압이 될수록) 포화수와 포화증기의 비중량의 차이가 점점 줄어들기 때문에 자연적인 순환력이 작아져서, 자연적 순환력을 확보할 수가 없다. 이러한 결점을 보완하기 위하여 순환펌프를 보일러수의 순환회로 도중에 설치하여 펌프에 의하여 보일러수를 강제로 순환 촉진시킨다.

① 순환비 : 발생증기량에 대한 순환수량과의 비를 말한다.

$$\bullet \text{순환비} = \frac{\text{순환수량}}{\text{발생증기량}}$$

② 종류
　㉠ 베록스(Velox) 보일러 : 순환비가 10 ~ 15 정도이다.
　㉡ 라몬트(Lamont) 보일러 : 순환비가 4 ~ 10 정도이다.

3) 관류식(貫流式, 단관식) 보일러

하나로 된 긴 관의 일단에서 급수를 펌프로 압입하여 도중에서 가열, 증발, 과열을 한꺼번에 시켜 과열증기로 내보내는 보일러로서, 드럼이 없으며, 가는 수관으로만 구성된 일종의 강제순환식 보일러이다.

① 특징
　㉠ 장점
　　ⓐ 순환비가 1 이므로 드럼이 필요 없다.
　　ⓑ 드럼이 없어 초고압용 보일러에 적합하다.
　　ⓒ 관을 자유로이 배치할 수 있어서 전체를 합리적인 구조로 할 수 있다.
　　ⓓ 전열면적당 보유수량이 가장 적어 증기발생시간이 매우 짧다.
　　ⓔ 보유수량이 대단히 적으므로 파열 시 위험성이 적다.
　　ⓕ 보일러 중에서 효율이 가장 높다.(95% 이상)

　　　※ 보일러 효율이 높은 순서
　　　관류식 〉수관식 〉노통연관식 〉연관식 〉노통식 〉입형 보일러
　㉡ 단점
　　ⓐ 긴 세관 내에서 급수의 거의 전부가 증발하기 때문에 철저한 급수처리가 요구된다.
　　ⓑ 일시적인 부하변동에 대하여 관수 보유수량이 적으므로 압력변동이 크다.
　　ⓒ 따라서 연료연소량 및 급수량을 빠르게 하는 고도의 자동제어장치가 필요하다.
　　ⓓ 관류보일러에는 반드시 기수분리기를 설치해주어야 한다.

② 종류   암기법 : 관류 람진과 벤슨이 앤모르게 슐처먹었다.

  ㉠ 람진(Ramsin) 보일러

  ㉡ 벤슨(Benson) 보일러

  ㉢ 앤모스(Atmos, 엣모스) 보일러

  ㉣ 슐쳐(Sulzer, 슐저) 보일러

【참고】 ※ 원통형 보일러와 수관식 보일러의 비교

구분	원통형 보일러	수관식 보일러
보일러 효율	나쁘다	좋다
전열면적	작다	크다
보유수량	많다	적다
파열사고시 피해	크다	적다
용도	저압 · 소용량	고압 · 대용량
압력변화	적다	크다
열부하변동에 대한 대응	좋다	나쁘다
급수처리	간단하다	복잡하다
급수조절	쉽다	어렵다

(3) 특수 보일러

일반적인 보일러 연료 이외의 연료를 사용하거나, 물 대신에 특별한 열매체를 사용하든지 열원으로서 배열(排熱), 다른 장치의 부산물로 나온 폐열(廢熱)을 이용하는 보일러 또는 특수한 구조의 보일러를 말한다.

1) 주철제(鑄鐵製, 주철제 섹션) 보일러

일반적으로 산업용보일러는 모두 강철제이지만 주철로 제작한 상자형의 섹션(section, 부분)을 여러 개(5 ~ 20개 정도)를 조합하여 니플(nipple)을 끼워 결합시킨 내분식의 보일러로서, 충격이나 고압에 약하기 때문에 주로 난방용의 저압증기 발생용 및 온수 보일러로 사용된다.

① 발생열매체에 따른 종류

  ㉠ 증기 보일러

   : 최고사용압력 $1 \, kg/cm^2 \, (= 0.1 \, MPa)$ 이하에서 주로 사용되고 있으며, 주요장치로는 압력계, 수면계, 안전밸브, 온도계를 설치한다.

  ㉡ 온수 보일러

   : 최고수두압 $50 \, mH_2O \, (= 0.5 \, MPa)$ 이하, 온수의 온도 120℃ 이하에서 난방용으로 사용되고 있으며, 주요장치로는 수고계, 방출관, 온도계, 순환펌프를 설치한다.

  【참고】 수고계(水高計, water height gauge, water pressure gauge.)

   – 주철제 온수보일러의 온수압력인 수두압(水頭壓)을 측정하는 계측기기로 압력계와 유리제온도계를 조합시킨 구조로써 1개의 계측기로 수고와 온도를 동시에 측정할 수 있으며, 주철제 증기보일러의 압력계에 해당하는 것이다.

② 특징

　ㄱ 장점

　　ⓐ 섹션을 설치장소에서 조합할 수 있어 공장으로부터의 운반이 편리하다.

　　ⓑ 조립식이므로 반입 및 해체작업이 용이하다.

　　ⓒ 주조에 의해 만들어지므로 다소 복잡한 구조도 제작할 수 있다.

　　ⓓ 섹션수의 증감이 용이하여 용량조절이 가능하다.

　　ⓔ 전열면적에 비하여 설치면적을 적게 차지하므로 좁은 장소에 설치할 수 있다.

　　ⓕ 저압이므로 파열 사고시 피해가 적다.

　　ⓖ 내식성, 내열성이 우수하여 수처리가 까다롭지 않다.

　ㄴ 단점

　　ⓐ 구조가 복잡하여 내부 청소가 곤란하다.

　　ⓑ 주철은 인장 및 충격에 약하다.

　　ⓒ 내압강도가 약하여 고압, 대용량에는 부적합하다.

　　ⓓ 열에 의한 부동(不同)팽창 때문에 균열이 생기기 쉽다.

　　ⓔ 보일러 효율이 낮다.

2) 열매체(熱媒體, 특수액체) 보일러　　　　　암기법 : 열매 세모 다수

(건)포화수증기는 열사용처의 난방용, 가열용 등의 열매체로 널리 사용된다. 그러나 물로 300℃ 이상 되는 고온의 수증기를 얻으려면 증기압력이 고압(80 kg/cm^2)이 되어야 하므로 보일러의 내압강도 문제가 발생된다. 따라서 고온도에서도 포화압력이 낮은 물질인 특수 유체를 열매체(열전달매체)로 이용하는 것이 열매체 보일러이다.

① 열매체의 종류 : 시큐리티(Security), 모빌섬(Mobil therm), 다우삼(Dowtherm), 수은(Hg), 카네크롤(PCB, 폴리염화비페닐) 등

② 특징

　ㄱ 저압(2 kg/cm^2)에서도 고온(약 300℃)의 증기를 얻을 수 있다.

　ㄴ 열매체유의 대부분은 정유과정에서 얻는 유기화합물이므로, 자극성, 가연성 및 인화성의 물질특성을 지니고 있어 화재예방에 주의하여야 한다.

　ㄷ 사용온도한계가 일정하여 그 이내의 온도에서 사용하여야 한다.

　ㄹ 겨울철에도 동결의 우려가 적다.

　ㅁ 특수유체를 사용하므로 수처리장치나 청관제 주입장치가 필요하지 않게 된다.

　ㅂ 물이나 스팀에 비하여 전열특성이 좋지 못하다.

　ㅅ 열매체가 고가이므로 보일러본체의 구조는 열매체의 수용량을 되도록 적게 한다.

　ㅇ 석유·화학 공업에서 주로 사용하고 있다.

③ 일반적으로, 원통형·수관식 보일러의 안전밸브는 스프링식 안전밸브를 사용하지만, 열매체 보일러와 같이 인화성 증기를 발생하는 증기보일러에서는 안전밸브를 밀폐식 구조로 하여 안전밸브로부터의 배기를 보일러실 밖의 안전한 장소에 배출시키도록 하여야 한다.

3) 폐열 보일러

디젤기관, 가스터빈, 소각로, 공업용 요로 등에서 발생하는 고온의 배기가스를 이용하여
증기 및 온수를 발생시키는 폐열회수 보일러로서 연료와 연소장치가 필요 없으며,
연도로만 구성되어 있으나 매연분출장치를 필요로 한다.

그 종류에는 리보일러(reboiler), 코크란(Cochran), 하이네(Heine) 보일러가 있다.

4) 간접가열식 보일러(또는, 2중증발 보일러)

급수의 질이 좋지 않거나 보일러에 공급되는 용수를 수처리하기가 곤란한 경우에
급수처리를 하지 않은 물을 사용하여도 스케일(scale) 부착에 의한 불순물 장애를
일으키지 않도록 고안된 간접가열식(2중 증발) 장치로서,

그 종류에는 슈미트(Schmidt) 보일러, 레플러(Löffler) 보일러가 있다.

5) 특수연료 보일러

보일러의 일반적 연료(석탄, 중유, 가스)대신에 특수연료를 사용하는 보일러를 말한다.

① 버개스(Bagasse) 보일러 : 사탕수수를 짠 찌꺼기를 사용
② 바크(Bark) 보일러 : 펄프원목의 나무껍질을 사용
③ 흑액(黑液 , black liquor) 보일러 : 펄프제조 중에 나오는 흑색의 폐액을 사용
④ 펠릿(Pellet) 보일러 : 주로 목재 펠릿을 사용

6) 전기 보일러(electric boiler)

전기의 발열을 이용하는 보일러를 말하며, 주로 소용량의 것이 사용된다.

① 형식에 따른 종류
　　㉠ 전극형 : 보일러수 자체를 전기저항체로 하여 전극간에 전류를 통하여 주울
　　　　 (Joule)열을 발생시킨다.
　　㉡ 저항형 : 보일러수 속에 직접 또는 간접으로 금속 저항선을 넣고 전류를 통하여
　　　　 주울(Joule)열을 발생시킨다.

② 특징
　　㉠ 소음과 냄새가 없으며 연료 보충의 번거로움이 없다.
　　㉡ 구조가 간단하고 위생적이다.
　　㉢ 과열 등의 사고 위험성이 적다.
　　㉣ 화력조절이 쉽다.
　　㉤ 효율이 매우 높다.
　　㉥ 초기 설치비용이 매우 비싸서 위생환경이 엄격한 장소인 병원 등에 사용된다.
　　㉦ 전력사용량의 누진세 적용으로 유지비가 많이 든다.

3. 보일러 부속장치의 종류 및 역할

(1) 급수장치

- 제2과목의 제5장 "보일러 급수장치 설치"와 중복된 내용이므로 생략함.

(2) 안전장치

- 제4과목의 제2장 "보일러의 안전장치"와 중복된 내용이므로 생략함.

(3) 송기장치(送氣裝置)

보일러에서 발생한 증기를 증기 사용처에 공급하는 장치로서, 비수방지관 및 기수분리기, 주증기관, 주증기 정지밸브, 감압밸브, 신축이음, 증기헤더, 증기트랩, 증기축열기 등이 있다. 이 중에서 제2과목의 제9장에 있는 내용과 중복되지 않는 장치들만 설명하기로 한다.

① **비수방지관(Anti Priming pipe 또는, 수분유출 방지관)**

    ㉠ 설치목적 : 주로 원통형 보일러의 동(胴) 내에 설치하여 증기속에 혼입된 수분을 분리하여 증기의 건도를 높이는 장치이다.

    ㉡ 설치위치 및 구조

        ⓐ 설치위치 : 동 내부의 증기부 상단의 취출구에 설치한다.

        ⓑ 구조 : 횡관의 양 끝을 막고 상단에 다수의 구멍을 뚫어 증기가 혼입될 수 있도록 되어 있다.

    ㉢ 비수방지관에 뚫린 구멍의 전체면적 : 주증기밸브 입구 면적의 1.5배 이상이어야 한다.

② **기수분리기(steam separator)**

    ㉠ 설치목적

        ⓐ 발생증기인 습증기 속에 포함되어 있는 수분을 분리·제거하여 수격작용을 방지한다.

        ⓑ 발생된 증기 중에서 수분(물방울)을 제거하여 건포화증기에 가깝도록 증기의 건도를 높인다.

        ⓒ 배관내 송기에 따른 마찰손실을 줄이고 부식 방지를 한다.

    ㉡ 기수분리 방법에 따른 기수분리기의 종류   **암기법** : 기스난 (건) 배는 싸다

        ⓐ 스크러버식(scrubber) : 파도형의 다수 강판(장애판)을 조합한 것.

        ⓑ 건조 스크린식 : 금속 그물망의 판을 여러 겹 조합한 것.

        ⓒ 배플식(baffle, 反轉式 반전식) : 작은 구멍이 많이 있는 판(장애판)을 증기 취출구에 설치하여 증기의 진행방향을 급전환시켜 관성력을 이용한 것.

        ⓓ 사이클론식(cyclone) : 원심분리기(원심력)를 사용한 것.

        ⓔ 다공판식 : 다수의 구멍판을 이용한 것.

ⓒ 증기부의 체적이나 높이가 작고 수면의 면적이 증발량에 비해 작은 때는 기수 공발이 일어날 수 있다.

ⓔ 보일러 내의 압력이 높은 고압용 보일러일수록 용해도가 크므로 증기와 물의 비중량 차이가 극히 작아져서 증기에 다량의 물방울이 혼합되어 증기의 건도가 낮아지게 되므로 기수분리가 어렵다. 따라서, 압력이 비교적 낮은 저압용 보일러의 경우는 기수분리가 더 쉬워진다.

ⓕ 관류식 보일러에는 증발관 출구에 반드시 기수분리기를 설치하여 증기와 수분을 분리하여 분리된 수분(포화수)은 급수펌프의 흡입측으로 되돌아가 급수로서 사용한다.

(4) 폐열회수장치

- 제2과목의 제7장 "열회수장치"와 중복된 내용이므로 생략함.

4. 보일러 열효율 및 성능

(1) 실제증발량(w_2)

① 측정된 온도와 압력의 조건에서 발생되는 증발량을 말한다.
② 표시단위 : kg/h
③ 실제증발량이 주어지지 않는 경우는 급수량을 대입한다.

(2) 상당증발량(w_e 또는, 환산증발량, 기준증발량, equivalent evaporation)

① 증기의 엔탈피는 측정온도, 측정압력에 따라 그 값이 달라지므로 발생증기가 갖는 열량을 기준상태(1기압 하에서, 100℃ 포화수를 100℃의 건포화증기로 증발시킬 때의 증발잠열 539 kcal/kg 또는 2257 kJ/kg)의 증발량의 값으로 환산한 것을 말한다.

② 상당증발량(w_e) 계산공식

- $w_e \cdot R = w_2 \cdot (H_2 - H_1)$

- $w_e = \dfrac{w_2 \times (H_x - H_1)}{539}$

여기서, R : 물의 증발(잠)열, w_2 : 실제증발량, 발생증기량, 급수량
H_2, H_x : 발생증기의 엔탈피, H_1 : 급수의 엔탈피

③ 표시단위 : kg/h
④ 실제증발량이 ton으로 주어지면 주어진 ton에 1000을 곱하여 대입한다.
⑤ 실제증발량에 시간이 주어지면 주어진 시간으로 나누어 대입한다.
⑥ 급수온도(℃)는 엔탈피의 단위가 kcal/kg일 때만 동일한 계수값으로 대입한다. 예를 들어, 급수온도 23℃로만 주어져 있을 때에는 급수엔탈피 H₁ = 23 kcal/kg으로 계산한다. 그러나 급수온도의 엔탈피가 아예 제시되어 있을 때에는

H₁ = 23 kcal/kg = 23 kcal/kg $\times \dfrac{4.1868\,kJ}{1\,kcal}$ ≒ 96.3 kJ/kg = 0.0963 MJ/kg

으로 제시해 준 값을 단위를 맞춰 넣어서 계산하라는 뜻이다.

(3) 보일러마력(BHP 또는 HP, Boiler horse power)

① 1 보일러마력은 표준대기압에서 100℃의 포화수 15.65 kg을 1시간 동안에 100℃의 건조포화증기로 바꿀 수 있는 능력을 말한다.

② 1 보일러마력은 상당증발량으로 15.65 kg/h (34.5 lb/h)의 증기를 발생시키는 능력이다.

(여기서, 34.5 lb/h $\times$ $\dfrac{0.453592 \, kg}{1 \, lb}$ ≒ 15.65 kg/h 로 계산됨)

③ 보일러마력(BHP) 계산공식

• 보일러 마력(BHP) = $\dfrac{w_e}{15.65}$ = $\dfrac{w_2 \times (H_2 - H_1)}{539 \times 15.65}$ 여기서, w_e : 상당증발량(kg/h)

④ 1 보일러마력의 출력을 열량으로 환산하면 8435 kcal/h 가 된다.

(여기서, 15.65 kg/h $\times$ 539 kcal/kg ≒ 8435 kcal/h 로 계산됨)

(4) 레이팅(Rating, 정격)

① 레이팅(Rating)은 보일러 전열면의 성능을 나타내는 표시방법의 하나이다.

② 전열면적 1 ft^{2}당의 상당증발량 34.5 lb/h (15.65 kg/h)를 기준으로 하여 이것을 100% 레이팅이라 말한다.

(또는, 전열면적 1 m^{2}당의 상당증발량 16.85 kg/h을 100% 정격이라고 한다.)

(5) 전열면의 상당증발량(B_e 또는, 환산증발량)

① 보일러 전열면적 1 m^{2}에서 1시간 동안에 발생하는 상당증발량을 말한다.

② 계산공식

• B_e = $\dfrac{w_e}{A_b}$ $\left(\dfrac{\text{매시 환산증발량}}{\text{보일러 전열면적}}\right)$ = $\dfrac{w_2 \cdot (H_2 - H_1)}{A_b \times 539}$

= $\dfrac{(\quad) kg/h \times (\quad - \quad) \, kcal/kg}{(\quad) m^2 \times 539 \, kcal/kg}$ = ( ) kg/m^2·h

(6) 전열면 증발률(e 또는, 전열면 증발량)

① 보일러 전열면적 1 m^{2}에서 1시간 동안에 발생하는 실제증발량을 말한다.

② 계산공식

• e = $\dfrac{w_2}{A_b}$ $\left(\dfrac{\text{매시 실제 증발량, } kg/h}{\text{보일러 전열면적, } m^2}\right)$ = ( ) kg/m^2·h

(7) 전열면 열부하(H_b 또는, 전열면 열발생률)

① 보일러 전열면적 1 m^{2}에서 1시간 동안에 발생하는 열량을 말한다.

② 계산공식

• H_b = $\dfrac{w_2 \cdot (H_2 - H_1)}{A_b}$ = $\dfrac{\text{발생증기량} \times (\text{발생증기 엔탈피} - \text{급수엔탈피})}{\text{전열면적}}$

= $\dfrac{(\quad) \, kg/h \times (\quad - \quad) \, kcal/kg}{(\quad) m^2}$ = ( ) kcal/m^2·h

(8) 증발배수(R_2 또는, 실제증발배수) 암기법 : 배연실

① 매시간당 연료사용량에 대한 매시간당 실제증발량을 말한다.

② 계산공식

$$\bullet \ R_2 = \frac{w_2}{m_f}\left(\frac{\text{매시 실제증발량}}{\text{매시 연료사용량}}\right) = \frac{(\quad)\ kg/h}{(\quad)\ kg_{-f}/h} = (\quad)\ kg/kg_{-f}$$

(9) 상당증발배수(R_e)

① 매시간당 연료소비량에 대한 매시간당 상당증발량을 말한다.

② 계산공식

$$\bullet \ R_e = \frac{w_e}{m_f}\left(\frac{\text{매시 상당증발량}}{\text{매시 연료사용량}}\right) = \frac{(\quad)\ kg/h}{(\quad)\ kg_{-f}/h} = (\quad)\ kg/kg_{-f}$$

(10) 증발계수(f 또는, 증발력) 암기법 : 계실상

① 실제증발량에 대한 상당증발량의 비를 말한다.

② 보일러의 증발능력을 표준상태와 비교하여 표시한 값으로 단위가 없으며, 그 값은 1 보다 항상 크다.

③ 계산공식

$$\bullet \ f = \frac{w_e}{w_2}\left(\frac{\text{상당증발량}}{\text{실제증발량}}\right) = \frac{\dfrac{w_2 \cdot (H_2 - H_1)}{539}}{w_2} = \frac{H_2 - H_1}{539}$$

(11) 보일러 부하율(L_f) 암기법 : 부최실

① 최대연속증발량(정격용량)에 대한 실제증발량의 비를 말한다.

② 보일러 운전 중 가장 이상적인 부하율(즉, 경제부하)은 60 ~ 80% 정도이다.

③ 슈트블로워 작업시 보일러 부하율은 50% 이상에서 실시해야 한다.

④ 계산공식

$$\bullet \ L_f = \frac{w_2}{w_{max}}\left(\frac{\text{실제증발량}}{\text{최대연속증발량}}\right) = \frac{(\quad)\ kg/h}{(\quad)\ kg/h} \times 100 = (\quad)\ \%$$

(12) 연소실 열부하(Q_V 또는, 연소실 열발생률)

① 연료의 연소시 연소실의 단위체적($1\ m^3$)에서 1시간 동안에 발생하는 열량을 말한다.

② 계산공식

$$\bullet \ Q_V = \frac{Q_{in}}{V} = \frac{m_f \cdot (H_\ell + \text{연료의 현열} + \text{공기의 현열})}{V_{\text{연소실의 체적}}} = (\quad)\ kcal/m^3 h$$

(13) 화격자 연소율(b)

① 화격자 $1\ m^2$에서 1시간 동안에 소비되는 연료사용량을 말한다.

② 계산공식

$$\bullet \ b = \frac{m_f}{A}\left(\frac{\text{연료사용량},\ kg/h}{\text{화격자 면적},\quad m^2}\right) = (\quad)\ kg/m^2{\cdot}h$$

(14) 보일러 효율(η)　　　　　　　　　　　　암기법 : (효율좋은) 보일러 사저유

① 입·출열법에 의한 방법(직접법)

- $\eta = \dfrac{Q_s}{Q_{in}} = \dfrac{\text{유효출열 (또는, 발생증기의 흡수열량)}}{\text{총입열량}}$

　　　　　여기서, m_f : 연료사용량(또는, 연료소비량)

　　　　　　　　　H_ℓ : 연료의 저위발열량

$= \dfrac{w_2 \cdot (H_x - H_1)}{m_f \cdot H_\ell} \times 100 = (\quad) \%$

　　　또는, 상당증발량(w_e)과 실제증발량(w_2)의 관계식을 이용하면

　　　　$w_e \times 539 = w_2 \times (H_x - H_1)$ 에서,

　　　　　　$w_2 = \dfrac{w_e \times 539}{H_x - H_1}$ 이므로

$= \dfrac{\dfrac{w_e \times 539}{H_x - H_1} \cdot (H_x - H_1)}{m_f \cdot H_\ell} = \dfrac{w_e \times 539}{m_f \cdot H_\ell} \times 100 = (\quad) \%$

② 열손실법에 의한 방법(간접법)

- $\eta = \dfrac{Q_s}{Q_{in}} = \dfrac{Q_{in} - L_{out}}{Q_{in}}$

$= 1 - \dfrac{L_{out}}{Q_{in}} = \left(1 - \dfrac{\text{총손실열}}{\text{총입열량}}\right) \times 100 = (\quad) \%$

5. 보일러의 장애

(1) 보일러 운전 중 장애

① 가마울림(또는, 공명현상)

- 보일러의 연소 중에 보일러가 진동하면서 연소실이나 연도 내에서 연속적으로 울리는 소리를 내는 현상을 말한다.

㉠ **발생원인**　　　　　　　　　　　　　　　암기법 : 가수분 공연

ⓐ 연료 중에 수분이 많을 때
ⓑ 공연비(공기와 연료의 혼합비)가 나빠서 연소속도가 느릴 때
ⓒ 연도에 에어포켓이 있을 때
ⓓ 연도의 단면적 변화가 크거나 굴곡부가 많을 때
ⓔ 송풍기의 용량이 과대할 때
ⓕ 연소실 및 연도 등에 생긴 틈으로 외부공기가 누입될 때
ⓖ 미연가스가 연도를 통과시 일부의 공기가 혼합하여 재연소(2차연소) 될 때

    ⓒ **방지대책**

      ⓐ 수분이 적은 연료를 사용한다.

      ⓑ 공연비를 개선한다.(연소속도를 너무 느리게 하지 않는다.)

      ⓒ 연소실이나 연도를 개조하여 연소가스가 원활하게 흐르도록 한다.

      ⓓ 2차공기의 가열 및 통풍의 조절을 적정하게 개선한다.

      ⓔ 연소실내에서 연료를 신속히 완전 연소시킨다.

  ② **프라이밍 (또는, 플라이밍 Priming, 飛水 비수 현상)**

   – 보일러 동 수면에서 급격한 증발현상으로 인하여 기포가 비산하여 작은 물방울이
    증기부에 심하게 튀어올라 증기 속에 포함되는 현상을 말한다.

    ㉠ **발생원인**   `암기법` : 프라이밍은 부유·농 과부를 개방시키는데 고수다.

      ⓐ 보일러수내의 **부유**물·불순물 함유

      ⓑ 보일러수의 **농축**

      ⓒ **과부**하 운전.(증기발생이 과대한 경우)

      ⓓ 주증기밸브의 급**개방**.(부하의 급변)

      ⓔ **고수위** 운전 시.(증기부가 작고, 수부가 클 경우)

      ⓕ 비수방지관 미설치 및 불량

      ⓖ 보일러의 증발능력에 비하여 증발수의 면적이 좁을 경우

      ⓗ 증기를 갑자기 발생시킨 경우.(연소량이 급격히 증대하는 경우)

      ⓘ 증기압력을 급격히 낮출 경우

    ㉡ **방지대책**   `암기법` : 프라이밍 및 포밍 발생원인을 방지하면 된다.

      ⓐ 보일러수내의 부유물·불순물이 제거되도록 철저한 급수처리를 한다.

      ⓑ 보일러수를 농축시키지 않는다.

      ⓒ 과부하 운전을 하지 않는다.

      ⓓ 주증기밸브를 급히 개방하지 않는다. (즉, 천천히 연다.)

      ⓔ 고수위 운전을 하지 않는다. (정상수위로 운전한다.)

      ⓕ 비수방지관을 설치한다.

    ㉢ **프라이밍 및 포밍 현상이 발생한 경우에 취하는 즉각적인 조치사항**

      ⓐ 연소를 억제하여 연소량을 낮추면서, 보일러를 정지시킨다.

      ⓑ 보일러수의 일부를 분출하고 새로운 물을 넣는다.(불순물 농도를 낮춘다)

      ⓒ 주증기 밸브를 잠가서 압력을 증가시켜 수위를 안정시킨다.

      ⓓ 안전밸브, 수면계의 시험과 압력계 등의 연락관을 취출하여 살펴본다.
       (계기류의 막힘상태 등을 점검한다.)

      ⓔ 수위가 출렁거리면 조용히 취출을 하여 수위안정을 시킨다.

      ⓕ 보일러수에 대하여 검사한다.(보일러수의 농축장애에 따른 급수처리 철저)

③ **포밍(Foaming, 물거품 솟음 현상)**

- 보일러 동 저부에서 부유물, 보일러수의 농축, 용해된 고형물 등이 수면위로 떠오르면서 수면이 물거품으로 뒤덮이는 현상을 말한다.

㉠ 포밍의 발생원인은 프라이밍의 발생원인과 같다.

㉡ 포밍의 방지대책은 프라이밍의 방지대책과 같다.

④ **캐리오버(Carry over, 기수공발 현상)**

- 프라이밍(비수현상)이나 포밍(물거품 현상)으로 인해서 미세물방울이 증기에 혼입되어 주증기배관으로 송출되는 현상을 말한다.

㉠ 캐리오버 발생원인은 프라이밍의 발생원인과 같다.

㉡ 캐리오버 방지대책은 프라이밍의 방지대책과 같다.

⑤ **수격작용(Water hammer, 워터해머)**

- 증기배관 내에서 생긴 응축수 및 캐리오버 현상에 의해 증기배관으로 배출된 물방울이 증기의 압력으로 배관 벽에 마치 햄머처럼 충격을 주어 소음을 발생시키는 현상을 말한다.

㉠ **발생원인**

ⓐ 증기트랩 고장 시
ⓑ 프라이밍 및 포밍이나 캐리오버 발생 시
ⓒ 배관의 관지름이 작을 경우
ⓓ 증기관 내 응축수 체류시 송기하는 경우
ⓔ 증기관을 보온하지 않았을 경우
ⓕ 주증기밸브를 급개방 할 경우
ⓖ 증기관의 구배선정이 잘못된 경우

㉡ **방지대책**   암기법 : 증수관 직급 밸서

ⓐ 증기배관 속의 응축수를 취출하도록 증기트랩을 설치한다.
ⓑ 토출 측에 수격방지기를 설치한다.
ⓒ 배관의 관경을 크게 하여 유속을 낮춘다.
ⓓ 배관을 가능하면 직선으로 시공한다.
ⓔ 펌프의 급격한 속도변화를 방지한다.
ⓕ 주증기밸브의 개폐를 천천히 한다.
ⓖ 관선에 서지탱크(Surge tank, 조압수조)를 설치한다.
ⓗ 비수방지관, 기수분리기를 설치한다.

(2) 보일러 가동 중 연소 장애 원인

① 연료 소비 과다의 원인
- ㉠ 연료의 발열량이 낮을 때
- ㉡ 오일내에 물이나 협잡물이 많이 포함되었을 때
- ㉢ 오일의 예열온도가 낮을 때
- ㉣ 연소용 공기의 부족 및 과다일 때

② 오일 속에 슬러지(Sludge)가 생기는 원인
- ㉠ 기름내에 수분이나 미세한 불순물(협잡물)이 많을 때
- ㉡ 기름내에 왁스 성분이 들어있을 때
- ㉢ 기름내에 아스팔트 성분이나 탄소분이 많을 때
- ㉣ 기름탱크 내·외부의 온도차에 의한 수분 발생이 많을 때

③ 오일여과기(Oil strainer)가 막히는 원인
- ㉠ 여과기의 청소가 불량일 때
- ㉡ 기름의 점도가 너무 높을 때
- ㉢ 기름내에 불순물이나 슬러지가 많을 때
- ㉣ 연료의 공급상태가 불안정할 때

④ 오일펌프(Oil pump)의 흡입불량 원인
- ㉠ 오일여과기가 막혔을 때
- ㉡ 기름의 점도가 너무 높을 때
- ㉢ 펌프 입구측의 밸브가 닫혔을 때
- ㉣ 기름배관 계통에 공기가 침입하였을 때
- ㉤ 펌프의 흡입낙차가 너무 클 때
- ㉥ 기름의 예열온도가 너무 높아 기화되었을 때

⑤ 급유관이 막히는 원인
- ㉠ 기름내에 슬러지가 많을 때
- ㉡ 기름내에 회분이 많을 때
- ㉢ 기름의 점도가 너무 높을 때
- ㉣ 기름이 응고되어 굳었을 때
- ㉤ 기름내에 협잡물이나 이물질이 많을 때

⑥ 연소용 공기 공급불량의 원인
- ㉠ 송풍기의 회전수가 부족할 때
- ㉡ 송풍기의 능력이 부족할 때
- ㉢ 공기댐퍼가 불량일 때
- ㉣ 덕트의 저항이 증대될 때
- ㉤ 윈드박스가 폐쇄되었을 때

⑦ **연소 불안정의 원인**
  ㉠ 기름 배관내에 공기가 누입되었을 때
  ㉡ 기름내에 수분이 많을 때
  ㉢ 기름의 예열온도가 너무 높을 때
  ㉣ 오일펌프의 흡입량이 부족할 때
  ㉤ 기름의 점도가 너무 높을 때
  ㉥ 연료의 공급상태가 불안정할 때

⑧ **버너모터가 움직이지 않는 원인**
  ㉠ 전원 연결이 불량일 때
  ㉡ 전기배선이 끊어졌을 때
  ㉢ 버너모터에 부착된 콘덴서(또는, 커패시터)가 고장일 때

⑨ **버너에서 기름이 분사되지 않는 원인**
  ㉠ 기름탱크에 기름이 부족할 때
  ㉡ 유압이 너무 낮을 때
  ㉢ 버너 노즐이 막혔을 때
  ㉣ 급유관이 막혔을 때
  ㉤ 화염검출기 작동이 불량할 때

⑩ **버너 노즐이 막히는 원인**
  ㉠ 출구에 카본이 축적되었을 때
  ㉡ 노즐의 온도가 너무 높을 때
  ㉢ 기름내에 협잡물이 많을 때
  ㉣ 소화시에 노즐에 기름이 남아있을 때

⑪ **버너 화구에 카본(Carbon)이 축적되는 원인**
  ㉠ 오일의 점도가 너무 높을 때
  ㉡ 오일내에 탄소분이 너무 많을 때
  ㉢ 오일의 무화가 불량일 때
  ㉣ 오일의 온도가 너무 높을 때
  ㉤ 유압이 과다할 때
  ㉥ 공기의 공급량이 부족할 때

⑫ **노벽에 카본(Carbon, 탄소부착물, 그을음)이 많이 축적되는 원인**
  ㉠ 오일의 점도가 너무 높을 때
  ㉡ 연소실 온도가 낮을 때
  ㉢ 유압이 과다할 때
  ㉣ 1차 공기의 압력이 과다할 때
  ㉤ 무화된 오일이 직접 충돌할 때

ⓑ 노폭이 좁아서 버너의 화염이 노벽에 닿을 때
ⓢ 공기의 공급량이 부족할 때
ⓞ 분무된 오일이 불완전연소가 되었을 때

⑬ **화염 중에 불똥(스파이크)이 튀는 원인**
　ⓐ 연료인 기름의 온도가 낮을 때
　ⓑ 버너속에 카본이 부착되어 있을 때
　ⓒ 분무용 공기압이 낮을 때
　ⓓ 중유에 아스팔트 성분이 많이 들어있을 때
　ⓔ 버너타일이 맞지 않을 때
　ⓕ 노즐의 분무가 불량일 때

⑭ **열전도가 불량하고 전열능력이 오르지 않는 원인**
　ⓐ 보일러 능력이 부족할 때
　ⓑ 기름의 무화가 불량일 때
　ⓒ 연료 공급이 부족할 때
　ⓓ 통풍력이 일정하지 않을 때
　ⓔ 전열면에 그을음이나 스케일이 많이 부착되었을 때

⑮ **소음의 원인**
　ⓐ 노즐의 분사음 때문
　ⓑ 공기 배관속 기류에 의한 진동 때문
　ⓒ 공기압축기의 흡입시 소음 때문
　ⓓ 오일펌프의 흡입소음 때문
　ⓔ 송풍기의 흡입소음 때문
　ⓕ 송풍기의 임펠러가 불량일 때

⑯ **운전 도중에 화염이 꺼지는 원인**
　ⓐ 버너밸브를 너무 빨리 닫았을 때
　ⓑ 정전이 되었을 때
　ⓒ 기름탱크에 기름이 없을 때
　ⓓ 점화불량일 때
　ⓔ 연소용 공기(1차공기)의 공급량이 부족할 때

⑰ **불완전연소의 원인**
　ⓐ 오일의 무화가 불량일 때
　ⓑ 연소용 공기량이 부족할 때
　ⓒ 분무된 연료와 연소용 공기와의 혼합이 불량일 때
　ⓓ 연소 속도가 적당하지 않을 때

제2장 보일러 운전

1. 보일러 운전

(1) 보일러 운전 준비

① **사용 중인 보일러의 가동 전 점검**

㉠ 보일러의 수위확인
- 보일러의 수위는 수면계의 1/2 정도의 중심선에 오도록 상용수위를 설정하여 이보다 고수위나 저수위가 되지 않도록 조정한다.

㉡ 보일러의 분출 및 분출장치의 점검
- 보일러의 분출은 점화전 부하가 가장 적을 때 실시하도록 전날 수위를 약간 높인 상태이어야 한다. 특히 분출장치의 누설은 저수위 사고의 원인이 되므로 수시로 감시하여야 한다.

㉢ 프리퍼지 운전
- 전날 소화 후 급속냉각을 막기 위하여 배기댐퍼를 닫은 상태이므로 보일러 점화전에 노내에 잔류한 누설가스나 미연소가스로 인한 역화나 가스폭발 사고를 방지하기 위하여 보일러 노내의 미연소가스를 송풍기로 배출시켜야 한다. 만약 자연통풍시에는 충분한 환기를 위하여 5분 이상 완전히 배출하도록 한다.

㉣ 연료장치 및 연소장치의 점검
- 연료 계통의 누설은 화재발생의 원인이 되므로 저장탱크에서 서비스탱크의 이음부 및 연소장치인 버너까지의 이송 관로를 항상 확인하여야 하며, 연료 이송펌프나 여과기 등의 정상작동 유무도 항상 확인하여야 한다.

㉤ 자동제어장치의 점검
- 수위검출기, 화염검출기, 인터록 장치 등 자동제어부의 이상 여부를 항상 점검하여야 한다.

② **보일러 가동 후 점검**

㉠ 기름 보일러의 점화 시 주의사항
ⓐ 중유를 사용하는 경우에는 점화나 소화시에 반드시 경유를 사용한다.
ⓑ 점화시 버너의 연료공급밸브를 연 후에 5초 정도 이내에 착화가 되지 않으면 착화 실패로 판단하고 즉시 연료공급밸브를 닫고 노내 환기를 충분히 한다.

ⓒ 연소 초기에는 연료공급밸브를 천천히 열어서 저부하에서 차츰씩 고부하로 진행시킨다.

ⓓ 연소량을 증가시킬 때에는 항상 공기의 공급량을 먼저 증가시킨 후, 연료량(기름량)을 증가시킨다.(만약, 순서가 바뀌면 역화 우려가 있다.)

ⓔ 연소량을 감소시킬 때에는 항상 연료량(기름량)을 먼저 감소시킨 후, 공기량은 나중에 감소시킨다.

ⓕ 고압기류식 버너의 경우에는 증기나 공기의 분무매체를 먼저 불어넣고 기름을 투입한다.

ⓛ 가스 연소장치의 점화 시 주의사항

ⓐ 점화는 1회에 이루어질 수 있도록 화력이 큰 불씨를 사용한다.

ⓑ 노내 환기에 주의하여야 하고, 실화 시에도 노내 환기를 충분히 한다.

ⓒ 연료배관계통의 누설유무를 정기적으로 할 수 있도록 한다.

ⓓ 전자밸브의 작동유무는 파열사고와 직접 관련되므로 수시로 점검한다.

ⓒ 자동점화 조작 시의 순서

• 기동스위치 → 송풍기 기동 → 버너모터 작동 → 프리퍼지(노내환기) → 버너 동작 → 노내압 조정 → 착화 버너(파일럿 버너) 작동 → 화염검출 → 전자밸브 열림 → 주버너 점화 → 댐퍼작동 → 저연소 → 고연소

ⓔ 점화불량 원인   **암기법** : 연필노, 오점

ⓐ **연**료가 없는 경우

ⓑ 연료**필**터가 막힌 경우

ⓒ 연료분사**노**즐이 막힌 경우

ⓓ **오**일펌프 불량

ⓔ **점**화플러그 불량 (점화플러그 손상 및 그을음이 많이 낀 경우)

ⓕ 압력스위치 손상

ⓖ 온도조절스위치가 손상된 경우

ⓜ 육안으로 본 연소상태의 판단

공기비	화염의 색	연기의 색
부족	어두운 적색	흑색
적당	오렌지색	담백색
과다	백색	백색

(2) 보일러 운전 중 점검

① 운전 중인 보일러는 상용수위의 유지가 중요하므로, 안전저수위 이하로 낮아지지 않도록 한다.

② 보일러 운전중 보일러수위, 증기압력, 화염상태, 배기가스온도는 수시로 감시한다.

③ 안전밸브, 압력조절기, 압력제한기의 기능을 감시한다.

④ 보일러 본체나 벽돌벽에 강렬한 화염이 충돌하지 않도록 주의하며, 항상 화염이 흐르는 방향을 감시한다.

⑤ 2차공기의 양을 조절하여 불필요한 공기의 노내 침입을 방지하여 노내를 고온도로 유지한다.

⑥ 가압연소 시 단열재나 케이싱(Casing)의 손상, 연소가스 누설의 방지와 더불어 통풍계를 보면서 통풍력을 적정하게 유지한다.

⑦ 연소가스 온도, O_2(%), CO_2(%), 통풍력 등의 계측치에 의거하여 연소를 조절한다.

⑧ 안전밸브는 1일 1회 이상 레버를 수동으로 열어 작동상태를 시험한다.
  이 때, 안전밸브는 제한압력보다 4 % 증가하면 자동적으로 증기를 분출시키고 닫혀야 한다.

⑨ 보일러수는 1일 1회 이상 분출시킨다.

⑩ 여과기는 주 2회 이상 자주 청소한다.

⑪ 급수는 1회에 다량으로 하지 않고 연속적으로 일정량씩 급수한다.

(3) 증기 발생 시의 점검

① 연소 초기의 취급 시 주의사항

㉠ 보일러에 불을 붙일 경우 연소량을 급격히 증가시키지 않아야 한다.

㉡ 급격한 연소는 보일러 본체의 부동팽창을 일으켜 내화벽돌을 쌓은 접촉부에 틈을 증가시키고 벽돌사이에 균열이 생길 수 있다.

㉢ 급격한 연소는 전열면의 부동팽창, 내화물의 스폴링 현상, 그루빙, 균열 등의 원인이 된다. 특히 주철제 보일러는 급랭·급열 시에 열응력에 의해 쉽게 갈라질 수 있다.

㉣ 압력상승에 필요한 시간은 보일러 본체에 큰 온도차와 국부적 과열이 되지 않도록 충분한 시간을 갖고 연소시킨다.

㉤ 찬물을 가열할 경우에는 일반적으로 최저 1 ~ 2시간 정도로 서서히 가열하여 정상 압력에 도달하도록 한다.

② 증기압이 오르기 시작할 때의 취급 시 주의사항

㉠ 공기빼기밸브에서 증기가 나오기 시작하면 공기가 배제된 것이므로 공기빼기 밸브를 닫는다.

㉡ 수면계, 압력계, 분출장치, 부속품 등의 연결부에서 누설을 점검한 후 누설이 있는 곳은 완벽하게 더 조여 준다.

㉢ 맨홀, 청소구, 검사구(측정홀) 등 뚜껑설치 부분은 누설에 관계없이 완벽하게 더 조여 준다.

㉣ 압력계의 주시와 압력상승 정도에 따라 연소상태를 천천히 조정한다.

㉤ 보일러 가열에 따른 팽창으로 수위의 변동 및 정상수위를 유지하는지 확인한다.

㉥ 급수장치, 급수밸브, 급수체크밸브의 기능을 확인한다.

㉦ 분출장치의 누설 유무를 확인한다.

③ 증기압이 올랐을 때의 취급 시 주의사항

㉠ 증기압력이 75% 이상 되었을 때 안전밸브의 레버를 열어 증기분출시험을 행한다.

㉡ 보일러 수위를 일정하게 유지, 관리한다.

㉢ 보일러내의 압력을 일정하게 유지, 관리한다.

㉣ 연소상태를 확인하여 정상적인 연소가 이루어지도록 한다.

㉤ 분출밸브, 수면계, 드레인 밸브의 누설유무를 확인한다.

㉥ 자동제어장치의 작동상태를 점검한다.

④ 송기 시의 취급 시(또는, 주증기밸브 작동 시) 주의사항

㉠ 캐리오버, 수격작용이 발생하지 않도록 한다.

㉡ 송기하기 전 증기헤더의 주위 밸브 및 트랩 등의 바이패스 밸브를 열어 드레인을 제거한다.

㉢ 주증기관 내에 소량의 증기를 공급하여 관을 따뜻하게 예열한다.

㉣ 주증기밸브는 3분에 1회전을 하여 단계적으로 천천히 개방시켜 완전히 열었다가 다시 조금 되돌려 놓는다.

㉤ 항상 일정한 압력을 유지하고, 부하측의 압력이 정상적으로 유지되고 있는지 확인한다.

㉥ 연소상태를 확인하여 정상적인 연소가 이루어지도록 한다.

⑤ 송기 후의 취급 시 주의사항

㉠ 송기 후 압력강하로 인한 압력을 조절한다.

㉡ 수면계의 수위를 감시한다.

㉢ 밸브의 개폐 상태를 확인한다.

㉣ 자동제어장치의 작동상태를 점검한다.

(4) 보일러 운전정지 시 점검

① 보일러 정지 시의 조치사항

㉠ 증기사용처에 연락을 하여 작업이 완전 종료될 때까지 필요로 하는 증기를 남기고 운전을 정지시킨다.

㉡ 내화벽돌 쌓기가 많은 보일러에서는 내화벽돌의 여열로 인하여 압력이 상승하는 위험이 없는지를 확인한다.

㉢ 보일러의 압력을 급격히 낮게 하거나 벽돌쌓기 등을 급랭하지 않는다.

㉣ 보일러수는 상용수위보다 약간 높게 급수하여 놓고 급수 후에는 급수밸브를 닫는다.

㉤ 주증기밸브를 닫고 드레인 밸브를 반드시 열어 놓는다.

㉥ 다른 보일러와 증기관의 연락이 있는 경우에는 그 연락관의 밸브를 닫는다.

② 보일러 정지 시의 순서

　㉠ 연료공급밸브를 닫아 연료의 투입을 정지한다.
　㉡ 공기공급밸브를 닫아 연소용 공기의 투입을 정지한다.
　㉢ 버너와 송풍기의 모터를 정지한다.
　㉣ 급수밸브를 열어 급수를 하여 압력을 낮추고 급수밸브를 닫고 급수펌프를 정지한다.
　㉤ 주증기밸브를 닫고 드레인(drain, 응축수)밸브를 열어 놓는다.
　㉥ 댐퍼를 닫는다.

③ 보일러 정지 후의 점검사항

　㉠ 전원스위치 확인
　㉡ 정지 시 증기압력
　㉢ 노내의 여열에 의한 압력상승 여부 확인
　㉣ 연료계통 및 급수펌프 등의 누설
　㉤ 밸브류의 누설 유무
　㉥ 집진장치의 매진 처리 등

2. 보일러 청소 및 보존관리

(1) 보일러 청소

① 보일러 청소의 목적

　㉠ 전열효율 저하 방지
　㉡ 과열의 원인 제거
　㉢ 부식의 방지
　㉣ 보일러수의 순환불량 방지
　㉤ 보일러 수명 연장
　㉥ 통풍저항 감소
　㉦ 보일러 열효율 향상 및 연료의 절감

② 보일러 청소시기

　㉠ 배기가스 온도가 너무 높아지는 경우
　㉡ 보일러의 능력이 오르지 않는 경우
　㉢ 동일 조건하에서 연료사용량이 증가할 경우
　㉣ 통풍력이 저하될 경우

③ 내부 청소(inside cleaning)

　㉮ 기계적 청소 방법
　　- 청소용 공구를 사용하여 수작업으로 하는 방법과 기계(튜브 클리너, 제트 클리너,
　　 스케일 해머 등)를 사용하여 동체 및 관의 내면에 있는 부착물을 제거하는
　　 방법이 있다.

④ 화학적 세관(洗罐) 방법

  – 동체 및 관의 내면에 있는 부착물을 기계적 청소방법으로 제거하기 곤란할 경우 화학약품을 사용하여 부착물을 용해시켜 제거하는 방법으로 산(酸)세관, 알칼리 세관, 유기산 세관이 있다.

  ㉠ (무기)산 세관 (acid cleaning)

    ⓐ 내면의 스케일과 투입한 산과의 화학반응에 의해 스케일을 용해시켜 제거한다.

    ⓑ 세관처리 : 물속에 염산을 5 ~ 10% 넣고 물의 온도를 약 60±5℃ 정도로 유지하여 5시간 정도 보일러 내부를 순환시켜 스케일을 제거시킨다. 그러나 염산의 액성에 의해 부식이 촉진되므로 부식 억제제인 인히비터(inhibitor)를 적당량(0.2 ~ 0.6%) 첨가해서 처리하여야 한다.

    ⓒ 산 세관 약품의 종류 : 염산, 질산, 황산, 인산, 설파민산(NH_2SO_3H) 등

    ⓓ 보일러 세관 시 염산(HCl)을 가장 많이 사용하는 이유

      • 스케일(관석) 용해능력이 우수하다.

      • 위험성이 적고 취급이 용이하다.

      • 가격이 저렴하여 경제적이다.

      • 물에 대한 용해도가 크기 때문에 세척력이 좋다.

      • 다만, 산세관 후의 물과 염산은 분리가 어려우므로 폐수처리업자에게 위탁처리 하여야 한다.

    ⓔ 세관 시, 보일러수의 온도 : 60±5℃

  ㉡ 알칼리 세관 (alkali cleaning)

    ⓐ 내면의 유지류, 실리카(규산계 스케일) 제거를 위해 알칼리 약품을 투입하는 방법이다.

    ⓑ 세관처리 : 물속에 알칼리를 0.1 ~ 0.5% 넣고 물의 온도를 약 70℃ 정도로 유지하여 보일러 내부를 순환시킨다.

    ⓒ 알칼리 세관을 하면 알칼리액이 pH 13 이상의 보일러수에 의해 가성취화가 일어난다. 이것을 방지하기 위하여 가성취화 방지제를 첨가하여 처리한다.

    ⓓ 알칼리 세관 약품의 종류 : 탄산소다, 가성소다, 인산소다, 암모니아, 계면활성제 등

    ⓔ 보일러수의 온도 : 약 70℃

  ㉢ 유기산(有機酸) 세관 (organic acid cleaning)

    ⓐ 유기산은 유기물이므로 보일러 운전시 고온에서 분해하여 산이 남아 있어도 부식될 우려가 적어, 오스테나이트계 스테인리스강이나 동 및 동합금의 세관에 사용한다.

ⓑ 세관처리 : 물속에 중성에 가까운 유기산을 약 3% 넣고 물의 온도를 약 90±5℃ 정도로 유지하여 보일러 내부를 순환시킨다.

ⓒ 유기산 약품의 종류 : 구연산, 개미산, 시트르산, 옥살산, 초산 등

ⓓ 보일러수의 온도 : 90±5℃

④ **외부 청소(outside cleaning)**

㉠ 기계적 청소방법

- 청소용 공구를 사용하여 수작업으로 하는 방법과 기계(와이어 브러시, 스크래퍼 등)를 사용하여 보일러 외면의 전열면에 있는 그을음, 카본, 재 등을 제거하는 방법이 있다.

㉡ 슈트 블로어(Soot blower, 그을음 불어내기)

- 보일러 전열면에 부착된 그을음 등을 물, 증기, 공기를 분사하여 제거하는 매연 취출장치이다.

㉢ 워터 쇼킹(water shocking)법 : 가압펌프로 물을 분사한다.

㉣ 수세(washing)법 : pH 8 ~ 9의 물을 다량으로 사용한다.

㉤ 스팀 쇼킹(steam shocking)법 : 증기를 분사한다.

㉥ 에어 쇼킹(air shocking)법 : 압축공기를 분사한다.

㉦ 스틸 쇼트 클리닝(steel shot cleaning)법 : 압축공기로 강으로 된 구슬을 분사한다.

㉧ 샌드 블라스트(sand blast)법 : 압축공기로 모래를 분사한다.

(2) 휴지 시 보일러의 보존관리

① **보일러 보존의 필요성**

- 보일러의 가동을 중지하고 방치하면 내·외면에 부식이 발생되어 보일러의 수명 단축, 안전성 저하 등의 악영향을 끼친다. 그러므로 이러한 영향을 줄이기 위하여 적절한 보존방법이 필요하게 된다.

② **보존 방법의 구분**

㉮ 보존 기간에 따라

㉠ 장기 보존법 : 휴지기간이 2 ~ 3개월 이상이 되는 경우에 보존하는 방법이다.

㉡ 단기 보존법 : 휴지기간이 2주일에서 1개월 이내인 경우에 보존하는 방법이다.

㉯ 보존 휴지 중 보일러수의 유무에 따라

㉠ **건조(乾燥) 보존법 (또는, 건식 보존법)**

: 보존기간이 6개월 이상인 경우 보일러수를 완전히 배출하고 동 내부를 완전히 건조시킨 후 약품(흡습제, 산화방지제, 기화성 방청제 등)을 넣고 밀폐시켜 보존하는 방법으로 다음과 같은 방법이 있다. (이 때 동내부의 산소제거는 숯불을 용기에 넣어서 태운다.)

ⓐ 석회 밀폐건조법
- 완전히 건조시킨 후 건조제(생석회나 실리카겔 등의 흡습제)를 동 내부에 넣은 후 밀폐시켜 보존하는 방법이다. 이 때 약품의 상태는 1 ~ 2주마다 점검하여야 한다.
ⓑ 질소가스 봉입법(또는, 질소건조법, 기체보존법)
- 완전히 건조시킨 후 질소가스를 0.06 MPa(0.6 kgf/cm²)정도로 압입 하여 동 내부의 산소를 배제시켜 부식을 방지하는 방법이다.
ⓒ 기화성 부식억제제 투입법
- 완전히 건조시킨 후 기화성 부식억제제(VCI, Volatile Corrosion Inhibitor)를 동 내부에 넣고 밀폐시켜 보존하는 방법이다.
ⓓ 가열 건조법
- 장기 보존법인 석회 밀폐건조법과 방법 및 요령은 비슷하지만, 건조제를 봉입하지 않는 것으로 단기 보존법으로 사용된다.

ⓛ 만수(滿水) 보존법 (또는, 습식 보존법)
- 보존기간이 2 ~ 3개월 정도인 경우에 적용하는 방법으로 보일러 구조상 건조 보존법이 곤란할 때 동결의 우려가 없는 경우 동 내부에 보일러수를 가득 채운 후에 0.035 MPa 정도의 압력이 약간 오를 정도로 물을 끓여 용존산소나 탄산가스를 제거한 후 서서히 냉각시켜 보존하는 방법으로 다음과 같은 방법이 있다.
ⓐ 보통 만수 보존법
- 보일러수를 만수로 채운 후에 압력이 약간 오를 정도로 물을 끓여 공기와 이산화탄소만을 제거한 후, 알칼리도 상승제나 부식억제제를 넣지 않고 서서히 냉각시켜 보존하는 단기 보존방법이다.
ⓑ 소다 만수 보존법
- 만수 상태의 수질이 산성이면 부식작용이 생기기 때문에 가성소다 (NaOH), 아황산소다(Na_2SO_3) 등의 알칼리성 물(pH 12 정도)로 채워 보존하는 장기 보존방법이다.

ⓒ 특수 보존법(또는, 페인트 도장법)
- 보일러에 도료(흑연, 아스팔트, 타르 등)를 칠하면 부식방지에 유효하다. 다만, 보일러 페인트는 열전도율이 작으므로 도장은 가급적 얇게 칠해야 한다.

제3과목

제3장 보일러 수질(水質) 관리

1. 급수의 성질

(1) 수질의 기준

   ① 수질에 관한 농도의 단위

      ㉮ ppm (parts per million, 백만분율)

         ㉠ 물 1 L 중에 함유된 불순물의 양을 mg 으로 표시하는 농도이다.

         ㉡ ppm의 환산단위 : mg/L, g/m^3, g/ton, mg/kg

$$\bullet\ ppm = \mathbf{mg/L} = \frac{10^{-3}g}{10^{-3}m^3} = \mathbf{g/m^3} = \frac{g}{(10^2 cm)^3} = \frac{1}{10^6}\ \mathbf{g/cm^3} = \mathbf{g/ton}$$

$$= \frac{g}{10^3 kg} = \frac{10^{-3}g}{kg} = \mathbf{mg/kg}$$

         ㉢ 불순물 농도(ppm) = $\dfrac{\text{불순물의 양}}{\text{보일러수의 양}} \times 10^6$

         ㉣ 물의 비중은 1 (kg/L) 이다.

      ㉯ ppb (parts per billion, 10억분율)

         ㉠ 물 1 m^3 중에 함유된 불순물의 양을 mg 으로 표시하는 농도이다.

         ㉡ ppb의 환산단위 : mg/m^3, mg/ton, μg/kg

      ㉰ epm (equivalent per million, 당량 백만분율)

         ㉠ 용액 1 kg 중에 함유된 용질의 양을 mg 당량으로 표시하는 당량농도이다.

         ㉡ epm의 환산단위 : mg/kg, g/ton

   ② 수질을 나타내는 용어의 정의

      ㉮ pH (수소이온농도지수)

         ㉠ pH는 물에 함유하고 있는 수소이온(H^+)농도를 지수로 나타낸 것이다.

         ㉡ pH는 0에서 14까지 있으며, 수용액의 성질을 나타내는 척도로 쓰인다.

            ⓐ 산성 : pH 7 미만

            ⓑ 중성 : pH 7

            ⓒ 염기성(또는, 알칼리성) : pH 7 초과

         ㉢ 고온의 보일러수에 의한 강판의 부식은 pH 12 이상에서 부식량이 최대가 된다.
따라서 보일러수의 pH는 10.5 ~ 11.8의 약알칼리 성질을 유지하여야 한다.
(참고로, 급수는 고온이 아니므로 이보다 낮은 pH 8 ~ 9의 값을 유지한다.)

⑭ **알칼리도(또는, 산소비도)**

　㉠ 알칼리도는 물속에 녹아 있는 알칼리분을 중화시키기 위해 필요한 산의 양을 나타낸 것이다.

　㉡ P-알칼리도(ppm)는 용액의 pH를 9 보다도 높게 하고 있는 물질의 농도이다.

　㉢ M-알칼리도(ppm)는 용액의 pH를 4.8 보다도 높게 하고 있는 물질의 농도이다.

⑮ **경도(硬度)**

　㉠ 물에 함유되어 있는 Ca 및 Mg 이온의 농도를 나타내는 척도로 쓰인다.

　㉡ Ca 경도 및 Mg 경도라 부르며, ppm(백만분율) 단위로 나타낸다.

　㉢ 탄산칼슘($CaCO_3$)경도는 수용액 중에 Ca(칼슘)과 Mg(마그네슘)의 양을 탄산칼슘($CaCO_3$)으로 환산해서 ppm(백만분율) 단위로 나타낸다.

　㉣ 경수와 연수 및 적수의 구별

　　ⓐ 경수(또는, 센물) : 경도 10.5 이상의 물로서, 비눗물이 잘 풀리지 않는다.

　　ⓑ 적수 : 경도 9.5 ~ 10.5 이하의 물을 말한다.

　　ⓒ 연수(또는, 단물) : 경도 9.5 이하의 물로서, 비눗물이 잘 풀린다.

　㉤ 보일러수로는 경수보다는 연수가 좋다.

⑯ **탁도(Turbidity, 濁度)**

　㉠ 증류수 1 L 속에 정제카올린(kaolin, 고령토, $Al_2O_3 + 2SiO_2 + 2H_2O$) 1 mg 을 함유하고 있는 색과 동일한 색의 물을 "탁도 1"의 물로 규정한다.

　㉡ 탁도의 단위는 백만분율인 **ppm** 을 사용한다.

　㉢ 탁도는 물이 흐린 정도를 나타낸다.

⑰ **색도(色度)**

　㉠ 물 1 L 속에 백금 1 mg, 코발트 0.5 mg 을 함유하고 있는 빛깔과 동일한 빛깔의 물을 색도 1도로 규정한다.

　㉡ 색도의 단위는 백만분율인 **ppm** 을 사용한다.

　㉢ 색도는 물이 착색된 정도를 나타낸다.

③ **보일러 수질관리**

㉮ **급수**

　㉠ 원통형 보일러는 급수관의 부식을 방지하기 위하여 pH 7 ~ 9를 적용한다.

　㉡ 수관식 보일러는 최고사용압력에 따라 다르게 적용된다.

　　(즉, 최고사용압력 1 MPa 미만의 수관식 보일러에서 "**급수**"로 쓰이는 관수의 pH 적정치는 7 ~ 9 이다.)

　㉢ 보일러 급수로서 가장 좋은 것은 약알칼리성이다.

　㉣ 경도는 스케일 생성 및 슬러지 침전을 방지하기 위하여 관리한다.

　㉤ 유지류는 포밍현상의 발생원인이 되고 전열면에 스케일을 부착하는 원인이 되므로 관리한다.

　㉥ 용존산소는 부식의 원인이 되므로 급수단계에서 탈산소제를 이용하여 제거한다.

④ 보일러수(또는, 관수)

 ㉠ 원통형 보일러 동체 내부의 부식을 방지하기 위하여 pH 11 ~ 11.8 을 적용한다.
 ㉡ 수관식 보일러는 최고사용압력에 따라 다르게 적용된다.
  (즉, 최고사용압력 1 MPa 미만의 수관식 보일러에서 "**보일러수**"로 쓰이는 관수의 pH 적정치는 11 ~ 11.5 이다.)
 ㉢ 고온의 물에 의한 강판의 부식은 pH 12 이상에서 부식량이 최대가 된다. 따라서 pH가 이보다 높거나 낮아도 부식성은 증가된다. 그러므로 보일러수로서 가장 좋은 것은 pH 10.5 ~ 11.8 정도의 약알칼리성이다. 만약 pH 13 이상으로 너무 높아지면 알칼리 부식이나 가성취화의 원인이 된다.

④ [표] 관수의 표준치

구분	보일러 종류	원통형보일러		수관식 보일러				
구분	최고사용압력 (MPa)	-		< 1		1~2	2~3	3~5
구분	전열면증발률 (kg/m^{2}h)	< 30	> 30	< 50	> 50	-	-	-
급수	pH (25℃기준)	7 ~ 9	7 ~ 9	7 ~ 9	7 ~ 9	7 ~ 9	7 ~ 9	8 ~ 9
급수	경도, CaCO$_3$ (ppm)	< 60	< 40	< 40	< 2	< 2	< 2	0
급수	유지 (ppm)	0 에 가깝도록 유지해야 한다.						
급수	용존산소, O$_2$ (ppm)	낮게 유지해야 한다.			1~2 < 0.5	< 0.5	< 0.1	< 0.03
보일러수	pH (25℃기준)	11 ~ 11.8	11 ~ 11.5	11 ~ 11.8	11 ~ 11.5	10.8 ~ 11.3	10.5 ~ 11	
보일러수	M 알칼리도 (ppm) pH 4.8까지	500 ~ 1000	500 ~ 800	500 ~ 1000	500 ~ 800	< 600	< 150	< 100
보일러수	P 알칼리도 (ppm) pH 8.3까지	300 ~ 800	300 ~ 600	300 ~ 800	300 ~ 600	< 400	< 120	< 70
보일러수	실리카, SiO$_2$ (ppm)	-	-	-	-	-	< 50	<40

④ **수질이 불량할 경우 보일러에 미치는 장애**

 ㉠ 보일러의 판과 관의 부식이 발생한다.
 ㉡ 스케일이나 침전물이 생겨 열전도가 방해되고 과열에 의한 사고가 발생한다.
 ㉢ 비수가 발생하여 증기속에 수분을 혼입한다.
 ㉣ 분출 횟수가 늘고, 분출로 인한 열손실이 증가한다.

⑤ 경수 연화장치(또는, 연수기)

   ⑦ 사용목적

     - 급수 속에 함유되어 있는 스케일 형성의 주성분인 Ca, Mg 등의 경수성분을 제거하여 연수로 만들어 보일러 내의 스케일 형성을 최소화하기 위함이다.

   ⑭ 재생제의 종류는 일반적으로 소금(NaCl)을 사용한다.

   ⑮ 경수연화장치의 기본원리

     - 급수 속에 함유되어 있는 Ca, Mg 이온을 강산성 양이온 교환수지가 흡착·제거한다. 만약 이온교환수지의 흡착·제거능력이 떨어지면 소금(NaCl)물로 수지를 재생시켜 연속적으로 사용할 수 있도록 되어 있다.

   ⑯ 특성

     ㉠ 수지 1L의 흡착능력은 총경도 45 ppm의 물 1ton을 정수시킬 수 있다.

     ㉡ 재생주기는 최초 24시간, 최대 7일 간격으로 수질 및 경수연화장치의 용량에 따라 재생주기를 설정한다.

     ㉢ 전원은 보일러 가동여부와 관계없이 24시간 공급해야 한다.

     ㉣ 원수의 압력은 보일러 가동여부와 관계없이 항상 $1.5 \sim 5 \, kg/cm^2$가 유지되도록 한다.

(2) 불순물의 형태

① 급수 중의 5대 불순물　　　　　　　　　　　　　암기법 : 염산 알가유

   ㉠ 염류 : 탄산염, 인산염, 황산염, 규산염 등은 스케일 생성의 원인이 된다.

   ㉡ 산분 : OH^-이온의 저하로 일반부식(또는, 전면부식)의 원인이 된다.

   ㉢ 알칼리분 : 알칼리 부식의 원인이 된다.

   ㉣ 가스분(또는, 용존가스분) : 점식(點蝕, Pitting, 피팅) 부식의 원인이 된다.

   ㉤ 유지분 : 프라이밍 및 포밍, 과열, 부식의 원인이 된다.

② 급수 속의 산소(O_2) 및 이산화탄소(CO_2)가 포함되면 부식의 원인이 된다.
급수 속에 공기가 포함되면 이러한 가스가 용해된 이후, 열을 받고 분리한다.
일반적으로 상온(20℃)의 물 속에는 약 6 ppm의 산소가 용존하고 있다.

(3) 불순물에 의한 장애

① 스케일(Scale) 생성

   ㉠ 스케일(또는, 관석)

     - 보일러수에 용해되어 있는 칼슘염, 마그네슘염, 규산염 등의 불순물이 농축되어 포화점에 달하면 고형물로서 석출되어 보일러의 내면이나 관벽에 딱딱하게 부착하는 것을 말한다. 스케일은 고착되어 있는 상태이므로 분출에 의해 제거되지 않으므로 세관작업에 의해 제거하여야 한다.

ⓒ 스케일의 주성분　　　　　　　　　　　　　암기법 : CMF, 인연
　ⓐ 경질 스케일 : 황산칼슘, 규산칼슘, 수산화마그네슘 등.
　　　　　　　　　[$CaSO_4$,　$CaSiO_3$,　$Mg(OH)_2$]
　ⓑ 연질 스케일 : 탄산칼슘, 탄산마그네슘, 탄산철, 인산칼슘 등.
　　　　　　　　　[$CaCO_3$,　$MgCO_3$,　$FeCO_3$,　$Ca_3(PO_4)_2$]

ⓒ 스케일의 종류와 성질
　ⓐ 중탄산칼슘[$Ca(HCO_3)_2$]
　　: 급수에 용존되어 있는 염류 중 스케일이나 슬러지를 생성하는 가장 일반적인
　　　성분으로서, 탄산칼슘의 용해도는 온도가 높을수록 증가하기 때문에
　　　주로 온도가 낮은 부분에서 열분해하여 탄산칼슘의 스케일을 생성한다.
　ⓑ 중탄산마그네슘[$Mg(HCO_3)_2$]
　　: 보일러수 중에서 열분해하여 탄산마그네슘의 스케일을 생성한다.
　　　탄산마그네슘은 가수분해에 의해 용해도가 작은 수산화마그네슘의 슬러지로
　　　되어 보일러 저부(底部)에 침전한다.
　ⓒ 황산칼슘[$CaSO_4$]
　　: 황산칼슘의 용해도는 온도가 높을수록 감소하기 때문에, 주로 온도가
　　　높은 부분인 증발관에서 스케일을 생성한다.
　ⓓ 황산마그네슘[$MgSO_4$]
　　: 용해도가 크기 때문에 그 자체만으로는 스케일 생성이 잘 안되지만.
　　　탄산칼슘과 작용해서 황산칼슘과 수산화마그네슘의 스케일을 생성한다.
　ⓔ 염화마그네슘[$MgCl_2$]
　　: 보일러수가 적당한 pH로 유지되는 경우에는 가수분해 및 다른 성분과의
　　　치환반응에 의해 수산화마그네슘의 스케일을 생성한다.
　ⓕ 실리카[SiO_2]
　　: 보일러 급수 중의 칼슘성분과 결합하여 규산칼슘의 스케일을 생성한다.
　ⓖ 유지분
　　: 정상적인 상태에서는 급수 중에 함유되어 있지 않지만 오일가열기, 윤활유
　　　가열기 등의 튜브에 균열이 생기면 증기 응축수 계통에 유지분이 혼입될
　　　수 있다. 이러한 유지분은 포밍, 프라이밍의 발생원인이 될 뿐만 아니라
　　　부유물, 탄소 등과 결합하여 스케일이나 슬러지를 생성한다.

ⓔ 스케일의 장애
　ⓐ 스케일은 열전도의 방해물질이므로 열전도율을 저하시킨다.
　ⓑ 전열량을 감소시킨다.
　ⓒ 배기가스의 온도가 높아지게 된다.(배기가스에 의한 열손실이 증가한다)
　ⓓ 보일러 열효율이 저하된다.
　ⓔ 연료소비량이 증대된다.

ⓕ 국부적인 과열로 인한 보일러 파열사고의 원인이 된다.

ⓖ 전열면의 과열로 인한 팽출 및 압궤를 발생시킨다.

ⓗ 보일러수의 순환을 나쁘게 한다.

ⓘ 급수내관, 수저분출관, 수면계의 물측 연락관 등을 막히게 한다.

ⓜ 스케일 부착 방지대책   암기법 : 스방, 철세, 분출

　　ⓐ 철저한 급수처리를 하여 급수 중의 염류 및 불순물을 제거한다.

　　ⓑ 세관처리 및 청관제를 보일러수에 투입한다.

　　ⓒ 보일러수의 농축을 방지하기 위하여 적절한 분출작업을 주기적으로 실시한다.

　　ⓓ 응축수를 회수하여 보일러수로 재사용한다.

　　ⓔ 보일러의 전열관 표면에 보호피막을 사용한다.

② 슬러지(sludge, 또는 슬럿지) 생성

　㉠ 슬러지

　　- 급수 속에 녹아있는 성분의 일부가 운전중인 보일러내에서 화학 변화에 의하여 불용성 물질로 되어, 보일러수 속에 현탁 또는 보일러 바닥에 침전하는 불순물을 말한다.

　㉡ 전열면에 고착되어 있는 상태가 아니고, 동체의 저부(底部)에 침전되어 앙금을 이루고 있는 연질의 침전물이다.

　㉢ 따라서, 침전물은 분출시에 일부가 제거된다.

　㉣ 슬러지의 주성분은 탄산칼슘, 인산칼슘, 수산화마그네슘, 인산마그네슘 등이다.

　㉤ 보일러수의 순환을 방해하고 보일러 효율을 저하시킨다.

　㉥ 수관식 보일러에서는 1 mm의 슬러지가 생기면 10%의 연료소비량이 증대된다.

③ 부유물은 보일러수 중에 부유되어 있는 불용성의 현탁질 고형물로서 프라이밍, 포밍을 발생시켜 캐리오버(Carry over)의 원인이 된다.

④ 가성취화(苛性脆化) 현상

　- 보일러수 중에 분해되어 생긴 가성소다(NaOH)가 과도하게 농축되면 수산화이온(OH^-)이 많아져 알칼리도가 pH 13 이상으로 높아질 경우 Na(나트륨)이 강재의 결정입계에 침투하여 재질을 열화시키는 현상이 발생한다.

⑤ 보일러수 농축은 프라이밍, 포밍을 발생시켜 증기 중에 물방울이 혼입되어 배출하는 캐리오버(Carry over) 현상의 발생 원인이 된다.

2. 급수처리

- 급수 중의 각종 불순물을 제거하여 보일러 용수로 적당한 수질을 얻기 위한 작업으로 외처리법과 내처리법의 2가지로 구분하여 실시하는데, 불순물이 적을 때에는 보일러 내처리로 가능하지만 불순물이 많을 때는 보일러에 반드시 보일러수 외처리를 해야 한다.

(1) 보일러 외처리법

① 보일러 급수로 공급되는 원수 중에 포함되어 있는 용존가스, 용해 고형물(용존염류), 현탁질 고형물(유지분 및 부유물) 등의 불순물을 보일러 외부에서 처리하는 것으로 "1차 처리"라고도 한다.

② **보일러수 외처리 방식의 일반적인 수처리 공정도**

㉠ 순서 : 원수(입수) → 응집 → 침전 → 여과 → 이온교환 → (탈기) → 급수

㉡ 응집 : 각종 오염된 원수를 무기응집제(황산알루미늄, 폴리염화알루미늄 등)를 첨가하여 경도성분을 불용성의 화합물인 슬러지로 형성하여 응집시킨다.

㉢ 침전 : 더 큰 덩어리의 침전물로 침강시킨다.

㉣ 여과 : 다공물질의 층에 탁도를 갖고 있는 물을 통과시켜서 탁도를 제거시키는 방법으로 응집·침전장치를 통과한 가볍고 미세한 입자까지 완전히 제거하여 이온교환장치의 수지(Resin)층을 보호하기 위하여 여과처리를 실시한다.

㉤ 이온교환 : 용해되어 있는 (+)이온, (-)이온을 이온교환수지로 제거한다.

㉥ 탈기 : 보일러 부식을 미연에 방지하는 탈기기 장치로 용존기체(주로, O_2, CO_2 등)를 제거한 후에 비로소 보일러수로 공급한다.

③ **외처리 방법의 분류**　　　　　　　　　| 암기법 | : 화약이, 물증 탈가여?

- 물리적 처리 : 증류법, 탈기법, 가열연화법, 여과법. 침전법(침강법), 응집법, 기폭법
- 화학적 처리 : 약품첨가법(석회-소다법), 이온교환법

④ **외처리 방법의 종류**

불순물의 종류	처리 방법	비고
현탁질 고형물	여과법, 침전법(침강법), 응집법	용존물 처리에 해당되지 않는다
용해 고형물	증류법, 이온교환법, 약품첨가법	용존물 처리에 해당된다
용존 가스	탈기법, 기폭법	

㉠ **현탁질 고형물** : 보일러수 중에 용해되지 않는 불순물(유지분이나 부유물)

ⓐ **여과법**

: 모래, 자갈, 활성탄소 등으로 이루어진 여과제 층으로 급수를 통과시켜 불순물을 제거하는 방법으로 고형물의 침전속도가 느린 경우에 주로 사용한다.

ⓑ **침전법(또는, 침강법)**

: 물보다 비중이 크고 지름이 0.1 mm 이상의 고형물이 혼합된 탁수를 침전지에서 일정기간 체류시키면 비중차에 의해 고형물이 바닥에 침강·분리시키는 방법으로 자연 침강법과 기계적 침강법이 있다.

ⓒ **응집법(또는, 흡착법)**

: 미세한 입자는 여과법이나 침전법으로 분리가 되지 않기 때문에 응집제(황산알루미늄, 폴리염화알루미늄 등)를 첨가하여 흡착·응집시켜 슬러리로 만들어 자연침강되게 하여 제거하는 방법이다.

ⓛ **용해 고형물** : 보일러수 중에 용해되어 있는 불순물(염류 성분)

ⓐ **증류법**

- 증발기를 사용하여 증류(물을 가열하여 발생된 수증기를 냉각시켜 응축수로 만드는 과정)하는 방법으로서, 물 속에 용해된 광물질은 비휘발성이므로 극히 양질의 급수를 얻을 수는 있으나 그 처리 비용이 비싸서 특수한 경우 에만 이용된다.

ⓑ **이온교환법(또는, 이온교환수지법)**

- 급수 속에 함유되어 있는 광물질 이온(Ca^{2+}, Mg^{2+} 등)을 양이온 교환체인 이온교환수지를 넣어 수지의 이온과 교환시켜 물속의 광물질을 분리시켜 불순물을 제거하는 방법이다.
- 이온교환법 중에서 양이온 교환수지로 제올라이트(Zeolite, 규산알루미늄 Al_2SiO_5)를 사용하는 것을 "제올라이트법"이라고 하는데, 탁수에 사용하면 현탁질 고형물(유지분, 부유물)로 인한 수지의 오염으로 인하여 경수 성분인 Ca^{2+}, Mg^{2+} 등의 양이온 제거 효율이 나빠진다.

ⓒ **약품첨가법**

- 급수에 석회[$Ca(OH)_2$], 탄산소다[Na_2CO_3], 가성소다[$NaOH$] 등을 첨가하여 Ca, Mg 등의 경수 성분을 불용성 화합물로 만들어 침전시켜 제거함으로써 물을 연화시키는 방법이다.

ⓒ **용존 가스** : 보일러 급수 중에 용해되어 있는 가스분 [산소(O_2), 이산화탄소(CO_2)]

ⓐ **탈기법**

- 탈기기(脫氣機) 장치를 이용하여 급수 중에 녹아있는 기체(O_2, CO_2)를 분리, 제거하는 방법으로서, 주목적은 산소(O_2) 제거이다.

ⓑ **기폭법(또는, 폭기법)**

- 급수 중에 녹아있는 탄산가스(CO_2), 암모니아(NH_3), 황화수소(H_2S) 등의 기체 성분과 철분(Fe), 망간(Mn) 등을 제거하는 방법으로서, 급수 속에 공기를 불어넣는 방식과 공기 중에 물을 아래로 낙하시키는 강수방식이 있다.
- 물속에서 기체의 용해도는 주위에 있는 공기 중의 가스의 분압에 비례한다는 "헨리(Henry)의 법칙"을 기폭의 원리로 이용한 것이다.

(2) 보일러 내처리법

① 관외처리인 1차 처리만으로는 완벽한 급수처리를 할 수 없으므로 보일러 동체 내부에 청관제(약품)을 투입하여 불순물로 인한 장애를 방지하는 것으로 "2차 처리"라고도 한다.

② **내처리제의 종류와 작용**

㉠ pH 조정제

- 급수 및 보일러수의 pH 및 알칼리도를 조절하여 스케일 생성·부착을 방지 하고 부식을 방지하는 것이다.

ⓛ 탈산소제
- 급수 중의 용존산소(O_2)를 제거하여 부식을 방지하기 위한 것이다.

ⓒ 슬러지 조정제
- 슬러지가 보일러의 전열면에 부착하여 스케일로 되는 것을 방지하기 위하여 슬러지를 물리적, 화학적 작용에 의해 보일러수 중에 분산·현탁시켜서 분출에 의해 쉽게 배출될 수 있도록 하고 스케일 부착을 방지한다.

ⓔ 경수 연화제
- 보일러수 중의 경도 성분을 불용성으로 침전시켜 슬러지로 만들어 스케일 생성 억제 및 부착을 방지하는 것이다.

ⓜ 기포 방지제(또는, 포밍 방지제)
- 포밍현상을 방지하기 위한 것이다.

ⓗ 가성취화 방지제
- 보일러수 중에 농축된 강알칼리의 영향으로 철강조직이 취약하게 되고 입계균열을 일으키는 "가성취화 현상"을 방지하기 위하여 사용하는 것이다.

③ **내처리제에 따른 사용약품의 종류**

㉠ **pH 조정제** (또는, 알칼리 조정제)
ⓐ 낮은 경우 : (염기로 조정)　　**암기법** : 모니모니해도 탄산소다가 제일인가봐
- 암**모니**아, **탄산소다**, **가**성소다, **제1인**산소다.
NH_3, Na_2CO_3(탄산나트륨), $NaOH$(수산화나트륨), Na_3PO_4(인산나트륨)

ⓑ **높은 경우** : (산으로 조정)　　**암기법** : 높으면, 인황산!~
- **인**산, **황**산.
H_3PO_4, H_2SO_4

㉡ **탈산소제**　　**암기법** : 아황산, 히드라 산소, 탄니?
- **아황산**소다(Na_2SO_3 아황산나트륨), **히드라**진(고압), **탄닌**(tannin)

㉢ **슬러지 조정제**　　**암기법** : 슬며시, 리그들 녹말 탄니?
- **리그린**, **녹말(전분)**, **탄닌**, 텍스트린

㉣ **경수 연화제**　　**암기법** : 연수(부드러운 염기성) ∴ pH 조정의 "염기"를 가리킴.
- 탄산소다(탄산나트륨), 가성소다(수산화나트륨), 인산소다(인산나트륨)

㉤ **기포 방지제**
- 고급지방산 폴리아미드, 고급지방산 에스테르, 고급지방산 알코올

㉥ **가성취화 방지제**
- 질산나트륨($NaNO_3$), 인산나트륨, 리그린, 탄닌

제4장 보일러 자동제어 관리

1. 자동제어(automatic control)의 개요

(1) 자동제어의 정의

제어(control)란 어떤 목적에 적합하도록 대상으로 되어 있는 물체, 기계, 프로세스 등의 어떤 양을 외부에서 주어지는 목표값과 일치시키기 위해 필요한 조작을 조절하는 역할을 말하는데 조작방법에 따라 제어를 사람이 직접 행하는 것을 수동제어라 하고, 기계장치로 행하는 것을 자동제어라 한다.

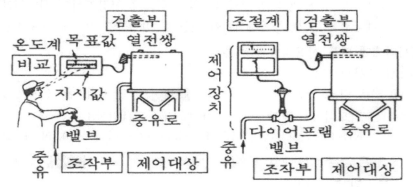

예를 들면, 실내 기온을 일정하게 유지하기 위하여 제어의 대상이 되는 기온(제어량)을 측정하는 장치(검출단)에 의해 검출하고, 그 목표(목표값)와 비교하여 기온과의 차(편차)에 따라서 조작용 신호를 내어(조절부), 공기·증기·온수량 등 실내 기온을 바꿀 수 있는 양(조작량)에 대하여 밸브 댐퍼(조작단)를 써서 모터 등(조작부)을 작동하여 그 목적을 달성하는 일련의 정정 동작을 자동적으로 시키는 것을 말한다.

(2) 자동제어의 일반적인 동작 순서 <u>암기법</u> : 검찰, 비판조

• 검출 → 비교 → 판단 → 조작

(3) 자동제어의 장점과 단점

[장점]
① 정확도 및 정밀도가 높아지므로 제품의 균일화 및 품질의 향상을 기할 수 있다
② 대량생산으로 생산성이 향상된다.
③ 원료나 연료의 경제적인 운영을 할 수 있다.
④ 사람이 할 수 없는 힘든 조작도 할 수가 있다.
⑤ 작업 공정에 따른 위험부담이 감소한다.

⑥ 작업능률이 향상된다.

⑦ 인건비를 절약할 수 있다.

[단점]

① 공정의 자동화로 인하여 실업률이 증가된다.

② 시설 및 투자비용이 많이 든다.

③ 설비의 일부 고장 시 전체 공정에 영향을 끼친다.

④ 운영에 고도의 전문적으로 숙련된 기술을 필요로 한다.

2. 제어계(control system)의 블록선도(Block Diagram)

(1) 제어계 구성요소의 용어 해설

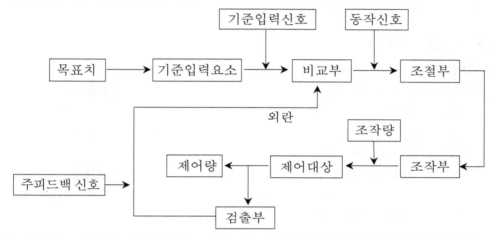

① 제어계 : 제어의 대상이 되는 기기 또는 장치의 계통 전체를 말한다.

② 목표치 : 제어량의 목표가 되는 값으로 설정값을 말한다.

③ 기준입력신호 : 목표치가 설정부에 의하여 변화된 입력신호를 말한다.

④ 비교부 : 검출부에서 검출한 제어량과 목표치를 비교하는 부분을 말하며, 그 오차를
          제어편차라 한다.

⑤ 외란(外亂) : 기준입력이외에서 제어계의 상태에 영향을 주는 외적 신호나 변동을 말한다.

⑥ 동작신호 : 기준입력과 피드백 양을 비교하여 생기는 제어편차량의 신호를 말한다.

⑦ 조절부 : 제어장치 중 기준입력과 검출부 출력과의 차를 조작부에 동작신호로
          보내는 부분이다.

⑧ 조작부 : 조절부로부터 나오는 조작신호로서 제어대상에 어떤 조작을 가하기 위한
          제어동작을 하는 부분이다.

⑨ 조작량 : 제어량을 지배하기 위하여 조작부가 제어대상에 부여하는 양을 말한다.

⑩ 제어대상 : 자동제어장치를 장착하는 대상이 되는 물체 또는 프로세스를 말한다.

⑪ 검출부 : 제어대상으로부터 온도, 압력, 유량 등의 제어량을 검출하여 그 값을
          공기압, 유압, 전기 등의 신호로 변환시켜 비교부에 전송하는 부분이다.

⑫ 제어량 : 온도, 압력, 유량 등 제어되는 양들의 출력을 말한다.
⑬ 주피드백 신호 : 출력을 목표치와 비교해서 그 값이 일치하도록 정정동작을 행하는 신호를 말한다.

(2) 제어계의 교란현상

① 외란(Disturbance) : 기준입력이외에서 제어계의 상태에 영향을 주는 외적 신호나 변동을 말한다.
② 헌팅(난조) : 제어계가 불안정해서 제어량이 주기적으로 변화하는 좋지 못한 상태.
③ 오버슈트 : 제어량이 목표치를 초과하여 처음으로 나타나는 최대초과량을 말한다.
④ 오프셋(Offset, 잔류편차) : 목표치(설정값)에서 최종출력과의 차를 말한다.
⑤ 스텝응답 : 입력을 단위량만큼 스텝(step) 상으로 변환할 때의 과도응답을 말한다.

3. 자동제어의 종류

(1) 제어방법에 따른 분류

① 시퀀스(Sequence) 제어   암기법 : 미정순, 시큰동
미리 정해진 순서에 따라 순차적으로 각 단계를 진행하는 자동제어 방식으로서 작동명령은 기동·정지·개폐 등의 타이머, 릴레이(Relay) 등을 이용하여 행하는 제어 방식을 말한다. ex> 보일러의 연소제어

② 피드백(Feed back) 제어 또는, 되먹임 제어   암기법 : 시팔연, 피보기
출력측의 제어량을 입력측에 되돌려 설정된 목표값과 비교하여 일치하도록 반복시켜 동작하는 제어 방식을 말한다. ex> 보일러의 기본제어

③ 피드포워드(Feed forward) 제어
외란(外亂)에 의한 제어량의 변화를 미리 상정하여 이것에 대응한 제어동작을 수행시켜 응답을 빨리하게 하는 제어 방식을 말한다. 피드포워드 제어는 자체적으로 정정 동작의 능력이 없기 때문에 일반적으로 피드백 제어와 병용하여 사용된다.

(2) 목표값에 따른 분류

① 정치(定値) 제어 : 목표값이 시간에 따라 변하지 않고 일정(一定)한 값을 유지한다.
ex> 공정(프로세스)제어, 자동조정, 터빈의 회전속도 등
② 추치(追値, variable value) 제어 : 목표값이 시간에 따라 변화하는 제어를 말한다.
㉠ 추종(追從) 제어 : 목표값이 시간에 따라 임의로 변화되는 값으로 주어진다.
ex> 인공위성 추적, 서보 기구(미사일, 바이트), 선박 항해
㉡ 비율(比率) 제어 : 목표값이 어떤 다른 양과 일정한 비율로 변화된다.
ex> 유량과 공기비
㉢ 프로그램 제어 : 목표값이 미리 정해진 시간에 따라 미리 결정된 일정한 프로그램 으로 진행된다.
ex> 노내의 온도·압력제어, 자동 엘리베이터, 무인열차 운전

ⓔ 캐스케이드(Cascade) 제어 : 2개의 제어계를 조합하여 1차 제어장치가 제어량을 측정하여 제어명령을 실행하고, 1차 명령을 바탕으로 2차 제어장치가 제어량을 조절하는 방식으로서, 외란의 영향을 최소화하고 시스템 전체의 시간지연을 적게 하여 제어효과를 개선시키므로, 출력 측의 낭비시간이나 시간지연이 큰 프로세스 제어에 적합하다.

(3) 제어량의 성질에 따른 분류

① **프로세스 제어** : 온도, 압력, 유량, 습도 등과 같은 프로세스(Process, 공정)의 상태량에 대한 자동제어를 말한다.

② **자동 조정** : 주로 전류, 전압, 회전속도 등과 같은 전기적 또는 기계적인 양을 자동적으로 제어하는 것을 말한다.

③ **서보 기구(Servo mechanism)** : 물체의 정확한 위치, 방향, 속도, 자세 등의 기계적 변위를 제어량으로 하여 목표값을 따라가도록 하는 피드백 제어의 일종으로 비행기 및 선박의 방향 제어 등에 사용된다.

4. 제어동작의 종류 및 특징

목표치와 제어량의 차이로 나타나는 값인 제어편차(또는, 편차)를 감소시키기 위한 조절계의 동작에는 불연속동작과 연속동작으로 구분하며, 신호를 전송하는 매체에 따라 전기식, 공기식, 유압식으로 분류한다.

(1) 불연속 동작
암기법 : 불이(2)다 !

① **불연속 속도 동작(또는, 부동제어 浮動制御)**

2위치 동작이나 다위치 동작에서 조작량의 변화는 정해진 값만 취할 수밖에 없지만, 불연속속도 동작은 편차의 크고 적음에 따라 조작량을 정방향이나 역방향으로 작동 시키는 동작을 말하는데, 일정범위의 편차에 대해서는 제어동작이 일어나지 않는 중립대(中立帶)를 설치하여 편차가 중립대에 존재하는 동안은 조작단이 동작하지 않고, 중립대를 넘었을 때는 편차가 그 범위 내에 돌아올 때까지 조작단을 일정한 속도로 움직여 정정 동작을 일으킨다. 압력이나 액면제어 등과 같이 응답이 빠른 곳에 적합 하며 온도 등과 같이 시간지연이 큰 곳(전기다리미)에는 불안정해서 사용할 수 없다.

② **2위치 동작(二位置動作 또는 On-Off 동작, ±동작, 뱅뱅제어)**

제어량이 설정값에 차이가 나면(즉, 편차가 발생하면) 조작부를 전개(開)하여 기동 하거나 전폐(閉)하여 운전을 정지하는 동작을 말하는데, 편차의 (+),(-)에 의해 조작신호가 최대, 최소가 되는 제어동작이다.

탱크의 액위를 제어하는 방법으로 주로 이용되며 히터나 냉장고·에어콘 등을 돌다 서다 하는 제어방식으로도 이용된다.

[장점]

ⓐ 불연속 제어동작 중 동작방식이 가장 간단한 것으로서 조절기의 구조가 간단하다.

ⓑ 값이 싸다.

ⓒ 시간지연이나 부하변화가 클 경우에 적합하다.

[단점]

ⓐ 조작빈도가 많은 경우에는 접점의 마모가 빨라져서 오차가 생기므로 부적합하다.

ⓑ 단지 2개의 가능한 조치만으로는 공정을 정확하게 제어할 수 없으므로, 정밀한 제어에는 부적합하다.

ⓒ 설정값 부근에서 제어량이 일정하지 않다.

ⓓ 제어의 결과가 목표값을 중심으로 사이클링(Cycling, 상하진동) 현상을 일으킨다.

ⓔ 목표값을 중심으로 전자밸브 등 가동부분의 진동이 심하여 손상을 가져올 우려도 있고 소음이 발생하여 바람직하지 못하다.

③ **다위치(多位置) 동작**

동작 신호의 크기에 따라서 제어장치의 조작량이 3개 이상의 정해진 값 중 어느 한 가지를 취하는 제어동작이다. 2위치 동작보다 세분된 제어를 할 수 있어 정정동작의 지나친 변화를 완화할 수 있다.

(2) 연속 동작　　　　　　　　　　　　　　　　　　　　　암기법 : 연비 미적

① **비례 동작 (P 동작 : Proportional action)**

㉠ 동작신호에 대하여 조작량의 출력변화가 일정한 비례관계에 있는 제어동작이다.

㉡ 편차 e(t)가 주어지고 그 결과로 조절부의 출력 Y(t)가 얻어지며 조절부의 동작을 수식으로 표현하면 Y(t) = K · e(t)의 관계로 표시된다.

㉢ K는 정수로서 "비례감도(또는, 비례이득)"라 한다.

㉣ "비례대(proportional band)"는 자동조절기에서 조절기의 입구신호와 출구신호 사이의 비례감도의 역수인 1/K을 백분율(%)로 나타낸 값이다.

㉤ 비례 동작은 목표값(설정값)과 제어결과인 검출값의 차이인 편차의 크기에 비례하여 조작부를 제어하는 것으로 정상편차(Off-set, 오프셋) 현상이 발생한다.

㉥ 비례동작은 잔류편차를 남기므로 단독으로는 사용하지 않고 다른 동작과 조합하여 사용된다.

[장점]

ⓐ 사이클링(Cycling, 상하진동)을 제거할 수 있다.

ⓑ 부하변화가 적은 프로세스의 제어에 적합하다.

[단점]

ⓐ 잔류편차(Off-set)가 발생한다.

ⓑ 부하가 변화하는 등의 외란이 큰 제어계에는 부적합하다.

【예제】 비례동작 제어장치에서 비례대(帶)가 40 % 일 경우 비례감도는 얼마인가?

① 0.5　　　　　② 1　　　　　③ 2.5　　　　　④ 4

- -

[해설] • 비례감도(또는, 비례이득) $K = \dfrac{1}{비례대} = \dfrac{100\,\%}{40\,\%} = 2.5$

---

② **적분 동작 (I 동작 : Integral action) 또는, 비례 속도 동작**   암기법 : 아이(I),편

　㉠ 출력변화의 속도가 편차에 비례하는 제어동작이다.

　㉡ 조절부 동작을 수식으로 표현하면

$$Y(t) = K \cdot \frac{1}{T_i} \int e(t)\, dt \text{ 의 관계로 표시된다.}$$

　　　　여기서, Y(t) : 출력,　K : 비례감도,　T_i : 적분시간,　e : 편차,　$1/T_i$: 리셋률

　㉢ 제어량에 편차가 생겼을 경우 편차의 적분차를 가감해서 조작량의 이동속도가 비례하는 동작이다.

　㉣ 편차의 크기와 지속시간이 비례하는 동작이다.

　㉤ 적분동작이 가장 많이 사용되는 제어는 유량제어이다.

　[장점]

　　ⓐ 부하변화가 커도 잔류편차(Off-set, 오프셋)가 제거된다.

　　ⓑ 편차와 그 지속 시간에 비례하는 신호를 주기 때문에 편차가 존재하는 한, 적분동작 신호는 계속 증가하기 때문에 마지막에 편차는 0이 된다.

　[단점]

　　ⓐ 진동을 일으킨다.

　　ⓑ 응답시간이 길어서 제어의 안정성이 떨어진다.

　　ⓒ 적분동작을 단독으로는 사용하지 않고 비례동작과 조합하여 사용된다.

③ **미분 동작 (D 동작 : Differential action)**

　㉠ 조절계의 출력 변화가 편차의 시간변화에 비례하는 제어동작이다.

　㉡ 조절부 동작을 수식으로 표현하면

$$Y(t) = K \cdot T_d \cdot \frac{de}{dt} \text{ 의 관계로 표시된다.}$$

　　　　여기서, Y(t) : 출력,　K : 비례감도,　T_d : 미분시간,　e : 편차

　㉢ 편차가 일어나기 시작할 때 정정신호를 크게 주어 제어량을 안정시키므로, 편차가 커지는 것을 미연에 방지한다.

　[장점]

　　ⓐ 진동이 제거된다.

　　ⓑ 응답시간이 빨라져서 제어의 안정성이 높아진다.

　　ⓒ 큰 시정수가 있는 프로세스 제어 등에서 나타나는 오버슈트를 감소시킨다.

　[단점]

　　ⓐ 잔류편차(Off-set, 오프셋)가 제거되지 않는다.

　　ⓑ 미분동작을 단독으로는 사용하지 않고 비례동작과 조합하여 사용된다.

④ **비례적분 동작(PI 동작)**

㉠ 비례동작에 의해 발생되는 오프셋(Off-set)을 소멸시키기 위해 적분동작을 조합시킨 제어동작이다.

㉡ 조절부 동작을 수식으로 표현하면

$$Y(t) = K \cdot \left[e(t) + \frac{1}{T_i} \int e(t) \, dt \right]$$ 의 관계로 표시된다.

[장점]

ⓐ 잔류편차(off-set)가 제거된다.

ⓑ 부하변화가 넓은 범위의 프로세스에도 적용할 수 있다.

[단점]

ⓐ 부하가 급변할 때는 큰 진동이 생긴다.

ⓑ 외란에 대하여 응답시간이 길어서 제어의 안정성이 떨어진다.

⑤ **비례미분 동작(PD 동작)**

㉠ 제어결과에 빨리 도달하도록 미분동작을 조합시킨 제어동작이다.

㉡ 조절부 동작을 수식으로 표현하면

$$Y(t) = K \cdot \left[e(t) + T_d \cdot \frac{de}{dt} \right]$$ 의 관계로 표시된다.

[장점]

ⓐ 진동이 제거된다.

ⓑ 응답시간이 빨라져서 제어의 안정성이 높아진다.

[단점]

ⓐ 잔류편차(Off-set, 오프셋)가 제거되지 않는다.

⑥ **비례적분미분동작(PID 동작)**

㉠ 비례적분동작에 미분동작을 조합시킨 제어동작이다.

㉡ 조절부 동작을 수식으로 표현하면

$$Y(t) = K \cdot \left[e(t) + \frac{1}{T_i} \int e(t) \, dt + T_d \frac{de}{dt} \right]$$ 의 관계로 표시된다.

㉢ PI 동작과 PD 동작이 가지는 단점을 제거할 목적으로 조합한 제어동작이다.

[장점]

ⓐ 잔류편차(Off set)가 제거되고, 진동이 제거되어 응답시간이 가장 빠르다.

ⓑ 제어계의 난이도가 큰 경우에 가장 적합한 제어동작이다.

ⓒ 적분동작은 잔류편차를 제거하는 역할을 하고, 미분동작은 진동을 제거하여 응답을 빠르게 하는 역할을 하므로 연속동작 중 가장 고급의 제어동작이다.

ⓓ P, I, D 제어기를 각각 단독으로 사용하는 것에 비하여, 병렬로 조합하여 PID 동작으로 사용하면 가격대비 조절효과가 가장 좋다.

5. 제어계(制御系)의 특성

특성이란 어떤 장치의 성질 및 동작을 나타내는 것으로서 입력신호가 시간에 따라 변화하는가의 여부에 따라 동특성과 정특성으로 구분하며, 입력신호에 따른 출력을 입력에 대한 "응답"이라고 한다.

(1) 동특성(動特性)과 정특성(靜特性)

① 동특성 : 계측기를 구성하는 신호변환기 내부에는 에너지를 흡수하거나 방출하는 성질을 갖는 요소들로 인하여 입력신호인 측정량이 시간적으로 변동할 때 출력신호인 계측기가 지시하는 시간적 동작의 특성을 말한다.

　㉠ 시간지연 : 출력신호가 입력신호의 변화에 응답할 때 생기는 시간의 지연을 필요로 한다.

　㉡ 동오차 : 임의의 순간에 있어서 측정의 참값(입력신호)과 지시값(출력신호) 사이에 존재하는 오차를 말한다.

② 정특성 : 감도나 밀도 등 시간적으로 변동이 없이 정해진 동작의 특성을 말한다.

(2) 제어계의 응답

① 과도응답 : 정상상태(steady state))에 있는 요소의 입력측에 어떤 변화를 주었을 때 출력측에 생기는 변화의 시간적 경과를 말한다.

② 스텝응답 : 입력을 단위량만큼 스텝(step) 상으로 변화시켜 평형상태를 상실했을 때의 과도응답을 말한다.

③ 정상응답 : 입력신호가 어떤 상태에 이를 때 출력신호가 최종값으로 되는 정상적인 응답을 말한다.

④ 주파수응답 : 사인파 상의 입력에 대하여 요소의 정상응답을 주파수의 함수로 나타낸 것을 말한다.

(3) 과도응답(過渡應答) 특성

① 지연시간 : 응답이 목표값의 50%에 도달하는데 소요되는 시간을 말한다.

② 상승시간 : 응답이 목표값의 10%에서 90%까지 도달하는데 소요되는 시간을 말한다.

③ 정정시간 : 응답이 목표값의 ±5% 이내의 오차 내에 안정되기까지의 시간을 말한다.

④ 오버슈트(over shoot, 최대편차량) : 제어량이 목표값을 초과하여 최초로 나타나는 최대값을 말하며, 반대로 나타나는 오차를 언더슈트(under shoot)라 한다.

⑤ 낭비시간(Dead time, 데드타임) : 출력이 입력에 대하여 어떤 시간만큼 늦어지는 것과 같은 요소로 난방기가 가동되어도 일정시간이 경과되어야만 실내온도가 상승되기 시작하는 시간을 말한다.

⑥ 시간정수(Time constant 또는, 시정수) : 목표값의 63%에 도달하는데 소요되는 시간을 말하며 응답의 빠른 정도를 표시하는 지표로 쓰이는데, 시정수가 클수록 응답속도가 느리다는 것을 의미한다.

⑦ 제어계의 난이도 = $\dfrac{L(\text{낭비시간})}{T(\text{시간정수})}$ 으로 정의되며, 난이도가 작을수록(낭비시간이 적고 시간정수가 큰 경우) 오버슈트가 작아지므로 제어하기 쉬워진다.

6. 신호의 전송방식 　　　　　　　　　　　　　암기법 : 신호 전공유

신호 전달매체에 따라 전기식, 공기압식, 유압식으로 나눈다.

(1) 전기(電氣)식 전송

[장점] ① 배선이 간단하다
② 신호의 전달에 시간지연이 없으므로 늦어지지 않는다.(응답이 가장 빠르다)
③ 배선 변경이 용이하여 복잡한 신호의 취급 및 대규모설비에 적합하다.
④ 전송거리는 300 m ~ 수 km 까지로 매우 길어 원거리 전송에 이용된다.
⑤ 전자계산기 및 컴퓨터 등과의 결합이 용이하다.

[단점] ① 조작속도가 빠른 조작부를 제작하기 어렵다.
② 취급 및 보수에 숙련된 기술을 필요로 한다.
③ 고온다습한 곳은 곤란하고 가격이 비싸다.
④ 방폭이 요구되는 곳에는 방폭시설이 필요하다.
⑤ 제작회사에 따라 사용전류는 4 ~ 20 mA(DC) 또는 10 ~ 50 mA(DC)로 통일되어 있지 않아서 취급이 불편하다.

(2) 공기압(空氣壓)식 전송

[장점] ① 배관이 용이하고, 내구성이 좋다.
② 위험성이 없다.
③ 약 0.2 ~ 1.0 kg/cm^2 의 공기압이 신호로 사용되어 공기 배관으로 전송된다.
④ 공기압의 범위가 통일되어 있어서 취급이 편리하다.
⑤ 조작부의 구동속도가 빠르다.
⑥ 취급 및 보수가 비교적 용이하다.
⑦ 석유화학, 화약공장과 같은 화기의 위험성이 있는 곳에서는 전기방전에 의한 위험성을 지닌 전기식 및 인화성에 의한 위험성을 지닌 유압식을 지양하는 대신에 위험성이 없는 공기압식 전송방식이 사용된다.

[단점] ① 신호전달이 늦고 조작이 늦다.
② 희망특성을 부여하도록 만들기 어렵다.
③ 전송거리는 약 100 m 정도 이내로 가장 짧아 원거리 전송에는 이용할 수 없다.
④ 공기는 압축성유체이므로 관로저항에 의해 전송시간 지연이 발생한다.
⑤ 신호 공기압은 충분히 제습, 제진된 공기가 요구된다.
⑥ 별도의 동력원을 필요로 한다.

(3) 유압(油壓)식 전송

[장점] ① 조작속도가 빨라서, 응답이 비교적 빠르다.

② 희망특성을 부여하도록 만들기 쉽다.

③ 매우 큰 조작력을 얻을 수가 있다.

④ 약 $0.2 \sim 1.0 \ kg/cm^2$의 유압이 신호로 사용되어 기름배관으로 전송된다.

⑤ 기름은 비압축성유체이므로 전송시간 지연이 비교적 적고, 부식의 염려가 없다.

[단점] ① 기름의 누설로 더러워질 염려가 있다.

② 수 기압 정도의 유압원이 필요하다.

③ 인화성이 높아 화재의 위험성이 있다.

④ 비압축성 유체이므로 전송거리가 약 300 m 정도 이내로 비교적 짧다.

7. 보일러의 자동제어 (ABC, Automatic Boiler Control)

(1) 보일러 자동제어의 목적

① 경제적으로 열매체를 얻을 수 있다.

② 보일러의 운전을 안전하게 할 수 있다.

③ 효율적인 운전으로 연료비가 절감된다.

④ 온도나 압력이 일정한 증기를 얻을 수 있다.

⑤ 인원 감축에 따른 인건비가 절감된다.

(2) 보일러 자동제어 (ABC, Automatic Boiler Control)의 종류

① **연소제어 (ACC, Automatic Combustion Control)**

보일러에서 발생되는 증기압력 또는 온수온도, 노 내의 압력 등을 적정하게 유지하기 위하여 연료량과 공기량을 가감하여 연소가스량을 조절한다.

② **급수제어 (FWC, Feed Water Control)**

보일러의 연속 운전 시 부하의 변동에 따라 수위 변동도 일어난다. 증기발생으로 인하여 저감된 수량에 급수를 연속적으로 공급하여 수위를 일정하게 유지할 수 있도록 조절한다. 보일러 수위를 제어하는 방식에는 단요소식, 2요소식, 3요소식이 있다.

㉠ 1요소식(**단요소식**) : 보일러의 수위만을 검출하여 급수량을 조절하는 방식이다.

㉡ 2요소식 : 수위, 증기유량을 검출하여 급수량을 조절하는 방식이다.

(부하변동에 따라 수위가 조절되므로 수위의 변화폭이 적다.)

㉢ 3요소식 : 수위, 증기유량, 급수유량을 검출하여 급수량을 조절하는 방식이다.

③ **증기온도제어 (STC, Steam Temperature Control)**

과열증기 온도를 적정하게 유지하기 위하여 주로 댐퍼나 버너의 각도를 조절하여 과열기 전열면을 통과하는 전열량을 조절한다.

④ **증기압력제어 (SPC, Steam Pressure Control)**

보일러 동체 내에 발생하는 증기압력을 적정하게 유지하기 위하여 압력계를 부착하여 동체 내 증기압력에 따라 압력조절기에서 연료조절밸브 및 공기댐퍼의 개도를 조절하여 연료량과 공기량을 조절한다.

(3) 보일러 인터록(inter lock)

암기법 : 저압, 불프저

어떤 조건이 충족되지 않으면 충족될 때까지 다음 동작을 저지하는 것을 "인터록"
이라 한다. 보일러의 점화 및 운전 중에 중 작동상태가 원활하지 못할 때 다음 동작을
진행하지 못하도록 제어하여 보일러 사고를 미연에 방지할 수 있는 안전관리장치이다.

① 저수위 인터록

수위감소가 심할 경우 경보를 울리고 안전저수위까지 수위가 감소하면 연료공급
전자밸브를 닫아 보일러 운전을 정지시킨다.

② 압력초과 인터록

보일러의 운전시 증기압력이 설정치를 초과할 때 연료공급 전자밸브를 닫아 운전을
정지시킨다.

③ 불착화 인터록

연료의 노내 착화과정에서 착화에 실패할 경우, 미연소가스에 의한 폭발 또는 역화
현상을 막기 위하여 연료공급 전자밸브를 닫아서 연료공급을 차단시켜서 운전을
정지시킨다.

④ 프리퍼지 (Pre-purge) 인터록

송풍기의 고장으로 노내에 통풍이 되지 않을 경우, 연료공급을 차단시켜서 운전을
정지시킨다.(즉, 송풍기가 작동되지 않으면 연료공급 전자밸브가 열리지 않는다.)

⑤ 저연소 인터록

운전 중 연소상태가 불량하거나, 연소점화 및 연소정지 시 온도의 급변으로 인한
보일러 재질의 악영향을 방지하기 위하여 최대부하의 약 30 % 정도로 저연소로
전환을 시키는데 이것이 순조롭게 이행되지 못하고 급격한 연소로 인해 저연소 전환이
되지 않을 경우 연료공급 전자밸브를 닫아서 연료 공급을 차단시켜서 운전을 정지
시킨다.

제4과목

열설비 안전관리 및 검사기준

www.cyber.co.kr

| 제1장 | 보일러 안전관리 |

1. 열사용기자재 검사 및 검사면제에 관한 기준

- "성안당 홈페이지(www.cyber.co.kr) 자료실과 네이버 카페 에너지아카데미 (https://cafe.naver.com/2000toe)"에서 PDF 파일을 무료로 제공하오니 다운 받으시기 바랍니다.

(1) 열사용기자재의 종류

구분	품목명	적용범위
보일러	강철제 보일러, 주철제 보일러	다음 각 호의 어느 하나에 해당하는 것을 말한다. 1) 1종 관류보일러 　강철제보일러 중 헤더의 안지름이 150 mm 이하이고, 　전열면적이 5 m^2 초과 10 m^2 이며, 　최고사용압력이 1MPa 이하인 관류보일러 　(기수분리기를 장치한 경우에는 기수분리기의 안지름이 　300 mm 이하이고, 그 내부 부피가 0.07 m^3 이하인 것만 　해당한다) 2) 2종 관류보일러 　강철제보일러 중 헤더의 안지름이 150 mm 이하이고, 　전열면적이 5 m^2 이하이며, 　최고사용압력이 1 MPa 이하인 관류보일러 　(기수분리기를 장치한 경우에는 기수분리기의 안지름이 　200 mm 이하이고, 　그 내부 부피가 0.02 m^3 이하인 것에 한정한다) 3) 제1호 및 제2호 외의 금속(주철을 포함한다)으로 만든 것. 　다만, 소형온수보일러·구멍탄용온수보일러 　및 축열식전기보일러 및 가정용 화목보일러는 　제외한다.
	소형 온수보일러	전열면적이 14 m^2 이하이고, 최고사용압력이 0.35 MPa 이하의 온수를 발생하는 것. 다만, 구멍탄용 온수보일러·축열식전기보일러 및 가스사용량이 17 kg/h(도시가스 232.6 kW) 이하인 가스용 온수보일러를 제외한다.
	구멍탄용 온수보일러	연탄을 연료로 사용하여 온수를 발생시키는 것으로서 금속제만 해당한다.

	축열식 전기보일러	심야전력을 사용하여 온수를 발생시켜 축열조에 저장한 후 난방에 이용하는 것으로서 정격소비전력이 30 kW 이하이고, 최고사용압력이 0.35 MPa 이하인 것
	캐스케이드 보일러	가스용품의 검사에 합격한 제품으로서, 최고사용압력이 대기압을 초과하는 온수보일러 또는 온수기 2대 이상이 단일 연통으로 연결되어 서로 연동되도록 설치되며, 최대 가스사용량의 합이 17 kg/h(도시가스는 23.6 kW)를 초과하는 것
	가정용 화목보일러	화목(火木) 등 목재연료를 사용하여 90℃ 이하의 난방수 또는 65℃ 이하의 온수를 발생하는 것으로서 표시 난방출력이 70 kW 이하로서 옥외에 설치하는 것
태양열 집열기	태양열 집열기	
압력용기	1종 압력용기	최고사용압력(MPa)과 내부 부피(m³)를 곱한 수치가 0.004를 초과하는 다음 각 호의 어느 하나에 해당하는 것. 1) 증기 그 밖의 열매체를 받아들이거나 증기를 발생시켜 고체 또는 액체를 가열하는 기기로서 용기안의 압력이 대기압을 넘는 것. 2) 용기안의 화학반응에 따라 증기를 발생시키는 용기로서 용기안의 압력이 대기압을 넘는 것. 3) 용기안의 액체의 성분을 분리하기 위하여 해당 액체를 가열하거나 증기를 발생시키는 용기로서 용기 안의 압력이 대기압을 넘는 것. 4) 용기안의 액체의 온도가 대기압에서의 비점(沸點)을 넘는 것
	2종 압력용기	최고사용압력이 0.2 MPa를 초과하는 기체를 그 안에 보유하는 용기로서 다음 각 호의 어느 하나에 해당하는 것. 1) 내부 부피가 0.04 m³(세제곱미터) 이상인 것. 2) 동체의 안지름이 200 mm 이상(증기헤더의 경우에는 동체의 안지름이 300 mm 초과)이고, 그 길이가 1000 mm 이상인 것.
요로(窯爐 고온가열 장치)	요업 요로	연속식유리용융가마 · 불연속식유리용융가마 · 유리용융도가니가마 · 터널가마 · 도염식가마 · 셔틀가마 · 회전가마 및 석회용선가마
	금속 요로	용선로 · 비철금속용융로 · 금속소둔로 · 철금속가열로 및 금속균열로

(2) 특정열사용기자재의 종류 및 설치·시공범위

구분	품목명	설치·시공 범위
보일러	강철제보일러 주철제보일러 온수보일러 구멍탄용 온수보일러 축열식 전기보일러 캐스케이드 보일러 가정용 화목보일러	해당 기기의 설치·배관 및 세관
태양열 집열기	태양열 집열기	해당 기기의 설치·배관 및 세관
압력용기	1종 압력용기 2종 압력용기	해당 기기의 설치·배관 및 세관
요업요로	연속식유리용융가마 불연속식유리용융가마 유리용융도가니가마 터널가마 도염식각가마 셔틀가마 회전가마 석회용선가마	해당 기기의 설치를 위한 시공
금속요로	용선로 비철금속용융로 금속소둔로 철금속가열로 금속균열로	해당 기기의 설치를 위한 시공

제4과목

(3) 검사대상기기

구분	검사대상기기	적용 범위
보일러	강철제 보일러, 주철제 보일러	다음 각 호의 어느 하나에 해당하는 것은 제외한다. 1) 최고사용압력이 **0.1 MPa** 이하이고, 동체의 안지름이 300 mm 이하이며, 길이가 600 mm 이하인 것 2) 최고사용압력이 **0.1 MPa** 이하이고, 전열면적이 **5 m²** 이하인 것 3) 2종관류보일러 4) 온수를 발생시키는 보일러로서 대기개방형인 것
	소형 온수보일러	가스를 사용하는 것으로서 가스사용량이 **17 kg/h**(도시가스는 **232.6 kW**)를 초과하는 것
	캐스케이드 보일러	[별표1.]에 따른 캐스케이드 보일러의 적용범위에 따른다.
압력용기	1종 압력용기 2종 압력용기	[별표 1]에 따른 압력용기의 적용범위에 따른다.
요로	**철금속가열로**	정격용량이 **0.58 MW**를 초과하는 것

(4) 검사의 종류 및 적용대상

검사의 종류		적용 대상
제조검사	용접검사	동체·경판 및 이와 유사한 부분을 용접으로 제조하는 경우의 검사
	구조검사	강판·관 또는 주물류를 용접·확대·조립·주조 등에 의하여 제조하는 경우의 검사
설치검사		신설한 경우의 검사(사용연료의 변경에 의하여 검사대상이 아닌 보일러 가 검사대상으로 되는 경우의 검사를 포함한다)
개조검사		다음 각 호의 어느 하나에 해당하는 경우의 검사 1) 증기보일러를 온수보일러로 개조하는 경우 2) 보일러 섹션의 증감에 의하여 용량을 변경하는 경우 3) 동체·돔·노통·연소실·경판·천장판·관판·관모음 또는 스테이의 변경으로서 산업통상자원부장관이 정하여 고시하는 대수리의 경우 4) 연료 또는 연소방법을 변경하는 경우 5) 철금속가열로로서 산업통상자원부장관이 정하여 고시하는 경우의 수리
설치장소 변경검사		설치장소를 변경한 경우의 검사. 다만, 이동식 검사대상기기를 제외한다
재사용검사		사용중지 후 재사용하고자 하는 경우의 검사
계속사용검사	안전검사	설치검사·개조검사·설치장소변경검사 또는 재사용검사 후 안전부문에 대한 유효기간을 연장하고자 하는 경우의 검사
	운전성능검사	다음 각 호의 어느 하나에 해당하는 기기에 대한 검사로서 설치검사 후 운전성능부문에 대한 유효기간을 연장하고자 하는 경우의 검사 1) 용량이 1 ton/h (난방용의 경우에는 5 ton/h) 이상인 강철제보일러 및 주철제보일러 2) 철금속가열로

(5) 검사대상기기의 검사유효기간

검사의 종류		검사 유효 기간
설치검사		1) 보일러 : 1년. 　다만, 운전성능 부문의 경우는 3년 1개월로 한다. 2) 캐스케이드 보일러, 압력용기 및 철금속가열로 : 2년
개조검사		1) 보일러 : 1년 2) 캐스케이드 보일러, 압력용기 및 철금속가열로 : 2년
설치장소 변경검사		1) 보일러 : 1년 2) 캐스케이드 보일러, 압력용기 및 철금속가열로 : 2년
재사용검사		1) 보일러 : 1년 2) 캐스케이드 보일러, 압력용기 및 철금속가열로 : 2년
계속사용검사	안전검사	1) 보일러 : 1년 2) 캐스케이드 보일러, 압력용기 : 2년
	운전성능검사	1) 보일러 : 1년 2) 철금속가열로 : 2년

【참고】
1. 보일러의 계속사용검사 중 운전성능검사에 대한 검사 유효기간은 해당 보일러가 산업통상자원부장관이 정하여 고시하는 기준에 적합한 경우에는 2년으로 한다.
2. 설치 후 3년이 지난 보일러로서 설치장소 변경검사 또는 재사용검사를 받은 보일러는 검사 후 1개월 이내에 운전성능검사를 받아야 한다.
3. 개조검사 중 연료 또는 연소방법의 변경에 따른 개조검사의 경우에는 검사유효기간을 적용하지 않는다.
4. 다음 각 목의 구분에 따른 검사대상기기에 대한 안전검사 유효기간은 다음 각 목의 구분에 따른다.
   가. 「고압가스 안전관리법」 제13조의2제1항에 따른 안전성향상계획과 「산업안전보건법」 제49조의2제1항에 따른 공정안전보고서 모두를 작성하여야 하는 자의 검사대상기기 : 4년.
   　다만, 산업통상자원부장관이 정하여 고시하는 바에 따라 8년의 범위에서 연장할 수 있다.
   나. 「고압가스 안전관리법」 제13조의2제1항에 따른 안전성향상계획과 「산업안전보건법」 제49조의2제1항에 따른 공정안전보고서 중 어느 하나를 작성하여야 하는 자의 검사대상기기 : 2년.
   　다만, 산업통상자원부장관이 정하여 고시하는 바에 따라 6년의 범위에서 연장할 수 있다.

(6) 검사의 면제대상 범위

검사대상 기기명	적용 범위	면제되는 검사
강철제 보일러, 주철제 보일러	1) **강철제보일러 중 전열면적이 5 m² 이하이고, 최고사용압력이 0.35 MPa 이하인 것** 2) 주철제 보일러 3) 1종 관류보일러 4) 온수보일러 중 전열면적이 18 m² 이하이고, 최고사용압력이 0.35 MPa 이하인 것	용접검사
	주철제 보일러	구조검사
	1) 가스 외의 연료를 사용하는 1종 관류보일러 2) **전열면적 30 m² 이하의 유류용 주철제 증기보일러**	설치검사

	1. 전열면적 5 m² 이하의 증기보일러로서 다음 각 목의 어느 하나에 해당하는 것
	  가. 대기에 개방된 안지름이 25 mm 이상인 증기관이 부착된 것
	  나. 수두압(水頭壓)이 5 m 이하이며, 안지름이 25 mm 이상인 대기에 개방된 U자형 입관이 보일러의 증기부에 부착된 것
	2. 온수보일러로서 다음 각 목의 어느 하나에 해당하는 것
	  가. 유류·가스 외의 연료를 사용하는 것으로서 전열면적이 30 m² 이하인 것
	  나. 가스 외의 연료를 사용하는 주철제 보일러
		계속사용검사

소형 온수보일러	가스사용량이 17 kg/h (도시가스는 232.6 kW)를 초과하는 가스용 소형 온수보일러	제조검사
캐스케이드 보일러	캐스케이드 보일러	제조검사
1종 압력용기, 2종 압력용기	1) **용접이음이 없는 강관을 동체로 한 헤더** 2) 압력용기 중 동체의 두께가 6 mm 미만인 것으로서 최고사용압력(MPa)과 내부부피(m³)를 곱한 수치가 0.02 이하(난방용의 경우에는 0.05 이하)인 것 3) **전열교환식인 것으로서 최고사용압력이 0.35 MPa 이하이고, 동체의 안지름이 600 mm 이하인 것**	용접검사
	1) 2종 압력용기 및 온수탱크 2) 압력용기 중 동체의 두께가 6 mm 미만인 것으로 최고사용압력(MPa)과 내부부피(m³)를 곱한 수치가 0.02 이하(난방용의 경우에는 0.05 이하)인 것 3) 압력용기 중 동체의 최고사용압력이 0.5 MPa 이하인 난방용 압력용기 4) 압력용기 중 동체의 최고사용압력이 0.1 MPa 이하인 취사용 압력용기	설치검사 및 계속사용검사
철금속가열로	철금속가열로	제조검사, 재사용검사 및 계속사용검사 중 안전검사

2. 보일러 안전관리 및 사고 예방

(1) 보일러 및 압력용기의 안전사고 원인 및 대책

① 보일러 안전사고의 종류
- ㉠ 동체나 드럼의 파열 및 폭발
- ㉡ 노통, 연소실판, 수관, 연관 등의 파열 및 균열
- ㉢ 전열면의 팽출 및 압궤
- ㉣ 부속장치 및 부속기기 등의 파열
- ㉤ 내화벽돌의 파손 및 붕괴
- ㉥ 연도나 노내의 가스폭발
- ㉦ 역화(back fire) 및 이상연소

② 안전사고의 원인
- ㉠ 제작상의 원인
  - 재료불량, 강도부족, 구조불량, 설계불량, 용접불량, 부속장치의 미비 등
- ㉡ 취급상의 원인
  - 저수위에 의한 과열, 압력초과, 미연가스폭발, 역화, 급수처리불량으로 인한 부식, 부속장치 및 부속기기의 정비불량 등

③ 보일러 강판의 손상
- ㉮ 균열(Crack 크랙 또는, 응력부식균열, 전단부식)
  - 보일러 강판의 이음부분, 리벳의 구멍부분, 스테이를 갖고 있는 부분 등이 증기압력과 온도에 의해 끊임없이 반복해서 응력을 받게 됨으로서 이음부분에 부식으로 인하여 균열(Crack, 금)이 생기거나 갈라지는 현상을 말한다.
- ㉯ 라미네이션(Lamination)
  - 보일러 강판이나 배관 재질의 두께 속에 제조 당시의 가스체 함입으로 인하여 2장의 층을 형성하며 분리되는 현상을 말한다.
- ㉰ 블리스터(Blister)
  - 화염에 접촉하는 라미네이션 부분이 가열로 인하여 부풀어 오르는 팽출현상이 생기는 것을 말한다.
- ㉱ 가성취화(苛性脆化 또는, 알칼리 열화)
  - 보일러수 중에 분해되어 생긴 가성소다($NaOH$)가 과도하게 농축되면 수산화이온($OH-$)이 많아져 알칼리도가 pH 13 이상으로 높아질 경우 Na(나트륨)이 강재의 결정입계에 침투하여 재질을 열화시키는 현상으로서, 주로 리벳이음부 등의 응력이 집중되어 있는 곳에 발생한다.
- ㉲ 팽출(Bulge, 膨出)
  - 동체, 수관, 갤로웨이관 등과 같이 인장응력을 받는 부분이 국부과열에 의해 강도가 저하되어 압력을 견딜 수 없어 바깥쪽으로 볼록하게 부풀어 튀어나오는 현상을 말한다.

ⓑ 압궤(Collapse, 壓潰)
- 노통이나 화실과 같은 원통 부분이 외측으로부터의 압력에 견딜 수 없게 되어 안쪽으로 짓눌려 오목해지거나 찌그러져 찢어지는 현상을 말한다.

ⓢ 과열(Over heat, 過熱)
- 보일러수의 이상감수에 의해 수위가 안전저수위 이하로 내려가거나 보일러 내면에 스케일 부착으로 강판의 전열이 불량하여 보일러 동체의 온도상승으로 강도가 저하되어 압궤 및 팽출 등이 발생하여 강판의 변형 및 파열을 일으키는 현상을 말한다.

   ㉠ 과열 사고시 응급조치
    : 보일러수 부족으로 과열되어 위험할 경우 가장 먼저 해야할 응급조치는 연료공급을 중지하는 것이다.

   ㉡ 보일러의 과열 방지대책
    ⓐ 보일러의 수위를 너무 낮게 하지 말 것
    ⓑ 고열부분에 스케일 및 슬러지를 부착시키지 말 것
    ⓒ 보일러수를 농축하지 말 것
    ⓓ 보일러수의 순환을 좋게 할 것
    ⓔ 수면계의 설치위치가 낮지 말 것
    ⓕ 화염이 국부적으로 집중되지 말 것

④ 보일러의 부식(腐蝕)
- 보일러의 부식은 외부(또는, 외면)부식과 내부(또는, 내면)부식으로 구분한다.

㉮ 외부 부식의 종류
   ㉠ 고온 부식   암기법 : 고바, 황저
    : 중유 중에 포함된 **바나듐(V)**, 나트륨(Na) 등이 상온에서는 안정적이지만 연소에 의하여 고온에서는 산소와 반응하여 V_2O_5(오산화바나듐), Na_2O (산화나트륨)으로 되어 연소실 내의 고온 전열면인 과열기 · 재열기에 부착되어 전열기 표면을 부식시키는 현상을 말한다.

   ㉡ 저온 부식
    : 연료 중에 포함된 **유황(S)**이 연소에 의해 산화하여 SO_2(아황산가스)로 되는데, 과잉공기가 많아지면 바나듐(V)의 촉매작용으로 배가스 중의 산소에 의해 $SO_2 + \frac{1}{2}O_2 \rightarrow SO_3$ (무수황산)으로 산화된 후, 연도의 배가스온도가 노점 (150 ~ 170℃) 이하로 낮아지게 되면 SO_3가 배가스 중의 수증기와 화합하여 $SO_3 + H_2O \rightarrow H_2SO_4$ (황산)으로 되어 연도에 설치된 폐열회수장치인 절탄기 · 공기예열기의 금속표면에 부착되어 표면을 부식시키는 현상을 말한다.

   ㉢ 산화 부식
    : 보일러를 구성하는 금속재료와 연소가스가 반응하여 표면에 산화 피막을 형성하는 것으로 금속재료의 표면온도가 높을수록, 표면이 거칠수록 부식의 진행속도가 빠르다.

④ **내부 부식의 종류**

    ⊙ 일반 부식(또는, 全面 전면 부식)

      : pH가 높다거나, 용존산소가 많이 함유되어 있을 때 금속의 표면적이 넓은 국부(局部) 부분 전체에 대체로 같은 모양으로 발생하는 부식을 말한다.

    ⓒ 점식(點蝕 Pitting 피팅 또는, 공식)

      : 보호피막을 이루던 산화철이 파괴되면서 용존가스인 O_2, CO_2의 전기화학적 작용에 의한 보일러 내면에 반점 모양의 구멍을 형성하는 촉수면의 전체부식으로서 보일러 내면 부식의 약 80%를 차지하고 있으며, 고온에서는 그 진행속도가 매우 빠르다.

    ⓒ 국부 부식(局部腐蝕)

      : 보일러 내면이나 외면에 얼룩 모양으로 생기는 국소적인 부식을 말한다.

    ⓔ 구상 부식(Grooving 그루빙)

      : 단면의 형상이 길게 U자형, V자형 등으로 홈이 깊게 파이는 부식을 말한다.

    ⓜ 알칼리 부식

      : 보일러수 중에 알칼리의 농도가 너무 지나치게 pH 13 이상으로 많을 때 $Fe(OH)_2$로 용해되어 발생하는 부식을 말한다.

⑮ **부식의 방지 대책**

    ⊙ 고온 부식 방지 대책

      ⓐ 연료를 전처리하여 바나듐(V), 나트륨(Na)분을 제거한다.

      ⓑ 배기가스온도를 바나듐 융점인 550℃ 이하가 되도록 유지시킨다.

      ⓒ 연료에 첨가제(회분개질제)를 사용하여 회분(바나듐 등)의 융점을 높인다.

      ⓓ 전열면 표면에 내식재료로 피복한다.

      ⓔ 전열면의 온도가 높아지지 않도록 설계온도 이하로 유지한다.

    ⓒ 저온 부식 방지 대책

      ⓐ 연료 중의 황(S) 성분을 제거한다.(유황분이 적은 연료를 사용한다.)

      ⓑ 연도의 배기가스 온도를 노점(150 ~ 170℃)온도 이상의 높은 온도로 유지해 주어야 한다.

      ⓒ 과잉공기를 적게 하여 배기가스 중의 산소를 감소시킨다. (공기비를 적게 한다.)

      ⓓ 전열면 표면에 내식재료로 피복한다.

      ⓔ 연료가 완전연소 할 수 있도록 연소방법을 개선한다.

    ⓒ 내부 부식 방지 대책

      ⓐ 보일러수 중의 용존산소나 공기, CO_2가스를 제거한다.

      ⓑ 보일러 내면을 내식재료로 피복한다.

      ⓒ 보일러 내면에 방청도장을 한다.

      ⓓ 내부 부식은 보일러수와 접촉하는 내면에 발생하는 것이므로, 보일러수를 약알칼리성으로 유지한다.

ⓔ 적당한 청관제를 사용하여 수질을 양호하게 한다.
ⓕ 보일러수 중에 아연판을 부착·설치한다.

⑤ 가스폭발
- 연소실이나 연도 내에 미연소가스가 다량 체류시, 점화하는 경우 급격한 연소에 의해 발생하는 폭발현상을 말한다.

㉮ 가스폭발의 원인
㉠ 가연가스와 미연가스가 노내에 발생하는 경우
ⓐ 불완전연소가 심할 때
ⓑ 점화 조작에 실패하였을 때
ⓒ 연소 정지 중에 연료가 노내에 스며들었을 때
ⓓ 노 내에 쌓여 있던 다량의 그을음이 비산하였을 때
ⓔ 안전 저연소율보다 부하를 낮추어서 연소시킬 때
㉡ 미연가스가 정체하는 경우
ⓐ 가스연료가 흐르지 않고 체류되는 가스포켓이 있을 때
ⓑ 연도의 굴곡이 심할 때
ⓒ 연도의 길이가 너무 길 때
ⓓ 연돌의 높이가 낮아서 습기가 잘 생길 때
㉢ 운전 취급 부주의에 의한 경우
ⓐ 점화 전에 노내 환기(프리퍼지)를 충분히 하지 않고 점화할 때
ⓑ 점화 조작을 잘못하거나 점화에 실패할 때
ⓒ 연소부하 조절의 조작을 잘못하였을 때
ⓓ 소화 조작을 잘못하였을 때
(공기공급밸브를 먼저 닫은 후에 연료의 공급을 정지하였을 때)
ⓔ 운전 종료 후 노내 환기(포스트퍼지)를 충분히 하지 않았을 때

㉯ 가스폭발의 피해
㉠ 벽돌벽이나 케이싱 또는 보일러의 지주나 보일러실을 파괴한다.
㉡ 보일러의 동체나 드럼까지도 밀어 올린다.
㉢ 관류의 부착 부분이 이탈되거나 변형된다.
㉣ 기수가 외부로 분출된다.
㉤ 보일러의 파열을 초래할 수 있다.

㉰ 가스폭발의 방지대책
㉠ 점화 전에 충분한 프리퍼지를 한다.
㉡ 운전 종료 후에도 충분한 포스트퍼지를 한다.
㉢ 통풍기는 흡출통풍기를 먼저 열고 압입통풍기는 나중에 연다.
㉣ 급격한 부하변동은 피해야 한다.
㉤ 안전 저연소율보다 부하를 낮추어서 연소시키지 않아야 한다.

ⓑ 점화시 버너의 연료공급밸브를 연 후에 5초 정도 이내에 착화가 되지
않으면 착화 실패로 판단하고 즉시 연료공급밸브를 닫고 노내 환기를
충분히 한다.

ⓐ 소화시 버너의 연료공급밸브를 먼저 닫고 공기공급밸브를 나중에 닫는다.

ⓞ 연도의 가스포켓부나 굴곡이 심한 곳 등의 구조상 결함이 있을 경우에는
개선하여야 한다.

⑥ **역화(逆火, Back fire)**

- 보일러의 점화 시에 노내의 미연가스가 돌연 착화되어 폭발연소를 일으켜 연소실의
화염이 전부 연도로 흐르지 않고 역류하여 갑자기 연소실 밖으로 나오는 현상을
말한다.

㉠ **역화의 원인**   `암기법` : 노통댐, 착공

ⓐ 노내 미연가스가 충만해 있을 경우
ⓑ 흡입통풍이 불충분한 경우
ⓒ 댐퍼의 개도가 너무 적을 경우
ⓓ 점화시에 착화가 늦어졌을 경우
ⓔ 공기보다 연료가 먼저 투입된 경우(연료밸브를 급히 열었을 경우)

㉡ **역화의 방지대책**

ⓐ 착화 지연을 방지한다.
ⓑ 통풍이 충분하도록 유지한다.
ⓒ 댐퍼의 개도, 연도의 단면적 등을 충분히 확보한다.
ⓓ 연소 전에 연소실의 충분한 환기를 한다.
ⓔ 역화 방지기를 설치한다.

⑦ **프리퍼지(Prepurge) 및 포스트퍼지(Postpurge)**

㉠ **프리퍼지**

- 노내에 잔류한 누설가스나 미연소가스로 인하여 역화나 가스폭발 사고의
원인이 되므로, 이에 대비하기 위하여 보일러 점화전에 노내의 미연소가스를
송풍기로 배출시키는 조작을 말한다.

㉡ **포스트퍼지**

- 보일러 운전이 끝난 후 노내에 잔류한 미연소가스를 송풍기로 배출시키는
조작을 말한다.

⑧ **이상연소(異常燃燒, abnormal combustion)** : 선화, 블로 오프(Blow off)

㉠ **선화(Lifting)**

- 가연성 기체가 염공을 통해 분출되는 속도가 연소속도보다 빠를 때
불꽃이 염공에 붙지 못하고 일정한 간격을 두고 연소하는 현상을 말한다.

㉡ **블로 오프(Blow off)**

- 화염 주변에 공기의 유동이 심하여 불꽃이 노즐에 장착하지 않고 떨어지게
되면서 화염이 꺼져버리는 현상을 말한다.

제2장 보일러 안전장치

1. 안전장치(安全裝置)

보일러 가동 및 운전 시 이상사태가 발생하면 이를 조치 및 제어하여 사고를 미연에 방지하는 장치로서, 보일러 안전장치의 종류에는 안전밸브, 방출밸브, 방출관, 고·저수위 경보장치, 방폭문, 가용마개, 화염검출기, 압력제한기, 압력조절기, 전자밸브 등이 있다.

(1) 안전밸브(Safety valve, 압력방출장치)

- 증기보일러에서 발생한 증기압력이 이상 상승하여 설정된 압력 초과 시에 자동적으로 밸브가 열려 증기를 외부로 분출하여 과잉압력을 저하시켜 보일러 동체의 폭발사고를 미연에 방지하기 위한 장치이다.

① **설치목적** : 증기보일러에서 증기압력이 규정상용압력 이상으로 높아지면 보일러가 폭발사고 위험이 있으므로 이것을 사전에 방지하기 위하여 설정압력 이상이 되면 자동적으로 밸브를 열어 증기를 분출시켜 과잉압력을 저하시킨다.

② **설치방법** : 안전밸브는 쉽게 검사할 수 있는 곳에 설치해야 하며, 보일러 동체의 증기부 상단에 직접 부착시키며, 밸브 축을 동체에 수직으로 설치하여야 한다.

③ **설치개수**

   ㉠ 증기보일러 본체(동체)에는 2개 이상의 안전밸브를 설치하여야 한다.
     (다만, 전열면적이 $50\,m^2$이하의 증기보일러에서는 1개 이상으로 한다.)

   ㉡ 관류보일러에서 보일러와 방출밸브와의 사이에 스톱밸브를 설치할 경우에는 안전밸브 2개 이상을 설치하여야 한다.

   ㉢ 과열기가 부착된 보일러는 그 출구측에 1개 이상의 안전밸브를 설치하여야 한다.

   ㉣ 재열기 및 독립된 과열기에는 입구측과 출구측에 각각 1개 이상의 안전밸브를 설치하여야 한다.

④ **안전밸브의 구비조건**

   ㉠ 설정된 압력 초과시 증기 배출이 충분할 것
   ㉡ 적절한 정지압력으로 닫힐 것
   ㉢ 동작하고 있지 않을 때는 증기의 누설이 없을 것
   ㉣ 밸브의 개폐가 자유롭고 신속히 이루어질 것

⑤ **안전밸브의 크기**

㉠ 호칭지름 25A (즉, 25 mm) 이상으로 하여야 한다.

㉡ 특별히 20A 이상으로 할 수 있는 경우는 다음과 같다.

ⓐ 최고사용압력 0.1 MPa(= 1 kg/cm^2) 이하의 보일러

ⓑ 최고사용압력 0.5 MPa(= 5 kg/cm^2) 이하의 보일러로서, 동체의 안지름이 500 mm 이하이며 동체의 길이가 1000 mm 이하의 것

ⓒ 최고사용압력 0.5 MPa 이하의 보일러로서, 전열면적이 2 m^2 이하의 것

ⓓ 최대증발량이 5 ton/h 이하의 관류보일러

ⓔ 소용량 보일러(강철제 및 주철제)

㉢ 안전밸브의 크기(분출)는 전열면적에 비례하고 압력에는 반비례한다.

⑥ **안전밸브의 분출압력 조정형식**   암기법 : 스중, 지렛대

㉠ 스프링식 : 스프링의 탄성력을 이용하여 분출압력을 조정한다.

＊ 고압·대용량의 보일러에 적합하여 가장 많이 사용되고 있다.

㉡ 중추식 : 추의 중력을 이용하여 분출압력을 조정한다.

㉢ 지렛대식(레버식) : 지렛대와 추를 이용하여 추의 위치를 좌우로 이동시켜 작은 추의 중력으로도 분출압력을 조정한다.

⑦ **양정에 따른 스프링식 안전밸브의 분류**   암기법 : 안양, 고저 전전

㉠ 고양정식 : 밸브의 양정이 밸브시트 구멍 안지름의 1/40 ~ 1/15 배 미만

㉡ 저양정식 : 밸브의 양정이 밸브시트 구멍 안지름의 1/15 ~ 1/7 배 미만

㉢ 전양정식 : 밸브의 양정이 밸브시트 구멍 안지름의 1/7 배 이상

㉣ 전량식 : 밸브시트 구멍 안지름이 목부지름보다 1.5 배 이상

【참고】 • 분출용량이 큰 순서 : 전량식 〉 전양정식 〉 고양정식 〉 저양정식

⑧ **스프링식 안전밸브의 증기누설 원인**

㉠ 밸브디스크와 시트가 손상되었을 때

㉡ 스프링의 탄성이 감소하였을 때

㉢ 공작이 불량하여 밸브디스크가 시트에 잘 맞지 않을 때

㉣ 밸브디스크와 시트 사이에 이물질이 부착되어 있을 때

㉤ 밸브봉의 중심이 벗어나서 밸브를 누르는 힘이 불균일할때

내부구조

【참고】 증기가 누설 될 경우 신속하게 조치하지 않으면 밸브시트에 현저하게 흠집이 나거나 또는 스프링이 부식된다.

⑨ **안전밸브에 관한 기타 중요사항**

㉠ 안전밸브의 작동압력(분출압력)은 1개 부착 시 보일러 최고사용압력 이하에서 작동될 수 있도록 한다.

ⓛ 안전밸브의 작동압력(분출압력)은 2개 부착 시 그 중 1개는 보일러 최고사용압력 이하에서 작동, 나머지 1개는 최고사용압력의 1.03배 이하에서 작동될 수 있도록 한다.

ⓒ 과열기에 부착된 안전밸브 분출압력은 보일러 본체 증발부 안전밸브의 분출압력 이하이어야 한다.

ⓔ 발전용 보일러에 부착하는 안전밸브의 분출정지압력은 분출압력의 0.93배 이상 이어야 한다.

ⓜ 재열기 및 독립된 과열기에는 안전밸브가 1개인 경우 최고사용압력 이하이어야 한다.

ⓗ 안전밸브의 방출관은 단독으로 설치하여야 한다.

ⓢ 수동에 의한 시험 및 점검은 최고사용압력의 75% 이상 되었을 때 시험레버를 작동시켜 보는 것으로 1일 1회 이상 시행한다.

(2) 방출밸브(Relief valve, 릴리프밸브)

- 온수 발생 보일러에서는 수압이 최고사용압력을 초과 시에 즉시로 작동하여 온수를 서서히 방출한다. 배출되는 온수는 버리지 않고 안전한 장소까지 안내되어 재사용하도록 배관을 통하여 방출된다.

  * 온수보일러에만 설치되는 방출밸브는 증기보일러에서의 안전밸브와 같은 역할을 하며, 반드시 방출관을 설치하여야 한다.

① **설치목적** : 온수보일러에서 수압(수두압)이 설정압력을 초과하면 보일러 및 배관의 파열 사고 위험이 있으므로 이것을 사전에 방지하기 위하여 설정압력 이상이 되면 자동적으로 밸브를 열어 물을 배출시켜 과잉압력을 저하시킨다.

② **설치규정**

ⓐ 온수보일러에서는 압력이 보일러의 최고사용압력에 도달하면 즉시로 작동하는 방출밸브 또는 안전밸브를 1개 이상 갖추어야 한다. 다만, 손쉽게 검사할 수 있는 방출관을 갖추었을 때에는 방출밸브로 대용할 수 있다.

ⓑ 인화성 증기를 발생하는 열매체보일러에서는 방출밸브 및 방출관은 밀폐식 구조로 하든가 보일러실 밖의 안전한 장소에 방출시키도록 한다.

③ **방출밸브의 크기**

ⓐ 운전온도 120 ℃이하에서 사용하며, 그 지름은 20A (20 mm) 이상으로 한다. 다만, 보일러의 압력이 보일러의 최고사용압력에 10 %를 더한 값을 초과하지 않도록 지름과 개수를 정해야 한다.

ⓑ 운전온도 120 ℃를 초과하는 경우의 온수발생 보일러에는 방출밸브 대신에 안전밸브를 설치해야 하며, 그 때 안전밸브의 호칭지름은 20A (20mm) 이상으로 한다.

【비교】 안전밸브와 방출밸브의 적용보일러와 분출매체의 차이점

- 방출밸브는 온수 발생 보일러의 안전장치 역할을 하며, 분출되는 매체는 온수이다.
- 안전밸브는 증기 발생 보일러의 안전장치 역할을 하며, 분출되는 매체는 증기이다.

④ 방출관

㉠ 온수발생 보일러에서 팽창탱크까지 연결된 관으로 가열된 팽창온수를 흡수하여 안전사고를 방지한다. 이 때 방출관에는 어떠한 경우든 차단장치(정지밸브, 체크밸브 등)을 부착하여서는 안 된다.

㉡ 방출관의 크기는 전열면적에 비례하여 다음과 같은 크기로 하여야 한다.

전열면적 (m²)	방출관의 안지름 (mm)
10 미만	25 이상
10 이상 ~ 15 미만	30 이상
15 이상 ~ 20 미만	40 이상
20 이상	50 이상

암기법 : 전열면적(구간의)최대값 × 2 = 안지름 값↑

(3) 수위검출기(고·저수위 경보장치 또는, 저수위 차단장치)

① 설치목적 : 보일러 동체 내의 수위가 규정수위 이상 또는 이하가 될 경우에 자동적으로 경보를 발령하며 그 신호를 전자밸브에 보내서 연료공급을 차단시켜 보일러 운전을 정지하여 과열사고를 방지한다.

② 수위검출기의 설치규정

㉠ 최고사용압력 $0.1\,MPa(= 1\,kg/cm^2)$를 초과하는 증기보일러에는 안전저수위 이하로 내려가기 직전에 경보(50 ~ 100초)가 울리고, 안전저수위 이하로 내려가는 즉시 연료를 자동적으로 차단하는 저수위 차단장치를 설치해야 한다.

㉡ 경보음은 70 dB 이상이어야 한다.

③ 수위검출기의 종류   암기법 : 플전열차

㉠ 플로트식(Float, 부자식) : 물과 증기의 비중차를 이용한다.
   　　　　　　　　　　　　ex> 맥도널식, 맘포드식, 자석식

㉡ 전극봉식 : 관수의 전기전도성을 이용한다.

㉢ 열팽창식(코프식) : 금속관의 온도변화에 의한 열팽창을 이용한다.

㉣ 차압식 : 관수의 수두압차를 이용한다.

(4) 방폭문(또는, 폭발문)

① 설치목적 : 보일러 연소실 내의 미연소가스로 인한 폭발 및 역화 시 그 내부압력을 대기로 방출시켜 보일러 내부의 폭발사고에 의한 피해를 줄인다.

② 설치위치 : 폭발가스로 인해 인명 피해 및 화재의 위험이 없는 보일러 연소실 후부 또는 좌·우측에 설치한다.

③ 방폭문의 종류

㉠ 스윙식(개방식) : 자연통풍 방식에 사용된다.

㉡ 스프링식(밀폐식) : 강제통풍 방식에 사용된다.

(5) 가용마개(fusible plug 가용플러그 또는, 가용전 可溶栓)

① 설치목적 : 내분식 보일러인 노통보일러에 있어서 관수의 이상 감수 시 과열로 인한 동체의 파열사고를 방지하기 위하여 주석과 납의 합금을 주입한 것으로서, 노통 꼭대기나 화실 천장부에 나사 박음으로 부착한다.

② 작동원리 : 이상 감수 시 합금이 녹아서(가용되어) 구멍이 생긴 부분으로 증기를 분출시켜 노내의 화력을 약하게 하는 동시에 그 음향으로 위험을 알려준다.

(6) 화염검출기(Flame detector, 불꽃검출기)

① 설치목적 : 연소실 내의 화염의 유무를 검출하여 연소상태를 감시하고, 이상화염 시에는 연료 전자밸브에 신호를 보내서 연료공급 밸브를 차단시켜 보일러 운전을 정지시키고 미연소가스로 인한 폭발사고를 방지한다.

② 화염검출기의 종류

㉠ 플레임 아이(Flame eye, 광전관식 화염검출기 또는, 광학적 화염검출기)

ⓐ 화염에서 발생하는 빛(방사에너지)에 노출 되었을 때 도전율이 변화하거나 또는 전위를 발생하는 광전 셀이 감지 요소로 되어 있는 장치이다.

ⓑ 셀(cell)의 종류 : Se(셀레늄)셀, PbS(황화납)셀, PbSe(셀레늄화납)셀, Te(텔루륨)셀, CdS(황화카드뮴)셀, CdTe(텔루륨화카드뮴)셀

ⓒ 광전관의 기능은 보일러 주위의 온도가 높아지면 센서 기능이 파괴되므로, 이 장치의 주위온도는 50℃이상 되지 않게 해야 한다.

ⓓ 광전관식은 유리나 렌즈를 매주 1회 이상 청소하고, 감도 유지에 주의한다.

㉡ 플레임 로드(Flame rod, 전기전도 화염검출기)

ⓐ 화염의 이온화현상에 의한 전기 전도성을 이용하여 화염의 유무를 검출하며, 주로 가스점화버너에 사용된다.

ⓑ 화염검출기 중 가장 높은 온도에서 사용할 수 있다.

ⓒ 검출부가 불꽃에 직접 접하므로 소손에 주의하고 청소를 자주해 준다.

㉢ 스택 스위치(Stack switch, 열적 화염검출기)

ⓐ 화염의 발열현상을 이용한 것으로 감온부는 연도에 바이메탈을 설치하여 신축 작용으로 화염의 유무를 검출하며, 화염 검출의 응답이 느려서 버너 분사 및 정지에 시간이 많이 걸리므로, 연료소비량이 10L/h 이하인 소용량 보일러에 주로 사용된다.

ⓑ 구조가 간단하고 가격이 저렴하다.

ⓒ 버너의 용량이 큰 곳에는 부적합하다.

ⓓ 스택 스위치를 사용할 때의 안전사용온도는 300℃ 이하가 적당하다.

(7) 압력제한기(또는, 압력차단 스위치)

① 설치목적 : 보일러의 증기압력이 설정압력을 초과하면 자동적으로 접점을 단락하여
　　　　　　 전자밸브를 닫아 연료를 차단하여 보일러 운전을 정지시킨다.

② 작동원리 : 증기압력 변화에 따라 기기내의 벨로스가 신축하여 내장되어 있는 수은
　　　　　　 스위치를 작동시켜 전기회로를 개폐하여 작동한다.

(8) 압력조절기

① 설치목적 : 보일러내의 증기압력이 높거나 낮을 경우 연료량과 공기량을 조절하여
　　　　　　 증기압력을 일정하도록 조절하도록 해준다.

② 작동원리 : 조절기내의 벨로즈 신축을 전기저항으로 변환하여 연료량과 공기량을
　　　　　　 조절하는 컨트롤모터를 작동시켜 항상 일정한 증기압력이 유지되도록
　　　　　　 자동전환 컨트롤 한다.

(9) 전자밸브(solenoid valve 솔레노이드밸브, 연료차단밸브)

① 설치목적 : 보일러 운전 중 이상감수 및 설정압력 초과나 불착화 시 연료의 공급을
　　　　　　 차단하여 보일러 운전을 정지시킨다.

② 작동원리 : 2위치 동작으로 전기가 투입되면 코일에 자기장이 유도되어 밸브가 열리고
　　　　　　 전기가 끊어지면 밸브가 닫힌다.

③ 설치위치 : 연료 배관라인에서 버너 전에 설치되어 있다.

④ 전자밸브와 연결된 장치 : 화염검출기, 수위검출기, 압력제한기, 송풍기 등

제3장 에너지 관계법규

- "성안당 홈페이지(www.cyber.co.kr) 자료실과 네이버 카페 에너지아카데미
  (https://cafe.naver.com/2000toe)"에서 PDF 파일을 무료로 제공하오니 다운
  받으시기 바랍니다.

1. 에너지법·시행령·시행규칙

2. 에너지이용합리화법·시행령·시행규칙

성공하려면

당신이 무슨 일을 하고 있는지를 알아야 하며,

하고 있는 그 일을 좋아해야 하며,

하는 그 일을 믿어야 한다.

-윌 로저스(Will Rogers)-

☆

때론 지치고 힘들지만 언제나 가슴에 큰 꿈을 안고 삽시다.

노력은 배반하지 않습니다.^^

에너지관리산업기사 필기

과년도 출제문제

CBT

www.cyber.co.kr

2016년 제1회~2020년 제3회 기출문제 및
2021년 이후 최근까지의 CBT 복원문제 수록

2016년 제1회 에너지관리산업기사
(2016. 3. 6. 시행)

평균점수

제1과목   열 및 연소설비

01

기체연료 연소장치 중 가스버너의 특징으로 틀린 것은?

① 공기비 제어가 불가능하다.
② 정확한 온도제어가 가능하다.
③ 연소상태가 좋아 고부하 연소가 용이하다.
④ 버너의 구조가 간단하고 보수가 용이하다.

【해설】 ※ 가스버너의 특징

㉠ 공기량 조절을 통한 공기비 제어가 용이하다.
㉡ 연소 조절을 통해 온도제어에 용이하다.
㉢ 완전연소가 잘 되어 고부하연소가 용이하다.
㉣ 무화가 필요없어 버너 구조가 간단하지만, 각종 안전장치가 요구된다.
㉤ 고체·액체의 연소장치에 비해 매연이 적게 배출된다.

02

가솔린 기관의 이론 표준 사이클인 오토사이클 (Otto cycle)의 4가지 기본 과정에 포함되지 않은 것은?

① 정압가열   ② 단열팽창
③ 단열압축   ④ 정적방열

【해설】   암기법 : 단적단적한.. 내, 오디사
※ 오토(Otto)사이클의 순환과정
   : 단열압축 → 정적가열 → 단열팽창 → 정적방열

【참고】 ※ 사이클 순환과정은 반드시 암기하자!

암기법 : 단적단적한.. 내, 오디사   가(부러),예스 랭!
              ↳ 내연기관.   ↳ 외연기관

오 단적~단적   오토 (단열-등적-단열-등적)
디 단합~ 〃   디젤 (단열-등압-단열-등적)
사 단적합 〃   사바테 (단열-등적-등압-단열-등적)
가(부) 단합~단합   암기법 : 가!~단합해
   가스터빈(부레이톤) (단열-등압-단열-등압)
예 온합~온합   에릭슨 (등온-등압-등온-등압)
                    암기법 : 예혼합
스 온적~온적   스털링 (등온-등적-등온-등적)
   암기법 : 스탈린 온적있니?
랭킨 합단~합단 랭킨 (등압-단열-등압-단열)
 ↳ 증기 원동소의 기본 사이클. 암기법 : 가랭이

03

물질의 상변화와 관계있는 열량을 무엇이라 하는가?

① 잠열   ② 비열
③ 현열   ④ 반응열

【해설】

※ 물질의 상변화에 따른 열량의 구별
     ㉠ 현열 : 물질의 상태변화 없이 온도변화만을 일으키는데 필요한 열량
     ㉡ 잠열 : 물질의 온도변화 없이 상태변화만을 일으키는데 필요한 열량
     ㉢ 전열(全熱) = 현열(顯熱) + 잠열(潛熱)

04

열역학 제2법칙에 대한 설명으로 옳은 것은?

① 음식으로 섭취한 화학에너지는 운동에너지로 변한다.

② 0 ℃의 물과 0 ℃의 얼음은 열적 평형상태를 이루고 있다.

③ 증기 기관의 운동에너지는 연료로부터 나온 에너지이다.

④ 효율이 100%인 열기관은 만들 수 없다.

【해설】 ※ 열역학 제2법칙의 여러 가지 표현

㉠ 열은 고온의 물체에서 저온의 물체 쪽으로 자연적으로 흐른다. (즉, 열이동의 방향성)

따라서, 외부에서 기계적인 일이 없이는 스스로 저온부에서 고온부로 이동할 수 없다.

㉡ 제2종 영구기관(열효율 100 %)은 제작이 불가능하다.

↳ 저열원에서 열을 흡수하여 움직이는 기관 또는 공급받은 열을 모두 일로 바꾸는 가상적인 기관을 말하며, 이것은 열역학 제2법칙에 위배되므로 그러한 기관은 존재 할 수 없다.

㉢ 고립된 계의 비가역변화는 엔트로피가 증가하는 방향(확률이 큰 방향, 무질서한 방향)으로 진행한다.

㉣ 역학적에너지에 의한 일을 열에너지로 변환하는 것은 용이하지만, 열에너지를 일로 변환하는 것은 용이하지 못하다.

05

기름 5 kg을 15 ℃에서 115 ℃까지 가열하는데 필요한 열량은? (단, 기름의 평균 비열은 0.65 kJ/kg·℃ 이다.)

① 325 kJ   ② 422 kJ

③ 510 kJ   ④ 525 kJ

【해설】   암기법 : 큐는 씨암탉

● 열량 $Q = C_{기름} \, m \, \Delta t$

$= 0.65 \, kJ/kg·℃ \times 5 \, kg \times (115 - 15)℃$

$= 325 \, kJ$

06

C중유 1 kg을 연소시켰을 때 생성되는 수증기 양은? (단, C중유의 수소함량은 11 %로 하고, 기타 수분은 없는 것으로 가정한다.)

① 0.52 Nm^3/kg   ② 0.75 Nm^3/kg

③ 1.00 Nm^3/kg   ④ 1.23 Nm^3/kg

【해설】

● 연소가스 중 수증기량(Wg)은 연료 중의 수소 연소와 연료 중에 포함되어 있던 수분(w)에 의한 것인데,

$$H_2 + \frac{1}{2}O_2 \rightarrow H_2O$$

$$\begin{array}{cc} 1 \, kmol & 1 \, kmol \\ (2 \, kg) & (18 \, kg) \\ 22.4 \, Nm^3 & 22.4 \, Nm^3 \end{array} 에서$$

$\therefore Wg = \dfrac{22.4}{2} H + \dfrac{22.4}{18} w$ [단위 : Nm^3/kg]

$= 11.2 \, H + 1.244 \, w$

$= 1.244 (9H + w) ≒ 1.25 (9H + w)$

$= 1.25 \times (9 \times 0.11 + 0)$

$≒ \mathbf{1.23 \, Nm^3/kg}$-중유

07

폴리트로픽 지수가 무한대 (n = ∞)인 변화는?

① 정온(등온)변화   ② 정적(등적)변화

③ 정압(등압)변화   ④ 단열변화

【해설】 ※ 폴리트로픽 변화의 일반식 : $PV^n = 1$(일정)

여기서, n : 폴리트로픽 지수

㉠ $n = 0$일 때 : $P \times V^0 = P \times 1 = 1$

$\therefore P = 1$ (등압변화)

㉡ $n = 1$일 때 : $P \times V^1 = P \times V = 1$

$\therefore PV = T$ (등온변화)

㉢ $1 < n < k$일 때 : $PV^n = 1$ (폴리트로픽변화)

㉣ $n = k$ (비열비)일 때 : $PV^k = 1$ (단열변화)

㉤ $n = ∞$일 때 : $PV^∞ = P^{\frac{1}{∞}} \times V = P^0 \times V$

$= 1 \times V = 1 \quad \therefore V = 1$ (정적변화)

08

공기 1 kg 을 15 ℃로부터 80 ℃로 가열하여 체적이 0.8 m³ 에서 0.95 m³ 로 되는 과정에서의 엔트로피 변화량은? (단, 밀폐계로 가정하며, 공기의 정압비열은 1.004 kJ/kg·K 이며, 기체상수는 0.287 kJ/kg·K 이다.)

① 0.2 kJ/K
② 1.3 kJ/K
③ 3.8 kJ/K
④ 6.5 kJ/K

【해설】　암기법 : 브티알 보자 (VTRV)

※ 엔트로피 변화량(ΔS) 계산

$$\Delta S = \left[C_V \cdot \ln\left(\frac{T_2}{T_1}\right) + R \cdot \ln\left(\frac{V_2}{V_1}\right) \right] \times m$$

$$= \left[(C_P - R) \cdot \ln\left(\frac{T_2}{T_1}\right) + R \cdot \ln\left(\frac{V_2}{V_1}\right) \right] \times m$$

$$= [(1.004 - 0.287)\, kJ/kg\cdot K \times \ln\left(\frac{80+273}{15+273}\right)$$

$$+ 0.287\, kJ/kg\cdot K \times \ln\left(\frac{0.95}{0.8}\right)] \times 1\, kg$$

$$= 0.195 \fallingdotseq \mathbf{0.2\, kJ/K}$$

09

공기비(m)에 대한 설명으로 옳은 것은?

① 공기비는 이론공기량을 실제공기량으로 나눈 값이다.
② 어떠한 연료든 연료를 연소시킬 경우 이론공기량보다 더 적은 공기량으로 완전연소가 가능하다.
③ 일반적으로 연료를 완전연소 시키기 위해 실제 공기량이 적을수록 좋으며 열효율도 증대된다.
④ 실제 공기비는 연료의 종류에 따라 다르며, 연료와 공기의 접촉면적 비율이 작을수록 커진다.

【해설】
● 일반적으로 공기비 $m = \frac{A}{A_0}\left(\frac{실제공기량}{이론공기량}\right) > 1$ 이다.

● 연료와 공기의 접촉면적 비율이 작을수록, 더 많은 과잉공기량이 필요하므로 공기비(m)가 커지게 된다.

【참고】
● 공기비가 클 경우
㉠ 완전연소 된다.
㉡ 과잉공기에 의한 배기가스로 인한 손실열이 증가한다.
㉢ 배기가스 중 질소산화물(NOₓ)이 많아져 대기오염을 초래한다.
㉣ 연료소비량이 증가한다.
㉤ 연소실 내의 연소온도가 낮아진다.
㉥ 연소효율이 감소한다.

● 공기비가 작을 경우
㉠ 불완전연소가 되어 매연(CO 등) 발생이 심해진다.
㉡ 미연소가스로 인한 역화 현상의 위험이 있다.
㉢ 불완전연소, 미연성분에 의한 손실열이 증가한다.
㉣ 연소효율이 감소한다.

10

다음 과정 중 등온과정에 가장 가까운 것으로 가정할 수 있는 것은?

① 공기가 500 rpm으로 작동되는 압축기에서 압축되고 있다.
② 압축공기를 이용하여 공기압 이용 공구를 구동한다.
③ 압축공기 탱크에서 공기가 작은 구멍을 통해 누설된다.
④ 2단 공기 압축기에서 중간냉각기 없이 대기압에서 500 kPa 까지 압축한다.

【해설】
● 압축공기 탱크에서 공기가 작은 구멍을 통해 누설되면 압력 급강하로 인해 공기 분자간의 상호작용이 무시될 정도로 작은 이상기체와 비슷한 움직임을 보인다. 따라서 이상기체의 교축과정에 해당되므로 엔탈피가 일정하고 엔트로피는 항상 증가하며 압력만 낮아지고 온도변화는 없는 등온과정에 가까운 것으로 가정할 수 있다.

11

증발잠열이 0 kJ/kg 이고, 액체와 기체의 구별이 없어지는 지점을 무엇이라고 하는가?

① 포화점　　　　② 임계점
③ 비등점　　　　④ 기화점

【해설】※ 물의 상평형도

• 임계점에서는 액상과 기상을 구분할 수 없으며, 포화액과 포화증기의 구별이 없어진다.

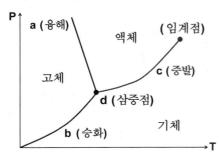

12

고열원 300 ℃와 저열원 30 ℃의 사이클로 작동 되는 열기관의 최고 효율은?

① 0.47　　　　② 0.52
③ 1.38　　　　④ 2.13

【해설】※ 카르노사이클의 열효율 공식 (η_c)

• $\eta_c = \dfrac{W}{Q_1} = \dfrac{Q_1 - Q_2}{Q_1} = 1 - \dfrac{Q_2}{Q_1} = 1 - \dfrac{T_2}{T_1}$

$= 1 - \dfrac{273 + 30}{273 + 300} = 0.471 \fallingdotseq 0.47$

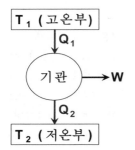

η : 열기관의 열효율
W : 열기관이 외부로 한 일
Q_1 : 고온부(T_1)에서 흡수한 열량
Q_2 : 저온부(T_2)로 방출한 열량

13

안전밸브의 크기에 대한 선정원칙은?

① 증발량과 증기압력에 비례한다.
② 증발량과 증기압력에 반비례한다.
③ 증발량에 반비례하고, 증기압력에 비례한다.
④ 증발량에 비례하고, 증기압력에 반비례한다.

【해설】

• 안전밸브의 크기(목부분의 단면적)는 전열면적 (증발량)에 비례하고, 증기압력에는 반비례한다. (∵ 전열면적이 클수록 증발량은 많아지고, 증기압력이 클수록 비체적이 감소되므로 지름이 작아진다.)

14

어떤 계가 한 상태에서 다른 상태로 변할 때, 이 계의 엔트로피의 변화는?

① 항상 감소한다.
② 항상 증가한다.
③ 항상 증가하거나 불변이다.
④ 증가, 감소, 불변 모두 가능하다.

【해설】

• 어떤 계(系)가 한 상태에서 다른 상태로 변할 때, 계의 엔트로피 변화는 증가, 감소, 불변 모두 가능하다.

15

공급열량과 압축비가 일정한 경우에 다음 중 효율이 가장 좋은 것은?

① 오토사이클　　　② 디젤사이클
③ 사바테사이클　　④ 브레이튼사이클

【해설】　　　　　　　암기법 : 오 〉 사 〉 디

• 공기표준사이클의 T-S선도에서 초온, 초압, **압축비**, 단절비, **공급 열량이 같을 경우** 각 사이클의 이론 열효율을 비교하면 **오토 > 사바테 > 디젤**의 순서이다.

16

어떤 증기의 건도가 0 보다 크고 1 보다 작으면 어떤 상태의 증기인가?

① 포화수   ② 습증기
③ 포화증기   ④ 과열증기

【해설】 ❷ 습증기의 건도는 $0 < x < 1$ 이다.

【참고】 ※ T-S 선도에서 물과 증기의 상태

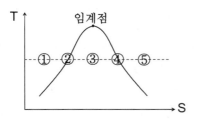

① 압축수 (건도 $x = 0$)
② 포화수 ($x = 0$)
③ 습증기 ($0 < x < 1$)
④ (건)포화증기 ($x = 1$)
⑤ 과열증기 ($x = 1$)

17

다음 랭킨사이클에서 1-2 과정은 보일러 및 과열기에서의 열 흡수, 2-3 은 터빈에서의 일, 3-4 는 응축기에서의 열 방출, 4-1 은 펌프의 일을 표시할 때, 열효율을 나타내는 식은? (단, h_1, h_2, h_3, h_4 는 각 지점에서의 엔탈피를 나타낸다.)

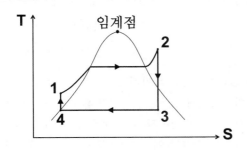

① $\dfrac{h_3 - h_4}{h_2 - h_1}$ ② $1 - \dfrac{h_3 - h_4}{h_2 - h_1}$

③ $1 - \dfrac{h_2 - h_3}{h_2 - h_1}$ ④ $\dfrac{h_1 - h_4}{h_2 - h_1}$

【해설】

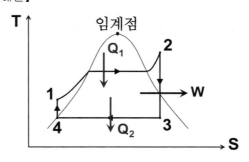

• 랭킨사이클의 이론적 열효율(η) 공식

$$\eta = \frac{W_{net}}{Q_1} = \frac{Q_1 - Q_2}{Q_1} = 1 - \frac{Q_2}{Q_1}$$

$$= 1 - \frac{(h_3 - h_4)}{(h_2 - h_1)}$$

18

과열증기에 대한 설명으로 가장 적합한 것은?

① 보일러에서 처음 발생한 증기이다.
② 습포화증기의 압력과 온도를 높인 것이다.
③ 건포화증기를 가열하여 온도를 높인 것이다.
④ 액체의 증발이 끝난 상태로 수분이 전혀 함유되지 않은 증기이다.

【해설】 ※ P-V 선도를 그려 놓고 확인하면 쉽다!

❸ 일정한 압력하에서 건포화증기에 열을 가해 온도가 높아지면 P-V 선도상에서 오른쪽으로 이동하므로 과열증기 구역에 해당한다.

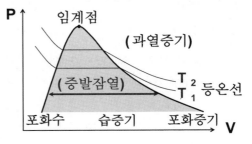

19

표준대기압 하에서 메탄(CH_4), 공기의 가연성 혼합기체를 완전 연소시킬 때 메탄 1 kg을 연소시키기 위해서 필요한 공기량은?
(단, 공기 중의 산소는 23.15 wt % 이다.)

① 4.4 kg ② 17.3 kg
③ 21.1 kg ④ 28.8 kg

【해설】

• 연소반응식을 통해 필요한 이론공기량(A_0)을 구하자.

$$CH_4 + 2O_2 \rightarrow CO_2 + 2H_2O$$
(1 kmol) (2 kmol)
(16 kg) (2 × 32 = 64 kg)
(1 kg) ($64\,kg \times \dfrac{1}{16} = 4\,kg$)

• 이론공기량(A_0) $= \dfrac{O_0}{0.2315} = \dfrac{4}{0.2315} ≒$ **17.3 kg/kg-메탄**

【참고】 ※ 이론공기량(A_0)의 계산

• 체적으로 구할 경우 : $A_0 = \dfrac{O_0}{0.21}$ [Nm^3/kg-연료]

• 중량으로 구할 경우 : $A_0 = \dfrac{O_0}{0.232}$ [kg/kg-연료]

20

탄소 72.0 %, 수소 5.3 %, 황 0.4 %, 산소 8.9 %, 질소 1.5 %, 수분 0.9 %, 회분 11.0 % 의 조성을 갖는 석탄의 고위발열량은?

① 20892 kJ/kg ② 24660 kJ/kg
③ 29266 kJ/kg ④ 30797 kJ/kg

【해설】 암기법 : 씨(C)팔일,수(H)세상, 황(S)이오

• $H_고 = 8100\,C + 34000\left(H - \dfrac{O}{8}\right) + 2500\,S$ [kcal/kg]

$= 8100 \times 0.72 + 34000 \times \left(0.053 - \dfrac{0.089}{8}\right)$
$\quad + 2500 \times 0.004$

$= 7355.75$ kcal/kg

$= 7355.75$ kcal/kg × 4.1868 kJ/kcal

$≒ 30797$ kJ/kg

제2과목	열설비 설치

21

용적식 유량계의 특징에 대한 설명으로 **틀린** 것은?

① 맥동의 영향이 적다.
② 직관부는 필요 없으며, 압력손실이 크다.
③ 유량계 전단에 스트레이너가 필요하다.
④ 점도가 높은 경우에도 측정이 가능하다.

【해설】 ※ 용적식(체적식) 유량계의 특징

㉠ 적산치의 정도가 가장 높다.(± 0.2 ~ 0.5 %)
㉡ 맥동에 의한 영향이 거의 없다.
㉢ 유입되는 유체에 의한 압력으로 회전자가 회전하므로, 일반적으로 고점도의 유체나 점도변화가 있는 유체의 유량측정에 적합하다.
㉣ 고형물이나 이물질의 혼입을 막기 위하여 유량계 입구에는 반드시 스트레이너(Strainer, 여과기)나 필터(fillter)를 설치한다.
㉤ 설치는 간단하지만, 내부에 회전자가 있으므로 구조가 다소 복잡하고, 압력손실이 크다.
㉥ 구조는 일반적으로 계량부, 전동부, 변환부, 계수부 등으로 복잡하므로 가격이 비싸고 유지·보수가 어렵다.

22

다음 중 패러데이(Faraday)법칙을 이용한 유량계는?

① 전자유량계 ② 델타유량계
③ 스와르미터 ④ 초음파유량계

【해설】 ※ 전자식 유량계(또는, 전자유량계)

• 파이프 내에 흐르는 도전성의 유체에 직각방향으로 자기장을 형성시켜 주면 패러데이(Faraday)의 전자기유도 법칙에 의해 발생되는 유도기전력(E)으로 유량을 측정한다. (패러데이 법칙 : $E = Blv$)
따라서, 도전성 액체의 유량측정에만 쓰인다.

23
다음의 블록선도에서 피드백제어의 전달함수를 구하면?

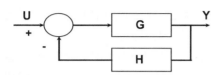

① $F = \dfrac{G}{1-H}$
② $F = \dfrac{G}{1+H}$

③ $F = \dfrac{G}{1-GH}$
④ $F = \dfrac{G}{1+GH}$

【해설】
- 전달함수 F(s) = $\dfrac{출력}{입력}$ = $\dfrac{Y(s)}{U(s)}$ = $\dfrac{\sum 경로}{1 - \sum 폐루프}$

  $\therefore$ F(s) = $\dfrac{G}{1-(-GH)}$ = $\dfrac{G}{1+GH}$

【참고】 ※ 피드백제어계(폐루프)의 합성 전달함수

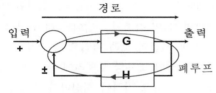

- 경로 : 입력에서 출력으로 일직선으로 갈 때 존재하는 요소
- 폐루프 : 가합점을 기준으로 신호가 되돌아올 때, 폐회로 안에 존재하는 요소
- 전달함수 = $\dfrac{출력}{입력}$ = $\dfrac{\sum 경로}{1 - \sum 폐루프}$ = $\dfrac{G}{1-(\pm GH)}$

24
다음 공업 계측기기 중 고온 측정용으로 가장 적합한 온도계는?

① 유리 온도계
② 압력 온도계
③ 방사 온도계
④ 열전대 온도계

【해설】
- 접촉식 온도계 중에서 가장 높은 온도(0 ~ 1600 ℃)의 측정이 가능한 온도계는 열전대 온도계이다.

【참고】 ※ 접촉식 온도계의 종류에 따른 측정온도

종류	온도측정범위(℃)
열전대 온도계	−200 ~ 1600
전기저항 온도계	−200 ~ 500
바이메탈 온도계 (또는, 금속 온도계)	−50 ~ 500
수은 온도계	−35 ~ 350
알코올 온도계	−100 ~ 200

25
0℃ 에서의 저항이 100 Ω인 저항온도계를 로 안에서 측정 시 저항시 200 Ω이 되었다면, 이 로 안의 온도는? (단, 저항온도계수는 0.005 이다.)

① 100℃
② 150℃
③ 200℃
④ 250℃

【해설】
- 온도 t ℃에서의 저항값 R = $R_0(1 + \alpha t)$

  여기서, R_0 : 0 ℃ 에서의 저항값(Ω)

  α : 저항온도계수

  t : 섭씨온도(℃)

  200 = 100 (1 + 0.005 × t) 방정식 계산기사용법으로 온도 t를 구하면 $\therefore$ t = **200 ℃**

26
직각으로 굽힌 유리관의 한쪽을 수면 바로 밑에 넣고 다른 쪽은 연직으로 세워 수평 방향으로 설치하였다. 수면위로 상승된 높이가 13 mm 일때 유속은?

① 0.1 m/s
② 0.3 m/s
③ 0.5 m/s
④ 0.7 m/s

【해설】
- 피토관 유속 $v = C_p \cdot \sqrt{2gh}$

  여기서, 별도의 제시가 없으면 피토관 계수 C_p = 1로 한다.

  $v = \sqrt{2 \times 9.8\, m/s^2 \times 0.013\, m}$

  $= 0.504 \fallingdotseq$ **0.5 m/s**

27

아르키메데스의 원리를 이용하여 측정하는
액면계는?

① 액압측정식 액면계　　② 전극식 액면계
③ 편위식 액면계　　　　④ 기포식 액면계

【해설】　　　　　　　　　　　암기법 : 아편
• 편위식(Displacement) 액면계는 측정액 중에 플로트
(Float)가 잠기는 깊이에 의한 부력으로부터 액면을
측정하는 방식으로 아르키메데스의 부력 원리를
이용하고 있다.

28

탄성식 압력계가 아닌 것은?

① 부르돈관 압력계　　② 벨로즈 압력계
③ 다이어프램 압력계　　④ 경사관식 압력계

【해설】
❹ 경사관식 압력계는 탄성식 압력계가 아니라 액주식
압력계의 종류에 속한다.

【참고】　　　　　　　　　　암기법 : 탄돈 벌다
• 탄성식 압력계의 종류별 압력 측정범위
　- 부르돈관식 > 벨로스식 > 다이어프램식

29

보일러 연도에서 가스를 채취하여 분석할 때
분석계 입구에서 2차 필터로 주로 사용되는 것은?

① 아런덤　　　　　② 유리솜
③ 소결금속　　　　④ 카보런덤

【해설】
※ 연도에서 시료가스 채취 시 여과재(필터)의 재질
　㉠ 1차 필터용(고온 접촉부) : 소결금속, 카보런덤,
　　　　　　　　　　　　　　　　　아런덤
　㉡ 2차 필터용(분석계 입구) : 유리솜

30

보일러의 점화, 운전, 소화를 자동적으로 행하는
장치에 관한 설명으로 틀린 것은?

① 긴급연료차단 밸브 : 버너의 연료 공급을
　　차단시키는 전자밸브
② 유량조절 밸브 : 버너에서의 분사량 조절
③ 스택스위치 : 풍압이 낮아진 경우 연료의
　　차단신호를 송출
④ 전자개폐기 : 연료 펌프, 송풍기 등의 가동·정지

【해설】
❸ 보일러의 증기압력이 설정압력을 초과하면 자동적으로
접점을 단락하여 전자밸브를 닫아 연료를 차단하여
보일러 운전을 정지시키는 장치는 압력제한기이다.

【참고】※ 스택 스위치(또는, 열적 화염검출기)
㉠화염의 발열현상을 이용한 것으로 감온부는 연도에
바이메탈을 설치하여 신축 작용으로 화염의 유무를
검출하며, 화염 검출의 응답이 느려서 버너 분사
및 정지에 시간이 오래 걸리므로, 연료소비량이
10 L/h 이하인 소용량 보일러에 주로 사용된다.
㉡ 구조가 간단하고 가격이 저렴하다.
㉢ 버너의 용량이 큰 곳에는 부적합하다.
㉣ 스택 스위치를 사용할 때의 안전사용온도는 300℃
이하가 적당하다.

31

보일러 5 마력의 상당증발량은?

① 55.65 kg/h　　　② 78.25 kg/h
③ 86.45 kg/h　　　④ 98.35 kg/h

【해설】
• 1 BHP(보일러마력)은 표준대기압(1기압)하, 100℃의
상당증발량(w_e)으로 15.65 kg/h의 포화증기를 발생
시키는 능력을 말한다. 즉, $1\,BHP = \dfrac{w_e}{15.65\,kg/h}$ 이므로
∴ w_e = 15.65 kg/h × 5 (BHP) = **78.25 kg/h**

32

자동제어계에서 제어량의 성질에 의한 분류에 해당되지 <u>않는</u> 것은?

① 서보기구
② 다수변제어
③ 프로세스제어
④ 정치제어

【해설】

❹ 정치제어는 제어량의 성질에 의한 분류가 아니라 제어 목표값에 의한 분류에 해당한다.

【참고】 ※ 제어량의 성질에 따른 분류

㉠ 프로세스 제어 : 온도, 압력, 유량, 습도 등과 같은 프로세스(Process, 공정)의 상태량에 대한 자동제어를 말한다.

㉡ 자동 조정 : 주로 전류, 전압, 회전속도 등과 같은 전기적 또는 기계적인 양을 자동적으로 제어하는 것을 말한다.

㉢ 서보 기구 : 물체의 정확한 위치, 방향, 속도, 자세 등의 기계적 변위를 제어량으로 하여 목표 값을 따라가도록 하는 피드백 제어의 일종으로 비행기 및 선박의 방향 제어 등에 사용된다.

㉣ 다변수 제어(多變數制御 또는, 다수변 제어) : 2개 이상의 입력 변수 또는 출력 변수를 갖는 시스템의 제어를 말한다.

33

한 시간 동안 연도로 배기되는 가스량이 300 kg, 배기가스 온도 240 ℃, 가스의 평균 비열이 1.34 kJ/kg·℃ 이고, 외기 온도가 -10 ℃일 때, 배기가스에 의한 손실열량은?

① 14100 kJ/h
② 100500 kJ/h
③ 325000 kJ/h
④ 384000 kJ/h

【해설】 　　　　　　　　　암기법 : 큐는 씨암탉

• 손실열량 $Q = Cm\Delta t$
　　　　= 1.34 kJ/kg·℃ × 300 kg/h × [240 - (-10)] ℃
　　　　= 100500 kJ/h

34

지르코니아식 O_2 측정기의 특징에 대한 설명 중 <u>틀린</u> 것은?

① 응답속도가 빠르다.
② 측정범위가 넓다.
③ 설치장소 주위의 온도 변화에 영향이 적다.
④ 온도 유지를 위한 전기로가 필요 없다.

【해설】 　　　　　　　암기법 : 쎄라지~

※ 세라믹식 O_2계(지르코니아식 O_2계) 가스분석계 특징

㉠ 측정가스의 유량이나 설치장소 주위의 온도변화에 의한 영향이 적다.

㉡ 연속측정이 가능하며, 측정범위가 넓다.
　(수ppm ~ 수%)

㉢ 응답성이 빠르다.

㉣ 측정부의 온도(500℃ ~ 800℃) 유지를 위해 온도 조절용의 전기로가 필요하다.

㉤ 측정가스 중에 가연성가스가 포함되어 있으면 사용할 수 없다.

35

보일러 자동제어의 장점으로 가장 거리가 <u>먼</u> 것은?

① 효율적인 운전으로 연료비가 절감된다.
② 보일러 설비의 수명이 길어진다.
③ 보일러 운전을 안전하게 한다.
④ 급수처리 비용이 증가한다.

【해설】 ※ 보일러 자동제어의 장점

㉠ 경제적으로 열매체를 얻을 수 있다.
㉡ 보일러의 운전을 안전하게 할 수 있다.
㉢ 효율적인 운전으로 연료비가 절감된다.
㉣ 온도나 압력이 일정한 증기를 얻을 수 있다.
㉤ 인원 감축에 따른 인건비가 절감된다.
㉥ 안정적인 보일러 운전으로 수명이 길어진다.
㉦ 효율적인 운전으로 급수처리 비용이 절감된다.

36

다음 중 차압식 유량계가 <u>아닌</u> 것은?

① 벤투리 유량계　② 오리피스 유량계
③ 피스톤형 유량계　④ 플로우 노즐 유량계

【해설】　　　암기법 : 손오공 노레(Re)는 벤츄다.
※ 차압식 유량계의 비교
  • 압력손실이 큰 순서 : 오리피스 > 노즐 > 벤츄리
  • 압력손실이 작은 유량계일수록 가격이 비싸진다.
  • 플로우-노즐은 레이놀즈(Reno)수가 큰 난류일 때
    에도 사용할 수 있다.

37

다음 화염검출기 중 가장 높은 온도에서 사용할
수 있는 것은?

① 프레임 로드　　　② 황화카드뮴 셀
③ 광전관 검출기　　④ 자외선 검출기

【해설】
※ 플레임 로드(Flame rod, 전기전도 화염검출기)
  - 버너와 전극(로드)간에 교류전압을 가해 화염의
    이온화에 의한 도전현상을 이용한 것으로서, 화염에
    직접 접촉하므로 가장 높은 온도에서 사용할 수 있는
    가스연료의 점화버너에 주로 사용한다.

38

서로 다른 금속의 열팽창계수 차이를 이용하여
온도를 측정하는 것은?

① 열전대 온도계　　　② 바이메탈 온도계
③ 측온저항체 온도계　④ 서미스터

【해설】 ※ 바이메탈(Bimetal) 온도계
• 고체팽창식 온도계인 바이메탈 온도계는 열팽창계수가
  서로 다른 2개의 금속 박판을 마주 접합한 것으로 온도
  변화에 의해 선팽창계수가 다르므로 휘어지는 현상을
  이용하여 온도를 측정한다. 온도의 자동제어에 쉽게
  이용되며 구조가 간단하고 경년변화가 적다.

39

증기보일러에서 부하율을 올바르게 설명한 것은?

① 최대연속증발량(kg/h)을 실제증발량(kg/h)
   으로 나눈 값의 백분율이다.
② 실제증발량(kg/h)을 상당증발량(kg/h)으로
   나눈 값의 백분율이다.
③ 실제증발량(kg/h)을 최대연속증발량(kg/h)
   으로 나눈 값의 백분율이다.
④ 상당증발량(kg/h)을 실제증발량(kg/h)으로
   나눈 값의 백분율이다.

【해설】 ※ 보일러 부하율(L_f)　　　암기법 : 부최실
• 최대연속증발량(정격용량)에 대한 실제증발량의 비를
  말한다.

$$L_f = \frac{w_2}{w_{max}} \left(\frac{\text{실제증발량}}{\text{최대연속증발량}} \right) \times 100 \, (\%)$$

40

1 ppm 이란 용액 몇 kgf 에 용질 1 mg 이 녹아
있는 경우인가?

① 1 kgf　　　　　　② 10 kgf
③ 100 kgf　　　　　④ 1000 kgf

【해설】 ※ 농도의 표시 단위
• ppm (parts per million, 백만분율)
  - 물 1L에 함유되어 있는 불순물의 양을 mg으로
    나타낸 농도[mg/L] 또는, 물 1톤(ton)에 함유
    되어 있는 불순물의 양을 g으로 나타낸 것[g/ton]
• ppm = mg/L = g/m^3 = g/ton = mg/kg(f)
∴ 1 ppm은 용액 1 kgf 에 용질 1 mg이 녹아있는 것이다.

<table>
<tr><td>제3과목</td><td>열설비 운전</td></tr>
</table>

41

오르자트(orsat) 가스분석기로 측정할 수 있는 성분이 <u>아닌</u> 것은?

① 산소(O_2)
② 일산화탄소(CO)
③ 이산화탄소(CO_2)
④ 수소(H_2)

【해설】   암기법 : 이→산→일

※ 오르자트(Orsat)식 가스분석 순서 및 흡수제

ⓐ 이산화탄소(CO_2) : 30% 수산화칼륨(KOH) 용액

ⓑ 산소(O_2) : 알칼리성 피로가놀(피로갈롤) 용액

ⓒ 일산화탄소(CO) : 암모니아성 염화제1구리(동) 용액

42

매 초당 20 L의 물을 송출시킬 수 있는 급수펌프에서 양정이 7.5 m, 펌프효율이 75 %일 때, 펌프의 소요 동력은?

① 4.34 kW
② 2.67 kW
③ 1.96 kW
④ 0.27 kW

【해설】

• 체적 유량 Q = 20 L/sec

$$= 20\,L/sec \times \frac{1\,m^3}{1000\,L} = 0.02\,m^3/sec$$

• 펌프의 동력 : L [W] $= \dfrac{PQ}{\eta} = \dfrac{\gamma HQ}{\eta} = \dfrac{\rho g HQ}{\eta}$

여기서, P : 압력 [$mmH_2O = kgf/m^2$]

Q : 유량 [m^3/sec]

H : 수두 [m]

η : 펌프의 효율

γ : 물의 비중량 (1000 kgf/m^3)

ρ : 물의 밀도 (1000 kg/m^3)

g : 중력가속도 (9.8 m/s^2)

$$= \frac{1000\,kg/m^3 \times 9.8\,m/s^2 \times 7.5\,m \times 0.02\,m^3/s}{0.75}$$

= 1960 N·m/s = 1960 J/s = 1960 W

= 1.96 kW

43

증기배관에서 감압밸브 설치 시 주의점에 대한 설명으로 가장 거리가 <u>먼</u> 것은?

① 감압밸브는 부하설비에 가깝게 설치한다.

② 감압밸브 앞에는 스트레이너를 설치하여야 한다.

③ 감압밸브 1차측의 관 축소 시 동심 레듀서를 설치하여야 한다.

④ 감압밸브 앞에는 기수분리기나 트랩을 설치하여 응축수를 제거한다.

【해설】 ※ 감압밸브 설치 시 주의사항

ⓐ 생산공정에서 사용하는 증기설비는 더욱 균일한 압력과 온도를 요구하므로, 감압밸브는 보일러실보다는 가급적 증기사용처인 공정측 부하설비 가깝게 설치하는 것이 관리도 용이하고 감압밸브와 배관 등의 비용도 적게 든다.

ⓑ 이물질이 끼면 감압이 되지 않으므로 감압밸브는 수평인 배관로에 연결하고, 이물질의 제거를 위해 반드시 감압밸브 앞에는 스트레이너(여과기)를 설치한다.

ⓒ 설비 및 공정이 요구하는 압력을 부하변동에 관계없이 일정하게 유지해주기 위하여 감압밸브를 사용하여 1차측 압력은 높고 2차측 압력은 낮게 해주는데, **감압밸브 1차측(앞)의 관 축소 시 편심 리듀서를 설치**하여 응축수가 고이지 않게 하고, 2차측(뒤)에는 동심리듀서(reducer)를 사용한다.

ⓓ 감압밸브 앞에는 기수분리기 또는 증기트랩에 의해 응축수가 제거되어야 한다.

ⓔ 배관계에 바이패스(Bypass)배관 및 바이패스 밸브를 나란히 설치하고 감압밸브의 점검·고장·수리 시에 증기를 바이패스 할 수 있도록 한다.

ⓕ 감압밸브와 수평 또는 상부에 바이패스 라인을 설치하는 것이 좋으며, 바이패스 밸브의 구경은 일반적으로 감압밸브 구경과 같게 한다.

ⓖ 감압밸브 앞쪽에 감압전의 1차 압력을, 감압밸브 뒤쪽에는 감압후의 2차 압력을 나타내는 압력계를 설치하여, 운전 중의 압력을 조절할 수 있도록 한다.

44

마그네시아를 원료로 하는 내화물이 수증기의 작용을 받아 $Mg(OH)_2$ 을 생성하는데 이때 큰 비중변화에 의한 체적변화를 일으켜 노벽에 균열이 발생하는 현상은?

① 슬래킹(Slaking)　　② 스폴링(Spalling)
③ 버스팅(Bursting)　　④ 해밍(Hamming)

【해설】 ※ 내화물의 열적 손상에 따른 현상

㉠ 스폴링(Spalling)
  - 불균일한 가열 및 급격한 가열·냉각에 의한 심한 온도차로 벽돌에 균열이 생기고 표면이 갈라져서 떨어지는 현상

㉡ 슬래킹(Slaking)　　암기법 : 염수술
  - 마그네시아질, 돌로마이트질 노재의 성분인 산화마그네슘(MgO), 산화칼슘(CaO) 등 염기성 내화벽돌이 수증기와 작용하여 $Ca(OH)_2$, $Mg(OH)_2$ 를 생성하게 되는 비중변화에 의해 체적팽창을 일으키며 균열이 발생하고 붕괴되는 현상

㉢ 버스팅(Bursting)　　암기법 : 크~ 롬멜버스
  - 크롬을 원료로 하는 염기성 내화벽돌은 1600℃ 이상의 고온에서는 산화철을 흡수하여 표면이 부풀어 오르고 떨어져 나가는 현상

㉣ 스웰링(Swelling)
  - 액체를 흡수한 고체가 구조조직은 변화하지 않고 용적이 커지는 현상

㉤ 필링(Peeling)
  - 슬래그의 침입으로 내화벽돌에 침식이 발생되어 본래의 물리·화학적 성질이 변화됨으로서 벽돌의 균열 및 층상으로 벗겨짐이 발생되는 현상

㉥ 용손
  - 내화물이 고온에서 접촉하여 열전도 또는 화학반응에 의하여 내화도가 저하되고 녹아내리는 현상

㉦ 버드네스트(Bird nest)
  - 석탄연료의 스토커, 미분탄 연소에 의하여 생긴 재가 용융상태로 고온부인 과열기 전열면에 들러붙어 새의 둥지와 같이 되는 현상

◎ 하중연화점
  - 축요 후, 하중을 일정하게 하고 내화재를 가열했을 때 하중으로 인해서 평소보다 더 낮은 온도에서 변형이 일어나는 온도

45

다음 중 박스 트랩(Box trap) 중 하나로 주로 아파트 및 건물의 발코니 등의 바닥 배수에 사용하여 상층의 배수 침투 및 악취 분출 방지 역할을 하는 트랩은?

① 벨 트랩　　　　　② S 트랩
③ 관 트랩　　　　　④ 그리스 트랩

【해설】 ※ 배수 트랩의 종류

㉠ 관 트랩(Pipe trap)
  - 곡관의 일부에 물을 고이게 하여 공기나 가스의 통과를 저지하는 사이펀식의 트랩으로서, 구부려 만든 관의 형상에 따라 P 트랩, S 트랩, U트랩 등으로 구분된다.

㉡ 박스 트랩 (Box trap)
  - 사용처에 따라 벨 트랩, 드럼 트랩, 그리스 트랩 등으로 구분된다.
    ⓐ 벨 트랩 (Bell trap)
      - 종 모양의 기구를 배수구에 씌운 형태로 발코니 및 욕실 등의 바닥 배수에 사용.
    ⓑ 드럼 트랩 (Drum trap)
      - 드럼 모양의 트랩에 물 속의 찌꺼기를 트랩 바닥에 모이게 하여 배수관에 찌꺼기가 흐르지 않도록 방지하므로 가정용 싱크대의 배수용으로 많이 사용.

㉢ 그리스 트랩 (Grease trap)
  - 배수 속에 포함된 지방, 기름, 찌꺼기 등을 분리하기 위해 거름망 - 거름막 - 봉수관의 기본구조로 되어 있으며 상업용 주방에서 많이 사용.

46

큐폴라에 대한 설명으로 **틀린** 것은?

① 규격은 매 시간당 용해할 수 있는 중량(ton)으로 표시한다.
② 코크스 속의 탄소, 인, 황 등의 불순물이 들어가 용탕의 질이 저하된다.
③ 열효율이 좋고 용해시간이 빠르다.
④ Al합금이나 가단주철 및 칠드 롤러(chilled roller)와 같은 대형 주물제조에 사용된다.

【해설】
❹ 제련을 목적으로 하지 않고 동합금(청동, 황동), 경금속합금 등의 비철금속 용해로로 주로 사용되는 것은 도가니로이다.

【참고】 ※ 큐폴라(Cupola, 용선로)의 특징
㉠ 노의 용량은 1시간에 용해할 수 있는 선철의 톤(ton)수로 표시한다.
㉡ 대량의 쇳물을 얻을 수 있어, 대량생산이 가능하다.
㉢ 다른 용해로에 비해 열효율이 좋고, 용해시간이 빠르고 경제적이다.
㉣ 쇳물이 코크스 속을 지나므로 코크스 속의 탄소, 황, 인 등의 불순물이 들어가기 쉽다.
㉤ 용해 특성상 탄소, 인, 황 등의 불순물이 흡수되어 주물의 질이 저하된다.

47

보일러 관석(scale)에 대한 설명 중 **틀린** 것은?

① 관석이 부착하면 열전도율이 상승한다.
② 수관 내에 관석이 부착하면 관수 순환을 방해한다.
③ 관석이 부착하면 국부적인 과열로 산화, 팽창 파열의 원인이 된다.
④ 관석의 주성분은 크게 나누어 황산칼슘, 규산칼슘, 탄산칼슘 등이 있다.

【해설】 ※ 스케일 부착 시 발생하는 장애 현상

㉠ 스케일은 열전도의 방해물질이므로 열전도율을 저하시킨다.(전열량을 감소시킨다.)
㉡ 연소열량을 보일러수에 잘 전달하지 못하므로 전열면의 온도가 상승하여 국부적 과열이 일어난다.
㉢ 배기가스의 온도가 높아지게 된다.
   (배기가스에 의한 열손실이 증가한다.)
㉣ 보일러 열효율이 저하된다.
㉤ 연료소비량이 증대된다.
㉥ 국부적인 과열로 인한 보일러 파열사고의 원인이 된다.
㉦ 전열면의 과열로 인한 팽출 및 압궤를 발생시킨다.
㉧ 보일러수(또는, 관수)의 순환을 나쁘게 한다.
㉨ 급수내관, 수저분출관, 수면계의 물측 연락관 등을 막히게 한다.

48

수관보일러와 비교하여 원통보일러의 특징으로 **틀린** 것은?

① 형상에 비해서 전열면적이 적고, 열효율은 수관보일러보다 낮다.
② 전열면적당 수부의 크기는 수관보일러에 비해 크다.
③ 구조가 간단하므로 취급이 쉽다.
④ 구조상 고압용 및 대용량에 적합하다.

【해설】 ※ 원통형 보일러의 특징
㉠ 큰 동체를 가지고 있어, 보유수량이 많다.
㉡ 구조가 간단하여 취급이 용이하고, 내부의 청소 및 검사가 용이하다.
㉢ 일시적인 부하변동에 대하여 보유수량이 많으므로 발생증기의 압력변동이 적다.
㉣ 구조상 전열면적이 작고 수부가 커서 증기발생속도가 느리다.(증기발생시간이 길다.)
㉤ 저압·소용량의 경우에 적합하므로, 고압·대용량에는 부적당하다.
㉥ 보유수량이 많으므로 파열 사고 시에는 피해가 크다.
㉦ 열효율은 낮은 편이다.

49

산소를 로(爐)속에 공급하여 불순물을 제거하고 강철을 제조하는 로(爐)는?

① 큐폴라   ② 반사로
③ 전로   ④ 고로

【해설】 ※ 전로(轉爐)

● 용광로에서 나온 선철(쇳물)은 탄소 함유량이 많고 Si, Mn, P, S 등의 불순물이 포함되어 있어 경도가 높고 제품의 압연이나 단조 등의 소성 가공의 저하 및 균열 등을 일으키므로 양질의 (철)강을 만들기 위해서는 이를 제거하는 제강공정을 거쳐 탄소함유량을 0.02 ~ 2 % 정도로 산화 감소시키고 필요한 성분을 첨가하여 강철(Steel)을 만드는 것으로, 선철을 강으로 전환하는 로(爐)라는 의미에서 붙여진 이름의 제강로이다.

50

단열벽돌을 요로에 사용 시 특징에 대한 설명으로 **틀린** 것은?

① 축열 손실이 적어진다.
② 전열 손실이 적어진다.
③ 노내 온도가 균일해지고, 내화물의 배면에 사용하면 내화물의 내구력이 커진다.
④ 효과적인 면도 적지 않으나 가격이 비싸므로 경제적인 이익은 없다.

【해설】   암기법 : 단축열 확전 스

※ 공업요로에서 단열의 효과
　㉠ 요로의 축열용량이 작아진다.
　　그러므로 가열 온도까지의 승온 시간이 단축된다.
　㉡ 열전도계수(열전도도)가 작아진다.
　㉢ 열확산계수가 작아진다.
　㉣ 노벽의 온도구배를 줄여 스폴링 현상을 억제한다.
　㉤ 노내의 온도가 균일하게 유지되어 피가열물의 품질이 향상된다.

51

어느 대향류 열교환기에서 가열유체는 80℃로 들어가서 30℃로 나오고 수열유체는 20℃로 들어가서 30℃로 나온다. 이 열교환기의 대수평균온도차는?

① 25℃   ② 30℃
③ 35℃   ④ 40℃

【해설】 ※ 대수평균온도차(LMTD, Δt_m)

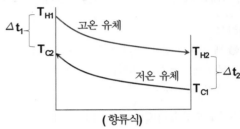

(향류식)

● 향류식 $\Delta t_m = \dfrac{\Delta t_1 - \Delta t_2}{\ln\left(\dfrac{\Delta t_1}{\Delta t_2}\right)}$

$= \dfrac{(T_{H1} - T_{C2}) - (T_{H2} - T_{C1})}{\ln\left(\dfrac{T_{H1} - T_{C2}}{T_{H2} - T_{C1}}\right)}$

$= \dfrac{(80 - 30) - (30 - 20)}{\ln\left(\dfrac{80 - 30}{30 - 20}\right)}$

$= 24.85 \fallingdotseq 25\,℃$

52

다음 석탄재의 조성 중 많을수록 석탄재의 융점을 낮아지게 하는 성분이 **아닌** 것은?

① Fe_2O_3 ② CaO
③ SiO_2 ④ MgO

【해설】

● 석탄재는 염기성성분(Fe_2O_3, CaO, MgO, NaO, K_2O 등)과 산성성분(SiO_2, Al_2O_3 등)으로 구성되며 일반적으로, 염기성성분이 산성성분보다 많으면 융점이 낮아진다.

53

보일러설비 계획 시 연소장치의 버너를 선정할 때 검토해야 할 사항으로 가장 거리가 먼 것은?

① 연료의 종류
② 안전밸브 여부
③ 유량조절 및 공기조절
④ 연소실의 분위기(압력, 온도조절)

【해설】 ※ 버너 선정시 고려해야 할 사항

  ㉠ 노의 구조와 운전조건(압력, 온도)에 적합한 것이어야 한다.

  ㉡ 버너의 용량이 보일러 용량에 알맞은 것이어야 한다.

  ㉢ 사용 연료의 성상에 적합한 것이어야 한다.

  ㉣ 부하변동에 따른 유량조절범위를 고려해야 한다.

  ㉤ 제어방식에 따른 버너 형식을 고려해야 한다.

  ❷ 안전밸브는 안전장치에 속하므로 연소장치인 버너 선정과는 관련이 없다.

54

다음 중 산성내화물의 주요 화학 성분은?

① SiO_2
② MgO
③ FeO
④ SiC

【해설】 ※ 화학조성에 따른 내화물의 종류 및 특성

㉠ 산성 내화물의 종류 　암기법 : 산규 납점샤

  - 규석질(석영질, SiO_2, 실리카), 납석질(반규석질), 점토질, 샤모트질

㉡ 중성 내화물의 종류 　암기법 : 중이 C 알

  - 탄소질, 크롬질, 고알루미나질(Al_2O_3계 50% 이상), 탄화규소질

㉢ 염기성 내화물의 종류 　암기법 : 염병할~ 포돌이 마크

  - 포스테라이트질(Forsterite, MgO-SiO_2계),
  돌로마이트질(Dolomite, CaO-MgO계),
  마그네시아질(Magnesite, MgO계),
  마그네시아-크롬질(Magnesite Chromite, MgO-Cr_2O_3계)

55

다음 중 수관식 보일러에 속하는 것은?

① 노통보일러
② 기관차형보일러
③ 바브콕보일러
④ 횡연관식보일러

【해설】

※ 수관식 보일러의 종류 　암기법 : 수자 강간 (관)

  ㉠ 자연순환식
  암기법 : 자는 바·가·(야로)·다, 스네기찌
  　　　　(모두 다 일본식 발음을 닮았음.)
  - 바브콕, 가르베, 야로, 다꾸마, 스네기찌, 스털링 보일러

  ㉡ 강제순환식 　암기법 : 강제로 베라~
  - 베록스, 라몬트 보일러

  ㉢ 관류식
  암기법 : 관류 람진과 벤슨이 앤모르게 슐처먹었다
  - 람진, 벤슨, 앤모스, 슐처 보일러

56

압력 0.1 kg/cm^2 의 증기를 이용하여 난방을 하는 경우 방열기 내의 증기 응축량은? (단, 0.1 kg/cm^2 에서의 증발잠열은 2252 kJ/kg 이다.)

① 13.5 $kg/m^2 \cdot h$
② 12.1 $kg/m^2 \cdot h$
③ 1.35 $kg/m^2 \cdot h$
④ 1.21 $kg/m^2 \cdot h$

【해설】

• 실내 방열기의 증기 난방부하를 $Q_{표준}$ 이라 두면

$$Q_{표준} = w_{응축수량} \times R_w \text{ 에서}$$

$$\therefore w_{응축수량} = \frac{Q_{표준방열량}}{R_w (물의\ 증발잠열)}$$

$$= \frac{2730\,kJ/m^2 \cdot h}{2252\,kJ/kg} ≒ 1.21\ kg/m^2 \cdot h$$

【참고】 ※ 방열기의 표준방열량($Q_{표준}$)은 열매체인 증기와 온수를 기준으로 구별하여 계산한다.

암기법 : 수 사오공, 증 육오공

열매체	공학단위 (kcal/$m^2 \cdot h$)	SI 단위 (kJ/$m^2 \cdot h$)
온수	450	1890
증기	650	2730

57

관류보일러의 특징으로 틀린 것은?

① 관(管)으로만 구성되어 기수드럼이 필요하지 않기 때문에 간단한 구조이다.
② 전열 면적당 보유수량이 많기 때문에 증기 발생까지의 시간이 많이 소요된다.
③ 부하변동에 의해 압력변동이 생기기 쉽기 때문에 급수량 및 연료량의 자동제어가 장치가 필요하다.
④ 충분히 수 처리된 급수를 사용하여야 한다.

【해설】※ 관류식 보일러의 특징
<장점> ㉠ 순환비가 1이므로 드럼이 필요 없다.
　　　　㉡ 드럼이 없어 초고압용 보일러에 적합하다.
　　　　㉢ 관을 자유로이 배치할 수 있어서 전체를 합리적인 구조로 할 수 있다.
　　　　㉣ 전열면적당 보유수량이 가장 적어 증기발생 속도와 시간이 매우 빠르다.
　　　　㉤ 보유수량이 대단히 적으므로 파열 시 위험성이 적다.
　　　　㉥ 보일러 중에서 효율이 가장 높다.(95% 이상)

<단점> ㉠ 긴 세관 내에서 급수의 거의 전부가 증발하기 때문에 철저한 급수처리가 요구된다.
　　　　㉡ 일시적인 부하변동에 대하여 관수 보유수량이 적으므로 압력변동이 크다.
　　　　㉢ 따라서 연료연소량 및 급수량을 빠르게 하는 고도의 자동제어장치가 필요하다.
　　　　㉣ 관류보일러에는 반드시 기수분리기를 설치해 주어야 한다.

58

감압밸브 설치 시 배관 시공법에 대한 설명으로 틀린 것은?

① 감압밸브는 가급적 사용처에 근접시공 한다.
② 감압밸브 앞에는 여과기를 설치해야 한다.
③ 감압 후 배관은 1차측 보다 확관되어야 한다.
④ 감압장치의 안전을 위하여 밸브 앞에 안전밸브를 설치한다.

【해설】
❹ 보일러 본체에는 안전밸브가 설치되어 있으므로 감압밸브 앞쪽(1차측)에는 안전밸브를 별도로 설치하지 않으며, 감압밸브 뒤쪽(2차측)에 감압장치 고장에 따른 안전을 위하여 안전밸브를 설치한다.

【참고】※ 감압밸브 설치 시 주의사항
㉠ 생산공정에서 사용하는 증기설비는 더욱 균일한 압력과 온도를 요구하므로, 감압밸브는 보일러실 보다는 가급적 증기사용처인 공정측 부하설비 가깝게 설치하는 것이 관리도 용이하고 감압밸브와 배관 등의 비용도 적게 든다.
㉡ 이물질이 끼면 감압이 되지 않으므로 감압밸브는 수평인 배관로에 연결하고, 이물질의 제거를 위해 반드시 감압밸브 앞에는 스트레이너(여과기)를 설치한다.
㉢ 설비 및 공정이 요구하는 압력을 부하변동에 관계없이 일정하게 유지해주기 위하여 감압밸브를 사용하여 1차측 압력은 높고 2차측 압력은 낮게 해주는데, 감압밸브 1차측(앞)의 관 축소 시 편심리듀서를 설치하여 응축수가 고이지 않게 하고, 2차측(뒤)에는 동심리듀서(reducer)를 사용한다.
㉣ 감압밸브 앞에는 기수분리기 또는 증기트랩에 의해 응축수가 제거되어야 한다.
㉤ 배관계에 바이패스(Bypass)배관 및 바이패스 밸브를 나란히 설치하고 감압밸브의 점검·고장·수리 시에 증기를 바이패스 할 수 있도록 한다.
㉥ 감압밸브와 수평 또는 상부에 바이패스 라인을 설치하는 것이 좋으며, 바이패스 밸브의 구경은 일반적으로 감압밸브 구경과 같게 한다.
㉆ 감압밸브 앞쪽에 감압전의 1차 압력을, 감압밸브 뒤쪽에는 감압후의 2차 압력을 나타내는 압력계를 설치하여, 운전 중의 압력을 조절할 수 있도록 한다.
㉇ 감압 후 배관은 압력감소로 인해 증기의 비체적이 팽창하므로 1차측 보다 확관되어야 한다.

59

강판의 두께가 12 mm 이고 리벳의 직경이 20 mm 이며, 피치가 48 mm 의 1줄 겹치기 리벳조인트가 있다. 이 강판의 효율은?

① 25.9% ② 41.7%

③ 58.3% ④ 75.8%

【해설】

※ 리벳이음에서 강판의 효율(η)이란 리벳구멍이나 노치(notch) 등이 전혀 없는 무지 상태인 강판의 인장강도와 리벳이음을 한 강판의 인장강도와의 비를 말한다.

$$\eta = \frac{1\text{피치 폭의 구멍이 있는 강판의 인장강도}}{1\text{피치의 무지의 강판의 인장강도}} \times 100$$

$$= \frac{(p-d)\,t\,\sigma}{p\,t\,\sigma} = \frac{p-d}{p} = 1 - \frac{d}{p}$$

여기서, p : 피치(mm)

　　　　　d : 리벳의 직경(mm)

$$= 1 - \frac{20}{48} = 0.583 ≒ \textbf{58.3 \%}$$

60

큐폴라(Cupola)의 다른 명칭은?

① 용광로 ② 반사로

③ 용선로 ④ 평로

【해설】

※ 용선로(Cupola, 큐폴라)

- 선철 주물을 만들기 위하여 바깥쪽을 강판으로 만든 원통형의 수직로인데, 안쪽은 내화벽돌과 내화점토로 라이닝이 되어 있으며 노 내에 소정의 높이까지 코크스, 선철, 석회석의 순서로 장입하여 송풍구에서 압풍을 보내서 코크스를 열원으로 사용하여 주철·주물을 용해하는 노이다.

| 제4과목 | 열설비 안전관리 및 검사기준 |

61

에너지이용 합리화법에 따른 한국에너지공단의 사업이 아닌 것은?

① 열사용 기자재의 안전관리

② 도시가스 기술의 개발 및 도입

③ 신에너지 및 재생에너지 개발사업의 촉진

④ 에너지이용 합리화 및 이를 통한 온실가스의 배출을 줄이기 위한 사업과 국제협력

【해설】　　　　　[에너지이용합리화법 제57조.]

※ 한국에너지공단이 하는 사업

1. 에너지이용합리화 및 이를 통한 온실가스의 배출을 줄이기 위한 사업과 국제협력

2. 에너지기술의 개발·도입·지도 및 보급

3. 에너지이용 합리화, 신에너지 및 재생에너지의 개발과 보급, 집단에너지공급사업을 위한 자금의 융자 및 지원

4. 제25조제1항 각 호의 사업

5. 에너지진단 및 에너지관리지도

6. 신에너지 및 재생에너지 개발사업의 촉진

7. 에너지관리에 관한 조사·연구·교육 및 홍보

8. 에너지이용 합리화사업을 위한 토지·건물 및 시설 등의 취득·설치·운영·대여 및 양도

9. 「집단에너지사업법」제2조에 따른 집단에너지 사업의 촉진을 위한 지원 및 관리

10. 에너지사용기자재·에너지관련기자재의 효율 관리 및 열사용기자재의 안전관리

11. 사회취약계층의 에너지이용 지원

12. 제1호부터 제11호까지의 사업에 딸린 사업

13. 제1호부터 제12호까지의 사업 외에 산업통상 자원부장관, 시·도지사, 그 밖의 기관 등이 위탁하는 에너지이용의 합리화와 온실가스의 배출을 줄이기 위한 사업

62

신설 보일러의 가동 전 준비사항에 대한 설명으로 **틀린** 것은?

① 공구나 기타 물건이 동체 내부에 남아 있는지 반드시 확인한다.
② 기수분리기나 부속품의 부착상태를 확인한다.
③ 신설 보일러에 대해서는 가급적 가열건조를 시키지 않고 자연건조(1주 이상)를 시킨다.
④ 제작 시 내부에 부착한 페인트, 유지, 녹 등을 제거하기 위해 내면을 소다 끓이기 등을 통하여 제거한다.

【해설】 ※ 신설 보일러 가동 전 준비사항
㉠ 보일러 내부점검
  - 동 내부 남아있는 공구 및 기타 물건을 제거한다.
  - 기수분리기, 급수내관, 비수방지관 등 부착상태를 확인한다.
㉡ 보일러 외부점검
  - 연소실, 연도 점검 및 부착 장치를 점검한다.
㉢ 소다 끓이기(Soda boiling)
  - 보일러 신규 제작 시 내면에 남아있는 유지분, 페인트류, 녹 등을 제거하기 위해 소다 끓이기를 실시한다.
㉣ 신설 보일러 내부 수분이 남아 있을 수 있으므로 자연건조보다는 가열건조를 통해 수분을 완전히 제거한다.

63

에너지관리자에 대한 교육을 실시하는 기관은?

① 시·도
② 한국에너지공단
③ 안전보건공단
④ 한국산업인력공단

【해설】 [에너지이용합리화법 시행규칙 별표4.]
• 에너지관리자의 기본교육과정 교육기간은 오로지 하루(1일) 이며, **한국에너지공단**에서 실시한다.

64

보일러에서 저수위로 인한 사고의 원인으로 가장 거리가 **먼** 것은?

① 저수위 제어장치의 고장
② 보일러 급수장치의 고장
③ 증기 발생량의 부족
④ 분출장치의 누수

【해설】
※ 저수위 사고(이상감수)의 원인
  ㉠ 급수펌프가 고장이 났을 때
  ㉡ 급수내관이 스케일로 막혔을 때
  ㉢ 보일러의 부하가 너무 클 때
  ㉣ 수위 검출기가 이상이 있을 때
  ㉤ 수면계의 연락관이 막혔을 때
  ㉥ 수면계의 수위를 오판했을 때
  ㉦ 분출장치의 누수가 있을 때
  ㉧ 증기 발생량의 과잉 및 토출량이 과다할 때

65

pH가 높으면 보일러 수중의 경도 성분인 (ⓐ), (ⓑ) 등의 화합물의 용해도가 감소되기 때문에 스케일 부착이 어렵게 된다. ⓐ, ⓑ에 들어갈 적당한 용어는?

① ⓐ : 망간, ⓑ : 나트륨
② ⓐ : 인산, ⓑ : 나트륨
③ ⓐ : 탄닌, ⓑ : 나트륨
④ ⓐ : 칼슘, ⓑ : 마그네슘

【해설】 ※ 스케일(Scale, 관석)
• 보일러수에 용해되어 있는 칼슘염, 마그네슘염, 규산염 등의 불순물이 농축되어 포화점에 달하면 고형물로서 석출되어 보일러의 내면이나 관벽에 딱딱하게 부착하는 것을 말하며, pH 조정제를 넣어 보일러수의 pH를 조절하여 스케일 생성·부착을 방지한다.

66

강철제 보일러의 최고 사용압력이 1.6 MPa 일때 수압시험 압력은 최고 사용압력의 몇 배로 계산하는가?

① 최고 사용압력의 1.3배

② 최고 사용압력의 1.5배

③ 최고 사용압력의 2배

④ 최고 사용압력의 3배

【해설】 [열사용기자재의 검사기준 18.1.1.]

※ 강철제보일러의 수압시험압력은 다음과 같다.

보일러 종류	최고사용압력	수압시험압력
강철제 보일러	0.2 MPa 이하 (2 kg/cm²이하)	0.2 MPa (2 kg/cm²)
	0.43 MPa 이하 (4.3 kg/cm²이하)	최고사용압력의 2배
	0.43 MPa 초과 ~ 1.5 MPa 이하 (4.3 kg/cm²초과 ~ 15 kg/cm²이하)	최고사용압력의 1.3배 + 0.3 (최고사용압력의 1.3배 + 3)
	1.5 MPa 초과 (15 kg/cm²초과)	최고사용압력의 1.5배

67

증기보일러 가동 중 과부하 상태가 될 때 나타나는 현상으로 <u>틀린</u> 것은?

① 프라이밍(priming) 발생이 적어진다.

② 단위연료당 증발량이 작아진다.

③ 전열면 증발률은 증가한다.

④ 보일러 효율이 떨어진다.

【해설】 ※ 보일러의 과부하 운전 시 나타나는 현상

㉠ 프라이밍(priming)이 발생한다.

㉡ 보일러 부하율이 너무 크면 단위연료당 증발량이 작아진다.

㉢ 실제증발량이 많아지므로 전열면의 증발률은 증가한다.

㉣ 보일러 효율이 떨어진다.

68

일반적으로 보일러를 정지시키기 위한 순서로 옳은 것은?

① 연료차단 → 공기차단 → 주증기밸브 폐쇄 → 댐퍼 폐쇄

② 연료차단 → 공기차단 → 주증기밸브 폐쇄 → 댐퍼 개방

③ 공기차단 → 연료차단 → 주증기밸브 폐쇄 → 댐퍼 폐쇄

④ 주증기밸브 폐쇄 → 공기차단 → 연료차단 → 댐퍼 개방

【해설】 ※ 보일러의 운전 정지 순서

㉠ 연료공급밸브를 닫아 연료의 투입을 차단한다.

㉡ 공기공급밸브를 닫아 연소용 공기의 투입을 정지한다.

㉢ 버너와 송풍기의 모터를 정지시킨다.

㉣ 급수밸브를 열어 급수를 하여 압력을 낮추고 급수밸브를 닫고 급수펌프를 정지시킨다.

㉤ 주증기밸브를 닫고 드레인(drain, 응축수) 밸브를 열어 놓는다.

㉥ 댐퍼를 닫는다.

❶ 연료차단 → 공기차단 → 주증기밸브 폐쇄 → 댐퍼 폐쇄

69

온수보일러에서 물의 온도가 393 K(120℃)를 초과하는 온수보일러에 안전장치로 설치하는 것은?

① 안전밸브

② 압력계

③ 방출밸브

④ 수면계

【해설】 [열사용기자재의 검사기준 19.2.2.]

• 물의 온도 120℃(393 K)를 초과하는 경우의 온수발생 보일러에는 방출밸브 대신에 안전밸브를 설치해야 하며, 그 크기는 호칭지름은 20 mm 이상으로 한다.

70

열사용기자재 중 검사대상기기에 해당되는 것은?

① 태양열 집열기 ② 구멍탄용 가스보일러
③ 제2종 압력용기 ④ 축열식 전기보일러

【해설】   [에너지이용합리화법 시행규칙 별표3의3.]
※ 검사대상기기

구분	검사대상기기	적용 범위
보일러	강철제 보일러 / 주철제 보일러	다음 각 호의 어느 하나에 해당하는 것은 제외한다. 1) 최고사용압력이 0.1 MPa 이하이고, 동체의 안지름이 300 mm 이하이며,길이가 600 mm 이하인 것 2) 최고사용압력이 0.1 MPa 이하이고, 전열면적이 5 m² 이하인 것 3) 2종 관류보일러 4) 온수를 발생시키는 보일러로서 대기개방형인 것
	소형 온수 보일러	가스를 사용하는 것으로서 가스사용량이 17 kg/h(도시가스는 232.6 kW)를 초과하는 것
압력용기	1종 압력용기 **2종 압력용기**	[별표 1.]에 따른 압력용기의 적용범위에 따른다.
요로	철금속 가열로	정격용량이 0.58 MW를 초과하는 것

71

에너지이용 합리화법에 따라 다음 중 효율관리기자재가 <u>아닌</u> 것은?

① 자동차   ② 컴퓨터
③ 조명기기   ④ 전기세탁기

【해설】   [에너지이용합리화법 시행령 시행규칙 제7조.]
                암기법 : 세조방장, 3발자동차
※ 효율관리기자재 품목의 종류
 - 전기**세**탁기, **조**명기기, 전기냉**방**기, 전기냉**장**고,
   3상유도전동기, **발**전설비, **자동차**

72

다음 소형 온수보일러 중 에너지이용 합리화법에 의한 검사대상기기는?

① 전기 및 유류겸용 소형온수보일러
② 유류를 연료로 쓰는 가정용 소형온수보일러
③ 도시가스 사용량이 20만 kcal//h 이하인 소형온수보일러
④ 가스 사용량이 17 kg/h를 초과하는 소형온수보일러

【해설】   [에너지이용합리화법 시행규칙 별표3의3.]
※ 검사대상기기의 적용범위

구분	검사대상기기	적용 범위
보일러	강철제 보일러 / 주철제 보일러	다음 각 호의 어느 하나에 해당하는 것은 제외한다. 1) 최고사용압력이 0.1 MPa 이하이고, 동체의 안지름이 300 mm 이하이며,길이가 600 mm 이하인 것 2) 최고사용압력이 0.1 MPa 이하이고, 전열면적이 5 m² 이하인 것 3) 2종 관류보일러 4) 온수를 발생시키는 보일러로서 대기개방형인 것
	소형 온수 보일러	**가스를 사용하는 것으로서 가스사용량이 17 kg/h(도시가스는 232.6 kW)를 초과하는 것**
압력용기	1종 압력용기 2종 압력용기	[별표 1.]에 따른 압력용기의 적용범위에 따른다.
요로	철금속 가열로	정격용량이 0.58 MW를 초과하는 것

73

검사대상기기의 검사종류 중 제조검사에 해당되는 것은?

① 구조검사   ② 개조검사
③ 설치검사   ④ 계속사용검사

76

보일러 검사를 받는 자에게는 그 검사의 종류에 따라 필요한 사항에 대한 조치를 하게 할 수 있다. 그 조치에 해당되지 <u>않는</u> 것은?

① 비파괴검사의 준비
② 수압시험의 준비
③ 운전성능 측정의 준비
④ 보온단열재의 열전도 시험준비

【해설】   [에너지이용합리화법 시행규칙 31조의22.]
※ 검사대상기기의 검사에 필요한 조치 사항
   ㉠ 기계적 시험의 준비
   ㉡ 비파괴검사의 준비
   ㉢ 검사대상기기의 정비
   ㉣ 수압시험의 준비
   ㉤ 안전밸브 및 수면측정장치의 분해·정비
   ㉥ 검사대상기기의 피복물 제거
   ㉦ 조립식인 검사대상기기의 조립 해체
   ㉧ 운전성능 측정의 준비
   ㉨ 검사를 받는 자는 그 검사대상기기의 관리자로
      하여금 검사 시 참여하도록 하여야 한다.

해설 부분 (좌측)

【해설】   [에너지이용합리화법 시행규칙 별표 3의4.]
• 검사의 종류에는 제조검사(용접검사, 구조검사),
  설치검사, 설치장소변경검사, 개조검사, 재사용검사,
  계속사용검사(안전검사, 운전성능검사)로 분류한다.

74

보일러에서 압력차단(제한)스위치의 작동압력은 어떻게 조정하여야 하는가?

① 사용압력과 같게 조정한다.
② 안전밸브 작동압력과 같게 조정한다.
③ 안전밸브 작동압력보다 약간 낮게 조정한다.
④ 안전밸브 작동압력보다 약간 높게 조정한다.

【해설】 ※ 압력제한기(또는, 압력차단 스위치)
• 보일러의 증기압력이 설정압력을 초과하면 기기 내의
  벨로즈가 신축하여 내장되어 있는 수은 스위치를
  작동하게 하여 전자밸브로 하여금 연료공급을 차단
  시켜 보일러 운전을 정지함으로써 증기압력 초과로
  인한 보일러 파열 사고를 방지해 주는 안전장치로
  작동압력은 안전밸브보다 약간 낮게 설정한다.

77

검사대상기기의 계속사용검사 중 산업통상자원부령으로 정하는 항목의 검사에 불합격한 경우 일정기간 내 그 검사에 합격할 것을 조건으로 계속 사용을 허용한다. 그 기간은 몇 개월 이내인가? (단, 철금속가열로는 제외한다.)

① 6개월   ② 7개월
③ 8개월   ④ 10개월

【해설】   [에너지이용합리화법 시행규칙 제31조의21.]
• 검사대상기기의 계속사용검사 중 산업통상자원부령
  으로 정하는 항목의 검사에 불합격한 경우 검사에 불합
  격한 날부터 **6개월**(철금속가열로는 1년) 기간 내에
  그 검사에 합격할 것을 조건으로 계속 사용하게 할
  수 있다.

75

에너지법에 의하면 에너지 수급에 차질이 발생할 경우에 대비하여 비상시 에너지수급계획을 수립하여야 하는 자는?

① 대통령
② 국방부장관
③ 산업통상자원부장관
④ 한국에너지공단이사장

【해설】   [에너지법 제8조.]
※ 비상시 에너지수급계획의 수립
   • **산업통상자원부장관**은 에너지 수급에 중대한 차질이
     발생할 경우에 대비하여 비상시 에너지 수급계획
     (이하 "비상계획"이라 한다)을 수립하여야 한다.

78

보일러 가동 중 연료소비의 과대 원인으로 가장 거리가 먼 것은?

① 연료의 발열량이 낮을 경우
② 연료의 예열온도가 높을 경우
③ 연료 내 물이나 협잡물이 포함된 경우
④ 연소용 공기가 부족한 경우

【해설】

❷ 연료의 예열온도가 낮을 경우에 분무가 불량해져서 연소효율이 저하되므로 연료소비가 과대해진다.

79

보일러에서 압력계에 연결하는 증기관 (최고 사용 압력에 견디는 것)을 강관을 하는 경우 안지름은 최소 몇 mm 이상으로 하여야 하는가?

① 6.5 mm   ② 12.7 mm
③ 15.6 mm   ④ 17.5 mm

【해설】   암기법 : 강일이 7, 동 65

※ 증기보일러의 압력계 부착
　- 압력계와 연결된 증기관은 최고사용압력에 견디는 것으로서 그 크기는 황동관 또는 **동**관을 사용할 때는 안지름 **6.5** mm 이상, **강**관을 사용할 때는 **12.7** mm 이상이어야 하며, 증기온도가 210 ℃ (483 K)를 초과할 때에는 황동관 또는 동관을 사용하여서는 안된다.

80

에너지이용 합리화법에 의한 에너지 사용시설이 아닌 것은?

① 발전소
② 에너지를 사용하는 공장
③ 에너지를 사용하는 사업장
④ 경유 등을 사용하는 가정

【해설】   [에너지법 제2조4항.]

● 에너지 사용시설이란 에너지를 사용하는 공장 · 사업장 등의 시설이나 에너지를 전환하여 사용하는 시설(발전소)을 말한다.

2016년 제2회 에너지관리산업기사
(2016.5.08. 시행)

평균점수

제1과목   열 및 연소설비

01

프로판(C_3H_8), 5 Nm^3 을 이론산소량으로 완전 연소시켰을때 건연소가스량은?

① 10 Nm^3 ② 15 Nm^3

③ 20 Nm^3 ④ 25 Nm^3

【해설】   암기법 : 프로판 3,4,5

※ 이론공기량이 아닌 이론산소량만으로 완전 연소시켰기 때문에, 생성되는 건연소가스량에 질소는 없고 CO_2 양만 계산한다.

- 연소반응식을 통해 이론건연소가스량(G_{0d})을 구하자.

$$C_3H_8 \quad + \quad 5O_2 \quad \rightarrow \quad 3CO_2 + \quad 4H_2O$$
$$\text{(1 kmol)} \quad\quad\quad\quad\quad\quad \text{(3 kmol)}$$
$$\text{(5 }Nm^3\text{)} \quad\quad\quad\quad\quad \text{(5} \times \text{3 = 15 }Nm^3\text{)}$$

즉, 프로판 5 Nm^3을 이론산소량으로 완전연소시킬때 발생되는 이론건연소가스량(G_{0d})은 **15 Nm^3** 이다.

02

기체의 C_p (정압비열)와 C_v (정적비열)의 관계식으로 옳은 것은?

① $C_p = C_v$ ② $C_p \leqq C_v$

③ $C_p < C_v$ ④ $C_p > C_v$

【해설】

- 비열과 기체상수의 관계식 $C_p - C_v = R$ 에서, 정압비열 $C_p = C_v + R$ 의 관계가 성립한다.

∴ C_p는 C_v 보다 항상 R만큼 크다! ($C_p > C_v$)

03

보일러의 부속장치 중 안전장치가 <u>아닌</u> 것은?

① 화염검출기   ② 가용전

③ 증기압력제한기   ④ 증기 축열기

【해설】 ※ 보일러의 안전장치

① 화염검출기 : 연소실 내의 화염의 유무를 검출하여 연소상태를 감시하고, 이상 화염 시에는 연료 전자밸브에 신호를 보내서 연료 공급 밸브를 차단시켜 보일러 운전을 정지시키고 미연소 가스로 인한 폭발 사고를 방지한다.

② 가용마개(가용전) : 내분식 보일러인 노통보일러에 있어서 관수의 이상 감수 시 과열로 인한 동체의 파열사고를 방지하기 위하여 주석과 납의 합금을 주입한 것으로서, 노통 꼭대기나 화실 천장부에 나사 박음으로 부착한다.

③ 증기압력제한기 : 보일러의 증기압력이 설정압력을 초과하면 자동적으로 접점을 단락하여 전자밸브를 닫아 연료를 차단시켜 보일러 운전을 정지시킨다.

【참고】 ※ 증기 축열기(또는, 스팀 어큐뮬레이터)

- 보일러 연소량을 일정하게 하고 증기 사용처의 저부하 시 잉여 증기를 증기사용처의 온도·압력보다 높은 온도·압력의 포화수 상태로 저장하여 축적시켰다가 갑작스런 부하변동이나 과부하 시 저장한 증기를 방출하여 증기의 부족량을 보충하는 압력용기로서, 증기의 부하변동에 대처하기 위해 사용되는 장치이다.

04

압력(유압)분무식 버너에 대한 설명으로 틀린 것은?

① 유지 및 보수가 간단하다.
② 고점도의 연료도 무화가 양호하다.
③ 압력이 낮으면 무화가 불량하게 된다.
④ 분출 유량은 유압의 평방근에 비례한다.

【해설】※ 유압 분무식 버너의 특징

㉠ 무화매체인 증기나 공기가 별도로 필요치 않으므로 구조가 간단하다.
㉡ 유지 및 보수가 용이하다.
㉢ 분사각(또는, 분무각, 무화각)은 40 ~ 90° 정도로 가장 넓다.
㉣ 주로 중·소형 버너에 이용되지만, 대용량의 버너로도 제작이 용이하다.
㉤ 유량조절범위가 1 : 2 정도로 가장 좁다.
㉥ 사용유압은 0.5 MPa ~ 3 MPa로 기름에 가해지는 압력이 가장 높다.
㉦ 보일러 가동 중 버너교환이 가능하다.
㉧ 사용유압이 0.5 MPa 이하로 낮거나 점도가 높은 기름에는 무화가 나빠지므로 연소의 제어범위가 좁다.
㉨ 부하변동에 대한 적응성이 나쁘다.
㉩ 연소 시 소음 발생이 적다.

05

저위발열량이 27000 kJ/kg인 연료를 시간당 20 kg 씩 연소시킬 때 발생하는 열을 전부 활용할 수 있는 열기관의 동력은?

① 150 kW   ② 900 kW
③ 9000 kW   ④ 540000 kW

【해설】

• 동력 $Q_{in} = m_f \cdot H_L = 20\,kg/h \times 27000\,kJ/kg$

$= 540000\,kJ/h = 540000\,kJ/h \times \dfrac{1\,h}{3600\,sec}$

$= 150\,kJ/sec = \mathbf{150\,kW}$

06

어떤 냉동기의 냉각수, 냉수의 온도 및 유량을 측정하였더니 다음 표와 같이 나타났다. 이 냉동기의 성능계수(COP)는?

항목	유량 (ton/h)	입구온도 (℃)	출구온도 (℃)
냉수	30	12	7
냉각수	47	29	33

① 3.65   ② 3.95
③ 4.25   ④ 4.55

【해설】   암기법 : 큐는 씨암닭

• **냉각수로 방출한 열량** $Q_1 = C_{물}\,m\,\Delta t$

$= 1\,kcal/kg\cdot℃ \times 47000\,kg/h \times (33 - 29)℃$

$= 188000\,kcal/h$

• **냉수가 흡수한 열량** $Q_2 = C_{물}\,m\,\Delta t$

$= 1\,kcal/kg\cdot℃ \times 30000\,kg/h \times (12 - 7)℃$

$= 150000\,kcal/h$

• 냉동기의 성능계수 $COP_{(R)} = \dfrac{Q_2}{W}$

한편, 에너지보존법칙에 의해 $Q_1 = Q_2 + W$ 이므로,
(여기서, Q_1 : 방출열량, Q_2 : 흡수열량)

$\therefore COP_{(R)} = \dfrac{Q_2}{Q_1 - Q_2} = \dfrac{150000}{188000 - 150000}$

$= 3.947 ≒ \mathbf{3.95}$

07

다음 열기관 사이클 중 가상 이상적인 사이클은?

① 랭킨사이클   ② 재열사이클
③ 재생사이클   ④ 카르노사이클

【해설】

❹ 카르노사이클(Carnot cycle)은 열기관 사이클 중 가장 이상적인 사이클로서 최대의 효율을 나타내므로, 그 어떠한 열기관의 열효율도 카르노사이클의 열효율보다 높을 수는 없다!

08

"일과 열은 서로 변환될 수 있다"는 것과 가장 관계가 깊은 법칙은?

① 열역학 제1법칙

② 열역학 제2법칙

③ 줄(Joule)의 법칙

④ 푸리에(Fourier)의 법칙

【해설】 ※ 열역학 제1법칙

- 일과 열은 모두 에너지의 한 형태로서 일을 열로 변환시킬 수도 있고 열을 일로 변환시킬 수도 있다. 서로의 변환에는 에너지보존 법칙이 반드시 성립한다. 즉, 공급열량(Q_1) = 방출열량(Q_2) + 일의 양(W)

09

다음 연료 중 단위중량당 고위발열량이 가장 큰 것은?

① 탄소   ② 황

③ 수소   ④ 일산화탄소

【해설】 암기법 : 씨(C)팔일, 수(H)세상, 황(S)이오

※ 연료의 단위중량(kg)당 고위발열량의 비교

연료의 종류	고위발열량 (kcal/kg)
탄소(C)	8100
황(S)	2500
수소(H_2)	34000
일산화탄소(CO)	2428

【참고】 ※ 기체연료의 발열량 순서 (고위발열량 기준)

암기법 : 수메중, 부체

① 단위체적당 (kcal/Nm³)

　: 부(LPG) > 프 > 에 > 아 > 메 > 수 > 일

부탄>부틸렌>프로판>프로필렌>에탄>에틸렌>아세틸렌>메탄>수소>일산화탄소

② 단위중량당 (kcal/kg)

　: 일 < 부(LPG) < 아 < 프 < 에 < 메(LNG) < 수

10

랭킨 사이클의 효율을 올리기 위한 방법이 <u>아닌</u> 것은?

① 유입되는 증기의 온도를 높인다.

② 배출되는 증기의 온도를 높인다.

③ 배출되는 증기의 압력을 낮춘다.

④ 유입되는 증기의 압력을 높인다.

【해설】

※ 랭킨사이클의 T-S 선도에서 **초압**(터빈입구의 온도, 압력)을 높이거나, **배압**(응축기의 온도, 압력)을 낮출수록 T-S선도의 면적에 해당하는 W_{net}(유효일량)이 커지므로 열효율은 증가한다.

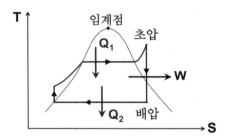

11

가로, 세로, 높이가 각각 3 m, 4 m, 5 m인 직육면체 상자에 들어있는 이상기체의 질량이 80 kg일 때, 상자 안의 기체의 압력이 100 kPa이면 온도는? (단, 기체상수는 250 J/kg·K 이다.)

① 27 ℃   ② 31 ℃

③ 34 ℃   ④ 44 ℃

【해설】 ※ 상태방정식(PV = mRT)을 이용하여 풀이하자.

- 압력 P = 100 kPa
- 체적 V = 3 m × 4 m × 5 m = 60 m³
- 질량 m = 80 kg
- 기체상수 R = 250 J/kg·K = 0.25 kJ/kg·K

∴ 기체의 온도 T = $\dfrac{PV}{mR}$ = $\dfrac{100\,kPa \times 60\,m^3}{80\,kg \times 0.25\,kJ/kg\cdot K}$

= 300 K = (300 - 273)℃ = 27 ℃

【참고】

※ 열역학적 일의 공식 $W = PV$에서 단위 변환을 이해하자.

W(일) $=$ Pa $\times$ m^3 $=$ N/m^2 $\times$ m^3 $=$ N $\cdot$ m $=$ J(줄)

12

가역 및 비가역 과정에 대한 설명으로 **틀린** 것은?

① 가역과정은 실제로 얻어질 수 없으나 거의 근접할 수 있다.

② 비가역과정의 인자로는 마찰, 점성력, 열전달 등이 있다.

③ 가역과정은 이상적인 과정으로 최대의 열효율을 갖는 과정이다.

④ 가역과정은 고열원, 저열원 사이의 온도차와 작동 물질에 따라 열효율이 달라진다.

【해설】

• 가역과정에서는 고열원, 저열원 사이의 온도차와 작동 물질에 따라 모든 열기관의 열효율이 같다.

13

대기압이 750 mmHg 일 때, 탱크의 압력계가 9.5 kg/cm^2 를 지시한다면 이 탱크의 절대압력은?

① 7.26 kg/cm^2 ② 10.52 kg/cm^2
③ 14.27 kg/cm^2 ④ 18.45 kg/cm^2

【해설】   암기법 : 절대계

• 절대압력 $=$ 대기압 $+$ 게이지압(계기압력)

$= 750$ mmHg $\times \dfrac{1.0332\,kgf/cm^2}{760\,mmHg} + 9.5$ kg/cm^2

$= 10.519$ kg/cm^2 $\fallingdotseq$ **10.52 kg/cm^2**

【참고】 ※ 표준대기압(1 atm)의 단위 환산

• 1 atm $= 76$ cmHg $= 760$ mmHg $= 29.92$ inHg
$= 10332$ mmH$_2$O $= 10332$ mmAq
$= 10332$ kgf/m^2 $= 1.0332$ kgf/cm^2
$= 101325$ Pa $= 101.325$ kPa $\fallingdotseq$ 0.1 MPa
$= 1.01325$ bar $= 1013.25$ mbar $= 14.7$ psi

14

프로판(C_3H_8) 20 vol %, 부탄(C_4H_{10}) 80 vol %의 혼합가스 1 L 를 완전 연소하는 데 50 %의 과잉 공기를 사용하였다면 실제 공급된 공기량은? (단, 공기 중 산소는 21 vol %로 가정한다.)

① 27 L   ② 34 L
③ 44 L   ④ 51 L

【해설】   암기법 : 프로판 3,4,5 부탄 4,5, 6.5

※ 연소반응식을 통해 필요한 실제공기량(A)을 구하자.
혼합가스 1 L 에는 프로판(0.2 L) + 부탄(0.8 L) 이므로,

C_3H_8 $+$ $5O_2$ $\rightarrow$ $3CO_2$ $+$ $4H_2O$
(1 mol)   (5 mol)
(0.2 L)   (0.2 $\times$ 5 $=$ 1 L) $\therefore$ $O_0 = 1$ L

C_4H_{10} $+$ $6.5O_2$ $\rightarrow$ $4CO_2$ $+$ $5H_2O$
(1 mol)   (6.5 mol)
(0.8 L)   (0.8 $\times$ 6.5 $=$ 5.2 L) $\therefore$ $O_0 = 5.2$ L

• 혼합가스의 이론산소량(O_0) $= 1$ L $+$ 5.2 L $=$ 6.2 L

• 혼합가스의 이론공기량(A_0) $= \dfrac{O_0}{0.21} = \dfrac{6.2\,L}{0.21} = 29.52$ L

• 혼합가스의 실제공기량(A) $=$ m $\cdot A_0$ $= 1.5 \times 29.52$ L
$= 44.28$ L $\fallingdotseq$ **44 L**

15

압력이 300 kPa인 공기가 가역 단열변화를 거쳐 체적이 처음 체적의 5배로 증가하는 경우의 최종 압력은? (단, 공기의 비열비는 1.4 이다.)

① 23 kPa   ② 32 kPa
③ 143 kPa   ④ 276 kPa

【해설】 ※ 단열변화의 P, V, T 관계식은 다음과 같다.

$$\frac{P_1}{P_2} = \left(\frac{V_2}{V_1}\right)^k = \left(\frac{T_1}{T_2}\right)^{\frac{k}{k-1}}$$

$\dfrac{300\,kPa}{P_2} = \left(\dfrac{5V_1}{V_1}\right)^{1.4}$ 에서 방정식 계산기 사용법으로 최종압력 P_2를 미지수 X로 놓고 구하면

$\therefore$ $P_2 = 31.52$ kPa $\fallingdotseq$ **32 kPa**

16

500 L의 탱크에 압력 1 atm, 온도 0 ℃인 산소가 채워져 있다. 이 산소를 100 ℃까지 가열하고자 할 때 소요열량은? (단, 산소의 정적비열은 0.65 kJ/kg·K이며, 가스상수는 26.5 kgf·m/kg·K이다.)

① 20.8 kJ

② 46.4 kJ

③ 68.2 kJ

④ 100.6 kJ

【해설】 　　　　　　　　　　 암기법 : 큐는 씨암탉

※ 상태방정식(PV = mRT)을 이용하여 탱크 내 산소의 질량(m)을 먼저 구해야 하므로,

- $m = \dfrac{PV}{RT}$

$= \dfrac{1\,atm \times \dfrac{10332\,kgf/m^2}{1\,atm} \times 500\,L \times \dfrac{1\,m^3}{1000\,L}}{26.5\,kgf \cdot m/kg \cdot K \times (273 + 0)\,K}$

$= 0.714$ kg

- 가열량 $Q = Cm\,\Delta T$

$= 0.65$ kJ/kg·K × 0.714 kg × (100 - 0)K

$= 46.41$ kJ ≒ **46.4 kJ**

【참고】 ※ 문제에서 **비열의 단위**(kJ/kg·K, kJ/kg·℃) 중 분모에 있는 K(절대온도)나 ℃(섭씨온도)는 단순히 열역학적인 온도 측정값의 단위로 쓰인 것이 아니고, 온도차($\Delta T = 1°$)에 해당하는 것이므로 섭씨온도 단위(℃)를 절대온도의 단위(K)로 환산해서 계산해야 하는 과정 없이 곧장 서로 단위를 호환해 주어도 괜찮다! 왜냐하면, 섭씨온도와 절대온도의 눈금차는 서로 같기 때문인 것을 이해한다.

17

100 ℃ 건포화증기 2 kg이 온도 30 ℃인 주위로 열을 방출하여 100 ℃ 포화액으로 변했다. 증기의 엔트로피 변화는? (단, 100 ℃에서의 증발잠열은 2257 kJ/kg이다.)

① -14.9 kJ/K　　　② -12.1 kJ/K

③ -11.3 kJ/K　　　④ -10.2 kJ/K

【해설】

- 건포화증기에서 주위로 열을 방출(-)하였으므로,

$\Delta S_1 = \dfrac{\delta Q}{T_1} = \dfrac{-2257\,kJ/kg \times 2\,kg}{(273 + 100)\,K}$ = -12.1 kJ/K

여기서 (-)는 고열원의 엔트로피 "감소"를 뜻한다.

【참고】 주위(30 ℃)에서는 열을 흡수(+)하였으므로,

$\Delta S_2 = \dfrac{\delta Q}{T_2} = \dfrac{2257\,kJ/kg \times 2\,kg}{(273 + 30)\,K}$ ≒ 14.9 kJ/K

- 총엔트로피 변화량 $\Delta S_총 = \Delta S_1 + \Delta S_2$

$= -12.1 + 14.9 = 2.8$ kJ/K

(즉, 총엔트로피는 증가한다.)

18

연료 품질평가 시 세탄가를 사용하는 연료는?

① 중유　　　　　　② 등유

③ 경유　　　　　　④ 가솔린

【해설】 　　　　　　　　　　 암기법 : 파 나올(세)

- 세탄가(setane number)란 압축착화 기관인 디젤(경유) 연료의 착화성을 나타내는 지수로, 세탄가가 높을수록 착화성이 양호하다.

- **세탄가 높은 순서** : **파**라핀계 > **나**프텐계 > **올**레핀계

19

보일러 송풍기의 형식 중 원심식 송풍기가 아닌 것은?

① 다익형　　　　　② 리버스형

③ 프로펠러형　　　④ 터보형

【해설】 ※ 원심식 송풍기

- 임펠러(날개)의 회전에 의한 원심력을 일으켜 공기를 공급하는 형식으로서, 사용 가능한 압력과 풍량의 범위가 광범위하여 가장 널리 사용되고 있으며, 그 형식에 따라 터보형, 플레이트형(판형), 시로코형(다익형), 리버스형 등이 있다.

❸ 프로펠러형은 축류식 송풍기에 속한다.

20

보일러의 수면이 위험수위보다 낮아지면 신호를 발신하여 버너를 정지시켜 주는 장치는?

① 노내압 조절장치　　② 저수위 차단장치
③ 압력 조절장치　　　④ 증기트랩

【해설】※ 저수위 차단장치(또는, 저수위 경보기)

• 보일러 동체 내의 수위가 안전저수위까지 낮아지면 자동적으로 경보를 발령함과 동시에 신호를 전자밸브에 보내서 연료공급을 차단시켜 보일러 운전을 정지하여 보일러 과열 사고를 미연에 방지한다.

제2과목　　열설비 설치

21

용적식 유량계의 특징에 관한 설명으로 틀린 것은?

① 고점도 유체의 유량 측정이 가능하다.
② 입구측에 여과기를 설치해야 한다.
③ 구조가 간단하며 적산용으로 부적합하다.
④ 유체의 맥동에 대한 영향이 적다.

【해설】※ 용적식(체적식) 유량계의 특징

㉠ 적산치의 정도가 가장 높다.($\pm$ 0.2 ~ 0.5 %)
㉡ 맥동에 의한 영향이 거의 없다.
㉢ 유입되는 유체에 의한 압력으로 회전자가 회전하므로, 일반적으로 고점도의 유체나 점도변화가 있는 유체의 유량 측정에 적합하다.
㉣ 고형물이나 이물질의 혼입을 막기 위하여 유량계 입구에는 반드시 스트레이너(Strainer, 여과기)나 필터(filter)를 설치한다.
㉤ 설치는 간단하지만, 내부에 회전자가 있으므로 구조가 다소 복잡하다.
㉥ 구조는 일반적으로 계량부, 전동부, 변환부, 계수부 등으로 복잡하므로 가격이 비싸고 유지·보수가 어렵다.

22

계측기기 측정법의 종류가 아닌 것은?

① 적산법　　　　　② 영위법
③ 치환법　　　　　④ 보상법

【해설】※ 계측기기의 측정방법

㉠ 보상법 : 측정하고자 하는 양을 표준치와 비교하여 양자의 근소한 차이를 정교하게 측정하는 방식이다.

㉡ 편위법 : 측정하고자 하는 양의 작용에 의하여 계측기의 지침에 편위를 일으켜 이 편위를 눈금과 비교함으로써 측정을 행하는 방식이다.

㉢ 치환법 : 측정량과 기준량을 치환해 2회의 측정결과로부터 구하는 측정방식이다.

㉣ 영위법 : 측정하고자 하는 양과 같은 종류로서 크기를 독립적으로 조정할 수가 있는 기준량을 준비하여 기준량을 측정량에 평형시켜 계측기의 지침이 0의 위치를 나타낼 때의 기준량 크기로부터 측정량의 크기를 알아내는 방법이다.

㉤ 차동법 : 같은 종류인 두 양의 작용의 차를 이용하는 방법이다.

23

다음 중 유체의 흐름 중에 프로펠러 등의 회전자를 설치하여 이것의 회전수로 유량을 측정하는 유량계의 종류는?

① 유속식　　　　　② 전자식
③ 용적식　　　　　④ 피토관식

【해설】※ 유속식 유량계의 측정 원리

• 유체가 흐르는 관로에 임펠러를 설치하여 유속에 의해 유체중에 설치된 임펠러가 회전하는 회전수를 이용하여 유량을 측정하는 방법으로 임펠러식 유량계와 터빈 유량계가 있다.

24

급수온도 15 ℃에서 압력 10 kg/cm², 온도 183.2 ℃의 증기를 2000 kg/h 발생시키는 경우, 이 보일러의 상당증발량은?
(단, 증기엔탈피는 2994 kJ/kg로 한다.)

① 2003 kg/h   ② 2473 kg/h
③ 2597 kg/h   ④ 2950 kg/h

【해설】
- 상당증발량(w_e)과 실제증발량(w_2)의 관계식

  $w_e \times R_w = w_2 \times (H_2 - H_1)$ 에서,

  한편, 물의 증발잠열(1기압, 100℃)을 R_w이라 두면

  $R_w = 539\ kcal/kg = 2257\ kJ/kg$ 이므로

  $\therefore\ w_e = \dfrac{w_2 \times (H_2 - H_1)}{R_w} = \dfrac{w_2 \times (H_2 - H_1)}{2257\,kJ/kg}$

  $= \dfrac{2000\,kg/h \times (2994 - 15 \times 4.1868)\,kJ/kg}{2257\,kJ/kg}$

  $= 2597.42 ≒ \mathbf{2597\ kg/h}$

【참고】
- 급수온도(℃)는 엔탈피의 단위가 kcal/kg일 때에만 동일한 계수값으로 대입한다.
  예를 들어, 급수온도 15℃로만 주어져 있을 때는 물의 비열값인 1 kcal/kg·℃를 대입한 것이므로 급수엔탈피 H₁ = 15 kcal/kg 으로 계산한다.
  그러나, 물의 비열값의 별도 제시가 있거나 급수 엔탈피 H₁의 값이 kJ/kg 단위로 제시되어 있으면 제시된 값 그대로를 대입하여 계산하면 된다.

25

다음 중 구조상 보상도선을 반드시 사용하여야 하는 온도계는?

① 열전대식온도계   ② 광고온계
③ 방사온도계   ④ 전기식온도계

【해설】
- 보상도선 : 열전대의 보호관 단자에서 냉접점 단자 까지 주위온도에 의한 오차를 전기적으로 보상하기 위해 상용하는 도선이다.

26

오차에 대한 설명으로 틀린 것은?

① 계통오차는 발생원인을 알고 보정에 의해 측정값을 바르게 할 수 있다.
② 계측상태의 미소변화에 의한 것은 우연 오차이다.
③ 표준편차는 측정값에서 평균값을 더한 값의 제곱의 산술평균의 제곱근이다.
④ 우연오차는 정확한 원인을 찾을 수 없어 완전한 제거가 불가능하다.

【해설】
- 편차 = 측정값(x) - 평균값($\bar{x}$)

- 표준편차 $= \sqrt{\dfrac{\sum |x - \bar{x}|^2}{N}}$

  즉, 표준편차는 측정값에서 평균값을 뺀 값의 제곱의 합을 측정개수로 나눈 값의 제곱근이다.

- 표준편차가 클수록 평균값으로부터 멀리 벗어난 값이 많다는 의미이다.

【참고】 ※ 오차 (error)의 종류

㉠ 계통 오차 (systematic error)
  계측기를 오래 사용하면 지시가 맞지 않거나, 눈금을 읽을 때 개인적 습관에 의해 생기는 오차 등 측정값에 편차를 주는 것과 같은 어떠한 원인에 의해 생기는 오차이므로 원인을 알면 보정이 가능하다.

㉡ 우연 오차 (accidental error)
  측정실의 기온변동, 공기의 교란, 측정대의 진동, 조명도의 변화 등 오차의 원인을 명확히 알 수 없는 우연한 원인으로 인하여 발생하는 오차로서, 측정값이 일정하지 않고 분포(산포)현상을 일으키므로 측정을 여러 번 반복하여 평균값을 추정하여 오차의 합이 0에 가깝도록 작게 할 수는 있으나 보정은 불가능하다.

㉢ 과오(실수)에 의한 오차 (mistake error)
  측정 순서의 오류, 측정값을 읽을 때의 착오, 기록 오류 등 측정자의 실수에 의해 생기는 오차이며, 우연오차에서처럼 매번마다 발생하는 것이 아니고 극히 드물게 나타난다.

27

다음 중 오르사트(orsat) 가스분석기에서 분석하는 가스가 <u>아닌</u> 것은?

① CO_2 ② O_2

③ CO ④ N_2

【해설】   암기법 : 이→산→일

※ 오르사트(Orsat)식 가스분석 순서 및 흡수제

     ㉠ 이산화탄소(CO_2) : 30% 수산화칼륨(KOH) 용액

     ㉡ 산소(O_2) : 알칼리성 피로가놀(피로갈롤) 용액

     ㉢ 일산화탄소(CO) : 암모니아성 염화제1구리(동) 용액

【참고】

• 헴펠 식 : 햄릿과 이(순신) → 탄화수소 → 산 → 일

               (K   S   피   구)

   (흡수액)   수산화칼륨, 발연황산, 피로가놀, 염화제1구리

• 오르사트 식 : 이(CO_2) → 산(O_2) → 일(CO)

            의 순서대로 선택적 흡수된다.

28

저항온도계의 일종으로 온도변화에 따라 저항치가 변화하는 반도체의 성질을 이용 온도계수가 크고 응답속도가 빠르며, 국부적인 온도측정이 가능한 온도계는?

① 열전대온도계   ② 서미스터온도계

③ 베크만온도계   ④ 바이메탈온도계

【해설】 ※ 서미스터 온도계의 특징

 ㉠ 측온부를 작게 제작할 수 있으므로 좁은 장소에도 설치가 가능하여 편리하다.

 ㉡ 저항온도계수(α)가 금속에 비하여 크다.

     (써미스터 > 니켈 > 구리 > 백금)

 ㉢ 흡습 등으로 열화되기 쉬우므로, 재현성이 좋지 않다.

 ㉣ 전기저항이 온도에 따라 크게 변하는 반도체이므로 응답이 빠르다.

 ㉤ 일반적인 저항의 성질과는 달리 반도체인 서미스터는 온도가 높아질수록 저항이 오히려 감소하는 부특성을 지닌다. (절대온도의 제곱에 반비례한다.)

29

아래와 같은 경사압력계에서 $P_1 - P_2$는 어떻게 표시되는가? (단, 유체의 밀도는 ρ, 중력가속도는 g로 표시된다.)

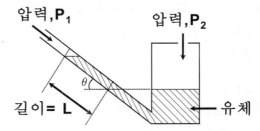

① $P_1 - P_2 = \rho \cdot g \cdot L$

② $P_1 - P_2 = -\rho \cdot g \cdot L$

③ $P_1 - P_2 = \rho \cdot g \cdot L \cdot \sin\theta$

④ $P_1 - P_2 = -\rho \cdot g \cdot L \cdot \sin\theta$

【해설】

• 파스칼의 원리에 의하면 액주 경계면의 수평선(A - B)에 작용하는 압력은 서로 같다.

     $P_A = P_B$

     $P_1 + \gamma \cdot h = P_2$

     한편, 경사관 액주의 높이차 $h = L \cdot \sin\theta$ 이므로

     $P_1 + \gamma \cdot L \cdot \sin\theta = P_2$

     $P_1 - P_2 = -\gamma \cdot L \cdot \sin\theta$

         한편, 비중량(γ) $= \rho \cdot g$ 이므로

∴ $P_1 - P_2 = -\rho \cdot g \cdot L \cdot \sin\theta$

30

잔류편차(off-set)가 있는 제어는?

① P 제어   ② I 제어

③ PI 제어   ④ PID 제어

【해설】 ※ 비례동작(P 동작)의 특징

<장점> ㉠ 사이클링(상하진동)을 제거할 수 있다.

         ㉡ 부하변화가 적은 프로세스의 제어에 적합하다.

<단점> ㉠ 잔류편차(Off-set)가 생긴다.

         ㉡ 부하가 변화하는 등의 외란이 큰 제어계에는 부적합하다.

31

압력 12 kgf/cm² 로 공급되는 어떤 수증기의 건도가 0.95 이다. 이 수증기의 1 kg 당 엔탈피는? (단, 압력 12 kgf/cm² 에서 포화수의 엔탈피는 189.8 kJ/kg, 포화증기 엔탈피는 664.5 kJ/kg 이다.)

① 474.7 kJ/kg   ② 531.3 kJ/kg
③ 640.8 kJ/kg   ④ 854.3 kJ/kg

【해설】

- 습증기 엔탈피 구하는 공식 : $H_x = H_1 + x(H_2 - H_1)$
  H_x = 189.8 kJ/kg + 0.95 × (664.5 - 189.8) kJ/kg
  = 640.765 ≒ 640.8 kJ/kg

【참고】 ※ 습증기의 엔탈피 계산 공식

㉠ 발생증기가 포화증기일 때 : $H_2 = H_1 + R$
㉡ 발생증기가 습증기일 때 : $H_x = H_1 + x(H_2 - H_1)$
                                = $H_1 + x \cdot R$

여기서, H_x : 발생한 습(포화)증기의 엔탈피
        x : 증기의 건도
        R : 증기압력에서 증발잠열($R = H_2 - H_1$)
        H_1 : 증기압력에서 포화수 엔탈피
        H_2 : 증기압력에서 (건)포화증기 엔탈피

32

2개의 제어계를 조합하여 1차 제어장치가 제어량을 측정하여 제어 명령을 하면 2차 제어장치가 이 명령을 바탕으로 제어량을 조절하는 제어방식은?

① 비율 제어   ② on-off 제어
③ 프로그램 제어   ④ 캐스케이드 제어

【해설】

❹ 캐스케이드제어 : 2개의 제어계를 조합하여, 1차 제어장치가 제어량을 측정하여 제어명령을 발하고, 2차 제어 장치가 이 명령을 바탕으로 제어량을 조절하는 종속(복합) 제어방식으로 출력측에 낭비시간이나 시간지연이 큰 프로세스의 제어에 널리 이용된다.

33

액면계를 측정방법에 따라 분류할 때 간접법을 이용한 액면계가 아닌 것은?

① 게이지 글라스 액면계
② 초음파식 액면계
③ 방사선식 액면계
④ 압력식 액면계

【해설】

❶ 유리관식(게이지 글라스) 액면계는 측정방법 분류 시 직접법에 해당한다.

【참고】 ※ 액면계의 관측방법에 따른 분류

암기법 : 직접 유리 부검

- 직접법 : 유리관식(평형반사식 포함), 부자식 (플로트식), 검척식
- 간접법 : 압력식(차압식, 다이어프램식, 액저압식, 퍼지식), 기포식, 저항전극식, 방사선식, 초음파식(음향식), 정전용량식, 편위식

34

보일러의 상당증발량이란 1시간 동안의 실제 증발량을 몇 기압, 몇 ℃의 포화수를 같은 온도의 포화증기로 만드는 증기량으로 환산하여 표시한 것인가?

① 1 기압, 0 ℃   ② 1 기압, 100 ℃
③ 3 기압, 85 ℃   ④ 10 기압, 100 ℃

【해설】

- 상당증발량(w_e, 환산증발량, 기준증발량)
  - 증기의 엔탈피는 측정온도, 측정압력에 따라 그 값이 달라지므로 발생증기가 갖는 열량을 기준상태(1기압 하에서, 100℃ 포화수를 100℃의 건포화증기로 증발시킬 때의 증발잠열 539 kcal/kg 또는 2257 kJ/kg)의 증발량의 값으로 환산한 것을 말한다.

35

전자밸브를 이용하여 온도를 제어하려 할 때 전자밸브에 온도 신호를 보내기 위해 필요한 장치는?

① 압력센서   ② 플로트 스위치
③ 스톱 밸브   ④ 서모스탯

【해설】 ※ 서모스탯(Thermostat, 온도 조절기)

- 서모스탯은 온도 조절기로 불리며, 밸브 형태로 온도 센서에서 특정한 온도를 기준으로 서모스탯이 열리거나 닫히는 방식으로 온도를 조절한다.

36

물이 들어있는 저장탱크의 수면에서 5 m 깊이에 노즐이 있다. 이 노즐의 속도계수(Cv)가 0.95 일때, 실제 유속(m/s)은?

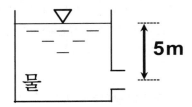

① 9.4   ② 11.3
③ 14.5   ④ 17.7

【해설】

- 피토관 유속 $v = C_v \cdot \sqrt{2gh}$ 여기서, C_v : 속도계수

$$= 0.95 \times \sqrt{2 \times 9.8\,m/s^2 \times 5\,m}$$

$$= 9.4\,m/s$$

37

열전대 온도계에서 냉접점(기준접점)이란?

① 측온 개소에 두는 +측의 열전대 선단
② 기준온도(통상 0 ℃)로 유지되는 열전대 선단
③ 측온 접점에 보상도선이 접속되는 위치
④ 피측정 물체와 접촉하는 열전대의 접점

【해설】

- 양 접점의 온도차에 의하여 발생되는 열기전력 (전위차)을 이용하여 측정하는 열전대 온도계는 기준접점(냉접점)의 온도를 일정하게 유지하기 위하여 듀워병에 얼음과 증류수 등의 혼합물을 채운 냉각기를 사용하여 열전대 선단인 냉접점의 온도를 반드시 0℃로 유지해야 한다.

38

0 ℃ 에서 수은주의 높이가 760 mm 에 상당하는 압력을 1 표준기압 또는 대기압이라 할 때 다음 중 1 atm 과 다른 것은?

① 1013 mbar   ② 101.3 Pa
③ 1.033 kg/cm^2 ④ 10.332 mH$_2$O

【해설】 ※ 표준대기압(1 atm)의 단위 환산

- 1 atm = 76 cmHg = 760 mmHg = 29.92 inHg
  = 10.332 mH$_2$O = 10332 mmAq
  = 10332 kgf/m^2 = 1.0332 kgf/cm^2
  = 101325 Pa = 101.325 kPa ≒ 0.1 MPa
  = 1.01325 bar = 1013.25 mbar = 14.7 psi

39

보일러 드럼(drum)수위를 제어하기 위하여 활용되고 있는 수위제어 검출방식이 아닌 것은?

① 전극식   ② 차압식
③ 플로트식   ④ 공기식

【해설】

❹ 공기식은 수위제어 검출방식이 아니라, 자동제어 장치에서 조절계의 신호전송 방식의 일종이다.

【참고】   암기법 : 플전열차
※ 수위검출기의 수위제어 검출 방식에 따른 종류
     ㉠ 플로트식(또는, 부자식, 일명 맥도널식)
     ㉡ 전극봉식(또는, 전극식)
     ㉢ 열팽창식(또는, 열팽창관식, 일명 코프식)
     ㉣ 차압식

40

보일러의 열손실에 해당되지 **않는** 것은?

① 굴뚝으로 배출되는 배기가스 열량의 손실

② 미보온에 의한 방열손실

③ 연료 중의 수소나 수분에 의한 손실

④ 연료의 불완전연소에 의한 손실

【해설】 ※ 보일러 열정산 시 입·출열 항목의 구별

[입열항목]　　　암기법 : 연(발,현) 공급증

　　– 연료의 발열량, 연료의 현열, 연소용 공기의 현열,
　　　급수의 현열, 노내 분입한 증기의 보유열

[출열항목]　　　암기법 : 유,손(배불방미기)

　　– 유효출열량(발생증기가 흡수한 열량),
　　　손실열(배기가스, 불완전연소, 방열, 미연분, 기타.)

제3과목　　　열설비 운전

41

증기 어큐뮬레이터(accumulator)를 설치할 때의 장점이 **아닌** 것은?

① 증기의 과부족을 해소시킨다.

② 보일러의 연소량을 일정하게 할 수 있다.

③ 부하 변동에 대한 보일러의 압력변화가 적다.

④ 증기 속에 포함된 수분을 제거한다.

【해설】 ※ 증기축열기(또는, 스팀 어큐뮬레이터)

• 보일러 연소량을 일정하게 하고 증기 사용처의 저부하 시 잉여 증기를 증기사용처의 온도·압력보다 높은 온도·압력의 포화수 상태로 저장하여 축적시켰다가 갑작스런 부하변동이나 과부하 시 저장한 증기를 방출하여 증기의 부족량을 보충하는 압력용기로서, 증기의 부하변동에 대처하기 위해 사용되는 장치이다.

❹ 증기 속에 포함된 수분을 제거하는 장치에는 기수분리기와 비수방지관이 있다.

42

수관보일러의 특징으로 **틀린** 것은?

① 보일러 효율이 높다.

② 고압 대용량에 적합하다.

③ 전열면적당 보유수량이 적어 가동 시간이 짧다.

④ 구조가 간단하여 취급, 청소, 수리가 용이하다.

【해설】 ※ 수관식 보일러의 특징

㉠ 외분식이므로 연소실의 크기 및 형태를 자유롭게 설계할 수 있어 연소상태가 좋고, 연료에 따라 연소방식을 채택할 수 있어 연료의 선택범위가 넓다.

㉡ 드럼의 직경 및 수관의 관경이 작아, 구조상 고압, 대용량의 보일러 제작이 가능하다.

㉢ 관수의 순환이 좋아 열응력을 일으킬 염려가 적다.

㉣ 구조상 전열면적당 관수 보유량이 적으므로, 단위 시간당 증발량이 많아서 증기발생 소요시간이 매우 짧다. 따라서, 열량을 전열면에서 잘 흡수시키기 위한 별도의 설계를 하지 않아도 된다.

㉤ 보일러 효율이 높다.(90% 이상)

㉥ 드럼의 직경 및 수관의 관경이 작으므로, 보유 수량이 적다.

㉦ 보유수량이 적어 파열 사고 시에도 피해가 적다.

㉧ 일시적인 부하변동에 대하여 관수 보유수량이 적으므로 압력변동과 수위변동이 크다.

㉨ 증기발생속도가 매우 빨라서 스케일 발생이 많아 수관이 과열되기 쉬우므로 철저한 수처리를 요한다.

㉩ 구조가 복잡하여 내부의 청소 및 검사가 곤란하다.

㉪ 제작이 복잡하여 가격이 비싸다.

㉫ 구조가 복잡하여 취급이 어려워 숙련된 기술을 요한다.

㉬ 연소실 주위에 울타리 모양 상태로 수관을 배치하여 연소실 벽을 구성한 수냉벽을 로에 구성하여, 고온의 연소가스에 의해서 내화벽돌이 연화·변형되는 것을 방지한다.

㉭ 수관의 특성상 기수분리의 필요가 있는 드럼 보일러의 특징을 갖는다.

43

단열 벽돌을 요로에 사용하였을 때 나타나는 효과가 아닌 것은?

① 노내 온도가 균일해진다.

② 열전도도가 작아진다.

③ 요로의 열용량이 커진다.

④ 내화 벽돌을 배면에 사용하면 내화벽돌의 스폴링을 방지한다.

【해설】　　　　　암기법 : 단축열 확전 스

※ 공업요로에서 단열의 효과

　㉠ 요로의 축열용량이 작아진다.

　　그러므로 가열 온도까지의 승온 시간이 단축된다.

　㉡ 열전도계수(열전도도)가 작아진다.

　㉢ 열확산계수가 작아진다.

　㉣ 노벽의 온도구배를 줄여 스폴링 현상을 억제한다.

　㉤ 노내의 온도가 균일하게 유지되어 피가열물의 품질이 향상된다.

44

열확산계수에 대한 운동량확산계수의 비에 해당하는 무차원수는?

① 프란틀(Prandtl)수

② 레이놀즈(Reynolds)수

③ 그라쇼프(Grashoff)수

④ 누셀(Nusselt)수

【해설】 ※ 열전달 특성에 주로 사용되는 무차원수

❶ Prandtl (프랜틀)수 $Pr = \left(\dfrac{동점성계수}{열전도계수}\right)$

　$= \left(\dfrac{열전도계수}{열확산계수}\right) = \left(\dfrac{운동량확산계수}{열확산계수}\right)$

② Reynolds (레이놀즈)수 $Re = \left(\dfrac{관성력}{점성력}\right)$

③ Grashof (그라슈프)수 $Gr = \left(\dfrac{부력}{점성력}\right)$

④ Nusselt (넛셀)수 $Nu = \left(\dfrac{대류열전달계수}{전도열전달계수}\right)$

45

아래에서 설명하는 밸브의 명칭은?

- 직선배관에 주로 설치한다.
- 유입방향과 유출방향이 동일하다.
- 유체에 대한 저항이 크다.
- 개폐가 쉽고 유량 조절이 용이하다.

① 슬루스 밸브　　　② 글로브 밸브

③ 플로트 밸브　　　④ 버터플라이 밸브

【해설】

※ 글로브(Globe, 둥근) 밸브 또는 스톱(Stop) 밸브

　㉠ 유체의 흐름을 차단하거나 유량조절을 위하여 나사의 조정으로 밸브가 상하로 움직이면서 유로를 개폐하는 둥근 달걀형 밸브이다.

　㉡ 직선배관에 주로 설치되고 유량조절이 용이하여 자동조절밸브로 응용되며, 유체의 흐름 방향이 밸브몸통 내부에서 S자로 갑자기 바뀌기 때문에 유체의 마찰저항이 크므로 압력손실이 커서 고압을 필요로 하지 않는 소구경 밸브에 적합하다.

46

증발량 3500 kg/h 인 보일러의 증기엔탈피가 2680 kJ/kg 이며, 급수엔탈피는 84 kJ/kg 이다. 이 보일러의 상당증발량은?

① 4155 kg/h　　　② 4026 kg/h

③ 3500 kg/h　　　④ 3085 kg/h

【해설】

- 상당증발량(w_e)과 실제증발량(w_2)의 관계식

　$w_e \times R_w = w_2 \times (H_2 - H_1)$ 에서,

　　한편, 물의 증발잠열(1기압, 100℃)을 R_w 이라 두면

　　　R_w = 539 kcal/kg = 2257 kJ/kg 이므로

　∴ $w_e = \dfrac{w_2 \times (H_2 - H_1)}{R_w} = \dfrac{w_2 \times (H_2 - H_1)}{2257\,kJ/kg}$

　　$= \dfrac{3500\,kg/h \times (2680 - 84)\,kJ/kg}{2257\,kJ/kg}$

　　= 4025.69 ≒ **4026 kg/h**

47

강관의 두께를 나타내는 번호인 스케줄 번호를 나타내는 식은? (단, 허용응력 : S (kg/mm²), 사용최고압력 : P (kg/cm²))

① $10 \times \dfrac{S}{P}$

② $10 \times \dfrac{P}{S}$

③ $10 \times \dfrac{P}{\sqrt{S}}$

④ $10 \times \dfrac{S}{\sqrt{P}}$

【해설】 암기법 : 스케줄 허사 ↑

- 스케줄(Schedule) 수 $= \dfrac{P}{\sigma}\left(\dfrac{\text{사용압력}}{\text{허용응력}}\right) \times 10$

  여기서, σ : 관 재료의 허용응력(kgf/mm²)

  P : 유체의 사용압력(kgf/cm²)

  문제의 기호로 나타내면, 스케줄 번호 $= 10 \times \dfrac{P}{S}$

48

입형보일러의 특징에 관한 설명으로 틀린 것은?

① 설치면적이 비교적 작은 곳에 유리하다.

② 전열면적을 크게 할 수 있으므로 열효율이 크다.

③ 증기발생이 빠르고 설비비가 적게 든다.

④ 보일러 통을 수직으로 세워 설치한 것이다.

【해설】 ※ 입형 보일러(수직형 보일러)의 특징

<장점> ㉠ 형체가 적은 소형이므로 설치면적이 적어 좁은 장소에 설치가 가능하다.

㉡ 구조가 간단하여 제작이 용이하며, 취급이 쉽고, 급수처리가 까다롭지 않다.

㉢ 전열면적이 적어 증발량이 적으므로 소용량, 저압용으로 적합하고, 가격이 저렴하다.

㉣ 설치비용이 적으며 운반이 용이하다.

㉤ 연소실 상면적이 적어, 내부에 벽돌을 쌓는 것을 필요로 하지 않는다.

㉥ 최고사용압력은 $10\,\text{kg/cm}^2$ 이하, 전열면 증발률은 $10 \sim 15\,\text{kg/m}^2 \cdot \text{h}$ 정도이다.

<단점> ㉠ 연소실이 내분식이고 용적이 적어 연료의 완전연소가 어렵다.

㉡ 전열면적이 적고 열효율이 낮다.(40 ~ 50%)

㉢ 열손실이 많아서 보일러 열효율이 낮다.

㉣ 구조상 증기부(steam space)가 적어서 습증기가 발생되어 송기되기 쉽다.

㉤ 보일러가 소형이므로, 내부의 청소 및 검사가 어렵다.

49

배관용 탄소 강관 접합 방식이 아닌 것은?

① 나사접합

② 용접접합

③ 플랜지접합

④ 압축접합

【해설】 암기법 : 플랜이 음나용 ?

※ 강관의 이음(pipe joint) 방법

㉠ 플랜지(Flange) 이음

㉡ 나사(소켓) 이음

㉢ 용접 이음

㉣ 유니온(Union) 이음

50

다음 중 대차(Kiln Car)를 쓸 수 있는 가마는?

① 등요 (Up hill Kiln)

② 선가마 (Shaft Kiln)

③ 회전요 (Rotary Kiln)

④ 셔틀가마 (Shuttle Kiln)

【해설】

※ 셔틀요(Shuttle kiln, 셔틀 가마)

- 연속식인 터널요에서 소성이 곤란한 소량, 다종, 복잡한 형상 등의 단점을 보완하고 또한, 불연속식인 단가마의 단점을 보완하기 위해 이용되는 것으로 가마 1개당 2대 이상의 대차를 사용하여 1개 대차에서 소성시킨 피가열 제품을 급냉파가 생기지 않을 정도의 고온까지 냉각하여 1개 대차를 끌어내고, 다른 대차를 이송하여 소성작업을 한다.

51

난방면적(바닥면적)이 45 m², 벽체면적(창문, 문 포함)은 50 m², 외기 온도는 −5℃, 실내온도 23 ℃, 벽체의 열관류율이 5 kJ/m²·℃ 일 때 방위계수가 1.1 이라면 이 때의 난방부하는? (단, 천장면적은 바닥면적과 동일한 것으로 본다.)

① 7700 kJ ② 19600 kJ
③ 21560 kJ ④ 23100 kJ

【해설】 ※ 천장, 바닥, 벽체에서의 난방부하 공식

• $Q = K \times A \times \Delta t \times Z$

여기서, Q : 난방부하(손실열량)
K : 열관류율
A : 전체면적(바닥, 천정, 벽체)
Δt : 내·외부의 온도차
Z : 방위계수

$= 5 \text{ kJ/m}^2 \cdot ℃ \times (45 + 50 + 45) \text{ m}^2$
$\times [23 - (-5)] ℃ \times 1.1$

$= 21560 \text{ kJ}$

52

전기전도도 및 열전도도가 비교적 크고, 내식성과 굴곡성이 풍부하여 전기단자, 압력계관, 급수관, 냉난방관에 사용되는 관은?

① 강관 ② 동관
③ 스테인리스 강관 ④ PVC 관

【해설】

❷ 동관은 내식성, 굴곡성이 우수하고 전기 및 열의 양도체이며 내압성도 있어서 열교환기의 내관, 급수관, 압력계용 배관 및 화학공업용으로 많이 사용된다.

【참고】 ※ 동관(Copper Pipe, 구리관)의 특징

<장점> ㉠ 전기 및 열의 양도체이다.
㉡ 내식성, 굴곡성이 우수하다.
㉢ 내압성도 있어서 열교환기의 내관(tube), 급수관 등 화학공업용으로 사용된다.
㉣ 철관이나 연관보다 가벼워서 운반이 쉽다.
㉤ 상온의 공기 중에서는 변화하지 않으나 탄산가스를 포함한 공기 중에서는 푸른 녹이 생긴다. (즉, 산에 약하고, 알칼리에 강하다.)
㉥ 가공성이 좋아 배관시공이 용이하다.
㉦ 아세톤, 에테르, 프레온가스, 휘발유 등의 유기약품에 침식되지 않는다.
㉧ 관 내부에서 마찰저항이 적다.
㉨ 동관의 이음방법에는 플레어(flare) 이음, 플랜지 이음, 용접 이음이 있다.

<단점> ㉠ 담수에 대한 내식성은 우수하지만, 연수에는 부식된다.
㉡ 기계적 충격에 약하다.
㉢ 가격이 비싸다.
㉣ 암모니아, 초산, 진한황산에는 심하게 침식된다.

53

배관재료에 대한 설명으로 틀린 것은?

① 주철관은 용접이 용이하고 인장강도가 크기 때문에 고압용 배관에 사용된다.
② 탄소강 강관은 인장강도가 크고, 접합작업이 용이하여 일반배관, 고온고압의 증기 배관으로 사용된다.
③ 동관은 내식성, 굴곡성이 우수하고 전기열의 양도체로서 열교환기용, 압력계용으로 사용된다.
④ 알루미늄관은 열전도도가 좋으며, 가공이 용이하여 전기기기, 광학기기, 열교환기 등에 사용된다.

【해설】

❶ 강관은 용접이 용이하고 인장강도가 크기 때문에 고압용 배관에 사용된다.

주철관은 용접이 어렵고 인장강도가 작기 때문에 수도관, 배수관, 가스관 등의 매설관으로 사용된다.

54
주철제 보일러의 특징에 관한 설명으로 <u>틀린</u> 것은?

① 내식성, 내열성이 좋다.
② 구조가 간단하고, 충격이나 열응력에 강하다.
③ 내부 청소가 어렵다.
④ 저압으로 운전되므로 파열 시 피해가 적다.

【해설】 ※ 주철제(또는, 주철제 섹션)보일러의 특징

<장점> ㉠ 섹션을 설치장소에서 조합할 수 있어 공장
　　　　으로부터의 운반이 편리하다.
　　　㉡ 조립식이므로 반입 및 해체작업이 용이하다.
　　　㉢ 주조에 의해 만들어지므로 다소 복잡한 구조도
　　　　제작할 수 있다.
　　　㉣ 섹션수의 증감이 용이하여 용량조절이 가능하다.
　　　㉤ 전열면적에 비하여 설치면적을 적게 차지하므로
　　　　좁은 장소에 설치할 수 있다.
　　　㉥ 저압용이므로 파열 사고시 피해가 적다.
　　　㉦ 내식성, 내열성이 우수하여 수처리가 까다롭지
　　　　않다.

<단점> ㉠ 구조가 복잡하여 내부 청소가 곤란하다.
　　　㉡ 주철은 인장 및 충격이나 열응력에 약하다.
　　　㉢ 내압강도가 약하여 고압, 대용량에는 부적합하다.
　　　㉣ 열에 의한 부동팽창 때문에 균열이 생기기 쉽다.
　　　㉤ 보일러 효율이 낮다.

55
증기 보일러에 압력계를 설치할 때 압력계와 보일러를 연결시키는 관은?

① 냉각관　　　　　　② 통기관
③ 사이폰관　　　　　④ 오버플로우관

【해설】
• 금속의 탄성을 이용한 부르돈(bourdon) 압력계에
　증기가 직접 들어가면 고장 날 우려가 있으므로 물을
　가득 채운 사이폰 관(siphon tube)을 부착하여
　측정한다.

56
안전밸브의 증기누설이나 작동불능의 원인으로 가장 거리가 <u>먼</u> 것은?

① 밸브 구경이 사용압력에 비해 클 때
② 밸브 축이 이완될 때
③ 스프링의 장력이 감소될 때
④ 밸브 시트 사이에 이물질이 부착될 때

【해설】

❶ 밸브 출구 구경이 사용압력에 비해 크면 증기 누설이
　방지된다.

【참고】 ※ 스프링식 안전밸브의 증기누설 원인

㉠ 밸브디스크와 시트가 손상되었을 때
㉡ 스프링의 탄성이 감소하였을 때
㉢ 공작이 불량하여 밸브디스크가 시트에 잘 맞지
　　않을 때
㉣ 밸브디스크와 시트 사이에 이물질이 부착되어 있을 때
㉤ 밸브봉의 중심(축)이 벗어나서 밸브를 누르는 힘이
　　불균일할 때

57
대형 보일러 설비 중 절탄기(Economizer)란?

① 석탄을 연소시키는 장치
② 석탄을 분쇄하기 위한 장치
③ 보일러 급수를 예열하는 장치
④ 연소가스로 공기를 예열하는 장치

【해설】

※ 절탄기(Economizer, 이코노마이저)
　 - 과거에 많이 사용되었던 연료인 석탄을 절약
　　한다는 의미의 이름으로서, 보일러의 배기가스
　　덕트(즉, 연도)에 설치하여 배기가스의 폐열로
　　급수온도를 상승시켜 줌으로써, 손실되는 열을
　　회수하여 연료를 절감하는 급수예열장치이다

58

KS규격에 일정 이상의 내화도를 가진 재료를 규정하는데 공업요로, 요업요로에 사용되는 내화물의 규정 기준은?

① SK19 (1520℃) 이상
② SK20 (1530℃) 이상
③ SK26 (1580℃) 이상
④ SK27 (1610℃) 이상

【해설】
※ 내화물이란 일반적으로 고온의 공업용 요로에 쓰이는 불연성의 비금속 무기재료의 총칭이며, 한국산업규격(KS)에서는 SK26번 (1580℃) 이상의 내화도를 가진 것을 말한다.

59

두께 25.4 mm 인 노벽의 안쪽온도가 352.7 K 이고 바깥쪽 온도는 297.1 K 이며 이 노벽의 열전도도가 0.048 W/m·K 일 때, 손실되는 열량은?

① 75 W/m²
② 80 W/m²
③ 98 W/m²
④ 105 W/m²

【해설】　　　　　　　암기법 : 손전온면두
● 평면벽에서의 단위면적 당 손실열량(Q) 계산공식

$$Q = \frac{\lambda \cdot \Delta t}{d} \left(\frac{열전도율 \cdot 온도차}{벽의 두께} \right)$$

$$= \frac{0.048\ W/m \cdot K \times (352.7 - 297.1)K}{0.0254m}$$

$$= 105.07 ≒ 105\ W/m^2$$

60

동일 지름의 안전밸브를 설치할 경우 다음 중 분출량이 가장 많은 형식은?

① 저양정식　　　　② 온양정식
③ 전량식　　　　　④ 고양정식

【해설】
● 분출량(kg/h)이 많은 순서
　- 전량식 〉 전양정식 〉 고양정식 〉 저양정식

【참고】 ※ 양정에 따른 스프링식 안전밸브의 분류
　㉠ 고양정식 : 밸브의 양정이 밸브시트 구멍 안지름의 1/40 ~ 1/15 배 미만
　㉡ 저양정식 : 밸브의 양정이 밸브시트 구멍 안지름의 1/15 ~ 1/7 배 미만
　㉢ 전양정식 : 밸브의 양정이 밸브시트 구멍 안지름의 1/7 배 이상
　㉣ 전량식 : 밸브시트 구멍 안지름이 목부지름보다 1.5 배 이상

제4과목　열설비 안전관리 및 검사기준

61

보일러의 분출사고 시 긴급조치 사항을 틀린 것은?

① 보일러 부근에 있는 사람들을 우선 안전한 곳으로 긴급히 대피시켜야 한다.
② 연소를 정지시키고 압입통풍기를 정지시킨다.
③ 다른 보일러와 증기관이 연결되어 있는 경우에는 증기밸브를 닫고 증기관 연결을 끊는다.
④ 급수를 정지하여 수위 저하를 막고 보일러의 수위유지에 노력한다.

【해설】 ※ 보일러의 분출사고 시 긴급조치 사항
　㉠ 안전 확보를 위해 보일러 부근에 있는 사람들을 즉시 안전한 곳으로 대피시킨다.
　㉡ 연도 댐퍼를 열어 연도 내 가스를 배출시킨다.
　㉢ 보일러 연소를 중단하고 압입송풍기를 정지시킨다.
　㉣ 다른 보일러 및 증기관과 연결된 밸브를 차단하여 피해 확대를 막는다.
　㉤ 급수를 계속하여 보일러의 수위 저하를 막고 상용 수위 유지에 노력한다.

62

보일러 이상연소 중 불완전연소의 원인이 <u>아닌</u> 것은?

① 연소용 공기량이 부족할 경우
② 연소속도가 적정하지 않을 경우
③ 버너로부터의 분무입자가 작을 경우
④ 분무연료와 연소용 공기와의 혼합이 불량할 경우

【해설】

※ 불완전연소의 원인
　㉠ 연소용 공기량이 부족할 때
　㉡ 연소속도가 적절하지 않을 때
　㉢ 오일의 무화가 불량일 때(분무 입자가 **클** 경우)
　㉣ 분무연료와 연소용 공기와의 혼합이 불량일 때

63

보일러의 성능을 향상시키기 위하여 지켜야 할 사항이 <u>아닌</u> 것은?

① 과잉공기를 가급적 많게 한다.
② 외부 공기의 유입을 방지한다.
③ 증기나 온수의 누출을 방지한다.
④ 전열면의 그을음 등을 주기적으로 제거한다.

【해설】 ※ 보일러의 열효율 향상 대책
　㉠ 출열항목 중 손실열을 최대한 줄인다.
　　(증기나 온수의 누출을 방지한다.)
　㉡ 장치에 합당한 설계조건과 운전조건을 선택한다.
　㉢ 연소실내의 온도를 고온으로 유지하여 연료를 완전 연소시킨다. (외부 공기의 유입을 방지한다.)
　㉣ 단속 조업에 따른 열손실을 방지하기 위하여 연속 조업을 실시한다.
　㉤ 장치에 적당한 연료와 작동법을 채택한다.
　㉥ 과잉공기를 가급적 적게 하여, 적정한 공기비로 운전한다.
　㉦ 전열면 주기적 청소를 통해 그을음 등을 제거한다.

64

보일러 수면계의 기능시험의 시기가 <u>아닌</u> 것은?

① 수면계를 보수 교체했을 때
② 2개 수면계의 수위가 서로 다를 때
③ 수면계 수위의 움직임이 민첩할 때
④ 포밍이나 프라이밍 현상이 발생할 때

【해설】 ※ 보일러의 수면계 기능시험 시기
　㉠ 수면계 유리의 교체 또는 보수 후
　㉡ 보일러를 가동하기 직전
　㉢ 2개의 수면계 중 수위가 상이할 때
　㉣ 프라이밍(비수), 포밍(거품) 현상이 발생할 때
　㉤ 수면계의 수위가 평소에 비해 의심스러울 때
　㉥ 취급자의 교대 운전 시
　㉦ 증기압력이 상승하기 시작할 때
　㉧ 수면계 수위가 움직임이 없이 둔할 때

65

에너지이용 합리화법에 따라 보일러 사용자와 보험계약을 체결한 보험사업자가 15일 이내에 시·도지사에게 알려야 하는 경우가 <u>아닌</u> 것은?

① 보험계약담당자가 변경된 경우
② 보험계약에 따른 보증기간이 만료한 경우
③ 보험계약이 해지된 경우
④ 사용자에게 보험금을 지급한 경우

【해설】 [에너지이용합리화법 시행규칙 제31조의13.]
• 제조업자 또는 사용자와 보험계약을 체결한 보험사업자는 다음 각 호의 어느 하나에 해당하는 경우에는 그 사실을 15일 이내에 산업통상자원부장관 또는 시·도지사에게 알려야 한다.
　㉠ 제조업자 또는 사용자에게 보험금을 지급한 경우
　㉡ 보험계약에 따른 보증기간이 만료한 경우
　㉢ 보험계약이 해지된 경우
　㉣ 그 밖에 보험계약의 효력이 상실된 경우

66

유류 보일러에서 연료유의 예열온도가 낮을 때 발생될 수 있는 현상이 아닌 것은?

① 화염이 편류된다.
② 무화가 불량하게 된다.
③ 기름의 분해가 발생한다.
④ 그을음이나 분진이 발생한다.

【해설】 ※ 연료유의 예열온도에 따른 현상

㉠ 예열온도가 너무 낮을 때

　ⓐ 보일러 연소과정에서 매연(그을음, 슈트, 분진, 일산화탄소 등)의 발생
　ⓑ 화염의 편류가 발생 (화염이 한쪽으로 흐름)
　ⓒ 연료유의 무화가 불량
　ⓓ 높은 점도의 연료유의 경우 유동성이 낮음

㉡ 예열온도가 너무 높을 때

　ⓐ 연료유의 불완전연소로 탄화물(카본)이 생성
　ⓑ 연료유의 점도가 낮아져 분무 상태가 불량
　ⓒ 연소가스 및 공기의 역류로 역화 현상이 발생
　ⓓ 배관 내에서 연료유(기름)의 열분해가 발생

67

에너지이용 합리화법에 따라 에너지저장의무 부과대상자로 가장 거리가 먼 것은?

① 전기사업자　　　② 석탄가공업자
③ 도시가스사업자　④ 원자력사업자

【해설】　　　　　　[에너지이용합리화법 시행령 제12조.]

　암기법 : 에이, 쌍!~ 다소비네. 10배 저장해야지

• 에너지수급 차질에 대비하기 위하여 산업통상자원부장관이 에너지저장의무를 부과할 수 있는 대상에 해당되는 자는 전기사업자, 도시가스사업자, 석탄가공업자, 집단에너지사업자, 연간 2만 TOE(석유환산톤) 이상의 에너지사용자이다.

【key】• 에너지다소비사업자의 기준량 : 2000 TOE
　　　• 에너지저장의무 부과대상자 : 2000 × 10배
　　　　　　　　　　　　　　　　　= 20000 TOE

68

보일러 산세관 시 사용하는 부식 억제제의 구비조건으로 틀린 것은?

① 점식발생이 없을 것
② 부식 억제능력이 클 것
③ 물에 대한 용해도가 작을 것
④ 세관액의 온도·농도에 대한 영향이 적을 것

【해설】

※ 부식 억제제의 구비조건

㉠ 점식(피팅)이 발생하지 않을 것
㉡ 부식 억제 능력이 우수할 것
㉢ 세관액의 온도·농도에 대한 영향이 적을 것
㉣ 물에 대한 용해도가 클 것
㉤ 저농도에서도 부식 억제의 효과가 클 것
㉥ 환경기준에 저촉되지 않을 것
㉦ 잔류 시 관석(스케일) 생성 현상이 없을 것

69

에너지이용 합리화법에서 효율관리기자재의 지정 등 산업통상자원부령으로 정하는 기자재에 대한 고시기준이 아닌 것은?

① 에너지의 목표소비효율
② 에너지의 목표사용량
③ 에너지의 최저소비효율
④ 에너지의 최저사용량

【해설】　　　　　　　[에너지이용 합리화법 제15조.]

※ 효율관리기자재의 지정 고시 사항

㉠ 에너지의 목표소비효율 또는 목표사용량의 기준
㉡ 에너지의 최저소비효율 또는 최대사용량의 기준
㉢ 에너지의 소비효율 또는 사용량의 표시
㉣ 에너지의 소비효율 등급기준 및 등급표시
㉤ 에너지의 소비효율 또는 사용량의 측정방법
㉥ 그 밖에 효율관리기자재의 관리에 필요한 사항으로서 산업통상자원부령으로 정하는 사항

70

보일러 스케일 발생의 방지대책과 가장 거리가 먼 것은?

① 보일러수에 약품을 넣어 스케일 성분이 고착되지 않게 한다.

② 물에 용해도가 큰 규산 및 유지분 등을 이용하여 세관 작업을 실시한다.

③ 보일러수의 농축을 막기 위하여 분출을 적절히 실시한다.

④ 급수 중의 염류 불순물을 될 수 있는 한 제거한다.

【해설】

❷ 규산(SiO_2) 및 유지분은 보일러수 내에서 스케일 및 슬러지를 생성하는 물질이므로 방지대책과는 거리가 멀다.

【참고】　　　　　　　　암기법 : 스방, 철세, 분출

※ 스케일 부착 방지대책

　㉠ 철저한 급수처리를 하여 급수 중의 염류 및 불순물을 제거한다.

　㉡ 세관처리 및 청관제 약품을 보일러수에 투입한다.

　㉢ 보일러수의 농축을 방지하기 위하여 적절한 분출 작업을 주기적으로 실시한다.

　㉣ 응축수를 회수하여 보일러 급수로 재사용한다.

　㉤ 보일러의 전열관 표면에 보호피막을 사용한다.

71

보일러 사용 중 수시로 점검해야 할 사항으로만 구성된 것은?

① 압력계, 수면계

② 배기가스 성분, 댐퍼

③ 안전밸브, 스톱밸브, 맨홀

④ 연료의 성상, 급수의 수질

【해설】

❶ 보일러 사용 중에는 증기압력 및 안전저수위 감시는 압력계 및 수면계를 통해서 수시로 점검해야 한다.

72

다음 중 보일러 급수에 함유된 성분 중 전열면 내면 점식의 주원인이 되는 것은?

① O_2

② N_2

③ $CaSO_4$

④ Na_2SO_4

【해설】 ※ 점식(Pitting 피팅 또는, 공식)

● 보호피막을 이루던 산화철이 파괴되면서 용존가스인 O_2, CO_2의 전기화학적 작용에 의한 보일러 각 부의 내면에 반점 모양의 구멍을 형성하는 촉수면의 전체 부식으로서 보일러 내면 부식의 약 80%를 차지하고 있으며, 고온에서는 그 진행속도가 매우 빠르다.

73

신·재생에너지 설비 중 지하수 및 지하의 열 등의 온도차를 변환시켜 에너지를 생산하는 설비는?

① 지열에너지 설비

② 해양에너지 설비

③ 연료전지 설비

④ 수력에너지 설비

【해설】 [신·재생에너지 개발·이용·보급 촉진법 시행규칙 제2조.]

　㉠ 지열에너지 설비

　　- 물, 지하수 및 지하의 열 등의 온도차를 변환시켜 에너지를 생산하는 설비

　㉡ 해양에너지 설비

　　- 해양의 파도, 온도차, 해류, 조수 등을 변환시켜 전기 또는 열을 생산하는 설비

　㉢ 연료전지 설비

　　- 수소와 산소의 전기화학 반응을 통하여 전기 또는 열을 생산하는 설비

　㉣ 수력에너지 설비

　　- 물의 유동 에너지를 변환시켜 전기를 생산하는 설비

　㉤ 태양에너지 설비

　　㉮ 태양열 설비 : 태양의 열에너지를 변환시켜 전기를 생산하거나 에너지원으로 이용하는 설비

　　㉯ 태양광 설비 : 태양의 빛에너지를 변환시켜 전기를 생산하거나 채광에 이용하는 설비

74

사용 중인 보일러의 점화 전 준비 사항과 가장 거리가 먼 것은?

① 수면계의 수위를 확인한다.
② 압력계의 지시압력 감시 등 증기압력을 관리한다.
③ 미연소가스의 배출을 위해 댐퍼를 완전히 열고 노와 연도 내를 충분히 통풍시킨다.
④ 연료, 연소장치를 점검한다.

【해설】
※ 보일러 점화전 점검해야 할 사항
　㉠ 보일러의 상용수위 확인 및 급수 계통 점검
　　(∵ 저수위 사고 예방)
　㉡ 보일러의 분출 및 분출장치의 점검
　㉢ 프리퍼지 운전 (댐퍼를 열고 충분히 통풍)
　㉣ 연료장치 및 연소장치의 점검
　㉤ 자동제어장치의 점검
　㉥ 부속장치 점검
❷ 압력계의 지시압력 감시 등 증기압력을 관리하는 것은 보일러 운전 중에 수시로 점검해야 한다.

75

보일러 급수 중에 용해되어 있는 칼슘염, 규산염, 및 마그네슘염이 농축되었을 때 보일러에 영향을 미치는 것으로 가장 적절한 것은?

① 슬러지 생성의 원인이 된다.
② 보일러의 효율을 향상시킨다.
③ 가성취화와 부식의 원인이 된다.
④ 스케일 생성과 국부적 과열의 원인이 된다.

【해설】 ※ 스케일(Scale, 관석) 생성
• 보일러수에 용해되어 있는 칼슘염, 마그네슘염, 규산염 등의 불순물이 농축되어 포화점에 달하면 고형물로서 석출되어 보일러의 내면이나 관벽에 딱딱하게 부착하는 스케일은 전열량을 감소시켜 국부적인 과열로 인한 보일러 파열 사고의 원인이 된다.

76

시공업자단체에 관하여 에너지이용 합리화법에 규정한 것을 제외하고 어느 법의 사단법인에 관한 규정을 준용하는가?

① 상법
② 행정법
③ 민법
④ 집단에너지사업법

【해설】　　　　　　　　　[에너지이용합리화법 제44조.]
❸ 시공업자단체에 관하여 에너지이용합리화법에 규정한 것 외에는 「민법」 중 사단법인에 관한 규정을 준용한다.

77

에너지이용 합리화법에서 정한 효율관리기자재에 속하지 않는 것은?

① 전기냉장고　　　　② 자동차
③ 조명기기　　　　　④ 텔레비전

【해설】　　　[에너지이용합리화법 시행령 시행규칙 제7조.]
　　　　　　　　　　　암기법 : 세조방장, 3발자동차
※ 효율관리기자재 품목의 종류
　- 전기세탁기, 조명기기, 전기냉방기, 전기냉장고, 3상유도전동기, 발전설비, 자동차

78

보일러 설치 시 옥내설치 방법에 대한 설명으로 틀린 것은?

① 소용량 보일러는 반격벽으로 구분된 장소에 설치할 수 있다.
② 보일러 동체 최상부로부터 보일러실의 천장까지의 거리에는 제한이 없다.
③ 연료를 저장할 때는 보일러 외측으로부터 2 m 이상 거리를 둔다.
④ 보일러는 불연성 물질의 격벽으로 구분된 장소에 설치하여야 한다.

【해설】 　　　　　[열사용기자재의 검사기준 22.1.1.]

① 소용량강철제보일러, 소용량주철제보일러, 가스용 온수보일러, 소형관류보일러(이하 "소형보일러"라 한다)는 반격벽으로 구분된 장소에 설치할 수 있다.

❷ 보일러 동체 최상부로부터(보일러의 검사 및 취급에 지장이 없도록 작업대를 설치한 경우에는 작업대 로부터) 천정, 배관등 보일러 상부에 있는 구조물까 지의 거리는 1.2 m 이상이어야 한다.

다만, 소형보일러 및 주철제보일러의 경우에는 0.6 m 이상으로 할 수 있다.

③ 연료를 저장할 때에는 보일러 외측으로부터 2 m 이상 거리를 두거나 방화격벽을 설치하여야 한다. 다만, 소형보일러의 경우는 1 m 이상 거리를 두거나 반격벽으로 할 수 있다.

④ 보일러는 불연성 물질의 격벽으로 구분된 장소에 설치하여야 한다.

79

보일러 설치검사 기준에 정한 압력 방출장치 및 안전밸브에 대한 설명으로 <u>틀린</u> 것은?

① 증기 보일러에는 2개 이상 안전밸브를 설치하여야 한다.

② 전열면적이 50 m² 이하의 증기보일러에서는 안전밸브를 1개 이상으로 한다.

③ 관류보일러에서 보일러와 압력방출장치와의 사이에 체크밸브를 설치할 경우 압력방출 장치는 2개 이상으로 한다.

④ 안전밸브는 쉽게 검사할 수 있는 장소에 밸브축을 수평으로 하여 가능한 한 보일러 동체에 간접 부착한다.

【해설】 　　　　　[열사용기자재의 검사기준 19.1.1 ~ 2.]

※ 안전밸브의 개수와 부착

① 증기보일러 동체(본체)에는 2개 이상의 안전밸브를 설치하여야 한다.

② 다만, 전열면적이 50 m² 이하의 증기보일러에서는 1개 이상으로 한다.

③ 관류보일러에서 보일러와 압력방출장치와의 사이에 체크밸브를 설치할 경우 압력방출장치는 2개 이상 이어야 한다.

❹ 안전밸브는 쉽게 검사할 수 있는 곳에 밸브 축을 동체에 수직으로 하여 가능한 한 보일러의 동체에 직접 부착시켜야 한다.

80

에너지이용 합리화법에 따라 다음 중 벌칙기준이 가장 <u>무거운</u> 것은?

① 해당 법에 따른 검사대상기기의 검사를 받지 아니한 자

② 해당 법에 따른 검사대상기기관리자를 선임 하지 아니한 자

③ 해당 법에 따른 에너지저장시설의 보유 또는 저장 의무의 부과 시 정당한 이유 없이 이를 거부하거나 이행하지 아니한 자

④ 해당 법에 따른 효율관리기자재에 대한 에너지사용량의 측정결과를 신고하지 아니한 자

【해설】 　　　　　[에너지이용합리화법 제72조1항.]

• 에너지저장시설의 보유 또는 저장 의무의 부과시 정당한 이유 없이 이를 거부하거나 이행하지 아니한 자는 **2년 이하 징역 또는 2000만원 이하의 벌금**에 처한다.

【참고】※ 위반행위에 해당하는 벌칙(징역, 벌금액)

2.2 - **에너지 저장, 수급 위반**
　　암기법 : 이~이가 저 수위다.

1.1 - **검사대상기기 위반**
　　암기법 : 한명 한명씩 검사대를 통과했다.

0.2 - **효율기자재 위반**
　　암기법 : 영희가 효자다.

0.1 - **미선임, 미확인, 거부, 기피**
　　암기법 : 영일은 미선과 거부기피를 먹었다.

0.05 - **광고, 표시 위반**
　　암기법 : 영오는 광고표시를 쭉~ 위반했다.

2016년 제3회 에너지관리산업기사
(2016.10.01. 시행)

평균점수

제1과목 **열 및 연소설비**

01

다음 중 열관류율의 단위로 옳은 것은?

① $kJ/m^2 \cdot h \cdot ℃$ ② $kJ/m \cdot h \cdot ℃$
③ kJ/h ④ $kJ/m^2 \cdot h$

【해설】 **암기법** : 교관온면
- 물리량의 단위는 공식으로부터 유도된다.

교환열 공식 $Q = K \cdot \Delta t \cdot A \times T$ 에서,

$\therefore$ 열관류율 $K = \dfrac{Q}{\Delta t \cdot A \times T} = \dfrac{kJ}{℃ \cdot m^2 \cdot h}$

【참고】 **암기법** : 김미화씨!
- 열전도율(λ, 열전도도)의 단위

$\lambda = K \cdot d = kJ/m^2 \cdot h \cdot ℃ \times m = kJ/m \cdot h \cdot ℃$

02

기체연료의 연소 형태로서 가장 옳은 것은?

① 확산연소 ② 증발연소
③ 표면연소 ④ 분해연소

【해설】
- 고체연료의 연소방식
  - 미분탄연소, 화격자연소(스토커연소), 유동층연소
- 액체연료의 연소방식
  - 증발식연소, 분해식연소, 분무식연소, 포트식연소, 심지식연소
- 기체연료의 연소방식
  - 확산연소, 예혼합연소, 폭발연소

03

다음 연료 중 이론공기량(Nm^3/Nm^3)을 가장 많이 필요로 하는 것은? (단, 동일 조건으로 기준한다.)

① 메탄 ② 수소
③ 아세틸렌 ④ 이산화탄소

【해설】
※ 연소반응식을 통해 필요한 이론공기량(A_0)을 구하자.

① 메탄(CH_4)의 연소반응식

$\quad CH_4 \quad + \quad 2O_2 \quad \rightarrow \quad CO_2 + 2H_2O$
$\quad$ (1 kmol) $\quad\quad$ (2 kmol)
$\quad$ (1 Nm^3) $\quad\quad$ (2 Nm^3)

$\therefore A_0 = \dfrac{O_0}{0.21} = \dfrac{2\,Nm^3}{0.21} ≒ 9.524\ Nm^3/Nm^3\text{-f}$

② 수소(H_2)의 연소반응식

$\quad H_2 \quad + \quad \dfrac{1}{2}O_2 \quad \rightarrow \quad H_2O$
$\quad$ (1 kmol) $\quad\quad$ (0.5 kmol)
$\quad$ (1 Nm^3) $\quad\quad$ (0.5 Nm^3)

$\therefore A_0 = \dfrac{O_0}{0.21} = \dfrac{0.5\,Nm^3}{0.21} ≒ 2.38\ Nm^3/Nm^3\text{-f}$

❸ 아세틸렌(C_2H_2)의 연소반응식

$\quad C_2H_2 \quad + \quad 2.5\,O_2 \quad \rightarrow \quad 2CO_2 + H_2O$
$\quad$ (1 kmol) $\quad\quad$ (2.5 kmol)
$\quad$ (1 Nm^3) $\quad\quad$ (2.5 Nm^3)

$\therefore A_0 = \dfrac{O_0}{0.21} = \dfrac{2.5\,Nm^3}{0.21} ≒ 11.9\ Nm^3/Nm^3\text{-f}$

④ 이산화탄소(CO_2)는 불연성이므로, 연소되지 않는다.

04

0 ℃의 얼음 100 g을 50 ℃의 물 400 g에 넣으면 몇 ℃가 되는가? (단, 얼음의 융해잠열 335 kJ/kg 이고, 물의 비열은 4.2 kJ/kg·℃로 가정한다.)

① 8.4 ℃　　　　② 13.5 ℃

③ 24.0 ℃　　　　④ 38.8 ℃

【해설】　　　　　　　　암기법 : 큐는 씨암탉

※ 0℃의 얼음이 0℃의 물로 융해된 후 t로 상승하므로 열평형법칙에 의해 혼합된 후 열평형 온도를 t라 두면, 물이 잃은 열량(Q_1) = 얼음이 얻은 열량(Q_2)

- Q_1 = 현열(물의 온도 하강)

  = $C_물$ m Δt

  = 4.2 kJ/kg·℃ × 0.4 kg × (50 - t)℃

- Q_2 = 잠열(융해열) + 현열(융해후 온도 t로 상승)

  = m · R + $C_물$ m Δt

  = 0.1 kg × 335 kJ/kg

  　+ 4.2 kJ/kg·℃ × 0.1 kg × (t - 0)℃

∴ 4.2 × 0.4 × (50 - t) = 0.1 × 335 + 4.2 × 0.1 × (t - 0)

방정식 계산기 사용법으로 t를 미지수 X로 놓고 구하면 열평형 시 온도 t = 24.04 ℃ ≒ **24 ℃**

05

액체연료 연료방식에서 연료를 무화시키는 목적으로 틀린 것은?

① 연소효율을 높이기 위하여

② 연소실의 열부하를 낮게 하기 위하여

③ 연료와 연소용 공기의 혼합을 고르게 하기 위하여

④ 연료 단위 중량당 표면적을 크게 하기 위하여

【해설】

- 액체연료를 무화시키는 이유 : 연료의 단위중량당 표면적을 크게 하여 연소용 공기와의 접촉 증가에 의해 혼합을 촉진시켜 연소효율을 높이고, 연소실의 열부하를 높게 유지하기 위해서이다.

06

회분이 연소에 미치는 영향에 대한 설명으로 틀린 것은?

① 연소실의 온도를 높인다.

② 통풍에 지장을 주어 연소효율을 저하시킨다.

③ 보일러 벽이나 내화벽돌에 부착되어 장치를 손상시킨다.

④ 용융 온도가 낮은 회분은 클린커(clinker)를 생성시켜 통풍을 방해한다.

【해설】

❶ 연료 중에 불연성인 회(ash)분이 많아지면 가연성분인 탄소(C)가 적어지므로 발열량이 감소하여 연소실의 온도가 낮아지고, 클링커 생성을 일으켜 통풍을 방해하고 연소효율을 저하시킨다.

07

어떤 기체가 압력 300 kPa, 체적 2 m^3의 상태로부터 압력 500 kPa, 체적 3 m^3의 상태로 변화하였다. 이 과정 중에 내부에너지의 변화가 없다고 하면 엔탈피의 변화량은?

① 570 kJ　　　　② 870 kJ

③ 900 kJ　　　　④ 975 kJ

【해설】 ※ 엔탈피의 정의 H ≡ U + P·V 에서,

ΔH = ΔU + Δ(P·V)

　　 = ΔU + ($P_2 V_2$ - $P_1 V_1$)

　　　　한편, ΔU = 0 이므로

　　 = 500 kPa × 3 m^3 - 300 kPa × 2 m^3

　　 = **900 kJ**

【참고】

※ 열역학적 일의 공식 $W = PV$ 에서 단위 변환을 이해하자.

W(일) = Pa × m^3 = N/m^2 × m^3 = N·m = J(줄)

08

정적과정, 정압과정 및 단열과정으로 구성된 사이클은?

① 카르노사이클　　　　② 디젤사이클
③ 브레이턴사이클　　　④ 오토사이클

【해설】　　　　　　　　암기법 : 단합단적
• 디젤 사이클은 일정한 압력하에서 연소가 일어나므로 정압사이클이라고도 한다. (단열 - 등압 - 단열 - 등적)

【참고】 ※ 사이클 순환과정은 반드시 암기하자!
　　암기법 : 단적단적한.. 내, 오디사　가(부러),예스 랭!
　　　　　　　　↳ 내연기관.　↳ 외연기관
　오 단적~단적　　오토　（단열-등적-단열-등적)
　디 단합~ 〃　　　디젤　（단열-등압-단열-등적)
　사 단적합 〃　　사바테 (단열-등적-등압-단열-등적)
　가(부) 단합~단합　　　　　암기법 : 가!~단합해
　　　가스터빈(부레이톤)　（단열-등압-단열-등압)
　예 온합~온합　　에릭슨 (등온-등압-등온-등압)
　　　　　　　　　　　암기법 : 예혼합
　스 온적~온적　　스털링 (등온-등적-등온-등적)
　　　　　　　　　　암기법 : 스탈린 온적있니?
　랭킨 합단~합단　랭킨　（등압-단열-등압-단열)
　　↳ 증기 원동소의 기본 사이클.　암기법 : 가랭이

09

습증기의 건도에 관한 설명으로 옳은 것은?

① 습증기 1 kg 중에 포함되어 있는 액체의 양을 습증기 1 kg 중에 포함된 건포화증기의 양으로 나눈 값
② 습증기 1 kg 중에 포함되어 있는 건포화증기의 양을 습증기 1 kg 중에 포함된 액체의 양으로 나눈 값
③ 습증기 1 kg 중에 포함되어 있는 액체의 양을 습증기 1 kg 으로 나눈 값
④ 습증기 1 kg 중에 포함되어 있는 건포화증기의 양을 습증기 1kg 으로 나눈 값

【해설】
※ 증기건도(또는, 증기건조도) : 포화수와 증기의 전체 혼합물에 대한 증기의 질량비를 백분율로 나타낸 것.

$$x(건도) = \frac{(건)포화증기}{혼합물} \times 100\,(\%)$$

$$= \frac{(건)포화증기}{습(포화)증기} \times 100\,(\%)$$

$$= \frac{포화증기}{포화수 + 포화증기} \times 100\,(\%)$$

10

오토 사이클에서 압축비가 7 일 때 열효율은? (단, 비열비 k = 1.4 이다.)

① 0.13　　　　　　　② 0.38
③ 0.54　　　　　　　④ 0.76

【해설】
※ 오토사이클(가솔린 기관의 기본사이클)의 열효율

$$\eta = 1 - \left(\frac{1}{\epsilon}\right)^{k-1} = 1 - \left(\frac{1}{7}\right)^{1.4-1}$$

$$= 0.541 ≒ 0.54$$

11

압력 0.2 MPa, 온도 200 ℃의 이상기체 2 kg이 가역단열과정으로 팽창하여 압력이 0.1 MPa로 변화하였다. 이 기체의 최종온도는? (단, 이 기체의 비열비는 1.4 이다.)

① 92 ℃　　　　　　② 115 ℃
③ 365 ℃　　　　　④ 388 ℃

【해설】
※ 단열변화의 P, V, T 관계식은 다음과 같다.

$$\frac{P_1}{P_2} = \left(\frac{V_2}{V_1}\right)^k = \left(\frac{T_1}{T_2}\right)^{\frac{k}{k-1}}$$

$$\frac{0.2\,MPa}{0.1\,MPa} = \left(\frac{200+273}{T_2}\right)^{\frac{1.4}{1.4-1}}$$ 에서 방정식

계산기 사용법으로 T_2를 미지수 X로 놓고 구하면
∴ 최종온도 T_2 ≒ 388 K = (388 - 273)℃ = 115 ℃

12

물 1 kg 이 100 ℃에서 증발할 때 엔트로피의
증가량은? (단, 이때 증발열은 2257 kJ/kg이다.)

① 0.01 kJ/kg·K   ② 1.4 kJ/kg·K

③ 6.1 kJ/kg·K   ④ 22.5 kJ/kg·K

【해설】

- $dS = \dfrac{\delta Q}{T} = \dfrac{2257\, kJ/kg}{(100+273)\,K}$

  $= 6.05\ kJ/kg·K ≒ 6.1\ kJ/kg·K$

13

디젤사이클의 이론열효율을 표시하는 식에서
차단비(cut off ratio) σ를 나타내는 식으로 옳은
것은?

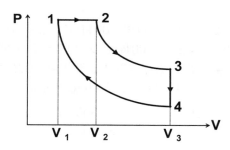

① σ = V₁ / V₃   ② σ = V₃ / V₁

③ σ = V₂ / V₁   ④ σ = V₁ / V₂

【해설】 ※ 디젤사이클   암기법 : 단합단적

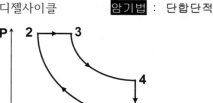

- 디젤 사이클은 일정한 압력하에서 연소가 일어나므로
  정압사이클이라고도 한다. (단열 - 등압 - 단열 - 등적)

- 디젤사이클의 효율 $\eta = 1 - \left(\dfrac{1}{\epsilon}\right)^{k-1} \times \dfrac{\sigma^k - 1}{k(\sigma - 1)}$

여기서, ϵ(압축비) $= \dfrac{V_1}{V_2} = \dfrac{V_4}{V_2}$

σ(단절비, 차단비) $= \dfrac{V_3}{V_2}$

∴ 문제에서 제시된 기호로 나타내면 $\sigma = \dfrac{V_2}{V_1}$

14

대기압 하에서 건도가 0.9인 증기 1 kg 이 가지고
있는 증발잠열은?

① 153.9 kJ   ② 1002.3 kJ

③ 2031.3 kJ   ④ 5390.2 kJ

【해설】

※ 대기압(1기압), 100℃ 에서 물의 증발잠열(R_w) 값은
   539 kcal/kg ≒ 2257 kJ/kg 이다.

   ∴ 증기건도 x = 0.9 일 때,

     증발잠열 $= x \cdot R_w = 0.9 \times 2257\ kJ/kg \times 1\ kg$

              $= 2031.3\ kJ$

15

기체연료 저장설비인 가스홀더의 종류가 아닌
것은?

① 유수식 가스홀더   ② 무수식 가스홀더

③ 고압 가스홀더   ④ 저압 가스홀더

【해설】

※ 기체연료 저장설비(Holder, 홀더)의 종류

   ㉠ 유수식 홀더 : 물통 속에 뚜껑이 있는 원통을
      설치하여 저장한다.

   ㉡ 무수식 홀더 : 다각통형과 원형의 외통과 그 내벽을
      위, 아래로 유동하는 피스톤이 가스량의 증감에
      따라 오르내리도록 하여 저장한다.

   ㉢ 고압식 홀더 : 고압식의 구형 홀더로서 저장량은
      가스의 압력변화에 따라 증감된다.

16

압력에 관한 설명으로 옳은 것은?

① 압력은 단위면적에 작용하는 수직성분과 수평성분의 모든 힘으로 나타낸다.

② 1 Pa은 1 m^2에 1 kg의 힘이 작용하는 압력이다.

③ 압력이 대기압보다 높을 경우 절대압력은 대기압과 게이지압력의 합이다.

④ A, B, C 기체의 압력을 각각 P_a, P_b, P_c라고 표현할 때 혼합기체의 압력은 평균값인 $\dfrac{P_a + P_b + P_c}{3}$ 이다.

【해설】 암기법 : 절대계

① 파스칼의 원리 : "정지상태의 유체 내부에 작용하는 압력은 작용하는 방향에 관계없이 어느 방향에서나 일정하게 작용하며, 각 작용면에 수직으로 전달된다."

② 압력 P = $\dfrac{F}{A}$ (단위면적당 작용하는 힘)

 • 단위 관계 : 1 Pa = $\dfrac{N}{m^2}$

❸ 절대압력 = 대기압 + 게이지압(계기압력)

④ 돌턴의 분압 법칙 : 혼합기체가 차지하는 전체압력은 각 성분기체의 분압의 합과 같다. ($P_t = P_1 + P_2 + P_3 + \cdots$) 따라서, 문제 기호로는 혼합기체의 압력 = $P_a + P_b + P_c$

17

공기 과잉계수(공기비)를 옳게 나타낸 것은?

① 실제연소 공기량 ÷ 이론공기량

② 이론공기량 ÷ 실제연소 공기량

③ 실제연소 공기량 - 이론공기량

④ 공급공기량 - 이론공기량

【해설】

• 공기비(또는, 공기과잉계수) m = $\dfrac{A}{A_0} \left(\dfrac{실제공기량}{이론공기량} \right)$

18

5 kcal의 열을 전부 일로 변환하면 몇 kgf·m 인가?

① 50 kgf·m ② 100 kgf·m

③ 327 kgf·m ④ 2135 kgf·m

【해설】 ※ 열량의 단위 크기 비교

• 1 kcal = 4.184 kJ (학문상)

   = 4.1855 kJ (주울의 실험상)

   = 4.1868 kJ (법규 및 증기표 기준)

   = 4.2 kJ (생활상)

   = 427 kgf·m (중력단위, 공학용단위)

∴ 열의 일당량 5 kcal × $\dfrac{427\,kgf \cdot m}{1\,kcal}$ = 2135 kgf·m

19

온도 27 ℃, 최초 압력 100 kPa인 공기 3 kg을 가역단열적으로 1000 kPa까지 압축하고자 할 때 압축일의 값은? (단, 공기의 비열비 및 기체상수는 각각 K = 1.4, R = 0.287 kJ/kg·K이다.)

① 200 kJ ② 300 kJ

③ 500 kJ ④ 600 kJ

【해설】

• 단열압축 후 온도(T_2)의 계산

$$\frac{P_1}{P_2} = \left(\frac{V_2}{V_1} \right)^k = \left(\frac{T_1}{T_2} \right)^{\frac{k}{k-1}}$$

$$\frac{100\,kPa}{1000\,kPa} = \left(\frac{273 + 27}{T_2} \right)^{\frac{1.4}{1.4 - 1}} \quad \therefore T_2 ≒ 579\,K$$

• 단열변화에서 외부에 대한 일을 $_1W_2$ 라 두면,

$$_1W_2 = \frac{R}{k-1} \cdot (T_1 - T_2) \times m$$

$$= \frac{0.287\,kJ/kg \cdot K}{1.4 - 1} \times (300 - 579)K \times 3\,kg$$

$$= -600.54 ≒ -600\,kJ$$

여기서, (-)는 외부로부터 압축에 소요되는 일을 받은 것을 의미한다.

20

프로판가스 1 Nm³를 완전 연소시키는데 필요한 이론공기량은? (단, 공기 중 산소는 21 % 이다.)

① 21.92 Nm³ ② 22.61 Nm³
③ 23.81 Nm³ ④ 24.62 Nm³

【해설】   암기법 : 프로판 3,4,5

※ 연소반응식을 통해 필요한 이론공기량(A_0)을 구하자.

$$C_3H_8 + 5O_2 \rightarrow 3CO_2 + 4H_2O$$
(1 kmol) (5 kmol)
(1 Nm³) (5 Nm³)

$$\therefore A_0 = \frac{O_0}{0.21} = \frac{5\,Nm^3}{0.21} = 23.809\ Nm^3/Nm^3\text{-f}$$
$$\fallingdotseq 23.81\ Nm^3/Nm^3\text{-f}$$

제2과목 **열설비 설치**

21

다음 Ⓐ, Ⓑ에 들어갈 내용으로 적절한 것은?

유체 관로에 설치된 오리피스(orifice) 전후의 압력차는 (Ⓐ)에 (Ⓑ)한다.

① Ⓐ 유량의 제곱, Ⓑ 비례
② Ⓐ 유량의 평방근, Ⓑ 비례
③ Ⓐ 유량, Ⓑ 반비례
④ Ⓐ 유량의 평방근, Ⓑ 반비례

【해설】

• 압력과 유량(Q)의 관계 공식 $Q = A \cdot v$ 에서, 차압(또는, 압력차)를 P 또는, ΔP 라고 두면 한편, 유속 $v = \sqrt{2gh} = \sqrt{2g \times 10P}$
$$= \sqrt{2 \times 9.8 \times 10P} = 14\sqrt{P}$$

• 유량 $Q = \frac{\pi D^2}{4} \times 14\sqrt{P} = K\sqrt{P}$

따라서, $Q \propto \sqrt{P}$ (유량은 압력차의 제곱근에 비례한다.)

$P \propto Q^2$ (압력차는 유량의 제곱에 비례한다.)

22

열전달에 대한 설명으로 **틀린** 것은?

① 유체의 밀도차에 의한 유동에 의해 열이 전달되는 형태는 전도이다.
② 대류 전열에는 자연대류와 강제대류 방식이 있다.
③ 중간 열매체를 통하지 않고 열이 이동되는 형태는 복사이다.
④ 열전달에는 전도, 대류, 복사의 3 방식이 있다.

【해설】

❶ 유체의 밀도차에 의한 유동을 통해 열이 전달되는 형태는 대류이다.

【참고】 ※ 열의 전달(전열) 방법 3가지

• 전도(conduction) : 물질의 구성분자를 매개체로 하여 열이 고온에서 저온으로 이동하는 현상.
• 대류(convection) : 고체 벽이 온도가 다른 유체와 접촉하고 있을 때 유체에 유동이 생기면서 열이 이동하는 현상.
• 복사(radiation 또는, 방사) : 중간에 매개체가 없이 열에너지가 이동하는 현상.

23

측정기의 우연오차와 가장 관련이 **깊은** 것은?

① 감도 ② 부주의
③ 보정 ④ 산포

【해설】 ※ 우연 오차 (accidental error)

• 측정실의 기온변동, 공기의 교란, 측정대의 진동, 조명도의 변화 등 오차의 원인을 명확히 알 수 없는 우연한 원인으로 인하여 발생하는 오차로서, 측정값이 일정하지 않고 **분포(산포)**현상을 일으키므로 측정을 여러 번 반복하여 평균값을 추정하여 오차의 합이 0에 가깝도록 작게 할 수는 있으나 보정은 불가능하다.

24

수위제어 방식이 <u>아닌</u> 것은?

① 1 요소식　　　　② 2 요소식
③ 3 요소식　　　　④ 4 요소식

【해설】

※ 보일러 자동제어의 수위제어 방식
　　㉠ 1 요소식(단요소식) : 수위만을 검출하여 급수량을
　　　　　　조절하는 방식
　　㉡ 2 요소식 : 수위, 증기유량을 검출하여 급수량을
　　　　　　조절하는 방식
　　㉢ 3 요소식 : 수위, 증기유량, 급수유량을 검출하여
　　　　　　급수량을 조절하는 방식

25

다음 중 저압가스의 압력측정에 사용되며, 연돌
가스의 압력측정에 가장 적당한 압력계는?

① 링밸런스식 압력계　② 압전식 압력계
③ 분동식 압력계　　　④ 부르동관식 압력계

【해설】 ※ 링밸런스식(환상천평식) 압력계의 특징

㉠ 부식성 가스나 습기가 적은 곳에 설치하여야
　　정도가 좋다.
㉡ 압력 도입관(도압관)은 굵고 짧게 하는 것이 좋다.
㉢ 도너츠 모양의 측정실에 봉입하는 물질이 액체
　　이므로 액체의 압력은 측정할 수 없으며, 기체의
　　압력 측정에만 사용된다.
㉣ 가급적이면 압력원에 가깝도록 계기를 설치하여야
　　도압관의 길이를 짧게 할 수 있다.
㉤ 원격전송을 할 수 있다.
㉥ 봉입액체량은 규정량이어야 한다.
㉦ 지시도 시험 시 측정횟수는 적어도 2회 이상이어야 한다.
㉧ 연도의 송풍압을 측정하는 드레프트 게이지(통풍계)로
　　주로 이용된다.
㉨ 저압가스의 압력측정에만 사용된다.
㉩ 압력측정범위는 25 ~ 3000 mmH$_2$O 이다.
　　(mmH$_2$O = mmAq = kg(f)/m^2)

26

저항식 습도계의 특징에 관한 설명으로 <u>틀린</u>
것은?

① 연속기록이 가능하다.
② 응답이 느리다.
③ 자동제어가 용이하다.
④ 상대습도 측정이 쉽다.

【해설】 ※ 저항식(전기저항식) 습도계 특징

<장점> ㉠ 피측정 기체의 압력이나 풍속의 영향을
　　　　받지 않는다.
　　㉡ 응답성이 빠르고, 정도가 ±2 %로 좋다.
　　㉢ 전기저항의 변화가 쉽게 측정된다.
　　㉣ 저온도에서의 측정이 가능하다.
　　㉤ 연속지시를 할 수 있으므로 연속기록, 원격
　　　　측정, 자동제어에 이용된다.
　　㉥ 습도변화에 대한 저항값의 변화량이 크므로
　　　　상대습도 측정이 용이하다.

<단점> ㉠ 고습도 중에 장기간 방치하면 감습막이
　　　　유동한다.
　　㉡ 다소의 경년변화가 있어 온도계수가 비교적
　　　　크므로, 때때로 교정할 필요가 있다.
　　㉢ 감습소자에 직류 전압을 걸게 되면 분극
　　　　작용을 일으키므로, 교류 전압을 사용하여
　　　　저항을 측정해야 한다.

27

다음 중 온-오프동작(on-off action)은?

① 2위치 동작　　　② 적분 동작
③ 속도 동작　　　　④ 비례 동작

【해설】

● 2위치 동작 (On-Off 동작, ±동작, 뱅뱅제어)
　- 탱크의 액위를 제어하는 방법으로 주로 이용되며
　　On-off (온·오프) 동작에 의해서 히터나 냉장고·
　　에어콘 등을 돌다 서다 하는 방식으로 제어한다.

28

다음 중 온도를 높여주면 산소 이온만을 통과시키는 성질을 이용한 가스분석계는?

① 세라믹 O_2 계   ② 갈바닉 전자식 O_2 계
③ 자기식 O_2 계   ④ 적외선 가스분석계

【해설】   암기법 : 쎄라지~

※ 세라믹 가스분석계(**세라믹식** O_2계) 측정 원리
 - **지**르코니아(ZrO₂, 산화지르코늄)를 원료로 하는 세라믹은 온도를 높여주면 산소이온만 통과시키는 성질을 이용하여, 센서가 샘플가스에 노출이 되면 튜브 내의 산소량과 튜브 바깥쪽을 감싸는 공기 중의 산소량의 차이로 인해 산소의 분압차가 발생하고 산소 농도차에 따르는 기전력이 양 전극에 발생되어 세라믹 파이프 내·외의 전기화학적 산소 농담 전지를 형성하는데 이 기전력(전압)의 크기를 증폭, 변환시켜 산소의 양을 숫자로 표시하여 연소 배기가스 중의 산소(O_2) 농도를 측정한다.

29

지름이 200 mm인 관에 비중이 0.9 인 기름이 평균속도 5 m/s로 흐를 때 유량은?

① 14.7 kg/s   ② 15.7 kg/s
③ 141.4 kg/s   ④ 157.1 kg/s

【해설】

• 비중(S) = $\dfrac{w}{w_{물}}$ = $\dfrac{mg}{m_{물} \cdot g}$ = $\dfrac{m}{m_{물}}$ = $\dfrac{\rho V \cdot g}{\rho_{물} V \cdot g}$ = $\dfrac{\gamma}{\gamma_{물}}$

 $0.9 = \dfrac{\rho_{기름} V \cdot g}{\rho_{물} V \cdot g}$ = $\dfrac{\rho_{기름}}{1000 \, kg/m^3}$

 $\therefore \rho_{기름} = 900 \, kg/m^3$

• 질량 유량($\dot{m}$) 공식

 $\dot{m} = \dfrac{m}{t} = \dfrac{\rho V}{t} = \dfrac{\rho A x}{t} = \rho \pi r^2 v = \rho \dfrac{\pi D^2}{4} v$

 $= 900 \, kg/m^3 \times \dfrac{\pi \times (0.2\,m)^2}{4} \times 5\,m/s$

 $= 141.37 ≒ $ **141.4 kg/s**

30

가스분석계인 자동화학식 CO_2 계에 대한 설명으로 틀린 것은?

① 오르자트(orsat)식 가스분석계와 같이 CO_2를 흡수액에 흡수시켜 이것에 의한 시료 가스 용액의 감소를 측정하고 CO_2 농도를 지시한다.
② 피스톤의 운동으로 일정한 용적의 시료 가스가 $CaCO_3$ 용액 중에 분출되며 CO_2는 여기서 용액에 흡수된다.
③ 조작은 모두 자동화되어 있다.
④ 흡수액에 따라 O_2 및 CO의 분석계로도 사용할 수 있다.

【해설】 ※ 자동화학식 가스분석계(자동화학식 CO_2 계)

• 오르사트 가스분석기의 원리와 같이 수산화칼륨(KOH) 30% 수용액을 흡수제로 사용하여 유리실린더를 이용한 시료가스를 연속적으로 흡수제에 흡수하게 함으로써 시료가스의 체적감소량을 측정하여 CO_2 농도를 측정하며, 조작은 모두 자동화로 되어 있으며 만약, 흡수제를 바꾸면 O_2나 CO의 분석계로도 그 사용이 가능하다.

31

다음 중 유량을 나타내는 단위가 아닌 것은?

① m^3/h ② kg/min
③ L/s ④ kg/cm^2

【해설】

❹ $kg(f)/cm^2$ 은 "압력"을 나타내는 단위이다.

【참고】 ※ 유량(flow rate)의 구분

㉠ 질량유량 : $\dot{m}$ = $\dfrac{m}{t}$ [단위 : kg/s, kg/min]

㉡ 중량유량 : G = $\dfrac{F}{t}$ [단위 : kgf/s, kgf/min]

㉢ 체적유량 : $\dot{V}$ = $\dfrac{V}{t}$ [단위 : L/s, m³/s, m³/h]

32

제어동작 중 제어량에 편차가 생겼을 때 편차의 적분차를 가감하여 조작단의 이동속도가 비례하는 동작으로 잔류편차가 남지 않으나 제어의 안정성이 떨어지는 동작은?

① 2위치 동작　　　② 비례 동작
③ 미분 동작　　　④ 적분 동작

【해설】　　　　　　　　암기법 : 아이(I)편
- I 동작(적분동작)은 잔류편차는 제거되지만 진동하는 경향이 있고 제어의 안정성이 떨어진다.

【참고】
- P동작(비례동작)에 의해 정상편차(Off-set, 오프셋)가 발생하므로, I 동작(적분동작)을 같이 조합하여 사용하면 정상편차(또는, 잔류편차)가 제거되지만 진동하는 경향이 있고 안정성이 떨어지므로 PID동작(비례적분미분동작)을 사용하면 잔류편차가 제거되고 응답시간이 가장 빠르며 진동이 제거된다.

33

적외선 가스분석계의 특징에 대한 설명으로 옳은 것은?

① 선택성이 뛰어나다.
② 대상 범위가 좁다.
③ 저농도의 분석에 부적합하다.
④ 측정가스의 더스트 방지나 탈습에 충분한 주의가 필요 없다.

【해설】 ※ 적외선식 가스분석계의 특징
- ㉠ 연속측정이 가능하고, 선택성이 뛰어나다.
- ㉡ 측정대상 범위가 넓고 저농도의 분석에 적합하다.
- ㉢ 측정가스의 먼지나 습기의 방지에 주의가 필요하다.
- ㉣ 적외선은 원자의 종류가 다른 2원자 가스분자만을 검지할 수 있기 때문에, 단체로 이루어진 가스(H_2, O_2, N_2 등)는 분석할 수 없다.
- ㉤ 적외선의 흡수를 이용한다. (또는, 광학적 성질인 빛의 간섭을 이용한다.)

34

압력계 선택 시 유의하여야 할 사항으로 틀린 것은?

① 진동이나 충격 등을 고려하여 필요한 부속품을 준비하여야 한다.
② 사용 목적에 따라 크기, 등급, 정도를 결정한다.
③ 사용 압력에 따라 압력계의 범위를 결정한다.
④ 사용 용도는 고려하지 않아도 된다.

【해설】
- ❹ 압력계 선택 시 사용 용도를 고려하여 선정한다.

35

1차 제어장치가 제어명령을 하고 2차 제어장치가 1차 명령을 바탕으로 제어량을 조절하는 측정제어는?

① 캐스케이드제어　　② 추종제어
③ 프로그램제어　　　④ 비율제어

【해설】
- ❶ 캐스케이드제어 : 2개의 제어계를 조합하여, 1차 제어장치가 제어량을 측정하여 제어명령을 발하고, 2차 제어 장치가 이 명령을 바탕으로 제어량을 조절하는 종속(복합) 제어방식으로 출력측에 낭비시간이나 시간지연이 큰 프로세스의 제어에 널리 이용된다.

36

압력식 온도계가 아닌 것은?

① 액체압력식 온도계　② 증기압력식 온도계
③ 열전 온도계　　　　④ 기체압력식 온도계

【해설】 ※ 압력식 온도계
- 밀폐된 관에 수은 등과 같은 액체나 기체를 봉입한 것으로 온도에 따른 열팽창에 의한 체적변화를 일으켜 관내에 생기는 압력의 변화를 이용하여 온도를 측정하는 방식으로서 액체압력식, 기체압력식, 증기압력식의 3가지 종류가 있다.

37

다음 중 탄성식 압력계가 <u>아닌</u> 것은?

① 부르동관식 압력계

② 링 밸런스식 압력계

③ 벨로즈식 압력계

④ 다이어프램식 압력계

【해설】

❷ 링밸런스식(환상천평식) 압력계는 탄성식 압력계가 아니라 액주식 압력계 종류에 속한다.

【참고】 　　　　　　　　　　 암기법 : 탄돈 벌다

• **탄**성식 압력계의 종류별 압력 측정범위

　- 부르돈관식 > **벨**로즈식 > **다**이어프램식

38

다음 중 열량의 계량단위가 <u>아닌</u> 것은?

① J　　　　　　　　② kWh

③ Ws　　　　　　　④ kg

【해설】

① J은 열량(또는, 에너지, 일)의 단위로서,

　공식 W = F·S 에서, 1 J = 1 N × 1 m 이다.

② kWh는 전기에너지 사용량(또는, 전력사용량)의 단위로서, 공식 E = P·t 에서,

　　1 kWh = 1 kW × 1 h = 1 kJ/sec × 3600 sec

　　　　　　= 3600 kJ

③ Ws = W·s = J/sec × sec = J

❹ kg은 SI 기본단위인 "질량"의 단위이다.

39

보일러 자동제어의 수위제어 방식 3요소식에서 검출하지 <u>않는</u> 것은?

① 수위　　　　　　② 노내압

③ 증기유량　　　　④ 급수유량

【해설】　　　　　　　　　 암기법 : 수급증

※ 보일러 자동제어의 수위제어 방식

　㉠ 1요소식(단요소식) : 수위만을 검출하여 급수량을 조절하는 방식

　㉡ 2요소식 : 수위, 증기유량을 검출하여 급수량을 조절하는 방식

　㉢ 3요소식 : 수위, 증기유량, 급수유량을 검출하여 급수량을 조절하는 방식

40

열전대 온도계의 특징이 <u>아닌</u> 것은?

① 냉접점이 있다.

② 접촉식으로 가장 높은 온도를 측정한다.

③ 전원이 필요하다.

④ 자동제어, 자동기록이 가능하다.

【해설】 ※ 열전대 온도계의 특징

　㉠ 원격 측정, 기록 및 자동제어가 용이하며 측정장치에 전원을 필요로 하지 않는다.

　㉡ 접촉식 온도계 중에서는 가장 고온측정에 적합하다.

　㉢ 열기전력 지시에는 전위차계(mV)를 사용하며, 공업용에는 자동평형 온도기록계를 사용한다.

　㉣ 열기전력은 온도차에 비례하며, 열기전력이 매우 미약하기 때문에 따로 증폭을 하여야 한다.

제3과목　　　　　　열설비 운전

41

보일러의 안전저수위란 무엇인가?

① 사용 중 유지해야 할 최저의 수위

② 사용 중 유지해야 할 최고의 수위

③ 최소사용압력에 상응하는 적정수위

④ 최대증발량에 상응하는 적정수위

【해설】

※ 보일러의 안전저수위

 - 보일러 사용 중 유지해야 할 최저의 수위로서, 수위검출기를 통해 보일러 동체 내 수위가 안전저수위 이상으로 유지되게 하여야 한다.

42

통풍의 종류 중 노 내 압력이 가장 **높은** 것은?

① 자연통풍　　　② 압입통풍

③ 흡입통풍　　　④ 평형통풍

【해설】

※ 통풍의 종류에 따른 노(연소실) 내 압력 크기

　• 압입통풍 〉 평형통풍 〉 흡입통풍 〉 자연통풍

【참고】

※ 통풍방식의 종류에는 자연통풍과 강제통풍(압입통풍, 흡입통풍, 평형통풍)으로 나뉘는데, 자연통풍이란 송풍기가 없이 오로지 연돌내의 연소가스와 외부공기의 밀도차에 의해서 생기는 압력차를 이용하여 이루어지는 자연적인 대류현상을 말한다. 이때, 노 내 압력은 항상 부압(-)으로 유지된다.

43

증기난방 응축수 환수방법 중 증기의 순환속도가 제일 **빠른** 환수방식은?

① 진공 환수식　　　② 기계 환수식

③ 중력 환수식　　　④ 강제 환수식

【해설】 ※ 진공환수식 증기난방의 특징

㉠ 증기의 발생 및 순환이 가장 빠르다.

㉡ 응축수 순환이 빠르므로 환수관의 직경이 작다.

㉢ 환수(응축수)는 펌프에 의해 회수하므로 환수관의 기울기를 작게 할 수 있다.

㉣ 방열기 밸브를 통해 방열량을 광범위하게 조절 가능하다.

㉤ 대규모 건축물의 난방에 적합하다.

㉥ 보일러 및 방열기의 설치위치에 제한을 받지 않는다.

44

두께 25 mm, 넓이 1 m²의 철판의 전열량이 매시간당 1000 kJ이 되려면 양면의 온도차는 얼마이어야 하는가?

(단, 열전도계수 K = 50 kJ/m·h·℃ 이다.)

① 0.5 ℃　　　② 1 ℃

③ 1.5 ℃　　　④ 2 ℃

【해설】　　　　　　　암기법 : 손전온면두

• 평면벽(평면판)에서의 손실열량(Q) 계산공식

$$Q = \frac{\lambda \cdot \Delta t \cdot A}{d} \left(\frac{\text{열전도율} \cdot \text{온도차} \cdot \text{단면적}}{\text{벽의 두께}} \right)$$

$$1000 \, kJ/h = \frac{50 \, kJ/m \cdot h \cdot ℃ \times \Delta t \, ℃ \times 1 \, m^2}{0.025 \, m}$$

이제, 네이버에 있는 에너지아카데미 카페의 "방정식 계산기 사용법"으로 Δt를 미지수 X로 놓고 구하면

∴ 양면의 온도차 Δt = 0.5 ℃

45

증기트랩을 설치할 경우 나타나는 장점이 **아닌** 것은?

① 응축수로 인한 관 내의 부식을 방지할 수 있다.

② 응축수를 배출할 수 있어서 수격작용을 방지할 수 있다.

③ 관 내 유체의 흐름에 대한 마찰저항을 줄일 수 있다.

④ 관 내의 불순물을 제거할 수 있다.

【해설】　　　　　　　암기법 : 응수부방

※ 증기트랩(steam trap, 스팀트랩)의 설치목적

㉠ 관내의 응축수 배출로 인한 수격작용 방지

　(∵ 관내 유체흐름에 대한 저항이 감소되므로)

㉡ 응축수 배출로 인한 관내부의 부식 방지

　(∵ 급수처리된 응축수를 재사용하므로)

㉢ 응축수 회수로 인한 열효율 증가

　(∵ 응축수가 지닌 폐열을 이용하므로)

㉣ 응축수 회수로 인한 연료 및 급수 비용 절약

46

아래 팽창탱크 구조 도시에서 ㉠으로 지시된 관의 명칭은?

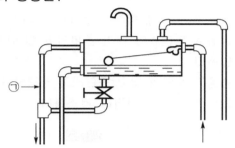

① 통기관　　　　② 안전관
③ 배수관　　　　④ 오버플로우관

【해설】

※ 오버플로우(Overflow) 관

- 개방식 팽창탱크 내의 수위가 높아지면 팽창수를 오버플로우 시켜(외부로 분출시켜) 탱크 내의 물이 넘치지 않게 하기 위한 배관이다.

47

크롬질 벽돌의 특징에 대한 설명으로 틀린 것은?

① 내화도가 높고 하중연화점이 낮다.
② 마모에 대한 저항성이 크다.
③ 온도 급변에 잘 견딘다.
④ 고온에서 산화철을 흡수하여 팽창한다.

【해설】 ※ 크롬질 내화물의 특징

㉠ 비중이 크다.
㉡ 내마모성이 크다.(마모에 대한 저항성이 크다.)
㉢ 고온에서 부피변화가 크므로 기계적 압축강도가 작다.
㉣ 열에 의한 팽창·수축이 크므로 스폴링을 일으키기 쉽다.(온도 급변에 약하다.)
㉤ 하중연화 온도가 낮다.
㉥ 내화도는 SK 38 정도로 높다.
㉦ 고온에서 산화철을 흡수하여 표면이 부풀어 오르고 떨어져 나가는 버스팅(Bursting) 현상이 생긴다.

48

보일러 과열기에 대한 설명으로 틀린 것은?

① 과열기를 설치함으로써 보일러 열효율을 증대시킬 수 있다.
② 과열기 내의 증기와 연소가스의 흐름 방향에 따라 병류식, 대향류식, 혼류식으로 구분할 수 있다.
③ 전열방식에 따라 방사형, 대류형, 방사대류형이 있다.
④ 과열기 외부는 황(S)에 대한 저온 부식이 발생한다.

【해설】　　　　　　　　암기법 : 고바, 황저

① 열역학 사이클의 효율 증가를 위하여 설치한다.
② 연소가스와 증기의 흐름에 따라 병류식, 향류식, 혼류식(직교류식)으로 분류한다.
③ 설치위치에 의한 전열방식에 따라 방사(복사)형, 대류(접촉)형, 방사대류(복사대류)형으로 분류한다.
❹ 고온부식 : 연료 중에 포함된 바나듐(V)이 연소에 의해 산화하여 V_2O_5(오산화바나듐)으로 되어 연소실 내의 고온 전열면인 과열기·재열기에 부착하여 금속 표면을 부식시키는 현상이 발생한다.

49

폐열가스를 이용하여 본체로 보내는 급수를 예열하는 장치는?

① 절탄기　　　　② 급유예열기
③ 공기예열기　　④ 과열기

【해설】

※ 절탄기(Economizer, 이코노마이저)

- 과거에 많이 사용되었던 연료인 석탄을 절약한다는 의미의 이름으로서, 보일러의 배기가스 덕트(즉, 연도)에 설치하여 배기가스의 폐열로 급수온도를 상승시켜 줌으로써, 손실되는 열을 회수하여 연료를 절감하는 급수예열장치이다.

50

다음 중 보일러 분출 작업의 목적이 <u>아닌</u> 것은?

① 관수의 불순물 농도를 한계치 이하로 유지한다.
② 프라이밍 및 캐리오버를 촉진한다.
③ 슬러지분을 배출하고 스케일 부착을 방지한다.
④ 관수의 순환을 용이하게 한다.

【해설】

※ 보일러 관수(또는, 보일러수)의 분출작업 목적
　㉠ 보일러수의 순환을 촉진한다.
　㉡ 가성취화를 방지한다.
　㉢ 프라이밍, 포밍, 캐리오버 현상을 방지한다.
　㉣ 보일러수의 pH를 조절한다.
　㉤ 고수위 운전을 방지한다.
　㉥ 보일러수의 농축을 방지하고 열대류를 높인다.
　㉦ 슬러지를 배출하여 스케일 생성을 방지한다.
　㉧ 부식 발생을 방지한다.
　㉨ 세관작업 후 폐액을 배출시킨다.

51

허용인장응력 10 kgf/mm^2, 두께 12 mm 의 강판을 160 mm V홈 맞대기 용접이음을 할 경우 그 효율이 80%라면 용접두께는 얼마로 하여야 하는가?
(단, 용접부의 허용응력은 8 kgf/mm^2 이다.)

① 6 mm　　② 8 mm
③ 10 mm　　④ 12 mm

【해설】 ※ 맞대기 용접이음의 강도 계산

• 하중 W = $\sigma \cdot h \cdot \ell$
　　　= 10 kgf/mm^2 × 12 mm × 160 mm
　　　= 19200 kgf

• 용접부의 허용응력은 이음효율(η)을 고려한다.
　　W × η = $\sigma_a \cdot t \cdot \ell$
　19200 kgf × 0.8 = 8 kgf/mm^2 × t × 160 mm
　∴ 용접두께 t = **12 mm**

52

기름 연소장치의 점화에 있어서 점화불량의 원인으로 가장 거리가 <u>먼</u> 것은?

① 연료 배관 속에 물이나 슬러지가 들어갔다.
② 점화용 트랜스의 전기 스파크가 일어나지 않는다.
③ 송풍기 풍압이 낮고 공연비가 부적당하다.
④ 연도가 너무 습하거나 건조하다.

【해설】　　　　　　　암기법 : 연필노, 오점

※ 점화불량의 원인
　㉠ **연료**가 없는 경우
　㉡ 연료**필**터가 막힌 경우
　　(연료 배관 내 이물질이 들어간 경우)
　㉢ 연료 분사**노**즐이 막힌 경우
　㉣ **오**일펌프 불량
　㉤ **점**화플러그 불량
　　(점화플러그 손상 및 그을음이 많이 낀 경우)
　㉥ 압력스위치 손상
　㉦ 온도조절 스위치가 손상된 경우
　㉨ 송풍기 풍압이 낮고 공연비가 부적당한 경우

❹ 연도가 너무 습하거나 건조한 것은 통풍력에 관계한다.

53

노통보일러에서 노통에 갤로웨이 관(galloway tube)을 설치하는 장점으로 <u>틀린</u> 것은?

① 물의 순환 증가
② 연소가스 유동저항 감소
③ 전열면적의 증가
④ 노통의 보강

【해설】

※ 겔로웨이 관(Galloway tube) : 노통에 직각으로 2 ~ 3개 정도 설치한 관으로 노통을 보강하고 전열면적을 증가시키며, 보일러수의 순환을 촉진시킨다.

54

증기난방의 분류 방법이 <u>아닌</u> 것은?

① 증기관의 배관 방식에 의한 분류
② 응축수의 환수 방식에 의한 분류
③ 증기압력에 의한 분류
④ 급기 배관 방식에 의한 분류

【해설】

※ 증기난방 방법의 분류

　　㉠ 증기압력에 따라 : 고압식, 저압식, 진공식
　　㉡ 증기관의 배관방식에 따라 : 단관식, 복관식
　　㉢ 증기 공급방식에 따라 : 상향식, 하향식
　　㉣ 환수관의 배관방식에 따라 : 건식, 습식
　　㉤ 응축수의 환수방식에 따라 : 진공환수식, 중력
　　　　　　　　　　　　　　환수식, 기계환수식

55

비동력 급수장치인 인젝터(injector)의 특징에 관한 설명으로 <u>틀린</u> 것은?

① 구조가 간단하다.
② 흡입양정이 낮다.
③ 급수량의 조절이 쉽다.
④ 증기와 물이 혼합되어 급수가 예열된다.

【해설】 ※ 인젝터(injector)의 특징

<장점> ㉠ 보조증기관에서 보내어진 증기로 급수를 흡입하여 증기분사력으로 토출하게 되므로 별도의 소요동력을 필요로 하지 않는다. (즉, 비동력의 보조 급수장치이다.)
　㉡ 소량의 고압증기로 다량을 급수할 수 있다.
　㉢ 구조가 간단하여 소형의 저압보일러용에 사용된다.
　㉣ 취급이 간단하고 가격이 저렴하다.
　㉤ 급수를 예열할 수 있으므로 전체적인 열효율이 높다.
　㉥ 설치에 별도의 장소를 필요로 하지 않는다.

<단점> ㉠ 급수용량이 부족하다.
　㉡ 급수에 시간이 많이 걸리므로 급수량의 조절이 용이하지 않다.
　㉢ 흡입양정이 낮다.
　㉣ 급수온도가 50℃ 이상으로 높으면 증기와의 온도차가 적어져 분사력이 약해지므로 작동이 불가능하다.
　㉤ 인젝터가 과열되면 급수가 곤란하게 된다.

56

강제순환식 수관보일러의 강제순환 시 각 수관 내의 유속을 일정하게 설계한 보일러는?

① 라몬트 보일러　　② 베록스 보일러
③ 레플러 보일러　　④ 밴손 보일러

【해설】　　　　　　　암기법 : 강제로 베라~

※ 미 해군인 라몬트(Lamont)가 고안한 강제순환식 보일러는 보일러수가 전체의 수관마다 균일하게 나뉘어 유동하도록, 순환량을 조정함으로써 보일러수의 순환력을 높여주기 위해서 라몬트(Lamont) 노즐을 설치한다.

57

노벽을 통하여 전열이 일어난다. 노벽의 두께 200 mm, 평균 열전도도 3.3 kJ/m·h·℃, 노벽 내부온도 400℃, 외벽온도는 50℃라면 10시간 동안 손실되는 열량은?

① 5775 kJ/m²　　　　② 11550 kJ/m²
③ 57750 kJ/m²　　　④ 66000 kJ/m²

【해설】　　　　　　　암기법 : 손전온면두

• 평면벽에서의 T시간 동안 손실열량(Q) 계산공식

$$Q = \frac{\lambda \cdot \Delta t \cdot A}{d} \left(\frac{\text{열전도율} \cdot \text{온도차} \cdot \text{단면적}}{\text{벽의 두께}} \right) \times T$$

$$= \frac{3.3\,kJ/m \cdot h \cdot ℃ \times (400-50)℃}{0.2\,m} \times 10\,h$$

$$= 57750 \text{ kJ/m}^2$$

58

다음 중 알루미나 시멘트를 원료로 사용하는 것은?

① 캐스터블 내화물 ② 플라스틱 내화물
③ 내화모르타르 ④ 고알루미나질 내화물

【해설】

※ 캐스터블(Castable) 내화물

- 골재인 점토질, 샤모트에 경화제인 알루미나 시멘트를 분말 상태로 10 ~ 30% 배합하여 물을 혼합시켜 만들어진 부정형의 내화물이다.

59

복사증발기에 수십 개의 수관을 병렬로 배치시키고 그 양단에 헤더를 설치하여 물의 합류와 분류를 되풀이하는 구조로 된 보일러는?

① 간접가열 보일러 ② 강제순환 보일러
③ 관류 보일러 ④ 바브콕 보일러

【해설】

※ 관류식(貫流式, 단관식) 보일러

- 하나로 된 긴 관의 일단에서 급수를 펌프로 압입하여 도중에서 가열, 증발, 과열을 한꺼번에 시켜 과열증기로 내보내는 보일러로서, 드럼이 없으며, 가는 수관으로만 구성되어 중량이 다른 보일러에 비해 가볍다.

60

방청용 도료 중 연단을 아마인유와 혼합하여 만들며, 녹스는 것을 방지하기 위하여 널리 사용되는 것은?

① 광명단 도료 ② 합성수지 도료
③ 산화철 도료 ④ 알루미늄 도료

【해설】

❶ 방청페인트(방청도료)는 각종 금속에 물, 공기, 이산화탄소가 접촉하는 것을 방지하여 금속의 부식반응을 억제하기 위한 기능성 페인트이다. 방청페인트 중 연단(Pb_3O_4)과 아마인유를 혼합하여 제조되는 물질은 광명단 도료이며 내수성, 내알칼리성 및 소지 침투력이 우수하고 방청력이 뛰어나 페인트를 칠하기 전 녹스는 것을 방지하기 위해 밑칠을 하는 데 널리 사용된다.

제4과목 열설비 안전관리 및 검사기준

61

보일러가 과열되는 경우로 가장 거리가 먼 것은?

① 보일러에 스케일이 퇴적될 때
② 이상 저수위 상태로 가동될 때
③ 화염이 국부적으로 전열면에 충돌할 때
④ 황(S)분이 많은 연료를 사용할 때

【해설】

❹ 연료 중에 포함된 황(S)분이 많으면 연소에 의해 산화하여 SO_2(아황산가스)로 되는데, 과잉공기가 많아지면 배가스 중의 산소에 의해, $SO_2 + \frac{1}{2}O_2 \rightarrow SO_3$ (무수황산)으로 되어, 연도의 배기가스 온도가 노점(170 ~ 150℃)이하로 낮아지게 되면 SO_3가 배가스 중의 수분과 화합하여 $SO_3 + H_2O \rightarrow H_2SO_4$ (황산)으로 되어 연도에 설치된 폐열회수장치인 절탄기·공기예열기의 금속 표면에 부착되어 표면을 부식시키는 저온부식 현상이 발생한다.

【참고】※ 보일러 과열의 원인

㉠ 보일러의 수위가 낮은 경우
㉡ 전열 부분에 스케일 및 슬러지가 부착된 경우
㉢ 보일러수가 농축된 경우
㉣ 보일러수의 순환이 좋지 않은 경우
㉤ 수면계의 설치위치가 너무 낮은 경우
㉥ 화염이 국부적으로 집중되는 경우
㉦ 고온의 가스가 고속으로 전열면에 마찰할 경우

62

캐리오버의 방지책으로 가장 거리가 <u>먼</u> 것은?

① 부유물이나 유지분 등이 함유된 물을 급수하지 않는다.
② 압력을 규정압력으로 유지해야 한다.
③ 염소이온을 높게 유지해야 한다.
④ 부하를 급격히 증가시키지 않는다.

【해설】 ※ 캐리오버(또는, 기수공발 현상) 방지대책

　암기법 : 프라이밍 및 포밍 발생원인을 방지하면 된다.
ⓒ 보일러수내의 부유물·불순물이 제거되도록 철저한 급수처리를 한다.
ⓒ 보일러수를 농축시키지 않는다. (이온 농도를 낮춘다.)
ⓒ 과부하 운전을 하지 않는다.
　(급격한 부하변동을 주지 않는다.)
ⓒ 주증기밸브를 급히 개방하지 않는다. (천천히 연다.)
ⓒ 고수위 운전을 하지 않는다. (정상수위로 운전한다.)
ⓒ 비수방지관을 설치한다.

63

보일러 점화시 역화(逆火)의 원인으로 가장 거리가 <u>먼</u> 것은?

① 프리퍼지가 부족했다.
② 연료 중에 물 또는 협잡물이 섞여 있었다.
③ 연료 댐퍼가 열려 있었다.
④ 유압이 과대했다.

【해설】　　　　　　　　암기법 : 노통댐, 착공
※ 역화(Back fire, 화염의 역류)의 원인
ⓒ 노내 미연가스가 충만해 있을 경우
　(프리퍼지가 불충분할 경우)
ⓒ 흡입통풍이 불충분한 경우
ⓒ 댐퍼의 개도가 너무 적을 경우
ⓒ 점화시에 착화가 늦어졌을 경우
ⓒ 공기보다 연료가 먼저 투입된 경우
　(연료밸브를 급히 열었을 경우)

64

에너지이용 합리화법에 따라 에너지절약전문기업으로 등록을 하려는 자는 등록신청서를 누구에게 제출하여야 하는가?

① 한국에너지공단이사장
② 시·도지사
③ 산업통상자원부장관
④ 시공업체단체의 장

【해설】　　　　　[에너지이용합리화법 시행령 제30조1항.]
• 에너지절약전문기업으로 등록을 하려는 자는 산업통상자원부령으로 정하는 등록신청서를 **산업통상자원부장관**에게 제출하여야 한다.

65

에너지이용 합리화법에 따라 검사에 불합격한 검사대상기기를 사용한 자에 대한 벌칙기준은?

① 1년 이하의 징역 또는 1천만원 이하의 벌금
② 1천만원 이하의 벌금
③ 2년 이하의 징역 또는 2천만원 이하의 벌금
④ 500만원 이하의 벌금

【해설】　　　　　　　　[에너지이용합리화법 제73조.]
❶ 검사에 불합격한 검사대상기기를 임의로 사용한 자는 **1년** 이하의 징역 또는 **1천만원** 이하의 벌금에 처한다.

【참고】 ※ 위반행위에 해당하는 벌칙(징역, 벌금액)
2.2 - 에너지 저장, 수급 위반
　　암기법 : 이~이가 저 수위다.
1.1 - 검사대상기기 위반
　　암기법 : 한명 한명씩 검사대를 통과했다.
0.2 - 효율기자재 위반
　　암기법 : 영희가 효자다.
0.1 - 미선임, 미확인, 거부, 기피
　　암기법 : 영일은 미선과 거부기피를 먹었다.
0.05 - 광고, 표시 위반
　　암기법 : 영오는 광고표시를 쭉~ 위반했다.

66

보일러의 설치시공 기준에서 옥내에 보일러를 설치할 경우 다음 중 불연성 물질의 반격벽으로 구분된 장소에 설치할 수 있는 보일러가 <u>아닌</u> 것은?

① 노통 보일러
② 가스용 온수 보일러
③ 소형 관류 보일러
④ 소용량 주철제 보일러

【해설】 [열사용기자재의 검사기준 22.1.1]

※ 보일러 옥내 설치 기준에 따르면, 보일러는 불연성 물질의 격벽으로 구분된 장소에 설치하여야 한다. 다만, 소용량 강철제보일러, 소용량 주철제보일러, 가스용 온수보일러, 소형 관류보일러 (이하 "소형 보일러"라 한다.)는 **반격벽**으로 구분된 장소에 설치할 수 있다.

67

가스용 보일러의 보일러 실내 연료 배관 외부에 반드시 표시해야 하는 항목이 <u>아닌</u> 것은?

① 사용 가스명　　② 최고 사용압력
③ 가스 흐름방향　④ 최고 사용온도

【해설】 [열사용기자재의 검사기준 22.1.4.4.]

※ 가스용 보일러의 연료배관의 표시

　㉠ 배관은 그 외부에 사용가스명·최고사용압력 및 가스흐름방향을 표시하여야 한다.
　　다만, 지하에 매설하는 배관의 경우에는 흐름방향을 표시하지 아니할 수 있다.

　㉡ 지상배관은 부식방지 도장 후 표면색상을 황색으로 도색한다. 다만, 건축물의 내·외벽에 노출된 것으로서 바닥(2층 이상의 건물의 경우에는 각층의 바닥을 말한다.)에서 1 m의 높이에 폭 3 cm의 황색띠를 2중으로 표시한 경우에는 표면색상을 황색으로 하지 아니할 수 있다.

68

보일러 점화조작 시 주의사항으로 <u>틀린</u> 것은?

① 연료가스의 유출속도가 너무 늦으면 실화 등이 일어나고 너무 빠르면 역화가 발생한다.
② 연소실의 온도가 낮으면 연료의 확산이 불량해지며 착화가 잘 안된다.
③ 연료의 예열온도가 너무 낮으면 무화 불량의 원인이 된다.
④ 유압이 낮으면 점화 및 분사가 불량하고 높으면 그을음이 축적된다.

【해설】 ※ 보일러 점화조작 시 주의사항

❶ 연료가스의 유출속도가 너무 늦으면 역화가 발생하고 너무 **빠르면** 실화(불꺼짐)가 발생하기 때문에 연료가스를 적절한 속도로 공급한다.

② 보일러 점화 시 보일러의 연소실 온도는 연료의 확산과 착화가 충분히 잘 이루어지는 온도 이상이 되어야 한다.

③ 연료의 예열온도가 너무 낮으면 버너의 화구에 코크스상의 탄소부착물을 형성하여 무화불량 및 버너의 연소상태를 나빠지게 하므로 분무를 양호하게 하도록 적정한 온도로 예열한다.

④ 펌프로 연료를 가압하여 노즐로 고속분출시켜 무화시키는 유압분무식의 경우 유압이 낮으면 그을음이 생성되고 점화 및 분사가 불량해지기 때문에 충분한 가압이 필요하다.

69

에너지법에서 정한 에너지공급설비가 <u>아닌</u> 것은?

① 전환설비　　　② 수송설비
③ 개발설비　　　④ 생산설비

【해설】 [에너지법 제2조.]

❸ 에너지공급설비라 함은 에너지를 **생산, 전환, 수송**, 또는 저장하기 위하여 설치하는 설비를 말한다.

70
보일러의 고온부식 방지대책으로 **틀린** 것은?

① 회분 개질제를 첨가하여 바나듐의 융점을
   낮춘다.
② 연료 중의 바나듐 성분을 제거한다.
③ 고온가스가 접촉되는 부분에 보호피막을 한다.
④ 연소가스 온도를 바나듐의 융점 온도 이하로
   유지한다.

【해설】   암기법 : 고바, 황저

※ 고온 부식 방지 대책
   ㉠ 연료를 전처리하여 바나듐(V), 나트륨(Na)분을
      제거한다.
   ㉡ 배기가스온도를 바나듐 융점인 550℃ 이하가
      되도록 유지시킨다.
   ㉢ 연료에 회분개질제를 첨가하여 회분(바나듐 등)의
      융점을 높인다.
   ㉣ 전열면 표면에 내식재료로 피복한다.
   ㉤ 전열면의 온도가 높아지지 않도록 설계온도
      이하로 유지한다.
   ㉥ 돌로마이트, 마그네시아 등의 첨가제를 중유에
      첨가해서 부착물의 성상을 바꾸어 전열면에
      부착되지 못하도록 한다.

71
에너지이용 합리화법에 따라 효율관리기자재의
제조업자는 해당 효율관리기자재의 에너지 사용
량을 어느 기관으로부터 측정 받아야 하는가?

① 검사기관   ② 시험기관
③ 확인기관   ④ 진단기관

【해설】   [에너지이용합리화법 제15조2항]

❷ 효율관리기자재의 제조업자 또는 수입업자는 산업
  통상자원부장관이 지정하는 **효율관리시험기관**에서
  해당 효율관리기자재의 에너지 사용량을 측정받아
  에너지소비효율등급 또는 에너지소비효율을 해당
  효율관리기자재에 표시하여야 한다.

72
압력용기 및 철금속가열로의 설치검사에 대한
검사의 유효기간은?

① 1년   ② 2년
③ 3년   ④ 4년

【해설】   [에너지이용합리화법 시행규칙 별표3의5.]

※ 검사대상기기의 검사유효기간

검사의 종류		검사 유효기간
설치검사		1) 보일러 : 1년 다만, 운전성능 부문의 경우는 3년 1개월로 한다. **2) 압력용기 및 철금속가열로 : 2년**
개조검사		1) 보일러 : 1년 2) 압력용기 및 철금속가열로 : 2년
설치장소 변경검사		1) 보일러 : 1년 2) 압력용기 및 철금속가열로 : 2년
재사용검사		1) 보일러 : 1년 2) 압력용기 및 철금속가열로 : 2년
계속 사용 검사	안전 검사	1) 보일러 : 1년 2) 압력용기 : 2년
	운전 성능 검사	1) 보일러 : 1년 2) 철금속가열로 : 2년

73
증기 보일러에서 안전밸브 부착에 대한 설명으로
옳은 것은?

① 보일러 몸체에 직접 부착시키지 않는다.
② 밸브 축을 수직으로 하여 부착한다.
③ 안전밸브는 항상 3개 이상 부착해야 한다.
④ 안전을 고려하여 쉽게 보이는 곳에 설치하지
   않는다.

【해설】 ※ 안전밸브의 부착

① 보일러 동체의 증기부 상단에 직접 부착시킨다.
❷ 밸브 축을 동체에 수직으로 하여 직접 부착시킨다.
③ 증기보일러 동체(본체)에는 2개 이상의 안전밸브를
   설치하여야 한다. (다만, 전열면적이 50 m²이하의
   증기보일러에서는 1개 이상으로 한다.)
④ 안전밸브는 쉽게 검사할 수 있는 곳에 설치해야 한다.

74

에너지이용 합리화법에 따라 검사대상기기 관리자를 선임하지 아니한 자에 대한 벌칙기준은?

① 1천만원 이하의 벌금
② 2천만원 이하의 벌금
③ 5백만원 이하의 벌금
④ 1년 이하의 징역

【해설】 [에너지이용합리화법 제75조.]

• 검사대상기기관리자를 선임하지 아니한 자는 **1천만원** 이하의 벌금에 처한다.

【참고】 ※ 위반행위에 해당하는 벌칙(징역, 벌금액)

2.2 - 에너지 **저장, 수급** 위반
암기법 : 이~이가 저 수위다.

1.1 - **검사대**상기기 위반
암기법 : 한명 한명씩 검사대를 통과했다.

0.2 - 효율기**자**재 위반
암기법 : 영희가 효자다.

0.1 - 미선임, 미확인, **거부, 기피**
암기법 : 영일은 미선과 거부기피를 먹었다.

0.05 - 광고, 표시 위반
암기법 : 영오는 광고표시를 쭉~ 위반했다.

75

증기보일러의 압력계 부착 시 강관을 사용할 때 압력계와 연결된 증기관 안지름의 크기는 얼마이어야 하는가?

① 6.5 mm 이하
② 6.5 mm 이상
③ 12.7 mm 이하
④ 12.7 mm 이상

【해설】 **암기법** : 강일이 7, 동 65

※ 증기보일러의 압력계 부착

- 압력계와 연결된 증기관은 최고사용압력에 견디는 것으로서 그 크기는 황동관 또는 **동관**을 사용할 때는 안지름 **6.5 mm 이상**, **강관**을 사용할 때는 **12.7 mm 이상**이어야 하며, 증기온도가 210 ℃(483 K)를 초과할 때에는 황동관 또는 동관을 사용하여서는 안된다.

76

검사대상기기인 보일러의 사용연료 또는 연소방법을 변경한 경우에 받아야 하는 검사는?

① 구조검사
② 설치검사
③ 개조검사
④ 용접검사

【해설】 [에너지이용합리화법 시행규칙 별표3의4.]

※ 개조검사의 적용대상

㉠ 증기보일러를 온수보일러로 개조하는 경우
㉡ 보일러 섹션의 증감에 의하여 용량을 변경하는 경우
㉢ 동체·돔·노통·연소실·경판·천정판·관판·관모음 또는 스테이의 변경으로서 산업통상자원부장관이 정하여 고시하는 대수리의 경우
㉣ 연료 또는 연소방법을 변경하는 경우
㉤ 철금속가열로로서 산업통상자원부장관이 정하여 고시하는 경우의 수리

77

에너지이용 합리화법에 따라 검사대상기기 설치자는 검사대상기기 관리자가 해임되거나 퇴직하는 경우 다른 검사대상기기 관리자를 언제 선임해야 하는가?

① 해임 또는 퇴직 이전
② 해임 또는 퇴직 후 10일 이내
③ 해임 또는 퇴직 후 30일 이내
④ 해임 또는 퇴직 후 3개월 이내

【해설】 [에너지이용합리화법 시행규칙 제40조의4항.]

※ 검사대상기기관리자의 선임

• 검사대상기기설치자는 검사대상기기관리자를 해임하거나 검사대상기기관리자가 퇴직하는 경우에는 해임이나 퇴직 이전에 다른 검사대상기기관리자를 선임하여야 한다. 다만, 산업통상자원부령으로 정하는 사유에 해당하는 경우에는 시·도지사의 승인을 받아 다른 검사대상기기관리자의 선임을 연기할 수 있다.

78

다음 중 보일러에 점화하기 전 가장 우선적으로
점검해야 할 사항은?

① 과열기 점검
② 증기압력 점검
③ 수위 확인 및 급수 계통 점검
④ 매연 CO_2 농도 점검

【해설】

※ 보일러 점화전 점검해야 할 사항
  ㉠ 보일러의 상용수위 확인 및 급수 계통 점검
     (∵ 저수위 사고 예방)
  ㉡ 보일러의 분출 및 분출장치의 점검
  ㉢ 프리퍼지 운전 (댐퍼를 열고 충분히 통풍)
  ㉣ 연료장치 및 연소장치의 점검
  ㉤ 자동제어장치의 점검
  ㉥ 부속장치 점검

79

보일러 안지름이 1850 mm 를 초과하는 것은
동체의 최소 두께를 얼마 이상으로 하여야 하는가?

① 6 mm   ② 8 mm
③ 10 mm   ④ 12 mm

【해설】   암기법 : 스팔(8)

※ 보일러의 구조에 있어서 동체의 최소두께 기준
  ㉠ 안지름 900 mm 이하의 것은 6 mm
     (단, 스테이를 부착하는 경우는 8 mm로 한다.)
  ㉡ 안지름이 900 mm를 초과 1350 mm 이하의
     것은 8 mm
  ㉢ 안지름이 1350 mm 초과 1850 mm 이하의 것은
     10 mm
  ㉣ 안지름이 1850 mm 를 초과하는 것은 12 mm 이상

80

검사대상기기의 용접검사를 받으려 할 경우 용접
검사 신청서와 함께 검사기관의 장에게 몇 가지
서류를 제출해야 하는데 다음 중 그 서류에 해당
하지 않는 것은?

① 용접 부위도
② 연간 판매 실적
③ 검사대상기기의 설계도면
④ 검사대상기기의 강도계산서

【해설】   [에너지이용합리화법 시행규칙 제31조의14.]

※ 용접검사 신청서 제출 시 첨부서류
  ㉠ 용접 부위도 1부
  ㉡ 검사대상기기의 설계도면 2부
  ㉢ 검사대상기기의 강도계산서 1부

2017년 제1회 에너지관리산업기사
(2017.3.5. 시행)

평균점수

제1과목 **열 및 연소설비**

01

표준 대기압하에서 실린더 직경이 5 cm인 피스톤 위에 질량 100 kg의 추를 놓았다. 실린더 내 가스의 절대압력은 약 몇 kPa 인가?

① 501 　　　　　② 601
③ 1000 　　　　　④ 1100

【해설】　　　　　　　암기법 : 절대계

- 게이지 압력을 먼저 구해야 한다.

$$압력 \ P = \frac{F_{전체무게}}{A_{단면적}} = \frac{100 \, kgf}{\frac{\pi \times (5 \, cm)^2}{4}}$$

$$≒ 5.0929 \, kgf/cm^2 \times \frac{101.325 \, kPa}{1.0332 \, kgf/cm^2}$$

$$= 499.456 \, kPa$$

- 절대압력 = 대기압 + 게이지압(계기압력)

　　　　 = 101.325 kPa + 499.456 kPa

　　　　 = 600.78 kPa ≒ **601 kPa**

02

엔트로피의 변화가 없는 상태변화는?

① 가역 단열 변화　　② 가역 등온 변화
③ 가역 등압 변화　　④ 가역 등적 변화

【해설】

- 엔트로피 변화량 dS = $\frac{\delta Q}{T}$ 에서, 가역 단열변화는

δQ = 0이므로, dS = 0 (즉, 엔트로피의 변화는 없다.)

03

공기비(m)에 대한 설명으로 옳은 것은?

① 연료를 연소시킬 경우 이론 공기량에 대한 실제공급 공기량의 비이다.
② 연료를 연소시킬 경우 실제 공기량에 대한 이론 공기량의 비이다.
③ 연료를 연소시킬 경우 1차 공기량에 대한 2차 공기량의 비이다.
④ 연료를 연소시킬 경우 2차 공기량에 대한 1차 공기량의 비이다.

【해설】

- 공기비 $m = \dfrac{A}{A_0}\left(\dfrac{실제공기량}{이론공기량}\right)$

04

탄소(C) 1 kg을 완전 연소시킬 때 생성되는 CO_2의 양은 약 얼마인가?

① 1.67 kg 　　　　② 2.67 kg
③ 3.67 kg 　　　　④ 6.34 kg

【해설】

※ 연소반응식을 통해 생성되는 CO_2 양을 구하자.

- C 　+ 　O_2 　→ 　CO_2
(1 kmol) 　　　　 (1 kmol)
(12 kg) 　　　　　(44 kg)
(1 kg) 　　　　　 (44 kg × $\frac{1}{12}$ = 3.666 kg)

즉, 탄소 1 kg을 완전연소 시킬 때 생성되는 CO_2의 양은 3.666(≒ **3.67**) kg 이다.

05

기체연료의 특징에 관한 설명으로 **틀린** 것은?

① 유황이나 회분이 거의 없다.
② 화재, 폭발의 위험이 크다.
③ 액체연료에 비해 체적당 보유 발열량이 크다.
④ 고부하 연소가 가능하고 연소실 용적을 작게 할 수 있다.

【해설】

❸ 단위 체적당 발열량은 고체·액체연료에 비해 극히 작다.

【참고】 ※ 기체연료의 특징

<장점> ㉠ 유동성이 좋으므로 연료의 공급량 조절이 쉽고 공기와의 혼합을 임의로 조절할 수 있어서 연소효율$\left(= \dfrac{연소열}{발열량}\right)$이 높다.

㉡ 비열이 작아서 예열이 용이하므로 고온을 얻기가 쉽고, 유체연료이므로 연료의 공급량 조절이 쉬워서 화염온도 조절이 용이하며 열효율이 높다.

㉢ 적은 공기비로도 완전연소가 가능하다.

㉣ 유동성이 커서 연료의 품질이 균일하므로 자동제어에 의한 연소의 조절이 용이하다.

㉤ 연소 후 유해잔류 성분(회분, 매연 등)이 거의 없어 청결하다.

<단점> ㉠ 단위 체적당 발열량은 고체·액체연료에 비해 극히 작다.

㉡ 고체·액체연료에 비해 부피가 커서 압력이 높기 때문에 저장이나 운송이 용이하지 않다.

㉢ 유동성이 커서 누출되기 쉽고 폭발의 위험성이 있다.

㉣ 고체·액체연료에 비해서 제조 비용이 비싸다.

06

보일러 굴뚝의 통풍력을 발생시키는 방법이 **아닌** 것은?

① 연도에서 연소가스와 외부공기의 밀도차에 의해서 생기는 압력차를 이용하는 방법
② 벤튜리 관을 이용하여 배기가스를 흡입하는 방법
③ 압입 송풍기를 사용하는 방법
④ 흡입 송풍기를 사용하는 방법

【해설】

❷ 벤튜리 관은 차압식 유량계의 한 종류로서 유로의 배관에 고정된 교축기구(벤츄리, 오리피스, 노즐)를 설치하여 교축기구 전·후의 압력차를 발생시켜 베르누이 정리를 이용하여 유량을 측정하는 기구이다.

【참고】 ※ 통풍방식의 분류

① 자연통풍 방법 : 송풍기가 없이 오로지 연돌에 의한 통풍방식으로 노내 압력은 항상 부압(-)으로 유지되며, 연돌 내의 연소가스와 외부공기의 밀도차에 의해 생기는 압력차를 이용하여 이루어지는 대류현상이다.

② 강제통풍 방법 : 송풍기를 이용한다.

㉠ 압입통풍 : 노 앞에 설치된 송풍기에 의해 연소용 공기를 대기압 이상의 압력으로 가압하여 노 안에 압입하는 방식으로, 노내 압력은 항상 정압(+)으로 유지된다.

㉡ 흡입통풍 : 연소로의 배기가스가 나가는 연도 중의 댐퍼 뒤에 송풍기를 설치하여 배기가스를 직접 빨아들여 강제로 배출시키는 방식으로, 노내 압력은 항상 부압(-)으로 유지된다.

㉢ 평형통풍 : 노 앞과 연도 끝에 송풍기를 설치하여 양 송풍기의 회전수와 댐퍼의 개도를 조절하는 방식으로, 노내 압력을 정압(+)이나 부압(-)으로 임의로 조절할 수 있다.

07

실제연소가스량(G)에 대한 식으로 옳은 것은?
(단, 이론연소가스량 : G_o, 과잉공기비 : m, 이론
공기량 : A_o 이다.)

① $G = G_o+(m+1)A_o$ ② $G = G_o-(m-1)A_o$

③ $G = G_o+(m-1)A_o$ ④ $G = G_o-(m+1)A_o$

【해설】

• 실제 건연소가스량(G_d) : 실제공기량으로 완전연소되어
　　　　　　　　　　　생성되는 건조한 연소가스량

　G_d = 이론건연소가스량 + 과잉공기량

　　 = G_{od} + (m - 1)A_0

　　　따라서, 문제에서 제시된 기호로 표현하면

　G = G_o + (m - 1)A_0

08

온도 150 ℃의 공기 1 kg이 초기 체적 0.248 m^3 에서
0.496 m^3 으로 될 때까지 단열팽창 하였다. 내부
에너지의 변화는 약 몇 kJ/kg인가? (단, 정적비열
(C_v)는 0.72 kJ/kg·K, 비열비(k)는 1.4 이다.)

① −25   ② −74

③ 110   ④ 532

【해설】

• 내부에너지 변화량 dU = C_v·dT = C_v · (T_2 − T_1)
한편, 단열변화의 P, V, T 관계식을 통해 T_2를 구하면,

$$\frac{P_1}{P_2} = \left(\frac{V_2}{V_1}\right)^k = \left(\frac{T_1}{T_2}\right)^{\frac{k}{k-1}}$$ 에서 방정식 계산기

사용법으로 나중온도 T_2를 미지수 X로 놓고 구하면,

$$\left(\frac{0.496\,m^3}{0.248\,m^3}\right)^{1.4} = \left(\frac{150+273}{T_2}\right)^{\frac{1.4}{1.4-1}}$$

　　　T_2 = 320.574 K

∴ dU = C_v·dT = C_v · (T_2 − T_1)

　　 = 0.72 kJ/kg·K × (320.574 − 423) K

　　 = − 73.74 kJ/kg ≒ **− 74 kJ/kg**

09

−10 ℃ 의 얼음 1 kg에 일정한 비율로 열을 가할 때
시간과 온도의 관계를 바르게 나타낸 그림은?
(단, 압력은 일정하다.)

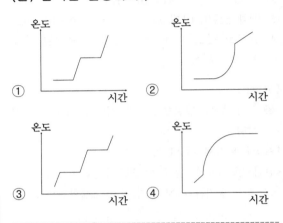

【해설】 ※ 얼음의 가열곡선

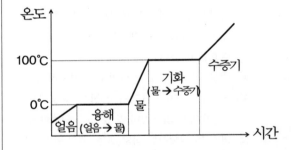

10

기체의 분자량이 2배로 증가하면 기체상수는
어떻게 되는가?

① 2배   ② 4배

③ 1/2배   ④ 불변

【해설】　　　　　　　암기법 : 알바($\overline{R}$)는 MR

• 공통 기체상수(또는, 평균 기체상수) $\overline{R}$ = $M·R$ 에서,

　해당 기체상수 R = $\dfrac{\overline{R}}{M}$ 이다.

∴ 분자량(M)이 2배로 증가하면 R값은 $\dfrac{1}{2}$ 이 된다.

11

다음 (   )안에 들어갈 내용으로 옳은 것은?

잠열은 물체의 (㉠)변화는 일으키지 않고, (㉡)변화만을 일으키는데 필요한 열량이며, 표준 대기압하에서 물 1 kg의 증발잠열은 (㉢) kcal/kg이고, 얼음 1 kg의 융해잠열은 (㉣) kcal/kg이다.

① (㉠)상(phase), (㉡)온도, (㉢)539, (㉣)80
② (㉠)체적, (㉡)상(phase), (㉢)739, (㉣)90
③ (㉠)비열, (㉡)상(phase), (㉢)439, (㉣)90
④ (㉠)온도, (㉡)상(phase), (㉢)539, (㉣)80

【해설】　　　　암기법 : 융팔(이와), 오상구
• 잠열 : 물질의 온도변화 없이 상태변화만을 일으키는데 필요한 열량
• 1기압, 100℃에서의 증발잠열(R_w)
　: 539 kcal/kg = 2257 kJ/kg
• 1기압, 0℃에서의 융해잠열
　: 80 kcal/kg = 335 kJ/kg

【참고】
※ 1기압, 100℃에서의 증발잠열(R_w)값은 필수암기사항이다.

• R_w = 539 kcal = 539 kcal × $\dfrac{4.1868\,kJ}{1\,kcal}$
　　= 2256.68 kJ ≒ 2257 kJ
　　= 2257 kJ × $\dfrac{1\,MJ}{10^3\,kJ}$ = 2.257 MJ

12

어떤 기압 하에서 포화수의 현열이 185.6 kJ/kg이고, 같은 온도에서 증기 잠열이 414.4 kJ/kg인 경우, 증기의 전열량은? (단, 건조도는 1이다.)

① 228.8 kJ/kg　　　② 650.0 kJ/kg
③ 879.3 kJ/kg　　　④ 600.0 kJ/kg

【해설】
• 전열(全熱) = 포화수 현열(顯熱) + 증기 잠열(潛熱)
　　= 185.6 kJ/kg + 414.4 kJ/kg
　　= 600.0 kJ/kg

13

물 1 kmol이 100 ℃, 1기압에서 증발할 때 엔트로피 변화는 몇 kJ/K인가? (단, 물의 기화열은 2257 kJ/kg이다.)

① 22.57　　　　　② 100
③ 109　　　　　　④ 139

【해설】
• 물 1 kmol의 질량은 18 kg이다.

∴ dS = $\dfrac{\delta Q}{T}$ × m

　　= $\dfrac{2257\,kJ/kg}{(100+273)K}$ × 1 kmol × $\dfrac{18\,kg}{1\,kmol}$

　　= 108.9 kJ/K ≒ 109 kJ/K

14

이상기체의 단열변화 과정에 대한 식으로 맞는 것은? (단, k는 비열비이다.)

① PV = const　　　② P^{k}V = const
③ PV^k = const　　④ PV$^{1/k}$ = const

【해설】 ※ 단열변화의 P, V, T 관계식은 다음과 같다.

$$\dfrac{P_1}{P_2} = \left(\dfrac{V_2}{V_1}\right)^k = \left(\dfrac{T_1}{T_2}\right)^{\frac{k}{k-1}}$$

따라서, 관계식의 변형된 표현식은 지수법칙을 이용하는 것이므로

$$\dfrac{P_1}{P_2} = \left(\dfrac{V_2}{V_1}\right)^k$$

∴ $P_1 \cdot V_1^k = P_2 \cdot V_2^k$ = Const (일정)

15

연소의 3요소에 해당하지 않는 것은?

① 가연물　　　　　② 인화점
③ 산소 공급원　　　④ 점화원

【해설】　　　　　　　암기법 : 가산점
• 연소의 3요소 : 가연성 물질, 산소, 점화원

16

다음 중 액체연료의 점도와 관련이 <u>없는</u> 것은?

① 캐논-펜스케 (Cannon-Fenske)

② 몰리에 (Mollier)

③ 스톡스 (Stockes)

④ 포아즈 (Poise)

【해설】

① 캐논-펜스케 : 점도를 측정하는 기구

③ 스톡스 : (동점도의 단위, 1 St(스톡스) = 1 cm²/s)

④ 포아즈 : (점도의 단위, 1 P(포아즈) = 1g/cm·s)

【참고】 ※ 몰리에르 선도(Mollier chart) : H-S선도

● 엔탈피 H를 세로축에 엔트로피 S를 가로축으로 취하여, 증기의 상태(압력 P, 온도 t, 비체적 v, 건도 x 및 H, S)를 나타낸 선도 (즉, H-S선도)를 말하며, 증기의 상태(P, t, v, x, H, S) 중 2개의 상태를 알면 몰리에르(또는, 몰리에) 선도로부터 다른 상태를 알 수 있다.

17

압력이 300 kPa, 체적이 0.5 m³ 인 공기가 일정한 압력에서 체적이 0.7 m³ 으로 팽창했다. 이 팽창 중에 내부에너지가 50 kJ 증가하였다면, 팽창에 필요한 열량은 몇 kJ 인가?

① 50   ② 60

③ 100   ④ 110

【해설】

● 열역학 제1법칙(에너지보존)에 의해 전달열량(δQ)

δQ = dU + W 에서,

정압가열에 의한 체적팽창이므로, 기체가 한 일($_1W_2$)은

$_1W_2 = \int_1^2 P\,dV = P\int_1^2 dV = P \cdot (V_2 - V_1)$

= 300 kPa × (0.7 - 0.5) m³

= 60 kJ

∴ δQ = dU + W = 50 kJ + 60 kJ = **110 kJ**

【참고】

※ 열역학적 일의 공식 $W = PV$ 에서 단위 변환을 이해하자.

W(일) = Pa × m³ = N/m² × m³ = N·m = J(줄)

18

다음은 물의 압력-온도 선도를 나타낸다. 임계점은 어디를 말하는가?

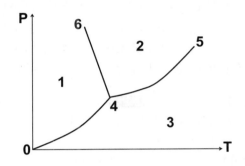

① 점 0   ② 점 4

③ 점 5   ④ 점 6

【해설】 ※ 물의 상평형도

● 임계점(5점)에서는 포화수의 증발현상이 없고 액체 상태(포화액)와 기체 상태(포화증기)의 구분이 없어 진다.

19

어떤 가역 열기관이 400 ℃에서 1000 kJ을 흡수 하여 일을 생산하고 100 ℃에서 열을 방출한다. 이 과정에서 전체 엔트로피 변화는 약 몇 kJ/K인가?

① 0   ② 2.5

③ 3.3   ④ 4

【해설】

● 가역, 비가역 과정에서 엔트로피는 가역과정에서는 불변(ΔS=0)이고, 비가역과정에서는 항상 증가한다. 실제로 자연계에서 일어나는 모든 상태변화는 비가역과정이므로 엔트로피는 항상 증가한다.

20

27 ℃에서 12 L의 체적을 갖는 이상기체가 일정압력에서 127 ℃까지 온도가 상승하였을 때 체적은 약 얼마인가?

① 12 L   ② 16 L
③ 27 L   ④ 56 L

【해설】

- 샤를(Charles)의 법칙 공식 $\dfrac{V_1}{T_1} = \dfrac{V_2}{T_2}$ 에서,

$$\frac{12\,L}{(27+273)K} = \frac{V_2}{(127+273)K}$$

$$\therefore V_2 = 16\,L$$

제2과목	열설비 설치

21

다음 그림과 같은 액주계 설치 상태에서 비중량이 γ, γ_1 이고 액주 높이차가 h 일 때 관로압 P_x 는 얼마인가?

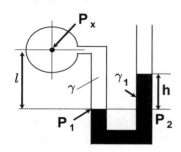

① $P_X = \gamma_1 \cdot h + \gamma \cdot l$ ② $P_X = \gamma_1 \cdot h - \gamma \cdot l$
③ $P_X = \gamma_1 \cdot l - \gamma \cdot h$ ④ $P_X = \gamma_1 \cdot l + \gamma \cdot h$

【해설】

- 파스칼의 원리에 의하면 액주 경계면의 수평선(1 - 2)에 작용하는 압력은 서로 같다.

$$P_1 = P_2$$
$$P_X + \gamma \cdot l = \gamma_1 \cdot h$$
$$\therefore P_X = \gamma_1 \cdot h - \gamma \cdot l$$

22

계량 계측기의 교정을 나타내는 말은?

① 지시값과 표준기의 지시값 차이를 계산하는 것
② 지시값과 참값을 일치하도록 수정하는 것
③ 지시값과 오차값의 차이를 계산하는 것
④ 지시값과 참값의 차이를 계산하는 것

【해설】

- 교정(α) ≡ 참값 - 측정값 = $T - M$
- 교정은 측정값을 참값과 같게 하도록 얼마만큼 교정해야 하는가를 나타낸다.
- 교정은 오차와 크기가 같고 부호는 반대가 된다.
- 오차(ε) ≡ 측정값 - 참값 = $M - T$

23

융커스식 열량계의 특징에 관한 설명으로 <u>틀린</u> 것은?

① 가스의 발열량 측정에 가장 많이 사용된다.
② 열량측정 시 시료가스 온도 및 압력을 측정한다.
③ 구성 요소로는 가스 계량기, 압력 조정기, 기압계, 온도계, 저울 등이 있다.
④ 열량측정 시 가스 열량계의 배기 온도는 측정하지 않는다.

【해설】 ※ 융커스식(junkers type) 열량계의 특징

㉠ 기체연료의 발열량 측정에 가장 많이 사용된다.
㉡ 유체의 입/출력 측의 온도, 압력 변화량을 측정하여 열량을 산출한다.
㉢ 기체연료를 취급하기 때문에 취급과정이 어렵다.
㉣ 열량계 본체, 수조, 온도계, 저울, 적산식 계량기, 습도 조절기, 기압계 등으로 구성된다.
㉤ 여러 가지 세밀한 조정이 필요하다.
㉥ 온도변화량이 미세한 경우 열량 산출이 어렵다.
㉦ 열량측정 시 가스 열량계의 배기 온도도 측정한다.

24

보일러에서 아래 식은 무엇을 나타내는가?
(단, G : 매시간당 증발량 (kg/h), G_f : 매시간당
연료소비량 (kg/h), H_ℓ : 연료의 저위발열량 (kJ/kg),
i_2 : 증기의 엔탈피(kJ/kg), i_1 : 급수의 엔탈피
(kJ/kg) 이다.)

$$\frac{G \times (i_2 - i_1)}{H_l \cdot G_f} \times 100$$

① 보일러 마력　　　② 보일러 효율
③ 상당 증발량　　　④ 연소 효율

【해설】　　암기법 : (효율좋은) 보일러 사저유

● 보일러 효율(η) $= \dfrac{Q_s}{Q_{in}} \left(\dfrac{유효출열}{총입열량} \right) \times 100$

$\qquad\qquad = \dfrac{w_2 \cdot (H_2 - H_1)}{m_f \cdot H_L} \times 100$

　　　　여기서, m_f : 연료사용량(연료소비량)
　　　　　　　　 H_L : 연료의 저위발열량
　　　　　　　　 w_2 : 실제증발량(= 급수량)
　　　　　　　　 H_2 : 발생증기의 엔탈피
　　　　　　　　 H_1 : 급수의 엔탈피

　문제에서 제시된 기호로 표현해 주면,

　보일러 효율(η) $= \dfrac{G \times (i_2 - i_1)}{G_f \cdot H_L} \times 100$

25

증기 보일러에서 압력계 부착 시 증기가
압력계에 직접 들어가지 않도록 부착하는
장치는?

① 부압관　　　　　② 사이폰관
③ 맥동댐퍼관　　　④ 플렉시블관

【해설】
● 금속의 탄성을 이용한 부르돈(bourdon) 압력계에
증기가 직접 들어가면 고장 날 우려가 있으므로 물을
가득 채운 사이폰 관(siphon tube)을 부착하여
측정한다.

26

보일러 실제증발량에 증발계수를 곱한 값은?

① 상당증발량
② 연소실 열부하
③ 전열면 열부하
④ 단위 시간당 연료 소모량

【해설】　　　　　　　　암기법 : 계실상
※ 증발계수(f, 증발력)
　㉠ 실제증발량(w_2)에 대한 상당증발량(w_e)의 비이다.
　㉡ 보일러의 증발능력을 표준상태와 비교하여 표시한
　　 값으로 단위가 없으며, 그 값은 1 보다 항상 크다.
　㉢ 계산공식 $f = \dfrac{w_e}{w_2} \left(\dfrac{상당증발량}{실제증발량} \right)$

$\qquad\qquad = \dfrac{\dfrac{w_2 \cdot (H_2 - H_1)}{539}}{w_2} = \dfrac{H_2 - H_1}{539}$

∴ 실제증발량(w_2) × 증발계수(f) = **상당증발량**(w_e)

27

다음 중 연소실 내의 온도를 측정할 때 가장 적합한
온도계는?

① 알코올 온도계　　② 금속 온도계
③ 수은 온도계　　　④ 열전대 온도계

【해설】
● 보일러 연소실 내의 온도는 약 1000 ℃ 이상이므로,
접촉식 온도계 중에서 가장 높은 온도(0 ~ 1600 ℃)의
측정이 가능한 열전대 온도계가 가장 적합하다.

【참고】 ※ 접촉식 온도계의 종류에 따른 측정온도

종류	온도측정범위(℃)
열전대 온도계	−200 ~ 1600
전기저항 온도계	−200 ~ 500
압력식 온도계	−30 ~ 600
바이메탈 온도계 (또는, 금속 온도계)	−50 ~ 500
수은 온도계	−35 ~ 350
알코올 온도계	−100 ~ 200

28

공기압 신호 전송에 대한 설명으로서 틀린 것은?

① 조작부의 동특성이 우수하다.

② 제진, 제습 공기를 사용하여야 한다.

③ 공기압이 통일되어 있어 취급이 편리하다.

④ 전송 거리가 길어도 전송 지연이 발생되지 않는다.

【해설】 ※ 공기압 신호 전송방식의 특징

<장점> ㉠ 배관이 용이하고, 내구성이 좋다.

　　　㉡ 위험성이 없다.

　　　㉢ 약 0.2 ~ 1.0 kg/cm^2 의 공기압이 신호로 사용되어 공기 배관으로 전송된다.

　　　㉣ 공기압의 범위가 통일되어 있어서 취급이 편리하다.

　　　㉤ 조작부의 구동속도가 빠르다.

　　　㉥ 취급 및 보수가 비교적 용이하다.

　　　㉦ 석유화학, 화약공장과 같은 화기의 위험성이 있는 곳에서는 전기방전에 의한 위험성을 지닌 전기식 및 인화성에 의한 위험성을 지닌 유압식을 지양하는 대신에 위험성이 없는 공기압식 전송방식이 사용된다.

<단점> ㉠ 신호전달이 늦고 조작이 늦다.

　　　㉡ 희망특성을 부여하도록 만들기 어렵다.

　　　㉢ 전송거리는 약 100 m 정도 이내로 가장 짧아 원거리 전송에는 이용할 수 없다.

　　　㉣ 공기는 압축성유체이므로 관로저항에 의해 전송시간 지연이 발생한다.

　　　㉤ 신호 공기압은 충분히 제습, 제진된 공기가 요구된다.

　　　㉥ 별도의 동력원을 필요로 한다.

29

2차 지연 요소에 대한 설명으로 옳은 것은?

① 1차 지연 요소 2개를 직렬로 연결한 것으로 1차 지연 요소보다 응답속도가 더 늦어진다.

② 1차 지연 요소 2개를 직렬로 연결한 것으로 1차 지연 요소보다 응답속도가 더 빨라진다.

③ 1차 지연 요소 2개를 병렬로 연결한 것으로 1차 지연 요소보다 응답속도가 더 늦어진다.

④ 1차 지연 요소 2개를 병렬로 연결한 것으로 1차 지연 요소보다 응답속도가 더 빨라진다.

【해설】

❶ 2차 지연요소는 1차 지연요소 2개를 직렬로 연결한 것으로 1차 지연요소보다 응답속도가 더 늦어진다.

30

증기 건도를 향상시키기 위한 방법과 관계가 없는 것은?

① 저압의 증기를 고압의 증기로 증압시킨다.

② 증기주관에서 효율적인 드레인 처리를 한다.

③ 기수분리기를 설치하여 증기의 건도를 높인다.

④ 포밍, 프라이밍 현상을 방지하여 캐리오버 현상이 일어나지 않도록 한다.

【해설】

❶ 증기 건도를 향상시키기 위해서는 고압의 증기를 저압의 증기로 감압시켜야 한다.

31

물체의 탄성 변위량을 이용한 압력계가 아닌 것은?

① 다이아프램 압력계　② 경사관식 압력계

③ 브르돈관 압력계　　④ 벨로즈 압력계

【해설】

❷ 경사관식 압력계는 탄성식 압력계가 아니라 액주식 압력계의 종류에 속한다.

【참고】　　　　　　　　암기법 : 탄돈 벨다

※ 탄성식 압력계의 종류별 압력 측정범위

　- 부르돈관식 > 벨로스식 > 다이어프램식

32

열 설비에 사용되는 자동제어계의 동작순서로 옳은 것은?

① 조작 – 검출 – 판단(조절) – 비교 – 측정
② 비교 – 판단(조절) – 조작 – 검출
③ 검출 – 비교 – 판단(조절) – 조작
④ 판단 – 비교(조절) – 검출 – 조작

【해설】　　　　　　　　암기법 : 검찰, 비판조

- 자동제어계의 동작순서
  : 검출 → 비교 → 판단(조절) → 조작

33

오르자트 분석 장치에서 암모니아성 염화 제1동 용액으로 측정할 수 있는 것은?

① CO_2 　　　　② CO
③ N_2 　　　　④ O_2

【해설】　　　　　　　　암기법 : 이→산→일

※ 오르자트(Orsat)식 가스분석 순서 및 흡수제
　㉠ 이산화탄소(CO_2) : 30% 수산화칼륨(KOH) 용액
　㉡ 산소(O_2) : 알칼리성 피로가놀(피로갈롤) 용액
　㉢ 일산화탄소(CO) : 암모니아성 염화제1구리(동) 용액

34

유체주에 해당하는 압력의 정확한 표현식은? (단, 유체주의 높이 h, 압력 P, 밀도 ρ, 비중량 γ, 중력 가속도 g라 하고, 중력 가속도는 지점에 따라 거의 일정하다고 가정한다.)

① $P = h \cdot \rho$ 　　　　② $P = h \cdot g$
③ $P = \rho \cdot g \cdot h$ 　　　　④ $P = \gamma \cdot g$

【해설】 ※ 압력(P) 공식의 변환은 숙달해 놓아야 한다.

- $P = \dfrac{F}{A} = \dfrac{mg}{A} = \dfrac{\rho V g}{A} = \rho g h = \gamma \cdot h$
　여기서, γ : 비중량, h : 높이 또는, 양정

35

SI 단위 표시에서 압력단위 표시방법으로 옳은 것은?

① $mmHg/cm^2$ 　　　　② cm^2/kg
③ kg/at 　　　　④ N/m^2

【해설】

- 공식 : $P = \dfrac{F}{A}$ (단위면적당 작용하는 힘)
　여기서, P : 압력(Pa, N/m^2, kgf/m^2)
　A : 단면적(m^2), F : 힘(N, kgf)
- 1 atm = 76 cmHg = 760 mmHg = 29.92 inHg
　= 10332 mmH_2O = 10332 mmAq
　= 10332 kgf/m^2 = 1.0332 kgf/cm^2
　= 101325 Pa = 101.325 kPa ≒ 0.1 MPa
　= 1.01325 bar = 1013.25 mbar = 14.7 psi

36

정해진 순서에 따라 순차적으로 제어하는 방식은?

① 피드백 제어 　　　　② 추종 제어
③ 시퀀스 제어 　　　　④ 프로그램 제어

【해설】　　　　　　　　암기법 : 미정순, 시쿤동

※ 시퀀스(Sequence) 제어
- 미리 정해진 순서에 따라 순차적으로 각 단계를 진행하는 자동제어 방식으로서 작동명령은 기동·정지·개폐 등의 타이머, 릴레이 등을 이용하여 행하는 제어이다.

37

SI 단위계의 기본단위에 해당되지 않는 것은?

① 길이 　　　　② 질량
③ 압력 　　　　④ 시간

【해설】

- 압력(Pa)은 모두 SI 기본단위 및 다른 유도단위의 조합에 의한 SI 유도단위에 해당한다.

【참고】 ※ SI 기본단위(7가지) 암기법 : mks mKc A

기호	m	kg	s	mol	K	cd	A
명칭	미터	킬로그램	초	몰	켈빈	칸델라	암페어
기본량	길이	질량	시간	물질량	절대온도	광도	전류

38

보일러 열정산에 있어서 출열 항목이 <u>아닌</u> 것은?

① 불완전 연소 가스에 의한 손실 열량

② 복사열에 의한 손실 열량

③ 발생 증기의 흡수 열량

④ 공기의 현열에 의한 열량

【해설】 ※ 보일러 열정산 시 입·출열 항목의 구별

[입열항목]   암기법 : 연(발,현) 공급증

－ 연료의 발열량(연소열), 연료의 현열, 연소용 공기의 현열, 급수의 현열, 노내 분입한 증기의 보유열

[출열항목]   암기법 : 유,손(배불방미기)

－ 유효출열량(발생증기가 흡수한 열량), 손실열(배기가스, 불완전연소, 방열, 미연분, 기타.)

39

증기부와 수부의 굴절률 차를 이용한 것으로 증기는 적색, 수부는 녹색으로 보이도록 한 것으로 고압의 대용량이나, 발전용 보일러에 사용되는 수면계는?

① 2색식 수면계

② 유리관 수면계

③ 평형 투시식 수면계

④ 평형 반사식 수면계

【해설】

• 2색식 수면계는 Bi-colar(2가지 색상) 타입의 수면계로 액면이 증기부는 적색, 수부는 녹색의

색깔로 구분되고, 카메라를 이용한 원격 감시가 가능하므로 주로 대형 보일러에 사용된다.

40

액면계에서 액면측정 방식에 대한 분류로 <u>틀린</u> 것은?

① 부자식   ② 차압식

③ 편위식   ④ 분동식

【해설】

❹ 분동식은 액면계가 아니고, 압력계의 일종이다.

【참고】 ※ 액면계의 관측방법에 따른 분류

암기법 : 직접 유리 부검

• 직접법 : 유리관식(평형반사식 포함), 부자식 (플로트식), 검척식

• 간접법 : 압력식(차압식, 다이어프램식, 액저압식, 퍼지식), 기포식, 저항전극식, 방사선식, 초음파식(음향식), 정전용량식, 편위식

제3과목   **열설비 운전**

41

배관을 아래에서 위로 떠받쳐 지지하는 장치 중의 하나로 배관의 굽힘부 등에 관으로 영구히 고정시키는 것은?

① 앵커

② 파이프 슈

③ 스토퍼

④ 가이드

【해설】

※ 파이프 슈 (Pipe Shoe)

- 배관의 하중을 아래에서 위로 떠받쳐 지지하는 역할의 배관용 지지구(support) 중 하나로 배관의 엘보 부분과 수평 부분에 영구히 고정시켜 배관의 이동을 구속한다.

42

평로법과 비교하여 LD 전로법에 관한 설명으로 틀린 것은?

① 평로법보다 생산 능률이 높다.
② 평로법보다 공장 건설비가 싸다.
③ 평로법보다 작업비, 관리비가 싸다.
④ 평로법보다 고철의 배합량이 많다.

【해설】 ※ LD 전로법(Linz-Donawitz, 순산소 전로법)
• 용선을 전로에 넣고 고압공기 대신에 전로위의 구멍에서 순산소를 불어 넣어 용선 중의 불순물인 Si, Mn, P, S 등을 산화, 연소시키고 생성된 산화물을 슬래그로 하여 제거한 후에 노를 기울여 용강을 레들(Laddle)에 옮기고 탈산을 행하여 필요한 성분의 용강을 제조하는 방법으로, 평로법에 비해 생산성이 높고 건설비와 유지·관리비가 저렴하며 고철의 배합량이 적어도 철강 제조가 가능하다.

43

보일러의 종류에서 랭커셔 보일러는 무슨 보일러에 해당하는가?

① 수직 보일러
② 연관 보일러
③ 노통 보일러
④ 노통연관 보일러

【해설】
※ **원통형 보일러의 종류** (대용량 × , 보유수량 ○)
　㉠ **입**형 보일러 - **코크란**.
　　　　　 암기법 : 원일이는 입·코가 크다
　㉡ **횡**형 보일러
　　　암기법 : 원일이 행은 노통과 연관이 있다
　　　　　　　 (횡)
　　　ⓐ **노통식 보일러**　　 암기법 : 노랭코
　　　　- 랭커셔.(노통 2개), 코니쉬.(노통 1개)
　　　ⓑ **연관식** - 케와니(철도 기관차형)
　　　ⓒ **노통연관식**
　　　　- 패키지, 스카치, 로코모빌, 하우든 존슨, 보로돈카프스.

44

12 m의 높이에 $0.1 \, m^3/s$ 의 물을 퍼 올리는데 필요한 펌프의 축 마력은? (단, 효율은 80%이다.)

① 15 PS
② 20 PS
③ 30 PS
④ 38 PS

【해설】
• 펌프의 동력 : L [W] $= \dfrac{PQ}{\eta} = \dfrac{\gamma HQ}{\eta} = \dfrac{\rho g HQ}{\eta}$

　　여기서, P : 압력 [mmH₂O = kgf/m²]
　　　　　　Q : 유량 [m³/sec]
　　　　　　H : 수두 또는 양정 [m]
　　　　　　η : 펌프의 효율
　　　　　　γ : 물의 비중량 (1000 kgf/m³)
　　　　　　ρ : 물의 밀도 (1000 kg/m³)
　　　　　　g : 중력가속도 (9.8 m/s²)

$= \dfrac{1000 \, kg/m^3 \times 9.8 \, m/s^2 \times 12 \, m \times 0.1 \, m^3/s}{0.8}$

= 14700 N·m/s = 14700 J/s = 14700 W

= 14700 W × $\dfrac{1 \, PS}{735 \, W}$ = **20 PS**

【참고】 • PS(프랑스마력)은 동력의 단위로서,
　　　　1 PS = 735 W = 75 kgf·m/sec 이다.

45

수관보일러에서 수관의 배열을 마름모(지그재그) 형으로 배열시키는 주된 이유는?

① 연소가스 접촉에 의한 전열을 양호하게 하기 위하여
② 보일러수의 순환을 양호하게 하기 위하여
③ 수관의 스케일 형성을 막기 위하여
④ 연소가스의 흐름을 원활히 하기 위하여

【해설】
• 수관식 보일러에서 수관의 배열을 마름모형으로 배열시키는 이유는 수관 내의 물과 연소가스와의 접촉에 의한 전열을 양호하게 하기 위함이다.

46

증기의 순환이 가장 빠르며 방열기 설치장소에 제한을 받지 않는 환수방식으로 증기와 응축수를 진공펌프로 흡입 순환시키는 난방법은?

① 중력환수식 ② 기계환수식
③ 진공환수식 ④ 자연환수식

【해설】 ※ 진공환수식 증기난방의 특징

㉠ 증기의 발생 및 순환이 가장 빠르다.
㉡ 응축수 순환이 빠르므로 환수관의 직경이 작다.
㉢ 환수(응축수)는 펌프에 의해 회수하므로 환수관의 기울기를 작게 할 수 있다.
㉣ 방열기 밸브를 통해 방열량을 광범위하게 조절 가능하다.
㉤ 대규모 건축물의 난방에 적합하다.
㉥ 보일러 및 방열기의 설치위치에 제한을 받지 않는다.

47

보온재 중 무기질 보온재가 아닌 것은?

① 석면 ② 탄산마그네슘
③ 규조토 ④ 펠트

【해설】

• 무기질 보온재 - 석면, 탄산마그네슘, 규조토
• 유기질 보온재 - 양모 펠트, 탄화코르크, 기포성수지

【참고】

※ 최고 안전사용온도에 따른 무기질 보온재의 종류

-50 -100 ◀사▶ +100 +50
탄 G 암, 규 석면, 규산리
250, 300, 400, 500, 550, 650℃
탄산마그네슘
　　Glass울(유리섬유)
　　　　　　　암면
　　　　　　　규조토, 석면, 규산칼슘
650필지의 세라믹화이버 무기공장
650℃↓ (×2배) 1300↓ 무기질
펄라이트(석면+진주암),
　　　　　세라믹화이버

48

증기과열기의 종류를 열가스의 흐름 방향에 따라 분류할 때 해당되지 않는 것은?

① 병류형 ② 직류형
③ 향류형 ④ 혼류형

【해설】 ※ 과열기에서 유체의 흐름 방식에 따른 분류

㉠ 병류형(또는, 평행류형)
　- 연소가스와 과열관 내 증기의 흐름방향이 같다. 연소가스에 의해 과열관의 부식 손상이 적고, 전열량도 적다.
㉡ 향류형(또는, 대향류형)
　- 연소가스와 과열관 내 증기의 흐름방향이 서로 반대이다. 연소가스에 의해 과열관의 부식 손상이 크지만, 열전달이 양호하여 전열량이 많다.
㉢ 혼류형(또는, 직교류형)
　- 병류형과 향류형이 혼합된 형식의 흐름이다. 연소가스에 의해 과열관의 부식 손상이 적지만, 전열량이 많다.

【참고】

※ 열전달에 의한 온도효율이 높은 순서
　- 향류형 > 직교류형 > 병류형
　(왜냐하면, 열전달은 유체의 흐름이 층류일 때보다 난류일 때 열전달이 더 양호하게 이루어진다.)

49

호칭지름 15A의 강관을 반지름 90 mm로 90° 각도로 구부릴 때 곡선부의 길이는?

① 130 mm ② 141 mm
③ 182 mm ④ 280 mm

【해설】 ※ 강관 굽힘 시 곡선부의 길이 계산

• 곡선부 길이 $L = 2\pi r \times \dfrac{\text{굽힘 각도}}{360°}$

$\qquad = 2 \times \pi \times 90 \text{ mm} \times \dfrac{90°}{360°}$

$\qquad = 141.3 \fallingdotseq 141 \text{ mm}$

50

그림과 같은 고체 벽면에 의하여 열이 전달될 때 전달 열량을 계산하는 식은? (단, λ : 열전도율, S : 전열면적, τ : 시간, δ : 두께이다.)

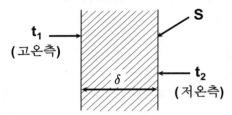

① $Q = \dfrac{\delta \cdot S(t_1 - t_2) \cdot \tau}{\lambda}$

② $Q = \dfrac{\lambda(t_1 - t_2) \cdot \tau}{\delta \cdot S}$

③ $Q = \dfrac{S \cdot (t_1 - t_2) \cdot \tau}{\lambda \cdot \delta}$

④ $Q = \dfrac{\lambda \cdot S(t_1 - t_2) \cdot \tau}{\delta}$

【해설】 <u>암기법</u> : 손전온면두

• 평면벽에서의 T시간 동안 손실열량(Q) 계산공식

$$Q = \frac{\lambda \cdot \Delta t \cdot A}{d}\left(\frac{열전도율 \cdot 온도차 \cdot 단면적}{벽의 두께}\right) \times T$$

∴ 문제의 기호로 표시하면 $Q = \dfrac{\lambda \cdot S(t_1 - t_2) \cdot \tau}{\delta}$

51

건식 환수관에서 증기관 내의 응축수를 환수관에 배출할 때는 응축수가 체류하기 쉬운 곳에 무엇을 설치하여야 하는가?

① 안전밸브
② 드레인 포켓
③ 릴리프 밸브
④ 공기빼기 밸브

【해설】

• 증기배관 공사 시 증기주관의 관 끝에 응축수를 건식 환수관에 배출하는 관말트랩을 연결하는 배관 중에 아래로 약 150 mm 이상의 길이로 연장해서 응축수의 체류 및 제거를 위한 드레인 포켓과 증기트랩을 설치하여야 한다.

52

재생식 공기 예열기로서 일반 대형 보일러에 주로 사용되는 것은?

① 엘레멘트 조립식
② 융그스트룀식
③ 판형식
④ 관형식

【해설】 ※ 공기예열기의 전열방법에 따른 종류

㉠ 전열식(전도식) : 연소가스를 열교환기 형식으로 공기를 예열하는 방식으로 원관을 다수 조립한 형식의 관형(Sell and tube) 공기예열기와 강판을 여러 겹 조립한 형식의 판형(Plate) 공기예열기가 있다.

㉡ 재생식(축열식) : 축열실에 연소가스를 통과시켜 열을 축적한 후, 연소가스와 공기를 번갈아 금속판에 접촉시켜 연소가스 통과쪽의 금속판에 열을 축적하여 공기 통과쪽의 금속판으로 이동시켜 공기를 예열하는 방식으로, 전열요소의 운동에 따라 회전식, 고정식, 이동식이 있으며 대표적으로 회전재생식인 Ljungstrom (융스트롬 또는, 융그스트롬) 공기예열기가 있다.

㉢ 증기식 : 연소가스 대신에 증기로 공기를 예열하는 방식으로 부식의 우려가 적다.

㉣ 히트파이프식 : 배관 표면에 핀튜브를 부착시키고 진공으로 된 파이프 내부에 작동유체(물, 알코올, 프레온 등)를 넣고 봉입한 것을 경사지게 설치하여, 작동유체의 열이동에 따른 상변화를 이용한 것으로 보일러 공기예열기용의 히트파이프 작동유체에는 물이 주로 사용된다.

53

돌로마이트(dolomite)의 주요 화학성분은?

① SiO_2
② SiO_2, Al_2O_3
③ $CaCO_3$, $MgCO_3$
④ Al_2O_3

【해설】 ※ 돌로마이트질 내화물

• 돌로마이트(dolomite, 백운석, $CaCO_3$ + $MgCO_3$)를 주원료로, 소화되기 쉬운 석회분의 표면을 내소화성으로 변화시키기 위해서 철이나 철광석을 첨가하고 1650℃ 이상으로 가열하여 소성한 염기성 내화물이다.

54

다음 중 수관보일러는 어느 것인가?

① 관류 보일러　　　② 케와니 보일러
③ 입형 보일러　　　④ 스코치 보일러

【해설】

※ 수관식 보일러의 종류　[암기법]：수자 강간
　　　　　　　　　　　　　　　　　(관)
　㉠ 자연순환식
　　[암기법]：자는 바·가·(야로)·다, 스네기찌
　　　　　　　(모두 다 **일본식 발음**을 닮았음.)
　　- 바브콕, 가르베, 야로, 다꾸마, 스네기찌,
　　　스털링 보일러
　㉡ 강제순환식　　[암기법]：강제로 베라~
　　- 베록스, 라몬트 보일러
　㉢ 관류식
　　[암기법]：관류 람진과 벤슨이 앤모르게 슐처먹었다
　　- 람진, 벤슨, 앤모스, 슐처 보일러

55

수관보일러에 대한 설명으로 틀린 것은?

① 수관 내에 흐르는 물을 연소가스로 가열
　하여 증기를 발생시키는 구조이다.
② 수관에서 나오는 기포를 물과 분리하기 위한
　증기드럼이 필요하다.
③ 일반적으로 제작비용이 커 대용량 보일러에
　적용이 많으나 중소형에도 적용이 가능하다.
④ 노통내면 및 동체 수부의 면을 고온 가스로
　가열하게 되어 비교적 열손실이 적다.

【해설】

　❹ 원통형(노통, 노통연관식) 보일러의 특징이다.

【참고】※ 수관식 보일러의 특징

　㉠ 외분식이므로 연소실의 크기 및 형태를 자유롭게
　　설계할 수 있어 연소상태가 좋고, 연료에 따라
　　연소방식을 채택할 수 있어 연료의 선택범위가 넓다.
　㉡ 드럼의 직경 및 수관의 관경이 작아, 구조상 고압,
　　대용량의 보일러 제작이 가능하다.

㉢ 관수의 순환이 좋아 열응력을 일으킬 염려가 적다.
㉣ 구조상 전열면적당 관수 보유량이 적으므로, 단위
　시간당 증발량이 많아서 증기발생 소요시간이
　매우 짧다. 따라서, 열량을 전열면에서 잘 흡수시키기
　위한 별도의 설계를 하지 않아도 된다.
㉤ 보일러 효율이 높다.(90% 이상)
㉥ 드럼의 직경 및 수관의 관경이 작으므로, 보유
　수량이 적다.
㉦ 보유수량이 적어 파열 사고 시에도 피해가 적다.
㉧ 일시적인 부하변동에 대하여 관수 보유수량이
　적으므로 압력변동과 수위변동이 크다.
㉨ 증기발생속도가 매우 빨라서 스케일 발생이 많아
　수관이 과열되기 쉬우므로 철저한 수처리를 요한다.
㉩ 구조가 복잡하여 내부의 청소 및 검사가 곤란하다.
㉪ 제작이 복잡하여 가격이 비싸다.
㉫ 구조가 복잡하여 취급이 어려워 숙련된 기술을 요한다.
㉬ 연소실 주위에 울타리 모양 상태로 수관을 배치
　하여 연소실 벽을 구성한 수냉벽을 로에 구성하여,
　고온의 연소가스에 의해서 내화벽돌이 연화·
　변형되는 것을 방지한다.
㉭ 수관의 특성상 기수분리의 필요가 있는 드럼
　보일러의 특징을 갖는다.

56

**송수주관을 상향구배로 하고 방열면을 보일러
설치 기준면보다 높게 하여 온수를 순환시키는
배관방식은?**

① 단관식　　　　　② 복관식
③ 상향순환식　　　④ 하향순환식

【해설】

※ 온수의 상향순환식 공급 방법
　- 송수주관을 방열기 아래쪽에 배관하고 수직관을
　　상향구배로 하여 방열면을 보일러 설치 기준면보다
　　높게 함으로써 온수의 순환을 도와 스케일의 생성을
　　억제하는 방식이다.

57

조업방식에 따른 요의 분류 시 불연속식 요에 해당되지 **않는** 것은?

① 횡염식 요　　② 터널식 요
③ 승염식 요　　④ 도염식 요

【해설】　　　　　**암기법** : 연속불반

※ 조업방식(작업방식)에 따른 요로의 분류
　㉠ 연속식
　　- 터널요, 윤요(고리가마), 견요(샤프트로),
　　　회전요(로터리 가마)
　㉡ 불연속식　　**암기법** : 불횡 승도
　　- 횡염식요, 승염식요, 도염식요
　㉢ 반연속식
　　- 셔틀요, 등요

58

사무실에서 증기난방을 할 때 필요한 전체 방열량이 20000 kJ/h 이라면 5세주 650 mm 주철제 방열기로 난방을 할 때 필요한 방열기의 쪽수는? (단, 5세주 650 mm 주절체 방열관의 쪽당 방열면적은 0.26 m^2 이다.)

① 29 쪽　　② 39 쪽
③ 49 쪽　　④ 50 쪽

【해설】 ※ 방열기의 난방부하(Q) 계산

• 방열기의 표준방열량($Q_{표준}$)은 열매체인 증기와 온수를 기준으로 구별하여 계산한다.

암기법 : 수 사오공, 증 육오공

열매체	공학단위 (kcal/m^2·h)	SI 단위 (kJ/m^2·h)
온수	450	1890
증기	650	2730

• 실내 방열기의 난방부하를 Q 라 두면

　Q = $Q_{표준}$ × A$_{방열면적}$
　　= $Q_{표준}$ × C × N × a
　　여기서, C : 보정계수(단, 제시 없으면 생략함.)
　　　N : 쪽수, a : 1쪽당 방열면적

20000 kJ/h = 2730 kJ/m^2·h × N × 0.26 m^2
이제, 네이버에 있는 에너지아카데미 카페(주소 : cafe.naver.com/2000toe)의 "방정식 계산기 사용법"으로 N을 미지수 x로 놓고 입력해 주면
∴ 쪽수 N = 28.17 ≒ **29 쪽**

59

다음 보온재 중 안전사용 온도가 가장 높은 것은?

① 석면　　② 암면
③ 규조토　　④ 펄라이트

【해설】

※ 최고 안전사용온도에 따른 무기질 보온재의 종류
　-50　-100　◀사➡　+100　+50
　　탄　G　암,　규　석면, 규산리
　250, 300,　400,　500, 550, 650℃
탄산마그네슘
　　Glass울(유리섬유)
　　　　　암면
　　　　　　　규조토, 석면, 규산칼슘
　650필지의 세라믹화이버 무기공장
　650℃↓　(×2배) 1300↓ 무기질
　펄라이트(석면+진주암),
　　　　세라믹화이버

60

보온벽의 온도가 안쪽 20℃, 바깥쪽 0℃이다. 벽 두께가 20 cm, 벽 재료의 열전도율이 0.2 W/m·℃ 일때 벽 1 m^2 당, 열손실량은?

① 0.2W　　② 0.4 W
③ 20 W　　④ 50 W

【해설】　　　　　**암기법** : 손전온면두

• 평면벽에서의 손실열량(Q) 계산공식

$$Q = \frac{\lambda \cdot \Delta t \cdot A}{d} \left(\frac{열전도율 \cdot 온도차 \cdot 단면적}{벽의 두께} \right)$$

$$= \frac{0.2\,W/m \cdot ℃ \times (20-0)℃ \times 1\,m^2}{0.2\,m}$$

= **20 W**

제4과목 **열설비 안전관리 및 검사기준**

61

에너지이용 합리화법에 따라 국내외 에너지 사정의 변동으로 에너지수급에 중대한 차질이 발생하거나 우려가 있다고 인정될 경우, 에너지수급의 안정을 위한 조치 사항에 해당되지 <u>않는</u> 것은?

① 에너지의 배급
② 에너지의 비축과 저장
③ 에너지 판매시설의 확충
④ 에너지사용기자재의 사용 제한

【해설】　　　　　　　　　[에너지이용합리화법 제7조]

※ 수급안정을 위한 조치
- 산업통상자원부장관은 국내외 에너지사정의 변동으로 에너지수급에 중대한 차질이 발생하거나 발생할 우려가 있다고 인정되면 에너지수급의 안정을 기하기 위하여 필요한 범위에서 에너지사용자·에너지공급자 또는 에너지사용기자재의 소유자와 관리자에게 다음 각 호의 사항에 관한 조정·명령, 그 밖에 필요한 조치를 할 수 있다.

  1. 지역별·주요 수급자별 에너지 할당
  2. 에너지공급설비의 가동 및 조업
  3. 에너지의 비축과 저장
  4. 에너지의 도입·수출입 및 위탁가공
  5. 에너지공급자 상호 간의 에너지의 교환 또는 분배 사용
  6. 에너지의 유통시설과 그 사용 및 유통경로
  7. 에너지의 배급
  8. 에너지의 양도·양수의 제한 또는 금지
  9. 에너지사용의 시기·방법 및 에너지사용기자재의 사용 제한 또는 금지 등 대통령령으로 정하는 사항
  10. 그 밖에 에너지수급을 안정시키기 위하여 대통령령으로 정하는 사항

62

스프링식 안전밸브에 속하지 <u>않는</u> 것은?

① 전량식 안전밸브
② 고양정식 안전밸브
③ 전양정식 안전밸브
④ 기체용식 안전밸브

【해설】　　　　　　　　암기법 : 안양, 고저 전전

※ 양정에 따른 스프링식 안전밸브의 분류
- ㉠ 고양정식 : 밸브의 양정이 밸브시트 구멍 안지름의 1/40 ~ 1/15 배 미만
- ㉡ 저양정식 : 밸브의 양정이 밸브시트 구멍 안지름의 1/15 ~ 1/7 배 미만
- ㉢ 전양정식 : 밸브의 양정이 밸브시트 구멍 안지름의 1/7 배 이상
- ㉣ 전량식 : 밸브시트 구멍 안지름이 목부지름보다 1.5 배 이상

63

보일러의 건식 보존법에서 보일러 내부에 넣어두는 건조 약품으로 가장 적합한 것은?

① 탄산칼슘
② 실리카겔
③ 염화나트륨
④ 염화수소

【해설】※ 건조 보존법(또는, 건식 보존법)

- 보존기간이 6개월 이상인 경우 보일러수를 완전히 배출하고 동 내부를 완전히 건조시킨 후 약품(흡습제, 산화방지제, 기화성 방청제 등)을 넣고 밀폐시켜 보존하는 방법으로 다음과 같은 종류가 있다.
  - ㉠ 석회 밀폐건조법
    - 완전히 건조시킨 후 건조제(생석회나 실리카겔 등의 흡습제)를 동 내부에 넣은 후 밀폐시켜 보존하는 방법
  - ㉡ 질소가스 봉입법(또는, 질소건조법, 기체보존법)
  - ㉢ 기화성 부식억제제 투입법
  - ㉣ 가열 건조법

64

에너지이용 합리화법에서 검사대상기기관리자의 선임·해임 또는 퇴직 신고의 접수는 누구에게 하는가?

① 국토교통부장관
② 환경부장관
③ 한국에너지공단이사장
④ 한국열관리시공협회장

【해설】　[에너지이용합리화법 시행규칙 제31조의28.]

❸ 검사대상기기의 설치자는 검사대상기기 관리자의 선임·해임하거나 퇴직한 경우의 신고사유가 발생한 경우 신고는 신고사유가 발생한 날로부터 30일 이내에 **한국에너지공단 이사장**에게 신고서를 제출하여야 한다.

65

에너지이용 합리화법에 따라 검사대상기기관리자는 중·대형보일러 관리자 교육 과정이나 소형 보일러·압력용기 관리자 교육과정을 받아야 하는데, 여기서 중·대형보일러 관리자 교육 과정을 받아야 하는 기준으로 옳은 것은?

① 검사대상기기 관리자 중 용량이 1 t/h(난방용의 경우에는 5 t/h)를 초과하는 강철제 보일러 및 주철제 보일러의 관리자
② 검사대상기기 관리자 중 용량이 3 t/h(난방용의 경우에는 5 t/h)를 초과하는 강철제 보일러 및 주철제 보일러의 관리자
③ 검사대상기기 관리자 중 용량이 1 t/h(난방용의 경우에는 10 t/h)를 초과하는 강철제 보일러 및 주철제 보일러의 관리자
④ 검사대상기기 관리자 중 용량이 3 t/h(난방용의 경우에는 10 t/h)를 초과하는 강철제 보일러 및 주철제 보일러의 관리자

【해설】　[에너지이용합리화법 시행규칙 별표 4의2.]

※ 검사대상기기관리자에 대한 교육

구분	교육과정	교육기간	교육대상자
검사대상기기관리자	1. 중·대형보일러 관리자 과정	1일	검사대상기기관리자로 선임된 사람으로서 용량이 1 t/h(난방용의 경우에는 5 t/h)를 초과하는 강철제보일러 및 주철제 보일러의 관리자
	2. 소형보일러·압력용기 관리자 과정	1일	검사대상기기 관리자로 선임된 사람으로서 제1호의 보일러 관리자 과정의 대상이 되는 보일러 외의 보일러 및 압력용기 관리자

66

보일러에서 증기를 송기할 때의 조작방법으로 틀린 것은?

① 증기헤더의 드레인 밸브를 열어 응축수를 배출한다.
② 주증기관 내의 관을 따뜻하게 하기 위해 다량의 증기를 급격히 보낸다.
③ 주증기 밸브의 열림 정도를 단계적으로 한다.
④ 주증기 밸브를 완전히 연 다음 약간 되돌려 놓는다.

【해설】※ 증기 송기 시(주증기 밸브 작동 시) 주의사항
㉠ 캐리오버, 수격작용이 발생하지 않도록 한다.
㉡ 송기하기 전 증기헤더의 주위 밸브 및 트랩 등의 바이패스 밸브를 열어 드레인을 제거한다.
㉢ 주증기관 내에 소량의 증기를 서서히 공급하여 관을 따뜻하게 예열한다.
㉣ 주증기밸브는 3분에 1회전을 하여 단계적으로 천천히 개방시켜 완전히 열었다가 다시 조금 되돌려 놓는다.
㉤ 항상 일정한 압력을 유지하고, 부하측의 압력이 정상적으로 유지되고 있는지 확인한다.
㉥ 연소상태를 확인하여 정상적인 연소가 이루어지도록 한다.

67

열역학적 트랩으로 수격현상에 강하고 과열증기에도 사용할 수 있으며 구조가 간단하며 유지보수가 용이한 증기트랩은?

① 버킷 트랩
② 디스크 트랩
③ 벨로즈 트랩
④ 바이메탈식 트랩

【해설】 ※ 작동원리에 따른 증기트랩의 분류 및 종류

분류	작동원리	종류
기계식 트랩	증기와 응축수의 비중차를 이용하여 분리한다. (버킷 또는 플로트의 부력을 이용)	버킷식 플로트식
온도조절식 트랩	증기와 응축수의 온도차를 이용하여 분리한다. (금속의 신축성을 이용)	바이메탈식 벨로즈식 다이어프램식
열역학적 트랩	증기와 응축수의 열역학적 특성차를 이용하여 분리한다.	디스크식 오리피스식

68

보일러 안전밸브의 작동시험 방법으로 **틀린** 것은?

① 안전밸브가 2개 이상인 경우 그 중 1개는 최고사용압력 이하, 기타는 최고사용압력의 1.3배 이하이어야 한다.
② 과열기의 안전밸브 분출압력은 증발부 안전밸브의 분출압력 이하이어야 한다.
③ 안전밸브가 1개인 경우 분출압력은 최고사용압력 이하이어야 한다.
④ 재열기 및 독립과열기에 있어서는 안전밸브가 1개인 경우 분출압력은 최고사용압력 이하이어야 한다.

【해설】 [열사용기자재의 검사기준 23.2.5.1.]
※ 안전밸브의 작동시험
　㉠ 안전밸브의 분출압력은 1개일 경우 최고사용압력 이하, 안전밸브가 2개 이상인 경우 그 중 1개는 최고사용압력(1.0배) 이하, 기타는 최고사용압력의 1.03배 이하일 것

㉡ 과열기의 안전밸브 분출압력은 증발부 안전밸브의 분출압력 이하일 것
㉢ 발전용 보일러에 부착하는 안전밸브의 분출정지압력은 분출압력의 0.93 배 이상이어야 한다.
㉣ 재열기 및 독립과열기에 있어서는 안전밸브가 하나인 경우 최고사용압력(1.0배) 이하, 2개인 경우 하나는 최고사용압력 이하이고 다른 하나는 최고사용압력의 1.03배 이하에서 분출하여야 한다. 다만, 출구에 설치하는 안전밸브의 분출압력은 입구에 설치하는 안전밸브의 설정압력보다 낮게 조정되어야 한다.

69

보일러의 급수처리에 있어서 용해 고형물(경도성분)을 침전시켜 연화할 목적으로 사용되는 약제는?

① H_2SO_4
② HCl
③ Na_2CO_3
④ $MgCl_2$

【해설】
※ 약품첨가법
　- 급수에 석회[$Ca(OH)_2$], 탄산소다[Na_2CO_3], 가성소다[$NaOH$] 등을 첨가하여 Ca, Mg 등의 경수 성분을 불용성 화합물로 만들어 침전시켜 제거함으로써 물을 연화시키는 방법이다.

70

다음 중 보일러 수의 슬러지 조정제로 사용되는 청관제는?

① 전분
② 가성소다
③ 탄산소다
④ 아황산소다

【해설】 암기법 : 슬며시, 리그들 녹말 탄니?
※ 보일러수 처리 시 슬러지 조정제로 사용되는 약품
　㉠ 리그린
　㉡ 녹말(또는, 전분)
　㉢ 탄닌
　㉣ 텍스트린

71

에너지이용 합리화법에 따른 개조검사에 해당되지 <u>않는</u> 것은?

① 온수보일러를 증기보일러로 개조
② 보일러 섹션의 증감에 의한 용량의 변경
③ 연료 또는 연소 방법의 변경
④ 철금속가열로로서 산업통상자원부장관이 정하여 고시하는 경우의 수리

【해설】　　　　　[에너지이용합리화법 시행규칙 별표3의4.]

※ 개조검사의 적용대상
　㉠ 증기보일러를 온수보일러로 개조하는 경우
　　　암기법 : 걔한테 증→온 오까?
　㉡ 보일러 섹션의 증감에 의하여 용량을 변경하는 경우
　㉢ 동체·돔·노통·연소실·경판·천정판·관판·관모음 또는 스테이의 변경으로서 산업통상자원부장관이 정하여 고시하는 대수리의 경우
　㉣ 연료 또는 연소방법을 변경하는 경우
　㉤ 철금속가열로로서 산업통상자원부장관이 정하여 고시하는 경우의 수리

72

하트포드 배관에서 환수주관과 균형관(balance pipe)의 연결 위치는 보일러 사용수위(표준수위)에서 몇 mm 아래 위치하는가?

① 30　　　　　　　② 50
③ 70　　　　　　　④ 100

【해설】

※ 하트포드(hart ford) 연결법
　- 저압증기 난방에 사용되는 보일러 내의 수면이 안전 저수위 이하로 내려가거나 보일러가 빈 상태로 되는 것을 막기 위하여 균형관을 달고 안전저수위보다 높은 위치에 환수관을 접속하여 보일러수 유출을 막기 위한 배관 연결 방법이다. 균형관에 접속하는 환수주관의 분기 위치는 보일러 표준수면에서 약 50 mm 아래가 적합하다.

73

보일러 운전 중 취급상의 사고에 해당되지 <u>않는</u> 것은?

① 압력초과　　　　② 저수위 사고
③ 급수처리 불량　　④ 부속장치 미비

【해설】

❹ 부속장치 미비는 보일러 안전사고 중 취급상의 원인이 아니라, 제작상의 원인에 해당한다.

【참고】 ※ 보일러 안전사고의 원인
　㉠ 제작상의 원인
　　- 재료불량, 강도부족, 구조불량, 설계불량, 용접불량, 부속장치의 미비, 안전장치 고장 등
　㉡ 취급상의 원인
　　- 저수위에 의한 과열, 압력초과, 미연가스폭발, 역화, 급수처리불량으로 인한 부식, 부속장치 및 부속기기의 정비 불량 등

74

에너지이용 합리화법에 관한 내용으로 다음 ( ) 안에 각각 들어갈 용어로 옳은 것은?

> 산업통상자원부 장관은 효율관리기자재가 (㉠)에 미달하거나 (㉡)을 초과하는 경우에는 해당 효율관리기자재의 제조업자 또는 판매업자에게 그 생산이나 판매의 금지를 명할 수 있다.

① ㉠ 최대소비효율기준　㉡ 최저사용량기준
② ㉠ 적정소비효율기준　㉡ 적정사용량기준
③ ㉠ 최저소비효율기준　㉡ 최대사용량기준
④ ㉠ 최대사용량기준　㉡ 최저소비효율기준

【해설】　　　　　[에너지이용합리화법 제16조의 2항.]

• 산업통상자원부 장관은 효율기자재 중 **최저소비효율기준**에 미달하거나 **최대사용량기준**을 초과하는 경우에는 해당 효율관리기자재의 제조업자 또는 판매업자에게 그 생산이나 판매의 금지를 명할 수 있다.

75

증기난방 배관용으로 쓰이는 증기트랩에 관한 설명으로 옳은 것은?

① 방열기의 송수구 또는 배관의 윗부분에 증기가 모이는 곳에 설치한다.
② 증기트랩을 설치하는 주목적은 고압의 증기와 공기를 배출하는 것이다.
③ 방열기나 증기관 속에 생긴 응축수를 환수관으로 배출한다.
④ 증기트랩은 마찰저항이 커야 하며 내마모성 및 내식성 등이 작아야 한다.

【해설】

※ 증기트랩(steam trap, 스팀트랩)
  - 증기 사용설비인 방열기나 증기관의 도중에 설치하여 생긴 응축수를 환수관으로 배출하여 증기의 잠열을 유효하게 이용할 수 있도록 하고 수격작용을 방지하고, 증기의 건도를 높여준다.

【참고】

※ 증기트랩의 구비 조건
  ㉠ 마찰저항이 작아야 한다.
  ㉡ 내구성 및 내침식성이 좋아야 한다.
  ㉢ 공기의 배출능력이 좋아야 한다.
  ㉣ 응축수를 자동으로 배출시켜야 한다.
  ㉤ 증기와 응축수의 분리가 용이해야 한다.
  ㉥ 보일러 정지 후에도 응축수 배출이 작동되어야 한다.

76

보일러에 사용되는 탈산소제의 종류로 옳은 것은?

① 황산   ② 염화나트륨
③ 하이드라진   ④ 수산화나트륨

【해설】   암기법 : 아황산, 히드라 산소, 탄니?
※ 보일러수 처리 시 탈산소제로 사용되는 약품
  ㉠ 아황산소다(아황산나트륨 Na_2SO_3)
  ㉡ 히드라진(고압) ㉢ 탄닌

77

보일러수 중 알칼리 용액의 농도가 높을 때 응력이 큰 금속표면에 미세한 균열이 일어나는 것을 무엇이라고 하는가?

① 피팅(pitting)
② 가성취화
③ 그루빙(grooving)
④ 포밍(foaming)

【해설】※ 가성취화 현상

● 보일러수 중에 분해되어 생긴 가성소다($NaOH$)가 과도하게 농축되면 수산화이온(OH^-)이 많아져서 알칼리도가 pH 13 이상으로 높아질 때 Na(나트륨)이 강재의 결정입계에 침투하여 재질을 열화, 취화시켜 금속 표면에 미세한 균열이 일어나는 것을 말한다.

78

에너지이용 합리화법에 의한 검사대상기기 관리자의 선임, 해임 또는 퇴직에 관한 신고는 신고 사유가 발생한 날부터 며칠 이내에 해야 하는가?

① 15일   ② 30일
③ 20일   ④ 2개월

【해설】   [에너지이용합리화법 시행규칙 제31조의28.]
❷ 검사대상기기의 설치자는 검사대상기기 관리자의 선임·해임하거나 퇴직한 경우의 신고사유가 발생한 경우 신고는 신고사유가 발생한 날로부터 30일 이내에 한국에너지공단 이사장에게 신고서를 제출하여야 한다.

79

에너지이용 합리화법에 따른 보일러 제조검사에 해당되는 것은?

① 용접검사   ② 설치검사
③ 개조검사   ④ 설치장소 변경검사

75-③   76-③   77-②   78-②   79-①   에너지아카데미(cafe.naver.com/2000toe) 기출 85

【해설】 [에너지이용합리화법 시행규칙 별표 3의4.]
* 검사의 종류에는 **제조검사(용접검사, 구조검사)**, 설치검사, 설치장소변경검사, 개조검사, 재사용검사, 계속사용검사(안전검사, 운전성능검사)로 분류한다.

80
다음 중 보일러의 보존방법이 <u>아닌</u> 것은?

① 건식보존법   ② 소다 보일링법

③ 만수보존법   ④ 질소봉입법

【해설】
❷ 소다 끓이기(Soda boiling)는 보일러 보존방법이 아니라, 신설 보일러의 내부 처리 방법이다.

【참고】 ※ 보일러의 보존방법
㉠ 건조 보존법 (건식 보존법)
    - 석회 밀폐건조법, 질소가스 봉입법(또는, 질소건조법, 기체보존법), 기화성 부식억제제 투입법, 가열 건조법
㉡ 만수 보존법 (습식 보존법)
    - 보통 만수 보존법, 소다 만수 보존법
㉢ 특수 보존법(페인트 도장법)

2017년 제2회 에너지관리산업기사
(2017.5.7. 시행)

평균점수

제1과목　열 및 연소설비

01

비열에 관한 설명으로 **틀린** 것은?

① 비열은 1 ℃의 온도를 변화시키는데 필요한 단위질량당 열량이다.

② 정압비열은 압력이 일정할 때 기체 1 kg을 1 ℃ 높이는데 필요한 열량이다.

③ 기체의 정압비열과 정적비열은 일반적으로 같지 않다.

④ 정압비열은 정적비열보다 클 수도, 작을 수도 있다.

【해설】　　　　　　　　　　암기법 : 큐는 씨암탉

• 비열(C) : 단위질량의 어떤 물체의 온도를 단위온도차 (1℃, 1K, 1℉)만큼 올리는데 필요한 열량.(= $\dfrac{Q}{m \cdot \varDelta t}$)

• 정적비열(Cv) : 체적을 일정하게 유지하면서 물질 1 kg의 온도를 1 K (또는, 1 ℃) 높이는데 필요한 열량.

• 정압비열(Cp) : 압력을 일정하게 유지하면서 물질 1 kg의 온도를 1 K (또는, 1 ℃) 높이는데 필요한 열량.

• 기체의 정압비열(Cp)은 기체가 외부로 팽창하는데 일을 하게 되므로 이에 필요한 에너지가 더 소요되어 항상 정적비열 Cv 보다 R 만큼 더 크다. (즉, Cp = Cv + R 또는, Cp - Cv = R)

• 기체의 비열비($k = \dfrac{C_P}{C_V}$)는 항상 1보다 크고, 분자의 구조가 복잡할수록 정적비열은 커지고 비열비는 작아진다.

02

엔트로피(entropy)에 대한 설명으로 옳은 것은?

① 열역학 제2법칙과 관련된 것으로 비가역 사이클에서 항상 엔트로피가 증가한다.

② 열역학 제1법칙과 관련된 것으로 가역 사이클이 비가역 사이클보다 엔트로피의 증가가 뚜렷하다.

③ 열역학 제2법칙으로 정의된 엔트로피는 과정의 진행방향과는 아무런 관련이 없다.

④ 엔트로피의 단위는 K/kJ 이다.

【해설】

• 엔트로피(S)의 정의 : dS = $\dfrac{\delta Q}{T}$ [단위 : kJ/K]

• 열역학 제2법칙의 표현에서, 고립된 계의 비가역 변화는 엔트로피가 항상 증가한다.

03

증기터빈에 36 kg/s의 증기를 공급하고 있다. 터빈의 출력이 3×10⁴ kW 이면 터빈의 증기 소비율은 몇 kg/kW·h 인가?

① 3.08　　　　　② 4.32
③ 6.25　　　　　④ 7.18

【해설】

• 증기 소비율 = $\dfrac{증기\ 공급량}{터빈\ 출력}$

$= \dfrac{36\ kg/\sec \times \dfrac{3600\sec}{1\,h}}{3 \times 10^4\ kW}$

= 4.32 kg/kW·h

1-④　　2-①　　3-②

04

보일러의 자연통풍에서 통풍력을 크게 하기 위한 방법이 아닌 것은?

① 연돌의 높이를 높인다.
② 배기가스 온도를 높인다.
③ 연돌 상부 단면적을 작게 한다.
④ 연도의 굴곡부를 줄인다.

【해설】 ※ 연돌(굴뚝)의 통풍력이 증가하는 조건
  ㉠ 공기의 기압이 높을수록
  ㉡ 굴뚝의 높이가 높을수록
  ㉢ 굴뚝의 단면적이 클수록 (직경이 클수록)
  ㉣ 배기가스의 온도가 높을수록
  ㉤ 배기가스의 밀도(또는, 비중량)이 작을수록
  ㉥ 외기온도가 낮을수록
  ㉦ 공기 중의 습도가 낮을수록
  ㉧ 연도의 길이가 짧을수록
  ㉨ 굴곡부가 적을수록(통풍마찰저항이 작을수록)
  ㉩ 여름철보다 겨울철에 통풍력이 증가한다.

05

탄소를 완전 연소시키면 다음 반응식과 같이 탄산가스와 함께 높은 열이 발생한다. 이를 참고하여 탄소(C) 1 kg을 완전연소시켰을 때 발생하는 열량은?

$$C + O_2 = CO_2 + 97200 \text{ kcal/kmol}$$

① 2550 kcal/kg
② 8100 kcal/kg
③ 12720 kcal/kg
④ 16200 kcal/kg

【해설】 **암기법** : 씨(C)팔일,수(H)세상, 황(S)이오
 • 탄소 1 kmol 완전연소 시 발열량이 97200 kcal 이므로,
  탄소(C) 1 kmol은 질량으로 12 kg에 해당한다.
 ∴ 질량으로의 환산은 $\dfrac{97200\,kcal}{kmol \times \dfrac{12\,kg}{1\,kmol}}$ = **8100 kcal/kg**

06

가스연료 연소 시 발생하는 현상 중 옐로우 팁 (Yellow tip)을 바르게 설명한 것은?

① 버너에서 부상하여 일정한 거리에서 연소하는 불꽃의 모양
② 불꽃의 색상이 적황색으로 1차공기가 부족한 경우 발생하는 불꽃의 모양
③ 가스연소 시 공기량이 과다하여 발생하는 불꽃의 모양
④ 불꽃이 염공을 따라 거꾸로 들어가는 현상

【해설】
 ※ 옐로우 팁(Yellow tip, 황염)
  - 염공에서 가스 연료의 연소 시 1차 공기량이 부족한 경우 불완전연소로 인해 불꽃의 색이 황색으로 되는 이상 현상이다.

07

탄소 0.87, 수소 0.1, 황 0.03 의 조성을 가지는 연료가 있다. 이론 건배가스량은 약 몇 Nm^3/kg 인가?

① 7.54
② 8.84
③ 9.94
④ 10.84

【해설】 **암기법** : (이론산소량) 1.867C, 5.6H, 0.7S
※ 고체, 액체연료 조성에 따른 이론공기량 (A_0) 계산
 • $A_0 = \dfrac{O_0}{0.21}$ (Nm^3/kg-연료)

  $= \dfrac{1.867\,C + 5.6\,H + 0.7\,S}{0.21}$

  $= \dfrac{1.867 \times 0.87 + 5.6 \times 0.1 + 0.7 \times 0.03}{0.21}$

  $≒ 10.5 \, Nm^3/kg$-연료

 • G_{0d} (이론 건배기가스량)
  = 이론공기중 질소량 + 생성된 CO_2 + 생성된 SO_2
  = $0.79A_0 + 1.867C + 0.7S$
  = $0.79 \times 10.5 + 1.867 \times 0.87 + 0.7 \times 0.03$
  = $9.94 \, Nm^3/kg$-연료

4-③ 5-② 6-② 7-③

08

통풍압력을 2배로 높이려면 원심형 송풍기의 회전수를 몇 배로 높여야 하는가? (단, 다른 조건은 동일하다고 본다.)

① 1 ② $\sqrt{2}$
③ 2 ④ 4

【해설】※ 원심식 송풍기의 상사성 법칙(또는, 친화성 법칙)

암기법 : 1 2 3 회(N)
유 양 축
3 2 5 직(D)

● 송풍기의 풍압(양정)은 회전수의 제곱에 비례한다.

$$P_2 = P_1 \times \left(\frac{N_2}{N_1}\right)^2 \times \left(\frac{D_2}{D_1}\right)^2$$

여기서, P : 압력, N : 회전수, D : 임펠러 직경

$$2P_1 = P_1 \times \left(\frac{N_2}{N_1}\right)^2$$

$$\therefore N_2 = \sqrt{2} \times N_1$$

09

증기의 압력이 높아질 때 나타나는 현상에 관한 설명으로 틀린 것은?

① 포화온도가 높아진다.
② 증발잠열이 증대한다.
③ 증기의 엔탈피가 증가한다.
④ 포화수 엔탈피가 증가한다.

【해설】❷ 증기의 압력이 높아지면 증발잠열이 감소된다.
(P-V 선도를 그려 놓고 확인하면 쉽다!)

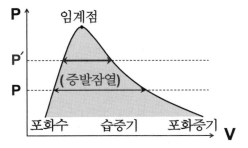

10

두 개의 단열과정과 두 개의 등온과정으로 이루어진 사이클은?

① 오토사이클 ② 디젤사이클
③ 카르노사이클 ④ 브레이튼사이클

【해설】 암기법 : 카르노 온단다.

※ 카르노(Carnot)사이클의 순환과정

: 등온팽창 → 단열팽창 → 등온압축 → 단열압축

【참고】※ 사이클 순환과정은 반드시 암기하자!

암기법 : 단적단적한.. 내, 오디사 가(부러),예스 랭!
↳내연기관. ↳외연기관

오 단적~단적 오토 (단열-등적-단열-등적)
디 단합~ 〃 디젤 (단열-등압-단열-등적)
사 단적합 〃 사바테 (단열-등적-등압-단열-등적)
가(부) 단합~단합 암기법 : 가!~단합해
가스터빈(부레이톤) (단열-등압-단열-등압)
예 온합~온합 에릭슨 (등온-등압-등온-등압)
암기법 : 예혼합
스 온적~온적 스털링 (등온-등적-등온-등적)
암기법 : 스탈린 온적있니?
랭킨 합단~합단 랭킨 (등압-단열-등압-단열)
↳ 증기 원동소의 기본 사이클. 암기법 : 가랭이

11

연소장치의 선회방식 보염기가 아닌 것은?

① 평행류식 ② 축류식
③ 반경류식 ④ 혼류식

【해설】

※ 보염기의 종류는 선회방식(축류식, 반경류식, 혼류식)과 평행류식으로 구분된다.

① 선회식 : 공기와 연료의 흐름을 서로 교차시키는 방식
  ㉠ 축류식 : 공기와 연료의 흐름이 수직
  ㉡ 반경류식 : 공기와 연료가 반경 방향으로 흐름
  ㉢ 혼류식 : 공기와 연료가 서로 혼합하여 흐름
② 평행류식 : 공기와 연료의 흐름이 평행한 방식

12

기체연료의 특징에 관한 설명으로 **틀린** 것은?

① 회분 발생이 많고 수송이나 저장이 편리하다.

② 노 내의 온도분포를 쉽게 조절할 수 있다.

③ 연소조절, 점화, 소화가 용이하다.

④ 연소효율이 높고 약간의 과잉공기로 완전연소가 가능하다.

【해설】 ※ 기체연료의 특징

<장점> ㉠ 유동성이 양호하여 개폐밸브에 의한 연료의 공급량 조절이 쉽고, 점화 및 소화가 간단하다.

㉡ 비열이 작아서 예열이 용이하므로 고온을 얻기가 쉽고, 유체연료이므로 연료의 공급량 조절이 쉬워서 화염온도 조절이 용이하며 열효율이 높다.

㉢ 적은 공기비로도 완전연소가 가능하다.

㉣ 유동성이 커서 연료의 품질이 균일하므로 자동제어에 의한 연소의 조절이 용이하다.

㉤ 연소 후 유해잔류 성분(회분, 매연 등)이 거의 없으므로 재가 없고 청결하다.

㉥ 공기와의 혼합을 임의로 조절할 수 있어서 연소효율$\left(= \dfrac{\text{연소열}}{\text{발열량}} \right)$이 가장 높다.

㉦ 계량과 기록이 용이하다.

㉧ 고체·액체연료에 비해 수소함유량이 많으므로 탄수소비가 가장 작다.

<단점> ㉠ 단위 체적당 발열량은 고체·액체연료에 비해 극히 작다.

㉡ 고체·액체연료에 비해 부피가 커서 압력이 높기 때문에 저장이나 운송이 불편하다.

㉢ 유동성이 커서 누출되기 쉽고 폭발의 위험성이 크므로 취급에 주의를 요한다.

㉣ 고체·액체연료에 비해서 제조 비용이 비싸다.

13

어떤 용기 내의 기체의 압력이 계기압력으로 Pg 이다. 대기압을 Pa 라고 할 때, 기체의 절대압력은?

① Pg − Pa ② Pg + Pa

③ Pg × Pa ④ Pg / Pa

【해설】 암기법 : 절대계

• **절대압력 = 대기압 + 게이지압(계기압력)**

따라서, 문제에서 제시된 기호로 표현하면

절대압력 = Pa(대기압) + Pg(계기압력)

14

연돌의 입구 온도가 200 ℃, 출구 온도가 30 ℃일 때, 배출가스의 평균온도는 약 몇 ℃인가?

① 85 ℃ ② 90 ℃

③ 109 ℃ ④ 115 ℃

【해설】 ※ 산술평균온도($\bar{t}$) 공식

$$\bar{t} = \frac{t_1 + t_2}{2} = \frac{200 + 30}{2} = 115\,℃$$

15

이상기체 5 kg이 350 ℃에서 150℃까지 "$PV^{1.3}$ = 상수"에 따라 변화하였다. 엔트로피의 변화는? (단, 가스의 정적비열은 0.653 kJ/kg·K 이고, 비열비(k)는 1.4 이다.)

① 1.69 kJ/K ② 1.52 kJ/K

③ 0.85 kJ/K ④ 0.42 kJ/K

【해설】

※ $n = 1.3$ 인 폴리트로픽 변화(PV^n = 상수) 이므로

$$\Delta S = \frac{n-k}{n-1} \cdot C_V \cdot \ln\left(\frac{T_2}{T_1}\right) \times m$$

$$= \frac{1.3 - 1.4}{1.3 - 1} \times 0.653 \times \ln\left(\frac{273 + 150}{273 + 350}\right) \times 5$$

$$= 0.421 ≒ \mathbf{0.42\,kJ/K}$$

16

보일러 집진장치 중 매진을 액막이나 액방울에 충돌시키거나 접촉시켜 분리하는 것은?

① 여과식　　　　② 세정식
③ 전기식　　　　④ 관성 분리식

【해설】

※ 습식(세정식) 집진장치의 집진형식은 분진을 포함한 함진가스를 세정액과 충돌 또는 접촉시켜 분진을 포집하고 황산화물을 용해하는 방식으로 유수식, 가압수식, 회전식으로 분류한다.

17

고체 연료가 가열되어 외부에서 점화하지 않아도 연소가 일어나는 최저온도를 무엇이라고 하는가?

① 착화온도　　　　② 최적온도
③ 연소온도　　　　④ 기화온도

【해설】

※ 착화온도(또는, 착화점, 발화점)

- 연료가 외부로부터 가열원(점화원) 없이도 어느 온도에 도달하면 스스로 착화(발화)할 수 있는 최저온도를 말한다.

18

석탄을 공업 분석하였더니 수분이 3.35 %, 휘발분이 2.65 %, 회분이 25.5 % 이었다. 고정탄소분은 몇 % 인가?

① 37.6　　　　② 49.4
③ 59.8　　　　④ 68.5

【해설】　　　　암기법 : 고백마, 휘수회

• 고정탄소(%) = 100 - (휘발분 + 수분 + 회분)
　　　　　　 = 100 - (2.65 + 3.35 + 25.5)
　　　　　　 = 68.5 %

19

압력 200 kPa, 체적 0.4 m³ 인 공기를 압력이 일정한 상태에서 체적을 0.6 m³ 로 팽창시켰다. 팽창 중에 내부에너지가 80 kJ 증가하였으면 팽창에 필요한 열량은?

① 40 kJ　　　　② 60 kJ
③ 80 kJ　　　　④ 120 kJ

【해설】

• 정압가열(연소)에 의한 체적팽창이므로,

$$_1W_2 = \int_1^2 P \, dV = P\int_1^2 dV = P \cdot (V_2 - V_1)$$
$$= 200 \, kPa \times (0.6 - 0.4) \, m^3 = 40 \, kJ$$

• 계가 받은 열량 $\delta Q = dU + {_1W_2} = 80 \, kJ + 40 \, kJ$
$$= 120 \, kJ$$

20

15 ℃의 물 1 kg을 100 ℃의 포화수로 변화시킬 때 엔트로피 변화량은? (단, 물의 평균 비열은 4.2 kJ/kg·K 이다.)

① 1.1 kJ/K　　　　② 8.0 kJ/K
③ 6.7 kJ/K　　　　④ 85.0 kJ/K

【해설】 ※정압가열시 엔트로피 변화 암기법 : 피티네, 알압

• 물은 액체 상태로 상변화는 일어나지 않으므로 정압과정(P₁ = P₂)이다. 엔트로피 변화량 ΔS는

$$\Delta S = C_p \cdot \ln\left(\frac{T_2}{T_1}\right) - R \cdot \ln\left(\frac{P_2}{P_1}\right) \text{에서,}$$

$$\text{한편, } \ln\left(\frac{P_2}{P_1}\right) = \ln(1) = 0 \text{ 이므로}$$

$$= C_p \cdot \ln\left(\frac{T_2}{T_1}\right) \times m$$

$$= 4.2 \, kJ/kg \cdot K \times \ln\left(\frac{100 + 273}{15 + 273}\right) \times 1 \, kg$$

$$= 1.086 \fallingdotseq 1.1 \, kJ/K$$

제2과목	열설비 설치

21

다음 중 액주계를 읽는 정확한 위치는?

① 1
② 2
③ 3
④ 아무 곳이든 괜찮다.

【해설】

• 액체의 모세관 현상으로 인해 액체가 관을 적실 때는 수평면에 대하여 오목하므로 눈금은 최하부(3의 위치)를 읽는다. 만약, 액체가 관을 적시지 않을 때는 수평면에 대하여 볼록하므로 눈금은 최상부를 읽는다.

22

면적식 유량계의 특징에 대한 설명으로 틀린 것은?

① 고점도 액체의 측정이 가능하다.
② 부식액의 측정에 적합하다.
③ 적산용 유량계로 사용된다.
④ 유량 눈금이 균등하다.

【해설】

❸ 적산용 유량계로 사용되는 것은 용적식(체적식) 유량계이다.

【참고】 ※ 면적식 유량계의 특징

<장점> ㉠ 다른 유량계에 비해 가격이 저렴하고, 사용이 간편하다.
㉡ 슬러리 유체나 부식성 액체의 유량 측정도 가능하다.
㉢ 직관길이는 필요하지 않다.
㉣ 유로의 단면적차이를 이용하므로 압력손실이 적어, 차압식 유량계에 비해 측정범위가 넓다.(100 ~ 5000 m³/h)

㉤ 현장지시계이면 동력원은 전혀 필요 없다. (폭발성 환경에서도 사용할 수 있다.)
㉥ 유량에 따라 측정치는 균등눈금(또는, 직선눈금)이 얻어진다.
㉦ 내식성 제품을 만들기 쉽다. (부식액 측정이 용이하다.)
㉧ 유량계수는 비교적 낮은 레이놀즈수(약 102)의 범위까지 일정하기 때문에 고점도 유체나 소유량에 대해서도 측정이 가능하다.
㉨ 유체의 밀도를 미리 알고 측정하며 액체, 기체, 증기 어느 것이라도 사용할 수 있다.

<단점> ㉠ 유체의 밀도가 변하면 보정해주어야 하기 때문에 정도는 ±1 ~ 2 %로서 아주 좋지는 않으므로 정밀측정용으로는 부적합하다.
㉡ 고형물을 포함한 액체에는 그다지 적합하지 않다.
㉢ 전송형으로 하면 동력원이 필요하므로 가격이 비싸게 된다.
㉣ 수직 배관에만 사용이 가능하다.
㉤ 오염으로 인하여 플로트가 오염된다.
㉥ 대구경(Φ 100 mm) 이상의 것은 값이 비싸다.

23

다음 중 O_2 계로 사용되지 않는 것은?

① 연소식   ② 자기식
③ 적외선식   ④ 세라믹식

【해설】

※ 가스분석 시 O_2계로 사용되는 것
 – 세라믹식 O_2계, 자기식 O_2계, 연소식 O_2계

【참고】 ※ 적외선식 가스분석계의 특징

㉠ 연속측정이 가능하고, 선택성이 뛰어나다.
㉡ 측정대상 범위가 넓고 저농도의 가스 분석에 적합하다.
㉢ 측정가스의 먼지나 습기의 방지에 주의가 필요하다.
㉣ 적외선은 원자의 종류가 다른 2원자 가스분자만을 검지할 수 있기 때문에, 단체로 이루어진 가스 (H_2, O_2, N_2 등)는 분석할 수 없다.
㉤ 적외선의 흡수를 이용한다. (또는, 광학적 성질인 빛의 간섭을 이용한다.)

24

반도체 측온저항체의 일종으로 니켈, 코발트, 망간 등 금속산화물을 소결시켜 만든 것으로 온도계수가 부(-)특성을 지닌 것은?

① 서미스터 측온체
② 백금 측온체
③ 니켈 측온체
④ 동 측온체

【해설】 ※ 써미스터(Thermistor) 저항온도계

• 니켈(Ni), 망간(Mn), 코발트(Co) 등의 금속산화물의 분말을 혼합 소결시켜 만든 반도체로서 그 전기저항이 온도범위에 따라 가장 크게 변화하므로 응답이 빠른 감온소자로 이용할 수 있다.

【참고】 ※ 써미스터(Thermistor) 저항온도계의 특징

㉠ 온도가 상승함에 따라 금속의 전기저항은 증가하는 게 일반적이지만, 반도체인 써미스터는 온도가 증가하면 저항이 감소하는 부성저항(부특성)을 가지고 있다. (절대온도의 제곱에 반비례한다.)

㉡ 저항온도계수가 금속에 비하여 가장 크다.

㉢ 금속저항은 응답성이 느린데 비하여 써미스터는 응답성이 빠르다.

㉣ 측온부를 작게 제작할 수 있으므로 좁은 장소에도 설치가 가능하여 편리하다.

㉤ 호환성이 작으며 경년변화가 생긴다.

㉥ 흡습 등으로 열화되기 쉽다.

㉦ 반도체이므로, 금속 소자의 온도 특성인 특유의 균일성을 얻기 어렵다.

㉧ 재현성이 좋지 않다.

㉨ 자기가열에 주의하여야 한다.

25

열정산 기준에서 보일러 범위에 포함되지 않는 열은?

① 입열
② 출열
③ 손실열
④ 외부열원

26

보일러 열정산시 입열항목에 해당되지 않는 것은?

① 방산에 의한 손실열
② 연료의 연소열
③ 연료의 현열
④ 공기의 현열

【해설】 ※ 보일러 열정산 시 입·출열 항목의 구별

[입열항목]   암기법 : 연(발,현) 공급증
  – 연료의 발열량(연소열), 연료의 현열, 연소용공기의 현열, 급수의 현열, 노내 분입한 증기의 보유열

[출열항목]   암기법 : 유,손(배불방미기)
  – 유효출열량(발생증기가 흡수한 열량), 손실열(배기가스, 불완전연소, 방열, 미연분, 기타.)

27

보일러의 노내압을 제어하기 위한 조작으로 적절하지 않은 것은?

① 연소가스 배출량의 조작
② 공기량의 조작
③ 댐퍼의 조작
④ 급수량 조작

【해설】

• 연소실 내부의 압력을 정해진 범위 이내로 억제하기 위한 제어로서, 연소장치가 최적값으로 유지되기 위해서는 연료량 조작, 공기량 조작, 연소가스 배출량 조작(또는, 송풍기의 회전수 조작 및 댐퍼의 개도 조작)이 필요하다.

28

열전대에 관한 설명으로 틀린 것은?

① 열전대의 접점은 용접하여 만들어도 무방하다.

② 열전대의 기본 현상을 발견한 사람은 Seebeck 이다.

③ 열전대를 통한 열의 흐름은 온도의 측정에 영향을 미치지 않는다.

④ 열전대의 구비조건으로 전기저항, 저항온도계수 및 열전도율이 작아야 한다.

【해설】

※ 열전대(thermo couple) 온도계

　- 두 종류의 서로 다른 금속선을 접합시켜 하나의 회로를 만들어 양접점(냉접점과 온접점)에 온도차를 유지해 주면 제백(Seebeck)효과에 의해 발생하는 열기전력(전위차, mV)을 이용하는 원리이다.

※ 열전대 재료의 구비조건

㉠ 전기저항, 저항온도계수, 열전도율이 작아야 한다.

㉡ 열전대 온도계는 발생하는 열기전력을 이용하는 원리이므로 열전도율이 작을수록 금속의 냉·온접점의 온도차가 커져서 열기전력이 크고, 온도상승에 따라 연속적으로 상승하여야 한다.

㉢ 장시간 사용에도 견디며 이력현상(히스테리시스 현상)이 없어야 한다.

㉣ 재생도가 높고 제조와 가공이 용이하여야 한다.

㉤ 내열성으로 고온에도 기계적 강도를 가지고 고온의 공기나 가스 중에서 내식성이 좋아야 한다.

㉥ 재료를 얻기 쉽고 가격이 저렴하여야 한다.

㉦ 열전대를 통한 열의 흐름은 온도의 측정에 영향을 미친다.

29

다음 중 질량의 보조단위가 아닌 것은?

① L/min　　　　② g/s

③ t/s　　　　　④ g/h

【해설】

② g/sec, ③ ton/sec, ④ g/hour 는 질량유량의 보조단위이다.

❶ L/min 은 체적유량의 보조단위이다.

30

다음 중 SI 기본단위가 아닌 것은?

① 물질량[mol]　　　② 광도[Cd]

③ 전류[A]　　　　　④ 힘[N]

【해설】

❹ 힘(N)은 SI 기본단위 및 다른 유도단위의 조합에 의한 SI 유도단위에 해당한다.

【참고】 ※ SI 기본단위(7가지) 암기법 : mks mKc A

기호	m	kg	s	mol	K	cd	A
명칭	미터	킬로그램	초	몰	켈빈	칸델라	암페어
기본량	길이	질량	시간	물질량	절대온도	광도	전류

31

다음 중 보일러의 자동제어가 아닌 것은?

① 온도제어　　　　② 급수제어

③ 연소제어　　　　④ 위치제어

【해설】 ※ 보일러 자동제어(ABC, Automatic Boiler Control)

● 연소제어 (ACC, Automatic Combustion Control)

　- 증기압력 또는, 노내압력

● 급수제어 (FWC, Feed Water Control)

　- 보일러 수위

● 증기온도제어 (STC, Steam Temperature Control)

　- 증기온도

● 증기압력제어 (SPC, Steam Pressure Control)

　- 증기압력

32

다음 중 비접촉식 온도계에 해당하는 것은?

① 유리온도계　　② 저항온도계

③ 압력온도계　　④ 광고온도계

【해설】

※ 접촉식 온도계의 종류

　　　　　암기법 ： 접전, 저 압유리바, 제

㉠ 열전대 온도계 (또는, 열전식 온도계)

㉡ 저항식 온도계 (또는, 전기저항식 온도계)

　- 서미스터, 니켈, 구리, 백금 저항소자

㉢ 압력식 온도계

　- 액체압력식, 기체(가스)압력식, 증기압력식

㉣ 액체봉입유리 온도계

㉤ 바이메탈식(열팽창식 또는, 고체팽창식) 온도계

㉥ 제겔콘

※ 비접촉식 온도계의 종류

　　　　　암기법 ： 비방하지 마세요. 적색 광(고·전)

㉠ 방사 온도계 (또는, 복사온도계)

㉡ 적외선 온도계

㉢ 색 온도계

㉣ 광고온계(또는, 광고온도계)

㉤ 광전관식 온도계

33

보일러 1 마력은 몇 kgf 의 상당증발량에 해당하는가? (단, 100℃의 물을 1시간 동안 같은 온도의 증기로 변화시킬 수 있는 능력이다.)

① 10.65　　② 12.68

③ 15.65　　④ 17.64

【해설】

• 1 BHP(보일러마력)은 표준대기압(1기압)하, 100℃의 상당증발량(w_e)으로 **15.65 kg/h**의 포화증기를 발생시키는 능력을 말한다.

34

탄성식 압력계의 일종으로 보일러의 증기압 측정 등 공업용으로 많이 사용되는 압력계는?

① 링 밸런스식 압력계

② 부르동관식 압력계

③ 벨로즈식 압력계

④ 피스톤식 압력계

【해설】 ※ 부르돈(bourdon)관 압력계의 특징

㉠ 부르돈관의 재질, 두께나 치수, 강도 등을 선택함으로써 고압측정도 가능하므로 보일러의 압력계로 가장 많이 사용되고 있다.

㉡ 사용목적에 따라 보통형, 내열형, 내진형으로 나눈다.

㉢ 구조가 간단하고 소형이며 취급이 간편하다.

㉣ 견고하고 외부 진동에서 강하다.

㉤ 가격이 저렴하다.

㉥ 탄성체가 변동하는 압력을 받으면 반복응력에 의한 피로 현상이 생겨 탄성계수 변화가 일어날 수 있다.

【참고】　　　　　　　　　　　암기법 ： 탄돈 벌다

• **탄**성식 압력계의 종류별 압력 측정범위

　- **부르돈**관식 > **벨**로스식 > **다**이어프램식

35

두께가 15 cm 이며, 열전도율이 0.046 W/m·℃, 내부온도가 230 ℃, 외부온도가 65 ℃일 때, 전열면적 1 m² 당 전열되는 열량은 몇 W 인가?

① 40.6　　② 42.6

③ 50.6　　④ 46.5

【해설】　　　　　　　　　　암기법 ： 손전온면두

• 평면벽에서의 손실열량(Q) 계산공식

$$Q = \frac{\lambda \cdot \Delta t \cdot A}{d} \left(\frac{열전도율 \cdot 온도차 \cdot 단면적}{벽의 두께} \right)$$

$$= \frac{0.046\ W/m \cdot ℃ \times (230 - 65)℃ \times 1\,m^2}{0.15\,m}$$

$$= 50.6\ W$$

36

다이어프램 압력계에 대한 설명으로 **틀린** 것은?

① 연소로의 드래프트 게이지로 사용된다.

② 먼지를 함유한 액체나 점도가 높은 액체의 측정에는 부적당하다.

③ 측정이 가능한 범위는 공업용으로는 20 ~ 5000 mmH$_2$O 정도이다.

④ 다이어프램의 재료로는 고무, 인청동, 스테인리스 등의 박판이 사용된다.

【해설】 ※ 다이어프램(격막식, 박막식) 압력계 특징

㉠ 보통의 압력계는 부식성, 고점도 유체의 압력을 직접 측정하기에는 곤란하지만, 다이어프램식은 유체로부터 압력계가 격리되는 방식이므로 내식성 재료를 사용하여 구조상 먼지 등을 함유한 유체나 고점도 유체의 압력측정에도 적합하다.

㉡ 작은 압력변화에도 크게 편위되는 성질이 있어서 감도가 좋다. 따라서, 미소압력 측정에 많이 사용된다.

㉢ 정도는 1 ~ 2 % 정도로 정확성이 높다.

㉣ 연소 로의 드레프트계(draft gauge, 통풍계)로 널리 사용한다.

㉤ 응답성이 아주 빠르며, 취급이 간편하고 휴대에 편리하다.

㉥ 온도의 영향이 뚜렷하므로 정밀한 측정에는 적합하지 않다.

㉦ 다이어프램의 재질로는 비금속(저압용 : 가죽, 고무, 종이)과 금속(양은, 인청동, 스테인리스) 등의 탄성체 박판(박막식 또는, 격막식)이 사용된다.

㉧ 압력 측정범위는 20 ~ 5000 mmH$_2$O 정도이다.

37

조절기가 50 ~ 100 °F 범위에서 온도를 비례제어 하고 있을 때, 측정온도가 66°F와 70°F에 대응할 때의 비례대는 몇 % 인가?

① 8

② 10

③ 12

④ 14

【해설】

- 비례대 = $\dfrac{측정온도차}{조절온도차} \times 100 \, (\%)$

  $= \dfrac{(70 - 66)\,°F}{(100 - 50)\,°F} \times 100 \, (\%) = 8\,\%$

38

다음 중 압력을 표시하는 단위가 **아닌** 것은?

① kPa

② N/m^2

③ bar

④ kgf

【해설】

❹ kgf 는 힘의 중력단위이다.

【참고】

- 공식 : P = $\dfrac{F}{A}$ (단위면적당 작용하는 힘)

  여기서, P : 압력(Pa, N/m^2, kgf/m^2)

  A : 단면적(m^2), F : 힘(N, kgf)

- 1 atm = 76 cmHg = 760 mmHg = 29.92 inHg

  = 10332 mmH$_2$O = 10332 mmAq

  = 10332 kgf/m^2 = 1.0332 kgf/cm^2

  = 101325 Pa = 101.325 kPa ≒ 0.1 MPa

  = 1.01325 bar = 1013.25 mbar = 14.7 psi

39

액면에 부자를 띄어 부자가 상하로 움직이는 위치로 액면을 측정하는 것으로서 주로 저장탱크, 개방 탱크 및 고압 밀폐탱크 등의 액위 측정에 사용되는 액면계는?

① 직관식 액면계

② 플로트식 액면계

③ 방사성 액면계

④ 압력식 액면계

【해설】

❷ 플로트식(또는, 부자식) 액면계는 플로트(Float, 부자)를 액면에 직접 띄워서 부력과 중력의 평형을 이용한 상·하의 움직임에 따라 수위를 측정하는 방식이다.

40

유압식 신호전달 방식의 특징에 대한 설명으로 **틀린** 것은?

① 비압축성이므로 조작속도 및 응답이 빠르다.
② 주위의 온도변화에 영향을 받지 않는다.
③ 전달의 지연이 적고 조작량이 강하다.
④ 인화의 위험성이 있다.

【해설】 ※ 유압식 신호 전송방식의 특징

<장점> ㉠ 조작속도가 빨라서 응답이 비교적 빠르다.
　　　 ㉡ 희망특성을 부여하도록 만들기 쉽다.
　　　 ㉢ 매우 큰 조작력을 얻을 수가 있다.
　　　 ㉣ 약 0.2 ~ 1.0 kg/cm² 의 유압이 신호로 사용되어 기름배관으로 전송된다.
　　　 ㉤ 기름은 비압축성유체이므로 전송시간 지연이 비교적 적고, 부식의 염려가 없다.

<단점> ㉠ 기름의 누설로 더러워질 염려가 있다.
　　　 ㉡ 수기압 정도의 유압원이 필요하다.
　　　 ㉢ 인화성이 높아 화재의 위험성이 있다.
　　　 ㉣ 비압축성 유체이므로 전송거리가 약 300 m 정도 이내로 비교적 짧다.
　　　 ㉤ 관로저항이 크고 주위온도 변화에 따른 영향을 많이 받는다.

제3과목	열설비 운전

41

보일러 연소 시 배기가스 성분 중 완전연소에 가까울수록 줄어드는 성분은?

① CO_2 　　　　② H_2O
③ CO 　　　　④ N_2

【해설】

❸ 연료 중 탄소(C)는 완전연소 되면 배기가스 성분 중 CO_2로 되고, 불완전연소 되면 CO로 되므로 공기 중 산소의 공급이 충분하여 완전연소에 가까워질수록 배기가스 성분 중 일산화탄소(CO) 성분은 줄어든다.

42

다음 중 사용압력이 비교적 낮은 곳의 배관에 사용하는 "배관용 탄소 강관"의 기호로 맞는 것은?

① SPPH 　　　　② SPP
③ SPPS 　　　　④ SPA

【해설】

※ 배관용 강관의 종류에 따른 KS 기호 및 명칭

㉠ 일반배관용 탄소강관(SPP, carbon Steel Pipe Piping)
㉡ 압력배관용 탄소강관(SPPS, carbon Steel Pipe Pressure Service)
㉢ 고압배관용 탄소강관(SPPH, carbon Steel Pipe High Pressure)
㉣ 배관용 합금강관(SPA, Steel Pipe Alloy)
㉤ 배관용 스테인레스강관(STS, STainless Steel pipe)
㉥ 저온배관용 탄소강관(SPLT, carbon Steel Pipe Low Temperature service)
㉦ 고온배관용 탄소강관(SPHT, carbon Steel Pipe High Temperature service)
◎ 배관용 아크용접 탄소강관(SPW, carbon Steel Pipe electric arc Welded)

43

증기 엔탈피가 2800 kJ/kg이고 급수 엔탈피가 125 kJ/kg 일 때 증발계수는 약 얼마인가? (단, 100℃ 포화수가 증발하여 100℃의 건포화증기로 되는데 필요한 열량은 2256.9 kJ/kg 이다.)

① 1.08 　　　　② 1.19
③ 1.44 　　　　④ 1.62

【해설】 ※ 증발계수(f, 증발력) 　암기법 : 계실상

$$\bullet \ f = \frac{w_e}{w_2}\left(\frac{상당증발량}{실제증발량}\right)$$

$$= \frac{\dfrac{w_2 \cdot (H_2 - H_1)}{R_w}}{w_2} = \frac{H_2 - H_1}{R_w} = \frac{H_2 - H_1}{2256.9\,kJ/kg}$$

$$= \frac{(2800 - 125)\,kJ/kg}{2256.9\,kJ/kg} = 1.185 \ \fallingdotseq \ 1.19$$

44

전기로나 시멘트 소성용 회전가마의 소성대 내벽에 사용하기 가장 적합한 내화물은?

① 내화점토질 내화물
② 크롬-마그네시아 내화물
③ 고알루미나질 내화물
④ 규석질 내화물

【해설】 ※ 크롬-마그네시아 내화물의 특징
㉠ 비중과 열팽창성이 크다.
㉡ 염기성 내화물이므로 염기성 슬래그에 대하여 저항성이 커서 내식성이 우수하다.
㉢ 내화도는 SK 40 ~ 42 정도로 매우 높다.
㉣ 하중연화 온도가 1800℃ 이상으로 높다.
㉤ 마그네시아 벽돌이나 크롬질 벽돌보다 내스폴링성이 크다.
㉥ 용융온도는 2000℃ 이상으로 높다.
㉦ 염기성 평로, 전기로, 시멘트 회전로 등의 소성대 내벽에 사용된다.

45

가열로의 내벽온도를 1200℃, 외벽온도를 200℃로 유지하고 1 m² 에 대한 열손실을 400 W로 설계할 때 필요한 노벽의 두께는? (단, 노벽 재료의 열전도율은 0.1 W/m·℃ 이다.)

① 10 cm
② 15 cm
③ 20 cm
④ 25 cm

【해설】　　　　　　　　암기법 : 손전온면두
• 평면벽에서의 손실열량(Q) 계산공식

$$Q = \frac{\lambda \cdot \Delta t \cdot A}{d} \left(\frac{열전도율 \cdot 온도차 \cdot 단면적}{벽의 두께} \right)$$

$$400\,W = \frac{0.1\,W/m \cdot ℃ \times (1200-200)℃ \times 1\,m^2}{d}$$

이제, 네이버에 있는 에너지아카데미 카페의 "방정식 계산기 사용법"으로 d를 미지수 X로 놓고 구하면
∴ 노벽의 두께 d = 0.25 m = **25 cm**

46

다음 반응 중 경질 스케일 반응식으로 옳은 것은?

① $Ca(HCO_3)_2$ + 열 → $CaCO_3$ + H_2O + CO_2
② $3CaSO_4$ + $2Na_3PO_4$ → $Ca_3(PO_4)_2$ + $3Na_2SO_4$
③ $MgSO_4$ + $CaCO_3$ + H_2O → $CaSO_4$ + $Mg(OH)_2$ + CO_2
④ $MgCO_3$ + H_2O → $Mg(OH)_2$ + CO_2

【해설】
❸ 황산마그네슘($MgSO_4$)은 물에 잘 녹으므로 그 자체적으로는 스케일 생성이 잘되지 않지만, 탄산칼슘($CaCO_3$)과 반응하여 경질 스케일인 수산화마그네슘[$Mg(OH)_2$]과 황산칼슘($CaSO_4$)을 생성한다.
$MgSO_4$ + $CaCO_3$ + H_2O → **$CaSO_4$** + **$Mg(OH)_2$** + CO_2

【참고】
※ 스케일(Scale, 관석)의 종류
　㉠ 경질 스케일
　　- $CaSO_4$ (황산칼슘), $CaSiO_3$ (규산칼슘), $Mg(OH)_2$ (수산화마그네슘)
　㉡ 연질 스케일
　　- $CaCO_3$ (탄산칼슘), $MgCO_3$ (탄산마그네슘), $FeCO_3$ (탄산철), $Ca_3(PO_4)_2$ (인산칼슘)

【key】 일반적으로 황산염과 규산염은 경질 스케일을 생성하고, 탄산염은 연질 스케일을 생성한다.

47

트랩이나 스트레이너 등의 고장, 수리, 교환 등에 대비하여 설치하는 것은?

① 바이패스 배관
② 드레인 포켓
③ 냉각 레그
④ 체크 밸브

【해설】
❶ 보일러 배관계에 바이패스(Bypass, 우회) 배관 및 밸브를 설치하여 유량계, 감압밸브, 증기트랩, 여과기(스트레이너) 등의 점검·고장·수리·교환 시에 배관 내 유체를 우회(바이패스)할 수 있도록 하여 보일러 운전에 지장이 없도록 하여야 한다.

48

다음 중 보일러의 인터록의 종류가 <u>아닌</u> 것은?

① 고수위
② 저연소
③ 불착화
④ 프리퍼지

【해설】 ※ 보일러의 인터록 제어의 종류

암기법 : 저 압불프저

㉠ 저수위 인터록 : 수위감소가 심할 경우 부저를 울리고 안전저수위까지 수위가 감소하면 보일러 운전을 정지시킨다.

㉡ 압력초과 인터록 : 보일러의 운전시 증기압력이 설정치를 초과할 때 전자밸브를 닫아서 운전을 정지시킨다.

㉢ 불착화 인터록 : 연료의 노내 착화과정에서 착화에 실패할 경우, 미연소가스에 의한 폭발 또는 역화현상을 막기 위하여 전자밸브를 닫아서 연료공급을 차단시켜 운전을 정지시킨다.

㉣ 프리퍼지 인터록 : 송풍기의 고장으로 노내에 통풍이 되지 않을 경우, 연료공급을 차단시켜서 보일러 운전을 정지시킨다.

㉤ 저연소 인터록 : 노내에 처음 점화시 온도의 급변으로 인한 보일러 재질의 악영향을 방지하기 위하여 최대부하의 약 30 % 정도에서 연소를 진행시키다가 차츰씩 부하를 증가시켜야 하는데, 이것이 순조롭게 이행되지 못하고 급격한 연소로 인해 저연소 상태가 되지 않을 경우 연료를 차단시킨다.

49

관의 안지름이 D(cm), 평균유속이 V(m/s)일 때, 평균 유량 Q(m³/s)을 구하는 식은?

① $Q = D \cdot V$

② $Q = \dfrac{\pi}{4} D^2 \cdot V$

③ $Q = \dfrac{\pi}{4} \left(\dfrac{D}{100} \right)^2 V$

④ $Q = \left(\dfrac{V}{100} \right)^2 D$

【해설】

• 체적 유량 Q 또는 $\dot{V} = A \cdot v = \pi r^2 \cdot v = \pi \left(\dfrac{D}{2} \right)^2 \cdot v$

$= \dfrac{\pi D^2}{4} \times v$

여기서, A : 단면적(m²), r : 관의 반지름(m)
v : 유속(m/s), D : 관의 직경(m)

한편, 관의 안지름 D cm = $\dfrac{D}{100}$ m 이므로

문제에 제시된 기호로 나타내면 $Q = \dfrac{\pi}{4} \left(\dfrac{D}{100} \right)^2 V$

50

관류 보일러의 특징에 관한 설명으로 <u>틀린</u> 것은?

① 대형관류 보일러에는 벤슨 보일러, 슐저 보일러 등이 있다.
② 초임계 압력 하에서 증기를 얻을 수 있다.
③ 드럼이 필요 없다.
④ 부하 변동에 대한 적응력이 크다.

【해설】 ※ 관류식 보일러의 특징

<장점> ㉠ 순환비가 1 이므로 드럼이 필요 없다.

㉡ 드럼이 없어 초고압용 보일러에 적합하다.

㉢ 관을 자유로이 배치할 수 있어서 전체를 합리적인 구조로 할 수 있다.

㉣ 전열면적당 보유수량이 가장 적어 증기발생 속도와 시간이 매우 빠르다.

㉤ 보유수량이 대단히 적으므로 파열 시 위험성이 적다.

㉥ 보일러 중에서 효율이 가장 높다.(95% 이상)

<단점> ㉠ 긴 세관 내에서 급수의 거의 전부가 증발하기 때문에 철저한 급수처리가 요구된다.

㉡ 일시적인 부하변동에 대하여 관수 보유수량이 적으므로 압력변동이 크다.(적응력이 작다.)

㉢ 따라서 연료연소량 및 급수량을 빠르게 하는 고도의 자동제어장치가 필요하다.

㉣ 관류보일러에는 반드시 기수분리기를 설치해 주어야 한다.

【참고】 암기법 : 관류 람진과 벤슨이 앤모르게 슐처먹었다

※ 관류식 보일러의 종류
- 람진, 벤슨, 앤모스, 슐처(슐저) 보일러

51

매시 발생증기량이 2000 kg/h, 급수의 엔탈피는 41.87 kJ/kg, 발생증기의 엔탈피가 2300 kJ/kg 일때, 이 보일러의 매시 환산증발량은?

① 1251 kg/h ② 1501 kg/h
③ 2001 kg/h ④ 2541 kg/h

【해설】
- 상당증발량(또는, 환산증발량, 기준증발량 w_e)
  - 실제증발량을 1기압하에서 100℃의 포화수를 100℃의 (건)포화증기로 증발시킬 때의 값을 기준으로 환산한 증발량이다.
- 상당증발량(w_e)과 실제증발량(w_2)의 관계식
  $w_e \times R_w = w_2 \times (H_2 - H_1)$ 에서,
  한편, 물의 증발잠열(1기압, 100℃)을 R_w이라 두면
  $R_w = 539\, kcal/kg = 2257\, kJ/kg$

  $\therefore$ 상당증발량 $w_e = \dfrac{w_2\, kg/h \times (H_2 - H_1)\, kJ/kg}{2257\, kJ/kg}$

  여기서, w_2 : 실제증발량(증기발생량)
  H_2 : 발생증기의 엔탈피
  H_1 : 급수의 엔탈피

  $= \dfrac{2000\, kg/h \times (2300 - 41.87)\, kJ/kg}{2257\, kJ/kg}$

  $= 2001\, \mathbf{kg/h}$

52

겔로웨이 관(Galloway tube)을 설치함으로써 얻을 수 있는 이점으로 틀린 것은?

① 화실 내벽의 강도 보강
② 전열면적 증가
③ 관수의 대류 순환을 촉진
④ 열로 인한 신축변화의 흡수용이

【해설】
※ 겔로웨이 관(Galloway tube) : 노통에 직각으로 2 ~ 3개 정도 설치한 관으로 노통을 보강하고 전열면적을 증가시키며, 보일러수의 순환을 촉진시킨다.

53

내화물의 구비조건으로 틀린 것은?

① 상온 및 사용온도에서 압축강도가 클 것
② 사용목적에 따라 적당한 열전도율을 가질 것
③ 팽창은 크고 수축이 작을 것
④ 온도변화에 의한 파손이 작을 것

【해설】 ※ 내화물(노재)의 구비조건
암기법 : 내화물차 강내 안 스내?↑, 변소(小)↓가야하는데.
⊙ (상온 및 사용온도에서) 압축강도가 클 것
⊙ 내마모성, 내침식성이 클 것
⊙ 화학적으로 안정성이 클 것
⊙ 내열성 및 내스폴링성이 클 것
⊙ 사용온도에서 연화 변형이 적을 것
⊙ 열에 의한 팽창·수축이 적을 것
⊙ 사용목적에 따른 적당한 열전도율을 가질 것
⊙ 온도변화에 따른 파손이 적을 것

54

배관시공 시 보온재로 사용되는 석면에 대한 설명으로 옳은 것은?

① 유기질 보온재로서 진동이 있는 장치의 보온재로 많이 쓰인다.
② 약 400℃ 이하의 파이프나 탱크, 노벽 등의 보온재로 적합하며, 약 400℃를 초과하면 탈수 분해된다.
③ 열전도율이 작고 300 ~ 320℃에서 열분해 되며, 방습 가공한 것은 습기가 많은 곳의 옥외배관에 사용한다.
④ 석회석을 주원료로 사용하며 화학적으로 결합시켜 만든 것으로 사용온도는 650℃ 까지이다.

【해설】 ※ 석면(Asbestos) 보온재의 특징
⊙ 광물인 석면(아스베토)을 접착제를 가하여 섬유 형태로 만든 무기질 보온재이다.

ⓛ 최고 안전사용온도는 550 ℃ 이하이다.

ⓔ 약 400 ℃ 이하의 파이프, 탱크, 노벽 등의 일반용 보온재로 적합하다.

ⓡ 800 ℃ 이상에서는 강도와 보온성을 상실한다.

ⓜ 판상이나 원통상으로 사용된다.

ⓗ 잘 갈라지지 않으므로, 진동이 있는 곳에 사용이 적합하다.

ⓢ 열전도율은 0.05 kcal/m·h·℃ 정도로 작다.

55

터널가마의 레일과 바퀴부분이 연소가스에 의해서 부식되지 않도록 하는 시공법은?

① 샌드시일(sand seal)

② 에어커튼(air curtain)

③ 내화갑

④ 칸막이

【해설】

• 터널요(Tunnel Kiln)는 가늘고 긴(70 ~ 100 m) 터널형의 가마로써, 피소성품을 실은 대차는 레일 위를 연소가스가 흐르는 방향과 반대로 진행하면서 예열 → 소성 → 냉각 과정을 거쳐 제품이 완성된다. 대차의 바닥에 샌드 시일(sand seal) 장치를 설치하는 이유는 로 내부의 고온 열가스와 차축부 간에 열 절연의 역할을 하여 레일과 바퀴를 부식시키지 않게 하기 위함이다.

56

보일러에 공기예열기를 설치했을 때의 특징에 관한 설명으로 **틀린** 것은?

① 보일러의 열효율이 증가된다.

② 노 내의 연소속도가 **빨라진다.**

③ 연소상태가 좋아진다.

④ 질이 나쁜 연료는 연소가 불가능하다.

【해설】 ※ 공기예열기(Air preheater)의 특징

<장점>   암기법 : 공장, 연료절감, 노고, 공비질효

ⓐ 보일러의 연소효율이 향상되어 연료를 절감할 수 있다.

ⓛ 노내 온도를 고온으로 유지 시킬 수 있다.

ⓔ 연소용 공기를 예열함으로써 적은 공기비로 연료를 완전연소 시킬 수 있다.

ⓡ 질이 낮은 연료의 연소에도 유리하다.

ⓜ 연소용 공기온도 20℃ 상승 시 연료가 약 1% 절감된다.

<단점>   암기법 : 공단 저(금)통 청부설

ⓐ 배가스 연도에 공기예열기를 설치함에 따라 배기가스 흐름에 대한 통풍저항의 증가로 통풍력이 약화되어 통풍기를 추가로 사용하여 강제통풍이 요구되기도 한다.

ⓛ 배가스 온도가 노점(150 ~ 170℃)이하로 낮아 지게 되면 SO_3가 배가스 중의 수분과 화합하여 $SO_3 + H_2O \rightarrow H_2SO_4$(황산)으로 되어 연도에 설치된 공기예열기의 금속표면에 부착되어 표면을 부식시키는 현상인 저온부식을 초래한다.

ⓔ 연도 내의 청소, 검사, 보수가 불편하다.

ⓡ 설비비가 비싸다.

57

탄성이 부족하기 때문에 석면, 고무, 파형 금속관 등으로 표면 처리하여 사용하는 합성수지류의 패킹에 속하는 것은?

① 네오프렌   ② 펠트

③ 유리섬유   ④ 테프론

【해설】

※ 테프론(Teflon)

- 불소(F)와 탄소(C)의 화학적 결합으로 이루어진 폴리테트라플루오로에틸렌(PTFE)의 상품명인 합성수지류로서, 탄성은 부족하나 화학적으로 매우 안정되어 있으므로 화학적 비점착성, 우수한 절연성, 내열성, 낮은 마찰계수의 특징을 가지며 약품, 기름에도 침식이 적어 합성수지류 패킹에 많이 사용된다.

58

배관에 나사가공을 하는 동력 나사 절삭기의 형식이 <u>아닌</u> 것은?

① 오스터식 　　② 호브식
③ 로터리식 　　④ 다이헤드식

【해설】 ※ 동력용 나사 절삭기의 종류

㉠ 오스터식 : 수동식(오스터형 또는 리드형)을 사용한 동력용 나사 절삭기로 주로 소형관(50A)에 사용
㉡ 호브식 : 호프(Hob)를 저속으로 회전시켜 나사를 절삭하는데 사용
㉢ 다이헤드식 : 나사의 절삭뿐만 아니라 절단, 거스러미 제거 등에도 사용

59

증기 난방법의 종류를 중력, 기계, 진공 환수방식으로 구분한다면 무엇에 따른 분류인가?

① 응축수 환수 방식 　　② 환수관 배관 방식
③ 증기 공급 방식 　　④ 증기 압력 방식

【해설】

※ 증기난방 방법의 분류

㉠ 증기압력에 따라 : 고압식, 저압식, 진공식
㉡ 증기관의 배관방식에 따라 : 단관식, 복관식
㉢ 증기 공급방식에 따라 : 상향식, 하향식
㉣ 환수관의 배관방식에 따라 : 건식, 습식
㉤ 응축수의 환수방식에 따라 : 진공환수식, 중력 환수식, 기계환수식

60

기수분리기 설치 시의 장점이 <u>아닌</u> 것은?

① 습증기의 발생률을 높인다.
② 마찰손실을 작게 한다.
③ 관내의 부식을 방지한다.
④ 수격작용을 방지한다.

【해설】

※ 기수분리기(steam separator)의 특징

㉠ 발생증기인 습증기 속에 포함되어 있는 수분을 분리·제거하여 수격작용을 방지한다.
㉡ 발생된 증기 중에서 수분(물방울)을 제거하여 건포화증기에 가깝도록 증기의 건도를 높인다. (습증기의 발생률을 낮춘다.)
㉢ 배관내 송기에 따른 마찰손실을 줄이고 부식을 방지한다.

제4과목　열설비 안전관리 및 검사기준

61

보일러의 과열 원인으로 가장 거리가 <u>먼</u> 것은?

① 물의 순환이 나쁠 때
② 고온의 가스가 고속으로 전열면에 마찰할 때
③ 관석이 많이 퇴적한 부분이 가열되어 열전달이 높아질 때
④ 보일러의 이상 저수위에 의하여 빈 보일러를 운전하였을 때

【해설】

❸ 전열 부분에 스케일(또는, 관석) 및 슬러지가 퇴적되면 보일러수에 열전달을 방해하므로 전열면의 온도가 상승하여 국부적 과열의 직접적인 원인이 되므로 급수의 수질을 철저히 관리하여야 한다.

【참고】 ※ 보일러 과열의 원인

㉠ 보일러의 수위가 낮은 경우
㉡ 전열 부분에 스케일 및 슬러지가 부착된 경우
㉢ 보일러수가 농축된 경우
㉣ 보일러수의 순환이 좋지 않은 경우
㉤ 수면계의 설치위치가 너무 낮은 경우
㉥ 화염이 국부적으로 집중되는 경우
㉦ 고온의 가스가 고속으로 전열면에 마찰할 경우

62

에너지 합리화법에 따라 에너지사용계획을 수립하여 산업통상자원부장관에게 제출하여야 하는 자는?

① 민간사업주관자로 연간 5천 티오이 이상의 연료 및 열을 사용하는 시설을 설치하려는 자
② 공공사업주관자로 연간 2천 티오이 이상의 연료 및 열을 사용하는 시설을 설치하려는 자
③ 민간사업주관자로 연간 1천만 킬로와트시 이상의 전력을 사용하는 시설을 설치하려는 자
④ 공공사업주관자로 연간 2백만 킬로와트시 이상의 전력을 사용하는 사설을 설치하려는 자

【해설】　　　　　　[에너지이용합리화법 시행령 제20조2항.]
※ 에너지사용계획 제출 대상사업 기준
   • 공공사업주관자의 　암기법　 : 공이오?~ 천만에!
      ㉠ 연간 2천5백 티오이(TOE) 이상의 연료 및 열을 사용하는 시설
      ㉡ 연간 1천만 킬로와트시(kWh) 이상의 전력을 사용하는 시설
   • 민간사업주관자의 　암기법　 : 민간 = 공 × 2
      ㉠ 연간 5천 티오이(TOE) 이상의 연료 및 열을 사용하는 시설
      ㉡ 연간 2천만 킬로와트시(kWh) 이상의 전력을 사용하는 시설

63

염산 등을 사용하여 보일러내의 스케일을 용해시켜 제거하는 방법에 대한 설명으로 틀린 것은?

① 스케일의 시료를 채취하여 분석하고, 용해시험을 통하여 세정방법을 결정하여야 한다.
② 본체에 부착되어 있는 안전밸브, 수면계, 밸브류 등은 분리하지 않는다.
③ 수소가 발생하여 폭발의 우려가 있으므로 통풍이 잘되는 장소에서 세정하여야 한다.

④ 화학세정이 끝난 다음에는 반드시 물로 충분하게 세척하여 사용한 약액의 영향이 미치지 않도록 주의한다.

【해설】※ 염산(HCl) 세관의 특징
❷ 물속에 염산을 5 ~ 10% 넣고 물의 온도를 약 60±5℃ 정도로 유지하여 5시간 정도 보일러 내부를 순환시켜 스케일을 제거시킨다. 이때, 염산의 강한 액성에 의해 부식이 촉진되므로 본체에 부착되어 있는 부속장치(수면계, 밸브류 등)는 분리를 하여야 하고, 부식억제제인 인히비터(inhibitor)를 적당량(0.2 ~ 0.6%) 첨가해서 처리하여야 한다.

64

보일러를 건조보존 방법으로 보존할 때의 유의사항으로 틀린 것은?

① 모든 뚜껑, 밸브, 콕 등은 전부 개방하여 둔다.
② 습기를 제거하기 위하여 생석회를 보일러 안에 둔다.
③ 연도는 습기가 없게 항상 건조한 상태가 되도록 한다.
④ 보일러 수를 전부 빼고 스케일 제거 후 보일러 내에 열풍을 통과시켜 완전 건조시킨다.

【해설】
❶ 보일러 건조 보존법을 통한 보존 시 완전 건조 이후 보일러 내부를 완전히 밀폐시켜 보존한다.
② 보일러를 완전히 건조시킨 후 건조제(생석회나 실리카겔 등의 흡습제)를 동 내부에 넣은 후 밀폐시켜 보존하며, 이때 약품의 상태는 1 ~ 2주마다 점검하여야 한다.
③ 보일러 내부뿐만 아니라 보일러와 연결된 배관(증기관, 급수관 등)과의 연결을 차단하고 연도 내부의 습기를 제거해야 한다.
④ 보일러수 및 스케일 제거 후 내부 건조를 위해 보일러 내에 열풍을 통과시켜 완전 건조시킨다.

65

에너지이용 합리화법에 따라 증기보일러에 설치되는 안전밸브가 2개 이상인 경우 각각의 작동시험 기준은?

① 최고사용압력의 0.97배 이하, 1.0배 이하
② 최고사용압력의 0.98배 이하, 1.03배 이하
③ 최고사용압력의 1.0배 이하, 1.0배 이하
④ 최고사용압력의 1.0배 이하, 1.03배 이하

【해설】　　　　　[열사용기자재의 검사기준 23.2.5.1.]
※ 안전밸브의 작동시험
　㉠ 안전밸브의 분출압력은 1개일 경우 최고사용압력 이하, 안전밸브가 2개 이상인 경우 그 중 1개는 최고사용압력(1.0배) 이하, 기타는 최고사용압력의 1.03배 이하일 것
　㉡ 과열기의 안전밸브 분출압력은 증발부 안전밸브의 분출압력 이하일 것
　㉢ 발전용 보일러에 부착하는 안전밸브의 분출정지압력은 분출압력의 0.93 배 이상이어야 한다.
　㉣ 재열기 및 독립과열기에 있어서는 안전밸브가 하나인 경우 최고사용압력(1.0배) 이하, 2개인 경우 하나는 최고사용압력 이하이고 다른 하나는 최고사용압력의 1.03배 이하에서 분출하여야 한다. 다만, 출구에 설치하는 안전밸브의 분출압력은 입구에 설치하는 안전밸브의 설정압력보다 낮게 조정되어야 한다.

66

에너지이용 합리화법에 따라 발전용 보일러에 부착되는 안전밸브의 분출정지 압력은 분출압력의 얼마 이상이어야 하는가?

① 분출압력의 0.93 배 이상
② 분출압력의 0.95 배 이상
③ 분출압력의 0.98 배 이상
④ 분출압력의 1.0 배 이상

【해설】　　　　　[열사용기자재의 검사기준 23.2.5.1.]

※ 안전밸브의 작동시험
　㉠ 안전밸브의 분출압력은 1개일 경우 최고사용압력 이하, 안전밸브가 2개 이상인 경우 그 중 1개는 최고사용압력(1.0배) 이하, 기타는 최고사용압력의 1.03배 이하일 것
　㉡ 과열기의 안전밸브 분출압력은 증발부 안전밸브의 분출압력 이하일 것
　㉢ 발전용 보일러에 부착하는 안전밸브의 분출정지압력은 분출압력의 0.93 배 이상이어야 한다.
　㉣ 재열기 및 독립과열기에 있어서는 안전밸브가 하나인 경우 최고사용압력(1.0배) 이하, 2개인 경우 하나는 최고사용압력 이하이고 다른 하나는 최고사용압력의 1.03배 이하에서 분출하여야 한다. 다만, 출구에 설치하는 안전밸브의 분출압력은 입구에 설치하는 안전밸브의 설정압력보다 낮게 조정되어야 한다.

67

보일러 압력계의 검사를 해야 하는 시기로 가장 거리가 먼 것은?

① 2개가 설치된 경우 지시도가 다를 때
② 비수현상이 일어난 때
③ 신설보일러의 경우 압력이 오르기 시작했을 때
④ 부르동관이 높은 열을 받았을 때

【해설】※ 보일러 압력계의 검사 시기
①2개의 압력계의 지시도가 다른 경우 압력계의 오작동이므로 즉시 점검을 실시한다.
②보일러 운전 중 비수현상(프라이밍)이 발생하면 압력계를 점검하여야 한다.
❸신설보일러 운전의 경우 압력이 상승하기 전에 압력계를 검사한 후 압력을 상승시킨다.
④부르돈관 압력계에는 관내 물이 들어있는 사이펀 관이 부착되어 있으므로 높은 열을 받았을 경우 압력계 점검을 실시하여야 한다.

68

옥내 보일러실에 연료를 저장하는 경우 보일러 외측으로부터 얼마 이상 거리를 두고 저장해야 하는가? (단, 소형 보일러는 제외한다.)

① 0.6 m 이상　　　② 1 m 이상

③ 1.2 m 이상　　　④ 2 m 이상

【해설】　　　　　[열사용기자재의 검사기준 22.1.1]

※ 보일러의 옥내 설치 조건

- 연료를 저장할 때에는 보일러 외측으로부터 **2 m 이상** 거리를 두거나 방화격벽을 설치하여야 한다. 다만, 소형보일러의 경우는 1 m 이상 거리를 두거나 반격벽으로 할 수 있다.

69

보일러를 사용하지 않고 장기간 보존할 경우 가장 적합한 보존법은?

① 만수 보존법　　　② 건조 보존법

③ 밀폐 만수 보존법 ④ 청관제 만수 보존법

【해설】※ 건조 보존법 (건식 보존법)

- 보존기간이 장기간(6개월 이상)일 경우 보일러수를 완전히 배출하고 동 내부를 완전히 건조한 후 약품(흡습제, 산화방지제, 기화성 방청제 등)을 넣고 밀폐시켜 보존하는 방법이다. (이때 동 내부의 산소 제거는 숯불을 용기에 넣어서 태운다.)

70

에너지이용 합리화법에 의한 검사대상기기 관리자를 선임하지 아니한 자에 대한 벌칙기준은?

① 3백만원 이하의 과태료

② 5백만원 이하의 벌금

③ 1천만원 이하의 벌금

④ 1년 이하의 징역 또는 2천만원 이하의 벌금

【해설】　　　　　　[에너지이용합리화법 제75조.]

- 검사대상기기관리자를 선임하지 아니한 자는 1천만원 이하의 벌금에 처한다.

【참고】※ 위반행위에 해당하는 벌칙(징역, 벌금액)

2.2 - 에너지 **저장, 수급 위반**
　　암기법 : 이~이가 저 수위다.

1.1 - **검사대상기기 위반**
　　암기법 : 한명 한명씩 검사대를 통과했다.

0.2 - **효율기자재 위반**
　　암기법 : 영희가 효자다.

0.1 - 미선임, 미확인, **거부, 기피**
　　암기법 : 영일은 미선과 거부기피를 먹었다.

0.05 - **광고, 표시 위반**
　　암기법 : 영오는 광고표시를 쭉~ 위반했다.

71

보일러에서 사용하는 분출관 및 분출밸브 등에 대한 설명으로 **틀린** 것은?

① 보일러 아랫부분에는 분출관과 분출밸브 또는 분출콕크를 설치해야 한다.
(관류보일러는 제외)

② 일반적으로 2개 이상의 보일러를 같이 사용할 경우 분출관은 공동으로 사용해야 한다.

③ 분출밸브의 크기는 호칭지름 25 mm 이상의 것이어야 한다.(전열면적 10 m² 이하의 보일러는 호칭지름 20 mm 이상 가능)

④ 최고사용압력 0.7 MPa 이상의 보일러의 분출관에는 분출밸브 2개 또는 분출밸브와 분출 콕크를 직렬로 갖추어야 한다.

【해설】※ 분출장치(분출관 및 분출밸브)

① 보일러 동저부에는 분출배관과 분출밸브(점개밸브) 또는 분출콕밸브(급개밸브)를 설치해야 한다. 다만, 관류보일러에 대해서는 이를 적용하지 않는다.

❷ 2대 이상의 보일러를 같이 사용할 경우 분출관을 공동으로 사용해서는 안 되며, 각각 별개로 설치를 하여야 한다.

③ 호칭지름 25A (즉, 25 mm) 이상으로 한다. 다만, 전열면적이 10 m² 이하인 경우에는 20A (즉, 20 mm) 이상으로 할 수 있다.

④ 최고사용압력 0.7 MPa 이상의 보일러의 분출배관에는 분출밸브 2개 또는, 분출밸브와 콕밸브를 직렬로 설치하여야 한다.

72
증기보일러에서 포밍, 프라이밍이 발생하는 원인으로 **틀린** 것은?

① 주증기밸브를 천천히 개방했을 때
② 증기부하가 과대할 때
③ 보일러수가 농축되었을 때
④ 보일러수 중에 불순물이 많이 포함되었을 때

【해설】
❶ 송기 시 주증기 밸브를 빠르게 열면 급격한 압력저하에 의해 프라이밍과 포밍 현상이 발생하므로 주증기 밸브를 천천히 열어야 한다.

【참고】
※ 프라이밍(Priming, 비수) 현상 발생원인
[암기법] : 프라이밍은 부유·농 과부를 급개방시키는데 고수다.
㉠ 보일러수내의 부유물·불순물 함유
㉡ 보일러수의 농축
㉢ 과부하 운전 (증기부하 과대)
㉣ 주증기밸브의 급개방
㉤ 고수위 운전
㉥ 비수방지관 미설치 및 불량

※ 프라이밍(Priming, 비수) 현상 방지대책
[암기법] : 프라이밍 발생원인을 방지하면 된다.
㉠ 보일러수내의 부유물·불순물이 제거되도록 철저한 급수처리를 한다.
㉡ 보일러수의 농축을 방지한다.
㉢ 과부하 운전을 하지 않는다.
㉣ 주증기밸브를 급개방 하지 않는다. (천천히 연다.)
㉤ 고수위 운전을 하지 않는다. (정상수위로 운전한다.)
㉥ 비수방지관을 설치한다.

73
다음 중 에너지이용 합리화법에 따라 소형 온수 보일러에 해당하는 것은?

① 전열면적이 14 m² 이하이고 최고사용압력이 0.35 MPa 이하의 온수를 발생하는 것
② 전열면적이 14 m² 이하이고 최고사용압력이 0.5 MPa 이상의 온수를 발생하는 것
③ 전열면적이 24 m² 이하이고 최고사용압력이 0.35 MPa 이하의 온수를 발생하는 것
④ 전열면적이 24 m² 이하이고 최고사용압력이 0.5 MPa 이상의 온수를 발생하는 것

【해설】　　　　　　　[에너지이용합리화법 시행규칙 별표1.]
• 열사용기자재의 품목 중 소형 온수보일러의 적용범위는 전열면적이 **14 m²** 이하이며, 최고사용압력이 **0.35 MPa** 이하의 온수를 발생하는 것으로 한다.
(다만, 구멍탄용 온수보일러·축열식 전기보일러 및 가스사용량이 17 kg/h 이하인 가스용 온수보일러는 제외한다.)

74
보일러에서 가연가스와 미연가스가 노 내에 발생하는 경우가 **아닌** 것은?

① 연도가 너무 짧은 경우
② 점화 조작에 실패한 경우
③ 노 내에 다량의 그을음이 쌓여 있는 경우
④ 연소 정지 중에 연료가 노 내에 스며든 경우

【해설】
※ 미연소가스가 연소실(또는, 노) 내에 발생하는 경우
㉠ 불완전연소가 심할 때
㉡ 점화 조작에 실패하였을 때
㉢ 연소 정지 중에 연료가 노 내에 스며들었을 때
㉣ 노 내에 쌓여 있던 다량의 그을음이 비산하였을 때
㉤ 안전 저연소율보다 부하를 낮추어서 연소시킬 때
㉥ 연도의 길이가 너무 길 때

75

에너지이용 합리화법에 따라 대통령령으로 정하는 에너지공급자가 해당 에너지의 효율향상과 수요절감을 위해 연차별로 수립해야 하는 것은?

① 비상시 에너지수급방안
② 에너지기술개발계획
③ 수요관리투자계획
④ 장기에너지수급계획

【해설】   [에너지이용합리화법 제9조.]
※ 에너지공급자의 수요관리투자계획
  • 에너지공급자 중 대통령령으로 정하는 에너지공급자는 해당 에너지의 생산·전환·수송·저장 및 이용상의 효율향상, 수요의 절감 및 온실가스 배출의 감축 등을 도모하기 위한 **연차별 수요관리투자계획**을 수립·시행하여야 하며, 그 계획과 시행 결과를 산업통상자원부장관에게 제출하여야 한다.

76

에너지이용 합리화법에 따라 검사대상기기의 설치자가 그 사용 중인 검사대상기기를 폐기한 때에는 그 폐기한 날로부터 며칠 이내에 폐기 신고서를 제출하여야 하는가?

① 15일   ② 20일
③ 30일   ④ 60일

【해설】   [에너지이용합리화법 시행규칙 제31조의 23.]
  • 검사대상기기의 설치자가 그 사용 중인 검사대상기기를 폐기한 때에는 그 폐기한 날로부터 **15일** 이내에 폐기 신고서를 한국에너지공단 이사장에게 신고하여야 한다.

77

보일러 파열사고 원인 중 구조물의 강도 부족에 의한 원인이 <u>아닌</u> 것은?

① 재료의 불량   ② 용접 불량
③ 용수관리의 불량   ④ 동체의 구조 불량

해설

❸ 보일러 용수 관리 불량은 안전사고 중 제작상의 원인 (강도 부족)이 아니라, 취급상의 원인에 해당한다.

【참고】 ※ 보일러 안전사고의 원인
  ㉠ 제작상의 원인 (구조물의 강도 부족)
    - 재료불량, 강도부족, 구조불량, 설계불량, 용접 불량, 부속장치의 미비, 안전장치 고장 등
  ㉡ 취급상의 원인
    - 저수위에 의한 과열, 압력초과, 미연가스폭발, 역화, 급수처리불량으로 인한 부식, 부속장치 및 부속기기의 정비 불량 등

78

증기보일러 압력계와 연결되는 증기관을 황동관 또는 동관으로 하는 경우 안지름은 최소 몇 mm 이상이어야 하는가?

① 3.5 mm   ② 5.5 mm
③ 6.5 mm   ④ 12.7 mm

【해설】   암기법 : 강일이 7, 동 65
※ 증기보일러의 압력계 부착
  - 압력계와 연결된 증기관은 최고사용압력에 견디는 것으로서 그 크기는 황동관 또는 동관을 사용할 때는 **안지름 6.5 mm 이상**, **강관**을 사용할 때는 **12.7 mm 이상**이어야 하며, 증기온도가 210 ℃ (483 K)를 초과할 때에는 황동관 또는 동관을 사용하여서는 안된다.

79

에너지이용 합리화법에 따라 특정열사용기자재 시공업은 누구에게 등록을 하여야 하는가?

① 국토교통부장관
② 산업통상자원부장관
③ 시·도지사
④ 한국에너지공단이사장

【해설】   [에너지이용합리화법 제37조.]

※ 특정열사용기자재 시공업 등록

- 열사용기자재 중 제조, 설치·시공 및 사용에서의 안전관리, 위해방지 또는 에너지이용의 효율관리가 특히 필요하다고 인정되는 것으로서 산업통상자원부령으로 정하는 열사용기자재(이하 "특정열사용기자재"라 한다)의 **설치·시공이나 세관**을 업(이하 "시공업"이라 한다)으로 하는 자는 「**건설산업기본법**」 제9조제1항에 따라 시·도지사에게 등록하여야 한다.

80

보일러의 외부 부식의 원인이 <u>아닌</u> 것은?

① 빗물, 지하수 등에 의한 습기나 수분에 의한 경우
② 증기나 보일러수 등의 누출로 인한 습기나 수분에 의한 경우
③ 재나 회분 속에 함유된 부식성 물질(바나듐 등)에 의한 경우
④ 강재 속에 함유된 유황분이나 인분이 온도 상승과 더불어 산화되거나 또는 이외의 원인으로 녹이 생긴 경우

【해설】
❹ 보일러의 강재 속에 함유된 유황분이나 인분이 온도 상승과 더불어 산화되거나 또는 이외의 원인으로 녹이 생긴 경우는 내부 부식에 해당한다.

<table>
<tr><td rowspan="3">**2017년 제3회 에너지관리산업기사**
(2017.9.23. 시행)</td><td>평균점수</td></tr>
<tr><td></td></tr>
</table>

제1과목　　열 및 연소설비

01

압축비가 5, 차단비가 1.6, 비열비가 1.4인 가솔린 기관의 이론열효율은?

① 34.6 %　　　　　② 37.9 %
③ 47.5 %　　　　　④ 53.9 %

【해설】※ 오토사이클 (가솔린 기관의 기본사이클)

• 오토사이클의 열효율 $\eta = 1 - \left(\dfrac{1}{\epsilon}\right)^{k-1}$

$\qquad = 1 - \left(\dfrac{1}{5}\right)^{1.4 - 1}$

$\qquad = 0.474 ≒ 47.5 \%$

02

공기압축기가 100 kPa, 20 ℃, 0.8 m³ 인 1 kg의 공기를 1 MPa 까지 가역 등온과정으로 압축할 때 압축기의 소요일(kJ)은?

① 184　　　　　② 232
③ 287　　　　　④ 324

【해설】※ 등온과정에서 전달열량 = 일의 양

• $\delta Q = {}_1W_2 = \displaystyle\int_1^2 P\,dV = P_1V_1 \times \ln\left(\dfrac{P_1}{P_2}\right)$

$\qquad = 100\,kPa \times 0.8\,m^3 \times \ln\left(\dfrac{100}{1000}\right)$

$\qquad = -184.21 ≒ \textbf{-184 kJ}$

여기서, (-)는 외부로부터 압축에 소요되는 일을 받은 것을 의미한다.

03

보일러의 안전장치 중 보일러 내부 증기압력이 스프링 조정압력보다 높을 경우 내부의 벨로즈가 신축하여 수은 등 스위치를 작동하게 하여 전자밸브로 하여금 자동으로 연료 공급을 중단하게 함으로써 압력초과로 인한 보일러 파열사고를 방지해 주는 안전장치는?

① 안전밸브　　　　② 압력제한기
③ 방폭문　　　　　④ 가용전

【해설】※ 압력제한기(또는, 압력차단 스위치)

• 보일러의 증기압력이 설정압력을 초과하면 기기 내의 벨로즈가 신축하여 내장되어 있는 수은 스위치를 작동하게 하여 전자밸브로 하여금 연료공급을 차단시켜 보일러 운전을 정지함으로써 증기압력 초과로 인한 보일러 파열 사고를 방지해 주는 안전장치이다.

04

절대온도 1 K 만큼의 온도차는 섭씨온도로 몇 ℃의 온도차와 같은가?

① 1 ℃　　　　　② 5/9 ℃
③ 273 ℃　　　　④ 274 ℃

【해설】

❶ 켈빈(K)온도는 섭씨온도의 절대온도인 것이므로 절대온도 공식 T (K) = 섭씨온도 t (℃) + 273 에서, 절대온도와 섭씨온도의 눈금차는 그 간격이 동일하므로, 절대온도가 1 K 만큼 변화하면 섭씨온도도 1 ℃ 만큼 변화한다.

05

기체연료의 연소방식 중 예혼합연소방식의 특징에 대한 설명으로 **틀린** 것은?

① 화염이 짧다.
② 부하에 따른 조작범위가 좁다.
③ 역화의 위험성이 매우 작다.
④ 내부 혼합형이다.

【해설】 ※ 기체연료의 예혼합연소 방식의 특징

- 가연성 기체와 공기를 완전연소가 될 수 있도록 적당한 혼합비로 버너 내부(내부 혼합형)에서 사전에 미리 혼합시킨 후 연소실에 분사시켜 연소시키는 방식이다.
  ㉠ 혼합기의 분출속도가 느릴 경우에 역화의 위험이 크다.
  ㉡ 혼합이 균일하여 완전연소되므로, 화염의 온도가 높다.
  ㉢ 연소실의 단위체적당 발생하는 열량인 열부하율 (kJ/m^3h)을 높게 얻을 수 있다.(고부하 연소)
  ㉣ 화염의 길이가 확산연소 방식보다 짧다.
  ㉤ 화염의 길이가 짧으므로 연소실인 로(爐)의 체적이 크지 않아도 된다.
  ㉥ 실온, 대기압하에서 이론혼합비에 가까운 농도 혼합비인 파라핀계 탄화수소와 공기 예혼합 화염의 반응대 두께는 0.1 ~ 0.3 mm 정도로 매우 얇다.
  ㉦ 고체·액체연료에 비해서 가스연료의 연소시 공기비가 가장 적을 뿐만 아니라 연소실의 체적도 가장 작으므로 가스터빈의 연소부하율이 가장 높다.

06

연소안전장치 중 화염이 발광체임을 이용하여 화염을 검출하는 것으로, 광전관, PbS 셀(cell), CdS 셀 등을 사용하는 것은?

① 플레임 아이   ② 플레임 로드
③ 스택 스위치   ④ 연료차단 밸브

【해설】 ※ 화염검출기의 종류
- 플레임 아이 : 연소중에 발생하는 화염의 발광체를 이용.

- 플레임 로드 : 버너와 전극(로드)간에 교류전압을 가해 화염의 이온화에 의한 도전현상을 이용한 것으로서 가스연료 점화버너에 주로 사용한다.
- 스택 스위치 : 연소가스의 열에 의한 바이메탈의 신축작용을 이용.

07

탄소 1 kg을 연소시키기 위해서 필요한 이론적인 산소량은?

① 1 Nm^3 ② 1.867 Nm^3
③ 2.667 Nm^3 ④ 22.4 Nm^3

【해설】

※ 이론산소량(O_0)을 구할 때, 연소반응식을 세우자.

- $\quad$ C $\quad$ + $\quad$ O$_2$ $\quad$ → $\quad$ CO$_2$
  (1 kmol) $\quad$ (1 kmol)
  (12 kg) $\quad$ (22.4 Nm^3)
  (1 kg) $\quad$ (22.4 Nm^3 × $\frac{1}{12}$ = 1.867 Nm^3)

  즉, 탄소 1 kg을 완전연소 시키는데 필요한 이론산소량(O_0)은 **1.867 Nm^3** 이다.

08

대기압에서 물의 증발잠열은 약 얼마인가?

① 334 kJ/kg   ② 539 kJ/kg
③ 1000 kJ/kg   ④ 2264 kJ/kg

【해설】

※ 1기압, 100℃에서의 증발잠열(R_w)값은 필수암기사항이다.

- R_w = 539 kcal = 539 kcal × $\frac{4.1868\,kJ}{1\,kcal}$
  = 2256.68 kJ ≒ 2257 kJ
  = 2257 kJ × $\frac{1\,MJ}{10^3\,kJ}$ = 2.257 MJ
  = 539 kcal × $\frac{4.2\,kJ}{1\,kcal}$ ≒ **2264 kJ**

09

습증기 영역에서 건도에 관한 설명으로 **틀린** 것은?

① 건도가 1에 가까워질수록 건포화증기 상태에 가깝다.

② 건도가 0에 가까워질수록 포화수 상태에 가깝다.

③ 건도가 x일 때 습도는 x-1이다.

④ 건도가 1에 가까울수록 갖고 있는 열량이 크다.

【해설】❸ 건도가 x일 때 습도는 $(1-x)$ 이다.

【참고】※ T-S 선도에서 물과 증기의 상태

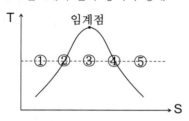

① 압축수 (건도 $x = 0$)
② 포화수 ($x = 0$)
③ 습증기 ($0 < x < 1$)
④ (건)포화증기 ($x = 1$)
⑤ 과열증기 ($x = 1$)

10

다음 중 건식 집진형식이 <u>아닌</u> 것은?

① 백필터식   ② 사이클론식

③ 멀티클론식   ④ 벤튜리스크러버식

【해설】※ 집진장치의 분류와 형식

• 건식 집진장치 : 중력식, 원심식, 여과식(백필터식), 관성식,
  　　　　　　　　사이클론, 멀티클론

• 습식 집진장치 : 스크러버, 벤튜리 스크러버, 충전탑,
  　　　　　　　　사이클론 스크러버, 분무탑

• 전기식 집진장치 : 코트렐식

【key】 스크러버(scrubber) : "(물기를 닦는) 솔" 이라는
　　　　뜻이므로 습식(세정식)을 떠올리면 된다.

11

25 ℃의 철(Fe) 35 kg을 온도 76 ℃로 올리는데 소요열량이 675 kJ 이다. 이 철의 비열(a)과 열용량(b)은?

① a : 0.38 kJ/kg·℃, b : 13.2 kJ/℃

② a : 2.64 kJ/kg·℃, b : 9.25 kJ/℃

③ a : 0.38 kJ/kg·℃, b : 9.25 kJ/℃

④ a : 0.26 kJ/kg·℃, b : 13.2 kJ/℃

【해설】　　　　　　　　　　암기법 : 큐는 씨암닭

• 비열 : 단위질량의 어떤 물체의 온도를 단위온도차
  (1℃, 1K, 1℉)만큼 올리는데 필요한 열량

$$C = \frac{Q}{m \, \Delta t} = \frac{675 \, kJ}{35 \, kg \times (76-25)℃}$$
$$≒ 0.38 \text{ kJ/kg·℃}$$

• 열용량 : 어떤 물체의 온도를 단위온도차(1℃, 1K, 1℉)
  만큼 올리는데 필요한 열량

  열용량 = C × m = 0.38 kJ/kg·℃ × 35 kg
  $$≒ 13.2 \text{ kJ/℃}$$

12

탄화도를 기준으로 석탄을 분류할 때 탄화도 증가에 따라 석탄의 일반적인 성질 변화로 옳은 것은?

① 휘발성이 증가한다.

② 고정탄소량이 감소한다.

③ 수분이 감소한다.

④ 착화온도가 낮아진다.

【해설】※ 탄화도 증가에 따른 석탄의 성질 변화

　㉠ 고정탄소(固定炭素, C)의 양이 증가하고 산소(O)의
　　　양이 감소한다.

　㉡ 수분 및 휘발분이 감소한다.

　㉢ 휘발분이 감소하므로 착화온도가 높아진다.

　㉣ 연소속도는 느려진다.

　㉤ 고체연료의 연료비(= 고정탄소/휘발분)가 증가한다.

　㉥ 열전도율이 증가한다.

13

공기보다 비중이 커서 누설이 되면 낮은 곳에 고여 인화폭발이 원인이 되는 가스는?

① 수소   ② 메탄
③ 일산화탄소   ④ 프로판

【해설】 ※ 기체의 종류별 분자량 크기 비교

수소	메탄	일산화탄소	공기	프로판
H_2	CH_4	CO	N_2, O_2	C_3H_8
2	16	28	29	44

• 분자량이 공기의 분자량(29)보다 큰 가스는 비중이 공기보다 커서 누설이 되면 낮은 곳에 체류하여 고여 있으므로 인화 폭발의 원인이 된다.

14

이론 습연소가스량(G_{Ow})과 이론 건연소가스량(G_{Od})과의 관계를 옳게 나타낸 것은?
(단, 단위는 Nm^3/kg 이다.)

① $G_{OW} = G_{Od} + (9H + W)$
② $G_{Od} = G_{OW} + (9H + W)$
③ $G_{OW} = G_{Od} + 1.25(9H + W)$
④ $G_{Od} = G_{OW} + 1.25(9H + W)$

【해설】

• 연소가스 중 수증기량(Wg)은 연료 중의 수소 연소와 연료 중에 포함되어 있던 수분에 의한 것인데,

$$H_2 + \frac{1}{2}O_2 \rightarrow H_2O$$

1 kmol   1 kmol
(2 kg)   (18 kg)
$22.4\,Nm^3$ $22.4\,Nm^3$ 에서

$$\therefore Wg = \frac{22.4}{2}H + \frac{22.4}{18}w \text{ [단위 : } Nm^3/kg\text{]}$$

$$= 11.2\,H + 1.244\,w$$

$$= 1.244(9H + w) ≒ 1.25(9H + w)$$

• 이론습연소가스량 $G_{OW} = G_{Od} + Wg$

따라서, 문제에서 제시된 기호로 표현하면
$G_{OW} = G_{Od} + 1.25(9H + W)$ 이다.

15

어느 열기관이 외부로부터 Q의 열을 받아서 외부에 100 kJ의 일을 하고 내부에너지가 200 kJ 증가하였다면 받은 열(Q)은 얼마인가?

① 100 kJ   ② 200 kJ
③ 300 kJ   ④ 400 kJ

【해설】

※ 열역학 제1법칙(에너지보존)에 의해 전달열량(δQ)

$$\delta Q = dU + W \text{에서,}$$

$$= 200\,kJ + 100\,kJ = \textbf{300 kJ}$$

여기서, (+) δQ : 계에 전달된 열량
                : 계에 공급한 열량
                : 계가 받은 열량
                : 계가 흡수한 열량

16

연도가스 분석에서 CO가 전혀 검출되지 않았고, 산소와 질소가 각각 (O_2) Nm^3/kg 연료, (N_2) Nm^3/kg 연료일 때 공기비(과잉공기율)는 어떻게 표시되는가?

① $m = \dfrac{0.21}{0.21 - 0.79\,(O_2)/(N_2)}$

② $m = \dfrac{0.79}{0.79 - 0.21\,(O_2)/(N_2)}$

③ $m = \dfrac{1}{1 - 0.79\,(N_2)/(O_2)}$

④ $m = \dfrac{1}{1 - 0.21\,(O_2)/(N_2)}$

【해설】 ※ 완전연소일 때의 공기비(m) 공식

$$m = \frac{A}{A_0} = \frac{A}{A - A'} = \frac{N_2/0.79}{N_2/0.79 - O_2/0.21}$$

분자, 분모에 $0.79 \times 0.21/N_2$ 를 곱하면

$$= \frac{0.21}{0.21 - 0.79\left(\dfrac{O_2}{N_2}\right)}$$

17

1 kg의 공기가 일정온도 200 ℃에서 팽창하여 처음 체적의 6배가 되었다. 전달된 열량(kJ)은? (단, 공기의 기체상수는 0.287 kJ/kg·K 이다.)

① 243
② 321
③ 413
④ 582

【해설】 ※ 등온과정에서 전달열량 = 일의 양

- $\delta Q = {}_1W_2 = \int_1^2 P\,dV = \int_1^2 \frac{RT}{V}\,dV$

  $= RT\int_1^2 \frac{1}{V}\,dV = RT \cdot \ln\left(\frac{V_2}{V_1}\right)$

  $= 0.287 \text{ kJ/kg·K} \times (200 + 273)\text{K} \times \ln\left(\frac{6\,V_1}{V_1}\right)$

  $= 243.23 \text{ kJ} ≒ \mathbf{243 \text{ kJ}}$

18

프로판 가스(LPG)에 대한 설명으로 **틀린** 것은?

① 황분이 적고 유독성분 함량이 많다.
② 질식의 우려가 있다.
③ 가스 비중이 공기보다 크다.
④ 누설 시 인화 폭발성이 있다.

【해설】 ※ LPG 연료의 특징

㉠ LPG의 주성분은 프로판(C_3H_8)과 부탄(C_4H_{10})으로 구성

㉡ LPG 가스의 비중은 1.52로써 공기의 비중 1.2보다 무거우므로 누설되었을 시 확산되기 어려우므로 밑부분에 정체되어 폭발위험이 크므로 가스경보기를 바닥 가까이에 부착한다.

㉢ 상온, 대기압에서는 기체 상태로 존재한다. (참고로, 액화압력은 6 ~ 7 kg/cm² 이다.)

㉣ 프로판의 비중은 공기보다 무겁다.

㉤ 기화잠열(90 ~ 100 kcal/kg)이 커서 냉각제로도 이용이 가능하다.

㉥ 천연고무나 페인트 등을 잘 용해시키므로 패킹이나 누설장치에 주의를 요한다.

㉦ 무색, 무취이고 물에는 녹지 않으며, 유기용매(석유류, 동식물유)에 잘 녹는다.

◎ LPG는 상온·상압에서 기체로 존재한다.

㉧ LPG는 무독성 기체이다.

19

공기 2 kg이 압력 400 kPa, 온도 10 ℃인 상태로부터 정압하에서 온도가 200 ℃로 변화할 때 엔트로피 변화량은? (단, 정압비열은 1.003 kJ/kg·K, 정적비열은 0.716 kJ/kg·K 이다.)

① 0.51 kJ/K
② 1.03 kJ/K
③ 136.12 kJ/K
④ 190.63 kJ/K

【해설】 ※ 정압가열시 엔트로피 변화 **암기법** : 피티네, 알압

- 정압과정($P_1 = P_2$)이므로, 엔트로피 변화량 ΔS는

  $\Delta S = C_p \cdot \ln\left(\frac{T_2}{T_1}\right) - R \cdot \ln\left(\frac{P_2}{P_1}\right)$ 에서,

  한편, $\ln\left(\frac{P_2}{P_1}\right) = \ln(1) = 0$ 이므로

  $= C_p \cdot \ln\left(\frac{T_2}{T_1}\right) \times m$

  $= 1.003 \text{ kJ/kg·K} \times \ln\left(\frac{200 + 273}{10 + 273}\right) \times 2 \text{ kg}$

  $= 1.03 \text{ kJ/K}$

20

열역학 제2법칙에 관한 설명으로 **틀린** 것은?

① 과정의 방향성을 제시한 비가역 법칙이다.
② 엔트로피 증가 법칙을 의미한다.
③ 열은 고온으로부터 저온으로 자동적으로 이동한다.
④ 열이 주위와 계에 아무런 변화를 주지 않고 운동에너지로 변화할 수 있다.

【해설】 ※ 열역학 제2법칙의 여러 가지 표현

㉠ 열은 고온의 물체에서 저온의 물체 쪽으로 자연적으로 흐른다.(즉, 열이동의 방향성)

따라서, 외부에서 기계적인 일이 없이는 스스로 저온부에서 고온부로 이동할 수 없다.

ⓛ 고립된 계의 비가역변화는 엔트로피가 증가하는 방향(확률이 큰 방향, 무질서한 방향)으로 진행한다.

ⓒ 열이 주위와 계에 아무런 변화를 주지 않고 운동에 너지로 변화할 수는 없다.

ⓔ 역학적에너지에 의한 일을 열에너지로 변환하는 것은 용이하지만, 열에너지를 일로 변환하는 것은 용이하지 못하다.

ⓜ 제2종 영구기관은 제작이 불가능하다.
　↳ 저열원에서 열을 흡수하여 움직이는 기관 또는 공급받은 열을 모두 일로 바꾸는 가상적인 기관을 말하며, 이것은 열역학 제2법칙에 위배되므로 그러한 기관은 존재 할 수 없다.

제2과목	열설비 설치

21
보일러의 자동제어와 관련된 약호가 <u>틀린</u> 것은?

① FWC : 급수제어
② ACC : 자동연소제어
③ ABC : 보일러 자동제어
④ STC : 증기압력제어

【해설】 ※ 보일러 자동제어(ABC, Automatic Boiler Control)

• 연소제어 (ACC, Automatic Combustion Control)
　- 증기압력 또는, 노내압력
• 급수제어 (FWC, Feed Water Control)
　- 보일러 수위
• 증기온도제어 (STC, Steam Temperature Control)
　- 증기온도
• 증기압력제어 (SPC, Steam Pressure Control)
　- 증기압력

22
방사율이 0.8, 물체의 표면온도가 300 ℃, 물체 벽면체 온도가 25 ℃일 때 공간에 방출하는 단위 면적당 방사에너지는 약 몇 W/m^2 인가?

① 2300　　　　② 3780
③ 4550　　　　④ 5760

【해설】

• 열방사에 의한 방사에너지는 스테판-볼츠만의 법칙으로 계산된다.

$$Q = \varepsilon \cdot \sigma T^4$$
$$= \varepsilon \cdot \sigma (T_1^4 - T_2^4)$$

여기서, ε : 복사율(방사율 또는, 흑도)
　　　　σ : 스테판 볼츠만 상수
　　　　　　$(5.67 \times 10^{-8}\ W/m^2 \cdot K^4)$
　　　　T : 표면의 절대온도(K)

$$= 0.8 \times 5.67 \times 10^{-8}\ W/m^2 \cdot K^4 \times [(273 + 300)^4$$
$$- (273 + 25)^4]\ K^4$$
$$= 4532.08 \fallingdotseq 4550\ W/m^2$$

23
다음 중 연속동작이 <u>아닌</u> 것은?

① 비례동작　　　　② 미분동작
③ 적분동작　　　　④ ON-Off동작

【해설】 ※ 제어동작의 종류

① 불연속동작　　　　[암기법] : 불이(2)다 !
　㉠ 불연속 속도 동작 (또는, 부동제어)
　㉡ 2위치 동작 (또는, On-Off 동작 또는, ±동작
　　　　　　　　또는, 뱅뱅제어)
　㉢ 다위치 동작
② 연속동작
　㉠ 비례동작 (P동작)
　㉡ 적분동작 (I동작)
　㉢ 미분동작 (D동작)
　㉣ 복합동작 (PI동작, PD동작, PID동작)

24

가정용 수도미터에 사용되는 유량계는?

① 플로우 노즐 유량계　② 오벌유량계

③ 월트만 유량계　　④ 플로트 유량계

【해설】　　　　　　 암기법 : 유속임 터워, 월

※ 유속식 유량계는 유체의 속도에 의해 액체 중에

　설치된 프로펠러가 회전하는 것을 이용하여 유량을

　측정하는 방법으로, 프로펠러(바람개비)형과 터빈형이

　있으며, 가정용 수도미터에 주로 사용된다.

- 바람개비식(임펠러식) 유량계 : 단상식, 복상식

- 터빈식 유량계 : 워싱턴식, 월트만식

25

노내압을 제어하는데 필요하지 <u>않은</u> 조작은?

① 급수량 조작　② 공기량 조작

③ 댐퍼의 조작　④ 연소가스 배출량 조작

【해설】

- 연소실 내부의 압력을 정해진 범위 이내로 억제하기
　위한 제어로서, 연소장치가 최적값으로 유지되기
　위해서는 연료량 조작, 공기량 조작, 연소가스 배출량
　조작(또는, 송풍기의 회전수 조작 및 댐퍼의 개도
　조작)이 필요하다.

26

편위식 액면계는 어떤 원리를 이용한 것인가?

① 아르키메데스의 부력 원리

② 토리첼리의 법칙

③ 달톤의 분압 법칙

④ 도플러의 원리

【해설】　　　　　　　　　암기법 : 아편

- 편위식(Displacement) 액면계는 측정액 중에 플로트
　(Float)가 잠기는 깊이에 의한 부력으로부터 액면을
　측정하는 방식으로, 아르키메데스의 부력 원리를
　이용하고 있다.

27

연료가 보유하고 있는 열량으로부터 실제 유효하게 이용된 열량과 각종 손실에 의한 열량 등을 조사하여 열량의 출입을 계산한 것은?

① 열정산　　　② 보일러효율

③ 전열면부하　④ 상당증발량

【해설】

※ 보일러의 열정산을 실시하는 목적은 특정 열설비에
　공급된 열량과 그 사용 상태를 검토하고 유효하게
　이용되는 열량과 손실열량을 세밀하게 분석함으로써
　열의 행방을 파악하여 열설비의 성능을 알 수 있으며,
　합리적 조업 방법으로의 개선과 기기의 설계 및 개조에
　참고하기 위함이다.

28

자유 피스톤식 압력계에서 추와 피스톤의 무게 합이 30 kg 이고 피스톤 직경이 3 cm 일때 절대 압력은 몇 kg/cm^2 인가?

(단, 대기압은 1 kg/cm^2 으로 한다.)

① 4.244　　　② 5.244

③ 6.244　　　④ 7.244

【해설】　　　　　　　　　암기법 : 절대계

- 게이지 압력을 먼저 구해야 한다.

$$압력 \ P = \frac{F_{전체무게}}{A_{단면적}} = \frac{30 \, kgf}{\frac{\pi \times (3 \, cm)^2}{4}}$$

$$≒ 4.244 \, kgf/cm^2$$

- 절대압력 = 대기압 + 게이지압(계기압력)

$$= 1 \, kgf/cm^2 + 4.244 \, kgf/cm^2$$

$$= 5.244 \, kgf/cm^2 = \mathbf{5.244 \, kg/cm^2}$$

【참고】 지구의 평균중력가속도인 g 의 값이 9.8 m/s^2
　으로 동일하게 적용될 때에 중력단위(또는, 공학용단위)의
　힘으로 압력이나 비중량을 표시할 때 kgf 에서 흔히 f(포오스)
　를 생략하고 kg/cm^2 이나, kg/cm^3 으로 사용한다.

29

다음 중 열량의 단위가 <u>아닌</u> 것은?

① 주울 (J)
② 중량 킬로그램미터 (kg·m)
③ 와트시간 (Wh)
④ 입방미터매초 (m³/s)

【해설】

① J은 열량(또는, 에너지, 일)의 절대단위로서,
공식 W = F·S 에서, 1 J = 1 N × 1 m 이다.

② 1 kg(f)·m = 1 kg × 9.8 m/sec² × 1 m
$\qquad\qquad$ = 9.8 N·m = 9.8 J

③ Wh(와트시)는 전기에너지 사용량(또는, 전력사용량)
의 단위로서, 공식 E = P·t 에서,
1 Wh = 1 W × 1 h = 1 J/sec × 3600 sec
$\qquad\qquad\qquad$ = 3600 J

❹ m³/s 는 체적유량의 단위이다.

【참고】 ※ 열량의 단위 크기 비교

• 1 kcal = 4.184 kJ (학문상) = 4.1868 kJ (법규상)
$\qquad$ = 4.2 kJ (생활상)
$\qquad$ = 427 kgf·m (중력단위, 공학용단위)
$\qquad$ = 3.968 BTU (영국열량단위)
$\qquad$ = 2.205 CHU (영국열량단위)

30

열정산에서 출열 항목에 해당하는 것은?

① 공기의 현열　　② 연료의 현열
③ 연료의 발열량　　④ 배기가스의 현열

【해설】 ※ 보일러 열정산 시 입·출열 항목의 구별

[입열항목]　　암기법 : 연(발,현) 공급증
　– 연료의 발열량, 연료의 현열, 연소용공기의 현열,
　　급수의 현열, 노내 분입한 증기의 보유열

[출열항목]　　암기법 : 유,손(배불방미기)
　– 유효출열량(발생증기가 흡수한 열량),
　　손실열(배기가스, 불완전연소, 방열, 미연분, 기타.)

31

각 물리량에 대한 SI 기본단위의 명칭이 <u>아닌</u>
것은?

① 전류 – 암페어(A)
② 온도 – 섭씨(℃)
③ 광도 – 칸델라(cd)
④ 물질의 양 – 몰(mol)

【해설】

❷ 온도의 SI 기본단위는 절대온도인 켈빈(K) 이다.

【참고】 ※ SI 기본단위(7가지)　암기법 : mks mKc A

기호	m	kg	s	mol	K	cd	A
명칭	미터	킬로그램	초	몰	켈빈	칸델라	암페어
기본량	길이	질량	시간	물질량	절대온도	광도	전류

32

다음 단위 중에서 에너지의 차원을 가지고 있는
것은?

① kg · m/s²　　　　② kg · m²/s²
③ kg · m²/s³　　　　④ kg · m²/s

【해설】 ※ 단위의 차원해석은 공식을 이용한다!

① 힘 F = m·a = 1 kg · m/s² = 1 N

❷ 에너지(또는, 일) W = F·S = 1 N × 1 m
$\qquad$ = 1 kg · m/s² × 1 m = **1 kg · m²/s²**

③ 일률(또는, 동력) P = $\dfrac{W}{t}$ = $\dfrac{1\,kg \cdot m^2/sec^2}{sec}$
$\qquad\qquad\qquad\qquad$ = 1 kg · m²/s³

④ 각운동량 L = r × p = r × m·v
$\qquad\qquad$ = 1 m × 1 kg × 1 m/s
$\qquad\qquad$ = 1 kg · m²/s

33

저항온도계의 측온 저항체로 쓰이지 <u>않는</u> 것은?

① Fe
② Ni
③ Pt
④ Cu

【해설】 　　　　　　　　　　【암기법】: 써니 구백

※ 전기저항온도계의 측온저항체 종류에 따른 사용온도범위

써미스터	-100 ~ 300 ℃
니켈 (Ni)	-50 ~ 150 ℃
구리 (Cu)	0 ~ 120 ℃
백금 (Pt)	-200 ~ 500 ℃

34

광전관식 온도계의 특징에 대한 설명으로 옳은 것은?

① 응답속도가 느리다.
② 구조가 다소 복잡하다.
③ 기록의 제어가 불가능하다.
④ 고정물체의 측정만 가능하다.

【해설】 ※ 광전관식(광전관) 온도계의 특징

<장점> ㉠ 온도의 연속적 측정 및 기록이 가능하여 자동제어에 이용할 수 있다.
　　　 ㉡ 정도는 광고온계와 같다.
　　　 ㉢ 온도계 중에서 가장 높은 온도의 측정에 적합하다. (측정온도 범위는 광고온계와 같은 범위인 700 ~ 3000 ℃이다.)
　　　 ㉣ 이동물체의 온도측정이 가능하다.
　　　 ㉤ 응답시간이 매우 빠르다.
　　　 ㉥ 자동측정이므로 측정시 시간의 지연이 없으며, 개인에 따른 오차가 없다.

<단점> ㉠ 비교증폭기가 부착되어 있으므로 구조가 약간 복잡하다.
　　　 ㉡ 주위로부터 빛 반사의 영향을 받는다.
　　　 ㉢ 저온(700 ℃ 이하)의 물체 온도측정은 곤란하다. (∵ 저온에서는 발광에너지가 약하다.)

35

부력과 중력의 평형을 이용하여 액면을 측정하는 것은?

① 초음파식 액면계
② 정전용량식 액면계
③ 플로트식 액면계
④ 차압식 액면계

【해설】

❸ 플로트식(또는, 부자식) 액면계는 플로트(Float, 부자)를 액면에 직접 띄워서 부력과 중력의 평형을 이용한 상·하의 움직임에 따라 수위를 측정하는 방식이다.

36

다음 중 전기식 제어방식의 특징으로 가장 거리가 <u>먼</u> 것은?

① 고온 다습한 주위환경에 사용하기 용이하다.
② 전송거리가 길고 전송지연이 생기지 않는다.
③ 신호처리나 컴퓨터 등과의 접속이 용이하다.
④ 배선이 용이하고 복잡한 신호에 적합하다.

【해설】 ※ 전기식 신호 전송방식의 특징

<장점> ㉠ 배선이 간단하다.
　　　 ㉡ 신호의 전달에 시간지연이 없으므로 늦어지지 않는다.(응답이 가장 빠르다!)
　　　 ㉢ 선 변경이 용이하여 복잡한 신호의 취급 및 대규모 설비에 적합하다.
　　　 ㉣ 전송거리는 300 m ~ 수 km 까지로 매우 길어 원거리 전송에 이용된다.
　　　 ㉤ 전자계산기 및 컴퓨터 등과의 결합이 용이하다.

<단점> ㉠ 조작속도가 빠른 조작부를 제작하기 어렵다.
　　　 ㉡ 취급 및 보수에 숙련된 기술을 필요로 한다.
　　　 ㉢ 고온다습한 곳은 곤란하고 가격이 비싸다.
　　　 ㉣ 방폭이 요구되는 곳에는 방폭시설이 필요하다.
　　　 ㉤ 제작회사에 따라 사용전류는 4 ~ 20 mA(DC) 또는 10 ~ 50 mA(DC)로 통일되어 있지 않아서 취급이 불편하다.

37

다음 상당증발량을 구하는 식에서 i_2 가 뜻하는 것은?

$$상당증발량 = \frac{G \times (i_2 - i_1)}{538.8} \, (kg/h)$$

① 증기발생량
② 급수의 엔탈피
③ 발생증기의 엔탈피
④ 대기압 하에서 발생하는 포화증기의 엔탈피

【해설】
• 상당증발량(또는, 환산증발량, 기준증발량 w_e)
  - 실제증발량을 1기압하에서 100℃의 포화수를 100℃의 (건)포화증기로 증발시킬 때의 값을 기준으로 환산한 증발량이다.
• 상당증발량(w_e)과 실제증발량(w_2)의 관계식
  $w_e \times R_w = w_2 \times (H_2 - H_1)$ 에서,
  한편, 물의 증발잠열(1기압, 100℃)을 R_w 이라 두면
  R_w = 538.8 kcal/kg ≒ 539 kcal/kg = 2257 kJ/kg
  ∴ 상당증발량 $w_e = \dfrac{w_2 \, kg/h \times (H_2 - H_1) \, kcal/kg}{538.8 \, kcal/kg}$
  여기서, w_2 : 실제증발(증기발생량)
  H_2 : **발생증기의 엔탈피**
  H_1 : 급수의 엔탈피
  문제에서 제시된 기호로 표현해 주면,
  상당증발량 $w_e = \dfrac{G \times (i_2 - i_1)}{538.8}$ [단위 : kg/h]

38

서미스터(Thermistor)에 대한 설명으로 **틀린** 것은?

① 응답이 빠르다.
② 전기저항체 온도계이다.
③ 좁은 장소에서의 온도 측정에 적합하다.
④ 충격에 대한 기계적 강도가 양호하고, 흡습 등에 열화되지 않는다.

【해설】 ※ 써미스터(Thermistor) 저항온도계

• 니켈(Ni), 망간(Mn), 코발트(Co) 등의 금속산화물의 분말을 혼합 소결시켜 만든 반도체로서 그 전기저항이 온도범위에 따라 가장 크게 변화하므로 응답이 빠른 감온소자로 이용할 수 있다.

【참고】 ※ 써미스터(Thermistor) 저항온도계의 특징

㉠ 온도가 상승함에 따라 금속의 전기저항은 증가하는 게 일반적이지만, 반도체인 써미스터는 온도가 증가하면 저항이 감소하는 부성저항 (부특성)을 가지고 있다. (절대온도의 제곱에 반비례한다.)
㉡ 저항온도계수가 금속에 비하여 가장 크다.
㉢ 금속저항은 응답성이 느린데 비하여 써미스터는 응답성이 빠르다.
㉣ 측온부를 작게 제작할 수 있으므로 좁은 장소에도 설치가 가능하여 편리하다.
㉤ 호환성이 작으며 경년변화가 생긴다.
㉥ 흡습 등으로 열화되기 쉽다.
㉦ 반도체이므로, 금속 소자의 온도 특성인 특유의 균일성을 얻기 어렵다.
㉧ 재현성이 좋지 않다.
㉨ 자기가열에 주의하여야 한다.

39

다음 중 물리적 가스분석계가 **아닌** 것은?

① 전기식 O_2 계
② 연소열식 O_2 계
③ 세라믹식 O_2 계
④ 자기식 O_2 계

【해설】 ※ 가스분석계의 분류

• **물리적 분석방법**
  - **세라믹식, 자기식, 가스크로마토그래피법, 밀도법, 도전율법, 적외선식, 열전도율**(또는, 전기식)법
  - 암기법 : 세자가, 밀도적 열명을 물리쳤다.

• **화학적 분석방법**
  - 흡수분석법(오르자트식, 헴펠식),
    자동화학식법(또는, 자동화학식 CO_2계),
    연소열법(연소식 O_2계, 미연소식)

40

보일러 열정산 시의 측정 사항이 <u>아닌</u> 것은?

① 외기온도　　　　② 급수압력
③ 배기가스 온도　④ 연료사용량 및 발열량

【해설】※ 보일러 열정산 시 측정항목
　　㉠ 외기온도 및 기압
　　㉡ 연료 사용량 및 연료의 발열량
　　㉢ 급수량 및 급수온도
　　㉣ 연소용 공기량, 연소용 공기의 온도
　　㉤ 발생증기량, 과열증기 및 재열증기의 온도,
　　　 증기압력, 포화증기의 건도
　　㉥ 배기가스의 온도 및 압력, 배기가스의 시료,
　　　 배기가스의 성분 분석
　　㉦ 연소 잔존량, 연소 잔재물의 시료

| 제3과목 | 열설비 운전 |

41

패킹 재료 중 합성수지류로서 탄성은 부족하나 약품, 기름에도 침식이 적어 많이 사용되며, 내열성이 양호한 것은?

① 테프론　　　　② 네오프렌
③ 콜크　　　　　④ 우레탄

【해설】

※ 테프론(Teflon)
　- 불소(F)와 탄소(C)의 화학적 결합으로 이루어진 폴리테트라플루오로에틸렌(PTFE)의 상품명인 합성수지류로서, 탄성은 부족하나 화학적으로 매우 안정되어 있으므로 화학적 비점착성, 우수한 절연성, 내열성, 낮은 마찰계수의 특징을 가지며 약품, 기름에도 침식이 적어 합성수지류 패킹에 많이 사용된다.

42

보일러 통풍기의 회전수(N)와 풍량(Q), 풍압(P), 동력(L)에 대한 관계식 중 <u>틀린</u> 것은?

① $P_2 = P_1 \left(\dfrac{N_2}{N_1} \right)^{\frac{1}{2}}$　　② $Q_2 = Q_1 \left(\dfrac{N_2}{N_1} \right)$

③ $P_2 = P_1 \left(\dfrac{N_2}{N_1} \right)^{2}$　　④ $L_2 = L_1 \left(\dfrac{N_2}{N_1} \right)^{3}$

【해설】※ 원심식 송풍기의 상사성 법칙(또는, 친화성 법칙)

암기법 : 1 2 3 회(N)
　　　　　 유 양 축
　　　　　 3 2 5 직(D)

㉠ 송풍기의 유량(풍량)은 회전수에 비례한다.

$$Q_2 = Q_1 \times \left(\frac{N_2}{N_1} \right) \times \left(\frac{D_2}{D_1} \right)^3 = Q_1 \times \left(\frac{N_2}{N_1} \right)$$

㉡ 송풍기의 풍압은 회전수의 제곱에 비례한다.

$$P_2 = P_1 \times \left(\frac{N_2}{N_1} \right)^2 \times \left(\frac{D_2}{D_1} \right)^2 = P_1 \times \left(\frac{N_2}{N_1} \right)^2$$

㉢ 송풍기의 동력은 회전수의 세제곱에 비례한다.

$$L_2 = L_1 \times \left(\frac{N_2}{N_1} \right)^3 \times \left(\frac{D_2}{D_1} \right)^5 = L_1 \times \left(\frac{N_2}{N_1} \right)^3$$

　　여기서, Q : 유량(또는, 풍량)
　　　　　　 P : 양정(또는, 풍압)
　　　　　　 L : 축동력
　　　　　　 N : 회전수
　　　　　　 D : 임펠러의 직경(지름)

43

다음 중 내화 점토질 벽돌에 속하지 <u>않는</u> 것은?

① 납석질 벽돌　　　② 샤모트질 벽돌
③ 고알루미나 벽돌　④ 반규석질 벽돌

【해설】　　　　　　　　　　암기법 : 산규 납점샤
• 내화 점토질 벽돌은 산성 내화물에 속한다.
• 산성 벽돌의 종류 : 규석질(석영질, 실리카), 납석질 (반규석질), 점토질, 샤모트질
❸ 고알루미나 벽돌은 중성 내화물에 속한다.

44

보온재에서 열전도율이 작아지는 요인이 <u>아닌</u> 것은?

① 기공이 작을수록
② 재질의 밀도가 클수록
③ 재질내의 수분이 적을수록
④ 재료의 두께가 두꺼울수록

【해설】　암기법 : 열전도율 ∝ 온·습·밀·부

※ 보온재의 열전도율이 작아지는 조건

　㉠ 재료의 온도가 낮을수록
　㉡ 재료의 습도(수분)가 낮을수록
　㉢ 재료의 밀도가 작을수록
　㉣ 재료의 부피비중이 작을수록
　㉤ 재료의 두께가 두꺼울수록
　㉥ 재료의 기공률이 클수록 (기공은 작을수록)

45

절탄기(economizer)에 관한 설명으로 <u>틀린</u> 것은?

① 보일러 드럼 내의 열응력을 경감시킨다.
② 배기가스의 폐열을 이용하여 연소용 공기를 예열하는 장치이다.
③ 보일러의 효율이 증대된다.
④ 일반적으로 연도의 입구에 설치된다.

【해설】 ※ 절탄기(Economizer)의 특징

<장점>

　㉠ 보일러의 열효율이 향상되어 연료가 절약될 수 있다.
　㉡ 증기발생속도가 빨라지므로 보일러의 증발능력이 증가한다.
　㉢ 급수를 예열하여 급수와 보일러수의 온도차가 작아지기 때문에 급수로 인한 보일러의 드럼에 생기는 무리한 열응력(부동팽창)을 감소시킨다.
　㉣ 급수온도 상승에 따라 급수 중의 일시 경도 성분이 연화한다.
　㉤ 급수온도 6℃ 상승 시 연료가 약 1% 절감된다.

<단점>　　암기법 : 절단 저(금)통 청부설

　㉠ 배가스 연도 입구에 절탄기를 설치함에 따라 통풍저항의 증가로 통풍력이 약화되어 통풍기를 추가로 사용할 필요가 있다.
　㉡ 배가스 온도가 노점(150 ~ 170℃)이하로 낮아지게 되면 SO_3가 배기가스 중의 수분과 화합하여 $SO_3 + H_2O \rightarrow H_2SO_4$(황산)으로 되어 연도에 설치된 절탄기의 금속표면에 부착되어 표면을 부식시키는 현상인 저온부식을 초래하게 된다.
　㉢ 연도 내의 청소, 검사, 보수가 불편하다.

46

열전도율 30 W/m·℃, 두께 10 mm 인 강판의 양면 온도차가 2 ℃ 이다. 이 강판 1 m^2당 전열량 (W)은?

① 60000　　　　② 15000
③ 6000　　　　④ 1500

【해설】　　　　　　암기법 : 손전온면두

● 평면판(평면벽)에서의 손실열량(Q) 계산공식

$$Q = \frac{\lambda \cdot \Delta t \cdot A}{d} \left(\frac{열전도율 \cdot 온도차 \cdot 단면적}{벽의 두께} \right)$$

$$= \frac{30\ W/m \cdot ℃ \times 2\ ℃ \times 1\ m^2}{0.01\ m}$$

$$= 6000\ W$$

47

보일러 노통 안에 겔로웨이관(galloway tube)을 2~4개 설치하는 이유로 가장 적합한 것은?

① 전열면적을 증대시키기 위함
② 스케일의 부착방지를 위함
③ 소형으로 제작하기 위함
④ 증기가 새는 것을 방지하기 위함

【해설】

※ 겔로웨이 관(Galloway tube) : 노통에 직각으로 2 ~ 3개 정도 설치한 관으로 노통을 보강하고 전열면적을 증가시키며, 보일러수의 순환을 촉진시킨다.

48

직경 500 mm, 압력 12 kgf/cm² 의 내압을 받는 보일러 강판의 최소두께는 몇 mm로 하여야 하는가? (단, 강판의 인장응력은 30 kgf/cm², 안전율은 4.5 이고, 이음효율은 0.58로 가정하며 부식여유는 1 mm이다.)

① 8.8 mm　　　　② 7.8 mm
③ 7.0 mm　　　　④ 6.3 mm

【해설】　　　　　　　　　암기법 : 허전강↑

※ 보일러 강판의 최소두께 계산은 다음 식을 따른다.

$P \cdot D = 200\,\sigma \cdot (t - C) \times \eta$

여기서, 압력단위(kg/cm²), 지름 및 두께의 단위(mm)인 것에 주의해야 한다.

한편, 허용응력 $\sigma = \dfrac{\sigma_a}{S}\left(\dfrac{\text{인장강도}}{\text{안전율}}\right)$ 이므로,

$P \cdot D = 200\,\dfrac{\sigma_a}{S} \cdot (t - C) \times \eta$ 에서,

$12 \times 500 = 200 \times \dfrac{30}{4.5} \times (t - 1) \times 0.58$

이제, 네이버에 있는 에너지아카데미 카페의 "방정식 계산기 사용법"으로 t 를 미지수 X로 놓고 구하면

∴ 강판의 최소두께 t = 8.758 ≒ **8.8 mm**

49

다음 중 유기질 보온재가 <u>아닌</u> 것은?

① 펠트　　　　　② 기포성 수지
③ 코르크　　　　④ 암면

【해설】

❹ 암면은 무기질 보온재의 종류에 속한다.

【참고】 ※ 최고 안전사용온도에 따른 유기질 보온재의 종류

• 유비(B)가, 콜　택시타고 **벨트**를 폼나게 맸다.
　　　　　　(텍스)　　　(펠트)

유기질, (B)130↓ 120↓ ⬅ **100↓** ➡ 80℃↓(이하)
　　　　　　(+20) (기준) (−20)

탄화코르크, 텍스,　펠트,　폼

50

다음 [조건]과 같은 사무실의 난방부하(kW)는?

[조건]
• 바닥 및 천장 난방면적 : 48 m²
• 벽체의 열관류율 : 5 kJ/m²·h·℃
• 실내온도 : 18 ℃
• 외기온도 : 영하 5 ℃
• 방위에 따른 부가 계수 : 1.1
• 벽체의 전면적 : 70 m²

① 5.83　　　　②　8.83
③ 18.0　　　　④　23.52

【해설】 ※ 천장, 바닥, 벽체에서의 난방부하 공식

• $Q = K \times \Delta t \times A \times Z$

여기서, Q : 난방부하(손실열량)
　　　　　K : 열관류율
　　　　　A : 전체면적(바닥, 천정, 벽체)
　　　　　Δt : 내·외부의 온도차
　　　　　Z : 방위계수

$= 5\,kJ/m^2 \cdot h \cdot ℃ \times (48 + 48 + 70)\,m^2$
$\quad \times [18 - (-5)]℃ \times 1.1$

$= 20999\,kJ/h \times \dfrac{1\,h}{3600\,sec}$

$= 5.833\,kJ/sec ≒ \textbf{5.83 kW}$

51

진공환수식 증기 난방법에서 방열기 밸브로 사용하는 것은?

① 콕 밸브　　　　② 팩리스 밸브
③ 바이패스 밸브　④ 솔레노이드 밸브

【해설】

• 팩리스(packless) 밸브 : 글랜드 패킹을 사용하지 않고 금속제의 벨로우즈로 밸브축을 감싸고 공기의 침입이나 누설을 방지하며 증기나 온수의 유량을 수동으로 조절하는 밸브로서 진공환수식 난방법에서 방열기 밸브로 사용한다.

52

원심펌프의 소요동력이 15 kW이고, 양수량이 4.5 m³/min일 때, 이 펌프의 전양정은?
(단, 펌프의 효율은 70 %이며, 유체의 비중량은 1000 kg/m³ 이다.)

① 10.5 m   ② 14.28 m
③ 20.4 m   ④ 28.56 m

【해설】

● 펌프의 동력 : L [W] = $\dfrac{PQ}{\eta}$ = $\dfrac{\gamma HQ}{\eta}$ = $\dfrac{\rho g HQ}{\eta}$

여기서, P : 압력 [mmH₂O = kgf/m²]
Q : 유량 [m³/sec]
H : 수두 또는 양정 [m]
η : 펌프의 효율
γ : 물의 비중량 (1000 kgf/m³)
ρ : 물의 밀도 (1000 kg/m³)
g : 중력가속도 (9.8 m/s²)

∴ 동력 공식 L [W] = $\dfrac{\gamma HQ}{\eta}$ 에서

15 kW = 15 × 10³ W

= $\dfrac{1000\,kgf/m^3 \times \dfrac{9.8\,N}{1\,kgf} \times H \times 4.5\,m^3/min \times \dfrac{1\,min}{60\,sec}}{0.7}$

이제, 네이버에 있는 에너지아카데미 카페의 "방정식 계산기 사용법"으로 H를 미지수 X로 놓고 구하면

∴ 수두(전양정) H = 14.285 ≒ **14.28 m**

53

글로브 밸브의 디스크 형상 종류에 속하지 <u>않는</u> 것은?

① 스윙형   ② 반구형
③ 원뿔형   ④ 반원형

【해설】

※ 글로브(Glove, 둥근) 밸브는 유량을 조절하거나 유체의 흐름을 차단하는 밸브로서 밸브 디스크 형태에 따라 평면형, 반구형, 반원형, 원뿔형의 종류가 있다.

【참고】   암기법 : 책(첵), 스리

● 체크밸브(Check valve, 역지밸브)는 유체를 한쪽 방향으로만 흐르게 하고 **역류**를 방지하는 목적으로 사용되며, 밸브의 구조에 따라 스윙(swing)형과 리프트(lift)형이 있다.

54

동관의 압축이음 시 동관의 끝을 나팔형으로 만드는데 사용되는 공구는?

① 사이징 툴   ② 플레어링 툴
③ 튜브 벤더   ④ 익스펜더

【해설】 ※ 동관 작업용 공구

㉠ 사이징 툴 : 동관의 끝부분을 원형으로 정형하는 공구
㉡ 플레어링 툴 : 동관의 끝부분을 나팔형으로 압축·접합할 때 사용
㉢ 튜브 벤더 : 동관을 굽힐 때 사용
㉣ 튜브 커터 : 동관을 절단할 때 사용
㉤ 토치램프 : 접합 및 납땜 시 가열을 할 때 사용
㉥ 익스펜더(확관기) : 동관의 끝부분을 확장할 때 사용
㉦ 리머 : 절단 이후, 관 내면의 거스러미를 제거할 때 사용
㉧ 티뽑기 : 직관에서 분기관을 성형할 때 사용

55

증기트랩의 구비 조건이 <u>아닌</u> 것은?

① 마찰저항이 적을 것
② 내구력이 있을 것
③ 공기를 뺄 수 있는 구조로 할 것
④ 보일러 정지와 함께 작동이 멈출 것

【해설】 ※ 증기트랩의 구비 조건

㉠ 마찰저항이 작아야 한다.
㉡ 내구성 및 내침식성이 좋아야 한다.
㉢ 공기의 배출능력이 좋아야 한다.
㉣ 응축수를 자동으로 배출시켜야 한다.
㉤ 증기와 응축수의 분리가 용이해야 한다.
㉥ 보일러 정지 후에도 응축수 배출이 작동되어야 한다.

56

노통보일러의 특징에 관한 설명으로 틀린 것은?

① 구조가 간단하고 제작이 쉽다.

② 급수처리가 비교적 복잡하다.

③ 전열면적이 다른 형식에 비해 적어 효율이 낮다.

④ 수부가 커서 부하변동에 영향을 적게 받는다.

【해설】 ※ 노통 보일러의 특징

<장점> ㉠ 구조가 간단하여 제작이 쉽고 견고하다.

ㄴ 동체내에 들어가 내부청소 및 검사가 용이하다.

ㄷ 용량이 적어서(약 3 ton/h) 취급이 용이하다.

ㄹ 보유수량이 많아 일시적인 부하변동에 대하여 압력변화가 적다.

ㅁ 급수처리가 까다롭지 않다.

<단점> ㉠ 전열면적에 비해 보유수량이 많아 증기발생에 소요되는 시간이 길다.

ㄴ 전열면적이 적어 증발열이 적다.

ㄷ 보일러 효율이 나쁘다.(50% 전후)

ㄹ 보유수량이 많아 파열 사고시 피해가 크다.

ㅁ 내분식이기 때문에 연소실의 크기에 제한을 받으므로, 양질의 연료를 선택하여야 한다.

ㅂ 구조상 고압, 대용량에는 부적당하다.

57

다음 중 노재가 갖추어야 할 조건이 아닌 것은?

① 사용 온도에서 연화 및 변형이 되지 않을 것

② 팽창 및 수축이 잘될 것

③ 온도급변에 의한 파손이 적을 것

④ 사용목적에 따른 열전도율을 가질 것

【해설】 ※ 내화물(노재)의 구비조건

암기법 : 내화물차 강내 안 스내?↑, 변소(小)↓가야하는데.

㉠ (상온 및 사용온도에서) 압축강도가 클 것

ㄴ 내마모성, 내침식성이 클 것

ㄷ 화학적으로 안정성이 클 것

ㄹ 내열성 및 내스폴링성이 클 것

ㅁ 사용온도에서 연화 변형이 적을 것

ㅂ 열에 의한 팽창·수축이 적을 것

ㅅ 사용목적에 따른 적당한 열전도율을 가질 것

ㅇ 온도변화에 따른 파손이 적을 것

58

주형방열기에 온수를 흐르게 할 경우, 상당 방열 면적(EDR)당 발생되는 표준방열량(kW/m²)은?

① 0.332　　　② 0.523

③ 0.755　　　④ 0.899

【해설】

• 방열기에서 열매체가 온수인 경우 표준방열량($Q_{표준}$)

$$Q_{표준} = 450 \text{ kcal/m}^2 \cdot h \times \frac{4.1868\,kJ}{1\,kcal} \times \frac{1\,h}{3600\,sec}$$

$$= 0.5233 \text{ kJ/sec} \cdot m^2 = 0.523 \text{ kW/m}^2$$

【참고】 ※ 방열기의 표준방열량

암기법 : 수 사오공, 증 육오공

열매체	공학단위 (kcal/m²·h)	SI 단위 (kJ/m²·h)
온수	450	1890
증기	650	2730

59

다음 중 관류식 보일러에 해당되는 것은?

① 슐처 보일러　　② 레플러 보일러

③ 열매체 보일러　④ 슈미드-하트만 보일러

【해설】

※ 수관식 보일러의 종류 　암기법 : 수자 강관(관)

㉠ 자연순환식

암기법 : 자는 바·가·(야로)·다, 스네기찌

(모두 다 일본식 발음을 닮았음.)

- 바브콕, 가르베, 야로, 다꾸마, 스네기찌, 스털링 보일러

ⓒ 강제순환식　　　**암기법** : 강제로 베라~
　　- 베록스, 라몬트 보일러
ⓒ 관류식
　　암기법 : 관류 람진과 벤슨이 앤모르게 슐처먹었다
　　- 람진, 벤슨, 앤모스, 슐처 보일러

60

섹션이라고 불리는 여러 개의 물집들을 연결하고 하부로 급수하여 상부로 증기 또는 온수를 방출하는 구조로 되어 있으며, 압력에 약해서 0.3 MPa 이하에서 주로 사용하는 보일러는?

① 노통연관식 보일러　　② 관류 보일러
③ 수관식 보일러　　　　④ 주철제 보일러

【해설】
※ 주철제(주철제 섹션) 보일러
　- 주철로 제작한 상자형의 섹션(section, 부분)을 여러 개(5~20개 정도) 조합하여 니플(nipple)을 끼워 결합시킨 내분식의 보일러로서, 충격이나 고압에 약하기 때문에 주로 난방용의 저압(0.3 MPa 이하) 증기 발생 보일러 및 온수 보일러로 주로 사용된다.

제4과목　**열설비 안전관리 및 검사기준**

61

증기보일러에는 원칙적으로 2개 이상의 안전밸브를 설치하여야 하지만, 1개를 설치할수 있는 최대 전열면적 기준은?

① $10 \, m^2$ 이하　　② $30 \, m^2$ 이하
③ $50 \, m^2$ 이하　　④ $100 \, m^2$ 이하

【해설】 ※ 안전밸브의 설치개수
• 증기보일러에는 2개 이상의 안전밸브를 설치하여야 한다. (다만, 전열면적 **$50 \, m^2$ 이하**의 증기보일러에서는 1개 이상으로 한다.)

62

보일러 관수의 분출 작업 목적이 <u>아닌</u> 것은?

① 스케일 부착 방지
② 저수위 운전 방지
③ 포밍, 프라이밍 현상을 방지
④ 슬러지 취출

【해설】
※ 보일러 관수(또는, 보일러수)의 분출작업 목적
　㉠ 보일러수의 순환을 촉진한다.
　㉡ 가성취화를 방지한다.
　㉢ 프라이밍, 포밍, 캐리오버 현상을 방지한다.
　㉣ 보일러수의 pH를 조절한다.
　㉤ 고수위 운전을 방지한다.
　㉥ 보일러수의 농축을 방지하고 열대류를 높인다.
　㉦ 슬러지를 배출하여 스케일 생성을 방지한다.
　㉧ 부식 발생을 방지한다.
　㉨ 세관작업 후 폐액을 배출시킨다.

63

보일러를 2~3개월 이상 장기간 휴지하는 경우 가장 적합한 보존방법은?

① 건식보존법　　　　② 습식보존법
③ 단기 만수보존법　④ 장기 만수보존법

【해설】
※ 건조 보존법(또는, 건식 보존법)
　- 휴지기간이 2~3개월 이상인 장기 보존일 경우 보일러수를 완전히 배출하고 동 내부를 완전히 건조시킨 후 약품(흡습제, 산화방지제, 기화성 방청제 등)을 넣고 밀폐시켜 보존하는 방법으로 다음과 같은 종류가 있다.
　　㉠ 석회 밀폐건조법
　　㉡ 질소가스 봉입법(또는, 질소건조법, 기체보존법)
　　㉢ 기화성 부식억제제 투입법
　　㉣ 가열 건조법

64

에너지이용 합리화법상 특정열사용기자재 중 요업요로에 해당하는 것은?

① 용선로
② 금속소둔로
③ 철금속가열로
④ 회전가마

【해설】 [에너지이용합리화법 시행규칙 별표3의2.]

※ 특정 열사용기자재 및 그 설치·시공 범위

구분	품목명	설치·시공 범위
보일러	강철제보일러 주철제보일러 온수보일러 구멍탄용 온수보일러 축열식 전기보일러	해당 기기의 설치·배관 및 세관
태양열 집열기	태양열집열기	
압력용기	1종 압력용기 2종 압력용기	
요업요로	연속식유리용융가마 불연속식유리용융가마 유리용융도가니가마 터널가마 도염식각가마 셔틀가마 **회전가마** 석회용선가마	해당 기기의 설치를 위한 시공
금속요로	용선로 비철금속용융로 금속소둔로 철금속가열로 금속균열로	

65

에너지이용 합리화법에 따라 검사에 합격되지 아니한 검사대상기기를 사용한 자에 대한 벌칙 기준은?

① 2년 이하의 징역 또는 2천만원 이하의 벌금
② 1년 이하의 징역 또는 1천만원 이하의 벌금
③ 3천만원 이하의 벌금
④ 5백만원 이하의 벌금

【해설】 [에너지이용합리화법 제73조.]

❷ 검사에 불합격한 검사대상기기를 임의로 사용한 자는 1년 이하의 징역 또는 1천만원 이하의 벌금에 처한다.

【참고】 ※ 위반행위에 해당하는 벌칙(징역, 벌금액)

2.2 - 에너지 **저장**, 수급 **위반**
　암기법 : **이**~**이**가 **저** **수위**다.

1.1 - 검사대상기기 위반
　암기법 : 한명 한명씩 검사대를 통과했다.

0.2 - **효율기자재** 위반
　암기법 : 영희가 **효자**다.

0.1 - 미선임, 미확인, **거부**, **기피**
　암기법 : 영일은 미선과 거부기피를 먹었다.

0.05 - **광고**, **표시** 위반
　암기법 : 영오는 광고표시를 쭉~ 위반했다.

66

에너지이용 합리화법에 의한 검사대상기기의 개조검사 대상이 <u>아닌</u> 것은?

① 보일러 섹션의 증감에 의하여 용량을 변경하는 경우
② 증기보일러를 온수보일러로 개조하는 경우
③ 연료 또는 연소방법을 변경하는 경우
④ 보일러의 증설 또는 개체하는 경우

【해설】 [에너지이용합리화법 시행규칙 별표3의4.]

※ 개조검사의 적용대상

　㉠ 증기보일러를 온수보일러로 개조하는 경우
　㉡ 보일러 섹션의 증감에 의하여 용량을 변경하는 경우
　㉢ 동체·돔·노통·연소실·경판·천정판·관판·관모음 또는 스테이의 변경으로서 산업통상자원부장관이 정하여 고시하는 대수리의 경우
　㉣ 연료 또는 연소방법을 변경하는 경우
　㉤ 철금속가열로로서 산업통상자원부장관이 정하여 고시하는 경우의 수리

❹ 보일러의 증설 또는 개체하는 경우는 설치검사 대상이다.

67

보일러 운전 정지 시 주의사항으로 <u>틀린</u> 것은?

① 작업종료 시까지 증기의 필요량을 남긴 채
    운전을 정지한다.
② 벽돌 쌓은 부분이 많은 보일러는 압력 상승
    방지를 위해 급히 증기밸브를 닫는다.
③ 보일러의 압력을 급히 내리거나 벽돌 등을
    급냉시키지 않는다.
④ 보일러수는 정상수위보다 약간 높게 급수
    하고, 급수 후 증기밸브를 닫고, 증기관의
    드레인 밸브를 열어 놓는다.

【해설】
❷ 보일러 정지 시 증기 밸브는 천천히 닫는다.

【참고】 ※ 보일러 정지 시 주의사항
㉠ 증기사용처에 연락을 하여 작업이 완전 종료될
    때까지 필요로 하는 증기를 남기고 운전을 정지시킨다.
㉡ 내화벽돌 쌓은 부분이 많은 보일러는 내화벽돌의
    여열로 인하여 압력이 상승하는 위험이 없는지를
    확인한다.
㉢ 보일러의 압력을 급격히 낮게 하거나 벽돌 등을
    급냉하지 않도록 증기 밸브는 천천히 닫는다.
㉣ 보일러수는 상용수위보다 약간 높게 급수하여 놓고
    급수 후에는 급수밸브를 닫는다.
㉤ 주증기밸브를 닫고 드레인 밸브를 반드시 열어 놓는다.
㉥ 다른 보일러와 증기관이 연결되어 있는 경우에는
    그 연결밸브를 밸브를 닫는다.

68

다음 중 보일러를 점화하기 전에 역화와 폭발을
방지하기 위하여 가장 먼저 취해야 할 조치는?

① 포스트 퍼지를 실시한다.
② 화력의 상승속도를 빠르게 한다.
③ 댐퍼를 열고 체류가스를 배출시킨다.
④ 연료의 점화가 신속하게 이루어지도록 한다.

【해설】 ※ 역화의 방지대책
㉠ 착화 지연을 방지한다.
㉡ 통풍이 충분하도록 유지한다.
㉢ 공기를 우선 공급 후 연료를 공급한다.
㉣ 댐퍼의 개도, 연도의 단면적 등을 충분히 확보한다.
㉤ 연소 전에 댐퍼를 열고 연소실의 체류가스를
    배출(프리퍼지)시켜 충분한 환기를 한다.
㉥ 역화 방지기를 설치한다.

69

보일러 사용이 끝난 후 다음 사용을 위하여 조치
해야 할 주의사항으로 <u>틀린</u> 것은?

① 석탄연료의 경우 재를 꺼내고 청소한다.
② 자동 보일러의 경우 스위치를 전부 정상
    위치에 둔다.
③ 예열용 기름을 노 내에 약간 넣어둔다.
④ 유류 사용 보일러의 경우 연료계통의 스톱
    밸브를 닫고 버너를 청소하고 노 내에
    기름이 들어가지 않도록 한다.

【해설】
❸ 보일러 사용이 끝난 후 노 내에 연료를 남겨 두면
    다음 사용을 위한 점화 시 폭발의 위험이 있으므로
    남아 있는 연료를 완전히 제거하여야 한다.

70

보온 시공상의 주의사항으로 <u>틀린</u> 것은?

① 보온재와 보온재의 틈새는 되도록 적게 한다.
② 냉·온수 수평배관의 현수밴드는 보온을
    내부에서 한다.
③ 증기관 등의 벽·바닥 등을 관통할 때는
    벽면에서 25 mm 이내는 보온하지 않는다.
④ 보온의 끝 단면은 사용하는 보온재 및
    보온 목적에 따라 필요한 보호를 한다.

【해설】
❷ 냉·온수 수평배관의 현수밴드는 보온을 내부에서 하지 않고 흡음재를 채우고 외부에서 보온 시공한다.

71
과열증기 사용 시 장점에 대한 설명으로 <u>틀린</u> 것은?

① 이론상의 열효율이 좋아진다.
② 고온부식이 발생하지 않는다.
③ 증기의 마찰저항이 감소된다.
④ 수격작용이 방지된다.

【해설】 ※ 과열증기 사용 시 특징
<장점>　　　　　 암기법 : 과부 보(수) 마효

㉠ 응축수가 제거되어 부식 및 수격작용이 생기지 않는다.
㉡ 같은 압력의 포화증기보다 보유열량이 많다.
㉢ 응축수가 제거되어 관내 마찰저항이 감소된다.
㉣ 고압 보일러의 열효율을 증가시킨다.
㉤ 증기 엔탈피의 증가로 응축수로 되기 어렵다.
㉥ 증기원동소의 이론 열효율이 증가한다.
㉦ 같은 압력의 포화증기에 비해 보유열량이 많으므로 열낙차가 증가한다.
㉧ 과열증기의 엔탈피 증가로 증기소비량이 감소하므로 연료가 절약된다.
㉨ 증기 중의 수분이 감소하기 때문에 터빈의 날개나 증기기관 등의 부식이 감소되며, 증기배관 등에 발생하는 수격작용이 방지된다.

<단점>　　　　　 암기법 : 과열 검열 고통

㉠ 청소·검사·보수가 불편하다.
㉡ 과열기 사용재질의 내열성에 따라 큰 열응력이 발생한다.
㉢ 과열기에는 바나듐이 산화된 V_2O_5(오산화바나듐)이 부착되어 표면을 부식시키는 고온부식이 발생되기 쉽다.
㉣ 연소가스 흐름에 마찰저항을 일으켜 통풍력을 약화시킬 수 있다.
㉤ 연소가스 흐름의 저항으로 압력손실이 크다.
㉥ 가열 표면의 온도를 일정하게 유지하기 곤란하다.
㉦ 증기의 열에너지가 커서 열손실이 많아질 수 있다.

72
다음은 보일러 수압시험 압력에 관한 설명이다. ㉠ ~ ㉣에 해당하는 숫자로 알맞은 것은?

강철제 보일러의 수압시험은 최고사용압력이 (㉠) 이하일 때는 그 최고사용압력의 (㉡) 배의 압력으로 한다. 다만, 그 시험압력이 (㉢) 미만인 경우에는 (㉣)로 한다.

① ㉠ 4.3 MPa, ㉡ 1.5, ㉢ 0.2 MPa, ㉣ 0.2 MPa
② ㉠ 4.3 MPa, ㉡ 2, ㉢ 2 MPa, ㉣ 2 MPa
③ ㉠ 0.43 MPa, ㉡ 2, ㉢ 0.2 MPa, ㉣ 0.2 MPa
④ ㉠ 0.43 MPa, ㉡ 1.5, ㉢ 0.2 MPa, ㉣ 2 MPa

【해설】　　　　　 [열사용기자재의 검사기준 18.1.1.]
※ 강철제보일러의 수압시험압력은 다음과 같다.

보일러 종류	최고사용압력	수압시험압력
강철제 보일러	0.2 MPa 미만 (2 kg/cm² 미만)	0.2 MPa (2 kg/cm²)
	0.43 MPa 이하 (4.3 kg/cm² 이하)	최고사용압력의 2배
	0.43 MPa 초과 ~ 1.5 MPa 이하 (4.3 kg/cm² 초과 ~ 15 kg/cm² 이하)	최고사용압력의 1.3배 + 0.3 (최고사용압력의 1.3배 + 3)
	1.5 MPa 초과 (15 kg/cm² 초과)	최고사용압력의 1.5배

73
중유를 A급, B급, C급의 3종류로 나눌 때, 이것을 분류하는 기준은 무엇인가?

① 점도에 따라 분류
② 비중에 따라 분류
③ 발열량에 따라 분류
④ 황의 함유율에 따라 분류

【해설】　　　　　 암기법 : 중점,시비에(C>B>A)
• 중유는 점도에 따라 A중유, B중유, C중유(또는, 벙커C유)로 분류한다.

74

에너지이용 합리화법에 따라 에너지다소비사업자가 매년 1월 31일까지 신고해야 할 사항이 <u>아닌</u> 것은?

① 전년도의 수지계산서
② 전년도의 분기별 에너지이용 합리화 실적
③ 해당 연도의 분기별 에너지사용 예정량
④ 에너지사용기자재의 현황

【해설】 [에너지이용합리화법 제31조.]

※ 에너지다소비업자의 신고 암기법 : 전 기관에 전해

• 에너지사용량이 대통령령으로 정하는 기준량 (2000 TOE)이상인 에너지다소비업자는 산업통상자원부령으로 정하는 바에 따라 매년 1월 31일까지 그 에너지사용시설이 있는 지역을 관할하는 시·도지사에게 다음 사항을 신고하여야 한다.
　㉠ **전**년도의 분기별 에너지사용량·제품생산량
　㉡ **해**당 연도의 분기별 에너지사용예정량·제품생산예정량
　㉢ **전**년도의 분기별 에너지이용 합리화 실적 및 해당 연도의 분기별 계획
　㉣ 에너지사용**기**자재의 현황
　㉤ 에너지**관**리자의 현황

75

다음 중 원수로부터 탄산가스나 철, 망간 등을 제거하기 위한 수처리 방식은?

① 탈기법　　　　② 기폭법
③ 응집법　　　　④ 이온교환법

【해설】

※ 기폭법(또는, 폭기법)
－ 급수 중에 녹아있는 탄산가스(CO_2), 암모니아(NH_3), 황화수소(H_2S) 등의 기체 성분과 철(Fe), 망간(Mn) 등을 제거하는 방법으로서, 급수 속에 공기를 불어 넣는 방식과 공기 중에 물을 아래 낙하시키는 강수 방식이 있다.

76

에너지이용 합리화법에 따라 에너지이용 합리화 기본계획 사항에 포함되지 <u>않는</u> 것은?

① 에너지 소비형 산업구조로의 전환
② 에너지원간 대체(代替)
③ 열사용기자재의 안전관리
④ 에너지의 합리적인 이용을 통한 온실가스의 배출을 줄이기 위한 대책

【해설】 [에너지이용합리화법 제4조 2항.]

※ 에너지이용합리화 기본계획에 포함되는 사항
　㉠ 에너지 **절약형** 경제구조로의 전환
　㉡ 에너지이용효율의 증대
　㉢ 에너지이용합리화를 위한 기술개발
　㉣ 에너지이용합리화를 위한 홍보 및 교육
　㉤ 에너지원간 대체(代替)
　㉥ 열사용 기자재의 안전관리
　㉦ 에너지이용합리화를 위한 가격예시제의 시행에 관한 사항
　㉧ 에너지의 합리적인 이용을 통한 온실가스의 배출을 줄이기 위한 대책
　㉨ 그 밖에 에너지이용 합리화를 추진하기 위하여 필요한 사항으로서 산업통상자원부령으로 정하는 사항

77

에너지이용 합리화법에 따라 특정열사용기자재의 안전관리를 위해 산업통상자원부장관이 실시하는 교육의 대상자가 <u>아닌</u> 자는?

① 에너지관리자
② 시공업의 기술인력
③ 검사대상기기 관리자
④ 효율관리기자재 제조자

【해설】 [에너지이용합리화법 제65조.]

• 산업통상자원부장관은 에너지관리의 효율적인 수행과 특정열사용기자재의 안전관리를 위하여 **에너지관리자, 시공업의 기술인력 및 검사대상기기 관리자**에 대하여 교육을 실시하여야 한다.

78

보일러 내의 스케일 발생 방지 대책으로 <u>틀린</u> 것은?

① 보일러수에 약품을 넣어 스케일 성분이 고착되지 않게 한다.
② 기수분리기를 설치하여 경도 성분을 제거한다.
③ 보일러수의 농축을 막기 위하여 관수 분출 작업을 적절히 한다.
④ 급수 중의 염류 등 스케일 생성 성분을 제거한다.

【해설】

❷ 기수분리기는 발생증기인 습증기 속에 포함되어 있는 수분을 분리·제거하기 위하여 설치하는 장치로서, 스케일을 생성하는 경도 성분 제거와는 관련이 없다.

【참고】　　　암기법 : 스방, 철세, 분출
※ 스케일 부착 방지대책
　㉠ 철저한 급수처리를 하여 급수 중의 염류 및 불순물을 제거한다.
　㉡ 세관처리 및 청관제를 보일러수에 투입한다.
　㉢ 보일러수의 농축을 방지하기 위하여 적절한 분출 작업을 주기적으로 실시한다.
　㉣ 응축수를 회수하여 보일러 급수로 재사용한다.
　㉤ 보일러의 전열관 표면에 보호피막을 사용한다.

79

연소 조절 시 주의사항에 관한 설명으로 <u>틀린</u> 것은?

① 보일러를 무리하게 가동하지 않아야 한다.
② 연소량을 급격하게 증감하지 말아야 한다.
③ 불필요한 공기의 연소실 내 침입을 방지하고, 연소실 내를 저온으로 유지한다.
④ 연소량을 증가시킬 경우에는 먼저 통풍량을 증가시킨 후에 연료량을 증가시킨다.

【해설】

❸ 불필요한 공기의 연소실 내 침입을 방지하여 열 손실을 줄이고, 완전연소를 위하여 연소실 내를 고온으로 유지한다.

80

보일러 급수처리법 중 내처리 방법은?

① 여과법　　　② 폭기법
③ 이온교환법　　④ 청관제의 사용

【해설】

※ 보일러 용수의 내처리 방법
　- 관외처리인 1차 처리만으로는 완벽한 급수처리를 할 수 없으므로 보일러 동체 내부에 청관제(약품)을 투입하여 불순물로 인한 장애를 방지하는 것으로 "2차 처리" 라고도 한다.

【참고】 ※ 보일러 급수의 외처리 방법
　　　　　암기법 : 화약이, 물증 탈가여?
　㉠ 물리적 처리 : 증류법, 탈기법, 가열연화법, 여과법, 침전법(침강법), 응집법, 기폭법(폭기법)
　㉡ 화학적 처리 : 약품첨가법(석회-소다법), 이온교환법

2018년 제1회 에너지관리산업기사
(2018.3.4. 시행)

평균점수

제1과목　　　**열 및 연소설비**

01

온도-엔트로피(T-S)선도 상에서 상태변화를 표시하는 곡선과 S축(엔트로피 축) 사이의 면적은 무엇을 나타내는가?

① 일량　　　　　② 열량
③ 압력　　　　　④ 비체적

【해설】
- T-S 선도에서 x축과의 면적($T \cdot dS$)은 열량(δQ)을 나타내므로, "열량선도"라고도 부른다.

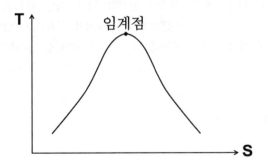

02

고위발열량과 저위발열량의 차이는 무엇인가?

① 연료의 증발잠열　　② 연료의 비열
③ 수분의 증발잠열　　④ 수분의 비열

【해설】
- 고위발열량(H_h) = 저위발열량(H_L) + 물의 증발잠열(R_w)
  고위발열량(H_h) - 저위발열량(H_L) = 물의 증발잠열(R_w)

03

보일러의 연료로 사용되는 LNG의 일반적인 특징에 대한 설명으로 틀린 것은?

① 메탄을 주성분으로 한다.
② 유독성 물질이 적다.
③ 비중이 공기보다 가벼워서 누출되어도 가스폭발의 위험이 적다.
④ 연소범위가 넓어서 특별한 연소기구가 필요치 않다.

【해설】 ※ 액화천연가스(LNG : Liquefied Natural Gas)
① 천연가스(NG, 유전가스, 수용성가스, 탄전가스 등)의 주성분은 메탄(CH_4)이 대부분을 차지하고 있다.
② LNG는 천연에서 발생되는 메탄(CH_4)을 주성분으로 불순물을 제거하여 냉각·액화시킨 가스로서 LNG를 재기화시킬 경우에는 청결하고 무해한 가스가 된다.
③ 메탄(CH_4)의 비중은 공기 대비 0.55로 가벼워서 누출 시 대기 방출로 인하여 위험성이 낮다.
❹ 메탄(CH_4)의 연소범위는 다른 기체들 대비 상대적으로 좁다. (5 ~ 15 %)

종류별	폭발범위 (연소범위, v%)	암기법
아세틸렌	2.5 ~ 81 % (가장 넓다)	아이오 팔하나
수소	4 ~ 75 %	사칠오수
에틸렌	2.7 ~ 36 %	이칠삼육에
메틸알코올	6.7 ~ 36 %	
메탄	5 ~ 15 %	메오시오
프로판	2.2 ~ 9.5 %	프둘이구오

04

같은 온도 범위에서 작동되는 다음 사이클 중 가장 효율이 <u>높은</u> 사이클은?

① 랭킨사이클　　　② 디젤사이클
③ 카르노사이클　　④ 브레이튼사이클

【해설】
❸ **카르노사이클**(Carnot cycle)은 가장 이상적인 사이클로서 최대의 효율을 나타내므로, 그 어떠한 열기관의 열효율도 카르노사이클의 열효율보다 높을 수는 없다!

05

다음 중 1기압 상온상태에서 이상기체로 취급하기에 가장 <u>부적당한</u> 것은?

① N_2　　　　　② He
③ 공기　　　　　④ H_2O

【해설】
❹ H_2O는 1기압, 상온에서 액체로 존재하므로 이상기체로 취급하기 곤란하다.

06

보일의 법칙에 따라 가스의 상태변화에 대해 일정한 온도에서 압력을 상승시키면 체적은 어떻게 변화하는가?

① 압력에 비례하여 증가한다.
② 변화 없다.
③ 압력에 반비례하여 감소한다.
④ 압력의 자승에 비례하여 증가한다.

【해설】
• 보일-샤를의 법칙 $\dfrac{PV}{T} = 1$(일정) 에서,
$$체적\ V = \frac{T}{P} \propto \frac{1}{P}$$
(온도가 일정할 때, 체적은 압력에 반비례한다.)

07

체적 300 L 의 탱크 안에 350 ℃ 의 습포화증기가 60 kg 이 들어있다. 건조도(%)는 얼마인가?
(단, 350 ℃ 포화수 및 포화증기의 비체적은 각각 0.0017468 m^3/kg, 0.008811 m^3/kg 이다.)

① 32　　　　　② 46
③ 54　　　　　④ 68

【해설】
• 기체의 질량 $m = \rho \cdot V = \dfrac{V}{v}\left(\dfrac{체적}{비체적}\right)$

한편, 건조도 x일 때 습포화증기의 비체적 공식은
$$v = v_f + x(v_g - v_f)\ 이므로,$$
$$\therefore\ m = \frac{V}{v} = \frac{V}{v_f + x(v_g - v_f)}$$

$$60\,kg = \frac{300\,L \times \dfrac{1\,m^3}{1000\,L}}{0.0017468 + x(0.008811 - 0.0017468)}$$

방정식 계산기 사용법으로 건도 x를 구하면
$$\therefore\ x = 0.46 = \textbf{46\%}$$

08

증기의 압력이 높아졌을 때 나타나는 현상으로 <u>틀린</u> 것은?

① 현열이 증대한다.
② 습증기 발생이 높아진다.
③ 포화온도가 높아진다.
④ 증발잠열이 증대한다.

【해설】 ※ P-h 선도를 그려 놓고 확인하면 쉽다!
❹ 증기의 압력이 높아지면 증발잠열이 감소한다.

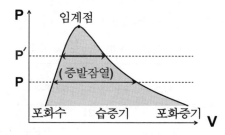

09

과열증기에 대한 설명으로 옳은 것은?

① 건조도가 1인 상태의 증기

② 주어진 온도에서 증발이 일어났을 때의 증기

③ 온도는 일정하고 압력만이 증가된 상태의 증기

④ 압력이 일정할 때 온도가 포화온도 이상으로 증가된 상태의 증기

【해설】 ※ P-V선도를 그려 놓고 확인하면 쉽다!

❹ 일정한 압력하에서 건포화증기에 열을 가해 온도가 높아지면 P-V선도상에서 오른쪽으로 이동하므로 과열증기 구역에 해당한다.

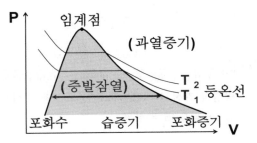

10

액체연료를 분석한 결과 그 성분이 다음과 같았다. 이 연료의 연소에 필요한 이론공기량 (Nm³/kg)은?

[탄소: 80%, 수소: 15%, 산소: 5%]

① 10.9

② 12.3

③ 13.3

④ 14.3

【해설】 암기법 : (이론산소량) 1.867C, 5.6H, 0.7S

※ 고체, 액체 연료 조성에 따른 이론산소량 (A₀) 계산

$$\bullet \ A_0 = \frac{O_0}{0.21} \ (\text{Nm}^3/\text{kg-f})$$

$$= \frac{1.867\,C + 5.6\,(H - \frac{O}{8}) + 0.7\,S}{0.21}$$

$$= \frac{1.867 \times 0.8 + 5.6 \times (0.15 - \frac{0.05}{8})}{0.21}$$

$$= 10.946 \ \text{Nm}^3/\text{kg-연료} \doteqdot \mathbf{10.9 \ Nm^3/kg}\text{-연료}$$

11

외부로부터 열을 받지도 않고 외부로 열을 방출하지도 않는 상태에서 가스를 압축 또는 팽창시켰을 때의 변화를 무엇이라고 하는가?

① 정압변화

② 정적변화

③ 단열변화

④ 폴리트로픽변화

【해설】

※ 단열과정이란 계(系)의 상태변화에서 경계를 통한 열전달이 전혀 없도록 열출입을 완전히 단절($\delta Q = 0$)시키는 것을 뜻한다.

열역학 제1법칙(에너지보존)에 의해 전달열량(δQ)

$$\delta Q = dU + W \text{ 에서,}$$
$$0 = dU + W$$
$$-dU = W$$

즉, 계의 내부에너지는 일의 양만큼 증감하게 된다. 외부로부터 일을 받아들이면 온도는 상승하고, 계가 외부에 일을 하면 온도는 하강한다.

12

재생 가스터빈 사이클에 대한 설명으로 **틀린** 것은?

① 가스터빈 사이클에 재생기를 사용하여 압축기 출구온도를 상승시킨 사이클이다.

② 효율은 사이클 내 최대 온도에 대한 최저 온도의 비와 압력비의 함수이다.

③ 효율과 일량은 압력비가 최대일 때 최대치가 나타난다.

④ 사이클 효율은 압력비가 증가함에 따라 감소한다.

【해설】 ※ 재생 사이클의 이론적 열효율(η)

$$\bullet \ \eta = 1 - \frac{1}{\theta} \cdot \gamma^{\frac{k-1}{k}}$$

여기서, 온도비 $\theta \left(= \frac{T_3}{T_1} \right)$가 클수록, 압력비 $\gamma \left(= \frac{P_2}{P_1} \right)$가 작을수록 사이클 효율은 증가한다.

13

연소설비 내에 연소 생성물(CO_2, N_2, H_2O 등)의 농도가 높아지면 연소속도는 어떻게 되는가?

① 연소 속도와 관계가 없다.

② 연소 속도가 저하된다.

③ 연소 속도가 빨라진다.

④ 초기에는 느려지나 나중에는 빨라진다.

【해설】

• 연소는 연료속에 함유된 가연성분이 산소와 화합하는 급격한 산화반응이므로 연소설비 내에 연소 생성물(CO_2, H_2O, N_2 등)의 농도가 높아지면 연료와 산소와의 접촉이 방해되므로 연소속도가 저하된다.

14

중유의 비중이 크면 탄화수소비 (C/H 비)가 커지는데 이때 발열량은 어떻게 되는가?

① 커진다.　　　② 관계없다.

③ 작아진다.　　④ 불규칙하게 변한다.

【해설】

• 석유계 연료의 탄수소비$\left(=\dfrac{C}{H}\right)$가 증가하면 (즉, C가 많아지고 H는 적어지면) 비중은 커지고 발열량은 감소하게 된다.

  왜냐하면, 원소의 단위중량당 발열량(kcal/kg)은 고위발열량을 기준으로 탄소 C : 8100, 수소 H : 34000 이다. 따라서, 탄소가 수소보다 발열량이 적다.

15

압력 90 kPa에서 공기 1 L의 질량이 1 g 이었다면 이때의 온도(K)는? (단, 기체상수(R)은 0.287 kJ/kg·K 이며, 공기는 이상기체이다.)

① 273.7　　　　② 313.5

③ 430.2　　　　④ 446.3

【해설】

• 이상기체의 상태방정식 PV = mRT 를 이용한다.

$$T = \frac{PV}{mR} = \frac{90\,kPa \times 10^{-3}\,m^3}{10^{-3}\,kg \times 0.287\,kJ/kg \cdot K}$$

$$= 313.59\,K ≒ 313.5\,K$$

【참고】

※ 열역학적 일의 공식 $W = PV$에서 단위 변환을 이해하자.

W(일) = $Pa \times m^3$ = $N/m^2 \times m^3$ = $N \cdot m$ = J(줄)

16

가연성가스 용기와 도색 색상의 연결이 <u>틀린</u> 것은?

① 아세틸렌 – 황색

② 액화염소 – 갈색

③ 수소 – 주황색

④ 액화암모니아 – 회색

【해설】 ※ 가스 종류별 용기도색 색상

　　　　㉠ 아세틸렌 (C_2H_2) : 황색

　　　　㉡ 액화염소 (Cl_2) : 갈색

　　　　㉢ 수소 (H_2) : 주황색

　　　　㉣ 액화석유가스 (LPG) : 회색

　　　　㉤ 액화암모니아 (NH_3) : 백색

17

연료의 원소분석법 중 탄소의 분석법은?

① 에쉬카법　　　② 리비히법

③ 켈달법　　　　④ 보턴법

【해설】 ※ 고체연료의 원소분석 방법 (KSE 3712)

　㉠ 탄소, 수소 측정 : 리비히(Liebich)법, 셰필드(Shefield)법

　㉡ 전황분 측정 : 에쉬카(Eshika)법, 연소용량법, 산소봄브법

　㉢ 불연소성 황분 측정 : 중량법, 연소용량법

　㉣ 질소 측정 : 켈달법, 세미마이크로-켈달법

　㉤ 산소는 계산에 의하여 산출한다.

18

고체 및 액체연료의 이론산소량 (Nm^3/kg)에 대한 식을 바르게 표기한 것은? (단, C는 탄소, H는 수소, O는 산소, S는 황이다.)

① $1.87C + 5.6(H - O/8) + 0.7S$
② $2.67C + 8(H - O/8) + S$
③ $8.89C + 26.7H - 3.33(O - S)$
④ $11.49C + 34.5H - 4.31(O - S)$

【해설】 암기법 : (이론산소량) 1.867C, 5.6H, 0.7S

• 고체·액체연료의 조성비에서 이론산소량(O_0)을 단위질량당 체적(Nm^3/kg_{-f})으로 구할 경우의 공식은 필수 암기사항이다.

$$O_0 = 1.87C + 5.6\left(H - \frac{O}{8}\right) + 0.7S \ (Nm^3/kg_{-f})$$

19

고열원 온도 800 K, 저열원 온도 300 K인 두 열원 사이에서 작동하는 이상적인 카르노사이클이 있다. 고열원에서 사이클에 가해지는 열량이 120 kJ 이라면, 사이클의 일 (kJ)은 얼마인가?

① 60   ② 75
③ 85   ④ 120

【해설】 ※카르노사이클의 열효율 공식(η)

• $\eta = \dfrac{W}{Q_1} = \dfrac{Q_1 - Q_2}{Q_1} = \dfrac{T_1 - T_2}{T_1} = 1 - \dfrac{T_2}{T_1}$ 에서,

$$\frac{W}{120\,kJ} = 1 - \frac{300\,K}{800\,K}$$

방정식 계산기 사용법으로 사이클의 일 W를 미지수 X로 놓고 구하면, $W = 75\,kJ$

20

중유의 종류 중 저점도로서 예열을 하지 않고도 송유나 무화가 가장 양호한 것은?

① A급 중유   ② B급 중유
③ C급 중유   ④ D급 중유

【해설】 암기법 : 중점, 시비에(C>B>A)

• 점도가 큰 순서 : C중유 〉 B중유 〉 A중유

• 중유의 점도는 송유 및 버너의 무화 특성에 밀접한 관련이 있는데, 점도가 클수록 기름탱크로부터 버너까지의 수송이 곤란하고 잔류탄소의 함량이 많게 되어 버너의 화구에 코크스상의 탄소부착물을 형성하여 무화불량 및 버너의 연소상태를 나빠지게 한다. 점도가 가장 낮은 A중유가 송유 및 무화가 가장 용이하다.

제2과목 | 열설비 설치

21

다음의 연소가스 측정방법 중 선택성이 가장 우수한 것은?

① 열전도율식   ② 연소열식
③ 밀도식   ④ 자기식

【해설】 ※자기식 가스분석계(또는, 자기식 O_2계)

㉠ 일반적으로 가스는 반자성체에 속하지만 산소(O_2)는 다른 가스에 비하여 자기성(磁氣性)이 강한 상자성체(常磁性體)이기 때문에 자기장에 대하여 흡인되는 성질을 이용하여 배기가스 중의 O_2 농도를 분석하는 방식으로서, O_2의 선택성이 가장 우수하다.

㉡ 시료가스의 유량, 압력, 점성의 변화에 대하여 지시오차가 거의 발생하지 않는다.

㉢ 가동부분이 없고, 구조도 비교적 간단하며, 취급이 용이하다.

㉣ 열선이 유리로 피복되어 있기 때문에 측정가스 중의 가연성가스에 대한 백금의 촉매작용을 막아준다.

㉤ 가스의 온도변화에 대해서는 지시오차가 발생할 수 있다.

㉥ 자성을 지니지 않는 이산화탄소(CO_2)의 농도는 측정할 수 없다.

22

다음 중 측정제어 방식이 <u>아닌</u> 것은?

① 캐스케이드 제어 ② 프로그램 제어
③ 시퀀스 제어 ④ 비율 제어

【해설】 **암기법** : 미정순, 시쿤둥

❸ 시퀀스 제어는 **미리 정해진 순서**에 따라 순차적으로 각 단계를 진행하는 자동제어 방식으로서 작동 명령은 기동·정지·개폐 등의 타이머, 릴레이 등을 이용하여 행하는 제어방법을 말한다.

【참고】 ※ 추치제어(value control 또는, 측정제어)

● 목표값이 시간에 따라 변화하는 제어를 말한다.
● 추치제어(또는, 측정제어)의 종류
　㉠ 추종 제어 : 목표값이 시간에 따라 임의로 변화되는 값으로 주어진다.
　㉡ 비율제어 : 목표값이 어떤 다른 양과 일정한 비율로 변화된다.
　㉢ 프로그램 제어 : 목표값이 미리 정해진 시간에 따라 미리 결정된 일정한 프로그램으로 진행된다.
　㉣ 캐스케이드제어 : 2개의 제어계를 조합하여, 1차 제어장치가 제어량을 측정하여 제어명령을 발하고, 2차 제어 장치가 이 명령을 바탕으로 제어량을 조절하는 종속(복합) 제어방식으로 출력측에 낭비시간이나 시간지연이 큰 프로세스의 제어에 널리 이용된다.

23

어떠한 조건이 충족되지 않으면 다음 동작을 저지하는 제어방법은?

① 인터록제어 ② 피드백제어
③ 자동연소제어 ④ 시퀀스제어

【해설】

● 인터록제어 : 보일러 운전 중 작동상태가 원활하지 못할 때 다음 동작을 진행하지 못하도록 제어하여, 보일러 사고를 미연에 방지하는 안전관리장치를 말한다.

【참고】 ※ 보일러의 인터록 제어의 종류
　　　　　　　　암기법 : 저 압불프저

㉠ 저수위 인터록 : 수위감소가 심할 경우 부저를 울리고 안전저수위까지 수위가 감소하면 보일러 운전을 정지시킨다.

㉡ 압력초과 인터록 : 보일러의 운전시 증기압력이 설정치를 초과할 때 전자밸브를 닫아서 운전을 정지시킨다.

㉢ 불착화 인터록 : 연료의 노내 착화과정에서 착화에 실패할 경우, 미연소가스에 의한 폭발 또는 역화현상을 막기 위하여 전자밸브를 닫아서 연료공급을 차단시켜 운전을 정지시킨다.

㉣ 프리퍼지 인터록 : 송풍기의 고장으로 노내에 통풍이 되지 않을 경우, 연료공급을 차단시켜서 보일러 운전을 정지시킨다.

㉤ 저연소 인터록 : 노내에 처음 점화시 온도의 급변으로 인한 보일러 재질의 악영향을 방지하기 위하여 최대부하의 약 30 % 정도에서 연소를 진행시키다가 차츰씩 부하를 증가시켜야 하는데, 이것이 순조롭게 이행되지 못하고 급격한 연소로 인해 저연소 상태가 되지 않을 경우 연료를 차단시킨다.

24

다음 중 탄성식 압력계의 종류가 <u>아닌</u> 것은?

① 부르동관식 압력계
② 다이어프램식 압력계
③ 환상천평식 압력계
④ 벨로스식 압력계

【해설】

❸ 환상천평식(링밸런스식) 압력계는 탄성식 압력계가 아니라 액주식 압력계의 종류에 속한다.

【참고】 **암기법** : 탄돈 벌다

● 탄성식 압력계의 종류별 압력 측정범위
　- 부르돈관식 > 벨로스식 > 다이어프램식

25
다음 전기식 조절기에 대한 설명으로 옳지 <u>않은</u> 것은?

① 배관을 설치하기 힘들다.
② 신호의 전달 지연이 거의 없다.
③ 계기를 움직이는 곳에 배선을 설치한다.
④ 신호의 취급 및 변수 간의 계산이 용이하다.

【해설】 ※ 전기식 신호 전송방식의 특징

<장점> ㉠ 배선이 간단하다. (배관 설치가 용이하다.)
　　　 ㉡ 신호의 전달에 시간지연이 없으므로 늦어지지
　　　　 않는다. (응답이 가장 빠르다)
　　　 ㉢ 선 변경이 용이하여 복잡한 신호의 취급 및
　　　　 대규모 설비에 적합하다.
　　　 ㉣ 전송거리는 300 m ~ 수 km까지 매우 길어
　　　　 원거리 전송에 이용된다.
　　　 ㉤ 전자계산기 및 컴퓨터 등과의 자동제어 장치의
　　　　 조합이 용이하다.

<단점> ㉠ 조작속도가 빠른 조작부를 제작하기 어렵다.
　　　 ㉡ 취급 및 보수에 숙련된 기술을 필요로 한다.
　　　 ㉢ 고온다습한 곳은 곤란하고 가격이 비싸다.
　　　 ㉣ 방폭이 요구되는 곳에는 방폭시설이 필요하다.
　　　 ㉤ 제작회사에 따라 사용전류는 4 ~ 20 mA(DC)
　　　　 또는 10 ~ 50 mA(DC)로 통일되어 있지
　　　　 않아서 취급이 불편하다.

26
보일러 열정산 시 보일러 최종 출구에서 측정하는
값은?

① 급수온도　　　　② 예열공기온도
③ 배기가스온도　　④ 과열증기온도

【해설】 ※ 보일러 열정산 시 온도의 측정 위치
　①급수 : 보일러 몸체의 입구에서 측정한다.
　②예열공기 : 공기예열기의 입구 및 출구에서 측정한다.
　❸배기가스 : 보일러의 최종가열기 출구에서 측정한다.
　④과열증기 : 과열기 출구에 근접한 위치에서 측정한다.

27
열전대온도계가 갖추어야 할 특성으로 옳은 것은?

① 열기전력과 전기저항은 작고 열전도율은
　 커야 한다.
② 열기전력과 전기저항이 크고 열전도율은
　 작아야 한다.
③ 전기저항과 열전도율은 작고 열기전력은
　 커야 한다.
④ 전기저항과 열전도율은 크고 열기전력은
　 작아야 한다.

【해설】 ※ 열전대 재료의 구비조건

　㉠ 전기저항, 저항온도계수, 열전도율이 작아야 한다.
　㉡ 열전대 온도계는 발생하는 열기전력을 이용하는
　　 원리이므로 열전도율이 작을수록 금속의 냉·온접점의
　　 온도차가 커져서 열기전력이 크고, 온도상승에
　　 따라 연속적으로 상승하여야 한다.
　㉢ 장시간 사용에도 견디며 이력현상(히스테리시스
　　 현상)이 없어야 한다.
　㉣ 재생도가 높고 제조와 가공이 용이하여야 한다.
　㉤ 내열성으로 고온에도 기계적 강도를 가지고 고온의
　　 공기나 가스 중에서 내식성이 좋아야 한다.
　㉥ 재료를 얻기 쉽고 가격이 저렴하여야 한다.

28
보일러 자동제어인 연소제어(A.C.C)에서 조작량에
해당되지 <u>않는</u> 것은?

① 연소가스량　　　② 연료량
③ 공기량　　　　　④ 전열량

【해설】

※ 연소제어 (ACC, Automatic Combustion Control)
　 - 보일러에서 발생되는 증기압력 또는 온수온도,
　　 노 내의 압력 등을 적정하게 유지하기 위하여
　　 연료량과 공기량을 가감하여 연소가스량을
　　 조절한다.

29

다음 계측기의 구비조건으로 적절하지 **않은** 것은?

① 취급과 보수가 용이해야 한다.
② 견고하고 신뢰성이 높아야 한다.
③ 설치되는 장소의 주위 조건에 대하여 내구성이 있어야 한다.
④ 구조가 복잡하고, 전문가가 아니면 취급할 수 없어야 한다.

【해설】 ※ 계측기기의 구비조건
㉠ 설치장소의 주위 조건에 대하여 내구성이 있을 것
㉡ 구조가 간단하고 사용하기에 편리할 것
㉢ 견고하고 신뢰성이 높을 것
㉣ 원거리 지시 및 기록이 가능하고 연속적일 것
㉤ 유지 · 보수가 용이할 것
㉥ 취급 시 위험성이 적을 것
㉦ 구입비, 설비비, 유지비 등이 비교적 저렴하고 경제적일 것

30

화씨온도 68 °F는 섭씨온도로 몇 ℃ 인가?

① 15 ② 20
③ 36 ④ 68

【해설】 암기법 : 화씨는 오구씨보다 32살 많다.

- 화씨온도(°F) = $\frac{9}{5}$ ℃ + 32 에서,

$$68 = \frac{9}{5} \times t(℃) + 32 \text{ 이므로, } t = 20 ℃$$

【참고】
※ 아래 3가지의 온도 공식 암기를 통해서 모든 온도변환 문제는 해결이 가능하므로 필수 암기사항이다!

- 절대온도(K) = 섭씨온도(℃) + 273
- 화씨온도(°F) = $\frac{9}{5}$ ℃ + 32
- 랭킨온도(°R) = °F + 460

31

다음 열전대 종류 중 사용온도가 가장 **높은** 것은?

① K형 : 크로멜 − 알루멜
② R형 : 백금 − 백금·로듐
③ J형 : 철 − 콘스탄탄
④ T형 : 구리 − 콘스탄탄

【해설】 ※ 열전대의 종류 및 특징

종류	호칭	(+) 전극	(−) 전극	측정 온도 범위 (℃)	암기법
PR	R 형	백금 로듐	백금	0 ~ 1600	PRR
CA	K 형	크로멜	알루멜	− 20 ~ 1200	CAK (칵~)
IC	J 형	철	콘스 탄탄	− 200 ~ 800	아이씨 재바
CC	T 형	구리 (동)	콘스 탄탄	− 200 ~ 350	CCT(V)

32

다음 액면계의 종류 중 보일러 드럼의 수위 경보용에 주로 사용되며, 액면에 부자를 띄워 그것이 상하로 움직이는 위치에 따라 액면을 측정하는 방식은?

① 플로트식 ② 차압식
③ 초음파식 ④ 정전용량식

【해설】
❶ 플로트식(또는, 부자식) 액면계는 플로트(Float, 부자)를 액면에 직접 띄워서 상·하의 움직임에 따라 수위를 측정하는 방식이다.

【참고】 ※ 액면계의 관측방법에 따른 분류

암기법 : 직접 유리 부검

- 직접법 : 유리관식(평형반사식 포함), 부자식 (플로트식), 검척식
- 간접법 : 압력식(차압식, 다이어프램식, 액저압식, 퍼지식), 기포식, 저항전극식, 방사선식, 초음파식(음향식), 정전용량식, 편위식

33

링밸런스식 압력계에 대한 설명 중 옳은 것은?

① 압력원에 가깝도록 계기를 설치한다.

② 부식성 가스나 습기가 많은 곳에서는 다른 압력계보다 정도가 높다.

③ 도압관은 될 수 있는 한 가늘고 긴 것이 좋다.

④ 측정 대상 유체는 주로 액체이다.

【해설】 ※ 링밸런스식(환상천평식) 압력계의 특징

㉠ 부식성 가스나 습기가 적은 곳에 설치하여야 정도가 좋다.

㉡ 압력 도입관(도압관)은 굵고 짧게 하는 것이 좋다.

㉢ 도너츠 모양의 측정실에 봉입하는 물질이 액체이므로 액체의 압력은 측정할 수 없으며, 기체의 압력 측정에만 사용된다.

㉣ 가급적이면 압력원에 가깝도록 계기를 설치하여야 도압관의 길이를 짧게 할 수 있다.

㉤ 원격전송을 할 수 있다.

㉥ 봉입액체량은 규정량이어야 한다.

㉦ 지시도 시험 시 측정횟수는 적어도 2회 이상이어야 한다.

㉧ 연도의 송풍압을 측정하는 드레프트 게이지(통풍계)로 주로 이용된다.

㉨ 저압가스의 압력측정에만 사용된다.

㉩ 압력측정범위는 25 ~ 3000 mmH_2O 이다.

$(mmH_2O = mmAq = kg(f)/m^2)$

34

압력을 나타내는 단위가 아닌 것은?

① N/m^2 ② bar

③ Pa   ④ $N \cdot s/m^2$

【해설】

• 공식 : $P = \dfrac{F}{A}$ (단위면적당 작용하는 힘)

여기서, P : 압력(Pa, N/m^2, kgf/m^2)

A : 단면적(m^2), F : 힘(N, kgf)

• 1 atm = 76 cmHg = 760 mmHg = 29.92 inHg

= 10332 mmH_2O = 10332 mmAq

= 10332 kgf/m^2 = 1.0332 kgf/cm^2

= 101325 Pa = 101.325 kPa ≒ 0.1 MPa

= 1.01325 bar = 1013.25 mbar = 14.7 psi

35

보일러 열정산에서 입열 항목에 해당하는 것은?

① 연소 잔재물이 갖고 있는 열량

② 발생증기의 흡수열량

③ 연소용 공기의 열량

④ 배기가스의 열량

【해설】 ※ 보일러 열정산 시 입·출열 항목의 구별

[입열항목]   암기법 : 연(발,현) 공급증

– 연료의 발열량, 연료의 현열, 연소용 공기의 현열, 급수의 현열, 노내 분입한 증기의 보유열

[출열항목]   암기법 : 유,손(배불방미기)

– 유효출열량(발생증기가 흡수한 열량), 손실열(배기가스, 불완전연소, 방열, 미연분, 기타.)

36

발열량이 40000 kJ/kg인 중유 40 kg을 연소해서 실제로 보일러에 흡수된 열량이 1400000 kJ 일 때 이 보일러의 효율은 몇 % 인가?

① 84.6   ② 87.5

③ 89.3   ④ 92.4

【해설】   암기법 : (효율좋은) 보일러 사저유

• 보일러 효율(η) $= \dfrac{Q_s}{Q_{in}}\left(\dfrac{\text{유효출열}}{\text{총입열량}}\right) \times 100$

$= \dfrac{Q_{out}}{m_f \cdot H_L} \times 100$

$= \dfrac{1400000\,kJ}{40\,kg \times 40000\,kJ/kg} \times 100$

= 87.5 %

37

보일러내의 포화수 상태에서 습증기 상태로 가열하는 경우 압력과 온도변화로 옳은 것은?

① 압력증가, 온도일정
② 압력일정, 온도감소
③ 압력일정, 온도증가
④ 압력일정, 온도일정

【해설】 ※ P-V 선도를 그려 놓고 확인하면 쉽다!

❹ 포화수 상태에서 습증기 상태로 가열하면 포화수의 일부가 증발이 일어나므로 온도와 압력은 모두 일정한 상태를 유지한다.

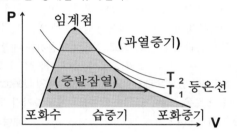

38

액주식 압력계에서 사용되는 액체의 구비조건 중 **틀린** 것은?

① 항상 액면은 수평을 만들 것
② 온도변화에 의한 밀도 변화가 클 것
③ 점도, 팽창계수가 적을 것
④ 모세관 현상이 적을 것

【해설】 ※ 액주식 압력계에서 액주(액체)의 구비조건

ⓐ 점도(점성)가 작을 것
ⓑ 열팽창계수가 작을 것
ⓒ 일정한 화학성분일 것
ⓓ 온도 변화에 의한 밀도 변화가 적을 것
ⓔ 모세관 현상이 적을 것 (표면장력이 작을 것)
ⓕ 휘발성, 흡수성이 적을 것

【key】 액주에 쓰이는 액체의 구비조건 특징은 모든 성질이 작을수록 좋다!

39

다음 국제단위계(SI)에서 사용되는 접두어 중 가장 **작은** 값은?

① n　　　　　　② p
③ d　　　　　　④ μ

【해설】 ※ SI 접두어

• SI 단위 앞에 붙여서 쓰이는 십진 배수 및 십진 분수를 말한다. (소문자와 대문자를 반드시 구별!)

배수	기호	명칭	분수	기호	명칭
10^1	da	데카	10^{-1}	d	데시
10^2	h	헥토	10^{-2}	c	센티
10^3	k	킬로	10^{-3}	m	밀리
10^6	M	메가	10^{-6}	μ	마이크로
10^9	G	기가	10^{-9}	n	나노
10^{12}	T	테라	10^{-12}	p	피코

40

다음 중 접촉식 온도계가 **아닌** 것은?

① 유리 온도계　　② 방사 온도계
③ 열전 온도계　　④ 바이메탈 온도계

【해설】

❷ 방사 온도계는 비접촉식 온도계의 일종이다.

【참고】

※ 접촉식 온도계의 종류

　　　 암기법 : 접전, 저 압유리바, 제

ⓐ 열전대 온도계 (또는, 열전식 온도계)
ⓑ 저항식 온도계 (또는, 전기저항식 온도계)
　 - 서미스터, 니켈, 구리, 백금 저항소자
ⓒ 압력식 온도계
　 - 액체압력식, 기체(가스)압력식, 증기압력식
ⓓ 액체봉입유리 온도계
ⓔ 바이메탈식(열팽창식 또는, 고체팽창식) 온도계
ⓕ 제겔콘

※ 비접촉식 온도계의 종류

암기법 : 비방하지 마세요. 적색 광(고·전)

㉠ 방사 온도계 (또는, 복사온도계)

㉡ 적외선 온도계

㉢ 색 온도계

㉣ 광고온계(또는, 광고온도계)

㉤ 광전관식 온도계

제3과목 열설비 운전

41

관류보일러의 특징에 관한 설명으로 옳은 것은?

① 증기압력이 고압이므로 급수펌프가 필요 없다.

② 전열면적에 대한 보유수량이 많아 가동 시간이 길다.

③ 보일러 드럼이 필요 없고 지름이 작은 전열관을 사용하여 증발속도가 빠르다.

④ 열용량이 크기 때문에 추종성이 느리다.

【해설】 ※ 관류식 보일러의 특징

<장점> ㉠ 순환비가 1 이므로 드럼이 필요 없다.

㉡ 드럼이 없어 초고압용 보일러에 적합하다.

㉢ 관을 자유로이 배치할 수 있어서 전체를 합리적인 구조로 할 수 있다.

㉣ 전열면적당 보유수량이 가장 적어 증기발생 속도와 시간이 매우 빠르다.

㉤ 보유수량이 대단히 적으므로 파열 시 위험성이 적다.

㉥ 보일러 중에서 효율이 가장 높다.(95% 이상)

<단점> ㉠ 긴 세관 내에서 급수의 거의 전부가 증발하기 때문에 철저한 급수처리가 요구된다.

㉡ 일시적인 부하변동에 대하여 관수 보유수량이 적으므로 압력변동이 크다.

㉢따라서 연료연소량 및 급수량을 빠르게 하는 고도의 자동제어장치가 필요하다.

㉣ 관류보일러에는 반드시 기수분리기를 설치해 주어야 한다.

42

공기예열기는 전열식과 재생식으로 나뉜다. 다음 중 재생식 공기예열기에 해당되는 것은?

① 관형식

② 강판형식

③ 판형식

④ 융그스트롬식

【해설】 ※ 공기예열기의 전열방법에 따른 종류

㉠ 전열식(전도식) : 연소가스를 열교환기 형식으로 공기를 예열하는 방식으로 원관을 다수 조립한 형식의 관형(Sell and tube) 공기예열기와 강판을 여러 겹 조립한 형식의 판형(Plate) 공기예열기가 있다.

㉡ 재생식(축열식) : 축열실에 연소가스를 통과시켜 열을 축적한 후, 연소가스와 공기를 번갈아 금속판에 접촉시켜 연소가스 통과쪽의 금속판에 열을 축적하여 공기 통과쪽의 금속판으로 이동시켜 공기를 예열하는 방식으로, 전열요소의 운동에 따라 회전식, 고정식, 이동식이 있으며 대표적으로 회전재생식인 Ljungstrom (융스트롬 또는, 융그스트롬) 공기예열기가 있다.

㉢ 증기식 : 연소가스 대신에 증기로 공기를 예열하는 방식으로 부식의 우려가 적다.

㉣ 히트파이프식 : 배관 표면에 핀튜브를 부착시키고 진공으로 된 파이프 내부에 작동유체(물, 알코올, 프레온 등)를 넣고 봉입한 것을 경사지게 설치하여, 작동유체의 열이동에 따른 상변화를 이용한 것으로 보일러 공기예열기용의 히트파이프 작동유체에는 물이 주로 사용된다.

43

내화 골재에 주로 알루미나 시멘트를 섞어 만든 부정형 내화물은?

① 내화 모르타르

② 돌로마이트

③ 캐스터블 내화물

④ 플라스틱 내화물

【해설】

※ 캐스터블(Castable) 내화물

- 골재인 점토질, 샤모트에 경화제인 알루미나 시멘트를 10 ~ 30% 배합하여 물을 혼합시켜 만들어진 부정형의 내화물이다.

44

탄화규소질 내화물에 관한 특성으로 **틀린** 것은?

① 탄화규소를 주원료로 한다.
② 내열성이 대단히 우수하다.
③ 내마모성 및 내스폴링성이 크다.
④ 화학적 침식이 잘 일어난다.

【해설】 ※ 탄화규소질 내화물의 특징

㉠ 고온의 중성 및 환원성 분위기에서는 화학적으로 안정하지만, 고온의 산화성 슬래그에 접촉하면 산화되기 쉽다.
㉡ 열전도율이 크고, 열팽창계수는 작다.
㉢ 내식성, 내스폴링성, 내열성이 강하다.
   (중성 내화물이므로 **화학적 침식이 잘 일어나지 않는다.**)
㉣ 하중연화 온도가 매우 높다.
㉤ 기계적 압축강도가 크다.
㉥ 내화도는 SK 35 ~ 40 정도로 높다.
㉦ 내마모성이 크다.

45

관의 안지름을 D(cm), 1초간의 평균유속을 V(m/sec)라 하면 1초간의 평균유량 Q(m³/sec)을 구하는 식은?

① $Q = D \cdot V$
② $Q = \pi D^2 \cdot V$
③ $Q = \dfrac{\pi}{4}\left(\dfrac{D}{100}\right)^2 V$
④ $Q = \left(\dfrac{V}{100}\right)^2 D$

【해설】

• 체적 유량 Q 또는 $\dot{V} = A \cdot v = \pi r^2 \cdot v = \pi \left(\dfrac{D}{2}\right)^2 \cdot v$

$= \dfrac{\pi D^2}{4} \times v$

여기서, A : 단면적(m^2), r : 관의 반지름(m)
   v : 유속(m/s), D : 관의 직경(m)

한편, 관의 안지름 D cm $= \dfrac{D}{100}$ m 이므로

문제에 제시된 기호로 나타내면 $Q = \dfrac{\pi}{4}\left(\dfrac{D}{100}\right)^2 V$

46

20℃ 상온에서 재료의 열전도율(kcal/m·h·℃)이 큰 것부터 낮은 순서대로 바르게 나열한 것은?

① 구리 > 알루미늄 > 철 > 물 > 고무
② 구리 > 알루미늄 > 철 > 고무 > 물
③ 알루미늄 > 구리 > 철 > 물 > 고무
④ 알루미늄 > 철 > 구리 > 고무 > 물

【해설】　　　　　　　　　암기법 : 구알철물고공
※ 주요 재료의 열전도율(kcal/m·h·℃)

재료	열전도율	재료	열전도율
은	360	유리	0.8
구리	340	물	0.5
알루미늄	175	수소	0.153
니켈	50	고무	0.137
철 (탄소강)	40	그을음	0.1
스케일	2	공기	0.022
콘크리트	1.2	이산화탄소	0.013

47

온수난방에서 각 방열기에 공급되는 유량분배를 균등히 하여 전후방 방열기의 온도차를 최소화시키는 방식으로 환수배관의 길이가 길어지는 단점이 있는 배관 방식은?

① 하트포드 배관법
② 역환수식 배관법
③ 콜드 드래프트 배관법
④ 직접 환수식 배관법

【해설】

※ 역귀환(역환수) 배관방식 : 보일러의 온수난방에서 환수관(방열기에서 보일러까지)의 길이와 온수관(보일러에서 방열기까지)의 길이를 같게 하는 배관방식으로 각 방열기마다 온수의 유량분배가 균일하여 전·후방 방열기의 온수 온도를 일정하게 할 수 있는 장점이 있지만, 환수관의 길이가 길어져 설치비용이 많아지고 추가 배관 공간이 더 요구되는 단점이 있다.

48

평행류 열교환기에서 가열 유체가 80℃로 들어가 50℃로 나오고, 가스는 10℃에서 40℃로 가열된다. 열관류율이 25 kJ/m²·h·℃ 일 때, 시간당 7200 kJ 의 열교환을 위한 열교환 면적은?

① 1.4 m² ② 3.5 m²
③ 6.7 m² ④ 9.3 m²

【해설】   암기법 : 교관 온면

- 병류식(평행류) $\Delta t_m = \dfrac{\Delta t_1 - \Delta t_2}{\ln\left(\dfrac{\Delta t_1}{\Delta t_2}\right)}$

$= \dfrac{(80-10)-(50-40)}{\ln\left(\dfrac{80-10}{50-40}\right)}$

$≒ 30.83\ ℃$

- 교환열 Q = K·t_m·A (Δt_m : 대수평균온도차)

7200 kJ/h = 25 kJ/m²·h·℃ × 30.83 ℃ × A

이제, 네이버에 있는 에너지아카데미 카페의 "방정식 계산기 사용법"으로 A를 미지수 X로 놓고 구하면

∴ 열교환 면적 A = 9.34 ≒ **9.3 m²**

49

보일러 부속기기 중 발생 증기량에 비해 소비량이 적을 때 남은 잉여증기를 저장하였다가, 과부하 시 긴급히 사용하는 잉여증기의 저장장치는?

① 병향류식 과열기 ② 재열기
③ 방사대류형 과열기 ④ 증기 축열기

【해설】 ※ 증기축열기(steam accumulator, 증기축압기)

- 보일러 연소량을 일정하게 하고 수요처의 저부하 시 잉여 증기를 증기사용처의 온도·압력보다 높은 온도·압력의 포화수 상태로 저장하여 축적시켰다가 갑작스런 부하변동이나 과부하 시 저장한 증기를 방출하여 증기의 부족량을 보충하는 압력용기로서, 증기의 부하변동에 대처하기 위해 사용되는 장치이다.
- 주요부품 : 증기분사노즐, 순환통, 증기분배관, 배수관, 급수관, 수면계, 체크밸브 등

50

시로코형 송풍기를 사용하는 보일러에서 출구 압력이 42 mmAq, 효율 65 %, 풍량이 850 m³/min 일 때 송풍기 축동력은?

① 0.01 PS ② 12.2 PS
③ 476 PS ④ 732.3 PS

【해설】

- 송풍기 동력 : L [W] $= \dfrac{PQ}{\eta} = \dfrac{\gamma HQ}{\eta} = \dfrac{\rho g HQ}{\eta}$

여기서, P : 압력 [mmH₂O = kgf/m²]

Q : 유량 [m³/sec]

H : 수두 또는, 양정 [m]

η : 펌프의 효율

γ : 물의 비중량 (1000 kgf/m³)

ρ : 물의 밀도 (1000 kg/m³)

g : 중력가속도 (9.8 m/s²)

$= \dfrac{42\,kgf/m^2 \times 850\,m^3/\min \times \dfrac{1\min}{60\sec}}{0.65}$

$= 915.38\ kgf·m/sec \times \dfrac{1\,PS}{75\,kgf·m/sec}$

$= 12.21 ≒$ **12.2 PS**

【참고】 - PS(프랑스마력)은 동력의 단위로서,

1 PS = 735 W = 75 kgf·m/sec 이다.

51

불에 타지 않고 고온에 견디는 성질을 의미하는 것으로 제게르콘(Segercone) 번호(SK)로 표시하는 것은?

① 내화도 ② 감온성
③ 크리프계수 ④ 점도지수

【해설】

- 내화도는 그 내화물이 일정 조건하에 가열시 동일하게 또는 근사한 연화변형상태를 나타낸 표준 콘(cone)의 번호인데, 우리나라에서는 독일, 일본에서 쓰는 Seger Kegel의 첫 글자를 딴 SK번호로 표시한다.

52

주철제 보일러의 일반적인 특징에 관한 설명으로 틀린 것은?

① 조립 및 분해나 운반이 편리하다.
② 쪽수의 증감에 따라 용량 조절에 유리하다.
③ 내부구조가 간단하여 청소가 쉽다.
④ 고압용 보일러로는 적합하지 않다.

【해설】 ※ 주철제(또는, 주철제 섹션)보일러의 특징

<장점> ㉠ 섹션을 설치장소에서 조합할 수 있어 공장으로부터의 운반이 편리하다.
㉡ 조립식이므로 반입 및 해체작업이 용이하다.
㉢ 주조에 의해 만들어지므로 다소 복잡한 구조도 제작할 수 있다.
㉣ 섹션수의 증감이 용이하여 용량조절이 가능하다.
㉤ 전열면적에 비하여 설치면적을 적게 차지하므로 좁은 장소에 설치할 수 있다.
㉥ 저압용이므로 파열 사고시 피해가 적다.
㉦ 내식성, 내열성이 우수하여 수처리가 까다롭지 않다.

<단점> ㉠ 구조가 복잡하여 내부 청소가 곤란하다.
㉡ 주철은 인장 및 충격에 약하다.
㉢ 내압강도가 약하여 고압, 대용량에는 부적합하다.
㉣ 열에 의한 부동팽창 때문에 균열이 생기기 쉽다.
㉤ 보일러 효율이 낮다.

53

다음 온수 보일러의 부속품 중 증기 보일러의 압력계와 기능이 동일한 것은?

① 액면계 ② 압력조절기
③ 수고계 ④ 수면계

【해설】 ※ 수고계(water height(pressure) gauge)
• 주철제 온수보일러의 온수압력을 측정하는 수고계는 압력계와 유리제온도계를 조합시킨 구조로써 1개의 계측기로 수고와 온도를 동시에 측정할 수 있으며, 주철제 증기보일러의 압력계에 해당하는 것이다.

54

강도와 유연성이 커서 곡률반경에 대해 관경의 8배까지 굽힘이 가능하고 내한 내열성이 강한 배관재료는?

① 염화비닐관 ② 폴리부틸렌관
③ 폴리에틸렌관 ④ XL관

【해설】 ※ 폴리부틸렌(PB, 에이콘)관의 특징
㉠ 내한성·내열성이 우수하다. (온도 -20℃ ~ 100℃)
㉡ 강도와 유연성이 커서 곡률반경에 대해 관경의 8배까지 굽힘이 가능하다.
㉢ 반영구적이며 내충경성·내부식성이 우수하다.
㉣ 보온·보냉 효과가 뛰어나다.
㉤ 금속관 대비 마찰저항계수가 작아 스케일 발생이 적고 유체의 흐름이 원활하다.
㉥ 유해물질 용출이 없어 위생적이다.
㉦ 비중이 0.92로 가볍고 취급이 쉬워 시공성이 우수하다.

55

열매체 보일러에서 사용하는 유체 중 온도에 따른 물과 다우섬 사용에 관한 비교 설명으로 옳은 것은?

① 100℃ 온도에서 물과 다우섬 모두 증발이 일어난다.
② 100℃ 온도에서 물은 증발되며 다우섬은 증발이 일어나지 않는다.
③ 물은 300℃ 온도에서 액체만 순환된다.
④ 다우섬은 300℃ 온도에서 액체만 순환된다.

【해설】
※ 온도에 따른 물(100℃)과 다우섬(260℃)의 비교
• 0℃ : 물은 동결되며 다우섬은 동결 안 됨.
• 100℃ 미만 : 물과 다우섬 모두 액체로 순환됨.
• 100℃ : 물은 증발되며 다우섬은 액체로 존재함.
• 300℃ : 물과 다우섬은 모두 증발이 일어난다.

56

방열기의 방열량이 $700 \, kJ/m^2 \cdot h$이고, 난방 부하가 $5000 \, kJ/h$ 일 때 5-650 주철 방열기 (방열면적 $a = 0.26 \, m^2/쪽$)를 설치하고자 한다. 소요되는 쪽수는?

① 24쪽
② 28쪽
③ 32쪽
④ 36쪽

【해설】
- 실내 방열기의 난방부하를 Q 라 두면

$$Q = Q_{표준} \times A_{방열면적}$$
$$\quad = Q_{표준} \times C \times N \times a$$
$$\quad = Q_{방열량} \times N \times a$$

여기서, C : 보정계수(단, 제시 없으면 생략함.)
N : 쪽수, a : 1쪽당 방열면적

$$5000 \, kJ/h = 700 \, kJ/m^2 \cdot h \times N \times 0.26 \, m^2$$

이제, 네이버에 있는 에너지아카데미 카페(주소 : **cafe.naver.com/2000toe**)의 "방정식 계산기 사용법"으로 N을 미지수 x로 놓고 입력해 주면

∴ 쪽수 N = 27.4 ≒ **28 쪽**

57

찬물이 한곳으로 인입되면 보일러가 국부적으로 냉각되어 부동팽창에 의한 악영향을 방지하기 위해 설치하는 장치는?

① 체크 밸브
② 급수 내관
③ 기수 분리기
④ 주증기 정지판

【해설】 ※ 급수내관(給水內管)

- 보일러의 급수 입구라는 한 곳에 집중적으로 차가운 급수를 하면, 그 부근의 동판이 국부적으로 냉각되어 열의 불균일에 의한 부동팽창을 초래하게 된다. 따라서 양단이 막힌 관의 양측 위에 작은 방수 구멍을 1열로 적당한 간격으로 뚫고, 그 방수 구멍으로 차가운 급수를 동 내부에 평균적으로 분포시키는 관을 설치한다.

58

강관의 접합 방법으로 **부적합한** 것은?

① 나사이음
② 플랜지이음
③ 압축이음
④ 용접이음

【해설】　　　　　　　　 **암기법** : 플랜이 음나용？

※ 강관의 이음(pipe joint) 방법
　㉠ 플랜지(Flange) 이음
　㉡ 나사(소켓) 이음
　㉢ 용접 이음
　㉣ 유니온(Union) 이음

59

초임계압력 이상의 고압증기를 얻을 수 있으며 증기드럼을 없애고 긴 관으로만 이루어진 수관식 보일러는?

① 노통보일러
② 연관보일러
③ 열매체보일러
④ 관류보일러

【해설】 ※ 관류식(貫流式, 단관식) 보일러

- 하나로 된 긴 관의 일단에서 급수를 펌프로 압입하여 도중에서 가열, 증발, 과열을 한꺼번에 시켜 과열 증기로 내보내는 보일러로서, 드럼이 없으며, 가는 수관으로만 구성되어 중량이 다른 보일러에 비해 가볍다.

60

복사 난방의 특징에 대한 설명으로 **틀린** 것은?

① 실내의 온도분포가 거의 균등하다.
② 난방의 쾌감도가 좋다.
③ 실내에 방열기가 없으므로 바닥의 이용도가 높다.
④ 열용량이 크므로 외기온도가 급변할 경우 방열량 조절이 쉽다.

【해설】※ 복사 난방의 특징

<장점> ㉠ 실내 상부와 하부의 온도차가 적다.
　　　　 (실내의 온도분포가 균일하다.)
　　　 ㉡ 인체의 쾌감도가 높은 방식이다.
　　　 ㉢ 실내에 방열기가 없어 바닥면 이용도가 높다.
　　　 ㉣ 실내층고가 높은 경우 상·하부 온도차가
　　　　 작아 난방효과가 우수하다.
　　　 ㉤ 개방상태에서도 난방 효과가 뛰어나다.
　　　 ㉥ 손실열량이 작다.

<단점> ㉠ 외기온도 급변 시 방열량 조절이 어렵다.
　　　 ㉡ 설비비가 많이 소요된다.
　　　 ㉢ 열용량이 커 예열시간이 길고, 설정온도 도달
　　　　 까지 시간이 많이 소요된다.
　　　 ㉣ 보온성 시공이 되어 있지 않으면 실효성이
　　　　 떨어진다.
　　　 ㉤ 난방배관을 매설하기 때문에 시공 및 수리가
　　　　 어렵다.
　　　 ㉥ 바닥두께가 두꺼워지고 고장 시 원인을 찾기가
　　　　 어렵다.

제4과목　열설비 안전관리 및 검사기준

61

회전차(impeller)의 둘레에 안내깃을 달고 이것에
의해 물의 속도를 압력으로 변화시켜 급수하는
펌프는?

① 인젝터 펌프　　　② 분사 펌프
③ 원심 펌프　　　　④ 피스톤 펌프

【해설】※ 원심식 펌프(또는, 원심펌프)

• 다수의 임펠러(impeller, 회전차)가 케이싱내에서
고속 회전을 하면 흡입관 내에는 거의 진공 상태가
되므로 물이 흡입되어 임펠러의 중심부로 들어가
회전하면 원심력에 의해 물에 에너지를 주고 속도
에너지를 압력에너지로 변환시켜 토출구로 물이 방출
되어 급수를 행한다.

62

보일러 급수의 스케일(관석) 생성 성분 중 경질
스케일은 생성하는 물질은?

① 탄산마그네슘　　② 탄산칼슘
③ 수산화칼슘　　　④ 황산칼슘

【해설】

※ 스케일(Scale, 관석)의 종류
　㉠ 경질 스케일
　　- $CaSO_4$ (황산칼슘), $CaSiO_3$ (규산칼슘),
　　　$Mg(OH)_2$ (수산화마그네슘)
　㉡ 연질 스케일
　　- $CaCO_3$ (탄산칼슘), $MgCO_3$ (탄산마그네슘),
　　　$FeCO_3$ (탄산철), $Ca_3(PO_4)_2$ (인산칼슘)

【key】일반적으로 황산염과 규산염은 경질 스케일을
　　　생성하고, 탄산염은 연질 스케일을 생성한다.

63

노통연관 보일러의 유지해야 할 최저수위 위치로
옳은 것은?

① 연관 최상면에서 100 mm 상부에 오도록 한다.
② 연관 최상면에서 75 mm 상부에 오도록 한다.
③ 노통 상면에서 100 mm 상부에 오도록 한다.
④ 노통 상면에서 75 mm 상부에 오도록 한다.

【해설】※ 원통형 보일러의 안전저수위

보일러의 종류별	부착위치
직립형 횡관 보일러	연소실 천정판 최고부(플랜지부 제외) 상부 75 mm
직립형 연관 보일러	연소실 천정판 최고부 상부 연관길이의 1/3
수평(횡)연관 보일러	연관의 최고부 상부 75 mm
노통 연관 보일러	**연관의 최고부 상부 75 mm**, 노통 최고부(플랜지부를 제외) 상부 100 mm
노통 보일러	노통 최고부(플랜지부를 제외) 상부 100 mm

64

보일러 저수위 사고 방지 대책으로 **틀린** 것은?

① 수면계의 수위를 수시로 점검한다.
② 급수관에서는 체크 밸브를 부착한다.
③ 관수 분출작업은 부하가 적을 때 행한다.
④ 저수위가 되면 연도 댐퍼를 닫고 즉시 급수한다.

【해설】

❹ 보일러 운전 중 안전저수위 이하로 수위가 낮아지는 저수위 사고가 일어나면 공급하는 연료 및 급수를 즉시 차단하여 보일러 운전을 정지시키고 연도 댐퍼를 열고 즉시 연소실 환기(포스트 퍼지)를 행한 후에 재급수하여 이상이 발견되지 않으면 재운전한다.

【참고】

※ 저수위 사고 방지 대책
　㉠ 수면계의 수위를 철저히 점검 및 감시
　㉡ 상용수위의 유지·관리를 철저히 한다.
　㉢ 급수관에는 체크밸브를 부착한다.
　㉣ 관수 분출작업은 부하가 적을 때 행한다.
　㉤ 분출밸브의 누수 여부를 점검한다.
　㉥ 수면계의 수위를 오판했을 때

65

에너지이용 합리화법에 따라 검사대상기기의 계속사용검사를 받으려는 자는 계속사용검사 신청서를 검사유효기간 만료 며칠 전까지 제출하여야 하는가?

① 3일　　　　　　② 5일
③ 10일　　　　　 ④ 30일

【해설】　　　[에너지이용합리화법 시행규칙 제31조의19.]

※ 계속사용검사신청
　• 검사대상기기의 계속사용검사를 받으려는 자는 검사대상기기 계속사용검사 신청서를 검사유효 기간 만료 **10일 전**까지 한국에너지공단 이사장에게 제출하여야 한다.

66

프라이밍, 포밍의 발생 원인으로 **틀린** 것은?

① 보일러수에 유지분이 다량 포함되어 있다.
② 증기부하가 급변하고 고수위로 운전하였다.
③ 보일러수가 과도하게 농축되었다.
④ 송기밸브를 천천히 열어 송기했다.

【해설】

※ 프라이밍(Priming, 비수) 현상 발생원인

암기법 : 프라이밍은 부유·농 과부를 급개방시키는데 고수다.
　㉠ 보일러수내의 부유물·불순물 함유
　㉡ 보일러수의 농축
　㉢ 과부하 운전
　㉣ 주증기밸브(또는, 송기밸브)의 급개방
　㉤ 고수위 운전
　㉥ 비수방지관 미설치 및 불량

❹ 송기밸브를 천천히 열어 송기 했을 때는 프라이밍, 포밍의 발생을 방지할 수 있다.

67

에너지이용 합리화법에 따라 산업통상자원부 장관은 에너지관리지도 결과, 에너지가 손실되는 요인을 줄이기 위하여 필요하다고 인정하는 경우에 에너지다소비업자에게 어떤 조치를 할 수 있는가?

① 에너지손실 요인의 개선을 명할 수 있다.
② 벌금을 부과할 수 있다.
③ 시공업의 등록을 말소시킬 수 있다.
④ 에너지사용 정지를 명할 수 있다.

【해설】　　　　　　　　　　[에너지이용합리화법 제34조.]

※ 개선명령
　• 산업통상자원부장관은 에너지관리지도 결과, 에너지가 손실되는 요인을 줄이기 위하여 필요 하다고 인정하는 경우에 에너지다소비사업자에게 에너지 손실요인의 개선을 명할 수 있다.

68

에너지이용 합리화법에 따라 특정열사용기자재 시공업을 할 경우에는 시·도지사에게 등록하여야 한다. 이때 특정열사용기자재 시공업의 범주에 포함되지 <u>않는</u> 것은?

① 기자재의 설치 ② 기자재의 제조

③ 기자재의 시공 ④ 기자재의 세관

【해설】   [에너지이용합리화법 제37조.]

※ 특정열사용기자재 시공업 등록

- 열사용기자재 중 제조, 설치·시공 및 사용에서의 안전관리, 위해방지 또는 에너지이용의 효율관리가 특히 필요하다고 인정되는 것으로서 산업통상 자원부령으로 정하는 특정열사용기자재의 **설치·시공이나 세관**을 업(이하 "시공업"이라 한다)으로 하는 자는 「**건설산업기본법**」제9조제1항에 따라 **시·도지사**에게 등록하여야 한다.

69

스케일의 종류와 성질에 대한 설명으로 <u>틀린</u> 것은?

① 중탄산칼슘은 급수에 용존되어 있는 염류 중에 슬러지를 생성하는 주된 성분이다.

② 중탄산칼슘의 용해도는 온도가 올라갈수록 떨어지기 때문에 높은 온도에서 석출된다.

③ 황산칼슘은 주로 증발관에서 스케일화 되기 쉽다.

④ 중탄산마그네슘은 보일러수 중에서 열분해 하여 탄산마그네슘으로 된다.

【해설】 ※ 스케일의 종류와 성질

㉠ 중탄산칼슘, $Ca(HCO_3)_2$

- 급수에 용존되어 있는 염류 중 스케일이나 슬러지를 생성하는 주된 성분으로서, 중탄산칼슘의 용해도는 온도가 높을수록 증가하기 때문에 주로 온도가 낮은 부분에서 열분해하여 탄산칼슘으로 석출되어 스케일을 생성한다.

㉡ 중탄산마그네슘, $Mg(HCO_3)_2$

- 보일러수 중에서 열분해하여 탄산마그네슘으로 되어 스케일을 생성한다. 탄산마그네슘은 가수분해에 의해 용해도가 작은 수산화마그네슘의 슬러지로 되어 보일러 동체의 저부에 침전한다.

㉢ 황산칼슘, $CaSO_4$

- 황산칼슘의 용해도는 온도가 높을수록 감소하기 때문에, 주로 온도가 높은 부분인 증발관에서 스케일을 생성한다.

㉣ 황산마그네슘, $MgSO_4$

- 용해도가 크기 때문에 그 자체만으로는 스케일 생성이 잘 안되지만, 탄산칼슘과 작용해서 황산 칼슘과 수산화마그네슘의 스케일을 생성한다.

㉤ 염화마그네슘, $MgCl_2$

- 보일러수가 적당한 pH로 유지되는 경우에는 가수 분해 및 다른 성분과의 치환반응에 의해 수산화 마그네슘의 스케일을 생성한다.

㉥ 실리카, SiO_2

- 보일러 급수 중의 칼슘 성분과 결합하여 규산칼슘의 스케일을 생성·부착하여 전열을 감소시킨다.

㉦ 유지분

- 정상적인 상태에서는 급수 중에 함유되어 있지 않지만 오일예열기, 윤활유 가열기 등의 튜브에 균열이 생기면 증기 응축수 계통에 유지분이 혼입될 수 있다. 이러한 유지분은 포밍, 프라이밍의 발생 원인이 될 뿐만 아니라 부유물, 탄소 등과 결합하여 스케일이나 슬러지를 생성한다.

70

에너지이용 합리화법에 따라 에너지사용량이 대통령령으로 정하는 기준량 이상인 자는 매년 언제까지 신고해야 하는가?

① 1월 31일

② 3월 31일

③ 6월 30일

④ 12월 31일

【해설】 [에너지이용합리화법 제31조.]

※ 에너지다소비업자의 신고 `암기법` : 전 기관에 전해

- 에너지사용량이 대통령령으로 정하는 기준량 (2000 TOE)이상인 에너지다소비업자는 산업통상자원부령으로 정하는 바에 따라 매년 **1월 31일**까지 그 에너지사용시설이 있는 지역을 관할하는 시·도지사에게 다음 사항을 신고하여야 한다.
  - ㉠ **전**년도의 분기별 에너지사용량·제품생산량
  - ㉡ **해**당 연도의 분기별 에너지사용예정량·제품 생산예정량
  - ㉢ **전**년도의 분기별 에너지이용 합리화 실적 및 해당 연도의 분기별 계획
  - ㉣ 에너지사용**기**자재의 현황
  - ㉤ 에너지**관**리자의 현황

71

에너지이용 합리화법에 따라 에너지다소비업자가 매년 그 에너지사용시설이 있는 지역을 관할하는 시·도지사에게 신고하여야 하는 사항이 <u>아닌</u> 것은?

① 전년도의 분기별 에너지사용량
② 해당 연도의 분기별 에너지이용 합리화 실적
③ 에너지관리자의 현황
④ 해당 연도의 분기별 제품 생산예정량

【해설】 [에너지이용합리화법 제31조.]

※ 에너지다소비업자의 신고 `암기법` : 전 기관에 전해

- 에너지사용량이 대통령령으로 정하는 기준량 (2000 TOE)이상인 에너지다소비업자는 산업통상자원부령으로 정하는 바에 따라 매년 1월 31일까지 그 에너지사용시설이 있는 지역을 관할하는 시·도지사에게 다음 사항을 신고하여야 한다.
  - ㉠ **전**년도의 분기별 에너지사용량·제품생산량
  - ㉡ **해**당 연도의 분기별 에너지사용예정량·제품 생산예정량
  - ㉢ **전**년도의 분기별 에너지이용 합리화 실적 및 해당 연도의 분기별 계획
  - ㉣ 에너지사용**기**자재의 현황
  - ㉤ 에너지**관**리자의 현황

72

보일러수의 이상 증발 예방대책이 <u>아닌</u> 것은?

① 송기에 있어서 증기밸브를 빠르게 연다.
② 보일러수의 블로우 다운을 적절히 하여 보일러수의 농축을 막는다.
③ 보일러의 수위를 너무 높이지 않고 표준수위를 유지하도록 제어한다.
④ 보일러수의 유지분이나 불순물을 제거하고 청관제를 넣어 보일러수 처리를 한다.

【해설】 ※ 보일러수의 이상 증발 예방 대책

- ㉠ 보일러수 농축을 막기 위해 적절하게 블로우 다운을 한다.
- ㉡ 송기 시 주증기 밸브를 빠르게 열면 급격한 압력저하에 의해 프라이밍과 포밍 현상이 발생하므로 주증기 밸브를 천천히 열어야 한다.
- ㉢ 적정 수위의 보일러 수위를 유지한다.
- ㉣ 보일러수 처리를 통해 보일러수 농축을 억제한다.

73

에너지이용 합리화법에 의한 검사대상기기인 보일러의 연료 또는 연소방법을 변경한 경우 받아야 하는 검사는?

① 구조검사　　　　② 개조검사
③ 계속사용 성능검사　④ 설치검사

【해설】 [에너지이용합리화법 시행규칙 별표3의4.]

※ 개조검사의 적용대상

- ㉠ 증기보일러를 온수보일러로 개조하는 경우
- ㉡ 보일러 섹션의 증감에 의하여 용량을 변경하는 경우
- ㉢ 동체·돔·노통·연소실·경판·천정판·관판·관모음 또는 스테이의 변경으로서 산업통상자원부장관이 정하여 고시하는 대수리의 경우
- ㉣ 연료 또는 연소방법을 변경하는 경우
- ㉤ 철금속가열로로서 산업통상자원부장관이 정하여 고시하는 경우의 수리

74

강철제 보일러 수압시험압력에 대한 설명으로 틀린 것은?

① 보일러 최고사용압력이 0.43 MPa 이하일 때는 그 최고압력의 2배의 압력으로 한다.

② 시험압력이 0.2 MPa 미만일 때는 0.2 MPa의 압력으로 한다.

③ 보일러 최고사용압력이 0.43 MPa 초과 1.5 MPa 이하일 때는 그 최고사용압력의 1.3배의 압력으로 한다.

④ 보일러 최고사용압력이 1.5 MPa를 초과할 때는 그 최고사용압력의 1.5배의 압력으로 한다.

【해설】　　　　　　　　[열사용기자재의 검사기준 18.1.1.]

※ 강철제보일러의 수압시험압력은 다음과 같다.

보일러 종류	최고사용압력	수압시험압력
강철제 보일러	0.2 MPa 미만 ($2 kg/cm^2$ 미만)	0.2 MPa ($2 kg/cm^2$)
	0.43 MPa 이하 ($4.3 kg/cm^2$ 이하)	최고사용압력의 2배
	0.43 MPa 초과 ~ 1.5 MPa 이하 ($4.3 kg/cm^2$초과 ~ $15 kg/cm^2$ 이하)	최고사용압력의 1.3배 + 0.3 (최고사용압력의 1.3배 + 3)
	1.5 MPa 초과 ($15 kg/cm^2$ 초과)	최고사용압력의 1.5배

75

보일러의 증기 공급, 차단을 위하여 설치하는 밸브는?

① 스톱밸브　　　　② 게이트밸브

③ 감압밸브　　　　④ 체크밸브

【해설】　　　　　　　　[열사용기자재의 검사기준 22.6.1.]

• 보일러의 설치 시 증기의 각 분출구에는 스톱밸브를 갖추어야 한다. (단, 안전밸브, 과열기의 분출구 및 재열기의 입구·출구를 제외한다.)

【참고】

※ 글로브(Globe, 둥근) 밸브 또는 스톱(Stop) 밸브
- 유체의 흐름을 차단하거나 유량조절을 위하여 나사의 조정으로 밸브가 상하로 움직이면서 유로를 개폐하는 둥근 달걀형 밸브이다.

76

에너지이용 합리화법에 따라 강철제 보일러 및 주철제 보일러에서 계속사용검사의 면제 대상 범위에 해당되지 <u>않는</u> 것은?

① 전열면적 $5 m^2$ 이하의 증기보일러로서 대기에 개방된 안지름이 25 mm 이상인 증기관이 부착된 것

② 전열면적 $5 m^2$ 이하의 증기보일러로서 수두압이 5 m 이하이며 안지름이 25 mm 이상인 대기에 개방된 U자형 입관이 보일러의 증기부에 부착된 것

③ 온수보일러로서 유류·가스 외의 연료를 사용하는 것으로 전열면적이 $30 m^2$ 이상인 것

④ 온수보일러로서 가스 이외의 연료를 사용하는 주철제 보일러

【해설】　　　　　　[에너지이용합리화법 시행규칙 별표 3의6.]

※ 검사의 면제대상 범위

검사 대상 기기	적용 범위	면제되는 검사
강철제 보일러 · 주철제 보일러	1. 전열면적 $5 m^2$ 이하의 증기보일러로서 다음 각 목의 어느 하나에 해당하는 것 　가. 대기에 개방된 안지름이 25 mm 이상인 증기관이 부착된 것 　나. 수두압이 5 m 이하이며, 안지름이 25 mm 이상인 대기에 개방된 U자형 입관이 보일러의 증기부에 부착된 것 2. 온수보일러로서 다음 각 목의 어느 하나에 해당하는 것 　**가. 유류·가스 외의 연료를 사용하는 것으로서 전열면적 30 m²이하인 것** 　나. 가스 외의 연료를 사용하는 주철제 보일러	계속 사용 검사

77

수면계의 시험 횟수 및 점검 시기로 틀린 것은?

① 1일 1회 이상 실시한다.

② 2개의 수면계 수위가 다를 때 실시한다.

③ 안전밸브가 작동한 다음에 실시한다.

④ 수면계 수위가 의심스러울 때 실시한다.

【해설】

❸ 수면계의 시험 및 점검은 안전밸브가 작동하기 전에 실시하여야 한다.

왜냐하면, 보일러의 안전밸브가 작동한 다음에는 보일러의 압력 및 수면이 정상 수준으로 낮아지기 때문에 수면계를 점검할 필요는 없다.

【참고】 ※ 수면계 시험 횟수 및 기능시험 시기

    ㉠ 수면계의 기능시험은 매일 1회 이상 실시한다.

    ㉡ 수면계 유리의 교체 또는 보수 후

    ㉢ 보일러를 가동하기 직전

    ㉣ 2개의 수면계 중 수위가 상이할 때

    ㉤ 프라이밍(비수), 포밍(거품) 현상이 발생할 때

    ㉥ 수면계의 수위가 평소에 비해 의심스러울 때

    ㉦ 취급자의 교대 운전 시

    ㉧ 증기압력이 상승하기 시작할 때

    ㉨ 수면계 수위의 움직임이 없이 둔할 때

78

보일러의 보존을 위한 보일러 청소에 관한 설명으로 틀린 것은?

① 보일러 청소의 목적은 사용 수명을 연장하고 그 사고를 방지하며 열효율을 향상시키기 위함이다.

② 보일러 청소 횟수를 결정하는 요소에는 보일러 부하, 보일러의 종류, 급수의 성질 등을 들 수 있다.

③ 외부 청소법의 종류에는 증기청소법, 워터 쇼킹법, 샌드블라스트법, 스틸 쇼트 세정법 등을 들 수 있다.

④ 내부 청소법은 수세법과 물리적 방법으로 나뉘어진다.

【해설】 ※ 보일러 내부 청소방법의 종류

 ㉠ 기계적 청소방법(또는, 물리적 방법)

   - 청소용 공구를 사용하여 수작업으로하는 방법과 기계(튜브 클리너, 제트 클리너, 스케일 해머 등)를 사용하여 동체 및 관의 내면에 있는 부착물을 제거하는 방법이 있다.

 ㉡ 화학적 세관 방법(또는, 화학적 방법)

   - 동체 및 관의 내면에 있는 부착물을 기계적 청소방법으로 제거하기 곤란할 경우 화학약품을 사용하여 부착물을 용해시켜 제거하는 방법으로 산세관, 알칼리 세관, 유기산 세관이 있다.

79

보일러의 증기 배관에서 수격작용의 발생을 방지하는 방법으로 틀린 것은?

① 환수관 등의 배관 구배를 작게 한다.

② 배관 관경을 크게 한다.

③ 송기를 급격히 하지 않는다.

④ 증기관의 드레인 빼기장치로 관 내의 드레인을 완전히 배출시킨다.

【해설】   암기법 : 증수관 직급 밸서

※ 수격작용(워터햄머)의 방지대책

 ㉠ 증기배관 속의 응축수를 취출하도록 증기트랩을 설치한다.

 ㉡ 토출 측에 수격방지기를 설치한다.

 ㉢ 배관의 **관경**을 크게 하여 유속을 낮춘다.

 ㉣ 배관을 가능하면 **직선**으로 시공한다.

 ㉤ 펌프의 **급격**한 속도변화를 방지한다.

 ㉥ 주증기**밸브**의 개폐를 천천히 한다.

   (프라이밍, 포밍에 의한 캐리오버 현상이 발생하지 않도록 한다.)

 ㉦ 관선에 **서지탱크**(조압수조)를 설치한다.

 ㉧ 비수방지관, 기수분리기를 설치한다.

ⓧ 방열에 의한 응축수 생성을 방지하기 위해 증기배관의 보온을 철저히 한다.
ⓩ 증기트랩은 항상 열어두어야 응축수가 배출된다.
ⓚ 환수관 등의 배관 구배를 크게 하여 관 내 응축수 회수가 양호하도록 한다.

80

다음 중 에너지이용 합리화법에 따라 2년 이하의 징역 또는 2000 만원 이하의 벌금 기준에 해당하는 경우는?

① 에너지 저장 의무를 이행하지 아니한 경우
② 검사대상기기 관리자를 선임하지 아니한 경우
③ 검사대상기기의 사용정지 명령에 위반한 경우
④ 검사대상기기를 설치하고 검사를 받지 아니하고 사용한 경우

【해설】   [에너지이용합리화법 제75조.]

• 에너지 저장 의무를 이행하지 않은 경우 **2년 이하 징역 또는 2000만원 이하의 벌금**에 처한다.

【참고】 ※ 위반행위에 해당하는 벌칙(징역, 벌금액)

  2.2 - 에너지 저장, 수급 위반
    암기법 : 이~이가 저 수위다.
  1.1 - **검사대상기기 위반**
    암기법 : 한명 한명씩 검사대를 통과했다.
  0.2 - 효율기자재 위반
    암기법 : 영희가 효자다.
  0.1 - 미선임, 미확인, **거부, 기피**
    암기법 : 영일은 미선과 거부기피를 먹었다.
  0.05 - 광고, 표시 위반
    암기법 : 영오는 광고표시를 쭉~ 위반했다.

2018년 제2회 에너지관리산업기사
(2018. 4. 28. 시행)

평균점수

제1과목　　열 및 연소설비

01

전기식 집진장치의 특징에 관한 설명으로 틀린 것은?

① 집진효율이 90 ~ 99.5 % 정도로 높다.
② 고전압장치 및 정전설비가 필요하다.
③ 미세입자 처리도 가능하다.
④ 압력손실이 크다.

【해설】 ※ 전기식 집진장치(코트렐 집진기)의 특징
　㉠ 방전극을 부(負, -극), 집진극을 양(陽, +극)으로 한다.
　㉡ 전기집진은 쿨롱(Coulomb)력에 의해 포집된다.
　㉢ 코로나 방전에 의한 포집이므로 고전압장치 및 정전설비가 필요하다.
　㉣ 압력손실은 10 mmH₂O(건식) ~ 20 mmH₂O(습식) 정도로 비교적 작다.
　㉤ 낮은 압력손실로 대량의 가스 처리가 가능하여, 대형보일러에 이용된다.
　㉥ 지름이 0.05 ~ 20 μm 정도로 가장 미세한 입자의 포집에 이용된다.
　㉦ 집진효율은 90 ~ 99.9% 정도로 집진기 중에서 가장 높다.
　㉧ 고온(500℃), 습도 100%인 함진가스의 처리에도 유효하다.
　㉨ 광범위한 온도범위에서 설계가 가능하다.
　㉩ 보수·유지비용이 적게 든다.
　㉪ 설치 소요면적이 크고, 초기 설비비가 비싸다.
　㉫ 먼지 부하변동에 대한 적응성이 낮다.
　㉬ 분진입자의 전기적 성질에 따라 성능이 크게 좌우된다.

02

사이클론식 집진기는 어떤 성질을 이용한 것인가?

① 관성력　　　　② 부력
③ 원심력　　　　④ 중력

【해설】 ※ 원심력 집진장치
● 함진가스(분진을 포함하고 있는 가스)를 선회 운동시키면 입자에 원심력이 작용하여 분진입자를 가스로부터 분리하는 원리의 장치이다. 종류에는 사이클론(cyclone)식과 소형사이클론을 몇 개 병렬로 조합하여 처리량을 크게 하고 집진효율을 높인 멀티-(사이)클론(Multi-cyclone)식이 있다.

【key】 사이클론(cyclone) : "회오리(선회)"를 뜻하므로 빠른 회전에 의해 원심력이 작용한다.

03

가스가 40 kJ의 열량을 받음과 동시에 외부에 30 kJ의 일을 했다. 이때 이 가스의 내부에너지 변화량은?

① 10 kJ 증가　　　② 10 kJ 감소
③ 70 kJ 증가　　　④ 70 kJ 감소

【해설】
※ 열역학 제1법칙(에너지보존)에 의해 전달열량(δQ) 공식을 이용한다.
　　$\delta Q = dU + W$ 에서,
　　$dU = \delta Q - W = 40\,kJ - 30\,kJ = +10\,kJ$
　즉, 계의 내부에너지 변화량은 증가(+)한다.

04

급수 중 용존하고 있는 O_2, CO_2 등의 용존 기체를 분리 제거하는 것을 무엇이라고 하는가?

① 폭기법 ② 기폭법
③ 탈기법 ④ 이온교환법

【해설】

- 탈기법 : 탈기기 장치를 이용하여 급수 중에 녹아 있는 기체(O_2, CO_2)를 분리, 제거하는 외처리 방법으로서, 주목적은 산소(O_2) 제거이다.

05

탄소 0.87, 수소 0.1, 황 0.03의 연료가 있다. 과잉공기 50 %를 공급할 경우 실제 건배기 가스량 (Nm^3/kg)은?

① 8.89 ② 9.94
③ 10.5 ④ 15.19

【해설】 암기법 : (이론산소량) 1.867C, 5.6H, 0.7S

- 연료 조성 비율에 따른 이론공기량(A_0)을 구하자.

$$A_0 = \frac{O_0}{0.21} \, (Nm^3/kg) = \frac{1.867\,C + 5.6\,H + 0.7\,S}{0.21}$$

$$= \frac{1.867 \times 0.87 + 5.6 \times 0.1 + 0.7 \times 0.03}{0.21}$$

$$\fallingdotseq 10.5 \, Nm^3/kg\text{-연료}$$

- 이론공기량(A_0)으로부터 이론건연소가스량(G_{0d})을 구하자.

G_{0d} = 이론공기중의 질소량 + 연소생성물(수증기 제외)

= 0.79 A_0 + 1.867 C + 0.7 S

= 0.79 × 10.5 + 1.867 × 0.87 + 0.7 × 0.03

= 9.94 Nm^3/kg-연료

- 이론공기량(A_0) 및 이론건연소가스량(G_{0d})으로부터 실제 건연소가스량(G_d)을 구하자.

G_d = 이론건연소가스량(G_{0d}) + 과잉공기량(A')

= G_{0d} + (m-1)A_0

= 9.94 Nm^3/kg-연료 + (1.5 - 1) × 10.5 Nm^3/kg-연료

= **15.19 Nm^3/kg-연료**

06

고체나 유체에서 서로 접하고 있는 물질의 구성 분자 간에 정지상태에서 열에너지가 고온의 분자로부터 저온의 분자로 이동하는 현상을 무엇이라 하는가?

① 열전도 ② 열관류
③ 열발생 ④ 열전달

【해설】 ※ 열의 전달(전열) 방법 3가지

- 전도(conduction) : 물질의 구성분자를 매개체로 하여 열이 고온에서 저온으로 이동하는 현상.
- 대류(convection) : 고체 벽이 온도가 다른 유체와 접촉하고 있을 때 유체에 유동이 생기면서 열이 이동하는 현상.
- 복사(radiation 또는, 방사) : 중간에 매개체가 없이 열에너지가 이동하는 현상.

07

어떤 온수보일러의 수두압이 30 m 일 때, 이 보일러에 가해지는 압력(kg/cm^2)은?

① 0.3 ② 3
③ 3000 ④ 30000

【해설】

- 수두(물기둥 높이)와 압력과의 관계식 : P = $\gamma_\text{물} \cdot h$

여기서, P : 압력(kg/m^2), γ : 액체 비중량(kg/m^3),

h : 수두 또는, 양정(m)

$\therefore$ P = $\gamma_\text{물} \cdot h$ = 1000 kg/m^3 × 30 m = 30000 kg/m^2

문제에서 제시된 단위로 환산해 주어야 하므로

$$30000\,kg/m^2 = \frac{30000\,kg}{(10^2\,cm)^2} = \frac{30000\,kg}{10^4\,cm^2} = 3\,kg/cm^2$$

【참고】 지구의 평균중력가속도인 g의 값이 9.8 m/s^2 으로 동일하게 적용될 때에 중력단위(또는, 공학용단위)의 힘으로 압력이나 비중량을 표시할 때 kgf 에서 흔히 f(포오스)를 생략하고 kg/cm^2 이나, kg/cm^3 으로 사용하기도 하며 국제적으로는 밀도와 비중량의 단위를 같이 쓴다.

08

다음 중 기체연료의 장점이 <u>아닌</u> 것은?

① 연소가 균일하고 연소조절이 용이하다.

② 회분이나 매연이 없어 청결하다.

③ 저장이 용이하고 설비비가 저가이다.

④ 연소효율이 높고 점화소화가 용이하다.

【해설】

❸ 고체·액체연료에 비해서 부피가 커서 압력이 높기 때문에 저장이나 운송이 용이하지 않고, 취급에 따르는 설비비가 고가이다.

【참고】 ※ 기체연료의 특징

<장점> ㉠ 유동성이 좋으므로 개폐밸브에 의한 연료의 공급량 조절이 쉽고, 점화 및 소화가 간단하다.

㉡ 비열이 작아서 예열이 용이하므로 고온을 얻기가 쉽고, 유체연료이므로 연료의 공급량 조절이 쉬워서 화염온도 조절이 용이하며 열효율이 높다.

㉢ 적은 공기비로도 완전연소가 가능하다.

㉣ 유동성이 커서 연료의 품질이 균일하므로 자동제어에 의한 연소의 조절이 용이하다.

㉤ 연소 후 유해잔류 성분(회분, 매연 등)이 거의 없으므로 재가 없고 청결하다.

㉥ 공기와의 혼합을 임의로 조절할 수 있어서 연소효율$\left(=\dfrac{연소열}{발열량}\right)$이 가장 높다.

㉦ 계량과 기록이 용이하다.

㉧ 고체·액체연료에 비해 수소함유량이 많으므로 탄수소비가 가장 작다.

<단점> ㉠ 단위 체적당 발열량은 고체·액체연료에 비해 극히 작다.

㉡ 고체·액체연료에 비해 부피가 커서 압력이 높기 때문에 저장이나 운송이 불편하다.

㉢ 유동성이 커서 누출되기 쉽고 폭발의 위험성이 크므로 취급에 주의를 요한다.

㉣ 고체·액체연료에 비해서 제조 비용이 비싸다.

09

다음 중 열의 단위 1 kcal 와 <u>다른</u> 값은?

① 426.8 kgf·m ② 1 kWh

③ 0.00158 PSh ④ 4.1855 kJ

【해설】 ※ 열량의 단위 크기 비교

- 1 kcal = 4.184 kJ (학문상)

= 4.1855 kJ (실험상)

= 4.1868 kJ (법규 및 증기표 기준)

= 4.2 kJ (생활상)

= 427 kgf·m (중력단위, 공학용단위)

= 3.968 BTU (영국열량단위)

= 2.205 CHU (영국열량단위)

= 0.00158 PSh

10

보일러의 연소온도에 직접적으로 영향을 미치는 인자로 가장 거리가 <u>먼</u> 것은?

① 산소의 농도 ② 연료의 발열량

③ 공기비 ④ 연료의 단위 중량

【해설】

※ 연소실의 연소온도 $t_g = \dfrac{\eta \times H_L - Q_{손실}}{C_g \cdot G} + t_0$

여기서, η : 연소효율

㉠ 산소의 농도가 높을수록 높아지면 과잉공기량이 적어지게 되어 연소가스량이 적어지므로 연소온도는 높아진다.

㉡ 연료의 발열량이 클수록 연소온도는 높아지기는 하나, 높은 배기가스 온도에 의한 배가스 열손실량($Q_{손실}$)이 함께 증가하게 되므로 결국, 발열량은 연소온도에 직접적으로 영향을 크게 주지는 못하는 셈이다.

㉢ 가장 큰 영향을 주는 원인은 연소용공기의 공기비인데, 공기비가 클수록 과잉된 질소(흡열반응)에 의한 연소가스량(G)이 많아지므로 연소온도는 낮아진다.

㉣ 연료의 단위 중량은 연소온도에 영향을 미치는 인자에 전혀 해당하지 않는다.

11

열역학 제1법칙과 가장 밀접한 관련이 있는 것은?

① 시스템의 에너지 보존

② 시스템의 열역학적 반응속도

③ 시스템의 반응방향

④ 시스템의 온도효과

【해설】

- 열역학 제 0법칙 : 열적 평형의 법칙(온도계의 원리)
  시스템 A가 시스템 B와 열적 평형을 이루고 동시에
  시스템 C와도 열적평형을 이룰 때 시스템 B와
  C의 온도는 동일하다.
- 열역학 제 1법칙 : 에너지보존 법칙
  $$Q_1 = Q_2 + W$$
- 열역학 제 2법칙 : 열 이동의 법칙 또는, 에너지전환
  방향에 관한 법칙
  $$T_1 → T_2 로 이동한다, dS ≧ 0$$
- 열역학 제 3법칙 : 엔트로피의 절대값 정리
  절대온도 0 K에서, dS = 0

12

다음 중 석탄의 원소분석 방법이 <u>아닌</u> 것은?

① 리비히법　　② 에쉬카법

③ 라이트법　　④ 켈달법

【해설】 ※ 고체연료의 원소분석 방법 (KSE 3712)

㉠ 탄소, 수소 측정 : 리비히(Liebich)법, 셰필드(Shefield)법

㉡ 전황분 측정 : 에쉬카(Eshika)법, 연소용량법,
　　　　　　　산소봄브법

㉢ 불연소성 황분 측정 : 중량법, 연소용량법

㉣ 질소 측정 : 켈달법, 세미마이크로-켈달법

㉤ 산소는 계산에 의하여 산출한다.

【참고】 ※ 기체연료의 비중측정 방법 (KSM 2084)

　　　　• LNG : 라이트법, 분젠실링법, 비중병법

　　　　• LPG : 하이드로미터법

13

체적이 $5.5\,m^3$ 인 기름의 무게가 $4500\,kgf$ 일 때
이 기름의 비중은?

① 1.82

② 0.82

③ 0.63

④ 0.55

【해설】

- 기름의 비중량($\gamma_{기름}$)을 먼저 구한다.

  $$\gamma_{기름} = \rho \cdot g = \frac{m}{V} \cdot g = \frac{mg}{V} = \frac{w}{V} = \frac{4500\,kgf}{5.5\,m^3}$$
  $$= 818.2\,kgf/m^3$$

- 비중(S) $= \dfrac{\gamma_{기름}}{\gamma_물} = \dfrac{818.2\,kgf/m^3}{1000\,kgf/m^3} ≒ \mathbf{0.82}$

【참고】 ※ 비중(S)과 비중량(γ)의 관계식

- 비중(S) $= \dfrac{w}{w_물} = \dfrac{w \cdot g}{m_물 \cdot g} = \dfrac{m}{m_물} = \dfrac{\rho\,V \cdot g}{\rho_물\,V \cdot g} = \dfrac{\gamma}{\gamma_물}$

- 비중량(γ) $= \rho \cdot g = \dfrac{m}{V} \cdot g = \dfrac{mg}{V} = \dfrac{w}{V}$

  여기서, w : 무게(kgf), V : 체적, 부피(m^3)

  　　　　m : 질량(kg), 　g : 중력가속도($9.8\,m/s^2$)

- 물의 비중은 1 이고, 비중량(γ_w)은 $1000\,kgf/m^3$ 이다.

【참고】 지구의 평균중력가속도인 g 의 값이 $9.8\,m/s^2$
으로 동일하게 적용될 때에 중력단위(또는, 공학용단위)의
힘으로 압력이나 비중량을 표시할 때 kgf에서 흔히 f(포오스)를
생략하고 kg/cm^2 이나, kg/cm^3 으로 사용하기도 하며
국제적으로는 밀도와 비중량의 단위를 같이 쓴다.

14

산소를 일정 체적하에서 온도를 $27\,℃$로부터
$-3\,℃$로 강하시켰을 경우 산소의 엔트로피
(kJ/kg·K)의 변화는 얼마인가? (단, 산소의
정적비열은 $0.654\,kJ/kg·K$ 이다.)

①　-0.0689　　　　② 0.0689

③　-0.0582　　　　④ 0.0582

【해설】 　　　　　　 암기법 : 브티알 보자 (VTRV)

※ 엔트로피 변화량(ΔS) 계산

$$\Delta S = C_V \cdot \ln\left(\frac{T_2}{T_1}\right) + R \cdot \ln\left(\frac{V_2}{V_1}\right) \ \text{에서}$$

정적인 경우에는 $V_1 = V_2$, $\ln(1) = 0$ 이므로,

$$= C_V \cdot \ln\left(\frac{T_2}{T_1}\right)$$

$$= 0.654 \,\text{kJ/kg·K} \times \ln\left(\frac{-3+273}{27+273}\right)$$

$$= -0.0689 \,\text{kJ/kg·K} \ \ \text{여기서, (-)는 감소를 뜻함.}$$

15

열과 일에 대한 설명으로 **틀린** 것은?

① 모두 경계를 통해 일어나는 현상이다.
② 모두 경로함수이다.
③ 모두 불완전 미분형을 갖는다.
④ 모두 양수의 값을 갖는다.

【해설】

① 열과 일은 계(系)의 경계를 통해서 일어난다.
② 열과 일은 모두 경로함수(δ, 도정함수) 이다.
③ 경로함수의 표기는 불완전 미분(δ)으로 표시된다.
❹ 열과 일은 과정에 따라 양수 또는 음수의 값을 갖는다.
　계를 기준으로 $\delta Q < 0$ (계가 열을 방출한다.)
　　　　　　　$\delta Q > 0$ (계가 열을 흡수한다.)
　　　　　　　$\delta W < 0$ (계가 외부로 일을 한다.)
　　　　　　　$\delta W > 0$ (계가 외부로부터 일을 받는다.)

【참고】 ※ 상태함수 및 경로함수　 암기법 : 도경, 상점

● 처음상태에서 최종상태로 이행했을 때, 상태를 이행하는 경로가 결과에 영향을 주지 않으면 "상태함수"이고, 상태를 이행하는 경로가 결과에 영향을 주면 "경로함수"라고 구분하며, 상태함수는 변화량을 구할 때 나중상태에서 처음상태를 빼주면 된다. 경로함수의 표기는 불완전 미분으로 표시하며, 변화량을 구할 때 적분해야 한다.
● 상태(d)함수 = 점함수 = 계(系)의 성질.
　ex> 변위, 위치에너지, 내부에너지, 엔트로피, 엔탈피 등
● 경로(δ)함수 = 도정함수 = 계(界)의 과정.
　ex> 거리, 열량, 일

16

보일러 86 마력에 60 ℃의 물을 공급하여 686.48 kPa의 포화수증기를 제조한다. 보일러 효율이 72 %이고, 연료 소비량이 100 kg/h 이라고 할 때, 이 연료의 저위 발열량 (MJ/kg) 은? (단, 686.48 kPa 포화수증기의 엔탈피는 2.763 MJ/kg 이다.)

① 31.31　　　　　　② 36.54
③ 42.18　　　　　　④ 45.39

【해설】　　　　 암기법 : (효율좋은) 보일러 사저유

● 1 BHP(보일러마력)은 표준대기압(1기압)하, 100 ℃의 상당증발량(w_e)으로 15.65 kg/h의 포화증기를 발생 시키는 능력을 말한다. 즉, $1\,\text{BHP} = \dfrac{w_e}{15.65\,kg/h}$ 이므로

$$w_e = 15.65 \,\text{kg/h} \times 86\,(\text{BHP}) = 1345.9 \,\text{kg/h}$$

● 보일러 효율(η) $= \dfrac{Q_s}{Q_{in}}\left(\dfrac{\text{유효출열}}{\text{총입열량}}\right) \times 100$

$$= \frac{w_2 \cdot (H_2 - H_1)}{m_f \cdot H_L} = \frac{w_e \cdot R_w}{m_f \cdot H_L}$$

$$0.72 = \frac{1345.9 \,kg/h \times 2.257 \,MJ/kg}{100 \,kg/h \times H_L}$$

이제, 네이버에 있는 에너지아카데미 카페의 "방정식 계산기 사용법"으로 H_L을 미지수 X로 놓고 구하면
∴ 저위발열량 H_L = 42.19 ≒ **42.18 MJ/kg**

【참고】

※ **1기압, 100 ℃에서의 증발잠열(R_w)값은 필수암기사항이다.**

$$● \ R_w = 539 \,\text{kcal} = 539 \,\text{kcal} \times \frac{4.1868\,kJ}{1\,kcal}$$

$$= 2256.68 \,\text{kJ} ≒ 2257 \,\text{kJ}$$

$$= 2257 \,\text{kJ} \times \frac{1\,MJ}{10^3\,kJ} = 2.257 \,\text{MJ}$$

17

오일 버너 중 유량 조절범위가 1 : 10 정도로 크며, 가동 시 소음이 큰 버너는?

① 유압 분무식　　　② 회전 분무식
③ 저압 공기식　　　④ 고압 기류식

【해설】 ※ 고압기류 분무식 버너의 특징

㉠ 고압(0.2 ~ 0.8 MPa)의 공기를 사용하여 중유를 무화시키는 형식이다.

㉡ 유량조절범위가 1 : 10 정도로 가장 커서 고점도 연료도 무화가 가능하다.

㉢ 분무각(무화각)은 30°정도로 가장 좁은 편이다.

㉣ 외부혼합 방식보다 내부혼합 방식이 무화가 잘 된다.

㉤ 연소 가동 시 소음이 크다.

18

디젤기관의 열효율은 압축비 ε, 차단비(또는 단절비) σ와 어떤 관계가 있는가?

① ε와 σ가 증가할수록 열효율이 커진다.

② ε와 σ가 감소할수록 열효율이 커진다.

③ ε가 감소하고, σ가 증가할수록 열효율이 커진다.

④ ε가 증가하고, σ가 감소할수록 열효율이 커진다.

【해설】 ※ 디젤사이클의 열효율 공식

• $\eta = 1 - \left(\dfrac{1}{\epsilon}\right)^{k-1} \times \dfrac{\sigma^k - 1}{k(\sigma - 1)}$ 에서,

분모의 ϵ(압축비)가 클수록 열효율(η)은 증가하고 분자의 σ(단절비, 차단비)가 작을수록 열효율(η)은 증가한다.

19

냉동기에서의 성능계수 COP_R 과 열펌프에서의 성능계수 COP_H 와의 관계식으로 옳은 것은?

① $COP_R = COP_H$

② $COP_R = COP_H + 1$

③ $COP_R = COP_H - 1$

④ $COP_R = 1 - COP_H$

【해설】 암기법 : 따뜻함과 차가움의 차이는 1 이다.

• 열펌프와 냉동기의 성능계수 관계식 $COP_{(H)} - COP_{(R)} = 1$ 이므로, $COP_{(R)} = COP_{(H)} - 1$

【참고】 • 열펌프의 성능계수 $COP_{(H)} = \dfrac{Q_1}{W} = \dfrac{Q_2 + W}{W}$

$= \dfrac{Q_2}{W} + 1$

$= COP_{(R)} + 1$

20

그림은 P-T(압력-온도)선도상에서의 물의 상태도이다. 다음 설명 중 틀린 것은?

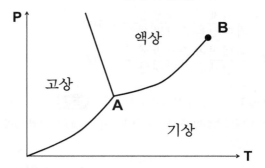

① A점을 삼중점이라 한다.

② B점을 임계점이라 한다.

③ B점은 온도의 기준점으로 사용된다.

④ 곡선 AB는 증발곡선을 표시한다.

【해설】 ※ 물의 상평형도

① A점 : 삼중점

② B점 : 임계점

❸ 온도의 기준점은 물의 삼중점(0.01℃) 이다.

④ 곡선 AB : 증발곡선 (액체와 기체의 혼합물)

【참고】 ※ 물의 상평형도

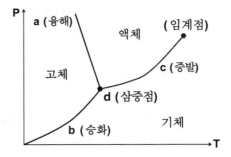

| 제2과목 | 열설비 설치 |

21

다음 중 보일러 부하율(%)을 바르게 나타낸 것은?

① $\dfrac{최대연속증기발생량}{상당증기발생량} \times 100$

② $\dfrac{상당증기발생량}{최대연속증기발생량} \times 100$

③ $\dfrac{실제증기발생량}{최대연속증기발생량} \times 100$

④ $\dfrac{최대연속증기발생량}{실제증기발생량} \times 100$

【해설】 ※ 보일러 부하율(L_f)   암기법 : 부최실
• 최대연속증발량(정격용량)에 대한 실제증발량의 비를 말한다.

$$L_f = \frac{w_2}{w_{max}} \left(\frac{실제증발량}{최대연속증발량} \right) \times 100\,(\%)$$

22

다음 압력계 중 가장 높은 압력을 측정할 수 있는 것은?

① 다이아프램식 압력계
② 벨로우즈식 압력계
③ 부르동관식 압력계
④ U자관식 압력계

【해설】   암기법 : 탄돈 벌다
※ 탄성식 압력계의 종류별 압력 측정범위
• 부르돈관식 : 0.5 ~ 3000 kg/cm²
• 벨로스식 : 0.01 ~ 10 kg/cm²
• 다이어프램식 : 0.002 ~ 0.5 kg/cm²

【참고】
• 액주형 압력계 중 U자관식 압력계의 압력 측정범위는 0.001 ~ 0.2 kg/cm² (0.1 ~ 20 kPa)이다.

23

절대단위계 및 중력 단위계에 대한 설명으로 옳은 것은?

① MKS 단위계는 길이(m), 질량(kg), 시간(sec)을 기준으로 한다.
② 절대단위계는 질량(F), 길이(L), 시간(T)을 기준으로 한다.
③ 중력단위계는 힘(F), 길이(k), 시간(sec)을 기준으로 한다.
④ 기계공학 분야에는 중력단위를 사용해서는 안된다.

【해설】 ※ SI 기본단위(7가지)   암기법 : mks mKc A

기호	m	kg	s	mol	K	cd	A
명칭	미터	킬로그램	초	몰	켈빈	칸델라	암페어
기본량	길이	질량	시간	물질량	절대온도	광도	전류

24

다음 중 제어 계기의 공기압 신호의 압력 범위는 일반적으로 몇 kg/cm² 인가?

① 0.01 ~ 0.05   ② 0.06 ~ 0.1
③ 0.2 ~ 1.0   ④ 2.0 ~ 5.0

【해설】 ※ 공기압식 신호 전송방식
  암기법 : 공신호는 영회일
㉠ 신호로 사용되는 공기압은 0.2 ~ 1.0 kg/cm² (20 ~ 100 kPa)으로 공기 배관으로 전송된다.
㉡ 공기는 압축성유체이므로 관로저항에 의해 전송지연이 발생한다.
㉢ 신호의 전송거리는 실용상 100 ~ 150 m 정도로 가장 짧은 것이 단점이다.
㉣ 신호 공기는 충분히 제습, 제진한 것이 요구된다.

25

상당증발량(G_e, kg/hr)을 구하는 공식으로 맞는 것은? (단, G 는 실제 증발량(kg/hr), h_2 는 발생증기의 엔탈피(kJ/kg), h_1 은 급수의 엔탈피(kJ/kg)이다.)

① $G_e = G (h_1 - h_2) / 2256$

② $G_e = G (h_2 - h_1) / 2256$

③ $G_e = G (h_1 - h_2) / 226$

④ $G_e = G (h_2 - h_1) / 226$

【해설】

• 상당증발량(또는, 환산증발량, 기준증발량 w_e)
  - 실제증발량을 1기압하에서 100℃의 포화수를 100℃의 (건)포화증기로 증발시킬 때의 값을 기준으로 환산한 증발량이다.

• 상당증발량(w_e)과 실제증발량(w_2)의 관계식

$$w_e \times R_w = w_2 \times (H_2 - H_1) \text{ 에서,}$$

한편, 물의 증발잠열(1기압, 100℃)을 R_w이라 두면

$$R_w = 539 \text{ kcal/kg} = 2256 \text{ kJ/kg 이므로}$$

$$\therefore \text{ 상당증발량 } w_e = \frac{w_2 \times (H_2 - H_1)}{2256 \, kJ/kg}$$

문제의 기호로 나타내면, $G_e = \dfrac{G \times (h_2 - h_1)}{2256}$

26

다음 중 보일러 자동제어 장치의 종류로 가장 거리가 먼 것은?

① 연소제어   ② 급수제어

③ 급유제어   ④ 증기온도제어

【해설】 ※ 보일러 자동제어(ABC, Automatic Boiler Control)

• 연소제어 (ACC, Automatic Combustion Control)
  - 증기압력 또는, 노내압력

• 급수제어 (FWC, Feed Water Control)
  - 보일러 수위

• 증기온도제어 (STC, Steam Temperature Control)
  - 증기온도

• 증기압력제어 (SPC, Steam Pressure Control)
  - 증기압력

27

아스팔트유, 윤활유, 절삭유 등 인화점 80℃ 이상의 석유제품의 인화점 측정에 사용하는 시험기는?

① 타그 밀폐식

② 타그 개방식

③ 클리블랜드 개방식

④ 아벨펜스키 밀폐식

【해설】

※ 인화점 측정 시험장치는 개방식과 밀폐식으로 구분된다.

인화점 시험방법의 종류	적용범위
아벨-펜스키 밀폐식	인화점이 50 ℃ 이하의 휘발유, 등유 등에 사용
펜스키-마르텐스 밀폐식	인화점이 50 ℃ 이상의 등유, 경유, 중유 등에 사용
태그 밀폐식	인화점이 80 ℃ 이하의 석유제품 등에 사용
클리블랜드 개방식	인화점이 80 ℃ 이상의 아스팔트, 윤활유 등에 사용

28

다음 중 열량의 계량 단위가 아닌 것은?

① 주울 (J)   ② 와트 (W)

③ 와트초 (WS)   ④ 칼로리 (kcal)

【해설】

① J은 열량(또는, 에너지, 일)의 절대단위로서, 공식 W = F·S 에서, 1 J = 1 N × 1 m 이다.

❷ W(와트)는 동력(일률)의 단위로서, W = J/sec

③ Ws(와트초) = W·s = J/sec × sec = J

④ 1 kcal = 4.2 kJ (생활상)

【참고】 ※ 열량의 단위 크기 비교

• 1 kcal = 4.184 kJ (학문상) = 4.1868 kJ (법규상)

  = 4.2 kJ (생활상)

  = 427 kgf·m (중력단위, 공학용단위)

  = 3.968 BTU (영국열량단위)

  = 2.205 CHU (영국열량단위)

29

열전 온도계에 사용되는 보상도선에 대한 설명으로 옳은 것은?

① 열전대의 보호관 단자에서 냉접점 단자까지 사용하는 도선이다.

② 열전대를 기계적으로나 화학적으로 보호하기 위해서 사용한다.

③ 열전대와 다른 특성을 가진 전선이다.

④ 주로 백금과 마그네슘의 합금으로 만든다.

【해설】

❶ 보상도선 : 열전대의 보호관 단자에서 냉접점 단자까지 주위 온도에 의한 오차를 전기적으로 보상하기 위해 상용하는 도선이다.

② 열전대를 기계적·화학적으로 보호하는 것은 보호관이다.

③ 보호관 단자에서 냉접점까지는 값이 비싼 열전대선을 길게 사용하는 것은 비경제적이므로, 값이 싼 구리, 구리-니켈의 합금선으로 열전대와 유사한 특성의 열기전력이 생기는 도선(즉, 보상도선)으로 길게 사용한다.

④ 가격이 저렴한 구리, 구리-니켈의 합금선을 주로 사용한다.

30

내유량의 측정에 적합하고, 비전도성 액체라도 유량 측정이 가능하며 도플러효과를 이용한 유량계는?

① 플로노즐 유량계   ② 벤츄리 유량계

③ 임펠러 유량계   ④ 초음파 유량계

【해설】 ※ 초음파식(음향식) 유량계

● 음파가 유체 중을 흐르는 방향으로 전해지는 속도는 반대 방향에 전하는 속도보다 빠르다는 "도플러효과"를 이용하여 파동의 전파시간차를 비교해서 유체의 속도를 측정하고 이것을 이용하여 유체의 체적유량을 구한다.

31

오르자트 분석계에서 채취한 시료량 50 cc 중 수산화칼륨 30% 용액에 흡수되고 남은 양이 41.8 cc이었다면, 흡수된 가스의 원소와 그 비율은?

① O_2, 16.4 %   ② CO_2, 16.4 %

③ O_2, 8.2 %   ④ CO_2, 8.2 %

【해설】   암기법 : 이→산→일

※ 오르자트(Orsat)식 가스분석 순서 및 흡수제

㉠ 이산화탄소(CO_2) : 30% 수산화칼륨(KOH) 용액

㉡ 산소(O_2) : 알칼리성 피로가놀(피로갈롤) 용액

㉢ 일산화탄소(CO) : 암모니아성 염화제1구리(동) 용액

※ 흡수된 각 성분(CO_2)의 함량비(%) 계산법

• CO_2 함량비(%) $= \dfrac{KOH \text{에 흡수된 양}}{\text{시료량}} \times 100$

$= \dfrac{\text{체적감소량}}{\text{시료량}} \times 100$

$= \dfrac{50 - 41.8}{50} \times 100$

$= 16.4 \%$

32

다음 출열 항목 중 열손실이 가장 큰 것은?

① 방산에 의한 손실

② 배기가스에 의한 손실

③ 불완전연소에 의한 손실

④ 노 내 분입 증기에 의한 손실

【해설】

❷ 열정산 시 출열항목 중 열손실이 가장 큰 항목은 배기가스에 의한 열손실이다.

【참고】 ※ 보일러 열정산 시 입·출열 항목의 구별

[입열항목]   암기법 : 연(발,현) 공급증

– 연료의 발열량, 연료의 현열, 연소용 공기의 현열, 급수의 현열, 노내 분입한 증기의 보유열

[출열항목]   암기법 : 유,손(배불방미기)

– 유효출열량(발생증기가 흡수한 열량), 손실열(배기가스, 불완전연소, 방열, 미연분, 기타.)

33

다음 액면계에 대한 설명 중 옳지 <u>않은</u> 것은?

① 공기압을 이용하여 액면을 측정하는 액면계는 퍼지식 액면계이다.

② 고압 밀폐 탱크의 액면 제어용으로 가장 많이 사용하는 것은 부자식 액면계이다.

③ 기준 수위에서 압력과 측정 액면에서의 압력차를 비교하여 액위를 측정하는 것은 차압식 액면계이다.

④ 관내의 공기압과 액압이 같아지는 압력을 측정하여 액면의 높이를 측정하는 것은 정전용량식 액면계이다.

【해설】

❹ 정전용량식 액면계 : 길고 가느다란 정전용량 검출 소자를 비전도성인 액체 속에 넣어 두 원통 사이에 검출되는 정전용량을 측정하여 액면계에서 액위를 측정한다.

【참고】 ※ 액면계의 관측방법에 따른 분류

　　　　　　　　　　　　[암기법] : 직접 유리 부검

• 직접법 : 유리관식(평형반사식 포함), 부자식 (플로트식), 검척식

• 간접법 : 압력식(차압식, 다이어프램식, 액저압식, 퍼지식), 기포식, 저항전극식, 방사선식, 초음파식(음향식), 정전용량식, 편위식

34

상자성체이므로 자력을 이용하여 자기풍을 발생시켜 농도를 측정할 수 있는 기체는?

① 산소　　　　　　　② 수소

③ 이산화탄소　　　　④ 메탄가스

【해설】

• 산소(O_2)는 다른 가스에 비하여 강한 상자성체이기 때문에 자기장에 대하여 흡인되는 특성을 지니고 있는 것을 이용하여 가스 중의 O_2 농도를 분석한다.

35

열정산에서 입열에 해당되는 것은?

① 공기의 현열

② 발생증기의 흡수열

③ 배기가스의 손실열

④ 방산에 의한 손실열

【해설】 ※ 보일러 열정산 시 입·출열 항목의 구별

[입열항목] 　[암기법] : 연(발,현) 공급증

－ 연료의 발열량, 연료의 현열, 연소용 공기의 현열, 급수의 현열, 노내 분입한 증기의 보유열

[출열항목] 　[암기법] : 유,손(배불방미기)

－ 유효출열량(발생증기가 흡수한 열량), 손실열(배기가스, 불완전연소, 방열, 미연분, 기타.)

36

다음 서미스터 저항온도계에 사용되는 서미스터 재질 중 가장 적절하지 <u>않은</u> 것은?

① 코발트　　　　　　② 망간

③ 니켈　　　　　　　④ 크롬

【해설】 ※ 써미스터(Thermistor) 저항온도계

• 니켈(Ni), 망간(Mn), 코발트(Co) 등의 금속산화물의 분말을 혼합 소결시켜 만든 반도체로서 그 전기 저항이 온도범위에 따라 가장 크게 변화하므로 응답이 빠른 감온소자로 이용할 수 있다.

【참고】 ※ 써미스터(Thermistor) 저항온도계의 특징

㉠ 온도가 상승함에 따라 금속의 전기저항은 증가 하는 게 일반적이지만, 반도체인 써미스터는 온도가 증가하면 저항이 감소하는 부성저항 (부특성)을 가지고 있다. (절대온도의 제곱에 반비례한다.)

㉡ 저항온도계수가 금속에 비하여 가장 크다.

㉢ 금속저항은 응답성이 느린데 비하여 써미스터는 응답성이 빠르다.

ⓔ 측온부를 작게 제작할 수 있으므로 좁은 장소에도 설치가 가능하여 편리하다.

ⓜ 호환성이 작으며 경년변화가 생긴다.

ⓑ 흡습 등으로 열화되기 쉽다.

ⓢ 반도체이므로, 금속 소자의 온도 특성인 특유의 균일성을 얻기 어렵다.

ⓞ 재현성이 좋지 않다.

ⓩ 자기가열에 주의하여야 한다.

37

다음 중 화학적 가스분석계의 종류로 옳은 것은?

① 열전도율법   ② 연소열법

③ 도전율법   ④ 밀도법

【해설】 ※ 가스분석계의 분류

- **물리적 분석방법**
  - **세라믹식, 자기식, 가스크로마토그래피법, 밀도법, 도전율법, 적외선식, 열전도율**(또는, 전기식)법
  - 암기법 : 세자가, 밀도적 열명을 물리쳤다.

- **화학적 분석방법**
  - 흡수분석법(오르자트식, 헴펠식), 자동화학식법(또는, 자동화학식 CO_2계), 연소열법(연소식 O_2계, 미연소식)

38

P동작의 비례이득이 4일 경우 비례대는 몇 % 인가?

① 20   ② 25

③ 30   ④ 40

【해설】

- 비례동작(P동작)의 비례대(proportional band)는 자동 조절기에서 조절기의 입구신호와 출구신호 사이의 비례상수의 역수를 백분율로 나타낸 값과 같은 수이다.

- 비례대 $= \dfrac{1}{K(\text{비례감도 또는, 비례이득})} \times 100\,(\%)$

  $= \dfrac{1}{4} \times 100 = 25\,\%$

39

출력이 일정한 값에 도달한 이후의 제어계의 특성을 무엇이라고 하는가?

① 과도특성   ② 스텝특성

③ 정상특성   ④ 주파수응답

【해설】 ※ 제어계의 응답 특성

① 과도응답 : 정상상태에 있는 요소의 입력측에 어떤 변화를 주었을 때 출력측에 생기는 변화의 시간적 경과를 말한다.

② 스텝응답 : 입력을 단위량만큼 스텝(step) 상으로 변화시켜 평형상태를 상실했을 때의 과도응답을 말한다.

❸ 정상응답 : 입력신호가 어떤 상태에 이를 때 출력신호가 최종값으로 되는 정상적인 응답을 말한다.

④ 주파수응답 : 사인파 상의 입력에 대하여 요소의 정상응답을 주파수의 함수로 나타낸 것을 말한다.

40

다음 중 용적식 유량계가 아닌 것은?

① 벤츄리식   ② 오벌기어식

③ 로터리피스톤식   ④ 루트식

【해설】

❶ 벤츄리 유량계는 차압식 유량계의 일종이다.

【참고】

- 용적식 유량계는 일정한 용적을 가진 용기에 유체를 도입하게 되면 회전자의 회전에 의한 회전수를 적산하여 유량을 측정하는 방식이다.

- 용적식 유량계의 종류로는 오벌 유량계, 루트식 유량계, 가스미터, 로터리-팬 유량계, 로터리-피스톤식 유량계가 있다.

제3과목 열설비 운전

41

축열기(steam accumulator)를 설치했을 경우에 대한 설명으로 **틀린** 것은?

① 보일러 증기측에 설치하는 변압식과 보일러 급수측에 설치하는 정압식이 있다.
② 보일러 용량 부족으로 인한 증기의 과부족을 해소할 수 있다.
③ 연료 소비량을 감소시킨다.
④ 부하변동에 대한 압력변동이 발생한다.

【해설】
❹ 증기 축열기는 부하변동에 대한 압력변동에 대처하는 장치이므로 축열기를 설치했을 때 부하 변동에 대한 압력변동은 발생하지 않는다.

【참고】 ※ 증기 축열기(또는, 스팀 어큐뮬레이터)
• 보일러 연소량을 일정하게 하고 증기 사용처의 저부하 시 잉여 증기를 증기사용처의 온도·압력보다 높은 온도·압력의 포화수 상태로 저장하여 축적시켰다가 갑작스런 부하변동이나 과부하 시 저장한 증기를 방출하여 증기의 부족량을 보충하는 압력용기로서, 증기의 부하변동에 대처하기 위해 사용되는 장치이다.

42

가마를 사용하는데 있어 내용수명과의 관계가 가장 거리가 **먼** 것은?

① 가마 내의 부착물(휘발분 및 연료의 재)
② 피열물의 열용량
③ 열처리 온도
④ 온도의 급변

【해설】
❷ 피열물의 열용량은 가마의 내용수명에 영향을 미치지 않고, 경제적인 가열과 관계가 있다.
(피열물의 열용량이 클수록 많은 열이 필요하다.)

43

다음 중 무기질 보온재에 속하는 것은?

① 규산칼슘 보온재
② 양모 펠트 보온재
③ 탄화 코르크 보온재
④ 기포성 수지 보온재

【해설】
• 무기질 보온재 - 규산칼슘
• 유기질 보온재 - 양모 펠트, 탄화코르크, 기포성수지

【참고】
※ 최고 안전사용온도에 따른 무기질 보온재의 종류
   -50 -100 ◀사▶ +100 +50
    탄   G   암,   규   석면, 규산리
    250, 300, 400,   500, 550, 650℃
탄산마그네슘
    Glass울(유리섬유)
        암면
           규조토, 석면, 규산칼슘
  650필지의 세라믹화이버 무기공장
  650℃↓ (×2배) 1300↓무기질
  펄라이트(석면+진주암),
      세라믹화이버

44

보일러의 가용전(가용마개)에 사용되는 금속의 성분은?

① 납과 알루미늄의 합금
② 구리와 아연의 합금
③ 납과 주석의 합금
④ 구리와 주석의 합금

【해설】
※ 가용전(가용마개)
- 내분식 보일러인 노통보일러에 있어서 관수의 이상 감수 시 과열로 인한 동체의 파열사고를 방지하기 위하여 납(Pb)과 주석(Sn)의 합금을 주입한 것으로서, 노통 꼭대기나 화실 천장부에 나사를 박음으로 부착한다.

45

T형 필렛 용접이음에서 모재의 두께를 h(mm), 하중을 W(kg), 용접길이를 ℓ(mm)이라 할 때 인장응력(kg/mm²)을 계산하는 식은?

① $\sigma = \dfrac{W}{0.707\,h\cdot\ell}$ ② $\sigma = \dfrac{W\cdot\ell}{0.707\,h}$

③ $\sigma = \dfrac{W}{h\cdot\ell}$ ④ $\sigma = \dfrac{0.707\,W}{h\cdot\ell}$

【해설】

※ T형 필렛 용접이음의 인장응력(σ_T) 계산

$$\sigma_T = \frac{W}{A} = \frac{W}{2\,t\ell} = \frac{W}{2\,h\cos 45°\,\ell} = \frac{0.707\,W}{h\,\ell}$$

여기서, σ_T : 재료의 허용인장응력(kgf/mm²)
　　　　 W : 하중(kgf)
　　　　 t : 판의 두께(mm)
　　　　 h : 용접높이 또는 모재의 두께(mm)
　　　　 ℓ : 용접부의 길이(mm)

46

압력배관용 강관의 인장강도가 24 kgf/mm², 스케줄번호가 120일 때 이 강관의 사용압력(kgf/cm²)은? (단, 안전율은 4로 한다.)

① 96   ② 72

③ 60   ④ 24

【해설】　　 암기법 : 스케줄 허사 ↑, 허전강 ↑

• 허용응력 = $\dfrac{\text{인장강도}}{\text{안전율}} = \dfrac{24\,kgf/mm^2}{4} = 6\,kgf/mm^2$

• 스케줄(Schedule)수 = $\dfrac{P}{\sigma}\left(\dfrac{\text{사용압력}}{\text{허용응력}}\right) \times 10$

　　여기서, σ : 관 재료의 허용응력(kgf/mm²)
　　　　　　 P : 유체의 사용압력(kgf/cm²)

∴ $120 = \dfrac{P}{6} \times 10$ 에서 방정식 계산기사용법으로 P를

미지수 X로 놓고 구하면, P = **72 kgf/cm²**

【참고】

• 스케줄 번호(Sch No.) = $\dfrac{P}{\sigma}\left(\dfrac{\text{사용압력}}{\text{허용응력}}\right) \times 1000$

　　여기서, σ : 관 재료의 허용응력(N/mm²)
　　　　　　 P : 유체의 사용압력(MPa)

47

축열식 반사로를 사용하여 선철을 용해, 정련 하는 방법으로 시멘스-마틴법(siemens-martins process)이라고도 하는 것은?

① 불림로   ② 용선로
③ 평로   ④ 전로

【해설】

※ 평로(平爐)는 바닥이 낮고 편평한 축열식 반사로를 사용하는 간접가열식의 제강용 노(爐)로서 선철을 용해하여 야금, 정련 등의 화학반응을 수반하는 것을 목적으로 하며 시멘스-마틴 평로법이라고도 한다.

48

영국에서 개발된 최초의 관류보일러로 수십 개의 수관을 병렬로 배치시킨 고압용 대용량 보일러는?

① 라몬트   ② 스털링
③ 벤슨   ④ 슐저

【해설】

※ 벤슨(Benson) 보일러 : 영국인 벤슨(Benson, M.)이 보일러 제작 비용을 줄이기 위해 개발한 최초의 관류보일러로 증기 드럼이 없어, 보일러수가 병렬로 배치된 다수의 수관을 따라 흐르면서 가열되며 고압용·대용량에 많이 사용된다.

49

다음 중 급수 중의 보일러 과열의 직접적인 원인이 될 수 있는 물질은?

① 탄산가스   ② 수산화나트륨
③ 히드라진   ④ 유지

【해설】

❹ 보일러수 내 유지류는 포밍현상의 발생원인이 되고 전열면에 스케일을 부착하여 보일러수에 열전달을 방해하므로 전열면의 온도가 상승하여 국부적 과열의 직접적인 원인이 되므로 급수의 수질을 철저히 관리하여야 한다.

50

환수관이 고장을 일으켰을 때 보일러의 물이 유출하는 것을 막기 위하여 하는 배관방법은?

① 리프트 이음 배관법

② 하트포드 연결법

③ 이경관 접속법

④ 증기 주관 관말 트랩 배관법

【해설】

※ 하트포드(hart ford) 연결법

- 저압증기 난방에 사용되는 보일러 내의 수면이 안전 저수위 이하로 내려가거나 보일러가 빈 상태로 되는 것을 막기 위하여 균형관을 달고 안전저수위 보다 높은 위치에 환수관을 접속하여 보일러수 유출을 막기 위한 배관 연결 방법이다. 균형관에 접속하는 환수주관의 분기 위치는 보일러 표준수면 에서 약 50 mm 아래가 적합하다.

51

신축이음 중 온수 혹은 저압증기의 배관분기관 등에 사용되는 것으로 2개 이상의 엘보를 사용 하여 나사맞춤부의 작용에 의하여 신축을 흡수 하는 것은?

① 벨로즈 이음

② 슬리브 이음

③ 스위블 이음

④ 신축곡관

【해설】

※ 스위블형(Swivel type, 회전형) 이음

㉠ 2개 이상의 엘보를 사용하여 직각방향으로 어긋 나게 하여 나사맞춤부(회전이음부)의 작용에 의하여 신축을 흡수하는 것이다.

㉡ 온수난방 또는 저압증기의 배관 및 분기관 등에 사용된다.

㉢ 지나치게 큰 신축에 대하여는 나사맞춤이 헐거워져 누설의 염려가 있다.

52

보일러 그을음 제거 장치인 슈트블로워의 분사 형식이 아닌 것은?

① 모래분사

② 물분사

③ 공기분사

④ 증기분사

【해설】

※ 매연 분출장치(Soot blower, 슈트 블로워)

- 보일러 전열면에 부착된 그을음 등을 물, 증기, 공기를 고압으로 분사하여 제거하는 매연 취출장치이다.

53

건물의 난방면적이 85 m^2 이고, 배관부하가 14 %, 온수사용량이 20 kg/h, 열손실지수가 140 kW/m^2 일 때 난방부하(kW)는?

① 8500

② 9500

③ 11900

④ 12900

【해설】

• 난방부하 $Q = \alpha \times A_{난방면적}$

= 열손실지수 × 난방면적

= 140 kW/m^2 × 85 m^2

= 11900 kW

54

강관 50A 의 방향 전환을 위해 맞대기 용접식 롱 엘보 이음쇠를 사용하고자 한다. 강관 50A의 용접식 이음쇠인 롱 엘보의 곡률반경은? (단, 강관 50A 의 호칭지름은 60 mm로 한다.)

① 50 mm

② 60 mm

③ 90 mm

④ 100 mm

【해설】 ※ 배관의 맞대기 용접이음 시 엘보의 곡률반경

• 숏(Short) 엘보의 곡률반경은 호칭지름으로 한다.

• 롱(Long) 엘보의 곡률반경은 호칭지름의 1.5배로 한다.

∴ 롱 엘보의 곡률반경 = 60 mm × 1.5 = 90 mm

55

다음 중 보일러의 급수설비에 속하지 <u>않는</u> 것은?

① 급수내관
② 응축수 탱크
③ 인젝터
④ 취출밸브

【해설】

※ 급수장치 설비

- 보일러 운전이 가동되어 증기를 발생함에 따라 보일러수가 감소하므로 항상 급수를 보충하여야 하는데, 그렇게 하기 위해서는 급수장치 계통에 급수펌프, 급수관, 인젝터, 응축수탱크, 급수탱크, 급수처리 약품주입 탱크, 급수밸브, 급수내관, 수량계 등의 부속품을 설치해야 한다.

❹ 취출밸브(또는, 분출밸브)는 분출장치에 속한다.

56

화염의 이온화를 이용한 전기전도성으로 화염의 유무를 검출하는 화염검출기는?

① 플래임 로드
② 플래임 아이
③ 자외선 광전관
④ 스택 스위치

【해설】 ※ 화염검출기의 종류

- 플레임 아이 : 연소중에 발생하는 화염의 발광체를 이용.
- 플레임 로드 : 버너와 전극(로드)간에 교류전압을 가해 화염의 이온화에 의한 도전현상을 이용한 것으로서 가스연료 점화버너에 주로 사용한다.
- 스택 스위치 : 연소가스의 열에 의한 바이메탈의 신축작용을 이용.

57

간접가열용 열매체 보일러 중 다우섬액을 사용하는 보일러 형식은?

① 레플러 보일러
② 슈미트-하트만 보일러
③ 슐져 보일러
④ 라몬트 보일러

【해설】

※ 슈미트(Schmidt)-하트만(Hartman) 보일러

- 특수 유체인 다우섬액을 사용하는 간접가열식의 열매체 보일러로서 다우섬액(염화나트륨 + 염화칼슘)은 비등점이 낮고 독성이 없어 안전성이 높으며, 보일러의 구조가 간단하고 경제적이기 때문에 건축물의 난방 및 온수 공급 등에 많이 활용된다.

58

증발량 2000 kg/h인 보일러의 상당증발량(kg/h)은? (단, 증기의 엔탈피는 2512 kJ/kg, 급수의 엔탈피는 126 kJ/kg이다.)

① 1560 kg/h
② 2114 kg/h
③ 2565 kg/h
④ 2890 kg/h

【해설】

- 상당증발량(w_e)과 실제증발량(w_2)의 관계식

$$w_e \times R_w = w_2 \times (H_2 - H_1) \text{ 에서,}$$

한편, 물의 증발잠열(1기압, 100℃)을 R_w이라 두면

$$R_w = 539 \text{ kcal/kg} = 2257 \text{ kJ/kg 이므로}$$

$$\therefore \ w_e = \frac{w_2 \times (H_2 - H_1)}{R_w} = \frac{w_2 \times (H_2 - H_1)}{2257 \, kJ/kg}$$

$$= \frac{2000 \, kg/h \times (2512 - 126) \, kJ/kg}{2257 \, kJ/kg}$$

$$= 2114 \text{ kg/h}$$

59

다음 증기난방의 응축수 환수방법 중 응축수의 환수 및 증기의 회전이 가장 <u>빠른</u> 방식은?

① 중력 환수식
② 기계 환수식
③ 진공 환수식
④ 자연 환수식

【해설】 ※ 진공환수식 증기난방의 특징

㉠ 증기의 발생 및 순환이 가장 빠르다.

㉡ 응축수 순환이 빠르므로 환수관의 직경이 작다.

㉢ 환수(응축수)는 펌프에 의해 회수하므로 환수관의 기울기를 작게 할 수 있다.

ⓔ 방열기 밸브를 통해 방열량을 광범위하게 조절 가능하다.

ⓜ 대규모 건축물의 난방에 적합하다.

ⓗ 보일러 및 방열기의 설치위치에 제한을 받지 않는다.

60

보일러에서 보염장치를 설치하는 목적으로 가장 거리가 <u>먼</u> 것은?

① 연소 화염을 안정시킨다.

② 안정된 착화를 도모한다.

③ 저공기비 연소를 가능하게 한다.

④ 연소가스 체류 시간을 짧게 해준다.

【해설】

※ 보염장치의 설치목적

  ㉠ 연소 화염의 안정을 도모한다.

  ㉡ 안정된 착화를 도모한다.

  ㉢ 노내에 분사되는 연료의 분무를 돕고 공기와의 혼합을 양호하게 하므로 저공기비 연소를 가능하게 한다.

  ㉣ 연소가스의 체류시간을 길게 해준다.

제4과목 열설비 안전관리 및 검사기준

61

에너지이용 합리화법에 따라 등록이 취소된 에너지절약전문기업은 등록 취소일로부터 몇 년이 경과해야 다시 등록을 할 수 있는가?

① 1년　　　　　② 2년

③ 3년　　　　　④ 5년

【해설】 [에너지이용합리화법 제27조.]

　암기법 : 에이(2), (취소하고)절약해야겠다.

❷ 등록이 취소된 에너지절약전문기업은 등록취소 일로부터 2년이 지나지 아니하면 등록을 할 수 없다.

62

에너지이용 합리화법에 따라 에너지다소비 사업자란 연간 에너지사용량이 얼마 이상 인자를 말하는가?

① 5백 티오이　　　② 1천 티오이

③ 1천 5백 티오이　④ 2천 티오이

【해설】 [에너지이용합리화법 시행령 제35조.]

● 대통령령으로 정하는 연간 에너지사용량 신고를 하여야 하는 기준량인 **2000 TOE 이상**인 자를 에너지다소비업자라 한다.

【참고】 　암기법 : 에이, 쌩!~ 다소비네.

※ 에너지다소비사업자라 함은 연료·열 및 전력의 연간 사용량의 합계(연간 에너지사용량)가 2000 TOE(티오이) 이상인 자를 말한다.

63

보일러 관수의 pH 및 알칼리도 조정제로 사용 되는 약품이 <u>아닌</u> 것은?

① 탄닌　　　　　② 인산나트륨

③ 탄산나트륨　　④ 수산화나트륨

【해설】※ 보일러수(관수)의 pH 조정제로 쓰이는 약품

  ㉠ pH가 낮은 경우 : (염기로 조정)

　　암기법 : 모니모니해도 탄산소다가 제일인가봐

　　: 암모니아(NH_3), **탄산소다**(탄산나트륨, Na_2CO_3) 가성소다(수산화나트륨, NaOH), 제1인산소다(Na_3PO_4)

  ㉡ pH가 높은 경우 : (산으로 조정)

　　암기법 : 높으면, 인황산!

　　: 인산(H_3PO_4), 황산(H_2SO_4)

【참고】 　암기법 : 슬며시, 리그들 녹말 탄니?

※ 보일러수 처리 시 슬러지 조정제로 쓰이는 약품

  ㉠ 리그린

  ㉡ 녹말(또는, 전분)

  ㉢ **탄닌**

  ㉣ 텍스트린

64

에너지이용 합리화법에 따라 검사면제를 위한 보험을 제조안전보험과 사용안전보험으로 구분할 때 제조안전보험의 요건이 <u>아닌</u> 것은?

① 검사대상기기의 설치와 관련된 위험을 담보할 것
② 연 1회 이상 검사기준에 따른 위험관리 서비스를 실시할 것
③ 검사대상기기의 계속사용에 따른 재물 종합위험 및 기계위험을 담보할 것
④ 검사대상기기의 제조상 하자와 관련된 제3자의 법률상 손해배상책임을 담보할 것

【해설】　　[에너지이용합리화법 시행규칙 별표 3의7.]

※ 검사면제보험의 요건

구분	보험의 요건
제조 안전 보험	1) 검사대상기기의 제조상 하자와 관련된 제3자의 법률상 손해배상책임을 담보할 것 2) 검사대상기기의 설치와 관련된 위험을 담보할 것 3) 연 1회 이상 제31조의9에 따른 검사기준에 따른 위험관리서비스를 실시할 것
사용 안전 보험	1) 검사대상기기의 계속사용에 따른 재물종합위험 및 기계위험을 담보할 것 2) 검사대상기기의 계속사용에 따른 사고로 인한 제3자의 법률상 손해배상책임을 담보할 것 3) 연 1회 이상 제31조의9에 따른 검사기준에 따른 위험관리서비스를 실시할 것

65

에너지이용 합리화법에서의 검사대상기기 계속사용검사에 관한 내용으로 <u>틀린</u> 것은?

① 검사대상기기 계속사용검사신청서는 검사 유효기간 만료 10일전까지 제출하여야 한다.
② 검사유효기간 만료일이 9월 1일 이후인 경우에는 3개월 이내에서 계속사용검사를 연기할 수 있다.
③ 검사대상기기 검사연기신청서는 한국에너지공단이사장에게 제출하여야 한다.

④ 검사대상기기 계속사용검사신청서에는 해당 검사기기 설치검사증 사본을 첨부하여야 한다.

【해설】　　[에너지이용합리화법 시행규칙 제31조의 19, 20.]
❷ 검사대상기기의 계속사용검사는 검사유효기간의 만료일이 속하는 연도의 말까지 연기할 수 있다. 다만, 검사유효기간 만료일이 9월 1일 이후인 경우에는 **4개월** 이내에서 계속사용검사를 연기할 수 있다.

66

에너지이용 합리화법에 따른 인정검사대상기기 조종자의 교육을 이수한 자의 조종 범위가 <u>아닌</u> 것은?

① 용량이 10 t/h 이하인 보일러
② 압력용기
③ 증기보일러로서 최고사용압력이 1 MPa 이하이고, 전열면적이 10 m² 이하인 것
④ 열매체를 가열하는 보일러로서 용량이 581.5 kW 이하인 것

【해설】　　[에너지이용합리화법 시행규칙 별표 3의9.]

※ 검사대상기기관리자의 자격 및 관리범위

관리자의 자격	관리범위
에너지관리기능장 에너지관리기사	용량이 30 ton/h를 초과하는 보일러
에너지관리기능장, 에너지관리기사 에너지관리산업기사	용량이 10 ton/h를 초과하고 30 ton/h 이하인 보일러
에너지관리기능장, 에너지관리기사, 에너지관리산업기사, 에너지관리기능사	용량이 10 ton/h 이하인 보일러
에너지관리기능장, 에너지관리기사, 에너지관리산업기사, 에너지관리기능사 또는 인정검사대상기기 관리자의 교육을 이수한 자	1) 증기보일러로서 최고사용압력이 1 MPa 이하이고, 전열면적이 10 m² 이하인 것 2) 온수발생 및 열매체를 가열하는 보일러로서 용량이 581.5 kW 이하인 것 3) 압력용기

67

강철제 보일러의 수압시험 방법에 관한 설명으로 **틀린** 것은?

① 수압시험 중 또는 시험 후에도 물이 얼지 않도록 해야 한다.

② 물을 채운 후 천천히 압력을 가한다.

③ 규정된 시험수압에 도달된 후 30분이 경과된 뒤에 검사를 실시한다.

④ 시험수압은 규정된 압력의 10% 이상을 초과하지 않도록 적절한 제어를 마련한다.

【해설】[열사용기자재의 검사기준 18.2.] 암기법 : 수육
※ 수압시험 방법은 다음과 같이 하여야 한다.

　　㉠ 공기를 빼고 물을 채운 후 천천히 압력을 가하여 규정된 시험수압에 도달된 후 30분이 경과된 뒤에 검사를 실시하여 검사가 끝날 때까지 그 상태를 유지한다.

　　㉡ 시험수압은 규정된 압력의 **6%** 이상을 초과하지 않도록 모든 경우에 대한 적절한 제어를 마련하여야 한다.

　　㉢ 수압시험 중 또는 시험 후에도 물이 얼지 않도록 하여야 한다.

68

다음 중 보일러의 인터록 제어에 속하지 **않는** 것은?

① 저수위 인터록　　② 미분 인터록

③ 불착화 인터록　　④ 프리퍼지 인터록

【해설】 ※ 보일러의 인터록 제어의 종류

　　　　　　　　　　　　 암기법 : 저 압불프저

㉠ 저수위 인터록 : 수위감소가 심할 경우 부저를 울리고 안전저수위까지 수위가 감소하면 보일러 운전을 정지시킨다.

㉡ 압력초과 인터록 : 보일러의 운전시 증기압력이 설정치를 초과할 때 전자밸브를 닫아서 운전을 정지시킨다.

㉢ 불착화 인터록 : 연료의 노내 착화과정에서 착화에 실패할 경우, 미연소가스에 의한 폭발 또는 역화현상을 막기 위하여 전자밸브를 닫아서 연료공급을 차단시켜 운전을 정지시킨다.

㉣ 프리퍼지 인터록 : 송풍기의 고장으로 노내에 통풍이 되지 않을 경우, 연료공급을 차단시켜서 보일러 운전을 정지시킨다.

㉤ 저연소 인터록 : 노내에 처음 점화시 온도의 급변으로 인한 보일러 재질의 악영향을 방지하기 위하여 최대부하의 약 30% 정도에서 연소를 진행시키다가 차츰씩 부하를 증가시켜야 하는데, 이것이 순조롭게 이행되지 못하고 급격한 연소로 인해 저연소 상태가 되지 않을 경우 연료를 차단시킨다.

69

보일러에서 그을음 불어내기(수트 블로우) 작업을 할 때의 주의사항으로 **틀린** 것은?

① 댐퍼의 개도를 줄이고 통풍력을 적게 한다.

② 한 장소에 장시간 불어 대지 않도록 한다.

③ 수트 블로우를 하기 전에 충분히 드레인을 실시한다.

④ 소화한 직후의 고온 연소실 내에서는 하여서는 안 된다.

【해설】

❶ 슈트 블로워 작업 시 댐퍼의 개도를 열어 통풍력을 크게 한 후 작업을 수행한다.

【참고】

※ 슈트 블로워(Soot blower) 작업 시 주의사항

㉠ 분출기 내부의 응축수를 완전히 배출시킬 것

㉡ 한 장소에 집중적으로 사용하여 전열면에 무리를 가하지 말 것

㉢ 부하가 클 때나 소화 후에는 사용하지 말 것

㉣ 분출 시 배풍기를 사용하여 분출 효율을 높일 것

㉤ 슈트블로워 작업시 보일러 부하율은 50% 이상에서 실시할 것

70

보일러 점화 시 역화의 원인에 해당되지 <u>않는</u> 것은?

① 프리퍼지가 불충분 하였을 경우
② 착화가 지연되거나 혹은 불착화를 발견 하지 못하고 연료를 노내에 분무한 경우
③ 점화원(점화봉, 점화용 전극)을 사용하였을 경우
④ 연료의 공급밸브를 필요 이상 급개 하였을 경우

【해설】   암기법 : 노통댐, 착공

※ 역화(Back fire, 화염의 역류)의 원인

  ㉠ 노내 미연가스가 충만해 있을 경우
     (프리퍼지가 불충분할 경우)
  ㉡ 흡입통풍이 불충분한 경우
  ㉢ 댐퍼의 개도가 너무 적을 경우
  ㉣ 점화시에 착화가 늦어졌을 경우
  ㉤ 공기보다 연료가 먼저 투입된 경우
     (연료밸브를 급히 열었을 경우)

  ❸ 점화원(점화봉, 점화용 전극)의 사용은 역화와 관계가 없다.

71

다음 중 보일러 급수 내 장애가 되는 철염이 함유되어 있는 경우, 이를 제거하기 위한 방법으로 가장 적합한 것은?

① 폭기법   ② 탈기법
③ 가열법   ④ 이온교환법

【해설】

※ 기폭법(또는, 폭기법)

  - 급수 중에 녹아있는 탄산가스(CO_2), 암모니아 (NH_3), 황화수소(H_2S) 등의 기체 성분과 철(Fe), 망간(Mn) 등을 제거하는 방법으로서, 급수 속에 공기를 불어 넣는 방식과 공기 중에 물을 아래로 낙하시키는 강수 방식이 있다.

72

에너지이용 합리화법에 따라 검사대상기기의 설치자가 사용 중인 검사대상기기를 폐기한 경우에는 폐기한 날부터 며칠 이내에 폐기신고서를 제출해야 하는가?

① 10일   ② 15일
③ 20일   ④ 30일

【해설】   [에너지이용합리화법 시행규칙 제31조의 23.]

• 검사대상기기의 설치자가 그 사용 중인 검사대상기기를 폐기한 때에는 그 폐기한 날로부터 15일 이내에 폐기신고서를 한국에너지공단 이사장에게 신고하여야 한다.

73

보일러 스케일로 인한 영향이 <u>아닌</u> 것은?

① 배기가스 온도 저하
② 전열면 국부 과열
③ 보일러 효율 저하
④ 관수 순환 악화

【해설】 ※ 스케일 부착 시 발생하는 장애 현상

  ㉠ 스케일은 열전도의 방해물질이므로 열전도율을 저하시킨다.(전열량을 감소시킨다.)
  ㉡ 연소열량을 보일러수에 잘 전달하지 못하므로 전열면의 온도가 상승하여 국부적 과열이 일어난다.
  ㉢ 배기가스의 온도가 높아지게 된다. (배기가스에 의한 열손실이 증가한다.)
  ㉣ 보일러 열효율이 저하된다.
  ㉤ 연료소비량이 증대된다.
  ㉥ 국부적인 과열로 인한 보일러 파열사고의 원인이 된다.
  ㉦ 전열면의 과열로 인한 팽출 및 압궤를 발생시킨다.
  ㉧ 보일러수(또는, 관수)의 순환을 나쁘게 한다.
  ㉨ 급수내관, 수저분출관, 수면계의 물측 연락관 등을 막히게 한다.

74

증기트랩의 설치에 관한 설명으로 옳은 것은?

① 응축수와 증기를 배출하기 위하여 설치하는 중요한 부품이다.
② 응축수량이 많이 발생하는 증기관에는 열동식 트랩이 주로 사용된다.
③ 냉각래그(cooling leg)는 1.5m 이상 설치하며 증기 공급관의 관말부에 설치한다.
④ 증기트랩의 주위에는 바이패스관을 설치할 필요가 없다.

【해설】
① 증기 배관의 방열에 의한 냉각으로 이송 도중에 응축(응결)수가 고이기 쉬운 장소에 설치하여 증기 내 응축수를 자동으로 배출시키는 장치
② 응축수량이 많이 발생하는 증기관에는 기계식 트랩(mechanical trap)이 주로 사용된다.
❸ 증기관에서 발생한 증기나 응축수를 냉각하여 완전한 응축수로 관말트랩에 보내기 위해 냉각레그(Cooling leg)를 설치하며, 길이를 최소 1.5 m 이상 설치하여 냉각면적을 크게 하며 냉각효과를 높이기 위해 배관은 보온하지 않는다.
④ 고장을 대비해 증기트랩 주위에는 바이패스관이 설치되어 있어야 한다.

75

기계장치에서 발생하는 소음 중 주로 기계의 진동과 관련되는 소음은?

① 고체음
② 공명음
③ 기류음
④ 공기전파음

【해설】
• 고체음 : 기계장치의 진동, 충격, 타격, 마찰 등에 의해 발생하는 소음
• 공명음 : 연소실이나 연도 등에서 연소가스에 의해 발생하는 소음

76

보일러 내부부식 중의 하나인 가성취화의 특징에 관한 설명으로 틀린 것은?

① 균열의 방향이 불규칙적이다.
② 주로 인장응력을 받는 이음부에 발생한다.
③ 반드시 수면 위쪽에서 발생한다.
④ 농축 알칼리 용액의 작용에 의하여 발생한다.

【해설】 ※ 가성취화의 특징
㉠ 고온·고압의 보일러에서 보일러수의 높은 알칼리도로 인하여 발생한다.
㉡ 균열이 방사상으로 다수 발생하여 불규칙하다.
㉢ 주로 인장응력을 받는 이음부에서 발생한다.
㉣ 리벳 이음판의 중첩부의 틈새 사이에서 발생한다.
㉤ 보일러수 수면 아래 이음부에서 발생한다.
㉥ 리벳 구멍에서 육안으로는 식별이 어렵다.

77

가스용 보일러의 연료 배관 외부에 표시해야 하는 항목이 아닌 것은?

① 사용 가스명
② 가스의 제조일자
③ 최고 사용압력
④ 가스 흐름방향

【해설】 [열사용기자재의 검사기준 22.1.4.4.]
※ 배관의 표시
㉠ 배관은 그 외부에 사용가스명· 최고사용압력 및 가스흐름방향을 표시하여야 한다.
다만, 지하에 매설하는 배관의 경우에는 흐름방향을 표시하지 아니할 수 있다.
㉡ 지상배관은 부식방지 도장 후 표면색상을 황색으로 도색한다. 다만, 건축물의 내.외벽에 노출된 것으로서 바닥(2층 이상의 건물의 경우에는 각층의 바닥을 말한다)에서 1 m의 높이에 폭 3 cm의 황색띠를 2중으로 표시한 경우에는 표면색상을 황색으로 하지 아니할 수 있다.

78

보일러의 고온부식 방지대책에 해당되지 **않는** 것은?

① 바나듐(V)이 적은 연료를 사용한다.
② 실리카 분말과 같은 첨가제를 사용한다.
③ 고온의 전열면에 내식재료를 사용하거나 보호피막을 입힌다.
④ 돌로마이트, 마그네시아 등의 첨가제를 중유에 첨가해서 부착물의 성상을 바꾸어 전열면에 부착되지 못하도록 한다.

【해설】   암기법 : 고바, 황저
※ 고온 부식 방지 대책
　㉠ 연료를 전처리하여 바나듐(V), 나트륨(Na)분을 제거한다.
　㉡ 배기가스 온도를 바나듐 융점인 550℃ 이하가 되도록 유지시킨다.
　㉢ 연료에 회분개질제를 첨가하여 회분(바나듐 등)의 융점을 높인다.
　㉣ 전열면 표면에 내식재료로 피복한다.
　㉤ 전열면의 온도가 높아지지 않도록 설계온도 이하로 유지한다.
　㉥ 돌로마이트, 마그네시아 등의 첨가제를 중유에 첨가해서 부착물의 성상을 바꾸어 전열면에 부착되지 못하도록 한다.
　❷ 실리카 분말과 같은 첨가제를 사용하면 보일러 내면에 스케일로 부착되어 전열을 감소시키므로 고온부식이 오히려 촉진된다.

79

가동 중인 보일러를 정지시키고자 하는 경우 가장 먼저 조치해야 할 안전사항은?

① 급수를 사용 수위보다 약간 높게 한다.
② 송풍기를 정지시키고 댐퍼를 닫는다.
③ 연료의 공급을 차단한다.
④ 주증기 밸브를 닫는다.

【해설】 ※ 보일러의 운전 정지 순서
　㉠ 연료공급밸브를 닫아 연료의 투입을 차단한다.
　㉡ 공기공급밸브를 닫아 연소용 공기의 투입을 정지한다.
　㉢ 버너와 송풍기의 모터를 정지시킨다.
　㉣ 급수밸브를 열어 급수를 하여 압력을 낮추고 급수밸브를 닫고 급수펌프를 정지시킨다.
　㉤ 주증기밸브를 닫고 드레인(drain, 응축수) 밸브를 열어 놓는다.
　㉥ 댐퍼를 닫는다.

　❸ 연료차단 → 공기차단 → 주증기밸브 폐쇄 → 댐퍼 폐쇄

80

보일러 설치 시 안전밸브 작동시험에 관한 설명으로 **틀린** 것은?

① 안전밸브의 분출압력은 안전밸브가 1개인 경우 최고사용압력 이하이어야 한다.
② 안전밸브의 분출압력은 안전밸브가 2개 이상인 경우 그 중 1개는 최고사용압력 이하, 기타는 최고사용압력의 1.03배 이하이어야 한다.
③ 발전용 보일러에 부착하는 안전밸브의 분출정지 압력은 분출압력의 1.07배 이상이어야 한다.
④ 재열기 및 독립과열기에 있어서 안전밸브가 하나인 경우 최고사용압력 이하에서 분출하여야 한다.

【해설】 [열사용기자재의 검사기준 23.2.5.1.]
※ 안전밸브의 작동시험
　㉠ 안전밸브의 분출압력은 1개일 경우 최고사용압력 이하, 안전밸브가 2개 이상인 경우 그 중 1개는 최고사용압력(1.0배) 이하, 기타는 최고사용압력의 1.03배 이하일 것
　㉡ 과열기의 안전밸브 분출압력은 증발부 안전밸브의

분출압력 이하일 것

ⓒ 발전용 보일러에 부착하는 안전밸브의 분출정지압력은 분출압력의 **0.93 배** 이상이어야 한다.

ⓔ 재열기 및 독립과열기에 있어서는 안전밸브가 하나인 경우 최고사용압력(1.0배) 이하, 2개인 경우 하나는 최고사용압력 이하이고 다른 하나는 최고사용압력의 1.03배 이하에서 분출하여야 한다. 다만, 출구에 설치하는 안전밸브의 분출압력은 입구에 설치하는 안전밸브의 설정압력보다 낮게 조정되어야 한다.

2018년 제3회 에너지관리산업기사 (2018.09.15. 시행)	평균점수

제1과목   열 및 연소설비

01
기체연료 연소장치 중 가스버너의 특징으로 <u>틀린</u> 것은?

① 공기비 제어가 불가능하다.
② 정확한 온도제어가 가능하다.
③ 연소상태가 좋아 고부하연소가 용이하다.
④ 버너의 구조가 간단하고 보수가 용이하다.

【해설】※ 가스버너의 특징

㉠ 공기량 조절을 통한 공기비 제어가 용이하다.
㉡ 연소 조절을 통해 온도제어에 용이하다.
㉢ 완전연소가 잘 되어 고부하연소가 용이하다.
㉣ 무화가 필요없어 버너 구조가 간단하지만, 각종 안전장치가 요구된다.
㉤ 다른 연소장치 대비 매연이 적게 배출된다.

02
전체 일(W)을 면적으로 나타낼 수 있는 선도로서 가장 적합한 것은?

① P-T (압력 - 온도) 선도
② P-V (압력 - 체적) 선도
③ h-s (엔탈피 - 엔트로피) 선도
④ T-V (온도 - 체적) 선도

【해설】※ P-V선도에서 x축과의 면적은 계(系)가 외부로 한 일의 양($W = P \cdot dV$)에 해당하므로 "일량선도"라 한다.

03
보일러 연료의 완전연소 시 공기비(m)의 일반적인 값은?

① m > 1   ② m = 1
③ m < 1   ④ m = 0

【해설】

• 실제로 연료를 연소시킬 경우에는 연료의 가연성분과 공기 중 산소와의 접촉이 순간적으로 완전히 이루어지지 못하기 때문에 그 연료의 이론공기량(A_0)만으로 완전연소 시킨다는 것은 거의 불가능하며 불완전연소가 되기 쉽다. 따라서, 이론공기량에 과잉공기량을 추가로 공급하여 가연성분과 산소와의 접촉이 용이하도록 해주어야 한다.

즉, 일반적으로 공기비$\left(m = \dfrac{A}{A_0} \right)$는 1보다 커야 한다!

04
고체연료의 일반적인 연소방법이 <u>아닌</u> 것은?

① 화격자연소   ② 미분탄연소
③ 유동층연소   ④ 예혼합연소

【해설】   암기법 : 고미화~유

• 고체연료의 연소방법에는 미분탄 연소, 화격자 연소, 유동층 연소가 있다.

❹ 예혼합연소 : 가연성 연료와 공기를 미리 혼합시킨 후 분사시켜 연소시키는 방식으로 기체연료의 연소방법이다.

05

다음 중 집진효율이 가장 좋은 집진장치는 무엇인가?

① 중력식 집진장치　② 관성력식 집진장치

③ 여과식 집진장치　④ 원심력식 집진장치

【해설】※ 각종 집진장치의 집진효율(성능) 비교

집진 형식	집진 원리	집진방식	집진효율 (%)
건식	중력식	중력침강식 다단침강식	40 ~ 60
	원심력식	사이클론식 멀티클론식	85 ~ 95
	관성력식	충돌식 반전식	50 ~ 70
	여과식	백필터식	**90 ~ 99**
습식	세정식	회전식 가압수식 유수식	80 ~ 95
전기식	코트렐식		90 ~ 100

06

이상기체에 대한 설명으로 **틀린** 것은?

① 기체분자간의 인력을 무시할 수 있고 이상기체의 상태방정식을 만족하는 기체

② 보일-샤를의 법칙($\frac{PV}{T}$ = Const)을 만족하는 기체

③ 분자 간에 완전 탄성충돌을 하는 기체

④ 일상생활에서 실제로 존재하는 기체

【해설】※ 이상기체

- 이상기체란 분자와 분자사이의 거리가 매우 멀어서 분자사이의 인력이 0인 상태이므로 분자는 자유로워야 한다. 분자의 크기(부피)는 무시되며 분자가 벽 또는 다른 분자에 대하여 행하는 충돌은 완전탄성충돌이다.(운동량과 운동에너지는 모두 보존됨)

- 이상기체에서는 상태방정식 PV = nRT 의 관계식이 항상 성립한다.

07

다음 사이클에 대한 설명으로 옳은 것은?

① 오토사이클은 정압사이클이다.

② 디젤사이클은 정적사이클이다.

③ 사바테사이클의 압력상승비(α)가 1인 상태가 디젤사이클이다.

④ 오토사이클의 효율은 압축비가 증가에 따라 감소한다.

【해설】

① 오토사이클은 정적사이클이다.

② 디젤사이클은 정압사이클이다.

❸ 사바테사이클에서 ρ(폭발비 또는 압력비, 압력상승비) = 1 일 때는 디젤사이클의 효율이 된다.

사바테사이클의 열효율에서 ρ = 1을 적용하면,

$$\eta_{사} = 1 - \left(\frac{1}{\epsilon}\right)^{k-1} \times \left[\frac{\rho \cdot \sigma^k - 1}{(\rho - 1) + k(\sigma - 1)}\right]$$

디젤사이클의 열효율이 된다.

$$\eta_{디} = 1 - \left(\frac{1}{\epsilon}\right)^{k-1} \times \frac{\sigma^k - 1}{k(\sigma - 1)}$$

여기서, k(비열비), ϵ(압축비), ρ(폭발비), σ(단절비)

④ 오토사이클 열효율 공식에서 $\eta_{오} = 1 - \left(\frac{1}{\epsilon}\right)^{k-1}$ ϵ(압축비)가 증가하면 열효율도 증가한다.

【참고】※ 사이클 순환과정은 반드시 암기하자!

암기법 : 단적단적한.. 내, 오디사 가(부러),예스 랭!
　　　　　　　　↳내연기관.　↳외연기관

오 단적~단적　　오토　(단열-등적-단열-등적)

디 단합~ 〃　　 디젤　(단열-등압-단열-등적)

사 단적합 〃　　사바테 (단열-등적-등압-단열-등적)

가(부) 단합~단합　　　　 암기법 : 가!~단합해
　　가스터빈(부레이톤)　(단열-등압-단열-등압)

예 온합~온합　　에릭슨 (등온-등압-등온-등압)
　　　　　　　　　암기법 : 예혼합

스 온적~온적　　스털링 (등온-등적-등온-등적)
　　　　　　　　　암기법 : 스탈린 온적있니?

랭킨 합단~합단　랭킨　(등압-단열-등압-단열)
　↳ 증기 원동소의 기본 사이클.　암기법 : 가랑이

08

고열원 227 ℃, 저열원 17 ℃의 온도범위에서 작동하는 카르노사이클의 열효율은?

① 7.5 %
② 42 %
③ 58 %
④ 92.5 %

【해설】 ※ 카르노사이클의 열효율 공식 (η_c)

$$\eta_c = \frac{W}{Q_1} = \frac{Q_1 - Q_2}{Q_1} = 1 - \frac{Q_2}{Q_1} = 1 - \frac{T_2}{T_1}$$

$$= 1 - \frac{273 + 17}{273 + 227} = 0.42 = \mathbf{42\,\%}$$

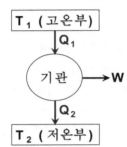

η : 열기관의 열효율
W : 열기관이 외부로 한 일
Q_1 : 고온부(T_1)에서 흡수한 열량
Q_2 : 저온부(T_2)로 방출한 열량

09

표준 대기압에서 급수용으로 사용되는 물의 일반적인 성질에 관한 설명으로 <u>틀린</u> 것은?

① 물의 비중이 가장 높은 온도는 약 1℃ 이다.
② 임계압력은 약 22 MPa 이다.
③ 임계온도는 약 374 ℃ 이다.
④ 증발잠열은 약 2256 kJ/kg 이다.

【해설】

❶ 물의 밀도는 온도에 따라 변하는데 4℃에서 최대가 되므로, 물의 비중은 4℃에서 최댓값인 1 이다.

【참고】

• 물의 임계점은 **374.15 ℃, 225.56 kg/cm²(약 22 MPa)** 이다. 암기법 : 22(툴툴매파), 374(삼칠사)

• 물의 증발잠열(1기압, 100℃)을 R_w이라 두면,
R_w = 539 kcal/kg = 2257 kJ/kg ≒ 2256 kJ/kg

10

온도측정과 연관된 열역학의 기본법칙으로서 열적평형과 관련된 법칙은?

① 열역학의 제 0법칙 ② 열역학의 제 1법칙
③ 열역학의 제 2법칙 ④ 열역학의 제 3법칙

【해설】

• 열역학 제 0법칙 : 열적 평형의 법칙(온도계의 원리) 시스템 A가 시스템 B와 열적 평형을 이루고 동시에 시스템 C와도 열적평형을 이룰 때 시스템 B와 C의 온도는 동일하다.

• 열역학 제 1법칙 : 에너지보존 법칙
$$Q_1 = Q_2 + W$$

• 열역학 제 2법칙 : 열 이동의 법칙 또는, 에너지전환 방향에 관한 법칙
$$T_1 \rightarrow T_2 \text{ 로 이동한다}, \ dS \geqq 0$$

• 열역학 제 3법칙 : 엔트로피의 절대값 정리
절대온도 0 K에서, dS = 0

11

1 kg의 물이 0 ℃에서 100 ℃까지 가열될 때 엔트로피의 변화량(kJ/K)은? (단, 물의 평균비열은 4.184 kJ/kg·K이다.)

① 0.3
② 1
③ 1.3
④ 100

【해설】 ※ 정압가열시 엔트로피 변화 암기법 : 피티네, 알압

• 정압과정($P_1 = P_2$)이므로, 엔트로피 변화량 ΔS는
$$\Delta S = C_p \cdot \ln\left(\frac{T_2}{T_1}\right) - R \cdot \ln\left(\frac{P_2}{P_1}\right) \text{ 에서,}$$

한편, $\ln\left(\frac{P_2}{P_1}\right) = \ln(1) = 0$ 이므로

$$= C_p \cdot \ln\left(\frac{T_2}{T_1}\right) \times m$$

$$= 4.184 \text{ kJ/kg·K} \times \ln\left(\frac{100 + 273}{0 + 273}\right) \times 1 \text{ kg}$$

$$= 1.306 \fallingdotseq \mathbf{1.3 \text{ kJ/K}}$$

12

중유연소의 취급에 대한 설명으로 **틀린** 것은?

① 중유를 적당히 예열한다.

② 과잉공기량을 가급적 많이 하여 연소시킨다.

③ 연소용 공기는 적절히 예열하여 공급한다.

④ 2차공기의 송입을 적절히 조절한다.

【해설】

① 중유연료는 무화를 용이하게 하고자 점도를 낮추기 위해 일정 온도로 예열하여 버너에 공급한다.

❷ 과잉공기량이 많아지면 배기가스량의 증가로 배기가스열 손실량($Q_{손실}$)도 증가하므로 열효율이 낮아지기 때문에 적정 공기비로 운전해야 한다.

③ 연소용 공기를 예열함으로써 연료의 착화열을 줄여, 적은 공기비로 연료를 완전 연소시킬 수 있다.

④ 연소전 연료에 미리 혼합하는 1차공기와 연소시 공급되는 2차공기를 공급받아 연소에 사용하는데, 1차공기와 2차공기의 비율이 커지면 질소(흡열반응)에 의한 연소가스량이 많아지므로 연소온도는 낮아지기 때문에 2차공기의 양을 적절하게 조절하여야 한다.

13

연료 1 kg 을 연소시키는데 이론적으로 2.5 Nm^3 의 산소가 소요된다. 이 연료 1 kg 을 공기비 1.2 로 연소시킬 때 필요한 실제공기량 (Nm^2/kg)은?

① 11.9   ② 14.3

③ 18.5   ④ 24.4

【해설】

• 실제공기량(A) = m · A_0 = m × $\dfrac{O_0}{0.21}$ [Nm^3/kg-연료]

  = 1.2 × $\dfrac{2.5}{0.21}$ ≒ **14.3 Nm^3/kg-연료**

【참고】 ※ 이론공기량(A_0)의 계산

• 체적으로 구할 경우 : A_0 = $\dfrac{O_0}{0.21}$ [Nm^3/kg-연료]

• 중량으로 구할 경우 : A_0 = $\dfrac{O_0}{0.232}$ [kg/kg-연료]

14

포화수의 증발현상이 없고 액체와 기체의 구분이 없어지는 지점을 무엇이라 하는가?

① 삼중점   ② 포화점

③ 임계점   ④ 비점

【해설】 ※ 물의 상평형도

• 임계점에서는 액상과 기상을 구분할 수 없으며, 포화액과 포화증기의 구별이 없어진다.

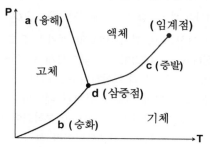

15

랭킨사이클의 열효율 증대 방안이 <u>아닌</u> 것은?

① 응축기 압력을 낮춘다.

② 증기를 고온으로 가열한다.

③ 보일러의 압력을 높인다.

④ 응축기 온도를 높인다.

【해설】

※ 랭킨사이클의 T-S 선도에서 **초압**(터빈입구의 온도, 압력)을 높이거나, **배압**(응축기의 온도, 압력)을 낮출수록 T-S선도의 면적에 해당하는 W_{net}(유효일량)이 커지므로 열효율은 상승한다.

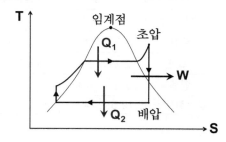

16

보일러 절탄기 등에 발생할 수 있는 저온부식의 원인이 되는 물질은?

① 질소가스　　② 아황산가스
③ 바나듐　　　④ 수소가스

【해설】 ※ 저온부식　　**암기법** : 고바, 황저

• 연료 중에 포함된 황(S)분이 많으면 연소에 의해 산화하여 SO_2(아황산가스)로 되는데, 과잉공기가 많아지면 배가스 중의 산소에 의해, $SO_2 + \frac{1}{2}O_2 \rightarrow SO_3$ (무수황산)으로 되어, 연도의 배가스 온도가 노점($170 \sim 150℃$)이하로 낮아지게 되면 SO_3가 배가스 중의 수분과 화합하여 $SO_3 + H_2O \rightarrow H_2SO_4$ (황산)으로 되어 연도에 설치된 폐열회수장치인 절탄기·공기예열기의 금속표면에 부착되어 표면을 부식시키는 현상을 저온부식이라 한다.

17

다음 중 공기와 혼합 시 폭발범위가 가장 **넓은** 것은?

① 메탄　　　　② 프로판
③ 일산화탄소　④ 메틸알코올

【해설】 ※ 공기 중 가스연료의 연소범위(폭발범위)

종류별	폭발범위 (v%)	암기법
아세틸렌	2.5 ~ 81 % (가장 넓다)	아이오 팔하나
수소	4 ~ 75 %	사칠오수
에틸렌	2.7 ~ 36 %	이칠삼육에
메틸알코올	6.7 ~ 36 %	
메탄	5 ~ 15 %	메오시오
프로판	2.2 ~ 9.5 %	프둘이구오
벤젠	1.4 ~ 7.4 %	
일산화탄소	12.5 ~ 74 %	

18

증기 동력 사이클의 기본 사이클인 랭킨사이클에서 작동유체의 흐름을 바르게 나타낸 것은?

① 펌프 → 응축기 → 보일러 → 터빈
② 펌프 → 보일러 → 응축기 → 터빈
③ 펌프 → 보일러 → 터빈 → 응축기
④ 펌프 → 터빈 → 보일러 → 응축기

【해설】　　　　**암기법** : 가랭이, 가!~단합해

※ 랭킨(Rankine)사이클의 순환과정
　 : 정압가열-단열팽창-정압냉각-단열압축

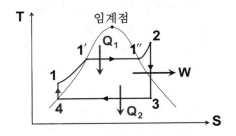

4→1 : 펌프의 단열압축에 의해 공급해준 일
1→1′ : 보일러에서 정압가열. (포화수)
1′→1″ : 보일러에서 정압가열. (건포화증기)
1″→2 : 과열기에서 정압가열. (과열증기)
2→3 : 터빈에서의 단열팽창. (습증기)
3→4 : 복수기(응축기)에서 정압방열냉각. (포화수)

19

노내의 압력이 부압이 될 수 없는 통풍방식은?

① 흡입통풍　　② 압입통풍
③ 평형통풍　　④ 자연통풍

【해설】 ※ 통풍방식의 분류

① 자연통풍 방법 : 송풍기가 없이 오로지 연돌에 의한 통풍방식으로 노내 압력은 항상 부압(-) 으로 유지되며, 연돌 내의 연소가스와 외부 공기의 밀도차에 의해 생기는 압력차를 이용 하여 이루어지는 대류현상이다.

② 강제통풍 방법 : 송풍기를 이용한다.

　㉠ 압입통풍 : 노 앞에 설치된 송풍기에 의해 연소용 공기를 대기압 이상의 압력으로 가압하여 노 안에 압입하는 방식으로, 노내 압력은 항상 정압(+)으로 유지된다.

　㉡ 흡입통풍 : 연소로의 배기가스가 나가는 연도 중의 댐퍼 뒤에 송풍기를 설치하여 배기가스를 직접 빨아들여 강제로 배출시키는 방식으로, 노내 압력은 항상 부압(-)으로 유지된다.

　㉢ 평형통풍 : 노 앞과 연도 끝에 송풍기를 설치하여 양 송풍기의 회전수와 댐퍼의 개도를 조절하는 방식으로, 노내 압력을 정압(+)이나 부압(-)으로 임의로 조절할 수 있다.

20

매연의 발생 방지방법으로 틀린 것은?

① 공기비를 최소화하여 연소한다.

② 보일러에 적합한 연료를 선택한다.

③ 연료가 연소하는데 충분한 시간을 준다.

④ 연소실 내의 온도가 내려가지 않도록 공기를 적정하게 보낸다.

【해설】

❶ 매연은 연료가 불완전연소를 일으킬 때 다량으로 발생하는 일산화탄소, 그을음, 회분, 분진, 황산화물 등을 말하는 것으로서 매연의 생성을 방지하기 위해서는 우선 먼저, 공기량이 부족하지 않도록 공기를 과잉시켜 적정한 공기비로 연소하여야 한다.

【참고】 암기법 : 숯!~ (연소실의) 온용운↓은 불불통이다.

※ 매연(Soot 슈트, 그을음, 분진, CO 등) 발생원인
　㉠ 연소실의 온도가 낮을 때
　㉡ 연소실의 용적이 작을 때
　㉢ 운전관리자의 연소 운전미숙일 때
　㉣ 연료에 불순물이 섞여 있을 때
　㉤ 불완전연소일 때
　㉥ 통풍력이 작을 때
　㉦ 연료의 예열온도가 맞지 않을 때

21

보일러 전열량을 크게 하는 방법으로 틀린 것은?

① 보일러의 전열면적을 작게 하고 열가스의 유동을 느리게 한다.

② 전열면에 부착된 스케일을 제거한다.

③ 보일러수의 순환을 잘 시킨다.

④ 연소율을 높인다.

【해설】 ※ 보일러의 전열량을 증가시키는 방법
　㉠ 연소가스(또는, 열가스)의 유동속도를 빠르게 한다.
　㉡ 보일러수의 순환을 촉진시킨다.
　㉢ 적당한 공기비로 연료를 완전 연소시킨다.
　㉣ 연소율을 높인다. (양질의 연료를 사용한다.)
　㉤ 전열면적을 증가시킨다.
　㉥ 스케일 및 그을음 등의 부착을 방지한다.

22

보일러 열정산 시 측정할 필요가 없는 것은?

① 급수량 및 급수온도

② 연소용 공기의 온도

③ 과열기의 전열면적

④ 배기가스의 압력

【해설】 ※ 보일러 열정산 시 측정항목
　㉠ 외기온도 및 기압
　㉡ 연료 사용량 및 연료의 발열량
　㉢ 급수량 및 급수온도
　㉣ 연소용 공기량, 연소용 공기의 온도
　㉤ 발생증기량, 과열증기 및 재열증기의 온도, 증기압력, 포화증기의 건도
　㉥ 배기가스의 온도 및 압력, 배기가스의 시료, 배기가스의 성분 분석
　㉦ 연소 잔존량, 연소 잔재물의 시료

20-① 　21-① 　22-③　　　　에너지아카데미(cafe.naver.com/2000toe) **기출 179**

23

그림과 같은 경사관 압력계에서 P_1의 압력을 나타내는 식으로 옳은 것은?

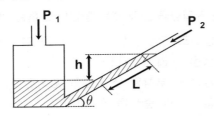

① $P_1 = \dfrac{P_2}{\gamma \times L}$

② $P_1 = P_2 \times \gamma \times L \times \cos \theta$

③ $P_1 = P_2 + \gamma \times L \times \tan \theta$

④ $P_1 = P_2 + \gamma \times L \times \sin \theta$

【해설】

- 파스칼의 원리에 의하면 액주 경계면의 수평선(A – B)에 작용하는 압력은 서로 같다.

    $P_A = P_B$

    $P_1 = P_2 + \gamma \cdot h$

    한편, 경사관 액주의 높이차 h = L · Sin θ 이므로

    $P_1 = P_2 + \gamma \times L \cdot Sin \theta$

24

다음 보일러 자동제어 중 증기온도 제어는?

① ABC

② ACC

③ FWC

④ STC

【해설】 ※ 보일러 자동제어(ABC, Automatic Boiler Control)

- 연소제어 (ACC, Automatic Combustion Control)
    - 증기압력 또는, 노내압력
- 급수제어 (FWC, Feed Water Control)
    - 보일러 수위
- 증기온도제어 (STC, Steam Temperature Control)
    - 증기온도
- 증기압력제어 (SPC, Steam Pressure Control)
    - 증기압력

25

다음 중 SI 기본단위에 속하지 <u>않는</u> 것은?

① 길이

② 시간

③ 열량

④ 광도

【해설】

❸ 열량은 SI 기본단위 및 다른 유도단위의 조합에 의한 SI 유도단위에 해당한다.

【참고】 ※ SI 기본단위(7가지) 암기법 : mks mKc A

기호	m	kg	s	mol	K	cd	A
명칭	미터	킬로그램	초	몰	켈빈	칸델라	암페어
기본량	길이	질량	시간	물질량	절대온도	광도	전류

26

오차에 대한 설명으로 <u>틀린</u> 것은?

① 계측기 고유오차의 최대허용한도를 공차라 한다.

② 과실오차는 계통오차가 아니다.

③ 오차는 "측정값 – 참값"이다.

④ 오차율은 "참값 / 오차"이다.

【해설】

① 공차 : 표준으로 정해놓은 값과 측정값의 차이를 법적으로 최대 허용하는 범위를 말한다.

② 과오(실수)에 의한 오차(과실오차 mistake error) 측정 순서의 오류, 측정값을 읽을 때의 착오, 기록 오류 등 측정자의 실수에 의해 생기는 오차이며, 우연오차에서처럼 매번마다 발생하는 것이 아니고 극히 드물게 나타난다.

③ 오차(ε) ≡ 측정값 - 참값   암기법 : 오정마차

❹ 오차율 = $\dfrac{오차}{참값}$ 암기법 : 오! 참오

27

보일러에 대한 인터록이 <u>아닌</u> 것은?

① 압력초과 인터록   ② 온도초과 인터록

③ 저수위 인터록   ④ 저연소 인터록

【해설】 ※ 보일러의 인터록 제어의 종류

암기법 : 저 압불프저

㉠ 저수위 인터록 : 수위감소가 심할 경우 부저를 울리고 안전저수위까지 수위가 감소하면 보일러 운전을 정지시킨다.

㉡ 압력초과 인터록 : 보일러의 운전시 증기압력이 설정치를 초과할 때 전자밸브를 닫아서 운전을 정지시킨다.

㉢ 불착화 인터록 : 연료의 노내 착화과정에서 착화에 실패할 경우, 미연소가스에 의한 폭발 또는 역화현상을 막기 위하여 전자밸브를 닫아서 연료공급을 차단시켜 운전을 정지시킨다.

㉣ 프리퍼지 인터록 : 송풍기의 고장으로 노내에 통풍이 되지 않을 경우, 연료공급을 차단시켜서 보일러 운전을 정지시킨다.

㉤ 저연소 인터록 : 노내에 처음 점화시 온도의 급변으로 인한 보일러 재질의 악영향을 방지하기 위하여 최대부하의 약 30 % 정도에서 연소를 진행시키다가 차츰씩 부하를 증가시켜야 하는데, 이것이 순조롭게 이행되지 못하고 급격한 연소로 인해 저연소 상태가 되지 않을 경우 연료를 차단시킨다.

28

다음 중 열전대 온도계의 비금속 보호관이 <u>아닌</u> 것은?

① 석영관   ② 자기관

③ 황동관   ④ 카보런덤관

【해설】

❸ 황동관은 금속 보호관에 속한다.

【참고】

• 금속 보호관의 특징 : 비금속(자기관) 보호관에 비해 열전도율이 크므로 비교적 저온측정에 사용된다.

종류	상용사용온도(℃)	최고사용온도(℃)
황동관	400	650
연강관	600	800
13Cr 강관	800	950
내열강 SEH-5	1050	1200

29

다음 중 부르돈관(Bourdon tube) 압력계에서 측정된 압력은?

① 절대압력   ② 게이지압력

③ 진공압   ④ 대기압

【해설】 암기법 : 탄돈 벌다

• 부르돈관 압력계(또는, 부르돈관 게이지)는 유체의 압력을 직접적으로 측정하기 위한 탄성식 압력계의 일종으로, 이때 측정된 값은 게이지압력을 의미한다.

30

열전대가 있는 보호관 속에서 MgO, Al_2O_3 를 넣고 길게 만든 것으로서 진동이 심하고 가소성이 있는 곳에 주로 사용되는 열전대는?

① 시이드(Sheath) 열전대

② CA(K형) 열전대

③ 서미스트 열전대

④ 석영관 열전대

【해설】 ※ 시이드(Sheath) 열전대의 특징

• 시이드(sheath : 보호하기 위한 외장피복)형 열전대는 열전대의 보호관 속에 MgO, Al_2O_3을 넣은 것으로서, 직경이 0.25 ~ 12 mm 정도로 매우 가늘게 만든 보호관이므로 가소성이 있으며, 진동에도 강하고, 국부적인 온도측정에 적합하고, 응답성(지시시간)이 빠르다.

31

액면계의 특징에 대한 설명으로 옳지 <u>않은</u> 것은?

① 방사선식 액면계는 밀폐 고압탱크나 부식성 탱크의 액면 측정에 용이하다.

② 부자식 액면계는 초대형 지하탱크의 액면을 측정하기에 적합하다.

③ 박막식 액면계는 저압 밀폐탱크와 고농도 액체 저장탱크의 액면측정에 용이하다.

④ 유리관식 액면계는 지상탱크에 적합하며 직접적인 자동제어가 불가능하다.

【해설】
❸ 박막식(다이어프램식) 액면계는 고압 밀폐탱크와 부식성 액체 저장탱크의 액면측정에 용이하다.

【참고】 ※ 액면계의 관측방법에 따른 분류

암기법 : 직접 유리 부검

• 직접법 : 유리관식(평형반사식 포함), 부자식 (플로트식), 검척식

• 간접법 : 압력식(차압식, 다이어프램식, 액저압식, 퍼지식), 기포식, 저항전극식, 방사선식, 초음파식(음향식), 정전용량식, 편위식

32

보일러의 자동제어에서 제어량의 대상이 <u>아닌</u> 것은?

① 증기압력   ② 보일러 수위

③ 증기온도   ④ 급수온도

【해설】 ※ 보일러 자동제어(ABC, Automatic Boiler Control)

• 연소제어 (ACC, Automatic Combustion Control)
  - 증기압력 또는, 노내압력

• 급수제어 (FWC, Feed Water Control)
  - 보일러 수위

• 증기온도제어 (STC, Steam Temperature Control)
  - 증기온도

• 증기압력제어 (SPC, Steam Pressure Control)
  - 증기압력

33

액주식 압력계의 액체로서 구비조건이 <u>아닌</u> 것은?

① 항상 액면은 수평으로 만들 것

② 온도변화에 의한 밀도의 변화가 적을 것

③ 화학적으로 안정적이고 휘발성 및 흡수성이 클 것

④ 모세관 현상이 적을 것

【해설】 ※ 액주식 압력계에서 액주(액체)의 구비조건
  ㉠ 점도(점성)가 작을 것
  ㉡ 열팽창계수가 작을 것
  ㉢ 일정한 화학성분일 것
  ㉣ 온도 변화에 의한 밀도 변화가 적을 것
  ㉤ 모세관 현상이 적을 것 (표면장력이 작을 것)
  ㉥ 휘발성, 흡수성이 적을 것

【key】 액주에 쓰이는 액체의 구비조건 특징은 모든 성질이 작을수록 좋다!

34

자동제어장치에서 조절계의 종류에 속하지 <u>않는</u> 것은?

① 공기압식   ② 전기식

③ 유압식   ④ 증기식

【해설】   암기법 : 신호 전공유
• 자동제어장치에서 조절계는 신호전달 매체에 따라 전기식, 공기식(공기압식), 유압식으로 분류한다.

35

보일러의 1 마력은 한 시간에 몇 kg의 상당 증발량을 나타낼 수 있는 능력인가?

① 15.65   ② 30.0

③ 34.5   ④ 40.56

【해설】
• 1 BHP(보일러마력)은 표준대기압(1기압)하, 100℃의 상당증발량(w_e)으로 15.65 kg/h의 포화증기를 발생시키는 능력을 말한다.

36

열전대의 종류 중 환원성이 강하지만 산화의 분위기에는 약하고 가격이 저렴하며 IC 열전대라고 부르는 것은?

① 동-콘스탄탄
② 철-콘스탄탄
③ 백금-백금로듐
④ 크로멜-알루멜

【해설】 ※ 열전대의 종류 및 특징

종류	호칭	(+)전극	(-)전극	측정 온도 범위(℃)	암기법
PR	R형	백금로듐	백금	0 ~ 1600	PRR
CA	K형	크로멜	알루멜	- 20 ~ 1200	CAK (칵~)
IC	J형	철	콘스탄탄	-200 ~ 800	아이씨재바
CC	T형	구리(동)	콘스탄탄	- 200 ~ 350	CCT(V)

37

물탱크에서 h = 10 m, 오리피스의 지름이 5 cm일 때 오리피스의 유량은 약 몇 m³/s 인가?

① 0.0275
② 0.1099
③ 0.14
④ 14

【해설】

- 체적 유량 Q 또는 $\dot{V} = A \cdot v = \pi r^2 \cdot v = \pi \left(\dfrac{D}{2}\right)^2 \cdot v$

$$= \frac{\pi D^2}{4} \times v$$

한편, 유속 $v = \sqrt{2gh}$ 이므로

$$\therefore Q = \frac{\pi D^2}{4} \times \sqrt{2gh}$$

$$= \frac{\pi \times (0.05 m)^2}{4} \times \sqrt{2 \times 9.8 m/s^2 \times 10 m}$$

$$= 0.02748 ≒ 0.0275 \ m^3/s$$

38

다음 중 보일러 열정산을 하는 목적으로 가장 거리가 <u>먼</u> 것은?

① 연료의 성분을 알 수 있다.
② 열의 행방을 파악할 수 있다.
③ 열설비 성능을 파악할 수 있다.
④ 열의 손실을 파악하여 조업 방법을 개선할 수 있다.

【해설】

※ 보일러의 열정산을 실시하는 목적은 특정 열설비에 공급된 열량과 그 사용 상태를 검토하고 유효하게 이용되는 열량과 손실열량을 세밀하게 분석함으로써 열의 행방을 파악하여 열설비의 성능을 알 수 있으며, 합리적 조업 방법으로의 개선과 기기의 설계 및 개조에 참고하기 위함이다.

39

미량성분의 양을 표시하는 단위인 ppm은?

① 1만분의 1단위
② 10만분의 1단위
③ 100만분의 1단위
④ 10억분의 1단위

【해설】 ※ 농도의 표시 단위

- **ppm** (parts per million, 백만분율)
  - 물 1L에 함유되어 있는 불순물의 양을 mg으로 나타낸 농도[mg/L] 또는, 물 1톤(ton)에 함유되어 있는 불순물의 양을 g으로 나타낸 것[g/ton]
- ppm = mg/L = g/m³ = g/ton = mg/kg

40

다음 중 광학적 성질을 이용한 가스분석법은?

① 가스 크로마토그래피법
② 적외선 흡수법
③ 오르자트법
④ 세라믹법

【해설】 ※ 적외선식 가스분석계의 특징

㉠ 연속측정이 가능하고, 선택성이 뛰어나다.

ⓒ 측정대상 범위가 넓고 저농도의 가스 분석에 적합하다.

ⓒ 측정가스의 먼지나 습기의 방지에 주의가 필요하다.

ⓔ 적외선은 원자의 종류가 다른 2원자 가스분자만을 검지할 수 있기 때문에, 단체로 이루어진 가스 (H_2, O_2, N_2 등)는 분석할 수 없다.

ⓕ 적외선의 흡수를 이용한다. (또는, 광학적 성질인 빛의 간섭을 이용한다.)

| 제3과목 | 열설비 운전 |

41

검사대상 증기보일러에서 사용해야 하는 안전 밸브는?

① 스프링식 안전밸브　② 지렛대식 안전밸브
③ 중추식 안전밸브　　④ 복합식 안전밸브

【해설】

❶ 검사대상 증기보일러에서 가장 많이 사용하는 안전밸브는 증기의 압력초과를 방지하기 위한 목적으로 쓰이는 스프링식 안전밸브이다.

42

특수 열매체 보일러에서 사용하는 특수열매체로 적합하지 않은 것은?

① 다우섬　　　　　② 카네크롤
③ 수은　　　　　　④ 암모니아

【해설】

※ 특수 보일러　　 암기법 : 특수 열매전
　ⓐ 특수연료 보일러
　　- 톱밥, 바크(Bark 나무껍질), 버개스
　ⓑ 열매체 보일러　 암기법 : 열매 세모다수
　　- 세큐리티, 모빌썸, 다우섬, 수은, 카네크롤
　ⓒ 전기 보일러
　　- 전극형, 저항형

43

용광로에 장입하는 코크스의 역할로 가장 거리가 먼 것은?

① 열원으로 사용　　② SiO_2, P의 환원
③ 광석의 환원　　　④ 선철의 흡수

【해설】

※ 용광로에 장입하는 주요 물질의 역할
　ⓐ 철광석
　　- 용광로에서 선철을 만들 때 쓰이는 주원료이다.
　ⓑ 망간광석　　　　 암기법 : 망황산
　　- 탈황 및 탈산을 위해서 첨가된다.
　ⓒ 코크스　　　　　 암기법 : 코로,호흡
　　- 열원으로 사용되는 연료이며, 연소시 발생된 CO, H_2 등의 환원성 가스에 의해 산화철 (FeO)을 환원시킴과 아울러 가스성분인 탄소의 일부가 선철 중에 흡수되는 흡탄작용으로 선철의 성분이 된다.
　ⓓ 석회석
　　- 철광석 중에 포함되어 있는 SiO_2, P 등을 흡수하고 용융상태의 광재를 형성하여 선철 위에 떠서 철과 불순물이 잘 분리되도록 하는 매용제 역할을 하여 염기성 슬래그(Slag)를 조성한다.

44

다음 중 아담슨 조인트, 갤로웨이관과 관련이 있는 원통보일러는?

① 노통보일러　　　② 연관보일러
③ 입형보일러　　　④ 특수보일러

【해설】

※ 노통보일러는 열에 의한 평형노통의 신축성을 증가할 목적으로 아담슨 조인트(Adamson-joint)를 설치하고, 전열면적의 증가 및 보일러수의 순환을 촉진하기 위하여 노통에 직각으로 2 ~ 3개의 갤로웨이관 (Galloway tube)을 설치한다.

45

기수분리기에 대한 설명으로 옳은 것은?

① 보일러에 투입되는 연소용 공기 중에서 수분을 제거하는 장치
② 보일러 급수 중에 포함되어 있는 공기를 제거하는 장치
③ 증기사용처에서 증기 사용 후 물과 증기를 분리하는 장치
④ 보일러에서 발생한 증기 중에 남아있는 물방울을 제거하는 장치

【해설】

※ 기수분리기(steam separator)의 특징

   ㉠ 발생증기인 습증기 속에 포함되어 있는 수분을 분리·제거하여 수격작용을 방지한다.

   ㉡ 발생된 증기 중에서 수분(물방울)을 제거하여 건포화증기에 가깝도록 증기의 건도를 높인다.

   ㉢ 배관내 송기에 따른 마찰손실을 줄이고 부식을 방지한다.

46

원심력 송풍기의 회전수가 2500 rpm 일 때 송풍량은 150 m³/min 이었다. 회전수를 3000 rpm으로 증가시키면 송풍량은(m³/min)?

① 259   ② 216
③ 180   ④ 125

【해설】

※ 원심식 송풍기의 상사성 법칙(또는, 친화성 법칙)

   암기법 : 1 2 3 회(N)
              유 양 축
            3 2 5 직(D)

• 송풍기의 유량(송풍량)은 회전수에 비례한다.

$$Q_2 = Q_1 \times \left(\frac{N_2}{N_1}\right) \times \left(\frac{D_2}{D_1}\right)^3 = Q_1 \times \left(\frac{N_2}{N_1}\right)$$

여기서, Q : 유량, N : 회전수, D : 임펠러 직경

$$\therefore Q_2 = 150 \, m^3/min \times \left(\frac{3000 \, rpm}{2500 \, rpm}\right) = 180 \, m^3/min$$

47

발열량이 23000 kJ/kg인 석탄을 연소시키는 보일러에서 배기가스 온도가 400℃ 일 때 보일러의 열효율(%)은? (단, 연소가스량은 10 Nm³/kg, 연소가스의 비열은 1.38 kJ/Nm³·℃, 실온과 외기온도는 0℃ 이며, 미연분에 의한 손실과 방사에 의한 열손실은 무시한다.)

① 64   ② 70
③ 76   ④ 80

【해설】   암기법 : 큐는 씨암탉

• 손실열량 $Q = C_연 \, m \, \Delta t$
    $= 1.38 \, kJ/Nm^3 \cdot ℃ \times 10 \, Nm^3/kg \times (400 - 0)℃$
    $= 5520 \, kJ/kg$

• 열손실법에 의한 보일러 효율. (간접법)

$$\eta = 1 - \frac{L_{out}}{Q_{in}} = \left(1 - \frac{총손실열}{총입열량}\right) \times 100$$

$$= \left(1 - \frac{5520 \, kJ/kg}{23000 \, kJ/kg}\right) \times 100 = \mathbf{76 \%}$$

48

내화벽돌이나 단열벽돌을 쌓을 때 유의사항으로 틀린 것은?

① 열의 이동을 막기 위하여 불꽃이 접촉하는 부분에 단열벽돌을 쌓고 그 다음에 내화벽돌을 쌓는다.
② 물기가 없는 건조한 것과 불순물을 제거한 것을 쌓는다.
③ 내화 모르타르는 화학조성이 사용 내화벽돌과 비슷한 것을 사용한다.
④ 내화벽돌과 단열벽돌 사이에는 내화 모르타르를 사용한다.

【해설】

❶ 내화단열재 시공 시 열의 이동을 막기 위하여 불꽃과 직접 접촉하는 부분에 내화벽돌을 쌓고, 그 다음에 단열벽돌을 쌓는다.

49

구조가 간단하여 취급이 용이하고 수리가 간편하며, 수부가 크므로 열의 비축량이 크고 사용증기량의 변동에 따른 발생증기의 압력변동이 작은 이점이 있으나 폭발 시 재해가 큰 보일러는?

① 원통형 보일러　　② 수관식 보일러
③ 관류보일러　　　④ 열매체 보일러

【해설】

※ 원통형 보일러(둥근형 보일러)의 특징

㉠ 큰 동체를 가지고 있어, 보유수량이 많다.

㉡ 구조가 간단하여 취급이 용이하고, 내부의 청소 및 검사가 용이하다.

㉢ 일시적인 부하변동에 대하여 보유수량이 많으므로 발생증기의 압력변동이 적다.

㉣ 구조상 전열면적이 작고 수부가 커서 증기발생속도가 느리다.(증기발생시간이 길다.)

㉤ 저압 · 소용량의 경우에 적합하므로, 고압 · 대용량에는 부적당하다.

㉥ 보유수량이 많아 파열 사고 시에는 피해가 크다.

㉦ 열효율은 낮은 편이다.

50

공급되는 1차 고온수를 감압하여 직결하는데, 여기에 귀환하는 2차 고온수 일부를 바이패스시켜 합류시킴으로서 고온수의 온도를 낮추어 시스템에 공급하도록 하는 고온수 난방방식을 무엇이라고 하는가?

① 고온수 직결방식　② 브리드인 방식
③ 열교환 방식　　　④ 캐스케이드 방식

【해설】

※ 브리드인(Bleed in) 방식

- 1차 고온수를 감압하여 사용처에 직결하는데, 여기에 귀환하는 2차 고온수의 일부를 바이패스시켜 1차 고온수에 합류시킴으로서 고온수의 온도를 낮추어 시스템에 공급하도록 하는 고온수 난방 방식이다.

51

보일러 수의 불순물 농도가 400 ppm이고 1일 급수량이 5000 L 일 때, 이 보일러의 1일 분출량(L/day)은 얼마인가? (단, 급수 중의 불순물 농도는 50 ppm 이고, 응축수는 회수하지 않는다.)

① 688　　　　　② 714
③ 785　　　　　④ 828

【해설】 ※ 보일러수 분출량(w_d) 계산

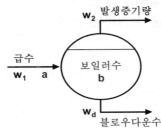

만능공식 : $w_d \times (b - a) = w_1 \times a = w_2 \times a$

$w_d \times (400 - 50) = 5000 \text{ L/day} \times 50$

이제, 네이버에 있는 에너지아카데미 카페의 "방정식 계산기 사용법"으로 w_d를 미지수 X로 놓고 구하면

∴ 분출량 $w_d = 714.28 ≒ $ **714 L/day**

52

보일러에서 압력차단(제한)스위치의 작동압력은 어느 정도로 조정하여야 하는가?

① 사용압력과 같게 조정한다.
② 안전밸브 작동압력과 같게 조정한다.
③ 안전밸브 작동압력보다 약간 낮게 조정한다.
④ 안전밸브 작동압력보다 약간 높게 조정한다.

【해설】 ※ 압력제한기(또는, 압력차단 스위치)

• 보일러의 증기압력이 설정압력을 초과하면 기기 내의 벨로즈가 신축하여 내장되어 있는 수은 스위치를 작동하게 하여 전자밸브로 하여금 연료공급을 차단시켜 보일러 운전을 정지함으로써 증기압력 초과로 인한 보일러 파열 사고를 방지해 주는 안전장치이다. 작동압력은 안전밸브보다 약간 낮게 설정한다.

53

보온재의 보온효율을 바르게 나타낸 것은?
(단, Q_0 : 보온을 하지 않았을 때 표면으로부터의 방열량, Q : 보온을 하였을 때 표면으로부터의 방열량이다.)

① $\dfrac{Q_0}{Q}$ ② $\dfrac{Q}{Q_0}$

③ $\dfrac{Q_0 - Q}{Q}$ ④ $\dfrac{Q_0 - Q}{Q_0}$

【해설】

• 보온효율 $\eta = \dfrac{\Delta Q}{Q_1} \times 100 = \dfrac{Q_1 - Q_2}{Q_1} \times 100$

여기서, Q_1 : 보온전 (나관일 때) 손실열량
Q_2 : 보온후 손실열량

∴ 문제에서 제시된 기호로 나타내면 $\eta = \dfrac{Q_0 - Q}{Q_0}$

54

불연속식 가마로서 바닥은 직사각형이며 여러 개의 흡입구멍이 연도에 연결되어 있고 화교가 버너 포트의 앞쪽에 설치되어 있는 것은?

① 도염식가마   ② 터널가마
③ 둥근가마   ④ 호프만가마

【해설】   암기법 : 불횡 승도

※ 도염식요(꺾임불꽃식 가마)의 특징

㉠ 연소실 내의 화염이 소성실 내부에서 천정으로 올라갔다가 다시 피가열체 사이를 지나서 가마바닥의 흡입구멍을 통하여 밖으로 나가게 되는 방식이다.
㉡ 소성실 내의 온도분포가 균일하다.
㉢ 불연속식 가마 중에서 가장 열효율이 높은 구조이다.
㉣ 연료 소비가 비교적 적은 편이다.
㉤ 굴뚝의 높이에 따라 강제로 흡입 및 배출하기 때문에 가마 내부의 용적에 비례하여 불구멍의 넓이 및 굴뚝의 높이와 넓이 등이 크게 영향을 미친다.
㉥ 내화벽돌이나 도자기 생산에 주로 사용된다.
㉦ 단가마의 대부분은 도염식 가마이다.

【참고】   암기법 : 연속불반

※ 조업방식(작업방식)에 따른 요로의 분류

㉠ 연속식
 - 터널요, 윤요(고리가마), 견요(샤프트로), 회전요(로터리 가마)
㉡ 불연속식   암기법 : 불횡 승도
 - 횡염식요, 승염식요, 도염식요
㉢ 반연속식
 - 셔틀요, 등요

55

보일러의 부대장치에 대한 설명으로 옳은 것은?

① 윈드박스는 흡입통풍의 경우에 풍도에서의 정압을 동압으로 바꾸어 노 내에 유입시킨다.
② 보염기는 보일러 운전을 정지할 때 진화를 원활하게 한다.
③ 플레임 아이는 연소 중에 발생하는 화염 빛을 감지부에서 전기적 신호로 바꾸어 화염의 유무를 검출한다.
④ 플레임 로드는 연소온도에 의하여 화염의 유무를 검출한다.

【해설】 ※ 보일러의 부대장치

① 윈드박스(wind-box, 바람상자)
 - 흡입통풍의 경우에 풍도에서의 동압을 정압으로 바꾸어 노내에 유입시키는 역할을 한다.
② 보염기
 - 착화된 화염이 버너 끝에서 꺼지지 않도록 혼합기의 유속과 연소속도가 균형을 이루게 하여 화염이 안정화되도록 보호하는 장치이다.
❸ 플레임 아이(Flame eye)
 - 화염에서 발생하는 빛(방사에너지)에 노출되었을 때 도전율이 변화하거나 또는 전위를 발생하는 광전셀이 감지 요소로 되어 있는 화염검출기이다.
④ 플레임 로드(Flame Rod)
 - 버너와 전극(로드)간에 교류전압을 가해 화염의 이온화에 의한 전기전도성을 이용한 화염검출기이다.

2018

56

돌로마이트 내화물에 대한 설명으로 틀린 것은?

① 염기성 슬래그에 대한 저항이 크다.

② 소화성이 크다.

③ 내화도는 SK 26 ~ 30 이다.

④ 내스폴링성이 크다.

【해설】 　　　　　　 암기법 : 염병할~ 포돌이 마크

※ 돌로마이트질 내화물의 특징

　㉠ 비중과 열전도율이 크다.

　㉡ 고온에서 열팽창성이 작다.

　㉢ 내스폴링성이 크다.

　㉣ 염기성 슬래그에 대하여 저항성이 커서
　　 내식성이 우수하다.

　㉤ 하중연화 온도가 1500 ℃ 이상으로 높다.

　㉥ 내화도는 SK 36 ~ 39 정도로 높다.

　㉦ 소화성이 커서, 수증기와 작용하여 슬래킹
　　 (Slaking) 현상을 일으키기 쉽다.

57

배관용 연결부속 중 관의 수리, 점검, 교체가
필요한 곳에 사용되는 것은?

① 플러그　　　　　　② 니플

③ 소켓　　　　　　　④ 유니온

【해설】 ※ 배관 이음에 사용되는 부속품의 종류

　① 플러그(Plug) : 배관을 마감하는 부품으로 외부에
　　　　　　　　　 나사선이 있어, 부품의 안쪽 나사에
　　　　　　　　　 삽입하여 관 끝을 막는데 사용

　② 니플(Nipple) : 끝 부분을 나사선으로 처리하여
　　　　　　　　　 관을 직선으로 연결

　③ 소켓(Socket) : 끝 부분을 둥글게 처리하여 관을
　　　　　　　　　 동일 지름의 직선으로 연결

　❹ 유니온(Union) : 관과 관 사이를 직선으로 연결하는
　　　　　　　　　 장치로 관의 수리, 점검, 교체 시
　　　　　　　　　 주로 사용된다.

58

관을 구부렸다가 힘을 제거하면 탄성이 작용하여
다시 펴지는 현상을 무엇이라 하는가?

① 스프링백　　　　　② 브레이스

③ 플렉시블　　　　　④ 벨로즈

【해설】

※ 스프링백(Spring back)

　- 물체에 힘이 가해지면 변형에 저항하려는 물체
　　내부에 복원력이 발생하게 되는데 이를 스프링백
　　이라 한다. 스프링백의 크기는 관의 굽힘 시
　　구부러진 각도로부터 벌어진 각도량으로 측정되며
　　물체의 복원력에 비례하게 된다.

59

온수난방 배관에서 원칙적으로 배관 중 밸브류를
설치해서는 안 되는 곳은?

① 송수주관　　　　　② 환수주관

③ 방출관　　　　　　④ 팽창관

【해설】

　❹ 온수난방 배관에서 팽창탱크에 연결되는 팽창관
　　(Expension pipe)은 물을 온수로 가열할 때마다
　　배관 내 체적 팽창한 수량을 팽창탱크로 배출해 주는
　　도피관이므로 팽창관의 도중에는 흐름을 방해하는
　　밸브류를 절대로 설치해서는 안 되고, 단독배관으로
　　팽창탱크에 개방시킨다.

60

저압 증기 난방장치의 하트포드 배관방식에서
균형관에 접속하는 환수주관의 분기 위치는
보일러 표준 수면에서 약 몇 mm 아래가 적정한가?

① 30　　　　　　　　② 50

③ 80　　　　　　　　④ 100

【해설】
※ 하트포드(hart ford) 연결법
  - 저압증기 난방에 사용되는 보일러 내의 수면이 안전 저수위 이하로 내려가거나 보일러가 빈 상태로 되는 것을 막기 위하여 균형관을 달고 안전저수위보다 높은 위치에 환수관을 접속하여 보일러수 유출을 막기 위한 배관 연결 방법이다. 균형관에 접속하는 환수주관의 분기 위치는 보일러 표준수면에서 약 50 mm 아래가 적합하다.

제4과목 열설비 안전관리 및 검사기준

61
다음 중 에너지이용 합리화법에 따라 검사대상 기기인 보일러의 검사유효기간이 1년이 아닌 검사는?

① 설치장소 변경검사   ② 개조검사
③ 계속사용 안전검사   ④ 용접검사

【해설】
❷ 제조검사(구조검사, 용접검사)는 검사 유효기간 대상에 해당하지 않는다.

【참고】 [에너지이용합리화법 시행규칙 별표3의5.]
※ 검사대상기기의 검사유효기간

검사의 종류		검사 유효기간
설치검사		1) 보일러 : 1년 다만, 운전성능 부문의 경우는 3년 1개월로 한다. 2) 압력용기 및 철금속가열로 : 2년
개조검사		1) 보일러 : 1년 2) 압력용기 및 철금속가열로 : 2년
설치장소 변경검사		1) 보일러 : 1년 2) 압력용기 및 철금속가열로 : 2년
재사용검사		1) 보일러 : 1년 2) 압력용기 및 철금속가열로 : 2년
계속사용검사	안전검사	1) 보일러 : 1년 2) 압력용기 : 2년
	운전성능검사	1) 보일러 : 1년 2) 철금속가열로 : 2년

62
에너지법에서 사용하는 용어의 정의로 옳은 것은?

① 에너지는 연료, 열 및 전기를 말한다.
② 연료는 석유, 석탄 및 핵연료를 말한다.
③ 에너지공급자는 에너지를 개발, 판매하는 사업자를 말한다.
④ 에너지사용자는 에너지공급시설의 소유자 또는 관리자를 말한다.

【해설】 [에너지법 제2조.]
※ 용어의 정의
1. 에너지 : 연료·열 및 전기를 말한다.
2. 연료 : 석유·가스·석탄, 그 밖에 열을 발생하는 열원을 말한다. (다만, 제품의 원료로 사용되는 것은 제외한다.)
3. 신·재생에너지 : 「신에너지 및 재생에너지 개발·이용·보급 촉진법」에 따른 에너지를 말한다.
4. 에너지사용시설 : 에너지를 사용하는 공장·사업장 등의 시설이나 에너지를 전환하여 사용하는 시설을 말한다.
5. 에너지사용자 : 에너지사용시설의 소유자 또는 관리자. 암기법 : 사용자, 소관
6. 에너지공급설비 : 에너지를 생산·전환·수송 또는 저장하기 위하여 설치하는 설비.
7. 에너지공급자 : 에너지를 생산·수입·전환·수송·저장 또는 판매하는 사업자.
8. 에너지사용기자재 : 열사용기자재나 그 밖에 에너지를 사용하는 기자재.
9. 열사용기자재 : 연료 및 열을 사용하는 기기, 축열식 전기기기와 단열성 자재로서 산업통상자원부령으로 정하는 것을 말한다.
10. 온실가스 : 적외선복사열을 흡수하거나 재방출하여 온실효과를 유발하는 대기 중의 가스상태의 물질로서 수소불화탄소(HFCS), 육불화황(SF_6), 과불화탄소(PFCS), 아산화질소(N_2O), 메탄(CH_4), 이산화탄소(CO_2)를 말한다.
암기법 : 수육과 아메이

63

보일러 급수의 외처리 방법 중 기폭법과 탈기법으로 공통으로 제거할 수 있는 가스는?

① 수소　　　　② 질소
③ 탄산가스　　④ 황화수소

【해설】
❸ 탈기법과 기폭법으로 공통으로 제거할 수 있는 가스는 탄산가스(CO_2)이다.

【참고】 ※ 용존가스의 외처리 방법
㉠ 기폭법(또는, 폭기법)
　– 급수 중에 녹아있는 탄산가스(CO_2), 암모니아(NH_3), 황화수소(H_2S) 등의 기체 성분과 철(Fe), 망간(Mn) 등을 제거하는 방법으로서, 급수 속에 공기를 불어 넣는 방식과 공기 중에 물을 아래 낙하시키는 강수 방식이 있다.
㉡ 탈기법
　– 탈기기 장치를 이용하여 급수 중에 녹아있는 기체(O_2, CO_2)를 분리, 제거하는 방법으로서, 주목적은 산소(O_2) 제거이다.

64

온수발생 보일러는 온수 온도가 얼마 이하일 때, 방출밸브를 설치하여야 하는가?

① 100℃　　　② 120℃
③ 130℃　　　④ 150℃

【해설】　　　　[열사용기자재의 검사기준 22.3.9의 1항.]
※ 온수발생보일러의 방출밸브 크기
● 온도 120℃ 이하의 온수발생보일러에는 방출밸브를 설치하여야 하며, 그 지름은 20 mm 이상으로 한다. 다만, 보일러의 압력이 보일러의 최고사용압력에 10 %를 더한 값을 초과하지 않도록 지름과 개수를 정해야 한다.
● 운전온도 120℃를 초과하는 경우의 온수발생 보일러에는 방출밸브 대신에 안전밸브를 설치해야 하며, 그 크기는 호칭지름 20 mm 이상으로 한다.

65

보일러 수면계 유리관의 파손 원인으로 가장 거리가 먼 것은?

① 프라이밍 또는 포밍 현상이 발생할 때
② 수면계의 너트를 너무 무리하게 조인 경우
③ 유리관의 재질이 불량한 경우
④ 외부에서 충격을 받았을 때

【해설】　암기법 : 수면파손으로 경재 너 충격받았니?
※ 수면계(유리관)의 파손원인
　㉠ (유리관을 오래 사용하여) 경년 노후화된 경우
　㉡ 유리관 자체의 재질이 불량할 경우
　㉢ 수면계 상·하의 조임 너트를 무리하게 조였을 경우
　㉣ 외부로부터 무리한 충격을 받았을 경우
　㉤ 증기압력이 급격히 과다할 경우
　㉥ 유리관의 상하 중심선이 일치하지 않을 경우
　㉦ 유리에 갑자기 열을 가했을 경우
　　(유리의 열화현상에 의한 경우)

❶ 프라이밍 및 포밍 현상이 발생할 때는 수면계 수위의 판단이 곤란하기는 하지만 수면계 유리관이 파손되지는 않는다.

66

에너지법에 따라 에너지 수급에 중대한 차질이 발생할 경우를 대비하여 비상시 에너지수급 계획을 수립하여야 하는 자는?

① 대통령
② 국토교통부장관
③ 산업통상자원부장관
④ 한국에너지공단이사장

【해설】　　　　　　　　[에너지법 시행규칙 제8조.]
※ 비상시 에너지수급계획의 수립
　● 산업통상자원부장관은 에너지 수급에 중대한 차질이 발생할 경우에 대비하여 비상시 에너지 수급계획(이하 "비상계획"이라 한다)을 수립하여야 한다.

67

보일러의 외부 청소방법이 <u>아닌</u> 것은?

① 산세관법　　　　② 수세법

③ 스팀 소킹법　　　④ 워터 소킹법

【해설】

❶ 산세관법

- 보일러 내에 부착된 스케일을 제거하기 위해 염산을 이용한 산 세관 작업 후의 물과 염산은 분리가 어려우므로 부식을 방지하기 위해 중화 처리 약품으로 염기성 물질인 가성소다(NaOH), 탄산나트륨(Na_2CO_3), 인산나트륨(Na_3PO_4), 암모니아(NH_3) 등을 넣고 2 ~ 3시간 순환 후 배출하여 처리하는 내부 청소방법이다.

【참고】 ※ 보일러의 외부 청소방법의 종류

㉠ 기계적 청소방법

- 청소용 공구를 사용하여 수작업으로 하는 방법과 기계(와이어 브러시, 스크래퍼 등)를 사용하여 보일러 외면의 전열면에 있는 그을음, 카본, 재 등을 제거하는 방법이 있다.

㉡ 슈트 블로워(soot blower, 그을음 불어내기)

- 보일러 전열면에 부착된 그을음 등을 물, 증기, 공기를 분사하여 제거하는 방법이다.

㉢ 워터 쇼킹(water shocking)법

- 가압펌프로 물을 분사한다.

㉣ 수세(washing)법

- pH 8 ~ 9의 물을 다량으로 사용한다.

㉤ 스팀 쇼킹(steam shocking)법

- 증기를 분사한다.

㉥ 에어 쇼킹(air shocking)법

- 압축공기를 분사한다.

㉦ 스틸 쇼트 클리닝(steel shot cleaning)법

- 압축공기로 강으로 된 구슬을 분사한다.

㉧ 샌드 블라스트(sand blast)법

- 압축공기로 모래를 분사하여 그을음을 제거함.

68

다음 ( )안에 들어갈 경판의 두께 기준에 대한 설명으로 바르게 짝지어진 것은?

> 경판의 최소두께는 전반구형인 것을 제외하고 계산상 이음매 없는 동체판의 두께 이상이어야 한다. 다만, 어떠한 경우도 (a)이상으로 하고, 스테이를 부착하는 경우에는 (b)이상으로 한다.

① a : 6mm, b : 10mm　② a : 4mm, b : 8mm

③ a : 4mm, b : 10mm　④ a : 6mm, b : 8mm

【해설】　　　　　　　　[열사용기자재의 검사기준 5.1.]

● 경판의 최소두께는 전반구형인 것을 제외하고 계산상 필요한 이음매 없는 동체판의 두께 이상이어야 한다. 다만, 어떠한 경우도 **6 mm** 이상으로 하고, 스테이를 부착하는 경우에는 **8 mm** 이상으로 한다.

69

에너지이용 합리화법에 의한 검사대상기기의 검사에 관한 설명으로 <u>틀린</u> 것은?

① 검사대상기기를 개조하여 사용하려는 자는 시·도지사의 검사를 받아야 한다.

② 검사대상기기의 계속사용검사를 받으려는 자는 유효기간 만료 전에 검사신청서를 제출하여야 한다.

③ 검사대상기기의 설치장소를 변경한 경우에는 시·도지사의 검사를 받아야 한다.

④ 검사대상기기를 사용 중지하는 경우에는 별도의 신고가 필요없다.

【해설】　　　[에너지이용합리화법 시행규칙 제31조의 23.]

❹ 검사대상기기의 설치자가 그 검사대상기기의 사용을 중지한 경우에는 중지한 날부터 **15일** 이내에 검사대상기기 사용중지신고서를 공단이사장에게 제출하여야 한다.

70

보일러 내부부식의 발생을 방지하는 방법으로 **틀린** 것은?

① 급수나 관수 중의 불순물을 제거한다.
② 급열, 급냉을 피하여 열응력 작용을 방지한다.
③ 보일러 수의 pH를 약산성으로 유지한다.
④ 분출을 적당히 하여 농축수를 제거한다.

【해설】
❸ 고온의 보일러수에 의한 강판의 부식은 pH 12 이상에서 부식량이 최대가 된다. 따라서 보일러수의 pH는 10.5 ~ 11.8의 약알칼리 성질을 유지하여야 한다. (참고로, 급수는 고온이 아니므로 이보다 낮은 pH 8 ~ 9의 값을 유지한다.)

【참고】 ※ 보일러 강(철)판의 내부부식 방지 대책
㉠ 보일러 용수의 용존산소나 공기, CO_2 가스를 제거한다.
㉡ 보일러 내면을 내식재료로 피복한다.
㉢ 보일러 내면에 방청도장을 한다.
㉣ 내부부식은 보일러수와 접촉하는 내면에 발생하는 것이므로, 보일러수를 약알칼리성으로 유지한다.
㉤ 적당한 청관제를 사용하여 수질을 양호하게 한다.
㉥ 보일러수 중에 아연판을 부착·설치한다.
㉦ 열응력 발생을 막기 위해 급냉·급열을 피한다.

71

에너지이용 합리화법에 따라 검사의 전부 또는 일부를 면제할 수 있다. 다음 중 용접검사가 면제되는 경우에 해당되는 것은?

① 강철제보일러 중 전열면적이 5 m² 이하이고, 최고사용압력이 3.5 MPa인 것
② 강철제보일러 중 헤더의 안지름이 200 mm이고 전열면적이 10 m² 이며 최고사용압력이 0.35 MPa인 관류보일러
③ 압력용기 중 도체의 두께가 6mm이고 최고사용압력(MPa)과 내용적(m³)을 곱한 수치가 0.2 이하인 것
④ 온수보일러로서 전열면적이 15 m² 이고 최고사용압력이 0.35 MPa인 것

【해설】 [에너지이용합리화법 시행규칙 별표 3의6.]
※ 검사의 면제대상 범위

검사 대상 기기	적용 범위	면제 되는 검사
강철제 보일러 · 주철제 보일러	1) 강철제보일러 중 전열면적이 5 m² 이하이고, 최고사용압력이 0.35 MPa 이하인 것 2) 주철제 보일러 3) 1종 관류보일러 4) 온수보일러 중 전열면적이 18 m² 이하이고, 최고사용압력이 0.35 MPa 이하인 것	용접 검사
1종 압력 용기 · 2종 압력 용기	1) 용접이음이 없는 강관을 동체로 한 헤더 2) 압력용기 중 동체의 두께가 6 mm 미만인 것으로 최고사용압력(MPa)과 내용적(m³)을 곱한 수치가 0.02 이하(난방용의 경우에는 0.05 이하)인 것 3) 전열교환식인 것으로서 최고사용압력이 0.35MPa 이하이고, 동체의 안지름이 600 mm 이하인 것	용접 검사

72

에너지이용 합리화법에 따라 검사대상기기의 계속사용검사 중 산업통상자원부령으로 정하는 항목의 검사에 불합격한 경우 일정기간 내 그 검사에 합격할 것을 조건으로 계속 사용을 허용한다. 그 기간을 불합격한 날부터 몇 개월 이내인가? (단, 철금속가열로는 제외한다.)

① 6개월   ② 7개월
③ 8개월   ④ 10개월

【해설】 [에너지이용합리화법 시행규칙 제31조의21.]
※ 검사의 통지
• 법 제39조제5항 단서에서 "산업통상자원부령으로 정하는 기간"이란 제31조의7에 따른 검사에 불합격한 날부터 **6개월**(철금속가열로는 1년)을 말한다.

73

보일러의 점식을 일으키는 요인 중 국부전지가 유지되는 주요 원인으로 가장 밀접한 것은?

① 실리카 생성 ② 염화마그네슘 생성

③ pH 상승 ④ 용존산소 존재

【해설】 ※ 점식(Pitting 피팅 또는, 공식)

• 보호피막을 이루던 산화철이 파괴되면서 용존가스인 O_2, CO_2의 전기화학적 작용에 의한 보일러 각 부의 내면에 반점 모양의 구멍을 형성하는 촉수면의 전체 부식으로서 보일러 내면 부식의 약 80%를 차지하고 있으며, 고온에서는 그 진행속도가 매우 빠르다.

74

이온교환수지의 이온교환 능력이 소진되었을 때 재생 처리를 하는데, 이온교환 처리장치의 운전 공정 순서로 옳은 것은?

┌─────────────────────────────────────┐
│ ㉠ 압출 ㉡ 부하 ㉢ 역세 ㉣ 수세 ㉤ 통약 │
└─────────────────────────────────────┘

① ㉠ → ㉤ → ㉢ → ㉡ → ㉣

② ㉠ → ㉡ → ㉠ → ㉤ → ㉣

③ ㉠ → ㉡ → ㉢ → ㉣ → ㉤

④ ㉢ → ㉤ → ㉠ → ㉣ → ㉡

【해설】

※ 이온교환 처리장치의 운전 공정 순서

 : 역세 → 통약 → 압출 → 수세 → 부하

【참고】

㉠ 역세 : 이온교환 처리장치에 물이 흐르면 현탁물질들이 이온교환기 상층부에 머물러 누적되는데 현탁물질을 제거하기 위해 이온교환기 하부에서 상부로 물을 세척하는 과정

㉡ 통약 : 현탁물질이 제거된 이온교환기 내 기존 흡착 이온을 제거하고 원하는 이온을 흡착시키기 위해 이온교환기 상부에서 하부로 목표이온이 포함된 재생액을 흘려주는 과정

㉢ 압출 : 이온교환기 내 남아있는 미반응 재생액을 충분히 활용하기 위하여 통약 공정과 동일하게 이온교환기 상부에서 하부로 물을 같은 유속으로 압출하는 과정

㉣ 수세 : 압출 공정 후 이온교환기 내 남아있는 재생폐액을 씻어내기 위한 공정으로 물을 압출 공정보다 높은 유속으로 흘려주어 세정하는 과정

㉤ 부하 : 재생이 완료된 이온교환기 내로 처리할 물을 흘려 다시 이온교환이 이루어지는 과정

75

다음 중 에너지이용 합리화법에 따라 특정열사용 기자재가 아닌 것은?

① 온수보일러 ② 1종압력용기

③ 터널가마 ④ 태양열온수기

【해설】 [에너지이용합리화법 시행규칙 별표3의2.]

※ 특정 열사용기자재 및 그 설치·시공 범위

구분	품목명	설치·시공 범위
보일러	강철제보일러 주철제보일러 **온수보일러** 구멍탄용 온수보일러 축열식 전기보일러	해당 기기의 설치·배관 및 세관
태양열 집열기	**태양열집열기**	
압력용기	**1종 압력용기** 2종 압력용기	
요업요로	연속식유리용융가마 불연속식유리용융가마 유리용융도가니가마 **터널가마** 도염식각가마 셔틀가마 회전가마 석회용선가마	해당 기기의 설치를 위한 시공
금속요로	용선로 비철금속용융로 금속소둔로 철금속가열로 금속균열로	

76

에너지이용 합리화법에 따라 특정열사용기자재 중 온수보일러를 설치하는 경우 제 몇 종 난방시공업자가 시공할 수 있는가?

① 제 1 종   ② 제 2 종
③ 제 3 종   ④ 제 4 종

【해설】 [건설산업기본법 시행령 별표1.]

※ 난방공사업의 시공 범위

난방공사업	업무내용
제1종	강철재 보일러, 주철재보일러, 온수보일러, 구멍탄용 온수보일러, 축열식전기보일러, 태양열 집열기, 1종 압력용기, 2종 압력용기의 설치와 이에 부대되는 배관·세관공사, 공사예정금액 2천만원 이하의 온돌 설치공사
제2종	태양열집열기, 용량 5만kcal/h이하의 온수보일러·구멍탄용 온수보일러· 가정용 화목보일러의 설치 및 이에 부대되는 배관·세관공사, 공사예정금액 2천만원 이하의 온돌 설치공사
제3종	요업요로·금속요로의 설치공사

77

에너지이용 합리화법에 따라 산업통상자원부 장관이 효율관리기자재에 대하여 고시하여야 하는 사항에 해당되지 않는 것은?

① 에너지의 소비효율 또는 사용량의 표시
② 에너지의 소비효율 등급기준 및 등급표시
③ 에너지의 소비효율 또는 생산량의 측정방법
④ 에너지의 최저소비효율 또는 최대사용량의 기준

【해설】 [에너지이용 합리화법 제15조.]

※ 효율관리기자재의 지정 고시 사항

    ㉠ 에너지의 목표소비효율 또는 목표사용량의 기준
    ㉡ 에너지의 최저소비효율 또는 최대사용량의 기준
    ㉢ 에너지의 소비효율 또는 사용량의 표시
    ㉣ 에너지의 소비효율 등급기준 및 등급표시
    ㉤ 에너지의 소비효율 또는 사용량의 측정방법
    ㉥ 그 밖에 효율관리기자재의 관리에 필요한 사항으로서 산업통상자원부령으로 정하는 사항

78

신설 보일러에 행하는 소다 끓임에 대한 설명으로 옳은 것은?

① 보일러 내부에 부착된 철분, 유지분 등을 제거하는 방법
② 보일러 본체의 누수여부를 확인하는 작업
③ 보일러 부속장치의 누수여부를 확인하는 작업
④ 보일러수의 순환상태 및 증발력을 점검하는 작업

【해설】

※ 소다 끓이기(Soda boiling)

  - 보일러 신규 제작 시 내면에 남아있는 유지분, 페인트류, 녹 등을 제거하기 위한 방법으로 탄산소다 0.1% 용액을 넣고 2~3일간 끓인 다음 취출과 급수를 반복적으로 실시하면서 서서히 냉각시킨 후 세척하고 정상수위까지 새로 급수를 한다.

79

보일러 성능검사 시 증기건도 측정이 불가능한 경우, 강철제 증기보일러의 증기건도는 몇 %로 하는가?

① 90   ② 93   ③ 95   ④ 98

【해설】 [열사용기자재의 검사기준 25.2.4의 2항.]

※ 증기건도는 다음에 따르되 실측이 가능한 경우 실측치에 따른다.

    ㉠ 강철제 보일러 : 0.98 (98%)
    ㉡ 주철제 보일러 : 0.97 (97%)

80

에너지이용 합리화법에 따라 검사대상기기설치자가 변경되는 경우 새로운 검사대상기기의 설치자는 그 변경일로부터 며칠 이내에 신고서를 공단 이사장에게 제출해야 하는가?

① 7일

② 10일

③ 15일

④ 30일

【해설】 [에너지이용합리화법 시행규칙 제31조의 24.]

※ 검사대상기기 설치자의 변경신고

• 검사대상기기의 설치자가 변경된 경우 새로운 검사대상기기의 설치자는 그 변경일로부터 15일 이내에 설치자 변경신고서를 한국에너지공단 이사장에게 신고하여야 한다.

2019년 제1회 에너지관리산업기사
(2019.03.03. 시행)

평균점수

제1과목 **열 및 연소설비**

01

다음 중 에너지 보존과 가장 관련이 있는 열역학의 법칙은?

① 제0법칙 ② 제1법칙
③ 제2법칙 ④ 제3법칙

【해설】

- 열역학 제 0법칙 : 열적 평형의 법칙(온도계의 원리)
  시스템 A가 시스템 B와 열적 평형을 이루고 동시에 시스템 C와도 열적평형을 이룰 때 시스템 B와 C의 온도는 동일하다.

- 열역학 제 1법칙 : 에너지보존 법칙
$$Q_1 = Q_2 + W$$

- 열역학 제 2법칙 : 열 이동의 법칙 또는, 에너지전환 방향에 관한 법칙
$$T_1 \to T_2 \text{로 이동한다, } dS \geqq 0$$

- 열역학 제 3법칙 : 엔트로피의 절대값 정리
  절대온도 0 K에서, dS = 0

02

이상기체에 대하여 C_p와 C_v의 관계식으로 옳은 것은? (단, C_p는 정압비열, C_v는 정적비열, R은 기체상수이다.)

① $C_p = C_v - R$ ② $C_p = C_v + R$
③ $C_p = R - C_v$ ④ $R = C_p / C_v$

【해설】 • 비열과 기체상수의 관계식 $C_p - C_v$ = R 에서,
정압비열 C_p = C_v + R 의 관계가 성립한다.

03

액체연소장치의 무화요소와 가장거리가 먼 것은?

① 액체의 운동량
② 주위 공기와의 마찰력
③ 액체와 기체의 표면장력
④ 기체의 비중

【해설】 ※ 액체연료 무화의 3요소
ⓐ 액체유동의 운동량
ⓑ 액체가 유동 시 주위 기체(공기)의 표면적에 따른 저항력(마찰력)
ⓒ 액체와 기체사이의 표면장력

04

체적 0.5 m³, 압력 2 MPa, 온도 20 ℃인 일정량의 이상기체가 압력 100 kPa, 온도 80 ℃가 되면 기체의 체적(m³)은?

① 6   ② 8
③ 10   ④ 12

【해설】

- 보일-샤를의 법칙 $\dfrac{P_1 V_1}{T_1} = \dfrac{P_2 V_2}{T_2}$ 에서,

$$\frac{2000\,kPa \times 0.5\,m^3}{(20+273)\,K} = \frac{100\,kPa \times V_2}{(80+273)\,K}$$

∴ 최종상태의 체적(V_2) = 12.04 ≒ **12 m³**

05

과열증기에 대한 설명으로 옳은 것은?

① 습포화증기에서 압력을 높인 것이다.

② 동일압력에서 온도를 높인 습포화증기이다.

③ 건포화증기를 가열해서 압력을 높인 것이다.

④ 건포화증기에 열을 가해 온도를 높인 것이다.

【해설】 ※ P-V 선도를 그려 놓고 확인하면 쉽다!

❹ 일정한 압력하에서 건포화증기에 열을 가해 온도가 높아지면 P-V선도상에서 오른쪽으로 이동하므로 과열증기 구역에 해당한다.

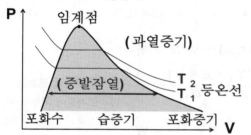

06

보일러에서 댐퍼의 설치목적으로 가장 거리가 먼 것은?

① 통풍력을 조절한다.

② 가스의 흐름을 차단한다.

③ 연료 공급량을 조절한다.

④ 주연도와 부연도가 있을때 가스 흐름을 전환한다.

【해설】

• 댐퍼(damper) : 배기가스 배출량의 조절로 노내의 통풍력을 조절하는 장치로서 설치목적은 다음과 같다.
  ㉠ 통풍력을 조절한다.
  ㉡ 덕트 내 배기가스의 흐름을 조절하거나 차단한다.
  ㉢ 주연도, 부연도가 있는 경우에는 배기가스의 흐름을 바꾼다.
  ㉣ 연소효율을 증가시킨다.

07

연료 중 유황이나 회분은 거의 포함하지 않으나 쉽게 인화하여 화재 및 폭발의 위험이 큰 연료는?

① B-C유　　　　② 코크스

③ 중유　　　　　④ LPG

【해설】

❹ 유황과 회분이 거의 없고, 쉽게 인화하여 폭발 위험성이 큰 특성은 LPG (기체연료)에 해당한다.

【참고】 ※ 기체연료의 특징

<장점> ㉠ 유동성이 좋으므로 개폐밸브에 의한 연료의 공급량 조절이 쉽고, 점화 및 소화가 간단하다.

㉡ 비열이 작아서 예열이 용이하므로 고온을 얻기가 쉽고, 유체연료이므로 연료의 공급량 조절이 쉬워서 화염온도 조절이 용이하며 열효율이 높다.

㉢ 적은 공기비로도 완전연소가 가능하다.

㉣ 유동성이 커서 연료의 품질이 균일하므로 자동제어에 의한 연소의 조절이 용이하다.

㉤ 연소 후 유해잔류 성분(회분, 매연 등)이 거의 없으므로 재가 없고 청결하다.

㉥ 공기와의 혼합을 임의로 조절할 수 있어서 연소효율$\left(=\dfrac{연소열}{발열량}\right)$이 가장 높다.

㉦ 계량과 기록이 용이하다.

㉧ 고체·액체연료에 비해 수소함유량이 많으므로 탄수소비가 가장 작다.

<단점> ㉠ 단위 체적당 발열량은 고체·액체연료에 비해 극히 작다.

㉡ 고체·액체연료에 비해 부피가 커서 압력이 높기 때문에 저장이나 운송이 불편하다.

㉢ 유동성이 커서 누출되기 쉽고 폭발의 위험성이 크므로 취급에 주의를 요한다.

㉣ 고체·액체연료에 비해서 제조 비용이 비싸다.

08

랭킨사이클의 효율을 높이기 위한 방법으로 옳은 것은?

① 보일러의 가열 온도를 높인다.
② 응축기의 응축 온도를 높인다.
③ 펌프 소요 일을 증대시킨다.
④ 터빈의 출력을 줄인다.

【해설】

※ 랭킨사이클의 T-S 선도에서 **초압**(터빈입구의 온도, 압력)을 높이거나, **배압**(응축기의 압력)을 낮출수록 T-S선도의 면적에 해당하는 W_{net}(유효일량)이 커지므로 열효율은 상승한다.

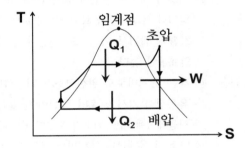

09

파형의 강판을 다수 조합한 형태로 된 기수분리기의 형식은?

① 배플형   ② 스크러버형
③ 사이클론형   ④ 건조스크린형

【해설】   암기법 : 기스난 (건) 배는 싸다

※ 기수분리기의 종류
  ㉠ 스크레버형 : 파형의 다수 강판(장애판)을 조합한 것
  ㉡ 건조 스크린형 : 금속 그물망의 판을 조합한 것
  ㉢ 배플형 : 장애판(배플판)으로 증기의 진행방향 전환을 이용한 것
  ㉣ 싸이클론형 : 원심분리기를 사용한 것
  ㉤ 다공판식 : 다수의 구멍판을 이용한 것

10

430 K에서 500 kJ의 열을 공급받아 300 K에서 방열시키는 카르노사이클의 열효율과 일량으로 옳은 것은?

① 30.2%, 349kJ   ② 30.2%, 151kJ
③ 69.8%, 151kJ   ④ 69.8%, 349kJ

【해설】

• $\eta_c = \dfrac{W}{Q_1} = \dfrac{Q_1 - Q_2}{Q_1} = 1 - \dfrac{Q_2}{Q_1} = 1 - \dfrac{T_2}{T_1}$

  $= 1 - \dfrac{300}{430} = 0.302 ≒ 30.2\,\%$

• $\eta_c = \dfrac{W}{Q_1}$ 에 의하여 $0.302 = \dfrac{W}{500\,kJ}$ ∴ $W = 151\,kJ$

【참고】 ※ 열기관의 원리

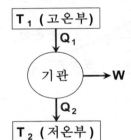

η : 열기관의 열효율
W : 열기관이 외부로 한 일
Q_1 : 고온부(T_1)에서 흡수한 열량
Q_2 : 저온부(T_2)로 방출한 열량

11

공기 40 kg에 포함된 질소의 질량 (kg)은 얼마인가? (단, 공기는 체적비로 질소 80 %와 산소 20 %로 구성되어 있다.)

① 25   ② 27
③ 29   ④ 31

【해설】

• 체적비(=몰수비) 제시에 따라, N_2 (0.8) : O_2 (0.2)
• 질소분자량(28 g/mol), 산소분자량(32 g/mol)을 통해 공기 중 질소의 질량비를 구하자.

  $N_2 = \dfrac{0.8 \times 28\,g/mol}{0.8 \times 28\,g/mol + 0.2 \times 32\,g/mol} = 0.778$

∴ 질소의 질량 = 40 kg × 0.778 = 31.12 kg ≒ **31 kg**

12

다음 중 중유를 버너로 연소시킬 때 연소상태에 가장 적게 영향을 미치는 것은?

① 황분　　　　　② 점도
③ 인화점　　　　④ 유동점

【해설】 ※ 중유의 연소상태에 영향을 미치는 인자

　㉠ 점도 : 중유의 점도는 송유 및 버너의 무화 특성에 밀접한 관련이 있는데 중유의 점도가 높아질수록 잔류탄소의 함량이 많게 되어 버너의 화구에 코크스상의 탄소 부착물을 형성하여 무화불량 및 버너의 연소상태를 나빠지게 한다.

　㉡ 인화점 : 가연성 액체가 외부로부터 불꽃을 접근시킬 때 연소범위 내의 가연성 가스를 만들어 불이 붙을 수 있는 최저의 액체온도를 말하며, 중유연료의 경우는 화기에 대한 위험도면에서 그 예열온도 보다 약 5 ℃ 이상 높은 것을 선택하여야 한다.

　㉢ 유동점 : 저온에서 액체연료의 유동성을 나타내는 기준으로 일정한 조건 하에서 냉각하였을 때 유동할 수 있는 최저온도를 말하며, 일반적으로 응고점(액체가 저온에서 응고하는 최고온도)보다 2.5 ℃ 높은 온도를 나타낸다. (유동점 = 응고점 + 2.5℃)

13

어떤 물질이 온도변화 없이 상태가 변할 때 방출되거나 흡수되는 열을 무엇이라 하는가?

① 현열　　　　　② 잠열
③ 비열　　　　　④ 열용량

【해설】

※ 물질의 상변화에 따른 열량의 구별

　㉠ 현열 : 물질의 상태변화 없이 온도변화만을 일으키는데 필요한 열량

　㉡ 잠열 : 물질의 온도변화 없이 상태변화만을 일으키는데 필요한 열량

　㉢ 전열(全熱) = 현열(顯熱) + 잠열(潛熱)

14

액체연료 공급 라인에 설치하는 여과기의 설치 방법에 대한 설명으로 틀린 것은?

① 여과기 전후에 압력계를 부착하여 일정 압력차 이상이면 청소하도록 한다.
② 여과기의 청소를 위해 여과기 2개를 직렬로 설치한다.
③ 유량계와 같이 설치하는 경우 연료가 여과기를 거쳐 유량계로 가도록 한다.
④ 여과기의 여과망은 유량계보다 버너 입구측에 더 가는 눈의 것을 사용한다.

【해설】

❷ 여과기의 청소를 대비하여, 여과기 2개를 설치하는 경우 병렬로 설치한다.

【참고】

● 여과기 : 배관 라인에 설치된 밸브, 트랩, 펌프 및 계측기기 등의 앞쪽에 설치하여 유체흐름에 혼합되어 있는 이물질(고형물)을 제거함으로써 기기에 이물질이 유입되는 것을 방지하여 기기의 성능을 보호하는 장치로서, 증기배관이나 수배관 계통에 있어서는 일반적으로 철망으로 된 통이 사용된다.

15

다음 중 이상기체 상태방정식에서 체적이 절대 온도에 비례하게 되는 조건은?

① 밀도가 일정할 때
② 엔탈피가 일정할 때
③ 비중량이 일정할 때
④ 압력이 일정할 때

【해설】

● 보일-샤를의 법칙 $\dfrac{PV}{T} = 1$(일정) 에서,

$$체적\ V \propto \dfrac{T}{P}$$

(압력이 일정할 때 체적은 절대온도에 비례한다.)

16

다음 변화과정 중에서 엔탈피의 변화량과 열량의 변화량이 같은 경우는 어느 것인가?

① 등온변화과정
② 정적변화과정
③ 정압변화과정
④ 단열변화과정

【해설】
- 열역학 제 1법칙(에너지보존)에 의하여 열량변화량

$\delta Q = dH - VdP$ 한편, 정압에서는(P = 1, dP = 0)

$= dH$(엔탈피변화량)

17

다음 중 기체연료 연소장치의 종류가 아닌 것은?

① 계단형
② 포트형
③ 저압버너
④ 고압버너

【해설】
※ 기체연료를 연소시키는 방법은 크게 확산연소 방식과 예혼합연소 방식으로 분류한다.

- 확산연소장치 : 포트형, 버너형(선회형, 방사형)
- 예혼합연소장치 : 고압버너, 저압버너, 송풍버너

【참고】※ 계단식 스토커 연소장치 : 계단식으로 배열한 화격자면 위쪽에 달린 투입구에서 고체연료를 미끄러져 떨어지는 사이에 착화 연소시킨다.

18

폴리트로픽 지수가 무한대 (n = ∞)인 변화는?

① 정온(등온)변화
② 정적(등적)변화
③ 정압(등압)변화
④ 단열변화

【해설】※ 폴리트로픽 변화의 일반식 : $PV^n = 1$

여기서, n : 폴리트로픽 지수

㉠ $n = 0$일 때 : $P \times V^0 = P \times 1 = 1$

∴ $P = 1$ (등압변화)

㉡ $n = 1$일 때 : $P \times V^1 = P \times V = 1$

∴ $PV = T$ (등온변화)

㉢ $1 < n < k$일 때 : $PV^n = 1$ (폴리트로픽변화)

㉣ $n = k$(비열비)일 때 : $PV^k = 1$ (단열변화)

㉤ $n = \infty$일 때 : $PV^\infty = P^{\frac{1}{\infty}} \times V = P^0 \times V$

$= 1 \times V = 1$ ∴ $V = 1$ (정적변화)

19

회분이 연소에 미치는 영향에 대한 설명으로 틀린 것은?

① 연소실의 온도를 높인다.
② 통풍에 지장을 주어 연소효율을 저하시킨다.
③ 보일러 벽이나 내화벽돌에 부착되어 장치를 손상시킨다.
④ 용융 온도가 낮은 회분은 클링커(clinker)를 발생시켜 통풍을 방해한다.

【해설】❶ 연료 중에 회분이 많아지면 가연성분인 C가 적어지므로 발열량이 감소하여, 연소실의 온도가 낮아진다.

20

압력 1500 kPa, 체적 0.1 m³의 기체가 일정 압력 하에 팽창하여 체적이 0.5 m³가 되었다. 이 기체가 외부에 한 일 (kJ)은 얼마인가?

① 150
② 600
③ 750
④ 900

【해설】
- 정압가열에 의한 체적팽창이므로, 기체가 한 일($_1W_2$)은

$_1W_2 = \int_1^2 P \, dV = P \int_1^2 dV = P \cdot (V_2 - V_1)$

$= 1500 \, kPa \times (0.5 - 0.1) \, m^3$

$= 600 \, kJ$

【참고】
※ 열역학적 일의 공식 $W = PV$에서 단위 변환을 이해하자.

W(일) $= Pa \times m^3 = N/m^2 \times m^3 = N \cdot m = J$(줄)

제2과목 | **열설비 설치**

21

계단상 입력(STEP INPUT)변화에 대한 아래 그림은 어떤 제어동작의 특성을 나타낸 것인가?

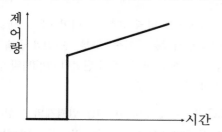

① 적분 동작
② 비례, 적분, 미분 동작
③ 비례, 미분 동작
④ 비례, 적분 동작

【해설】

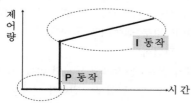

- 조작량이 일정한 부분은 비례동작(P 동작)이다.
- 직선적으로 증가만 하는 것은 적분동작(I 동작)이다.

22

금속이나 반도체의 온도변화로 전기저항이 변하는 원리를 이용한 전기저항 온도계의 종류가 아닌 것은?

① 백금저항 온도계
② 니켈저항 온도계
③ 서미스터 온도계
④ 베크만 온도계

【해설】　　　　　　　　　　　 암기법 : 써니 구백

※ 전기저항온도계의 측온저항체 종류에 따른 사용온도범위

써미스터	-100 ~ 300 ℃
니켈 (Ni)	-50 ~ 150 ℃
구리 (Cu)	0 ~ 120 ℃
백금 (Pt)	-200 ~ 500 ℃

❹ 베크만 온도계는 수은온도계의 한 종류이다.

23

다음 중 사용온도가 가장 높은 경우에 적합한 보호관으로 급냉, 급열에 약한 것은?

① 자기관
② 석영관
③ 황동강관
④ 내열강관

【해설】　　　　　　　 암기법 : 카보 자, 석스동

㉠ 카보런덤(SiC, 탄화규소질 내화물)관은 다공질로서 급냉, 급열에 강하며 단망관, 2중 보호관의 외관으로 주로 사용된다. (1600 ℃)

㉡ 자기관은 급냉, 급열에 약하며 알카리에도 약하다. 기밀성은 좋다. (1450 ℃)

㉢ 석영관은 급냉, 급열에 강하며, 알카리에는 약하지만 산성에는 강하다. (1000 ℃)

㉣ 스테인레스강(Ni -Cr Stainless)은 니켈, 크롬 성분이 많아 내열성이 좋다. (900 ℃)

㉤ 황동관은 증기 등 저온 측정에 쓰인다. (400 ℃)

㉥ 유리는 저온 측정에 쓰이며 알카리, 산성에도 강하다. (500 ℃)

24

보일러 효율 80 %, 실제 증발량 4 t/h, 발생증기 엔탈피 650 kJ/kg, 급수 엔탈피 10 kJ/kg, 연료 저위발열량 9500 kJ/kg 일 때, 이 보일러의 시간당 연료소비량은 약 몇 kg/h 인가?

① 193
② 264
③ 337
④ 394

【해설】　　　　　 암기법 : (효율좋은) 보일러 사저유

- 보일러 효율(η) $= \dfrac{Q_s}{Q_{in}} \left(\dfrac{\text{유효출열}}{\text{총입열량}} \right) \times 100$

$$= \dfrac{w_2 \cdot (H_2 - H_1)}{m_f \cdot H_L} \times 100$$

$$0.8 = \dfrac{4000\,kg/h \times (650 - 10)\,kJ/kg}{m_f \times 9500\,kJ/kg}$$

이제, 네이버에 있는 에너지아카데미 카페의 "방정식 계산기 사용법"으로 m_f을 미지수 X로 놓고 구하면

∴ 연료소비량 m_f = 336.8 ≒ **337 kg/h**

25

보일러 연소특성으로 어떤 조건이 충족되지 않으면 다음 동작이 중지되는 인터록(Interlock)의 종류가 아닌 것은?

① 온오프 인터록   ② 불착화 인터록
③ 저수위 인터록   ④ 프리퍼지 인터록

【해설】 ※ 보일러의 인터록 제어의 종류

> 암기법 : 저 압불프저

㉠ 저수위 인터록 : 수위감소가 심할 경우 부저를 울리고 안전저수위까지 수위가 감소하면 보일러 운전을 정지시킨다.

㉡ 압력초과 인터록 : 보일러의 운전시 증기압력이 설정치를 초과할 때 전자밸브를 닫아서 운전을 정지시킨다.

㉢ 불착화 인터록 : 연료의 노내 착화과정에서 착화에 실패할 경우, 미연소가스에 의한 폭발 또는 역화현상을 막기 위하여 전자밸브를 닫아서 연료공급을 차단시켜 운전을 정지시킨다.

㉣ 프리퍼지 인터록 : 송풍기의 고장으로 노내에 통풍이 되지 않을 경우, 연료공급을 차단시켜서 보일러 운전을 정지시킨다.

㉤ 저연소 인터록 : 노내에 처음 점화시 온도의 급변으로 인한 보일러 재질의 악영향을 방지하기 위하여 최대부하의 약 30 % 정도에서 연소를 진행시키다가 차츰씩 부하를 증가시켜야 하는데, 이것이 순조롭게 이행되지 못하고 급격한 연소로 인해 저연소 상태가 되지 않을 경우 연료를 차단시킨다.

26

부르동관 압력계에 대한 설명으로 틀린 것은?

① 얇은 금속이나 고무 등의 탄성 변형을 이용하여 압력을 측정한다.

② 탄성식 압력계의 일종으로 고압의 증기 압력 측정이 가능하다.

③ 부르동관이 손상되는 것을 방지하기 위하여 압력계 입구 쪽에 사이폰관을 설치한다.

④ 압력계 지침을 움직이는 부분은 기어나 링의 형태로 되어 있다.

【해설】

❶ 다이어프램 압력계에서 다이어프램의 재질로는 비금속(저압용 : 가죽, 고무, 종이)과 금속(양은, 인청동, 스테인리스) 등의 탄성체 박판(박막식 또는 격막식)이 사용된다.

【참고】 ※ 부르돈(bourdon)관 압력계의 특징

㉠ 부르돈관의 재질, 두께나 치수, 강도 등을 선택함으로써 고압측정도 가능하므로 보일러의 압력계로 가장 많이 사용되고 있다.

㉡ 사용목적에 따라 보통형, 내열형, 내진형으로 나눈다.

㉢ 구조가 간단하고 소형이며 취급이 간편하다.

㉣ 견고하고 외부 진동에서 강하다.

㉤ 가격이 저렴하다.

㉥ 탄성체가 변동하는 압력을 받으면 반복응력에 의한 피로 현상이 생겨 탄성계수 변화가 일어날 수 있다.

27

다음의 가스분석법 중에서 정량범위가 가장 넓은 것은?

① 도전율법   ② 자기식법
③ 열전도율법   ④ 가스크로마토그래피법

【해설】 ※ 열전도율법(열전도율식 가스분석계) 특징

㉠ 원리나 장치가 비교적 간단하다.

㉡ 연소가스 중의 N_2, O_2, CO의 농도가 변해도 CO_2 지시오차가 거의 없다.

㉢ 보일러 연도 중의 CO_2 분석에 매우 많이 사용된다.

㉣ 열전도율이 매우 큰 H_2가 혼입되면 측정오차가 커지고 정확도는 낮아진다.

㉤ 분자량이 작을수록 열전도율이 커진다.
  ($H_2 \gg N_2 >$ 공기 $> O_2 > CO_2 > SO_2$)

㉥ 정량범위가 가장 넓다. (정량범위 : 0.01 ~ 100 %)

28

계측기기의 구비조건으로 적절하지 <u>않은</u> 것은?

① 연속 측정이 가능하여야 한다.

② 유지보수가 어렵고 신뢰도가 높아야 한다.

③ 정도가 좋고 구조가 간단하여야 한다.

④ 설치장소의 주위 조건에 대하여 내구성이 있어야 한다.

【해설】 ※ 계측기기의 구비조건

　㉠ 설치장소의 주위 조건에 대하여 내구성이 있을 것

　㉡ 구조가 간단하고 사용하기에 편리할 것

　㉢ 견고하고 신뢰성이 높을 것

　㉣ 원거리 지시 및 기록이 가능하고 연속적일 것

　㉤ 유지·보수가 용이할 것

　㉥ 취급 시 위험성이 적을 것

　㉦ 구입비, 설비비, 유지비 등이 비교적 저렴하고 경제적일 것

29

보일러의 증발계수 계산공식으로 알맞은 것은? (단, h″ : 발생증기의 엔탈피(kJ/kg), h : 급수의 엔탈피(kJ/kg)이다.)

① 증발계수 = $(h″ + h)/2257$

② 증발계수 = $(h″ - h)/2257$

③ 증발계수 = $2257/(h + h″)$

④ 증발계수 = $2257/(h - h″)$

【해설】　　　　　　　　　　【암기법】 : 계실상

※ 증발계수(f, 증발력)

　㉠ 실제증발량(w_2)에 대한 상당증발량(w_e)의 비이다.

　㉡ 보일러의 증발능력을 표준상태와 비교하여 표시한 값으로 단위가 없으며, 그 값은 1 보다 항상 크다.

　㉢ 계산공식 $f = \dfrac{w_e}{w_2}\left(\dfrac{상당증발량}{실제증발량}\right)$

$$= \dfrac{\dfrac{w_2 \cdot (H_2 - H_1)}{2257}}{w_2} = \dfrac{H_2 - H_1}{2257}$$

문제의 기호로 나타내면, 증발계수 = $(h″ - h)/2257$

30

액주식 압력계 중 하나인 U자관 압력계에 사용되는 유체의 구비조건에 대한 설명으로 <u>틀린</u> 것은?

① 점성이 작아야 한다.

② 휘발성과 흡습성이 작아야 한다.

③ 모세관 현상 및 표면장력이 커야 한다.

④ 온도에 따른 밀도 변화가 작아야 한다.

【해설】 ※ 액주식 압력계에서 액주(액체)의 구비조건

　㉠ 점도(점성)가 작을 것

　㉡ 열팽창계수가 작을 것

　㉢ 일정한 화학성분일 것

　㉣ 온도 변화에 의한 밀도 변화가 적을 것

　㉤ 모세관 현상이 적을 것 (표면장력이 작을 것)

　㉥ 휘발성, 흡수성이 적을 것

【key】 액주에 쓰이는 액체의 구비조건 특징은 모든 성질이 작을수록 좋다!

31

계측계의 특성으로 계측에 있어 변환기의 선정 또는 측정의 참값을 판단하는 계의 특성 중 정특성에 해당하는 것은?

① 감도　　　　　　② 과도특성

③ 유량특성　　　　④ 시간지연과 동오차

【해설】 ※ 제어계의 특성

　㉠동특성 : 목표치를 기준한 앞뒤의 진동으로 시간의 지연을 필요로 하는 시간적 동작의 특성을 말한다.

　㉡ 스텝응답 : 입력을 단위량만큼 스텝(step) 상으로 변환할 때의 과도응답을 말한다.

　㉢ 정특성 : 감도나 밀도 등 시간에 관계없이 정해진 동작의 특성을 말한다.

　㉣ 과도응답 : 정상상태에 있는 요소의 입력측에 어떤 변화를 주었을 때 출력측에 생기는 변화의 시간적 경과를 말한다.

32

다음 중 차압을 일정하게 하고 가변 단면적을 이용하여 유량을 측정하는 유량계는?

① 노즐　　　　　　② 피토관
③ 모세관　　　　　④ 로터미터

【해설】　　　　　　　　　암기법 : 로면
- 면적식 유량계인 로터미터는 차압식 유량계와는 달리 관로에 있는 교축기구 차압을 일정하게 유지하고, 떠 있는 부표(Float, 플로트)의 높이로 단면적 차이에 의하여 유량을 측정하는 방식이다.

33

측정계기의 감도가 높을 때 나타나는 특성은?

① 측정범위가 넓어지고 정도가 좋다.
② 넓은 범위에서 사용이 가능하다.
③ 측정시간이 짧아지고 측정범위가 좁아진다.
④ 측정시간이 길어지고 측정범위가 좁아진다.

【해설】
❹ 측정계기의 감도는 측정량의 변화에 민감한 정도를 말한다. 감도가 좋을 경우(또는, 높을 경우) 측정량의 변동성을 식별하기 위해서는 측정시간이 길어지고 측정범위는 좁아진다.

34

한 시간 동안 연도로 배기되는 가스량이 300 kg, 배기가스 온도 240℃, 가스의 평균비열이 1.34 kJ/kg·℃ 이고 외기 온도가 −10℃ 일 때, 배기가스에 의한 손실열량은 약 몇 kJ/h인가?

① 9750　　　　　　② 100500
③ 325000　　　　　④ 384000

【해설】　　　　　　　　　암기법 : 큐는 씨암탉
- 손실열량 $Q = C_{배} \, m \, \Delta T$
$= 1.34 \, kJ/kg{\cdot}℃ \times 300 \, kg/h \times [240 - (-10)] \, ℃$
$= 100500 \, kJ/h$

35

안지름이 16 cm 인 관속을 흐르는 물의 유속이 24 m/s 라면 유량은 몇 m^3/s 인가?

① 0.24　　　　　　② 0.36
③ 0.48　　　　　　④ 0.60

【해설】
- 체적 유량 Q 또는 $\dot{V} = A \cdot v = \pi r^2 \cdot v = \pi \left(\dfrac{D}{2}\right)^2 \cdot v$

$= \dfrac{\pi D^2}{4} \times v$

$= \dfrac{\pi \times (0.16 \, m)^2}{4} \times 24 \, m/s$

$= 0.4825 ≒ \mathbf{0.48 \, m^3/s}$

36

연소실 열발생률의 단위는 어느 것인가?

① $kJ/m^3{\cdot}h$　　　　② $kJ/m{\cdot}h$
③ $kg/m^2{\cdot}h$　　　　④ $kg/m^3{\cdot}h$

【해설】
- 연소실 열발생률(또는, 연소실 부하율 Q_V)

$Q_V = \dfrac{m_f \cdot H_L}{V_{연소실}} \left(\dfrac{연료사용량 \times 연료발열량}{연소실\ 체적}\right)$

$= \dfrac{kg/h \times kJ/kg}{m^3}$ = [단위 : $\mathbf{kJ/m^3{\cdot}h}$]

37

다음 중 차압식 유량계의 종류로 압력손실이 가장 적은 유량측정 방식은?

① 터빈형　　　　　② 플로트형
③ 벤튜리관　　　　④ 오발기어형 유량계

【해설】　　　　암기법 : 손오공 노레(Re)는 벤츄다.
※ 차압식 유량계의 비교
- 압력손실이 큰 순서 : 오리피스 > 노즐 > 벤츄리
- 압력손실이 작은 유량계일수록 가격이 비싸진다.
- 플로우-노즐은 레이놀즈(Reno)수가 큰 난류일 때에도 사용할 수 있다.

38

열팽창계수가 서로 다른 박판을 사용하여 온도 변화에 따라 휘어지는 정도를 이용한 온도계는?

① 제겔콘 온도계
② 바이메탈 온도계
③ 알코올 온도계
④ 수은 온도계

【해설】 ※ 바이메탈(Bimetal) 온도계
• 고체팽창식 온도계인 바이메탈 온도계는 열팽창계수가 서로 다른 2개의 금속 박판을 마주 접합한 것으로 온도 변화에 의해 선팽창계수가 다르므로 휘어지는 현상을 이용하여 온도를 측정한다. 온도의 자동제어에 쉽게 이용되며 구조가 간단하고 경년변화가 적다.

39

프로세스제어계 내에 시간지연이 크거나 외란이 심한 경우에 사용하는 제어는?

① 프로세스제어
② 캐스케이드제어
③ 프로그램제어
④ 비율제어

【해설】
❷ 캐스케이드제어 : 2개의 제어계를 조합하여, 1차 제어장치가 제어량을 측정하여 제어명령을 발하고, 2차 제어 장치가 이 명령을 바탕으로 제어량을 조절하는 종속(복합) 제어방식으로 출력측에 낭비시간이나 시간지연이 큰 프로세스의 제어에 널리 이용된다.

40

다음 중 고체연료의 열량측정을 위한 원소분석 성분으로 가장 거리가 먼 것은?

① 탄소
② 수소
③ 질소
④ 휘발분

【해설】
❹ 고체연료의 휘발분은 '공업분석'을 통해 분석한다.

【참고】
• 원소분석 : 유기화합물의 분석과 같이 C, H, O, N, S 등 조성원소의 함유량을 분석하는 것.

• 공업분석 : 연소할 때의 성질을 좌우하는 고정탄소, 휘발분, 수분, 회분 등의 성분을 분석하는 것.

【제3과목】 **열설비 운전**

41

원심펌프가 회전속도 600 rpm에서 분당 6 m³의 수량을 방출하고 있다. 이 펌프의 회전속도를 900 rpm으로 운전하면 토출수량(m³/min)은 얼마가 되겠는가?

① 3.97
② 9
③ 12
④ 13.5

【해설】
※ 원심식 펌프의 상사성 법칙(또는, 친화성 법칙)
암기법 : 1 2 3 회(N)
유 양 축
3 2 5 직(D)

• 펌프의 유량(수량)은 회전수에 비례한다.

$$Q_2 = Q_1 \times \left(\frac{N_2}{N_1}\right) \times \left(\frac{D_2}{D_1}\right)^3 = Q_1 \times \left(\frac{N_2}{N_1}\right)$$

여기서, Q : 유량, N : 회전수, D : 임펠러 직경

$$\therefore Q_2 = 6 \, m^3/min \times \left(\frac{900 \, rpm}{600 \, rpm}\right)$$
$$= 9 \, m^3/min$$

42

공업로의 조업방법 중 연속식 재료 반송방식이 아닌 것은?

① 푸셔형
② 워킹빔형
③ 엘리베이터형
④ 회전노상형

【해설】 암기법 : 푸하하~ 워킹회

※ 연속식 가열로의 강재 이동(반송)방식에 따른 분류
 - 푸셔(pusher)식, 워킹-빔(walking beam)식, 워킹-하아드(walking hearth)식, 롤러-하아드(roller hearth)식, 회전로(rotary)상식

43

내벽은 내화벽돌로 두께 220 mm, 열전도율 1.1 kJ/m·℃, 중간벽은 단열벽돌로 두께 9 cm, 열전도율 0.12 kJ/m·℃, 외벽은 붉은 벽돌로 두께 20 cm, 열전도율 0.8 kJ/m·℃로 되어 있는 노벽이 있다. 내벽 표면의 온도가 1000℃ 일 때, 외벽의 표면온도는? (단, 외벽 주위온도는 20℃, 외벽 표면의 열전달률은 7 kJ/m²·℃ 로 한다.)

① 104
② 124
③ 141
④ 267

【해설】 　　　　　　　　암기법 : 교관온면

- 평면 벽에서의 손실열(교환열) 계산 공식에서, 벽면체 전체의 열통과량은 외벽 표면의 열전달량과 같으므로 열평형식을 세우면

  $$Q = K \cdot \Delta t \cdot A = \alpha_o \cdot \Delta t_s \cdot A$$

  여기서,　Q : 전달열량(손실열량)

  　　　　K : 열통과율(또는, 총괄전열계수)

  　　　　Δt : 벽면체 내·외부의 온도차

  　　　　A : 전열면적

  　　　　α_o : 외측표면 열전달계수(열전달률)

  　　　　Δt_s : 외측표면온도와 외부온도의 차

  　　　　λ : 각 구조체의 열전도율

  　　　　d : 두께(m)

  한편, 열통과율(관류율 또는, 총괄전열계수) K는

  $$K = \cfrac{1}{\cfrac{d_1}{\lambda_1} + \cfrac{d_2}{\lambda_2} + \cfrac{d_3}{\lambda_3} + \cfrac{1}{\alpha_o}}$$　이므로

  $K \cdot \Delta t = \alpha_o \cdot \Delta t_s$ 에서

  $$\cfrac{(1000 - 20)℃}{\cfrac{0.22}{1.1} + \cfrac{0.09}{0.12} + \cfrac{0.2}{0.8} + \cfrac{1}{7}} = 7 \times (t_s - 20)$$

  이제, 네이버에 있는 에너지아카데미 카페(주소 : **cafe.naver.com/2000toe**)의 "방정식 계산기 사용법 강의"로 t_s를 미지수 X로 놓고 입력해 주면

  ∴ 외벽의 표면온도 t_s = 124.25 ≒ **124 ℃**

44

다음 중 가스 절단에 속하지 <u>않는</u> 것은?

① 분말 절단
② 플라즈마 제트 절단
③ 가스 가우징
④ 스카핑

【해설】

❷ 플라즈마 제트 절단은 가스 절단법이 아니라 아크 (전기)절단법에 해당한다.

【참고】 ※ 가스 절단법의 종류

ㄱ 분말 절단 : 아세틸렌과 산소의 연소열을 이용 하여 절단하고자 하는 금속을 예열한 후, 분말을 고속으로 분사하여 절단하는 방법

ㄴ 가스 가우징 : 아세틸렌과 산소의 연소열을 이용 하여 절단하고자 하는 금속을 예열한 후, 공기를 고압으로 불어 불완전한 용접부를 제거하거나 밑면을 파내는 방법

ㄷ 스카핑 : 아세틸렌과 산소의 연소열을 이용하여 강재 표면의 홈이나 탈탄층을 깎아내는 방법

45

다음은 과열기에서 증기의 유동방향과 연소가스의 유동방향에 따른 분류이다. 고온의 연소가스와 고온의 증기가 접촉하여 열효율은 양호하나 고온에서 배열관의 손상이 큰 특징이 있는 과열기의 형식은?

① 병행류식
② 대향류식
③ 혼류식
④ 평행류식

【해설】 ※ 열교환기에서 유체의 흐름 방식

ㄱ 병류식(또는, 평행류) : 고온유체(또는, 방열유체)와 저온유체(또는, 수열유체)의 흐름 방향이 같다.

ㄴ 향류식(또는, 대향류) : 고온유체(또는, 방열유체)와 저온유체(또는, 수열유체)의 흐름 방향이 서로 반대 방향이다.

일반적으로 향류형이 병류형보다 열이 잘 전해지므로 대개의 경우 대향류식의 방법으로 열교환한다.

46

노통보일러와 비교하여 연관보일러의 특징에 대한 설명으로 **틀린** 것은?

① 보일러 내부 청소가 간단하다.
② 전열면적이 크므로 중량당 증발량이 크다.
③ 증기발생에 소요시간이 짧다.
④ 보유수량이 적다.

【해설】※ 연관식 보일러의 특징

<장점> ㉠ 연관으로 인해 전열면적이 커서, 노통보일러
보다 효율이 좋다.(약 70%)
㉡ 전열면적당 보유수량이 적어서 증기발생
소요시간이 비교적 짧다.
㉢ 외분식인 경우는 연소실의 설계가 자유로워
연료의 선택범위가 넓다.

<단점> ㉠ 연관의 부착으로 내부구조가 복잡하여
청소, 수리, 검사가 어렵다.
㉡ 연관을 관판에 부착하는 부분에 누설이나
고장을 일으키기 쉽다.
㉢ 외분식인 경우에 분출관은 연소실에 노출
되어 있으므로 과열을 방지하기 위하여
주위를 내화재로 피복하여야 한다.
㉣ 내부구조가 복잡하여 청소가 곤란하므로
양질의 물을 급수하여야 한다.

47

증기난방에서 방열기 안에서 생긴 응축수를 보일러에 환수할 때 응축수와 증기가 동일한 관을 흐르도록 하는 방식은?

① 단관식   ② 복합식
③ 복관식   ④ 혼수식

【해설】
※ 증기관의 배관방식에 따른 분류
㉠ 단관식 : 응축수와 증기가 1개의 동일한 배관으로
흐르도록 하는 방식
㉡ 복관식 : 응축수와 증기가 각각 다른 배관으로
흐르도록 하는 방식

48

탄력을 이용하여 분출압력을 조정하는 방식으로써 보일러에 진동이 있거나 충격이 가해져도 안전하게 작동하는 안전밸브는?

① 추식 안전밸브
② 레버식 안전밸브
③ 지렛대식 안전밸브
④ 스프링식 안전밸브

【해설】   암기법 : 스중, 지렛대
※ 안전밸브의 분출압력 조정형식
㉠ 스프링식 : 스프링의 탄성력을 이용하여 분출
압력을 조정한다. (고압·대용량의 보일러에
적합하여 가장 많이 사용되고 있다.)
㉡ 중추식 : 추의 중력을 이용하여 분출압력을
조정한다.
㉢ 지렛대식(레버식) : 지렛대와 추를 이용하여 추의
위치를 좌우로 이동시켜 작은 추의 중력으로도
분출압력을 조정한다.

49

보일러 관의 내경이 2.5 cm, 외경이 3.34 cm인 강관(k = 54 W/m·℃)의 외부벽면(외경)을 기준으로 한 열관류율 (W/m² ·℃)은? (단, 관 내부의 열전달계수는 1800 W/m² ·℃ 이고, 관 외부의 열전달계수는 1250 W/m² ·℃ 이다.)

① 612.82   ② 725.43
③ 832.52   ④ 926.75

【해설】
• 원통형 배관에서의 열관류율 또는, 총괄전열계수) K 는

$$K = \cfrac{1}{\cfrac{1}{\alpha_i} \times \left(\cfrac{D_2}{D_1}\right) + \cfrac{r_2}{k} \times \ln\left(\cfrac{D_2}{D_1}\right) + \cfrac{1}{\alpha_o}}$$

$$= \cfrac{1}{\cfrac{1}{1800} \times \left(\cfrac{3.34}{2.5}\right) + \cfrac{0.0167}{54} \times \ln\left(\cfrac{3.34}{2.5}\right) + \cfrac{1}{1250}}$$

$$= 612.817 ≒ 612.82 \text{ W/m}^2 \cdot \text{℃}$$

50

염기성 내화물의 주원료가 <u>아닌</u> 것은?

① 마그네시아 ② 돌로마이트
③ 실리카 ④ 포스테라이트

【해설】
① 마그네시아(염기성) ② 돌로마이트(염기성)
❸ 실리카(규석질, 산성) ④ 포스테라이트(염기성)

【참고】 ※ 화학조성에 따른 내화물의 종류 및 특성
㉠ 산성 내화물의 종류 [암기법] : 산규 납점샤
 - 규석질(석영질, SiO_2, 실리카), 납석질(반규석질),
  점토질, 샤모트질
㉡ 중성 내화물의 종류 [암기법] : 중이 C 알
 - 탄소질, 크롬질, 고알루미나질(Al_2O_3계 50% 이상),
  탄화규소질
㉢ 염기성 내화물의 종류 [암기법] : 염병할~ 포돌이 마크
 - 포스테라이트질(Forsterite, $MgO-SiO_2$계),
  돌로마이트질(Dolomite, $CaO-MgO$계),
  마그네시아질(Magnesite, MgO계),
  마그네시아-크롬질(Magnesite Chromite, $MgO-Cr_2O_3$계)

51

나사식 가단 주철제 관 이음쇠에서 유체의 상태가 300℃ 이하의 증기, 공기, 가스 및 기름일 경우 최고사용압력 기준으로 옳은 것은?

① 1.4 MPa ② 2.0 MPa
③ 1.0 MPa ④ 2.5 MPa

【해설】 ※ 나사식 가단 주철제 관이음쇠의 압력기준

유체의 상태	최고사용압력 (MPa)
300 ℃ 이하의 증기, 공기, 가스 및 기름	1.0
220 ℃ 이하의 증기, 공기, 가스, 기름 및 맥동수	1.4
120 ℃ 이하의 정류수	2.0

52

아크 용접기의 구비조건으로 <u>틀린</u> 것은?

① 사용 중에 온도상승이 커야 한다.
② 가격이 저렴하고 사용 유지비가 적게 들어야 한다.
③ 아크 발생이 잘 되도록 무부하 전압이 유지되어야 한다.
④ 전류 조정이 용이하고 일정한 전류가 흘러야 한다.

【해설】
❶ 아크 용접기 사용 중에 온도상승이 크면, 용접 품질이 저하되고 용접기의 수명이 줄어들기 때문에 온도상승이 적어야 한다.
② 사용 유지비가 적고 가격이 저렴해야 하며, 작업자가 쉽게 사용할 수 있어야 한다.
③ 아크 용접기 내 전류가 흘러 아크가 발생하고 이로 인하여 열이 발생되기 때문에 아크 발생이 원활하도록 무부하 전압이 유지되어야 한다.
④ 전류 조정에 따라 열 발생이 조절되고 용접의 품질이 결정되기 때문에 전류 조정이 용이하면서 전류가 일정하게 흘러야 한다.

53

다음 중 역귀환 배관방식이 사용되는 난방설비는?

① 증기난방 ② 온풍난방
③ 온수난방 ④ 전기난방

【해설】
※ 역귀환(역환수) 배관방식 : 보일러의 온수난방에서 환수관(방열기에서 보일러까지)의 길이와 온수관(보일러에서 방열기까지)의 길이를 같게 하는 배관방식으로 각 방열기마다 온수의 유량분배가 균일하여 전·후방 방열기의 온수 온도를 일정하게 할 수 있는 장점이 있지만, 환수관의 길이가 길어져 설치비용이 많아지고 추가 배관 공간이 더 요구되는 단점이 있다.

54

보일러 종류에 따른 특징에 관한 설명으로 <u>틀린</u> 것은?

① 관류보일러는 보일러 드럼과 대형 헤더가 있어 작은 전열관을 사용할 수 있기 때문에 중량이 무거워진다.

② 수관보일러는 노통보일러에 비하여 전열면적이 크므로 증발량이 크다.

③ 수관보일러는 증발량에 비해 수부가 적어 부하변동에 따른 압력변화가 크다.

④ 원통보일러는 보유수량이 많아 파열사고 발생 시 위험성이 크다.

【해설】

※ 관류식(貫流式, 단관식) 보일러

- 하나로 된 긴 관의 일단에서 급수를 펌프로 압입하여 도중에서 가열, 증발, 과열을 한꺼번에 시켜 과열증기로 내보내는 보일러로서, 드럼이 없으며, 가는 수관으로만 구성되어 중량이 다른 보일러에 비해 가볍다.

55

보일러 이상연소 중 불완전연소의 원인으로 가장 거리가 <u>먼</u> 것은?

① 연소용 공기량이 부족할 경우

② 연소속도가 적절하지 않을 경우

③ 버너로부터의 분무입자가 작을 경우

④ 분무연료와 연소용 공기와의 혼합이 불량할 경우

【해설】

※ 불완전연소의 원인

㉠ 연소용 공기량이 부족할 때

㉡ 연소속도가 적절하지 않을 때

㉢ 오일의 무화가 불량일 때(분무 입자가 클 경우)

㉣ 분무연료와 연소용 공기와의 혼합이 불량일 때

56

철강제 가열로의 연소가스는 어떤 상태로 유지되어야 하는가?

① SO_2 가스가 많아야 한다.

② CO 가스가 검출되어서는 안된다.

③ 환원성 분위기이어야 한다.

④ 산성 분위기이어야 한다.

【해설】

● 용광로 내부에서의 제철과정

- 철광석을 원료로 하여 노정(노의 상부)에서 열원 및 환원제로 코크스, 불순물 제거용으로 석회석 등을 첨가하여 함께 층상으로 장입하고 열풍을 불어넣어 코크스(cokes) 연소열에 의하여 철광석이 용해되고 코크스 발생 시 생성된 가스가 분해된 CO와 H_2의 환원성 가스 분위기에 의해서 산화철 (FeO)이 환원되어 선철(Fe)이 된다.

57

다음 중 공기비가 작을 경우 연소에 미치는 영향으로 <u>틀린</u> 것은?

① 불완전연소가 되어 매연 발생이 심하다.

② 연소가스 중 SO_2의 함유량이 많아져 저온부식이 촉진된다.

③ 미연소에 의한 열손실이 증가한다.

④ 미연소 가스로 인한 폭발 사고가 일어나기 쉽다.

【해설】 ※ 공기비가 작을 경우

㉠ 불완전연소가 되어 매연(CO 등) 발생이 심해진다.

㉡ 미연소가스로 인한 역화 현상의 위험이 있다.

㉢ 불완전연소, 미연성분에 의한 손실열이 증가한다.

㉣ 연소효율이 감소한다.

❷ 공기비가 작으면 연소가스 중에 산소 잔류량이 감소하므로 SO_2의 함유량이 적어져 저온부식이 억제된다.

58

노통보일러에서 브리징 스페이스의 간격을 적게 할 경우 어떤 장애가 발생하기 쉬운가?

① 불완전연소가 되기 쉽다.

② 증기압력이 낮아지기 쉽다.

③ 서징현상이 발생되기 쉽다.

④ 구루빙 현상이 발생되기 쉽다.

【해설】

  ※ 브레이징 스페이스(Breathing space, 완충구역)

    - 경판의 탄성(강도)를 높이기 위한 것으로서, 노통보일러의 평형경판에 부착하는 거싯스테이 하단과 노통의 상단부 사이의 신축거리를 말하며, 경판의 일부가 노통의 고열에 의한 신축작용에 따라 탄성작용을 하는 역할을 한다. 경판의 두께에 따라 브레이징 스페이스 거리가 달라지며 최소한 230 mm 이상을 유지하여야 하고 간격이 좁혀질 경우 그루빙 현상이 발생하게 된다.

【참고】

  ※ 구상 부식(Grooving 그루빙)

    - 단면의 형상이 길게 U자형, V자형 등으로 홈이 깊게 파이는 부식을 말한다.

59

방열계수가 $8.5\,\text{W/m}^2\cdot\text{℃}$ 인 방열기에서 방열기 입구온도 85℃, 실내온도 20℃, 방열기 출구온도 65℃ 이다. 이 방열기의 방열량(W/m^2)은?

① 450.8 ② 467.5

③ 386.7 ④ 432.2

【해설】

  ※ 방열기(radiator 라디에이터)의 방열량을 Q라 두면,

    Q = K × Δt

      여기서, K : 방열계수

        Δt : 방열기 내 온수의 평균온도차

    = $8.5\,\text{W/m}^2\cdot\text{℃} \times \left(\dfrac{85+65}{2} - 20 \right)\text{℃}$

    = $467.5\,\text{W/m}^2$

60

증기트랩을 사용하는 이유로 가장 적합한 것은?

① 증기배관 내의 수격작용을 방지한다.

② 증기의 송기량을 증가시킨다.

③ 증기배관의 강도를 증가시킨다

④ 증기발생을 왕성하게 해준다.

【해설】   암기법 : 응수부방

  ※ 증기트랩(steam trap)의 설치목적

    ㉠ 관내의 응축수 배출로 인한 수격작용 방지

      (∵ 관내 유체흐름에 대한 저항이 감소되므로)

    ㉡ 응축수 배출로 인한 관내부의 부식 방지

      (∵ 급수처리된 응축수를 재사용하므로)

    ㉢ 응축수 회수로 인한 열효율 증가

      (∵ 응축수가 지닌 폐열을 이용하므로)

    ㉣ 응축수 회수로 인한 연료 및 급수 비용 절약

제4과목 열설비 안전관리 및 검사기준

61

에너지이용 합리화법에 따라 열사용기자재 중·소형 온수보일러는 최고사용압력 얼마 이하의 온수를 발생하는 보일러를 의미하는가?

① 0.35 MPa 이하 ② 0.5 MPa 이하

③ 0.65 MPa 이하 ④ 0.85 MPa 이하

【해설】   [에너지이용합리화법 시행규칙 별표1.]

  • 열사용기자재의 품목 중 소형 온수보일러의 적용범위는 전열면적이 $14\,\text{m}^2$ 이하이며, 최고사용압력이 0.35 MPa 이하의 온수를 발생하는 것으로 한다.

    (다만, 구멍탄용 온수보일러·축열식 전기보일러 및 가스사용량이 17 kg/h 이하인 가스용 온수보일러는 제외한다.)

62

보일러 산 세관 시 사용하는 부식 억제제의 구비 조건으로 <u>틀린</u> 것은?

① 점식 발생이 없을 것
② 부식 억제 능력이 클 것
③ 물에 대한 용해도가 작을 것
④ 세관액의 온도, 농도에 대한 영향이 적을 것

【해설】

※ 부식 억제제의 구비조건

　ⓐ 점식(피팅)이 발생하지 않을 것
　ⓑ 부식 억제 능력이 우수할 것
　ⓒ 세관액의 온도·농도에 대한 영향이 적을 것
　ⓓ 물에 대한 용해도가 클 것
　ⓔ 저농도에서도 부식 억제의 효과가 클 것
　ⓕ 환경기준에 저촉되지 않을 것
　ⓖ 잔류 시 관석(스케일) 생성 현상이 없을 것

63

보일러 급수처리의 목적으로 가장 거리가 <u>먼</u> 것은?

① 응결수 증가 방지
② 전열면의 스케일의 생성 방지
③ 프라이밍, 포밍 등의 발생방지
④ 점식 등의 내면 부식 방지

【해설】　　　　　　　암기법 : 청스부, 캐농

※ 급수처리의 목적 (청관제 사용목적)

　ⓐ 슬러리 및 스케일의 생성·고착을 방지한다.
　ⓑ 보일러의 부식을 방지한다.
　ⓒ 프라이밍(비수), 포밍(물거품), 캐리오버(기수 공발) 현상을 방지한다.
　ⓓ 보일러수의 농축을 방지한다.
　ⓔ 가성취화 현상을 방지한다.
　ⓕ 분출작업 횟수를 감소시켜 열손실을 감소한다.

❶ 증기배관의 보온처리 불량 및 캐리오버의 발생 등에 의해 응결수(응축수)가 증가한다.

64

보일러의 분출밸브 크기와 개수에 대한 설명으로 <u>틀린</u> 것은?

① 정상시 보유수량 400 kg 이하의 강제순환 보일러에는 열린 상태에서 전개하는데 회전축을 적어도 3회전 이상 회전을 요하는 분출밸브 1개를 설치하여야 한다.
② 최고사용압력 0.7 MPa 이상의 보일러의 분출관에는 분출밸브 2개 또는 분출밸브와 분출코크를 직렬로 갖추어야 한다.
③ 2개 이상의 보일러에서 분출관을 공동으로 하여서는 안 된다.
④ 전열면적이 10 m² 이하인 보일러에서 분출 밸브의 크기는 호칭지름 20 mm 이상으로 할 수 있다.

【해설】　　　　　　[열사용기자재의 검사기준 22.6.4.]

※ 분출밸브의 크기와 개수

❶ 정상 시 보유수량 400 kg 이하의 강제순환 보일러에는 닫힌 상태에서 전개하는데 회전축을 적어도 5회전 이상 회전을 요하는 분출밸브 1개를 설치하여야 한다.

65

에너지이용 합리화법에 따라 산업통상자원부장관에게 에너지 사용계획을 제출하여야 하는 사업주관자가 실시하는 사업의 종류가 <u>아닌</u> 것은?

① 에너지 개발사업　② 관광단지 개발사업
③ 철도 건설사업　　④ 주택 개발사업

【해설】　　　　[에너지이용합리화법 시행령 제20조1항]
　　　　　　　　　　암기법 : 에관공 도산

● 에너지사용계획을 수립하여 산업통상자원부장관에게 제출하여야 하는 사업은 에너지개발사업, 관광단지 개발사업, 공항건설사업, 도시개발사업, 산업단지 개발사업, 항만건설사업, 철도건설사업, 개발촉진 지구개발사업, 지역종합개발사업 이다.

66

보일러를 옥내에 설치하는 경우 설치 시 유의 사항으로 <u>틀린</u> 것은? (단, 소형보일러 및 주철제 보일러는 제외한다.)

① 도시가스를 사용하는 보일러실에서는 환기구를 가능한 한 낮게 설치하여 가스가 누설 되었을 때 체류하지 않는 구조이어야 한다.

② 보일러 동체 최상부로부터 천정, 배관 등 보일러 상부에 있는 구조물까지의 거리는 1.2 m 이상이어야 한다.

③ 보일러 동체에서 벽, 배관, 기타 보일러 측부에 있는 구조물까지 거리는 0.45 m 이상이어야 한다.

④ 보일러 및 보일러에 누설된 금속제의 굴뚝 또는 연도의 외측으로부터 0.3 m 이내에 있는 가연성 물체에 대하여는 금속 이외의 불연성 재료로 피복하여야 한다.

【해설】 [열사용기자재의 검사기준 22.1.1.]

❶ 보일러실은 연소 및 환경을 유지하기에 충분한 급기구 및 환기구가 있어야 하며 급기구는 보일러 배기가스 덕트의 유효단면적 이상이어야 하고 도시가스를 사용하는 경우에는 환기구를 가능한 한 **높게** 설치하여 가스가 누설되었을 때 체류하지 않는 구조이어야 한다.

67

에너지이용 합리화법에 따라 검사를 받아야 하는 검사대상기기 검사의 종류에 해당 되지 <u>않는</u> 것은?

① 설치검사   ② 자체검사
③ 개조검사   ④ 설치장소 변경검사

【해설】 [에너지이용합리화법 시행규칙 별표3의4.]

• 검사의 종류에는 제조검사(용접검사, 구조검사), 설치검사, 설치장소변경검사, 개조검사, 재사용검사, 계속사용검사(안전검사, 운전성능검사)로 분류한다.

68

검사대상기기에 대해 개조검사의 적용대상에 해당되지 <u>않는</u> 것은?

① 연료를 변경하는 경우

② 연소방법을 변경하는 경우

③ 온수보일러를 증기보일러로 개조하는 경우

④ 보일러 섹션의 증감에 의하여 용량을 변경 하는 경우

【해설】 암기법: 걔한테 증 → 온 오까?

❸ 증기보일러를 온수보일러로 개조하는 경우에 적용대상이 된다.

【참고】 [에너지이용합리화법 시행규칙 별표3의4.]

※ 개조검사의 적용대상

㉠ 증기보일러를 온수보일러로 개조하는 경우
㉡ 보일러 섹션의 증감에 의하여 용량을 변경하는 경우
㉢ 동체·돔·노통·연소실·경판·천정판·관판· 관모음 또는 스테이의 변경으로서 산업통상자원 부장관이 정하여 고시하는 대수리의 경우
㉣ 연료 또는 연소방법을 변경하는 경우
㉤ 철금속가열로로서 산업통상자원부장관이 정 하여 고시하는 경우의 수리

69

에너지이용 합리화법에 따라 검사대상기기의 계속사용검사신청서를 검사유효기간 만료 최대 며칠 전까지 제출해야 하는가?

① 7일전   ② 10일전
③ 15일전   ④ 30일전

【해설】 [에너지이용합리화법 시행규칙 제31조의19.]

※ 계속사용검사신청

• 검사대상기기의 계속사용검사를 받으려는 자는 검사대상기기 계속사용검사 신청서를 검사유효 기간 만료 **10일 前**까지 한국에너지공단 이사장에게 제출하여야 한다.

70

에너지이용 합리화법에 따라 에너지다소비 사업자가 산업통상자원부령으로 정하는 바에 따라 해당 시·도지사에 신고해야 할 사항이 <u>아닌</u> 것은?

① 전년도의 분기별 에너지사용량

② 해당 연도의 수입, 지출 예산서

③ 해당 연도의 제품생산예정량

④ 전년도의 분기별 에너지이용 합리화 실적

【해설】 [에너지이용합리화법 제31조.]

※ 에너지다소비업자의 신고 암기법 : 전 기관에 전해

• 에너지사용량이 대통령령으로 정하는 기준량 (2000 TOE)이상인 에너지다소비업자는 산업 통상자원부령으로 정하는 바에 따라 매년 1월 31일까지 그 에너지사용시설이 있는 지역을 관할 하는 시·도지사에게 다음 사항을 신고하여야 한다.

㉠ **전**년도의 분기별 에너지사용량·제품생산량

㉡ **해**당 연도의 분기별 에너지사용예정량·제품 생산예정량

㉢ **전**년도의 분기별 에너지이용 합리화 실적 및 해당 연도의 분기별 계획

㉣ 에너지사용**기**자재의 현황

㉤ 에너지**관**리자의 현황

71

에너지이용 합리화법에 따라 검사대상기기 설치자는 검사대상기기로 인한 사고가 발생한 경우 한국에너지공단에 통보하여야 한다. 그 통보를 하여야 하는 사고의 종류로 가장 거리가 먼 것은?

① 사람이 사망한 사고

② 사람이 부상당한 사고

③ 화재 또는 폭발 사고

④ 가스 누출사고

【해설】 [에너지이용합리화법 제40조의2.]

※ 검사대상기기 사고의 통보 및 조사

• 검사대상기기설치자는 검사대상기기로 인하여 다음의 어느 하나에 해당하는 사고가 발생한 때에는 지체 없이 사고의 일시·내용 등 산업통상 자원부령으로 정하는 사항을 한국에너지공단에 통보하여야 하며, 한국에너지공단은 이를 산업 통상자원부장관 또는 시·도지사에게 보고하여야 한다.

㉠ 사람이 사망한 사고

㉡ 사람이 부상당한 사고

㉢ 화재 또는 폭발 사고

㉣ 그 밖에 검사대상기기가 파손된 사고로서 산업통상자원부령으로 정하는 사고

72

에너지이용 합리화법에서 정한 검사대상기기의 검사 유효기간이 없는 검사의 종류는?

① 설치검사 　　　② 구조검사

③ 계속사용검사 　④ 설치장소변경검사

【해설】

❷ 제조검사(구조검사, 용접검사)는 검사 유효기간 대상에 해당하지 않는다.

【참고】 [에너지이용합리화법 시행규칙 별표3의5.]

※ 검사대상기기의 검사유효기간

검사의 종류		검사 유효기간
설치검사		1) 보일러 : 1 년 다만, 운전성능 부문의 경우는 3년 1개월로 한다. 2) 압력용기 및 철금속가열로 : 2 년
개조검사		1) 보일러 : 1 년 2) 압력용기 및 철금속가열로 : 2 년
설치장소 변경검사		1) 보일러 : 1 년 2) 압력용기 및 철금속가열로 : 2 년
재사용검사		1) 보일러 : 1 년 2) 압력용기 및 철금속가열로 : 2 년
계속 사용 검사	안전 검사	1) 보일러 : 1 년 2) 압력용기 : 2 년
	운전 성능 검사	1) 보일러 : 1 년 2) 철금속가열로 : 2 년

73

에너지이용 합리화법에 따라 검사대상기기 관리자의 선임기준에 관한 설명으로 옳은 것은?

① 검사대상기기관리자의 선임기준은 1구역 마다 1명 이상으로 한다.

② 1구역은 검사대상기기 1대를 기준으로 정한다.

③ 중앙통제설비를 갖춘 시설은 관리자 선임이 면제된다.

④ 압력용기의 경우 1구역은 검사대상기기 관리자 2명이 관리할 수 있는 범위로 한다.

【해설】　　　[에너지이용합리화법 시행규칙 제31조의27.]

※ 검사대상기기 관리자의 선임기준

　　① 검사대상기기 관리자의 선임기준은 1구역마다 1명 이상으로 한다.

　　② 제1항에 따른 1구역은 검사대상기기 관리자가 한 시야로 볼 수 있는 범위 또는 중앙통제 · 관리설비를 갖추어 검사대상기기 관리자 1명이 통제·관리할 수 있는 범위로 한다. 다만, 캐스케이드 보일러 또는 압력용기의 경우에는 검사대상기기 관리자 1명이 관리할 수 있는 범위로 한다.

74

화학 세관에서 사용하는 유기산에 해당되지 <u>않는</u> 것은?

① 인산　　　　　　② 초산
③ 구연산　　　　　④ 옥살산

【해설】

　❶ 인산(H_3PO_4)은 무기산 세관액에 해당한다.

【참고】

※ 유기산(**구연산**, 개미산, 시트르산, **옥살산**, **초산** 등)은 유기물이므로 보일러 운전 시 고온에서 분해되어 산이 남아있어도 부식될 염려가 적어 오스테나이트계 스테인레스강이나 동 및 동합금의 세관에 사용한다.

75

보일러 수처리에서 이온교환체와 관계가 있는 것은?

① 천연산 제올라이트
② 탄산소다
③ 히드라진
④ 황산마그네슘

【해설】 ※ 이온교환법(또는, 이온교환수지법)

　• 경수를 연수로 만드는 급수처리 방법 중 화학적 처리 방법인 이온교환법 중에서 양이온 교환수지로 제올라이트(Zeolite, 규산알루미늄 Al_2SiO_5)를 사용하는 것을 제올라이트법이라고 하는데, 탁수에 사용하면 수지의 오염으로 인하여 경수 성분인 Ca^{2+}, Mg^{2+} 등의 양이온 제거 효율이 나빠진다.

76

수질의 용어 중 ppb(parts per billion)에 대한 설명으로 옳은 것은?

① 물 1 kg 중에 함유되어 있는 불순물의 양을 mg 으로 표시한 것이다.

② 물 1 ton 중에 함유되어 있는 불순물의 양을 mg 으로 표시한 것이다.

③ 물 1 kg 중에 함유되어 있는 불순물의 양을 g 으로 표시한 것이다.

④ 물 1 ton 중에 함유되어 있는 불순물의 양을 g 으로 표시한 것이다.

【해설】 ※ 농도의 표시 단위

　• ppb (parts per billion, 10억분율)

　　– 물 $1 \, m^3$ 중에 함유된 불순물의 양을 mg 으로 나타내는 농도[mg/m^3] 이다.

　• ppb = mg/m^3 = **mg/ton** = $\mu g/kg$

77

에너지법상 지역에너지계획은 5년마다 수립하여야 한다. 이 지역에너지 계획에 포함되어야 할 사항은?

① 국내외 에너지 수요와 공급 추이 및 전망에 관한 사항
② 에너지의 안전관리를 위한 대책에 관한 사항
③ 에너지 관련 전문인력의 양성 등에 관한 사항
④ 에너지의 안정적 공급을 위한 대책에 관한 사항

【해설】　　　　　　　　　　　　[에너지법 제7조2항.]

※ 지역에너지계획에는 다음 사항이 포함되어야 한다.

 ㉠ 에너지 수급의 추이와 전망에 관한 사항
 ㉡ **에너지의 안정적 공급을 위한 대책**
 ㉢ 신·재생에너지 등 환경친화적 에너지 사용을 위한 대책
 ㉣ 에너지 사용의 합리화와 이를 통한 온실가스의 배출 감소를 위한 대책
 ㉤ 집단에너지 공급대상지역으로 지정된 지역의 경우 그 지역의 집단에너지 공급을 위한 대책
 ㉥ 미활용 에너지원의 개발·사용을 위한 대책
 ㉦ 그밖에 에너지시책 및 관련 사업을 위하여 시·도지사가 필요하다고 인정하는 사항

78

에너지이용 합리화법에 따른 특정열사용기자재 및 그 설치·시공 범위에 속하지 <u>않는</u> 것은?

① 강철제 보일러의 설치
② 태양열 집열기의 세관
③ 3종 압력용기의 배관
④ 연속식 유리용융가마의 설치를 위한 시공

【해설】　　　　　[에너지이용합리화법 시행규칙 별표3의2.]

※ 특정 열사용기자재 및 그 설치·시공 범위

구분	품목명	설치·시공 범위
보일러	강철제보일러 주철제보일러 온수보일러 구멍탄용 온수보일러 축열식 전기보일러	해당 기기의 설치·배관 및 세관
태양열 집열기	태양열집열기	
압력용기	1종 압력용기 2종 압력용기	
요업요로	연속식유리용융가마 불연속식유리용융가마 유리용융도가니가마 터널가마 도염식각가마 셔틀가마 회전가마 석회용선가마	해당 기기의 설치를 위한 시공
금속요로	용선로 비철금속용융로 금속소둔로 철금속가열로 금속균열로	

【key】에너지이용합리화령상 압력용기는 제1종과 제2종으로만 구분하므로, <u>제3종 압력용기는 없다.</u>

79

급수 중에 용존산소가 보일러에 주는 가장 큰 영향은?

① 포밍을 일으킨다.
② 강판, 강관을 부식시킨다.
③ 오존을 발생시킨다.
④ 습증기를 발생시킨다.

【해설】 ※ 점식(Pitting 피팅 또는, 공식)

• 보호피막을 이루던 산화철이 파괴되면서 용존가스인 O_2, CO_2의 전기화학적 작용에 의한 보일러 각 부의 내면에 반점 모양의 구멍을 형성하는 촉수면의 전체 부식으로서 보일러 내면 부식의 약 80%를 차지하고 있으며, 고온에서는 그 진행속도가 매우 빠르다.

80

보일러를 휴지상태로 보존할 때 부식을 방지하기 위해 채워두는 가스로 가장 적절한 것은?

① 아황산가스   ② 이산화탄소

③ 질소가스   ④ 헬륨가스

【해설】 ※ 건조 보존법(또는, 건식 보존법)

- 보존기간이 6개월 이상인 경우 보일러수를 완전히 배출하고 동 내부를 완전히 건조시킨 후 약품(흡습제, 산화방지제, 기화성 방청제 등)을 넣고 밀폐시켜 보존하는 방법으로 다음과 같은 종류가 있다.

  ㉠ 석회 밀폐건조법

  ㉡ 질소가스 봉입법(또는, 질소건조법, 기체보존법)

  ㉢ 기화성 부식억제제 투입법

  ㉣ 가열 건조법

2019년 제2회 에너지관리산업기사
(2019.04.27. 시행)

평균점수

제1과목 | **열 및 연소설비**

01

노 앞과 연돌하부에 송풍기를 두어 노 내압을 대기압보다 약간 낮게 조절한 통풍방식은?

① 압입통풍　　　② 흡입통풍
③ 간접통풍　　　④ 평형통풍

【해설】 ※ 통풍방식의 분류

① 자연통풍 방법 : 송풍기가 없이 오로지 연돌에 의한 통풍방식으로 노내 압력은 항상 부압(-)으로 유지되며, 연돌 내의 연소가스와 외부 공기의 밀도차에 의해 생기는 압력차를 이용하여 이루어지는 대류현상이다.

② 강제통풍 방법 : 송풍기를 이용한다.

　㉠ 압입통풍 : 노 앞에 설치된 송풍기에 의해 연소용 공기를 대기압 이상의 압력으로 가압하여 노 안에 압입하는 방식으로, 노내 압력은 항상 정압(+)으로 유지된다.

　㉡ 흡입통풍 : 연소로의 배기가스가 나가는 연도 중의 댐퍼 뒤에 송풍기를 설치하여 배기가스를 직접 빨아들여 강제로 배출시키는 방식으로, 노내 압력은 항상 부압(-)으로 유지된다.

　㉢ 평형통풍 : 노 앞과 연도 끝에 송풍기를 설치하여 양 송풍기의 회전수와 댐퍼의 개도를 조절하는 방식으로, 노내 압력을 정압(+)이나 부압(-)으로 임의로 조절할 수 있다.

02

탱크 내에 900 kPa의 공기 20 kg이 충전되어 있다. 공기 1 kg을 뺄 때 탱크 내 공기온도가 일정하다면 탱크 내 공기압력(kPa)은?

① 655　　　② 755
③ 855　　　④ 900

【해설】
- 이상기체의 상태방정식 PV = mRT 를 통해 탱크의 체적(V)를 구한다.

　(이때, 탱크내 온도는 0℃ = 273 K 을 기준으로 계산한다.)

$$V = \frac{mRT}{P} = \frac{m\,\frac{\overline{R}}{M}\,T}{P}$$

$$= \frac{20\,kg \times \frac{8.314\,kJ/kmol \cdot K}{29\,kg/kmol} \times (0+273)\,K}{900\,kPa}$$

$$≒ 1.74\ m^3$$

- 공기의 질량 m = (20 - 1)kg = 19 kg과 탱크의 체적(V) = 1.74 m³ 을 PV = mRT 에 적용하면,

$$P = \frac{mRT}{V} = \frac{m\,\frac{\overline{R}}{M}\,T}{V}$$

$$= \frac{19\,kg \times \frac{8.314\,kJ/kmol \cdot K}{29\,kg/kmol} \times (0+273)\,K}{1.74\,m^3}$$

$$= 854.6\ kPa ≒ \mathbf{855\ kPa}$$

【참고】
- 공기의 분자량(M) = 28.84 ≒ 28.96 ≒ 29
- 공통 기체상수(또는, 평균 기체상수 $\overline{R}$)

　$\overline{R}$ = 8.314 kJ/kmol·K 은 암기사항이다.

- $\overline{R} = M \cdot R$ 에서, 해당기체상수 $R = \dfrac{\overline{R}}{M}$

03

고체연료의 일반적인 주성분은 무엇인가?

① 나트륨   ② 질소

③ 유황   ④ 탄소

【해설】 ※ 연료의 종류에 따른 원소 조성비

종류	C (%)	H (%)	O 및 기타 (%)
고체연료	95 ~ 50	6 ~ 3	44 ~ 2
액체연료	87 ~ 85	15 ~ 13	2 ~ 0
기체연료	75 ~ 0	100 ~ 0	57 ~ 0

• 고체연료의 주성분은 C, O, H로 조성되며, 액체연료에 비해서 산소함유량이 많아서 수소가 적다. 따라서, 고체연료의 탄수소비가 가장 크다. 기체연료는 탄소와 수소가 대부분이며,

탄수소비 $\left(\dfrac{C}{H}\right)$ 는 고체 >액체 >기체의 순서가 된다.

04

이상기체의 가역 단열과정에서 절대온도 T와 압력 P의 관계식으로 옳은 것은? (단, 비열비 $k = C_p / C_v$ 이다.)

① $T \cdot P^{k-1} = C$ ② $T \cdot P^k = C$

③ $T \cdot P^{\frac{k+1}{k}} = C$ ④ $T \cdot P^{\frac{1-k}{k}} = C$

【해설】 ※ 단열변화의 P, V, T 관계식은 다음과 같다.

$$\frac{P_1}{P_2} = \left(\frac{V_2}{V_1}\right)^k = \left(\frac{T_1}{T_2}\right)^{\frac{k}{k-1}}$$

따라서, 관계식의 변형된 표현식은 지수법칙을 이용하는 것이므로

$$\frac{P_1}{P_2} = \left(\frac{T_1}{T_2}\right)^{\frac{k}{k-1}} = \left(\frac{T_2}{T_1}\right)^{\frac{k}{1-k}}$$

양변의 지수에 T항의 역수인 $\left(\dfrac{1-k}{k}\right)$ 를 곱하여 정리하면,

$$\left(\frac{P_1}{P_2}\right)^{\frac{1-k}{k}} = \frac{T_2}{T_1}$$

$$\therefore\ T_1 \cdot P_1^{\frac{1-k}{k}} = T_2 \cdot P_2^{\frac{1-k}{k}} = \text{Const (일정)}$$

05

몰리에르 선도로부터 파악하기 <u>어려운</u> 것은?

① 포화수의 엔탈피

② 과열증기의 과열도

③ 포화증기의 엔탈피

④ 과열증기의 단열팽창 후 상대습도

【해설】 ※ 몰리에르 선도(Mollier chart) : H-S선도

• 엔탈피 H를 세로축에 엔트로피 S를 가로축으로 취하여, 증기의 상태(압력 P, 온도 t, 비체적 v, 건도 x 및 H, S)를 나타낸 선도 (즉, H-S선도)를 말하며, 증기의 상태(P, t, v, x, H, S) 중 2개의 상태를 알면 몰리에르(또는, 몰리에) 선도로부터 다른 상태를 알 수 있다.

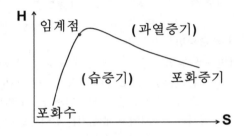

❹ 상대습도는 (습)공기선도에서 알 수 있다.

06

정압비열 5 kJ/kg·K의 기체 10 kg을 압력을 일정하게 유지하면서 20 ℃에서 30 ℃까지 가열하기 위해 필요한 열량(kJ)은?

① 400   ② 500

③ 600   ④ 700

【해설】   암기법 : 큐는 씨암탉

• 정압가열량을 Q라 두면

Q = $C_p \cdot m \, \Delta T$ 여기서, C_p : 정압비열, m : 질량, ΔT : 온도차(K 또는, ℃)

= 5 kJ/kg·K × 10 kg × (30 - 20)K

= 500 kJ

07

증기 동력사이클의 효율을 높이는 방법이 <u>아닌</u> 것은?

① 과열기를 설치한다.
② 재생사이클을 사용한다.
③ 증기의 공급온도를 높인다.
④ 복수기의 압력을 높인다.

【해설】

※ 증기동력사이클(랭킨사이클)의 T-S 선도에서 **초압**(터빈입구의 온도, 압력)을 높이거나, **배압**(복수기의 압력)을 낮출수록 T-S 선도의 면적에 해당하는 W_{net}(유효일량)이 커지므로 열효율은 상승한다.

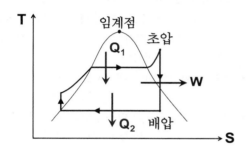

08

절대온도 293 K은 섭씨온도로 얼마인가?

① −20℃   ② 0℃
③ 20℃   ④ 566℃

【해설】   암기법 : 화씨는 오구씨보다 32살 많다
• 절대온도 T(K) = t(℃) + 273 에서,
        293 K = t(℃) + 273 이므로
        섭씨온도 t = 293 − 273 = **20℃**

【참고】
※ 아래 3가지의 온도 공식 암기를 통해서 모든 온도변환 문제는 해결이 가능하므로 필수 암기사항이다.
• 절대온도(K) = 섭씨온도(℃) + 273
• 화씨온도(℉) = $\dfrac{9}{5}$℃ + 32
• 랭킨온도(℉R) = ℉ + 460

09

비중이 0.8 인 액체의 압력이 2 kg/cm² 일 때, 액체의 양정(m)은?

① 4   ② 16
③ 20   ④ 25

【해설】 ※ 압력(P) 공식의 변환은 숙달해 놓아야 한다.

• P = $\dfrac{F}{A}$ = $\dfrac{mg}{A}$ = $\dfrac{\rho V g}{A}$ = $\rho g h$ = $\gamma \cdot h$

  여기서, γ : 비중량, h : 높이 또는, 양정

  한편, 비중 s = $\dfrac{\gamma}{\gamma_물}$ 에서 γ = s $\cdot \gamma_물$

∴ h = $\dfrac{P}{\gamma}$ = $\dfrac{P}{s \cdot \gamma_물}$ = $\dfrac{2\,kgf/cm^2}{0.8 \times 1000\,kgf/m^3}$

  = $\dfrac{2 \times 10^4\,kgf/m^2}{0.8 \times 1000\,kgf/m^3}$ = **25 m**

【참고】 ※ 비중(specific gravity)
• 같은 체적의 기준물질에 대한 어떤 측정물질의 무게의 비 또는, 기준물질의 밀도에 대한 측정물질의 밀도의 비로 단위가 없는 무차원수이다.
• 고체, 액체의 경우는 순수한 물 4℃를 기준물질로 한다.

  s (비중) = $\dfrac{w}{w_물}$ = $\dfrac{w \cdot g}{m_물 \cdot g}$ = $\dfrac{m}{m_물}$ = $\dfrac{\rho V \cdot g}{\rho_물 V \cdot g}$ = $\dfrac{\gamma}{\gamma_물}$

• 물의 비중은 1 이고, 비중량(γ_w)은 1000 kgf/m³ 이다.

【참고】 지구의 평균중력가속도인 g 의 값이 9.8 m/s² 으로 동일하게 적용될 때에 중력단위(또는, 공학용단위)의 힘으로 압력이나 비중량을 표시할 때 kgf 에서 흔히 f(포오스)를 생략하고 kg/cm² 이나, kg/cm³ 으로 사용하기도 하며 국제적으로는 밀도와 비중량의 단위를 같이 쓴다.

10

카르노사이클의 과정 중 그 구성이 옳은 것은?

① 2개의 가역등온과정, 2개의 가역팽창과정
② 2개의 가역정압과정, 2개의 가역단열과정
③ 2개의 가역등온과정, 2개의 가역단열과정
④ 2개의 가역정압과정, 2개의 가역등온과정

【해설】　　　　　　　　　　　　　　　　　　 암기법 ： 카르노 온단다.
※ 카르노(Carnot)사이클의 순환과정
　： 등온팽창 → 단열팽창 → 등온압축 → 단열압축

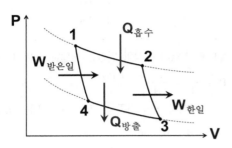

1 → 2 : 등온팽창. (열흡수, 가열)
2 → 3 : 단열팽창. (외부에 일을 한다.)
3 → 4 : 등온압축. (열방출, 방열)
4 → 1 : 단열압축. (외부로부터 일을 받는다.)

11
압력에 관한 설명으로 옳은 것은?

① 압력은 단위면적에 작용하는 수직성분과
　수평성분의 모든 힘으로 나타낸다.
② 1 Pa은 1 ㎡에 1 kg의 힘이 작용하는 압력이다.
③ 압력이 대기압보다 높을 경우 절대압력은
　대기압과 게이지압력의 합이다.
④ A, B, C 기체의 압력을 각각 P_a, P_b, P_c
　라고 표현할 때 혼합기체의 압력은 평균값인
　$\dfrac{P_a + P_b + P_c}{3}$ 이다.

【해설】　　　　　　　　　　　　　　　　 암기법 ： 절대계
① 파스칼의 원리 : "정지상태의 유체 내부에 작용하는
　압력은 작용하는 방향에 관계없이 어느 방향에서나
　일정하게 작용하며, 각 작용면에 수직으로 전달된다."
② 압력 P = $\dfrac{F}{A}$ (단위면적당 작용하는 힘)
　• 단위 관계 : 1 Pa = $\dfrac{N}{m^2}$
❸ 절대압력 = 대기압 + 게이지압(계기압력)

④ 돌턴의 분압 법칙 : 혼합기체가 차지하는 전체압력은
　각 성분기체의 분압의 합과 같다. ($P_t = P_1 + P_2 + P_3 + \cdots$)
　따라서, 문제제시 기호로는 혼합기체의 압력 = $P_a + P_b + P_c$

12
열역학의 기본법칙으로 일종의 에너지보존법칙과
관련된 것은?

① 열역학 제3법칙　　　② 열역학 제2법칙
③ 열역학 제0법칙　　　④ 열역학 제1법칙

【해설】
• 열역학 제 0법칙 : 열적 평형의 법칙(온도계의 원리)
　시스템 A가 시스템 B와 열적 평형을 이루고 동시에
　시스템 C와도 열적평형을 이룰 때 시스템 B와
　C의 온도는 동일하다.
• 열역학 제 1법칙 : 에너지보존 법칙
　　　　　　　$Q_1 = Q_2 + W$
• 열역학 제 2법칙 : 열 이동의 법칙 또는, 에너지전환
　　　　　　방향에 관한 법칙
　　　　　　$T_1 → T_2$ 로 이동한다, $dS \geqq 0$
• 열역학 제 3법칙 : 엔트로피의 절대값 정리
　　　　　　절대온도 0 K에서, $dS = 0$

13
다음 중 건식 집진장치에 해당하지 않는 것은?

① 백 필터　　　　　　② 사이클론
③ 벤투리 스크레버　　④ 멀티클론

【해설】※ 집진장치의 분류와 형식
• 건식 집진장치 : 중력식, 원심식, 여과식(백필터식), 관성식,
　　　　　　사이클론, 멀티클론
• 습식 집진장치 : 스크러버, 벤튜리 스크러버, 충전탑,
　　　　　　사이클론 스크러버, 분무탑
• 전기식 집진장치 : 코트렐식
【key】스크러버(scrubber) : "(물기를 닦는) 솔" 이라는
　　　　뜻이므로 습식(세정식)을 떠올리면 된다.

14

인화점에 대한 설명으로 <u>틀린</u> 것은?

① 가연성 증기발생시 연소범위에 하한계에 이르는 최저온도이다.

② 점화원의 존재와 연관된다.

③ 연소가 지속적으로 확산될 수 있는 최저 온도이다.

④ 연료의 조성, 점도, 비중에 따라 달라진다.

【해설】 ❸번 설명은 "연소점"에 해당한다.

【참고】 ※ 인화점 (인화온도)

• 가연성 액체에서 발생한 증기의 공기 중 농도가 연소범위 내에 있을 경우 외부로부터 가열원(점화원)을 접근시킬 때 접촉하여 발화하는 최저온도를 말한다. 인화점은 연소범위 하한계에 도달되는 온도로, 인화점이 낮을수록 위험성은 커진다.

• 액체의 인화점에 영향을 미치는 요인들
  ㉠ 액체의 비중이 작을수록, 액체의 비점이 낮을수록 인화점은 낮아진다.
  ㉡ 액체의 온도가 높을수록 인화점은 낮아진다.
  ㉢ 압력이 높아지면 증발이 어려워져 비점이 높아지므로 인화점은 높아진다.
  ㉣ 용액의 농도가 클수록 증기압이 낮아지므로 인화점은 높아진다.

【참고】 ※ 연소점 : 가연성 액체가 개방된 용기에서 증기를 계속 발생하며 연소가 지속될 수 있는 최저온도

15

보일러의 통풍력에 영향을 미치는 인자로 가장 거리가 <u>먼</u> 것은?

① 공기예열기, 댐퍼, 버너 등에서 연소가스와의 마찰저항

② 보일러 본체 전열면, 절탄기, 과열기 등에서 연소가스와의 마찰저항

③ 통풍 경로에서 유로의 방향전환

④ 통풍 경로에서 유로의 단면적 변화

【해설】

❶ 연도에 설치된 공기예열기, 댐퍼 등에서 연소가스와의 마찰저항은 통풍력 손실의 원인이 되지만, 버너에서는 통풍력 손실에 영향을 미치지 않는다.

16

공기비(m)에 대한 설명으로 <u>옳은</u> 것은?

① 공기비가 크면 연소실 내의 연소온도는 높아진다.

② 공기비가 작으면 불완전연소의 가능성이 있어서 매연이 발생할 수 있다.

③ 공기비가 크면 SO_2, NO_2 등의 함량이 감소하여 장치의 부식이 줄어든다.

④ 공기비는 연료의 이론연소에 필요한 공기량을 실제연소에 사용한 공기량으로 나눈 값이다.

【해설】

• 일반적으로 공기비 $m = \dfrac{A}{A_0}\left(\dfrac{실제공기량}{이론공기량}\right) > 1$ 이다.

• 공기비가 클 경우
  ㉠ 완전연소 된다.
  ㉡ 과잉공기에 의한 배기가스로 인한 손실열이 증가한다.
  ㉢ 배기가스 중 질소산화물(NO_x)이 많아져 대기오염을 초래한다.
  ㉣ 연료소비량이 증가한다.
  ㉤ 연소실 내의 연소온도가 낮아진다.
  ㉥ 연소효율이 감소한다.

• 공기비가 작을 경우
  ㉠ 불완전연소가 되어 매연(CO 등) 발생이 심해진다.
  ㉡ 미연소가스로 인한 역화 현상의 위험이 있다.
  ㉢ 불완전연소, 미연성분에 의한 손실열이 증가한다.
  ㉣ 연소효율이 감소한다.

17

500 ℃와 0 ℃ 사이에서 운전되는 카르노사이클의 열효율(%)은?

① 49.9   ② 64.7
③ 85.6   ④ 99.2

【해설】 ※ 카르노사이클의 열효율 공식 (η_c)

$$\eta_c = \frac{W}{Q_1} = \frac{Q_1 - Q_2}{Q_1} = 1 - \frac{Q_2}{Q_1} = 1 - \frac{T_2}{T_1}$$

$$= 1 - \frac{273 + 0}{273 + 500} = 0.6468 \fallingdotseq 64.7\,\%$$

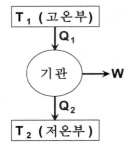

η : 열기관의 열효율
W : 열기관이 외부로 한 일
Q_1 : 고온부(T_1)에서 흡수한 열량
Q_2 : 저온부(T_2)로 방출한 열량

18

액체연료의 특징에 대한 설명으로 틀린 것은?

① 액체연료는 기체연료에 비해 밀도가 크다.
② 액체연료는 고체연료에 비해 단위 질량당 발열량이 크다.
③ 액체연료는 고체연료에 비해 완전연소 시키기가 어렵다.
④ 액체연료는 고체연료에 비해 연소장치를 작게 할 수 있다.

【해설】 ※ 액체연료의 특징
㉠ 주성분은 C, H, O 로 조성된다.
㉡ 고체연료에 비해서 산소함유량이 적어서 비교적 수소가 많다. 따라서, 고체연료의 탄수소비(C/H)보다 작다.
㉢ 고체연료보다 발열량이 크다.
㉣ 고체연료에 비해서 연료의 품질이 거의 균일하므로 완전연소가 가능하다.

㉤ 완전연소가 가능하므로, 연소효율이 높으며 고온을 얻을 수 있고, 연소장치를 작게 제작하기 용이하다.
㉥ 점화 및 소화가 용이하고 온도조절이 용이하다.
㉦ 석탄에 비하여 회분이 거의 함유되어 있지 않으므로, 매연발생량이 적다.
㉧ 기체연료 대비 밀도가 크고, 고체연료 대비 밀도가 작다.
㉨ 고체연료에 비해서 운반ㆍ저장ㆍ취급이 쉽고, 저장 중에 변질이 적다.

19

높이가 50 m, 연소가스 평균온도가 227 ℃, 대기온도가 27 ℃ 일 때 이 굴뚝의 이론통풍력(mmH₂O)은? (단, 표준상태에서 공기의 비중량은 1.29 kg/m³, 연소가스의 비중량은 1.34 kg/m³ 이며, 굴뚝 내의 각종 압력손실은 무시한다.)

① 13.7   ② 22.1
③ 26.5   ④ 30.4

【해설】
• 통풍력 : 연돌(굴뚝)내의 연소가스와 연돌밖의 외부 공기와의 밀도차(비중량차)에 의해 생기는 압력차를 말하며 단위는 mmAq를 쓴다.

• 통풍력 $Z = \left(\dfrac{273\,\gamma_a}{273 + t_a} - \dfrac{273\,\gamma_g}{273 + t_g} \right) h$

여기서, γ_a : 외부공기의 비중량(kgf/m³)
γ_g : 연소가스의 비중량(kgf/m³)
h : 굴뚝의 높이(m)
t_a : 대기의 온도(℃)
t_g : 연소가스의 온도(℃)

$$= \left(\frac{273 \times 1.29}{273 + 27} - \frac{273 \times 1.34}{273 + 227} \right) \times 50\,\text{m}$$

$$= 22.113 \fallingdotseq 22.1\,\text{mmH}_2\text{O}$$

• 비중량 $\gamma = \rho \cdot g$ 의 단위를 [kgf/m³] 또는, [kg/m³] 으로 표현한다.

• 압력의 단위 관계 : mmH₂O = mmAq = kgf/m²

20

증기 축열기(steam accumulator)의 부품이 <u>아닌</u>
것은?

① 증기 분사노즐　　② 순환통
③ 증기 분배관　　④ 트레이

【해설】 ※ 증기축열기(steam accumulator, 증기축압기)

- 보일러 연소량을 일정하게 하고 수요처의 저부하 시
  잉여 증기를 증기사용처의 온도·압력보다 높은
  온도·압력의 포화수 상태로 저장하여 축적시켰다가
  갑작스런 부하변동이나 과부하 시 저장한 증기를
  방출하여 증기의 부족량을 보충하는 압력용기로서,
  증기의 부하변동에 대처하기 위해 사용되는 장치이다.

- 주요부품 : 증기분사노즐, 순환통, 증기분배관, 배수관,
  급수관, 수면계, 체크밸브 등

❹ 트레이 : 기수분리기의 부품으로서, 물과 증기를 분리시키는
  역할을 한다.

| 제2과목 | 열설비 설치 |

21

유량계의 종류 중 차압식이 <u>아닌</u> 것은?

① 오리피스　　② 플로우 노즐
③ 벤투리미터　　④ 로터미터

【해설】　　　　　　　 암기법 : 로면

- 면적식 유량계인 로터미터는 차압식 유량계와는
  달리 관로에 있는 교축기구 차압을 일정하게 유지하고,
  떠 있는 부표(Float, 플로트)의 높이로 단면적 차이에
  의하여 유량을 측정하는 방식이다.

【참고】　　　 암기법 : 손오공 노레(Re)는 벤츄다.
※ 차압식 유량계의 비교
- 압력손실이 큰 순서 : 오리피스 > 노즐 > **벤츄리**

22

표준대기압(1atm)과 거리가 <u>먼</u> 것은?

① 1.01325 bar　　② 101325 Pa
③ 10.332 N/m^2　　④ 1.033 kgf/cm^2

【해설】 ※ 표준대기압(1 atm)의 단위 환산

- 1 atm = 76 cmHg = 760 mmHg = 29.92 inHg
  　　　 = 10332 mmH$_2$O = 10332 mmAq
  　　　 = 10332 kgf/m^2 = 1.0332 kgf/cm^2
  　　　 = 101325 Pa = 101325 N/m^2
  　　　 = 101.325 kPa ≒ 0.1 MPa
  　　　 = 1.01325 bar = 1013.25 mbar = 14.7 psi

23

상당 증발량이 300 kg/h 이고, 급수온도가 30 ℃,
증기 엔탈피가 730 kcal/kg 인 보일러의 실제
증발량은 약 몇 kg/h 인가?

① 215.3　　② 220.5
③ 231.0　　④ 244.8

【해설】

- 상당증발량(w_e)과 실제증발량(w_2)의 관계식
  　$w_e \times R_w = w_2 \times (H_2 - H_1)$ 에서,
  　　한편, 물의 증발잠열(1기압, 100℃)을 R_w이라 두면
  　　　R_w = 539 kcal/kg = 2257 kJ/kg 이므로
  300 kg/h × 539 kcal/kg = w_2 × (730 − 30) kcal/kg
  　∴ 실제증발량 w_2 = **231 kg/h**

【참고】

- 급수온도(℃)는 엔탈피의 단위가 kcal/kg일 때에만
  동일한 계수값으로 대입한다.
  예를 들어, 급수온도 30℃로만 주어져 있을 때는 물의
  비열값인 1 kcal/kg·℃를 대입한 것이므로
  급수엔탈피 H$_1$ = 30 kcal/kg 으로 계산한다.
  그러나, 물의 비열값의 별도 제시가 있거나 급수 엔탈피
  H$_1$의 값이 kJ/kg 단위로 제시되어 있으면 제시된 값
  그대로를 대입하여 계산하면 된다.

24

다음 오차의 분류 중에서 측정자의 부주의로 생기는 오차는?

① 우연오차 ② 과실오차
③ 계기오차 ④ 계통적오차

【해설】 ※ 오차 (error)의 종류

㉠ 계통 오차 (systematic error)

계측기를 오래 사용하면 지시가 맞지 않거나, 눈금을 읽을 때 개인적 습관에 의해 생기는 오차 등 측정값에 편차를 주는 것과 같은 어떠한 원인에 의해 생기는 오차이므로 원인을 알면 보정이 가능하다.

㉡ 우연 오차 (accidental error)

측정실의 온도변동, 공기의 교란, 측정대의 진동, 조명도의 변화 등 오차의 원인을 명확히 알 수 없는 우연한 원인으로 인하여 발생하는 오차로서, 측정값이 일정하지 않고 분포(산포) 현상을 일으키므로 측정을 여러 번 반복하여 평균값을 추정하여 오차의 합이 0에 가깝도록 작게 할 수는 있으나 보정은 불가능하다.

㉢ 과오(실수)에 의한 오차 (과실오차, mistake error)

측정 순서의 오류, 측정값을 읽을 때의 착오, 기록 오류 등 측정자의 부주의나 실수에 의해 생기는 오차이며, 우연오차에서처럼 매번마다 발생하는 것이 아니고 극히 드물게 나타난다.

25

유출량을 일정하게 유지하면 유입량이 증가됨에 따라 수위가 상승하여 평형을 이루지 못하는 요소는?

① 1차 지연요소 ② 2차 지연요소
③ 적분요소   ④ 낭비시간요소

【해설】

❸ 보일러 물탱크에서 유출량을 일정하게 유지하면 유입량이 증가됨에 따라 수위가 상승하여 수위 평형을 이루지 못하고 넘치게 되는 현상은 편차를 제거해주는 적분요소가 원인이다.

26

다음 그림과 같이 부착된 압력계에서 개방탱크의 액면 높이(h)는 약 몇 m 인가? (단, 액의 비중량 950 kgf/m³, 압력 2 kgf/cm², h_0 = 10 m 이다.)

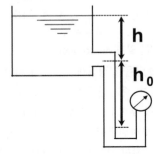

① 1.105   ② 11.05
③ 3.105   ④ 31.05

【해설】

● 압력과 양정의 관계식 : $P = \gamma_{액체} \cdot H$

여기서, P : 압력(kg/m²), $\gamma_{액체}$: 액체 비중량(kgf/m³)
H : 수두 또는, 양정(m)

∴ $P = \gamma_{액체} \cdot H = \gamma_{액체} \cdot (h_0 + h)$

한편, $P = 2\ kgf/cm^2 = \dfrac{2\,kgf}{(10^{-2}m)^2}$

$= 20000\ kgf/m^2$

$20000\ kgf/m^2 = 950\ kgf/m^3 \times (10 + h)\,m$

방정식 계산기 사용법으로 h를 미지수 X로 놓고 구하면, 액면 높이 $h = 11.05\ m$

27

다음 자동제어 방법 중 피드백 제어(Feedback -control)가 아닌 것은?

① 보일러 자동제어 ② 증기온도 제어
③ 급수 제어   ④ 연소 제어

【해설】   암기법 : 시팔연, 피보기

● 보일러의 기본(급수, 온도, 압력 등)이 되는 자동제어는 피드백(Feed back) 제어이다.

● 보일러의 연소(점화 및 소화 등)제어는 시퀀스(Sequence) 제어이다.

28

자동제어방식에서 전기식 제어방식의 특징으로 옳은 것은?

① 조작력이 약하다.
② 신호의 복잡한 취급이 어렵다.
③ 신호전달 지연이 있다.
④ 배선이 용이하다.

【해설】 ※ 전기식 신호 전송방식의 특징

<장점> ㉠ 배선이 간단하다.

㉡ 신호의 전달에 시간지연이 없으므로 늦어지지 않는다. (응답이 가장 빠르다)

㉢ 선 변경이 용이하여 복잡한 신호의 취급 및 대규모 설비에 적합하다.

㉣ 전송거리는 300 m ~ 수 km 까지로 매우 길어 원거리 전송에 이용된다.

㉤ 전자계산기 및 컴퓨터 등과의 결합이 용이하다.

<단점> ㉠ 조작속도가 빠른 조작부를 제작하기 어렵다.

㉡ 취급 및 보수에 숙련된 기술을 필요로 한다.

㉢ 고온다습한 곳은 곤란하고 가격이 비싸다.

㉣ 방폭이 요구되는 곳에는 방폭시설이 필요하다.

㉤ 제작회사에 따라 사용전류는 4 ~ 20 mA(DC) 또는 10 ~ 50 mA(DC)로 통일되어 있지 않아서 취급이 불편하다.

29

아르키메데스의 부력의 원리를 이용한 액면 측정방식은?

① 차압식
② 기포식
③ 편위식
④ 초음파식

【해설】 암기법 : 아편

• 편위식(Displacement) 액면계는 측정액 중에 플로트 (Float)가 잠기는 깊이에 의한 부력으로부터 액면을 측정하는 방식으로, 아르키메데스의 부력 원리를 이용하고 있다.

30

수소(H_2)가 연소되면 증기를 발생시킨다. 이 증기를 복수시키면 증발열이 발생한다. 만약 수소 1 kg을 연소시켜 증기를 완전 복수시키면 얼마의 증발열을 얻을 수 있는가?

① 2512 kJ
② 7536 kJ
③ 22609 kJ
④ 45217 kJ

【해설】 암기법 : 씨(C)팔일,수(H)세상, 황(S)이오

• 표준상태에서, 물의 증발잠열(수증기의 응축잠열)

$R_w = H_h - H_L$

$= 34000 \text{ kcal} - 28600 \text{ kcal}$

$= 5400 \text{ kcal} = 5400 \times 4.1868 \text{ kJ} ≒ 22609 \text{ kJ}$

【참고】 ※ 수소의 완전연소 시 고위, 저위발열량

• 고위발열량(H_h)

$H_2 + \frac{1}{2}O_2 \rightarrow H_2O(액체) + 34000 \text{ kcal/kg}$

• 저위발열량(H_L)

$H_2 + \frac{1}{2}O_2 \rightarrow H_2O(기체) + 28600 \text{ kcal/kg}$

31

계통오차로서 계측기가 가지고 있는 고유의 오차는?

① 기차
② 감차
③ 공차
④ 정차

【해설】

• 기차 : 계측기가 가지고 있는 고유의 오차를 말하며, 계측기에는 법적으로 정해지는 기차로서 검정공차와 사용공차가 있다.

㉠ 검정공차 : 계량기에 허용하는 오차의 범위를 말하며, 기준계량기 검정공차는 일반계량기 검정공차보다 약 2배 정도 정확해야 한다.

㉡ 사용공차(또는, 허용공차) : 계측기의 기차에 대하여 계량법상 인정되는 최대허용 한도를 말하며, 사용중의 계량기에는 검정공차보다 큰 범위의 기차를 인정하고 있다.

32

보일러 용량표시에 관한 설명으로 옳은 것은?

① 단위면적당 증기 발생량을 상당증발량이라
한다.
② 급수의 엔탈피를 h_1 (kJ/kg), 증기의 엔
탈피를 h_2 (kJ/kg)라 할 때 증발계수 f 를
계산하는 식은 2257 ($h_2 - h_1$) 이다.
③ 1시간에 15.65 kg의 증발량을 가진 능력을
1 상당증발량이라 한다.
④ 보일러 본체 전열면적당 단위시간에
발생하는 증발량을 증발률이라 한다.

【해설】
① 상당증발량(또는, 환산증발량, 기준증발량 w_e)
 - 실제증발량을 1기압하에서 100℃의 포화수를 100℃의
  (건)포화증기로 증발시킬 때의 값을 기준으로 환산한
  증발량이다.
② 증발계수(f, 증발력) [암기법] : 계실상
 - 실제증발량에 대한 상당증발량의 비를 말한다.

$$f = \frac{w_e}{w_2}\left(\frac{\text{상당증발량}}{\text{실제증발량}}\right)$$

$$= \frac{\dfrac{w_2 \cdot (H_2 - H_1)}{2257}}{w_2} = \frac{H_2 - H_1}{2257}$$

③ 1 BHP(보일러마력)은 표준대기압(1기압)하, 100℃의
 상당증발량(w_e)으로 15.65 kg/h의 포화증기를 발생
 시키는 능력을 말한다.
❹ 전열면 증발률(e 또는, 전열면 증발량)
 - 보일러의 전열면적 1 m² 당 1시간 동안에 발생하는
  실제증발량을 말한다.

$$e = \frac{w_2}{A_b}\left(\frac{\text{매시 실제 증발량, } kg/h}{\text{보일러 전열면적, } m^2}\right)$$

33

보일러에서 사용하는 압력계의 최고 눈금에 대한
설명으로 옳은 것은?

① 보일러 최고사용압력의 4배 이하로 하되
2배보다 작아서는 안된다.

② 보일러 최고사용압력의 4배 이하로 하되
최고사용압력보다 작아서는 안된다.
③ 보일러 최고사용압력의 3배 이하로 하되
1.5배보다 작아서는 안된다.
④ 보일러 최고사용압력의 3배 이하로 하되
최고사용압력보다 작아서는 안된다.

【해설】
❸ 보일러에서 사용하는 압력계의 최고눈금은 보일러의
 최고사용압력의 1.5배 이상 최대 3배 이하로 한다.

34

도전성 유체에 자기장을 형성시켜 기전력 측정에
의해 유량을 측정하는 것은?

① 전자 유량계   ② 칼만식 유량계
③ 델타 유량계   ④ 애뉼바 유량계

【해설】 ※ 전자식 유량계(또는, 전자유량계)
● 파이프 내에 흐르는 도전성의 유체에 직각방향으로
 자기장을 형성시켜 주면 패러데이(Faraday)의
 전자기유도 법칙에 의해 발생되는 유도기전력(E)으로
 유량을 측정한다. (패러데이 법칙 : $E = B\,l\,v$)
 따라서, 도전성 액체의 유량측정에만 쓰인다.

35

휘도를 표준온도의 고온 물체와 비교하여 온도를
측정하는 온도계는?

① 액주온도계   ② 광고온계
③ 열전대온도계   ④ 기체팽창온도계

【해설】
❷ 광고온계는 고온 물체에서 방사되는 에너지 중에서
 특정한 파장(보통 0.65μm인 적색단색광)의 방사에
 너지에 의한 휘도를 다른 비교용 표준전구의 필라멘트
 휘도와 같을 때 필라멘트에 흐른 전류로부터 온도를
 측정한다.

36

다음 중 내화물의 내화도 측정에 주로 사용되는 온도계는?

① 제겔콘
② 백금저항 온도계
③ 기체압력식 온도계
④ 백금-백금·로듐 열전대 온도계

【해설】
• 제겔콘(Seger-cone)은 규석질, 점토질 및 내열성의 금속산화물을 적절히 배합하여 만든 삼각추로서, 가열을 시켜 일정온도에 도달하게 되면 연화하여 머리 부분이 숙여지는 형상 변화를 이용하여 내화물의 온도(즉, 내화도) 600℃(SK 022) ~ 2000℃(SK 42) 측정에 사용되는 접촉식 온도계이다.

37

가스분석방법으로 세라믹식 O_2계에 대한 설명으로 옳은 것은?

① 응답이 느리다.
② 온도조절용 전기로가 필요 없다.
③ 연속측정이 가능하며 측정범위가 좁다.
④ 측정가스 중에 가연성 가스가 존재하면 사용이 불가능하다.

【해설】
※ 세라믹식 O_2계(지르코니아식 O_2계) 가스분석계 특징
㉠ 측정가스의 유량이나 설치장소 주위의 온도변화에 의한 영향이 적다.
㉡ 연속측정이 가능하며, 측정범위가 넓다.
  (수ppm ~ 수%)
㉢ 응답성이 빠르다.
㉣ 측정부의 온도(500℃ ~ 800℃) 유지를 위해 온도조절용 전기로가 필요하다.
㉤ 측정가스 중에 가연성가스가 포함되어 있으면 사용할 수 없다.

38

보일러 본체에서 발생한 포화증기를 같은 압력하에서 고온으로 재가열하여 수분을 증발시키고 증기의 온도를 상승시키는 장치는?

① 절탄기   ② 과열기
③ 축열기   ④ 흡수기

【해설】 ※ 과열기
• 보일러 본체에서 발생된 포화증기를 일정한 압력 하에 과열기로 더욱 가열하여, 포화증기의 온도를 높여서 과열증기로 만들어 사용함으로써 보유 엔탈피 증가에 의하여 사이클의 효율을 증가시킨다.

39

2개의 제어계를 조합하여 1차 제어장치가 제어량을 측정하여 제어명령을 발하고, 2차 제어장치가 이 명령을 바탕으로 제어량을 조절하는 제어방식은?

① 비율제어   ② 캐스케이드 제어
③ 추종제어   ④ 추치제어

【해설】
❷ 캐스케이드제어 : 2개의 제어계를 조합하여, 1차 제어장치가 제어량을 측정하여 제어명령을 발하고, 2차 제어 장치가 이 명령을 바탕으로 제어량을 조절하는 종속(복합) 제어방식으로 출력측에 낭비시간이나 시간지연이 큰 프로세스의 제어에 널리 이용된다.

40

간접 측정식 액면계가 아닌 것은?

① 유리관식   ② 방사선식
③ 정전용량식   ④ 압력식

【해설】   암기법 : 직접 유리 부검
※ 액면계의 관측방법에 따른 분류
• 직접법 : 유리관식(평형반사식 포함), 부자식(플로트식), 검척식.

• 간접법 : 압력식(차압식, 다이어프램식, 액저압식, 퍼지식), 기포식, 저항전극식, 방사선식, 초음파식(음향식), 정전용량식, 편위식

| 제3과목 | 열설비 운전 |

41
조업방법에 따라 분류할 때 다음 중 등요(오름가마)는 어디에 속하는가?

① 불연속식요
② 반연속식요
③ 연속식요
④ 회전가마

【해설】　　　　　　　　　　암기법 : 연속불반
※ 조업방식(작업방식)에 따른 요로의 분류
　㉠ 연속식
　　- 터널요, 윤요(고리가마), 견요(샤프트로), 회전요(로터리 가마)
　㉡ 불연속식　　　　　암기법 : 불횡 승도
　　- 횡염식요, 승염식요, 도염식요
　㉢ 반연속식
　　- 셔틀요, 등요

42
열전도율이 0.8 W/m·℃ 인 콘크리트 벽의 안쪽과 바깥쪽의 온도가 각각 25℃ 와 20℃이다. 벽의 두께가 5 cm 일 때 1 m² 당 전달되어 나가는 열량(W)은?

① 0.8
② 8
③ 80
④ 800

【해설】　　　　　　　　　암기법 : 손전온면두
• 평면벽에서의 손실열량(Q) 계산공식

$$Q = \frac{\lambda \cdot \Delta t \cdot A}{d} \left(\frac{열전도율 \cdot 온도차 \cdot 단면적}{벽의 두께} \right)$$

$$= \frac{0.8\ W/m \cdot ℃ \times (25 - 20)℃ \times 1 m^2}{0.05\ m}$$

$$= 80\ W$$

43
다음 중 수관식 보일러에 해당하는 것은?

① 노통보일러
② 기관차형보일러
③ 바브콕보일러
④ 횡연관식보일러

【해설】
❷ 수관식 보일러에 해당하는 것은 바브콕 보일러이다.

【참고】 ※ 보일러의 종류
　　　　　암기법 : 원수같은 특수보일러
① 원통형 보일러 (대용량 × , 보유수량 ○)
　㉠ 입형 보일러 - 코크란.
　　　암기법 : 원일이는 입·코가 크다
　㉡ 횡형 보일러
　　암기법 : 원일이 행은 노통과 연관이 있다 (횡)
　　ⓐ 노통식 보일러　암기법 : 노랭코
　　　- 랭커셔.(노통 2개), 코니쉬.(노통 1개)
　　ⓑ 연관식 - 케와니(철도 기관차형)
　　ⓒ 노통연관식
　　　- 패키지, 스카치, 로코모빌, 하우든 존슨, 보로돈카프스.
② 수관식 보일러 (대용량 ○ , 보유수량 ×)
　　　암기법 : 수자 강간(관)
　㉠ 자연순환식
　　암기법 : 자는 바·가·(야로)·다, 스네기찌
　　　　　(모두 다 일본식 발음을 닮았음.)
　　- 바브콕, 가르베, 야로, 다꾸마, 스네기찌, 스털링 보일러
　㉡ 강제순환식　　암기법 : 강제로 베라~
　　- 베록스, 라몬트 보일러
　㉢ 관류식
　　암기법 : 관류 람진과 벤슨이 앤모르게 슐처먹었다
　　- 람진, 벤슨, 앤모스, 슐처 보일러
③ 특수 보일러　　암기법 : 특수 열매전
　㉠ 특수연료 보일러
　　- 톱밥, 바크(Bark 나무껍질), 버개스
　㉡ 열매체 보일러　암기법 : 열매 세모다수
　　- 세큐리티, 모빌썸, 다우섬, 수은
　㉢ 전기 보일러
　　- 전극형, 저항형

44

요로의 열효율을 높이는 방법으로 가장 거리가 먼 것은?

① 발열량이 높은 연료 사용
② 단열보온재 사용
③ 적정 노압 유지
④ 배기가스 회수장치 사용

【해설】 ※ 요로의 열효율 향상 대책

㉠ 노의 구조와 형상에 따라 연료 및 연소장치를 적절히 선정한다.
㉡ 단속적 조업보다는 가급적이면 연속적인 조업을 한다.
㉢ 방사손실 열량을 줄이기 위해 단열보온재를 사용한다.
㉣ 폐열의 이용, 공기 및 피열물의 예열, 과잉공기의 감소, 노벽 손실열의 저감, 배기가스 회수장치 사용 등에 의하여 열효율을 향상시킨다.
㉤ 적정한 노내압을 유지한다.

❶ 발열량이 높은 연료를 사용할수록 높은 배기가스 온도에 의한 배기가스 열손실량이 함께 증가하게 되므로 결국, 높은 발열량은 열효율에는 별로 영향을 주지 못한다.

45

노통보일러에서 노통이 열응력에 의해서 신축이 일어나므로 노통의 신축 작용에 대처하기 위해 설치하는 이음방법은?

① 평형조인트
② 브레이징 스페이스
③ 가셋 스테이
④ 아담스 조인트

【해설】 ※ 아담슨 조인트(아담슨 이음)

• 노통보일러의 노통은 전열범위가 크기 때문에 불균일하게 가열되어 열팽창에 의한 신축이 심하므로, 노통의 변형을 방지하기 위하여 노통을 여러 개로 나누어 접합할 때 양 끝부분을 굽혀서 만곡부를 형성하고 윤판을 중간에 넣어 보강시키는 이음(joint)이다.

46

증기난방의 응축수 환수방법 중 증기의 순환이 가장 빠른 것은?

① 기계환수식
② 진공환수식
③ 단관식 중력환수식
④ 복관식 중력환수식

【해설】 ※ 진공환수식 증기난방의 특징

㉠ 증기의 발생 및 순환이 가장 빠르다.
㉡ 응축수 순환이 빠르므로 환수관의 직경이 작다.
㉢ 환수(응축수)는 펌프에 의해 회수하므로 환수관의 기울기를 작게 할 수 있다.
㉣ 방열기 밸브를 통해 방열량을 광범위하게 조절 가능하다.
㉤ 대규모 건축물의 난방에 적합하다.
㉥ 보일러 및 방열기의 설치위치에 제한을 받지 않는다.

47

유량 300 L/s, 양정 10 m 인 급수펌프의 효율이 90 % 라면 소요되는 축동력(kW)은?
(단, 물의 비중량은 1000 kg/m³ 으로 한다.)

① 24.5
② 27.1
③ 30.6
④ 32.7

【해설】

• 펌프의 동력 : $L [W] = \dfrac{PQ}{\eta} = \dfrac{\gamma HQ}{\eta} = \dfrac{\rho g HQ}{\eta}$

여기서, P : 압력 [mmH₂O = kgf/m²]
Q : 유량 [m³/sec]
H : 수두 또는, 양정 [m]
η : 펌프의 효율
γ : 물의 비중량 (1000 kgf/m³)
ρ : 물의 밀도 (1000 kg/m³)
g : 중력가속도 (9.8 m/s²)

$$= \frac{1000\,kgf/m^3 \times \frac{9.8N}{1kgf} \times 10m \times 300L/s \times \frac{1m^3}{1000L}}{0.9}$$

= 32666 N·m/s = 32666 J/s = 32666 W
≒ 32.7 kW

48

액체연료 연소장치 중 고압기류식 버너의 선단부에 혼합실을 설치하고 공기, 기름 등을 혼합시킨 후 노즐에서 분사하여 무화하는 방식은?

① 내부 혼합식 　② 외부 혼합식
③ 무화 혼합식 　④ 내·외부 혼합식

【해설】 ※ 내부 혼합식 버너

• 고압기류식 버너의 선단부에 설치된 혼합실에서 공기와 고압기류를 통해 운반된 연료가 혼합된 후 노즐에서 분사되어 무화시키는 방식

【참고】 ※ 내부 혼합식 버너의 특징
<장점> ㉠ 소형으로 제작이 가능하다.
　　　 ㉡ 공기와 연료가 완전 혼합되어 연소 효율이 높다.
　　　 ㉢ 제작 비용이 저렴하다.
<단점> ㉠ 고압기류를 필요로 하기 때문에 운영 비용이 높다.
　　　 ㉡ 노즐이 막힐 가능성이 높다.

【참고】
　※ 외부 혼합식 버너 : 연료와 공기가 버너 외부에서 혼합 후 노즐에서 분사되어 무화되는 방식
　※ 무화 혼합식 버너 : 공기에 연료를 미세하게 분무하여 혼합하는 방식

49

온수난방에서 방열기 내 온수의 평균온도가 85℃, 실내온도가 20℃, 방열계수가 7.2 W/m²·℃ 이라면, 이 방열기의 방열량(W/m²)은?

① 468 　② 472
③ 496 　④ 592

【해설】
　※ 방열기(radiator 라디에이터)의 방열량을 Q라 두면,
　　 Q = K × Δt (여기서, K : 방열계수)
　　　 = 7.2 W/m²·℃ × (85 - 20)℃
　　　 = 468 W/m²

50

맞대기 용접이음에서 인장하중이 2000 kgf, 강판의 두께가 6 mm라 할 때 용접길이(mm)는? (단, 용접부의 허용인장응력은 7 kgf/mm² 이다.)

① 40.1 　② 44.3
③ 47.6 　④ 52.2

【해설】 ※ 맞대기 용접이음의 강도 계산

• 인장응력(σ) 구하는 공식 : $\sigma = \dfrac{W}{h \cdot \ell}$
　여기서, W : 하중(kgf)
　　　　　 σ : 재료의 허용인장응력(kgf/mm²)
　　　　　 h : 용접높이 또는 모재의 두께(mm)
　　　　　 ℓ : 용접부의 길이(mm)

　∴ $7 \, kgf/mm^2 = \dfrac{2000 \, kgf}{6 \, mm \times \ell}$ 에서 방정식 계산기 사용법으로 ℓ를 미지수 X로 놓고 구하면,
　용접길이 ℓ = 47.61 mm ≒ **47.6 mm**

51

전기적, 화학적 성질이 우수한 편이고 비중이 0.92 ~ 0.96 정도이며 약 90℃에서 연화하지만, 저온에 강하여 한랭지 배관으로 우수한 관은?

① 염화비닐관 　② 석면 시멘트관
③ 폴리에틸렌관 　④ 철근 콘크리트관

【해설】 ※ 폴리에틸렌관(PE관)의 특징

㉠ 내충격성, 내열성, 내약품성, 전기절연성이 PVC보다 우수하다.
㉡ 상온에서 유연성이 풍부하여 휘어지므로, 긴 롤관의 제작 및 운반도 가능하다.
㉢ PVC보다 가볍다. (비중 : 0.92 ~ 0.96)
㉣ 가격 및 시공비가 저렴하다.
㉤ 저온에 강하여 동절기에도 파손 위험이 없다.
㉥ 외부의 충격에 강도가 크다.
㉦ 장시간 일광에 노출 시 노화가 되며, 열에 특히 약하다.

52

내화 모르타르의 구비조건으로 틀린 것은?

① 접착성이 클 것
② 필요한 내화도를 가질 것
③ 화학조성이 사용벽돌과 같을 것
④ 건조, 소성에 의한 수축, 팽창이 클 것

【해설】

❹ 일정한 규격을 갖지 않는 부정형 내화물의 일종인 내화 모르타르(motar)는 내화벽돌을 쌓아 올릴 때 결합제로 사용되는 메지용 재료로서 건조, 가열, 소성 등에 의한 수축·팽창이 적어야 한다.

53

다음 중 탄성압력계에 해당하지 않는 것은?

① 부르동관 압력계
② 벨로즈식 압력계
③ 다이어프램 압력계
④ 링벨런스식 압력계

【해설】

❹ 환상천평식(링밸런스식) 압력계는 탄성식 압력계가 아니라 액주식 압력계의 종류에 속한다.

【참고】 암기법 : 탄돈 벌다

• **탄**성식 압력계의 종류별 압력 측정범위
  - 부르**돈**관식 > **벨**로즈식 > **다**이어프램식

54

다음 보일러 중 일반적으로 효율이 가장 좋은 것은? (단, 동일한 조건을 기준으로 한다.)

① 노통 보일러   ② 연관 보일러
③ 노통연관 보일러   ④ 입형 보일러

【해설】

• 보일러의 효율이 높은 순서
  - 관류식 〉수관식 〉노통연관식 〉연관식 〉노통식 〉입형 보일러

55

수관식보일러와 비교하여 노통연관식 보일러의 특징에 대한 설명으로 옳은 것은?

① 청소가 곤란하다.
② 시동하고 나서 증기 발생시간이 짧다.
③ 연소실을 자유로운 형상으로 만들 수 있다.
④ 파열 시 더욱 위험하다.

【해설】

① 연관의 부착으로 내부구조가 복잡하여 청소가 곤란하지만, 수관식보일러보다는 청소가 수월하다.
② 전열면적당 보유수량이 적어 증기발생 소요 시간이 비교적 짧지만, 수관식 보일러보다는 발생 시간이 길다.
③ 노통에 의한 내분식이므로 연소실을 자유로운 형상으로 만들기 어렵다.
❹ 같은 용량의 수관식 보일러에 비해 수부의 보유수량이 많아서 파열 시 더욱 위험하다.

56

이음쇠 안쪽에 내장된 그래브링과 O-링에 의한 삽입식 접합으로 나사 및 용접 이음이 필요 없고 이종관과의 접합 시 커넥터 및 어댑터를 사용하여 나사이음을 하는 관은?

① 스테인리스강 이음관
② 폴리부틸렌(PB) 이음관
③ 폴리에틸렌(PE) 이음관
④ 열경화성 PVC 이음관

【해설】 ※ 폴리부틸렌(PB, 에이콘) 이음관

• 폴리부틸렌 이음관은 삽입식 접합 방식으로 이음쇠 안쪽에 내장된 그래브링에 관을 삽입한 후 O-링을 이용하여 이음쇠와 관을 밀착시킨다. 삽입식 접합 방식이므로 나사 및 용접이 필요없고, 내수성, 내화학성, 내열성이 우수하며 가격이 저렴한 장점이 있다.

57

다음 보온재 중 안전사용온도가 가장 <u>낮은</u> 것은?

① 펄라이트　　　　② 규산칼슘
③ 탄산마그네슘　　④ 세라믹화이버

【해설】
※ 최고 안전사용온도에 따른 무기질 보온재의 종류

　　 -50　 -100　 ←사→　 +100　 +50
　　 탄　　 G　　 암,　　 규　　 석면, 규산리
　　 250, 300,　 400,　 500,　 550,　 650℃
탄산마그네슘
　　 Glass울(유리섬유)
　　　　　 암면
　　　　　　　　　 규조토, 석면, 규산칼슘

　　 650필지의 세라믹화이버 무기공장
　　 650℃↓　 (×2배) 1300↓ 무기질
　　 펄라이트(석면+진주암),
　　　　　　　 세라믹화이버

58

보온재의 구비조건으로 <u>틀린</u> 것은?

① 사용온도 범위에 적합해야 한다.
② 흡습, 흡수성이 커야 한다.
③ 장시간 사용에도 견딜 수 있어야 한다.
④ 부피, 비중이 작아야 한다.

【해설】※ 보온재의 구비조건　[암기법] : 흡열장비다↓

　　　 ㉠ 흡수성, 흡습성이 적을 것
　　　 ㉡ 열전도율이 작을 것
　　　 ㉢ 장시간 사용 시 변질되지 않을 것
　　　 ㉣ 비중(밀도)이 작을 것
　　　 ㉤ 다공질일 것
　　　 ㉥ 견고하고 시공이 용이할 것
　　　 ㉦ 불연성일 것

59

보일러 사용 중 정전되었을 때 조치사항으로
적절하지 <u>못한</u> 것은?

① 연료공급을 멈추고 전원을 차단한다.
② 댐퍼를 열어둔다.
③ 급수는 상용수위보다 약간 많을 정도로 한다.
④ 급수탱크가 다른 시설과 공용으로 사용될
때에는 보일러용 이외의 급수관을 차단한다.

【해설】
❷ 보일러 정전 시 댐퍼를 닫아 두어 공기 및 배기가스의
흐름을 차단하여야 한다.

60

증기와 응축수와의 비중차를 이용하는 증기트랩은?

① 버킷형　　　　② 벨로즈형
③ 디스크형　　　④ 오리피스형

【해설】※ 버킷(Bucket)식 증기트랩

● 물통 모양의 버킷에 들어간 드레인이 일정량에 달하면
버킷이 부력을 상실하고 낙하하여 밸브를 열고 증기
압력에 의해 드레인이 배출되며, 버킷 내의 드레인이
감소하면 다시 부력을 얻어 상승하여 밸브를 닫는
온·오프 동작에 의해 드레인을 배출하는 형식의 증기
트랩으로, 드레인과 증기의 비중차를 이용하여 부력
으로 개폐된다.

제4과목　열설비 안전관리 및 검사기준

61

에너지이용 합리화법에 따라 검사대상기기
관리자에 대한 교육기간은 얼마인가?

① 1일　　　　② 3일
③ 5일　　　　④ 10일

【해설】　[에너지이용합리화법 시행규칙 별표4의2.]

● 검사대상기기관리자에 대한 교육기간은 오로지
하루(1일) 이며, 한국에너지기술인협회에서 실시한다.

62

스케일의 영향으로 보일러 설비에 나타나는 현상으로 가장 거리가 먼 것은?

① 전열면의 국부 과열
② 배기가스 온도 저하
③ 보일러의 효율 저하
④ 보일러의 순환 장애

【해설】 ※ 스케일 부착 시 발생하는 장애 현상

㉠ 스케일은 열전도의 방해물질이므로 열전도율을 저하시킨다.(전열량을 감소시킨다.)
㉡ 연소열량을 보일러수에 잘 전달하지 못하므로 전열면의 온도가 상승하여 국부적 과열이 일어난다.
㉢ 배기가스의 온도가 높아지게 된다.
　　(배기가스에 의한 열손실이 증가한다.)
㉣ 보일러 열효율이 저하된다.
㉤ 연료소비량이 증대된다.
㉥ 국부적인 과열로 인한 보일러 파열사고의 원인이 된다.
㉦ 전열면의 과열로 인한 팽출 및 압궤를 발생시킨다.
㉧ 보일러수(또는, 관수)의 순환을 나쁘게 한다.
㉨ 급수내관, 수저분출관, 수면계의 물측 연락관 등을 막히게 한다.

63

에너지이용 합리화법에 따라 용접검사신청서 제출 시 첨부하여야 할 서류가 아닌 것은?

① 용접 부위도
② 검사대상기기의 설계도면
③ 검사대상기기의 강도계산서
④ 비파괴시험성적서

【해설】　　　　[에너지이용합리화법 시행규칙 제31조의14.]

※ 용접검사 신청서 제출 시 첨부서류

　　㉠ 용접 부위도 1부
　　㉡ 검사대상기기의 설계도면 2부
　　㉢ 검사대상기기의 강도계산서 1부

64

보일러 급수처리의 목적으로 가장 거리가 먼 것은?

① 스케일 생성 및 고착 방지
② 부식 발생 방지
③ 가성취화 발생 감소
④ 배관 중의 응축수 생성 방지

【해설】　　　　　　　　暗기법 : 청스부, 캐농

※ 급수처리의 목적 (청관제 사용목적)

　　㉠ 슬러지 및 스케일의 생성·고착을 방지한다.
　　㉡ 보일러의 부식을 방지한다.
　　㉢ 프라이밍(비수), 포밍(물거품), 캐리오버(기수공발) 현상을 방지한다.
　　㉣ 보일러수의 농축을 방지한다.
　　㉤ 가성취화 현상을 방지한다.
　　㉥ 분출작업 횟수를 감소시켜 열손실을 감소한다.

65

보일러 운전 중 취급상의 사고에 해당되지 않는 것은?

① 압력초과　　　　② 저수위 사고
③ 급수처리 불량　　④ 부속장치 미비

【해설】

❹ 부속장치 미비는 보일러 안전사고 중 취급상의 원인이 아니라, 제작상의 원인에 해당한다.

【참고】 ※ 보일러 안전사고의 원인

㉠ 제작상의 원인
　- 재료불량, 강도부족, 구조불량, 설계불량, 용접불량, 부속장치의 미비, 안전장치 고장 등
㉡ 취급상의 원인
　- 저수위에 의한 과열, 압력초과, 미연가스폭발, 역화, 급수처리불량으로 인한 부식, 부속장치 및 부속기기의 정비 불량 등

66

에너지이용 합리화법에 따라 검사대상기기 적용범위에 해당하는 소형 온수보일러는?

① 전기 및 유류 겸용 소형 온수보일러
② 유류를 연료로 쓰는 가정용 소형 온수보일러
③ 최고사용압력이 0.1 MPa 이하이고, 전열면적이 5 m² 이하인 소형 온수보일러
④ 가스 사용량이 17 kg/h 를 초과하는 소형 온수보일러

【해설】　　[에너지이용합리화법 시행규칙 별표3의3.]

※ 검사대상기기의 적용범위

구분	검사대상기기	적용 범위
보일러	강철제 보일러 / 주철제 보일러	다음 각 호의 어느 하나에 해당하는 것은 제외한다. 1) 최고사용압력이 0.1 MPa 이하이고, 동체의 안지름이 300 mm 이하이며, 길이가 600 mm 이하인 것 2) 최고사용압력이 0.1 MPa 이하이고, 전열면적이 5 m² 이하인 것 3) 2종 관류보일러 4) 온수를 발생시키는 보일러로서 대기개방형인 것
	소형 온수 보일러	가스를 사용하는 것으로서 가스사용량이 17 kg/h (도시가스는 232.6 kW)를 초과하는 것
압력 용기	1종 압력용기 2종 압력용기	[별표 1.]에 따른 압력용기의 적용범위에 따른다.
요로	철금속 가열로	정격용량이 0.58 MW를 초과하는 것

67

다음 중 보일러 급수에 함유된 성분 중 전열면 내면 점식의 주원인이 되는 것은?

① O_2
② N_2
③ $CaSO_4$
④ Na_2SO_4

【해설】 ※ 점식(Pitting 피팅 또는, 공식)

• 보호피막을 이루던 산화철이 파괴되면서 용존가스인 O_2, CO_2의 전기화학적 작용에 의한 보일러 내면에 반점 모양의 구멍을 형성하는 촉수면의 전체부식으로서 보일러 내면 부식의 약 80%를 차지하고 있으며, 고온에서는 그 진행속도가 매우 빠르다.

68

보일러 가동 중 프라이밍과 포밍의 방지대책으로 틀린 것은?

① 급수처리를 하여 불순물 등을 제거한 것
② 보일러수의 농축을 방지할 것
③ 과부하가 되지 않도록 운전할 것
④ 고수위로 운전할 것

【해설】

❹ 고수위 상태로 운전이 지속되게 되면 프라이밍 및 포밍 현상이 오히려 더욱 잘 일어나게 되므로, 적정 수위로 운전하여야 한다.

【참고】

※ 프라이밍(Priming, 비수) 현상 발생원인
암기법 : 프라이밍은 부유·농 과부를 급개방시키는데 고수다.
㉠ 보일러수내의 부유물·불순물 함유
㉡ 보일러수의 농축
㉢ 과부하 운전
㉣ 주증기밸브(또는, 송기밸브)의 급개방
㉤ 고수위 운전
㉥ 비수방지관 미설치 및 불량

※ 프라이밍(Priming, 비수) 현상 방지대책
암기법 : 프라이밍 발생원인을 방지하면 된다.
㉠ 보일러수내의 부유물·불순물이 제거되도록 철저한 급수처리를 한다.
㉡ 보일러수의 농축을 방지한다.
㉢ 과부하 운전을 하지 않는다.
㉣ 주증기밸브를 급개방 하지 않는다. (천천히 연다.)
㉤ 고수위 운전을 하지 않는다. (정상수위로 운전한다.)
㉥ 비수방지관을 설치한다.

69

보일러에서 산 세정 작업이 끝난 후 중화처리를 한다. 다음 중 중화처리 약품으로 사용할 수 있는 것은?

① 가성소다
② 염화나트륨
③ 염화마그네슘
④ 염화칼슘

【해설】 ※ 보일러 산 세정 작업

• 보일러 내에 부착된 스케일을 제거하기 위해 염산을 이용한 산 세관 작업 후의 물과 염산은 분리가 어려우므로 부식을 방지하기 위해 중화 처리 약품으로 염기성 물질인 가성소다($NaOH$), 탄산나트륨(Na_2CO_3), 인산나트륨(Na_3PO_4), 암모니아(NH_3) 등을 넣고 2~3시간 순환 후 배출하여 처리하게 된다.

70

에너지이용 합리화법에 따라 산업통상자원부장관 또는 시·도지사의 업무 중 한국에너지공단에 위탁된 업무에 해당하는 것은?

① 특정열사용기자재의 시공업 등록
② 과태료의 부과·징수
③ 에너지절약 전문기업의 등록
④ 에너지관리대상자의 신고 접수

【해설】 [에너지이용합리화법 시행령 제51조 1항]

※ 한국에너지공단에 위탁된 업무

• 에너지사용계획의 검토
• 이행 여부의 점검 및 실태파악
• 효율관리기자재의 측정 결과 신고의 접수
• 대기전력경고표지대상제품의 측정 결과 신고의 접수
• 대기전력저감대상제품의 측정 결과 신고의 접수
• 고효율에너지기자재 인증 신청의 접수 및 인증
• 고효율에너지기기자재의 인증취소 또는 인증 사용 정지명령
• **에너지절약전문기업의 등록**
• 온실가스배출 감축실적의 등록 및 관리

• 에너지다소비사업자 신고의 접수
• 진단기관의 관리·감독
• 에너지관리지도(냉난방온도의 유지·관리 여부에 대한 점검 및 실태 파악)
• 검사대상기기의 검사
• 검사증의 발급
• 검사대상기기의 폐기, 사용 중지, 설치자 변경 및 검사의 전부 또는 일부가 면제된 검사대상 기기의 설치에 대한 신고의 접수
• 검사대상기기관리자의 선임·해임 또는 퇴직 신고의 접수

71

에너지이용 합리화법에 따른 보일러의 제조검사에 해당되는 것은?

① 용접검사
② 설치검사
③ 개조검사
④ 설치장소 변경검사

【해설】 [에너지이용합리화법 시행규칙 별표 3의4.]

• 검사의 종류에는 제조검사(용접검사, 구조검사), 설치검사, 설치장소변경검사, 개조검사, 재사용검사, 계속사용검사(안전검사, 운전성능검사)로 분류한다.

72

검사대상기기인 보일러의 계속사용검사 중 안전검사 유효기간은? (단, 안전성향상계획과 공정안전보고서를 작성하는 경우는 제외한다.)

① 1년
② 2년
③ 3년
④ 4년

【해설】 [에너지이용합리화법 시행규칙 별표 3의5.]

※ 검사대상기기의 검사유효기간

• 계속사용검사 중 안전검사의 유효기간은 보일러는 1년, 압력용기는 2년이다.

【key】 검사대상기기는 검사의 종류에 상관없이 검사유효기간은 보일러는 1년, 압력용기 및 철금속가열로는 2년이다.

73

에너지이용 합리화법에 따라 산업통상자원부장관이 냉·난방온도를 제한온도에 적합하게 유지·관리하지 않은 기관에 시정조치를 명령할 때 포함되지 <u>않는</u> 사항은?

① 시정조치 명령의 대상 건물 및 대상자
② 시정결과 조치 내용 통지 사항
③ 시정조치 명령의 사유 및 내용
④ 시정기한

【해설】 [에너지이용합리화법 시행령 제42조3.]

※ 시정조치 명령의 서면에 포함될 사항
　㉠ 시정조치 명령의 대상 건물 및 대상자
　㉡ 시정조치 명령의 사유 및 내용
　㉢ 시정기한

74

다음 보일러의 외부청소 방법 중 압축공기와 모래를 분사하는 방법은?

① 샌드 블라스트법　② 스틸 쇼트 크리닝법
③ 스팀 쇼킹법　　　④ 에어 쇼킹법

【해설】 ※ 보일러의 외부 청소방법의 종류
㉠ 기계적 청소방법
　- 청소용 공구를 사용하여 수작업으로 하는 방법과 기계(와이어 브러시, 스크래퍼 등)를 사용하여 보일러 외면의 전열면에 있는 그을음, 카본, 재 등을 제거하는 방법이 있다.
㉡ 슈트 블로워(Soot blower, 그을음 불어내기)
　- 보일러 전열면에 부착된 그을음 등을 물, 증기, 공기를 분사하여 제거하는 방법이다.
㉢ 워터 쇼킹(water shocking)법
　- 가압펌프로 물을 분사한다.
㉣ 수세(washing)법
　- pH 8 ~ 9의 물을 다량으로 사용한다.
㉤ 스팀 쇼킹(steam shocking)법
　- 증기를 분사한다.

㉥ 에어 쇼킹(air shocking)법
　- 압축공기를 분사한다.
㉦ 스틸 쇼트 클리닝(steel shot cleaning)법
　- 압축공기로 강으로 된 구슬을 분사한다.
㉧ 샌드 블라스트(sand blast)법
　- 압축공기로 **모래**를 분사하여 그을음을 제거함.

75

에너지이용 합리화법에 따른 가스사용량이 17 kg/h 를 초과하는 가스용 소형 온수보일러에 대해 면제되는 검사는?

① 계속사용 안전검사　② 설치검사
③ 제조검사　　　　　　④ 계속사용 성능검사

【해설】 [에너지이용합리화법 시행규칙 별표 3의6.]

• 가스사용량이 17 kg/h(도시가스는 232.6 kW)를 초과하는 가스용 소형 온수보일러는 제조검사가 면제된다.

76

급수처리 방법인 기폭법에 의하여 제거되지 <u>않는</u> 성분은?

① 탄산가스　　　　　② 황화수소
③ 산소　　　　　　　④ 철

【해설】 ※ 용존가스의 외처리 방법
㉠ 기폭법(또는, 폭기법)
　- 급수 중에 녹아있는 탄산가스(CO_2), 암모니아(NH_3), 황화수소(H_2S) 등의 기체 성분과 철(Fe), 망간(Mn) 등을 제거하는 방법으로서, 급수 속에 공기를 불어 넣는 방식과 공기 중에 물을 아래 낙하시키는 강수 방식이 있다.
㉡ 탈기법
　- 탈기기 장치를 이용하여 급수 중에 녹아있는 기체(O_2, CO_2)를 분리, 제거하는 방법으로서, 주목적은 산소(O_2) 제거이다.

77

포밍과 프라이밍이 발생했을 때 나타나는 현상으로 가장 거리가 먼 것은?

① 캐리오버 현상이 발생한다.
② 수격작용이 발생한다.
③ 수면계의 수위 확인이 곤란하다.
④ 수위가 급히 올라가고 고수위 사고의 위험이 있다.

【해설】

※ 포밍 및 프라이밍 발생 시 장애 현상
  ㉠ 캐리오버(Carry over) 현상 발생
  ㉡ 증기의 건도 저하 및 열량 손실
  ㉢ 보일러 수면계의 수위 확인이 곤란함
  ㉣ 자동제어기기 기능 장애 유발
  ㉤ 배관 내 스케일 형성 및 수격작용(워터햄머) 발생
  ㉥ 수위 저하에 의한 저수위 사고의 위험

78

사고의 원인 중 간접원인에 해당되지 않는 것은?

① 기술적 원인
② 관리적 원인
③ 인적 원인
④ 교육적 원인

【해설】 ※ 사고(산업재해) 원인의 종류

• 직접적 원인
  ㉠ 물적 원인 : 불안전한 작업환경 및 보호구 착용
  ㉡ 인적 원인 : 작업자의 불안전한 행동

• 간접적 원인
  ㉠ 기술적 원인 : 기구, 기계, 장비 등의 미숙련
  ㉡ 정신적 원인 : 정신 상태(공포, 불안)
  ㉢ 신체적 원인 : 피로에 의한 집중력 저하
  ㉣ 관리적 원인 : 근무 태만, 책임감 부족
  ㉤ 교육적 원인 : 이해도 부족 및 교육 미숙

79

에너지이용 합리화법에 따라 에너지저장의무 부과대상자로 가장 거리가 먼 것은?

① 전기사업자
② 석탄가공업자
③ 도시가스사업자
④ 원자력사업자

【해설】 [에너지이용합리화법 시행령 제12조.]

암기법 : 에이, 쌍!~ 다소비네. 10배 저장해야지

• 에너지수급 차질에 대비하기 위하여 산업통상자원부장관이 에너지저장의무를 부과할 수 있는 대상에 해당되는 자는 전기사업자, 도시가스사업자, 석탄가공업자, 집단에너지사업자, 연간 2만 TOE(석유환산톤) 이상의 에너지사용자이다.

【key】 • 에너지다소비사업자의 기준량 : 2000 TOE
     • 에너지저장의무 부과대상자 : 2000 × 10배
                              = 20000 TOE

80

에너지이용 합리화법에 따라 보일러 설치검사 시 가스용 보일러의 운전성능 기준 중 부하율이 90%일 때 배기가스 성분기준으로 옳은 것은?

① O_2 3.7% 이하, CO_2 12.7% 이상
② O_2 4.0% 이하, CO_2 11.0% 이상
③ O_2 3.7% 이하, CO_2 10.0% 이상
④ O_2 4.0% 이하, CO_2 12.7% 이상

【해설】 [열사용기자재의 검사기준 23.2.9.]

※ 배기가스 성분 기준

성분	O_2 (%)		CO_2 (%)	
부하율	90±10	45±10	90±10	45±10
중유	3.7 이하	5 이하	12.7 이상	12 이상
경유	4 이하	5 이하	11 이상	10 이상
가스	3.7 이하	4 이하	10 이상	9 이상

2019년 제3회 에너지관리산업기사
(2019.09.21. 시행)

평균점수

제1과목 **열 및 연소설비**

01

다음 중 모리엘(Mollier) 선도를 이용할 때 가장 간단하게 계산할 수 있는 것은?

① 터빈효율 계산
② 엔탈피 변화 계산
③ 사이클에서 압축비 계산
④ 증발시의 체적 증가량 계산

【해설】※ 몰리에르 선도(Mollier chart) : H-S선도

- 엔탈피 H를 세로축에 엔트로피 S를 가로축으로 취하여, 증기의 상태(압력 P, 온도 t, 비체적 v, 건도 x 및 H, S)를 나타낸 선도 (즉, H-S선도)를 말하며, 증기의 상태(P, t, v, x, H, S) 중 2개의 상태를 알면 몰리에르(또는, 몰리에) 선도로부터 다른 상태를 알 수 있다.

02

액체연료의 특징에 대한 설명으로 틀린 것은?

① 수송과 저장이 편리하다.
② 단위 중량에 대한 발열량이 석탄보다 크다.
③ 인화, 역화 등 화재의 위험성이 없다.
④ 연소 시 매연이 적게 발생한다.

【해설】
① 액체연료는 배관 및 용기에 담을 수 있으므로 운반, 저장이 고체연료에 비해 용이하다.

② 고체연료에 비해 단위중량당 발열량이 크다.
❸ 고체에 비하여 휘발성분에 의한 인화성이 있으므로 화재, 역화 등의 사고 위험이 크다는 단점을 지닌다.
④ 석탄에 비하여 회분이나 분진 및 황분이 거의 없으므로, 연소 시 매연발생량이 적다.

03

탄소(C) 1kg을 완전히 연소시키는 데 요구되는 이론산소량은 몇 Nm³ 인가?

① 1.87
② 2.81
③ 5.63
④ 8.94

【해설】
※ 이론산소량(O_0)을 구할 때, 연소반응식을 세우자.

- C + O_2 → CO_2
  (1 kmol) (1 kmol)
  (12 kg) (22.4 Nm³)
  (1 kg) (22.4 Nm³ × $\frac{1}{12}$ = 1.867 Nm³)

즉, 탄소 1kg을 완전연소 시키는데 필요한 이론산소량(O_0)은 1.867(≒ **1.87**) Nm³ 이다.

04

용기내부에 증기 사용처의 증기압력 또는 열수 온도보다 높은 압력과 온도의 포화수를 저장하여 증기 부하를 조절하는 장치를 무엇이라고 하는가?

① 기수분리기
② 스팀 어큐뮬레이터
③ 스토리지 탱크
④ 오토 클레이브

【해설】 ※ 증기축열기(또는, 스팀 어큐뮬레이터)

• 보일러 연소량을 일정하게 하고 증기 사용처의 저부하 시 잉여 증기를 증기사용처의 온도·압력보다 높은 온도·압력의 포화수 상태로 저장하여 축적시켰다가 갑작스런 부하변동이나 과부하 시 저장한 증기를 방출하여 증기의 부족량을 보충하는 압력용기로서, 증기의 부하변동에 대처하기 위해 사용되는 장치이다.

05

오토사이클에 대한 설명으로 틀린 것은?

① 일정 체적 과정이 포함되어 있다.
② 압축비가 클수록 열효율이 감소한다.
③ 압축 및 팽창은 등엔트로피 과정으로 이루어진다.
④ 스파크 점화 내연기관의 사이클에 해당된다.

【해설】 암기법 : 단적단적한.. 내, 오디사 가(부)러

※ 오토사이클(Otto Cycle)의 열효율(η)

$$\eta = 1 - \left(\frac{1}{\epsilon}\right)^{k-1} \text{에서,}$$

비열비(k)와 압축비(ϵ)가 클수록 열효율은 증가한다.

【참고】 ※ 오토사이클의 순환과정
 : 단열압축-정적가열-단열팽창-정적냉각

06

엔탈피는 다음 중 어느 것으로 정의되는가?

① 과정에 따라 변하는 양
② 내부에너지와 유동 일의 합
③ 정적 하에서 가해진 열량
④ 등온 하에서 가해진 열량

【해설】 ※ 엔탈피(Enthalpy, H ≡ U + PV)

• 엔탈피는 내부에너지와 유동에너지(또는, 유동일)의 합으로 정의되는 열역학적 상태의 성질로서, 그 단위로는 kJ, kcal을 주로 사용한다.

07

카르노사이클의 작동순서로 알맞은 것은?

① 등온팽창 → 단열팽창 → 등온압축 → 단열압축
② 등온팽창 → 등온압축 → 단열팽창 → 단열압축
③ 등온압축 → 등온팽창 → 단열팽창 → 단열압축
④ 단열압축 → 단열팽창 → 등온팽창 → 등온압축

【해설】 암기법 : 카르노 온단다.

※ 카르노(Carnot)사이클의 순환과정
 : 등온팽창 → 단열팽창 → 등온압축 → 단열압축

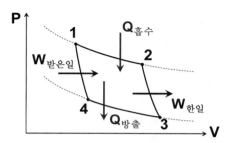

1 → 2 : 등온팽창. (열흡수, 가열)
2 → 3 : 단열팽창. (외부에 일을 한다.)
3 → 4 : 등온압축. (열방출, 방열)
4 → 1 : 단열압축. (외부로부터 일을 받는다.)

08

이상기체의 가역단열변화에 대한 식으로 틀린 것은? (단, k는 비열비이다.)

① $\frac{P_2}{P_1} = \left(\frac{V_2}{V_1}\right)^{k-1}$ ② $\frac{T_2}{T_1} = \left(\frac{V_1}{V_2}\right)^{k-1}$

③ $\frac{T_2}{T_1} = \left(\frac{P_2}{P_1}\right)^{\frac{k-1}{k}}$ ④ $\left(\frac{V_1}{V_2}\right)^{k-1} = \left(\frac{P_2}{P_1}\right)^{\frac{k-1}{k}}$

【해설】 ※ 단열변화의 P, V, T 관계식은 다음과 같다.

$$\frac{P_1}{P_2} = \left(\frac{V_2}{V_1}\right)^k = \left(\frac{T_1}{T_2}\right)^{\frac{k}{k-1}}$$

따라서, 관계식의 올바른지의 여부는 지수법칙을 이용하여 확인해 보면 된다.

09

그림은 초기 체적이 V_i 상태에 있는 피스톤이 외부로 일을 하여 최종적으로 체적이 V_f 인 상태로 된 것을 나타낸다. 외부로 가장 많은 일을 한 과정은?

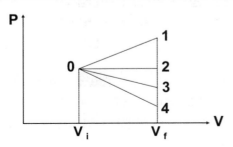

① 0 - 1 과정 　② 0 - 2 과정
③ 0 - 3 과정 　④ 0 - 4 과정

【해설】 ※ P-V선도에서 x 축과의 면적은 계(系)가 외부로 한 일의 양($W = P \cdot dV$)에 해당하므로 "일량선도"라 한다.
　　　　따라서, ❶ 0→1 과정의 면적이 가장 크다.

10

연소 시 일반적으로 실제공기량과 이론공기량의 관계는 어떻게 설정하는가?

① 실제 공기량은 이론공기량과 같아야 한다.
② 실제 공기량은 이론공기량보다 작아야 한다.
③ 실제 공기량은 이론공기량보다 커야 한다.
④ 아무런 관계가 없다.

【해설】 ※ 실제공기량(또는, 소요공기량)

• 실제로 연료를 연소시킬 경우에는 연료의 가연성분과 공기 중 산소와의 접촉이 순간적으로 완전히 이루어지지 못하기 때문에 그 연료의 이론공기량(A_0)만으로 완전연소 시킨다는 것은 거의 불가능하며 불완전연소가 되기 쉽다. 따라서, 이론공기량에 과잉공기량을 추가로 공급하여 가연성분과 산소와의 접촉이 용이하도록 해주어야 한다.
　즉, 일반적으로 공기비$\left(m = \dfrac{A}{A_0} \right)$ 는 1보다 커야 한다!

11

분사컵으로 기름을 비산시켜 무화하는 버너는?

① 유압분무식 　② 공기분무식
③ 증기분무식 　④ 회전분무식

【해설】 ※ 기름(Oil) 버너의 종류 및 특징

• 유압분무식 : 연료인 유체에 펌프로 직접 압력을 가하여 노즐을 통해 고속 분사시키는 방식
• 공기/증기분무식 : 고압(0.2 ~ 0.8 MPa) 또는 저압 (0.02 ~ 0.2 MPa) 의 공기나 증기를 이용하여 중유를 무화시키는 방식
• 회전분무식 : 분무컵(분사컵)을 고속으로 회전시켜 연료인 기름(Oil)을 비산시켜 분사하고 1차공기를 이용하여 무화시키는 방식

12

랭킨사이클에서 단열과정인 것은?

① 펌프 　② 발전기
③ 보일러 　④ 복수기

【해설】　　　　암기법 : 가랭이, 가!~단합해
※ 랭킨(Rankine)사이클의 순환과정
　 : 정압가열-단열팽창-정압냉각-단열압축

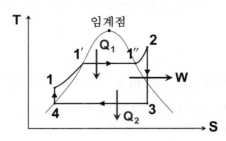

4→1 : 펌프의 단열압축에 의해 공급해준 일
1→1' : 보일러에서 정압가열. (포화수)
1'→1" : 보일러에서 정압가열. (건포화증기)
1"→2 : 과열기에서 정압가열. (과열증기)
2→3 : 터빈에서의 단열팽창. (습증기)
3→4 : 복수기에서 정압방열냉각. (포화수)

13

연돌의 통풍력에 관한 설명으로 **틀린** 것은?

① 일반적으로 직경이 크면 통풍력도 크게 된다.

② 일반적으로 높이가 증가하면 통풍력도 증가한다.

③ 연돌의 내면에 요철이 적은 쪽이 통풍력이 크다.

④ 연돌의 벽에서 배기가스의 열방사가 많은 편이 통풍력이 크다.

【해설】

❹ 연도나 연돌의 벽에서 배기가스의 열방사가 많아지면, 배기가스의 온도가 낮아지므로 통풍력이 작아진다.

【참고】 ※ 연돌의 통풍력이 증가하는 조건

    ㉠ 공기의 기압이 높을수록

    ㉡ 굴뚝의 높이가 높을수록

    ㉢ 굴뚝의 단면적이 클수록 (직경이 클수록)

    ㉣ 배기가스의 온도가 높을수록

    ㉤ 배기가스의 밀도(또는, 비중량)이 작을수록

    ㉥ 외기온도가 낮을수록

    ㉦ 공기 중의 습도가 낮을수록

    ㉧ 연도의 길이가 짧을수록

    ㉨ 굴곡부가 적을수록(통풍마찰저항이 작을수록)

    ㉩ 여름철보다 겨울철에 통풍력이 증가한다.

14

다음 연료 중 고위발열량이 가장 큰 것은? (단, 동일 조건으로 가정한다.)

① 중유   ② 프로판

③ 석탄   ④ 코크스

【해설】 ※ 연료의 단위중량(kg)당 고위발열량의 비교

    ① 중유(B-C유) : 41.8 MJ/kg

    ❷ 프로판 : 50.2 MJ/kg

    ③ 석탄(무연탄) : 19.7 MJ/kg

    ④ 코크스 : 28.6 MJ/kg

15

물질을 연소시켜 생긴 화합물에 대한 설명으로 옳은 것은?

① 수소가 연소했을 때는 물로 된다.

② 황이 연소했을 때는 황화수소로 된다.

③ 탄소가 불완전 연소했을 때는 이산화탄소가 된다.

④ 탄소가 완전 연소했을 때는 일산화탄소가 된다.

【해설】

❶ $H_2 + \frac{1}{2}O_2 \rightarrow H_2O$ (물)

② $S + O_2 \rightarrow SO_2$ (이산화황)

③ $C + \frac{1}{2}O_2 \rightarrow CO$ (일산화탄소, 불완전연소)

④ $C + O_2 \rightarrow CO_2$ (이산화탄소, 완전연소)

16

일을 할 수 있는 능력에 관한 법칙으로 기계적인 일이 없이는 스스로 저온부에서 고온부로 이동할 수 없다는 법칙은?

① 열역학 제0법칙   ② 열역학 제1법칙

③ 열역학 제2법칙   ④ 열역학 제3법칙

【해설】 ※ 열역학 제2법칙의 여러 가지 표현

㉠ 열은 고온의 물체에서 저온의 물체 쪽으로 자연적으로 흐른다.(즉, 열이동의 방향성)

    따라서, 외부에서 기계적인 일이 없이는 스스로 저온부에서 고온부로 이동할 수 없다.

㉡ 제2종 영구기관은 제작이 불가능하다.

    ↳ 저열원에서 열을 흡수하여 움직이는 기관 또는 공급받은 열을 모두 일로 바꾸는 가상적인 기관을 말하며, 이것은 열역학 제2법칙에 위배되므로 그러한 기관은 존재 할 수 없다.

㉢ 고립된 계의 비가역변화는 엔트로피가 증가하는 방향(확률이 큰 방향, 무질서한 방향)으로 진행한다.

㉣ 역학적에너지에 의한 일을 열에너지로 변환하는
것은 용이하지만, 열에너지를 일로 변환하는 것은
용이하지 못하다.

17

정상유동과정으로 단위시간당 50 ℃의 물 200 kg과
100 ℃ 포화증기 10 kg을 단열된 혼합실에서
혼합할 때 출구에서 물의 온도(℃)는? (단, 100℃
물의 증발잠열은 2250 kJ/kg이며, 물의 비열은
4.2 kJ/kg·K이다.)

① 55.0   ② 77.3
③ 77.9   ④ 82.1

【해설】   암기법 : 큐는 씨암탉

※ 열평형법칙에 의해 혼합된 후 열평형 온도를 t 라 두면,
포화증기가 잃은 열량(Q_1) = 물이 얻은 열량(Q_2)

- Q_1 = 현열(증기의 온도 감소) + 잠열(증발)
  = $C\,m\,\Delta t + m \cdot R_w$
  = 4.2 kJ/kg·℃ × 10 kg × (100 - t)℃
     + 10 kg × 2250 kJ/kg

- Q_2 = 현열(물의 온도 증가)
  = $C\,m\,\Delta t$
  = 4.2 kJ/kg·℃ × 200 kg × (t - 50)℃

따라서, 4.2 × 10 × (100 - t) + 10 × 2250
     = 4.2 × 200 × (t - 50) ℃ 에서 방정식
     계산기사용법으로 t를 미지수 X로 놓고
     구하면

∴ 열평형 시 온도 t = 77.89 ℃ ≒ **77.9 ℃**

【참고】 ※ 문제에서 **비열의 단위**(kJ/kg·K, kJ/kg·℃) 중
분모에 있는 K(절대온도)나 ℃(섭씨온도)는 단순히
열역학적인 온도 측정값의 단위로 쓰인 것이 아니고,
온도차($\Delta T = 1°$)에 해당하는 것이므로 섭씨온도
단위(℃)를 절대온도의 단위(K)로 환산해서 계산해야
하는 과정 없이 곧장 서로 단위를 호환해 주어도
괜찮다! 왜냐하면, 섭씨온도와 절대온도의 눈금차는
서로 같기 때문인 것을 이해한다.

18

다음 그림은 물의 압력-온도 선도를 나타낸 것이다.
액체와 기체의 혼합물은 어디에 존재하는가?

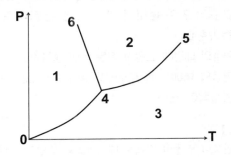

① 영역 1   ② 선 4 - 6
③ 선 0 - 4   ④ 선 4 - 5

【해설】 ① 고체
     ② 융해 (고체와 액체의 혼합물)
     ③ 승화 (고체와 기체의 혼합물)
     ❹ 증발 (액체와 기체의 혼합물)

【참고】 ※ 물의 상평형도

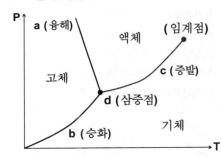

- P-T 선도에서 경계선은 상태변화를 의미한다.

19

보일러 매연의 발생 원인으로 <u>틀린</u> 것은?

① 연소 기술이 미숙할 경우
② 통풍이 많거나 부족할 경우
③ 연소실의 온도가 너무 낮을 경우
④ 연료와 공기가 충분히 혼합된 경우

【해설】 암기법 : 숫!~ (연소실의) 온용운↓은 불불통이다

※ 매연(Soot 슈트, 그을음, 분진, CO 등) 발생원인

　　㉠ 연소실의 온도가 낮을 때
　　㉡ 연소실의 용적이 작을 때
　　㉢ 운전관리자의 연소 운전미숙일 때
　　㉣ 연료에 불순물이 섞여 있을 때
　　㉤ 불완전연소일 때
　　㉥ 통풍력이 작을 때
　　㉦ 연료의 예열온도가 맞지 않을 때

20

C (87%), H (12%), S (1%)의 조성을 가진 중유 1 kg을 연소시키는 데 필요한 이론공기량은 몇 Nm³/kg 인가?

① 6.0　　　　　　　② 8.5
③ 9.4　　　　　　　④ 11.0

【해설】 암기법 : (이론산소량) 1.867C, 5.6H, 0.7S

※ 고체, 액체 연료 조성에 따른 이론공기량 (A₀) 계산

- $A_0 = \dfrac{O_0}{0.21}$ (Nm³/kg-중유)

$$= \frac{1.867\,C + 5.6\,H + 0.7\,S}{0.21}$$

$$= \frac{1.867 \times 0.87 + 5.6 \times 0.12 + 0.7 \times 0.01}{0.21}$$

　≒ 11 Nm³/kg-중유

제2과목	열설비 설치

21

물 20 kg을 포화증기로 만들려고 한다. 전열효율이 80 % 일때, 필요한 공급열량(kJ)은? (단, 포화증기 엔탈피는 2780 kJ/kg, 급수 엔탈피는 100 kJ/kg 이다.)

① 53600　　　　　　② 55500
③ 67000　　　　　　④ 69400

【해설】　　　　　　　　　　암기법 : 전연유

- 전열효율 $\eta = \dfrac{Q_s}{Q_{in}}\left(\dfrac{\text{유효열량}}{\text{연소열량}}\right)$

$$= \frac{w_2(H_2 - H_1)}{Q_{in}}$$

　여기서, w_2 : 발생증기량(= 급수량)
　　　　H_2 : 발생증기의 엔탈피
　　　　H_1 : 급수의 엔탈피

$$0.8 = \frac{20\,kg \times (2780 - 100)\,kJ/kg}{Q_{in}}$$

∴ 공급열량(또는, 연소열량) Q_{in} = 67000 kJ

22

물체의 탄성 변위량을 이용한 압력계가 <u>아닌</u> 것은?

① 다이어프램식 압력계　② 경사관식 압력계
③ 부르동관식 압력계　　④ 벨로스식 압력계

【해설】

❷ 경사관식 압력계는 탄성식 압력계가 아니라 액주식 압력계의 종류에 속한다.

【참고】　　　　　　　　암기법 : 탄돈 벌다

- 탄성식 압력계의 종류별 압력 측정범위
　- 부르돈관식 > 벨로스식 > 다이어프램식

23

배가스 중 산소농도를 검출하여 적정 공연비를 제어하는 방식을 무엇이라 하는가?

① O₂ Trimming 제어　② 배가스 온도 제어
③ 배가스량 제어　　　④ CO 제어

【해설】

※ O₂ 트리밍(Trimming) 제어시스템

　- 다양한 보일러 부하에서 배기가스(배가스)에 존재하는 O₂ 농도 및 CO 농도를 검출하여 가능한 한 최대의 연소효율을 위한 적정 공연비를 유지하도록 공급되는 공기량을 조절하는 방식의 제어시스템이다.

24

진동이 일어나는 장치의 진동을 억제시키는데 가장 효과적인 제어동작은?

① on-off 동작　　② 비례 동작

③ 미분 동작　　④ 적분 동작

【해설】※ 미분동작(D동작)의 특징

<장점> ㉠ 진동이 제거된다.

　　　㉡ 응답시간이 빨라져 제어의 안정성이 높아진다.

　　　㉢ 큰 시정수가 있는 프로세스 제어 등에서 나타나는 오버슈트를 감소시킨다.

<단점> ㉠ 잔류편차(Off-set, 오프셋)가 제거되지 않는다.

　　　㉡ 미분동작을 단독으로는 사용하지 않고 비례 동작과 조합하여 사용된다.

25

배관의 열팽창에 의한 배관 이동을 구속 또는 제한하는 레스트레인트의 종류에 속하지 않는 것은?

① 스토퍼(stopper)　　② 앵커(anchor)

③ 가이드(guide)　　④ 서포트(support)

【해설】

❹ 서포트(support)는 배관의 하중을 아래에서 받쳐 지지해주는 역할의 배관용 지지구이다.

【참고】※ 레스트레인트(restraint, 제한, 억제)의 종류

• 열팽창 등에 의한 신축이 발생될 때 배관 상·하, 좌·우의 이동을 구속 또는 제한하는 데 사용하는 것으로 다음과 같은 것들이 있다.

　㉠ 앵커(Anchor) : 배관이동이나 회전을 모두 구속한다.

　㉡ 스토퍼(Stopper) : 특정방향에 대한 이동과 회전을 구속하고, 나머지 방향은 자유롭게 이동할 수 있다.

　㉢ 가이드(Guide) : 배관라인의 축방향 이동을 허용하는 안내 역할을 하며 축과 직각방향의 이동을 구속한다.

26

비접촉식 광전관식 온도계의 특징으로 틀린 것은?

① 연속 측정이 용이하다.

② 이동하는 물체의 온도 측정이 용이하다.

③ 응답 속도가 빠르다.

④ 기록제어가 불가능하다.

【해설】※ 광전관식(광전관) 온도계의 특징

<장점> ㉠ 온도의 연속적 측정 및 기록이 가능하여 자동제어에 이용할 수 있다.

　　　㉡ 정도는 광고온계와 같다.

　　　㉢ 온도계 중에서 가장 높은 온도의 측정에 적합하다. (측정온도 범위는 광고온계와 같은 범위인 700 ~ 3000 ℃이다.)

　　　㉣ 이동물체의 온도측정이 가능하다.

　　　㉤ 응답시간이 매우 빠르다.

　　　㉥ 자동측정이므로 측정시 시간의 지연이 없으며, 개인에 따른 오차가 없다.

<단점> ㉠ 비교증폭기가 부착되어 있으므로 구조가 약간 복잡하다.

　　　㉡ 주위로부터 빛 반사의 영향을 받는다.

　　　㉢ 저온(700 ℃ 이하)의 물체 온도측정은 곤란하다. (∵ 저온에서는 발광에너지가 약하다.)

27

잔류편차(off-set)가 있는 제어는?

① P 제어　　② I 제어

③ PI 제어　　④ PID 제어

【해설】※ 비례동작(P 동작)의 특징

<장점> ㉠ 사이클링(상하진동)을 제거할 수 있다.

　　　㉡ 부하변화가 적은 프로세스의 제어에 적합하다.

<단점> ㉠ 잔류편차(Off-set)가 생긴다.

　　　㉡ 부하가 변화하는 등의 외란이 큰 제어계에는 부적합하다.

28

다음 중 압력의 계량 단위가 <u>아닌</u> 것은?

① N/m^2 ② mmHg

③ mmAq   ④ Pa/cm^2

【해설】

- 공식 : $P = \dfrac{F}{A}$ (단위면적당 작용하는 힘)

  여기서, P : 압력(Pa, N/m^2, kgf/m^2)

          A : 단면적(m^2), F : 힘(N, kgf)

- 1 atm = 76 cmHg = 760 mmHg = 29.92 inHg

        = 10332 mmH_2O = 10332 mmAq

        = 10332 kgf/m^2 = 1.0332 kgf/cm^2

        = 101325 Pa = 101.325 kPa ≒ 0.1 MPa

        = 1.01325 bar = 1013.25 mbar = 14.7 psi

29

다음 중 유량을 나타내는 단위가 <u>아닌</u> 것은?

① m^3/h ② kg/min

③ L/s   ④ kg/cm^2

【해설】

❹ $kg(f)/cm^2$ 은 "압력"을 나타내는 단위이다.

【참고】 ※ 유량(flow rate)의 구분

㉠ 질량유량 : $\dot{m} = \dfrac{m}{t}$ [단위 : kg/s, kg/min]

㉡ 중량유량 : $G = \dfrac{F}{t}$ [단위 : kgf/s, kgf/min]

㉢ 체적유량 : $\dot{V} = \dfrac{V}{t}$ [단위 : L/s, m^3/s, m^3/h]

30

다음 중 열량의 계량단위가 <u>아닌</u> 것은?

① J   ② kWh

③ Ws   ④ kg

【해설】

① J은 열량(또는, 에너지, 일)의 절대단위로서, 공식 W = F·S 에서, 1 J = 1 N × 1 m 이다.

② kWh는 전기에너지 사용량(또는, 전력사용량)의 단위로서, 공식 E = P·t 에서,

     1 kWh = 1 kW × 1 h = 1 kJ/sec × 3600 sec

             = 3600 kJ

③ Ws = W·s = J/sec × sec = J

❹ kg은 SI 기본단위인 "질량"의 단위이다.

31

가스 분석을 위한 시료채취 방법으로 틀린 것은?

① 시료채취 시 공기의 침입이 없도록 한다.

② 가능한 한 시료 가스의 배관을 짧게 한다.

③ 시료 가스는 가능한 한 벽에 가까운 가스를 채취한다.

④ 가스성분과 화학반응을 일으키는 배관재나 부품을 사용하지 않는다.

【해설】

❸ 시료 가스 채취 시 주의사항 중, 시료가스 채취구는 외부에서 공기 등의 침입이 없고, 가능한 한 벽에서 멀리 떨어진 곳에서 채취하여야 정확한 농도의 가스를 채취할 수 있다.

32

유체의 압력차를 일정하게 유지하고 유체가 흐르는 단면적을 변화시켜 유량을 측정하는 계측기는?

① 오리피스   ② 플로우 노즐

③ 벤투리미터   ④ 로터미터

【해설】   암기법 : 로면

- 면적식 유량계인 로터미터는 차압식 유량계와는 달리 관로에 있는 교축기구 차압을 일정하게 유지하고, 떠 있는 부표(Float, 플로트)의 높이로 단면적 차이에 의하여 유량을 측정하는 방식이다.

33

측정기로 여러 번 측정할 때 측정한 값의 흩어짐이 작으면, 즉 우연오차가 작다면 이 측정기는 어떠한가?

① 정밀도가 높다.　　② 정확도가 높다.
③ 감도가 좋다.　　　④ 치우침이 적다.

【해설】
❶ 우연오차로 인한 측정값의 분포(흩어짐 정도)가 작으면, 측정기기의 정밀도가 높다는 것을 의미한다.

【참고】 ※ 우연 오차 (accidental error)
• 측정실의 온도변동, 공기의 교란, 측정대의 진동, 조명도의 변화 등 오차의 원인을 명확히 알 수 없는 우연한 원인으로 인하여 발생하는 오차로서, 측정값이 일정하지 않고 분포(산포) 현상을 일으키므로 측정을 여러 번 반복하여 평균값을 추정하여 오차의 합이 0에 가깝도록 작게 할 수는 있으나 보정은 불가능하다.

34

보일러의 열정산 조건으로 가장 거리가 먼 것은?

① 측정 시간은 최소 30분으로 한다.
② 발열량은 연료의 총발열량으로 한다.
③ 증기의 건도는 0.98 이상으로 한다.
④ 기준 온도는 시험 시의 외기 온도를 기준으로 한다.

【해설】
❶ 보일러 열정산 시 측정 시간은 매 10분마다 실시한다.

35

제어계가 불안정해서 제어량이 주기적으로 변화하는 좋지 못한 상태를 무엇이라고 하는가?

① 외란　　　　　② 헌팅
③ 오버슈트　　　④ 스탭응답

【해설】 ※ 제어계의 교란현상
① 외란 : 제어계의 상태를 교란시키는 외적 신호나 변동을 말한다.
❷ 헌팅(난조) : 제어계가 불안정해서 제어량이 주기적으로 변화하는 좋지 못한 상태.
③ 오버슈트 : 제어량이 목표치를 초과하여 처음으로 나타나는 최대초과량을 말한다.
④ 스텝응답 : 입력을 단위량만큼 스탭(step) 상으로 변환할 때의 과도응답을 말한다.

36

두께 144 mm의 벽돌벽이 있다. 내면온도 250 ℃, 외면온도 150 ℃일 때 이 벽면 10 m^2에서 손실되는 열량(W)은?
(단, 벽돌의 열전도율은 0.7 W/m·℃ 이다.)

① 2790　　　　② 4860
③ 6120　　　　④ 7270

【해설】　　　　　　　　　암기법 : 손전온면두
• 평면벽에서의 손실열량(Q) 계산공식

$$Q = \frac{\lambda \cdot \Delta t \cdot A}{d} \left(\frac{열전도율 \cdot 온도차 \cdot 단면적}{벽의 두께} \right)$$

$$= \frac{0.7 \, W/m \cdot ℃ \times (250 - 150) \, ℃ \times 10 \, m^2}{0.144 \, m}$$

$$= 4861.1 ≒ \mathbf{4860 \, W}$$

37

비접촉식 온도계의 특성 중 잘못 짝지어진 것은?

① 광전관 온도계 : 서로 다른 금속선에서 생긴 열기전력을 측정
② 광고온계 : 한 파장의 방사에너지 측정
③ 방사온도계 : 전 파장의 방사에너지 측정
④ 색온도계 : 고온체의 색 측정

【해설】
❶ 두 종류의 서로 다른 금속선에서 생긴 열기전력을 이용하는 원리는 열전대 온도계를 말한다.

38

보일러 효율시험 측정 위치(방법)에 대한 설명으로 **틀린** 것은?

① 연료 온도 – 유량계 전

② 급수 온도 – 보일러 출구

③ 배기가스 온도 – 전열면 출구

④ 연료 사용량 – 체적식 유량계

【해설】 ※ 보일러의 열정산 시 급수온도의 측정방법

ㄱ 절탄기가 있는 경우에는 절탄기 입구에서 측정한다.

ㄴ 절탄기가 없는 경우에는 보일러 몸체의 입구에서 측정한다.

ㄷ 또한, 보조급수장치인 인젝터를 사용하는 경우에는 그 앞에서 측정한다.

39

모세관 상부에 수은을 고이게 하여 측정온도에 따라 수은의 양을 조절하여 0.01℃까지 정도가 좋은 온도계로 열량계에 많이 사용하는 것은?

① 색온도계   ② 저항온도계

③ 베크만 온도계   ④ 액체 압력식 온도계

【해설】 ※ 베크만 온도계(Beckmann's Thermometer)

• 미소한 범위의 온도변화를 극히 정밀하게 측정할 수 있어서 열량계의 온도측정 등에 많이 사용되는 수은 온도계의 일종으로 모세관의 상부에 수은을 모이게 하는 U자로 굽어진 곳이 있어서 측정온도에 따라 모세관에 남은 수은의 양을 조절하여 5 ~ 6 ℃의 사이를 100분의 1 ℃ (즉, 0. 01℃)까지도 측정이 가능하며 측정온도 범위는 -20 ~ 150 ℃ 까지 이다.

40

물의 삼중점에 해당되는 온도(℃)는?

① – 273.87   ② 0

③ 0.01   ④ 4

【해설】

• 물의 삼중점 : 0.01 ℃ = 273.16 K, 0.61 kPa

【참고】

• 국제 실용온도 눈금이란 국제적으로 통용되고 있는 온도점을 말한다. 온도의 기준점이 되는데 해당 온도의 정의점은 다음과 같다.

물질의 종류	3중점	비등점
평형수소	-259.34 ℃	-252.87 ℃
물	0.01 ℃	100 ℃
산소	-218.789 ℃	-182.962 ℃

제3과목	열설비 운전

41

상온의 물을 양수하는 펌프의 송출량이 0.7 m³/s 이고 전양정이 40 m인 펌프의 축동력은 약 몇 kW인가? (단, 펌프의 효율은 80% 이다.)

① 327   ② 343

③ 376   ④ 443

【해설】

• 펌프의 동력 : $L\,[\text{W}] = \dfrac{PQ}{\eta} = \dfrac{\gamma HQ}{\eta} = \dfrac{\rho g HQ}{\eta}$

여기서, P : 압력 [mmH$_2$O = kgf/m^2]

Q : 유량 [m^3/sec]

H : 수두 또는, 양정 [m]

η : 펌프의 효율

γ : 물의 비중량 (1000 kgf/m^3)

ρ : 물의 밀도 (1000 kg/m^3)

g : 중력가속도 (9.8 m/s^2)

$$= \frac{1000\,kg/m^3 \times 9.8\,m/s^2 \times 40\,m \times 0.7\,m^3/s}{0.8}$$

= 343000 N·m/s = 343000 J/s = 343000 W

= **343 kW**

42
자연 순환식 수관보일러의 종류가 <u>아닌</u> 것은?

① 야로우 보일러 ② 타쿠마 보일러
③ 라몬트 보일러 ④ 스털링 보일러

【해설】
❸ 라몬트 보일러는 수관식 보일러 중 강제순환식에 해당한다.

【참고】
※ 수관식 보일러의 종류 암기법 : 수자 강간
(관)
㉠ **자연순환식**
암기법 : 자는 바·가·(야로)·다, 스네기찌
(모두 다 **일본식 발음**을 닮았음.)
- 바브콕, 가르베, **야**로, 다꾸마, 스네기찌, 스털링 보일러
㉡ **강제순환식** 암기법 : 강제로 베라~
- 베록스, 라몬트 보일러
㉢ **관류식**
암기법 : 관류 람진과 벤슨이 앤모르게 슐쳐먹었다
- 람진, 벤슨, 앤모스, 슐처 보일러

43
배관에 사용되는 보온재의 구비 조건으로 <u>틀린</u> 것은?

① 물리적·화학적 강도가 커야 한다.
② 흡수성이 적고, 가공이 용이해야 한다.
③ 부피, 비중이 작아야 한다.
④ 열전도율이 가능한 한 커야 한다.

【해설】 ※ 보온재의 구비조건 암기법 : 흡열장비다↓
㉠ 흡수성, 흡습성이 적을 것
㉡ 열전도율이 작을 것
㉢ 장시간 사용 시 변질되지 않을 것
㉣ 비중(밀도)이 작을 것
㉤ 다공질일 것
㉥ 견고하고 시공이 용이할 것
㉦ 불연성일 것

44
보일러 노통의 구비 조건으로 적절하지 <u>않은</u> 것은?

① 전열작용이 우수해야 한다.
② 온도 변화에 따른 신축성이 있어야 한다.
③ 증기의 압력에 견딜 수 있는 충분한 강도가 필요하다.
④ 연소가스의 유속을 크게 하기 위하여 노통의 단면적을 작게 한다.

【해설】
❹ 보일러 본체 장치 중 하나인 노통은 연소로 생긴 연소가스가 노통을 관통하면서 열을 전달하는 역할을 한다. 따라서 연소가스의 유속이 원활해야 효율적인 열전달이 이루어지므로 노통의 단면적은 연소가스의 흐름을 방해하지 않을 정도로 커야 한다.

45
용해로, 소둔로, 소성로, 균열로의 분류방식은?

① 조업방식 ② 전열방식
③ 사용목적 ④ 온도상승속도

【해설】 ※ 요로의 사용목적에 의한 분류
㉠ 고로(용광로) : 조직의 화학변화를 동반하는 소성, 가소를 목적으로 한다.
㉡ 가열로 : 가공을 위한 가열을 목적으로 한다.
㉢ 용해로 : 피열물의 용융을 목적으로 한다.
㉣ 소성로 : 조합된 원료를 가열하여 경화성 물질로 만드는 것을 목적으로 한다.
㉤ 균열로 : 강괴 표면의 과열을 최소로 하여 압연이 가능한 온도까지 균일하게 가열하는 것을 목적으로 한다.
㉥ 소둔로 : 금속 등의 내부조직 변화 및 변형의 제거를 목적으로 한다.
㉦ 평로 : 용해하여 야금, 정련 등의 화학반응을 수반하는 것을 목적으로 한다.

46

다음 중 관류보일러로 옳은 것은?

① 술저(Sulzer) 보일러
② 라몬트(Lamont) 보일러
③ 벨럭스(Velox) 보일러
④ 타쿠마(Takuma) 보일러

【해설】
❶ 술저(Sulzer, 슐처) 보일러 : 관류식
② 라몬트(Lamont) 보일러 : 강제순환식
③ 벨럭스(Velox, 베록스) 보일러 : 강제순환식
④ 타쿠마(Takuma) 보일러 : 자연순환식

【참고】
※ 수관식 보일러의 종류 　암기법　 : 수자 강간
　　　　　　　　　　　　　　　　　 (관)
　㉠ 자연순환식
　　　암기법　 : 자는 바·가·(야로)·다, 스네기찌
　　　　　　　　 (모두 다 일본식 발음을 닮았음.)
　　- 바브콕, 가르베, 야로, 다꾸마, 스네기찌,
　　　스털링 보일러
　㉡ 강제순환식　암기법　 : 강제로 베라~
　　- 베록스, 라몬트 보일러
　㉢ 관류식
　　　암기법　 : 관류 람진과 벤슨이 앤모르게 슐처먹었다
　　- 람진, 벤슨, 앤모스, 슐처 보일러

47

동경 관을 직선으로 연결하는 부속이 아닌 것은?

① 소켓　　　　　② 니플
③ 리듀서　　　　④ 유니온

【해설】
① 소켓(Socket) : 끝 부분을 둥글게 처리하여 관을
　　　　　　　　　동일 지름의 직선으로 연결
② 니플(Nipple) : 끝 부분을 나사선으로 처리하여
　　　　　　　　　관을 직선으로 연결
❸ 리듀서(Reducer) : 배관의 지름을 줄이거나 늘리기
　　　　　　　　　위한 용도로 사용
④ 유니온(Union) : 관과 관 사이를 직선으로 연결

48

보일러 내부의 전열면에 스케일이 부착되어 발생하는 현상이 아닌 것은?

① 전열면 온도 상승
② 전열량 저하
③ 수격현상 발생
④ 보일러수의 순환 방해

【해설】 ※ 스케일 부착 시 발생하는 장애 현상
　㉠ 스케일은 열전도의 방해물질이므로 열전도율을
　　　저하시킨다.(전열량을 감소시킨다.)
　㉡ 연소열량을 보일러수에 잘 전달하지 못하므로
　　　전열면의 온도가 상승하여 국부적 과열이 일어난다.
　㉢ 배기가스의 온도가 높아지게 된다.
　　　(배기가스에 의한 열손실이 증가한다)
　㉣ 보일러 열효율이 저하된다.
　㉤ 연료소비량이 증대된다.
　㉥ 국부적인 과열로 인한 보일러 파열사고의 원인이 된다.
　㉦ 전열면의 과열로 인한 팽출 및 압궤를 발생시킨다.
　㉧ 보일러수(또는, 관수)의 순환을 나쁘게 한다.
　㉨ 급수내관, 수저분출관, 수면계의 물측 연락관 등을
　　　막히게 한다.

49

보일러 증기과열기의 종류 중 증기와 열 가스의 흐름이 서로 반대 방향인 방식은?

① 병류식(병행류)　　② 향류식(대향류)
③ 혼류식　　　　　　④ 분사식

【해설】 ※ 열교환기에서 유체의 흐름 방식
　㉠ 병류식(또는, 평행류) : 고온유체(또는, 방열유체)와
　　　저온유체(또는, 수열유체)의 흐름 방향이 같다.
　㉡ 향류식(또는, 대향류) : 고온유체(또는, 방열유체)와
　　　저온유체(또는, 수열유체)의 흐름 방향이 서로 반대
　　　방향이다.
　　일반적으로 향류형이 병류형보다 열이 잘 전해지므로
　　대개의 경우 향류식의 방법으로 열교환한다.

50

어떤 급수용 원심펌프가 800 rpm 으로 운전하여 전양정이 8 m 이고 유량이 2 m³/min 를 방출한다면 1600 rpm 으로 운전할 때는 몇 m³/min 을 방출할 수 있는가?

① 2   ② 4

③ 6   ④ 8

【해설】

※ 원심식 펌프의 상사성 법칙(또는, 친화성 법칙)

암기법 : 1 2 3 회(N)
　　　　유 양 축
　　　　3 2 5 직(D)

• 펌프의 유량(수량)은 회전수에 비례한다.

$$Q_2 = Q_1 \times \left(\frac{N_2}{N_1}\right) \times \left(\frac{D_2}{D_1}\right)^3 = Q_1 \times \left(\frac{N_2}{N_1}\right)$$

여기서, Q : 유량, N : 회전수, D : 임펠러 직경

$$\therefore Q_2 = 2\,m^3/min \times \left(\frac{1600\,rpm}{800\,rpm}\right)$$
$$= 4\,m^3/min$$

51

가열로의 내벽 온도를 1200℃, 외벽 온도를 200℃ 로 유지하고 매 시간당 1m² 에 대한 열손실을 1440 kJ로 설계할 때 필요한 노벽의 두께(cm)는? (단, 노벽 재료의 열전도율은 0.1 W/m·℃ 이다.)

① 10   ② 15

③ 20   ④ 25

【해설】　　　　　　　　암기법 : 손전온면두

• 단위면적당 열손실 = 1440 kJ/h × $\frac{1\,h}{3600\,sec}$

　　　　　　= 0.4 kJ/s = 0.4 kW = 400 W

• 평면벽에서의 손실열량(Q) 계산공식

$$Q = \frac{\lambda \cdot \Delta t \cdot A}{d} \left(\frac{열전도율 \cdot 온도차 \cdot 단면적}{벽의 두께}\right)$$

$$400\,W = \frac{0.1\,W/m \cdot ℃ \times (1200-200)℃ \times 1\,m^2}{d\,m}$$

방정식 계산기 사용법으로 d를 미지수 X로 놓고 구하면, 노벽의 두께 d = 0.25 m = 25 cm

52

용해로에 대한 설명이 틀린 것은?

① 용해로는 용탕을 만들어 내는 것을 목적으로 한다.

② 전기로에는 형식에 따라 아크로, 저항로, 유도용해로가 있다.

③ 반사로는 내화벽돌로 만든 아치형의 낮은 천장으로 구성되어 있다.

④ 용선로는 자연통풍식과 강제통풍식으로 나뉘며 석탄, 중유, 가스를 열원으로 사용한다.

【해설】

① 용해로 : 피열물의 용융(용탕)을 목적으로 한다.

② 전기로 : 전기에너지를 이용하여 가열하는 노를 의미하며, 발열방식에 따라 저항로, 아크로, 유도로, 전자빔로로 분류된다.

③ 반사로 : 바닥이 얕고 천정을 낮게 하여 연소열과 아치형 천정에서 반사되는 복사열을 이용하여 가열하는 형식의 노이다.

❹ 용선로(큐폴라) : 선철 주물을 만들기 위하여 바깥쪽을 강판으로 만든 원통형의 수직로인데, 안쪽은 내화벽돌과 내화점토로 라이닝이 되어 있으며 노 내에 소정의 높이까지 코크스, 선철, 석회석 순서로 장입하여 송풍구에서 압풍을 보내서 코크스를 열원으로 사용하여 주철·주물을 용해하는 노이다.

53

관경 50A 인 어떤 관의 최대인장강도가 400 MPa 일 때, 허용응력(MPa)은? (단, 안전율은 4 이다.)

① 100   ② 125

③ 168   ④ 200

【해설】　　　　　　　　암기법 : 허전강

• 허용응력 $\sigma = \frac{\sigma_a}{S} \left(\frac{인장강도}{안전율}\right)$

여기서, σ : 관 재료의 허용응력

$$= \frac{400\,MPa}{4} = 100\,MPa$$

54

온도를 측정하는 원리와 온도계가 바르게 짝지어진 것은?

① 열팽창을 이용 - 유리제 온도계

② 상태변화를 이용 - 압력식 온도계

③ 전기저항을 이용 - 서모컬러 온도계

④ 열기전력을 이용 - 바이메탈식 온도계

【해설】 ※ 측정원리에 따른 온도계의 분류

• 접촉식 암기법 : 접전, 저 압유리바, 제

• 비접촉식 암기법 : 비방하지 마세요. 적색 광(고·전)

분 류	측정원리	종 류
접촉식 온도계	열기전력을 이용	열전대 온도계
	전기저항변화를 이용	전기저항 온도계, 서미스터
	압력의 변화를 이용	압력식 온도계
	열팽창을 이용	**액체봉입 유리제 온도계** 바이메탈 온도계
	상태변화를 이용	제겔콘, 서모컬러
비접촉식 온도계	전방사 에너지를 이용	방사 온도계, 적외선 온도계
	단파장 에너지를 이용	색 온도계, 광고온계, 광전관 온도계

55

급수의 성질에 대한 설명으로 틀린 것은?

① pH는 최적의 값을 유지할 때 부식방지에 유리하다.

② 유지류는 보일러수의 포밍의 원인이 된다.

③ 용존산소는 보일러 및 부속장치의 부식의 원인이 된다.

④ 실리카는 슬러지를 만든다.

【해설】

❹ 실리카(SiO_2)는 보일러 급수 중의 칼슘성분과 결합하여 규산칼슘의 스케일을 생성·부착하여 전열을 감소시킨다.

【참고】 ※ 보일러의 급수 관리

㉠ 원통형 보일러는 급수관의 부식을 방지하기 위하여 pH 7~9를 적용한다.

㉡ 수관식 보일러는 최고사용압력에 따라 다르게 적용된다. (즉, 최고사용압력 1 MPa 미만의 수관식 보일러에서 "급수"로 쓰이는 관수의 pH 적정치는 7~9 이다.)

㉢ 보일러 급수로서 가장 좋은 것은 약알칼리성이다.

㉣ 경도는 스케일 생성 및 슬러지 침전을 방지하기 위하여 관리한다.

㉤ 유지류는 포밍현상의 발생원인이 되고 전열면에 스케일을 부착하는 원인이 되므로 관리한다.

㉥ 용존산소는 부식의 원인이 되므로 급수단계에서 탈산소제를 이용하여 제거한다.

56

감압밸브를 작동방법에 따라 분류할 때 해당되지 않는 것은?

① 솔레노이드식 ② 다이어프램식

③ 벨로스식 ④ 피스톤식

【해설】

※ 감압밸브의 종류

㉠ 구조에 따라 : 스프링식, 추식

㉡ 작동방법에 따라 : 피스톤식, 벨로즈식, 다이어프램식

57

진공환수식 증기난방에서 환수관 내의 진공도는?

① 50~75 mmHg ② 70~125 mmHg

③ 100~250 mmHg ④ 250~350 mmHg

【해설】 ※ 진공 환수식 증기난방법

• 진공 환수식 증기난방은 환수관 끝(보일러 바로 앞) 부분에 진공 펌프를 설치하여 환수관 안에 있는 공기 및 응축수를 흡인하여 환수시킨다. 이때 환수관의 진공도는 100~250 mmHg 로 유지하여 응축수 배출 및 방열기 내 공기를 빼낸다.

58

단관 중력순환식 온수난방 방열기 및 배관에 대한 설명으로 **틀린** 것은?

① 방열기마다 에어벤트 밸브를 설치한다.
② 방열기는 보일러보다 높은 위치에 오도록 한다.
③ 배관은 주관 쪽으로 앞 올림 구배로 하여 공기가 보일러 쪽으로 빠지도록 한다.
④ 배수밸브를 설치하여 방열기 및 관내의 물을 완전히 뺄 수 있도록 한다.

【해설】
❸ 단관 중력순환식 온수난방은 온수가 중력의 힘으로 순환하는 방식이기 때문에 배관을 주관 쪽으로 앞 내림 구배(즉, 선하향 구배)로 설치하여 관 내의 공기가 방열기 쪽으로 빠지도록 한다.

59

진공환수식 증기난방의 장점이 **아닌** 것은?

① 배관 및 방열기 내의 공기를 뽑아내므로 증기순환이 신속하다.
② 환수관의 기울기를 크게 할 수 있고 소규모 난방에 알맞다.
③ 방열기 밸브의 개폐를 조절하여 방열량의 폭넓은 조절이 가능하다.
④ 응축수의 유속이 신속하므로 환수관의 직경이 작아도 된다.

【해설】 ※ 진공환수식 증기난방의 특징
㉠ 증기의 발생 및 순환이 가장 **빠르다.**
㉡ 응축수 순환이 빠르므로 환수관의 직경이 작다.
㉢ 환수(응축수)는 펌프에 의해 회수하므로 환수관의 기울기를 작게 할 수 있다.
㉣ 방열기 밸브를 통해 방열량을 광범위하게 조절 가능하다.
㉤ 대규모 건축물의 난방에 적합하다.
㉥ 보일러 및 방열기의 설치위치에 제한을 받지 않는다.

60

보일러 사고의 종류인 저수위의 원인이 **아닌** 것은?

① 급수계통의 이상　　② 관수의 농축
③ 분출계통의 누수　　④ 증발량의 과잉

【해설】
❷ 관수의 농축은 관내 스케일 형성 및 프라이밍이나 포밍 현상의 원인이 된다.

【참고】 ※ 저수위 사고(이상감수)의 원인
㉠ 급수펌프가 고장이 났을 때
㉡ 급수내관이 스케일로 막혔을 때
㉢ 보일러의 부하가 너무 클 때
㉣ 수위 검출기가 이상이 있을 때
㉤ 수면계의 연락관이 막혔을 때
㉥ 수면계의 수위를 오판했을 때
㉦ 분출장치의 누수가 있을 때

제4과목　열설비 안전관리 및 검사기준

61

보일러의 동판에 점식(Pitting)이 발생하는 가장 큰 원인은?

① 급수 중에 포함되어 있는 산소 때문
② 급수 중에 포함되어 있는 탄산칼슘 때문
③ 급수 중에 포함되어 있는 인산마그네슘 때문
④ 급수 중에 포함되어 있는 수산화나트륨 때문

【해설】 ※ 점식(Pitting 피팅 또는, 공식)
• 보호피막을 이루던 산화철이 파괴되면서 용존가스인 O_2, CO_2의 전기화학적 작용에 의한 보일러 내면에 반점 모양의 구멍을 형성하는 촉수면의 전체부식으로서 보일러 내면 부식의 약 80%를 차지하고 있으며, 고온에서는 그 진행속도가 매우 **빠르다.**

62

다음은 보일러 설치 시공기준에 대한 설명으로 **틀린** 것은?

① 전열면적 10 m² 를 초과하는 보일러에서 급수밸브 및 체크밸브의 크기는 호칭 20A 이상이어야 한다.

② 최대증발량이 5 t/h 이하인 관류보일러의 안전밸브는 호칭지름 25A 이상이어야 한다.

③ 2개 이상의 원격지시 수면계를 시설하는 경우에 한하여 유리수면계는 1개 이상으로 할 수 있다.

④ 증기보일러의 압력계에는 물을 넣은 안지름 6.5 mm 이상의 사이폰관 또는 동등한 작용을 하는 장치를 부착해야 한다.

【해설】 ※ 안전밸브의 크기

● 호칭지름 25A (즉, 25 mm) 이상으로 하여야 한다. 특별히 **20A** 이상으로 할 수 있는 경우는 다음과 같다.
  ㉠ 최고사용압력 0.1 MPa 이하의 보일러
  ㉡ 최고사용압력 0.5 MPa 이하의 보일러로서, 동체의 안지름이 500 mm 이하이며 동체의 길이가 1000 mm 이하의 것
  ㉢ 최고사용압력 0.5 MPa 이하의 보일러로서, 전열면적이 2 m² 이하의 것
  ㉣ **최대증발량이 5 ton/h 이하의 관류보일러**
  ㉤ 소용량 보일러(강철제 및 주철제)

63

증기 발생 시 주의사항으로 **틀린** 것은?

① 연소 초기에는 수면계의 주시를 철저히 한다.

② 증기를 송기할 때 과열기의 드레인을 배출시킨다.

③ 급격한 압력상승이 일어나지 않도록 연소 상태를 서서히 조절시킨다.

④ 증기를 송기할 때 증기관 내의 수격작용을 방지하기 위하여 응축수의 배출을 사후에 실시한다.

【해설】

❹ 증기를 송기하기 전에 증기헤더의 주위 밸브 및 트랩 등의 바이패스 밸브를 열어 응축수를 완전히 배출하여야 한다.

【참고】 ※ 증기 송기 시(주증기밸브 작동 시) 주의사항
㉠ 캐리오버, 수격작용이 발생하지 않도록 한다.
㉡ 송기하기 전 증기헤더의 주위 밸브 및 트랩 등의 바이패스 밸브를 열어 드레인을 실시한다.
㉢ 주증기관 내에 소량의 증기를 서서히 공급하여 관을 따뜻하게 예열한다.
㉣ 주증기밸브는 3분에 1회전을 하여 단계적으로 천천히 개방시켜 완전히 열었다가 다시 조금 되돌려 놓는다.
㉤ 항상 일정한 압력을 유지하고, 부하측의 압력이 정상적으로 유지되고 있는지 확인한다.
㉥ 연소상태를 확인하여 정상적인 연소가 이루어지도록 한다.

64

에너지이용 합리화법에 따라 효율관리기자재에 에너지소비효율 등을 표시해야 하는 업자로 옳은 것은?

① 효율관리기자재의 제조업자 또는 시공업자

② 효율관리기자재의 제조업자 또는 수입업자

③ 효율관리기자재의 시공업자 또는 판매업자

④ 효율관리기자재의 수입업자 또는 시공업자

【해설】　　　　　　　　[에너지이용합리화법 제15조2항]

❷ 효율관리기자재의 **제조업자** 또는 **수입업자**는 산업통상자원부장관이 지정하는 효율관리시험기관에서 해당 효율관리기자재의 에너지 사용량을 측정받아 에너지소비효율등급 또는 에너지소비효율을 해당 효율관리기자재에 표시하여야 한다.

65

에너지이용 합리화법에 따라 검사대상기기 관리자가 퇴직한 경우, 검사 대상기기 관리자 퇴직 신고서에 자격증수첩과 관리할 검사 대상기기 검사증을 첨부하여 누구에게 제출하여야 하는가?

① 시·도지사
② 시공업자단체장
③ 산업통상자원부장관
④ 한국에너지공단 이사장

【해설】　　　　　[에너지이용합리화법 시행규칙 제31조의28.]

※ 검사대상기기 관리자의 선임신고 등
- 검사대상기기의 설치자는 검사대상기기 관리자를 선임·해임하거나 검사대상기기 관리자가 퇴직한 경우에는 별지 제25호서식의 검사대상기기 관리자 선임(해임, 퇴직)신고서에 자격증수첩과 관리할 검사대상기기 검사증을 첨부하여 신고사유가 발생한 날로부터 **30일**이내에 **한국에너지공단 이사장**에게 제출하여야 한다. 다만, 국방부장관이 관장하고 있는 검사대상기기 관리자의 경우에는 국방부장관이 정하는 바에 따른다.

66

에너지법에서 에너지공급자가 <u>아닌</u> 자는?

① 에너지를 수입하는 사업자
② 에너지를 저장하는 사업자
③ 에너지를 전환하는 사업자
④ 에너지사용시설의 소유자

【해설】　　　　　　　　　　　　[에너지법 제2조.]

- 에너지공급자라 함은 에너지를 **생산·수입·전환·수송·저장** 또는 **판매**하는 사업자를 말한다.
❹ 에너지사용자라 함은 에너지사용시설의 소유자 또는 관리자를 말한다. 　[암기법] : 사용자 소관

67

다음 중 에너지이용 합리화법에 따라 검사대상기기의 검사유효기간이 <u>다른</u> 하나는?

① 보일러 설치장소 변경 검사
② 철금속가열로 운전성능검사
③ 압력용기 및 철금속가열로 설치검사
④ 압력용기 및 철금속가열로 재사용검사

【해설】　　　　[에너지이용합리화법 시행규칙 별표3의5.]

※ 검사대상기기의 검사유효기간

검사의 종류		검사 유효기간
설치검사		1) 보일러 : 1 년 다만, 운전성능 부문의 경우는 3년 1개월로 한다. 2) 압력용기 및 철금속가열로 : 2 년
개조검사		1) 보일러 : 1 년 2) 압력용기 및 철금속가열로 : 2 년
설치장소 변경검사		**1) 보일러 : 1 년** 2) 압력용기 및 철금속가열로 : 2 년
재사용검사		1) 보일러 : 1 년 2) 압력용기 및 철금속가열로 : 2 년
계속 사용 검사	안전 검사	1) 보일러 : 1 년 2) 압력용기 : 2 년
	운전 성능 검사	1) 보일러 : 1 년 2) 철금속가열로 : 2 년

【key】 검사대상기기는 검사의 종류에 상관없이 검사유효기간은 보일러는 1년, 압력용기 및 철금속가열로는 2년이다.

68

에너지이용 합리화법에 따라 검사대상기기인 보일러의 계속사용검사 중 운전성능 검사의 유효기간은?

① 6개월　　　　　　② 1년
③ 2년　　　　　　　④ 3년

【해설】　　　[에너지이용합리화법 시행규칙 별표 3의5.]

※ 검사대상기기의 검사유효기간
- 계속사용검사 중 운전성능검사의 유효기간은 보일러는 1년, 철금속가열로는 2년이다.

69

과열기가 설치된 보일러에서 안전밸브의 설치 기준에 대해 맞게 설명된 것은?

① 과열기에 설치하는 안전밸브는 고장에 대비하여 출구에 2개 이상 있어야 한다.
② 관류보일러는 과열기 출구에 최대증발량에 해당하는 안전밸브를 설치할 수 있다.
③ 과열기에 설치된 안전밸브의 분출용량 및 수는 보일러 동체의 분출용량 및 수에 포함이 안 된다.
④ 과열기에 안전밸브가 설치되면 동체에 부착되는 안전밸브는 최대증발량의 90% 이상 분출할 수 있어야 한다.

【해설】 ※ 과열기 부착 보일러의 안전밸브 설치기준
㉠ 과열기에는 그 출구에 1개 이상의 안전밸브가 있어야 하며, 그 분출용량은 과열기의 온도를 설계온도 이하로 유지하는데 필요한 양(보일러 최대증발량의 15%를 초과하는 경우에는 15%) 이상이어야 한다.
㉡ 과열기에 부착하는 안전밸브의 분출용량 및 수는 보일러 동체 안전밸브의 분출용량 및 수에 포함시킬 수 있다. 이 경우 보일러 동체에 부착하는 안전밸브는 보일러 최대증발량의 75% 이상을 분출할 수 있는 것이어야 한다. (다만, 관류보일러의 경우에는 과열기 출구에 최대증발량에 상당하는 분출용량의 안전밸브를 설치할 수 있다.)

70

에너지이용 합리화법에서 검사의 종류 중 계속 사용검사에 해당하는 것은?

① 설치검사
② 개조검사
③ 안전검사
④ 재사용검사

【해설】 [에너지이용합리화법 시행규칙 별표3의4.]
• 검사의 종류에는 제조검사(용접검사, 구조검사), 설치검사, 설치장소변경검사, 개조검사, 재사용검사, **계속사용검사(안전검사, 운전성능검사)**로 분류한다.

71

캐리오버(Carry over)를 방지하기 위한 대책으로 틀린 것은?

① 보일러 내에 증기 세정장치를 설치한다.
② 급격한 부하변동을 준다.
③ 운전 시에 블로우 다운을 행한다.
④ 고압보일러에서는 실리카를 제거한다.

【해설】 ※ 캐리오버(또는, 기수공발 현상) 방지대책
암기법 : 프라이밍 및 포밍 발생원인을 방지하면 된다.
㉠ 보일러수내의 부유물·불순물이 제거되도록 철저한 급수처리를 한다.
㉡ 보일러수를 농축시키지 않는다.
㉢ 과부하 운전을 하지 않는다.
  (급격한 부하변동을 주지 않는다.)
㉣ 주증기밸브를 급히 개방하지 않는다. (천천히 연다.)
㉤ 고수위 운전을 하지 않는다. (정상수위로 운전한다.)
㉥ 비수방지관을 설치한다.

72

신설 보일러의 소다 끓이기의 주요 목적은?

① 보일러 가동 시 발생하는 열응력을 감소하기 위해서
② 보일러 동체와 관의 부식을 방지하기 위해서
③ 보일러 내면에 남아있는 유지분을 제거하기 위해서
④ 보일러 동체의 강도를 증가시키기 위해서

【해설】
※ 소다 끓이기(Soda boiling)
 - 보일러 신규 제작 시 내면에 남아있는 유지분, 페인트류, 녹 등을 제거하기 위한 방법으로 탄산소다 0.1% 용액을 넣고 2~3일간 끓인 다음 취출과 급수를 반복적으로 실시하면서 서서히 냉각시킨 후 세척하고 정상수위까지 새로 급수를 한다.

73

보일러 관석(scale)의 성분이 <u>아닌</u> 것은?

① 황산칼슘 ($CaSO_4$)

② 규산칼슘 ($CaSiO_3$)

③ 탄산칼슘 ($CaCO_3$)

④ 염화칼슘 ($CaCl_2$)

【해설】

※ 스케일(Scale, 관석)의 종류

   ⑦ 경질 스케일

     - $CaSO_4$ (황산칼슘), $CaSiO_3$ (규산칼슘),

      $Mg(OH)_2$ (수산화마그네슘)

   ⓒ 연질 스케일

     - $CaCO_3$ (탄산칼슘), $MgCO_3$ (탄산마그네슘),

      $FeCO_3$ (탄산철), $Ca_3(PO_4)_2$ (인산칼슘)

❹ 염화칼슘($CaCl_2$)은 흡수제로 사용된다.

74

다음 중 에너지이용 합리화법에 따라 소형온수 보일러에 해당하는 것은?

① 전열면적이 14 m^2 이하이고 최고사용압력이 0.35 MPa 이하의 온수를 발생하는 것

② 전열면적이 14 m^2 이하이고 최고사용압력이 0.5 MPa 이상의 온수를 발생하는 것

③ 전열면적이 24 m^2 이하이고 최고사용압력이 0.35 MPa 이하의 온수를 발생하는 것

④ 전열면적이 24 m^2 이하이고 최고사용압력이 0.5 MPa 이상의 온수를 발생하는 것

【해설】   [에너지이용합리화법 시행규칙 별표1.]

• 열사용기자재의 품목 중 소형 온수보일러의 적용범위는 전열면적이 14 m^2 이하이며, 최고사용압력이 0.35 MPa 이하의 온수를 발생하는 것으로 한다.

  (다만, 구멍탄용 온수보일러 · 축열식 전기보일러 및 가스사용량이 17 kg/h 이하인 가스용 온수보일러는 제외한다.)

75

에너지이용 합리화법에 따라 검사대상기기 관리자 선임에 대한 설명으로 <u>틀린</u> 것은?

① 검사대상기기 설치자는 검사대상기기 관리자가 퇴직한 경우 시·도지사에게 신고 하여야 한다.

② 검사대상기기 설치자는 검사대상기기 관리자가 퇴직하는 경우 퇴직 후 7일 이내에 후임자를 선임하여야 한다.

③ 검사 대상기기 관리자의 선임기준은 1구역 마다 1명 이상으로 한다.

④ 검사 대상기기 관리자의 자격기준과 선임 기준은 산업통상자원부령으로 정한다.

【해설】   [에너지이용합리화법 시행규칙 제31조의28.]

❷ 검사대상기기의 설치자는 검사대상기기 관리자의 선임·해임하거나 퇴직한 경우의 신고사유가 발생한 경우 신고는 신고사유가 발생한 날로부터 **30일** 이내에 한국에너지공단 이사장에게 신고서를 제출 하여야 한다.

76

보일러의 만수보존법은 어느 경우에 가장 적합 한가?

① 장기간 휴지할 때

② 단기간 휴지할 때

③ N_2 가스의 봉입이 필요할 때

④ 겨울철에 동결의 위험이 있을 때

【해설】 ※ 만수 보존법 (습식 보존법)

• 보존기간이 단기간(2 ~ 3개월) 정도 휴지할 때 적용 하는 방법으로 보일러 구조상 건조 보존법이 곤란할 때 동결의 우려가 없는 경우 동 내부에 보일러수를 가득 채운 후에 0.035 MPa 정도의 압력이 약간 오를 정도로 물을 끓여 용존산소나 탄산가스를 제거한 후 서서히 냉각시켜 보존하는 방법이다.

77

특정 열사용기자재의 시공업을 하려는 자는 어느 법에 따라 시공업 등록을 해야 하는가?

① 건축법
② 집단에너지사업법
③ 건설산업기본법
④ 에너지이용 합리화법

【해설】 [에너지이용합리화법 제37조.]

※ 특정열사용기자재 시공업 등록

● 열사용기자재 중 제조, 설치·시공 및 사용에서의 안전관리, 위해방지 또는 에너지이용의 효율관리가 특히 필요하다고 인정되는 것으로서 산업통상자원부령으로 정하는 열사용기자재(이하 "특정열사용기자재"라 한다)의 설치·시공이나 세관을 업(이하 "시공업"이라 한다)으로 하는 자는 「건설산업기본법」제9조제1항에 따라 **시·도지사**에게 등록하여야 한다.

78

보일러를 사용하지 않고 장기간 보존할 경우 가장 적합한 보존법은?

① 건조 보존법
② 만수 보존법
③ 밀폐 만수 보존법
④ 청관제 만수 보존법

【해설】 ※ 건조 보존법 (건식 보존법)

● 보존기간이 장기간(6개월 이상)일 경우 보일러수를 완전히 배출하고 동 내부를 완전히 건조한 후 약품(흡습제, 산화방지제, 기화성 방청제 등)을 넣고 밀폐시켜 보존하는 방법이다. (이때 동 내부의 산소 제거는 숯불을 용기에 넣어서 태운다.)

79

에너지이용 합리화법에서 에너지사용계획을 제출하여야 하는 민간사업주관자가 설치하려는 시설로 옳은 것은?

① 연간 5천 티오이 이상의 연료 및 열을 사용하는 시설
② 연간 1만 티오이 이상의 연료 및 열을 생산하는 시설
③ 연간 1천만 킬로와트시 이상의 전기를 사용하는 시설
④ 연간 2천만 킬로와트시 이상의 전기를 생산하는 시설

【해설】 [에너지이용합리화법 시행령 제20조2항.]

※ 에너지사용계획 제출 대상사업 기준

● 공공사업주관자의 암기법 : 공이오?~ 천만에!
  ㉠ 연간 2천5백 티오이(TOE) 이상의 연료 및 열을 사용하는 시설
  ㉡ 연간 1천만 킬로와트시(kWh) 이상의 전력을 사용하는 시설
● 민간사업주관자의 암기법 : 민간 = 공 × 2
  ㉠ 연간 5천 티오이(TOE) 이상의 연료 및 열을 사용하는 시설
  ㉡ 연간 2천만 킬로와트시(kWh) 이상의 전력을 사용하는 시설

80

수격작용을 예방하기 위한 조치사항이 <u>아닌</u> 것은?

① 송기할 때는 배관을 예열할 것
② 주증기 밸브를 급개방하지 말 것
③ 송기하기 전에 드레인을 완전히 배출할 것
④ 증기관의 보온을 하지 말고 냉각을 잘 시킬 것

【해설】   **암기법** : 증수관 직급 밸서

※ 수격작용(워터햄머)의 방지대책

　㉠ 증기배관 속의 응축수를 취출하도록 **증**기트랩을
　　 설치한다.

　㉡ 토출 측에 **수**격방지기를 설치한다.

　㉢ 배관의 **관**경을 크게 하여 유속을 낮춘다.

　㉣ 배관을 가능하면 **직**선으로 시공한다.

　㉤ 펌프의 **급**격한 속도변화를 방지한다.

　㉥ 주증기**밸**브의 개폐를 천천히 한다.
　　 (프라이밍, 포밍에 의한 캐리오버 현상이 발생
　　 하지 않도록 한다.)

　㉦ 관선에 **서**지탱크(Surge tank, 조압수조)를
　　 설치한다.

　◎ 비수방지관, 기수분리기를 설치한다.

　㉧ 방열에 의한 응축수 생성을 방지하기 위해
　　 증기배관의 보온을 철저히 한다.

　㉨ 증기트랩은 항상 열어두어야 응축수가 배출된다.

<table>
<tr><td></td><td>평균점수</td></tr>
</table>

2020년 제1,2회 에너지관리산업기사
(2020.06.13. 시행)

제1과목	열 및 연소설비

01

1 Nm^{3}의 혼합가스를 6 Nm^{3}의 공기로 연소시킨다면 공기비는 얼마인가? (단, 이 기체의 체적비는 CH$_4$ = 45 %, H$_2$ = 30 %, CO$_2$ = 10 %, O$_2$ = 8 %, N$_2$ = 7 %이다.)

① 1.2   ② 1.3
③ 1.4   ④ 3.0

【해설】

※ 공기비를 구하려면 혼합가스 조성에서 가연성분 (CH$_4$, H$_2$)의 연소에 필요한 이론산소량(O$_0$)을 먼저 알아내야 한다.

$$H_2 + \frac{1}{2}O_2 \rightarrow H_2O$$

$$CH_4 + 2O_2 \rightarrow CO_2 + 2H_2O$$

기체연료 1 Nm^3 중에 연소되는 성분들의 완전연소에 필요한 이론산소량(O$_0$)은

- 이론산소량 O$_0$ = (0.5 × H$_2$ + 2 × CH$_4$) - O$_2$
$$= (0.5 \times 0.3 + 2 \times 0.45) - 0.08$$
$$= 0.97 \, Nm^3/Nm^3\text{-연료}$$

- 이론공기량 A$_0$ = $\dfrac{O_0}{0.21}$ = $\dfrac{0.97}{0.21}$ = 4.619 Nm^3/Nm^3-연료

∴ 공기비(m) = $\dfrac{A}{A_0}\left(\dfrac{\text{실제공기량}}{\text{이론공기량}}\right)$ = $\dfrac{6}{4.619}$ ≒ 1.3

02

보일의 법칙을 나타내는 식으로 옳은 것은?

(단, C는 일정한 상수이고 P, V, T는 각각 압력, 체적, 온도를 나타낸다.)

① $\dfrac{T}{V} = C$ ② $\dfrac{V}{T} = C$

③ $PV = C$ ④ $\dfrac{PV}{T} = C$

【해설】 ※ 이상기체에 적용되는 법칙들

- 보일(Boyle)의 법칙 : 온도가 일정할 경우 기체의 체적은 압력에 반비례한다.

$$P \cdot V = Const(일정), \quad P_1 \cdot V_1 = P_2 \cdot V_2$$

- 샤를(Charles)의 법칙 또는 게이-뤼삭(Gay-Lussac)의 법칙 : 압력이 일정할 경우 기체의 체적은 절대온도에 비례한다.

$$\frac{V}{T} = Const(일정), \quad \frac{V_1}{T_1} = \frac{V_2}{T_2}$$

- 보일-샤를의 법칙 : 기체의 체적은 압력에 반비례하고, 절대온도에 비례한다.

$$\frac{PV}{T} = Const(일정), \quad \frac{P_1 V_1}{T_1} = \frac{P_2 V_2}{T_2}$$

03

어떤 계 내에 이상기체가 초기 상태 75 kPa, 50 ℃인 조건에서 5 kg이 들어있다. 이 기체를 일정 압력 하에서 부피가 2배가 될 때까지 팽창시킨 다음, 일정 부피에서 압력이 2배가 될 때까지 가열하였다면 전 과정에서 이 기체에 전달된 전열량(kJ)은? (단, 이 기체의 기체상수는 0.35 kJ/kg·K, 정압비열은 0.75 kJ/kg·K이다.)

① 565   ② 1210
③ 1290   ④ 2503

【해설】 　　　　　　　　　암기법 : 큐는 씨암탉

• 정압과정($P_1 = P_2$, $V_2 = 2V_1$)에서 온도(T_2)를 구하면,

$$\frac{P_1 V_1}{T_1} = \frac{P_2 V_2}{T_2}$$ 에서, $$\frac{V_1}{(50 + 273)K} = \frac{2V_1}{T_2}$$

$$\therefore \; T_2 = 646 \, K$$

정압가열량 : $Q = m \cdot C_P \, \Delta T = m \cdot C_P \times (T_2 - T_1)$

　　　　　 $= 5 \, kg \times 0.75 \, kJ/kg \cdot K \times (646 - 323)K$

　　　　　 $= 1211.25 \, kJ$

• 정적과정($V_2 = V_3$, $P_3 = 2P_2$)에서 온도(T_3)를 구하면,

$$\frac{P_2 V_2}{T_2} = \frac{P_3 V_3}{T_3}$$ 에서, $$\frac{P_2}{646 \, K} = \frac{2P_2}{T_3}$$

$$\therefore \; T_3 = 1292 \, K$$

정적가열량 : $Q = m \cdot C_V \, \Delta T$

　　　　　 $= m \cdot (C_P - R) \times (T_3 - T_2)$

　　　　　 $= 5 \, kg \times (0.75 - 0.35) \, kJ/kg \cdot K \times (1292 - 646)K$

　　　　　 $= 1292 \, kJ$

$\therefore$ 전체 전열량 $= 1211.25 + 1292 ≒$ **2503 kJ**

【참고】 ※ 비열과 기체상수의 관계식 : $C_P - C_V = R$

04

증기의 특성에 대한 설명 중 **틀린** 것은?

① 습증기를 단열압축시키면 압력과 온도가 올라가 과열증기가 된다.

② 증기의 압력이 높아지면 포화온도가 낮아진다.

③ 증기의 압력이 높아지면 증발잠열이 감소된다.

④ 증기의 압력이 높아지면 포화증기의 비체적 (m^3/kg)이 작아진다.

【해설】 ❷ 증기의 압력이 높아지면 포화온도가 높아진다.

　　　　(P-V 선도를 그려 놓고 확인하면 쉽다!)

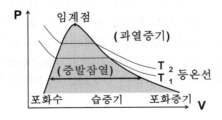

05

이상적인 공기압축 냉동사이클에 대한 설명 중 옳지 **않은** 것은?

① 팽창과정은 단열상태에서 일어나며, 대부분 등엔트로피 팽창을 한다.

② 압축과정에서는 기체상태의 냉매가 단열 압축되어 고온·고압의 상태가 된다.

③ 응축과정에서는 냉매의 압력이 일정하며 주위로의 열전달을 통해 냉매가 포화액으로 변한다.

④ 증발과정에서는 일정한 압력상태에서 저온부로부터 열을 공급받아 냉매가 증발한다.

【해설】 ❶ 팽창(교축, 스로틀링)과정은 단열상태에서 일어나며, 등엔탈피 팽창을 한다.

【참고】 ※ 증기압축식 냉동사이클의 T-S선도를 그려본다.

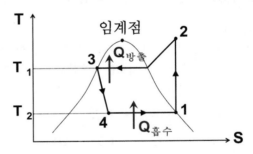

• 1→2 : 단열 압축 과정.(등엔트로피 과정)

　　　　(압축기에 의해 과열증기로 만든다)

• 2→3 : 등온 냉각 과정.

　　　　(열을 방출하고 포화액으로 된다)

• 3→4 : 등엔탈피 팽창 과정.

　　　　(교축에 의해 온도·압력이 하강하여 습증기가 된다)

• 4→1 : 등온·등압 팽창 과정.

　　　　(열을 흡수하여 건포화증기로 된다)

06

공기 과잉계수(공기비)를 옳게 나타낸 것은?

① 실제연소 공기량 ÷ 이론공기량
② 이론공기량 ÷ 실제연소 공기량
③ 실제연소 공기량 - 이론공기량
④ 공급공기량 - 이론공기량

【해설】

• 공기비 또는, 공기과잉계수(m) = $\dfrac{A}{A_0}$ $\left(\dfrac{실제공기량}{이론공기량}\right)$

07

중유는 A, B, C급으로 분류한다. 이는 무엇을 기준으로 분류하는가?

① 인화점   ② 발열량
③ 점도   ④ 황분

【해설】 ※ 중유의 특징   암기법 : 중점,시비에(C>B>A)

㉠ 점도에 따라 A중유, B중유, C중유(또는, 벙커C유)로 구분한다.

㉡ 원소 조성은 탄소(85 ~ 87 %), 수소(13 ~ 15 %), 산소 및 기타(0 ~ 2 %)이다.

㉢ 중유의 비중 : 0.89 ~ 0.99

㉣ 인화점은 약 60 ~ 150℃이며, 비중이 작은 A중유의 인화점이 가장 낮다.

08

체적 20 m³의 용기 내에 공기가 채워져 있으며, 이때 온도는 25 ℃이고, 압력은 200 kPa 이다. 용기 내의 공기온도를 65 ℃까지 가열시키는 경우에 소요 열량은 약 몇 kJ인가? (단, 기체상수는 0.287 kJ/kg·K, 정적비열은 0.71 kJ/kg·K 이다.)

① 240   ② 330
③ 1330   ④ 2840

【해설】   암기법 : 큐는 씨암탉

※ 상태방정식(PV = mRT)을 이용하여 용기 내 공기의 질량(m)을 먼저 구해야 하므로,

• m = $\dfrac{PV}{RT}$ = $\dfrac{200\,kPa \times 20\,m^3}{0.287\,kJ/kg \cdot K \times (273+25)\,K}$

    = 46.769 kg

• 소요 열량 Q = C m ΔT
    = 0.71 kJ/kg·K × 46.769 kg × (65 - 25)K
    = 1328.239 ≒ **1330 kJ**

【참고】 ※ 문제에서 **비열의 단위**(kJ/kg·K, kJ/kg·℃) 중 분모에 있는 K(절대온도)나 ℃(섭씨온도)는 단순히 열역학적인 온도 측정값의 단위로 쓰인 것이 아니고, 온도차(ΔT = 1°)에 해당하는 것이므로 섭씨온도 단위(℃)를 절대온도의 단위(K)로 환산해서 계산해야 하는 과정 없이 곧장 서로 단위를 호환해 주어도 괜찮다! 왜냐하면, 섭씨온도와 절대온도의 눈금차는 서로 같기 때문인 것을 이해한다.

【참고】

※ 열역학적 일의 공식 $W = PV$ 에서 단위 변환을 이해하자.

W(일) = Pa × m^3 = N/m^2 × m^3 = N · m = J (줄)

09

15 ℃의 물 1 kg을 100 ℃의 포화수로 변화시킬 때 엔트로피 변화량 (kJ/K)은? (단, 물의 평균 비열은 4.2 kJ/kg·K이다.)

① 1.1   ② 6.7
③ 8.0   ④ 85.0

【해설】 ※정압가열시 엔트로피 변화 암기법 : 피티네, 알압

• 정압과정($P_1 = P_2$)이므로, 엔트로피 변화량 ΔS는

ΔS = $C_p \cdot \ln\left(\dfrac{T_2}{T_1}\right)$ - $R \cdot \ln\left(\dfrac{P_2}{P_1}\right)$ 에서,

        한편, $\ln\left(\dfrac{P_2}{P_1}\right)$ = $\ln(1)$ = 0 이므로

    = $C_p \cdot \ln\left(\dfrac{T_2}{T_1}\right) \times m$

    = 4.2 kJ/kg·K × $\ln\left(\dfrac{100+273}{15+273}\right)$ × 1 kg

    = 1.086 ≒ **1.1 kJ/K**

10

자연통풍에 있어서 연도 가스의 온도가 높아졌을 경우 통풍력은?

① 변하지 않는다. ② 감소한다.
③ 증가한다. ④ 증가하다가 감소한다.

【해설】
- 통풍력 : 연돌(굴뚝)내의 배기가스와 연돌밖의 외부 공기와의 밀도차(비중량차)에 의해 생기는 압력차를 말하며 단위는 mmAq를 쓴다.
- 통풍력 $Z = P_a - P_g$

  여기서, P_a : 굴뚝 외부공기의 압력
  P_g : 굴뚝 하부의 압력
  $= (\gamma_a - \gamma_g) h$

  여기서, γ_a : 외부공기의 비중량
  γ_g : 배기가스의 비중량
  h : 굴뚝의 높이

  $= \left(\dfrac{273 \, \gamma_a}{273 + t_a} - \dfrac{273 \, \gamma_g}{273 + t_g} \right) h$

  여기서, t_a : 대기의 온도(℃)
  t_g : 배기가스의 온도(℃)

- 공기의 기압이 높을수록, 배기가스의 온도가 높을수록, 굴뚝의 높이가 높을수록, 배기가스의 비중량이 작을수록, 외기온도가 낮을수록, 공기중의 습도가 낮을수록, 연도의 길이가 짧을수록(통풍마찰저항이 작을수록) 통풍력은 증가한다!

11

공기표준 브레이튼 사이클에 대한 설명으로 틀린 것은?

① 등엔트로피 과정과 정압과정으로 이루어진다.
② 작동유체가 기체이다.
③ 효율은 압력비와 비열비에 의해 결정된다.
④ 냉동사이클의 일종이다.

【해설】　　　　　암기법 : 가(부러), 가!~단합해
　　　　　　　　　　　　　↳ 외연기관

- 가스터빈(브레이튼) 사이클의 순환과정
  : 단열압축-정압가열-단열팽창-정압방열

【참고】 ※ 브레이톤(Brayton, 브레이튼) 사이클
㉠ 연료와 공기(기체)를 동작유체로 2개의 단열과정 (등엔트로피 과정)과 2개의 정압과정으로 이루어져 고온·고속의 연소가스를 터빈날개에 분사시켜 직접 회전일을 얻어 동력을 발생시키는 열기관으로서, 제트엔진, 자동차, 발전소 등에 사용되는 기본 사이클로 외연기관인 가스터빈의 이상 사이클이다.
㉡ 브레이톤 사이클의 이론적 열효율(η)

$$\eta = \frac{T_1 - T_2}{T_1} = 1 - \left(\frac{P_1}{P_2} \right)^{\frac{k-1}{k}} = 1 - \left(\frac{1}{\gamma} \right)^{\frac{k-1}{k}}$$

여기서, k : 비열비, γ : 압력비$\left(= \dfrac{P_2}{P_1} \right)$

12

다음 연료의 구비조건 중 적당하지 않는 것은?

① 구입이 용이해야 한다.
② 연소 시 발열량이 낮아야 한다.
③ 수송이나 취급 등이 간편해야 한다.
④ 단위 용적당 발열량이 높아야 한다.

【해설】 ※ 연료의 구비조건
㉠ 구입이 용이하고, 연소가 용이해야 한다.
㉡ 점화 및 소화가 용이해야 한다.
㉢ 저장·운반(수송)·취급이 용이해야 한다.
㉣ 부하변동에 따른 연소조절이 용이해야 한다.
㉤ 단위연료량(질량, 체적)당 발열량이 높아야 한다.
㉥ 취급 시 위험성이 적어야 한다.
㉦ 인체에 유독성이 적어야 한다.
㉧ 대기오염도를 가중시키는 매연의 발생 및 공해물질 (회분 등)이 적어야 한다.
㉨ 가격이 싸고 양이 풍부해야 한다. (구입 용이)
㉩ 적은 과잉공기량으로 완전연소가 가능하여야 한다.

13

다음 중 열량의 단위에 해당하지 <u>않는</u> 것은?

① PS
② kcal
③ BTU
④ kJ

【해설】 ❶ PS(프랑스마력)은 동력의 단위로서,

1 PS = 735 W = 75 kgf·m/sec 이다.

【참고】 ※ 열량의 단위 크기 비교

- 1 kcal = 4.184 kJ (학문상) = 4.1868 kJ (법규상)

    = 4.2 kJ (생활상)

    = 427 kgf·m (중력단위, 공학용단위)

    = 3.968 BTU (영국열량단위)

    = 2.205 CHU (영국열량단위)

14

다음 중 이상기체의 등온과정에 대하여 항상 성립하는 것은? (단, W는 일, Q는 열, U는 내부에너지를 나타낸다.)

① W = 0
② Q = 0
③ $|Q| \neq |W|$
④ $\triangle U = 0$

【해설】 ※ 등온과정($T_1 = T_2$, dT = 0)

- 계가 외부에 일을 함과 동시에 일에 상당하는 열량을 주위로부터 받아들인다면 계의 내부에너지가 일정하게 유지되면서 상태변화는 온도 일정하에서 진행되는 것을 말한다.

- 등온과정에서 계(系)의 내부에너지와 엔탈피는 온도만의 함수이므로 변화가 없다.

    dU = C_V·dT = 0

    dH = C_P·dT = 0

- 열역학 제1법칙에 의해 전달열량 δQ = dU + P·dV

    한편, 등온(dT = 0) 이므로

    dU = C_V·dT = 0 이다.

    δQ = P·dV = $_1W_2$ (절대일) = W_t (공업일)

15

오일의 점도가 높아도 비교적 무화가 잘 되고 버너의 방식이 외부혼합형과 내부혼합형이 있는 것은?

① 저압기류식 버너
② 고압기류식 버너
③ 회전분무식 버너
④ 유압분무식 버너

【해설】 ※ 고압기류 분무식 버너의 특징

㉠ 고압(0.2 ~ 0.8 MPa)의 공기를 사용하여 중유를 무화시키는 형식이다.

㉡ 유량조절범위가 1 : 10 정도로 가장 커서 고점도 연료도 무화가 가능하다.

㉢ 분무각(무화각)은 30° 정도로 가장 좁은 편이다.

㉣ 외부혼합 방식보다 내부혼합 방식이 무화가 잘 된다.

㉤ 연소 가동 시 소음이 크다.

16

연소할 때 유효하게 자유로이 연소할 수 있는 수소, 즉 유효수소량 (kg)을 구하는 식으로 옳은 것은? (단, H는 연료 속의 수소량 (kg)이고, O 는 연료 속에 포함된 산소량 (kg)이다.)

① $H + \dfrac{O}{8}$
② $H - \dfrac{O}{8}$
③ $H + \dfrac{O}{4}$
④ $H - \dfrac{O}{4}$

【해설】

- 연료성분 중에 O(산소)가 함유되어 있을 경우에는 H(수소)성분 중의 일부가 산소와 반응하여 결합수(H_2O) 형태로 우선 생성되므로 수소의 전부가 연소되지는 않으므로 물(H_2O) 생성을 고려해야 한다.

    $H_2 + \dfrac{1}{2}O_2 \rightarrow H_2O$ 에서,

    (2kg) : (16kg)이 결합되므로 $\dfrac{O}{8}$ 만큼은 수소가 연소하지 않으므로 실제로 연소할 수 있는 수소는 $\left(H - \dfrac{O}{8}\right)$ 가 해당된다. 이것을 발열량에 쓰이는 "유효수소수"라 한다.

17

연료비가 증가할 때 일어나는 현상이 <u>아닌</u> 것은?

① 착화온도 상승   ② 자연발화 방지
③ 연소속도 증가   ④ 고정탄소량 증가

【해설】   **암기법** : 연휘고 ↑

- 고체연료의 연료비 $\left(= \dfrac{\text{고정탄소 \%}}{\text{휘발분 \%}} \right)$

   여기서, 고정탄소(%) = 100 − (휘발분 + 수분 + 회분)

   ㉠ 연료비가 클수록 고정탄소량이 증가한다.

   ㉡ 휘발분이 많으면 화염이 길어지는데, 고정탄소량이
     많으면 불꽃이 짧은 단염이 된다.

   ㉢ 고정탄소량이 많다는 것은 찌꺼기인 회분이 적다는
     의미이므로 매연발생을 적게 일으킨다.

   ㉣ 고정탄소량이 증가할수록 휘발분이 적어지므로
     착화온도가 높아진다.

   ㉤ 고정탄소량이 증가할수록 휘발분이 적어지므로
     연소속도는 감소하고, 자연발화 가능성은 낮아진다.

18

건도를 x 라고 할 때 건포화증기일 경우 x 의
값을 올바르게 나타낸 것은?

① x = 0   ② x = 1
③ x < 0   ④ 0 < x < 1

【해설】 ※ T−S 선도에서 물과 증기의 상태

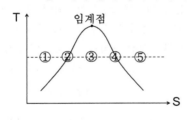

     ① 압축수 (건도 x = 0)
     ② 포화수 (x = 0)
     ③ 습증기 (0 < x < 1)
     ④ (건)포화증기 (x = 1)
     ⑤ 과열증기 (x = 1)

19

액체 및 고체연료와 비교한 기체연료의 일반적인
특징에 대한 설명으로 <u>틀린</u> 것은?

① 점화 및 소화가 간단하다.
② 연소 시 재가 없고, 연소효율도 높다.
③ 가스가 누출되면 폭발의 위험성이 있다.
④ 저장이 용이하며, 취급에 주의를 요하지
   않는다.

【해설】 ※ 기체연료의 특징

<장점> ㉠ 유동성이 좋으므로 개폐밸브에 의한 연료의
       공급량 조절이 쉽고, 점화 및 소화가 간단하다.

     ㉡ 비열이 작아서 예열이 용이하므로 고온을
       얻기가 쉽고, 유체연료이므로 연료의 공급량
       조절이 쉬워서 화염온도 조절이 용이하며
       열효율이 높다.

     ㉢ 적은 공기비로도 완전연소가 가능하다.

     ㉣ 유동성이 커서 연료의 품질이 균일하므로
       자동제어에 의한 연소의 조절이 용이하다.

     ㉤ 연소 후 유해잔류 성분(회분, 매연 등)이 거의
       없으므로 재가 없고 청결하다.

     ㉥ 공기와의 혼합을 임의로 조절할 수 있어서
       연소효율 $\left(= \dfrac{\text{연소열}}{\text{발열량}} \right)$ 이 가장 높다.

     ㉦ 계량과 기록이 용이하다.

     ㉧ 고체·액체연료에 비해 수소함유량이 많으므로
       탄수소비가 가장 작다.

<단점> ㉠ 단위 체적당 발열량은 고체·액체연료에 비해
       극히 작다.

     ㉡ 고체·액체연료에 비해 부피가 커서 압력이
       높기 때문에 저장이나 운송이 불편하다.

     ㉢ 유동성이 커서 누출되기 쉽고 폭발의 위험성이
       크므로 취급에 주의를 요한다.

     ㉣ 고체·액체연료에 비해서 제조 비용이 비싸다.

20

LPG의 특징에 대한 설명으로 <u>틀린</u> 것은?

① 무색 투명하다.

② C_3H_8과 C_4H_{10}이 주성분이다.

③ 상온·상압에서 공기보다 무겁다.

④ 상온·상압에서 액체로 존재한다.

【해설】

㉠ LPG의 주성분은 프로판(C_3H_8)과 부탄(C_4H_{10})으로 구성

㉡ LPG 가스의 비중은 1.52로써 공기의 비중 1.2보다 무거우므로 누설되었을 시 확산되기 어려우므로 밑부분에 정체되어 폭발위험이 크므로 가스경보기를 바닥 가까이에 부착한다.

㉢ 상온, 대기압에서는 기체 상태로 존재한다.
  (참고로, 액화압력은 6 ~ 7 kg/cm^2 이다.)

㉣ 가스의 비중은 공기보다 무겁다.

㉤ 기화잠열(90 ~ 100 kcal/kg)이 커서 냉각제로도 이용이 가능하다.

㉥ 천연고무나 페인트 등을 잘 용해시키므로 패킹이나 누설장치에 주의를 요한다.

㉦ 무색, 무취이고 물에는 녹지 않으며, 유기용매(석유류, 동식물유)에 잘 녹는다.

㉧ LPG는 상온·상압에서 기체로 존재한다.

제2과목	열설비 설치

21

탄성식 압력계가 <u>아닌</u> 것은?

① 부르동관 압력계   ② 다이어프램 압력계

③ 벨로우즈 압력계   ④ 환상천평식 압력계

【해설】

❹ 환상천평식(링밸런스식) 압력계는 탄성식 압력계가 아니라 액주식 압력계의 종류에 속한다.

【참고】   암기법 : 탄돈 벌다

• 탄성식 압력계의 종류별 압력 측정범위
  - 부르돈관식 > 벨로스식 > 다이어프램식

22

광고온계의 특징에 대한 설명으로 <u>틀린</u> 것은?

① 구조가 간단하고 휴대가 편리하다.

② 개인에 따라 오차가 적다.

③ 연속 측정이나 제어에는 이용할 수 없다.

④ 고온측정에 적합하다.

【해설】 ※ 광고온계(또는, 광학적 고온계)의 특징

<장점> ㉠ 피측온체와의 사이에 수증기, CO$_2$, 먼지 등의 영향을 적게 받으므로, 방사온도계보다 방사율에 의한 보정량이 적다.

㉡ 비접촉식 온도측정 방법 중 가장 정확한 측정을 할 수 있다.(정도가 가장 높다)

㉢ 온도계 중에서 가장 높은 온도의 측정에 적합하다.
  (측정온도 범위 : 700 ~ 3000 ℃이다)

㉣ 700 ℃를 초과하는 고온의 물체에서 방사되는 에너지 중 육안으로 관측하므로 가시광선을 이용한다.

㉤ 노내 피열물의 온도 측정 등에 사용된다.

㉥ 구조가 간단하고 휴대가 간편하다.

㉦ 목측으로 행하는 방식과 광전지나 광전관을 이용하는 방식이 있다.

<단점> ㉠ 인력에 의한 수동측정이므로 기록, 경보, 자동제어가 불가능하다.

㉡ 연속 측정이나 자동제어에는 이용할 수 없다.

㉢ 수동측정이므로 측정시 시간의 지연이 있으며, 개인에 따라 오차가 크다.

㉣ 주위로부터 빛 반사의 영향을 받는다

㉤ 저온(700 ℃ 이하)의 물체 온도측정은 곤란하다.
  (∵ 저온에서는 발광에너지가 약하다)

23

보일러의 증발량이 5 t/h 이고, 보일러 본체의 전열 면적이 25 m² 일 때, 이 보일러의 전열면 증발률 (kg/m²·h)은?

① 75　　　　　　　② 150

③ 175　　　　　　④ 200

【해설】

- 보일러 증발률 $e = \dfrac{w_2}{A_b}\left(\dfrac{\text{실제 증발량, } kg/h}{\text{보일러 전열면적, } m^2}\right)$

$= \dfrac{5000\,kg/h}{25\,m^2} = 200\,\text{kg/m}^2\cdot\text{h}$

24

자동제어시스템의 종류 중 자동제어계의 시간 응답특성에 대한 설명으로 **틀린** 것은?

① 오버슈트 $= \dfrac{\text{최대오버슈트}}{\text{최종목표값}}$

② 감쇠비 $= \dfrac{\text{최대오버슈트}}{\text{제2오버슈트}}$

③ 지연시간 = 응답이 최초로 목표값의 50%가 되는데 요하는 시간

④ 상승시간 = 목표값의 10%에서 90%까지 도달하는데 요하는 시간

【해설】

① 오버슈트(over shoot)

 - 제어량이 목표값을 초과하여 처음으로 나타나는 최대초과량을 말한다.

❷ 감쇠비(damping ratio)

 - 진동의 감쇠를 나타내는 무차원수로서, $\dfrac{\text{제2오버슈트}}{\text{최대오버슈트}}$ 로 정의된다.

③ 지연시간

 - 응답이 목표값의 50%에 도달하는데 소요되는 시간을 말한다.

④ 상승시간

 - 응답이 목표값의 10%에서 90%까지 도달하는데 소요되는 시간을 말한다.

25

보일러의 증발능력을 표준상태와 비교하여 표시한 값은?

① 증발배수　　　　② 증발효율

③ 증발계수　　　　④ 증발률

【해설】　　　　　　　　　　**암기법** : 계실상

※ 증발계수(f, 증발력)

 ㉠ 실제증발량(w_2)에 대한 상당증발량(w_e)의 비이다.

 ㉡ 보일러의 증발능력을 표준상태와 비교하여 표시한 값으로 단위가 없으며, 그 값은 1 보다 항상 크다.

 ㉢ 계산공식 $f = \dfrac{w_e}{w_2}\left(\dfrac{\text{상당증발량}}{\text{실제증발량}}\right)$

$= \dfrac{\dfrac{w_2 \cdot (H_2 - H_1)}{539}}{w_2} = \dfrac{H_2 - H_1}{539}$

26

열전대를 보호하기 위하여 사용되는 보호관 중 내식성, 내열성, 기계적 강도가 크고 황을 함유한 산화염에서도 사용할 수 있는 것은?

① 황동관　　　　　② 자기관

③ 카보랜덤관　　　④ 내열강관

【해설】 ※ 열전대 보호관의 종류

 ㉠ 자기관은 급냉, 급열에 약하며 알카리에도 약하다. 기밀성은 좋다.(상용사용온도 : 1450 ℃)

 ㉡ 유리관은 급냉, 급열에 약하며 저온 측정에 쓰이며 알카리, 산성에도 강하다.(500 ℃)

 ㉢ 석영관은 급냉, 급열에 강하며, 알칼리에는 약하지만 산성에는 강하다.(1000 ℃)

 ㉣ 내열강관(스테인레스강)은 내열성, 내식성이 크고 유황가스를 포함하는 산화염, 환원염에도 사용할 수 있다.(1050 ℃)

 ㉤ 카보랜덤관은 다공질로서 급냉, 급열에 강하며 단망관이나 2중 보호관의 외관으로 주로 사용된다.(1600 ℃)

27
아래 그림과 같은 경사관식 압력계에서 압력 P_1과 P_2의 압력차는 몇 kPa 인가? (단, $\theta = 30°$, L = 100 cm, 액체의 비중량은 8820 N/m³ 이다.)

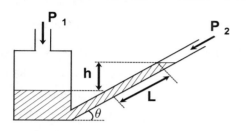

① 4.4
② 44
③ 8.8
④ 88

【해설】
- 파스칼의 원리에 의하면 액주 경계면의 수평선(A - B)에 작용하는 압력은 서로 같다.

$$P_A = P_B$$

$$P_1 = P_2 + \gamma \cdot h$$

한편, 경사관 액주의 높이차 $h = L \cdot \sin\theta$ 이므로

$$= P_2 + \gamma \cdot L \cdot \sin\theta$$

∴ $P_1 - P_2 = \gamma \cdot L \cdot \sin\theta$

$$= 8820 \text{ N/m}^3 \times 100 \text{ cm} \times \sin 30°$$

$$= 8.820 \text{ kN/m}^3 \times 1 \text{ m} \times \sin 30°$$

$$= 4.41 \text{ kN/m}^2$$

$$= 4.41 \text{ kPa} ≒ \textbf{4.4 kPa}$$

28
측정 대상과 같은 종류이며 크기 조정이 가능한 기준량을 준비하여 기준량을 측정량에 평행시켜 계측기의 지시가 0 위치를 나타낼 때의 기준량의 크기를 측정하는 방법이 있다. 정밀도가 좋은 이러한 측정 방법은 무엇인가?

① 편위법
② 영위법
③ 보상법
④ 치환법

【해설】 ※ 계측기기의 측정 방법
ⓐ 보상법 : 측정하고자 하는 양을 표준치와 비교하여 양자의 근소한 차이를 정교하게 측정하는 방식이다.
ⓑ 편위법 : 측정하고자 하는 양의 작용에 의하여 계측기의 지침에 편위를 일으켜 이 편위를 눈금과 비교함으로써 측정을 행하는 방식이다.
ⓒ 치환법 : 측정량과 기준량을 치환해 2회의 측정결과로부터 구하는 측정방식이다.
ⓓ 영위법 : 측정하고자 하는 양과 같은 종류로서 크기를 독립적으로 조정할 수가 있는 기준량을 준비하여 기준량을 측정량에 평형시켜 계측기의 지침이 0의 위치를 나타낼 때의 기준량 크기로부터 측정량의 크기를 알아내는 방법이다.
ⓔ 차동법 : 같은 종류인 두 양의 작용의 차를 이용하는 방법이다.

29
스테판 볼츠만 법칙을 응용한 온도계로 높은 온도 및 이동물체의 온도 측정에 적합한 온도계는?

① 광고온계
② 복사(방사)온도계
③ 색온도계
④ 광전관식온도계

【해설】
※ 복사온도계(또는, 방사온도계, 방사고온계)
 - 물체로부터 방사되는 모든 파장의 전 방사에너지를 측정하여 온도를 측정하는 온도계로서 열방사에 의한 열전달량(Q)은 스테판-볼츠만의 법칙($Q = \varepsilon \cdot \sigma T^4$)으로 계산된다.

【참고】 ※ 스테판-볼츠만(Stefan-Boltzmann)의 법칙
- 복사에너지(또는, 방사열) $Q = \varepsilon \cdot \sigma T^4 \times A$
 여기서, σ : 스테판 볼츠만 상수(5.67×10^{-8} W/m²·K⁴)
  ε : 표면 복사율(방사율 또는, 흑도)
  T : 물체 표면의 절대온도(K)
  A : 방열 표면적(m²)

30

발생 원인이 운동부분의 마찰, 전기저항의 변화 및 불규칙적으로 변화하는 온도, 기압, 조명 등에 의해서 발생되는 오차는?

① 과실 오차 ② 우연 오차
③ 고유 오차 ④ 계기 오차

【해설】 ※ 오차 (error)의 종류

㉠ 계통 오차 (systematic error)

계측기를 오래 사용하면 지시가 맞지 않거나, 눈금을 읽을 때 개인적 습관에 의해 생기는 오차 등 측정값에 편차를 주는 것과 같은 어떠한 원인에 의해 생기는 오차이므로 원인을 알면 보정이 가능하다.

㉡ 우연 오차 (accidental error)

측정실의 온도변동, 공기의 교란, 측정대의 진동, 조명도의 변화 등 오차의 원인을 명확히 알 수 없는 우연한 원인으로 인하여 발생하는 오차로서, 측정값이 일정하지 않고 분포(산포) 현상을 일으키므로 측정을 여러 번 반복하여 평균값을 추정하여 오차의 합이 0에 가깝도록 작게 할 수는 있으나 보정은 불가능하다.

㉢ 과오(실수)에 의한 오차 (mistake error)

측정 순서의 오류, 측정값을 읽을 때의 착오, 기록 오류 등 측정자의 실수에 의해 생기는 오차이며, 우연오차에서처럼 매번마다 발생하는 것이 아니고 극히 드물게 나타난다.

31

다음 중 1 N에 대한 설명으로 옳은 것은?

① 질량 1 kg 의 물체에 가속도 1 m/s^2 이 작용하여 생기게 하는 힘이다.
② 질량 1 kg 의 물체에 가속도 1 cm/s^2 이 작용하여 생기게 하는 힘이다.
③ 면적 1 cm^2 에 1 kg 의 무게가 작용할 때의 응력이다.
④ 면적 1 cm^2 에 1 g 의 무게가 작용할 때의 응력이다.

【해설】

① 힘(Force)의 공식 : $F = m \cdot a$

여기서, F : 힘(N), m : 질량(kg), a : 가속도(m/s^2)

$$1\,N = 1\,kg \times 1\,m/sec^2$$
$$= 1\,kg \cdot m/sec^2$$

【참고】 ※ 물리량의 단위는 공식으로부터 나온다!

• 절대단위 : $1\,N = 1\,kg \times 1\,m/s^2 = 1\,kg \cdot m/s^2$
• 중력단위 : $1\,kgf = 1\,kg \times 9.8\,m/s^2$
$$= 9.8\,kg \cdot m/s^2 = 9.8\,N$$

※ 공학에서는 흔히 kgf의 f(포오스)를 생략하고 kg 으로만 나타내기도 한다.

32

보일러의 열효율 향상 대책이 <u>아닌</u> 것은?

① 피열물을 가열한 후 불연소시킨다.
② 연소장치에 맞는 연료를 사용한다.
③ 운전조건을 양호하게 한다.
④ 연소실내의 온도를 높인다.

【해설】 ※ 보일러의 열효율 향상 대책

㉠ 출열항목 중 손실열을 최대한 줄인다.
㉡ 장치에 합당한 설계조건과 운전조건을 선택한다.
㉢ 연소실내의 온도를 고온으로 유지하여 연료(피열물)를 완전연소시킨다.
㉣ 단속 조업에 따른 열손실을 방지하기 위하여 연속 조업을 실시한다.
㉤ 연소장치에 적당한 연료와 작동법을 채택한다.
㉥ 과잉공기를 적게 하여 적정한 공기비로 운전한다.

33

다음 중 잔류편차(offset)가 발생되는 결점을 제거하기 위한 제어동작으로 가장 적합한 것은?

① 비례동작 ② 미분동작
③ 적분동작 ④ on-off 동작

【해설】 <u>암기법</u> : 아이(I) 편

- I 동작(적분동작)은 잔류편차는 제거되지만 진동하는 경향이 있고 제어의 안정성이 떨어진다.

【참고】

- P동작(비례동작)에 의해 정상편차(Off-set, 오프셋)가 발생하므로, I 동작(적분동작)을 같이 조합하여 사용하면 정상편차(또는, 잔류편차)가 제거되지만 진동하는 경향이 있고 안정성이 떨어지므로 PID동작(비례적분미분동작)을 사용하면 잔류편차가 제거되고 응답시간이 가장 빠르며 진동이 제거된다.

34

보일러의 온도를 60℃로 일정하게 유지시키기 위해서 연료량을 연료공급 밸브로 변화시킬 때 다음 중 틀린 것은?

① 목표량 : 60℃   ② 제어량 : 온도
③ 조작량 : 연료량   ④ 제어장치 : 보일러

【해설】 ※ 자동제어의 일반적인 동작 순서

- 온수보일러의 온도를 일정하게 유지시키기 위하여 제어의 대상이 되는 온도(제어량)를 측정하는 장치(검출단)에 의해 검출하고, 그 목표값인 60℃(목표량)와 비교하여 온도와의 차(편차)에 따라서 조작용 신호를 내어(조절부) 온도를 바꿀 수 있는 연료량 및 공기량(조작량)에 대하여 연료공급밸브, 송풍기(조작단)를 써서 모터 등(조작부)을 기계장치로 자동적으로 제어한다.

35

차압식 유량계로만 나열한 것은?

① 로터리 팬, 피스톤형 유량계, 칼만식 유량계
② 칼만식 유량계, 델타 유량계, 스와르 미터
③ 전자유량계, 토마스 미터, 오벌 유량계
④ 오리피스, 벤투리, 플로-노즐

【해설】 <u>암기법</u> : 손오공 노레(Re)는 벤츄다.

※ 차압식 유량계의 비교

- 압력손실이 큰 순서 : 오리피스 > 노즐 > 벤츄리
- 압력손실이 작은 유량계일수록 가격이 비싸진다.
- 플로우-노즐은 레이놀즈(Reno)수가 큰 난류일 때에도 사용할 수 있다.

36

다음 측정방식 중 물리적 가스분석계가 <u>아닌</u> 것은?

① 밀도식   ② 세라믹식
③ 오르자트식   ④ 기체크로마토그래피

【해설】 ※ 가스분석계의 분류

- 물리적 분석방법
  - 세라믹식, 자기식, 가스크로마토그래피법, 밀도법, 도전율법, 적외선식, 열전도율(또는, 전기식)법
    <u>암기법</u> : 세자가, 밀도적 열명을 물리쳤다.
- 화학적 분석방법
  - 흡수분석법(오르자트식, 헴펠식), 자동화학식법(또는, 자동화학식 CO_2계), 연소열법(연소식 O_2계, 미연소식)

37

열전대 온도계의 원리를 설명한 것으로 옳은 것은?

① 두 종류의 금속선의 온도차에 따른 열기전력을 이용한다.
② 기체, 액체, 고체의 열전달계수를 이용한다.
③ 금속판의 열팽창계수를 이용한다.
④ 금속의 전기저항에 따른 온도계수를 이용한다.

【해설】

※ 열전대(thermo couple) 온도계
  - 두 종류의 서로 다른 금속선을 접합시켜 하나의 회로를 만들어 양접점(냉접점과 온접점)에 온도차를 유지해 주면 제백(Seebeck)효과에 의해 발생하는 열기전력(전위차, mV)을 이용하는 원리이다.

38

운전 조건에 따른 보일러 효율에 대한 설명으로 틀린 것은?

① 전부하 운전에 비하여 부분부하 운전 시 효율이 좋다.
② 전부하 운전에 비하여 과부하 운전시에서는 효율이 낮아진다.
③ 보일러의 배기가스 온도가 높아지면 열손실이 커진다.
④ 보일러의 운전효율을 최대로 유지하려면 효율–부하곡선이 평탄한 것이 좋다.

【해설】
❶ 전부하 운전에 비하여 부분부하 운전 시 보일러 효율이 낮아진다.

39

다음 중 유량의 단위로 옳은 것은?

① kg/m^2 ② kg/m^3
③ m^3/s ④ m^3/kg

【해설】 ① 압력의 단위 : $kg(f)/m^2$
       ② 밀도의 단위 : kg/m^3
       ③ 비체적의 단위 : m^3/kg

【참고】 ※ 유량(flow rate)의 구분

㉠ 질량유량 : $\dot{m} = \dfrac{m}{t}$ [단위 : kg/s]

㉡ 중량유량 : $G = \dfrac{F}{t}$ [단위 : kgf/s]

㉢ 체적유량 : $\dot{V} = \dfrac{V}{t} = \dfrac{A \cdot x}{t} = A \cdot v$ [단위 : m^3/s]

40

보일러 수위 제어용으로 액면에서 부자가 상하로 움직이며 수위를 측정하는 방식은?

① 직관식   ② 플로트식
③ 압력식   ④ 방사선식

【해설】
❷ 플로트식(또는, 부자식) 액면계는 플로트(Float, 부자)를 액면에 직접 띄워서 상·하의 움직임에 따라 수위를 측정하는 방식이다.

【참고】 ※ 액면계의 관측방법에 따른 분류
                 암기법 : 직접 유리 부검

• 직접법 : 유리관식(평형반사식 포함), 부자식 (플로트식), 검척식
• 간접법 : 압력식(차압식, 다이어프램식, 액저압식, 퍼지식), 기포식, 저항전극식, 방사선식, 초음파식(음향식), 정전용량식, 편위식

제3과목   열설비 운전

41

노벽이 내화벽돌(두께 24cm)과 절연벽돌(두께 10cm), 적색벽돌(두께 15cm)로 구성되어 만들어질 때 벽 안쪽과 바깥쪽 표면 온도가 각각 900℃, 90℃ 이라면 열손실(W/m^2)은? (단, 내화벽돌, 절연벽돌 및 적색벽돌의 열전도율은 각각 1.4 W/m·℃, 0.17 W/m·℃, 1.2 W/m·℃ 이다.)

① 408   ② 916
③ 1744   ④ 4715

【해설】   암기법 : 교관온면
• 평면벽에서의 손실열(교환열) 계산공식 $Q = K \cdot \Delta t \cdot A$
한편, 총괄열전달계수(K, 관류율)

$$K = \dfrac{1}{\dfrac{d_1}{\lambda_1} + \dfrac{d_2}{\lambda_2} + \dfrac{d_3}{\lambda_3}} \text{ 이므로}$$

$$Q = \dfrac{\Delta t \cdot A}{\dfrac{d_1}{\lambda_1} + \dfrac{d_2}{\lambda_2} + \dfrac{d_3}{\lambda_3}} = \dfrac{(900 - 90) \times 1}{\dfrac{0.24}{1.4} + \dfrac{0.1}{0.17} + \dfrac{0.15}{1.2}}$$

$$= 915.6 ≒ 916 \, W/m^2$$

42

강관 이음쇠 중 같은 직경의 관을 직선 연결할 때 사용되는 것이 <u>아닌</u> 것은?

① 캡   ② 소켓

③ 유니온   ④ 플랜지

【해설】   암기법 : 플랜이 음나용 ?

※ 강관의 이음(pipe joint) 방법

    ㉠ 플랜지(Flange) 이음

    ㉡ 나사(소켓) 이음

    ㉢ 용접 이음

    ㉣ 유니온(Union) 이음

43

대향류 열교환기에서 가열유체는 80℃로 들어가서 30℃로 나오고 수열유체는 20℃로 들어가서 30℃로 나온다. 이 열교환기의 대수평균온도차(℃)는?

① 24.9   ② 32.1

③ 35.8   ④ 40.4

【해설】 ※ 대수평균온도차(LMTD, Δt_m)

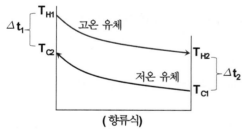

(향류식)

• 향류식 $\Delta t_m = \dfrac{\Delta t_1 - \Delta t_2}{\ln\left(\dfrac{\Delta t_1}{\Delta t_2}\right)}$

$\qquad = \dfrac{(T_{H1} - T_{C2}) - (T_{H2} - T_{C1})}{\ln\left(\dfrac{T_{H1} - T_{C2}}{T_{H2} - T_{C1}}\right)}$

$\qquad = \dfrac{(80 - 30) - (30 - 20)}{\ln\left(\dfrac{80 - 30}{30 - 20}\right)}$

$\qquad = 24.85 \fallingdotseq$ **24.9 ℃**

44

큐폴라에 대한 설명으로 <u>틀린</u> 것은?

① 규격은 매 시간당 용해할 수 있는 중량(t)으로 표시한다.

② 코크스 속의 탄소, 인, 황 등의 불순물이 들어가 용탕의 질이 저하된다.

③ 열효율이 좋고 용해시간이 빠르다.

④ Al 합금이나 가단주철 및 칠드롤 같은 대형 주물제조에 사용된다.

【해설】

❹ 제련을 목적으로 하지 않고 동합금(청동, 황동), 경금속합금 등의 비철금속 용해로로 주로 사용되는 것은 도가니로이다.

【참고】 ※ 큐폴라(Cupola, 용선로)의 특징

㉠ 노의 용량은 1시간에 용해할 수 있는 선철의 톤(ton)수로 표시한다.

㉡ 대량의 쇳물을 얻을 수 있어, 대량생산이 가능하다.

㉢ 다른 용해로에 비해 열효율이 좋고, 용해시간이 빠르고 경제적이다.

㉣ 쇳물이 코크스 속을 지나므로 코크스 속의 탄소, 황, 인 등의 불순물이 들어가기 쉽다.

㉤ 용해 특성상 탄소, 인, 황 등의 불순물이 흡수되어 주물의 질이 저하된다.

45

보일러수 내 불순물의 농도 등을 나타내는 미량 단위로서 10억분의 1을 나타내는 단위는?

① ppm   ② ppc

③ ppb   ④ epm

【해설】 ※ 농도의 표시 단위

• ppb (parts per billion, 10억분율)

   – 물 1 m³ 중에 함유된 불순물의 양을 mg 으로 나타내는 농도[mg/m³] 이다.

• **ppb** = mg/m³ = mg/ton = μg/kg

46

원통형 보일러와 비교한 수관식 보일러의 특징에 대한 설명으로 틀린 것은?

① 전열면적에 비해 보유수량이 적어 증기 발생이 빠르다.

② 보유수량이 적어 부하변동에 따른 압력 변화가 작다.

③ 양질의 급수가 필요하다.

④ 구조가 복잡하여 청소나 검사, 수리가 불편하다.

【해설】 ※ 수관식 보일러의 특징

㉠ 외분식이므로 연소실의 크기 및 형태를 자유롭게 설계할 수 있어 연소상태가 좋고, 연료에 따라 연소방식을 채택할 수 있어 연료의 선택범위가 넓다.

㉡ 드럼의 직경 및 수관의 관경이 작아 구조상 고압, 대용량의 보일러 제작이 가능하다.

㉢ 관수의 순환이 좋아 열응력을 일으킬 염려가 적다.

㉣ 구조상 전열면적당 관수 보유량이 적으므로, 단위시간당 증발량이 많아서 증기발생 소요시간이 매우 짧다. 따라서, 열량을 전열면에서 잘 흡수시키기 위한 별도의 설계를 하지 않아도 된다.

㉤ 보일러 효율이 높다.(90% 이상)

㉥ 드럼의 직경 및 수관의 관경이 작으므로, 보유 수량이 적다.

㉦ 보유수량이 적어 파열 사고 시에도 피해가 적다.

㉧ 일시적인 부하변동에 대하여 관수 보유수량이 적으므로 압력변동과 수위변동이 크다.

㉨ 증기발생속도가 매우 빨라서 스케일 발생이 많아 수관이 과열되기 쉬우므로 철저한 수처리를 요한다.

㉩ 구조가 복잡하여 내부의 청소 및 검사가 곤란하다.

㉪ 제작이 복잡하여 가격이 비싸다.

㉫ 구조가 복잡하여 취급이 어려워 숙련된 기술을 요한다.

㉬ 연소실 주위에 울타리 모양 상태로 수관을 배치하여 연소실 벽을 구성한 수냉벽을 로에 구성하여, 고온의 연소가스에 의해서 내화벽돌이 연화·변형되는 것을 방지한다.

㉭ 수관의 특성상 기수분리의 필요가 있는 드럼 보일러의 특징을 갖는다.

47

보온재의 열전도율을 작게 하는 방법이 아닌 것은?

① 재질 내 수분을 줄인다.

② 재료의 온도를 높게 한다.

③ 재료의 두께를 두껍게 한다.

④ 재료 내 기공은 작고 기공률은 크게 한다.

【해설】　[암기법] : 열전도율 ∝ 온·습·밀·부

※ 보온재의 열전도율이 작아지는 조건

㉠ 재료의 온도가 낮을수록

㉡ 재료의 습도(수분)가 낮을수록

㉢ 재료의 밀도가 작을수록

㉣ 재료의 부피비중이 작을수록

㉤ 재료의 두께가 두꺼울수록

㉥ 재료의 기공률이 클수록

48

증기 사용 중 유의사항에 해당되지 않는 것은?

① 수면계 수위가 항상 상용수위가 되도록 한다.

② 과잉공기를 많게 하여 완전연소가 되도록 한다.

③ 배기가스 온도가 갑자기 올라가는지를 확인한다.

④ 일정압력을 유지할 수 있도록 연소량을 가감한다.

【해설】

❷ 과잉공기량이 많아지면 배기가스량의 증가로 배기가스열 손실량($Q_{손실}$)도 증가하므로 열효율이 낮아지기 때문에 적정 공기비로 운전해야 한다.

49

증기트랩 중 고압증기의 관말트랩이나 유닛, 히터 등에 많이 사용하는 것으로 상향식과 하향식이 있는 트랩은?

① 벨로즈 트랩   ② 플로트 트랩
③ 온도조절식 트랩   ④ 버킷 트랩

【해설】

※ 버킷(Bucket)식 증기트랩의 종류
 - 상향식, 하향식, 프리볼식 버킷

50

어떤 물체의 보온 전과 보온 후의 발산열량이 각각 $2000 \, kJ/m^2$, $400 \, kJ/m^2$ 이라 할 때, 이 보온재의 보온효율(%)은?

① 20   ② 50
③ 80   ④ 125

【해설】

• 보온효율 $\eta = \dfrac{\Delta Q}{Q_1} \times 100 = \dfrac{Q_1 - Q_2}{Q_1} \times 100$

　　여기서, Q_1 : 보온전 (나관일 때) 손실열량
　　　　　　Q_2 : 보온후 손실열량

$\eta = \dfrac{2000 - 400}{2000} \times 100 = 80 \, \%$

51

다음 중 라몽트 노즐을 갖고 있는 보일러는 어느 형식의 보일러인가?

① 관류 보일러   ② 복사 보일러
③ 간접가열 보일러   ④ 강제순환식 보일러

【해설】 　　　　　　 암기법 : 강제로 베라~

• 강제순환식 보일러에 속하는 라몽트 보일러는 보일러수가 전체의 수관마다 균일하게 나뉘어 유동하도록, 순환량을 조정함으로써 보일러수의 순환력을 높여주기 위해서 라몽트(Lamont) 노즐을 설치한다.

52

단열 벽돌을 요로에 사용하였을 때 나타나는 효과가 <u>아닌</u> 것은?

① 요로의 열용량이 커진다.
② 열전도도가 작아진다.
③ 노내 온도가 균일해진다.
④ 내화 벽돌을 배면에 사용하면 내화 벽돌의 스폴링을 방지한다.

【해설】 　　　　　　 암기법 : 단축열 확전 스

※ 공업요로에서 단열의 효과
　㉠ 요로의 축열용량이 작아진다.
　　그러므로 가열 온도까지의 승온 시간이 단축된다.
　㉡ 열전도계수(열전도도)가 작아진다.
　㉢ 열확산계수가 작아진다.
　㉣ 노벽의 온도구배를 줄여 스폴링 현상을 억제한다.
　㉤ 노내의 온도가 균일하게 유지되어 피가열물의 품질이 향상된다.

53

다음 보일러의 부속장치에 관한 설명으로 <u>틀린</u> 것은?

① 재열기 : 보일러에서 발생된 증기로 급수를 예열시켜 주는 장치
② 공기예열기 : 연소가스의 예열 등으로 연소용 공기를 예열하는 장치
③ 과열기 : 포화증기를 가열하여 압력은 일정하게 유지하면서 증기의 온도를 높이는 장치
④ 절탄기 : 폐열가스를 이용하여 보일러에 급수되는 물을 예열하는 장치

【해설】

※ 재열기(Reheater)
　- 고압의 증기터빈에서 단열팽창을 하여 온도가 낮아져 포화온도에 접근한 과열증기를 추출하여 다시 가열시켜 과열도를 높인 다음 다시 저압의 증기터빈에 투입시켜 팽창을 지속시키는 장치이다.

2020

54

지역난방의 장점에 대한 설명으로 **틀린** 것은?

① 각 건물에는 보일러가 필요 없고 인건비와 연료비가 절감된다.

② 건물내의 유효면적이 감소되며 열효율이 좋다.

③ 설비의 합리화에 의해 매연처리를 할 수 있다.

④ 대규모 시설을 관리할 수 있으므로 효율이 좋다.

【해설】 ※ 지역난방의 특징

㉠ 광범위한 지역의 대규모 난방에 적합하다.

㉡ 열매체로는 주로 고온수 및 고압증기가 사용된다.

㉢ 대규모 시설의 관리로 고효율이 가능하다.

㉣ 소비처에서 연속난방 및 연속급탕이 가능하다.

㉤ 인건비와 연료비가 절감된다.

㉥ 설비 합리화에 따라 매연처리 및 폐열 활용이 가능하다.

㉦ 각 건물에 보일러를 설치하는 경우에 비해 건물 내의 유효면적이 증가하여 열효율이 좋다.

55

관의 지름을 바꿀 때 주로 사용되는 관 부속품은?

① 소켓   ② 엘보

③ 플러그   ④ 리듀서

【해설】 ※ 배관 이음에 사용되는 부속품의 종류

① 소켓(Socket) : 배관의 길이가 짧아 연장 시 동일 지름의 직선으로 연결할 때 사용

② 엘보(Elbow) : 배관의 흐름을 45° 또는 90°의 방향으로 변경할 때 사용

③ 플러그(Plug) : 배관을 마감하는 부품으로 외부에 나사선이 있어, 부품의 안쪽 나사에 삽입하여 관 끝을 막는데 사용

❹ 리듀서(Reducer) : 배관의 지름을 줄이거나 늘리기 위한 용도로 사용

56

난방부하가 18800 kJ/h 인 온수난방에서 쪽당 방열면적이 0.2 m^2 인 방열기를 사용한다고 할 때 필요한 쪽수는?

① 30   ② 40

③ 50   ④ 60

【해설】 ※ 방열기의 난방부하(Q) 계산

• 방열기의 표준방열량($Q_{표준}$)은 열매체인 증기와 온수를 기준으로 구별하여 계산한다.

암기법 : 수 사오공, 증 육오공

열매체	공학단위 (kcal/m^2·h)	SI 단위 (kJ/m^2·h)
온수	450	1890
증기	650	2730

• 실내 방열기의 난방부하를 Q 라 두면

$Q = Q_{표준} × A_{방열면적}$

$= Q_{표준} × C × N × a$

여기서, C : 보정계수(단, 제시 없으면 생략함.)

N : 쪽수, a : 1쪽당 방열면적

18800 kJ/h = 1890 kJ/m^2·h × N × 0.2 m^2

이제, 네이버에 있는 에너지아카데미 카페(주소 : **cafe.naver.com/2000toe**)의 "방정식 계산기 사용법"으로 N을 미지수 x로 놓고 입력해 주면

∴ 쪽수 N = 49.73 ≒ **50 쪽**

57

보일러수에 포함된 성분 중 포밍의 발생원인 물질로 가장 거리가 **먼** 것은?

① 나트륨   ② 칼륨

③ 칼슘   ④ 산소

【해설】

※ 포밍(Foaming, 물거품 솟음 현상)

– 보일러 동 저부에서 부유물, 보일러수의 농축, 용해된 고형물, 가용성 염류인 Na(나트륨), K(칼륨), Ca(칼슘) 등이 수면 위로 떠오르면서 수면이 물거품으로 뒤덮이는 현상이다.

2020 – (제1,2회 통합실시)

58

다음 중 양이온 교환 수지의 재생에 사용되는 약품이 <u>아닌</u> 것은?

① HCl　　　　　② NaOH
③ H_2SO_4　　　④ NaCl

【해설】

※ 이온교환법에 사용되는 약품

　㉠ 양이온 교환수지의 재생에 쓰이는 약품
　　- 소금($NaCl$), 염화수소(HCl), 황산(H_2SO_4)

　㉡ 음이온 교환수지의 재생에 쓰이는 약품
　　- 암모니아(NH_3), 가성소다($NaOH$)

59

KS규격에 일정 이상의 내화도를 가진 재료를 규정하는데 공업요로, 요업요로에 사용되는 내화물의 규정 기준은?

① SK19 (1520℃) 이상
② SK20 (1530℃) 이상
③ SK26 (1580℃) 이상
④ SK27 (1610℃) 이상

【해설】 ※ 내화물의 규정 기준

• 내화물이란 일반적으로 요로 기타 고온 공업용에 쓰이는 불연성의 비금속 무기재료의 총칭이며, 한국산업규격(KS)에서는 SK26번 (1580℃) 이상의 내화도를 가진 것을 말한다.

60

보일러 수면계를 시험해야 하는 시기와 무관한 것은?

① 발생 증기를 송기할 때
② 수면계 유리의 교체 또는 보수 후
③ 프라이밍, 포밍이 발생할 때
④ 보일러 가동 직전

【해설】 ※ 보일러의 수면계 기능시험 시기

　㉠ 수면계 유리의 교체 또는 보수 후
　㉡ 보일러를 가동하기 직전
　㉢ 2개의 수면계 중 수위가 상이할 때
　㉣ 프라이밍(비수), 포밍(거품) 현상이 발생할 때
　㉤ 수면계의 수위가 평소에 비해 의심스러울 때
　㉥ 취급자의 교대 운전 시
　㉦ 증기압력이 상승하기 시작할 때
　㉧ 수면계 수위의 움직임이 없이 둔할 때

제4과목　열설비 안전관리 및 검사기준

61

에너지이용 합리화법상 검사대상기기에 대하여 받아야 할 검사를 받지 아니한 자에 해당하는 벌칙은?

① 1천만원 이하의 벌금
② 2천만원 이하의 벌금
③ 1년 이하의 징역 또는 1천만원 이하의 벌금
④ 2년 이하의 징역 또는 2천만원 이하의 벌금

【해설】　　　　　　　　　[에너지이용합리화법 제73조.]

❸ 검사대상기기의 검사를 받지 아니한 자는 **1년 이하의 징역** 또는 **1천만원 이하**의 벌금에 처한다.

【참고】 ※ 위반행위에 해당하는 벌칙(징역, 벌금액)

　2.2 - 에너지 저장, 수급 위반
　　　암기법 : 이~이가 저 수위다.
　1.1 - 검사대상기기 위반
　　　암기법 : 한명 한명씩 검사대를 통과했다.
　0.2 - 효율기자재 위반
　　　암기법 : 영희가 효자다.
　0.1 - 미선임, 미확인, 거부, 기피
　　　암기법 : 영일은 미선과 거부기피를 먹었다.
　0.05 - 광고, 표시 위반
　　　암기법 : 영오는 광고표시를 쭉~ 위반했다.

62

에너지이용 합리화법에 따라 검사대상기기 설치자는 검사대상기기관리자가 해임되거나 퇴직하는 경우 다른 검사대상기기관리자를 언제 선임해야 하는가?

① 해임 또는 퇴직 이전
② 해임 또는 퇴직 후 10일 이내
③ 해임 또는 퇴직 후 30일 이내
④ 해임 또는 퇴직 후 3개월 이내

【해설】 [에너지이용합리화법 시행규칙 제40조의4항.]

※ 검사대상기기관리자의 선임
 • 검사대상기기설치자는 검사대상기기관리자를 해임하거나 검사대상기기관리자가 퇴직하는 경우에는 해임이나 퇴직 이전에 다른 검사대상기기관리자를 선임하여야 한다. 다만, 산업통상자원부령으로 정하는 사유에 해당하는 경우에는 시·도지사의 승인을 받아 다른 검사대상기기관리자의 선임을 연기할 수 있다.

63

보일러의 보존법 중 이상적인 건조보존법으로 보일러 내의 공기와 물을 전부 배출하고 특정 가스를 봉입해 두는 방법이 있다. 이때 사용되는 가스는?

① 이산화탄소 (CO_2)
② 질소 (N_2)
③ 산소 (O_2)
④ 헬륨 (He)

【해설】 ※ 건조 보존법(또는, 건식 보존법)

 • 보존기간이 6개월 이상인 경우 보일러수를 완전히 배출하고 동 내부를 완전히 건조시킨 후 약품(흡습제, 산화방지제, 기화성 방청제 등)을 넣고 밀폐시켜 보존하는 방법으로 다음과 같은 종류가 있다.
  ㉠ 석회 밀폐건조법
  ㉡ 질소가스 봉입법(또는, 질소건조법, 기체보존법)
  ㉢ 기화성 부식억제제 투입법
  ㉣ 가열 건조법

64

다음은 에너지이용 합리화법에 따라 산업통상자원부장관이 에너지저장의무를 부과할 수 있는 에너지저장의무 부과대상자 중 일부이다.
( ) 안에 알맞은 것은?

연간 ( )TOE 이상의 에너지를 사용하는 자

① 5000
② 10000
③ 20000
④ 50000

【해설】 [에너지이용합리화법 시행령 제12조.]

암기법 : 에이, 쌍!~ 다소비네. 10배 저장해야

 • 에너지수급 차질에 대비하기 위하여 산업통상자원부장관이 에너지저장의무를 부과할 수 있는 대상에 해당되는 자는 전기사업자, 도시가스사업자, 석탄가공업자, 집단에너지사업자, **연간 2만 TOE**(석유환산톤) 이상의 에너지사용자이다.

【key】 • 에너지다소비사업자의 기준량 : 2000 TOE
 • 에너지저장의무 부과대상자 : 2000 × 10배
  = 20000 TOE

65

고온(180℃ 이상)의 보일러수에 포함되어 있는 불순물 중 보일러 강판을 가장 심하게 부식시키는 것은?

① 탄산칼슘
② 탄산가스
③ 염화마그네슘
④ 수산화나트륨

【해설】 ※ 염화마그네슘($MgCl_2$)에 의한 부식

 • 보일러수에 불순물인 염화마그네슘($MgCl_2$)이 용존되어 있는 경우 180 ℃ 이상의 고온에서는 강산인 염산(HCl)으로 가수분해되어 강판을 부식시키므로 pH를 상승시켜 약알칼리성인 pH 10.5 ~ 11.8 정도로 유지해 줌으로써 용해되지 않도록 하여 금속인 강(철)판의 부식 및 스케일 부착을 방지할 수 있다.

 • 가수분해 반응식
  : $MgCl_2 + 2H_2O \rightarrow Mg(OH)_2 + 2HCl$ (염산)

66

에너지이용 합리화법상 자발적 협약에 포함하여야 할 내용이 <u>아닌</u> 것은?

① 협약 체결 전년도 에너지소비 현황
② 단위당 에너지이용효율 향상 목표
③ 온실가스배출 감축목표
④ 고효율기자재의 생산 목표

【해설】[에너지이용합리화법 시행령 시행규칙 제26조1항.]
※ 에너지사용자 또는 에너지공급자가 수립하는 자발적 협약의 이행계획에 포함되는 사항
　　㉠ 협약 체결 전년도의 에너지소비 현황
　　㉡ 에너지이용효율 향상 목표 또는 온실가스 배출 감소목표 및 그 이행 방법
　　㉢ 에너지관리체제 및 에너지관리방법
　　㉣ 효율향상목표 등의 이행을 위한 투자계획

67

보일러 분출작업시의 주의사항으로 <u>틀린</u> 것은?

① 분출작업은 2명 1개조로 분출한다.
② 저수위 이하로 분출한다.
③ 분출 도중 다른 작업을 하지 않는다.
④ 분출작업을 행할 때 2대의 보일러를 동시에 해서는 안 된다.

【해설】※ 분출작업 시 주의사항
　㉠ 2인이 한 조가 되어 실시한다.(1명은 수면계 주시, 1명은 분출작업)
　㉡ 2대 이상의 보일러에서 동시분출을 금지한다.
　㉢ 안전 저수위 이하가 되지 않도록 한다.
　㉣ 분출량 조절은 분출밸브로 한다.(콕밸브가 아님)
　㉤ 분출밸브 및 콕밸브를 조절하는 담당자가 수면계의 수위를 직접 볼 수 없는 경우에는 수면계의 감시자와 공동으로 신호하면서 분출을 실시한다.
　㉥ 분출작업 도중에는 다른 작업을 해서는 안 된다. 혹시, 다른 작업을 할 필요가 생길 때에는 분출작업을 일단 중단하고 분출밸브를 닫고 하여야 한다.

68

에너지이용 합리화법에 따라 에너지다소비사업자가 매년 1월 31일까지 신고해야 할 사항이 <u>아닌</u> 것은?

① 전년도의 수지계산서
② 전년도의 분기별 에너지이용 합리화 실적
③ 해당 연도의 분기별 에너지사용예정량
④ 에너지사용기자재의 현황

【해설】　　　　　　　　　[에너지이용합리화법 제31조.]
※ 에너지다소비업자의 신고 <mark>암기법</mark> : 전 기관에 전해
　● 에너지사용량이 대통령령으로 정하는 기준량(2000 TOE)이상인 에너지다소비업자는 산업통상자원부령으로 정하는 바에 따라 매년 1월 31일까지 그 에너지사용시설이 있는 지역을 관할하는 시·도지사에게 다음 사항을 신고하여야 한다.
　　㉠ **전**년도의 분기별 에너지사용량·제품생산량
　　㉡ **해**당 연도의 분기별 에너지사용예정량·제품생산예정량
　　㉢ **전**년도의 분기별 에너지이용 합리화 실적 및 해당 연도의 분기별 계획
　　㉣ 에너지사용**기**자재의 현황
　　㉤ 에너지**관**리자의 현황

69

에너지이용 합리화법에 따라 개조검사 시 수압시험을 실시해야 하는 경우는?

① 연료를 변경하는 경우
② 버너를 개조하는 경우
③ 절탄기를 개조하는 경우
④ 내압부분을 개조하는 경우

【해설】　　　　　　　[열사용기자재의 검사기준 22.2.1.1.]
※ 개조검사 시 수압시험을 실시해야 하는 경우
　● 내압부분을 개조하는 경우에 한하여 실시한다. 다만, 관스테이 변경에 따른 개조검사의 경우에는 최고사용압력으로 수압시험을 할 수 있다.

70

증기관내의 수격현상이 일어날 때 조치사항으로 **틀린** 것은?

① 프라이밍이 발생치 않도록 한다.
② 증기배관의 보온을 철저히 한다.
③ 주증기 밸브를 천천히 연다.
④ 증기트랩을 닫아 둔다.

【해설】　　　　　　　암기법 : 증수관 직급 밸서

※ 수격작용(워터햄머)의 방지대책
　㉠ 증기배관 속의 응축수를 취출하도록 **증기트랩**을 설치한다.
　㉡ 토출 측에 **수격방지기**를 설치한다.
　㉢ 배관의 **관경**을 크게 하여 유속을 낮춘다.
　㉣ 배관을 가능하면 **직선**으로 시공한다.
　㉤ 펌프의 **급격한** 속도변화를 방지한다.
　㉥ 주증기**밸브**의 개폐를 천천히 한다.
　　(프라이밍, 포밍에 의한 캐리오버 현상이 발생하지 않도록 한다.)
　㉦ 관선에 **서지탱크**(Surge tank, 조압수조)를 설치한다.
　㉧ 비수방지관, 기수분리기를 설치한다.
　㉨ 방열에 의한 응축수 생성을 방지하기 위해 증기배관의 보온을 철저히 한다.
　㉩ 증기트랩은 항상 열어두어야 응축수가 배출된다.

71

전열면적이 50 m² 이하인 증기보일러에서는 과압 방지를 위한 안전밸브를 최소 몇 개 이상 설치해야 하는가?

① 1개 이상　　　② 2개 이상
③ 3개 이상　　　④ 4개 이상

【해설】 ※ 안전밸브의 설치개수
● 증기보일러에는 2개 이상의 안전밸브를 설치하여야 한다. (다만, 전열면적 50 m² 이하의 증기보일러에서는 **1개 이상**으로 한다.)

72

보일러 설치검사기준상 보일러 설치 후 수압 시험을 할 때 규정된 시험수압에 도달된 후 얼마의 시간이 경과된 뒤에 검사를 실시하는가?

① 10분　　　② 15분
③ 20분　　　④ 30분

【해설】 [열사용기자재의 검사기준 18.2.]　암기법 : 수육
※ 수압시험 방법은 다음과 같이 하여야 한다.
　㉠ 공기를 빼고 물을 채운 후 천천히 압력을 가하여 규정된 시험수압에 도달된 후 **30분**이 경과된 뒤에 검사를 실시하여 검사가 끝날 때까지 그 상태를 유지한다.
　㉡ 시험수압은 규정된 압력의 6 % 이상을 초과하지 않도록 모든 경우에 대한 적절한 제어를 마련하여야 한다.
　㉢ 수압시험 중 또는 시험 후에도 물이 얼지 않도록 하여야 한다.

73

보일러 파열사고의 원인과 가장 **먼** 것은?

① 안전장치 고장　　　② 저수위 운전
③ 강도 부족　　　　　④ 증기 누설

【해설】
❹ 증기 누설 시 나타나는 현상으로는 열손실이 증가하여 열효율이 감소하므로 연료소비량이 증가하게 된다.

【참고】 ※ 보일러 안전사고의 원인
　㉠ 제작상의 원인
　　- 재료불량, 강도부족, 구조불량, 설계불량, 용접불량, 부속장치의 미비, 안전장치 고장 등
　㉡ 취급상의 원인
　　- 저수위에 의한 과열, 압력초과, 미연가스폭발, 역화, 급수처리불량으로 인한 부식, 부속장치 및 부속기기의 정비 불량 등

74

다음 중 에너지이용 합리화법에 따라 검사대상 기기에 대한 검사의 면제대상 범위에서 강철제 보일러 중 1종 관류보일러에 대하여 면제되는 검사는?

① 용접검사 ② 구조검사
③ 제조검사 ④ 계속사용검사

【해설】 [에너지이용합리화법 시행규칙 별표 3의6.]

※ 검사의 면제대상 범위

검사 대상 기기	적용 범위	면제 되는 검사
강철제 보일러 · 주철제 보일러	1) 강철제보일러 중 전열면적이 5 m² 이하이고, 최고사용압력이 0.35 MPa 이하인 것 2) 주철제 보일러 3) 1종 관류보일러 4) 온수보일러 중 전열면적이 18 m² 이하이고,최고사용압력이 0.35 MPa 이하인 것	용접 검사
1종 압력용기 · 2종 압력용기	1) 용접이음이 없는 강관을 동체로 한 헤더 2) 압력용기 중 동체의 두께가 6 mm 미만인 것으로 최고사용압력(MPa)과 내용적(m³)을 곱한 수치가 0.02 이하(난방용의 경우에는 0.05 이하)인 것 3) 전열교환식인 것으로서 최고사용압력이 0.35 MPa 이하이고, 동체의 안지름이 600 mm 이하인 것	용접 검사

75

에너지이용 합리화법에 따라 설치된 보일러의 섹션을 증감하여 용량을 변경한 경우 받아야 하는 검사는?

① 구조검사 ② 개조검사
③ 설치검사 ④ 계속 사용성능 검사

【해설】 [에너지이용합리화법 시행규칙 별표3의4.]

※ 개조검사의 적용대상
ㄱ 증기보일러를 온수보일러로 개조하는 경우
ㄴ 보일러 섹션의 증감에 의하여 용량을 변경하는 경우
ㄷ 동체 · 돔 · 노통 · 연소실 · 경판 · 천정판 · 관판 · 관모음 또는 스테이의 변경으로서 산업통상자원부장관이 정하여 고시하는 대수리의 경우
ㄹ 연료 또는 연소방법을 변경하는 경우
ㅁ 철금속가열로로서 산업통상자원부장관이 정하여 고시하는 경우의 수리

76

에너지이용 합리화법에 따라 검사대상기기인 보일러의 사용연료 또는 연소방법을 변경한 경우에 받아야 하는 검사는?

① 구조검사 ② 설치검사
③ 개조검사 ④ 용접검사

【해설】 [에너지이용합리화법 시행규칙 별표3의4.]

※ 개조검사의 적용대상
ㄱ 증기보일러를 온수보일러로 개조하는 경우
ㄴ 보일러 섹션의 증감에 의하여 용량을 변경하는 경우
ㄷ 동체 · 돔 · 노통 · 연소실 · 경판 · 천정판 · 관판 · 관모음 또는 스테이의 변경으로서 산업통상자원부장관이 정하여 고시하는 대수리의 경우
ㄹ 연료 또는 연소방법을 변경하는 경우
ㅁ 철금속가열로로서 산업통상자원부장관이 정하여 고시하는 경우의 수리

77

에너지사용 합리화법에 따라 보일러의 계속 사용검사 중 안전검사의 유효기간은?

① 1년 ② 2년
③ 3년 ④ 5년

【해설】 [에너지이용합리화법 시행규칙 별표 3의5.]

※ 검사대상기기의 검사유효기간
• 계속사용검사 중 안전검사의 유효기간은 보일러는 1년, 압력용기는 2년이다.

78

다음 중 에너지법에 의한 에너지위원회 구성에서 대통령령으로 정하는 사람이 속하는 중앙행정기관에 해당되는 것은?

① 외교부
② 보건복지부
③ 해양수산부
④ 산업통상자원부

【해설】   [에너지법 시행령 제2조.]

※ 에너지위원회의 구성
  • 대통령령으로 정하는 사람이란 다음 각 호의 중앙행정기관의 차관을 말한다.
    ㉠ 기획재정부
    ㉡ 과학기술정보통신부
    ㉢ 외교부
    ㉣ 환경부
    ㉤ 국토교통부

79

보일러 손상의 형태 중 보일러에 사용하는 연강은 보통 200℃ ~ 300℃ 정도에서 최고의 항장력을 나타내는데, 750℃ ~ 800℃ 이상으로 상승하면 결정립의 변화가 두드러진다. 이러한 현상을 무엇이라고 하는가?

① 압궤
② 버닝
③ 만곡
④ 과열

【해설】

❷ 버닝(Burning)
  - 금속을 750℃ ~ 800℃ 이상으로 가열할 경우 과열의 정도가 심하여 결정의 일부가 용융하거나 결정의 내부까지 산화가 진행되어 정상적인 성질을 회복할 수 없는 현상을 말한다.

80

보일러에서 압력계에 연결하는 증기관(최고 사용 압력에 견디는 것)을 강관으로 하는 경우 안지름은 최소 몇 mm 이상으로 하여야 하는가?

① 6.5
② 12.7
③ 15.6
④ 17.5

【해설】   암기법 : 강일이 7, 동 65

※ 증기보일러의 압력계 부착
  - 압력계와 연결된 증기관은 최고사용압력에 견디는 것으로서 그 크기는 황동관 또는 동관을 사용할 때는 안지름 6.5 mm 이상, **강관**을 사용할 때는 **12.7** mm 이상이어야 하며, 증기온도가 210 ℃ (483 K)를 초과할 때에는 황동관 또는 동관을 사용하여서는 안된다.

<table>
<tr><td>평균점수</td></tr>
</table>

2020년 제3회 에너지관리산업기사
(2020.08.23. 시행)

제1과목   열 및 연소설비

01

공기 중 폭발범위가 약 2.2~9.5 v%인 기체연료는?

① 수소   ② 프로판
③ 일산화탄소   ④ 아세틸렌

【해설】 ※ 공기 중 가스연료의 연소범위(폭발범위)

종류별	폭발범위 (v%)	암기법
아세틸렌	2.5 ~ 81 % (가장 넓다)	아이오 팔하나
수소	4 ~ 75 %	사칠오수
에틸렌	2.7 ~ 36 %	이칠삼육에
메틸알코올	6.7 ~ 36 %	
메탄	5 ~ 15 %	메오시오
프로판	2.2 ~ 9.5 %	프둘이구오
벤젠	1.4 ~ 7.4 %	

02

압축성 인자(compressibility factor)에 대한 설명으로 옳은 것은?

① 실제기체가 이상기체에 대한 거동에서 벗어나는 정도를 나타낸다.
② 실제기체는 1의 값을 갖는다.
③ 항상 1보다 작은 값을 갖는다.
④ 기체 압력이 0으로 접근할 때 0으로 접근된다.

【해설】 ※ 압축성 인자(compressibility factor)
① 이상기체의 거동에서 벗어나는 정도를 나타낸다.
② 실제기체는 1보다 작은 값을 갖는다.
③ 고온/저압에서는 1의 값을 나타낼 수 있다.
④ 기체 압력이 0으로 접근할 때 1로 접근된다.

【참고】

• **압축성 인자** : 이상기체로부터 벗어난 정도를 나타낸 수정계수(또는, 보정계수, Z)를 말하며, Z=1인 경우에 이상기체이다. 실제의 기체방정식은 이상 기체의 상태방정식($PV=nRT$)에 압축성 인자 Z를 곱하여 $PV = Z \cdot nRT$ 로 계산하기도 한다.

03

수소 1 kg을 완전연소시키는데 필요한 이론산소량은 약 몇 Nm^3 인가?

① 1.86   ② 2
③ 5.6   ④ 26.7

【해설】

※ 이론산소량(O_0)을 구할 때, 연소반응식을 세우자.

• $H_2 \quad + \quad \frac{1}{2}O_2 \quad \rightarrow \quad H_2O$

(1 kmol)   (0.5 kmol)

(2 kg)   ($0.5 \times 22.4\,Nm^3 = 11.2\,Nm^3$)

(1 kg)   ($11.2\,Nm^3 \times \frac{1}{2} = 5.6\,Nm^3$)

즉, 수소 1 kg을 완전연소 시키는데 필요한 이론산소량(O_0)은 **5.6 Nm^3** 이다.

04

증기의 건도에 관한 설명으로 <u>틀린</u> 것은?

① 포화수의 건도는 0이다.
② 습증기의 건도는 0보다 크고 1보다 작다.
③ 건포화증기의 건도는 1이다.
④ 과열증기의 건도는 0보다 작다.

【해설】 ❹ 과열증기의 건도는 1 이다.

【참고】 ※ T-S 선도에서 물과 증기의 상태

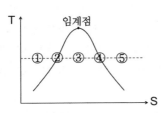

① 압축수 (건도 $x = 0$)
② 포화수 ($x = 0$)
③ 습증기 ($0 < x < 1$)
④ (건)포화증기 ($x = 1$)
⑤ 과열증기 ($x = 1$)

05

중유에 대한 설명으로 <u>틀린</u> 것은?

① 점도에 따라 A급, B급, C급으로 나눈다.
② 비중은 약 0.79 ~ 0.85 이다.
③ 보일러용 연료로 많이 사용된다.
④ 인화점은 약 60 ~ 150℃ 정도이다.

【해설】 ※ 중유의 특징 　암기법 : 중점, 시비에(C>B>A)

① 점도에 따라서 A중유, B중유, C중유(또는, 벙커C유)로 구분한다.
❷ 중유의 비중은 약 0.89 ~ 0.99 이다.
③ 원소 조성은 탄소(85 ~ 87 %), 수소(13 ~ 15 %), 산소 및 기타(0 ~ 2 %)로 구성되어 비중이 크고 인화점이 높으므로 보일러용 연료로 많이 사용된다.
④ 인화점은 약 60 ~ 150 ℃ 정도이며, 비중이 작은 A중유의 인화점이 가장 낮다.

06

포화액의 온도를 그대로 두고 압력을 높이면 어떤 상태가 되는가?

① 압축액
② 포화액
③ 습포화 증기
④ 건포화 증기

【해설】
❶ P-V 선도에서 포화액의 상태에서 압력을 높이면 P↑ (즉, 위쪽으로 올라가면) **압축액** 상태가 된다.

【참고】 ※ P-V 선도에서 상태량의 변화를 간단히 그려 놓고 확인하면 쉽다!

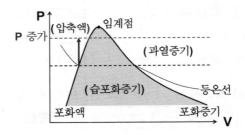

07

액체연료 사용 시 고려해야 할 대상이 <u>아닌</u> 것은?

① 잔류탄소분
② 인화점
③ 점결성
④ 황분

【해설】
❸ "점결성"은 석탄을 가열할 때 약 350 ℃에서 표면이 용융되어 엉겨 뭉쳐서 덩어리로 굳어지는 성질로서 고체연료 사용 시 고려해야 할 대상이다.

【참고】 ※ 액체연료의 특성

㉠ 고체에 비하여 휘발성분에 의한 인화성이 있으므로 화재, 역화 등의 사고 위험이 크다는 단점을 지닌다.
㉡ 회분이나 분진 및 황분이 거의 없다.
㉢ 유체이므로 품질이 고체연료에 비해 균일하고 잔류탄소분에 따라 연소효율 및 열효율이 좋다.
㉣ 액체연료는 배관 및 용기에 담을 수 있으므로 운반, 저장이 고체연료에 비해 용이하다.

08

기체연료의 장점에 해당하지 <u>않는</u> 것은?

① 저장이나 운송이 쉽고 용이하다.
② 비열이 작아서 예열이 용이하고 열효율, 화염온도 조절이 비교적 용이하다.
③ 연료의 공급량 조절이 쉽고 공기와의 혼합을 임의로 조절할 수 있다.
④ 연소 후 유해잔류 성분이 거의 없다.

【해설】
❶ 고체·액체연료에 비해서 부피가 커서 압력이 높기 때문에 저장이나 운송이 용이하지 않다.

【참고】 ※ 기체연료의 특징

<장점> ㉠ 유동성이 좋으므로 연료의 공급량 조절이 쉽고 공기와의 혼합을 임의로 조절할 수 있어서 연소효율$\left(=\dfrac{연소열}{발열량}\right)$이 높다.

　　㉡ 비열이 작아서 예열이 용이하므로 고온을 얻기가 쉽고, 유체연료이므로 연료의 공급량 조절이 쉬워서 화염온도 조절이 용이하며 열효율이 높다.

　　㉢ 적은 공기비로도 완전연소가 가능하다.

　　㉣ 유동성이 커서 연료의 품질이 균일하므로 자동제어에 의한 연소의 조절이 용이하다.

　　㉤ 연소 후 유해잔류 성분(회분, 매연 등)이 거의 없어 청결하다.

<단점> ㉠ 단위 용적당 발열량은 고체·액체연료에 비해 극히 작다.

　　㉡ 고체·액체연료에 비해 부피가 커서 압력이 높기 때문에 저장이나 운송이 용이하지 않다.

　　㉢ 유동성이 커서 누출되기 쉽고 폭발의 위험성이 있다.

　　㉣ 고체·액체연료에 비해서 제조 비용이 비싸다.

09

과잉공기량이 많을 경우 발생되는 현상을 설명한 것으로 <u>틀린</u> 것은?

① 배기가스 중 CO_2 농도가 낮게 된다.
② 연소실 온도가 낮게 된다.
③ 배기가스에 의한 열손실이 증가한다.
④ 불완전연소를 일으키기 쉽다.

【해설】
❹ 공기량을 과잉시키는 이유는 산소를 충분히 공급함으로써 완전연소를 일으키기 위해서이다.

【참고】
㉠ 과잉공기량이 많아지면 배기가스량의 증가로 배기가스열 손실량($Q_{손실}$)도 증가하므로 열효율이 낮아진다.
㉡ 연소 시 과잉공기량이 많아지면 공기 중 산소와의 접촉이 용이하게 되어 불완전연소물인 CO의 발생이 적어진다.
㉢ 연소온도에 가장 큰 영향을 주는 원인은 연소용 공기의 공기비인데, 과잉공기량이 많아질수록 과잉된 질소(흡열반응)의한 노내 연소가스량이 많아져 노내 연소온도는 낮아진다.

10

임의의 사이클에서 클라우지우스의 적분을 나타내는 식은?

① $\oint \dfrac{dQ}{T} < 0$　　　② $\oint \dfrac{dQ}{T} > 0$

③ $\oint \dfrac{dQ}{T} = 0$　　　④ $\oint \dfrac{dQ}{T} \leq 0$

【해설】
※ 클라우지우스의 "열역학 제2법칙" 적분 표현식

$$\oint \dfrac{dQ}{T} \leq 0 \text{ 에서,}$$

- 가역 과정인 경우 : $\oint_{가역} \dfrac{dQ}{T} = 0$

- 비가역 과정인 경우 : $\oint_{비가역} \dfrac{dQ}{T} < 0$ 으로 표현한다.

11

15 ℃의 물로 −15 ℃의 얼음을 매시간당 100 kg씩 제조하고자 할 때, 냉동기의 능력은 약 몇 kW인가? (단 0 ℃ 얼음의 응고잠열은 335 kJ/kg이고, 물의 비열은 4.2 kJ/kg·℃, 얼음의 비열은 2 kJ/kg·℃ 이다.)

① 2
② 4
③ 12
④ 30

【해설】   암기법 : 큐는 씨암탉

• Q = 현열(물/얼음의 온도 감소) + 잠열(응고)

  = $C_물 \, m \, \Delta t \;+\; C_얼음 \, m \, \Delta t \;+\; m \cdot R_{응고잠열}$

  • $C_물 \, m \, \Delta t$ = 100 kg/h × 4.2 kJ/kg℃ × (15 − 0)℃

  • $C_얼음 \, m \, \Delta t$ = 100 kg/h × 2 kJ/kg℃ × [0 − (−15)]℃

  • $m \cdot R_{응고잠열}$ = 100 kg/h × 335 kJ/kg

  = 6300 kJ/h + 3000 kJ/h + 33500 kJ/h

  = 42800 kJ/h = 42800 kJ/h × $\dfrac{1h}{3600\sec}$

  = 11.88 kJ/sec ≒ **12 kW**

12

다음 온도에 대한 설명으로 **잘못된** 것은?

① 온수의 온도가 110℉로 표시되어 있다면 섭씨온도로는 43.3℃ 이다.
② 30℃를 화씨온도로 고치면 86℉이다.
③ 섭씨 30℃에 해당하는 절대온도는 303 K이다.
④ 40℉는 절대온도로 464.4K이다.

【해설】   암기법 : 화씨는 오구씨보다 32살 많다.

① 110℉ = $\dfrac{9}{5}$℃ + 32 ∴ ℃ = 43.3

② ℉ = $\dfrac{9}{5}$℃ + 32 이므로, ℉ = $\dfrac{9}{5}$ × (30) + 32 = 86℉

③ T(K) = t(℃) + 273 = 30 + 273 = 303 K

❹ ℉ = $\dfrac{9}{5}$℃ + 32 에서, ℉ = $\dfrac{9}{5}$ × (K − 273) + 32 가 된다.

  40 = $\dfrac{9}{5}$(K − 273) + 32 에서 방정식 계산기

사용법으로 K를 미지수 X로 놓고 구하면 X ≒ **277.4 K**

【참고】 ※ 아래 3가지의 온도 공식 암기를 통해서 온도변환 문제는 모두 해결이 가능하므로 필수 암기사항이다.

• 절대온도(K) = 섭씨온도(℃) + 273

• 화씨온도(℉) = $\dfrac{9}{5}$℃ + 32

• 랭킨온도(°R) = ℉ + 460

13

온도 300 K인 공기를 가열하여 600 K가 되었다. 초기 상태 공기의 비체적을 1 m³/kg, 최종 상태 공기의 비체적을 2 m³/kg 이라고 할 때, 이 과정 동안 엔트로피의 변화량은 약 몇 kJ/kg·K인가? (단, 공기의 정적 비열은 0.7 kJ/kg·K, 기체상수는 0.3 kJ/kg·K이다.)

① 0.3
② 0.5
③ 0.7
④ 1.0

【해설】   암기법 : 브티알 보자 (VTRV)

※ 엔트로피 변화량(ΔS) 계산

$$\Delta S = C_V \cdot \ln\left(\frac{T_2}{T_1}\right) + R \cdot \ln\left(\frac{V_2}{V_1}\right)$$

$$= 0.7\,kJ/kg{\cdot}K \times \ln\left(\frac{600}{300}\right) + 0.3\,kJ/kg{\cdot}K \times \ln\left(\frac{2}{1}\right)$$

$$= 0.693 ≒ \mathbf{0.7 \; kJ/kg \cdot K}$$

14

물질의 상변화 과정 동안 흡수되거나 방출되는 에너지의 양을 무엇이라 하는가?

① 잠열
② 비열
③ 현열
④ 반응열

【해설】

※ 물질의 상변화에 따른 열량의 구별

  ㉠ 현열 : 물질의 상태변화 없이 온도변화만을 일으키는데 필요한 열량

  ㉡ 잠열 : 물질의 온도변화 없이 상태변화만을 일으키는데 필요한 열량

  ㉢ 전열(全熱) = 현열(顯熱) + 잠열(潛熱)

15

연돌의 상부 단면적을 구하는 식으로 옳은 것은? (단, F : 연돌의 상부 단면적(m^2), t : 배기가스 온도 (℃), W : 배기가스 속도(m/s), G : 배기가스 양 (Nm^3/h) 이다.)

① $F = \dfrac{G(1 - 0.0037t)}{2700\,W}$

② $F = \dfrac{GW(1 + 0.0037t)}{2700}$

③ $F = \dfrac{G(1 + 0.0037t)}{3600\,W}$

④ $F = \dfrac{GW(1 + 0.0037t)}{3600}$

【해설】 ※ 연돌의 상부 단면적(F) 계산 공식

• $F = \dfrac{G\left(1 + \dfrac{1}{273}t\right)}{3600\,W} = \dfrac{G(1 + 0.0037t)}{3600\,W}$

여기서, G : 연소가스 유량(Nm^3/h)

t : 연소가스 온도(℃)

16

원심식 통풍기에서 주로 사용하는 풍량 및 풍속 조절 방식이 <u>아닌</u> 것은?

① 회전수를 변화시켜 조절한다.

② 댐퍼의 개폐에 의해 조절한다.

③ 흡입 베인의 개도에 의해 조절한다.

④ 날개를 동익가변시켜 조절한다.

【해설】 암기법 : 회치베, (댐퍼)흡·토

❹ 날개를 동익가변시켜 조절하는 방식은 축류식 통풍기의 풍량 및 풍속 조절 방법이다.

【참고】 ※ 원심식 송풍기(통풍기) 풍량 제어방식의 종류

㉠ 회전수 제어

㉡ 가변피치 제어

㉢ 흡입베인 제어

㉣ 흡입댐퍼 제어

㉤ 토출댐퍼 제어

17

다음 중 CH_4 및 H_2를 주성분으로 한 기체연료는?

① 고로가스

② 발생로가스

③ 수성가스

④ 석탄가스

【해설】 암기법 : 코-오-석탄-도, 수-전-발-고

※ 단위 체적당 총발열량에 따른 기체연료의 종류

㉠ 코우크스로가스 : 코우크스로에서 원료탄을 건류할때 부생물로서 얻게 되는 가스로서 H_2 54%, CH_4 27% 차지.

㉡ 오일가스(Oil Gas) : 석유류를 열분해시켜 수소를 첨가하여 만들어지는 가스로서, H_2 가 53.5%, CH_4 23%를 차지.

㉢ 석탄가스 : 석탄을 밀폐된 용기에서 1000℃ 내외로 건류할 때 얻어지는 가스로서, H_2 51%, CH_4 32%, CO 8% 차지.

㉣ 도시가스 : 수소, 일산화탄소, 메탄을 주로 하는 혼합가스로서, H_2 46%, CH_4 18%, CO 6%를 차지.

㉤ 수성가스 : 무연탄이나 코우크스 등의 C를 함유한 물질을 적열하여 수증기와 작용시켜 만들어지는 가스로서, H_2 52%, CO 38%, N_2 5.3%를 차지.

㉥ 전로가스 : 강철을 제조하는 제강로에서 부생물로서 얻어지는 가스로서, CO 75%, H_2 3%, N_2 7.5%를 차지.

㉦ 발생로가스 : 가스발생로 내에서 고체연료(석탄, 코우크스)를 800 ~ 1000℃의 고온으로 가열해 두고 여기에 공기나 수증기를 공급하여 불완전 연소로 얻은 가스로서, N_2 55%, CO 25%, H_2 3%를 차지.

㉧ 고로(용광로)가스 : 제철용의 용광로(고로)에서 부생물로서 얻어지는 가스로서, N_2 60%, CO 30%, H_2 2%를 차지하고 발열량이 낮은 편이다.

18

랭킨사이클에서 **열효율을 상승시키기 위한 방법으로 옳은 것은?**

① 보일러의 온도를 높이고, 응축기의 압력을 높게 한다.

② 보일러의 온도를 높이고, 응축기의 압력을 낮게 한다.

③ 보일러의 온도를 낮추고, 응축기의 압력을 높게 한다.

④ 보일러의 온도를 낮추고, 응축기의 압력을 낮게 한다.

【해설】

※ 랭킨사이클의 T-S 선도에서 **초압**(터빈입구의 온도, 압력)을 높이거나, **배압**(응축기의 압력)을 낮출수록 T-S선도의 면적에 해당하는 W_{net}(유효일량)이 커지므로 열효율은 상승한다.

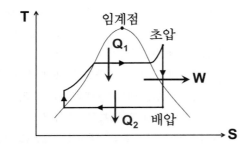

19

보일러 통풍에 대한 설명으로 **틀린 것은?**

① 자연통풍은 굴뚝 내의 연소가스와 대기와의 밀도차에 의해 이루어진다.

② 통풍력은 굴뚝 외부의 압력과 굴뚝 하부(유입구)의 압력과의 차이이다.

③ 압입통풍을 하는 경우 연소실내는 부압이 작용한다.

④ 강제통풍 방식 중 평형통풍 방식은 통풍력을 조절할 수 있다.

【해설】

❸ 압입통풍을 하는 경우 연소실내 압력은 항상 정압 (+)으로 유지된다.

【참고】

※ 통풍방식의 종류에는 자연통풍과 강제통풍(압입통풍, 흡인통풍, 평형통풍)으로 나뉘는데, 자연통풍이란 송풍기가 없이 오로지 연돌내의 연소가스와 외부공기의 밀도차에 의해서 생기는 압력차를 이용하여 이루어지는 자연적인 대류현상을 말한다. 이때, 연소실내 압력은 항상 부압(-)으로 유지된다.

20

압력 0.1 MPa, 온도 20 ℃의 공기가 6 m × 10 m × 4 m 인 실내에 존재할 때 공기의 질량은 약 몇 kg인가? (단, 공기의 기체상수 R은 0.287 kJ/kg·K이다.)

① 270.7 ② 285.4

③ 299.1 ④ 303.6

【해설】 ※ 상태방정식(PV = mRT)을 이용하여 풀이하자.

• 압력 P = 0.1 × 10^3 kPa = 100 kPa

• 부피 V = 6 m × 10 m × 4 m = 240 m^3

• 온도 T = 20 ℃ + 273 = 293 K

• 기체상수 R = 0.287 kJ/kg·K

∴ 공기의 질량 m = $\dfrac{PV}{RT}$ = $\dfrac{100 \, kPa \times 240 \, m^3}{0.287 \, kJ/kg·K \times 293 \, K}$

= 285.4 kg

【참고】

※ 열역학적 일의 공식 $W = PV$ 에서 단위 변환을 이해하자.

W(일) = Pa × m^3 = N/m^2 × m^3 = N · m = J (줄)

제2과목	열설비 설치

21

원거리 지시 및 기록이 가능하여 1대의 계기로 여러 개소의 온도를 측정할 수 있으며, 제백(Seebeck) 효과를 이용한 온도계는?

① 유리 온도계 ② 압력 온도계
③ 열전대 온도계 ④ 방사 온도계

【해설】※ 열전대(thermo couple) 온도계
- 열진단시 온도 측정에 많이 사용되는 열전대 온도계는 제백효과를 이용한 온도계로서 측정오차가 적고, 측정이 용이하며, 측정온도의 범위가 매우 큰 접촉식 온도계이다.

【참고】※ 제백(Seebeck) 효과
- 두 가지의 서로 다른 금속선을 접합시켜 양 접점(냉접점, 온접점)의 온도를 서로 다르게 해주면 열기전력이 발생하는 현상을 말한다.

22

액체와 계기가 직접 접촉하지 않고 측정하는 액면계로서 산, 알카리, 부식성 유체의 액면 측정에 사용되는 액면계는?

① 직관식 액면계 ② 초음파 액면계
③ 압력식 액면계 ④ 플로트식 액면계

【해설】※ 초음파 액면계의 측정 원리 및 특징
- 음파의 반사를 이용한 방법은 밀폐탱크의 천장에 초음파 발신기 및 수신기를 부착하여 초음파를 사용하여 밑면에 발사해서 수신기로 되돌아올 때까지의 시간을 측정하여 액위를 측정하며, 음파의 공진을 이용하는 방법은 가청음파를 써서 이 음파를 액속에 잠긴 음향관에 넣으면 적당한 높이에서 공진을 일으키기 때문에 그때의 높이로 액위를 지시하여 측정하며, 부식성 액체의 액면측정에 적합하다.

23

오차에 대한 설명으로 틀린 것은?

① 계통오차는 발생 원인을 알고 보정에 의해 측정값을 바르게 할 수 있다.
② 계측상태의 미소변화에 의한 것은 우연오차이다.
③ 표준편차는 측정값에서 평균값을 더한 값의 제곱의 산술평균의 제곱근이다.
④ 우연오차는 정확한 원인을 찾을 수 없어 완전한 제거가 불가능하다.

【해설】
- 편차 = 측정값(x) - 평균값$(\overline{x})$
- 표준편차 = $\sqrt{\dfrac{\sum|x-\overline{x}|^2}{N}}$

  즉, 표준편차는 측정값에서 평균값을 뺀 값의 제곱의 합을 측정개수로 나눈 값의 제곱근이다.
- 표준편차가 클수록 평균값으로부터 멀리 벗어난 값이 많다는 의미이다.

【참고】※ 오차 (error)의 종류
㉠ 계통 오차 (systematic error)

  계측기를 오래 사용하면 지시가 맞지 않거나, 눈금을 읽을 때 개인적 습관에 의해 생기는 오차 등 측정값에 편차를 주는 것과 같은 어떠한 원인에 의해 생기는 오차이므로 원인을 알면 보정이 가능하다.

㉡ 우연 오차 (accidental error)

  측정실의 기온변동, 공기의 교란, 측정대의 진동, 조명도의 변화 등 오차의 원인을 명확히 알 수 없는 우연한 원인으로 인하여 발생하는 오차로서, 측정값이 일정하지 않고 분포(산포)현상을 일으키므로 측정을 여러 번 반복하여 평균값을 추정하여 오차의 합이 0에 가깝도록 작게 할 수는 있으나 보정은 불가능하다.

㉢ 과오(실수)에 의한 오차 (mistake error)

  측정 순서의 오류, 측정값을 읽을 때의 착오, 기록 오류 등 측정자의 실수에 의해 생기는 오차이며, 우연오차에서처럼 매번마다 발생하는 것이 아니고 극히 드물게 나타난다.

24

SI 유도단위 상태량이 <u>아닌</u> 것은?

① 넓이   ② 부피

③ 전류   ④ 전압

【해설】

- 넓이(m^2), 부피(m^3), 전압(V)은 모두 SI 기본단위 및 다른 유도단위의 조합에 의한 SI 유도단위에 해당한다. 그러나, 전류(A)는 SI 기본단위에 속한다.

【참고】 ※ SI 기본단위(7가지) <mark>암기법</mark> : mks mKc A

기호	m	kg	s	mol	K	cd	A
명칭	미터	킬로그램	초	몰	켈빈	칸델라	암페어
기본량	길이	질량	시간	물질량	절대온도	광도	전류

25

다음 온도계 중 가장 높은 온도를 측정할 수 있는 것은?

① 바이메탈 온도계   ② 수은 온도계

③ 백금저항 온도계   ④ PR열전대 온도계

【해설】 ※ 접촉식 온도계의 종류별 온도 측정범위

① 바이메탈 온도계 : -50 ~ 500 ℃

② 수은 온도계 : -35 ~ 350 ℃

③ 백금저항 온도계 : -200 ~ 500 ℃

❹ PR열전대 온도계 : 0 ~ 1600 ℃

【참고】 ※ PR형 열전대 온도계 특징

- 백금-백금·로듐(R 형) 열전대는 접촉식 온도계 중에서 가장 높은 온도(0 ~ 1600℃)의 측정이 가능하며, 정도가 높고 내열성이 우수하여 고온에서도 안정성이 뛰어나다. 그러나, 환원성 분위기와 금속증기 중에서는 약하여 침식당하기 쉬운 단점이 있다.

26

다음 중 전기식 제어방식의 특징으로 <u>틀린</u> 것은?

① 고온 다습한 주위환경에 사용하기 용이하다.

② 전송거리가 길고 전송지연이 생기지 않는다.

③ 신호처리나 컴퓨터 등과의 접속이 용이하다.

④ 배선이 용이하고 복잡한 신호에 적합하다.

【해설】 ※ 전기식 신호 전송방식의 특징

<장점> ㉠ 배선이 간단하다.

     ㉡ 신호의 전달에 시간지연이 없으므로 늦어지지 않는다.(응답이 가장 빠르다!)

     ㉢ 선 변경이 용이하여 복잡한 신호의 취급 및 대규모 설비에 적합하다.

     ㉣ 전송거리는 300 m ~ 수 km 까지로 매우 길어 원거리 전송에 이용된다.

     ㉤ 전자계산기 및 컴퓨터 등과의 결합이 용이하다.

<단점> ㉠ 조작속도가 빠른 조작부를 제작하기 어렵다.

     ㉡ 취급 및 보수에 숙련된 기술을 필요로 한다.

     ㉢ 고온다습한 곳은 곤란하고 가격이 비싸다.

     ㉣ 방폭이 요구되는 곳에는 방폭시설이 필요하다.

     ㉤ 제작회사에 따라 사용전류는 4 ~ 20 mA(DC) 또는 10 ~ 50 mA(DC)로 통일되어 있지 않아서 취급이 불편하다.

27

차압식 유량계로서 교축기구 전·후에 탭을 설치하는 것은?

① 오리피스   ② 로터미터

③ 피토관   ④ 가스미터

【해설】

- 차압식 유량계는 유로의 관에 고정된 교축(조리개)기구(벤츄리, 오리피스, 노즐 등)을 넣어 교축기구 전·후에 탭(Tap)을 설치하므로, 흐르는 유체의 압력 손실이 발생하는데 조리개부가 유선형으로 설계된 벤츄리의 압력손실이 가장 적다.

28

적외선 가스분석계의 특징에 대한 설명으로 옳은 것은?

① 선택성이 뛰어나다.

② 대상 범위가 좁다.

③ 저농도의 분석에 부적합하다.

④ 측정가스의 더스트 방지나 탈습에 충분한 주의가 필요 없다.

【해설】 ※ 적외선식 가스분석계의 특징

㉠ 연속측정이 가능하고, 선택성이 뛰어나다.

㉡ 측정대상 범위가 넓고 저농도의 가스 분석에 적합하다.

㉢ 측정가스의 먼지나 습기의 방지에 주의가 필요하다.

㉣ 적외선은 원자의 종류가 다른 2원자 가스분자만을 검지할 수 있기 때문에, 단체로 이루어진 가스 (H_2, O_2, N_2 등)는 분석할 수 없다.

㉤ 적외선의 흡수를 이용한다. (또는, 광학적 성질인 빛의 간섭을 이용한다.)

29

매시간 1600 kg의 연료를 연소시켜 16000 kg/h의 증기를 발생시키는 보일러의 효율(%)은 약 얼마인가? (단, 연료의 발열량 39800 kJ/kg, 발생증기의 엔탈피 3023 kJ/kg, 급수의 엔탈피 92 kJ/kg 이다.)

① 84.4

② 73.6

③ 65.2

④ 88.9

【해설】 　　　암기법 : (효율좋은)보일러 사저유

• 보일러 효율(η) = $\dfrac{Q_s}{Q_{in}}\left(\dfrac{유효출열}{총입열량}\right) \times 100$

$= \dfrac{w_2 \cdot (H_2 - H_1)}{m_f \cdot H_L} \times 100$

$= \dfrac{16000\,kg/h \times (3023 - 92)\,kJ/kg}{1600\,kg/h \times 39800\,kJ/kg} \times 100$

$= 73.64 ≒ $ **73.6 %**

30

공기식으로 전송하는 계장용 압력계의 공기압 신호압력(kPa) 범위는?

① 20 ~ 100

② 300 ~ 500

③ 500 ~ 1000

④ 800 ~ 2000

【해설】 ※ 공기압식 신호 전송방식

　　　　　　　　암기법 : 공 신호는 영희일

㉠ 신호로 사용되는 공기압은 0.2 ~ 1.0 kg/cm^2 (20 ~ 100 kPa)으로 공기 배관으로 전송된다.

㉡ 공기는 압축성유체이므로 관로저항에 의해 전송지연이 발생한다.

㉢ 신호의 전송거리는 실용상 100 ~ 150 m 정도로 가장 짧은 것이 단점이다.

㉣ 신호 공기는 충분히 제습, 제진한 것이 요구된다.

31

2000 kPa의 압력을 mmHg로 나타내면 약 얼마인가?

① 10000

② 15000

③ 17000

④ 20000

【해설】

• 2000 kPa × $\dfrac{760\,mmHg}{101.325\,kPa}$ = 15001.2 mmHg

≒ **15000 mmHg**

【참고】 ※ 표준대기압(1 atm)의 단위 환산

• 1 atm = 76 cmHg = 760 mmHg = 29.92 inHg

= 10332 mmH_2O = 10332 mmAq

= 10332 kgf/m^2 = 1.0332 kgf/cm^2

= 101325 Pa = 101.325 kPa ≒ 0.1 MPa

= 1.01325 bar = 1013.25 mbar = 14.7 psi

32
서미스터(thermistor)에 관한 설명으로 **틀린** 것은?

① 온도변화에 따라 저항치가 크게 변하는 반도체로 Ni, Co, Mn, Fe 및 Cu 등 금속산화물을 혼합하여 만든 것이다.
② 서미스터는 넓은 온도 범위 내에서 온도계수가 일정하다.
③ 25℃에서 서미스터 온도계수는 약 −2∼6%/℃의 매우 큰 값으로서 백금선의 약 10배이다.
④ 측정온도 범위는 −100∼300℃ 정도이며, 측온부를 작게 제작할 수 있어 시간 지연이 매우 적다.

【해설】
❷ 서미스터는 넓은 온도 범위 내에서 온도계수가 부특성으로 변화한다.

【참고】 ※ 서미스터 온도계의 특징
㉠ 측온부를 작게 제작할 수 있으므로 좁은 장소에도 설치가 가능하여 편리하다.
㉡ 저항온도계수(α)가 금속에 비하여 크다.
 (써미스터 > 니켈 > 구리 > 백금)
㉢ 흡습 등으로 열화되기 쉬우므로, 재현성이 좋지 않다.
㉣ 전기저항이 온도에 따라 크게 변하는 반도체이므로 응답이 빠르다.
㉤ 일반적인 저항의 성질과는 달리 반도체인 서미스터는 온도가 높아질수록 저항이 오히려 감소하는 부특성을 지닌다. (절대온도의 제곱에 반비례한다.)

33
도너츠형의 측정실이 있고, 온도변화가 적고 부식성 가스나 습기가 적은 곳에 주로 사용되며 접압기체 및 배기가스의 압력측정에 적합한 압력계는?

① 침종식 압력계   ② 환상천평식 압력계
③ 분동식 압력계   ④ 부르동관식 압력계

【해설】
● 액주식 압력계의 일종인 링밸런스식(환상천평식) 압력계는 도너츠 모양의 측정실에 봉입하는 물질이 액체(오일, 수은)이므로 액체의 압력은 측정할 수 없으며, 저압가스의 압력측정에만 사용되며, 연도의 송풍압을 측정하는 드래프트(통풍) 게이지로 주로 이용된다.

34
보일러의 노내압을 제어하기 위한 조작으로 적절하지 **않은** 것은?

① 연소가스 배출량의 조작
② 공기량의 조작
③ 댐퍼의 조작
④ 급수량 조작

【해설】
● 연소실 내부의 압력을 정해진 범위 이내로 억제하기 위한 제어로서, 연소장치가 최적값으로 유지되기 위해서는 연료량 조작, 공기량 조작, 연소가스 배출량 조작(또는, 송풍기의 회전수 조작 및 댐퍼의 개도 조작)이 필요하다.

35
고압유체에서 레이놀즈수가 클 때 유량측정에 적합한 교축기구는?

① 플로우 노즐   ② 오리피스
③ 피토관   ④ 벤츄리관

【해설】 **암기법** : 손오공 노레(Re)는 벤츄다.
※ 차압식 유량계의 비교
 • 압력손실이 큰 순서 : 오리피스 > 노즐 > 벤츄리
 • 압력손실이 작은 유량계일수록 가격이 비싸진다.
 • 플로우 노즐은 레이놀즈(Reno)수가 큰 난류일 때에도 사용할 수 있다.

36

화학적 가스분석계의 측정법에 속하는 것은?

① 도전율법 　　　　② 세라믹법

③ 자화율법 　　　　④ 연소열법

【해설】 ※ 가스분석계의 분류

• **물리적 분석방법**
  - **세라믹식, 자기식, 가스크로마토그래피법,** 밀도법,
    도전율법, **적외선식, 열전도율**(또는, 전기식)법
    　　암기법 : 세자가, 밀도적 열명을 물리쳤다.

• **화학적 분석방법**
  - 흡수분석법(오르자트식, 헴펠식),
    자동화학식법(또는, 자동화학식 CO_2계),
    연소열법(연소식 O_2계, 미연소식)

37

보일러 열정산에서 출열 항목에 속하는 것은?

① 연료의 현열

② 연소용 공기의 현열

③ 미연분에 의한 손실열

④ 노내 분입 증기의 보유열량

【해설】 ※ 보일러 열정산 시 입·출열 항목의 구별

[입열항목] 　　암기법 : 연(발,현) 공급증
  - 연료의 발열량, 연료의 현열, 연소용 공기의 현열,
    급수의 현열, 노내 분입한 증기의 보유열

[출열항목] 　　암기법 : 유,손(배불방미기)
  - 유효출열량(발생증기가 흡수한 열량),
    손실열(배기가스, 불완전연소, 방열, 미연분, 기타)

38

보일러 열정산 시 보일러 최종 출구에서 측정하는 값은?

① 급수온도 　　　　② 예열공기온도

③ 배기가스온도 　　④ 과열증기온도

【해설】 ※ 보일러 열정산 시 온도의 측정 위치

① 급수 : 보일러 몸체의 입구에서 측정한다.

② 예열공기 : 공기예열기의 입구 및 출구에서 측정한다.

❸ 배기가스 : 보일러의 최종가열기 출구에서 측정한다.

④ 과열증기 : 과열기 출구에 근접한 위치에서 측정한다.

39

증기보일러의 용량표시 방법 중 일반적으로 가장 많이 사용되는 정격용량은 무엇을 의미하는가?

① 상당증발량 　　　② 최고사용압력

③ 상당방열면적 　　④ 시간당 발열

【해설】

※ 정격용량 : 정격부하 상태에서 시간당 최대의 연속
　증발량을 말하는데, 가장 많이 사용되는 정격용량은
　실제증발량을 1기압하에서 100℃의 포화수를 100℃의
　(건)포화증기로 증발시킬 때의 값을 기준으로 환산한
　상당증발량(또는, 환산증발량, 기준증발량)이다.
　(단위: ton/h 또는, kg/h)

40

보일러에 있어서 자동제어가 <u>아닌</u> 것은?

① 급수제어 　　　　② 위치제어

③ 연소제어 　　　　④ 온도제어

【해설】

※보일러 자동제어(**ABC**, Automatic Boiler Control)의 종류

• 연소제어 (**ACC**, Automatic Combustion Control)
  - 증기압력 또는, 노내압력

• 급수제어 (**FWC**, Feed Water Control)
  - 보일러 수위

• 증기온도제어 (**STC**, Steam Temperature Control)
  - 증기온도

• 증기압력제어 (**SPC**, Steam Pressure Control)
  - 증기압력

제3과목   열설비 운전

41

스폴링(spalling)이란 내화물에 대한 어떤 현상을 의미하는가?

① 용융현상   ② 연화현상

③ 박락현상   ④ 분화현상

【해설】   암기법 : 뽈(폴)차로, 벽균표

※ 스폴링(Spalling) 현상

• 불균일한 가열 및 급격한 가열과 냉각에 의한 심한 온도**차**로 내화**벽**돌에 **균**열이 생기고 **표**면이 갈라지든지 떨어져 나가는 현상으로 박리(또는, 박락) 현상이라고도 불린다.

42

고로에 대한 설명으로 **틀린** 것은?

① 제철공장에서 선철을 제조하는데 사용된다.

② 광석을 제련상 유리한 상태로 변화시키는데 목적이 있다.

③ 용광로의 하부에 배치된 송풍구로부터 고온의 열풍을 취입한다.

④ 용광로의 상부에 철광석과 환원제 그리고 원료로서 코크스를 투입한다.

【해설】

※ 용광로(또는, 고로)는 벽돌을 쌓아서 구성된 샤프트형으로서 철광석을 용융시켜 선철(탄소 2.5 ~ 5 %)을 제조하는데 가장 중요하게 쓰이는 제련로이다.

❷ 배소로(焙燒爐) : 용광로 이전에 설치하여, 용광로에 장입되는 철광석(인이나 황을 포함하고 있음)을 용융되지 않을 정도로 공기의 존재하에서 녹는점 이하로 가열하여 그 화학적 조성 중 불순물 (P, S 등의 유해 성분)의 제거 및 금속산화물로 산화도의 변화(즉, 산화배소)를 주어 제련상 유리한 상태로 전처리하는 데 그 목적이 있는 로(爐)이다.

43

강판의 두께가 12 mm이고 리벳의 직경이 20 mm이며, 피치가 48 mm의 1줄 겹치기 리벳 조인트가 있다. 이 강판의 효율은?

① 25.9%   ② 41.7%

③ 58.3%   ④ 75.8%

【해설】 ※ 리벳이음의 설계

• 리벳이음의 강판의 효율(η)이란 리벳구멍이나 노치(notch) 등이 전혀 없는 무지상태인 강판의 인장강도와 리벳이음을 한 강판의 인장강도와의 비를 말한다.

• $\eta = \dfrac{1\,\text{피치 폭 구멍이 있는 강판의 인장강도}}{1\,\text{피치 폭 무지의 강판의 인장강도}} \times 100$

$= \dfrac{(p-d)\,t\,\sigma}{p\,t\,\sigma} = \dfrac{p-d}{p} = 1 - \dfrac{d}{p}$

여기서, p : 피치(mm), d : 리벳직경(mm)

$= 1 - \dfrac{20}{48} = 0.5833 = \mathbf{58.3\,\%}$

44

주철관의 공구 중 소켓 접합시 용해된 납물의 비산을 방지하는 것은?

① 클립   ② 파이어 포트

③ 링크형 파이프 커터   ④ 코킹정

【해설】

❶ 클립(Clip) : 주철관의 플랜지와 소켓 사이에 설치하여 용해된 납물의 비산을 방지하고, 흐름을 이끄는 장치

② 파이어 포트(Fire Port) : 주철관에 설치된 소켓을 가열하여 납물의 점도를 낮추어 쉽게 흐르게 하기 위한 장치

③ 링크형 파이프 커터(Link Type Pipe Cutter) : 주철관을 절단하기 위한 장치

④ 코킹정(Coking Tool) : 주철관 접합 시 누수를 방지하기 위해 접합 부위에 다지기(코킹)를 하기 위한 장치

45

다음 중 연관식 보일러에 해당되는 것은?

① 벤슨 보일러 ② 케와니 보일러
③ 라몬트 보일러 ④ 코르니시 보일러

【해설】
❷ 연관식 보일러에 해당하는 것은 케와니 보일러 (철도기관차형) 이다.

【참고】※ 보일러의 종류

암기법 : 원수같은 특수보일러
① **원통형** 보일러 (대용량 ×, 보유수량 ○)
　㉠ **입형** 보일러 - **코크란.**
　　　암기법 : 원일이는 입·코가 크다
　㉡ **횡형** 보일러
　　암기법 : 원일이 행은 노통과 연관이 있다 (횡)
　　ⓐ **노통식** 보일러　암기법 : 노랭코
　　　- 랭커셔.(노통 2개), 코니쉬.(노통 1개)
　　ⓑ **연관식** - 케와니(철도 기관차형)
　　ⓒ **노통연관식**
　　　- 패키지, 스카치, 로코모빌, 하우든 존슨, 보로돈카프스.
② **수관식** 보일러 (대용량 ○, 보유수량 ×)
　　　암기법 : 수자 강간(관)
　㉠ **자연순환식**
　　암기법 : 자는 바·가·(야로)·다, 스네기찌 (모두 다 일본식 발음을 닮았음.)
　　- 바브콕, 가르베, 야로, 다꾸마, 스네기찌, 스털링 보일러
　㉡ **강제순환식**　암기법 : 강제로 베라~
　　- 베록스, 라몬트 보일러
　㉢ **관류식**
　　암기법 : 관류 람진과 벤슨이 앤모르게 슐쳐먹었다
　　- 람진, 벤슨, 앤모스, 슐쳐 보일러
③ **특수** 보일러　암기법 : 특수 열매전
　㉠ **특수연료** 보일러
　　- 톱밥, 바크(Bark 나무껍질), 버개스
　㉡ **열매체** 보일러　암기법 : 열매 세모다수
　　- **세**큐리티, **모**빌썸, **다**우섬, **수**은
　㉢ **전기** 보일러
　　- 전극형, 저항형

46

다음 중 전기로에 속하지 **않는** 것은?

① 전로 ② 전기 저항로
③ 아크로 ④ 유도로

【해설】
❶ 전로(轉爐)는 전기로가 아닌 제강로 중의 한 종류이다.

【참고】※ 전기로의 종류(발열방식에 따라 분류)
　㉠ (전기)저항로 : 노 안에 전기저항체를 시설하고 전기를 통할 때 발생하는 주울열로 노 자체를 가열하고 그 열로 피가열체를 가열한다.
　㉡ 아크로 : 흑연 전극 사이 또는 전극과 피가열체 사이에서 아크방전을 일으켜 그 열로 피가열체를 가열한다.
　㉢ 유도로 : 전자기유도 현상에 의해 코일 내의 전기 전도성의 피가열체 또는 용기에 교류 자기장을 작용시켜 전류를 유도하여 이 맴돌이 전류에 의한 주울열로 가열한다.
　㉣ 전자빔로 : 고전압에서 가속한 전자를 피가열체에 충돌(전자충격)시킴으로써 국부적으로 고온이 얻어지는 방식이다.

47

글로브 밸브의 디스크 형상 종류에 속하지 **않는** 것은?

① 스윙형 ② 반구형
③ 원뿔형 ④ 반원형

【해설】
※ 글로브(Glove, 둥근) 밸브는 유량을 조절하거나 유체의 흐름을 차단하는 밸브로서 밸브 디스크 형태에 따라 평면형, 반구형, 반원형, 원뿔형의 종류가 있다.

【참고】
암기법 : 책(첵), 스리
● **체크밸브**(Check valve, 역지밸브)는 유체를 한쪽 방향으로만 흐르게 하고 **역류**를 방**지**하는 목적으로 사용되며, 밸브의 구조에 따라 스윙(swing)형과 리프트(lift)형이 있다.

48

원통형 보일러와 비교할 때 수관식 보일러의 장점에 해당되지 않는 것은?

① 수부가 커서 부하변동에 따른 압력변화가 적다.

② 전열면적이 커서 증기발생이 빠르다.

③ 과열기, 공기예열기 설치가 용이하다.

④ 효율이 좋고, 고압, 대용량에 많이 쓰인다.

【해설】 ※ 수관식 보일러의 특징

㉠ 외분식이므로 연소실의 크기 및 형태를 자유롭게 설계할 수 있어 연소상태가 좋고, 연료에 따라 연소방식을 채택할 수 있어 연료의 선택범위가 넓다.

㉡ 드럼의 직경 및 수관의 관경이 작아 구조상 고압, 대용량의 보일러 제작이 가능하다.

㉢ 관수의 순환이 좋아 열응력을 일으킬 염려가 적다.

㉣ 구조상 전열면적당 관수 보유량이 적으므로, 단위 시간당 증발량이 많아서 증기발생 소요시간이 매우 짧다. 따라서, 열량을 전열면에서 잘 흡수시키기 위한 별도의 설계를 하지 않아도 된다.

㉤ 보일러 효율이 높다.(90% 이상)

㉥ 드럼의 직경 및 수관의 관경이 작으므로, 보유 수량이 적다.

㉦ 보유수량이 적어 파열 사고 시에도 피해가 적다.

㉧ 일시적인 부하변동에 대하여 관수 보유수량이 적으므로 압력변동과 수위변동이 크다.

㉨ 증기발생속도가 매우 빨라서 스케일 발생이 많아 수관이 과열되기 쉬우므로 철저한 수처리를 요한다.

㉩ 구조가 복잡하여 내부의 청소 및 검사가 곤란하다.

㉪ 제작이 복잡하여 가격이 비싸다.

㉫ 구조가 복잡하여 취급이 어려워 숙련된 기술을 요한다.

㉬ 연소실 주위에 울타리 모양 상태로 수관을 배치하여 연소실 벽을 구성한 수냉벽을 로에 구성하여, 고온의 연소가스에 의해서 내화벽돌이 연화·변형되는 것을 방지한다.

㉭ 수관의 특성상 기수분리의 필요가 있는 드럼 보일러의 특징을 갖는다.

49

캐스터블 내화물에 대한 설명으로 틀린 것은?

① 현장에서 필요한 형상으로 성형이 가능하다.

② 접촉부 없이 로체를 구축할 수 있다.

③ 잔존 수축이 작고 열팽창도 작다.

④ 내스폴링성이 작고 열전도율이 크다.

【해설】 ※ 캐스터블(Castable) 내화물 특징

㉠ 사용현장에서 필요한 형상이나 치수로 성형이 가능하다.

㉡ 잔존 수축과 열팽창성이 작다.

㉢ 노내 온도의 변동에도 스폴링(Spalling) 현상을 일으키지 않는다. (내스폴링성이 크다.)

㉣ 소성할 필요가 없고, 가마의 열손실이 적다.

㉤ 접합부 없이 노체를 구축할 수 있다.

㉥ 열전도율이 작다.

㉦ 시공 후 24시간 후에 건조, 작업온도까지 승온이 가능하다.

㉧ 점토질이 많이 사용되고 용도에 따라 고알루미나질이나 크롬질도 사용된다.

㉨ 크롬질(Cr_2O_3) 골재의 캐스터블 내화물은 1600 ℃ 이상의 고온에서 산화철을 흡수하는 버스팅 현상에 의하여 경화 건조 후에는 부피비중이 가장 크다.

50

온수난방에서 방열기의 평균온도 80℃, 실내온도 18℃, 방열계수 8.1 W/m²·℃ 의 측정 결과를 얻었다. 방열기의 방열량(W/m²)은 약 얼마인가?

① 146　　　　　　② 502

③ 648　　　　　　④ 794

【해설】

※ 방열기(radiator 라디에이터)의 방열량을 Q 라 두면,

$Q = K \times \Delta t$ (여기서, K : 방열계수)

　　= 8.1 W/m²·℃ × (80 - 18)℃

　　= 502.2 ≒ **502 W/m²**

51

크롬마그네시아계 내화물에 대한 설명으로 옳은 것은?

① 용융 온도가 낮다.

② 비중과 열팽창성이 작다.

③ 내화도 및 하중연화점이 낮다.

④ 염기성 슬래그에 대한 저항이 크다.

【해설】　　　　암기법 : 염병할~ 포돌이 마크

※ 크롬-마그네시아질 내화물의 특징

　㉠ 비중과 열팽창성이 크다.

　㉡ 염기성 슬래그에 대하여 저항성이 커서 내식성이 우수하다.

　㉢ 내화도는 SK 40 ~ 42 정도로 매우 높다.

　㉣ 하중연화 온도가 1800℃ 이상으로 높다.

　㉤ 마그네시아 벽돌이나 크롬질 벽돌보다 내스폴링성이 크다.

　㉥ 용융온도는 2000℃ 이상으로 높다.

【key】 크롬-마그네시아질은 염기성 내화물이므로 동일한 화학적 성질인 염기성 슬래그에 대한 저항이 크다. (내침식성이 크다.)

52

고온의 응축수 흡입 시 흡입력 증가를 위해 보조로 사용하며 일반적인 펌프보다 효율은 떨어지나, 취급이 용이한 펌프의 종류는?

① 제트펌프　　　　② 기어펌프

③ 와류펌프　　　　④ 축류펌프

【해설】

❶ 제트펌프(분사펌프) : 벤튜리관 원리를 통해 고온의 응축수 및 증기를 고속으로 노즐에서 분사시켜 압력 저하에 의한 흡인력으로 토출하는 펌프로 가동부가 없어 취급이 간단하고 고장이 적으나, 2종류의 유체를 혼합하여 토출하므로 에너지손실이 커서 일반 펌프보다 효율이 낮다는 단점이 있다.

53

그림과 같이 노벽에 깊이 10 cm의 구멍을 뚫고 온도를 재었더니 250 ℃ 이었다. 바깥 표면의 온도는 200 ℃이고, 노벽재료의 열전도율이 0.814 W/m·℃ 일때 바깥 표면 1 m² 에서 전열량은 약 몇 W인가?

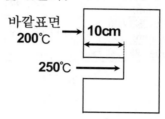

바깥표면
200℃　→　10cm

250℃　→

① 59　　　　② 147

③ 171　　　　④ 407

【해설】　　　　암기법 : 손전온면두

● 평면벽에서의 손실열량(Q) 계산공식

$$Q = \frac{\lambda \cdot \Delta t \cdot A}{d} \left(\frac{열전도율 \cdot 온도차 \cdot 단면적}{벽의 두께} \right)$$

$$= \frac{0.814 \ W/m \cdot ℃ \times (250 - 200)℃ \times 1 m^2}{0.1 \, m}$$

$$= 407 \ W$$

54

연도나 매연 속에 복사광선을 통과시켜 광도 변화에 따른 매연농도가 지시 기록된다. 이 농도계의 명칭은?

① 링겔만 매연농도계

② 광전관식 매연농도계

③ 전기식 매연농도계

④ 매연포집 중량계

【해설】 ※ 광전관식(광학식) 매연농도계

● 연도나 연돌의 한쪽에 광원을 놓고 반대쪽에서 광원으로부터의 광량변화를 측정하는 광전관을 놓고 복사광선을 통과시켜 광도변화에 따른 빛의 투과율을 측정하여 매연의 농도를 지시 측정하는 방법이다.

55

중심선의 길이가 600 mm가 되도록 25 A의 관에서 90°와 45°의 엘보를 이음할 때 파이프의 실제 절단 길이(mm)는?

관(호칭) 지름		15	20	25	32	40
중심에서 단면까지의 거리 (mm)	90°	27	32	38	46	48
중심에서 단면까지의 거리 (mm)	45°	21	25	29	34	37
나사가 물리는 길이 (a) (mm)		11	13	15	17	19

① 563
② 575
③ 600
④ 650

【해설】

※ 파이프 이음 시 실제 절단길이(배관길이) 계산

$l = L - (A-a) - (B-b)$

여기서, l : 파이프(강관) 절단길이

L : 중심선의 길이

$A(B)$: 이음쇠 중심에서 단면까지의 길이

$a(b)$: 나사가 물리는 최소 길이

∴ l = 600 - (38 - 15) - (29 - 15) = **563 mm**

56

난방부하를 계산하는 경우 여러 가지 여건을 검토해야 하는데 이에 대한 사항으로 거리가 먼 것은?

① 건물의 방위
② 천장높이
③ 건축구조
④ 실내소음, 진동

【해설】

❹ 실내소음 및 진동은 건물의 난방부하 계산 시 검토 사항에 해당하지 않는다.

【참고】 ※ 난방부하 설계 시 검토 사항

㉠ 건물의 위치(방위)

㉡ 건물 내 천장높이

㉢ 건물 실내 및 외기온도

㉣ 창호(유리창, 문) 및 외벽 단열상태

㉤ 건물 주위 환경 여건

㉥ 건축구조

57

환수관이 고장을 일으켰을 때 보일러의 물이 유출하는 것을 막기 위하여 하는 배관방법은?

① 리프트 이음 배관법
② 하트포드 연결법
③ 이경관 접속법
④ 증기 주관 관말 트랩 배관법

【해설】

※ 하트포드(hart ford) 연결법

- 저압증기 난방에 사용되는 보일러 내의 수면이 안전 저수위 이하로 내려가거나 보일러가 빈 상태로 되는 것을 막기 위하여 균형관을 달고 안전저수위 보다 높은 위치에 환수관을 접속하여 보일러수 유출을 막기 위한 배관 연결 방법이다.

58

다음 중 온수난방용 밀폐식 팽창탱크에 설치되지 않는 것은?

① 압축공기 공급관
② 수위계
③ 일수관(over flow관)
④ 안전밸브

【해설】

❸ 일수관(Over flow)관은 개방식 팽창탱크에 설치되는 관이다.

【참고】 ※ 팽창탱크의 종류

㉠ 개방식 팽창탱크 : 설치비가 적게 들지만 유지보수가 까다롭고 배관수의 증발 또는 오버플로우(over flow)에 의한 손실 및 공기흡입에 의한 배관 부식의 단점이 있다.

㉡ 밀폐식 팽창탱크 : 개방식 팽창탱크의 단점을 보완하기 위해 배관을 완전히 밀폐시킴으로써 공기흡입을 막아 배관부식 현상이 없고 증발 또는 오버플로우(over flow)에 의한 배관수 손실이 없어 유지보수가 거의 필요없다. 하지만 개방식 팽창탱크에 비해 구조가 복잡하고 부대설비가 비싸다.

59

주로 보일러 전열면이나 절탄기에 고정 설치해 두며, 분사관은 다수의 작은 구멍이 뚫려 있고 이곳에서 분사되는 증기로 매연을 제거하는 것으로서 분사관은 구조상 고온가스의 접촉을 고려해야 하는 매연 분출장치는?

① 롱 레트랙터블형 ② 쇼트 레트랙터블형
③ 정치 회전형 ④ 공기예열기 클리너

【해설】 ※ 매연 분출장치(Soot blower, 슈트 블로워)
　㉠ 회전형(로터리형)
　　- 연도에 있는 절탄기 등의 저온의 전열면에 주로 사용된다.
　㉡ 예열기 클리너형(에어히터 클리너형)
　　- 공기예열기에 클리너로 사용된다.
　㉢ 단발형(쇼트 리트랙터블형)
　　- 연소 노벽 등의 전열면에 주로 사용된다.
　㉣ 장발형(롱 리트랙터블형)
　　- 과열기 등의 고온 전열면에는 집어넣을 수 있는 삽입형이 주로 사용된다.
　㉤ 건형(gun type)
　　- 일반적인 전열면에 사용된다.

60

인젝터의 특징에 관한 설명으로 틀린 것은?

① 구조가 간단하고 소형이다.
② 별도의 소요 동력이 필요하다.
③ 설치장소를 적게 차지한다.
④ 시동과 정지가 용이하다.

【해설】 ※ 인젝터(injector)의 특징
＜장점＞㉠ 보조증기관에서 보내어진 증기로 급수를 흡입하여 증기분사력으로 토출하게 되므로 별도의 소요동력을 필요로 하지 않는다. (즉, 비동력의 보조 급수장치이다.)
　㉡ 소량의 고압증기로 다량을 급수할 수 있다.

㉢ 구조가 간단하여 소형의 저압보일러용에 사용된다.
㉣ 취급이 간단하고 가격이 저렴하다.
㉤ 급수를 예열할 수 있으므로 전체적인 열효율이 높다.
㉥ 설치에 별도의 장소를 필요로 하지 않는다.
＜단점＞㉠ 급수용량이 부족하다.
㉡ 급수에 시간이 많이 걸리므로 급수량의 조절이 용이하지 않다.
㉢ 흡입양정이 낮다.
㉣ 급수온도가 50℃ 이상으로 높으면 증기와의 온도차가 적어져 분사력이 약해지므로 작동이 불가능하다.
㉤ 인젝터가 과열되면 급수가 곤란하게 된다.

제4과목　열설비 안전관리 및 검사기준

61

에너지이용 합리화법령에 따라 산업통상자원부장관이 에너지저장의무를 부과할 수 있는 대상자는? (단, 연간 2만 티오이 이상의 에너지를 사용하는 자는 제외한다.)

① 시장·군수
② 시·도지사
③ 전기사업법에 따른 전기사업자
④ 석유사업법에 따른 석유정제업자

【해설】　　　　　　　　　　[에너지이용합리화법 시행령 제12조.]
　　암기법 : 에이, 쌍~ 다소비네. 10배 저장해야지
● 에너지수급 차질에 대비하기 위하여 산업통상자원부장관이 에너지저장의무를 부과할 수 있는 대상에 해당하는 자는 **전기사업자**, 도시가스사업자, 석탄가공업자, 집단에너지사업자, 연간 2만 TOE 이상의 에너지사용자이다.

62

노통이나 화실 등과 같이 외압을 받는 원통 또는 구체의 부분이 과열이나 좌굴에 의해 외압에 견디지 못하고 내부로 들어가는 현상은?

① 팽출   ② 압궤
③ 균열   ④ 블리스터

【해설】 ※ 보일러의 손상의 종류

㉠ 과열(Over heat)
- 보일러수의 이상감수에 의해 수위가 안전저수위 이하로 내려가거나 보일러 내면에 스케일 부착으로 강판의 전열이 불량하여 보일러 동체의 온도상승으로 강도가 저하되어 압궤 및 팽출 등이 발생하여 강판의 변형 및 파열을 일으키는 현상을 말한다.

㉡ 균열(Crack 크랙 또는, 응력부식균열, 전단부식)
- 보일러 강판의 이음부분, 리벳의 구멍부분, 스테이를 갖고 있는 부분 등이 증기압력과 온도에 의해 끊임없이 반복해서 응력을 받게 됨으로써 이음부분에 부식으로 인하여 균열(Crack, 금)이 생기거나 갈라지는 현상을 말한다.

㉢ 압궤(Collapse)
- 노통이나 화실과 같은 원통 부분이 외측으로부터의 압력에 견딜 수 없게 되어 안쪽으로 짓눌려 오목해지거나 찌그러져 찢어지는 현상을 말한다.

㉣ 팽출(Bulge)
- 동체, 수관, 겔로웨이관 등과 같이 인장응력을 받는 부분이 국부과열에 의해 강도가 저하되어 압력을 견딜 수 없게 되어 바깥쪽으로 볼록하게 부풀어 튀어나오는 현상을 말한다.

㉤ 블리스터(Blister)
- 화염에 접촉하는 라미네이션 부분이 가열로 인하여 부풀어 오르는 팽출현상이 생기는 것을 말한다.

㉥ 라미네이션(Lamination)
- 보일러 강판이나 배관 재질의 두께 속에 제조 당시의 가스체 함입으로 인하여 2장의 층을 형성하며 분리되는 현상을 말한다.

63

에너지이용 합리화법령에 따라 검사대상기기 관리자를 선임하지 아니하였을 경우에 부과되는 벌칙기준으로 옳은 것은?

① 100만원 이하의 벌금
② 500만원 이하의 벌금
③ 1천만원 이하의 벌금
④ 2천만원 이하의 벌금

【해설】   [에너지이용합리화법 제75조.]
● 검사대상기기관리자를 선임하지 아니한 자는 **1천만원** 이하의 벌금에 처한다.

【참고】 ※ 위반행위에 해당하는 벌칙(징역, 벌금액)

2.2 - 에너지 저장, 수급 위반
　　 암기법 : 이~이가 저 수위다.

1.1 - 검사대상기기 위반
　　 암기법 : 한명 한명씩 검사대를 통과했다.

0.2 - 효율기자재 위반
　　 암기법 : 영희가 효자다.

0.1 - 미선임, 미확인, 거부, 기피
　　 암기법 : 영일은 미선과 거부기피를 먹었다.

0.05 - 광고, 표시 위반
　　 암기법 : 영오는 광고표시를 쭉~ 위반했다.

64

보일러 청관제 중 슬러지 조정제가 아닌 것은?

① 탄닌   ② 리그닌
③ 전분   ④ 수산화나트륨

【해설】   암기법 : 슬며시, 리그들 녹말 탄니?
※ 보일러수 처리 시 슬러지 조정제로 사용되는 약품
　　㉠ 리그린
　　㉡ 녹말(또는, 전분)
　　㉢ 탄닌
　　㉣ 텍스트린
❹ 수산화나트륨(NaOH)은 보일러수의 pH를 상승시키는 pH 조정제로 쓰이는 약품이다.

65

에너지이용 합리화법령에서 정한 효율관리기자재에 속하지 <u>않는</u> 것은? (단, 산업통상자원부장관이 그 효율의 향상이 특히 필요하다고 인정하여 따로 고시하는 기자재 및 설비는 제외한다.)

① 전기냉장고　　② 자동차
③ 조명기기　　　④ 텔레비전

【해설】　　[에너지이용합리화법 시행령 시행규칙 제7조.]
　　　　　　암기법 : 세조방장, 3발자동차
※ 효율관리기자재 품목의 종류
　- 전기세탁기, 조명기기, 전기냉방기, 전기냉장고, 3상유도전동기, 발전설비, 자동차

66

다음 중 에너지이용 합리화법령상 매년 1월31일까지 그 에너지사용시설이 있는 지역을 관할하는 시·도지사에게 전년도 분기별 에너지사용량을 신고를 하여야 하는 자에 대한 기준으로 옳은 것은?

① 연료·열 및 전력의 분기별 사용량의 합계가 3백 티오이 이상인 자
② 연료·열 및 전력의 연간 사용량의 합계가 2천 티오이 이상인 자
③ 연간사용량 1천 티오이 이상의 연료 및 열을 사용하거나 연간사용량 2백만 킬로와트시 이상의 전력을 사용하는 자
④ 연간사용량 1천 티오이 이상의 연료 및 열을 사용하거나 계약전력 5백 킬로와트 이상으로서 연간 사용량 2백만 킬로와트시 이상의 전력을 사용하는 자

【해설】　　　　　[에너지이용합리화법 시행령 제35조.]
• 대통령령으로 정하는 연간 에너지사용량 신고를 하여야 하는 기준량인 2000 TOE 이상인 자를 에너지다소비업자라 한다.

【참고】　　　　암기법 : 에이, 쌍!~ 다소비네.
※ 에너지다소비사업자라 함은 연료·열 및 전력의 연간 사용량의 합계(연간 에너지사용량)가 2000 TOE(티오이) 이상인 자를 말한다.

67

수트 블로워를 실시할 때 주의사항으로 <u>틀린</u> 것은?

① 수트 블로워 전에 반드시 드레인을 충분히 한다.
② 부하가 클 때나 소화 후에 사용해야 한다.
③ 수트 블로워 할 때는 통풍력을 크게 한다.
④ 수트 블로워는 한 장소에서 오래 사용하면 안 된다.

【해설】
※ 슈트 블로워(Soot blower) 작업 시 주의사항
　㉠ 분출기 내부의 응축수를 완전히 배출시킬 것
　㉡ 한 장소에 집중적으로 사용하여 전열면에 무리를 가하지 말 것
　㉢ 부하가 클 때나 소화 후에는 사용하지 말 것
　㉣ 분출 시 배풍기를 사용하여 분출 효율을 높일 것
　㉤ 슈트블로워 작업시 보일러 부하율은 50% 이상에서 실시할 것

68

증기보일러에는 원칙적으로 2개 이상의 안전밸브를 설치하여야 하지만, 1개를 설치할 수 있는 최대 전열면적 기준은?

① 10 m² 이하　　② 30 m² 이하
③ 50 m² 이하　　④ 100 m² 이하

【해설】※ 안전밸브의 설치개수
• 증기보일러에는 2개 이상의 안전밸브를 설치하여야 한다. (다만, 전열면적 50 m² 이하의 증기보일러에서는 1개 이상으로 한다.)

69

다음 보일러 운전 중 압력초과의 직접적인 원인이 <u>아닌</u> 것은?

① 압력계의 기능에 이상이 생겼을 때
② 안전밸브의 분출 압력 조정이 불확실할 때
③ 연료공급을 다량으로 했을 때
④ 연소장치의 용량이 보일러 용량에 비해 너무 클 때

【해설】 ※ 보일러 압력초과의 원인

㉠ 압력계의 기능에 이상이 생겼을 때
㉡ 안전밸브의 분출압력 조정이나 기능에 이상이 생겼을 때
㉢ 급수펌프의 고장으로 이상감수에 의한 운전일 때
㉣ 연소장치에서 발생하는 열량이 보일러의 용량에 비해 너무 클 때
❸ 연료공급을 다량으로 했을 때는 역화(Back fire) 현상이 일어나는 원인에 해당한다.

70

보일러의 장기 보존 시 만수보존법에 사용되는 약품은?

① 생석회   ② 탄산마그네슘
③ 가성소다   ④ 염화칼슘

【해설】 ※ 만수 보존법 (습식 보존법)

㉠ 보통 만수 보존법
 - 보일러수를 만수로 채운 후에 압력이 약간 오를 정도로 물을 끓여 공기와 이산화탄소만을 제거한 후, 알칼리도 상승제나 부식억제제를 넣지 않고 서서히 냉각시켜 보존하는 단기 보존 방법이다.
㉡ 소다 만수 보존법
 - 만수 상태의 수질이 산성이면 부식작용이 생기기 때문에 **가성소다(NaOH)**, 아황산소다(Na_2SO_3) 등의 알칼리성 물(pH 12 정도)로 채워 보존하는 장기 보존 방법이다.

71

에너지이용 합리화법령에 따라 검사의 종류 중 개조검사 적용 대상이 <u>아닌</u> 것은?

① 보일러의 설치장소를 변경하는 경우
② 연료 또는 연소방법을 변경하는 경우
③ 증기보일러를 온수보일러로 개조하는 경우
④ 보일러 섹션의 증감에 의하여 용량을 변경하는 경우

【해설】
❶ 보일러의 설치장소를 변경한 경우 개조검사가 아니라, 설치장소 변경검사가 적용된다.

【참고】   [에너지이용합리화법 시행규칙 별표3의4.]
※ 개조검사의 적용대상

㉠ 증기보일러를 온수보일러로 개조하는 경우
㉡ 보일러 섹션의 증감에 의하여 용량을 변경하는 경우
㉢ 동체·돔·노통·연소실·경판·천정판·관판· 관모음 또는 스테이의 변경으로서 산업통상자원부장관이 정하여 고시하는 대수리의 경우
㉣ 연료 또는 연소방법을 변경하는 경우
㉤ 철금속가열로로서 산업통상자원부장관이 정하여 고시하는 경우의 수리

72

에너지이용 합리화법령상 검사대상기기의 계속 사용검사신청서는 검사유효기간 만료 며칠전까지 한국에너지공단이사장에게 제출하여야 하는가?

① 7일   ② 10일
③ 15일   ④ 30일

【해설】   [에너지이용합리화법 시행규칙 제31조의19.]
※ 계속사용검사신청
 • 검사대상기기의 계속사용검사를 받으려는 자는 검사대상기기 계속사용검사 신청서를 검사유효만료 10일 전까지 한국에너지공단 이사장에게 제출하여야 한다.

73

보일러 수질기준에서 순수처리 기준에 맞지 <u>않는</u>
것은? (단, 25℃ 기준이다.)

① pH : 7 ~ 9
② 총경도 : 1 ~ 2
③ 전기 전도율 : 0.5 μS/cm 이하
④ 실리카 : 흔적이 나타나지 않음

【해설】　　　　　　[열사용기자재의 검사기준 24.3.3.1]

※ 순수처리라 함은 다음 각 호 수질기준을 만족하여야
　한다.
　　㉠ 총경도(mg CaCO₃ / ℓ) : 0
　　㉡ pH (25℃)에서 : 7 ~ 9
　　㉢ 실리카(mg SiO₂ / ℓ) : 흔적이 나타나지 않음
　　㉣ 전기 전도율(25℃)에서 : 0.5 μS/cm 이하

74

프라이밍, 포밍의 방지대책 중 맞지 <u>않는</u> 것은?

① 주증기 밸브를 천천히 개방할 것
② 가급적 안전 고수위 상태를 지속 운전할 것
③ 보일러수의 농축을 방지할 것
④ 급수처리를 하여 부유물을 제거할 것

【해설】

❷ 고수위 상태로 운전을 지속하게 되면 프라이밍
　및 포밍 현상이 오히려 더욱 잘 일어나게 되므로,
　적정 수위로 운전하여야 한다.

【참고】

※ 프라이밍(Priming, 비수) 현상 발생원인
　암기법 : 프라이밍은 부유·농 과부를 급개방시키는데 고수다.
　㉠ 보일러수내의 부유물·불순물 함유
　㉡ 보일러수의 농축
　㉢ 과부하 운전
　㉣ 주증기밸브(또는, 송기밸브)의 급개방
　㉤ 고수위 운전
　㉥ 비수방지관 미설치 및 불량

※ 프라이밍(Priming, 비수) 현상 방지대책
　암기법 : 프라이밍 발생원인을 방지하면 된다.
　㉠ 보일러수내의 부유물·불순물이 제거되도록 철저한
　　급수처리를 한다.
　㉡ 보일러수의 농축을 방지한다.
　㉢ 과부하 운전을 하지 않는다.
　㉣ 주증기밸브를 급개방 하지 않는다. (천천히 연다.)
　㉤ 고수위 운전을 하지 않는다. (정상수위로 운전한다.)
　㉥ 비수방지관을 설치한다.

75

연도 내에서 가스폭발이 일어나는 원인으로 가장
옳은 것은?

① 연소 초기에 통풍이 너무 강했다.
② 배기가스 중에 산소량이 과다하다.
③ 연도 중의 미연소가스를 완전히 배출하지
　않고 점화하였다.
④ 댐퍼를 너무 열어 두었다.

【해설】

❸ 노내에 잔류한 누설가스나 미연소가스로 인하여
　역화나 가스폭발 사고의 원인이 되므로, 이에 대비
　하기 위하여 보일러 점화 전에 노내의 미연소가스를
　송풍기로 완전히 배출시키는 프리퍼지(Prepurge)
　를 실시하여야 한다.

76

보일러 설치검사 기준상 전열면적이 7 m² 인 경우
급수밸브 크기의 기준은 얼마이어야 하는가?

① 10A 이상　　　　② 15A 이상
③ 20A 이상　　　　④ 25A 이상

【해설】　　　　　　　암기법 : 급체 시, 15 20

※ 급수장치 중 급수밸브 및 체크밸브의 크기는 전열
　면적 10 m² 이하의 보일러에서는 관의 호칭 15A
　이상의 것이어야 하고, 10 m²를 초과하는 보일러
　에서는 관의 호칭 20A 이상의 것이어야 한다.

77

에너지이용 합리화법령상 검사대상기기관리자의 선임을 하여야 하는 자는?

① 시·도지사
② 한국에너지공단이사장
③ 검사대상기기판매자
④ 검사대상기기설치자

【해설】 [에너지이용합리화법 제40조1항.]
❹ 검사대상기기설치자는 검사대상기기의 안전관리, 위해방지 및 에너지이용의 효율을 관리하기 위하여 검사대상기기 관리자를 선임하여야 한다.

78

다음 중 구식(grooving)이 가장 발생되기 쉬운 곳은?

① 기수드럼
② 횡형 노통의 상반면
③ 연소실과 접하는 수관
④ 경판의 구석의 둥근 부분

【해설】 ※ 보일러 내부 부식의 종류
㉠ 일반부식(전면부식)
  - pH가 높다거나, 용존산소가 많이 함유되어 있을 때 금속의 표면적이 넓은 국부 부분 전체에 대체로 똑같은 모양으로 발생하는 부식을 말한다.
㉡ 점식(Pitting 피팅 또는, 공식)
  - 보호피막을 이루던 산화철이 파괴되면서 용존가스인 O_2, CO_2의 전기화학적 작용에 의한 보일러 내면에 반점 모양의 구멍을 형성하는 촉수면의 전체부식으로서 보일러 내면 부식의 약 80%를 차지하고 있으며, 고온에서는 그 진행속도가 매우 빠르다.
㉢ 국부 부식
  - 보일러 내면이나 외면에 얼룩 모양으로 생기는 국소적인 부식을 말한다.

㉣ 구식(구상 부식, Grooving 그루빙)
  - 단면의 형상이 길게 U자형, V자형 등으로 홈이 긴 도랑처럼 깊게 파이는 부식을 말하며, 주로 보일러 경판 구석의 둥근 부분에서 발생되기 쉽다.
㉤ 알칼리 부식
  - 보일러수 중에 알칼리의 농도가 너무 지나치게 pH 13 이상으로 많을 때 $Fe(OH)_2$로 용해되어 발생하는 부식을 말한다.

79

다음 중 가마울림 현상의 방지 대책이 <u>아닌</u> 것은?

① 수분이 많은 연료를 사용한다.
② 연소실과 연도를 개조한다.
③ 연소실내에서 완전연소 시킨다.
④ 2차 공기의 가열, 통풍 조절을 개선한다.

【해설】 ※ 가마울림 방지대책
㉠ 수분이 적은 연료를 사용한다.
㉡ 공연비를 개선한다.(연소속도를 느리게 하지 않는다.)
㉢ 연소실이나 연도를 개조하여 연소가스가 원활하게 흐르도록 한다.
㉣ 2차공기의 가열 및 통풍의 조절을 적정하게 개선한다.
㉤ 연소실내에서 연료를 신속히 완전연소 시킨다.

80

에너지이용 합리화법령에 따라 제조업자 또는 수입업자가 효율관리기자재의 에너지 사용량을 측정 받아야 하는 시험 기관은 누가 지정하는가?

① 산업통상자원부장관
② 시·도지사
③ 한국에너지공단이사장
④ 국토교통부장관

【해설】   [에너지이용합리화법 제15조2항.]

- 효율관리기자재의 제조업자 또는 수입업자는 **산업통상자원부장관**이 지정하는 시험기관 (이하 "효율관리시험기관"이라 한다)에서 해당 효율관리기자재의 에너지 사용량을 측정받아 에너지소비효율등급 또는 에너지소비효율을 해당 효율관리기자재에 표시하여야 한다.

2021년 에너지관리산업기사 CBT 복원문제(1)

평균점수

제1과목 　　 **열 및 연소설비**

01

고열원의 온도 900 K, 저열원의 온도 200 K인 두 열원 사이에서 작동하는 이상적인 카르노 사이클이 있다. 고열원에서 사이클에 가해지는 열량이 150 kJ 이면 사이클 일은 몇 kJ 인가?

① 62　　② 77　　③ 87　　④ 117

【해설】 ※ 카르노사이클의 열효율 공식(η)

• $\eta = \dfrac{W}{Q_1} = \dfrac{Q_1 - Q_2}{Q_1} = \dfrac{T_1 - T_2}{T_1} = 1 - \dfrac{T_2}{T_1}$ 에서,

$\dfrac{W}{150\,kJ} = 1 - \dfrac{200\,K}{900\,K}$

방정식 계산기 사용법으로 사이클의 일 W를 미지수 X로 놓고 구하면, $W = 116.6 ≒ $ **117 kJ**

02

일반적인 중유의 인화점 범위로서 가장 옳은 것은?

① 60 ~ 150 ℃　　② 300 ~ 350 ℃
③ 520 ~ 580 ℃　　④ 730 ~ 780 ℃

【해설】 ※ 중유의 특징　[암기법] : 중점,시비에(C>B>A)

㉠ 점도에 따라 A중유, B중유, C중유(또는, 벙커C유)로 구분한다.

㉡ 원소 조성은 탄소(85 ~ 87 %), 수소(13 ~ 15 %), 산소 및 기타(0 ~ 2 %)이다.

㉢ 중유의 비중 : 0.89 ~ 0.99

㉣ 인화점은 약 60 ~ 150℃이며, 비중이 작은 A중유의 인화점이 가장 낮다.

03

다음은 물의 압력-온도 선도를 나타낸다. 삼중점은 어디를 말하는가?

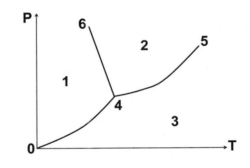

① 점 0　　　　② 점 4
③ 점 5　　　　④ 점 6

【해설】 ※ 물의 상평형도

• 삼중점(4점) : 물질은 온도와 압력에 따라 화학적인 성질의 변화 없이 물리적인 성질만이 변화하는 상이 존재하는데 물의 경우에는 온도에 따라 고체, 액체, 기체의 3상이 동시에 존재하는 점을 "삼중점"이라 한다.

【참고】 ※ 물의 상평형도

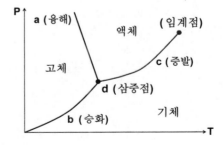

04

기체연료의 연소에는 층류 확산연소, 난류 확산연소 및 예혼합연소가 있다. 이 중 가장 고부하 연소가 가능한 연소방식은?

① 층류 확산연소
② 난류 확산연소
③ 예혼합연소
④ 모두 가능하다.

──────────────────────────

【해설】 ※ 기체연료의 예혼합연소 방식의 특징

- 가연성 기체와 공기를 완전연소가 될 수 있도록 적당한 혼합비로 버너 내부(내부 혼합형)에서 사전에 미리 혼합시킨 후 연소실에 분사시켜 연소시키는 방식이다.
  ㉠ 혼합기의 분출속도가 느릴 경우에 역화의 위험이 크다.
  ㉡ 혼합이 균일하여 완전연소되므로, 화염의 온도가 높다.
  ㉢ 연소실의 단위체적당 발생하는 열량인 열부하율 (kJ/m^{3}h)을 높게 얻을 수 있다.(고부하 연소)
  ㉣ 화염의 길이가 확산연소 방식보다 짧다.
  ㉤ 화염의 길이가 짧으므로 연소실인 로(爐)의 체적이 크지 않아도 된다.
  ㉥ 실온, 대기압하에서 이론혼합비에 가까운 농도 혼합비인 파라핀계 탄화수소와 공기 예혼합 화염의 반응대 두께는 0.1 ~ 0.3 mm 정도로 매우 얇다.
  ㉦ 고체·액체연료에 비해서 가스연료의 연소시 공기비가 가장 적을 뿐만 아니라 연소실의 체적도 가장 작으므로 가스터빈의 연소부하율이 가장 높다.

05

석탄을 공업분석하였더니 수분이 4.37 %, 휘발분이 2.98 %, 회분이 20.59 % 이었다. 고정탄소분은 몇 % 인가?

① 37.69
② 49.48
③ 64.87
④ 72.06

──────────────────────────

【해설】   암기법 : 고백마, 휘수회

- 고정탄소(%) = 100 - (휘발분 + 수분 + 회분)
  = 100 - (2.98 + 4.37 + 20.59)
  = 72.06 %

06

입경이 작아질수록 석탄의 착화온도의 변화를 나타내는 것으로 옳은 것은?

① 착화온도가 높아진다.
② 착화온도가 낮아진다.
③ 입경의 크기와 무관하다.
④ 착화온도의 차이가 없다.

──────────────────────────

【해설】 ※ 착화온도가 낮아지는 조건
  ㉠ 화학결합의 활성도가 클수록
  ㉡ 가열물의 증발량이 많을수록
  ㉢ 분자구조가 복잡할수록
  ㉣ 산소 친화성이 클수록
  ㉤ 공기 압력이 높을수록
  ㉥ 산소 농도가 높을수록
  ㉦ 비표면적이 클수록(입경이 작아질수록)
  ◎ 활성화 에너지가 작을수록 (화학반응성이 클수록)
  ㉨ 석탄의 탄화도가 작을수록

❷ 석탄의 입경이 작으면 공기(산소)와 접촉할 수 있는 비표면적이 커지므로 착화온도는 낮아진다.

07

거리의 제한이 없고 주위 환경오차가 적으나 연돌 상부의 지름 크기에 따라 측정오차가 큰 매연 측정 방법은?

① 바카라 스모크 테스터
② 망원경식 매연 농도계
③ 광전관식 매연 농도계
④ 링겔만 매연 농도계

──────────────────────────

【해설】

※ 망원경식 매연 농도계
  - 연돌 상부의 매연을 망원경을 통해 관찰하여 농도를 측정하는 방식으로 거리 제한이 없고 주위 환경의 영향을 받지 않지만 연돌 상부 지름 크기에 따라 측정오차가 크게 발생한다.

08

부하 변동에 따른 연료량의 조절범위가 가장 큰 버너의 형식은?

① 유압식 버너
② 회전식 버너
③ 고압공기 분무식 버너
④ 저압증기 분무식 버너

【해설】 ※ 고압기류(공기) 분무식 버너의 특징

㉠ 고압(0.2 ~ 0.8 MPa)의 공기를 사용하여 중유를 무화시키는 형식이다.

㉡ 유량조절범위가 1 : 10 정도로 가장 커서 고점도 연료도 무화가 가능하다.

㉢ 분무각(무화각)은 30° 정도로 가장 좁은 편이다.

㉣ 외부혼합 방식보다 내부혼합 방식이 무화가 잘 된다.

㉤ 연소 가동 시 소음이 크다.

09

다음 기체연료 중 고위발열량(kcal/Nm³)이 가장 큰 것은?

① 고로가스
② 석탄가스
③ 천연가스
④ 수성가스

【해설】 ※ 단위체적당 고위발열량(총발열량) 비교

암기법 : 부-P-프로-N, 코-오-석탄-도, 수-전-발-고

기체연료의 종류	고위발열량 (kcal/Nm³)
부탄	29150
LPG (프로판 + 부탄) (액화석유가스)	26000
프로판	22450
LNG (메탄) (액화천연가스)	11000
코우크스로 가스	5000
오일가스	4700
석탄가스	4500
도시가스	3600 ~ 5000
수성가스	2600
전로가스	2300
발생로가스	1500
고로가스	900

10

기체연료의 일반적인 특징에 대한 설명으로 가장 거리가 먼 것은?

① 저장하기 쉽다.
② 열효율이 높다.
③ 점화 및 소화가 간단하다.
④ 연소용 공기 예열에 의해 저발열량이라도 전열효율을 높일 수 있다.

【해설】

❶ 기체연료는 고체·액체연료에 비해서 체적이 커서 압력이 높으므로 저장이나 운송이 용이하지 않다.

【참고】 ※ 기체연료의 특징

<장점> ㉠ 유동성이 좋으므로 연료의 공급량 조절이 쉽고 공기와의 혼합을 임의로 조절할 수 있어서 연소효율$\left(=\dfrac{연소열}{발열량}\right)$이 높다.

㉡ 비열이 작아서 예열이 용이하므로 고온을 얻기가 쉽고, 유체연료이므로 연료의 공급량 조절이 쉬워서 화염온도 조절이 용이하며 열효율이 높다.

㉢ 적은 공기비로도 완전연소가 가능하다.

㉣ 유동성이 커서 연료의 품질이 균일하므로 자동제어에 의한 연소의 조절이 용이하다.

㉤ 연소 후 유해잔류 성분(회분, 매연 등)이 거의 없어 청결하다.

<단점> ㉠ 단위 용적당 발열량은 고체·액체연료에 비해 극히 작다.

㉡ 고체·액체연료에 비해 체적이 커서 압력이 높으므로 저장이나 운송이 용이하지 않다.

㉢ 유동성이 커서 누출되기 쉽고 폭발의 위험성이 있다.

㉣ 고체·액체연료에 비해서 제조 비용이 비싸다.

11

냉동 사이클의 작업 유체(Working Fluid)인 냉매(Refrigerant)의 구비조건으로 가장 거리가 먼 것은?

① 증발잠열이 클 것

② 임계온도가 낮을 것

③ 응축압력이 낮을 것

④ 열전달 특성이 좋을 것

【해설】 암기법 : 냉전증인임↑
암기법 : 압점표값과 비(비비)는 내린다↓

※ 냉매의 구비조건

ㄱ 전열이 양호할 것. (열전달 특성이 좋을 것.)

ㄴ 증발잠열이 클 것.

ㄷ 인화점이 높을 것.

ㄹ 임계온도가 높을 것.

ㅁ 상용압력범위가 낮을 것. (응축압력이 낮을 것.)

ㅂ 점성도와 표면장력이 작아 순환동력이 적을 것.

ㅅ 값이 싸고 구입이 쉬울 것.

ㅇ 비체적이 작을 것.

ㅈ 비열비가 작을 것.

ㅊ 비등점이 낮을 것.

ㅋ 금속 및 패킹재료에 대한 부식성이 적을 것.

ㅌ 환경 친화적일 것.

12

엔트로피에 대한 설명 중 틀린 것은?

① 엔트로피는 열역학적 상태량이다.

② 계의 엔트로피 변화는 가역 및 비가역 과정에서 경로와 무관하다.

③ 엔트로피는 모든 과정에 대하여 전달열량을 온도로 나눈 것으로 정의된다.

④ 몰리에 선도는 엔탈피와 엔트로피 관계를 나타내는 선도이다.

【해설】

• 엔트로피(S)의 정의 : $dS = \dfrac{\delta Q}{T}$ [단위 : kJ/K]

• 열역학 제2법칙의 표현에서, 고립된 계의 비가역 과정의 변화는 엔트로피가 항상 증가한다.

❸ 엔트로피는 가역과정에 대하여 전달열량을 절대온도로 나눈 것으로 정의된다.

13

체적 30 m³의 용기 내에 공기가 채워져 있으며, 이때 온도는 25 ℃이고, 압력은 400 kPa 이다. 용기 내의 공기온도를 75 ℃까지 가열시키는 경우에 소요 열량은 약 몇 kJ인가? (단, 기체상수는 0.287 kJ/kg·K, 정적비열은 0.71 kJ/kg·K 이다.)

① 275

② 832

③ 2780

④ 4981

【해설】 암기법 : 큐는 씨암탉

※ 상태방정식(PV = mRT)을 이용하여 용기 내 공기의 질량(m)을 먼저 구해야 하므로,

• $m = \dfrac{PV}{RT} = \dfrac{400\,kPa \times 30\,m^3}{0.287\,kJ/kg \cdot K \times (273 + 25)\,K}$

= 140.308 kg

• 소요 열량 Q = C m ΔT

= 0.71 kJ/kg·K × 140.308 kg × (75 - 25)K

= 4980.934 ≒ **4981 kJ**

【참고】 ※ 문제에서 비열의 단위(kJ/kg·K, kJ/kg·℃) 중 분모에 있는 K(절대온도)나 ℃(섭씨온도)는 단순히 열역학적인 온도 측정값의 단위로 쓰인 것이 아니고, 온도차(ΔT = 1°)에 해당하는 것이므로 섭씨온도 단위(℃)를 절대온도의 단위(K)로 환산해서 계산해야 하는 과정 없이 곧장 서로 단위를 호환해 주어도 괜찮다! 왜냐하면, 섭씨온도와 절대온도의 눈금차는 서로 같기 때문인 것을 이해한다.

【참고】

※ 열역학적 일의 공식 $W = PV$ 에서 단위 변환을 이해하자.

W(일) = Pa × m³ = N/m² × m³ = N·m = J(줄)

2021

14

압력 2.5 MPa 일때 포화수 엔탈피는 960 kJ/kg, 포화수증기의 엔탈피는 2800 kJ/kg 이다. 이때 동일 압력하에서 습증기 5 kg 의 엔탈피는 10000 kJ 이다. 이 습증기의 건도는?

① 0.27   ② 0.37

③ 0.47   ④ 0.57

【해설】

• 습증기의 엔탈피 $H_x = \dfrac{10000\,kJ}{5\,kg}$ = 2000 kJ/kg

• 습증기의 엔탈피 계산 공식 : $H_x = H_1 + x(H_2 - H_1)$
  2000 kJ/kg = 960 kJ/kg + x × (2800 - 960) kJ/kg
  이제, 네이버에 있는 에너지아카데미 카페의 "방정식 계산기 사용법"으로 x를 미지수 X로 놓고 구하면
  ∴ 습증기 건도 x = 0.565 ≒ **0.57**

【참고】 ※ 습증기의 엔탈피 계산 공식

  ㉠ 발생증기가 포화증기일 때 : $H_2 = H_1 + R$
  ㉡ 발생증기가 습증기일 때 : $H_x = H_1 + x(H_2 - H_1)$
  $\qquad\qquad\qquad\qquad\qquad = H_1 + x \cdot R$

  여기서, H_x : 발생한 습(포화)증기의 엔탈피
  $\qquad x$: 증기의 건도
  $\qquad R$: 증기압력에서 증발잠열($R = H_2 - H_1$)
  $\qquad H_1$: 증기압력에서 포화수 엔탈피
  $\qquad H_2$: 증기압력에서 (건)포화증기 엔탈피

15

다음 중 같은 액체에 대한 표현이 <u>아닌</u> 것은?

① 밀도가 800 kg/m³ 이다.

② 0.2 m³ 의 질량이 160 kg 이다.

③ 비중량이 800 N/m³ 이다.

④ 비체적이 0.00125 m³/kg 이다.

【해설】

① 밀도(ρ) = $\dfrac{m}{V}\left(\dfrac{\text{질량}}{\text{체적}}\right)$ = 800 kg/m³

② 질량(m) = $\rho \cdot V$ = 800 kg/m³ × 0.2 m³ = 160 kg

❸ 비중량(γ) = $\rho \cdot g$ = 800 kg/m³ × 9.8 m/s²
  $\qquad\qquad\qquad = 7840$ N/m³

④ 비체적(v) = $\dfrac{1}{\rho}\left(\dfrac{1}{\text{밀도}}\right) = \dfrac{1}{800\,kg/m^3}$
  $\qquad\qquad\qquad = 0.00125$ m³/kg

16

질량 조성비가 탄소 87%, 수소 10% 황 3% 인 연료가 있다. 이론공기량(Nm³/kg)은?

① 7.2   ② 8.3

③ 9.4   ④ 10.5

【해설】   암기법 : (이론산소량) 1.867C, 5.6H, 0.7S

※ 고체, 액체연료 조성에 따른 이론공기량 (A_0) 계산

  $A_0 = \dfrac{O_0}{0.21}$ (Nm³/kg-연료)

  $\quad = \dfrac{1.867\,C + 5.6\,H + 0.7\,S}{0.21}$

  $\quad = \dfrac{1.867 \times 0.87 + 5.6 \times 0.1 + 0.7 \times 0.03}{0.21}$

  $\quad ≒ $ **10.5 Nm³/kg-연료**

17

오토사이클에 대한 설명으로 <u>틀린</u> 것은?

① 등엔트로피 압축과정이 있다.

② 일정한 압력에서 열방출을 한다.

③ 압축비가 클수록 이론적인 열효율은 증가한다.

④ 효율은 압축비의 함수이다.

【해설】

❷ 오토사이클에서는 일정한 체적(정적) 하에서 열 흡수 및 방출이 진행된다.

【참고】 ※ 오토사이클 (가솔린 기관의 기본 사이클)

• 순환과정 : 단열압축-정적가열-단열팽창-정적냉각

• 오토사이클의 열효율 $\eta = 1 - \left(\dfrac{1}{\epsilon}\right)^{k-1}$ 에서,
  비열비(k)와 압축비(ϵ)가 클수록 열효율은 증가한다.

• 단열과정을 "등엔트로피 과정"이라고도 부른다.

18

공기 냉동사이클은 어느 사이클의 역 사이클인가?

① Otto
② Disel
③ Sabathe
④ Brayton

【해설】

※ 공기압축식 냉동사이클 (역브레이톤 사이클)

- 공기 냉동기의 표준사이클은 표준량의 공기를 냉매로 사용하며 사이클 도중에 응축 및 증발이 일어나지 않으므로 가스 사이클에 속한다. 같은 공기를 반복 사용하여 이상적 냉동사이클인 역카르노 사이클로 실현하는 것은 등온과정하에서 흡열 및 방열을 하는 것이 곤란하므로 흡열과 방열을 등압과정하에서 행할 수 있는 역브레이톤 (reverse Brayton) 사이클로서 공기 냉동을 실현하고 있다.

19

발열량이 47300 kJ/kg 인 휘발유를 시간당 40 kg씩 연소시키는 기관의 열효율이 30% 라면, 이 기관의 발생동력은 몇 kW 인가?

① 158
② 527
③ 1548
④ 1752

【해설】

• 열기관의 열효율 $\eta = \dfrac{Q_{out}\,(\text{출력})}{Q_{in}\,(\text{입열})} \times 100$

$= \dfrac{Q_{out}}{m_f \cdot H_\ell} \times 100$

$30 = \dfrac{Q_{out}}{40\,kg/h \times 47300\,kJ/kg} \times 100$

이제, 네이버에 있는 에너지아카데미 카페의 "방정식 계산기 사용법"으로 Q_{out}을 미지수 X로 놓고 구하면

∴ 발생 동력 Q_{out} = 567600 kJ/h

$= 567600\,kJ/h \times \dfrac{1\,h}{3600\,sec}$

$= 157.66\,kJ/sec ≒ \mathbf{158\,kW}$

20

수소 31.9 %, 일산화탄소 6.3 %, 메탄 22.3 %, 에틸렌 3.9 %, 이산화탄소 3.8 %, 질소 31.8% 의 조성을 갖는 가스 연료의 고위발열량은 약 몇 MJ/Sm³ 인가?

① 10.5
② 11.3
③ 14.2
④ 16.3

【해설】

• 발열량에 관계하는 가연성분만으로 계산하므로,

$H_h = 3035(CO) + 3050(H_2) + 9530(CH_4) + 15280(C_2H_4)$

$= 3035(CO) \times 0.063 + 3050 \times 0.319 + 9530 \times 0.223 + 15280 \times 0.039$

$≒ 3885\,[kcal/Sm^3]$

$= 3885\,kcal/Sm^3 \times \dfrac{4.1868\,kJ}{1\,kcal}$

$= 16265\,kJ/Sm^3$

$= 16.265\,MJ/Sm^3 ≒ \mathbf{16.3\,MJ/Sm^3}$

제2과목	열설비 설치

21

프로세스 제어의 난이 정도를 표시하는 낭비시간 (Dead Time : L)과 시정수(T)와의 비$\left(\dfrac{L}{T}\right)$는 어떤 성질을 갖는가?

① 작을수록 제어가 용이하다.
② 클수록 제어가 용이하다.
③ 조작정도에 따라 다르다.
④ 비에 관계없이 일정하다.

【해설】

• 난이도$\left(= \dfrac{L}{T}\right)$가 클수록 제어가 어려워지고, 작을수록 제어하기 쉽다.

여기서, T : 시간정수(Time constant)

L : 낭비시간(Dead Time)

22

자동제어에 대한 설명으로 **틀린** 것은?

① 블록선도(Block Diagram)란 자동제어계의 각 요소의 명칭이나 특성을 각 블록 내에 기입하고, 신호의 흐름을 표시한 계통도이다.

② 제어량은 출력이라고도 하며, 제어하고자 하는 양으로서 목표치와 같은 종류의 양이다.

③ 비교부란 검출한 제어량과 조작량을 비교하는 부분으로 그 오차를 제어편차라 한다.

④ 외란이란 제어계의 상태를 혼란케 하는 외적 작용이다.

【해설】
① 블록선도 : 자동제어계의 복잡한 시스템을 시각적으로 표현한 것으로 시스템 블록, 선, 분기점 등을 통하여 표현한다.

② 제어량 : 온도, 압력, 유량 등 제어되는 양들의 출력을 의미하며, 목표치와 동일한 종류의 양이다.

❸ 비교부 : 검출부에서 검출한 제어량과 목표치를 비교하는 부분을 말하며, 그 오차를 제어편차라 한다.

④ 외란 : 제어계의 상태를 교란시키는 외적 신호나 변동을 말한다.

23

밀폐 고압탱크나 부식성 탱크의 액면 측정에 가장 적절한 액면계는?

① 노즐식　　　　② 감마(γ)선식
③ 플로트(Float)식　　④ 차압식

【해설】
❷ 방사선식(γ선식) 액면계는 밀폐형 탱크나 부식성 액체의 탱크 등에서 탱크 내부에 액면 발신기 설치가 곤란한 경우에 방사선(γ선)의 투과력을 이용한 것으로서, 고온, 고압의 밀폐탱크 내 액체 및 부식성, 고점도 액체의 액면측정에 가장 적합하다.

24

다음 중 단요소식 수위제어에 관해서 서술한 것으로 **옳은** 것은?

① 발전용 고압 대용량 보일러의 수위제어에 사용되고 있다.

② 보일러의 수위만을 검출해서 급수량을 조절한 방식이다.

③ 수위 조절기의 제어동작에는 PID동작이 채용되고 있다.

④ 부하 변동에 의한 수위의 변화폭이 대단히 적다.

【해설】
※ 보일러 자동제어의 수위제어 방식

㉠ 1 요소식(단요소식) : 수위만을 검출하여 급수량을 조절하는 방식

㉡ 2 요소식 : 수위, 증기유량을 검출하여 급수량을 조절하는 방식

㉢ 3 요소식 : 수위, 증기유량, 급수유량을 검출하여 급수량을 조절하는 방식

25

통풍력의 단위로 사용하기에 가장 적합한 것은?

① 수은주 (mmHg)　　② 수주 (mmH_2O)
③ 수주 (mH_2O)　　④ kg/cm^2

【해설】
※ 통풍력(통풍압력)

- 연돌(굴뚝)내 배기가스와 연돌밖 외부공기와의 밀도차(비중량차)에 의해 생기는 압력차를 이용하여 공기와 배기가스의 연속적인 이동(흐름)을 일으키는 원동력을 통풍력이라 하며, 그 단위는 수주(mmH_2O = mmAq = kgf/m^2)를 주로 쓴다. 일반적으로, 공기나 기체의 압력은 매우 작으므로 수주(mmH_2O) 단위를 사용하며 수은주(mmHg)는 큰 압력일 때 사용하고, 공학단위(kgf/m^2)는 더 큰 압력을 나타낼 때 사용한다.

26

액주식 압력계에 사용하는 액체에 필요한 특성이 <u>아닌</u> 것은?

① 점성이 클 것

② 열팽창계수가 작을 것

③ 모세관 현상이 작을 것

④ 일정한 화학성분을 가질 것

【해설】 ※ 액주식 압력계에서 액주(액체)의 구비조건

　　　⊙ 점도(점성)가 작을 것

　　　ⓛ 열팽창계수가 작을 것

　　　ⓒ 일정한 화학성분일 것

　　　② 온도 변화에 의한 밀도 변화가 적을 것

　　　ⓜ 모세관 현상이 적을 것 (표면장력이 작을 것)

　　　ⓗ 휘발성, 흡수성이 적을 것

【key】 액주에 쓰이는 액체의 구비조건 특징은 모든 성질이 작을수록 좋다!

27

전기저항 온도계에서 측온저항체의 구비조건으로 <u>틀린</u> 것은?

① 물리·화학적으로 안정하고 동일 특성을 갖는 재료이어야 한다.

② 일정 온도에서 일정한 저항을 가져야 한다.

③ 저항온도계수가 적고 규칙적이어야 한다.

④ 내열성이 있어야 한다.

【해설】　　　　　　　　　　　암기법 : 써니 구백

※ 측온저항체의 구비조건

　　⊙ 저항온도계수(α)가 커야 한다.

　　ⓛ 내열성이 있어야 한다.

　　ⓒ 물리, 화학적으로 규칙적이며 안정성이 큰 것이어야 한다.

　　② 온도-저항곡선은 연속적이며, 일정온도에서 일정한 저항값을 가져야 한다.

28

다음 중 보일러의 화염온도를 측정하는데 가장 적합한 온도계는?

① 알코올온도계　　　② 광고온계

③ 수은유리온도계　　④ 표면온도계

【해설】

❷ 보일러의 화염온도는 매우 높으므로 일반적인 온도계로 측정하기에는 어려우므로, 가장 높은 온도(700℃ ~ 3000℃)에서도 정확하게 측정할 수 있는 광고온계는 화염온도 측정에 가장 적합하다.

29

보일러 열정산을 설명한 것 중 옳은 것은?

① 입열과 출열은 반드시 같아야 한다.

② 방열손실로 인하여 입열이 항상 크다.

③ 열효율 증대장치로 인하여 출열이 항상 크다.

④ 연소효율에 따라 입열과 출열은 다르다.

【해설】

❶ 보일러 열정산시 입열과 출열은 반드시 같아야 한다.

30

"CO + H₂" 분석계란 어떤 가스를 분석하는 계기인가?

① CO_2 계　　　　② 과잉공기계

③ 미연가스계　　　④ N_2 계

【해설】

※ 미연 가스계 (미연소식 가스계, CO + H₂ 분석계)

　　- 연소식 O₂계의 원리와 비슷한 것으로서, 시료 가스에 산소(O₂)를 공급하여 백금선의 촉매로 연소시키면 미연소가스의 양에 따라 그 온도가 상승하게 되므로 온도상승으로 인한 휘스톤브릿지 회로의 측정실 저항의 증가로부터 연소가스 중의 미연소가스 주성분인 CO, H₂ 를 측정한다.

31

지름이 400 mm인 관에 비중이 0.8인 기름이 평균속도 8 m/s로 흐를 때 유량은?

① 57.3 kg/s ② 80.4 kg/s
③ 573.4 kg/s ④ 804.3 kg/s

【해설】

• 비중(S) $= \dfrac{w}{w_물} = \dfrac{mg}{m_물 \cdot g} = \dfrac{m}{m_물} = \dfrac{\rho V \cdot g}{\rho_물 V \cdot g} = \dfrac{\gamma}{\gamma_물}$

$0.8 = \dfrac{\rho_{기름} V \cdot g}{\rho_물 V \cdot g} = \dfrac{\rho_{기름}}{1000 \, kg/m^3}$

∴ $\rho_{기름} = 800 \, kg/m^3$

• 질량 유량($\dot{m}$) 공식

$\dot{m} = \dfrac{m}{t} = \dfrac{\rho V}{t} = \dfrac{\rho A x}{t} = \rho \pi r^2 v = \rho \dfrac{\pi D^2}{4} v$

$= 800 \, kg/m^3 \times \dfrac{\pi \times (0.4 \, m)^2}{4} \times 8 \, m/s$

$= 804.25 \fallingdotseq \mathbf{804.3 \, kg/s}$

32

0℃에서 수은주의 높이가 760 mm에 상당하는 압력을 1표준 기압 또는 대기압이라 할 때 다음 중 1 atm과 <u>다른</u> 것은?

① 1013 mbar ② 101.3 Pa
③ 1.033 kg/cm² ④ 10.332 mH₂O

【해설】 ※ 표준대기압(1 atm)의 단위 환산

• 1 atm = 76 cmHg = 760 mmHg = 29.92 inHg
   = 10332 mmH₂O = 10.332 mH₂O
   = 10332 kgf/m² = 1.0332 kgf/cm²
   = 101325 Pa = 101325 N/m²
   = 101.325 kPa $\fallingdotseq$ 0.1 MPa
   = 1.01325 bar = 1013.25 mbar = 14.7 psi

33

차압식 유량계의 압력손실의 크기를 바르게 표기한 것은?

① Flow-Nozzle > Venturi > Orifice
② Venturi > Flow-Nozzle > Orifice
③ Orifice > Venturi > Flow-Nozzle
④ Orifice > Flow-Nozzle > Venturi

【해설】 암기법 : 손오공 노레(Re)는 벤츄다.
※ 차압식 유량계의 비교
 • 압력손실이 큰 순서 : 오리피스 > 노즐 > 벤츄리
 • 압력손실이 작은 유량계일수록 가격이 비싸진다.
 • 플로우-노즐은 레이놀즈(Reno)수가 큰 난류일 때에도 사용할 수 있다.

34

보일러의 자동 가동장치에서 부속기기의 일련의 순서를 자동화하여 제어하는 방식은?

① 시퀀스제어 ② 피드백제어
③ 캐스케이드제어 ④ 비율제어

【해설】 암기법 : 미정순, 시쿤둥
❶ 시퀀스 제어는 미리 정해진 순서에 따라(순서를 자동화하여) 순차적으로 각 단계를 진행하는 자동제어 방식으로서 그 작동명령은 기동·정지·개폐 등의 타이머, 릴레이 등을 이용하여 행하는 제어방법을 말한다.

35

보일러 전열면적 1 m² 당 1시간에 발생되는 실제 증발량은 무엇인가?

① 전열면의 증발율 ② 전열면의 출력
③ 전열면의 효율 ④ 상당증발 효율

【해설】

※ 전열면 증발률(e 또는, 전열면 증발량)
 - 보일러의 전열면적 1 m² 당 1시간 동안에 발생하는 실제증발량을 말한다.

$e = \dfrac{w_2}{A_b} \left(\dfrac{\text{매시 실제증발량,} \, kg/h}{\text{보일러 전열면적,} \, m^2} \right)$

36

방사온도계로 금속의 온도를 측정하였더니 970℃이었다. 전방사율이 0.84 일 때의 진온도는 약 몇 ℃인가?

① 815　　　　　　　② 970
③ 1025　　　　　　④ 1298

【해설】

- 열방사에 의한 전방사에너지(E)는 스테판-볼츠만의 법칙으로 계산된다.

$$E = \epsilon_t \cdot \sigma \cdot T_{진}^{\,4}$$

　여기서, ϵ_t : 전방사율, $T_{실제온도(진온도)}$: 절대온도(K),
　　　　σ : 스테판-볼쯔만 상수

　따라서, $T_{진} = \dfrac{T_{측정}}{\sqrt[4]{\epsilon_t}}$ 에서

$$(t_{진} + 273) = \frac{(970 + 273)}{\sqrt[4]{0.84}}$$

∴ 실제온도(진온도) $t_{진}$ = 1025.38 ℃ ≒ 1025 ℃

37

보일러에서 제어해야할 요소에 해당되지 <u>않는</u> 것은?

① 급수 제어　　　　② 연소 제어
③ 증기온도 제어　　④ 전열면 제어

【해설】

※ 보일러 자동제어(**ABC**, Automatic Boiler Control)의 종류

- 연소제어 (**ACC**, Automatic Combustion Control)
  - 증기압력 또는, 노내압력
- 급수제어 (**FWC**, Feed Water Control)
  - 보일러 수위
- 증기온도제어 (**STC**, Steam Temperature Control)
  - 증기온도
- 증기압력제어 (**SPC**, Steam Pressure Control)
  - 증기압력

38

피토관을 사용하여 해수의 유속을 측정하였더니 마노미터의 차가 10 cm 이었다. 이때 유속은 약 몇 m/s 인가?

① 1.4　　　　　　　② 1.96
③ 14　　　　　　　④ 18.6

【해설】

- 피토관 유속 $v = C_p \cdot \sqrt{2gh}$

　　여기서, 별도의 제시가 없으면 피토관 계수
　　C_p = 1로 한다.

$$v = \sqrt{2 \times 9.8\,m/s^2 \times 0.1\,m}$$

　　= 1.4 m/s

39

개방형 마노미터로 측정한 공기의 압력은 150 mmH$_2$O 일 때, 이 공기의 절대압력은?

① 약 150 kg/m^2　　　② 약 150 kg/cm^2
③ 약 151.033 kg/cm^2　④ 약 10480 kg/m^2

【해설】　　　　　　　　 암기법 : 절대계

- 절대압력 = 대기압 + 게이지압

　　　　= 10332 mmH$_2$O + 150 mmH$_2$O

　　　　= 10482 mmH$_2$O

　　　　= 10482 kg/m^2 ≒ **10480 kg/m^2**

40

다음 중 화학적 가스분석계가 <u>아닌</u> 것은?

① 오르자트식　　　　② 연소식
③ 자동화학식 CO$_2$ 계　④ 밀도식

【해설】 ※ 가스분석계의 분류

- 물리적 분석방법
  - **세**라믹식, **자**기식, **가**스크로마토그래피법, **밀도**법,
    도전율법, **적**외선식, **열전도율**(또는, 전기식)법

    암기법 : 세자가, 밀도적 열명을 물리쳤다.

- 화학적 분석방법
  - 흡수분석법(오르자트식, 헴펠식),
    자동화학식법(또는, 자동화학식 CO_2계),
    연소열법(연소식 O_2계, 미연소식)
❹ 밀도식(법) 가스분석계는 물리적 분석방법에 속한다.

제3과목　　열설비 운전

41

열전도에 대한 설명 중 옳지 <u>않은</u> 것은?

① 전도에 의한 열전달 속도는 전열면적에
　비례한다.
② 열전도율은 온도의 함수이다.
③ 열전도율은 물질 특유의 상수로 코사인
　법칙이라고 한다.
④ 전도에 의한 열전달 속도는 온도구배에
　비례한다.

【해설】
※ 전도 열전달 : 퓨리에(Fourier) 법칙 (전도의 법칙)

$$Q = \frac{\lambda \cdot \Delta t \cdot A}{d} \times T$$

여기서, Q : 전달열량(전열량) [kJ]
　　　　λ : 열전도율(열전계수) [kJ/m·h·℃]
　　　　Δt : 온도차 [℃]
　　　　A : 전열 표면적 [m²]
　　　　d : 고체벽(또는, 판)의 두께 [m]
　　　　T : 열전달시간 [hour, min, sec]

① 전도에 의한 열전달 속도$\left(\dfrac{Q}{T}\right)$는 전열 표면적($A$)에
　비례한다.
② 온도가 상승하면 열전도율은 직선적으로 증가한다.
　($\lambda = \lambda_0 + m \cdot t$ 여기서, m : 온도계수, t : 온도)
❸ 열전도율은 퓨리에(Fourier) 법칙을 따른다.
④ 전도에 의한 열전달 속도$\left(\dfrac{Q}{T}\right)$는 온도차($\Delta t$)에
　비례한다.

42

길이 방향으로 배치된 관 구멍부의 효율(η)은
피치가 같을 경우, 어떤 식으로 나타낼 수 있는가?
(단, P는 관 구멍의 피치[mm], d는 관 구멍의
지름[mm] 이다.)

① $\eta = \dfrac{d - P}{P}$　　　② $\eta = \dfrac{P}{d - P}$

③ $\eta = \dfrac{P - d}{P}$　　　④ $\eta = \dfrac{P}{P - d}$

【해설】
※ 리벳이음에서 강판의 효율(η)이란 리벳구멍이나
　노치(notch) 등이 전혀 없는 무지 상태인 강판의
　인장강도와 리벳이음을 한 강판의 인장강도와의
　비를 말한다.

$$\eta = \frac{1 \text{피치 폭의 구멍이 있는 강판의 인장강도}}{1 \text{피치의 무지의 강판의 인장강도}} \times 100$$

$$= \frac{(p - d)\, t\, \sigma}{p\, t\, \sigma} = \frac{p - d}{p} = 1 - \frac{d}{p}$$

여기서, p : 피치(mm)
　　　　d : 리벳의 직경(mm)

문제에서 제시된 기호로 나타내면 $\eta = \dfrac{P - d}{P}$

43

조업방법에 따라 분류할 때 다음 중 셔틀요는
어디에 속하는가?

① 불연속식요　　　② 반연속식요
③ 연속식요　　　　④ 회전가마

【해설】　　　　　　　　　　　암기법 : 연속불반
※ 조업방식(작업방식)에 따른 요로의 분류
　㉠ 연속식
　　- 터널요, 윤요(고리가마), 견요(샤프트로),
　　　회전요(로터리 가마)
　㉡ 불연속식　　　　　　　암기법 : 불횡 승도
　　- 횡염식요, 승염식요, 도염식요
　㉢ 반연속식
　　- 셔틀요, 등요

44

탄화규소질 내화물에 대한 설명으로 옳은 것은?

① 알칼리 조건에서 사용이 제한된다.

② 소결성이다.

③ 고온에서 부피 변화가 적다.

④ 하중연화 온도가 낮다.

【해설】 ※ 탄화규소질 내화물의 특징

㉠ 고온의 중성 및 환원성 분위기에서는 화학적으로 안정하지만, 고온의 산화성 슬래그에 접촉하면 산화되기 쉽다.

㉡ 열전도율이 크고, 열팽창계수는 작다.
  (고온에서 부피 변화가 적다.)

㉢ 내식성, 내스폴링성, 내열성이 강하다.
  (중성 내화물이므로 화학적 침식이 잘 일어나지 않는다.)

㉣ 하중연화 온도가 매우 높다.

㉤ 기계적 압축강도가 크다.

㉥ 내화도는 SK 35 ~ 40 정도로 높다.

㉦ 내마모성이 크다.

45

공기예열기의 효과에 대한 설명 중 틀린 것은?

① 수분이 많은 저질탄의 연소에 유효하다.

② 폐열을 이용하므로 열손실이 적게 된다.

③ 노내온도를 높이고, 노내의 열전도를 좋게 한다.

④ 공기의 온도가 높게 되므로 통풍저항이 감소한다.

【해설】 ※ 공기예열기(Air preheater)의 특징

<장점> 암기법 : 공장, 연료절감, 노고, 공비질효

㉠ 보일러의 연소효율이 향상되어 연료를 절감할 수 있다.

㉡ 노내 온도를 고온으로 유지 시킬 수 있다.

㉢ 연소용 공기를 예열함으로써 적은 공기비로 연료를 완전연소 시킬 수 있다.

㉣ 질이 낮은 연료의 연소에도 유리하다.

㉤ 연소용 공기온도 20℃ 상승 시 연료가 약 1% 절감된다.

<단점> 암기법 : 공단 저(금)통 청부설

㉠ 배가스 연도에 공기예열기를 설치함에 따라 배기가스 흐름에 대한 통풍저항의 증가로 통풍력이 약화되어 통풍기를 추가로 사용하여 강제통풍이 요구되기도 한다.

㉡ 배가스 온도가 노점(150 ~ 170℃)이하로 낮아지게 되면 SO_3가 배가스 중의 수분과 화합하여 $SO_3 + H_2O \rightarrow H_2SO_4$(황산)으로 되어 연도에 설치된 공기예열기의 금속표면에 부착되어 표면을 부식시키는 현상인 저온부식을 초래한다.

㉢ 연도 내의 청소, 검사, 보수가 불편하다.

㉣ 설비비가 비싸다.

46

내화 몰탈의 종류가 아닌 것은?

① 열경성 몰탈
② 기경성 몰탈
③ 압경성 몰탈
④ 수경성 몰탈

【해설】 암기법 : 모기수열

※ 내화 모르타르(또는, 몰탈)의 종류

㉠ 기경성 : 상온의 공기와 접촉시켜 경화 접착하는 성질의 것

㉡ 수경성 : 수화작용으로 경화 접착하는 성질의 것

㉢ 열경성 : 가열에 의해 경화 접착하는 성질의 것

47

배관 중간이나 밸브, 펌프, 열교환기 등의 접속을 위해 사용되는 이음쇠로서 분해, 조립이 필요한 경우에 사용되는 것은?

① 벤드
② 리듀셔
③ 플랜지
④ 슬리브

【해설】

※ 플랜지(Flange)

- 배관 중간이나 밸브, 펌프, 열교환기 등의 접속을 위해 사용되는 이음쇠로서 분해, 조립이 필요한 경우에 사용된다.

2021

48

노벽이 두께 25 cm 의 내화벽돌, 두께 12 cm 의 절연벽돌 및 두께 18 cm 의 적색벽돌로 만들어질 때 벽 안쪽과 바깥쪽 표면 온도가 각각 800℃, 70℃라면 열손실은 약 몇 kJ/m²·h 인가? (단, 내화벽돌, 절연벽돌 및 적색벽돌의 열전도율은 각각 5, 0.63, 4.2 kJ/h·m·℃ 이다.)

① 475　　　　　　② 2576
③ 3465　　　　　　④ 4678

【해설】　　　　　　　　암기법 : 교관온면

• 평면벽에서의 손실열(교환열) 계산공식 $Q = K \cdot \Delta t \cdot A$

　한편, 총괄열전달계수(K, 관류율)

$$K = \cfrac{1}{\cfrac{d_1}{\lambda_1} + \cfrac{d_2}{\lambda_2} + \cfrac{d_3}{\lambda_3}}$$ 이므로

$$Q = \cfrac{\Delta t \cdot A}{\cfrac{d_1}{\lambda_1} + \cfrac{d_2}{\lambda_2} + \cfrac{d_3}{\lambda_3}} = \cfrac{(800 - 70) \times 1}{\cfrac{0.25}{5} + \cfrac{0.12}{0.63} + \cfrac{0.18}{4.2}}$$

$$= 2576.47 ≒ \mathbf{2576 \ kJ/m^2 \cdot h}$$

49

어떤 내화벽돌의 열전도율이 3.35 kJ/m·h·℃ 인 재질의 평면벽 양쪽 온도가 800℃ 와 200℃ 이며 이 벽을 통한 열전달률이 6280 kJ/m²·h·℃ 일때 벽의 두께는 약 몇 cm 인가?

① 25　　　　　　② 32
③ 43　　　　　　④ 49

【해설】　　　　　　　　암기법 : 손전온면두

• 평면벽에서의 손실열량(Q) 계산공식

$$Q = \cfrac{\lambda \cdot \Delta t \cdot A}{d} \left(\cfrac{열전도율 \cdot 온도차 \cdot 단면적}{벽의 두께} \right)$$

$$6280 \ kJ/m^2 \cdot h \cdot ℃ = \cfrac{3.35 \ kJ/m \cdot h \cdot ℃ \times (800 - 200)℃}{d}$$

이제, 네이버에 있는 에너지아카데미 카페의 "방정식 계산기 사용법"으로 d 를 미지수 X로 놓고 구하면

∴ 노벽의 두께 d = 0.32 m = **32 cm**

50

가마 내의 온도를 비교적 균일하게 할 수 있어 도자기, 내화벽돌의 소성에 적합한 가마는?

① 직염식 가마　　　② 승염식 가마
③ 횡염식 가마　　　④ 도염식 가마

【해설】　　　　　　　　암기법 : 불횡 승도

※ 도염식요(꺾임불꽃식 가마)의 특징

㉠ 연소실 내의 화염이 소성실 내부에서 천정으로 올라갔다가 다시 피가열체 사이를 지나서 가마바닥의 흡입구멍을 통하여 밖으로 나가게 되는 방식이다.

㉡ 소성실 내의 온도분포가 균일하다.

㉢ 불연속식 가마 중에서 가장 열효율이 높은 구조이다.

㉣ 연료소비가 비교적 적은 편이다.

㉤ 굴뚝의 높이에 따라 강제로 흡입 및 배출하기 때문에 가마 내부의 용적에 비례하여 불구멍의 넓이 및 굴뚝의 높이와 넓이 등이 크게 영향을 미친다.

㉥ 내화벽돌이나 도자기 생산에 주로 사용된다.

㉦ 단가마의 대부분은 도염식 가마이다.

51

배관의 관 끝을 막을 때 사용하는 부품은?

① 엘보　　　　　　② 소켓
③ 티　　　　　　　④ 캡

【해설】 ※ 배관에 사용되는 부속품의 종류

① 엘보(Elbow) : 배관의 흐름을 45° 또는 90°의 방향으로 변경할 때 사용

② 소켓(Socket) : 배관의 길이가 짧아 연장 시 동일 지름의 직선으로 연결할 때 사용

③ 티(Tee) : 배관을 분기할 때 사용되며 관의 세 방향 구경이 동일하면 정티, 배관 연결부의 직경이 상이하면 이경티라고 불림

❹ 캡(Cap) : 배관을 마감하는 부품으로 내부에 나사선이 있어, 바깥나사에 체결하여 관 끝을 막는데 사용

52

2개 이상의 엘보(Elbow)로 나사의 회전을 이용하여 온수 또는 저압증기용 배관에 사용하는 신축이음방식은?

① 루프형 (Loop Type)
② 벨로즈형 (Bellows Type)
③ 슬리브형 (Sleeve Type)
④ 스위블형 (Swivel Type)

【해설】

※ 스위블형(Swivel type, 회전형) 이음

ⓐ 2개 이상의 엘보를 사용하여 직각방향으로 어긋나게 하여 나사맞춤부(회전이음부)의 작용에 의하여 신축을 흡수하는 방식이다.

ⓑ 온수난방 또는 저압증기의 배관 및 분기관 등에 사용된다.

ⓒ 지나치게 큰 신축에 대하여는 나사맞춤이 헐거워져 누설의 염려가 있다.

53

열유체의 물성을 표시하는 무차원인 Prandtl 수는? (단, ρ는 유체의 밀도, c는 유체의 비열, μ는 점성계수, λ는 열전도율이다.)

① $\dfrac{\mu \lambda}{c}$ ② $\dfrac{c \lambda}{\rho}$

③ $\dfrac{c \rho}{\lambda}$ ④ $\dfrac{c \mu}{\lambda}$

【해설】

• Prandtl 수 $Pr \equiv \dfrac{C_P \cdot \mu}{\lambda} \left(\dfrac{정압비열 \times 점성계수}{열전도계수} \right)$

프랜틀수를 문제의 기호로 나타내면 $Pr = \dfrac{c \mu}{\lambda}$

54

중력환수식 온수난방법의 설명으로 틀린 것은?

① 온수의 밀도차에 의해 온수가 순환한다.

② 소규모 주택에 이용된다.

③ 보일러는 최하위 방열기보다 더 낮은 곳에 설치한다.

④ 자연순환이므로 관경을 작게 하여도 된다.

【해설】 ※ 중력환수식 온수난방의 특징

ⓐ 온수의 온도차(밀도차)에 의해 발생하는 대류작용을 통해 자연순환시키는 방식이다.

ⓑ 방열기를 보일러보다 높은 위치에 설치한다.

ⓒ 자연순환 방식이므로 온수 순환량에 따라 관경을 조절하여야 한다.

ⓓ 주택 등 소규모 건축물에 사용된다.

55

전형적으로 흑운모의 변질작용으로 생성되는 광물로서 급열처리에 의하여 겉보기 비중과 열전도율이 낮아 단열재로 주로 사용되는 광물은?

① 질석 (Vermiculite)
② 펄라이트 (Perlite)
③ 팽창혈암 (Expanded Shale)
④ 팽창점토 (Expanded Clay)

【해설】 ※ 팽창질석(Vermiculite, 버미큘라이트)

ⓐ 질석을 분쇄, 가열·소성하여 팽창시켜 만든다.
   (질석: 흑운모가 풍화하여 수분을 함유한 광물)

ⓑ 최고 안전사용온도는 1000 ℃ 이하이다.

ⓒ 방음 및 흡음이 뛰어나다.

ⓓ 열전도율은 0.1 ~ 0.2 kcal/m·h·℃ 정도이다.

56

다음 중 주철관의 접합방법으로 사용되지 않는 것은?

① 소켓 접합
② 플랜지 접합
③ 기계식 접합
④ 용접 접합

【해설】

❹ 주철관은 강관보다 무겁고 약하나 내식성이 크고 가격이 저렴하므로 수도, 배수, 가스 등의 매설관으로 사용된다. 배관의 접합방식으로는 인성이 부족하여 플랜지, 소켓, 기계식 이음으로 접합하며, 나사 이음이나 용접이음 방식은 부적합하다.

57
다음 중 보온재의 보온효과에 가장 큰 영향을 미치는 것은?

① 보온재의 화학성분
② 보온재의 조직
③ 보온재의 광물조성
④ 보온재의 내화도

【해설】

❷ 보온재의 가장 중요한 성질은 열전도율이 작아야 하는 것이지만, 보온재를 구성한 고체의 성질보다는 오히려 보온재의 조직상태(재료 속에 함유된 공기 분포상태)가 큰 영향을 끼친다.

58
유리를 연속적으로 대량 용융하여 규모가 큰 판유리 등의 대량생산용에 가장 적당한 가마는?

① 회전 가마　② 탱크 가마
③ 터널 가마　④ 도가니 가마

【해설】 ※ 유리 제조용 로(爐)의 종류

㉠ 도가니요(Crucible kiln)
- 소량 생산용의 유리 용융용 제조
㉡ 탱크요(Tank kiln)
- 대량 생산용의 유리 용융용 제조
㉢ 서냉로
- 성형이 끝난 유리제품의 내부응력이나 가스를 제거할 목적으로 가열했다가 서서히 냉각시키는 로

㉣ 인쇄로
- 유리 표면의 인쇄에 쓰이는 로

59
재생식 공기예열기로서 일반 대형보일러에 주로 사용되는 것은?

① 엘레멘트 조립식 공기예열기
② 융그스트롬식 공기예열기
③ 판형 공기예열기
④ 관형 공기예열기

【해설】

❷ 재생식(축열식) : 축열실에 연소가스를 통과시켜 열을 축적한 후, 연소가스와 공기를 번갈아 금속판에 접촉시켜 연소가스 통과쪽의 금속판에 열을 축적하여 공기 통과쪽의 금속판으로 이동시켜 공기를 예열하는 방식으로, 전열요소의 운동에 따라 회전식, 고정식, 이동식이 있으며 대표적으로 회전재생식인 Ljungstrom (융스트롬 또는, 융그스트롬) 공기예열기가 있다.

60
증기난방에서 환수관의 수평 배관에서 관경이 가늘어 지는 경우 편심 리듀서를 사용하는 이유로 적합한 것은?

① 응축수의 순환을 억제하기 위해
② 관의 열팽창을 방지하기 위해
③ 동심 리듀서보다 시공을 단축하기 위해
④ 응축수의 체류를 방지하기 위해

【해설】

❹ 증기배관 설치 시 배관의 관경이 변화될 경우 스트레이너의 거름망은 수평으로 설치하고 동심 리듀서가 아닌 편심 리듀서를 사용하여 응축수의 체류를 방지한다.

제4과목 **열설비 안전관리 및 검사기준**

61

보일러 부속장치에서 연소가스의 저온부식과 가장 관계가 있는 것은?

① 공기예열기   ② 과열기
③ 재생기   ④ 재열기

【해설】 ※ 저온부식   **암기법** : 고바, 황저

● 연료 중에 포함된 황(S)분이 많으면 연소에 의해 산화하여 SO_2(아황산가스)로 되는데, 과잉공기가 많아지면 배가스 중의 산소에 의해, $SO_2 + \frac{1}{2}O_2 \rightarrow SO_3$ (무수황산)으로 되어, 연도의 배가스 온도가 노점($170 \sim 150℃$)이하로 낮아지게 되면 SO_3가 배가스 중의 수분과 화합하여 $SO_3 + H_2O \rightarrow H_2SO_4$ (황산)으로 되어 연도에 설치된 폐열회수장치인 절탄기·공기예열기의 금속표면에 부착되어 표면을 부식시키는 현상을 저온부식이라 한다.

62

기름보일러에서 연소 중 화염이 점멸하는 등 연소 불안정이 발생하는 경우가 있다. 그 원인으로 가장 거리가 먼 것은?

① 기름의 점도가 높을 때
② 기름 속에 수분이 혼입되었을 때
③ 연료의 공급 상태가 불안정한 때
④ 노내가 부압(負壓)인 상태에서 연소했을 때

【해설】 ※ 보일러 연소 불안정의 원인

㉠ 기름 배관내에 공기가 누입되었을 때
㉡ 기름내에 수분이 많을 때
㉢ 기름의 예열온도가 너무 높을 때
㉣ 오일펌프의 흡입량이 부족할 때
㉤ 기름의 점도가 너무 높을 때
㉥ 연료의 공급상태가 불안정할 때

63

보일러 강판의 가성취화 현상의 특징에 관한 설명으로 틀린 것은?

① 고압보일러에서 보일러수의 알칼리 농도가 높은 경우에 발생한다.
② 발생하는 장소로는 수면상부의 리벳과 리벳 사이에 발생하기 쉽다.
③ 발생하는 장소로는 관구멍 등 응력이 집중하는 곳의 틈이 많은 곳이다.
④ 외견상 부식성이 없고, 극히 미세한 불규칙적인 방사상 형태를 하고 있다.

【해설】 ※ 가성취화 현상의 특징

㉠ 고온·고압의 보일러에서 보일러수의 높은 알칼리도로 인하여 발생한다.
㉡ 균열이 방사상으로 다수 발생하여 불규칙하다.
㉢ 주로 인장응력을 받는 이음부에서 발생한다.
㉣ 리벳 이음판의 중첩부의 틈새 사이에서 발생한다.
㉤ 보일러수의 수면 아래 이음부에서 발생한다.
㉥ 리벳 구멍에서 육안으로는 식별이 어렵다.

64

수질이 불량하여 보일러에 미치는 영향으로 가장 거리가 먼 것은?

① 보일러의 수명과 열효율에 영향을 준다.
② 고압보다 저압일수록 장애가 더욱 심하다.
③ 부식현상이나 증기의 질이 불순하게 된다.
④ 수질이 불량하면 배관계에 관석이 발생한다.

【해설】

❷ 저압보다 고압일수록 장애가 더욱 심하다.
   왜냐하면, 고압일수록 보일러 내부의 온도가 높아지기 때문에 온도가 높아지면 수질에 포함된 불순물들이 더 쉽게 반응하여 부식현상이나 관석을 일으키는 장애가 더욱 심해지게 된다.

65

급수 중 불순물에 의한 장애나 처리방법에 대한 설명으로 **틀린** 것은?

① 현탁고형물의 처리방법에는 침강분리, 여과, 응집침전 등이 있다.

② 경도성분은 이온 교환으로 연화시킨다.

③ 유지류는 거품의 원인이 되나, 이온교환 수지의 능력을 향상시킨다.

④ 용존산소는 급수계통 및 보일러 본체의 수관을 산화 부식시킨다.

【해설】 ※ 보일러의 급수 처리

㉠ 원통형 보일러는 급수관의 부식을 방지하기 위하여 pH 7 ~ 9를 적용한다.

㉡ 수관식 보일러는 최고사용압력에 따라 다르게 적용된다. (즉, 최고사용압력 1 MPa 미만의 수관식 보일러에서 "급수"로 쓰이는 관수의 pH 적정치는 7 ~ 9 이다.)

㉢ 보일러 급수로서 가장 좋은 것은 약알칼리성이다.

㉣ 경도는 스케일 생성 및 슬러지 침전을 방지하기 위하여 관리한다.

㉤ 유지류는 포밍현상의 발생원인이 되고 전열면에 스케일을 부착하는 원인이 되며, 이온교환 수지의 능력을 떨어뜨리기 때문에 관리한다.

㉥ 용존산소는 부식의 원인이 되므로 급수단계에서 탈산소제를 이용하여 제거한다.

66

에너지이용 합리화법상 시공업자단체의 설립, 정관의 기재 사항과 감독에 관하여 필요한 사항은 누구의 령으로 정하는가?

① 대통령령　　② 산업통상자원부령

③ 고용노동부령　　④ 환경부령

【해설】 [에너지이용합리화법 제41조4항.]

❶ 시공업자단체의 설립, 정관의 기재사항과 감독에 관하여 필요한 사항은 대통령령으로 정한다.

67

보일러에서 발생한 증기를 송기할 때의 주의사항으로 **틀린** 것은?

① 주증기관 내의 응축수를 배출시킨다.

② 주증기 밸브를 서서히 연다.

③ 송기한 후에 압력계의 증기압 변동에 주의한다.

④ 송기한 후에 밸브의 개폐상태에 대한 이상 유무를 점검하고 드레인 밸브를 열어 놓는다.

【해설】

❹ 증기를 송기하기 전에 증기헤더의 주위 밸브 및 트랩 등의 바이패스 밸브를 열어 응축수를 완전히 배출하여야 한다.

【참고】 ※ 증기 송기 시(주증기밸브 작동 시) 주의사항

㉠ 캐리오버, 수격작용이 발생하지 않도록 한다.

㉡ 송기하기 전에 증기헤더의 주위 밸브 및 트랩 등의 바이패스 밸브를 열어 드레인을 실시한다.

㉢ 주증기관 내에 소량의 증기를 서서히 공급하여 관을 따뜻하게 예열한다.

㉣ 주증기밸브는 3분에 1회전을 하여 단계적으로 천천히 개방시켜 완전히 열었다가 다시 조금 되돌려 놓는다.

㉤ 항상 일정한 압력을 유지하고, 부하측의 압력이 정상적으로 유지되고 있는지 확인한다.

㉥ 연소상태를 확인하여 정상적인 연소가 이루어지도록 한다.

68

에너지이용 합리화법에 따라 고시한 효율관리기자재 운용규정에 따라 가정용 가스보일러의 최저소비효율기준은 몇 %인가?

① 63%　　② 68%

③ 80%　　④ 86%

【해설】 [효율관리기자재 운용규정 제4조 7.]

❸ 가정용 가스보일러의 최저소비효율기준은 **80 %** 이다.

69
검사대상기기 관리범위 용량이 10 t/h 이하인 보일러의 관리자 자격이 아닌 것은?

① 에너지관리기사
② 에너지관리기능장
③ 에너지관리기능사
④ 인정검사대상기기관리자 교육이수자

【해설】 [에너지이용합리화법 시행규칙 별표 3의9.]
※ 검사대상기기관리자의 자격 및 관리범위

관리자의 자격	관리범위
에너지관리기능장 에너지관리기사	용량이 30 ton/h를 초과하는 보일러
에너지관리기능장, 에너지관리기사 에너지관리산업기사	용량이 10 ton/h를 초과하고 30 ton/h 이하인 보일러
에너지관리기능장, 에너지관리기사, 에너지관리산업기사, 에너지관리기능사	**용량이 10 ton/h 이하인 보일러**
에너지관리기능장, 에너지관리기사, 에너지관리산업기사, 에너지관리기능사 또는 인정검사대상기기 관리자의 교육을 이수한 자	1) 증기보일러로서 최고사용압력이 1 MPa 이하이고, 전열면적이 10 m² 이하인 것 2) 온수발생 및 열매체를 가열하는 보일러로서 용량이 581.5 kW 이하인 것 3) 압력용기

70
도시가스 연소식 노통연관보일러에 설치하는 증기 압력계의 적정한 눈금은 어느 범위에 있어야 하는가?

① 사용압력의 1.5 ~ 3배
② 최고사용압력의 1.5 ~ 3배
③ 사용압력의 2 ~ 3배
④ 최고사용압력의 2 ~ 3배

【해설】 [열사용기자재의 검사기준 22.5.1.1]
❷ 보일러에서 사용하는 압력계의 최고눈금은 보일러의 최고사용압력의 3배 이하로 하되 1.5배 보다 작아서는 안된다.

71
보일러 점화불량의 원인으로 가장 거리가 먼 것은?

① 오일펌프 불량
② 급수장치 불량
③ 공연비의 조정 불량
④ 점화용 트랜스의 전기 스파크 불량

【해설】 암기법 : 연필노, 오점
※ 점화불량의 원인
㉠ **연료**가 없는 경우
㉡ 연료**필**터가 막힌 경우
　(연료 배관 내 이물질이 들어간 경우)
㉢ 연료분사**노**즐이 막힌 경우
㉣ **오**일펌프 불량
㉤ **점**화플러그 불량
　(점화플러그 손상 및 그을음이 많이 낀 경우)
㉥ 압력스위치 손상
㉦ 온도조절 스위치가 손상된 경우
㉧ 송풍기 풍압이 낮고 공연비가 부적당한 경우

❷ 보일러 급수장치 불량은 증기 발생에 관련한다.

72
다음 ( )에 알맞은 것은?

> 에너지법령상 에너지 총조사는 (A)마다 실시하되, (B)이 필요하다고 인정할 때에는 간이조사를 실시할 수 있다.

① A : 2년, B : 행정자치부장관
② A : 2년, B : 교육부장관
③ A : 3년, B : 산업통상자원부장관
④ A : 3년, B : 고용노동부장관

【해설】 [에너지법 시행규칙 제15조 3항.]
● 에너지 총조사는 **3년**마다 실시하되, **산업통상자원부장관**이 필요하다고 인정할 때에는 간이조사를 실시할 수 있다. 암기법 : 에너지 3총사

73

보일러수에 관계되는 탄산염 경도에 대한 설명으로 **틀린** 것은?

① 물의 경도 중 칼슘, 마그네슘의 중탄산염에 의한 경도이다.

② 탄산염 경도는 물속의 Ca^{2+}, Mg^{2+} 양을 나타내는 지수이다.

③ 탄산염 경도는 계속해서 끓이면 침전을 생성하므로 일시경도라고도 한다.

④ 탄산염 경도값에서 비탄산염 경도값을 뺀 값을 경도라고 하며 그 값이 높을수록 보일러수에 적합하다.

【해설】 ※ 경도의 특징

㉠ 물에 함유되어 있는 Ca 및 Mg 이온의 농도를 나타내는 척도로 쓰인다.

㉡ Ca 경도 및 Mg 경도라 부르며, ppm(백만분율) 단위로 나타낸다.

㉢ 탄산칼슘($CaCO_3$)경도는 수용액 중에 Ca(칼슘)과 Mg(마그네슘)의 양을 탄산칼슘($CaCO_3$)으로 환산해서 ppm(백만분율) 단위로 나타낸다.

㉣ 경수와 연수 및 적수의 구별

  ⓐ 경수(센물) : 경도 10.5 이상의 물로서, 비눗물이 잘 풀리지 않는다.

  ⓑ 적수 : 경도 9.5 ~ 10.5 이하의 물을 말한다.

  ⓒ 연수(단물) : 경도 9.5 이하의 물로서, 비눗물이 잘 풀린다.

㉤ 보일러수로는 경수보다는 연수가 좋다.

❹ 경도값이 높을수록 보일러수에 부적합하다.

74

보일러수에 불순물이 많이 포함되어 보일러수의 비등과 함께 수면 부근에서 거품의 층을 형성하여 수위가 불안정하게 되는 현상은?

① 포밍 　　　　② 프라이밍

③ 캐리오버 　　④ 공동현상

【해설】

※ 포밍(Foaming, 물거품 솟음 현상)

　– 보일러 동 저부에서 부유물, 보일러수의 농축, 용해된 고형물, 가용성 염류인 Na(나트륨), K(칼륨), Ca(칼슘) 등이 수면 위로 떠오르면서 수면이 물거품으로 뒤덮이는 현상이다.

75

에너지이용 합리화법상 열사용기자재가 **아닌** 것은?

① 강철제보일러

② 구멍탄용 온수보일러

③ 전기순간온수기

④ 2종 압력용기

【해설】　　　　　[에너지이용합리화법 시행규칙 별표3의2.]

※ 특정 열사용기자재 및 그 설치·시공 범위

구분	품목명	설치·시공 범위
보일러	강철제보일러 주철제보일러 온수보일러 구멍탄용 온수보일러 축열식 전기보일러	해당 기기의 설치·배관 및 세관
태양열 집열기	태양열집열기	
압력용기	1종 압력용기 2종 압력용기	
요업요로	연속식유리용융가마 불연속식유리용융가마 유리용융도가니가마 터널가마 도염식각가마 셔틀가마 회전가마 석회소성가마	해당 기기의 설치를 위한 시공
금속요로	용선로 비철금속용융로 금속소둔로 철금속가열로 금속균열로	

76

에너지이용 합리화법상 목표에너지원단위란?

① 에너지를 사용하여 만드는 제품의 종류별 연간 에너지사용목표량
② 에너지를 사용하여 만드는 제품의 단위당 에너지사용목표량
③ 건축물의 총 면적당 에너지사용목표량
④ 자동차 등의 단위연료당 목표주행거리

【해설】　　　　　　[에너지이용합리화법 제35조1항.]

• 산업통상자원부장관은 에너지의 이용효율을 높이기 위하여 필요하다고 인정하면 관계 행정기관의 장과 협의하여 에너지를 사용하여 만드는 제품의 단위당 에너지 사용목표량 또는 건축물의 단위면적당 에너지 사용목표량(이하 "목표에너지원단위"라 한다)을 정하여 고시하여야 한다.

77

에너지이용 합리화법상 검사대상기기설치자가 시·도지사에게 신고하여야 하는 경우가 <u>아닌</u> 것은?

① 검사대상기기를 정비한 경우
② 검사대상기기를 폐기한 경우
③ 검사대상기기를 사용을 중지한 경우
④ 검사대상기기의 설치자가 변경된 경우

【해설】　　　　　　[에너지이용합리화법 제39조7항.]

※ 검사대상기기의 검사

- 검사대상기기설치자는 다음 각 호의 어느 하나에 해당하면 산업통상자원부령으로 정하는 바에 따라 시·도지사에게 신고하여야 한다.
　㉠ 검사대상기기를 폐기한 경우
　㉡ 검사대상기기의 사용을 중지한 경우
　㉢ 검사대상기기의 설치자가 변경된 경우
　㉣ 검사의 전부 또는 일부가 면제된 검사대상기기 중 산업통상자원부령으로 정하는 검사대상기기를 설치한 경우

78

에너지이용 합리화법상 에너지소비효율 등급 또는 에너지 소비효율을 해당 효율관리기자재에 표시할 수 있도록 효율관리기자재의 에너지 사용량을 측정하는 기관은?

① 효율관리진단기관
② 효율관리전문기관
③ 효율관리표준기관
④ 효율관리시험기관

【해설】　　　　　　[에너지이용합리화법 제15조2항.]

• 효율관리기자재의 제조업자 또는 수입업자는 산업통상자원부장관이 지정하는 시험기관 (이하 "효율관리시험기관"이라 한다.)에서 해당 효율관리기자재의 에너지 사용량을 측정받아 에너지소비효율등급 또는 에너지소비효율을 해당 효율관리기자재에 표시하여야 한다.

79

에너지이용 합리화법규상 냉·난방 온도제한 건물에 냉난방 제한온도를 적용할 때의 기준으로 옳은 것은?
(단, 판매시설 및 공항의 경우는 제외한다.)

① 냉방 : 24℃ 이상, 난방 : 18℃ 이하
② 냉방 : 24℃ 이상, 난방 : 20℃ 이하
③ 냉방 : 26℃ 이상, 난방 : 18℃ 이하
④ 냉방 : 26℃ 이상, 난방 : 20℃ 이하

【해설】　　　　[에너지이용합리화법 시행규칙 제31조의2.]

※ 냉·난방온도의 제한온도 정하는 기준은 다음과 같다.

1. **냉방** : 26℃ 이상　암기법 : 냉면육수, 판매요?
　(다만, **판매**시설 및 공항의 경우에 냉방온도는 25℃ 이상으로 한다.)
2. **난방** : 20℃ 이하　암기법 : 난리(2)

80

다음 중 급수 중의 불순물이 직접 보일러 과열의 원인이 되는 물질은?

① 탄산가스
② 수산화나트륨
③ 히드라진
④ 유지

【해설】

❹ 급수 중의 유지류는 전열면에 스케일을 부착하는 원인이 되어 열전달을 방해하므로 전열면의 온도가 상승하여 국부적 과열을 일으킨다.

2021년 에너지관리산업기사 CBT 복원문제(2)	평균점수

제1과목　　열 및 연소설비

01

다음 조성의 수성가스 연소 시 필요한 공기량은 약 몇 Sm^3/Sm^3 인가? (단, 공기비는 1.25, 사용공기는 건조공기이다.)

[조성비]
CO_2 : 4.5 %, CO : 45 %, N_2 : 11.7 %
O_2 : 0.8 %, H_2 : 38 %

① 0.97 ② 1.22
③ 2.42 ④ 3.07

【해설】
※ 공기량을 구하려면 혼합가스 조성에서 가연성분(CO, H_2)의 연소에 필요한 이론산소량(O_0)을 먼저 알아내야 한다.

$$CO + \frac{1}{2}O_2 \rightarrow CO_2$$

$$H_2 + \frac{1}{2}O_2 \rightarrow H_2O$$

기체연료 $1\,Sm^3$ 중에 연소되는 성분들의 완전연소에 필요한 이론산소량(O_0)은

- 이론산소량 $O_0 = (0.5 \times CO + 0.5 \times H_2) - O_2$
  $= (0.5 \times 0.45 + 0.5 \times 0.38) - 0.008$
  $= 0.407\,Sm^3/Sm^3_{-연료}$

- 이론공기량 $A_0 = \dfrac{O_0}{0.21} = \dfrac{0.407}{0.21}$
  $= 1.938\,Sm^3/Sm^3_{-연료}$

∴ 실제공기량(A) $= m \cdot A_0 = 1.25 \times 1.938\,Sm^3/Sm^3_{-연료}$
  $= 2.422 ≒ \mathbf{2.42\,Sm^3/Sm^3_{-연료}}$

02

연도의 끝이나 연돌하부에 송풍기를 설치하여 연소가스를 빨아내는 방법으로 노 안이 항상 부(–)압이 되는 통풍 방법은?

① 압입통풍 ② 평형통풍
③ 유인통풍 ④ 압입통풍

【해설】 ※ 통풍방식의 분류
① 자연통풍 방법 : 송풍기가 없이 오로지 연돌에 의한 통풍방식으로 노내 압력은 항상 부압(–)으로 유지되며, 연돌 내의 연소가스와 외부 공기의 밀도차에 의해 생기는 압력차를 이용하여 이루어지는 대류현상이다.
② 강제통풍 방법 : 송풍기를 이용한다.
　㉠ 압입통풍 : 노 앞에 설치된 송풍기에 의해 연소용 공기를 대기압 이상의 압력으로 가압하여 노 안에 압입하는 방식으로, 노내 압력은 항상 정압(+)으로 유지된다.
　㉡ 흡입통풍 : 연소로의 배기가스가 나가는 연도 중의 댐퍼 뒤에 송풍기를 설치하여 배기가스를 직접 빨아들여 강제로 배출시키는 방식으로, 노내 압력은 항상 부압(–)으로 유지된다.
　㉢ 평형통풍 : 노 앞과 연도 끝에 송풍기를 설치하여 양 송풍기의 회전수와 댐퍼의 개도를 조절하는 방식으로, 노내 압력을 정압(+)이나 부압(–)으로 임의로 조절할 수 있다.
❸ 흡입통풍(유인통풍, 흡인통풍, 흡출통풍) 노내 압력은 항상 부압(–)으로 유지된다.

03

고체연료인 석탄, 장작 등이 불꽃을 내면서 타는 형태의 연소로서 가장 옳은 것은?

① 확산연소
② 분해연소
③ 증발연소
④ 표면연소

【해설】 암기법 : 아플땐 중고종목 분석해~

※ 분해연소
- 고체 가연물질이 온도상승에 의한 열분해를 통해 여러 가지 가연성 기체를 발생시켜 연소하는 형태이다.
ex> 아스팔트, 플라스틱, 중유, 고무, 종이, 목재, 석탄(무연탄), <분해>

04

옥탄(C_8H_{18})이 공기과잉률 2로 연소 시 연소가스 중 산소의 몰분율은?

① 0.4072
② 0.2024
③ 0.1012
④ 0.0647

【해설】
• 몰분율은 부피비율과 같으므로, 연소반응식을 세워서 이론산소량의 부피를 먼저 구해야 한다.

$$C_mH_n + \left(m + \frac{n}{4}\right)O_2 \rightarrow m\,CO_2 + \frac{n}{2}H_2O$$

$$\begin{array}{cccc} C_8H_{18} + & 12.5\,O_2 & \rightarrow 8\,CO_2 & + 9\,H_2O \\ (1Nm^3) & (12.5Nm^3) & (8Nm^3) & (9Nm^3) \end{array}$$

• 실제(습)연소가스량을 G_w 라 두면

G_w = (m - 0.21) A_0 + 생성된 CO_2 + 생성된 H_2O

$$= (m - 0.21) \times \frac{O_0}{0.21} + CO_2 + H_2O$$

$$= (2 - 0.21) \times \frac{12.5}{0.21} + 8 + 9$$

$$= 123.547\,Nm^3/Nm^3_{-연료}$$

∴ 연소가스 중 O_2의 몰분율 $= \dfrac{O_2}{G_w} = \dfrac{12.5}{123.547}$

$$= 0.10117 ≒ 0.1012$$

05

다음 연소반응식 중 발열량(kcal/kg-mol)이 가장 큰 것은?

① $C + \frac{1}{2}O_2 = CO$

② $CO + \frac{1}{2}O_2 = CO_2$

③ $C + O_2 = CO_2$

④ $S + O_2 = SO_2$

【해설】
① 탄소의 불완전연소 시 발열량
$$C + \frac{1}{2}O_2 \rightarrow CO + 29200\,kcal/kmol$$

② 일산화탄소의 완전연소 시 발열량
$$CO + \frac{1}{2}O_2 \rightarrow CO_2 + 68000\,kcal/kmol$$

❸ 탄소의 완전연소 시 발열량
$$C + O_2 \rightarrow CO_2 + 97200\,kcal/kmol$$

④ 황의 완전연소 시 발열량
$$S + O_2 \rightarrow SO_2 + 80000\,kcal/kmol$$

⑤ 수소의 완전연소 시 발열량
$$H_2 + \frac{1}{2}O_2 \rightarrow H_2O + 68000\,kcal/kmol$$

06

증기터빈에 40 kg/s의 증기를 공급하고 있다. 터빈의 출력이 5×10^4 kW 이면 터빈의 증기 소비율은 몇 kg/kWh 인가?

① 1.68
② 2.88
③ 4.28
④ 6.18

【해설】
• 증기 소비율 $= \dfrac{증기\ 공급량}{터빈\ 출력}$

$$= \frac{40\,kg/sec \times \dfrac{3600\,sec}{1\,h}}{5 \times 10^4\,kW}$$

$$= 2.88\ kg/kWh$$

07

일반적으로 고체연료는 액체연료에 비하여 어떠한가?

① H의 함량이 많고, O의 함량이 적다.
② N의 함량이 많고, O의 함량이 적다.
③ O의 함량이 많고, N의 함량이 적다.
④ O의 함량이 많고, H의 함량이 적다.

【해설】 ※ 연료의 종류에 따른 원소 조성비

종류	C (%)	H (%)	O 및 기타(%)
고체연료	95 ~ 50	6 ~ 3	44 ~ 2
액체연료	87 ~ 85	15 ~ 13	2 ~ 0
기체연료	75 ~ 0	100 ~ 0	57 ~ 0

• 고체연료의 주성분은 C, O, H로 조성되며, 액체연료에 비해서 산소함유량이 많아서 수소가 적다. 따라서, 고체연료의 탄수소비가 가장 크다. 기체연료는 탄소와 수소가 대부분이며, 탄수소비$\left(\dfrac{C}{H}\right)$는 고체 〉 액체 〉 기체의 순서가 된다.

08

열기관의 실제 사이클이 이상 사이클보다 낮은 열효율을 가지는 이유에 대한 설명 중 **틀린** 것은?

① 과정이 가역적으로 이루어진다.
② 유체의 마찰손실이 있다.
③ 유한한 온도차이에서 열전달이 이루어진다.
④ 엔트로피가 생성된다.

【해설】

❶ 가역과정에서는 과정 도중의 임의의 점에 있어서 열역학적(열적, 역학적, 화학적) 평형이 유지되며, 어떤 마찰에 의한 손실 등도 발생하지 않기 때문에 가장 높은 열효율을 나타내는 이상 사이클이 된다. (열기관의 실제 사이클에서의 열효율은 보일러에서의 제 손실, 터빈에서의 손실, 기계적 손실 등에 의하여 이론적인(이상 사이클에서의) 열효율보다 실제로는 낮아지게 된다.)

09

다음 중 풍화의 영향이 크지 **않은** 것은?

① 석탄의 휘발분
② 석탄의 고정탄소
③ 석탄의 회분
④ 석탄의 수분

【해설】

※ 석탄의 풍화 현상

 - 석탄을 장기간 저장하게 되면 공기 중에서 산화되어 석탄의 질이 저하되므로 저장일은 30일 이내로 한다.

 ① 풍화작용이 빨리 진행하는 경우
  ㉠ 외기온도가 높을수록
  ㉡ 휘발분, 수분이 많을수록
  ㉢ 입자가 작을수록
  ㉣ 석탄이 새로울수록

 ② 풍화작용의 결과
  ㉠ 질이 물러져 분탄이 된다.
  ㉡ 성분 중에 산화작용에 의해 빨간 녹이 슨다.
  ㉢ 휘발성 및 발열량이 감소하게 된다.

10

압력 300 kPa, 체적 0.5 m³인 공기를 압력이 일정한 상태에서 체적을 0.7 m³로 팽창시켰다. 팽창 중에 내부에너지가 50 kJ 증가하였으면 팽창에 필요한 열량은?

① 50 kJ
② 60 kJ
③ 100 kJ
④ 110 kJ

【해설】

• 정압가열(연소)에 의한 체적팽창이므로,

$$_1W_2 = \int_1^2 P\, dV = P\int_1^2 dV = P \cdot (V_2 - V_1)$$
$$= 300\,\text{kPa} \times (0.7 - 0.5)\,\text{m}^3 = 60\,\text{kJ}$$

• 계가 받은 열량 $\delta Q = dU + {}_1W_2 = 50\,\text{kJ} + 60\,\text{kJ}$
$$= 110\,\text{kJ}$$

2021

11

다음 중 보염장치(保炎裝置)가 아닌 것은?

① 에어레지스터 ② 컴버스터
③ 크레이머 ④ 버너타일

【해설】 ※ 보염장치의 종류와 역할

㉠ 윈드박스(wind-box, 바람상자)

- 압입통풍 방식에서 연소용 공기를 강제로 매입할 때 버너 주위에 원통형으로 만들어진 밀폐된 상자를 말하며, 박스내부에는 다수의 안내날개가 비스듬히 경사각을 이룬다.

㉡ 스테빌라이저(에어 레지스터, 공기조절장치)

- 버너의 선단에 디퓨저(선회기)를 부착한 방식과 보염판을 부착한 방식으로 대별된다. 공급된 공기를 버너의 선단에서 선회깃에 의하여 공기류의 유속방향을 적당히 조절하여 연소를 촉진시키며 동시에 화염의 안정을 도모한다.

㉢ 버너타일(Burner-tyle)

- 노벽에 설치한 버너 슬롯(slot)을 구성하는 내화재로서, 노내에 분사되는 연료와 공기의 분포속도 및 흐름의 방향을 최종적으로 조정한다.

㉣ 콤버스터(Combuster, 연소기)

- 버너타일에 연소실의 한 부분을 겸하며, 급속한 연소를 시켜 분출흐름의 모양을 다듬어 저온의 로에서 분무입자에 열분해를 촉진시켜 완전연소를 도모하여 연소를 안정화시키는 역할을 한다.

12

물에 대한 임계점에서의 온도와 압력을 옳게 표현한 것은?

① 273.16 ℃, 0.61 kPa
② 273.16 ℃, 221 bar
③ 374.15 ℃, 0.61 kPa
④ 374.15 ℃, 221 bar

【해설】 <u>암기법</u> : 22(툴툴매파), 374(삼칠사)

● 물의 임계점은 374.15 ℃, 225.56 kg/cm² 이다.
(약 22 MPa = 221 bar)

13

보일러에서 포화증기의 압력을 높이면 증기의 잠열은 어떻게 변하는가?

① 증가한다. ② 변하지 않는다.
③ 감소한다. ④ 상황에 따라 다르다.

【해설】 ※ P-h 선도를 그려 놓고 확인하면 쉽다!
❸ 증기의 압력이 높아지면 증발잠열이 감소한다.

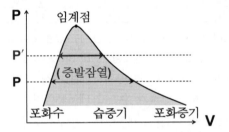

14

다음 중 건도가 0 일 때의 상태로 적합한 것은?

① 습증기 ② 건포화증기
③ 과열증기 ④ 포화수

【해설】 ❹ 포화수의 건도는 $x = 0$ 이다.

【참고】 ※ T-S 선도에서 물과 증기의 상태

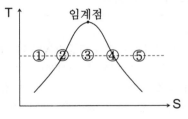

① 압축수 (건도 $x = 0$)
② 포화수 ($x = 0$)
③ 습증기 ($0 < x < 1$)
④ (건)포화증기 ($x = 1$)
⑤ 과열증기 ($x = 1$)

15

폴리트로픽(Polytropic) 과정에서 폴리트로픽 지수가 (n = 1)인 경우는 다음 중 어느 과정에 가장 가까운가?

① 정압(Constant Pressure) 과정
② 정적(Constant Volume) 과정
③ 등온(Constant Temperature) 과정
④ 단열(Adiabatic) 과정

【해설】 ※ 폴리트로픽 변화의 일반식 : PV^n = 1(일정)

여기서, n : 폴리트로픽 지수

㉠ $n = 0$일 때 : $P \times V^0 = P \times 1 = 1$

∴ P = 1 (등압변화)

㉡ $n = 1$일 때 : $P \times V^1 = P \times V = 1$

∴ $PV = T$ (등온변화)

㉢ $1 < n < k$일 때 : $PV^n = 1$ (폴리트로픽변화)

㉣ $n = k$(비열비)일 때 : $PV^k = 1$ (단열변화)

㉤ $n = \infty$일 때 : $PV^\infty = P^{\frac{1}{\infty}} \times V = P^0 \times V$

$= 1 \times V = 1$ ∴ $V = 1$ (정적변화)

16

다음 중 BLEVE(Boiling Liquid Expanding Vapor Explosion) 현상을 가장 올바르게 설명한 것은?

① 물이 점성의 뜨거운 기름 표면 아래서 끓을 때 연소를 동반하지 않고 over flow 되는 현상
② 물이 연소유(oil)의 뜨거운 표면에 들어갈 때 발생되는 over flow 되는 현상
③ 탱크 바닥에 물과 기름의 에멀젼이 섞여 있을 때 물의 비등으로 인하여 급격하게 over flow 되는 현상
④ 과열 상태의 탱크에서 내부의 액화 가스가 분출하여 기화되어 착화되었을 때 폭발하는 현상

【해설】
※ 블레비 폭발 (BLEVE)
- 가연성 액체의 저장탱크 주위에서 화재가 발생하여 저장탱크 벽면이 장시간 동안 화염에 노출되어 가열되면 탱크 내부의 액체가 비등하여 내부의 압력이 급격히 상승한다. 뿐만 아니라 탱크 상부의 온도가 상승하면서 재질의 강도가 약해져 탱크 벽면이 파열된다. 이 때 탱크 내부압력이 급격히 감소되고 과열된 액화가스가 급속히 증발하면서 유출, 팽창되어 액화가스의 증기가 공기와 혼합되어 연소범위가 형성되어 공 모양의 대형화염이 상승하는 화구(Fire ball)를 형성하여 폭발하는 현상을 말한다.

17

수소의 연소하한계는 4v % 이고, 연소상한계는 75v % 이다. 수소 가스의 위험도는 얼마인가?

① 15.75　　② 16.75
③ 17.75　　④ 18.75

【해설】
• 폭발 위험도 = $\dfrac{H - L}{L}$

여기서, H : 연소 상한계(%), L : 연소 하한계(%)

$= \dfrac{75 - 4}{4} = 17.75$

18

물의 기화열은 1기압에서 2257 kJ/kg 이다. 1기압 하에서 포화수 1 kg 을 포화수증기로 만들 때 물의 엔트로피의 변화는 몇 kJ/K 인가?

① 0　　② 6.05
③ 539　　④ 2257

【해설】
• 엔트로피 변화 dS $= \dfrac{\delta Q}{T} \times$ m

$= \dfrac{2257\,kJ/kg}{(100 + 273)K} \times 1\,kg$

$= 6.051$ kJ/K ≒ 6.05 kJ/K

19

"일을 열로 바꾸는 것도 이것의 역도 가능하다."
는 것과 가장 관계가 깊은 법칙은?

① 열역학 제1법칙

② 열역학 제2법칙

③ 줄(Joule)의 법칙

④ 푸리에(Fourier)의 법칙

【해설】 ※ 열역학 제1법칙

- 일과 열은 모두 에너지의 한 형태로서 일을 열로 변환시킬 수도 있고 열을 일로 변환시킬 수도 있다. 서로의 변환에는 에너지보존 법칙이 반드시 성립한다. 즉, 공급열량(Q_1) = 방출열량(Q_2) + 일의 양(W)

20

관로에서 외부에 대한 열의 출입이 없고 외부에 대한 일과 유입속도를 무시할 때, 유출속도 W_2에 대한 식으로 옳은 것은? (단, i는 단위질량당 엔탈피이며, 1, 2는 각각 입구와 출구를 의미한다.)

① $W_2 = \sqrt{2(i_1 - i_2)}$

② $W_2 = \sqrt{2(i_1 + i_2)}$

③ $W_2 = 2\sqrt{(i_1 - i_2)}$

④ $W_2 = 2\sqrt{(i_1 + i_2)}$

【해설】

- 에너지보존법칙에 따라 열에너지가 운동에너지로 전환되는 노즐출구에서의 단열팽창과정이다.

$$Q = \Delta E_k$$
$$m \cdot \Delta H = \frac{1}{2}mv^2$$

여기서, ΔH : 입·출구의 엔탈피차

∴ 출구 유속 $v = \sqrt{2 \times \Delta H}$
$$= \sqrt{2(H_1 - H_2)}$$

문제의 기호로 나타내면, $W_2 = \sqrt{2(i_1 - i_2)}$

제2과목	열설비 설치

21

다음 중 서보(Servo)기구의 제어량은?

① 압력　　　　　② 유량

③ 온도　　　　　④ 물체의 방향

【해설】 ※ 제어량의 성질에 따른 분류

ㄱ 프로세스 제어 : 온도, 압력, 유량, 습도 등과 같은 프로세스(Process, 공정)의 상태량에 대한 자동제어를 말한다.

ㄴ 자동 조정 : 주로 전류, 전압, 회전속도 등과 같은 전기적 또는 기계적인 양을 자동적으로 제어하는 것을 말한다.

ㄷ 서보 기구 : 물체의 정확한 위치, 방향, 속도, 자세 등의 기계적 변위를 제어량으로 하여 목표값을 따라가도록 하는 피드백 제어의 일종으로 비행기 및 선박의 방향 제어 등에 사용된다.

ㄹ 다변수 제어(多變數制御 또는, 다수변 제어) : 2개 이상의 입력 변수 또는 출력 변수를 갖는 시스템의 제어를 말한다.

22

연소가스 중의 O_2의 양을 측정하는 방법이 아닌 것은?

① 자기식　　　　② 밀도식

③ 연소열식　　　④ 세라믹식

【해설】

※ 가스분석 시 O_2계로 사용되는 것
　– 세라믹식 O_2계, 자기식 O_2계, 연소(열)식 O_2계

【참고】 ※ 밀도식 가스분석계(밀도식 CO_2계)

- CO_2는 공기보다 약 1.5배 정도 무겁다는 것을 이용하는데, 측정실과 비교실의 가스의 밀도차에 의해 임펠러의 회전토크가 달라져 레버와 링크에 의해 평형을 이루게 되어 CO_2 농도를 지시한다.

23

보일러 출구의 배기가스를 측정하는 세라믹 O_2 계의 특징이 <u>아닌</u> 것은?

① 응답이 신속하다.

② 연속측정이 가능하다.

③ 측정부의 온도유지를 위하여 온도조절용 히터가 필요하다.

④ 분석하고자 하는 가스를 흡수 용액에 흡수시켜, 전극으로 그 용액에서의 굴절률 변화를 이용하여 O_2 농도를 측정한다.

【해설】 　　　　　　　　 암기법 : 쎄라지~

※ 세라믹식 O_2계(지르코니아식 O_2계) 가스분석계 특징

　㉠ 측정가스의 유량이나 설치장소 주위의 온도변화에 의한 영향이 적다.

　㉡ 연속측정이 가능하며, 측정범위가 넓다. (수ppm ~ 수%)

　㉢ 응답성이 빠르다.

　㉣ 측정부의 온도(500℃ ~ 800℃) 유지를 위해 온도조절용 전기로가 필요하다.

　㉤ 측정가스 중에 가연성가스가 포함되어 있으면 사용할 수 없다.

❹ 세라믹식 O_2계는 지르코니아(ZrO_2, 산화지르코늄)를 원료로 하는 세라믹은 온도를 높여주면 산소이온만 통과시키는 성질을 이용하여 산소(O_2) 농도를 측정한다.

24

어떤 보일러의 연소효율이 92%, 전열면 효율이 85%이면 보일러 효율은?

① 73.2%　　　　　　② 74.8%

③ 78.2%　　　　　　④ 82.8%

【해설】

• 보일러 효율 $\eta = \eta_{연소} \times \eta_{전열면}$

$\qquad\qquad = 0.92 \times 0.85$

$\qquad\qquad = 0.782\ (78.2\%)$

25

면적식 유량계의 특징에 대한 설명으로 <u>틀린</u> 것은?

① 유체의 밀도를 미리 알고 측정하여야 한다.

② 정도가 아주 높아 정밀측정이 가능하다.

③ 슬러리나 부식성 액체의 측정이 가능하다.

④ 압력손실이 적고 균등한 유량 눈금을 얻을 수 있다.

【해설】 ※ 면적식 유량계의 특징

<장점> ㉠ 다른 유량계에 비해 가격이 저렴하고, 사용이 간편하다.

　　　 ㉡ 슬러리 유체나 부식성 액체의 유량 측정도 가능하다.

　　　 ㉢ 직관길이는 필요하지 않다.

　　　 ㉣ 유로의 단면적차이를 이용하므로 압력손실이 적어, 차압식 유량계에 비해 측정범위가 넓다.($100 \sim 5000\ \text{m}^3/\text{h}$)

　　　 ㉤ 현장지시계이면 동력원은 전혀 필요 없다. (폭발성 환경에서도 사용할 수 있다.)

　　　 ㉥ 유량에 따라 측정치는 균등눈금(또는, 직선눈금)이 얻어진다.

　　　 ㉦ 내식성 제품을 만들기 쉽다. (부식액 측정이 용이하다.)

　　　 ◎ 유량계수는 비교적 낮은 레이놀즈수(약 102)의 범위까지 일정하기 때문에 고점도 유체나 소유량에 대해서도 측정이 가능하다.

　　　 ㉧ 유체의 밀도를 미리 알고 측정하며 액체, 기체, 증기 어느 것이라도 사용할 수 있다.

<단점> ㉠ 유체의 밀도가 변하면 보정해주어야 하기 때문에 정도는 ±1 ~ 2 %로서 아주 좋지는 않으므로 정밀측정용으로는 부적합하다.

　　　 ㉡ 고형물을 포함한 액체에는 그다지 적합하지 않다.

　　　 ㉢ 전송형으로 하면 동력원이 필요하므로 가격이 비싸게 된다.

　　　 ㉣ 수직 배관에만 사용이 가능하다.

　　　 ㉤ 오염으로 인하여 플로트가 오염된다.

　　　 ㉥ 대구경(Φ 100 mm) 이상의 것은 값이 비싸다.

26

온도측정에 대한 하나의 방법으로 색(色)을 이용하는 비교측정 방법이 사용되고 있는데 눈부신 황백색이라면 이에 대한 온도로서 가장 적합한 것은?

① 1000℃   ② 1200℃

③ 1500℃   ④ 2000℃

【해설】   암기법 : 젖팔오 주구, 백일삼

 ※ 온도와 색의 관계

온도 (℃)	색	온도 (℃)	색
600	암적색 (어두운색)	1300	백적색
850	적색 (붉은색)	1500	눈부신 황백색
950	주황색 (오렌지색)	2000	휘백색
1100	황적색	2500	청백색
1200	황색 (노란색)		

27

액주식 압력계(Manometer)에 사용하는 액체의 구비조건으로 틀린 것은?

① 화학적으로 안정할 것

② 점도가 클 것

③ 팽창계수가 적을 것

④ 모세관 현상이 적을 것

【해설】 ※ 액주식 압력계에서 액주(액체)의 구비조건

  ㉠ 점도(점성)가 작을 것

  ㉡ 열팽창계수가 작을 것

  ㉢ 일정한 화학성분일 것

  ㉣ 온도 변화에 의한 밀도 변화가 적을 것

  ㉤ 모세관 현상이 적을 것 (표면장력이 작을 것)

  ㉥ 휘발성, 흡수성이 적을 것

【key】 액주에 쓰이는 액체의 구비조건 특징은 모든 성질이 작을수록 좋다!

28

보일러의 자동제어에서 제어량에 따른 조작량의 대상으로 옳은 것은?

① 증기온도 : 연소가스량

② 증기압력 : 연료량

③ 보일러수위 : 공기량

④ 노내압력 : 급수량

【해설】

  ① 증기온도 : 과열기 전열면을 통과하는 전열량

  ❷ 증기압력 : 연료량 및 공기량

  ③ 보일러 수위 : 급수량

  ④ 노내압력 : 연료량 및 공기량

【참고】 ※ 보일러 자동제어(ABC, Automatic Boiler Control)

  • 연소제어 (ACC, Automatic Combustion Control)
    - 증기압력 또는, 노내압력

  • 급수제어 (FWC, Feed Water Control)
    - 보일러 수위

  • 증기온도제어 (STC, Steam Temperature Control)
    - 증기온도

  • 증기압력제어 (SPC, Steam Pressure Control)
    - 증기압력

29

니켈, 망간, 코발트 등의 금속 산화물 분말을 혼합, 소결시켜 만든 반도체로서 전기저항이 온도에 따라 크게 변화하므로 응답이 빠른 감열소자로 이용할 수 있는 온도계는?

① 광온도계   ② 서미스터

③ 열전대온도계   ④ 서모컬러

【해설】 ※ 서미스터(Thermistor) 저항온도계

  • 니켈(Ni), 망간(Mn), 코발트(Co) 등의 금속산화물의 분말을 혼합 소결시켜 만든 반도체로서 그 전기저항이 온도범위에 따라 가장 크게 변화하므로 응답이 빠른 감온소자로 이용할 수 있다.

30

부자식 액면계에 대한 설명 중 틀린 것은?

① 기구가 간단하고 고장이 적다.

② 측정범위가 넓다.

③ 액면이 심하게 움직이는 곳에서는 사용하기가 곤란하다.

④ 습기가 있거나 전극에 피측정체를 부착하는 곳에서는 사용하기가 부적당하다.

【해설】 ※ 플로트식(부자식) 액면계의 특징

㉠ 고온, 고압 밀폐탱크의 경보 및 액면 제어용으로 널리 사용된다.

㉡ 구조와 원리가 간단하여 고장이 적다.

㉢ 액면 상·하 한계의 경보용 리미트 스위치를 설치할 수 있다.

㉣ 측정범위를 넓게 할 수 있다.

㉤ 액면이 흔들리는 곳에는 사용이 불가능하다.

㉥ 습기가 있거나 전극에 피측정체를 부착하는 곳에서도 사용이 가능하다.

31

다음 중 가스의 비중을 이용하는 가스분석계는?

① 도전율식 CO_2 계

② 열전도율식 CO_2 계

③ 지르코니아식 O_2 계

④ 밀도식 CO_2 계

【해설】 ※ 밀도식 가스분석계(밀도식 CO_2계)의 특징

㉠ 측정은 가스의 공기에 비한 비중으로 이루어지므로 측정실과 비교실 내의 온도와 압력을 같도록 하면 측정오차를 일으키지 않는다.

㉡ 구조가 견고하다.

㉢ 보수와 취급이 용이하다.

㉣ 연소가스의 CO_2 이외의 가스조성이 달라지면 가스 전체의 비중이 달라지므로 측정오차에 영향을 준다.

㉤ 가스 및 공기는 항상 같은 습도로 유지하여야 한다.

32

다음 중 보일러의 손실열 중 가장 큰 것은?

① 연료의 불완전연소에 의한 손실열

② 노내 분입증기에 의한 손실열

③ 과잉 공기에 의한 손실열

④ 배기가스에 의한 손실열

【해설】

❹ 열정산 시 출열항목 중 열손실이 가장 큰 항목은 배기가스에 의한 열손실이다.

【참고】 ※ 보일러 열정산 시 입·출열 항목의 구별

[입열항목]　암기법 : 연(발,현) 공급증

－ 연료의 발열량, 연료의 현열, 연소용 공기의 현열, 급수의 현열, 노내 분입한 증기의 보유열

[출열항목]　암기법 : 유,손(배불방미기)

－ 유효출열량(발생증기가 흡수한 열량), 손실열(배기가스, 불완전연소, 방열, 미연분, 기타.)

33

다음 중 부르돈관 압력계는 어떤 압력을 측정하는가?

① 절대압력　　　② 게이지압력

③ 진공압　　　　④ 대기압

【해설】　암기법 : 탄돈 벌다

• 부르돈관 압력계(또는, 부르돈관 게이지)는 유체의 압력을 직접적으로 측정하기 위한 탄성식 압력계의 일종으로, 이때 측정된 값은 게이지압력을 의미한다.

34

적외선 분광분석계에서 고유 흡수스펙트럼을 가지지 못하기 때문에 분석이 불가능한 것은?

① CH_4　　　　　② CO

③ CO_2　　　　　④ O_2

【해설】 ※ 적외선식 가스분석계의 특징

㉠ 연속측정이 가능하고, 선택성이 뛰어나다.

㉡ 측정대상 범위가 넓고 저농도의 가스 분석에 적합하다.

㉢ 측정가스의 먼지나 습기의 방지에 주의가 필요하다.

㉣ 적외선은 원자의 종류가 다른 2원자 가스분자만을 검지할 수 있기 때문에, 단체로 이루어진 가스 (H_2, O_2, N_2 등)는 분석할 수 없다.

㉤ 적외선의 흡수를 이용한다. (또는, 광학적 성질인 빛의 간섭을 이용한다.)

35

보일러 수위제어 검출방식에 해당되지 <u>않는</u> 것은?

① 유속식
② 전극식
③ 차압식
④ 열팽창식

【해설】　　　　　　　　　　암기법 : 플전열차

※ 수위검출기의 수위제어 검출 방식에 따른 종류

㉠ 플로트식(또는, 부자식, 일명 맥도널식)

㉡ 전극봉식(또는, 전극식)

㉢ 열팽창식(또는, 열팽창관식, 일명 코프식)

㉣ 차압식

36

모세관의 상부에 보조 구부를 설치하고 사용온도에 따라 수은의 양을 조절하여 미세한 온도차를 측정할 수 있는 온도계는?

① 액체팽창식 온도계
② 열전대 온도계
③ 가스압력 온도계
④ 베크만 온도계

【해설】 ※ 베크만 온도계(Beckmann's Thermometer)

• 미소한 범위의 온도변화를 극히 정밀하게 측정할 수 있어서 열량계의 온도측정 등에 많이 사용되는 수은 온도계의 일종으로 모세관의 상부에 수은을 모이게 하는 U자로 굽어진 곳이 있어서 측정온도에 따라 모세관에 남은 수은의 양을 조절하여 5 ~ 6 ℃의 사이를 100분의 1 ℃ (즉, 0.01℃)까지도 측정이 가능하며 측정온도 범위는 -20 ~ 150 ℃ 까지 이다.

37

관로의 유속을 피토관으로 측정할 때 마노미터 수주의 높이가 1 m 이었다. 이때 유속은 약 몇 m/s 인가?

① 0.44
② 0.89
③ 4.43
④ 8.86

【해설】

• 피토관 유속 $v = C_p \cdot \sqrt{2gh}$

　여기서, 별도의 제시가 없으면 피토관 계수 $C_p = 1$로 한다.

$v = \sqrt{2 \times 9.8 \, m/s^2 \times 1 \, m}$

$= 4.427 \fallingdotseq 4.43 \, m/s$

38

큐폴라 상부의 배기가스 온도를 측정하고자 한다. 어떤 온도계가 가장 적당한가?

① 광고온계
② 열전대온도계
③ 색온도계
④ 수은온도계

【해설】

❷ 큐폴라(용해로) 상부의 배기가스 온도를 측정하려면 우선 온도측정범위, 온도계의 설치, 큐폴라 내부의 유지·관리를 위한 관찰 등을 고려해야 하므로, 원거리 지시가 가능하고 접촉식 온도계 중에서 가장 고온측정에 적합한 것은 열전대온도계(0 ~ 1600 ℃)이다.

39

다음 중 와류식 유량계가 <u>아닌</u> 것은?

① 칼만식 유량계
② 델타식 유량계
③ 스와르미터 유량계
④ 전자 유량계

【해설】　　　　　　　　　　암기법 : 와!~ 카스델

※ 와류식 유량계의 종류

- 카르만(Kalman) 유량계, 스와르 미터(Strouh meter), 델타(Delta) 유량계가 있다.

40

전자유량계는 어떤 유체의 유량을 측정하는데 주로 사용되는가?

① 순수한 물   ② 과열된 증기

③ 도전성 유체   ④ 비전도성 유체

【해설】 ※ 전자식 유량계(또는, 전자유량계)

● 파이프 내에 흐르는 도전성의 유체에 직각방향으로 자기장을 형성시켜 주면 패러데이(Faraday)의 전자기유도 법칙에 의해 발생되는 유도기전력(E)으로 유량을 측정한다. (패러데이 법칙 : $E = B l v$) 따라서, 도전성 액체(유체)의 유량측정에만 쓰인다.

제3과목	열설비 운전

41

비점이 낮은 물질인 수은, 다우섬 등을 사용하여 저압에서도 고온을 얻을 수 있는 보일러는?

① 관류식 보일러

② 열매체식 보일러

③ 노통연관식 보일러

④ 자연순환 수관식 보일러

【해설】   암기법 : 열매 세모 다수

※ 열매체(특수액체) 보일러

㉠ (건)포화수증기는 열사용처의 난방용, 가열용 등의 열매체로 널리 사용된다. 그러나 물로 300℃ 이상 되는 고온의 수증기를 얻으려면 증기압력이 고압 (80 kg/cm²)이 되어야 하므로 보일러의 내압강도 문제가 발생된다. 따라서 고온에서도 포화압력이 낮은 물질인 특수 유체를 열매체(열전달매체)로 이용 하는 것이 열매체 보일러이다.

㉡ 열매체의 종류 : **세큐리티**(Security), **모빌섬**(Mobil therm), **다우섬**(Dowtherm), **수은**(Hg), 카네크롤 (PCB, 폴리염화비페닐) 등

42

내벽은 내화벽돌로 두께 340 mm, 열전도율 5.4 kJ/m·h·℃, 중간벽은 단열벽돌로 두께 7 cm, 열전도율 0.46 kJ/m·h·℃, 외벽은 붉은 벽돌로 두께 25 cm, 열전도율 2.9 kJ/m·h·℃ 로 되어 있는 노벽이 있다. 내벽 표면의 온도가 1200℃ 일 때, 외벽의 표면온도는? (단, 외벽 주위온도는 25℃, 외벽 표면의 열전달률은 25 kJ/m²·h·℃ 로 한다.)

① 104   ② 163

③ 189   ④ 267

【해설】   암기법 : 교관온면

● 평면 벽에서의 손실열(교환열) 계산 공식에서, 벽면체 전체의 열통과량은 외벽 표면의 열전달량과 같으므로 열평형식을 세우면

$$Q = K \cdot \Delta t \cdot A = \alpha_o \cdot \Delta t_s \cdot A$$

여기서, Q : 전달열량(손실열량)

K : 열통과율(또는, 총괄전열계수)

Δt : 벽면체 내·외부의 온도차

A : 전열면적

α_o : 외측표면 열전달계수(열전달률)

Δt_s : 외측표면온도와 외부온도의 차

λ : 각 구조체의 열전도율

d : 두께(m)

한편, 열통과율(관류율 또는, 총괄전열계수) K 는

$$K = \cfrac{1}{\cfrac{d_1}{\lambda_1} + \cfrac{d_2}{\lambda_2} + \cfrac{d_3}{\lambda_3} + \cfrac{1}{\alpha_o}}$$ 이므로

$K \cdot \Delta t = \alpha_o \cdot \Delta t_s$ 에서

$$\cfrac{(1200 - 25)℃}{\cfrac{0.34}{5.4} + \cfrac{0.07}{0.46} + \cfrac{0.25}{2.9} + \cfrac{1}{25}} = 25 \times (t_s - 25)$$

이제, 네이버에 있는 에너지아카데미 카페(주소 : **cafe.naver.com/2000toe**)의 "방정식 계산기 사용법 강의"로 t_s 를 미지수 x 로 놓고 입력해 주면

∴ 외벽의 표면온도 t_s = 162.69 ≒ **163** ℃

43

난방부하가 9420 kJ/h 인 경우 50쪽 온수방열기의 방열면적은? (단, 방열기의 방열량은 표준방열량으로 한다.)

① $0.1 \, m^2$　　　② $0.3 \, m^2$
③ $0.5 \, m^2$　　　④ $0.7 \, m^2$

【해설】 ※ 방열기의 난방부하(Q) 계산

• 방열기의 표준방열량($Q_{표준}$)은 열매체인 증기와 온수를 기준으로 구별하여 계산한다.

　　　　　암기법 : 수 사오공, 증 육오공

열매체	공학단위 $(kcal/m^2 \cdot h)$	SI 단위 $(kJ/m^2 \cdot h)$
온수	450	1890
증기	650	2730

• 실내 방열기의 난방부하를 Q 라 두면

$Q = Q_{표준} \times A_{방열면적}$

　$= Q_{표준} \times C \times N \times a$

　여기서, C : 보정계수(단, 제시 없으면 생략함.)
　　　　　 N : 쪽수, a : 1쪽당 방열면적

$9420 \, kJ/h = 1890 \, kJ/m^2 \cdot h \times 50 \times a$

이제, 네이버에 있는 에너지아카데미 카페(주소 : **cafe.naver.com/2000toe**)의 "방정식 계산기 사용법"으로 a를 미지수 x 로 놓고 입력해 주면

∴ 방열면적 a = 0.099 ≒ $0.1 \, m^2$

44

보일러 부속장치에 대한 설명으로 **틀린** 것은?

① 공기예열기란 연소 배가스의 폐열로 공급 공기를 가열시키는 장치이다.
② 절탄기란 연료공급을 적당히 분배하여 완전 연소를 위한 장치이다.
③ 과열기란 포화증기를 가열시키는 장치이다.
④ 재열기란 원동기(증기터빈)에서 팽창한 증기를 재가열시키는 장치이다.

【해설】
① 공기예열기(Air preheater)
　- 보일러의 배기가스 덕트(즉, 연도)에 설치하여 배기가스의 폐열로 연소용 공기온도를 상승시켜 줌으로써, 손실되는 열을 회수하여 연료를 절감하는 공기예열장치이다.
❷ 절탄기(Economizer, 이코노마이저)
　- 과거에 많이 사용되었던 연료인 석탄을 절약한다는 의미의 이름으로서, 보일러의 배기가스 덕트(즉, 연도)에 설치하여 배기가스의 폐열로 급수온도를 상승시켜 줌으로써, 손실되는 열을 회수하여 연료를 절감하는 급수예열장치이다.
③ 과열기(Super heater)
　- 보일러 동체에서 발생한 포화증기를 일정한 압력 하에 더욱 가열하여(즉, 정압가열) 온도를 상승시켜 과열증기로 만드는 장치이다.
④ 재열기(Reheater)
　- 증기터빈 속에서 일정한 팽창을 하여 온도가 낮아져 포화온도에 접근한 과열증기를 추출하여 재가열 시켜 과열도를 높인 다음 다시 터빈에 투입시켜 팽창을 지속시키는 장치이다.

45

방열유체의 전열유닛수(NTU)가 3.2 이고 온도차가 96℃ 인 열교환기의 전열효율을 1로 할 때 LMTD는 몇 ℃ 인가?

① 0.03℃　　　② 3.2℃
③ 30℃　　　④ 307.2℃

【해설】 ※ 열교환기의 전열유닛수(NTU)

• $\eta = \dfrac{C \cdot m \cdot \Delta t}{K \cdot \Delta t_m \cdot A} \left(\dfrac{\text{수열유체가 흡수한 열량}}{\text{방열유체가 전달한 열량}} \right)$

　여기서, NTU $\equiv \dfrac{K \cdot A}{C \cdot m} = \dfrac{\Delta t}{\Delta t_m \times \eta}$ 로 정의한다.

　　$3.2 = \dfrac{96℃}{\Delta t_m \times 1}$

∴ Δt_m (대수평균온도차, LMTD) $= \dfrac{96℃}{3.2} = 30℃$

46

두께 10 mm, 인장강도 40 kgf/mm² 의 연강판으로 8 kgf/cm² 의 내압을 받는 원통을 만들려고 한다. 이때 안전율을 4 로 한다면 원통의 내경은 몇 mm 로 하여야 하는가?

① 1500　　　　② 2000

③ 2500　　　　④ 3000

【해설】

※ 보일러 강판의 최소두께 계산은 다음 식을 따른다.

$$P \cdot D = 200\,\sigma \cdot (t - C) \times \eta$$

여기서, 압력단위(kg/cm²), 지름 및 두께의 단위(mm)인 것에 주의해야 한다.

한편, 허용응력 $\sigma = \dfrac{\sigma_a}{S}\left(\dfrac{인장강도}{안전율}\right)$ 이고,

문제에서 부식여유 및 효율 값의 제시가 별도로 없으므로 C = 0, η = 1 로 계산한다.

$P \cdot D = 200\,\dfrac{\sigma_a}{S} \cdot (t - C) \times \eta$ 에서,

$$8 \times D = 200 \times \frac{40}{4} \times (10 - 0) \times 1$$

이제, 네이버에 있는 에너지아카데미 카페의 "방정식 계산기 사용법"으로 D 를 미지수 x 로 놓고 구하면

∴ 원통의 내경 D = 2500 mm

47

하트포드 접속법(hart-ford connection)을 사용하는 난방방식은?

① 저압 증기난방　　② 고압 증기난방

③ 저온 온수난방　　④ 고온 온수난방

【해설】

※ 하트포드(hart ford) 연결법

- 저압증기 난방에 사용되는 보일러 내의 수면이 안전 저수위 이하로 내려가거나 보일러가 빈 상태로 되는 것을 막기 위하여 균형관을 달고 안전저수위보다 높은 위치에 환수관을 접속하여 보일러수 유출을 막기 위한 배관 연결 방법이다.

48

보일러 급수의 탈기법 중 물리적인 방법에 대한 설명이 아닌 것은?

① 아황산나트륨을 보일러 급수에 첨가하면 탈산소가 이루어진다.

② 진공으로 하면 기체의 분압이 낮게 되고, 물의 용해도가 감소하여 탈기된다.

③ 증기로 가열시키면 기체의 용해도는 감소하고 다시 교반, 비등에 의한 탈기가 용이하게 된다.

④ 물을 진공의 용기 속에 작은 물방울로 하는 방법과 증기를 물속에 불어넣어 물을 교반, 비등시키는 방법을 병용한 보일러 급수의 탈기법이 있다.

【해설】

❶ 아황산소다(Na_2SO_3 아황산나트륨)를 사용하여 급수 내 산소를 제거하는 방법은 탈기법 중 물리적 방법이 아니라, 약품 첨가에 의한 청관제이며 화학적 처리 방법이다.

49

두께 150 mm, 면적이 15 m² 인 벽이 있다. 내면 온도는 200℃, 외면 온도가 20℃일 때 벽을 통한 열손실량은? (단, 열전도율은 1.05 kJ/m·h·℃ 이다.)

① 15300 kJ/h　　② 16900 kJ/h

③ 18900 kJ/h　　④ 19300 kJ/h

【해설】　　　　　　암기법 : 손전온면두

• 평면벽에서의 손실열량(Q) 계산공식

$$Q = \frac{\lambda \cdot \Delta t \cdot A}{d}\left(\frac{열전도율 \cdot 온도차 \cdot 단면적}{벽의\ 두께}\right)$$

$$= \frac{1.05\,kJ/m \cdot h \cdot ℃ \times (200 - 20)℃ \times 15\,m^2}{0.15\,m}$$

$$= 18900\ kJ/h$$

50

내경 600 mm, 압력 8 kgf/cm², 두께 10 mm의 얇은 두께의 원통 실린더에 가스가 들어 있다면 원주응력은 약 몇 kgf/mm² 인가?

① 2.4   ② 3.2

③ 4.8   ④ 8.8

【해설】
- 원주 방향 인장응력(σ_2) 구하는 공식

$$\sigma_2 = 2 \cdot \sigma_1 = \frac{PD}{2t} \, [\text{kg/cm}^2] = \frac{PD}{200t} \, [\text{kg/mm}^2]$$

$$= \frac{8 \times 600}{200 \times 10} = 2.4 \, \text{kgf/mm}^2$$

【참고】   암기법 : 원주리(2), 축사(4)

※ 내압을 받는 파이프(원통형 동체)에 생기는 응력
- 길이 방향(또는, 축방향)의 인장응력(σ_1)

$$\sigma_1 = \frac{PD}{4t} \, [\text{kg/cm}^2] = \frac{PD}{400t} \, [\text{kg/mm}^2]$$

- 원주 방향의 인장응력(σ_2)

$$\sigma_2 = 2 \cdot \sigma_1 = \frac{PD}{2t} \, [\text{kg/cm}^2] = \frac{PD}{200t} \, [\text{kg/mm}^2]$$

51

다음 중 대차(Kiln Car)를 쓸 수 있는 가마는?

① 등요 (Up Hil Kiln)

② 선가마 (Shaft Kiln)

③ 회전요 (Rotary Kiln)

④ 셔틀가마 (Shuttle Kiln)

【해설】

※ 셔틀요(Shuttle kiln, 셔틀 가마)

- 연속식인 터널요에서 소성이 곤란한 소량, 다종, 복잡한 형상 등의 단점을 보완하고 또한, 불연속식인 단가마의 단점을 보완하기 위해 이용되는 것으로 가마 1개당 2대 이상의 대차를 사용하여 1개 대차에서 소성시킨 피가열 제품을 급냉파가 생기지 않을 정도의 고온까지 냉각하여 1개 대차를 끌어내고, 다른 대차를 이송하여 소성작업을 한다.

52

큐폴라(Cupola)에 대한 설명으로 옳은 것은?

① 열효율이 나쁘다.

② 용해시간이 느리다.

③ 제강로의 한 형태이다.

④ 대량의 쇳물을 얻을 수 있다.

【해설】 ※ 큐폴라(Cupola, 용선로)의 특징

㉠ 노의 용량은 1시간에 용해할 수 있는 선철의 톤(ton)수로 표시한다.

㉡ 대량의 쇳물을 얻을 수 있어, 대량생산이 가능하다.

㉢ 다른 용해로에 비해 열효율이 좋고, 용해시간이 빠르고 경제적이다.

㉣ 쇳물이 코크스 속을 지나므로 코크스 속의 탄소, 황, 인 등의 불순물이 들어가기 쉽다.

㉤ 용해 특성상 탄소, 인, 황 등의 불순물이 흡수되어 주물의 질이 저하된다.

53

허용인장응력 15 kgf/mm², 두께 10 mm 의 강판을 150 mm V 홈 맞대기 용접이음을 할 경우 그 효율이 85% 라면 용접두께 t 는 얼마로 하여야 하는가? (단, 용접부의 허용응력 σ 는 9 kgf/mm² 이다.)

① 8 mm   ② 10 mm

③ 12 mm   ④ 14 mm

【해설】 ※ 맞대기 용접이음의 강도 계산

- 하중 $W = \sigma \cdot h \cdot \ell$

$$= 15 \, \text{kgf/mm}^2 \times 10 \, \text{mm} \times 150 \, \text{mm}$$

$$= 22500 \, \text{kgf}$$

- 용접부의 허용응력은 이음효율(η)을 고려한다.

$$W \times \eta = \sigma_a \cdot t \cdot \ell$$

$$22500 \, \text{kgf} \times 0.85 = 9 \, \text{kgf/mm}^2 \times t \times 150 \, \text{mm}$$

$$\therefore \text{용접두께 } t = 14.16 \approx \mathbf{14 \, mm}$$

54

폐열회수 방식에 의한 요의 분류에 해당하는 것은?

① 연속식   ② 환열식

③ 횡염식   ④ 반연속식

【해설】

❷ 폐열회수 방식에 의해서는 축열식, 환열식으로 분류한다.

【참고】   암기법 : 연속불반

※ 조업방식(작업방식)에 따른 요로의 분류

   ㉠ 연속식

      - 터널요, 윤요(고리가마), 견요(샤프트로), 회전요(로터리 가마)

   ㉡ 불연속식   암기법 : 불횡 승도

      - 횡염식요, 승염식요, 도염식요

   ㉢ 반연속식

      - 셔틀요, 등요

55

대향류 열교환기에서 가열유체는 260 ℃에서 120 ℃로 나오고 수열유체는 70 ℃에서 110 ℃로 가열될 때 전열 면적은? (단, 열관류율은 125 W/m²·℃ 이고, 총 열부하는 160 kW 이다.)

① 7.24 m²   ② 14.06 m²

③ 16.04 m²   ④ 23.32 m²

【해설】   암기법 : 교관 온면

• 교환열 공식 $Q = K \cdot \Delta t_m \cdot A$

$$160000 = 125 \times \frac{(260 - 110) - (120 - 70)}{\ln\left(\frac{260 - 110}{120 - 70}\right)} \times A$$

이제, 네이버에 있는 에너지아카데미 카페(주소 : **cafe.naver.com/2000toe**)의 "방정식 계산기 사용법 강의"로 A를 미지수 x로 놓고 입력하면

∴ 전열면적 A = 14.0622 ≒ **14.06 m²**

【참고】 ※ 대수평균온도차(LMTD, Δt_m)

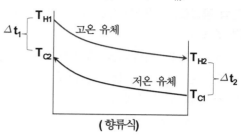

(향류식)

• 향류식 $\Delta t_m = \dfrac{\Delta t_1 - \Delta t_2}{\ln\left(\dfrac{\Delta t_1}{\Delta t_2}\right)}$

$$= \frac{(T_{H1} - T_{C2}) - (T_{H2} - T_{C1})}{\ln\left(\dfrac{T_{H1} - T_{C2}}{T_{H2} - T_{C1}}\right)}$$

56

증기 트랩을 기계식, 온도조절식, 열역학적 트랩으로 구분할 때 온도조절식 트랩에 해당하는 것은?

① 버킷 트랩

② 플로트 트랩

③ 벨로즈식 트랩

④ 디스크형 트랩

【해설】 ※ 작동원리에 따른 증기트랩의 분류 및 종류

분류	작동원리	종류
기계식 트랩	증기와 응축수의 비중차를 이용하여 분리한다. (버킷 또는 플로트의 부력을 이용)	버킷식 플로트식
온도조절식 트랩	증기와 응축수의 온도차를 이용하여 분리한다. (금속의 신축성을 이용)	바이메탈식 **벨로즈식** 다이어프램식
열역학적 트랩	증기와 응축수의 열역학적 특성차를 이용하여 분리한다.	디스크식 오리피스식

57

금속 공업로의 에너지 절감대책으로 가장 거리가 먼 것은?

① 처리 재료 보유열을 유효하게 이용한다.
② 연소용 공기의 여열을 곧바로 방열시킨다.
③ 배열을 유효하게 이용하고 방사열량의 저감대책을 마련한다.
④ 공연비의 개선 및 노 설비의 유기적 결합에 의한 배열의 효율적인 이용을 기한다.

【해설】
❷ 연소가스의 배기열을 이용하여 보일러에 공급되는 연소용 공기를 예열함으로써 연료의 절약과 증발량의 증가 및 열효율을 향상시켜 에너지를 절감한다.

58

다음 중 염기성 제강로의 용강이나 광재가 접촉되는 부분에 사용하는 내화물로 가장 적합한 것은 어느 것인가?

① 규석질 내화물
② 마그네시아질 내화물
③ 고 알루미나질 내화물
④ 샤모트질 내화물

【해설】　　　　　암기법 : 염병할~ 포돌이 마크

① 규석질 내화물 : 산성 내화물
❷ 마그네시아질 내화물 : 염기성 내화물
③ 고 알루미나질 내화물 : 중성 내화물
④ 샤모트질 내화물 : 산성 내화물

【key】마그네시아질 내화물은 염기성 내화물이므로 동일한 화학적 성질인 염기성 슬래그에 대한 저항이 크다. (내침식성이 크다.)

59

온도 300℃의 평면벽에 열전달율 0.25 kJ/m·h·℃의 보온재가 두께 50 mm로 시공되어 있다. 평면벽으로부터 외부 공기로의 배출열량은 약 몇 kJ/m²·h 인가? (단, 공기온도 20℃, 보온재 표면과 공기와의 열전달계수는 33.5 kJ/m²·h·℃ 이다.)

① 918
② 1154
③ 1218
④ 1368

【해설】　　　　　암기법 : 교관온면

• 평면벽에서의 손실열(교환열) 계산공식 $Q = K \cdot \Delta t \cdot A$

한편, 총괄열전달계수(K)　$K = \dfrac{1}{\dfrac{d_1}{\lambda_1} + \dfrac{1}{\alpha}}$ 이므로

$$Q = \frac{\Delta t \cdot A}{\dfrac{d_1}{\lambda_1} + \dfrac{1}{\alpha}} = \frac{(300 - 20) \times 1}{\dfrac{0.05}{0.25} + \dfrac{1}{33.5}} = 1218.18$$

$$\fallingdotseq 1218 \text{ kJ/m}^2 \cdot \text{h}$$

60

반규석질 내화물의 특징에 대한 설명으로 옳은 것은?

① 염기성 내화물이다.
② 열에 의한 치수변동율이 작다.
③ 저온에서 강도가 작다.
④ MgO, ZnO 를 50 ~ 80% 함유한다.

【해설】　　　　　암기법 : 산규 납점샤

① 산성내화물의 종류에는 규석질(석영질), 납석질(반규석질), 샤모트질, 점토질 등이 있다.
❷ 열에 의한 팽창·수축이 적으므로 치수변동율이 작다.
③ 저온에서 규석질은 압축강도가 작은 것에 비하여, 반규석질은 저온에서도 압축강도가 크다.
④ 주성분은 파이로필라이트(Pyrophillite, 납석, SiO_2 + Al_2O_3)이다. (MgO는 염기성 내화물 성분이다.)

제4과목 **열설비 안전관리 및 검사기준**

61
최고사용압력이 0.7 MPa 이상인 보일러의 증기 공급, 차단을 위하여 설치하는 밸브는?

① 스톱밸브   ② 게이트밸브
③ 감압밸브   ④ 체크밸브

【해설】   [열사용기자재의 검사기준 22.6.2]

❶ 최고사용압력이 0.7 MPa 이상인 증기 보일러의 증기 분출구에는 증기의 공급 및 차단을 위하여 스톱밸브를 갖추어야 한다.

62
검사대상기기의 검사 유효기간의 기준으로 틀린 것은?

① 검사에 합격한 날의 다음날부터 기산한다.
② 검사에 합격한 날이 검사유효기간 만료일 이전 60일 이내인 경우 검사유효기간 만료일의 다음날부터 기산한다.
③ 검사를 연기한 경우의 검사유효기간은 검사 유효기간 만료일의 다음 날부터 기산한다.
④ 산업통상자원부장관은 검사대상기기의 안전 관리 또는 에너지효율 향상을 위하여 부득이 하다고 인정할 때에는 유효기간을 조정 할 수 있다.

【해설】   [에너지이용합리화법 시행규칙 31조의8.]

❷ 검사에 합격한 날이 검사유효기간 만료일 이전 **30일** 이내인 경우 검사유효기간 만료일의 다음날부터 기산한다.

63
보일러 내부의 전열면에 스케일이 부착되어 발생하는 현상이 아닌 것은?

① 전열면 온도 상승

② 증발량 저하
③ 수격현상 발생
④ 보일러수의 순환 방해

【해설】

❸ 증기 배관에 충격을 가하는 수격작용(워터햄머)은 관로 내 유속의 급변으로 인한 압력변화 또는 배관 내 응축수로 인하여 발생하는 현상이다.

64
보일러의 노통, 연소실, 연관 등이 과열이 되면 그 부분의 강도가 저하되는데 이것이 심한 경우에는 보일러의 압력에 못 견디어 안쪽으로 오므라드는 현상은?

① 라미네이션   ② 팽출
③ 블리스터   ④ 압궤

【해설】 ※ 보일러의 손상의 종류

㉠ 과열(Over heat)
- 보일러수의 이상감수에 의해 수위가 안전저수위 이하로 내려가거나 보일러 내면에 스케일 부착으로 강판의 전열이 불량하여 보일러 동체의 온도상승으로 강도가 저하되어 압궤 및 팽출 등이 발생하여 강판의 변형 및 파열을 일으키는 현상을 말한다.

㉡ 균열(Crack 크랙 또는, 응력부식균열, 전단부식)
- 보일러 강판의 이음부분, 리벳의 구멍부분, 스테이를 갖고 있는 부분 등이 증기압력과 온도에 의해 끊임없이 반복해서 응력을 받게 됨으로써 이음부분에 부식으로 인하여 균열(Crack, 금)이 생기거나 갈라지는 현상을 말한다.

㉢ 압궤(Collapse)
- 노통이나 화실과 같은 원통 부분이 외측으로부터의 압력에 견딜 수 없게 되어 안쪽으로 짓눌려 오목해지거나 찌그러져 찢어지는 현상을 말한다.

㉣ 팽출(Bulge)
- 동체, 수관, 겔로웨이관 등과 같이 인장응력을 받는 부분이 국부과열에 의해 강도가 저하되어 압력을 견딜 수 없게 되어 바깥쪽으로 볼록하게 부풀어 튀어나오는 현상을 말한다.

ⓛ 블리스터(Blister)

　- 화염에 접촉하는 라미네이션 부분이 가열로 인하여 부풀어 오르는 팽출 현상이 생기는 것을 말한다.

ⓗ 라미네이션(Lamination)

　- 보일러 강판이나 배관 재질의 두께 속에 제조 당시의 가스체 함입으로 인하여 2장의 층을 형성하며 분리되는 현상을 말한다.

65

다음 에너지이용 합리화법의 목적에 관한 내용이다. (　　)안의 A, B에 각각 들어갈 용어로 옳은 것은?

> 에너지이용 합리화법은 에너지의 수급을 안정시키고 에너지의 합리적이고 효율적인 이용을 증진하며 에너지소비로 인한 (A)을(를) 줄임으로써 국민 경제의 건전한 발전 및 국민복지의 증진과 (B)의 최소화에 이바지함을 목적으로 한다.

① A = 환경파괴, B = 온실가스

② A = 자연파괴, B = 환경피해

③ A = 환경피해, B = 지구온난화

④ A = 온실가스배출, B = 환경파괴

【해설】　　　　　　　　　[에너지이용합리화법 제1조.]

• 에너지이용 합리화법의 목적은 에너지의 수급을 안정시키고 에너지의 합리적이고 효율적인 이용을 증진하며 에너지 소비로 인한 **환경피해**를 줄임으로써 국민경제의 건전한 발전 및 국민복지의 증진과 **지구온난화**의 최소화에 이바지함을 목적으로 한다.

【key】※ 에너지이용합리화법의 목적

　　　　　 암기법 : 이경복은 온국수에 환장한다.

　- 에너지**이용**효율증진, **경제**발전, **복지**증진, **온**난화의 최소화, **국**민경제, **수**급안정, **환**경피해감소

66

에너지법에 따라 에너지기술개발 사업비의 사업에 대한 지원항목에 해당되지 <u>않는</u> 것은?

① 에너지기술의 연구·개발에 관한 사항

② 에너지기술에 관한 국내협력에 관한 사항

③ 에너지기술의 수요조사에 관한 사항

④ 에너지에 관한 연구인력 양성에 관한 사항

【해설】　　　　　　　　　[에너지법 제14조의 4항.]

• 에너지기술개발사업비는 다음 각 호의 사업 지원을 위하여 사용하여야 한다.

　㉠ 에너지기술의 연구·개발

　㉡ 에너지기술의 수요 조사

　㉢ 에너지사용기자재와 에너지공급설비 및 그 부품에 관한 기술개발

　㉣ 에너지기술 개발 성과의 보급 및 홍보

　㉤ 에너지기술에 관한 국제협력

　㉥ 에너지에 관한 연구인력 양성

　㉦ 에너지 사용에 따른 대기오염을 줄이기 위한 기술개발

　㉧ 온실가스 배출을 줄이기 위한 기술개발

　㉨ 에너지기술에 관한 정보의 수집·분석 및 제공과 이와 관련된 학술활동

　㉩ 평가원의 에너지기술개발사업 관리

67

다음 중 가스관의 누설검사 시 사용하는 물질로 가장 적합한 것은?

① 소금물　　　　　　　② 증류수

③ 비눗물　　　　　　　④ 기름

【해설】

❸ 가스관 누설검사 시 1차적으로 비눗물을 사용하여 육안으로 확인한 후 정밀검사를 위해서 가스검지기, 가연성가스 측정기 등을 사용한다.

68

에너지이용 합리화법상 시공업자단체의 설립, 정관의 기재 사항과 감독에 관하여 필요한 사항은 누구의 령으로 정하는가?

① 대통령령 　　　② 산업통상자원부령
③ 고용노동부령 　　④ 환경부령

【해설】 [에너지이용합리화법 제41조의4항]
- 시공업자단체의 설립, 정관의 기재사항과 감독에 관하여 필요한 사항은 **대통령령**으로 정한다.

69

에너지이용 합리화법상 에너지사용자와 에너지 공급자의 책무로 맞는 것은?

① 에너지의 생산·이용 등에서의 그 효율을 극소화
② 온실가스배출을 줄이기 위한 노력
③ 기자재의 에너지효율을 높이기 위한 기술 개발
④ 지역경제발전을 위한 시책 강구

【해설】 [에너지이용합리화법 제3조.]
※ 정부와 에너지사용자·공급자 등의 책무
- 에너지사용자와 에너지공급자는 국가나 지방자치 단체의 에너지시책에 적극 참여하고 협력하여야 하며, 에너지의 생산·전환·수송·저장·이용 등에서 그 효율을 극대화하고 온실가스의 배출을 줄이도록 노력하여야 한다.

70

보일러 운전 취급상의 부주의에 의해 발생하는 사고가 아닌 것은?

① 구조 불량
② 저수위에 의한 과열
③ 압력초과
④ 급수처리 불량

【해설】
❶ 구조 불량은 취급상의 부주의에 의해 발생하는 사고가 아니라, 제작상의 원인에 해당한다.

【참고】 ※ 보일러 안전사고의 원인
㉠ 제작상의 원인
- 재료불량, 강도부족, 구조불량, 설계불량, 용접 불량, 부속장치의 미비, 안전장치 고장 등
㉡ 취급상의 원인
- 저수위에 의한 과열, 압력초과, 미연가스폭발, 역화, 급수처리불량으로 인한 부식, 부속장치 및 부속기기의 정비 불량 등

71

특정열사용기자재 중 산업통상자원부령으로 정하는 검사대상기기를 폐기한 경우에는 폐기한 날부터 며칠 이내에 폐기신고서를 제출해야 하는가?

① 7일 이내에 　　② 10일 이내에
③ 15일 이내에 　　④ 30일 이내에

【해설】 [에너지이용합리화법 시행규칙 제31조의 23.]
- 검사대상기기의 설치자가 그 사용 중인 검사대상기기를 폐기한 때에는 그 폐기한 날로부터 **15일** 이내에 폐기 신고서를 한국에너지공단 이사장에게 신고하여야 한다.

72

증기보일러에는 원칙적으로 2개 이상의 안전 밸브를 설치하여야 한다. 1개만 설치해도 되는 전열면적의 기준은?

① 10m² 이하 　　② 30m² 이하
③ 50m² 이하 　　④ 100m² 이하

【해설】 ※ 안전밸브의 설치개수
- 증기보일러에는 2개 이상의 안전밸브를 설치하여야 한다. (다만, 전열면적 **50 m² 이하**의 증기보일러에서는 1개 이상으로 한다.)

73

보일러수에 함유된 탄산가스는 주로 어떤 장애를 일으키는가?

① 물때   ② 절연

③ 점식   ④ 부하

【해설】 ※ 점식(Pitting 피팅 또는, 공식)

• 보호피막을 이루던 산화철이 파괴되면서 용존가스인 O_2, CO_2의 전기화학적 작용에 의한 보일러 각 부의 내면에 반점 모양의 구멍을 형성하는 촉수면의 전체 부식으로서 보일러 내면 부식의 약 80%를 차지하고 있으며, 고온에서는 그 진행속도가 매우 빠르다.

74

보일러 유류연료 연소 시에 가스폭발이 발생하는 원인이 아닌 것은?

① 연소 도중에 실화되었을 때

② 프리퍼지 시간이 너무 길어졌을 때

③ 소화 후에 연료가 흘러들어 갔을 때

④ 점화가 잘 안되는데 계속 급유했을 때

【해설】

❷ 노내에 잔류한 누설가스나 미연소가스로 인하여 역화나 가스폭발 사고의 원인이 되므로, 이에 대비하기 위하여 보일러 점화 전에 노내의 미연소가스를 송풍기로 완전히 배출시키는 프리퍼지(Prepurge)를 실시하여야 한다.

75

에너지이용 합리화법에 따라 에너지진단을 면제 또는 에너지진단주기를 연장 받으려는 자가 제출해야 하는 첨부서류에 해당하지 않는 것은?

① 보유한 효율관리기자재 자료

② 중소기업임을 확인할 수 있는 서류

③ 에너지절약 유공자 표창 사본

④ 친에너지형 설비 설치를 확인할 수 있는 서류

【해설】   [에너지이용합리화법 시행규칙 제29조의2항.]

※ 에너지진단의 면제 등

– 에너지진단을 면제 또는 에너지진단주기를 연장 받으려는 자는 다음에 해당하는 서류를 첨부하여 산업통상자원부장관에게 제출하여야 한다.

㉠ 자발적 협약 우수사업장임을 확인할 수 있는 서류

㉡ 중소기업임을 확인할 수 있는 서류(에너지 경영시스템 구축 및 개선 실적을 확인할 수 있는 서류)

㉢ 에너지절약 유공자 표창 사본

㉣ 에너지진단결과를 반영한 에너지절약 투자 및 개선실적을 확인할 수 있는 서류

㉤ 친에너지형 설비 설치를 확인할 수 있는 서류(설비의 목록, 용량 및 설치사진 등)

㉥ 에너지관리시스템 구축 내역을 확인할 수 있는 서류

㉦ 목표관리업체로서 온실가스·에너지 목표관리 실적을 확인할 수 있는 서류

76

보일러의 만수보존법에 대한 설명으로 틀린 것은?

① 밀폐 보존방식이다.

② 겨울철 동결에 주의하여야 한다.

③ 보통 2 ~ 3개월의 단기보존에 사용된다.

④ 보일러수는 pH 6 정도 유지되도록 한다.

【해설】

❹ 2 ~ 3개월 이내의 단기보존법인 만수보존법은 탄산나트륨, 인산나트륨과 같은 알칼리 성분과 탈산소제(약품)을 넣어 관수(보일러수)의 pH 12 정도로 약간 높게 하여 약알칼리성으로 만수 보존한다. (알칼리 부식은 pH 13 이상에서 발생한다.)

77

노통연관 보일러에서 노통에 돌기가 설치되어 있는 경우에 노통의 바깥면과 연관 사이의 거리는 몇 mm 이상으로 하여야 하는가?

① 30 ② 40
③ 50 ④ 60

【해설】　　　　　　[열사용기자재의 검사기준 7.8]

• 노통연관 보일러의 노통 바깥면과 이것에 가장 가까운 연관의 면과는 50 mm 이상의 틈새를 두어야 한다. 다만, 노통에 돌기를 설치하는 경우는 돌기의 바깥면과 이것에 가장 가까운 연관의 면과는 30 mm 이상의 틈새를 두어야 한다.

78

에너지이용 합리화법상 평균에너지소비효율에 대하여 총량적인 에너지효율의 개선이 특히 필요하다고 인정되는 기자재는?

① 승용자동차
② 강철제보일러
③ 1종압력용기
④ 축열식전기보일러

【해설】　　　　　　[에너지이용합리화법 제17조의1항.]

※ 평균에너지소비효율제도
　- 산업통상자원부장관은 각 효율관리기자재의 에너지소비효율 합계를 그 기자재의 총수로 나누어 산출한 평균에너지소비효율에 대하여 총량적인 에너지효율의 개선이 특히 필요하다고 인정되는 기자재로서 **승용자동차** 등 산업통상자원부령으로 정하는 기자재 (이하 "평균효율관리기자재"라 한다)를 제조하거나 수입하여 판매하는 자가 지켜야 할 평균에너지소비효율을 관계 행정기관의 장과 협의하여 고시하여야 한다.

79

자동제어 보일러가 가동 중에 실화가 된 경우에도 연료 및 연소용 공기가 멈추지 않고 계속 공급된다면 1차적으로 어떤 부품에 고장이 있다고 생각할 수 있는가?

① 통풍장치 ② 연료분무노즐
③ 화염검출기 ④ 오일예열기

【해설】

• 화염검출기는 연소실 내의 화염의 유무를 검출하여 연소상태를 감시하고, 실화(불꺼짐)가 된 경우나 이상 화염 시에는 연료 전자밸브에 신호를 보내서 연료공급 밸브를 차단시켜 보일러 운전을 정지시키고 미연소가스로 인한 폭발 사고를 방지해 주는 역할을 하는데, 고장 시에는 감지를 못하므로 연료공급을 멈추지 못하게 된다.

80

보일러의 안전작업을 수행하기 위하여 부착하는 부속장치에 해당되지 <u>않는</u> 것은?

① 저수위 경보기 ② 화염 검출기
③ 댐퍼 ④ 증기압력 제한기

【해설】

※ 보일러 안전장치의 종류
　- 안전밸브, 방출밸브, 가용마개, 방폭문(폭발구), 압력계, 저수위 경보기, 증기압력 제한기, 증기압력 조절기, 화염검출기

❸ 댐퍼는 연소가스 배출량의 조절로 노내의 통풍압(통풍력)을 조절하는 장치이다.

2022년 에너지관리산업기사 CBT 복원문제(1)

평균점수

제1과목 열 및 연소설비

01

열펌프의 성능계수를 나타낸 식은? (단, Q_1은 고열원의 열량, Q_2는 저열원의 열량이다.)

① $\dfrac{Q_1}{Q_1 - Q_2}$ ② $\dfrac{Q_2}{Q_1 - Q_2}$

③ $\dfrac{Q_1 - Q_2}{Q_1}$ ④ $\dfrac{Q_1 - Q_2}{Q_2}$

【해설】

• 열펌프의 성능계수 $COP_H = \dfrac{Q_1}{W} = \dfrac{Q_1}{Q_1 - Q_2}$

【참고】

※ 열펌프(COP_H)와 냉동기(COP_R)의 성능계수 관계

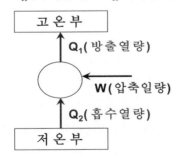

$COP_H = \dfrac{Q_1}{W}$ 에서,

에너지보존법칙에 의해 $Q_1 = Q_2 + W$

$= \dfrac{Q_2 + W}{W} = \dfrac{Q_2}{W} + 1 = COP_R + 1$

∴ $COP_H - COP_R = 1$

암기법 : 따뜻함과 차가움의 차이는 1 이다.

02

다음 연료의 이론공기량 (Sm^3/Sm^3)의 개략치가 가장 큰 것은?

① 오일가스   ② 석탄가스
③ 천연가스   ④ 액화석유가스

【해설】

① 오일가스 : 석유류를 열분해시켜 수소를 첨가하여 만들어지는 가스로서, H_2가 53.5%, CH_4 23%를 차지한다.

    $H_2 + \dfrac{1}{2}O_2 \rightarrow H_2O$

② 석탄가스 : 석탄을 밀폐된 용기에서 1000℃ 내외로 건류할 때 얻어지는 가스로서, H_2 51%, CH_4 32%, CO 8% 차지한다.

③ 천연가스 : 천연적으로 발생하는 가스로써 CH_4이 주성분이다.

    $CH_4 + 2O_2 \rightarrow CO_2 + 2H_2O$

❹ 액화석유가스(LPG) : 석유를 정제할 때 부산물로 얻어지는 가스를 상온에서 $6 \sim 7\,kg/cm^2$로 가압하여 액화한 것으로 주성분은 프로판(C_3H_8)과 부탄(C_4H_{10})이다.

    $C_3H_8 + 5O_2 \rightarrow 3CO_2 + 4H_2O$
    $C_4H_{10} + 6.5O_2 \rightarrow 4CO_2 + 5H_2O$

∴ 각 연료의 연소반응식으로부터 이론산소량(O_2)의 몰수가 많은 것이 이론공기량도 큰 것이므로, 이론산소량(O_2)의 몰수를 많이 필요로 하는 프로판(C_3H_8)과 부탄(C_4H_{10})이 주성분인 액화석유가스(LPG)의 이론공기량(A_0)이 가장 크다.

03

열역학 제1법칙을 가장 잘 설명한 것은?

① 열에너지가 기계적 에너지 보다 고급의 에너지 형태이다.

② 열은 일과 같이 에너지의 이동 형태의 하나로 일과 열은 서로 변환될 수 있다.

③ 제1종의 영구기관은 에너지의 공급 없이 영구히 일할 수 있는 기관으로 실현 가능하다.

④ 시스템과 주위의 총 엔트로피는 계속 증가한다.

【해설】 ※ 열역학 제1법칙

• 일과 열은 모두 에너지의 한 형태로서 일을 열로 변환시킬 수도 있고 열을 일로 변환시킬 수도 있다. 서로의 변환에는 에너지보존 법칙이 반드시 성립한다. 즉, 공급열량(Q_1) = 방출열량(Q_2) + 일의 양(W)

04

기체가 가역 단열 팽창할 때와 가역 등온 팽창할 때 내부에너지의 감소량은?

① 같다. (변화가 없다.)

② 알 수 없다.

③ 등온팽창 때가 크다.

④ 단열팽창 때가 크다.

【해설】

• 가역 단열 팽창 : 열역학 제1법칙 $\delta Q = dU + W$ 에서, 단열에서는 전달열량(δQ) = 0 이므로, W = - dU 이다. 따라서, 기체의 체적이 팽창하는 일(W)을 한 만큼 내부에너지는 감소한다.

• 가역 등온 팽창 : 내부에너지 변화량 $dU = C_v \cdot dT$ 에서, 등온에서는 dT = 0 이므로, dU = 0 (즉, 내부에너지 변화는 없다.)

∴ 내부에너지 감소량은 가역 단열팽창일 때가 가역 등온팽창일 때 보다 W만큼 크다.

05

-10 ℃의 얼음 1 kg에 일정한 비율로 열을 가할 때 시간과 온도의 관계를 바르게 나타낸 그림은? (단, 압력은 일정하다.)

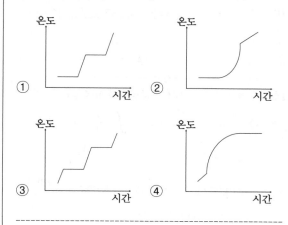

【해설】 ※ 얼음의 가열곡선

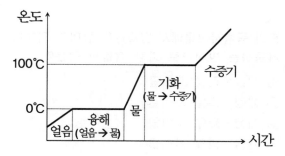

06

메탄 1 Sm³의 연소에 소요되는 이론공기량 (Sm³)은?

① 8.9
② 9.5
③ 11.1
④ 13.2

【해설】

※ 이론공기량(A_0)을 구할 때, 연소반응식을 세우자.

• CH_4 + $2O_2$ → CO_2 + $2H_2O$

(1 kmol)　(2 kmol)

(1 Sm³)　(2 Sm³)

∴ $A_0 = \dfrac{O_0}{0.21} = \dfrac{2}{0.21} ≒ 9.5\ Sm^3/Sm^3$-메탄

07

1 kg의 공기가 일정 온도 200 ℃에서 팽창하여 처음 체적의 6배가 되었다. 전달된 열량은 약 몇 kJ인가?
(단, 공기의 기체상수는 0.287 kJ/kg·K이다.)

① 243 　　　　　② 321
③ 413 　　　　　④ 582

【해설】 ※ 등온과정에서 전달열량(δQ) = 일($_1W_2$)의 양

- $\delta Q = {}_1W_2 = \int_1^2 P\,dV = \int_1^2 \dfrac{RT}{V}\,dV$

  $= RT \int_1^2 \dfrac{1}{V}\,dV = RT \cdot \ln\left(\dfrac{V_2}{V_1}\right)$

  $= 0.287 \text{ kJ/kg·K} \times (200+273)\text{K} \times \ln\left(\dfrac{6V_1}{V_1}\right)$

  $= 243.23 \text{ kJ} \fallingdotseq \mathbf{243 \text{ kJ}}$

08

증기 동력사이클에서 열효율을 높이기 위하여 사용하는 방식으로 가장 적합한 것은?

① 재열 – 팽창 사이클
② 재생 – 흡열 사이클
③ 재생 – 재열 사이클
④ 재열 – 방열 사이클

【해설】 ※ 재열·재생 사이클

- **재열사이클**은 팽창 후의 증기온도를 높여서 열효율을 증가시킬 뿐만 아니라 증기건도를 높임으로서 물방울로 인한 터빈과의 마찰손실을 줄이는 것이며, **재생사이클**은 배출증기가 갖는 열량을 가급적 복수기에서 버리지 않고 급수의 예열에 재생시켜 열효율을 증가시키는 효과가 있다. 이 양자의 효과를 조합하여 랭킨사이클을 한층 더 열효율을 개선한 사이클을 재열·재생 사이클 이라고 부른다.

【참고】 ※ 재열·재생사이클의 구성요소

- 보일러 → 과열기 → 터빈 → 재열기 → 터빈 → 복수기 → 급수가열기 → 급수펌프

09

화력발전소에서 저위발열량 27500 kJ/kg 인 유연탄을 시간당 170 ton을 사용하여 500000 kW의 전기를 생산하고 있다. 이 화력발전소의 효율(%)은 약 얼마인가?

① 34.5 　　　　　② 38.5
③ 42.5 　　　　　④ 46.5

【해설】　　　　　　　　암기법 : (효율좋은)보일러 사저유

- 보일러 효율(η) = $\dfrac{Q_s}{Q_{in}}\left(\dfrac{\text{유효출열}}{\text{총입열량}}\right) \times 100$

  $= \dfrac{Q_{out}}{m_f \cdot H_L} \times 100$

  $= \dfrac{500000\ kJ/\sec \times \dfrac{3600\sec}{1\ h}}{170 \times 10^3\ kg/h \times 27500\ kJ/kg} \times 100$

  $= 38.5\ \%$

10

압력 0.4 MPa, 체적 0.8 m³ 인 용기에 습증기 2 kg이 들어 있다. 액체의 질량은 약 몇 kg 인가?
(단, 0.4 MPa에서 비체적은 포화액이 0.001 m³/kg, 건포화증기가 0.46 m³/kg이다.)

① 0.131 　　　　　② 0.262
③ 0.869 　　　　　④ 1.738

【해설】

- 액체의 질량을 구하기 위해 건도(x)를 먼저 구하자.

  비체적(v) = $\dfrac{V}{m} = \dfrac{0.8\,m^3}{2\,kg}$ = 0.4 m³/kg 이므로,

  건도 x 일 때 습증기의 비체적(v) 계산 공식은
  $v = v_f + x(v_g - v_f)$ 이다.

  0.4 = 0.001 + x(0.46 - 0.001) 방정식 계산기 사용법으로 x 를 미지수 X로 놓고 구하면 $x \fallingdotseq 0.869$

  따라서, 건도 0.869에 해당하는 것이 건포화증기이므로 나머지인 $(1 - x)$가 액체이다.

- 액체의 질량 = 습증기의 질량 × $(1 - x)$

  = 2 kg × (1 - 0.869) = **0.262 kg**

11

"어떤 물체의 온도를 1℃ 높이는 데 필요한 열량"으로 정의되는 것은?

① 열관류량　　　　② 열전도율
③ 열전달률　　　　④ 열용량

────────────────────

【해설】　　　　　　　　　【암기법】: 큐는 씨암탉

• 열용량 : 어떤 물체의 온도를 단위온도차(1℃, 1K)만큼 올리는데 필요한 열량이다.

• 열량 $Q = c\,m\,\Delta t = C\,\Delta t$ 에서,

　　열용량 $C = \dfrac{Q}{\Delta t}$ [단위 : J/℃, J/K]

　　　　　　$= \dfrac{c\,m\,\triangle t}{\Delta t}$

　　　　　　$= c \cdot m$ (비열 × 질량)

【참고】 열용량(heat capacity)의 기호는 흔히 대문자 C를 사용하여, $C = c \times m$으로 나타내어야 하지만 소문자 c(비열)와의 구별이 혼동되는 어려움이 있다는 점을 이해하고 있어야 한다.

12

2개의 물체가 또 다른 물체와 서로 열평형을 이루고 있으면 그들 상호간에도 서로 열평형 상태에 있다."라는 것은 열역학 몇 법칙인가?

① 열역학 제0법칙　　② 열역학 제1법칙
③ 열역학 제2법칙　　④ 열역학 제3법칙

────────────────────

【해설】

• 열역학 제 0법칙 : 열적 평형의 법칙(온도계의 원리) 시스템 A가 시스템 B와 열적 평형을 이루고 동시에 시스템 C와도 열적 평형을 이룰 때 시스템 B와 C의 온도는 동일하다.

• 열역학 제 1법칙 : 에너지보존 법칙
　　　　　　　　$Q_1 = Q_2 + W$

• 열역학 제2법칙 : 열 이동의 법칙 또는, 에너지전환 방향에 관한 법칙
　　　　$T_1 \rightarrow T_2$ 로 이동한다, $dS \geq 0$

• 열역학 제 3법칙 : 엔트로피의 절대값 정리
　　　　　절대온도 0 K에서, $dS = 0$

13

500℃ 와 0℃ 사이에서 운전되는 카르노 기관의 열효율은?

① 49.9 %　　　　② 64.7 %
③ 85.6 %　　　　④ 100 %

────────────────────

【해설】 ※ 카르노사이클의 열효율 공식 (η_c)

• $\eta_c = \dfrac{W}{Q_1} = \dfrac{Q_1 - Q_2}{Q_1} = 1 - \dfrac{Q_2}{Q_1} = 1 - \dfrac{T_2}{T_1}$

　　$= 1 - \dfrac{273 + 0}{273 + 500} = 0.647 \fallingdotseq \mathbf{64.7\,\%}$

14

이상기체의 가역 단열과정에서 절대온도 T와 압력 P의 관계식으로 옳은 것은?
(단, 비열비 $k = C_p / C_v$ 이다.)

① $T \cdot P^{k-1} = C$　　② $T \cdot P^{k} = C$

③ $T \cdot P^{\frac{k+1}{k}} = C$　　④ $T \cdot P^{\frac{1-k}{k}} = C$

────────────────────

【해설】 ※ 단열변화의 P, V, T 관계식은 다음과 같다.

$$\frac{P_1}{P_2} = \left(\frac{V_2}{V_1}\right)^k = \left(\frac{T_1}{T_2}\right)^{\frac{k}{k-1}}$$

따라서, 관계식의 변형된 표현식은 지수법칙을 이용하는 것이므로

$$\frac{P_1}{P_2} = \left(\frac{T_1}{T_2}\right)^{\frac{k}{k-1}} = \left(\frac{T_2}{T_1}\right)^{\frac{k}{1-k}}$$

양변의 지수에 T항의 역수인 $\left(\dfrac{1-k}{k}\right)$를 곱하여 정리하면,

$$\left(\frac{P_1}{P_2}\right)^{\frac{1-k}{k}} = \frac{T_2}{T_1}$$

$$\therefore\ T_1 \cdot P_1^{\frac{1-k}{k}} = T_2 \cdot P_2^{\frac{1-k}{k}} = \text{Const (일정)}$$

15

15 ℃인 공기 4 kg이 일정한 체적을 유지하며 400 kJ의 열을 받는 경우 엔트로피 증가량은 약 몇 kJ/K인가?

(단, 공기의 정적비열은 0.71 kJ/kg·K이다.)

① 1.13　　② 26.7
③ 100　　④ 400

【해설】　　　　　　　　암기법 : 큐는 씨암탉

• $Q = Cm\Delta T$ 공식을 통해 열을 받은 후 온도(T_2)를 구하자.

열량 $Q = C_V m \Delta T = C_V m(T_2 - T_1)$

400 kJ = 0.71 kJ/kg·K × 4 kg × [T_2 - (15 + 273)]K

방정식 계산기 사용법으로 T_2를 미지수 X로 놓고 구하면

$T_2 ≒ 429 K$

• 엔트로피 변화량(ΔS) 계산

암기법 : 브티알 보자 (VTRV)

$\Delta S = C_V \cdot \ln\left(\dfrac{T_2}{T_1}\right) + R \cdot \ln\left(\dfrac{V_2}{V_1}\right)$ 에서

정적변화인 경우에는 $V_1 = V_2$, $\ln(1) = 0$이므로,

$= C_V \cdot \ln\left(\dfrac{T_2}{T_1}\right) \times m$

$= 0.71 \text{ kJ/kg·K} \times \ln\left(\dfrac{429}{288}\right) \times 4 \text{ kg}$

$≒ 1.13 \text{ kJ/K}$

16

다음 중 Mollier 선도를 이용하여 증기의 상태를 해석할 경우 가장 편리한 계산은?

① 터빈효율 계산
② 엔탈피 변화 계산
③ 사이클에서 압축비 계산
④ 증발시의 체적 증가량 계산

【해설】 ※ 몰리에르 선도(Mollier chart) : H-S 선도

• 엔탈피 H를 세로축에 엔트로피 S를 가로축으로 취하여, 증기의 상태(압력 P, 온도 t, 비체적 v, 건도 x 및 H, S)를 나타낸 선도(즉, H-S선도)를 말하며, 증기의 상태(P, t, v, x, H, S) 중 2개의 상태를 알면 몰리에르(또는, 몰리에) 선도로부터 다른 상태를 알 수 있다. 몰리에르 선도는 증기의 상태를 해석할 경우 엔탈피 변화를 계산하는데 가장 편리하다.

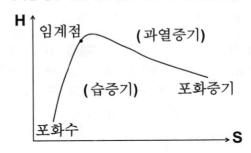

17

증기를 터빈 내부에서 팽창하는 도중에 몇 단으로 나누어 그중 일부를 빼내어 급수의 가열에 사용하는 증기 사이클은?

① 랭킨사이클 (Rankine Cycle)
② 재열사이클 (Reheating Cycle)
③ 재생사이클 (Regenerative Cycle)
④ 추가사이클 (Supplement Cycle)

【해설】 ※ 재생 사이클(Regenerative cycle)

• 랭킨(Rankine)사이클의 열효율이 카르노사이클에 비하여 열효율이 훨씬 낮은 이유는 급수의 정압가열에 있는 것이다. 따라서 열효율을 높이기 위하여 터빈에서 팽창도중의 증기를 일부 빼내어 그 증기에 의해 복수기에서 나오는 저온의 급수를 가열하여 보일러에 공급해 줌으로써, 배출증기가 갖는 열량을 될 수 있는 대로 급수의 예열에 재생시켜 랭킨사이클의 열효율을 열역학적으로 개선한 사이클을 재생 사이클이라고 부른다.

【참고】 ※ 재생사이클의 구성요소

• 보일러 → 과열기 → 터빈 → 복수기 → 급수가열기 → 급수펌프

18

1 kg의 메탄을 20 kg의 공기와 연소시킬 때 과잉 공기율은 약 몇 % 인가?

① 5 %　　　　　② 14 %

③ 17 %　　　　　④ 21 %

【해설】

※ 과잉공기율(%) = (m − 1) × 100 을 구하기 위해 메탄의 이론공기량(A_0) 및 공기비 m을 구하자.

● CH_4　　+　　$2O_2$　　→　　CO_2　+ $2H_2O$

　(1 kmol)　　(2 kmol)

　(16 kg)　　(64 kg)

　(1 kg)　　(64 kg × $\frac{1}{16}$ = 4 kg)

∴ $A_0 = \dfrac{O_0}{0.232} = \dfrac{4\,kg}{0.232} ≒ 17.2$ kg/kg-메탄

● 과잉공기율(%) = $\dfrac{A'}{A_0}\left(\dfrac{\text{과잉공기량}}{\text{이론공기량}}\right)$

= $\dfrac{A - A_0}{A_0} = \dfrac{A}{A_0} - 1$

= $\left(\dfrac{20}{17.2} - 1\right)$ × 100 = 16.279 ≒ **17 %**

19

여과 집진장치를 설명한 것으로 틀린 것은?

① 건식 집진장치의 한 종류이다.

② 외형상의 여과속도가 느릴수록 미세한 입자를 포집할 수 있다.

③ 100℃ 이상의 고온가스, 습가스의 처리에 적합하다.

④ 집진효율이 좋고, 설비비용이 적게 든다.

【해설】 ※ 여과식 집진장치

● 여과식 집진기는 필터(여과재) 사이로 함진가스를 통과시키며 집진하는 방식인데, 습한 함진가스의 경우 필터에 수분과 함께 부착한 입자의 제거가 곤란하므로 일정량 이상의 입자가 부착되면 새로운 필터(여과재)로 교환해줘야 한다.

따라서, 여과식 집진기는 일반적으로 건식의 함진가스의 처리에 적합하다.

【key】 가정용 청소기의 필터를 떠올리게 되면, 젖은 먼지의 흡진은 곤란하다는 것을 이해할 수 있다!

20

몰리에 선도로부터 파악하기 <u>어려운</u> 것은?

① 포화수의 엔탈피

② 과열증기의 과열도

③ 포화증기의 엔탈피

④ 과열증기의 단열팽창 후 상대습도

【해설】 ※ 몰리에르 선도(Mollier chart) : H-S 선도

● 엔탈피 H를 세로축에 엔트로피 S를 가로축으로 취하여, 증기의 상태(압력 P, 온도 t, 비체적 v, 건도 x 및 H, S)를 나타낸 선도(즉, H-S선도)를 말하며, 증기의 상태(P, t, v, x, H, S) 중 2개의 상태를 알면 몰리에르(또는, 몰리에) 선도로부터 다른 상태를 알 수 있다.

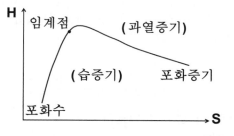

❹ 상대습도는 (습)공기선도에서 알 수 있다.

| 제2과목 | 열설비 설치 |

21

무게를 기준으로 한 단위로 힘(F), 길이(L), 시간(T)을 기준으로 하는 단위계는?

① 절대단위　　　　② 중력단위

③ 국제단위　　　　④ 실용단위

【해설】
- 중력단위계(또는, 공학단위계)의 차원은 질량(M) 대신에 힘(F), 길이(L), 시간(T)의 조합으로 나타낸다. 따라서 [LFT] 로 표시한다.

22

다음 중 액면 측정 방법이 <u>아닌</u> 것은?

① 퍼지식   ② 부자식
③ 정전용량식   ④ 박막식

【해설】
❹ 박막식은 액면계가 아니고 압력계의 일종으로서 직접 지시계를 읽는 방식이다.

【참고】 ※ 액면계의 관측방법에 따른 분류

암기법 : 직접 유리 부검
- 직접법 : 유리관식(평형반사식 포함), 부자식 (플로트식), 검척식
- 간접법 : 압력식(차압식, 다이어프램식, 액저압식, 퍼지식), 기포식, 저항전극식, 방사선식, 초음파식(음향식), 정전용량식, 편위식

23

보일러 열정산에서 출열 항목인 것은?

① 사용 시 연료의 발열량
② 연료의 현열
③ 공기의 현열
④ 배기가스의 보유열

【해설】 ※ 보일러 열정산 시 입·출열 항목의 구별

[입열항목] 암기법 : 연(발,현) 공급증
- 연료의 발열량, 연료의 현열, 연소용 공기의 현열, 급수의 현열, 노내 분입한 증기의 보유열

[출열항목] 암기법 : 유,손(배불방미기)
- 유효출열량(발생증기가 흡수한 열량), 손실열(배기가스, 불완전연소, 방열, 미연분, 기타.)

24

열전대의 접점온도가 T_1, T_3 일 때 열기전력은 접점온도가 T_1, T_2 일 때와 T_2, T_3 일 때의 열기전력을 합한 것과 같다. 이는 다음 어느 열전대 원리에 해당하는가?

① 제벡(Seebeck)효과
② 톰슨(Thomson)효과
③ 중간금속의 법칙
④ 중간온도의 법칙

【해설】 ※ 중간온도의 법칙
- 2개의 상이한 금속으로 구성된 폐회로에서 접점온도가 T_1과 T_3일 때의 열기전력을 E_3 라 하고, T_1과 T_2일 때의 열기전력을 E_1, T_2과 T_3일 때의 열기전력을 E_2 라 하면 $E_3 = E_1 + E_2$ 이다.
즉, 폐회로의 중간온도에 영향을 받지 않는다.

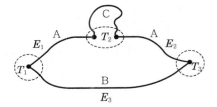

25

시료가스를 채취할 때의 주의 사항으로 <u>틀린</u> 것은?

① 채취구로부터 공기 침입이 없어야 한다.
② 시료가스의 배관은 가급적 짧게 한다.
③ 드레인 배출장치 설치 여부와는 무관하다.
④ 가스성분과 화학성분을 발생시키는 부품을 사용하지 않아야 한다.

【해설】
❸ 시료가스 분석을 위해 시료가스 채취 시 드레인 배출장치를 통해서 분석기 및 채취관에 남아있는 물질을 제거해 주어야 정확한 농도의 가스를 채취할 수 있다.

26

매시간 1600 kg의 연료를 연소시켜서 11200 kg/h의 증기를 발생시키는 보일러의 효율은? (단, 석탄의 저위발열량은 25283 kJ/kg, 발생증기의 엔탈피는 3106 kJ/kg, 급수온도는 23℃ 이다.)

① 73.3 % ② 83.3 %

③ 93.3 % ④ 98.6 %

【해설】   암기법 : (효율좋은) 보일러 사저유

• 보일러 효율(η) = $\dfrac{Q_s}{Q_{in}}\left(\dfrac{유효출열}{총입열량}\right)$

$$= \dfrac{w_2 \cdot (H_2 - H_1)}{m_f \cdot H_L}$$

$$= \dfrac{11200\,kg/h \times (3106 - 23 \times 4.1868)\,kJ/kg}{1600\,kg/h \times 25283\,kJ/kg}$$

$$= 0.833 ≒ 83.3\,\%$$

【참고】 ※ 급수온도에 따른 급수엔탈피(H_1) 계산

• 급수온도가 23℃로만 주어져 있을 때는 물의 비열값인 1 kcal/kg·℃를 대입한 것이므로, 급수 엔탈피 H_1 = 23 kcal/kg 으로 계산해 주면 간단하지만, 그러나 2021년 이후에는 SI 단위계인 kJ/kg으로 출제되고 있으므로 급수엔탈피(H_1)의 값을 kJ/kg 단위로 환산해 주기 위해서는 1 kcal = 4.1868 kJ ≒ 4.186 kJ 의 관계를 반드시 암기하여 활용할 수 있어야 합니다!

27

압력계 선택 시 유의하여야 할 사항으로 틀린 것은?

① 진동이나 충격 등을 고려하여 필요한 부속품을 준비하여야 한다.

② 사용목적에 따라 크기, 등급, 정도를 결정한다.

③ 사용압력에 따라 압력계의 범위를 결정한다.

④ 사용 용도는 고려하지 않아도 된다.

【해설】
❹ 압력계 선택 시 사용 용도를 고려하여 선정한다.

28

검출기에서 검출한 신호를 증폭하거나 다른 신호로 변환시켜 전달시키는 제어기기를 무엇이라 하는가?

① 조작부 ② 조절기

③ 증폭기 ④ 전송기

【해설】
❹ 전송기 : 검출기로부터 받은 신호가 미약하거나 전송에 적합하지 않는 경우 신호를 증폭하거나 다른 신호로 전환시켜 전송하는 기기

29

실제 증발량 1300 kg/h, 급수온도 35 ℃, 전열면적 50 m² 인 노통연관식 보일러의 전열면 열부하는 약 몇 kJ/m²·h 인가?
(단, 발생 증기 엔탈피는 2763 kJ/kg 이다.)

① 28028 ② 68028

③ 70928 ④ 90928

【해설】 ※ 전열면 열부하(또는, 전열면 열발생률 H_b)

• 보일러 전열면적 1 m²에서 1시간 동안에 발생하는 열량을 말한다.

• $H_b = \dfrac{w_2 \cdot (H_2 - H_1)}{A_b}$

$$= \dfrac{발생증기량 \times (발생증기 엔탈피 - 급수엔탈피)}{전열면적}$$

$$= \dfrac{1300\,kg/h \times (2763 - 35 \times 4.1868)\,kJ/kg}{50\,m^2}$$

$$= 68028\,kJ/m^2 \cdot h$$

【참고】
• 급수온도(℃)는 엔탈피의 단위가 kcal/kg일 때에만 동일한 계수값으로 대입한다.
  예를 들어, 급수온도 35℃로만 주어져 있을 때는 물의 비열값인 1 kcal/kg·℃를 대입한 것이므로 급수엔탈피 H_1 = 35 kcal/kg 으로 계산한다.
  그러나, 물의 비열값의 별도 제시가 있거나 급수 엔탈피 H_1의 값이 kJ/kg 단위로 제시되어 있으면 제시된 값 그대로를 대입하여 계산하면 된다.

30
방사된 열에너지의 성질과 양을 이용하여 온도를 측정하는 계기가 <u>아닌</u> 것은?

① 압력식 온도계   ② 광고 온도계
③ 광전관식 온도계   ④ 방사 온도계

【해설】
❶ 압력식 온도계 : 밀폐된 관에 수은 등과 같은 액체나 기체를 봉입한 것으로 온도에 따른 열팽창에 의한 체적변화를 일으켜 관내에 생기는 압력의 변화를 이용하여 온도를 측정하는 방식
② 광고 온도계 : 고온 물체에서 방사되는 에너지 중에서 특정한 파장(보통 0.65μm인 적색단색광)의 방사 에너지(즉, 휘도)를 다른 비교용 표준전구의 필라멘트 휘도와 같을 때 필라멘트에 흐른 전류로부터 온도를 측정하는 방식
③ 광전관식 온도계 : 광고온계는 수동측정이므로 개인차가 생기는 등의 불편함에 따라 광전관식은 이를 자동화한 것으로서 광고온계의 원리와 같은 방식으로 온도를 측정
④ 방사 온도계 : 물체로부터 방사되는 모든 파장의 전 방사에너지를 측정하여 온도를 측정

31
증기보일러의 용량 표시 방법으로 일반적으로 가장 많이 사용되는 것으로 일명 정격용량이라고도 하는 것은?

① 상당증발량   ② 최고사용압력
③ 상당방열면적   ④ 시간당 발열량

【해설】
※ 정격용량 : 정격부하 상태에서 시간당 최대의 연속 증발량을 말하는데, 가장 많이 사용되는 정격용량은 실제증발량을 1기압하에서 100℃의 포화수를 100℃의 (건)포화증기로 증발시킬 때의 값을 기준으로 환산한 상당증발량(또는, 환산증발량, 기준증발량)이다. (단위 : ton/h 또는, kg/h)

32
수소(H_2)가 연소되면 증기를 발생시킨다. 이 증기를 복수시키면 증발열이 발생한다. 만약 수소 1 kg을 연소시켜 증기를 완전 복수시키면 얼마의 증발열을 얻을 수 있는가?

① 2512 kJ   ② 7536 kJ
③ 22609 kJ   ④ 45217 kJ

【해설】 암기법 : 씨(C)팔일,수(H)세상, 황(S)이오
• 표준상태에서, 물의 증발잠열(수증기의 응축잠열)
$R_w = H_h - H_L$
    = 34000 kcal - 28600 kcal
    = 5400 kcal = 5400 × 4.1868 kJ ≒ 22609 kJ

【참고】 ※ 수소의 완전연소 시 고위, 저위발열량
• 고위발열량(H_h)
  $H_2 + \frac{1}{2}O_2 \rightarrow H_2O(액체) + 34000$ kcal/kg
• 저위발열량(H_L)
  $H_2 + \frac{1}{2}O_2 \rightarrow H_2O(기체) + 28600$ kcal/kg

33
다음 중 물리적 가스분석계에 해당하는 것은?

① 오르자트 가스분석계
② 연소식 O_2 계
③ 미연소가스계
④ 열전도율형 CO_2 계

【해설】 ※ 가스분석계의 분류
• 물리적 분석방법
 - 세라믹식, 자기식, 가스크로마토그래피법, 밀도법, 도전율법, 적외선식, 열전도율(또는, 전기식)법
 암기법 : 세자가, 밀도적 열명을 물리쳤다.
• 화학적 분석방법
 - 흡수분석법(오르자트식, 헴펠식), 자동화학식법(또는, 자동화학식 CO_2계), 연소열법(연소식 O_2계, 미연소식)

34

다음 압력값 중 그 크기가 <u>다른</u> 것은?

① 760 mmH₂O　　② 1 kg/cm²

③ 1 atm　　　　④ 14.7 psi

【해설】 ※ 표준대기압(1 atm)의 단위 환산

- 1 atm = 76 cmHg = 760 mmHg = 29.92 inHg
　　　= 10332 mmH₂O = 10332 mmAq
　　　= 10332 kgf/m² = 1.0332 kgf/cm²
　　　= 101325 Pa = 101325 N/m²
　　　= 101.325 kPa ≒ 0.1 MPa
　　　= 1.01325 bar = 1013.25 mbar = 14.7 psi

35

다음 중 보일러 배기가스 중의 O₂ 농도 제어를 통해 연소 공기량을 미세하게 제어하는 시스템은?

① O₂ 트리밍　　② O₂ 분석기

③ O₂ 컨트롤러　　④ O₂ 센서

【해설】

※ O₂ 트리밍(Trimming) 제어시스템

　- 다양한 보일러 부하에서 배기가스(배가스)에 존재하는 O₂ 농도 및 CO 농도를 검출하여 가능한 한 최대의 연소효율을 위한 적정 공연비를 유지하도록 공급되는 공기량을 조절하는 방식의 제어시스템이다.

36

여러 가지 주파수의 정현파(sin파)를 입력신호로 하여 출력의 진폭과 위상각의 지연으로부터 계의 동특성을 규명하는 방법은?

① 시정수　　　② 프로그램제어

③ 주파수응답　　④ 비례제

【해설】

❸ 주파수 응답 : 정현파(사인파) 상의 입력에 대하여 요소의 정상응답을 주파수의 함수로 나타낸 것을 말한다.

37

보일러 냉각기의 진공도가 730 mmHg 일때 절대압력으로 표시하면 약 몇 kg/cm² 인가?

① 0.02　　② 0.04

③ 0.12　　④ 0.18

【해설】　　　　　암기법 : 절대마진

- 절대압력 = 대기압 - 진공압(또는, 진공도)
　　　= 760 mmHg - 730 mmHg
　　　= 30 mmHg × $\frac{1.0332\,kg/cm^2}{760\,mmHg}$
　　　= **0.04 kg/cm²**

【참고】 ※ 표준대기압(1 atm)의 단위 환산

- 1 atm = 76 cmHg = 760 mmHg = 29.92 inHg
　　　= 10332 mmH₂O = 10332 mmAq
　　　= 10332 kgf/m² = 1.0332 kgf/cm²
　　　= 101325 Pa = 101.325 kPa ≒ 0.1 MPa
　　　= 1.01325 bar = 1013.25 mbar = 14.7 psi

38

보일러 열정산 시의 측정 사항이 <u>아닌</u> 것은?

① 배기가스 온도

② 급수 압력

③ 연료 사용량 및 발열량

④ 외기온도 및 기압

【해설】 ※ 보일러 열정산 시 측정항목

　㉠ 외기온도 및 기압

　㉡ 연료 사용량 및 연료의 발열량

　㉢ 급수량 및 급수온도

　㉣ 연소용 공기량, 연소용 공기의 온도

　㉤ 발생증기량, 과열증기 및 재열증기의 온도, 증기압력, 포화증기의 건도

　㉥ 배기가스의 온도 및 압력, 배기가스의 시료, 배기가스의 성분 분석

　㉦ 연소 잔존량, 연소 잔재물의 시료

39

노 내의 온도 측정이나 벽돌의 내화도 측정용으로 사용되는 온도계는?

① 제겔콘
② 바이메탈 온도계
③ 색온도계
④ 서미스터 온도계

【해설】

• 제겔콘(Seger-cone)은 규석질, 점토질 및 내열성의 금속산화물을 적절히 배합하여 만든 삼각추로서, 가열을 시켜 일정온도에 도달하게 되면 연화하여 머리 부분이 숙여지는 형상 변화를 이용하여 내화물의 온도(즉, 내화도) 600℃(SK 022) ~ 2000℃(SK 42) 측정에 사용되는 접촉식 온도계이다.

40

고온 측정용으로 가장 적합한 온도계는?

① 금속저항온도계
② 유리온도계
③ 열전대온도계
④ 압력온도계

【해설】

• 접촉식 온도계 중에서 가장 높은 온도(0 ~ 1600℃)의 측정용으로 가장 적합한 온도계는 열전대 온도계이다.

【참고】 ※ 접촉식 온도계의 종류에 따른 측정온도

종류	온도측정범위(℃)
열전대 온도계	-200 ~ 1600
전기저항 온도계	-200 ~ 500
압력식 온도계	-30 ~ 600
바이메탈 온도계 (또는, 금속 온도계)	-50 ~ 500
수은 온도계	-35 ~ 350
알코올 온도계	-100 ~ 200

41

여러 용도에 쓰이는 물질과 그 물질을 구분하는 기준온도에 대한 설명으로 **틀린** 것은?

① 내화물이란 SK26 이상 물질을 말한다.
② 단열재는 800 ~ 1200℃ 및 단열효과가 있는 재료를 말한다.
③ 무기질 보온재는 500 ~ 800℃에 견디어 보온하는 재료를 말한다.
④ 내화단열재는 SK20 이상 및 단열효과가 있는 재료를 말한다.

【해설】

① 내화물 : 일반적으로 요로 기타 고온 공업용에 쓰이는 불연성의 비금속 무기재료의 총칭이며, 한국산업규격(KS)에서는 SK26번(1580℃) 이상의 내화도를 가진 것을 말한다.

② 단열재 : 800 ~ 1200℃까지의 온도에 견디는 것

③ 무기질 보온재 : 최고 안전사용온도의 범위는 200 ~ 800℃ 정도로서 종류에는 탄산마그네슘, 글라스울(유리섬유), 폼글라스, 암면, 규조토, 석면, 규산칼슘, 필라이트, 세라믹 파이버 등이 있다.

❹ 내화단열재 : 단열재와 내화물의 중간적인 것으로, 1300℃(SK10번) ~ 1500℃(SK20번) 까지의 온도에 견디는 것

【참고】 암기법 : 128백 보유무기, 12월35일 단 내단 내

• 보냉재 - 유기질(보온재) - 무기질(보온재)

1↓	2↓	8↓
0	0	0
0	0	0

　　- 단열재 - 내화단열재 - 내화재

　　12↓　　13 ~ 15↓　　1580℃↑(이상)
　　　　　　　　　　　　　　(SK 26번)

(100단위를 숫자아래에 모두 추가해서 암기한다.)

42

다음 중 관류보일러로 맞는 것은?

① 술저(Sulzer) 보일러
② 라몬트(Lamont) 보일러
③ 벨럭스(Velox) 보일러
④ 타쿠마(Takuma) 보일러

【해설】

※ 수관식 보일러의 종류 [암기법] : 수자 강간
(관)

  ㉠ 자연순환식
    [암기법] : 자는 바·가·(야로)·다, 스네기찌
      (모두 다 **일본식 발음**을 닮았음.)
    - 바브콕, 가르베, 야로, 다꾸마(타쿠마),
      스네기찌, 스털링 보일러
  ㉡ 강제순환식 [암기법] : 강제로 베라~
    - 베록스, 라몬트 보일러
  ㉢ 관류식
    [암기법] : 관류 람진과 벤슨이 앤모르게 술처먹었다
    - 람진, 벤슨, 앤모스, 술처(술저) 보일러

43

다음 중 노재가 갖추어야 할 조건이 <u>아닌</u> 것은?

① 사용 온도에서 연화 및 변형이 되지 않을 것
② 팽창 및 수축이 잘될 것
③ 온도 급변에 의한 파손이 적을 것
④ 사용목적에 따른 열전도율을 가질 것

【해설】 ※ 내화물(노재)의 구비조건

  [암기법] : 내화물차 강내 안 스내?↑, 변소(小)↓가야하는데.
㉠ (상온 및 사용온도에서) 압축강도가 클 것
㉡ 내마모성, 내침식성이 클 것
㉢ 화학적으로 안정성이 클 것
㉣ 내열성 및 내스폴링성이 클 것
㉤ 사용온도에서 연화 변형이 적을 것
㉥ 열에 의한 팽창·수축이 적을 것
㉦ 사용목적에 따른 적당한 열전도율을 가질 것
㉧ 온도변화에 따른 파손이 적을 것

44

증기보일러의 전열면에서 벽의 두께는 22 mm, 열전도율은 50 kJ/m·h·℃ 이고 열전달률은 열가스 측이 18 kJ/m²·h·℃, 물 측이 5200 kJ/m²·h·℃ 이다. 물 측에 평균두께 3 mm 의 물때(열전도율 1.8 kJ/m·h·℃)와 가스 측에 평균두께 1 mm 의 그을음(열전도율 0.1 kJ/m·h·℃)이 부착되어 있는 경우 열관류율은 약 몇 kJ/m²·h·℃ 인가? (단, 전열면은 평면이다.)

① 11.7   ② 14.7
③ 25.3   ④ 28.7

【해설】

● 관류율 $K = \dfrac{1}{\sum R} = \dfrac{1}{\dfrac{1}{\alpha_{열가스}} + \dfrac{d_1}{\lambda_1} + \dfrac{d_2}{\lambda_2} + \dfrac{d_3}{\lambda_3} + \dfrac{1}{\alpha_{물}}}$

$= \dfrac{1}{\dfrac{1}{18} + \dfrac{0.001}{0.1} + \dfrac{0.022}{50} + \dfrac{0.003}{1.8} + \dfrac{1}{5200}}$

$= 14.73 ≒ 14.7\ kJ/m^2 \cdot h \cdot ℃$

45

보온재 선정 시 고려하여야 할 조건 중 <u>틀린</u> 것은?

① 부피비중이 적어야 한다.
② 열전도율이 가능한 높아야 한다.
③ 흡수성이 적고, 가공이 용이하여야 한다.
④ 불연성이고 화재 시 유독가스를 발생하지 않아야 한다.

【해설】 ※ 보온재의 구비조건 [암기법] : 흡열장비다↓

  ㉠ 흡수성, 흡습성이 적을 것
  ㉡ 열전도율이 작을 것
  ㉢ 장시간 사용 시 변질되지 않을 것
  ㉣ 비중(밀도)이 작을 것
  ㉤ 다공질일 것
  ㉥ 견고하고 시공이 용이할 것
  ㉦ 불연성일 것

46

연료전지 중 작동온도가 높고 고효율이며 유연성이 좋으나 전지부품의 고온부식이 일어나는 단점이 있는 것은?

① 용융탄산염 연료전지
② 재생형 연료전지
③ 고분자전해질 연료전지
④ 인산형 연료전지

【해설】 ※ 용융탄산염 연료전지(MCFC)의 특징

<장점> ㉠ 50 ~ 60% 높은 에너지 변환 효율을 갖는다.
  ㉡ 고온에서 작동하여 효율적인 열회수가 가능하다.
  ㉢ 수소, 바이오가스, 천연가스 등 탄소질 연료를 포함한 다양한 연료가 사용 가능하다.
  ㉣ 내구성이 우수하여 수명이 길다.

<단점> ㉠ 600 ~ 700 ℃의 높은 작동 온도를 필요로 한다.
  ㉡ 고온에서 용융탄산염 전해질에 접촉하는 스택 재료의 부식으로 내구성과 호환성 확보가 어렵다.
  ㉢ 작동 시간이 느리다.
  ㉣ 시스템이 복잡하여 설치비 및 유지 보수 비용이 높다.

47

증기 엔탈피가 2800 kJ/kg 이고, 급수 엔탈피가 125 kJ/kg 일 때 증발계수는 약 얼마인가? (단, 100℃, 포화수가 증발하여 100℃의 건포화 증기로 되는데 필요한 열량은 2256.9 kJ/kg 이다.)

① 1.0
② 1.2
③ 1.4
④ 1.6

【해설】 ※ 증발계수(f, 증발력) 암기법 : 계실상

$$\bullet \ f = \frac{w_e}{w_2}\left(\frac{상당증발량}{실제증발량}\right)$$

$$= \frac{\dfrac{w_2 \cdot (H_2 - H_1)}{R_w}}{w_2} = \frac{H_2 - H_1}{R_w} = \frac{H_2 - H_1}{2256.9\,kJ/kg}$$

$$= \frac{(2800 - 125)\,kJ/kg}{2256.9\,kJ/kg} = 1.185 ≒ 1.2$$

48

2개의 증기드럼 하부에 하나의 물드럼을 배치하고 삼각형 순환도를 형성하는 급경사 곡관형 보일러는?

① 가르베 보일러
② 야로 보일러
③ 스털링 보일러
④ 타쿠마 보일러

【해설】 ※ 스털링(Stirling) 보일러

- 1888년 앨런 스털링에 의해 처음 설계된 스털링(Stirling) 보일러는 2개의 증기드럼 하부에 1개의 물드럼을 배치하여 삼각형 순환도를 바탕으로 최고 사용압력은 46 kg/cm² 이고 보일러 효율은 90 ~ 95%인 급경사 곡관형 보일러이다.

49

가마를 사용하는 데 있어 내용수명(耐用壽命)과의 관계가 가장 먼 것은?

① 열처리 온도
② 가마 내의 부착물 (휘발분 및 연료의 재)
③ 온도의 급변
④ 피열물의 열용량

【해설】

❹ 피열물(내화물, 도자기 등)의 열용량은 가마의 내용 수명에 영향을 미치지 않고, 경제적인 가열과 관계가 있다. (피열물의 열용량이 클수록 많은 열이 필요하다.)

50

파이프 바이스의 크기 표시는?

① 레버의 크기
② 고정 가능한 관경의 치수
③ 죠를 최대로 벌려 놓은 전체 길이
④ 프레임(Frame)의 가로 및 세로 길이

【해설】

• 파이프 작업 시 고정하는 도구로 쓰이는 바이스(Vise)의 크기는 고정 가능한 파이프의 최대 관경의 치수로 표시된다.

51

어떤 보일러수의 불순물 허용농도가 500 ppm 이고, 급수량이 1일 50톤 이며, 급수 중의 고형물 농도가 20 ppm 일 때 분출률은 약 얼마인가?

① 2.4 %   ② 3.2 %

③ 4.2 %   ④ 5.4 %

【해설】 ※ 보일러수 분출률(x) 계산

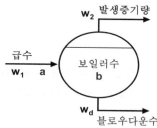

만능공식 : $w_d \times (b - a) = w_1 \times a = w_2 \times a$

● 분출률(x) $= \dfrac{w_d}{w_1} \left(\dfrac{분출량}{급수량} \right) = \dfrac{a}{b - a}$

$= \dfrac{20\,ppm}{(500 - 20)\,ppm} \times 100$

$\fallingdotseq$ **4.2 %**

【참고】 ● 보일러수 분출량(w_d) 계산

$w_d = w_1 \times x$

$= 50\,\text{ton/day} \times 0.042$

$= 2.1\,\text{ton/day}$

52

검사대상 증기보일러의 안전밸브로 사용하는 것은?

① 스프링식 안전밸브

② 지렛대식 안전밸브

③ 중추식 안전밸브

④ 복합식 안전밸브

【해설】

❶ 검사대상 증기보일러에서 가장 많이 사용하는 안전밸브는 증기의 압력초과를 방지하기 위한 목적으로 쓰이는 스프링식 안전밸브이다.

53

피열물을 부압의 가마 내에서 가열 시 피열물이 받는 영향은?

① 환원되기 쉽다.   ② 내부 열이 유출된다.

③ 산화되기 쉽다.   ④ 중성이 유지된다.

【해설】 ※ 환원 소성

● 가마 내를 부압(-)으로 하면 대기압보다 낮은 경우 이므로, 가마 안의 공기(산소)공급을 불충분하게 하여 사용연료가 불완전연소되어 노 내에는 연소 가스중의 CO 양이 많이 증가하게 된다.

그런데 가마 내 고온(800 ~ 900 ℃)의 환경에 있는 CO 가스는 활성이 강하여 주변의 피열물(금속산화물)이 갖고 있던 O성분을 빼앗아서 $CO + \dfrac{1}{2}O_2 \rightarrow CO_2$ 로 완전연소를 하게 된다. 따라서, 가마 내에 있는 피열물이 환원되기 쉬워지는 분위기로 되는 것이다.

54

환수관이 고장을 일으켰을 때 보일러의 물이 유출하는 것을 막기 위하여 하는 배관방법은?

① 리프트 이음 배관법

② 하트포드 연결법

③ 이경관 접속법

④ 증기 주관 관말 트랩 배관법

【해설】

※ 하트포드(hart ford) 연결법

 - 저압증기 난방에 사용되는 보일러 내의 수면이 안전 저수위 이하로 내려가거나 보일러가 빈 상태로 되는 것을 막기 위하여 균형관을 달고 안전저수위 보다 높은 위치에 환수관을 접속하여 보일러수 유출을 막기 위한 배관 연결 방법이다. 균형관에 접속하는 환수주관의 분기 위치는 보일러 표준수면 에서 약 50 mm 아래가 적합하다.

55

증기난방의 응축수 환수방법 중 증기의 순환 속도가 가장 빠른 환수방식은?

① 진공 환수식   ② 기계 환수식
③ 중력 환수식   ④ 강제 환수식

【해설】 ※ 진공환수식 증기난방의 특징

㉠ 증기의 발생 및 순환이 가장 빠르다.

㉡ 응축수 순환이 빠르므로 환수관의 직경이 작다.

㉢ 환수(응축수)는 펌프에 의해 회수하므로 환수관의 기울기를 작게 할 수 있다.

㉣ 방열기 밸브를 통해 방열량을 광범위하게 조절 가능하다.

㉤ 대규모 건축물의 난방에 적합하다.

㉥ 보일러 및 방열기의 설치위치에 제한을 받지 않는다.

56

입형 보일러의 특징에 대한 설명으로 틀린 것은?

① 설치면적이 작다.
② 설치가 간편하다.
③ 전열면적이 작다.
④ 열효율이 좋고 부하능력이 크다.

【해설】 ※ 입형 보일러(수직형 보일러)의 특징

<장점> ㉠ 형체가 적은 소형이므로 설치면적이 적어 좁은 장소에 설치가 가능하다.

㉡ 구조가 간단하여 제작이 용이하며, 취급이 쉽고, 급수처리가 까다롭지 않다.

㉢ 전열면적이 적어 증발량이 적으므로 소용량, 저압용으로 적합하고, 가격이 저렴하다.

㉣ 설치비용이 적으며 운반이 용이하다.

㉤ 연소실 상면적이 적어, 내부에 벽돌을 쌓는 것을 필요로 하지 않는다.

㉥ 최고사용압력은 $10 \, \mathrm{kg/cm^2}$ 이하, 전열면 증발률은 $10 \sim 15 \, \mathrm{kg/m^2 \cdot h}$ 정도이다.

<단점> ㉠ 연소실이 내분식이고 용적이 적어 연료의 완전연소가 어렵다.

㉡ 전열면적이 적어, 열효율이 낮고(40 ~ 50%), 부하능력이 작다.

㉢ 열손실이 많아서 보일러 열효율이 낮다.

㉣ 구조상 증기부(steam space)가 적어서 습증기가 발생되어 송기되기 쉽다.

㉤ 보일러가 소형이므로, 내부의 청소 및 검사가 어렵다.

57

보일러에서 습증기의 발생으로 증기수송관의 방열 손실로 이어지는 원인이 아닌 것은?

① 저수위 운전
② 피크(Peak) 부하 발생
③ 보일러의 저압운전
④ 보일러수 내에 고형물 과다

【해설】

❶ 정상수위보다 고수위로 운전될 때 습증기가 발생된다. 저수위로 운전될 때는 보일러 폭발사고의 위험이 있다.

58

복사열에 대한 반사 특성을 이용하여 보온효과를 얻는 보온재 중 가장 효과가 큰 것은?

① 실리카 화이버   ② 염화비닐 장판
③ 마스틱(Mastic)   ④ 알루미늄 판

【해설】 ※ 알루미늄박(금속질) 보온재의 특징

㉠ 알루미늄박 사이에 공기층을 형성시켜 만든 것이다.

㉡ 금속은 백색 광택의 특성이 있어 복사열에 대하여 반사하는 성질을 지니므로 열전도율이 낮아서 보온 효과가 양호하다.

㉢ 최고 안전사용온도는 1000 ℃ 이하이다.

㉣ 열전도율은 0.028 ~ 0.048 kcal/m·h·℃ 정도이다.

59

보일러실 내의 유류화재 시 소화설비로 가장 적합한 것은?

① 스프링클러 설비
② 분말소화 설비
③ 연결살수 설비
④ 옥내소화전 설비

【해설】

• 유류화재(B급)는 경유, 휘발유, 알코올, LPG 등 인화성 액체 및 기체 등의 화재를 의미하며 소화 방법으로는 공기를 차단시켜 질식소화(할로겐 화합물, CO_2, 분말, 포말소화약제)를 실시한다.

60

관의 안지름을 D(cm), 1 초간의 평균유속을 V(m/sec)라 하면 1초간의 평균유량 Q(m³/sec)을 구하는 식은?

① $Q = D \cdot V$
② $Q = \pi D^2 \cdot V$
③ $Q = \dfrac{\pi}{4} \left(\dfrac{D}{100} \right)^2 V$
④ $Q = \left(\dfrac{V}{100} \right)^2 D$

【해설】

• 체적 유량 Q 또는 $\dot{V} = A \cdot v$
$$= \pi r^2 \cdot v$$
$$= \pi \left(\frac{D}{2} \right)^2 \cdot v$$
$$= \frac{\pi D^2}{4} \times v$$

여기서, A : 단면적(m²), r : 관의 반지름(m)
v : 유속(m/s), D : 관의 직경(m)

한편, 관의 안지름 D cm $= \dfrac{D}{100}$ m 이므로

문제에 제시된 기호로 나타내면 Q $= \dfrac{\pi}{4} \left(\dfrac{D}{100} \right)^2 V$

제4과목 열설비 안전관리 및 검사기준

61

에너지 사용량의 신고 대상인 자가 매년 1월 31일 까지 신고해야 할 사항이 <u>아닌</u> 것은?

① 전년도의 수지계산서
② 전년도의 에너지이용 합리화 실적
③ 해당 연도의 에너지 사용 예정량
④ 에너지 사용기자재의 현황

【해설】 [에너지이용합리화법 제31조.]

※ 에너지다소비업자의 신고 【암기법】: 전 기관에 전해

• 에너지사용량이 대통령령으로 정하는 기준량 (2000 TOE)이상인 에너지다소비업자는 산업 통상자원부령으로 정하는 바에 따라 매년 1월 31일까지 그 에너지사용시설이 있는 지역을 관할 하는 시·도지사에게 다음 사항을 신고하여야 한다.
㉠ 전년도의 분기별 에너지사용량·제품생산량
㉡ 해당 연도의 분기별 에너지사용예정량·제품 생산예정량
㉢ 전년도의 분기별 에너지이용 합리화 실적 및 해당 연도의 분기별 계획
㉣ 에너지사용기자재의 현황
㉤ 에너지관리자의 현황

62

에너지이용 합리화법상 검사대상기기의 설치 자가 그 사용 중인 검사대상기기를 폐기한 때에 는 그 폐기한 날로부터 며칠 이내에 신고하여야 하는가?

① 15일   ② 20일
③ 30일   ④ 60일

【해설】 [에너지이용합리화법 시행규칙 제31조의 23.]

• 검사대상기기의 설치자가 그 사용 중인 검사대상기기를 폐기한 때에는 그 폐기한 날로부터 **15일** 이내에 폐기 신고서를 한국에너지공단 이사장에게 신고하여야 한다.

63

보일러의 급수처리 방법에 해당되지 **않는** 것은?

① 이온교환법　　② 증류법

③ 희석법　　　　④ 여과법

【해설】

※ 보일러 급수의 외처리 방법

　　　　　　 암기법 : 화약이, 물증 탈가여?

㉠ **물**리적 처리 : 증류법, 탈기법, 가열연화법, 여과법,
　　　　　　침전법(침강법), 응집법, 기폭법(폭기법)

㉡ **화**학적 처리 : 약품첨가법(석회-소다법), 이온교환법

【참고】

※ 보일러 급수의 내처리 방법(내처리제 투입)

㉠ 관외처리인 1차 처리만으로는 완벽한 급수처리를
할 수 없으므로 보일러 동체 내부에 청관제(약품)을
투입하여 불순물로 인한 장해를 방지하는 것으로
"2차 처리"라고도 한다.

㉡ pH 조정제, 탈산소제, 슬러지 조정제, 경수 연화제,
기포 방지제(포밍 방지제), 가성취화 방지제

64

다음 중 저온부식의 원인이 되는 성분은?

① 휘발성분　　② 회분

③ 탄소분　　　④ 황분

【해설】 ※ 저온부식　　　암기법 : 고바, 황저

- 연료 중에 포함된 황(S)분이 많으면 연소에 의해
산화하여 SO_2(아황산가스)로 되는데, 과잉공기가
많아지면 배가스 중의 산소에 의해, $SO_2 + \frac{1}{2}O_2 \rightarrow SO_3$
(무수황산)으로 되어, 연도의 배가스 온도가
노점($170 \sim 150℃$)이하로 낮아지게 되면 SO_3가
배가스 중의 수분과 화합하여 $SO_3 + H_2O \rightarrow H_2SO_4$
(황산)으로 되어 연도에 설치된 폐열회수장치인
절탄기·공기예열기의 금속표면에 부착되어 표면을
부식시키는 현상을 저온부식이라 한다.

65

다음 반응 중 경질 스케일 반응식으로 **옳은** 것은?

① $Ca(HCO_3)_2 + 열 \rightarrow CaCO_3 + H_2O + CO_2$

② $3CaSO_4 + 2Na_3PO_4$
　　$\rightarrow Ca_3(PO_4)_2 + 3Na_2SO_4$

③ $MgSO_4 + CaCO_3 + H_2O$
　　$\rightarrow CaSO_4 + Mg(OH)_2 + CO_2$

④ $MgCO_3 + H_2O \rightarrow Mg(OH)_2 + CO_2$

【해설】

❸ 황산마그네슘($MgSO_4$)은 물에 잘 녹으므로 그
자체적으로는 스케일 생성이 잘되지 않지만, 탄산칼슘
($CaCO_3$)과 반응하여 경질 스케일인 수산화마그네슘
[$Mg(OH)_2$]과 황산칼슘($CaSO_4$)을 생성한다.
　$MgSO_4 + CaCO_3 + H_2O \rightarrow \mathbf{CaSO_4 + Mg(OH)_2} + CO_2$

【참고】

※ 스케일(Scale, 관석)의 종류

㉠ 경질 스케일
　- $CaSO_4$ (황산칼슘), $CaSiO_3$ (규산칼슘),
　　$Mg(OH)_2$ (수산화마그네슘)

㉡ 연질 스케일
　- $CaCO_3$ (탄산칼슘), $MgCO_3$ (탄산마그네슘),
　　$FeCO_3$ (탄산철), $Ca_3(PO_4)_2$ (인산칼슘)

【key】 일반적으로 황산염과 규산염은 경질 스케일을
생성하고, 탄산염은 연질 스케일을 생성한다.

66

보일러 내처리제 중 가성취화 방지에 사용되는
약제는?

① 히드라진　　② 염산

③ 암모니아　　④ 인산나트륨

【해설】

※ 보일러 급수 내처리 시 가성취화방지제
　- 질산나트륨, 인산나트륨, 리그린, 탄닌

67

다음 중 2년 이하의 징역 또는 2000만원 이하의 벌금에 처하는 경우는?

① 에너지 저장 의무를 이행하지 아니한 경우
② 검사대상기기 조종자를 선임하지 아니한 경우
③ 검사대상기기의 사용정지 명령에 위반한 경우
④ 검사대상기기를 설치하고 검사를 받지 아니하고 사용한 경우

【해설】   [에너지이용합리화법 제75조.]

• 에너지 저장 의무를 이행하지 않은 경우 **2년 이하 징역 또는 2000만원 이하의 벌금**에 처한다.

【참고】 ※ 위반행위에 해당하는 벌칙(징역, 벌금액)

　2.2 - 에너지 저장, 수급 위반
　　 암기법 : 이~이가 저 수위다.

　1.1 - **검사대상기기** 위반
　　 암기법 : 한명 한명씩 검사대를 통과했다.

　0.2 - 효율기자재 위반
　　 암기법 : 영희가 효자다.

　0.1 - 미선임, 미확인, **거부, 기피**
　　 암기법 : 영일은 미선과 거부기피를 먹었다.

　0.05 - **광고, 표시 위반**
　　 암기법 : 영오는 광고표시를 쭉~ 위반했다.

68

에너지이용 합리화 기본계획을 수립하는 기관의 장은?

① 안전행정부장관   ② 국토교통부장관
③ 산업통상자원부장관   ④ 고용노동부장관

【해설】   [에너지이용합리화법 제4조.]

※ 에너지이용 합리화 기본계획

• **산업통상자원부장관**은 에너지를 합리적으로 이용하게 하기 위하여 에너지이용 합리화에 관한 기본계획(이하 "기본계획"이라 한다)을 수립하여야 한다.

69

보일러의 고온부식 방지대책으로 <u>틀린</u> 것은?

① 회분 개질제를 첨가하여 바나듐의 융점을 낮춘다.
② 연료 중의 바나듐 성분을 제거한다.
③ 고온가스가 접촉되는 부분에 보호피막을 한다.
④ 연소가스 온도를 바나듐의 융점 온도 이하로 유지한다.

【해설】   암기법 : 고바, 황저

※ 고온 부식 방지 대책

　㉠ 연료를 전처리하여 바나듐(V), 나트륨(Na)분을 제거한다.
　㉡ 배기가스온도를 바나듐 융점인 550℃ 이하가 되도록 유지시킨다.
　㉢ 연료에 회분개질제를 첨가하여 회분(바나듐 등)의 **융점을 높인다.**
　㉣ 전열면 표면에 내식재료로 피복한다.
　㉤ 전열면의 온도가 높아지지 않도록 설계온도 이하로 유지한다.
　㉥ 돌로마이트, 마그네시아 등의 첨가제를 중유에 첨가해서 부착물의 성상을 바꾸어 전열면에 부착되지 못하도록 한다.

70

보일러 외부 청소법 중 수관 보일러에 대한 가장 적합한 기구는?

① 슈트 블로어   ② 워터 쇼킹
③ 스크랩퍼   ④ 샌드 블라스트

【해설】

※ 슈트 블로워(Soot blower, 그을음 불어내기)

－ 보일러 외부 청소방법 중 하나인 슈트 블로워는 보일러 전열면에 부착된 그을음 등을 물, 증기, 공기를 분사하여 제거하는 방법으로서 수관식 보일러의 수관 주위 청소에 가장 많이 사용된다.

71

보일러 안전밸브에서 증기의 누설 원인으로 틀린 것은?

① 밸브와 밸브 시트 사이에 이물질이 존재한다.
② 밸브 입구의 직경이 증기압력에 비해서 너무 작다.
③ 밸브 시트가 오염되어 있다.
④ 밸브가 밸브 시트를 균일하게 누르지 못한다.

【해설】 ※ 스프링식 안전밸브의 증기누설 원인

㉠ 밸브디스크와 시트가 손상(오염)되었을 때
㉡ 스프링의 탄성이 감소하였을 때
㉢ 공작이 불량하여 밸브디스크가 시트에 잘 맞지 않을 때
㉣ 밸브디스크와 시트 사이에 이물질이 부착되어 있을 때
㉤ 밸브봉의 중심(축)이 벗어나서 밸브를 누르는 힘이 불균일할 때

72

보일러의 만수보존을 실시하고자 할 때 사용되는 약제가 아닌 것은?

① 가성소다
② 생석회
③ 히드라진
④ 아황산소다

【해설】 ※ 만수 보존법 (습식 보존법)

㉠ 보통 만수 보존법
  - 보일러수를 만수로 채운 후에 압력이 약간 오를 정도로 물을 끓여 공기와 이산화탄소만을 제거한 후, 알칼리도 상승제나 부식억제제를 넣지 않고 서서히 냉각시켜 보존하는 단기 보존 방법이다.
㉡ 소다 만수 보존법
  - 만수 상태의 수질이 산성이면 부식작용이 생기기 때문에 가성소다(NaOH), 아황산소다(Na_2SO_3), 히드라진(N_2H_4) 등의 알칼리성 물(pH 12 정도)로 채워 보존하는 장기 보존 방법이다.

73

에너지이용 합리화법 시행규칙에 따라 가스를 사용하는 소형 온수보일러 중 검사대상기기에 해당되는 것은 가스사용량이 몇 kg/h를 초과하는 경우인가?

① 10 kg/h
② 13 kg/h
③ 17 kg/h
④ 15 kg/h

【해설】 [에너지이용합리화법 시행규칙 별표3의3.]
※ 검사대상기기의 적용범위

구분	검사대상기기	적용 범위
보일러	강철제 보일러 / 주철제 보일러	다음 각 호의 어느 하나에 해당하는 것은 제외한다. 1) 최고사용압력이 0.1 MPa 이하이고, 동체의 안지름이 300 mm 이하이며, 길이가 600 mm 이하인 것 2) 최고사용압력이 0.1 MPa 이하이고, 전열면적이 5 m^2 이하인 것 3) 2종 관류보일러 4) 온수를 발생시키는 보일러로서 대기개방형인 것
	소형 온수보일러	가스를 사용하는 것으로서 가스사용량이 17 kg/h(도시가스는 232.6 kW)를 초과하는 것
압력 용기	1종 압력용기 2종 압력용기	[별표 1.]에 따른 압력용기의 적용범위에 따른다.
요로	철금속 가열로	정격용량이 0.58 MW를 초과하는 것

74

에너지 다소비 사업자는 연료·열 및 전력의 연간 사용량의 합계가 몇 티오이 이상인 자를 말하는가?

① 500
② 1000
③ 1500
④ 2000

【해설】 [에너지이용합리화법 시행령 제35조.]

● 대통령령으로 정하는 연간 에너지사용량 신고를 하여야 하는 기준량인 2000 TOE 이상인 자를 에너지 다소비업자라 한다.

【참고】 암기법 : 에이, 쌍!~ 다소비네.

※ 에너지다소비사업자라 함은 연료·열 및 전력의 연간 사용량의 합계(연간 에너지사용량)가 2000 TOE(티오이) 이상인 자를 말한다.

【key】 • 에너지다소비사업자의 기준량 : **2000 TOE**

• 에너지저장의무 부과대상자 : 2000 × 10배 = 20000 TOE

75

에너지이용 합리화법 시행규칙상 인정검사대상기기 관리자의 교육을 이수한 자의 조정 범위가 <u>아닌</u> 것은?

① 용량이 10 t/h 이하인 보일러
② 압력용기
③ 증기보일러로서 최고사용압력이 1 MPa 이하이고, 전열면적이 10 m² 이하인 것
④ 열매체를 가열하는 보일러로서 용량이 581.5 kW 이하인 것

【해설】 [에너지이용합리화법 시행규칙 별표 3의9.]

※ 검사대상기기관리자의 자격 및 관리범위

관리자의 자격	관리범위
에너지관리기능장 에너지관리기사	용량이 30 ton/h를 초과하는 보일러
에너지관리기능장, 에너지관리기사 에너지관리산업기사	용량이 10 ton/h를 초과하고 30 ton/h 이하인 보일러
에너지관리기능장, 에너지관리기사, 에너지관리산업기사, 에너지관리기능사	**용량이 10 ton/h 이하인 보일러**
에너지관리기능장, 에너지관리기사, 에너지관리산업기사, 에너지관리기능사 또는 **인정검사대상기기 관리자의 교육을 이수한 자**	1) 증기보일러로서 최고사용 압력이 1 MPa 이하이고, 전열면적이 10 m² 이하인 것 2) 온수발생 및 열매체를 가열 하는 보일러로서 용량이 581.5 kW 이하인 것 3) 압력용기

76

에너지이용 합리화법 시행규칙에서 정한 특정 열사용 기자재 및 그 설치 시공범위의 구분에서 품목명에 포함되지 <u>않는</u> 것은?

① 용선로
② 태양열 집광기
③ 1종 압력용기
④ 구멍탄용 온수보일러

【해설】 [에너지이용합리화법 시행규칙 별표3의2.]

※ 특정 열사용기자재 및 그 설치·시공 범위

구분	품목명	설치·시공 범위
보일러	강철제보일러 주철제보일러 온수보일러 구멍탄용 온수보일러 축열식 전기보일러	해당 기기의 설치·배관 및 세관
태양열 집열기	태양열집열기	
압력 용기	1종 압력용기 2종 압력용기	
요업 요로	연속식유리용융가마 불연속식유리용융가마 유리용융도가니가마 터널가마 도염식각가마 셔틀가마 회전가마 석회용선가마	해당 기기의 설치를 위한 시공
금속 요로	용선로 비철금속용융로 금속소둔로 철금속가열로 금속균열로	

77

다음 ( )안에 각각 들어갈 말은?

산업통상자원부 장관은 효율관리기자재가 (㉠)에 미달하거나 (㉡)을 초과하는 경우 에는 생산 또는 판매 금지를 명할 수 있다.

① ㉠ 최대소비효율기준 ㉡ 최저사용량기준
② ㉠ 적정소비효율기준 ㉡ 적정사용량기준
③ ㉠ 최저소비효율기준 ㉡ 최대사용량기준
④ ㉠ 최대사용량기준 ㉡ 최저소비효율기준

【해설】 [에너지이용합리화법 제74조 벌칙]
• 산업통상자원부 장관은 효율기자재 중 **최저소비효율기준**에 미달하거나 **최대사용량기준**을 초과하는 경우에는 그 생산이나 판매의 금지를 명할 수 있다.

78
보일러가 급수 부족으로 과열되었을 때의 조치로 가장 적합한 것은?

① 급속히 급수하여 냉각시킨다.
② 연도 댐퍼를 닫고, 증기를 취출한다.
③ 연소를 중지하고, 서서히 냉각시킨다.
④ 소량의 연료 및 연소용 공기를 계속 공급한다.

【해설】
• 보일러 급수 부족(저수위)으로 과열되어 위험할 때 가장 먼저 해야할 응급조치는 파열 사고를 방지하기 위하여 연소(연료공급)를 중지하는 것이며, 보일러의 급랭을 회피하고자 천천히 냉각시켜야 한다.

79
에너지사용계획을 수립하여 산업통상자원부 장관에게 제출하여야 하는 사업주관자에 해당되지 **않는** 사업은?

① 에너지 개발사업 ② 관광단지 개발사업
③ 철도 건설사업   ④ 주택 개발사업

【해설】 [에너지이용합리화법 시행령 제20조1항]
암기법 : 에관공 도산
• 에너지사용계획을 수립하여 산업통상자원부장관에게 제출하여야 하는 사업은 **에**너지개발사업, **관**광단지개발사업, **공**항건설사업, **도**시개발사업, **산**업단지개발사업, 항만건설사업, 철도건설사업, 개발촉진지구개발사업, 지역종합개발사업 이다.

80
보일러의 계속사용 안전검사 유효기간은?

① 1년   ② 2년
③ 3년   ④ 4년

【해설】 [에너지이용합리화법 시행규칙 별표 3의5.]
※ 검사대상기기의 검사유효기간
• 검사대상기기는 검사의 종류에 상관없이 검사유효기간은 보일러는 1년, 압력용기 및 철금속가열로는 2년이다.

<table>
<tr><td rowspan="2">2022년 에너지관리산업기사
CBT 복원문제(2)</td><td>평균점수</td></tr>
<tr><td></td></tr>
</table>

제1과목 열 및 연소설비

01

압축비가 5인 오토사이클에서의 이론 열효율은?
(단, 비열비 k는 1.3으로 한다.)

① 32.8 % ② 38.3 %
③ 41.6 % ④ 43.8 %

【해설】 ※ 오토사이클 (가솔린 기관의 기본사이클)

• 오토사이클의 열효율 $\eta = 1 - \left(\dfrac{1}{\epsilon}\right)^{k-1}$

$$= 1 - \left(\dfrac{1}{5}\right)^{1.3-1}$$

$$= 0.383 ≒ 38.3 \%$$

02

이상기체의 가역단열 변화를 가장 바르게 표시하는
식은? (단, P : 절대압력, V : 체적, k : 비열비,
C : 상수 이다.)

① $P^k V = C$ ② $P^{k-1} V^n = C$
③ $PV^k = C$ ④ $PV^{k-1} = C$

【해설】 ※ 단열변화의 P, V, T 관계식은 다음과 같다.

$$\frac{P_1}{P_2} = \left(\frac{V_2}{V_1}\right)^k = \left(\frac{T_1}{T_2}\right)^{\frac{k}{k-1}}$$

따라서, 관계식의 변형된 표현식은 지수법칙을
이용하는 것이므로

$$\frac{P_1}{P_2} = \left(\frac{V_2}{V_1}\right)^k$$

$$\therefore P_1 \cdot V_1^k = P_2 \cdot V_2^k = \text{Const (일정)}$$

03

수증기의 증발잠열에 대한 설명으로 옳은 것은?

① 포화온도가 감소하면 감소한다.
② 포화압력이 증가하면 증가한다.
③ 건포화증기와 포화액의 엔탈피 차이다.
④ 약 540 kcal/kg (2257 kJ/kg)으로 항상
   일정하다.

【해설】

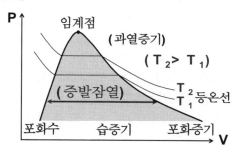

① 포화온도가 감소하면 증발잠열은 증가한다.
② 포화압력이 증가하면 증발잠열은 감소한다.
❸ 증발잠열은 건포화증기와 포화액의 엔탈피 차이다.
④ 물의 증발잠열은 표준대기압(101.3 kPa)하에서는
   539 kcal/kg(또는, 2257 kJ/kg)이며, 온도와
   압력에 따라서 변화한다.

【참고】
※ 1기압, 100℃에서의 증발잠열(R_w)값은 암기사항이다.

• $R_w = 539 \text{ kcal} = 539 \text{ kcal} \times \dfrac{4.1868 \, kJ}{1 \, kcal}$

$$= 2256.68 \text{ kJ} ≒ 2257 \text{ kJ}$$

$$= 2257 \text{ kJ} \times \frac{1 \, MJ}{10^3 \, kJ} = 2.257 \text{ MJ} ≒ 2.26 \text{ MJ}$$

1-② 2-③ 3-③

04

다음 보기의 특징을 가지는 고체연료 연소방법은?

- 미분쇄할 필요가 없다.
- 부하변동에 따른 적응력이 좋지 않다.
- 도시쓰레기 및 오물의 소각로로서 많이 사용된다.

① 유동층 연소   ② 화격자 연소
③ 미분탄 연소   ④ 스토커식 연소

【해설】 ※ 유동층 연소의 특징
<장점> ㉠ 낮은 온도에서도 연소가 가능하기 때문에 저질탄 연소에도 가능하다.
　　　㉡ 가장 낮은 공기비(1.1)로도 완전연소 할 수 있다.
　　　㉢ 전열면적이 적어도 되므로 연소효율이 매우 높다.
　　　㉣ 연소실 부하가 다른 형식에 비해 크다.
　　　㉤ 탈황효과 및 질소산화물(NO_x) 생성을 억제하는 효과가 있다.
　　　㉥ 도시 쓰레기 및 오물 등의 함수율이 높은 쓰레기의 소각에 적합하다.
　　　㉦ 화염층을 작게 할 수 있으므로 장치의 규모를 소형화 할 수 있다.
　　　㉧ 격심한 유동매체의 운동으로 층 내의 온도가 일정하게 유지된다.
<단점> ㉠ 재나 미연탄소의 방출이 많다.
　　　㉡ 유동매체의 비산 또는 분진(회, 먼지 등)이 가장 많이 발생하여 연도로 배출된다.
　　　㉢ 고효율의 집진장치를 필요로 하게 된다.
　　　㉣ 연소의 조절이 어려우므로, 부하 변동에 대한 적응성이 나쁘다.
　　　㉤ 유동화에 따른 압력손실이 크므로 소요동력이 많이 필요하다.
　　　㉥ 손모(損耗)되는 모래 또는 유동매체는 수시로 보충해 주어야 한다.

05

잠열변화 과정에 해당하는 것은?

① −20℃의 얼음을 0℃의 얼음으로 변화시켰다.
② 0℃의 얼음을 0℃의 물로 변화시켰다.
③ 0℃의 물을 100℃의 물로 변화시켰다.
④ 100℃의 증기를 110℃의 증기로 변화시켰다.

【해설】
❷ 온도변화 없이 상태변화(얼음→물)만 진행되었으므로 잠열변화 과정인 융해열에 해당한다.

【참고】
※ 물질의 상변화에 따른 열량의 구별
　　㉠ 현열 : 물질의 상태변화 없이 온도변화만을 일으키는데 필요한 열량
　　㉡ 잠열 : 물질의 온도변화 없이 상태변화만을 일으키는데 필요한 열량
　　㉢ 전열(全熱) = 현열(顯熱) + 잠열(潛熱)

06

오토사이클에 대한 설명으로 틀린 것은?

① 등엔트로피 압축, 정적 가열, 등엔트로피 팽창, 정적 방열의 과정으로 구성된다.
② 작동유체의 비열비가 클수록 열효율이 높아진다.
③ 압축비가 높을수록 열효율이 높아진다.
④ 저속 디젤기관에 주로 적용된다.

【해설】
❹ 오토사이클은 가솔린 기관의 기본 사이클이다.

【참고】 ※ 오토사이클 (가솔린 기관의 기본 사이클)
• 순환과정 : 단열압축-정적가열-단열팽창-정적냉각
• 오토사이클(Otto Cycle)의 열효율(η)
$$\eta = 1 - \left(\frac{1}{\epsilon}\right)^{k-1}$$ 에서,
비열비(k)와 압축비(ϵ)가 클수록 열효율은 증가한다.
• 단열과정을 "등엔트로피 과정"이라고도 부른다.

07

1 mol 의 프로판이 이론공기량으로 완전연소되면 연소가스는 몇 mol 이 생성되는가?

① 6
② 18.8
③ 23.8
④ 25.8

【해설】　　　　　　　　 암기법 : 프로판 3,4,5

※ 연소반응식을 통해 필요한 이론공기량(A_0)을 구하자.

$$C_3H_8 + 5O_2 \rightarrow 3CO_2 + 4H_2O$$
$$(1\ mol) \quad (5\ mol) \quad (3\ mol) \quad (4\ mol)$$

$$\therefore A_0 = \frac{O_0}{0.21} = \frac{5\ mol}{0.21} ≒ 23.81\ mol/mol\text{-}f$$

• 이론공기량(A_0)으로부터 이론습연소가스량(G_{0w})을 구하자.

G_{0w} = 이론공기중의 질소량 + 연소생성물(수증기 포함)

= 0.79 A_0 + 생성된 CO_2 + 생성된 수증기

= 0.79 × 23.81 + 3 + 4

≒ **25.8 mol/mol-f**

08

어떤 압력하에서 포화수의 엔탈피를 h, 물의 증발잠열을 γ, 건도를 x 라 할 때, 습포화증기의 엔탈피 h ″ 구하는 식은?

① h ″ = h + γ x
② h ″ = h + γ
③ h ″ = h − γ x
④ h ″ = h − γ

【해설】※ 습증기의 엔탈피 계산 공식

㉠ 발생증기가 포화증기일 때 : $H_2 = H_1 + R$

㉡ 발생증기가 습증기일 때 : $H_x = H_1 + x(H_2 - H_1)$

　　　　　　　　　　　　　　$= H_1 + x \cdot R$

여기서, H_x : 발생한 습(포화)증기의 엔탈피

　　　　x : 증기의 건도

　　　　R : 증기압력에서 증발잠열($R = H_2 - H_1$)

　　　　H_1 : 증기압력에서 포화수 엔탈피

　　　　H_2 : 증기압력에서 (건)포화증기 엔탈피

∴ 제시된 기호로 나타내면, ❶ h ″ = h + $\gamma \cdot$ x

09

다음 그림은 물의 압력-온도 선도를 나타낸 것이다. 액체와 기체의 혼합물은 어디에 존재하는가?

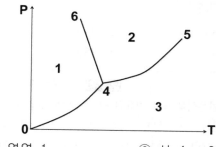

① 영역 1
② 선 4 - 6
③ 선 0 - 4
④ 선 4 - 5

【해설】① 고체

　　　② 융해 (고체와 액체의 혼합물)

　　　③ 승화 (고체와 기체의 혼합물)

　　　❹ 증발 (액체와 기체의 혼합물)

【참고】※ 물의 상평형도

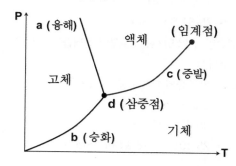

• P-T 선도에서 경계선은 상태변화를 의미한다.

10

천연가스는 약 몇 ℃에서 액화되는가?

① -122℃
② -132℃
③ -152℃
④ -162℃

【해설】

• 천연가스는 대기압 하에서 약 - 162 ℃에서 액화된다.

11

프로판가스 1 Sm^3 를 공기과잉계수 1.1의 공기로 완전연소 시켰을 때의 습연소가스량은 약 몇 Sm^3 인가?

① 14.5   ② 25.8

③ 28.2   ④ 33.9

【해설】   암기법 : 프로판 3,4,5

※ 연소반응식을 통해 필요한 이론산소량(A_0)을 구하자.

$$C_3H_8 \quad + \quad 5O_2 \quad \rightarrow \quad 3CO_2 \quad + \quad 4H_2O$$

(1 kmol)   (5 kmol)   (3 kmol)   (4 kmol)

(1 Sm^3)   (5 Sm^3)   (3 Sm^3)   (4 Sm^3)

$$\therefore \ A_0 = \frac{O_0}{0.21} = \frac{5\,Sm^3}{0.21} ≒ 23.81 \ Sm^3/Sm^3\text{-f}$$

- 이론공기량(A_0)으로부터 이론습연소가스량(G_{0w})을 구하자.

G_{0w} = 이론공기중의 질소량 + 연소생성물(수증기 포함)

     = 0.79 A_0 + 생성된 CO_2 + 생성된 H_2O

     = 0.79 × 23.81 + 3 + 4

     ≒ 25.81 Sm^3/Sm^3-f

- 이론습연소가스량(G_{0w})으로부터 실제습연소가스량(G_w)을 구하자.

G_w = 이론습연소가스량 + 과잉공기량

    = G_{0w} + (m - 1)A_0

    = 25.81 + (1.1 - 1) × 23.81

    = 28.191 ≒ **28.2 Sm^3/Sm^3-f**

12

보일러 연소 안전장치에서 화염의 방사선을 전기신호로 바꾸어 화염 유무를 검출하는 플레임 아이에 대한 설명으로 옳은 것은?

① PbS셀, CdS셀 등은 자외선 파장의 영역에서 감지한다.

② 가스화염은 방사선이 적으므로 자외선 광전관을 사용한다.

③ 광전관은 100℃ 이상 고온에서 기능이 파괴되므로 주위하여 사용한다.

④ 플레임 아이는 가열된 적색 노벽에 직시하도록 설치하여 사용한다.

【해설】 ※ 플레임 아이 (광전관식 화염검출기)

㉠ 화염에서 발생하는 빛(방사에너지)에 노출 되었을 때 도전율이 변화하거나 또는 전위를 발생하는 광전 셀이 감지 요소로 되어 있는 장치이다.

㉡ 셀(cell)의 종류 : Se(셀레늄)셀, PbS(황화납)셀, PbSe(셀레늄화납)셀, Te(텔루륨)셀, CdS(황화카드뮴)셀, CdTe(텔루륨화카드뮴)셀

     (여기서, PbS셀, CdS셀은 적외선을 감지한다.)

㉢ 광전관의 기능은 보일러 주위의 온도가 높아지면 센서 기능이 파괴되므로, 이 장치의 주위온도는 50℃ 이상 되지 않게 해야 한다.

㉣ 광전관식은 유리나 렌즈를 매주 1회 이상 청소하고, 감도 유지에 주의한다.

㉤ 가열된 적색 노벽도 화염과 같이 자외선을 방출하므로 설치위치를 노벽에 직시하지 않도록 설치해야 한다.

㉥ 가스화염은 방사선이 적으므로 자외선 광전관을 사용한다.

13

열역학 제1법칙은?

① 질량 불변의 법칙

② 에너지 보존의 법칙

③ 엔트로피 보존의 법칙

④ 작용, 반작용의 법칙

【해설】 ※ 열역학 제1법칙

- 일과 열은 모두 에너지의 한 형태로서 일을 열로 전환시킬 수도 있고 열을 일로 전환시킬 수도 있다. 서로의 전환에는 에너지보존 법칙이 반드시 성립한다. 즉, 공급열량(Q_1) = 방출열량(Q_2) + 일의 양(W)

14

메탄(CH_4)의 가스상수는 몇 J/kg·K 인가?

① 29.3
② 53
③ 287
④ 519.6

【해설】 암기법 : 알바($\overline{R}$)는 MR

- $\overline{R} = M \cdot R$ 에서, 메탄의 가스상수 $R = \dfrac{\overline{R}}{M}$

$R = \dfrac{8.314\,kJ/kmol \cdot K}{16\,kg/kmol}$ = 0.5196 kJ/kg·K

$= 519.6$ J/kg·K

【참고】

- 공통 기체상수(또는, 평균 기체상수 $\overline{R}$)

$\overline{R}$ = 8.314 kJ/kmol·K 은 암기사항이다.

- $\overline{R} = M \cdot R$ 에서, 해당기체상수 $R = \dfrac{\overline{R}}{M}$

15

폴리트로픽지수 n의 값이 특정 값을 가질 때 상태변화가 된다. 다음 중 옳은 것은?

① n = 0 일때 등온변화
② n = 1 일때 정압변화
③ n = ∞ 일때 정적변화
④ n = 0.5 일때 단열변화

【해설】 ※ 폴리트로픽 변화의 일반식 : PV^n = 1(일정)

여기서, n : 폴리트로픽 지수

㉠ $n = 0$ 일 때 : $P \times V^0 = P \times 1 = 1$

∴ $P = 1$ (등압변화)

㉡ $n = 1$ 일 때 : $P \times V^1 = P \times V = 1$

∴ $PV = T$ (등온변화)

㉢ $1 < n < k$ 일 때 : $PV^n = 1$ (폴리트로픽변화)

㉣ $n = k$(비열비) 일 때 : $PV^k = 1$ (단열변화)

㉤ $n = \infty$ 일 때 : $PV^\infty = P^{\frac{1}{\infty}} \times V = P^0 \times V$

$= 1 \times V = 1$ ∴ $V = 1$ (정적변화)

16

탄소 0.87, 수소 0.1, 황 0.03의 연료가 있다. 과잉공기 50 %를 공급할 경우 실제 건배기가스량(Sm^3/kg)은?

① 8.89
② 9.94
③ 10.5
④ 15.19

【해설】 암기법 : (이론산소량) 1.867C, 5.6H, 0.7S

- 연료 조성 비율에 따른 이론공기량(A_0)을 구하자.

$A_0 = \dfrac{O_0}{0.21}$ (Sm^3/kg) = $\dfrac{1.867\,C + 5.6\,H + 0.7\,S}{0.21}$

$= \dfrac{1.867 \times 0.87 + 5.6 \times 0.1 + 0.7 \times 0.03}{0.21}$

$≒ 10.5\ Sm^3/kg$-연료

- 이론공기량(A_0)으로부터 이론건배기가스량(G_{0d})을 구한다.

G_{0d} = 이론공기중의 질소량 + 연소생성물(수증기 제외)

$= 0.79\,A_0 + 1.867\,C + 0.7\,S$

$= 0.79 \times 10.5 + 1.867 \times 0.87 + 0.7 \times 0.03$

$= 9.94\ Sm^3/kg$-연료

- 이론공기량(A_0) 및 이론건배기가스량(G_{0d})으로부터 실제 건배기가스량(G_d)을 구한다.

G_d = 이론건배기가스량(G_{0d}) + 과잉공기량(A')

$= G_{0d} + (m-1)A_0$

$= 9.94\ Sm^3/kg$-연료 $+ (1.5 - 1) \times 10.5\ Sm^3/kg$-연료

$= 15.19\ Sm^3/kg$-연료

17

다음 중 열역학 제 2법칙과 가장 직접적인 관련이 있는 물리량은?

① 엔트로피
② 엔탈피
③ 열량
④ 내부에너지

【해설】 ※ 열역학 제2법칙의 표현

- 모든 자연 현상에서 열역학적 과정에는 정해진 방향성을 가지고 있는데, 가역과정의 총엔트로피는 항상 일정한 등엔트로피 변화이며, 비가역과정의 총엔트로피는 항상 증가한다.

18

질량 m [kg]의 어떤 기체로 구성된 밀폐계가 Q [kJ]의 열을 받아 일을 하고, 이 기체의 온도가 $\triangle T$ ℃ 상승하였다면 이 계가 한 일은 몇 kJ 인가? (단, 이 기체의 정적비열은 C_v [kJ/kg·K], 정압비열은 C_p [kJ/kg·K] 이다.)

① $Q - mC_v\triangle T$ ② $mC_v\triangle T - Q$

③ $Q - mC_p\triangle T$ ④ $mC_p\triangle T - Q$

【해설】

• 열역학 제1법칙(에너지보존)에 의해 전달열량(δQ)

$\delta Q = dU + W$ 에서,

$W = \delta Q - dU$

한편, $dU = C_v \cdot dT \times m$ 이므로

∴ 계가 한일 $W = \delta Q - mC_v \cdot dT$

19

증기 동력사이클의 기본 사이클인 랭킨 사이클 (Rankine cycle)에서 작동 유체 (물, 수증기)의 흐름을 옳게 나타낸 것은?

① 펌프 → 응축기 → 보일러 → 터빈 → 펌프

② 펌프 → 보일러 → 응축기 → 터빈 → 펌프

③ 펌프 → 보일러 → 터빈 → 응축기 → 펌프

④ 펌프 → 터빈 → 보일러 → 응축기 → 펌프

【해설】   암기법 : 가랭이, 가!~단합해

※ 랭킨(Rankine)사이클의 순환과정

: 정압가열-단열팽창-정압냉각-단열압축

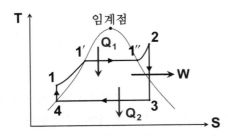

$4 \rightarrow 1$: 펌프의 단열압축에 의해 공급해준 일

$1 \rightarrow 1'$: 보일러에서 정압가열. (포화수)

$1' \rightarrow 1''$: 보일러에서 정압가열. (건포화증기)

$1'' \rightarrow 2$: 과열기에서 정압가열. (과열증기)

$2 \rightarrow 3$: 터빈에서의 단열팽창. (습증기)

$3 \rightarrow 4$: 복수기(응축기)에서 정압방열냉각. (포화수)

20

수증기의 내부에너지 및 엔탈피가 터빈 입구에서 각각 u_1 [kJ/kg], h_1 [kJ/kg]이고 터빈 출구에서 u_2 [kJ/kg], h_2 [kJ/kg] 이다. 터빈의 출력은 몇 kW 인가? (단, 발생되는 수증기의 질량 유량은 $\dot{m}$ [kg/s] 이다.)

① $(u_1 - u_2)$ ② $\dot{m}(u_1 - u_2)$

③ $(h_1 - h_2)$ ④ $\dot{m}(h_1 - h_2)$

【해설】

• 터빈 출력 $Q = m \cdot \Delta H = m \cdot (H_1 - H_2)$

여기서, H_1 : 입구 엔탈피(kJ/kg)

H_2 : 출구 엔탈피(kJ/kg)

출력의 단위 : kg/s × kJ/kg = kJ/s = **kW**

제시된 기호로 표시하면 $Q = \dot{m} \cdot (h_1 - h_2)$

| 제2과목 | 열설비 설치 |

21

장치 내에 공급된 열량 중에서 그 열을 유효하게 이용한 열량과의 비율을 나타낸 것은?

① 열정산 ② 발열량

③ 유효출열 ④ 열효율

【해설】

• 열효율(η) = $\dfrac{Q_s}{Q_{in}}\left(\dfrac{\text{유효출열}}{\text{총입열량}}\right) \times 100$ 또는,

= $\dfrac{Q_s}{Q_{in}}\left(\dfrac{\text{유효열량}}{\text{공급열량}}\right) \times 100$

22

다음 중 비접촉식 온도계가 <u>아닌</u> 것은?

① 광고온계　　　② 방사온도계
③ 열전온도계　　④ 색온도계

【해설】
❸ 열전온도계는 접촉식 온도계의 일종이다.

【참고】
※ 접촉식 온도계의 종류
　　　암기법 : 접전, 저 압유리바, 제
㉠ 열전대 온도계 (또는, 열전식 온도계)
㉡ 저항식 온도계 (또는, 전기저항식 온도계)
　　- 서미스터, 니켈, 구리, 백금 저항소자
㉢ 압력식 온도계
　　- 액체팽창식, 기체(가스)팽창식, 증기팽창식
㉣ 액체봉입유리 온도계
㉤ 바이메탈식(열팽창식 또는, 고체팽창식) 온도계
㉥ 제겔콘

※ 비접촉식 온도계의 종류
　　　암기법 : 비방하지 마세요. 적색 광(고·전)
㉠ 방사 온도계 (또는, 복사온도계)
㉡ 적외선 온도계
㉢ 색 온도계
㉣ 광고온계
㉤ 광전관식 온도계

23

다음 중 다이어프램의 재질로서 옳지 <u>않은</u> 것은?

① 고무　　　　② 양은
③ 탄소강　　　④ 스테인리스강

【해설】
● 다이어프램 압력계에서 다이어프램의 재질로는
　비금속(저압용 : 가죽, 고무, 종이)과 금속(양은,
　인청동, 스테인리스) 등의 탄성체 박판(박막식 또는,
　격막식)이 사용된다.

24

열전온도계의 열전대 종류 중 사용온도가 가장 높은 것은?

① K형 : 크로멜 – 알루멜
② R형 : 백금 – 백금·로듐
③ J형 : 철 – 콘스탄탄
④ T형 : 구리 – 콘스탄탄

【해설】※ 열전대의 종류 및 특징

종류	호칭	(+) 전극	(-) 전극	측정 온도 범위(℃)	암기법
PR	R 형	백금 로듐	백금	0 ~ 1600	PRR
CA	K 형	크로멜	알루멜	- 20 ~ 1200	CAK (칵～)
IC	J 형	철	콘스 탄탄	- 200 ~ 800	아이씨 재바
CC	T 형	구리 (동)	콘스 탄탄	- 200 ~ 350	CCT(V)

25

다음 그림과 같은 조작량과 변화는?

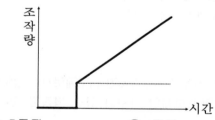

① P동작　　　　② I동작
③ PI동작　　　④ PID동작

【해설】

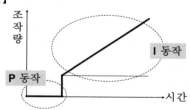

● 조작량이 일정한 부분은 비례동작(P 동작)이다.
● 직선적으로 증가만 하는 것은 적분동작(I 동작)이다.

26

제어동작 중 비례 적분 미분 동작을 나타내는 기호는?

① PID
② PI
③ P
④ ON-OFF

【해설】 ※ 비례적분미분동작 (PID 동작)

• 비례적분동작에 미분동작을 조합시킨 제어동작이다.
• PI 동작과 PD 동작이 가지는 단점을 제거할 목적으로 조합한 제어동작이다.

【참고】 ※ 비례적분미분동작(PID 동작)의 특징

㉠ 잔류편차(Off set)가 제거되고, 진동이 제거되어 응답시간이 가장 빠르다.
㉡ 제어계의 난이도가 큰 경우에 가장 적합한 제어동작이다.
㉢ 적분동작은 잔류편차를 제거하는 역할을 하고, 미분동작은 진동을 제거하여 응답을 빠르게 하는 역할을 하므로 연속동작 중 가장 고급의 제어동작이다.
㉣ P, I, D제어기를 각각 단독으로 사용하는 것에 비하여, 병렬로 조합하여 PID 동작으로 사용하면 가격대비 조절효과가 가장 좋다.

27

냉각식 노점계를 자동화시킨 습도계로서 저습도의 측정은 가능하지만 기구가 다소 복잡한 것은?

① 듀셀 노점계
② 광전관식 노점습도계
③ 모발 습도계
④ 냉각식 노점계

【해설】 ※ 광전관식 노점(습도)계의 특징

<장점> ㉠ 저온도에서의 측정에 적합하다.
㉡ 냉각에 의해 노점을 측정하므로, 저습도의 측정이 가능하다.
㉢ 연속 기록이 가능하고 원격측정 및 자동제어에 이용된다.

<단점> ㉠ 육안에 의한 노점 판정에 숙련이 필요하다.
㉡ 기구가 복잡한 구조이다.

28

다음 중 측정제어 방식이 아닌 것은?

① 캐스케이드 제어
② 비율 제어
③ 시퀀스 제어
④ 프로그램 제어

【해설】 암기법 : 미정순, 시쿤동

❸ 시퀀스 제어는 미리 정해진 순서에 따라 순차적으로 각 단계를 진행하는 자동제어 방식으로서 작동명령은 기동·정지·개폐 등의 타이머, 릴레이 등을 이용하여 행하는 제어방법을 말한다.

【참고】 ※ 추치제어(value control 또는, 측정제어)

• 목표값이 시간에 따라 변화하는 제어를 말한다.
• 추치제어(또는, 측정제어)의 종류
㉠ 추종 제어 : 목표값이 시간에 따라 임의로 변화되는 값으로 주어진다.
㉡ 비율제어 : 목표값이 어떤 다른 양과 일정한 비율로 변화된다.
㉢ 프로그램 제어 : 목표값이 미리 정해진 시간에 따라 미리 결정된 일정한 프로그램으로 진행된다.
㉣ 캐스케이드제어 : 2개의 제어계를 조합하여, 1차 제어장치가 제어량을 측정하여 제어명령을 발하고, 2차 제어 장치가 이 명령을 바탕으로 제어량을 조절하는 종속(복합) 제어방식으로 출력측에 낭비시간이나 시간지연이 큰 프로세스의 제어에 널리 이용된다.

29

보일러 자동제어의 연소제어(A.C.C)에서 조작량에 해당되지 않는 것은?

① 연료량
② 연소가스량
③ 공기량
④ 전열량

【해설】

※ 연소제어 (ACC, Automatic Combustion Control)
– 보일러에서 발생되는 증기압력 또는 온수온도, 노 내의 압력 등을 적정하게 유지하기 위하여 연료량과 공기량을 가감하여 연소가스량을 조절한다.

30

내경 25.4 mm인 관도에서 물의 평균유속이 1 m/sec 일때 중량 유량은 약 몇 kg/s 인가?

① 0.51　　　　② 1.67
③ 2.34　　　　④ 2.87

【해설】
- 체적유량($\dot{V}$)을 먼저 구한 후에 물의 밀도(1000 kg/m^3)를 암기하여 중량유량($\dot{m}$)을 구하자.
- 체적 유량 Q 또는 $\dot{V} = A \cdot v = \pi r^2 \cdot v = \pi \left(\dfrac{D}{2}\right)^2 \cdot v$

$$= \frac{\pi D^2}{4} \times v$$
$$= \frac{\pi \times (0.0254 \, m)^2}{4} \times 1 \, m/s$$
$$= 0.000506 \, m^3/s$$

- 중량 유량 공식 $\dot{m} = \rho \times \dot{V}$

$$= 1000 \, kg/m^3 \times 0.000506 \, m^3/s$$
$$= 0.5067 \fallingdotseq \mathbf{0.51 \, kg/s}$$

【빠른풀이】
- 질량(또는, 중량) 유량 $\dot{m} = \rho \times \dot{V} = \rho \times A \cdot v$

$$= \rho \times \frac{\pi D^2}{4} \times v$$
$$= 1000 \, kg/m^3 \times \frac{\pi \times (0.0254 \, m)^2}{4} \times 1 \, m/s$$
$$= 0.5067 \fallingdotseq \mathbf{0.51 \, kg/s}$$

31

운전 조건에 따른 보일러 효율에 대한 설명으로 **틀린** 것은?

① 전부하 운전에 비하여 부분부하 운전 시 효율이 좋다.
② 전부하 운전에 비하여 과부하 운전에서는 효율이 낮아진다.
③ 보일러의 배기가스 온도가 높아지면 열손실이 커진다.
④ 보일러의 운전효율을 최대로 유지하려면 효율-부하곡선이 평탄한 것이 좋다.

【해설】
❶ 보일러는 전부하(Full-load) 운전에 비하여 부분부하 운전 시 ON/OFF 방식의 단속적 운전으로 인해 효율이 낮아진다.

32

SI 단위계의 기본단위에 해당 되지 **않는** 것은?

① 길이　　　　② 질량
③ 압력　　　　④ 시간

【해설】
❸ 압력(Pa)은 SI 기본단위 및 다른 유도단위의 조합에 의한 SI 유도단위에 해당한다.

【참고】 ※ SI 기본단위(7가지) 암기법 : mks mKc A

기호	m	kg	s	mol	K	cd	A
명칭	미터	킬로그램	초	몰	켈빈	칸델라	암페어
기본량	길이	질량	시간	물질량	절대온도	광도	전류

33

다음 중 1 N(뉴턴)에 대한 설명으로 옳은 것은?

① 질량 1 kg의 물체에 가속도 1 m/s^2 이 작용하여 생기게 하는 힘이다.
② 질량 1 g의 물체에 가속도 1 cm/s^2 이 작용하여 생기게 하는 힘이다.
③ 면적 1 cm^2 에 1 kg의 무게가 작용할 때의 응력이다.
④ 면적 1 cm^2 에 1 g의 무게가 작용할 때의 응력이다.

【해설】
- N(뉴턴)은 힘(Force)을 나타내는 절대단위로서 공식 $F = m \cdot a$ (**질량 × 가속도**) 에서,
$$1 \, N = 1 \, kg \times 1 \, m/sec^2 \, 이다.$$

2022

34

Bomb 열량계에서 수당량을 계산하는 식은

$$W = \frac{(H \times m) + e_1 + e_2}{\triangle t} (J/℃)$$ 이다.

여기서 e_1 이 나타내는 것은 무엇인가?

① NO 의 생성열   ② NO 의 연소열

③ CO_2 의 생성열   ④ CO_2 의 연소열

【해설】

• 물당량(수당량) : 물체와 동일한 열용량을 가진 물의 질량을 의미하며, 해당 물체의 열용량을 물의 비열로 나눈 값이다.

• 봄브(Bomb)식 열량계의 물당량(수당량) 구하는 공식

$$W = \frac{(H \times m) + e_1 + e_2}{\triangle t}$$ [단위 : J/℃]

여기서, W : 물당량, 수당량 (J/℃)

H : 기준시료의 발열량 (J/g)

m : 기준시료의 질량 (g)

e_1 : **NO의 생성열 (J)**

e_2 : 연소된 퓨즈의 열량 (J)

$\triangle t$: 온도차 (℃)

35

보일러 열정산에서 입열항목에 해당하는 것은?

① 발생증기의 흡수열량

② 배기가스의 열량

③ 연소잔재물이 갖고 있는 열량

④ 연소용 공기의 열량

【해설】 ※ 보일러 열정산 시 입·출열 항목의 구별

[입열항목]   암기법 : 연(발,현) 공급증

– 연료의 발열량, 연료의 현열, 연소용 공기의 현열, 급수의 현열, 노내 분입한 증기의 보유열

[출열항목]   암기법 : 유,손(배불방미기)

– 유효출열량(발생증기가 흡수한 열량), 손실열(배기가스, 불완전연소, 방열, 미연분, 기타)

36

물속에 피토관을 설치하였더니 전압이 12 mmH_2O, 정압이 6 mmH_2O 이었다. 이때 유속은 약 몇 m/s 인가?

① 0.143   ② 0.343

③ 0.486   ④ 0.786

【해설】

• 피토관 유속 $v = C_v \cdot \sqrt{2gh}$ 여기서, C_v : 속도계수

$$= \sqrt{\frac{2g \cdot \triangle P}{\gamma}} = \sqrt{\frac{2g(P_t - P_s)}{\gamma}}$$

한편, $\triangle P$는 전압(P_t)과 정압(P_s)의 차인 동압이다.

$\triangle P = P_t - P_s$

$= 12\ mmH_2O - 6\ mmH_2O$

$= 6\ mmH_2O \times \dfrac{10332\ kgf/m^2}{10332\ mmH_2O}$

$= 6\ kgf/m^2$

$\therefore v = \sqrt{\dfrac{2g \cdot \triangle P}{\gamma}} = \sqrt{\dfrac{2 \times 9.8\ m/s^2 \times 6\ kgf/m^2}{1000\ kgf/m^3}}$

$≒ 0.343\ m/s$

【참고】 ※ 표준대기압(1 atm)의 단위 환산

• 1 atm = 76 cmHg = 760 mmHg = 29.92 inHg

= 10332 **mmH₂O** = 10332 **mmAq**

= 10332 **kgf/m²** = 1.0332 kgf/cm²

= 101325 Pa = 101.325 kPa ≒ 0.1 MPa

= 1.01325 bar = 1013.25 mbar = 14.7 psi

37

다음 중 아르키메데스의 원리를 이용한 압력계는?

① 플로트식   ② 침종식

③ 단관식   ④ 랭밸런스식

【해설】   암기법 : 아침

• 침종식 압력계는 유체의 부력에 관한 "**아르키메데스**"의 원리를 이용한 것이다.

38

보일러 실제증발량에 증발계수를 곱한 값은?

① 상당증발량
② 단위 시간당 연료소모량
③ 연소실 열부하
④ 전열면 열부하

【해설】 　　　　　　　암기법 : 계실상

※ 증발계수(f, 증발력)

　㉠ 실제증발량(w_2)에 대한 상당증발량(w_e)의 비이다.
　㉡ 보일러의 증발능력을 표준상태와 비교하여 표시한 값으로 단위가 없으며, 그 값은 1 보다 항상 크다.
　㉢ 계산공식 $f = \dfrac{w_e}{w_2}\left(\dfrac{\text{상당증발량}}{\text{실제증발량}}\right)$

$$= \dfrac{\dfrac{w_2 \cdot (H_2 - H_1)}{539}}{w_2} = \dfrac{H_2 - H_1}{539}$$

∴ 실제증발량(w_2) × 증발계수(f) = **상당증발량(w_e)**

39

보일러 열정산시 측정할 필요가 <u>없는</u> 것은?

① 급수량 및 급수온도
② 연소용 공기의 온도
③ 배기가스의 압력
④ 과열기의 전열면적

【해설】 ※ 보일러 열정산 시 측정항목

　㉠ 외기온도 및 기압
　㉡ 연료 사용량 및 연료의 발열량
　㉢ 급수량 및 급수온도
　㉣ 연소용 공기량, 연소용 공기의 온도
　㉤ 발생증기량, 과열증기 및 재열증기의 온도, 증기압력, 포화증기의 건도
　㉥ 배기가스의 온도 및 압력, 배기가스의 시료, 배기가스의 성분 분석
　㉦ 연소 잔존량, 연소 잔재물의 시료

40

계측기의 보전관리 사항에 해당되지 <u>않는</u> 것은?

① 정기 점검과 일상 점검
② 정기적인 계측기의 교체
③ 보전 요원의 교육
④ 계측기의 시험 및 교정

【해설】 ※ 계측기기의 보전관리 사항

　㉠ 정기점검 및 일상점검
　　- 계측기의 이상 유무나 열화 정도를 확인한다.
　㉡ 검사 및 수리
　　- 기능회복을 위한 수리 및 성능을 체크한다.
　㉢ 시험 및 교정
　　- 신뢰성 유지를 위해 정기적인 성능시험 및 교정
　㉣ 예비 부품 및 예비 계측기를 상비한다.
　㉤ 보전 요원에 대하여 교육을 실시한다.
　㉥ 계측기 관리 자료를 정비한다.

제3과목	열설비 운전

41

급수용으로 사용되는 표준대기압에서 물의 일반적 성질 중 맞지 <u>않는</u> 것은?

① 응고점은 100℃ 이다.
② 임계압력은 22 MPa 이다.
③ 임계온도는 374℃ 이다.
④ 증발잠열은 2257 kJ/kg 이다.

【해설】

❶ 물의 응고점은 0 ℃ 이다. (참고로, 비등점 : 100 ℃)

【참고】

• 물의 임계점은 **374**.15 ℃, 225.56 kg/cm² (약 **22 MPa**) 이다. 　암기법 : 22(툴툴매파), 374(삼칠사)

• 물의 증발잠열(1기압, 100℃)을 R_w 이라 두면,

　R_w = 539 kcal/kg ≒ **2257 kJ/kg**

42

보일러를 본체의 구조에 따라 분류한 방법으로 가장 올바른 것은?

① 연관보일러, 원통보일러, 수관보일러
② 원통보일러, 수관보일러, 특수보일러
③ 노통보일러, 수관보일러, 관류보일러
④ 연관보일러, 수관보일러, 관류보일러

【해설】

❷ 보일러는 본체의 구조에 따라 원통보일러, 수관 보일러, 특수보일러로 분류한다.

【참고】 ※ 보일러의 종류

　　　　　　　　　　　암기법 : 원수같은 특수보일러

① **원통형 보일러** (대용량 ×, 보유수량 ○)
　㉠ **입형 보일러** - **코크란.**
　　　　　　암기법 : 원일이는 입·코가 크다
　㉡ **횡형 보일러**
　　　암기법 : 원일이 행은 노통과 연관이 있다
　　　　　　　　　　　(횡)
　　ⓐ **노통식 보일러**　　암기법 : 노랭코
　　　- 랭커셔.(노통 2개), 코니쉬.(노통 1개)
　　ⓑ **연관식** - 케와니(철도 기관차형)
　　ⓒ **노통연관식**
　　　- 패키지, 스카치, 로코모빌, 하우든 존슨, 보로돈카프스.
② **수관식 보일러** (대용량 ○, 보유수량 ×)
　　　　　　　　　　암기법 : 수자 강간(관)
　㉠ **자연순환식**
　　암기법 : 자는 바·가·(야로)·다, 스네기찌
　　　　　　　(모두 다 일본식 발음을 닮았음.)
　　　- 바브콕, 가르베, 야로, 다꾸마, 스네기찌, 스털링 보일러
　㉡ **강제순환식**　　암기법 : 강제로 베라~
　　　- 베록스, 라몬트 보일러
　㉢ **관류식**
　　　암기법 : 관류 람진과 벤슨이 앤모르게 슐처먹었다
　　　- 람진, 벤슨, 앤모스, 슐처 보일러
③ **특수 보일러**　　암기법 : 특수 열매전
　㉠ **특수연료 보일러**
　　　- 톱밥, 버개스(Bagasse, 사탕수수 찌꺼기) 바크(Bark 나무껍질)

　㉡ **열매체 보일러**　　암기법 : 열매 세모다수
　　　- 세큐리티, 모빌썸, 다우섬, 수은, 카네크롤
　㉢ **전기 보일러**
　　　- 전극형, 저항형
　㉣ **간접가열식 보일러**
　　　- 슈미트-하트만 보일러, 레플러 보일러

43

사용 중인 보일러의 점화전 점검 또는 준비사항이 아닌 것은?

① 수위와 압력 확인
② 노벽 및 내화물 건조
③ 노 내의 환기, 송풍 확인
④ 부속장치 확인

【해설】

※ 보일러 점화전 점검해야 할 사항
　㉠ 보일러의 상용수위 확인 및 급수 계통 점검
　　　(∵ 저수위 사고 예방)
　㉡ 보일러의 분출 및 분출장치의 점검
　㉢ 프리퍼지 운전 (댐퍼를 열고 충분히 통풍)
　㉣ 연료장치 및 연소장치의 점검
　㉤ 자동제어장치의 점검
　㉥ 부속장치 점검

44

분말 철광석을 괴상화하는데 적합한 로는?

① 소결로　　　　　② 저항로
③ 가열로　　　　　④ 도가니로

【해설】 ※ 괴상화용로(또는, 소결로)

• 가루(분)상의 철광석을 용광로에 장입하면 가스의 유동이 나빠져서 용광로의 능률이 저하되므로 괴상 화용 로(爐)를 설치하여 분상의 철광석을 발생가스 및 회 등과 함께 괴상(덩어리 모양)으로 소결시켜 장입시키게 되면 통풍이 잘 되고 용광로의 조업 능률을 향상시키기 위해서 사용되며, 괴상화에는 펠릿법, 소결법, 단광법 등이 있다.

45

코크스로용 내화물로 사용되는 규석벽돌의 특징이 <u>아닌</u> 것은?

① 열전도율이 비교적 크다.

② 이상팽창을 한다.

③ 고온강도가 크다.

④ 내식성, 내마모성이 크다.

【해설】 　　　　　　　암기법 : 산규 납점샤

※ 규석질 내화물의 특징

　㉠ 규석질 벽돌(SiO_2를 90 % 이상 함유)은 Si 성분이 많을수록 열전도율이 비교적 크다.

　㉡ 상온에서 700℃까지의 저온 범위에서는 벽돌을 구성하는 광물의 체적팽창이 크기 때문에 열충격에 상당히 취약하여 스폴링이 발생되기 쉽다.

　㉢ 저온에서는 압축강도가 작다.

　㉣ 700℃ 이상의 고온 범위에서는 체적팽창계수가 적어 열충격에 대하여 강하다.

　㉤ 내화도(SK 31 ~ 33)가 높다.

　㉥ 하중연화 온도가 1750℃ 정도로 높아서 용융점 부근까지 하중에 잘 견딘다.

　　(즉, 하중연화 온도변화가 적다.)

　㉦ 내마모성이 크다.

46

알루미늄 용해 조업에서 고온을 피하고 노 온도를 700 ~ 750℃로 지정한 주된 이유는?

① 연료 절약

② 가스의 흡수 및 산화 방지

③ 노재의 침식 방지

④ 알루미늄의 증발 방지

【해설】

● 알루미늄, 구리 등의 금속용해로인 반사로에서 고온 용해 시 수소, 산소, 질소와 같은 가스를 알루미늄이 흡수하여 불순물을 생성시키기 때문에 가스의 흡수 및 산화가 방지되는 700 ~ 750℃에서 용해 조업을 진행한다.

47

돌로마이트(dolomite) 내화물에 대한 설명으로 <u>틀린</u> 것은?

① 염기성 슬래그에 대한 저항이 크다.

② 소화성이 크다.

③ 내화도는 SK 26 ~ 30 정도이다.

④ 내스폴링성이 크다.

【해설】 　　　　　　암기법 : 염병할~ 포돌이 마크

※ 돌로마이트질 내화물의 특징

　㉠ 비중과 열전도율이 크다.

　㉡ 고온에서 열팽창성이 작다.

　㉢ 내스폴링성이 크다.

　㉣ 염기성 슬래그에 대하여 저항성이 커서 내식성이 우수하다.

　㉤ 하중연화 온도가 1500 ℃ 이상으로 높다.

　㉥ 내화도는 SK 36 ~ 39 정도로 높다.

　㉦ 소화성이 커서, 수증기와 작용하여 슬래킹 (Slaking) 현상을 일으키기 쉽다.

48

보일러의 응축수를 회수하여 재사용하는 이유로서 가장 거리가 <u>먼</u> 것은?

① 용수비용 절감

② 보일러 효율 향상

③ 절탄기 사용 억제

④ 보일러 급수질 향상

【해설】 　　　　　　　　　암기법 : 응수부방

※ 증기트랩(steam trap, 스팀트랩)의 설치목적

　㉠ 관내의 응축수 배출로 인한 수격작용 방지

　　(∵ 관내 유체흐름에 대한 저항이 감소되므로)

　㉡ 응축수 배출로 인한 관내부의 부식 방지

　　(∵ 급수처리된 응축수를 재사용하므로)

　㉢ 응축수 회수로 인한 열효율 증가

　　(∵ 응축수가 지닌 폐열을 이용하므로)

　㉣ 응축수 회수로 인한 연료 및 급수 비용 절약

49

도시가스 공급설비인 정압기의 기능을 바르게 설명한 것은?

① 1차 압력을 일정하게 유지

② 2차 압력을 일정하게 유지

③ 1차 압력과 2차 압력을 모두 일정하게 유지

④ 1차 압력과 2차 압력의 합을 일정하게 유지

【해설】

※ 정압기(또는, 거버너)

　- 가스 압력을 사용처에 알맞은 압력으로 낮추어 일정하게 해주는 장치로, 주로 고압의 가스를 중압·저압으로 낮추는 감압 기능을 한다.

　주로 도시가스가 이동하는 배관의 적당한 곳에 설치하며 1차 압력 및 사용량과 상관없이 2차 측의 압력을 일정하게 유지시킨다.

50

용광로의 종류가 <u>아닌</u> 것은?

① 전로식　　　　　② 철피식

③ 철대식　　　　　④ 절충식

【해설】

※ 용광로(또는, 고로)는 벽돌을 쌓아서 구성된 샤프트형으로서 철광석을 용융시켜 선철(탄소 2.5 ~ 5 %)을 제조하는데 가장 중요하게 쓰이는 제련로이며, 로 상부의 장입장치와 로체 부속설비를 지지하는 형식에 따라 그 종류를 철대식, 철피식, 절충식, 자립식으로 크게 구분한다.

❶ 전로 : 용광로에서 나온 선철(쇳물)은 탄소 함유량이 많고 Si, Mn, P, S 등의 불순물이 포함되어 있어 경도가 높고 제품의 압연이나 단조 등의 소성 가공의 저하 및 균열 등을 일으키므로 양질의 (철)강을 만들기 위해서는 이를 제거하는 제강공정을 거쳐 탄소 함유량을 0.02 ~ 2 % 정도로 산화 감소시키고 필요한 성분을 첨가하여 강철(Steel)을 만드는 것으로, 선철을 강으로 전환하는 로(爐)라는 의미에서 붙여진 이름의 제강로이다.

51

다음 중 무기질 보온재에 속하는 것은?

① 펠트　　　　　② 콜크

③ 규조토　　　　　④ 우레탄 폼

【해설】

❸ 규조토는 무기질 보온재의 종류에 속한다.

【참고】

※ 최고 안전사용온도에 따른 무기질 보온재의 종류

　　-50　-100　◀사➡　+100　+50

　　탄　　G　　암,　규　　석면,　규산리

　250,　300,　400,　500,　550,　650℃

탄산마그네슘

　　Glass울(유리섬유)

　　　　　　　암면

　　　　　　규조토, 석면, 규산칼슘

　　650필지의 세라믹화이버 무기공장

　　650℃↓　(×2배) 1300↓ 무기질

펄라이트(석면+진주암),

　　　　　세라믹화이버

※ 최고 안전사용온도에 따른 유기질 보온재의 종류

　유비(B)가, 콜　택시타고　벨트를　폼나게 맸다.

　　　　　　　(텍스)　　　(펠트)

유기질, (B)130↓ 120↓ ◀ 100↓ ➡ 80℃↓(이하)

　　　　(+20)　　(기준)　(-20)

　탄화코르크, 텍스,　　펠트,　폼

52

방열기의 전 응축수량이 5000 kg/h 일 때 응축수 펌프의 양수량은?

① 83 kg/min　　　② 150 kg/min

③ 200 kg/min　　　④ 250 kg/min

【해설】

※ 응축수의 펌프 용량 = 발생한 응축수량 × 3배

$$= 5000 \, kg/h \times \frac{1 \, h}{60 \, min} \times 3$$

$$= 250 \, kg/min$$

53

직경 200 mm 배관을 이용하여 매분 2500 L의 물을 흘려 보낼 때 배관 내의 유속은 약 몇 m/s 인가?

① 1.1　　　　　② 1.3
③ 1.5　　　　　④ 1.8

【해설】

• 체적 유량 Q = $2500\,L/min \times \dfrac{1\,m^3}{1000\,L} \times \dfrac{1\,min}{60\,sec}$

　　　　　　= $0.0417\ \text{m}^3/\text{sec}$

• 체적 유량 Q 또는 $\dot{V} = A \cdot v = \pi r^2 \cdot v = \pi \left(\dfrac{D}{2}\right)^2 \cdot v$

　　　　　　= $\dfrac{\pi D^2}{4} \times v$ 에서,

$0.0417\,\text{m}^3/\text{sec} = \dfrac{\pi \times (0.2\,m)^2}{4} \times v$

이제, 네이버에 있는 에너지아카데미 카페의 "방정식 계산기 사용법"으로 v를 미지수 X로 놓고 구하면

∴ 배관 내 유속 v = 1.327 ≒ **1.3 m/sec**

54

보일러에서 보염장치를 설치하는 목적이 <u>아닌</u> 것은?

① 연소 화염을 안정시킨다.
② 안정된 착화를 도모한다.
③ 연소가스 체류 시간을 짧게 해준다.
④ 저공기비 연소를 가능하게 한다.

【해설】

※ 보염장치의 설치목적
　㉠ 연소 화염의 안정을 도모한다.
　㉡ 안정된 착화를 도모한다.
　㉢ 노내에 분사되는 연료의 분무를 돕고 공기와의 혼합을 양호하게 하므로 저공기비 연소를 가능하게 한다.
　㉣ 연소가스의 체류시간을 길게 해준다.

55

신축이음 중 온수 혹은 저압증기의 배관분기관 등에 사용되는 것으로 2개 이상의 엘보를 사용하여 나사 맞춤부의 작용에 의하여 신축을 흡수하는 것은?

① 벨로즈 이음 (Bellows Expansion Joint)
② 슬리브 이음 (Sleeve Joint)
③ 스위블 이음 (Swivel Joint)
④ 신축곡관 (Expansion Loop Joint)

【해설】

※ 스위블형(Swivel type, 회전형) 이음
　㉠ 2개 이상의 엘보를 사용하여 직각방향으로 어긋나게 하여 나사맞춤부(회전이음부)의 작용에 의하여 신축을 흡수하는 것이다.
　㉡ 온수난방 또는 저압증기의 배관 및 분기관 등에 사용된다.
　㉢ 지나치게 큰 신축에 대하여는 나사맞춤이 헐거워져 누설의 염려가 있다.

56

특수 유체보일러에 사용되는 열매체의 종류가 <u>아닌</u> 것은?

① 다우삼　　　　② 모빌썸
③ 바아크　　　　④ 카네크롤

【해설】

※ 특수 보일러　　암기법 : 특수 열매전
　㉠ 특수연료 보일러
　　- 톱밥, 버개스(Bagasse, 사탕수수 찌꺼기), 바아크(Bark 나무껍질)
　㉡ 열매체 보일러　　암기법 : 열매 세모다수
　　- **세**큐리티, **모**빌썸, **다**우삼, 수은, 카네크롤
　㉢ 전기 보일러
　　- 전극형, 저항형
　㉣ 간접가열식 보일러
　　- 슈미트-하트만 보일러, 레플러 보일러

57

증기와 응축수의 온도 차이를 이용한 증기트랩은?

① 단노즐식   ② 상향버켓식

③ 플로트식   ④ 바이메탈식

【해설】 ※ 작동원리에 따른 증기트랩의 분류 및 종류

분류	작동원리	종류
기계식 트랩	증기와 응축수의 비중차를 이용하여 분리한다. (버킷 또는 플로트의 부력을 이용)	버킷식 플로트식
온도조절식 트랩	증기와 응축수의 온도차를 이용하여 분리한다. (금속의 신축성을 이용)	바이메탈식 벨로즈식 다이어프 램식
열역학적 트랩	증기와 응축수의 열역학적 특성차를 이용하여 분리한다.	디스크식 오리피스식

58

$5 \, kg/cm^2 \cdot g$ 의 응축수 열을 회수하여 재사용 하기 위하여 설치한 다음 조건의 Flash Tank의 재증발 증기량(kg/h)은 약 얼마인가?

- 응축수량 : 3 t/h
- 응축수 엔탈피 : 162 kJ/kg
- Flash Tank에서의 재증발 증기엔탈피 : 645 kJ/kg
- Flash Tank 배출 응축수 엔탈피 : 120 kJ/kg

① 1050   ② 360

③ 240   ④ 195.3

【해설】 ※ 재증발증기 발생량 계산

$$m_1 \cdot \Delta H = w_2 \cdot R$$

(포화수가 잃은 열량) = (재증발증기가 얻은 열량)

$\therefore$ 재증발증기 발생량 $w_2 = m_1 \times \dfrac{H_1 - H_3}{R}$

$$= m_1 \times \dfrac{H_1 - H_3}{H_2 - H_3}$$

여기서, w_2 : 재증발증기 발생량 (kg/h)

$\qquad$ m_1 : 고온 응축수량 또는 포화수량 (kg/h)

R : 증발잠열 (= $H_2 - H_3$)

H_1 : 고온 포화수 엔탈피 (kJ/kg)

H_2 : 재증발 증기 엔탈피 (kJ/kg)

H_3 : 저온 포화수 엔탈피 (kJ/kg)

$$w_2 = 3000 \, kg/h \times \dfrac{(162 - 120) \, kJ/kg}{(645 - 120) \, kJ/kg}$$

$$= 240 \, kg/h$$

59

보통 가연성 물질의 위험성은 무엇을 기준으로 하는가?

① 착화점   ② 연소점

③ 산화점   ④ 인화점

【해설】

※ 인화점(또는, 인화온도)

  ㉠ 가연성 액체에서 발생한 증기의 공기 중 농도가 연소범위 내에 있을 경우 외부로부터 점화원을 접근시킬 때 접촉하여 발화하는 최저온도를 말한다.

  ㉡ 인화점은 연소범위 하한계에 도달되는 온도로, 가연성 물질의 위험성을 판단하는 기준이 된다.

  ㉢ 인화점이 낮을수록 위험성은 커진다.

60

버킷 트랩을 사용하여 응축수를 위로 배출시키 려면 트랩출구에 어떤 밸브를 설치하는가?

① 앵글 밸브   ② 게이트 밸브

③ 글로브 밸브   ④ 체크 밸브

【해설】

❹ 트랩 출구에 체크밸브를 설치하여 응축수의 역류를 방지한다.

【참고】   암기법 : 책(쳌), 스리

- 체크밸브(Check valve, 역지밸브)는 유체를 한쪽 방향으로만 흐르게 하고 역류를 방지하는 목적으로 사용되며, 밸브의 구조에 따라 스윙(swing)형과 리프트(lift)형이 있다.

제4과목 열설비 안전관리 및 검사기준

61

증기보일러의 과열(소손) 방지대책이 <u>아닌</u> 것은?

① 보일러 수위를 이상 저하시키지 말 것
② 보일러수를 과도하게 농축시키지 말 것
③ 보일러수 중에 유지를 혼입시키지 말 것
④ 화염을 국부적으로 집중시킬 것

【해설】※ 보일러의 과열 방지대책

  ㉠ 보일러의 수위를 적정 수위로 유지시킨다.

  ㉡ 전열부분의 스케일 및 슬러지를 제거한다.

  ㉢ 보일러수 처리를 통해 농축되지 않게 한다.

  ㉣ 보일러수의 순환을 원활하게 한다.

  ㉤ 수면계의 설치 위치를 조절한다.

  ㉥ 화염이 국부적으로 집중되는 것을 방지한다.

  ㉦ 고온 가스와 전열면의 마찰을 억제한다.

62

보일러 본체가 과열되는 원인이 <u>아닌</u> 것은?

① 보일러 동 내부에 스케일이 부착한 경우
② 안전수위 이상으로 급수한 경우
③ 국부적으로 심하게 복사열을 받는 경우
④ 보일러수의 순환이 좋지 않은 경우

【해설】※ 보일러 과열의 원인

  ㉠ 보일러의 수위가 낮은 경우

  ㉡ 전열 부분에 스케일 및 슬러지가 부착된 경우

  ㉢ 보일러수가 농축된 경우

  ㉣ 보일러수의 순환이 좋지 않은 경우

  ㉤ 수면계의 설치 위치가 너무 낮은 경우

  ㉥ 화염이 국부적으로 집중되는 경우

  ㉦ 고온의 가스가 고속으로 전열면에 마찰할 경우

❷ 보일러수를 안전수위 이상으로 급수한 경우에는 고수위 운전으로 인해 캐리오버 현상의 원인이 된다.

63

검사대상기기 관리자의 선임에 대한 설명으로 <u>틀린</u> 것은?

① 에너지관리기사 소지자는 모든 검사대상 기기를 관리할 수 있다.
② 최고사용압력이 1 MPa 이하이고, 전열면적이 10 m² 이하인 증기보일러는 인정검사대상 기기관리자가 관리할 수 있다.
③ 1구역당 1인 이상의 관리자를 채용해야 한다.
④ 관리자를 선임치 아니한 경우 2천만원 이하의 벌금에 처할 수 있다.

【해설】   [에너지이용합리화법 제75조.]

❹ 검사대상기기관리자를 선임하지 아니한 자는 **1천만원** 이하의 벌금에 처한다.

【참고】※ 위반행위에 해당하는 벌칙(징역, 벌금액)

  2.2 - 에너지 **저장, 수급 위반**

    암기법 : 이~이가 저 수위다.

  1.1 - **검사대상기기 위반**

    암기법 : 한명 한명씩 검사대를 통과했다.

  0.2 - **효율기자재 위반**

    암기법 : 영희가 효자다.

  0.1 - **미선임, 미확인, 거부, 기피**

    암기법 : 영일은 미선과 거부기피를 먹었다.

  0.05 - **광고, 표시 위반**

    암기법 : 영오는 광고표시를 쭉~ 위반했다.

64

산세관 시 부식 발생방지를 위한 대책이 <u>아닌</u> 것은?

① 산화성이온에 의한 부식방지
② 농도차 및 온도차에 의한 부식방지
③ 금속조직의 변화에 의한 부식방지
④ 세관액의 처리조건에 의한 부식방지

【해설】

❹ 산 세관액의 처리조건은 부식방지와 무관하다.

65

보일러 급수 중 철염이 함유되어 있는 경우 처리하는 방법으로 가장 적합한 것은?

① 기폭법
② 탈기법
③ 가열법
④ 이온교환법

【해설】 ※ 용존가스의 외처리 방법

㉠ 기폭법(또는, 폭기법)
- 급수 중에 녹아있는 탄산가스(CO_2), 암모니아(NH_3), 황화수소(H_2S) 등의 기체 성분과 철(Fe), 망간(Mn) 등을 제거하는 방법으로서, 급수 속에 공기를 불어 넣는 방식과 공기 중에 물을 아래 낙하시키는 강수 방식이 있다.

㉡ 탈기법
- 탈기기 장치를 이용하여 급수 중에 녹아있는 기체(O_2, CO_2)를 분리, 제거하는 방법으로서, 주목적은 산소(O_2) 제거이다.

66

에너지사용계획을 수립하여 산업통상자원부장관에게 제출하여야 하는 자는?

① 민간사업주관자로 연간 5천 티오이 이상의 연료 및 열을 사용하는 시설
② 공공사업주관자로 연간 2천 티오이 이상의 연료 및 열을 사용하는 시설
③ 민간사업주관자로 연간 1천만 킬로와트시 이상의 전력을 사용하는 시설
④ 공공사업주관자로 연간 2백만 킬로와트시 이상의 전력을 사용하는 시설

【해설】 [에너지이용합리화법 시행령 제20조2항.]
※ 에너지사용계획 제출 대상사업 기준
- 공공사업주관자의 │암기법│ : 공이오?~ 천만에!
  ㉠ 연간 2천5백 티오이(TOE) 이상의 연료 및 열을 사용하는 시설
  ㉡ 연간 1천만 킬로와트시(kWh) 이상의 전력을 사용하는 시설

- 민간사업주관자의 │암기법│ : 민간 = 공 × 2
  ㉠ 연간 5천 티오이(TOE) 이상의 연료 및 열을 사용하는 시설
  ㉡ 연간 2천만 킬로와트시(kWh) 이상의 전력을 사용하는 시설

67

보일러의 동판에 점식(Pitting)이 발생하는 가장 큰 원인은?

① 급수 중에 포함되어 있는 산소 때문
② 급수 중에 포함되어 있는 탄산칼슘 때문
③ 급수 중에 포함되어 있는 인산마그네슘 때문
④ 급수 중에 포함되어 있는 수산화나트륨 때문

【해설】 ※ 점식(Pitting 피팅 또는, 공식)
- 보호피막을 이루던 산화철이 파괴되면서 용존가스인 O_2, CO_2의 전기화학적 작용에 의한 보일러 각 부의 내면에 반점 모양의 구멍을 형성하는 촉수면의 전체 부식으로서 보일러 내면 부식의 약 80%를 차지하고 있으며, 고온에서는 그 진행속도가 매우 빠르다.

68

자발적 협약에 포함하여야 할 내용이 아닌 것은?

① 협약 체결 전년도 에너지소비 현황
② 에너지이용 효율향상 목표
③ 온실가스배출 감축 목표
④ 고효율기자재의 생산 목표

【해설】 [에너지이용합리화법 시행규칙 제26조1항.]
※ 에너지사용자 또는 에너지공급자가 수립하는 자발적 협약의 이행계획에 포함되는 사항
  ㉠ 협약 체결 전년도의 에너지소비 현황
  ㉡ 에너지이용효율 향상 목표 또는 온실가스 배출 감소목표 및 그 이행 방법
  ㉢ 에너지관리체제 및 에너지관리방법
  ㉣ 효율향상목표 등의 이행을 위한 투자계획

69

보일러에서 증기를 송기할 때의 조작방법으로 **틀린** 것은?

① 증기헤더의 드레인 밸브를 열어 응축수를 배출한다.

② 주증기관 내에 관을 따뜻하게 하기 위해 다량의 증기를 급격히 보낸다.

③ 주증기 밸브의 열림 정도를 단계적으로 한다.

④ 주증기 밸브를 완전히 연 다음 약간 되돌려 놓는다.

【해설】 ※ 증기 송기 시(주증기 밸브 작동 시) 주의사항

㉠ 캐리오버, 수격작용이 발생하지 않도록 한다.

㉡ 송기하기 전 증기헤더의 주위 밸브 및 트랩 등의 바이패스 밸브를 열어 드레인을 제거한다.

㉢ 주증기관 내에 소량의 증기를 공급하여 관을 따뜻하게 예열한다.

㉣ 주증기밸브는 3분에 1회전을 하여 단계적으로 천천히 개방시켜 완전히 열었다가 다시 조금 되돌려 놓는다.

㉤ 항상 일정한 압력을 유지하고, 부하측의 압력이 정상적으로 유지되고 있는지 확인한다.

㉥ 연소상태를 확인하여 정상적인 연소가 이루어지도록 한다.

70

육용강재 보일러에서 관판의 롤 확관 부착부는 완전한 고리형을 이룬 접촉면의 두께가 몇 mm 이상이어야 하는가?

① 7 mm   ② 10 mm

③ 13 mm   ④ 16 mm

【해설】   [열사용기자재의 검사기준. 6.1.]

• 관판의 롤확관 부착부는 완전한 링 모양을 이루는 접촉면의 두께가 **10 mm** 이상이어야 한다.

71

신·재생에너지설비 중 수소에너지 설비에 대하여 바르게 나타낸 것은?

① 물이나 그 밖에 연료를 변환시켜 수소를 생산하거나 이용하는 설비

② 물의 유동에너지를 변환시켜 전기를 생산하는 설비

③ 수소와 산소의 전기화학 반응을 통하여 전기 또는 열을 생산하는 설비

④ 물, 지하수 및 지하의 열 등의 온도차를 변환시켜 에너지를 생산하는 설비

【해설】   [신·재생에너지 개발·이용·보급 촉진법 시행규칙 제2조.]

❶ 수소에너지 설비   ② 수력에너지 설비

③ 연료전지 설비   ④ 지열에너지 설비

72

다음 A, B에 들어갈 안지름 크기로 맞는 것은?

압력계와 연결된 증기관은 최고사용압력에 견디는 것으로서 그 크기는 황동관 또는 동관을 사용할 때는 안지름이 (A)mm 이상, 강관을 사용할 때는 (B)mm 이상이어야 한다.

① A = 6.5, B = 12.7

② A = 8.5, B = 13.7

③ A = 5.5, B = 11.8

④ A = 4.8, B = 10.7

【해설】   암기법 : 강일이 7, 동 65

※ 증기보일러의 압력계 부착

• 압력계와 연결된 증기관은 최고사용압력에 견디는 것으로서 그 크기는 황동관 또는 **동관**을 사용할 때는 안지름 **6.5 mm** 이상, **강관**을 사용할 때는 **12.7 mm** 이상이어야 하며, 증기온도가 210 ℃ (483 K)를 초과할 때에는 황동관 또는 동관을 사용하여서는 안된다.

73

보일러 청관제 중 슬러지 조정제가 <u>아닌</u> 것은?

① 탄닌   ② 리그닌
③ 전분   ④ 수산화나트륨

【해설】 암기법 : 슬며시, 리그들 녹말 탄니?

※ 보일러수 처리 시 슬러지 조정제로 사용되는 약품
   ㉠ 리그린(리그닌)
   ㉡ 녹말(또는, 전분)
   ㉢ 탄닌
   ㉣ 텍스트린

❹ 수산화나트륨($NaOH$)은 보일러수의 pH를 상승시키는
   pH조정제로 쓰이는 약품이다.

74

관류보일러에서 보일러와 압력방출장치와의
사이에 체크밸브가 설치되어 있다. 압력방출
장치는 안전을 위하여 규정상 몇 개 이상 설치
되어 있는가?

① 1개   ② 2개
③ 3개   ④ 4개

【해설】   [열사용기자재의 검사기준 19.1.1 ~ 2.]

※ 안전밸브의 개수와 부착

 • 관류보일러에서 보일러와 압력방출장치와의 사이에
   체크밸브를 설치할 경우 압력방출장치는 **2개 이상**
   이어야 한다.

75

에너지법에서 정한 에너지 공급설비가 <u>아닌</u> 것은?

① 전환설비   ② 수송설비
③ 개발설비   ④ 생산설비

【해설】   [에너지법 제2조.]

❸ 에너지공급설비라 함은 에너지를 **생산, 전환,**
   수송, 또는 저장하기 위하여 설치하는 설비를
   말한다.

76

보일러수 이온교환 처리 시 주의사항으로 <u>틀린</u> 것은?

① 이온교환 처리에 앞서 현탁물, 유리염소
   등을 제거하여야 한다.
② 강산성 양이온 교환수지의 경우는 수지를
   보충할 필요가 없다.
③ 원수에 대하여 수질 감시를 하여야 한다.
④ 처리수의 수질과 수량을 감시하여야 한다.

【해설】

❷ 급수 속에 함유되어 있는 Ca, Mg 이온은 강산성
   양이온 교환수지에 흡착·제거된다. 이후 이온교환
   수지의 흡착·제거능력이 떨어지면 수지의 보충 또는
   소금($NaCl$)물로 수지를 재생시켜 연속적으로 사용
   할 수 있도록 해야 한다.

77

보일러 관수처리가 부적당할 때 나타나는 현상
으로 가장 거리가 <u>먼</u> 것은?

① 잦은 분출로 열손실이 증대된다.
② 프라이밍이나 포밍이 발생한다.
③ 보일러수가 농축되는 것을 방지한다.
④ 보일러 판과 관에 부식을 일으킨다.

【해설】

※ 보일러수(관수) 처리가 부적당할 때 나타나는 현상
   ㉠ 슬러리 및 스케일이 생성·고착 된다.
   ㉡ 보일러 부식이 진행된다.
   ㉢ 프라이밍(비수), 포밍(물거품), 캐리오버(기수
      공발) 현상이 발생한다.
   ㉣ 보일러수가 농축된다.
   ㉤ 가성취화 현상이 발생한다.
   ㉥ 분출작업 횟수가 늘어나 열손실이 증가한다.

78

보일러 운전이 끝난 후 노내 및 연도에 체류하고 있는 가연성가스를 취출시키는 작업은?

① 분출작업   ② 댐퍼작동
③ 프리퍼지   ④ 포스트퍼지

【해설】 ※ 보일러 퍼지(Purge)의 종류

　㉠ 프리퍼지(Prepurge)

　　- 노내에 잔류한 누설가스나 미연소가스로 인하여 역화나 가스폭발 사고의 원인이 되므로, 이에 대비하기 위하여 보일러 점화전에 노내의 미연소가스를 송풍기로 배출시키는 조작을 말한다.

　㉡ 포스트퍼지(Postpurge)

　　- 보일러 운전이 끝난 후 노내에 잔류한 미연소가스를 송풍기로 배출시키는 조작을 말한다.

79

소용량 강철제보일러의 규격을 옳게 나타낸 것은?

① 강철제보일러 중 전열면적이 1 m^2 이하이고 최고사용압력이 0.35 MPa 이하인 것

② 강철제보일러 중 전열면적이 5 m^2 이하이고 최고사용압력이 0.35 MPa 이하인 것

③ 강철제보일러 중 전열면적이 10 m^2 이하이고 최고사용압력이 0.1 MPa 이하인 것

④ 강철제보일러 중 전열면적이 15 m^2 이하이고 최고사용압력이 0.1 MPa 이하인 것

【해설】　　　　　[열사용기자재의 검사기준 1.3.1.]

※ 소용량 강철제보일러의 기준

　- 강철제보일러중 전열면적이 **5 m^2 이하**이고 최고사용압력이 **0.35 MPa 이하**인 것

80

검사대상기기인 보일러의 연료 또는 연소방법을 변경한 경우 받아야 하는 검사는?

① 구조검사

② 개조검사

③ 계속사용 성능검사

④ 설치검사

【해설】　　　[에너지이용합리화법 시행규칙 별표3의4.]

※ 개조검사의 적용대상

　㉠ 증기보일러를 온수보일러로 개조하는 경우
　㉡ 보일러 섹션의 증감에 의하여 용량을 변경하는 경우
　㉢ 동체·돔·노통·연소실·경판·천정판·관판·관모음 또는 스테이의 변경으로서 산업통상자원부장관이 정하여 고시하는 대수리의 경우
　㉣ 연료 또는 연소방법을 변경하는 경우
　㉤ 철금속가열로로서 산업통상자원부장관이 정하여 고시하는 경우의 수리

평균점수

2023년 에너지관리산업기사
CBT 복원문제(1)

제1과목 열 및 연소설비

01

교축과정(throttling process)을 거친 기체는 다음 중 어느 양이 일정하게 유지되는가?

① 압력
② 엔탈피
③ 체적
④ 엔트로피

【해설】 ※ 교축(Throttling, 스로틀링) 과정
- 비가역 정상류 과정으로 열전달이 전혀 없고, 일을 하지 않는 과정으로서 엔탈피는 항상 일정하게 유지되는 등엔탈피($H_1 = H_2$ = constant) 변화이다.
  또한, 비체적이 증가하고 엔트로피는 항상 증가하며 압력과 온도는 하강한다.

02

황의 연소반응식이 S + O_2 → SO_2 일때, 이론 공기량은?

① 1.88 Nm^3/kg
② 2.38 Nm^3/kg
③ 2.88 Nm^3/kg
④ 3.33 Nm^3/kg

【해설】 암기법 : (이론산소량) 1.867C, 5.6H, 0.7S
※ 이론공기량(A_0)을 구할 때, 연소반응식을 세우자.

- S + O_2 → SO_2
  (1 kmol) (1 kmol)
  (32 kg) (22.4 Nm^3)
  (1 kg) ($22.4 \, Nm^3 \times \dfrac{1}{32}$ = 0.7 Nm^3)

$\therefore A_0 = \dfrac{O_0}{0.21} = \dfrac{0.7}{0.21} ≒ 3.33 \, Nm^3/kg_{-황}$

03

탱크 내에 900 kPa의 공기 20 kg이 충전되고 있다. 공기 1 kg을 뺄 때, 탱크 내 공기온도가 일정하다면 탱크 내 공기압력은?

① 655 kPa
② 755 kPa
③ 855 kPa
④ 900 kPa

【해설】
- 이상기체의 상태방정식 PV = mRT 를 통해 탱크의 체적(V)를 먼저 구한다.
  (이때, 탱크내 온도는 0℃ = 273 K 을 기준으로 계산한다.)

$$V = \frac{mRT}{P} = \frac{m \dfrac{\overline{R}}{M} T}{P}$$

$$= \frac{20 \, kg \times \dfrac{8.314 \, kJ/kmol \cdot K}{29 \, kg/kmol} \times (0+273) \, K}{900 \, kPa}$$

$$≒ 1.74 \, m^3$$

- 공기의 질량 m = (20 - 1)kg = 19 kg과
  탱크의 체적(V) = 1.74 m^3 을 PV = mRT 에 적용하면,

$$P = \frac{mRT}{V} = \frac{m \dfrac{\overline{R}}{M} T}{V}$$

$$= \frac{19 \, kg \times \dfrac{8.314 \, kJ/kmol \cdot K}{29 \, kg/kmol} \times (0+273) \, K}{1.74 \, m^3}$$

$$= 854.6 \, kPa ≒ 855 \, kPa$$

【참고】
- 공기의 분자량(M) = 28.84 ≒ 28.96 ≒ 29
- 공통 기체상수(또는, 평균 기체상수 $\overline{R}$)
  $\overline{R}$ = 8.314 kJ/kmol·K 은 암기사항이다.
- $\overline{R} = M \cdot R$ 에서, 해당기체상수 $R = \dfrac{\overline{R}}{M}$

04

축소 노즐에서 가역 단열팽창할 때 일어나는 현상은?

① 압력 감소
② 엔트로피 감소
③ 온도 증가
④ 엔탈피 증가

【해설】

- 실제기체를 축소 노즐 구멍을 통해서 가역 단열팽창 시키면 줄-톰슨 효과에 의하여 압력과 온도는 항상 낮아진다.

05

단열처리된 밀폐용기 내에 물이 0.09 m³ 채워져 있을 때, 800 ℃의 철 3 kg을 넣어 평형온도가 20 ℃로 되었다면 이때, 물의 온도 상승은 약 얼마인가? (단, 철의 비열은 0.46 kJ/kg·℃ 이며, 물의 비열은 4.2 kJ/kg·℃ 이다.)

① 2.85 ℃
② 19.61 ℃
③ 27.65 ℃
④ 47.36 ℃

【해설】　　　　　　　　암기법 : 큐는 씨암탉

※ 열평형법칙에 의해 혼합 전 물의 온도를 t 라 두면, 철이 잃은 열량(Q_1) = 물이 얻은 열량(Q_2)

- $Q_1 = C_철 m \Delta t$

  $= 0.46$ kJ/kg·℃ $\times 3$ kg $\times (800 - 20)$ ℃

  $= 1076.4$ kJ

- $Q_2 =$ (물의 온도상승에 따른) 현열

  $= C_물 m \Delta t$

  한편, 물의 밀도 $\rho = 1000$ kg/m³ 이므로

  　　질량 m $= \rho \cdot V = 1000$ kg/m³ $\times 0.09$ m³

  　　　　　　　$= 90$ kg

  $= 4.2$ kJ/kg·℃ $\times 90$ kg $\times (20 - t)$℃

∴ 1076.4 kJ $= 4.2$ kJ/kg·℃ $\times 90$ kg $\times (20 - t)$ 에서 방정식 계산기 사용법으로 t를 미지수 X로 놓고 구하면, 물의 처음온도 t $= 17.152 ≒ 17.15$ ℃

∴ 물의 온도상승 = 열평형온도 - 혼합 전 물의 온도

　　　　　　　　$= 20$ ℃ $- 17.15$ ℃ $≒ 2.85$ ℃

06

카르노 열기관의 효율(η)을 열역학적 온도(θ)로 표시한 것은? (단, $\theta_1 > \theta_2$)

① $\eta = 1 - \dfrac{\theta_2}{\theta_1}$
② $\eta = \dfrac{\theta_2 - \theta_1}{\theta_2}$

③ $\eta = \dfrac{\theta_1 - \theta_2}{\theta_2}$
④ $\eta = \dfrac{\theta_1}{\theta_2}$

【해설】 ※ 카르노사이클의 열효율 공식(η)

- $\eta = \dfrac{W}{Q_1} = \dfrac{Q_1 - Q_2}{Q_1} = \dfrac{T_1 - T_2}{T_1} = 1 - \dfrac{T_2}{T_1}$

  따라서, 절대온도(열역학적 온도) T_1, T_2를 문제 제시된 기호로 바꾸면,

- ∴ $\eta = 1 - \dfrac{\theta_2}{\theta_1}$ 로 표시된다.

【참고】 ※ 열기관의 원리

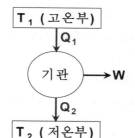

η : 열기관의 열효율

W : 열기관이 외부로 한 일

Q_1 : 고온부(T_1)에서 흡수한 열량

Q_2 : 저온부(T_2)로 방출한 열량

07

섭씨와 화씨의 온도 눈금이 같은 경우는 몇 도 인가?

① 20 ℃
② 0 ℃
③ -20 ℃
④ -40 ℃

【해설】　　　　　암기법 : 화씨는 오구씨보다 32살 많다.

- ℉ $= \dfrac{9}{5}$ ℃ $+ 32$ 에서,

  문제에서, ℉ = ℃ 이므로 미지수 X로 놓으면

  X $= \dfrac{9}{5}$ X $+ 32$

  이제, 방정식 계산기 사용법으로 미지수 X를 구하면

- ∴ X $= -40$ ℃

08

표준대기압 상태에서 진공도 90 %에 해당하는 압력은?

① 0.92988 ata 　　② 0.10332 ata

③ 684 mmHg 　　④ 1.013 bar

【해설】

- 진공도(%) = $\dfrac{진공압}{대기압} \times 100$ 에서

  진공압 = 대기압 × 진공도 이므로,

- 절대압력 = 대기압 − (대기압 × 진공도)

  = 10332 mmAq − (10332 × 0.9) mmAq

  = 1033.2 mmAq

  = 1033.2 mmAq × $\dfrac{1\,ata}{10000\,mmAq}$

  = **0.10332 ata**

【참고】 ※ 공압기압(ata 또는, at)

- 1 ata = 73.56 cmHg = 735.6 mmHg

  = 10 mH₂O = 10 mAq = **10000 mmAq**

  = 1 kgf/cm² = 10000 kgf/m²

  = 98066.5 Pa = 98.0665 kPa

  = 0.98 bar = 980.665 mbar = 14.2 psi

09

공기보다 비중이 커서 누설이 되면 낮은 곳에 고여 인화 폭발의 원인이 되는 가스는?

① 수소 　　② 메탄

③ 일산화탄소 　　④ 프로판

【해설】 ※ 기체의 종류별 분자량 크기 비교

수소	메탄	일산화탄소	공기	프로판
H₂	CH₄	CO	N₂, O₂	C₃H₈
2	16	28	29	44

- 분자량이 공기의 분자량(29)보다 큰 가스는 비중이 공기보다 커서 누설이 되면 낮은 곳에 체류하여 고여 있으므로 인화 폭발의 원인이 된다.

10

이상기체의 온도가 T_1에서 T_2로 변하고 압력이 P_1에서 P_2로 변하였다. 이 때, 비체적은 v_1에서 v_2로 변하였다고 하면, 엔트로피의 변화는 어떻게 표시되는가? (단, C_v는 정적비열, C_p는 정압비열이며, R은 기체상수다.)

① $\Delta S = C_P \cdot \ln\left(\dfrac{T_2}{T_1}\right) + R \cdot \ln\left(\dfrac{P_2}{P_1}\right)$

② $\Delta S = C_V \cdot \ln\left(\dfrac{T_2}{T_1}\right) - R \cdot \ln\left(\dfrac{v_2}{v_1}\right)$

③ $\Delta S = C_P \cdot \ln\left(\dfrac{T_2}{T_1}\right)$

④ $\Delta S = C_V \cdot \ln\left(\dfrac{P_2}{P_1}\right) + C_P \cdot \ln\left(\dfrac{v_2}{v_1}\right)$

【해설】 　　　　암기법 : 피부 부피 (PV,VP)

※ 엔트로피 변화량(ΔS)의 일반식

$\Delta S = C_P \cdot \ln\left(\dfrac{V_2}{V_1}\right) + C_V \cdot \ln\left(\dfrac{P_2}{P_1}\right)$ 에서

부피(V)를 비체적(v) 기호로 바꾸어 주면,

$\Delta S = C_P \cdot \ln\left(\dfrac{v_2}{v_1}\right) + C_V \cdot \ln\left(\dfrac{P_2}{P_1}\right)$

11

댐퍼에서 형상에 따른 분류가 <u>아닌</u> 것은?

① 터보형 댐퍼 　　② 버터플라이 댐퍼

③ 시로코형 댐퍼 　　④ 스플리트 댐퍼

【해설】

- 댐퍼의 형상(구조)에 따른 분류

  ㉠ 버터플라이 댐퍼 : 보일러에서 가장 많이 사용한다.

  ㉡ 다익(시로코형, siroco) 댐퍼

  ㉢ 스플릿(split) 댐퍼

  ㉣ 푸쉬(push) 댐퍼

- 댐퍼(damper) : 배기가스 배출량의 조절로 노내의 통풍압력을 조절하는 장치이다.

12

어떤 이상기체를 가역단열과정으로 압축하여 압력이 P_1 에서 P_2 로 변하였다. 압축 후의 온도를 구하는 식은? (단, 1은 초기상태, 2는 최종상태, k는 비열비를 나타낸다.)

① $T_2 = T_1 \left(\dfrac{P_2}{P_1} \right)^{\frac{k-1}{k}}$ ② $T_2 = T_1 \left(\dfrac{P_2}{P_1} \right)^{\frac{1-k}{k}}$

③ $T_2 = T_1 \left(\dfrac{P_2}{P_1} \right)^{\frac{k}{k-1}}$ ④ $T_2 = T_1 \left(\dfrac{P_2}{P_1} \right)^{\frac{k}{1-k}}$

【해설】 ※ 단열변화의 P, V, T 관계식은 다음과 같다.

$$\frac{P_1}{P_2} = \left(\frac{V_2}{V_1} \right)^k = \left(\frac{T_1}{T_2} \right)^{\frac{k}{k-1}}$$

따라서, 관계식의 변형된 표현식은 지수법칙을 이용하는 것이므로

$$\frac{P_1}{P_2} = \left(\frac{T_1}{T_2} \right)^{\frac{k}{k-1}}$$

양변에 지수의 역수인 $\dfrac{k-1}{k}$ 을 곱하면

$$\left(\frac{P_1}{P_2} \right)^{\frac{k-1}{k}} = \frac{T_1}{T_2}$$

$$\therefore \ T_2 = T_1 \left(\frac{P_1}{P_2} \right)^{-\left(\frac{k-1}{k} \right)} = T_1 \left(\frac{P_2}{P_1} \right)^{\frac{k-1}{k}}$$

13

어떠한 계의 초기상태를 i, 최종 상태를 f, 중간경로를 p 라 할때 이 계에 의해 행해진 일은?

① i와 f에만 관계가 있다.
② i와 p에만 관계가 있다.
③ f와 p에만 관계가 있다.
④ i와 f와 p 모두와 관계가 있다.

【해설】
❹ 일(W)과 열(Q)은 경로에 따라서 초기상태와 최종 상태가 같더라도 그 값이 모두 달라질 수 있으므로 경로함수(δ)에 해당한다. 따라서, 초기상태(i), 중간 경로(p), 최종상태(f)에 모두 영향을 받는다.

【참고】 ※ 상태함수 및 경로함수 암기법 : 도경, 상점
• 처음상태에서 최종상태로 이행했을 때, 상태를 이행하는 경로가 결과에 영향을 주지 않으면 "상태함수"이고, 상태를 이행하는 경로가 결과에 영향을 주면 "경로함수"라고 구분하며, 상태함수는 변화량을 구할 때 나중상태에서 처음상태를 빼주면 된다. 경로함수의 표기는 불완전 미분으로 표시하며, 변화량을 구할 때 적분해야 한다.
• 상태(d)함수 = 점함수 = 계(系)의 성질.
  ex> 변위, 위치에너지, 내부에너지, 엔트로피, 엔탈피 등
• 경로(δ)함수 = 도정함수 = 계(界)의 과정.
  ex> 거리, 열량, 일

14

다음 중 상태량이 아닌 것은?

① U(내부에너지) ② H(엔탈피)
③ Q(열) ④ G(깁스 자유에너지)

【해설】
❸ 열(Q)과 일(W)은 경로(δ)함수로서 계의 과정이다.

15

압력 400 kPa, 체적 2 m³ 인 공기가 가역 단열 팽창하여 100 kPa로 되었다. 이때, 외부에 대한 절대일(absolute work)은 얼마인가?
(단, 공기의 비열비는 1.4 이다.)

① 262 kJ ② 600 kJ
③ 655 kJ ④ 832 kJ

【해설】
• 단열변화에서 외부에 대한 절대일을 $_1W_2$ 라 두면,

$$_1W_2 = \frac{P_1 V_1}{k-1} \left[1 - \left(\frac{P_2}{P_1} \right)^{\frac{k-1}{k}} \right]$$

$$= \frac{400\,kPa \times 2\,m^3}{1.4-1} \times \left[1 - \left(\frac{100\,kPa}{400\,kPa} \right)^{\frac{1.4-1}{1.4}} \right]$$

$$= 654.099 ≒ \mathbf{655\ kJ}$$

【참고】

※ 열역학적 일의 공식 $W = PV$에서 단위 변환을 이해하자.

$$W(일) = Pa \times m^3 = N/m^2 \times m^3 = N \cdot m = J(줄)$$

16

중유 5 kg을 완전 연소시켰을 때, 총 저위발열량은? (단, 중유의 고위발열량은 41860 kJ/kg 이고, 중유 1 kg 속에는 수소 0.2 kg, 수분 0.1 kg이 함유 되어 있다.)

① 185.4 MJ   ② 172.1 MJ

③ 165.2 MJ   ④ 161.3 MJ

【해설】

• 고체·액체연료의 단위중량당 저위발열량(H_L) 공식

$$H_L = H_h - R_w \quad (H_h : 고위발열량, \ R_w : 물의 증발잠열)$$

한편, 물의 증발잠열(R_w)은 0℃를 기준으로 하여

$$\frac{10800\,kcal}{18\,kg} = 600 \text{ kcal/kg} \times 4.1868 \text{ kJ/kcal}$$
$$= 2512 \text{ kJ} = 2.512 \text{ MJ} ≒ 2.51 \text{ MJ/kg}$$

증발잠열 $R_w = 2.51 \text{ MJ/kg} \times (9H + w)$
$$= 2.51 \text{ MJ/kg} \times (9 \times 0.2 + 0.1)$$
$$= 4.769 \text{ MJ/kg}$$

$H_L = H_h - R_w$
$$= 41.860 \text{ MJ/kg} - 4.769 \text{ MJ/kg}$$
$$= 37.091 \text{ MJ/kg}$$

∴ 사용연료(m_f)에 따른 총 저위발열량 $= m_f \times H_L$
$$= 5 \text{ kg} \times 37.091 \text{ MJ/kg}$$
$$= 185.455 \text{ MJ} ≒ \mathbf{185.4 \text{ MJ}}$$

17

이상기체 0.5 kg을 압력이 일정한 과정으로 50 ℃에서 150 ℃로 가열할 때 필요한 열량은? (단, 이 기체의 정적비열은 3 kJ/kg·K, 정압비열은 5 kJ/kg·K 이다)

① 150 kJ   ② 250 kJ

③ 400 kJ   ④ 550 kJ

【해설】　　　　　　　　　　암기법 : 큐는 씨암탉

• 정압가열량을 Q 라 두면

$Q = C_p \cdot m \, \Delta T$ 　여기서, C_p : 정압비열, m : 질량,
　　　　　　　　　　　　　　ΔT : 온도차(K 또는, ℃)

$$= 5 \text{ kJ/kg·K} \times 0.5 \text{ kg} \times (150 - 50)K$$
$$= 250 \text{ kJ}$$

【참고】 ※ 문제에서 비열의 단위(kJ/kg·K, kJ/kg·℃) 중 분모에 있는 K(절대온도)나 ℃(섭씨온도)는 단순히 열역학적인 온도 측정값의 단위로 쓰인 것이 아니고, 온도차($\Delta T = 1°$)에 해당하는 것이므로 섭씨온도 단위(℃)를 절대온도의 단위(K)로 환산해서 계산해야 하는 과정 없이 곧장 서로 단위를 호환해 주어도 괜찮다! 왜냐하면, 섭씨온도와 절대온도의 눈금차는 서로 같기 때문인 것을 이해한다.

18

그림과 같은 관로에 펌프를 설치하여 계속 가동시키면 관로를 움직이는 유체의 온도는 어떻게 변하는가? (단, 관로에 외부로부터 열 출입은 없는 것으로 가정한다.)

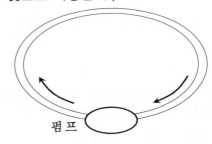

펌프

① 온도가 일단 낮아진 후 원래의 온도로 된다.
② 상승한다.
③ 하강한다.
④ 변화가 없다.

【해설】

• 관로에 외부로부터 직접적인 열출입이 없어도 관로 유동에 따른 마찰과, 순환펌프에서 일을 받기 때문에 유체의 온도는 상승한다.

19

기체 동력 사이클과 관계가 <u>없는</u> 것은?

① 증기원동소　　　② 가스터빈
③ 디젤기관　　　　④ 불꽃점화 자동차기관

【해설】
- 연소가스를 작동유체로 하는 것을 내연기관이라 하며, 기관 내부에서 연료가 연소하여 생긴 **연소가스**가 팽창하면서 외부에 대하여 일을 하는 것으로 가솔린기관, 디젤기관, 가스터빈이 이에 속한다.
- ❶ 증기원동소 기관은 랭킨 사이클이 기본 사이클로서 보일러에서 발생한 **수증기**가 팽창하면서 외부에 대하여 일을 하는 것이며, 작동유체의 상변화(물⇄수증기)를 수반한다.
- ② 가스터빈은 브레이톤 사이클이다.
- ③ 디젤기관은 디젤 사이클이다.
- ④ 가솔린기관(불꽃점화 자동차기관)은 오토 사이클이다.

20

압축비에 대한 설명으로 <u>틀린</u> 것은?

① 오토사이클의 효율은 압축비의 함수이다.
② 압축비가 감소하면 일반적으로 오토사이클의 효율은 증가한다.
③ 디젤사이클의 효율은 압축비와 차단비 (cut-off ratio)의 함수이다.
④ 동일한 압축비에서는 디젤 사이클의 효율이 오토사이클의 효율보다 낮다.

【해설】　　　　　　　　　　暗기법 : 오 〉 사 〉 디

※ 오토사이클(Otto cycle)의 열효율(η)

$\eta = 1 - \left(\dfrac{1}{\epsilon}\right)^{k-1}$ 에서,

비열비(k)와 압축비(ϵ)가 클수록 열효율은 증가한다.

※ 디젤사이클(Diesel cycle)의 열효율(η)

$\eta = 1 - \left(\dfrac{1}{\epsilon}\right)^{k-1} \times \dfrac{\sigma^k - 1}{k(\sigma - 1)}$ 에서,

비열비(k)와 압축비(ϵ)가 클수록, 차단비(σ)는 작을수록 열효율은 증가한다.

※ 공기표준사이클의 T-S선도에서 초온, 초압, 압축비, 차단비(단절비), 공급 열량이 같을 경우 각 사이클의 이론적 열효율을 비교하면 오토 > 사바테 > 디젤의 순서이다.

제2과목	열설비 설치

21

배관 시공 시 적당한 온도계의 설치 높이는 약 몇 m 인가?

① 4.5　　　　　　② 3.5
③ 2.5　　　　　　④ 1.5

【해설】
❹ 배관 시공 시 온도계의 설치 높이는 측정 및 점검하기에 용이한 1.5 m가 가장 적당하다.

22

계측기의 구비조건으로 <u>틀린</u> 것은?

① 취급과 보수가 용이해야 한다.
② 견고하고 신뢰성이 높아야 한다.
③ 설치되는 장소의 주위 조건에 대하여 내구성이 있어야 한다.
④ 구조가 복잡하고, 전문가가 아니면 취급 할 수 없어야 한다.

【해설】 ※ 계측기기의 구비조건
- ㉠ 설치장소의 주위 조건에 대하여 내구성이 있을 것
- ㉡ 구조가 간단하고 사용하기에 편리할 것
- ㉢ 견고하고 신뢰성이 높을 것
- ㉣ 원거리 지시 및 기록이 가능하고 연속적일 것
- ㉤ 유지 · 보수가 용이할 것
- ㉥ 취급 시 위험성이 적을 것
- ㉦ 구입비, 설비비, 유지비 등이 비교적 저렴하고 경제적일 것

23

배기가스 분석방법 중 현저히 낮은 열전도율을 이용한 가스 분석계는?

① 미연가스계   ② 적외선식 가스분석계
③ 전기식 CO_2계   ④ 가스 크로마토그래피

【해설】 ※ 열전도율식(전기식 CO_2계) 가스분석계의 특징
ⓐ 원리나 장치가 비교적 간단하다.
ⓑ 연소가스 중의 N_2, O_2, CO의 농도가 변해도 CO_2 지시오차가 거의 없다.
ⓒ 보일러 연도 중의 CO_2 분석에 매우 많이 사용된다.
ⓓ 열전도율이 매우 큰 H_2가 혼입되면 측정오차가 커지고 정확도는 낮아진다.
   (∵ 낮은 열전도율을 이용하기 때문이다.)
ⓔ 분자량이 작을수록 열전도율이 커진다.
   (H_2 ≫ N_2 > 공기 > O_2 > CO_2 > SO_2)
ⓕ 정량범위가 가장 넓다. (정량범위 : 0.01 ~ 100 %)

24

차압식 유량계로 유량을 측정 시 차압이 2500 mmH_2O 일때 유량이 300 m^3/h 라면, 차압이 900 mmH_2O 일때의 유량은?

① 108 m^3/h ② 150 m^3/h
③ 180 m^3/h ④ 200 m^3/h

【해설】
• 압력과 유량(Q)의 관계 공식 $Q = A \cdot v$ 에서,
차압(또는, 압력차)를 P 또는, ΔP 라고 두면
한편, 유속 $v = \sqrt{2gh} = \sqrt{2g \times 10P}$
            $= \sqrt{2 \times 9.8 \times 10P} = 14\sqrt{P}$

• 유량 $Q = \dfrac{\pi D^2}{4} \times 14\sqrt{P} = K\sqrt{P}$

따라서, $Q \propto \sqrt{P}$ (유량은 압력차의 제곱근에 비례한다.)
를 암기하고 있어야 한다.

비례식, $\dfrac{Q_1}{Q_2} \propto \dfrac{\sqrt{P_1}}{\sqrt{P_2}}$, $\dfrac{300 \, m^3/h}{Q_2} = \dfrac{\sqrt{2500}}{\sqrt{900}}$

                  ∴ $Q_2 = 180 \, m^3/h$

25

보일러 수위 검출 및 조절을 위해 사용되는 장치 중 코프식이 적용되는 방식은?

① 전극식   ② 차압식
③ 열팽창식   ④ 부자(Float)식

【해설】   암기법 : 플전열차
※ 수위검출기의 수위제어 검출 방식에 따른 종류
   ⓐ 플로트식(또는, 부자식, 일명 맥도널식)
   ⓑ 전극봉식(또는, 전극식)
   ⓒ 열팽창식(또는, 열팽창관식, 일명 코프식)
   ⓓ 차압식

26

계측기의 특성이 시간적 변화가 작은 정도를 나타내는 것은?

① 안정성   ② 신뢰도
③ 내구성   ④ 내산성

【해설】
❶ 계측기 특성 중 시간적 변화에 따라 변화 정도가 작은 특성은 안정성이다. (신뢰도, 내구성, 내산성 등은 계측기 사용 시간에 따라 변화 정도가 크다.)

27

열정산 시 연료의 입열량에 가장 큰 영향을 미치는 물질은?

① 물과 질소   ② 탄소와 수소
③ 수소와 산소   ④ 질소와 수소

【해설】   암기법 : 씨(C)팔일수(H)세상, 황(S)이오
• 보일러 열정산 시 입열항목 중 연료의 발열량 및 현열을 결정하는 물질은 가연원소이다. 연료는 C, H, O, N, S, 회분, 수분 등으로 구성되어 있는데, 공기 중의 산소(O_2)와 화합하여 연소할 수 있는 원소인 즉, 가연성 원소에는 C, H, S의 3가지만이 해당한다.

28

보일러의 용량 표시방법과 관계가 <u>없는</u> 것은?

① 상당증발량　　　② 전열면적
③ 보일러마력　　　④ 연료소비량

【해설】

※ 보일러 성능(용량) 표시방법

　㉠ 실제증발량 (w_2)

　㉡ 상당증발량 (w_e 또는, 환산증발량, 기준증발량)

　㉢ 보일러마력 (BHP 또는, HP)

　㉣ 레이팅(Rating, 정격)

　㉤ 전열면의 상당증발량(B_e 또는, 환산증발량)

　㉥ 전열면(적) 증발률(e 또는, 전열면 증발량)

　㉦ 전열면(적) 열부하(H_b 또는, 전열면 열발생률)

　㉧ 증발배수(R_2 또는, 실제증발배수)

　㉨ 상당증발배수(R_e)

　㉩ 증발계수(f 또는, 증발력)

　㉪ 보일러 부하율(L_f)

　㉫ 연소실 열부하(Q_V 또는, 연소실 열발생률)

　㉬ 화격자 연소율(b)

　㉭ 보일러 효율(η)

29

보일러의 능력에 대한 표기인 보일러 마력이란 어떤 값인가? (단, 실제증발량 및 상당증발량 단위는 kgf/h이다.)

① $\dfrac{실제증발량}{15.65}$　　　② $\dfrac{상당증발량}{15.65}$

③ $\dfrac{상당증발량}{539}$　　　④ $\dfrac{실제증발량}{539}$

【해설】

● 1 BHP(보일러마력)은 표준대기압(1기압)하, 100℃의 상당증발량(w_e)으로 15.65 kg/h의 포화증기를 발생시키는 능력을 말한다. 즉, $1\,\text{BHP} = \dfrac{w_e}{15.65\,kg/h}$ 이므로 문제 제시된 기호로 나타내면 $1\,\text{BHP} = \dfrac{상당증발량}{15.65}$

30

보일러 열정산 시 보일러 최종 출구에서 측정하는 값은?

① 급수온도　　　② 예열공기온도
③ 과열증기온도　　　④ 배기가스온도

【해설】 ※ 보일러 열정산 시 온도의 측정 위치

① 급수 : 보일러 몸체의 입구에서 측정한다.

② 예열공기 : 공기예열기의 입구 및 출구에서 측정한다.

③ 과열증기 : 과열기 출구에 근접한 위치에서 측정한다.

❹ 배기가스 : 보일러의 최종가열기 출구에서 측정한다.

31

비열 1.26 kJ/m³·℃인 배기가스의 유량 및 온도가 각각 2000 m³/h, 210 ℃이고 외기온도가 –10 ℃라고 할 때, 이와 같은 배기가스로 인한 손실열량은?

① 125000 kJ/h　　　② 554400 kJ/h
③ 640000 kJ/h　　　④ 847000 kJ/h

【해설】　　　　　　　　　　암기법 : 큐는 씨암탉

● 손실열량 $Q = C_{배}\, m\, \Delta t$

　　$= 1.26\,\text{kJ/m}^3\cdot\text{℃} \times 2000\,\text{m}^3/\text{h} \times [210 - (-10)]\,\text{℃}$

　　$= 554400\,\text{kJ/h}$

32

열팽창계수가 서로 다른 박판을 사용하여 온도 변화에 따라 휘어지는 정도를 이용한 온도계는?

① 제겔콘 온도계　　　② 바이메탈 온도계
③ 알코올 온도계　　　④ 수은 온도계

【해설】 ※ 바이메탈(Bimetal) 온도계

● 고체팽창식 온도계인 바이메탈 온도계는 열팽창계수가 서로 다른 2개의 금속 박판을 마주 접합한 것으로 온도 변화에 의해 선팽창계수가 다르므로 휘어지는 현상을 이용하여 온도를 측정한다. 온도의 자동제어에 쉽게 이용되며 구조가 간단하고 경년변화가 적다.

33

자동제어장치에서 조절계의 입력신호 전송방법에 따른 분류로 가장 거리가 먼 것은?

① 공기식　　　② 유압식
③ 전기식　　　④ 수압식

【해설】　　　　암기법 : 신호 전공유
• 자동제어장치에서 조절계는 신호전달 매체에 따라 전기식, 공기식(공기압식), 유압식으로 분류한다.

34

자동제어장치에서 입력을 정현파상의 여러 가지 주파수로 진동시켜서 계나 요소의 특성을 알아내는 방법은?

① 주파수 응답　② 시정수 (time constant)
③ 비례동작　　　④ 프로그램제어

【해설】
❶ 주파수 응답 : 사인파 상의 입력에 대하여 요소의 정상응답을 주파수의 함수로 나타낸 것을 말한다.

35

모세관의 상부에 보조 구부를 설치하고 사용 온도에 따라 수은의 양을 조절하여 미세한 온도 차를 측정할 수 있는 온도계는?

① 액체팽창식 온도계　② 열전대 온도계
③ 가스압력 온도계　　④ 베크만 온도계

【해설】 ※ 베크만 온도계(Beckmann's Thermometer)
• 미소한 범위의 온도변화를 극히 정밀하게 측정할 수 있어서 열량계의 온도측정 등에 많이 사용되는 수은 온도계의 일종으로 모세관의 상부에 수은을 모이게 하는 U자로 굽어진 곳이 있어서 측정온도에 따라 모세관에 남은 수은의 양을 조절하여 5 ~ 6 ℃의 사이를 100분의 1 ℃ (즉, 0. 01℃)까지도 측정이 가능하며 측정온도 범위는 -20 ~ 150 ℃ 까지 이다.

36

출력이 일정한 값에 도달한 이후의 제어계의 특성을 무엇이라고 하는가?

① 과도특성　　　② 스텝특성
③ 정상특성　　　④ 주파수응답

【해설】 ※ 제어계의 응답 특성
① 과도응답 : 정상상태에 있는 요소의 입력측에 어떤 변화를 주었을 때 출력측에 생기는 변화의 시간적 경과를 말한다.
② 스텝응답 : 입력을 단위량만큼 스텝(step) 상으로 변화시켜 평형상태를 상실했을 때의 과도응답을 말한다.
❸ 정상응답 : 입력신호가 어떤 상태에 이를 때 출력신호가 최종값으로 되는 정상적인 응답을 말한다.
④ 주파수응답 : 사인파 상의 입력에 대하여 요소의 정상응답을 주파수의 함수로 나타낸 것을 말한다.

37

안지름 10 cm 인 관에 물이 흐를 때 피토관으로 측정한 유속이 3 m/s 이면 유량은?

① 13.5 kg/s　　　② 23.5 kg/s
③ 33.5 kg/s　　　④ 53.5 kg/s

【해설】
• 체적유량($\dot{V}$)을 먼저 구한 후에 물의 밀도(1000 kg/m³)를 암기하여 질량유량($\dot{m}$)을 구하자.
• 체적 유량 Q 또는 $\dot{V} = A \cdot v = \pi r^2 \cdot v = \pi \left(\dfrac{D}{2}\right)^2 \cdot v$

$$= \frac{\pi D^2}{4} \times v$$

$$= \frac{\pi \times (0.1 m)^2}{4} \times 3 m/s$$

$$= 0.0235 \text{ m}^3/s$$

• 질량 유량 공식 $\dot{m} = \rho \times \dot{V}$

$$= 1000 \text{ kg/m}^3 \times 0.0235 \text{ m}^3/s$$

$$= 23.5 \text{ kg/s}$$

38

헴펠 분석법에서 가스가 흡수되는 순서로 옳은 것은?

① $CO_2 \rightarrow O_2 \rightarrow CO \rightarrow C_mH_n \rightarrow H_2 \rightarrow CH_4$
② $CO_2 \rightarrow C_mH_n \rightarrow O_2 \rightarrow CO \rightarrow H_2 \rightarrow CH_4$
③ $CO_2 \rightarrow CO \rightarrow O_2 \rightarrow H_2 \rightarrow C_mH_n \rightarrow CH_4$
④ $CO_2 \rightarrow O_2 \rightarrow CO \rightarrow H_2 \rightarrow CH_4 \rightarrow C_mH_n$

【해설】

※ 헴펠(Hempel)식 가스분석 순서 및 흡수제

　㉠ CO_2 : 30% 수산화칼륨(KOH) 용액
　㉡ C_mH_n(탄화수소) : 진한 황산(H_2SO_4)
　㉢ O_2 : 알칼리성 피로가놀(피로갈롤) 용액
　㉣ CO : 암모니아성 염화제1구리($CuCl$) 용액

【참고】

• 헴펠 식 : 햄릿과 이(순신) → 탄화수소 → 산　→ 일
　　　　　　　(K　　　S　　　　피　　　구)
　(흡수액)　수산화칼륨, 발연황산, 피로가놀, 염화제1구리

• 오르사트 식 : 이(CO_2)　→　산(O_2)　→　일(CO)
　　　　　　　의 순서대로 선택적 흡수된다.

39

다음 중 탄성식 압력계로써 가장 높은 압력 측정에 사용되는 것은?

① 다이어프램식　　② 벨로스식
③ 부르동관식　　　④ 링밸런스식

【해설】　　　　　　　　　　　　암기법 : 탄돈 벌다

※ 탄성식 압력계의 종류별 압력 측정범위

• 부르돈관식 : $0.5 \sim 3000 \, kg/cm^2$
• 벨로스식 : $0.01 \sim 10 \, kg/cm^2$
• 다이어프램식 : $0.002 \sim 0.5 \, kg/cm^2$

40

방사온도계에 대한 설명으로 틀린 것은?

① 방사율에 의한 보정량이 적다.
② 계기에 따라 거리계수가 정해지므로 측정 거리에 제한이 있다.
③ 측온체와의 사이에 있는 수증기, CO_2 등의 영향을 받는다.
④ 물체표면에서 방출하는 방사열을 이용하여 온도를 측정한다.

【해설】 ※복사온도계(또는, 방사온도계, 방사고온계)의 특징

<장점> ㉠ 물체로부터 복사되는 모든 파장의 전방사 에너지를 측정하여 온도를 측정하므로 측정 대상의 온도에 영향이 거의 없다.

㉡ 이동물체에 대한 온도측정이 가능하다.

㉢ 열전대 온도계로 측정할 수 없는 비교적 높은 온도(1000 ℃이상)의 측정에 적합하다.

㉣ 시간지연이 적으므로 응답속도가 빠르다.

㉤ 구조가 간단하고 견고하다.

㉥ 발신기를 이용하여 기록 및 제어가 가능하다.

㉦ 휴대가 간편하고, 비접촉식이므로 안전성이 있다.

<단점> ㉠ 방사온도계의 눈금은 측정에 대한 것이므로 방사율에 의한 보정량이 가장 크다. 따라서, 실제로는 방사율의 영향이 적은 표준 광고온계로 보정한다.

㉡ 계측기에 의해 거리계수가 정해지므로 측정 거리의 제한에 따라 오차발생이 크다.

㉢ 고온에서 연속측정을 위해서는 발신기 자신의 온도가 상승하지 않도록 수냉식 또는 공랭식의 냉각장치가 필요하다.

㉣ 노벽과의 사이에 수증기, CO_2, 연기 등의 흡수제가 있으면 오차가 발생한다.

41

액체연료 연소장치 중 고압기류식 버너의 선단부에 혼합실을 설치하고 공기, 기름 등을 혼합시킨 후 노즐에서 분사하여 무화하는 방식은?

① 내부 혼합식   ② 외부 혼합식
③ 무화 혼합식   ④ 내, 외부 혼합식

【해설】※ 내부 혼합식 버너

- 고압기류식 버너의 선단부에 설치된 혼합실에서 공기와 고압기류를 통해 운반된 연료가 혼합된 후 노즐에서 분사되어 무화시키는 방식

【참고】※ 내부 혼합식 버너의 특징

<장점> ㉠ 소형으로 제작이 가능하다.
　　　 ㉡ 공기와 연료가 완전 혼합되어 연소 효율이 높다.
　　　 ㉢ 제작 비용이 저렴하다.

<단점> ㉠ 고압기류를 필요로 하기 때문에 운영 비용이 높다.
　　　 ㉡ 노즐이 막힐 가능성이 높다.

【참고】
　※ 외부 혼합식 버너 : 연료와 공기가 버너 외부에서 혼합 후 노즐에서 분사되어 무화되는 방식
　※ 무화 혼합식 버너 : 공기에 연료를 미세하게 분무하여 혼합하는 방식

42

관류 보일러 설계에서 순환비란?

① 순환수량과 포화수량의 비
② 포화수량과 발생증기량의 비
③ 순환수량과 발생증기량의 비
④ 순환수량과 포화증기량의 비

【해설】

- 강제순환식 보일러에서 순환비 $= \dfrac{\text{순환수량}}{\text{발생증기량}}$

43

수관식 보일러의 특징이 아닌 것은?

① 부하변동에 따른 압력변화가 적다.
② 전열면적이 크나 보유수량이 적어서 증기 발생시간이 단축된다.
③ 증발량이 많아서 수위변동이 심하므로 급수 조절에 유의해야 한다.
④ 고압, 대용량에 적합하다.

【해설】※ 수관식 보일러의 특징

㉠ 외분식이므로 연소실의 크기 및 형태를 자유롭게 설계할 수 있어 연소상태가 좋고, 연료에 따라 연소방식을 채택할 수 있어 연료의 선택범위가 넓다.
㉡ 드럼의 직경 및 수관의 관경이 작아, 구조상 고압, 대용량의 보일러 제작이 가능하다.
㉢ 관수의 순환이 좋아 열응력을 일으킬 염려가 적다.
㉣ 구조상 전열면적당 관수 보유량이 적으므로, 단위 시간당 증발량이 많아서 증기발생 소요시간이 매우 짧다. 따라서, 열량을 전열면에서 잘 흡수시키기 위한 별도의 설계를 하지 않아도 된다.
㉤ 보일러 효율이 높다.(90% 이상)
㉥ 드럼의 직경 및 수관의 관경이 작으므로, 보유 수량이 적다.
㉦ 보유수량이 적어 파열 사고 시에도 피해가 적다.
㉧ 일시적인 부하변동에 대하여 관수 보유수량이 적으므로 압력변동과 수위변동이 크다.
㉨ 증기발생속도가 매우 빨라서 스케일 발생이 많아 수관이 과열되기 쉬우므로 철저한 수처리를 요한다.
㉩ 구조가 복잡하여 내부의 청소 및 검사가 곤란하다.
㉪ 제작이 복잡하여 가격이 비싸다.
㉫ 구조가 복잡하여 취급이 어려워 숙련된 기술을 요한다.
㉬ 연소실 주위에 울타리 모양 상태로 수관을 배치하여 연소실 벽을 구성한 수냉벽을 로에 구성하여, 고온의 연소가스에 의해서 내화벽돌이 연화·변형되는 것을 방지한다.
㉭ 수관의 특성상 기수분리의 필요가 있는 드럼 보일러의 특징을 갖는다.

44

배관지지 장치 중 열팽창에 의한 이동을 구속하기 위한 레스트레인트(restraint)에 해당되지 <u>않는</u> 것은?

① 앵커(anchor) ② 스토퍼(stopper)
③ 가이드(guide) ④ 브레이스(brace)

【해설】
❹ 브레이스(Brace) : 진동을 방지하거나 감쇠시킨다.

【참고】 ※ 레스트레인트(restraint, 제한, 억제)의 종류

● 열팽창 등에 의한 신축이 발생될 때 배관 상·하, 좌·우의 이동을 구속 또는 제한하는 데 사용하는 것으로 다음과 같은 것들이 있다.

㉠ 앵커(Anchor) : 배관이동이나 회전을 모두 구속한다.
㉡ 스토퍼(Stopper) : 특정방향에 대한 이동과 회전을 구속하고, 나머지 방향은 자유롭게 이동할 수 있다.
㉢ 가이드(Guide) : 배관라인의 축방향 이동을 허용하는 안내 역할을 하며 축과 직각방향의 이동을 구속한다.

45

열교환기의 열전달 성능을 직접적으로 향상시키는 방법으로 가장 거리가 <u>먼</u> 것은?

① 유체의 유속을 빠르게 한다.
② 유체의 흐르는 방향을 향류로 한다.
③ 열교환기의 입출구 높이 차를 크게 한다.
④ 열전도율이 높은 재료를 사용한다.

【해설】 ※ 열교환기의 열전달 성능을 향상하는 방법
㉠ 열교환기 내 유체의 유속을 빠르게 한다.
㉡ 열전도율이 높은 재료를 사용한다.
㉢ 열교환기의 전열면적을 크게 한다.
㉣ 열교환기 내 유체의 흐름을 향류형으로 한다.
㉤ 열교환기에 흐르는 유체의 온도차를 크게 한다.
㉥ 열교환기 내 스케일 부착을 억제한다.

46

유리섬유(glass wool)보온재의 최고 안전사용 온도는?

① 200℃   ② 300℃
③ 400℃   ④ 500℃

【해설】
※ 최고 안전사용온도에 따른 무기질 보온재의 종류

　-50　-100　◀사▶　+100　+50
　　탄　 G　 암,　 규　 석면, 규산리
　250,　300,　400,　 500,　550,　650℃
탄산마그네슘
　　Glass울(유리섬유)
　　　　　　암면
　　　　　　규조토, 석면, 규산칼슘
　650필지의 세라믹화이버 무기공장
　650℃↓　 (×2배) 1300↓ 무기질
펄라이트(석면+진주암),
　　　　　세라믹화이버

47

방열기의 방열량이 700 kJ/m²·h 이고, 난방부하가 5000 kJ/h 일 때 5-650 주철방열기(방열면적 a = 0.26 m²/쪽)를 설치하고자 한다. 소요되는 쪽수는?

① 24쪽   ② 28쪽
③ 32쪽   ④ 36쪽

【해설】
● 실내 방열기의 난방부하를 Q 라 두면

$Q = Q_{표준} \times A_{방열면적}$

　　$= Q_{표준} \times C \times N \times a$

　　$= Q_{방열량} \times N \times a$

　　여기서, C : 보정계수(단, 제시 없으면 생략함.)
　　　　　　 N : 쪽수, a : 1쪽당 방열면적

$5000 \text{ kJ/h} = 700 \text{ kJ/m}^2 \cdot \text{h} \times N \times 0.26 \text{ m}^2$

이제, 네이버에 있는 에너지아카데미 카페(주소 : **cafe.naver.com/2000toe**)의 "방정식 계산기 사용법"으로 N을 미지수 x로 놓고 입력해 주면

∴ 쪽수 N = 27.4 ≒ **28 쪽**

48

대표적인 연속식 가마로 조업이 쉽고 인건비, 유지비가 적게 들며, 열효율이 좋고 열손실이 적은 가마는?

① 등요 (Up hill kiln)
② 셔틀요 (Shuttle kiln)
③ 터널요 (Tunnel kiln)
④ 승염식요 (Up draft kiln)

【해설】 ※ 터널요(Tunnel Kiln)의 특징

<장점> ㉠ 소성시간이 짧고, 소성을 균일하게 할 수 있어서 제품의 품질이 좋다.
㉡ 노내 온도조절이 용이하여 자동화가 쉽다.
㉢ 열손실이 적어서 연료비가 절감된다.
㉣ 연속공정이므로 제품의 대량생산이 가능하다.
㉤ 인건비 · 유지비가 적게 든다.
㉥ 성능에 비하여 설비면적이 적다.
㉦ 배기가스의 현열을 이용하여 제품을 예열시킨다.
㉧ 성형물을 1300℃ 정도의 고온으로 소성하고자 할 때 일반적으로 열효율이 가장 좋다.

<단점> ㉠ 연속공정이므로 제품의 구성과 생산량 조정이 곤란하여 다종 소량의 생산에는 부적당하다.
㉡ 도자기를 구울 때 유약이 함유된 산화금속을 환원하기 위하여 가마 내부의 공기소통을 제한하고 연료를 많이 공급하여 산소가 부족한 상태인 환원염을 필요로 할 때에는 사용연료의 제한을 받으므로 전력소비가 크다.
㉢ 연속적으로 처리할 수 있는 시설이 필요하므로 건설비가 비싸다.
㉣ 작업자의 숙련된 기술이 요구된다.

49

크롬이나 크롬-마그네시아 벽돌이 고온에서 산화철을 흡수하여 표면이 부풀어 오르거나 떨어져 나가는 현상을 의미하는 것은?

① 열화
② 스폴링(spalling)
③ 슬래킹(slaking)
④ 버스팅(bursting)

【해설】 ※ 내화물의 열적 손상에 따른 현상

㉠ 스폴링(Spalling)
 - 불균일한 가열 및 급격한 가열·냉각에 의한 심한 온도차로 벽돌에 균열이 생기고 표면이 갈라져서 떨어지는 현상

㉡ 슬래킹(Slaking) [암기법 : 염수술]
 - 마그네시아질, 돌로마이트질 노재의 성분인 산화마그네슘(MgO), 산화칼슘(CaO) 등 염기성 내화벽돌이 수증기와 작용하여 Ca(OH)₂, Mg(OH)₂를 생성하게 되는 비중변화에 의해 체적팽창을 일으키며 균열이 발생하고 붕괴되는 현상

㉢ 버스팅(Bursting) [암기법 : 크~ 롬멜버스]
 - 크롬을 원료로 하는 염기성 내화벽돌은 1600℃ 이상의 고온에서는 산화철을 흡수하여 표면이 부풀어 오르고 떨어져 나가는 현상

㉣ 스웰링(Swelling)
 - 액체를 흡수한 고체가 구조조직은 변화하지 않고 용적이 커지는 현상

㉤ 필링(Peeling)
 - 슬래그의 침입으로 내화벽돌에 침식이 발생되어 본래의 물리·화학적 성질이 변화됨으로서 벽돌의 균열 및 층상으로 벗겨짐이 발생되는 현상

㉥ 용손
 - 내화물이 고온에서 접촉하여 열전도 또는 화학 반응에 의하여 내화도가 저하되고 녹아내리는 현상

㉦ 버드네스트(Bird nest)
 - 석탄연료의 스토커, 미분탄 연소에 의하여 생긴 재가 용융상태로 고온부인 과열기 전열면에 들러붙어 새의 둥지와 같이 되는 현상

㉧ 하중연화점
 - 축요 후, 하중을 일정하게 하고 내화재를 가열했을 때 하중으로 인해서 평소보다 더 낮은 온도에서 변형이 일어나는 온도

50

규석질 벽돌의 특징에 대한 설명이 **틀린** 것은?

① 내화도가 높으며 내마모성이 좋다.
② 열전도율이 샤모트질 벽돌보다 작다.
③ 저온에서 스폴링이 발생되기 쉽다.
④ 용융점 부근까지 하중에 견딘다.

【해설】 　　　　　　　　　 **암기법** : 산규 납점샤

※ 규석질 내화물의 특징

　㉠ 규석질 벽돌(SiO_2를 90 % 이상 함유)은 Si 성분이 많을수록 열전도율이 비교적 크다.
　㉡ 상온에서 700℃까지의 저온 범위에서는 벽돌을 구성하는 광물의 부피팽창이 크기 때문에 열충격에 상당히 취약하여 스폴링이 발생되기 쉽다.
　㉢ 저온에서 압축강도가 작다.
　㉣ 700℃이상의 고온 범위에서는 부피팽창이 적어 열충격에 대하여 강하다.
　㉤ 내화도(SK 31 ~ 33)가 높다.
　㉥ 하중연화 온도가 1750℃ 정도로 높아서 용융점 부근까지 하중에 잘 견딘다.
　　(즉, 하중연화 온도변화가 적다.)
　㉦ 내마모성이 크다.

51

주철관의 소켓접합 시 얀(yarn)을 삽입하는 주된 이유는?

① 누수 방지
② 외압의 완화
③ 납의 이탈 방지
④ 납의 강도 증가

【해설】

● 주철관은 일반적으로 소켓접합을 통해 연결하며, 섬유 재료인 얀(yarn)을 관과 소켓 사이 공간을 채운 후 (얀의 이탈을 방지하기 위해서) 용융납을 얀 위에 부어 넣고 냉각시켜 최종 접합부를 밀봉한다. 삽입된 얀은 누수 방지, 열팽창 완화, 접합강도 향상의 역할을 한다.

52

보일러 수면계 유리관의 파손 원인으로 가장 거리가 **먼** 것은?

① 프라이밍 또는 포밍 현상이 발생한 때
② 수면계의 너트를 너무 무리하게 조인 경우
③ 유리관의 재질이 불량한 경우
④ 외부에서 충격을 받았을 때

【해설】 **암기법** : 수면파손으로 경재 너 충격받았니?

※ 수면계(유리관)의 파손원인

　㉠ (유리관을 오래 사용하여) 경년 노후화된 경우
　㉡ 유리관 자체의 재질이 불량할 경우
　㉢ 수면계 상·하의 조임 너트를 무리하게 조였을 경우
　㉣ 외부로부터 무리한 충격을 받았을 경우
　㉤ 증기압력이 급격히 과다할 경우
　㉥ 유리관의 상하 중심선이 일치하지 않을 경우
　㉦ 유리에 갑자기 열을 가했을 경우
　　(유리의 열화현상에 의한 경우)

❶ 프라이밍 및 포밍 현상이 발생할 때는 수면계 수위의 판단이 곤란하기는 하지만 수면계 유리관이 파손되지는 않는다.

53

보일러나 배관 내에서 온수의 온도 상승으로 인한 물의 팽창에 따른 위험을 방지하기 위해 설치하는 탱크는?

① 순환탱크
② 팽창탱크
③ 압력탱크
④ 서지탱크

【해설】

※ 팽창탱크(Expansion Tank)

－ 보일러 및 배관 시스템 내 여유가 없는 상태에서 팽창수로 인해 배관 내 체적과 압력이 높아져 설치 기기나 배관이 파손될 수 있다. 따라서 물의 팽창, 수축과 같은 체적변화 및 발생하는 압력을 흡수하기 위해 팽창탱크가 사용된다.

54

두께 50 mm인 보온재로 시공한 기기의 방열량이 160 W일 때, 보온재의 열전도율은? (단, 보온판의 내·외부 온도는 각각 300℃, 100℃이고, 단면적은 1 m^2이다.)

① 0.02 W/m·℃   ② 0.04 W/m·℃

③ 0.05 W/m·℃   ④ 0.08 W/m·℃

【해설】   암기법 : 손전온면두

- 평면판(평면벽)에서의 손실열량(Q) 계산공식

$$Q = \frac{\lambda \cdot \Delta t \cdot A}{d} \left(\frac{열전도율 \cdot 온도차 \cdot 단면적}{벽의 두께} \right) 에서$$

$$160 \, W = \frac{\lambda \times (300 - 100) \, ℃ \times 1 \, m^2}{0.05 \, m}$$

네이버에 있는 에너지아카데미 카페의 "방정식 계산기 사용법"으로 λ를 미지수 X로 놓고 구하면

∴ 보온재의 열전도율 λ = **0.04 W/m·℃**

55

보일러수를 분출하는 목적으로 **틀린** 것은?

① 저수위 운전 방지

② 관수의 농축 방지

③ 관수의 pH 조절

④ 전열면에 스케일 생성 방지

【해설】

※ 보일러 분출장치의 설치 목적

     ㉠ 물의 순환을 촉진한다.

     ㉡ 가성취화를 방지한다.

     ㉢ 프라이밍, 포밍, 캐리오버 현상을 방지한다.

     ㉣ 보일러수의 pH를 조절한다.

     ㉤ 고수위 운전을 방지한다.

     ㉥ 보일러수의 농축을 방지하고 열대류를 높인다.

     ㉦ 슬러지를 배출하여 스케일 생성을 방지한다.

     ㉧ 부식 발생을 방지한다.

     ㉨ 세관작업 후 폐액을 배출시킨다.

56

보일러 절탄기(economizer)에 대한 설명으로 **옳은** 것은?

① 보일러의 연소량을 일정하게 하고 과잉 열량을 물에 저장하여 과부하시 증기를 방출하여 증기 부족을 보충시키는 장치이다.

② 연소가스의 여열을 이용하여 보일러 급수를 예열하는 장치이다.

③ 연도로 흐르는 연소가스의 여열을 이용하여 연소실에 공급되는 연소공기를 예열시키는 장치이다.

④ 보일러에서 발생한 습포화 증기를 압력은 일정하게 유지하면서 온도만 높여 과열 증기로 바꾸어 주는 장치이다.

【해설】

※ 절탄기(Economizer, 이코노마이저)

     - 과거에 많이 사용되었던 연료인 석탄을 절약한다는 의미의 이름으로서, 보일러의 연소가스 덕트(즉, 연도)에 설치하여 연소가스의 여열로 급수온도를 상승시켜 줌으로써, 손실되는 열을 회수하여 연료를 절감하는 급수예열장치이다.

57

보일러 수에 포함된 성분 중 포밍(foaming)발생 원인과 가장 거리가 **먼** 것은?

① 나트륨(Na)   ② 칼륨(K)

③ 칼슘(Ca)   ④ 산소(O_2)

【해설】

※ 포밍(Foaming, 물거품 솟음 현상)

     - 보일러 동 저부에서 부유물, 보일러수의 농축, 용해된 고형물, 가용성 염류인 Na(나트륨), K(칼륨), Ca(칼슘) 등이 수면 위로 떠오르면서 수면이 물거품으로 뒤덮이는 현상이다.

58

특수보일러에 해당하지 <u>않는</u> 것은?

① 벤슨 보일러

② 다우섬 보일러

③ 레플러 보일러

④ 슈미트-하트만 보일러

【해설】

❶ 벤슨 보일러는 관류식 보일러에 해당한다.

【참고】

※ 특수 보일러 [암기법] : 특수 열매전

  ㉠ 특수연료 보일러

    - 톱밥, 바크(Bark 나무껍질), 버개스

  ㉡ 열매체 보일러 [암기법] : 열매 세모다수

    - 세큐리티, 모빌썸, 다우섬, 수은, 카네크롤

  ㉢ 전기 보일러

    - 전극형, 저항형

  ㉣ 간접가열식 보일러

    - 슈미트-하트만 보일러, 레플러 보일러

59

청동 또는 스테인리스강을 파형으로 주름을 잡아서 아코디언과 같이 만들고, 이 주름의 신축으로 온도 변화에 따른 배관의 길이 방향 신축을 흡수하는 이음은?

① 루프형

② 스위블형

③ 슬리브형

④ 벨로즈형

【해설】 ※ 벨로즈형(Bellows type, 주름형, 파상형) 이음

㉠ 주름잡힌 모양인 벨로우즈관의 신축을 이용한 것이다.

㉡ 신축으로 인한 응력이 생기지 않는다.

㉢ 조인트가 차지하는 면적이 적으므로 설치장소에 제한을 받지 않는다.

㉣ 단식과 복식의 2종류가 있다.

㉤ 누설의 염려가 없다.

60

증기보일러의 부속장치에 해당되지 <u>않는</u> 것은?

① 급수장치

② 송기장치

③ 통풍장치

④ 팽창장치

【해설】

※ 증기보일러의 부속장치 종류

  - 급수장치, 송기장치, 통풍장치, 폐열회수장치 분출장치, 안전장치, 자동제어장치, 계측장치, 연료공급장치, 동 내부 부속장치 등

❹ 팽창장치는 온수보일러의 압력 흡수장치에 속한다.

제4과목 | 열설비 안전관리 및 검사기준

61

에너지기본계획의 효율적인 달성과 지역경제의 발전을 위한 지역에너지계획기간은?

① 1년 이상

② 3년 이상

③ 5년 이상

④ 10년 이상

【해설】 [에너지법 제7조]

[암기법] : 오!~ 도사님

• 시·도지사는 **5년 이상**을 계획기간으로 하는 지역에너지계획을 5년마다 수립·시행한다.

• 정부는 20년을 계획기간으로 하는 국가에너지기본계획을 5년마다 수립·시행한다.

62

에너지이용합리화법에서 티오이(T.O.E)란?

① 에너지 탄성치

② 전력경제성

③ 에너지소비효율

④ 석유환산톤

【해설】 [에너지법 시행규칙 별표의 비고3항.]

• **"석유환산톤"**(TOE : Ton of Oil Equivalent)이란 원유 1톤(ton)이 갖는 열량으로 약 10^7 kcal 를 말한다.

63

가스폭발의 방지대책으로 **틀린** 것은?

① 버너까지의 전 연료배관 속의 공기는 완전히
   빼 둘 것
② 연료속의 수분이나 슬러지 등을 충분히
   배출할 것
③ 점화시의 분무량은 당해 버너의 고연소율
   상태의 양으로 할 것
④ 연소량을 증가시킬 경우에는 먼저 공기
   공급량을 증가시킨 후에 연료량을 증가
   시킬 것

【해설】 ※ 가스폭발의 방지대책
　㉠ 점화 전에 충분한 프리퍼지를 한다.
　㉡ 운전 종료 후에도 충분한 포스트퍼지를 한다.
　㉢ 통풍기는 흡출통풍기를 먼저 열고 압입통풍기는
　　 나중에 연다.
　㉣ 급격한 부하변동은 피해야 한다.
　㉤ 점화시의 분무량은 연소실 내 충격을 완화하기 위해
　　 안전 저연소율 상태의 양으로 하여야 한다.
　㉥ 점화시 버너의 연료공급밸브를 연 후에 5초 정도
　　 이내에 착화가 되지 않으면 착화 실패로 판단하고
　　 즉시 연료공급밸브를 닫고 노내 환기를 충분히 한다.
　㉦ 소화시 버너의 연료공급밸브를 먼저 닫고 공기공급
　　 밸브를 나중에 닫는다.
　㉧ 연도의 가스포켓부나 굴곡이 심한 곳 등의 구조상
　　 결함이 있을 경우에는 개선하여야 한다.

64

보일러 사고에 관한 내용으로 **틀린** 것은?

① 압궤는 고온의 화염을 받는 전열면이 과열이
   지나쳐서 견디지 못하고 안쪽으로 눌리어
   오목하게 들어간 현상이다.
② 팽출은 전열면의 과열이 지나쳐 내압력
   작용에 견디지 못하고 밖으로 부풀어 나오는
   현상이다.

③ 라미네이션은 기포 및 가스구멍이 혼재된
   강괴를 압연할 경우 강판 및 강관이 기포에
   의해 내부에서 두 장으로 분리되는 현상이다.
④ 블리스터는 라미네이션 상태에서 가열이
   지나쳐 내부로 오목하게 들어간 현상이다.

【해설】 ※ 보일러의 손상의 종류
　㉠ 과열(Over heat)
　　 - 보일러수의 이상감수에 의해 수위가 안전저수위
　　　 이하로 내려가거나 보일러 내면에 스케일 부착으로
　　　 강판의 전열이 불량하여 보일러 동체의 온도상승
　　　 으로 강도가 저하되어 압궤 및 팽출 등이 발생하여
　　　 강판의 변형 및 파열을 일으키는 현상을 말한다.
　㉡ 균열(Crack 크랙 또는, 응력부식균열, 전단부식)
　　 - 보일러 강판의 이음부분, 리벳의 구멍부분, 스테이를
　　　 갖고 있는 부분 등이 증기압력과 온도에 의해
　　　 끊임없이 반복해서 응력을 받게 됨으로써 이음부분에
　　　 부식으로 인하여 균열(Crack, 금)이 생기거나
　　　 갈라지는 현상을 말한다.
　㉢ 압궤(Collapse)
　　 - 노통이나 화실과 같은 원통 부분이 외측으로부터의
　　　 압력에 견딜 수 없게 되어 안쪽으로 짓눌려 오목
　　　 해지거나 찌그러져 찢어지는 현상을 말한다.
　㉣ 팽출(Bulge)
　　 - 동체, 수관, 겔로웨이관 등과 같이 인장응력을
　　　 받는 부분이 국부과열에 의해 강도가 저하되어
　　　 압력을 견딜 수 없게 되어 바깥쪽으로 볼록하게
　　　 부풀어 튀어나오는 현상을 말한다.
　㉤ 블리스터(Blister)
　　 - 화염에 접촉하는 라미네이션 부분이 가열로 인하여
　　　 부풀어 오르는 팽출 현상이 생기는 것을 말한다.
　㉥ 라미네이션(Lamination)
　　 - 보일러 강판이나 배관 재질의 두께 속에 제조
　　　 당시의 가스체 함입으로 인하여 2장의 층을 형성
　　　 하며 분리되는 현상을 말한다.

65

효율관리기자재의 제조업자가 광고매체를 이용하여 효율관리기자재의 광고를 하는 경우 광고내용에 포함되어야 할 사항은?

① 에너지의 절감량
② 에너지의 효율등급기준
③ 에너지의 사용량
④ 에너지의 소비효율

【해설】 [에너지이용합리화법 제15조4항]

- 효율관리기자재의 제조업자, 수입업자, 판매업자가 산업통상자원부령으로 정하는 광고매체를 이용하여 효율관리기자재의 광고를 하는 경우에는 그 광고내용에 에너지소비효율등급 또는 **에너지소비효율**을 포함하여야 한다.

66

권한의 위임 또는 업무의 위탁사항으로 에너지관리공단이 행하지 않는 것은?

① 에너지절약전문기업의 등록
② 진단기관의 관리 · 감독
③ 과태료의 부과 및 징수
④ 검사대상기기의 검사

【해설】 [에너지이용합리화법 시행령 제51조1항]

※ 한국에너지공단에 위탁된 업무
- 에너지사용계획의 검토
- 이행 여부의 점검 및 실태파악
- 효율관리기자재의 측정 결과 신고의 접수
- 대기전력경고표지대상제품의 측정 결과 신고의 접수
- 대기전력저감대상제품의 측정 결과 신고의 접수
- 고효율에너지기자재 인증 신청의 접수 및 인증
- 고효율에너지기자재의 인증취소 또는 인증사용 정지명령
- 에너지절약전문기업의 등록
- 온실가스배출 감축실적의 등록 및 관리

- 에너지다소비사업자 신고의 접수
- 진단기관의 관리·감독
- 에너지관리지도(냉난방온도의 유지·관리 여부에 대한 점검 및 실태 파악)
- 검사대상기기의 검사
- 검사증의 발급
- 검사대상기기의 폐기, 사용 중지, 설치자 변경 및 검사의 전부 또는 일부가 면제된 검사대상기기의 설치에 대한 신고의 접수
- 검사대상기기관리자의 선임·해임 또는 퇴직 신고의 접수

67

에너지이용 합리화법 시행규칙에서 정한 효율관리기자재가 아닌 것은?

① 보일러
② 자동차
③ 조명기기
④ 전기냉장고

【해설】 [에너지이용합리화법 시행령 시행규칙 제7조.]

암기법 : 세조방장, 3발자동차

※ 효율관리기자재 품목의 종류
- 전기**세**탁기, **조**명기기, 전기냉**방**기, 전기냉**장**고, 3상유도전동기, **발**전설비, **자동차**

68

산업통상자원부장관이 에너지다소비사업자에게 개선 명령을 할 수 있는 경우는 에너지관리지도 결과 몇 퍼센트 이상의 에너지효율개선이 기대되는 경우인가?

① 5%
② 10%
③ 15%
④ 20%

【해설】 [에너지이용합리화법 시행령 제40조1항.]

❷ 에너지다소비사업자에게 개선명령을 할 수 있는 경우는 에너지관리지도 결과 **10 % 이상**의 에너지효율 개선이 기대되고 효율 개선을 위한 투자의 경제성이 있다고 인정되는 경우로 한다.

69

보일러수의 이상증발 예방대책이 <u>아닌</u> 것은?

① 송기에 있어서 증기밸브를 빠르게 연다.
② 보일러수의 블로우 다운을 적절히 하여 보일러수의 농축을 막는다.
③ 보일러의 수위를 너무 높이지 않고 표준 수위를 유지하도록 제어한다.
④ 보일러수의 유지분이나 불순물을 제거하고 청관제를 넣어 보일러수 처리를 한다.

【해설】 ※ 보일러수의 이상 증발 예방 대책
㉠ 보일러수 농축을 막기 위해 적절하게 블로우 다운을 한다.
㉡ 송기 시 주증기 밸브를 빠르게 열면 급격한 압력저하에 의해 프라이밍과 포밍 현상이 발생하므로 주증기 밸브를 천천히 열어야 한다.
㉢ 적정 수위의 보일러 수위를 유지한다.
㉣ 보일러수 처리를 통해 보일러수 농축을 억제한다.

70

보일러 사고 중 취급상의 원인으로 가장 거리가 <u>먼</u> 것은?

① 압력초과
② 재료불량
③ 수위감소
④ 과열

【해설】
❹ 재료불량은 보일러 사고 중 취급상의 원인이 아니라, 제작상의 원인에 해당한다.

【참고】 ※ 보일러 안전사고의 원인
㉠ 제작상의 원인
 - 재료불량, 강도부족, 구조불량, 설계불량, 용접불량, 부속장치의 미비, 안전장치 고장 등
㉡ 취급상의 원인
 - 저수위에 의한 과열, 압력초과, 미연가스폭발, 역화, 급수처리불량으로 인한 부식, 부속장치 및 부속기기의 정비 불량 등

71

에너지이용 합리화법 시행규칙에서 검사의 종류 중 개조검사 대상이 <u>아닌</u> 것은?

① 보일러의 설치장소를 변경하는 경우
② 연료 또는 연소방법을 변경하는 경우
③ 증기보일러를 온수보일러로 개조하는 경우
④ 보일러 섹션의 증감에 의하여 용량을 변경하는 경우

【해설】
❶ 보일러의 설치장소를 변경한 경우의 검사는 개조검사가 아니라, "설치장소 변경검사"가 적용된다.

【참고】　　[에너지이용합리화법 시행규칙 별표3의4.]
※ 개조검사의 적용대상
㉠ 증기보일러를 온수보일러로 개조하는 경우
㉡ 보일러 섹션의 증감에 의하여 용량을 변경하는 경우
㉢ 동체·돔·노통·연소실·경판·천정판·관판·관모음 또는 스테이의 변경으로서 산업통상자원부장관이 정하여 고시하는 대수리의 경우
㉣ 연료 또는 연소방법을 변경하는 경우
㉤ 철금속가열로서 산업통상자원부장관이 정하여 고시하는 경우의 수리

72

바나듐 어택 이란 바나듐 산화물에 의한 어떤 부식을 말하는가?

① 산화부식
② 저온부식
③ 고온부식
④ 알칼리부식

【해설】　　　　　　　암기법 : 고바, 황저
※ 바나듐 어택(Vanadium Attack, 바나듐 부식)
 - 연료 중에 포함된 바나듐(V)이 연소에 의해 산화하여 V_2O_5(오산화바나듐)으로 되어 연소실 내의 고온 전열면인 과열기·재열기에 부착하여 금속 표면을 부식시키는 고온부식 현상을 말한다.

73

검사를 받아야 하는 검사대상기기의 종류에 포함 되지 **않는** 것은?

① 강철제 보일러　　② 태양열 집열기

③ 주철제 보일러　　④ 2종 압력용기

【해설】　　　　[에너지이용합리화법 시행규칙 별표3의3.]

※ 검사대상기기

구분	검사대상 기기	적용 범위
보일러	**강철제 보일러 / 주철제 보일러**	다음 각 호의 어느 하나에 해당 하는 것은 제외한다. 1) 최고사용압력이 0.1 MPa 이하이고, 동체의 안지름이 300 mm 이하이며,길이가 600 mm 이하인 것 2) 최고사용압력이 0.1 MPa 이하이고, 전열면적이 5 m² 이하인 것 3) 2종 관류보일러 4) 온수를 발생시키는 보일러로서 대기개방형인 것
	소형 온수 보일러	가스를 사용하는 것으로서 가스사용량이 17 kg/h(도시가스는 232.6 kW)를 초과하는 것
압력 용기	1종 압력용기 **2종 압력용기**	[별표 1.]에 따른 압력용기의 적용범위에 따른다.
요로	철금속 가열로	정격용량이 0.58 MW를 초과 하는 것

74

에너지이용 합리화법 시행규칙에서 검사의 종류 중 계속사용검사에 포함되는 것은?

① 설치검사　　　② 개조검사

③ 안전검사　　　④ 재사용검사

【해설】　　　　[에너지이용합리화법 시행규칙 별표3의4.]

• 검사의 종류에는 제조검사(용접검사, 구조검사), 설치검사, 설치장소변경검사, 개조검사, 재사용검사, **계속사용검사(안전검사, 운전성능검사)**로 분류한다.

75

보일러 내면의 상당히 넓은 범위에 걸쳐 거의 똑같이 생기는 상태의 부식으로 가장 적합한 것은?

① 국부부식　　　② 응력부식

③ 틈부식　　　　④ 전면부식

【해설】

※ 일반부식(또는, 전면부식)

- pH가 높다거나, 용존산소가 많이 함유되어 있을 때 금속의 표면적이 넓은 국부 부분 전체에 대체로 똑같은 모양으로 발생하는 부식을 말한다.

76

검사대상기기의 설치자가 그 검사대상기기의 사용을 중지한 경우에는 중지한 날부터 며칠 이내에 사용중지 신고서를 에너지관리공단 이사장에게 제출하여야 하는가?

① 15일　　　　② 20일

③ 25일　　　　④ 30일

【해설】　　　　[에너지이용합리화법 시행규칙 제31조의 23.]

• 검사대상기기의 설치자가 그 검사대상기기의 사용을 중지한 경우에는 중지한 날부터 **15일** 이내에 검사 대상기기 사용중지신고서를 공단이사장에게 제출 하여야 한다.

77

산업통상자원부장관은 에너지의 이용효율을 높이기 위하여 에너지를 사용하여 만드는 제품 또는 건축물의 무엇을 정하여 고시하여야 하는가?

① 제품의 단위당 에너지 생산 목표량

② 제품의 단위당 에너지 절감 목표량

③ 건축물의 단위면적당 에너지 사용목표량

④ 건축물의 단위면적당 에너지 저장목표량

2023

【해설】 [에너지이용합리화법 제35조 1항]

• 산업통상자원부장관은 에너지의 이용효율을 높이기 위하여 필요하다고 인정하면 관계 행정기관의 장과 협의하여 에너지를 사용하여 만드는 제품의 단위당 에너지 사용목표량 또는 **건축물의 단위면적당 에너지 사용 목표량**(이하 "목표에너지원단위"라 한다)을 정하여 고시하여야 한다.

78

산업통상자원부장관이 냉·난방온도를 제한온도에 적합하게 유지·관리하지 않은 기관에 시정조치를 명할 때 포함되지 <u>않는</u> 사항은?

① 시정조치 명령의 대상 건물 및 대상자
② 시정결과 조치 내용 통지 사항
③ 시정조치 명령의 사유 및 내용
④ 시정기한

【해설】 [에너지이용합리화법 시행령 제42조 3항.]

※ 시정조치 명령의 서면에 포함될 사항
  ㉠ 시정조치 명령의 대상 건물 및 대상자
  ㉡ 시정조치 명령의 사유 및 내용
  ㉢ 시정기한

79

보일러 시공 작업장의 환경 조건에 관한 설명으로 <u>틀린</u> 것은?

① 작업장의 조명은 작업면과 바닥 등에 너무 짙은 그림자가 생기지 않아야 한다.
② 보일러실은 통풍이 양호하고 배수가 잘 되어야 한다.
③ 소음이 심한 작업을 할 경우에는 귀마개 등의 보호구를 착용한다.
④ 작업장에서 발생하는 분진의 허용기준은 탄산칼슘($CaCO_3$)의 함량에 따라 좌우한다.

【해설】

❹ 보일러 시공 시 발생하는 분진의 허용기준은 폐질환 유발 물질인 산화규소(SiO_2, 석영)의 함량에 따라 좌우한다.

80

다음 중 보일러 내부를 청소할 때 사용하는 물질로 가장 적절한 것은?

① 염화나트륨
② 질소
③ 수산화나트륨
④ 유황

【해설】

※ 소다 끓이기(Soda boiling)
  ㉠ 보일러 신규 제작 시 내면에 남아있는 유지분, 페인트류, 녹 등을 제거하기 위한 방법으로 탄산소다 0.1% 용액을 넣고 2~3일간 끓인 다음 취출과 급수를 반복적으로 실시하면서 서서히 냉각시킨 후 세척하고 정상수위까지 새로 급수를 한다.
  ㉡ 소다 끓이기에는 알칼리성 약품인 탄산나트륨(Na_2CO_3), 수산화나트륨($NaOH$), 제3인산나트륨(Na_3PO_4) 등이 사용된다.

2023년 에너지관리산업기사 CBT 복원문제(2)

평균점수

01

다음 중 사이클 상태변화 과정이 <u>틀린</u> 것은?

① 오토 사이클 : 단열압축 → 등적가열 → 단열팽창 → 등적방열

② 디젤 사이클 : 단열압축 → 등압가열 → 단열팽창 → 등적방열

③ 사바테 사이클 : 단열압축 → 등압가열 → 등적가열 → 단열팽창

④ 브레이톤 사이클 : 단열압축 → 등압가열 → 단열팽창 → 등압방열

【해설】

※ 사바테(Savathe) 사이클의 순환과정

: 단열압축 → 등적가열 → 등압가열 → 단열팽창 → 등적방열

【참고】 ※ 사이클 순환과정은 반드시 암기하자!

암기법 : 단적단적한.. 내, 오디사 가(부러),예스 랭!

↳ 내연기관.   ↳ 외연기관

오 단적~단적   오토   (단열-등적-단열-등적)
디 단합~ 〃   디젤   (단열-등압-단열-등적)
사 단적합 〃   사바테 (단열-등적-등압-단열-등적)
가(부) 단합~단합   암기법 : 가!~단합해
가스터빈(부레이톤)   (단열-등압-단열-등압)
예 온합~온합   에릭슨 (등온-등압-등온-등압)
   암기법 : 예혼합
스 온적~온적   스털링 (등온-등적-등온-등적)
   암기법 : 스탈린 온적있니?
랭킨 합단~합단 랭킨 (등압-단열-등압-단열)
↳ 증기 원동소의 기본 사이클. 암기법 : 가랭이

02

보일러 연소가스 폭발의 가장 큰 원인은?

① 중유가 불완전 연소할 때

② 저수위로 보일러를 운전할 때

③ 증기의 압력이 지나치게 높을 때

④ 연소실 내에 미연가스가 차 있을 때

【해설】 ※ 보일러 연소가스 폭발의 원인

㉮ 미연소가스가 연소실 내에 발생하는 경우
- 불완전연소가 심할 때
- 점화 조작에 실패하였을 때
- 연소 정지 중에 연료가 노 내에 스며들었을 때
- 노 내에 쌓여 있던 다량의 그을음이 비산하였을 때
- 안전 저연소율보다 부하를 낮추어서 연소시킬 때

㉯ 미연가스(미연소가스)가 정체하는 경우
- 가스연료가 흐르지 않고 체류되는 가스포켓이 있을 때
- 연도의 굴곡이 심할 때
- 연도의 길이가 너무 길 때
- 연돌의 높이가 낮아서 습기가 잘 생길 때

㉰ 운전 취급 부주의에 의한 경우
- 점화 전에 노 내 환기(프리퍼지)를 충분히 하지 않고 점화할 때
- 점화 조작을 잘못하거나 점화에 실패할 때
- 연소부하 조절의 조작을 잘못하였을 때
- 소화 조작을 잘못하였을 때
- 운전 종료 후 노 내 환기(포스트퍼지)를 충분히 하지 않았을 때

2023

03

카르노사이클로 작동되는 효율 28 %인 기관이 고온체에서 100 kJ의 열을 받아들일 때, 방출열량은 몇 kJ인가?

① 17   ② 28

③ 44   ④ 72

【해설】 ※ 카르노사이클의 열효율 공식(η)

- $\eta = \dfrac{W}{Q_1} = \dfrac{Q_1 - Q_2}{Q_1} = \dfrac{T_1 - T_2}{T_1} = 1 - \dfrac{T_2}{T_1}$ 에서,

$0.28 = \dfrac{100\,kJ - Q_2}{100\,kJ}$ 에서, 방정식 계산기 사용법으로

방출열량 Q_2 를 미지수 X로 놓고 구하면, Q_2 = **72 kJ**

【참고】 ※ 열기관의 원리

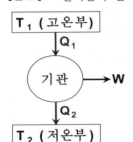

η : 열기관의 열효율

W : 열기관이 외부로 한 일

Q_1 : 고온부(T_1)에서 흡수한 열량

Q_2 : 저온부(T_2)로 방출한 열량

04

1 Sm³의 메탄 (CH_4)가스를 공기와 같이 연소시킬 경우 이론공기량(Sm³)은?

① 2.52   ② 4.52

③ 7.52   ④ 9.52

【해설】

※ 연소반응식을 통해 필요한 이론공기량(A_0)을 구하자.

$$CH_4 \quad + \quad 2O_2 \quad \rightarrow \quad CO_2 + 2H_2O$$
(1 kmol)   (2 kmol)
(1 Sm³)   (2 Sm³)

$$\therefore A_0 = \dfrac{O_0}{0.21} = \dfrac{2\,Sm^3}{0.21} \fallingdotseq 9.52\ Sm^3/Sm^3\text{-f}$$

05

보일러 절탄기 등에서 발생할 수 있는 저온부식의 원인이 되는 물질은?

① 질소 가스   ② 아황산 가스

③ 바나듐   ④ 수소 가스

【해설】 ※ 저온부식   암기법 : 고바, 황저

- 연료 중에 포함된 황(S)분이 많으면 연소에 의해 산화하여 SO_2(아황산가스)로 되는데, 과잉공기가 많아지면 배가스 중의 산소에 의해, $SO_2 + \frac{1}{2}O_2 \rightarrow SO_3$ (무수황산)으로 되어, 연도의 배가스 온도가 노점(170 ~ 150℃)이하로 낮아지게 되면 SO_3가 배가스 중의 수분과 화합하여 $SO_3 + H_2O \rightarrow H_2SO_4$ (황산)으로 되어 연도에 설치된 폐열회수장치인 절탄기·공기예열기의 금속표면에 부착되어 표면을 부식시키는 현상을 저온부식이라 한다.

06

다음 중 가장 **높은** 온도는?

① 20 ℃   ② 295 K

③ 530 °R   ④ 68 °F

【해설】   암기법 : 화씨는 오구씨보다 32살 많다.

※ 온도의 단위 변환은 관계식을 이용하여 섭씨온도 (℃)로 통일하여 비교한다!

① 섭씨온도 t = 20 ℃

❷ 절대온도(K) = 섭씨온도(℃) + 273 에서,

295 = t(℃) + 273 이므로, 섭씨온도 t = **22 ℃**

③ 랭킨온도(°R) = °F + 460

$= \frac{9}{5}$ ℃ + 32 + 460 에서,

530 = $\frac{9}{5} \times t$(℃) + 32 + 460 이므로, t = **21.1 ℃**

④ 화씨온도(°F) = $\frac{9}{5}$ ℃ + 32 에서,

68 = $\frac{9}{5} \times t$(℃) + 32 이므로, t = **20 ℃**

07

어떤 가역 열기관이 400 ℃에서 1000 kJ을 흡수하여 일을 생산하고 100 ℃에서 열을 방출한다. 이 과정에서 전체 엔트로피 변화는 약 몇 kJ/K 인가?

① 0
② 2.5
③ 3.3
④ 4

【해설】

- 가역과정은 계와 주위가 열역학적으로 평형상태를 유지하면서 일어나는 변화이므로 엔트로피가 항상 일정하여 변하지 않는다. 따라서 계와 주위를 포함하는 전체 엔트로피 변화는 0 이다.

  그러나, 실제로 자연계에서 일어나는 모든 상태변화는 비가역과정이므로 전체 엔트로피는 항상 증가한다.

08

다음 연료 중 단위 중량당 발열량이 가장 큰 것은?

① C
② H₂
③ CO
④ S

【해설】 │암기법│ : 씨(C)팔일수(H)세상, 황(S)이오

※ 연료의 단위중량(kg)당 고위발열량의 비교

연료의 종류	고위발열량 (kcal/kg)
탄소(C)	8100
황(S)	2500
수소(H₂)	34000
일산화탄소(CO)	2428

【참고】 ※ 기체연료의 발열량 순서 (고위발열량 기준)
│암기법│ : 수메중, 부체
① 단위체적당 (kcal/Nm³)
  : 부(LPG) > 프 > 에 > 아 > 메 > 수 > 일
  부탄>부틸렌>프로판>프로필렌>에탄>에틸렌>
  아세틸렌>메탄>수소>일산화탄소
② 단위중량당 (kcal/kg)
  : 일 < 부(LPG) < 아 < 프 < 에 < 메(LNG) < 수

09

비열 1.3 kJ/kg·℃, 온도 30℃인 어떤 물질 10 kg을 온도 520℃까지 가열하는데 필요한 열량(kJ)은? (단, 가열 과정에서 물질의 상(相) 변화는 없다.)

① 5147
② 6370
③ 4490
④ 4900

【해설】 │암기법│ : 큐는 씨암탉

- 가열량 $Q = Cm\Delta t$
  = 1.3 kJ/kg·℃ × 10 kg × (520 − 30)℃
  = 6370 kJ

10

일반 기체상수의 단위를 바르게 나타낸 것은?

① kJ/K
② kJ/kg
③ kJ/kmol
④ kJ/kmol·K

【해설】

- 표준상태(0℃ = 273K, 1기압)에서의 평균기체상수($\overline{R}$)
  기체의 상태방정식 $PV = n\overline{R}T$ 에서,

  $\overline{R} = \dfrac{PV}{nT}$ 에 아보가드로 법칙을 적용하면

  ㉠ $\overline{R} = \dfrac{1\,atm \times 22.4\,m^3}{1\,kmol \times 273\,K}$
  = 0.082 atm·m³ / kmol·K

  ㉡ $\overline{R} = \dfrac{760\,mmHg \times 22.4\,m^3}{1\,kmol \times 273\,K}$
  = 62.36 mmHg·m³ / kmol·K

  ㉢ $\overline{R} = \dfrac{1.0332\,kgf/cm^2 \times 22.4\,m^3}{1\,kmol \times 273\,K}$
  = 0.0848 kgf/cm²·m³ / kmol·K

  ㉣ $\overline{R} = \dfrac{10332\,kgf/m^2 \times 22.4\,m^3}{1\,kmol \times 273\,K}$
  = 847.8 ≒ 848 kgf·m / kmol·K

  ㉤ $\overline{R} = \dfrac{101325\,N/m^2 \times 22.4\,m^3}{1\,kmol \times 273\,K}$
  = 8314 N·m / kmol·K
  = 8.314 J / mol·K
  = **8.314 kJ / kmol·K**

2023

11

공기 중에서 수소의 연소반응식이 $H_2 + \frac{1}{2}O_2$

$\rightleftarrows H_2O$ 일때, 건연소가스량(Sm^3/Sm^3)은?

① 1.88   ② 2.38

③ 2.88   ④ 3.33

【해설】

※ 연소반응식을 통해 필요한 이론공기량(A_0)을 구하자.

$$H_2 \quad + \quad \frac{1}{2}O_2 \quad \rightarrow \quad H_2O$$

(1 kmol)   (0.5 kmol)

(1 Sm^3)   (0.5 Sm^3)

$\therefore A_0 = \dfrac{O_0}{0.21} = \dfrac{0.5\,Sm^3}{0.21} ≒ 2.38\ Sm^3/Sm^3\text{-}f$

- 문제에서 공기비(m)의 제시가 별도로 없으므로 m = 1 일 때인 이론공기량(A_0)으로 취급한다.

- 이론건연소가스량(G_{0d})

   G_{0d} = 이론공기 중 질소량 + 연소생성물(수증기 제외)

     = 0.79 A_0 + 0

     = 0.79 × 2.38 $Sm^3/Sm^3\text{-}f$ ≒ 1.88 $Sm^3/Sm^3\text{-}f$

- (실제)건연소가스량(G_d) = G_{0d} + 과잉공기량

               = 1.88 $Sm^3/Sm^3\text{-}f$ + 0

               = **1.88 $Sm^3/Sm^3\text{-}f$**

12

27℃ 에서 12 L 의 체적을 갖는 이상기체가 일정 압력에서 127℃ 까지 온도가 상승하였을 때 체적은 얼마인가?

① 12 L   ② 16 L

③ 27 L   ④ 56.4 L

【해설】

- 샤를(Charles)의 법칙 공식 $\dfrac{V_1}{T_1} = \dfrac{V_2}{T_2}$ 에서,

$$\frac{12\,L}{(27+273)K} = \frac{V_2}{(127+273)K}$$

$$\therefore V_2 = 16\ L$$

13

이상기체의 성질에 대한 표현으로 **틀린** 것은?

① $h = U + RT$ ② $\dfrac{dh}{dT} - \dfrac{dU}{dT} = R$

③ $C_V = \dfrac{1}{k-1}R$ ④ $C_P = \dfrac{k}{k-1}C_V$

【해설】

① 엔탈피 정의 H ≡ U + PV 에서,

     이상기체의 상태방정식 PV = RT 를 대입하면,

         H = U + RT

② H = U + RT 에서, 양변에 미분을 취하면

   dH = dU + RdT   양변을 dT 로 나누어주면

   $\dfrac{dH}{dT} - \dfrac{dU}{dT} = R$

③ 비열비 $k = \dfrac{C_P}{C_V} = \dfrac{C_V + R}{C_V} = 1 + \dfrac{R}{C_V}$ 에서,

   식을 정리하면, $C_V = \dfrac{1}{k-1}R$

❹ 비열비 $k = \dfrac{C_P}{C_V}$ 에서, $C_P = kC_V = \dfrac{k}{k-1}R$

【참고】 • 비열과 기체상수의 관계식 $C_p - C_v = R$ 에서,

     정압비열 $C_p = C_v + R$ 이 성립한다.

   • 비열비 $k = \dfrac{C_P}{C_V}$

14

물 1 kmol 이 100 ℃, 1기압에서 증발할 때 엔트로피 변화는 몇 kJ/K 인가?

(단, 물의 기화열은 2257 kJ/kg이다.)

① 22.57   ② 100

③ 109   ④ 139

【해설】

- 물 1 kmol 의 질량은 18 kg 이다.

$$\therefore dS = \frac{\delta Q}{T} \times m$$

$$= \frac{2257\,kJ/kg}{(100+273)K} \times 1\,kmol \times \frac{18\,kg}{1\,kmol}$$

$$= 108.9\ kJ/K ≒ \textbf{109 kJ/K}$$

15

다음 연소장치 중 연소 부하율이 가장 **높은** 것은?

① 머플로
② 가스터빈
③ 중유 연소 보일러
④ 미분탄 연소 보일러

【해설】

- 연소 부하율(또는, 연소실 열부하, 열발생률, Q_V)

$$Q_V = \frac{m_f \cdot H_L}{V_{연소실}} \quad [단위 : kJ/m^3 \cdot h]$$

- 고체·액체 연료에 비해서 가스연료는 연소시 공기비가 가장 적을 뿐만 아니라 연소실의 체적도 가장 작으므로 가스터빈의 연소부하율이 가장 높다.

16

냉매가 갖추어야 하는 조건으로 거리가 **먼** 것은?

① 증발잠열이 작아야 한다.
② 임계온도가 높아야 한다.
③ 화학적으로 안정되어야 한다.
④ 증발온도에서 압력이 대기압보다 높아야 한다.

【해설】　　　　　　　 암기법 : 냉전증인임↑
　　　　 암기법 : 압점표값과 비(비비)는 내린다↓

※ 냉매의 구비조건

　㉠ 전열이 양호할 것.
　㉡ 증발잠열이 클 것.
　㉢ 인화점이 높을 것.
　㉣ 임계온도가 높을 것.
　㉤ 상용압력범위가 낮을 것.
　㉥ 점성도와 표면장력이 작아 순환동력이 적을 것.
　㉦ 값이 싸고 구입이 쉬울 것.
　㉧ 비체적이 작을 것.
　㉨ 비열비가 작을 것.
　㉩ 비등점이 낮을 것.
　㉪ 금속 및 패킹재료에 대한 부식성이 적을 것.
　㉫ 환경 친화적일 것.

　㉭ 독성이 적을 것.
　㉠ 화학적으로 안정할 것.

17

보일러의 부속장치 중 원심력을 이용한 집진장치는?

① 루버식 집진장치
② 코로나식 집진장치
③ 사이클론식 집진장치
④ 백 필터식 집진장치

【해설】 ※ 원심력식 집진장치

- 함진가스(분진을 포함하고 있는 가스)를 선회 운동시키면 입자에 원심력이 작용하여 분진입자를 가스로부터 분리하는 원리의 장치이다. 종류에는 사이클론(cyclone)식과 소형사이클론을 몇 개 병렬로 조합하여 처리량을 크게 하고 집진효율을 높인 멀티-(사이)클론(Multi-cyclone)식이 있다.

【key】 사이클론(cyclone) : "회오리(선회)"를 뜻하므로 빠른 회전에 의해 원심력이 작용한다.

18

탄소(C) 1 kg을 완전 연소시킬 때 생성되는 CO_2의 양은 약 얼마인가?

① 1.67 kg　　　　② 2.67 kg
③ 3.67 kg　　　　④ 6.34 kg

【해설】

※ 생성되는 CO_2양을 구하기 위해 연소반응식을 세우자.

- 　C　　+ O_2 →　　CO_2
　(1 kmol)　　　　(1 kmol)
　(12 kg)　　　　(44 kg)
　(1 kg)　　　　$(44\,kg \times \frac{1}{12} = 3.67\,kg)$

즉, 탄소 1 kg을 완전연소 시킬 때, 생성되는 CO_2 양은 **3.67 kg** 이다.

19
이상기체의 특성이 <u>아닌</u> 것은?

① $dU = C_v\,dT$ 식을 만족한다.
② 비열은 온도만의 함수이다.
③ 엔탈피는 압력만의 함수이다.
④ 이상기체 상태방정식을 만족한다.

【해설】
❸ 이상기체의 내부에너지와 엔탈피는 기체의 압력, 체적에는 영향을 받지 않고 오직 온도만의 함수이다.

【참고】 ※ 이상기체의 내부에너지와 엔탈피

- 내부에너지 $U = \sum \frac{3}{2} kT$ (온도만의 함수)
- 엔탈피 $H = U + PV = U + RT$ 에서,
  이상기체의 내부에너지(U)가 온도만의 함수이므로 엔탈피(H)도 온도만의 함수가 된다.

20
전기식 집진장치의 특징 설명으로 <u>틀린</u> 것은?

① 집진효율이 90 ~ 99.5 % 정도로 높다.
② 고전압장치 및 정전설비가 필요하다.
③ 미세입자 처리도 가능하다.
④ 압력손실이 크다.

【해설】 ※ 전기식 집진장치(코트렐 집진기)의 특징
㉠ 방전극을 부(負, -극), 집진극을 양(陽, +극)으로 한다.
㉡ 전기집진은 쿨롱(Coulomb)력에 의해 포집된다.
㉢ 코로나 방전에 의한 포집이므로 고전압장치 및 정전설비가 필요하다.
㉣ 압력손실은 10 mmH₂O(건식) ~ 20 mmH₂O(습식) 정도로 비교적 작다.
㉤ 낮은 압력손실로 대량의 가스 처리가 가능하여, 대형보일러에 이용된다.
㉥ 지름이 0.05 ~ 20 μm 정도로 가장 미세한 입자의 포집에 이용된다.
㉦ 집진효율은 90 ~ 99.9% 정도로 집진기 중에서 가장 높다.

◎ 고온(500℃), 습도 100%인 함진가스의 처리에도 유효하다.
㉧ 광범위한 온도범위에서 설계가 가능하다.
㉨ 보수·유지비용이 적게 든다.
㉩ 설치 소요면적이 크고, 초기 설비비가 비싸다.
㉫ 먼지 부하변동에 대한 적응성이 낮다.
㉬ 분진입자의 전기적 성질에 따라 성능이 크게 좌우된다.

제2과목　　열설비 설치

21
열전대 온도계의 원리로 맞는 것은?

① 전기적으로 온도를 측정한다.
② 두 물체의 열기전력을 이용한다.
③ 히스테리시스의 원리를 이용한다.
④ 물체의 열전도율이 큰 것을 이용한다.

【해설】
※ 열전대(thermo couple) 온도계
 - 두 종류의 서로 다른 금속선을 접합시켜 하나의 회로를 만들어 양접점(냉접점과 온접점)에 온도차를 유지해 주면 제백(Seebeck)효과에 의해 발생하는 열기전력(전위차, mV)을 이용하는 원리이다.

22
배가스 중 산소농도를 검출하여 적정 공연비를 제어하는 방식을 무엇이라 하는가?

① O₂ Trimmimg 제어　② 배가스량 제어
③ 배가스 온도 제어　④ CO 제어

【해설】
※ O₂ 트리밍(Trimming) 제어시스템
 - 다양한 보일러 부하에서 배기가스(배가스)에 존재하는 O₂ 농도 및 CO 농도를 검출하여 가능한 한 최대의 연소효율을 위한 적정 공연비를 유지하도록 공급되는 공기량을 조절하는 방식의 제어시스템이다.

23

연료가 보유하고 있는 열량으로부터 실제 유효하게 이용된 열량과 각종 손실에 의한 열량 등을 조사하여 열량의 출입을 계산한 것은?

① 열정산
② 보일러효율
③ 전열면부하
④ 상당증발량

【해설】
※ 보일러의 열정산을 실시하는 목적은 특정 열설비에 공급된 열량과 그 사용 상태를 검토하고 유효하게 이용되는 열량과 손실열량을 세밀하게 분석함으로써 열의 행방을 파악하여 열설비의 성능을 알 수 있으며, 합리적 조업 방법으로의 개선과 기기의 설계 및 개조에 참고하기 위함이다.

24

오차의 종류로서 계통오차에 해당되지 **않는** 것은?

① 고유오차
② 개인오차
③ 우연오차
④ 이론오차

【해설】 ※ 계통오차의 종류
㉠ 이론 오차(또는, 방법 오차)
　- 이론식 또는 관계식 중에 가정을 설정하거나 생략을 이용한 결과, 이론적 근거에 원인하여 일어나기 때문에 이론적인 보정을 함으로서 오차를 제거할 수 있다.
㉡ 계기 오차(또는, 고유 오차)
　- 계측기 자신이 가지는 고유 오차로서 눈금이 부정확하거나 외부 자기장 및 온도의 변화 등으로 발생되는 것을 말한다.
㉢ 개인 오차
　- 측정하는 개인의 습관에 의한 것으로 여러 사람이 측정하여 평균치를 얻어 오차를 제거할 수 있다.
㉣ 환경 오차
　- 온도나 습도 등 환경조건에 의한 팽창 등으로 발생되는 것을 말한다.

25

잔류 편차를 남기기 때문에 단독으로 사용하지 않고 다른 동작과 결합시켜 사용되는 것은?

① D 동작
② P 동작
③ I 동작
④ PI 동작

【해설】 ※ 비례동작(P 동작)의 특징
<장점> ㉠ 사이클링(상하진동)을 제거할 수 있다.
　　　㉡ 부하변화가 적은 프로세스의 제어에 적합하다.
<단점> ㉠ 잔류편차(Off-set)가 생긴다.
　　　㉡ 부하가 변화하는 등의 외란이 큰 제어계에는 부적합하다.

26

비접촉식 온도계에 해당하는 것은?

① 유리 온도계
② 저항 온도계
③ 압력 온도계
④ 광고 온도계

【해설】
※ 접촉식 온도계의 종류
　　　　　 암기법 : 접전, 저 압유리바, 제
㉠ 열전대 온도계 (또는, 열전식 온도계)
㉡ 저항식 온도계 (또는, 전기저항식 온도계)
　- 서미스터, 니켈, 구리, 백금 저항소자
㉢ 압력식 온도계
　- 액체압력식, 기체(가스)압력식, 증기압력식
㉣ 액체봉입유리 온도계
㉤ **바이메탈식**(열팽창식 또는, 고체팽창식) 온도계
㉥ 제겔콘

※ 비접촉식 온도계의 종류
　　　　　 암기법 : 비방하지 마세요. 적색 광(고·전)
㉠ **방사** 온도계 (또는, 복사온도계)
㉡ **적외선** 온도계
㉢ **색** 온도계
㉣ **광고온계**(또는, 광고온도계)
㉤ **광전관식** 온도계

27

다음 유량계 중 용적식 유량계가 <u>아닌</u> 것은?

① 오벌식 유량계
② 로터미터
③ 루츠식 유량계
④ 로터리 피스톤식 유량계

【해설】 　　　　　　　　 암기법 : 로면

❷ 로터미터는 면적식 유량계의 일종이다.

【참고】

- 용적식 유량계는 일정한 용적을 가진 용기에 유체를 도입하게 되면 회전자의 회전에 의한 회전수를 적산하여 유량을 측정하는 방식이다.
- 용적식 유량계의 종류로는 오벌 유량계, 루트식 유량계, 가스미터, 로터리-팬 유량계, 로터리-피스톤식 유량계가 있다.

28

보일러의 열정산을 하는 목적이 <u>아닌</u> 것은?

① 열의 분포 상태를 알 수 있다.
② 보일러 조업 방법을 개선하는데 이용할 수 있다.
③ 노의 개축, 축로의 자료로 이용할 수 있다.
④ 시험부하는 원칙적으로 정격부하로 한다.

【해설】

※ 보일러의 열정산을 실시하는 목적은 특정 열설비에 공급된 열량과 그 사용 상태를 검토하고 유효하게 이용되는 열량과 손실열량을 세밀하게 분석함으로써 열의 행방을 파악하여 열설비의 성능을 알 수 있으며, 합리적 조업 방법으로의 개선과 기기의 설계 및 개조에 참고하기 위함이다.

❹ 성능측정 시험부하는 원칙적으로 정격부하로 하고, 필요에 따라서는 3/4, 2/4, 1/4 등의 부하로 시행할 수 있다는 규정은 열정산의 목적이 아니라 열정산 시 시험기준에 해당하는 내용이다.

29

오르자트(orsat)법에 의한 가스분석법에서 가스 성분에 따른 흡수제의 연결이 바르게 된 것은?

① CH_4 : 가성소다 수용액
② CO : 알칼리성 피로카롤 용액
③ CO_2 : 30% 수산화칼륨 수용액
④ O_2 : 암모니아성 염화제1구리 용액

【해설】 　　　　　　　 암기법 : 이→산→일

※ 오르자트(Orsat)식 가스분석 순서 및 흡수제

　㉠ 이산화탄소(CO_2) : 30% 수산화칼륨(KOH) 용액
　㉡ 산소(O_2) : 알칼리성 피로가놀(피로갈롤) 용액
　㉢ 일산화탄소(CO) : 암모니아성 염화제1구리(동) 용액

【참고】

- 헴펠 식 : 햄릿과 이(순신) → 탄화수소 → 산 　 → 일
　　　　　　　　　　　(K　　　 S　　 피　　 구)
　(흡수액) 　 수산화칼륨,　발연황산, 피로가놀, 염화제1구리
- 오르사트 식 : <u>이(CO_2)</u> 　 → 　 산(O_2) → 일(CO) 의 순서대로 선택적 흡수된다.

30

원리 및 구조가 간단하고 고온, 고압에도 사용할 수 있으므로 공업적으로 가장 많이 사용되는 액면 측정 방식은?

① 부자식　　　　　　② 기포식
③ 차압식　　　　　　④ 음향식

【해설】 ※ 플로트식(부자식) 액면계의 특징

　㉠ 고온, 고압 밀폐탱크의 경보 및 액면 제어용으로 널리 사용된다.
　㉡ 구조와 원리가 간단하여 고장이 적다.
　㉢ 액면 상·하 한계의 경보용 리미트 스위치를 설치할 수 있다.
　㉣ 측정범위를 넓게 할 수 있다.
　㉤ 액면이 흔들리는 곳에는 사용이 불가능하다.

31

보일러의 자동제어와 관련된 약호가 **틀린** 것은?

① FWC : 급수제어
② ACC : 자동연소제어
③ ABC : 보일러 자동제어
④ STC : 증기압력제어

【해설】※ 보일러 자동제어(ABC, Automatic Boiler Control)

- 연소제어 (ACC, Automatic Combustion Control)
  - 증기압력 또는, 노내압력
- 급수제어 (FWC, Feed Water Control)
  - 보일러 수위
- 증기온도제어 (STC, Steam Temperature Control)
  - 증기온도
- 증기압력제어 (SPC, Steam Pressure Control)
  - 증기압력

32

액면계의 측정방법에 대한 설명으로 **틀린** 것은?

① 직접 측정 방법으로 직관식이 있다.
② 직접 측정 방법으로 다이어프램식이 있다.
③ 간접 측정 방법으로 초음파식이 있다.
④ 간접 측정 방법으로 방사선식이 있다.

【해설】
❷ 압력식 액면계의 일종인 다이어프램식은 간접식 측정 방법에 해당한다.

【참고】※ 액면계의 관측방법에 따른 분류

　　　　　　　　　암기법 : 직접 유리 부검

- 직접법 : 유리관식(평형반사식 포함), 부자식 (플로트식), 검척식
- 간접법 : 압력식(차압식, 다이어프램식, 액저압식, 퍼지식), 기포식, 저항전극식, 방사선식, 초음파식(음향식), 정전용량식, 편위식

33

저항식 습도계에 대한 설명이 바르게 된 것은?

① 직류전압에 의한 저항치를 측정하여 비교 습도를 표시
② 직류전압에 의한 저항치를 측정하여 상대 습도를 표시
③ 교류전압에 의한 저항치를 측정하여 비교 습도를 표시
④ 교류전압에 의한 저항치를 측정하여 상대 습도를 표시

【해설】※ 저항식(전기저항식) 습도계

- 염화리튬(LiCl) 용액을 절연판 위에 바르고 전극을 붙여서 **교류전압**을 사용하여 전기를 통하면 습도의 증가에 따라 전기저항이 감소하는 성질을 지니고 있으므로 저항치가 **상대습도**에 따라 변하는 것을 이용하여 습도를 표시한다.

34

증기 발생을 위해 쓰인 열량과 보일러에 공급된 열량(입열량)과의 비를 무엇이라고 하는가?

① 전열면 열부하
② 보일러 효율
③ 증발계수
④ 전열면의 증발율

【해설】　　　암기법 : (효율좋은)보일러 사저유

- 보일러 효율(η) $= \dfrac{Q_s}{Q_{in}} \left(\dfrac{유효출열}{총입열량} \right) \times 100$

  $= \dfrac{w_2 \cdot (H_2 - H_1)}{m_f \cdot H_L} \times 100$

  여기서, Q_s : 유효열량(또는, 발생증기의 흡수열량)

　　　　　m_f : 연료사용량(또는, 연료소비량)

　　　　　H_ℓ : 연료의 저위발열량

　　　　　w_2 : 실제증발량, 발생증기량, 급수량

　　　　　H_2 : 발생증기의 엔탈피

　　　　　H_1 : 급수의 엔탈피

35

증기보일러의 상당증발량(Ge)에 대한 표기로 옳은 것은? (단, 실제증발량 : Ga, 발생증기엔탈피 : h₂, 급수엔탈피 : h₁이다.)

① $\dfrac{G_a(h_2 + h_1)}{450}$ ② $\dfrac{G_a(h_2 - h_1)}{450}$

③ $\dfrac{G_a(h_2 + h_1)}{539}$ ④ $\dfrac{G_a(h_2 - h_1)}{539}$

【해설】

- 상당증발량(또는, 환산증발량, 기준증발량 w_e)
  - 실제증발량을 1기압하에서 100℃의 포화수를 100℃의 (건)포화증기로 증발시킬 때의 값을 기준으로 환산한 증발량이다.

- 상당증발량(w_e)과 실제증발량(w_2)의 관계식

  $w_e \times R_w = w_2 \times (H_2 - H_1)$ 에서,

  한편, 물의 증발잠열(1기압, 100℃)을 R_w이라 두면

  R_w = 539 kcal/kg = 2257 kJ/kg

  ∴ 상당증발량 $w_e = \dfrac{w_2\,kg/h \times (H_2 - H_1)\,kcal/kg}{539\,kcal/kg}$

  여기서, w_2 : 실제증발량(증기발생량)

  H_2 : 발생증기의 엔탈피

  H_1 : 급수의 엔탈피

  문제에서 제시된 기호로 표현해 주면,

  상당증발량 $G_e = \dfrac{G_a \times (h_2 - h_1)}{539}$ [단위 : kg/h]

36

압력의 차원을 절대단위계로 바르게 나타낸 것은?

① M L T⁻² ② M L⁻¹ T⁻¹

③ M L⁻¹ T⁻² ④ M L⁻² T⁻²

【해설】

- 압력 P = $\dfrac{F}{A}$ (단위면적당 작용하는 힘)

  [단위 관계 : Pa = N/m² = kg × m/sec² × m⁻²]

- 절대단위계의 차원은 질량(M), 길이(L), 시간(T)의 조합으로 나타낸다. 따라서 [$ML^{-1}T^{-2}$] 으로 표시한다.

【참고】

- 중력단위계(또는, 공학단위계)의 차원은 질량(M) 대신에 힘(F), 길이(L), 시간(T)의 조합으로 나타낸다. 따라서 [LFT] 로 표시한다.

37

어떠한 조건이 충족되지 않으면 다음 동작을 저지하는 제어방법은?

① 인터록제어 ② 피드백제어

③ 자동연소제어 ④ 시퀀스제어

【해설】

- 인터록제어 : 보일러 운전 중 작동상태가 원활하지 못할 때 다음 동작을 진행하지 못하도록 제어하여, 보일러 사고를 미연에 방지하는 안전관리장치를 말한다.

【참고】 ※ 보일러의 인터록 제어의 종류

암기법 : 저 압불프저

㉠ 저수위 인터록 : 수위감소가 심할 경우 부저를 울리고 안전저수위까지 수위가 감소하면 보일러 운전을 정지시킨다.

㉡ 압력초과 인터록 : 보일러의 운전시 증기압력이 설정치를 초과할 때 전자밸브를 닫아서 운전을 정지시킨다.

㉢ 불착화 인터록 : 연료의 노내 착화과정에서 착화에 실패할 경우, 미연소가스에 의한 폭발 또는 역화현상을 막기 위하여 전자밸브를 닫아서 연료공급을 차단시켜 운전을 정지시킨다.

㉣ 프리퍼지 인터록 : 송풍기의 고장으로 노내에 통풍이 되지 않을 경우, 연료공급을 차단시켜서 보일러 운전을 정지시킨다.

㉤ 저연소 인터록 : 노내에 처음 점화시 온도의 급변으로 인한 보일러 재질의 악영향을 방지하기 위하여 최대부하의 약 30 % 정도에서 연소를 진행시키다가 차츰씩 부하를 증가시켜야 하는데, 이것이 순조롭게 이행되지 못하고 급격한 연소로 인해 저연소 상태가 되지 않을 경우 연료를 차단시킨다.

38

스테판–볼츠만의 법칙에서 완전 흑체표면에서의 복사열 전달열과 절대온도의 관계로 옳은 것은?

① 절대온도에 비례한다.
② 절대온도의 제곱에 비례한다.
③ 절대온도의 3제곱에 비례한다.
④ 절대온도의 4제곱에 비례한다.

【해설】 ※ 스테판–볼츠만(Stefan-Boltzmann)의 법칙

● 복사에너지(또는, 방사열) $Q = \varepsilon \cdot \sigma \, T^4 \times A$

여기서, σ : 스테판볼츠만 상수(5.67×10^{-8} W/m²·K⁴)

ε : 표면 복사율(방사율 또는, 흑도)

T : 물체 표면의 절대온도(K)

A : 방열 표면적(m²)

39

오리피스 유량계의 교축기구 바로 직전과 직후에 차압을 추출하는 방식의 탭으로서 정압분포가 편중되어도 환상실에 의하여 평균된 차압을 추출할 수 있는 것은?

① 베나탭
② 코너탭
③ 니플탭
④ 플랜지탭

【해설】 ※ 차압식 유량계의 압력 탭(Tap)의 종류

● 오리피스에 의한 차압을 측정하기 위하여 오리피스 판벽으로부터 양측에 차압전송기용 탭을 가능한 한 오리피스와 근접하게 설치해야 하는데 설치 위치에 따라, 코너탭, 베나탭, 베벨탭, 플랜지탭이 있다.

㉠ 코너(모서리)탭 : 오리피스 바로 직전·직후에 설치
㉡ 베나탭 : 입구측은 배관 안지름만큼의 거리에, 출구측은 배관 안지름의 0.2 ~ 0.8 배 거리에 설치
㉢ 베벨탭 : 오리피스 직전·직후에 베벨을 설치
㉣ 플랜지탭 : 오리피스 전·후(즉, 상·하류) 25 mm의 위치에 플랜지를 설치

40

보일러 열정산시 입열 항목에 해당되지 <u>않는</u> 것은?

① 방산에 의한 손실열
② 연료의 연소열
③ 연료의 현열
④ 공기의 현열

【해설】 ※ 보일러 열정산 시 입·출열 항목의 구별

[입열항목] 암기법 : 연(발,현) 공급증
– 연료의 발열량, 연료의 현열, 연소용 공기의 현열, 급수의 현열, 노내 분입한 증기의 보유열

[출열항목] 암기법 : 유,손(배불방미기)
– 유효출열량(발생증기가 흡수한 열량), 손실열(배기가스, 불완전연소, 방열, 미연분, 기타.)

| 제3과목 | 열설비 운전 |

41

20℃ 상온에서 재료의 열전도율(kcal/m·h·℃)이 큰 순서대로 나열된 것으로 옳은 것은?

① 구리–알루미늄–철–물–고무
② 구리–알루미늄–철–고무–물
③ 알루미늄–구리–철–물–고무
④ 알루미늄–철–구리–고무–물

【해설】 암기법 : 구알철물고공
※ 주요 재료의 열전도율(kcal/m·h·℃)

재료	열전도율	재료	열전도율
은	360	유리	0.8
구리	340	물	0.5
알루미늄	175	수소	0.153
니켈	50	고무	0.137
철 (탄소강)	40	그을음	0.1
스케일	2	공기	0.022
콘크리트	1.2	이산화탄소	0.013

42

내열범위가 −260 ~ 260℃ 정도이고 탄성이 부족하고 기름에 침해되지 않는 패킹제는?

① 오일 실 패킹　② 합성수지 패킹
③ 네오프렌　④ 석면 조인트 시트

【해설】

※ 테프론(Teflon, 합성수지 패킹)

- 불소(F)와 탄소(C)의 화학적 결합으로 이루어진 폴리테트라플루오로에틸렌(PTFE)의 상품명인 합성수지류로서, 탄성은 부족하나 화학적으로 매우 안정되어 있으므로 화학적 비점착성, 우수한 절연성, 내열성, 낮은 마찰계수의 특징을 가지며 약품, 기름에도 침식이 적어 합성수지류 패킹에 많이 사용된다.

43

급수처리에 연관되는 설명으로 틀린 것은?

① 보일러수는 연수보다는 경수가 좋다.
② 수질이 불량하면 각종 용기나 배관계에 관석이 발생한다.
③ 수질이 불량하면 보일러 수명과 열효율에 영향을 줄 수 있다.
④ 관류보일러는 반드시 급수처리를 하여 수질이 좋아야 한다.

【해설】

❶ 경수의 경우 스케일 형성의 주성분인 Ca, Mg 등의 성분을 포함하고 있으므로 연수로 만들어 사용해야 한다.

【참고】 ※ 수질이 불량할 경우 보일러에 미치는 장애

㉠ 보일러의 판과 관의 부식이 발생한다.
㉡ 스케일이나 침전물이 생겨 열전도가 방해되고 과열에 의한 사고가 발생한다.
㉢ 프라이밍이 발생하여 증기 속에 수분을 혼입한다.
㉣ 분출 횟수가 늘고, 분출로 인한 열손실이 증가한다.
㉤ 보일러의 수명이 단축된다.

44

실외와 접촉하는 북향의 벽체의 면적이 40 m^2 이고, 실외 온도는 −10℃, 실내온도는 24℃ 일때, 난방부하는 약 몇 kW 인가? (단, 방위계수는 1.15, 열관류율은 0.47 kW/m^2·℃ 이다.)

① 628.1　② 735.1
③ 745.4　④ 828.3

【해설】 ※ 천장, 바닥, 벽체에서의 난방부하 공식

• $Q = K \times \Delta t \times A \times Z$

　　여기서, Q : 난방부하(손실열량)
　　　　　　K : 열관류율
　　　　　　A : 전체면적(바닥, 천정, 벽체)
　　　　　　Δt : 내·외부의 온도차
　　　　　　Z : 방위계수

$= 0.47 \text{ kW/m}^2 \cdot ℃ \times 40 \text{ m}^2 \times [24 - (-10)] ℃ \times 1.15$

$= 735.08 ≒ \mathbf{735.1 \text{ kW}}$

45

LD 전로법을 평로법에 비교한 것으로 틀린 것은?

① 평로법보다 생산 능률이 높다.
② 평로법보다 공장 건설비가 싸다.
③ 평로법보다 작업비, 관리비가 싸다.
④ 평로법보다 고철의 배합량이 많다.

【해설】 ※ LD 전로법(Linz-Donawitz, 순산소 전로법)

• 용선을 전로에 넣고 고압공기 대신에 전로위의 구멍에서 순산소를 불어 넣어 용선 중의 불순물인 Si, Mn, P, S 등을 산화, 연소시키고 생성된 산화물을 슬래그로 하여 제거한 후에 노를 기울여 용강을 레들(Laddle)에 옮기고 탈산을 행하여 필요한 성분의 용강을 제조하는 방법으로, 평로법에 비해 생산성이 높고 건설비와 유지·관리비가 저렴하며 고철의 배합량이 적어도 철강 제조가 가능하다.

46

보일러에 진동이 있거나 충격이 가하여져도 안전하게 작동하는 안전밸브는?

① 추식 안전밸브   ② 레버식 안전밸브
③ 지레식 안전밸브   ④ 스프링식 안전밸브

【해설】   암기법 : 스중, 지렛대

※ 안전밸브의 분출압력 조정형식

  ㉠ 스프링식 : 스프링의 탄성력을 이용하여 분출압력을 조정한다. (보일러에 진동과 충격에도 안전하게 작동하기 때문에 고압·대용량의 보일러에 적합하여 가장 많이 사용되고 있다.)

  ㉡ 중추식 : 추의 중력을 이용하여 분출압력을 조정한다.

  ㉢ 지렛대식(레버식) : 지렛대와 추를 이용하여 추의 위치를 좌로 이동시켜 작은 추의 중력으로도 분출압력을 조정한다.

47

내화재의 스폴링(Spalling)에 대한 설명 중 맞는 것은?

① 온도의 급격한 변화로 인하여 균열이 생기는 현상

② 내화재료의 자기 변태점

③ 내화재료 표면에 헤어 크랙(hair crack)이 생기는 현상

④ 어떤 면을 경계로 하여 대칭이 되는 것

【해설】   암기법 : 뽈(폴)차로, 벽균표

※ 스폴링(Spalling) 현상

  - 불균일한 가열 및 급격한 가열과 냉각에 의한 심한 온도차로 내화벽돌에 균열이 생기고 표면이 갈라지든지 떨어져 나가는 현상으로 박리(또는, 박락) 현상이라고도 불린다.

48

스코피(scotch)보일러에서 화실 천장판의 강도 보강에 사용되는 스테이(stay)의 종류는?

① 볼트 스테이 (bolt stay)
② 튜브 스테이 (tube stay)
③ 거셋 스테이 (gusset stay)
④ 가이드 스테이 (guide stay)

【해설】 ※ 버팀(Stay, 스테이)의 종류

• 보일러에서 강도가 약한 부분(동판, 경판, 관판 등)의 강도를 보강하기 위하여 사용되는 지지장치를 말하며, 다음과 같이 여러 종류가 있다.

  ㉠ 거셋 스테이(gusset stay) : 3각 모양의 평판을 사용하여 경판, 동판 또는 관판이나 동판을 지지하여 보강하는데 사용된다.

  ㉡ 경사 스테이(oblique stay, 경사버팀) : 화실천장 과열부분의 압궤현상을 방지하기 위하여 경판을 보강하는데 사용된다.

  ㉢ 도그 스테이(dog stay) : 맨홀 뚜껑을 보강하는데 사용된다.

  ㉣ 튜브 스테이(tube stay, 관버팀) : 연관의 팽창에 따른 관판이나 경판의 팽출에 대한 보강재이다.

  ㉤ 볼트 스테이(bolt stay, 나사버팀) : 평행한 부분의 거리가 짧고 서로 마주보는 2매의 평판의 보강에 주로 사용한다.

  ㉥ 바 스테이(bar stay, 봉버팀) : 관(pipe) 대신에 연강 환봉을 사용하여 화실 천장판을 보강하는데 사용된다.

  ㉦ 거더 스테이(girder stay, 시렁버팀) : 화실천장판을 경판에 매달아 보강하는 둥근 막대버팀으로 화실 천장 과열부분의 압궤현상을 방지하는데 사용된다.

  ㉧ 가이드 스테이(guide stay) : 고온·고압에서 사용되는 스코피 보일러의 화실 천장판 강도 보강을 위해 사용된다.

49

보일러 보급수 펌프의 양수량이 500 L/min, 양정 100 m, 펌프효율 45 %, 안전율 5 %일 때 펌프의 축동력(kW)은 약 얼마인가?

① 19.0
② 20.9
③ 22.7
④ 25.1

【해설】

• 펌프의 동력 : L [W] $= \dfrac{PQK}{\eta} = \dfrac{\gamma HQK}{\eta}$

여기서, P : 압력 $[mmH_2O = kgf/m^2]$

Q : 유량 $[m^3/sec]$

H : 수두 또는, 양정 $[m]$

η : 펌프의 효율

γ : 물의 비중량 $(1000\,kgf/m^3)$

K : 펌프의 안전계수 $(\geqq 1)$

$$= \dfrac{1000\,kgf/m^3 \times \dfrac{9.8\,N}{1\,kgf} \times 100\,m \times \dfrac{500\,L \times \dfrac{1\,m^3}{1000\,L}}{\min \times \dfrac{60\sec}{1\min}} \times 1.05}{0.45}$$

$= 19055\ N{\cdot}m/s = 19055\ J/s = 19055\ W$

$\fallingdotseq$ **19.0 kW**

【참고】 • 펌프의 안전율 5 %를 고려해 주어야 하므로 100 % + 5 % = 105 % = 1.05 를 적용해야 한다.

50

동관의 경납 용접 시의 특징을 설명한 것으로 틀린 것은?

① 용접온도는 200 ~ 300℃ 정도이다.
② 용접재는 인동납이나 은납이 사용된다.
③ 연납 용접보다 이음부의 강도가 높다.
④ 연납 용접보다 사용압력이 높은 곳에 적용한다.

【해설】 ※ 경납 용접의 특징

㉠ 경납 용접은 접착면 사이에 용접재를 넣고 용접물은 녹지 않고 용접재는 녹을 정도로 온도를 높여 접합시키는 용접을 의미한다.

㉡ 경납 용접 시 용접온도는 450℃ 이상이다.
㉢ 용접재는 주로 인동납이나 은납이 사용된다.
㉣ 경납 용접 시 산소와 아세틸렌 불꽃을 사용한다.
㉤ 용접 부위 강도가 강하기 때문에 고온·고압을 필요로 하는 곳에 사용된다.

【참고】 ※ 연납 용접의 특징

㉠ 연납 용접은 모재를 녹이지 않고 접합시키는 용접을 의미한다.
㉡ 연납 용접 시 용접온도는 450℃ 미만이다.
㉢ 용접재는 주로 연납이 사용된다.
㉣ 연납 용접 시 납땜인두 또는 토치를 사용한다.
㉤ 연납 용접은 경납 용접 대비 강도가 떨어진다.

51

보온재 중 무기질의 보온재가 아닌 것은?

① 석면
② 탄산마그네슘
③ 규조토
④ 펠트

【해설】

❹ 펠트는 유기질 보온재의 종류에 속한다.

【해설】

※ 최고 안전사용온도에 따른 무기질 보온재의 종류

```
  -50   -100   ←사→   +100   +50
   탄    G     암,    규    석면, 규산리
  250,  300,  400,   500,  550,  650℃
탄산마그네슘
    Glass울(유리섬유)
         암면
              규조토, 석면, 규산칼슘
   650필지의 세라믹화이버 무기공장
   650℃↓   (×2배) 1300↓ 무기질
  펄라이트(석면+진주암),
         세라믹화이버
```

※ 최고 안전사용온도에 따른 유기질 보온재의 종류

```
 유비(B)가, 콜  택시타고  벨트를  폼나게 맸다.
              (텍스)     (펠트)
유기질, (B)130↓ 120↓ ← 100↓ → 80℃↓(이하)
         (+20)         (기준)  (-20)
   탄화코르크, 텍스,    펠트,   폼
```

52

다음 중 관류보일러에 해당되는 것은?

① 슐처 보일러 ② 레플러 보일러

③ 열매체 보일러 ④ 슈미드-하트만 보일러

【해설】

※ **수관식 보일러의 종류** 암기법 : 수자 강간 (관)

ㄱ **자연순환식**

암기법 : 자는 바·가·(야로)·다, 스네끼찌 (모두 다 일본식 발음을 닮았음.)

- 바브콕, 가르베, 야로, 다꾸마, 스네끼찌, 스털링 보일러

ㄴ **강제순환식** 암기법 : 강제로 베라~

- 베록스, 라몬트 보일러

ㄷ **관류식**

암기법 : 관류 람진과 벤슨이 앤모르게 슐처먹었다

- 람진, 벤슨, 앤모스, 슐처 보일러

【참고】

※ **특수 보일러** 암기법 : 특수 열매전

ㄱ **특수연료 보일러**

- 톱밥, 바크(Bark 나무껍질), 버개스

ㄴ **열매체 보일러** 암기법 : 열매 세모다수

- 세큐리티, 모빌썸, 다우섬, 수은, 카네크롤

ㄷ **전기 보일러**

- 전극형, 저항형

ㄹ **간접가열식 보일러**

- 슈미트-하트만 보일러, 레플러 보일러

53

연료의 연소 시 고온부식의 주된 원인이 되는 성분은?

① 황 ② 질소

③ 탄소 ④ 바나듐

【해설】 ※ **고온부식** 암기법 : 고바, 황저

- 연료 중에 포함된 바나듐(V)이 연소에 의해 산화하여 V_2O_5(오산화바나듐)으로 되어 연소실 내의 고온 전열면인 과열기·재열기에 부착하여 금속 표면을 부식시키는 현상을 말한다.

54

가열로의 내벽온도를 1200℃, 외벽온도를 200℃ 로 유지하고 매시간당 1 m^2에 대한 열손실을 400 kJ 로 설계할 때 필요한 노벽의 두께(cm)는 약 얼마인가? (단, 노벽 재료의 열전도율은 0.1 kJ/m·h·℃ 이다.)

① 10 ② 15

③ 20 ④ 25

【해설】 암기법 : 손전온면두

- 평면벽에서의 손실열량(Q) 계산공식

$$Q = \frac{\lambda \cdot \Delta t \cdot A}{d} \left(\frac{열전도율 \cdot 온도차 \cdot 단면적}{벽의 두께} \right)$$

$$400\,kJ/h = \frac{0.1\,kJ/m \cdot h \cdot ℃ \times (1200 - 200)℃ \times 1\,m^2}{d}$$

방정식 계산기 사용법으로 d를 미지수 X로 놓고 구하면, ∴ 노벽의 두께 d = 0.25 m = **25 cm**

55

태양에너지이용 기술재료 중 에너지 교환재료가 <u>아닌</u> 것은?

① 집열재료 ② 열매(熱媒)재료

③ 반사재료 ④ 투과재료

【해설】

※ 태양열 에너지 이용 기술 재료

ㄱ 집열재료 : 태양으로부터 오는 빛을 집열

ㄴ 반사재료 : 포물선 거울에 입사된 태양 빛을 한 점 으로 모아준다.

ㄷ 투과재료 : 태양광 패널에 들어오는 태양 빛을 반사에 의한 손실을 줄이기 위해 사용된다.

56

다음 오일버너 중 유량 조절범위가 가장 큰 것은?

① 유압식 ② 회전식

③ 저압기류식 ④ 고압기류식

2023

【해설】 ※ 고압기류 분무식 버너의 특징

㉠ 고압(0.2 ~ 0.8 MPa)의 공기를 사용하여 중유를 무화시키는 형식이다.

㉡ 유량조절범위가 1 : 10 정도로 가장 커서 고점도 연료도 무화가 가능하다.

㉢ 분무각(무화각)은 30° 정도로 가장 좁은 편이다.

㉣ 외부혼합 방식보다 내부혼합 방식이 무화가 잘 된다.

㉤ 연소 가동 시 소음이 크다.

57

유리 용융용 탱크가마의 구성요소 중 브릿지 벽 (Bridge Wall)의 역할은?

① 2차 공기를 취입한다.

② 청진(淸塵)된 유리액을 내보낸다.

③ 연소가스(gas)가 조업부로 넘어가는 것을 막아준다.

④ 미청진(美淸塵) 유리액이 조업부로 넘어가는 것을 막아준다.

【해설】

※ 브릿지 벽(Bridge Wall)의 역할

- 유리액의 순도를 유지하기 위해 탱크가마 내부를 두 가지 공간으로 나누어 미청진 유리액(불순물이 제거되지 않은 유리액)이 조업부로 넘어가는 것을 막아준다.

58

열전도율이 $0.8 \, kJ/m \cdot h \cdot ℃$ 인 콘크리트벽의 안쪽과 바깥쪽의 온도가 각각 25℃ 와 20℃ 이다. 벽의 두께가 5 cm 일 때 1 m² 당 매시간 전달되어 나가는 열량은 약 몇 kJ 인가?

① 0.8

② 8

③ 80

④ 800

【해설】 　　　　　　　 암기법 : 손전온면두

• 평면벽에서의 손실열량(Q) 계산공식

$$Q = \frac{\lambda \cdot \Delta t \cdot A}{d} \left(\frac{열전도율 \cdot 온도차 \cdot 단면적}{벽의 두께} \right)$$

$$= \frac{0.8 \, kJ/m \cdot h \cdot ℃ \times (25 - 20) ℃ \times 1 \, m^2}{0.05 \, m}$$

$$= 80 \, kJ/h$$

59

증기난방의 응축수 환수방법 중 증기의 순환이 가장 빠른 것은?

① 기계환수식

② 진공환수식

③ 단관식 중력환수식

④ 복관식 중력환수식

【해설】 ※ 진공환수식 증기난방의 특징

㉠ 증기의 발생 및 순환이 가장 빠르다.

㉡ 응축수 순환이 빠르므로 환수관의 직경이 작다.

㉢ 환수(응축수)는 펌프에 의해 회수하므로 환수관의 기울기를 작게 할 수 있다.

㉣ 방열기 밸브를 통해 방열량을 광범위하게 조절 가능하다.

㉤ 대규모 건축물의 난방에 적합하다.

㉥ 보일러 및 방열기의 설치위치에 제한을 받지 않는다.

60

다음 증기난방법 중에서 응축수 환수법이 아닌 것은?

① 중력환수식

② 건식환수관식

③ 기계환수식

④ 진공환수식

【해설】

※ 증기난방 방법의 분류

㉠ 증기압력에 따라 : 고압식, 저압식, 진공식

㉡ 증기관의 배관방식에 따라 : 단관식, 복관식

㉢ 증기 공급방식에 따라 : 상향식, 하향식

㉣ 환수관의 배관방식에 따라 : 건식, 습식

㉤ 응축수의 환수방식에 따라 : 진공환수식, 중력 환수식, 기계환수식

2023 - (CBT (2))

제4과목 열설비 안전관리 및 검사기준

61

에너지이용 합리화법상 국내외 에너지 사정의 변동으로 에너지수급에 중대한 차질이 발생하거나 발생할 우려가 있다고 인정될 경우, 에너지수급의 안정을 위한 조치 사항에 해당되지 <u>않는</u> 것은?

① 에너지의 배급
② 에너지의 비축과 저장
③ 에너지 판매시설의 확충
④ 에너지사용기자재의 사용 제한

【해설】　　　　　　　　　　[에너지이용합리화법 제7조]

※ 수급안정을 위한 조치
- 산업통상자원부장관은 국내외 에너지사정의 변동으로 에너지수급에 중대한 차질이 발생하거나 발생할 우려가 있다고 인정되면 에너지수급의 안정을 기하기 위하여 필요한 범위에서 에너지사용자·에너지공급자 또는 에너지사용기자재의 소유자와 관리자에게 다음 각 호의 사항에 관한 조정·명령, 그 밖에 필요한 조치를 할 수 있다.
  1. 지역별·주요 수급자별 에너지 할당
  2. 에너지공급설비의 가동 및 조업
  3. 에너지의 비축과 저장
  4. 에너지의 도입·수출입 및 위탁가공
  5. 에너지공급자 상호 간의 에너지의 교환 또는 분배 사용
  6. 에너지의 유통시설과 그 사용 및 유통경로
  7. 에너지의 배급
  8. 에너지의 양도·양수의 제한 또는 금지
  9. 에너지사용의 시기·방법 및 에너지사용기자재의 사용 제한 또는 금지 등 대통령령으로 정하는 사항
  10. 그 밖에 에너지수급을 안정시키기 위하여 대통령령으로 정하는 사항

62

보일러가 과열되는 경우와 가장 거리가 <u>먼</u> 것은?

① 보일러수가 농축되었을 때
② 보일러수의 순환이 빠를 때
③ 보일러의 수위가 너무 저하되었을 때
④ 전열면에 관석(scale)이 부착되었을 때

【해설】
❷ 보일러수의 순환이 빠르면 전열이 양호하여 과열이 억제된다.

【참고】 ※ 보일러 과열의 원인
　㉠ 보일러의 수위가 낮은 경우
　㉡ 고열부분에 스케일 및 슬러지가 부착된 경우
　㉢ 보일러수가 농축된 경우
　㉣ 보일러수의 순환인 좋지 않은 경우
　㉤ 수면계의 설치위치가 너무 낮은 경우
　㉥ 화염이 국부적으로 집중되는 경우
　㉦ 고온 가스와 전열면의 마찰이 심한 경우

63

에너지이용 합리화법에 의한 검사대상기기의 검사에 관한 설명으로 <u>틀린</u> 것은?

① 검사대상기기를 개조하는 경우에는 시·도지사의 검사를 받아야 한다.
② 검사대상기기는 유효기간 만료일 전에 검사신청을 하여야 한다.
③ 검사대상기기의 설치장소를 변경한 경우에는 시·도지사의 검사를 받아야 한다.
④ 검사대상기기를 설치하는 경우에는 설치계획을 산업통상자원부장관의 검사를 받아야 한다.

【해설】　　　[에너지이용합리화법 시행규칙 제31조의17.]
❹ 검사대상기기의 설치검사를 받으려는 자는 검사대상기기 설치검사신청서를 공단이사장에게 제출하여야 한다.

64

제3자로부터 위탁을 받아 에너지사용시설의 에너지 절약을 위한 관리·용역과 에너지절약형 시설투자에 관한 사업을 하는 기업은?

① 에너지관리공단
② 수요관리전문기관
③ 에너지절약전문기업
④ 에너지관리진단기업

【해설】 [에너지이용합리화법 제25조.]

※ 에너지절약전문기업의 지원

• 정부는 제3자로부터 위탁을 받아 다음 각 호의 어느 하나에 해당하는 사업을 하는 자로서 산업통상자원부장관에게 등록을 한 자(이하 "**에너지절약전문기업**"이라 한다)가 에너지절약사업과 이를 통한 온실가스의 배출을 줄이는 사업을 하는 데에 필요한 지원을 할 수 있다.

1. 에너지사용시설의 에너지절약을 위한 관리·용역사업
2. 제14조제1항에 따른 에너지절약형 시설투자에 관한 사업
3. 그 밖에 대통령령으로 정하는 에너지절약을 위한 사업

65

화학 세관에서 사용하는 유기산에 해당되지 <u>않는</u> 것은?

① 인산   ② 초산
③ 구연산   ④ 포름알데히드

【해설】
❶ 인산(H_3PO_4)은 무기산 세관액에 해당한다.

【참고】
※ 유기산(**구연산**, 개미산, 시트르산, 옥살산, **초산** 등)은 유기물이므로 보일러 운전 시 고온에서 분해되어 산이 남아있어도 부식될 염려가 적어 오스테나이트계 스테인레스강이나 동 및 동합금의 세관에 사용한다.

66

연간 에너지 사용량이 대통령령으로 정하는 기준량 이상이면 누구에게 신고하여야 하는가?

① 시·도지사
② 산업통상자원부장관
③ 한국난방시공협회장
④ 한국에너지공단이사장

【해설】 [에너지이용합리화법 제31조.]

※ 에너지다소비업자의 신고 암기법 : 전 기관에 전해

• 에너지사용량이 대통령령으로 정하는 기준량 (2000 TOE)이상인 에너지다소비업자는 산업통상자원부령으로 정하는 바에 따라 매년 1월 31일까지 그 에너지사용시설이 있는 지역을 관할하는 **시·도지사**에게 다음 사항을 신고하여야 한다.

ㄱ. **전**년도의 분기별 에너지사용량·제품생산량
ㄴ. **해**당 연도의 분기별 에너지사용예정량·제품생산예정량
ㄷ. **전**년도의 분기별 에너지이용 합리화 실적 및 해당 연도의 분기별 계획
ㄹ. 에너지사용**기**자재의 현황
ㅁ. 에너지**관**리자의 현황

67

보일러를 사용하지 않고 장기간 보존할 경우 가장 적합한 보존법은?

① 만수 보존법
② 건조 보존법
③ 밀폐 만수 보존법
④ 청관제 만수 보존법

【해설】 ※ 건조 보존법 (건식 보존법)

• 보존기간이 장기간(6개월 이상)일 경우 보일러수를 완전히 배출하고 동 내부를 완전히 건조한 후 약품(흡습제, 산화방지제, 기화성 방청제 등)을 넣고 밀폐시켜 보존하는 방법이다. (이때 동 내부의 산소 제거는 숯불을 용기에 넣어서 태운다.)

68

보일러 내에 스케일이 다량으로 생성되었을 때의 장애에 해당되지 <u>않는</u> 것은?

① 연료손실이 크고 효율이 나빠진다.

② 수관이 과열되고 팽출과 파열이 발생할 수 있다.

③ 국부적인 과열이 발생하고 전열효율이 나빠진다.

④ 보일러 연소가스의 통풍저항이 증가한다.

【해설】 ※ 스케일 부착 시 발생하는 장애 현상

㉠ 스케일은 열전도의 방해물질이므로 열전도율을 저하시킨다.(전열량을 감소시킨다.)

㉡ 연소열량을 보일러수에 잘 전달하지 못하므로 전열면의 온도가 상승하여 국부적 과열이 일어난다.

㉢ 배기가스의 온도가 높아지게 된다. (배기가스에 의한 열손실이 증가한다.)

㉣ 보일러 열효율이 저하된다.

㉤ 연료소비량이 증대된다.

㉥ 국부적인 과열로 인한 보일러 파열사고의 원인이 된다.

㉦ 전열면의 과열로 인한 팽출 및 압궤를 발생시킨다.

㉧ 보일러수의 순환을 나쁘게 한다.

㉨ 급수내관, 수저분출관, 수면계의 물측 연락관 등을 막히게 한다.

❹ 스케일에 의한 전열량 감소로 보일러 연소가스의 온도가 상승하여 오히려 통풍저항이 감소한다.

69

산업재해 발생의 원인으로 볼 수 <u>없는</u> 것은?

① 과실　　　　② 숙련부족

③ 장기근속　　④ 신체적인 결함

【해설】 ※ 사고(산업재해) 원인의 종류

• 직접적 원인

㉠ 물적 원인 : 불안전한 작업환경 및 보호구 착용

㉡ 인적 원인 : 작업자의 불안전한 행동(과실)

• 간접적 원인

㉠ 기술적 원인 : 기구, 기계, 장비 등의 미숙련

㉡ 정신적 원인 : 정신 상태(공포, 불안)

㉢ 신체적 원인 : 집중력 저하 및 신체적 결함

㉣ 관리적 원인 : 근무 태만, 책임감 부족

㉤ 교육적 원인 : 이해도 부족 및 교육 미숙

70

증기사용 중 유의사항에 해당되지 <u>않는</u> 것은?

① 수면계 수위가 항상 상용수위가 되도록 한다.

② 과잉공기를 많게 하여 완전연소가 되도록 한다.

③ 배기가스 온도가 갑자기 올라가는지를 확인한다.

④ 일정압력을 유지할 수 있도록 연소량을 가감한다.

【해설】

❷ 과잉공기량이 많아지면 배기가스량의 증가로 배기가스열 손실량($Q_{손실}$)도 증가하므로 열효율이 낮아지기 때문에 적정 공기비로 운전해야 한다.

71

에너지사용의 제한 또는 금지에 관한 조정·명령, 그 밖에 필요한 조치를 위반한 자에 대한 벌칙은?

① 3백만원 이하의 벌금

② 1천만원 이하의 벌금

③ 3백만원 이하의 과태료

④ 1천만원 이하의 과태료

【해설】　　　　　　[에너지이용합리화법 제78조4항.]

• 에너지사용의 제한 또는 금지에 관한 조정·명령, 그 밖에 필요한 조치를 위반한 자에게는 **3백만원** 이하의 **과태료**를 부과한다.

72

보일러 급수에 포함되는 불순물 중 경질 스케일을 만드는 물질은?

① 황산칼슘 ($CaSO_4$)
② 탄산칼슘 ($CaCO_3$)
③ 탄산마그네슘 ($MgCO_3$)
④ 수산화칼슘 ($Ca(OH)_2$)

【해설】
※ 스케일(Scale, 관석)의 종류
　㉠ 경질 스케일
　　- $CaSO_4$ (황산칼슘), $CaSiO_3$ (규산칼슘), $Mg(OH)_2$ (수산화마그네슘)
　㉡ 연질 스케일
　　- $CaCO_3$ (탄산칼슘), $MgCO_3$ (탄산마그네슘), $FeCO_3$ (탄산철), $Ca_3(PO_4)_2$ (인산칼슘)

【key】 일반적으로 황산염과 규산염은 경질 스케일을 생성하고, 탄산염은 연질 스케일을 생성한다.

73

보일러를 점화하기 전에 역화와 폭발을 방지하기 위하여 다음 중 가장 먼저 취해야 할 조치는?

① 포스트퍼지를 실시한다.
② 화력의 상승속도를 빠르게 한다.
③ 댐퍼를 열고 체류가스를 배출시킨다.
④ 연료의 점화가 빨리 그리고 신속하게 전파되도록 한다.

【해설】
※ 역화의 방지대책
　㉠ 착화 지연을 방지한다.
　㉡ 통풍이 충분하도록 유지한다.
　㉢ 공기를 우선 공급 후 연료를 공급한다.
　㉣ 댐퍼의 개도, 연도의 단면적 등을 충분히 확보한다.
　㉤ 연소 전에 댐퍼를 열고 연소실의 체류가스를 배출(프리퍼지)시켜 충분한 환기를 한다.
　㉥ 역화 방지기를 설치한다.

74

포밍과 프라이밍이 발생했을 때 나타나는 현상이 아닌 것은?

① 캐리오버 현상이 발생한다.
② 수격작용이 발생할 수 있다.
③ 수면계의 수위 확인이 곤란하다.
④ 수위가 급히 올라가고 고수위 사고의 위험이 있다.

【해설】
※ 포밍 및 프라이밍 발생 시 장애 현상
　㉠ 캐리오버(Carry over) 현상 발생
　㉡ 증기의 건도 저하 및 열량 손실
　㉢ 보일러 수면계의 수위 확인이 곤란함
　㉣ 자동제어기기 기능 장애 유발
　㉤ 배관 내 스케일 형성 및 수격작용(워터햄머) 발생
　㉥ 수위 저하에 의한 저수위 사고의 위험

75

에너지이용 합리화법에서의 검사대상기기 계속사용검사에 관한 내용으로 틀린 것은?

① 계속사용검사신청서는 유효기간 만료 10일 전까지 제출하여야 한다.
② 유효기간 만료일이 9월 1일 이후인 경우에는 5개월 이내에서 계속사용검사를 연기할 수 있다.
③ 검사대상기기 검사연기신청서는 공단이사장에게 제출하여야 한다.
④ 계속사용검사신청서에는 해당 검사기기의 설치검사증 사본을 첨부하여야 한다.

【해설】　　[에너지이용합리화법 시행규칙 제31조의 20.]
❷검사대상기기의 계속사용검사는 검사유효기간의 만료일이 속하는 연도의 말까지 연기할 수 있다. 다만, 검사유효기간 만료일이 9월 1일 이후인 경우에는 **4개월** 이내에서 계속사용검사를 연기할 수 있다.

76

검사대상기기인 보일러의 계속사용검사 중 운전성능검사의 유효기간은?

① 6개월   ② 1년

③ 2년   ④ 3년

【해설】   [에너지이용합리화법 시행규칙 별표3의5.]

※ 검사대상기기의 검사유효기간

검사의 종류		검사 유효기간
설치검사		1) 보일러 : 1년 다만, 운전성능 부문의 경우는 3년 1개월로 한다. 2) 압력용기 및 철금속가열로 : 2년
개조검사		1) 보일러 : 1년 2) 압력용기 및 철금속가열로 : 2년
설치장소 변경검사		1) 보일러 : 1년 2) 압력용기 및 철금속가열로 : 2년
재사용검사		1) 보일러 : 1년 2) 압력용기 및 철금속가열로 : 2년
계속 사용 검사	안전 검사	1) 보일러 : 1년 2) 압력용기 : 2년
	운전 성능 검사	1) 보일러 : 1년 2) 철금속가열로 : 2년

【key】 검사대상기기는 검사의 종류에 상관없이
         검사유효기간은 보일러는 1년,
         압력용기 및 철금속가열로는 2년이다.

77

보일러를 건조보존 방법으로 보존할 때의 설명으로 틀린 것은?

① 모든 뚜껑, 밸브, 콕 등은 전부 개방하여 둔다.

② 습기를 제거하기 위하여 생석회를 보일러 안에 둔다.

③ 연도는 습기가 없게 항상 건조한 상태가 되도록 한다.

④ 보일러 수를 전부 빼고 스케일 제거 후 보일러 내에 열풍을 통과시켜 완전 건조 시킨다.

【해설】

❶ 보일러 건조 보존법을 통한 보존 시 완전 건조 이후 보일러 내부를 완전히 밀폐시켜 보존한다.

② 보일러를 완전히 건조시킨 후 건조제(생석회나 실리카겔 등의 흡습제)를 동 내부에 넣은 후 밀폐시켜 보존하며, 이때 약품의 상태는 1~2주마다 점검하여야 한다.

③ 보일러 내부뿐만 아니라 보일러와 연결된 배관(증기관, 급수관 등)과의 연결을 차단하고 연도 내부의 습기를 제거해야 한다.

④ 보일러수 및 스케일 제거 후 내부 건조를 위해 보일러 내에 열풍을 통과시켜 완전 건조시킨다.

78

검사대상기기관리자의 선임기준에 관한 설명으로 틀린 것은?

① 1구역마다 1인 이상 선임하여야 한다.

② 에너지관리기사 자격증 소지자는 모든 검사대상기기 관리자로 선임될 수 있다.

③ 압력용기의 경우 한 시야로 볼 수 있는 범위마다 2인 이상의 관리자를 선임하여야 한다.

④ 중앙통제·관리설비를 갖춘 경우는 1인이 통제·관리할 수 있는 범위마다 1인 이상을 선임하여야 한다.

【해설】   [에너지이용합리화법 시행규칙 제31조의27.]

※ 검사대상기기 관리자의 선임기준

① 검사대상기기 관리자의 선임기준은 1구역마다 1명 이상으로 한다.

② 제1항에 따른 1구역은 검사대상기기 관리자가 한 시야로 볼 수 있는 범위 또는 중앙통제·관리설비를 갖추어 검사대상기기 관리자 1명이 통제·관리할 수 있는 범위로 한다. 다만, 캐스케이드 보일러 또는 압력용기의 경우에는 검사대상기기 관리자 1명이 관리할 수 있는 범위로 한다.

79

검사대상기기의 설치자의 변경신고 사항으로 옳은 것은?

① 기존설치자가 15일 이내에 신고
② 기존설치자가 30일 이내에 신고
③ 새로운 설치자가 15일 이내에 신고
④ 새로운 설치자가 30일 이내에 신고

【해설】 [에너지이용합리화법 시행규칙 제31조의 24.]
※ 검사대상기기 설치자의 변경신고
- 검사대상기기의 설치자가 변경된 경우 새로운 검사대상기기의 설치자는 그 변경일로부터 **15일** 이내에 설치자 변경신고서를 한국에너지공단 이사장에게 신고하여야 한다.

80

보일러 내 스케일(scale) 부착 방지대책으로 잘못된 것은?

① 청관제를 적절히 사용한다.
② 급수 처리된 용수를 사용한다.
③ 관수 분출 작업을 적절히 행한다.
④ 응축수를 보일러 급수로 재사용치 않는다.

【해설】 암기법 : 스방, 철세, 분출
※ 스케일 부착 방지대책
- ㉠ 철저한 급수처리를 하여 급수 중의 염류 및 불순물을 제거한다.
- ㉡ 세관처리 및 청관제를 보일러수에 투입한다.
- ㉢ 보일러수의 농축을 방지하기 위하여 적절한 분출 작업을 주기적으로 실시한다.
- ㉣ 응축수를 회수하여 보일러 급수로 재사용한다.
- ㉤ 보일러의 전열관 표면에 보호피막을 사용한다.

<table>
<tr><td rowspan="2">

2024년 에너지관리산업기사
CBT 복원문제(1)

</td><td>평균점수</td></tr>
<tr><td></td></tr>
</table>

제1과목   열 및 연소설비

01

열은 일로 일은 열로 전환시킬 수 있다는 것은 열역학 제 몇 법칙에 해당되는가?

① 0법칙
② 1법칙
③ 2법칙
④ 3법칙

――――――――――――――――――――

【해설】 ※ 열역학 제1법칙

• 일과 열은 모두 에너지의 한 형태로서 일을 열로 전환시킬 수도 있고 열을 일로 전환시킬 수도 있다. 서로의 전환에는 에너지보존 법칙이 반드시 성립한다. 즉, 공급열량(Q_1) = 방출열량(Q_2) + 일의 양(W)

02

지름 3 m인 완전한 구(sphere)형의 풍선 안에 6 kg의 기체가 있다. 기체의 비체적(m^3/kg)은?

① $\pi/4$
② $\pi/2$
③ $3\pi/4$
④ π

――――――――――――――――――――

【해설】

• 비체적(v) $= \dfrac{1}{\rho}\left(\dfrac{1}{밀도}\right) = \dfrac{V}{m}\left(\dfrac{체적}{질량}\right)$ [단위 : m^3/kg]

• 구의 체적 계산공식 $= \dfrac{4}{3}\pi r^3 = \dfrac{4}{3}\pi \times \left(\dfrac{3m}{2}\right)^3$

$= \dfrac{9\pi}{2}$ m^3

∴ 비체적(v) $= \dfrac{V}{m} = \dfrac{\dfrac{9\pi}{2}\,m^3}{6\,kg} = \dfrac{3\pi}{4}$ m^3/kg

03

계 내에 이상기체(기체상수 : 0.35 kJ/kg·K, 정압비열 : 0.75 kJ/kg·K)가 초기상태 75 kPa, 50 ℃인 조건에서 5 kg이 들어 있다. 이 기체를 일정 압력 하에서 부피가 2 배가 될 때까지 팽창시킨 다음, 일정 부피에서 압력이 2 배가 될 때까지 가열하였다면 전 과정에서 이 기체에 전달된 전열량은?

① 565 kJ
② 1210 kJ
③ 1290 kJ
④ 2503 kJ

――――――――――――――――――――

【해설】   암기법 : 큐는 씨암탉

• 정압과정($P_1 = P_2$, $V_2 = 2V_1$)에서 온도 T_2를 구하면,

$\dfrac{P_1 V_1}{T_1} = \dfrac{P_2 V_2}{T_2}$ 에서, $\dfrac{V_1}{(273+50)K} = \dfrac{2V_1}{T_2}$

∴ $T_2 = 646$ K

정압가열량 : $Q = m \cdot C_P\, \Delta T = m \cdot C_P \times (T_2 - T_1)$

$= 5\,kg \times 0.75\,kJ/kg\cdot K \times (646 - 323)K$

$= 1211.25\,kJ$

• 정적과정($V_2 = V_3$, $P_3 = 2P_2$)에서 온도 T_3를 구하면,

$\dfrac{P_2 V_2}{T_2} = \dfrac{P_3 V_3}{T_3}$ 에서, $\dfrac{P_2}{646\,K} = \dfrac{2P_2}{T_3}$

∴ $T_3 = 1292$ K

정적가열량 : $Q = m \cdot C_V\, \Delta T$

$= m \cdot (C_P - R) \times (T_3 - T_2)$

$= 5\,kg \times (0.75 - 0.35)\,kJ/kg\cdot K \times (1292 - 646)K$

$= 1292\,kJ$

∴ 전체 전열량 = 1211.25 + 1292 ≒ **2503 kJ**

2024

――――――――――――――――――――

04

음속에 대한 설명으로 옳은 것은?

① 분자량이 클수록 음속은 증가한다.

② 기체상수가 클수록 음속은 증가한다.

③ 압력이 높을수록 음속은 감소한다.

④ 온도가 낮을수록 음속은 증가한다.

【해설】 암기법 : 알바($\overline{R}$)는 MR

- 음파는 전달되는 매질에 따른 역학적 파동으로 음파의 진행속도는 기체의 분자량이 작을수록 밀도가 작아져서 분자의 진동운동이 더 빨라지므로 음속이 증가한다.

- 공통 기체상수(또는, 평균 기체상수) $\overline{R} = M \cdot R$ 에서,

  해당기체상수 $R = \dfrac{\overline{R}}{M}$ 이다.

∴ 해당 기체상수(R)가 클수록, 분자량(M)이 작으므로 음속은 증가한다.

05

습증기 영역에 대한 표현 중 옳은 것은? (단, x 는 건도 이다.)

① x = 0

② 0 < x < 1

③ x = 1

④ x > 1

【해설】 ❷ 습증기의 건도는 0 < x < 1 이다.

【참고】 ※ T-S 선도에서 물과 증기의 상태

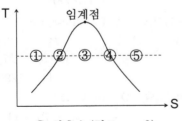

① 압축수 (건도 $x = 0$)

② 포화수 ($x = 0$)

③ **습증기** ($0 < x < 1$)

④ (건)포화증기 ($x = 1$)

⑤ 과열증기 ($x = 1$)

06

기체연료의 특징에 대한 설명으로 **틀린** 것은?

① 화염온도의 상승이 비교적 용이하다.

② 연소장치의 온도 및 온도분포의 조절이 어렵다.

③ 다량으로 사용하는 경우 수송 및 저장 등이 불편하다.

④ 연소 후에 유해성분의 잔류가 거의 없다.

【해설】

❷ 연소장치의 화염온도 및 온도분포 조절이 용이하다.

【참고】 ※ 기체연료의 특징

<장점> ㉠ 유동성이 좋으므로 연료의 공급량 조절이 쉽고 공기와의 혼합을 임의로 조절할 수 있어서

연소효율$\left(= \dfrac{연소열}{발열량}\right)$이 높다.

㉡ 비열이 작아서 예열이 용이하므로 고온을 얻기가 쉽고, 유체연료이므로 연료의 공급량 조절이 쉬워서 화염온도 조절이 용이하며 열효율이 높다.

㉢ 적은 공기비로도 완전연소가 가능하다.

㉣ 유동성이 커서 연료의 품질이 균일하므로 자동제어에 의한 연소의 조절이 용이하다.

㉤ 연소 후 유해잔류 성분(회분, 매연 등)이 거의 없어 청결하다.

<단점> ㉠ 단위 체적당 발열량은 고체·액체연료에 비해 극히 작다.

㉡ 고체·액체연료에 비해 부피가 커서 압력이 높기 때문에 저장이나 운송이 용이하지 않다.

㉢ 유동성이 커서 누출되기 쉽고 폭발의 위험성이 있다.

㉣ 고체·액체연료에 비해서 제조 비용이 비싸다.

07

그림은 증기원동소의 재열사이클을 T-S선도 상에 표시한 것이다. 재열과정에 해당하는 것은?

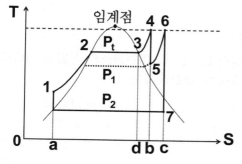

① 3 → 4   ② 5 → 6
③ 2 → 3   ④ 7 → 1

【해설】
• 재열사이클이란 증기원동소 사이클(랭킨사이클)에서 터빈 출구의 증기건도를 증가시키기 위하여 개선한 사이클이다.

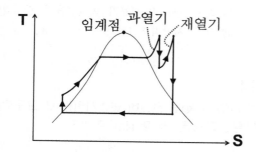

08

석탄의 공업분석 시 필수적으로 측정하는 항이 아닌 것은?

① 수분   ② 황분
③ 휘발분   ④ 회분

【해설】   암기법 : 고백마, 휘수회
• 석탄의 공업분석 항목은 휘발분, 수분, 회분, 고정탄소이다.
• 고정탄소(%) = 100 - (휘발분 + 수분 + 회분)

09

작동 유체에 상(phase)의 변화가 있는 사이클은?

① 랭킨사이클   ② 오토사이클
③ 스털링사이클   ④ 브레이튼사이클

【해설】   암기법 : 가랭이, 가!~단합해
❶ 랭킨사이클(증기원동소사이클)의 순환과정에서는 작동 유체가 항상 기체인 다른 사이클과는 달리 액체, 기체의 상변화(물 ⇆ 수증기)를 수반한다.

【참고】
※ 랭킨(Rankine)사이클의 순환과정
 : 정압가열-단열팽창-정압냉각-단열압축

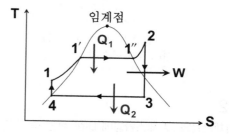

4→1 : 펌프의 단열압축에 의해 공급해준 일
1→1′ : 보일러에서 정압가열. (포화수)
1′→1″ : 보일러에서 정압가열. (건포화증기)
1″→2 : 과열기에서 정압가열. (과열증기)
2→3 : 터빈에서의 단열팽창. (습증기)
3→4 : 복수기에서 정압방열냉각. (포화수)

10

물 120 kg을 20 ℃에서 80 ℃까지 가열하는데 필요한 열량은? (단, 물의 비열은 4.2 kJ/kg·℃ 이다.)

① 252 kJ   ② 3600 kJ
③ 7200 kJ   ④ 30240 kJ

【해설】   암기법 : 큐는 씨암탉
• 열량 $Q = C_물 \, m \, \Delta T$
   = 4.2 kJ/kg·℃ × 120 kg × (80 - 20)℃
   = 30240 kJ

11

증기의 건도(x)가 '0' 이면 무엇을 말하는가?

① 포화수 ② 습증기

③ 과열증기 ④ 건포화증기

【해설】❶ 포화수의 증기건도(x) = 0 이다.

【참고】※ T-S 선도에서 물과 증기의 상태

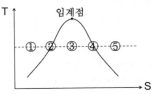

① 압축수 (건도 $x = 0$)
② 포화수 ($x = 0$)
③ 습증기 ($0 < x < 1$)
④ (건)포화증기 ($x = 1$)
⑤ 과열증기 ($x = 1$)

12

기체연료와 그 제조방법에 대한 설명 중 옳은 것은?

① 액화천연가스 : 석유정제과정에서 생성되는 프로판·부탄을 주체로 하는 가스를 압축 액화한다.

② 액화석유가스 : 석유의 경질유분을 ICI식, CRG식, 사이클링식 등의 개질장치로 분해한다.

③ 나프타분해가스 : 알래스카 중동 등지에서 생산되는 가스를 그대로 액화시킨다.

④ 대체천연가스 : 납사 등을 특수조건하에서 분해하여 천연가스와 동등한 특성을 가진 가스로 제조한다.

【해설】※ 기체연료의 제조방법

• 액화천연가스(LNG) : 천연가스를 냉매를 써서 상압 하에서 약 -162 ℃로 냉각시켜 액화한 것으로, 주성분은 메탄(CH_4)이다.

• 액화석유가스(LPG) : 석유를 정제할 때 부산물로 나오는 가스를 상온에서 6 ~ 7 kg/cm² 로 가압하여 액화한 것으로 주성분은 프로판(C_3H_8)과 부탄(C_4H_{10})이다.

• 나프타분해가스 : 나프타를 800 ℃로 열분해하여 발생되는 가스로 주성분으로 에틸렌, 프로필렌, 혼합 C4 유분 등으로 구성된다.

13

보일러 연소실 내 미연가스의 폭발을 대비하여 설치하는 안전장치는?

① 방폭문 ② 안전밸브

③ 가용전 ④ 화염검출기

【해설】

❶ 방폭문(또는, 폭발구) : 보일러 연소실 내의 미연소 가스로 인한 폭발 및 역화 시 그 내부압력을 대기로 방출시켜 보일러 내부의 폭발사고에 의한 피해를 줄이는 안전장치이다.

【참고】※ 보일러 안전장치의 종류

• 압력계, 안전밸브, 가용전(가용마개), 방폭문(폭발구), 방출밸브, 고저수위 경보기, 화염검출기, 증기압력 제한기, 증기압력조절기 등

14

탄소(C) 20 kg을 완전히 연소시키는 데 요구되는 이론공기량은 약 몇 Nm^3 인가?

① 178 ② 155

③ 47 ④ 37

【해설】

※ 이론산소량(O_0)을 구할 때, 연소반응식을 세우자.

• $\quad$ C $\quad$ + $\quad$ O_2 $\quad$ → $\quad$ CO_2
  (1 kmol) $\quad$ (1 kmol)
  (12 kg) $\quad$ (22.4 Nm^3)
  (1 kg) $\quad$ (22.4 $Nm^3 \times \dfrac{1}{12}$ = 1.867 Nm^3)
  (20 kg) $\quad$ (1.867 $Nm^3 \times$ 20 = 37.34 Nm^3)

∴ $A_0 = \dfrac{O_0}{0.21} = \dfrac{37.34}{0.21} ≒ 178\ Nm^3/kg$-탄소

15

과열증기에 대한 설명으로 옳은 것은?

① 건포화증기를 가열하여 압력과 온도를 상승시킨 증기이다.

② 건포화증기를 온도의 변동 없이 압력을 상승시킨 증기이다.

③ 건포화증기를 압축하여 온도와 압력을 상승시킨 증기이다.

④ 건포화증기를 가열하여 압력의 변동 없이 온도를 상승시킨 증기이다.

【해설】 ※ P-V 선도를 그려 놓고 확인하면 쉽다!

❹ 일정한 압력하에서 건포화증기를 가열하여 온도가 높아지면 P-V 선도상에서 오른쪽으로 이동하므로 과열증기 구역에 해당한다.

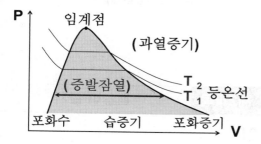

16

기체연료 연소장치인 가스버너의 특징에 대한 설명으로 틀린 것은?

① 연소 성능이 좋고 고부하 연소가 가능하다.

② 연소조절이 용이하며 속도가 빠르다.

③ 연소의 조절범위가 좁고 보수가 어렵다.

④ 매연이 적어 공해 대책에 유리하다.

【해설】 ※ 가스버너의 특징

㉠ 공기량 조절을 통한 공기비 제어가 용이하다.

㉡ 연소조절을 통해 온도제어에 용이하다.

㉢ 완전연소가 잘 되어 고부하연소가 용이하다.

㉣ 무화가 필요없어 버너 구조가 간단하지만, 각종 안전장치가 요구된다.

㉤ 고체·액체의 연소장치에 비해 매연이 적게 배출된다.

17

기체연료를 $1\,m^3$ 씩 완전연소시켰을 때 연소가스가 가장 많이 발생하는 것은?

① 일산화탄소   ② 프로판

③ 수소   ④ 부탄

【해설】   암기법 : 프로판 3,4,5 부탄 4,5, 6.5

※ 연소반응식을 통해 생성되는 연소가스량을 구하자.

① 일산화탄소(CO)의 연소반응식

$$CO \quad + \quad \frac{1}{2}O_2 \quad \rightarrow \quad CO_2$$

(1 kmol)   (1 kmol)

($1\,m^3$)   ($1\,m^3$)

∴ 생성되는 연소가스량 $G = 1\,m^3$

② 프로판(C_3H_8)의 연소반응식

$$C_3H_8 \quad + \quad 5O_2 \quad \rightarrow \quad 3CO_2 \quad + \quad 4H_2O$$

(1 kmol)   (3 kmol)   (4 kmol)

($1\,m^3$)   ($3\,m^3$)   ($4\,m^3$)

∴ 생성되는 연소가스량 $G = 3 + 4 = 7\,m^3$

③ 수소(H_2)의 연소반응식

$$H_2 \quad + \quad \frac{1}{2}O_2 \quad \rightarrow \quad H_2O$$

(1 kmol)   (1 kmol)

($1\,m^3$)   ($1\,m^3$)

∴ 생성되는 연소가스량 $G = 1\,m^3$

❹ 부탄(C_4H_{10})의 연소반응식

$$C_4H_{10} \quad + \quad 6.5O_2 \quad \rightarrow \quad 4CO_2 \quad + \quad 5H_2O$$

(1 kmol)   (4 kmol)   (5 kmol)

($1\,m^3$)   ($4\,m^3$)   ($5\,m^3$)

∴ 생성되는 연소가스량 $G = 4 + 5 = 9\,m^3$

2024

18

배기가스의 회전운동으로 원심력에 의하여 매진(煤塵)을 분리하는 장치는?

① 전기집진장치 ② 사이클론집진장치
③ 세정집진장치 ④ 여과집진장치

【해설】 ※ 원심력 집진장치

- 함진가스(분진을 포함하고 있는 가스)를 선회운동시키면 입자에 원심력이 작용하여 분진입자를 가스로부터 분리하는 원리의 장치이다. 종류에는 사이클론(cyclone)식과 소형사이클론을 몇 개 병렬로 조합하여 처리량을 크게 하고 집진효율을 높인 멀티-(사이)클론(Multi-cyclone)식이 있다.

【key】사이클론(cyclone) : "회오리(선회)"를 뜻하므로 빠른 회전에 의해 원심력이 작용한다.

19

0.4 kmol의 CO_2가 온도 150 ℃, 압력 80 kPa일 때의 체적은?
(단, 기체상수 $\overline{R}$은 8.314 kJ/kmol·K 이다.)

① 2.7 m³ ② 17.5 m³
③ 20.7 m³ ④ 30.5 m³

【해설】 ※ 기체의 상태방정식 $PV = n\overline{R}T$ 를 이용한다.

- 체적 V = $\dfrac{n\overline{R}T}{P}$ 이므로,

$$= \frac{0.4\,kmol \times 8.314\,kJ/kmol\cdot K \times (273+150)\,K}{80\,kPa}$$

$$= 17.58 ≒ 17.5\,\text{m}^3$$

【참고】

※ 열역학적 일의 공식 $W = PV$ 에서 단위 변환을 이해하자.

W(일) = Pa × m³ = N/m² × m³ = N·m = J(줄)

20

25 ℃, 1 기압에서 10 L 의 산소를 100 L 까지 등온 팽창시킬 경우, 단위 질량당 엔트로피 변화는? (단, 기체상수 R = 0.26 kJ/kg·K 이다.)

① 0.2 kJ/kg·K ② 0.6 kJ/kg·K
③ 23.4 kJ/kg·K ④ 90.8 kJ/kg·K

【해설】 암기법 : 브티알 보자 (VTRV)

※ 엔트로피 변화량(ΔS) 계산

$$\Delta S = C_V \cdot \ln\left(\frac{T_2}{T_1}\right) + R \cdot \ln\left(\frac{V_2}{V_1}\right) \text{ 에서}$$

한편, 등온과정은 $T_1 = T_2$, $\ln(1) = 0$ 이므로,

$$= R \cdot \ln\left(\frac{V_2}{V_1}\right)$$

$$= 0.26\,\text{kJ/kg·K} \times \ln\left(\frac{100\,L}{10\,L}\right)$$

$$= 0.598 ≒ 0.6\,\text{kJ/kg·K}$$

제2과목　　　**열설비 설치**

21

보일러 열정산에서 출열 항목에 속하는 것은?

① 연료의 현열
② 연소용 공기의 현열
③ 노내 분입 증기의 보유열량
④ 미연분에 의한 손실열

【해설】 ※ 보일러 열정산 시 입·출열 항목의 구별

[입열항목] 암기법 : 연(발,현) 공급증
- 연료의 발열량, 연료의 현열, 연소용 공기의 현열, 급수의 현열, 노내 분입한 증기의 보유열

[출열항목] 암기법 : 유,손(배불방미기)
- 유효출열량(발생증기가 흡수한 열량), 손실열(배기가스, 불완전연소, 방열, 미연분, 기타.)

22

아래 자동제어계에 대한 블록선도로부터 ⓐ, ⓑ, ⓒ를 옳게 표기한 것은?

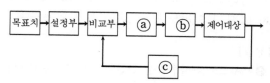

① ⓐ : 조작부, ⓑ : 조절부, ⓒ : 검출부
② ⓐ : 조절부, ⓑ : 조작부, ⓒ : 검출부
③ ⓐ : 조절부, ⓑ : 검출부, ⓒ : 조작부
④ ⓐ : 조작부, ⓑ : 검출부, ⓒ : 조절부

【해설】　暗記法 : 절부 → 작부

※ 자동제어계의 블록선도

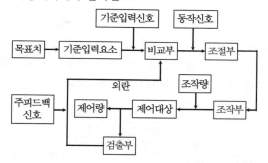

ⓐ 조절부 : 제어장치 중 기준입력과 검출부 출력과의 차를 조작부에 동작신호로 보내는 부분이다.

ⓑ 조작부 : 조절부로부터 나오는 조작신호로서 제어대상에 어떤 조작을 가하기 위한 제어동작을 하는 부분이다.

ⓒ 검출부 : 제어대상으로부터 온도, 압력, 유량 등의 제어량을 검출하여 그 값을 공기압, 유압, 전기 등의 신호로 변환시켜 비교부에 전송하는 부분이다.

23

다음 중 접촉식 온도계가 아닌 것은?

① 바이메탈온도계　② 백금저항온도계
③ 열전대온도계　④ 광고온계

【해설】

※ 접촉식 온도계의 종류

　　暗記法 : 접전, 저 압유리바, 제

㉠ 열전대 온도계 (또는, 열전식 온도계)
㉡ 저항식 온도계 (또는, 전기저항식 온도계)
　 - 서미스터, 니켈, 구리, 백금 저항소자
㉢ 압력식 온도계
　 - 액체압력식, 기체(가스)압력식, 증기압력식
㉣ 액체봉입유리 온도계
㉤ 바이메탈식(열팽창식 또는, 고체팽창식) 온도계
㉥ 제겔콘

※ 비접촉식 온도계의 종류

　　暗記法 : 비방하지 마세요. 적색 광(고·전)

㉠ 방사 온도계 (또는, 복사온도계)
㉡ 적외선 온도계
㉢ 색 온도계
㉣ 광고온계(또는, 광고온도계)
㉤ 광전관식 온도계

24

유체의 정의에 대한 설명으로 틀린 것은?

① 유체는 그것을 담은 용기에 따라 형상이 달라진다.
② 유체는 정지 상태에 있을 때에는 전단력을 받지 않는다.
③ 유체는 분자상호간의 거리와 운동범위가 고체보다 작다.
④ 아무리 작은 전단력을 받더라도 저항하지 못하고 연속적으로 변형한다.

【해설】

❸ 유체는 고체보다 분자상호간의 거리와 운동범위가 크다.

【참고】 ※ 유체의 정의

• 물질은 온도와 압력에 따라 고체(Solid), 액체(Liquid), 기체(Gas)의 3가지 상태로 존재하는데 이때 액체나 기체 상태로 존재하는 물질을 유체(Fluid)라고 한다.

25

상당증발량에 대한 정의로 옳은 것은?

① 보일러 발생열량을 이용하여 표준대기압
하에서 100℃의 포화증기를 100℃의
포화수로 만들 수 있는 증기량을 말한다.

② 보일러 발생열량을 이용하여 표준대기압
하에서 80℃의 환수를 100℃의 포화증기로
만들 수 있는 증기량을 말한다.

③ 보일러 발생열량을 이용하여 표준대기압
하에서 100℃의 포화수를 100℃의 포화증기로
만들 수 있는 증기량을 말한다.

④ 보일러 발생열량을 이용하여 표준대기압
하에서 0℃의 물을 100℃의 포화증기로
만들 수 있는 증기량을 말한다.

【해설】

• 상당증발량(또는, 환산증발량, 기준증발량 w_e)
  - 실제증발량을 1기압하에서 100℃의 포화수를 100℃의
    (건)포화증기로 증발시킬 때의 값을 기준으로 환산한
    증발량이다.

26

보일러에서 3요소식 수위제어장치의 검출 대상은?

① 수위, 급수량, 증기량
② 수위, 급수량, 연소량
③ 급수량, 연소량, 증기량
④ 급수량, 증기량, 공기량

【해설】　　　　　　　　　　　암기법 : 수급증

※ 보일러 자동제어의 수위제어 방식

　㉠ 1요소식(단요소식) : 수위만을 검출하여 급수량을
　　　　　　　　　　　　조절하는 방식

　㉡ 2요소식 : 수위, 증기유량을 검출하여 급수량을
　　　　　　　조절하는 방식

　㉢ 3요소식 : 수위, 증기유량, 급수유량을 검출하여
　　　　　　　급수량을 조절하는 방식

27

저항온도계의 종류가 아닌 것은?

① 서미스터 온도계　　② 백금 저항온도계
③ 니켈 저항온도계　　④ CA 저항온도계

【해설】

❹ CA(크로멜-알루멜)는 열전대 온도계의 종류이다.

【참고】　　　　　　　　　암기법 : 써니 구백

※ 전기저항온도계의 측온저항체 종류에 따른 사용온도범위

써미스터	−100 ~ 300 ℃
니켈 (Ni)	−50 ~ 150 ℃
구리 (Cu)	0 ~ 120 ℃
백금 (Pt)	−200 ~ 500 ℃

28

다음 그림은 증기압력 제어에서 병렬제어 방식의
구성을 표시한 것이다. ( )에 적당한 용어는?

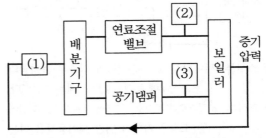

① (1) : 압력조절기, (2) : 목표치, (3) : 제어량
② (1) : 조작량, (2) : 설정신호, (3) : 공기량
③ (1) : 압력조절기, (2) : 연료공급량, (3) : 공기량
④ (1) : 연료공급량, (2) : 공기량, (3) : 압력조절기

【해설】

• 증기압력제어의 병렬제어방식이란 증기압력에 따라
압력조절기가 제어동작을 행하여 그 출력신호를 배분
기구에 의하여 연료조절밸브 및 공기댐퍼에 분배하여
양자의 개도를 동시에 조절함으로써 연료공급량 및
연소용 공기량을 조절하는 방식이다.

29

아래 그림과 같은 피드백(Feed-back)제어계의 등가 합성 전달함수는?

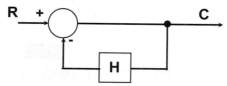

① $\dfrac{1}{H}$

② $1 + H$

③ H

④ $\dfrac{1}{1+H}$

【해설】

• 전달함수 $G(s) = \dfrac{출력}{입력} = \dfrac{C(s)}{R(s)} = \dfrac{\sum 경로}{1 - \sum 폐루프}$

$\therefore G(s) = \dfrac{1}{1 - (-H)} = \dfrac{1}{1+H}$

【참고】 ※ 피드백제어계(폐루프)의 합성 전달함수

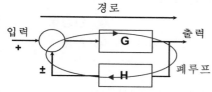

• 경로 : 입력에서 출력으로 일직선으로 갈 때 존재하는 요소

• 폐루프 : 가합점을 기준으로 신호가 되돌아올 때, 폐회로 안에 존재하는 요소

• 전달함수 = $\dfrac{출력}{입력} = \dfrac{\sum 경로}{1 - \sum 폐루프} = \dfrac{G}{1 - (\pm GH)}$

30

접촉식 온도계로서 내화물의 내화도 측정에 주로 사용되는 온도계는?

① 제게르콘(segercone)

② 백금저항온도계

③ 기체식 압력온도계

④ 백금-백금·로듐 열전대온도계

【해설】

• 제겔콘(Seger-cone)은 규석질, 점토질 및 내열성의 금속산화물을 적절히 배합하여 만든 삼각추로서, 가열을 시켜 일정온도에 도달하게 되면 연화하여 머리 부분이 숙여지는 형상 변화를 이용하여 내화물의 온도(즉, 내화도) 600 ℃ (SK 022) ~ 2000 ℃ (SK 42) 측정에 사용되는 접촉식 온도계이다.

31

자동제어의 특징으로 가장 거리가 먼 것은?

① 생산성이 향상되어 원가 절감이 가능하다.

② 제품의 균일화 등 품질향상을 기대할 수 있다.

③ 사람이 할 수 없는 곤란한 작업도 가능하다.

④ 자동화에 의한 안전성 저해와 인건비 증가를 수반한다.

【해설】

❹ 수동제어 대비 자동제어 시 자동화에 의한 안정성이 향상되고, 인원 감축에 따른 인건비가 절감된다.

32

국제단위계(SI)의 유도단위계에 속하는 것은?

① 미터(m)

② 켈빈(K)

③ 칸델라(cd)

④ 라디안(rad)

【해설】

• 라디안(rad)은 SI 기본단위 및 다른 유도단위의 조합에 의한 SI 유도단위에 해당한다.

【참고】 ※ SI 기본단위(7가지) 암기법 : mks mKc A

기호	m	kg	s	mol	K	cd	A
명칭	미터	킬로그램	초	몰	켈빈	칸델라	암페어
기본량	길이	질량	시간	물질량	절대온도	광도	전류

33

제어계의 동작을 위한 기구요소에 대한 설명으로 **틀린** 것은?

① 스프링(spring) : 노즐의 변위를 압력으로 변화시킨다.

② 파일럿 밸브(pilot valve) : 변위량을 증폭시키는데 이용된다.

③ 벨로즈(bellows) : 일종의 주름통이며 단독보다는 스프링과 조합하여 사용하며 압력제한기나 압력조절기 등이 이에 속한다.

④ 다이어프램(diaphragm) : 얇은 박판으로서 외압의 변화로 격막판이 팽창이나 수축을 하면서 압력변화를 위치변화로 전환한다.

【해설】 ※ 제어계의 동작을 위한 기구요소

ㄱ 스프링 : 노즐의 변위를 스프링의 탄성력(힘)으로 변화시킨다.

ㄴ 플래퍼 : 노즐의 변위를 압력으로 변화시킨다.

34

보일러 수위 제어용으로 액면에서 부자가 상하로 움직이며 수위를 측정하는 방식은?

① 직관식　　　　　② 플로트식

③ 압력식　　　　　④ 방사선식

【해설】

❷ 플로트식(또는, 부자식) 액면계는 플로트(Float, 부자)를 액면에 직접 띄워서 부력과 중력의 평형을 이용한 상·하의 움직임에 따라 수위를 측정하는 방식이다.

【참고】 ※ 액면계의 관측방법에 따른 분류

　　　　　　　　　　　암기법 : 직접 유리 부검

• 직접법 : 유리관식(평형반사식 포함), 부자식 (플로트식), 검척식

• 간접법 : 압력식(차압식, 다이어프램식, 액저압식, 퍼지식), 기포식, 저항전극식, 방사선식, 초음파식(음향식), 정전용량식, 편위식

35

미세한 압력 측정용으로 가장 적절한 압력계는?

① 브르돈관식　　　② 벨로즈식

③ 경사관식　　　　④ 분동식

【해설】　　　　　　　　암기법 : 미경이

• 액주형 압력계 중 경사관식 압력계는 U자관을 변형하여 한쪽 관을 경사시켜 놓은 것으로 약간의 압력변화에도 눈금을 확대하여 읽을 수 있는 구조이므로 U자관식 압력계보다 액주의 변화가 크므로 미세한 압력을 정밀하게 측정하는데 적당하며, 정도가 가장 높다(±0.05 mmAq). 구조상 저압인 경우에만 한정되어 사용되고 있다.

36

부르돈관식 압력계에서 부르돈관의 재료로 가장 거리가 **먼** 것은?

① 납　　　　　　　② 인청동

③ 스테인리스강　　④ 황동

【해설】

※ 부르돈(bourdon)관의 재질

ㄱ 저압용 : 구리, 황동, 인청동, 석영

ㄴ 고압용 : 니켈강, 스테인리스강, 합금강 등의 특수강

37

초음파 유량계의 원리는 무엇을 응용한 것인가?

① 제백 효과　　　　② 도플러 효과

③ 바이메탈 효과　　④ 펠티에 효과

【해설】 ※ 초음파식(또는, 음향식) 유량계

• 음파가 유체 중을 흐르는 방향으로 전해지는 속도는 반대 방향에 전하는 속도보다 빠르다는 "**도플러효과**"를 이용하여 파동의 전파시간차를 비교해서 유체의 속도를 측정하고 이것을 이용하여 유체의 체적유량을 구한다.

38

동일 측정 조건하에서 어떤 일정한 영향을 주는 원인에 의하여 생기는 오차를 무슨 오차라고 하는가?

① 우연오차   ② 계통오차
③ 과실오차   ④ 필연오차

【해설】 ※ 오차 (error)의 종류

㉠ 계통 오차 (systematic error)

계측기를 오래 사용하면 지시가 맞지 않거나, 눈금을 읽을 때 개인적 습관에 의해 생기는 오차 등 측정값에 편차를 주는 것과 같은 어떠한 원인에 의해 생기는 오차이므로 원인을 알면 보정이 가능하다.

㉡ 우연 오차 (accidental error)

측정실의 기온변동, 공기의 교란, 측정대의 진동, 조명도의 변화 등 오차의 원인을 명확히 알 수 없는 우연한 원인으로 인하여 발생하는 오차로서, 측정값이 일정하지 않고 분포(산포)현상을 일으키므로 측정을 여러 번 반복하여 평균값을 추정하여 오차의 합이 0에 가깝도록 작게 할 수는 있으나 보정은 불가능하다.

㉢ 과오(실수)에 의한 오차 (mistake error)

측정 순서의 오류, 측정값을 읽을 때의 착오, 기록 오류 등 측정자의 실수에 의해 생기는 오차이며, 우연오차에서처럼 매번마다 발생하는 것이 아니고 극히 드물게 나타난다.

39

펌프로 물을 양수할 때, 흡입관의 압력이 진공 압력계로 50 mmHg 일 때, 절대압력은?
(단, 대기압은 750 mmHg 으로 가정한다.)

① 1.13 MPa   ② 0.09 MPa
③ 0.03 MPa   ④ 0.01 MPa

【해설】   암기법 : 절대마진

• 절대압력 = 대기압 - 진공압
         = 750 mmHg - 50 mmHg
         = 700 mmHg × $\dfrac{0.1\,MPa}{760\,mmHg}$
         = 0.092 ≒ **0.09 MPa**

【참고】 ※ 표준대기압(1 atm)의 단위 환산

• 1 atm = 76 cmHg = 760 mmHg = 29.92 inHg
       = 10332 mmH_2O = 10332 mmAq
       = 10332 kgf/m^2 = 1.0332 kgf/cm^2
       = 101325 Pa = 101.325 kPa ≒ 0.1 MPa
       = 1.01325 bar = 1013.25 mbar = 14.7 psi

40

여러 성분의 가스를 분석할 수 있으며 분리성능이 매우 좋고 선택성이 뛰어나 기체 및 비점 300 ℃ 이하의 액체시료 분석에 사용되는 분석기는?

① 오르자트 분석기
② 적외선 가스분석기
③ 가스크로마토그래피
④ 도전율식 가스분석기

【해설】

❸ 가스크로마토그래피법은 활성탄 등의 흡착제를 채운 세관을 통과하는 가스의 이동속도차를 이용하여 시료가스를 분석하는 방식으로 O_2와 NO_2를 제외한 다른 여러 성분의 가스를 모두 분석할 수 있으며 분리 능력이 매우 좋고 선택성이 뛰어나 기체 및 비점 300 ℃ 이하의 액체시료 분석에 사용된다.

• 선택성 : 시료 중에 여러 가지 성분이 함유되어 있을 때 다른 성분의 영향을 받지 않고 측정하고자 하는 성분만을 측정할 수 있는 성질을 말한다.

| 제3과목 | 열설비 운전 |

41

층류와 난류의 유동상태 판단의 척도가 되는 무차원수는?

① 마하수   ② 프란틀수
③ 넛셀수   ④ 레이놀즈수

【해설】 암기법 : 레이놀 동 내유?

※ $Reno수 = \dfrac{Dv}{\nu} = \dfrac{Dv\rho}{\mu}$

여기서, v : 유속, ν : 동점성계수, μ : 점도

D : 내경, ρ : 밀도

※ 레이놀즈(Reno)수에 따른 유체유동의 형태

- 층류 : $Re \le 2100$ (또는, 2300, 2320)
- 임계영역(천이구역) : $2100 < Re < 4000$
- 난류 : $Re \ge 4000$

42

아래 벽체구조의 열관류율($kJ/m^2 \cdot h \cdot ℃$) 값은?
(단, 이때 내측 열저항 값은 $0.05\ m^2 \cdot h \cdot ℃/kJ$,
외측 열저항 값은 $0.13\ m^2 \cdot h \cdot ℃/kJ$ 이다.)

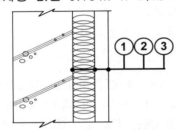

재료	두께 (mm)	열전도율 ($kJ/m^2 \cdot h \cdot ℃$)
내측		
① 콘크리트	250	1.4
② 글라스울	100	0.031
③ 석고보드	20	0.2
외측		

① 0.27 ② 0.37
③ 0.47 ④ 0.57

【해설】 암기법 : 교관온면

- 다층벽에서의 총괄열전달계수(또는, 열관류율) K

$K = \dfrac{1}{\sum R} = \dfrac{1}{R_i + \sum \dfrac{d}{\lambda} + R_o}$ 에서

$= \dfrac{1}{0.05 + \dfrac{0.25}{1.4} + \dfrac{0.1}{0.031} + \dfrac{0.02}{0.2} + 0.13}$

$= 0.271 ≒ \mathbf{0.27\ kJ/m^2 \cdot h \cdot ℃}$

43

다음 중 가마 내의 부력을 계산하는 식은? (단, 가스의 밀도(kg/m^3) : ρ, 가마의 높이(m) : H, 외기의 온도(K) : To, 가스의 평균온도(K) : Tc 이다.)

① $355 \times \rho \times H \left(\dfrac{1}{T_O} - \dfrac{1}{T_C} \right) mmH_2O$

② $355 \times \rho \left(\dfrac{1}{T_O} - \dfrac{1}{T_C} \right) mmH_2O$

③ $273 \times \rho \times H \left(\dfrac{1}{T_O} - \dfrac{1}{T_C} \right) mmH_2O$

④ $273 \times H \left(\dfrac{1}{T_O} - \dfrac{1}{T_C} \right) mmH_2O$

【해설】

- 가마 내의 부력은 연소가스의 통풍력(Z)을 의미한다.
- 통풍력 $Z = P_a - P_g$ [단위 : $mmH_2O = kgf/m^2$]

$= (\gamma_a - \gamma_g)\, h$

여기서, γ_a : 외부공기의 비중량

γ_g : 연소가스의 비중량

h : 굴뚝의 높이

$= \left(\dfrac{273\,\gamma_a}{T_a} - \dfrac{273\,\gamma_g}{T_g} \right) h$

$= 273 \times h \times \left(\dfrac{\gamma_a}{T_a} - \dfrac{\gamma_g}{T_g} \right)$

$= 273 \times h \times \left(\dfrac{\rho_a}{T_a} - \dfrac{\rho_g}{T_g} \right)$

한편, 외기의 밀도가 제시되어 있지 않을 때는 연소가스와 외기를 이상기체로 가정하여 연소가스와 외기의 밀도를 같은 값(즉, $\rho_a = \rho_g = \rho$)으로 취급하여 계산한다.

$Z = 273 \times \rho \times h \times \left(\dfrac{1}{T_a} - \dfrac{1}{T_g} \right)$

∴ 문제의 기호로 나타내면

$= 273 \times \rho \times H \times \left(\dfrac{1}{T_O} - \dfrac{1}{T_C} \right)$

44

배관의 이음법 중 폴리에틸렌관의 이음법에 해당하지 **않는** 것은?

① 융착 슬리브 이음

② 테이퍼 조인트 이음

③ 인서트 이음

④ 콤포 이음

【해설】 ※ 폴리에틸렌(PE)관 접합 방법

㉠ 테이퍼 접합 : 유니온 접합과 유사한 방법으로 폴리에틸렌(PE)관의 전용 포금제 테이퍼 조인트를 사용하여 접합하는 방식

㉡ 융착 슬리브 접합 : 이음의 안쪽 부분과 관 끝부분의 외부를 동시에 가열하여 용융을 통해 접합하는 방식

㉢ 인서트 접합 : 폴리에틸렌(PE)관을 가열 후 인서트 조인트에 끼운 후 냉각시킨다. 냉각 후에는 클램프로 접합부를 조이는 방식 (50A 이하의 관 접합에 사용)

【참고】

• 콤포 이음 : 콘크리트관의 접합을 위해 활용되는 방법으로 특수 모르타르인 콤포는 시멘트와 모래의 배합 비율을 1 : 1로 배합하고 17 %의 수분을 넣어 제조한다.

45

열역학적 트랩의 종류로 옳은 것은?

① 디스크 트랩

② 플로트 트랩

③ 버킷 트랩

④ 바이메탈 트랩

【해설】 ※ 작동원리에 따른 증기트랩의 분류 및 종류

분류	작동원리	종류
기계식 트랩	증기와 응축수의 비중차를 이용하여 분리한다. (버킷 또는 플로트의 부력을 이용)	버킷식 플로트식
온도조절식 트랩	증기와 응축수의 온도차를 이용하여 분리한다. (금속의 신축성을 이용)	바이메탈식 벨로즈식 다이어프램식
열역학적 트랩	증기와 응축수의 열역학적 특성차를 이용하여 분리한다.	디스크식 오리피스식

46

증기의 압력에너지를 이용하여 피스톤을 작동시켜 급수를 행하는 비동력 펌프는?

① 볼류트펌프

② 터빈펌프

③ 워싱턴펌프

④ 프로펠러펌프

【해설】 　　　　　　　암기법 : 왕, 워플웨

※ 워싱턴 펌프 (Worthington pump)

- 보일러의 증기압을 이용한 펌프로 구조가 간단하고 고장이 적으며, 증기압이 동력이기 때문에 별도의 동력을 필요로 하지 않는다. 펌프의 실린더로 고압 증기(2 ~ 10 kg/cm^2)를 공급하고 피스톤을 왕복 운동시켜 작동되며 주로 보일러 급수용 펌프로 사용된다.

【참고】

※ 펌프의 종류 　　　　　암기법 : 왕, 워플웨

• 원심식 - 볼류트(Volute) 펌프, 터빈(Turbine) 펌프. 보어홀(Borehole) 펌프, 프로펠러 펌프

• 왕복식 - 워싱턴(Worthington) 펌프, 플런저 (Plunger) 펌프, 웨어(Weir) 펌프

47

착화를 원활하게 하는 보염기(stabilizer)의 종류가 **아닌** 것은?

① 축류식 선회기

② 반경류식 선회기

③ 대류식 선회기

④ 혼류식 선회기

【해설】

※ 보염기(스테빌라이저)의 종류는 선회방식(축류식, 반경류식, 혼류식)과 평행류식으로 구분된다.

① 선회식 : 공기와 연료의 흐름을 서로 교차시키는 방식

㉠ 축류식 : 공기와 연료의 흐름이 수직

㉡ 반경류식 : 공기와 연료가 반경 방향으로 흐름

㉢ 혼류식 : 공기와 연료가 서로 혼합하여 흐름

② 평행류식 : 공기와 연료의 흐름이 평행한 방식

2024

48

보일러 설비에 관한 설명으로 **틀린** 것은?

① 보일러 본체는 온수 또는 증기를 발생시키는 부분이다.
② 절탄기, 공기예열기 등은 보일러 열효율 증대장치이다.
③ 연소열을 보일러수에 전달하는 면을 전열면 이라 한다.
④ 관 속에 물이 흐르고 외부의 연소가스에 의해 가열되는 관은 연관이다.

【해설】
①본체 : 연료의 연소열을 이용하여 온수 발생 및 고온·고압의 증기를 발생시키는 부분으로써, 기수드럼의 경우에는 동(또는 Drum, 드럼) 내부체적의 2/3 ~ 4/5 정도 물이 채워지는 수부와 증기부로 구성된다.
②폐열회수장치(열효율 증대) 암기법 : 과재절공
 – 과열기, 재열기, 절탄기, 공기예열기
③전열면 : 연료의 연소열을 물과 발생증기에 전달하는 보일러 부위의 명칭을 말한다.
❹ 수관 : 관 내의 물이 외부 연소가스에 의해 가열되는 관
 (연관 : 관 내의 연소가스가 외부 물에 의해 가열되는 관)

49

머플(Muffle)로에 대한 설명 중 **틀린** 것은?

① 간접 가열로이다.
② 열원은 주로 가스가 사용된다.
③ 로 내는 높은 진공 분위기가 된다.
④ 소형품의 담금질과 뜨임가열에 이용된다.

【해설】
※ 머플로(Muffle kiln)는 피가열체에 직접 불꽃이 닿지 않도록 내열강재의 용기를 내부에서 가열하고 그 용기 속에 열처리품을 장입하여 피가열물을 간접식으로 가열하는 가열로이므로 연소가스에 직접 닿지 않으며, 주로 소형품 생산에 사용된다.

50

벽돌을 105℃ ~ 120℃ 사이에서 건조시킨 무게를 W, 이것을 물속에서 3시간 끓인 후 물속에서 유지시킨 무게를 W_1, 물속에서 꺼내어 표면 수분을 닦은 무게를 W_2 라고 할 때 겉보기 비중을 구하는 식은?

① $\dfrac{W}{W - W_1}$　　② $\dfrac{W}{W - W_2}$

③ $\dfrac{W}{W_2 - W_1}$　　④ $\dfrac{W_2 - W_2}{W_2 - W_1}$

【해설】 ※ 내화물의 비중 공식
　 암기법 : 겉은 건수건, (부)함수건
　　　　　　　　건　　　　　　건
　　　겉 = 건△수,　부피 = 함△수

• 겉비중 = $\dfrac{W}{W - W_1}$ = $\dfrac{건조무게}{건조무게 - 수중무게}$

• 부피비중 = $\dfrac{W}{W_2 - W_1}$ = $\dfrac{건조무게}{함수무게 - 수중무게}$

51

연속식 요에서 터널요의 구성요소가 **아닌** 것은?

① 건조대　　　　② 예열대
③ 소성대　　　　④ 냉각대

【해설】 암기법 : 예소냉

※ 터널요(Tunnel Kiln)의 구성요소
 – 가늘고 긴(70 ~ 100 m) 터널형의 가마로써, 피소성품을 실은 대차는 레일 위를 연소가스가 흐르는 방향과 반대로 진행하면서 **예열대 → 소성대 → 냉각대**의 과정을 거쳐 제품이 완성된다.

52

플레어 접합은 일반적으로 관경 몇 mm 이하의 동관에 대하여 적용하는가?

① 10 mm　　　　② 20 mm
③ 30 mm　　　　④ 40 mm

【해설】

※ 플레어(flare) 접합 : 동관의 끝을 나팔관 모양으로 넓혀 압축이음쇠로 접합하는 방법으로 일반적으로 관경 20 mm 이하의 동관 접합 시 사용된다.

53

노통연관 보일러의 특징에 대한 설명으로 <u>틀린</u> 것은?

① 전열면적이 넓어서 노통보일러보다 효율이 좋다.
② 패키지형으로 설치공사의 시간과 비용을 절약할 수 있다.
③ 노통에 의한 내분식이므로 열손실이 적다.
④ 증발량이 많아 증기발생 소요시간이 길다.

【해설】 ※ 노통연관식 보일러의 특징

<장점> ㉠ 전열면적당 보유수량이 적어 증기발생 소요시간이 비교적 짧다.
　㉡ 노통에 의한 내분식이므로 노벽을 통한 복사열의 흡수가 커서, 방산에 의한 손실열량이 적다.
　㉢ 보일러의 크기에 비하여 전열면적이 크고 원통형 보일러 중 효율이 가장 좋다.(약 80%)
　㉣ 동일용량의 수관식 보일러에 비해 보유수량이 많아서 부하변동에 대해 쉽게 대응할 수 있다. (압력이나 수위의 변화가 적다.)
　㉤ 패키지(Package)형으로 설치공사의 시간과 비용을 절약할 수 있다.

<단점> ㉠ 다른 원통형(노통, 연관식)보일러들 보다는 고압·대용량이지만 기본적으로 원통형 보일러는 수관식 보일러에 비해 고압·대용량에는 부적합하다.
　㉡ 연관의 부착으로 내부구조가 복잡하여 청소가 곤란하다.
　㉢ 증기발생속도가 빨라서 까다로운 급수처리가 필요하다.

54

다음 중 산성내화물이 <u>아닌</u> 것은?

① 샤모트질 내화물
② 반규석질 내화물
③ 돌로마이트질 내화물
④ 납석질 내화물

【해설】 ※ 화학조성에 따른 내화물의 종류 및 특성

㉠ 산성 내화물의 종류　 암기법 : 산규 납점샤
　- 규석질(석영질, SiO_2, 실리카), 납석질(반규석질), 점토질, 샤모트질
㉡ 중성 내화물의 종류　 암기법 : 중이 C 알
　- 탄소질, 크롬질, 고알루미나질(Al_2O_3계 50% 이상), 탄화규소질
㉢ 염기성 내화물의 종류　 암기법 : 염병할~ 포돌이 마크
　- 포스테라이트질(Forsterite, $MgO-SiO_2$계), 돌로마이트질(Dolomite, $CaO-MgO$계), 마그네시아질(Magnesite, MgO계), 마그네시아-크롬질(Magnesite Chromite, $MgO-Cr_2O_3$계)

55

입형 보일러의 특징에 대한 설명으로 <u>틀린</u> 것은?

① 내분식 보일러이다.
② 설치면적을 작게 할 수 있다.
③ 대용량, 고압용으로 사용된다.
④ 내부청소 및 검사가 곤란하다.

【해설】

※ 입형 보일러(수직형 보일러)의 특징

<장점> ㉠ 형체가 적은 소형이므로 설치면적이 적어 좁은 장소에 설치가 가능하다.
　㉡ 구조가 간단하여 제작이 용이하며, 취급이 쉽고, 급수처리가 까다롭지 않다.
　㉢ 전열면적이 적어 증발량이 적으므로 소용량, 저압용으로 적합하고, 가격이 저렴하다.
　㉣ 설치비용이 적으며 운반이 용이하다.

2024

　　ⓜ 연소실 상면적이 적어, 내부에 벽돌을 쌓는
　　　것을 필요로 하지 않는다.
　　ⓗ 최고사용압력은 10 kg/cm² 이하, 전열면
　　　증발률은 10 ~ 15 kg/m²·h 정도이다.

<단점> ㉠ 연소실이 내분식이고 용적이 적어 연료의
　　　완전연소가 어렵다.
　　ⓛ 전열면적이 적고 열효율이 낮다.(40 ~ 50%)
　　ⓒ 열손실이 많아서 보일러 열효율이 낮다.
　　ⓔ 구조상 증기부(steam space)가 적어서
　　　습증기가 발생되어 송기되기 쉽다.
　　ⓜ 보일러가 소형이므로, 내부의 청소 및 검사가
　　　어렵다.

56

인젝터의 특징에 관한 설명으로 틀린 것은?

① 구조가 간단하고 소형이다.
② 별도의 소요 동력이 필요하다.
③ 설치장소를 적게 차지한다.
④ 시동과 정지가 용이하다.

【해설】 ※ 인젝터(injector)의 특징

<장점> ㉠ 보조증기관에서 보내어진 증기로 급수를
　　　흡입하여 증기분사력으로 토출하게 되므로
　　　별도의 소요동력을 필요로 하지 않는다.
　　　(즉, 비동력의 보조 급수장치이다.)
　　ⓛ 소량의 고압증기로 다량을 급수할 수 있다.
　　ⓒ 구조가 간단하여 소형의 저압보일러용에
　　　사용된다.
　　ⓔ 취급이 간단하고 가격이 저렴하다.
　　ⓜ 급수를 예열할 수 있으므로 전체적인 열효율이
　　　높다.
　　ⓗ 설치에 별도의 장소를 필요로 하지 않는다.

<단점> ㉠ 급수용량이 부족하다.
　　ⓛ 급수에 시간이 많이 걸리므로 급수량의
　　　조절이 용이하지 않다.

　　ⓒ 흡입양정이 낮다.
　　ⓔ 급수온도가 50℃ 이상으로 높으면 증기와의
　　　온도차가 적어져 분사력이 약해지므로
　　　작동이 불가능하다.
　　ⓜ 인젝터가 과열되면 급수가 곤란하게 된다.

57

보일러 분출장치의 설치 목적으로 가장 거리가 먼 것은?

① 보일러수의 농축을 방지한다.
② 전열면에 스케일 생성을 방지한다.
③ 보일러의 저수위 운전을 방지한다.
④ 프라이밍이나 포밍의 발생을 방지한다.

【해설】

※ 보일러 분출장치의 설치 목적
　㉠ 물의 순환을 촉진한다.
　ⓛ 가성취화를 방지한다.
　ⓒ 프라이밍, 포밍, 캐리오버 현상을 방지한다.
　ⓔ 보일러수의 pH를 조절한다.
　ⓜ 고수위 운전을 방지한다.
　ⓗ 보일러수의 농축을 방지하고 열대류를 높인다.
　ⓢ 슬러지를 배출하여 스케일 생성을 방지한다.
　ⓞ 부식 발생을 방지한다.
　ⓩ 세관작업 후 폐액을 배출시킨다.

58

노통 보일러에서 노통에 직각으로 설치한 것으로 전열면적을 증가시키고 물의 순환도 좋게 하며, 노통을 보강하는 역할도 하는 것은?

① 파형노통
② 아담슨 조인트(Adamson joint)
③ 갤로웨이관(Galloway tube)
④ 거싯 스테이(Gusset stay)

【해설】

• 겔로웨이 관(Galloway tube) : 노통에 직각으로 2 ~ 3개 정도 설치한 관으로 노통을 보강하고 전열면적을 증가시키며, 보일러수의 순환을 촉진시킨다.

59

내화물이 구비하여야 할 물리적, 화학적 성질이 <u>아닌</u> 것은?

① 팽창 또는 수축이 적을 것
② 사용온도에서 연화 또는 변화하지 않을 것
③ 온도의 급격한 변화에 의한 파손이 적을 것
④ 상온에서는 압축강도가 작아도 좋으나 사용온도에서는 커야 함

【해설】 ※ 내화물의 구비조건

암기법 : 내화물차 강내 안 스내?↑, 변소(小)↓가야하는데.

㉠ (상온 및 사용온도에서) 압축강도가 클 것
㉡ 내마모성, 내침식성이 클 것
㉢ 화학적으로 안정성이 클 것
㉣ 내열성 및 내스폴링성이 클 것
㉤ 사용온도에서 연화 변형이 적을 것
㉥ 열에 의한 팽창·수축이 적을 것
㉦ 사용목적에 따른 적당한 열전도율을 가질 것
㉧ 온도변화에 따른 파손이 적을 것

60

탄산마그네슘 보온재에 관한 설명으로 <u>틀린</u> 것은?

① 물 반죽을 하여 사용한다.
② 안전 사용 온도는 약 250℃ 이하이다.
③ 석면 85%, 탄산마그네슘 15%를 배합한 것이다.
④ 방습 가공한 것은 습기가 많은 곳의 옥외 배관에 적합하다.

【해설】 ※ 탄산마그네슘 보온재의 특징

㉠ 염기성 탄산마그네슘 85%와 석면 15%를 혼합한 것으로, 물과 반죽하여 사용된다.
㉡ 최고 안전사용온도는 250 ℃ 이하이다.
㉢ 가볍다.
㉣ 시공이 용이하고 방습 처리를 통해 옥외 배관용으로 많이 사용된다.
㉤ 보온성이 우수하지만 300℃ 부근에서 열분해 된다.
㉥ 석면을 혼합하는 비율에 따라 열전도율이 달라진다.
㉦ 열전도율은 0.05 ~ 0.07 kcal/m·h·℃ 정도이다.

제4과목 **열설비 안전관리 및 검사기준**

61

보일러 운전 중 연소장치 이상에 따른 소화현상의 발생 사고에 대한 원인으로 <u>틀린</u> 것은?

① 연소장치의 기계적 고장의 경우
② 통풍장치의 고장으로 공기량이 부족한 경우
③ 수분의 혼입이나 통풍에 의한 통풍 교란의 경우
④ 스트레이너가 막혀서 펌프 흡입구에서 급유 온도가 상승하여 압력이 갑자기 올라갈 경우

【해설】 ※ 보일러 소화(불꺼짐)현상 발생원인

㉠ 연소장치 내 연료공급 중단
㉡ 연소장치 및 연료공급장치(오일펌프)의 고장
㉢ 열교환기 배기구 및 연도 막힘 현상
㉣ 통풍장치의 고장 (통풍 교란)
㉤ 급기용 팬의 불량 및 고장
㉥ 연료의 낮은 예열온도 및 점도, 수분 함량 과대
❹ 연료 배관 중의 오일펌프 앞에 설치된 스트레이너(여과기)가 막히면 점화불량의 원인이 되므로 연소장치 이상에 따른 소화 현상과는 다소 거리가 멀다.

2024

62

중유보일러의 연소가스 중 부식을 일으키는
성분은?

① 공기
② 황화수소
③ 아황산가스
④ 이산화탄소

【해설】 ※ 저온부식　　　암기법 : 고바, 황저

- 연료 중에 포함된 황(S)분이 많으면 연소에 의해
  산화하여 SO_2(아황산가스)로 되는데, 과잉공기가
  많아지면 배가스 중의 산소에 의해, $SO_2 + \dfrac{1}{2}O_2 \rightarrow SO_3$
  (무수황산)으로 되어, 연도의 배가스 온도가
  노점(170 ~ 150℃)이하로 낮아지게 되면 SO_3가
  배가스 중의 수분과 화합하여 $SO_3 + H_2O \rightarrow H_2SO_4$
  (황산)으로 되어 연도에 설치된 폐열회수장치인
  절탄기·공기예열기의 금속표면에 부착되어 표면을
  부식시키는 현상을 저온부식이라 한다.

63

에너지법에서 사용하는 용어에 대한 설명으로
틀린 것은?

① "에너지"란 연료·열 및 전기를 말한다.
② "에너지사용자"란 에너지시설의 판매자
   또는 공급자를 말한다.
③ "에너지사용기자재"란 열사용기자재나 그
   밖에 에너지를 사용하는 기자재를 말한다.
④ "에너지사용시설"이란 에너지를 사용하는
   공장·사업장 등의 시설이나 에너지를 전환
   하여 사용하는 시설을 말한다.

【해설】　　　　　　　　　　　[에너지법 제2조.]

※ 용어의 정의
  1. 에너지 : 연료·열 및 전기를 말한다.
  2. **연료** : 석유·가스·석탄, 그 밖에 열을 발생하는
     열원을 말한다. (다만, 제품의 원료로 사용되는 것은
     제외한다.)
  3. **신·재생에너지** : 「신에너지 및 재생에너지 개발·
     이용·보급 촉진법」에 따른 에너지를 말한다.

  4. **에너지사용시설** : 에너지를 사용하는 공장·사업장
     등의 시설이나 에너지를 전환하여 사용하는
     시설을 말한다.
  5. **에너지사용자** : 에너지사용시설의 소유자 또는
     관리자.　　　암기법 : 사용자, 소관
  6. **에너지공급설비** : 에너지를 생산·전환·수송 또는
     저장하기 위하여 설치하는 설비.
  7. **에너지공급자** : 에너지를 생산·수입·전환·수송·
     저장 또는 판매하는 사업자.
  8. **에너지사용기자재** : 열사용기자재나 그 밖에
     에너지를 사용하는 기자재.
  9. **열사용기자재** : 연료 및 열을 사용하는 기기,
     축열식 전기기기와 단열성 자재로서 산업통상
     자원부령으로 정하는 것을 말한다.
  10. **온실가스** : 적외선복사열을 흡수하거나 재방출
      하여 온실효과를 유발하는 대기 중의 가스상태의
      물질로서 **수소불화탄소**(HFCS), **육불화황**(SF_6),
      과불화탄소(PFCS), **아산화질소**(N_2O), **메탄**(CH_4),
      이산화탄소(CO_2)를 말한다.
      　　　　　　　암기법 : 수육과 아메이

64

에너지이용 합리화법상 에너지의 이용효율을
높이기 위하여 관계행정기관의 장과 협의하여
건축물의 단위 면적당 에너지사용목표량을
정하여 고시하여야 하는 자는?

① 산업통상자원부장관
② 환경부장관
③ 시·도지사
④ 국무총리

【해설】　　　　　　[에너지이용합리화법 제35조 1항]

- **산업통상자원부장관**은 에너지의 이용효율을 높이기
  위하여 필요하다고 인정하면 관계 행정기관의 장과
  협의하여 에너지를 사용하여 만드는 제품의 단위당
  에너지 사용목표량 또는 건축물의 단위면적당 에너지
  사용목표량(이하 "목표에너지원단위"라 한다)을
  정하여 고시하여야 한다.

65

보일러의 외부 청소방법이 <u>아닌</u> 것은?

① 산 세관법
② 수세법
③ 스팀 쇼킹법
④ 워터 쇼킹법

【해설】

❶ 산세관법

- 보일러 내에 부착된 스케일을 제거하기 위해 염산을 이용한 산 세관 작업 후의 물과 염산은 분리가 어려우므로 부식을 방지하기 위해 중화 처리 약품으로 염기성 물질인 가성소다($NaOH$), 탄산나트륨(Na_2CO_3), 인산나트륨(Na_3PO_4), 암모니아(NH_3) 등을 넣고 2~3시간 순환 후 배출하여 처리하는 내부 청소방법이다.

【참고】 ※ 보일러의 외부 청소방법의 종류

㉠ 기계적 청소방법

- 청소용 공구를 사용하여 수작업으로 하는 방법과 기계(와이어 브러시, 스크래퍼 등)를 사용하여 보일러 외면의 전열면에 있는 그을음, 카본, 재 등을 제거하는 방법이 있다.

㉡ 슈트 블로워(Soot blower, 그을음 불어내기)

- 보일러 전열면에 부착된 그을음 등을 물, 증기, 공기를 분사하여 제거하는 방법이다.

㉢ 워터 쇼킹(water shocking)법

- 가압펌프로 물을 분사한다.

㉣ 수세(washing)법

- pH 8~9의 물을 다량으로 사용한다.

㉤ 스팀 쇼킹(steam shocking)법

- 증기를 분사한다.

㉥ 에어 쇼킹(air shocking)법

- 압축공기를 분사한다.

㉦ 스틸 쇼트 클리닝(steel shot cleaning)법

- 압축공기로 강으로 된 구슬을 분사한다.

㉧ 샌드 블라스트(sand blast)법

- 압축공기로 모래를 분사하여 그을음을 제거함.

66

부식의 종류 중 균열을 동반하는 부식에 속하는 것은?

① 점식
② 틈새부식
③ 수소취화
④ 탈성분부식

【해설】

※ 수소취화(또는, 수소 취성화) 현상

- 수소 원자는 크기가 작아 고체 금속을 투과할 수 있어 금속에 흡수된 수소는 전파되어 취화되는데 필요한 인장응력을 감소시켜 금속의 균열을 동반한다.

67

에너지법에서 에너지공급자가 <u>아닌</u> 자는?

① 에너지 수입사업자
② 에너지 저장사업자
③ 에너지 전환사업자
④ 에너지사용시설의 소유자

【해설】 [에너지법 제2조.]

● 에너지공급자라 함은 에너지를 **생산·수입·전환· 수송·저장** 또는 **판매**하는 사업자를 말한다.

❹ 에너지사용자라 함은 에너지사용시설의 소유자 또는 관리자를 말한다. <mark>암기법</mark> : 사용자 소관

68

보일러 수처리에서 용해 고형물의 불순물을 처리 하는 순환기 외처리 방법은?

① 여과
② 응집침전
③ 전염탈염
④ 침강분리

【해설】

※ 불순물의 종류에 따른 외처리 방법의 종류

㉠ 현탁질 고형물 : 응집법, 침전법, 여과법, 침강법

㉡ 용해 고형물 : 증류법, 이온교환법, 약품첨가법, 전염탈염법

㉢ 용존 가스 : 탈기법, 기폭법 등

69

보일러의 정상 정지 시 유의사항으로 **틀린** 것은?

① 남은 열로 인한 증기압력 상승을 확인한다.
② 노벽 및 전열면의 급랭을 방지할 수 있는 조치를 한다.
③ 작업종료 시까지 필요한 증기를 남겨놓고 운전을 정지한다.
④ 상용수위보다 낮게 급수한 후 드레인 밸브를 연다.

【해설】
❹ 보일러 정지 시 수위는 정상수위(상용수위)보다 약간 높게 급수한 후, 급수밸브 및 증기밸브를 닫고 증기관의 드레인 밸브를 반드시 열어 놓는다.

【참고】 ※ 보일러 정상 정지 시 유의사항
㉠ 증기사용처에 연락을 하여 작업이 완전 종료될 때까지 필요로 하는 증기를 남기고 운전을 정지시킨다.
㉡ 내화벽돌 쌓기가 많은 보일러에서는 내화벽돌의 여열로 인하여 압력이 상승하는 위험이 없는지를 확인한다.
㉢ 보일러의 압력을 급격히 낮게 하거나 벽돌쌓기 등을 급랭하지 않는다.
㉣ 보일러수는 상용수위보다 약간 높게 급수하여 놓고 급수 후에는 급수밸브를 닫는다.
㉤ 주증기밸브를 닫고 드레인 밸브를 반드시 열어 놓는다.
㉥ 다른 보일러와 증기관의 연락이 있는 경우에는 그 연락관의 밸브를 닫는다.

70

에너지이용 합리화법에서 정한 에너지관리자에 대한 교육기간은?

① 1일   ② 2일
③ 3일   ④ 5일

【해설】   [에너지이용합리화법 시행규칙 별표4.]
● 에너지관리자의 기본교육과정 교육기간은 오로지 **하루(1일)** 이며, 한국에너지공단에서 실시한다.

71

산업통상자원부장관은 에너지이용 합리화를 위하여 에너지를 소비하는 에너지사용기자재 중 산업통상자원부령이 정하는 기자재에 대하여 고시할 수 있는 사항이 <u>아닌</u> 것은?

① 에너지의 소비효율 또는 사용량의 표시
② 에너지의 소비효율 등급기준 및 등급표시
③ 에너지의 소비효율 또는 생산량의 측정방법
④ 에너지의 최저소비효율 또는 최대사용량의 기준

【해설】   [에너지이용 합리화법 제15조.]
※ 효율관리기자재의 지정 고시 사항
㉠ 에너지의 목표소비효율 또는 목표사용량의 기준
㉡ 에너지의 최저소비효율 또는 최대사용량의 기준
㉢ 에너지의 소비효율 또는 사용량의 표시
㉣ 에너지의 소비효율 등급기준 및 등급표시
㉤ 에너지의 소비효율 또는 사용량의 측정방법
㉥ 그 밖에 효율관리기자재의 관리에 필요한 사항으로서 산업통상자원부령으로 정하는 사항

72

증발관과 같이 열부하가 높은 관의 집중과열점 부근에서 수산화나트륨의 농도가 대단히 높아져 pH의 상승으로 부식이 심하게 일어나는 것을 무엇에 의한 부식이라고 하는가?

① 알칼리에 의한 부식
② 염화마그네슘에 의한 부식
③ 증기분해에 의한 부식
④ 산세척에 의한 부식

【해설】
※ 알칼리 부식
 - 보일러수 중에 알칼리(수산화나트륨)의 농도가 너무 지나치게 pH 13 이상으로 많을 때 열부하가 높은 집중과열점 부근에서 강관이 $Fe(OH)_2$로 용해되어 발생하는 부식을 말한다.

73

급수의 비탄산염 경도가 크고 보일러 내처리를 행하지 않거나 행하여도 pH 조정제의 투입이 불충분하여 보일러수의 pH가 상승되지 않는 경우에 주로 생성되는 스케일의 종류는?

① 황산칼슘　　　② 규산칼슘

③ 탄산칼슘　　　④ 염화칼슘

【해설】

❶ 급수 내 Ca^{2+}, Mg^{2+} 이 황산염과 결합하고 있는 성분을 비탄산염경도(또는, 영구경도)라 하며, 보일러수의 내처리 시 pH 조정제 투입이 불충분하여 pH가 비교적 낮을 때 황산칼슘($CaSO_4$) 스케일로 석출 생성되어 고온수에서도 용해되지 않으므로 주로 증발관에서 스케일을 생성한다.

74

신설 보일러의 소다끓이기(soda boiling) 작업 시 사용할 수 있는 약품으로 가장 거리가 먼 것은?

① 염화나트륨

② 탄산나트륨

③ 수산화나트륨

④ 제3인산나트륨

【해설】

※ 소다 끓이기(Soda boiling)

　㉠ 보일러 신규 제작 시 내면에 남아있는 유지분, 페인트류, 녹 등을 제거하기 위한 방법으로 탄산소다 0.1 % 용액을 넣고 2 ~ 3일간 끓인 다음 취출과 급수를 반복적으로 실시하면서 서서히 냉각시킨 후 세척하고 정상수위까지 새로 급수를 한다.

　㉡ 소다 끓이기에는 알칼리성 약품인 탄산나트륨(Na_2CO_3), 수산화나트륨(NaOH), 제3인산나트륨(Na_3PO_4) 등이 사용된다.

75

보일러의 설계에 있어 고려해야 할 사항으로 틀린 것은?

① 보일러는 최대 사용량에 대하여 충분한 증발과 표면적을 갖도록 설계되어야 하며 모든 관군에서 순환이 잘 되어야 한다.

② 보일러와 부속기기는 운전 및 보수, 청소 등이 용이하게 설계되어야 하며 수시 점검을 위한 검사구 및 맨홀 등을 갖추어야 한다.

③ 보일러 노벽은 서냉이 되도록 하고 연소실은 완전연소가 이루어지도록 충분한 체적이 되게 한다.

④ 연소실은 공기가 잘 통하도록 하여야 하며 물청소를 할 수 없는 구조로 설계한다.

【해설】

❹ 보일러 연소실은 완전연소 및 높은 연소효율을 위해 공기가 잘 통하도록 설계해야 하며, 정기적인 청소 및 용이한 유지 보수를 위해 물청소를 할 수 있는 구조로 설계되어야 한다.

76

보일러 급수 중의 불순물이 용해되어 전열면 벽에 고착하지 않고 동체 저부(低部)에 침전되는 것은?

① 스케일　　　　② 부유물

③ 슬러지　　　　④ 슬래그

【해설】

※ 슬러지(sludge, 또는 슬럿지)

　- 급수 속에 녹아있는 성분의 일부가 운전중인 보일러 내에서 화학 변화에 의하여 불용성 물질로 되어, 보일러수 속에 현탁 또는 보일러 바닥에 침전하는 불순물을 말한다. 슬러지는 전열면에 고착되어 있는 상태가 아니고, 동체의 저부에 침전되어 앙금을 이루고 있는 연질의 침전물이다.

77

보일러 운전 중 역화방지 대책에 대한 설명으로 옳은 것은?

① 점화 시 착화는 천천히 한다.
② 노 내에 연료를 우선 공급한 후 공기를 공급한다.
③ 점화 시 댐퍼를 닫고 미연소가스를 배출시킨 뒤 점화한다.
④ 실화 시 재점화할 때는 노 내는 충분히 환기시킨 후 점화한다.

【해설】 ※ 역화의 방지대책

㉠ 착화 지연을 방지한다.
㉡ 통풍이 충분하도록 유지한다.
㉢ 공기를 우선 공급 후 연료를 공급한다.
㉣ 댐퍼의 개도, 연도의 단면적 등을 충분히 확보한다.
㉤ 연소 전에 댐퍼를 열고 연소실의 미연소가스를 배출(프리퍼지)시켜 충분한 환기를 한다.
㉥ 역화 방지기를 설치한다.
㉦ 실화 시 재점화할 때는 노 내를 충분히 환기시킨 후 점화한다.

78

백색분말로 흡습성은 없으나, 승화와 강의 부식 억제성을 가지고 있는 약품은?

① 생석회
② VCI (Volatile Corrosion Inhibitor)
③ 실리카겔
④ 활성알루미나

【해설】 ※ 기화성 부식억제제(VCI)

• 상온에서 서서히 기화된 가스가 보일러 내 표면에 물리적·화학적으로 흡착하여 금속의 부식을 방지하는 분위기를 형성하여 보일러를 보존시키는 데 사용한다.

79

수질이 산성인지 알칼리성인지를 판단할 수 있는 값을 나타내는 기호는?

① °dH
② pH
③ ppm
④ ppb

【해설】 ※ pH (수소이온농도지수)

㉠ pH는 물에 함유하고 있는 수소이온(H^+)농도를 지수로 나타낸 것이다.
㉡ pH는 0에서 14까지 있으며, 수용액의 성질을 나타내는 척도로 쓰인다.
　ⓐ 산성 : pH 7 미만
　ⓑ 중성 : pH 7
　ⓒ 염기성(또는, 알칼리성) : pH 7 초과
㉢ 고온의 보일러수에 의한 강판의 부식은 pH 12 이상에서 부식량이 최대가 된다. 따라서 보일러수의 pH는 10.5 ~ 11.8의 약알칼리 성질을 유지한다.

80

에너지이용 합리화법에 따라 국가·지방자치단체 등이 추진하여야 하는 에너지의 효율적 이용과 온실가스의 배출 저감을 위하여 필요한 조치의 구체적인 내용은 누구의 령으로 정하는가?

① 산업통상자원부령
② 고용노동부령
③ 대통령령
④ 환경부령

【해설】　　　　　　　　　　　[에너지이용합리화법 제8조.]

• 국가·지방자치단체 등이 추진하여야 하는 에너지의 효율적 이용과 온실가스의 배출 저감을 위하여 필요한 조치의 구체적인 내용은 **대통령령**으로 정한다.

<table>
<tr><td rowspan="2">2024년 에너지관리산업기사
CBT 복원문제(2)</td><td>평균점수</td></tr>
<tr><td></td></tr>
</table>

제1과목　열 및 연소설비

01

기체 연료의 고위발열량 (kcal/Nm³)이 높은 것에서 낮은 순서로 바르게 나열된 것은?

① 오일가스 > 수성가스 > 고로가스 > 발생로 가스 > LNG

② LNG > 발생로가스 > 고로가스 > 수성가스 > 오일가스

③ LNG > 오일가스 > 수성가스 > 발생로가스 > 고로가스

④ LNG > 오일가스 > 발생로가스 > 수성가스 > 고로가스

【해설】 ※ 단위체적당 고위발열량(총발열량) 비교

암기법 : 부-P-프로-N, 코-오-석탄-도, 수-전-발-고

기체연료의 종류	고위발열량 (kcal/Nm³)
부탄	29150
LPG (프로판 + 부탄) (액화석유가스)	26000
프로판	22450
LNG (메탄) (액화천연가스)	11000
코우크스로 가스	5000
오일가스	4700
석탄가스	4500
도시가스	3600 ~ 5000
수성가스	2600
전로가스	2300
발생로가스	1500
고로가스	900

02

검출된 증기압력이 설정된 압력에 이르면 연료 공급을 차단하는 신호를 발생하는 발신기는?

① 압력 경보기　　② 압력 발신기

③ 압력 설정기　　④ 압력 제한기

【해설】 ※ 압력제한기(또는, 압력차단 스위치)

• 보일러의 증기압력이 설정압력을 초과하면 기기 내의 벨로즈가 신축하여 내장되어 있는 수은 스위치를 작동하게 하여 전자밸브로 하여금 연료공급을 차단 시켜 보일러 운전을 정지함으로써 증기압력 초과로 인한 보일러 파열 사고를 방지해 주는 안전장치이다. 작동압력은 안전밸브보다 약간 낮게 설정한다.

03

탄소 1 kg을 완전 연소시키는데 필요한 산소량은 약 몇 kg 인가?

① 1.67　　　　② 1.87

③ 2.67　　　　④ 3.67

【해설】

※ 이론산소량(O_0)을 구할 때, 연소반응식을 세우자.

• 　C　　+　　O_2　→　　CO_2

　(1 kmol)　　(1 kmol)

　(12 kg)　　(32 kg)

　(1 kg)　　($32 \, kg \times \dfrac{1}{12}$ = 2.666 kg)

즉, 탄소 1 kg을 완전 연소시키는데 필요한 이론산소량(O_0)은 2.666(≒ **2.67**) kg 이다.

2024

04

통풍기를 크게 원심식과 축류식으로 구분할 때
축류식에서 주로 사용하는 풍량 조절 방식은?

① 회전수를 변화시켜 풍량을 조절한다.

② 댐퍼를 조절하여 풍량을 조절한다.

③ 흡입 베인의 개도에 의해 풍량을 조절한다.

④ 날개를 동익가변시켜 풍량을 조절한다.

【해설】

● 축류식 송풍기(통풍기) : 프로펠러형의 블레이드
(blade, 날개깃)가 축방향으로 공기를 유입하고
송출하는 형식으로 날개(블레이드)를 동익가변시켜
풍량 및 풍속을 조절한다.

【참고】　　　　　　　암기법 : 회치베, (댐퍼)흡·토

※ 원심식 송풍기(통풍기) 풍량 제어방식의 종류

　　　　　㉠ 회전수 제어

　　　　　㉡ 가변피치 제어

　　　　　㉢ 흡입베인 제어

　　　　　㉣ 흡입댐퍼 제어

　　　　　㉤ 토출댐퍼 제어

05

압력이 200 kPa 인 이상기체 200 kg이 있다.
온도를 일정하게 유지하면서 압력을 40 kPa로
변화시켰다면 엔트로피 변화량은?
(단, 기체상수는 0.287 kJ/kg·K 이다)

① 40.1 kJ/K 　　② 52.8 kJ/K

③ 73.1 kJ/K 　　④ 92.4 kJ/K

【해설】　　　　　　　암기법 : 피티네, 알압

● $\Delta S = C_p \cdot \ln\left(\dfrac{T_2}{T_1}\right) - R \cdot \ln\left(\dfrac{P_2}{P_1}\right)$ 에서,

　　한편, 등온과정 $\ln\left(\dfrac{T_2}{T_1}\right) = \ln(1) = 0$이므로

　　$= - R \cdot \ln\left(\dfrac{P_2}{P_1}\right) \times m$

　　$= - 0.287 \text{ kJ/kg·K} \times \ln\left(\dfrac{40\,kPa}{200\,kPa}\right) \times 200 \text{ kg}$

　　$= 92.38 ≒ \mathbf{92.4 \ kJ/K}$

06

다음의 압력-엔탈피 선도에 나타낸 냉동 사이클에서
압축과정을 나타내는 구간은?

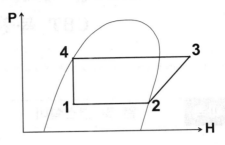

① 1 → 2 　　　② 2 → 3

③ 3 → 4 　　　④ 4 → 1

【해설】 ❷ 증발기에서 나온 냉매를 압축기에 의해서
　　　　단열 압축 과정으로 고온·고압의 과열증기로
　　　　만든다.

【참고】　　　　암기법 : 압→응→팽→증

※ 증기압축식 냉동사이클에서 냉매의 순환경로

　: 압축기 → 응축기 → 팽창밸브 → 증발기

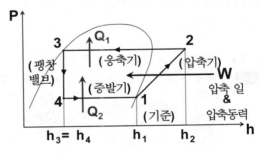

● 1 → 2 : 단열 압축 과정 (등엔트로피 과정)
　　　　　(압축기에 의해 과열증기로 만든다.)

● 2 → 3 : 등온 냉각 과정
　　　　　(열을 방출하고 포화액으로 된다.)

● 3 → 4 : 등엔탈피 팽창 과정
　　　　　(교축에 의해 온도·압력이 하강하여
　　　　　습증기가 된다.)

● 4 → 1 : 등온·등압 팽창 과정
　　　　　(열을 흡수하여 건포화증기로 된다.)

07

프로판 1 kg의 연소 시 발열량을 계산하면 약 얼마인가? (단, $C + O_2 \rightarrow CO_2 + 406.9$ MJ, $H_2 + \frac{1}{2}O_2 \rightarrow H_2O + 284.65$ MJ 이다.)

① 43.6 MJ/kg ② 53.6 MJ/kg
③ 63.6 MJ/kg ④ 73.6 MJ/kg

【해설】   암기법 : 프로판 3,4,5

- $C_3H_8 + 5O_2 \rightarrow 3CO_2 + 4H_2O$ 에서, 프로판(C_3H_8)은 탄소(C) 원자 3개와 수소(H_2) 분자 4개로 구성되어 있다.

- 프로판(C_3H_8) 1 kmol 의 발열량

  = $(3 \times 406.9 + 4 \times 284.65)$

  = 2359.3 MJ/kmol

  한편, 프로판 1 kmol 은 44 kg 에 해당하므로,

  ∴ 질량으로의 환산 = $\dfrac{2359.3\,MJ}{kmol \times \dfrac{44\,kg}{1\,kmol}}$ ≒ **53.6 MJ/kg**

【별해】 연소반응식 $C_3H_8 + 5O_2 \rightarrow 3CO_2 + 4H_2O$ 에서,

- 프로판 1 kmol의 발열량 = Σ(생성물의) 생성열

  = $(3 \times 406.9$ MJ/kmol$) + (4 \times 284.65$ MJ/kmol$)$

  = 2359.3 MJ/kmol

- 프로판 **1 kg**의 발열량 = $\dfrac{2359.3\,MJ}{kmol \times \dfrac{44\,kg}{1\,kmol}}$

  ≒ **53.6 MJ/kg**

08

물 1 kg이 대기압에서 증발할 때 엔트로피의 증가량은? (단, 대기압에서 물의 증발잠열은 2260 kJ/kg 이다.)

① 1.41 kJ/K ② 6.05 kJ/K
③ 10.32 kJ/K ④ 22.63 kJ/K

【해설】

- $dS = \dfrac{\delta Q}{T} \times m = \dfrac{2260\,kJ/kg}{(100 + 273)\,K} \times 1\,kg$

  = **6.05 kJ/K**

09

피스톤-실린더 안에 있는 압력 300 kPa, 온도 400 K의 일정 질량의 이상기체가 등엔트로피 과정을 통하여 압력이 100 kPa으로 변화한 후 평형을 이루었다. 비열비가 1.4 이면 최종 온도는?

① 274 K ② 283 K
③ 292 K ④ 301 K

【해설】

※ 단열과정(등엔트로피)의 P,V,T 관계식은 다음과 같다.

$$\frac{P_1}{P_2} = \left(\frac{V_2}{V_1}\right)^k = \left(\frac{T_1}{T_2}\right)^{\frac{k}{k-1}}$$

$$\frac{300\,kPa}{100\,kPa} = \left(\frac{400\,K}{T_2}\right)^{\frac{1.4}{1.4-1}}$$ 에서 방정식 계산기

사용법으로 T_2를 미지수 X로 놓고 구하면

∴ 최종온도 T_2 = 292.24 K ≒ **292 K**

10

압력을 나타내는 관계식으로 <u>잘못된</u> 것은?

① 1 Pa = 1 N/m²
② 1 bar = 10³ Pa
③ 1 atm = 1.01325 bar
④ 절대압력 = 대기압력 + 게이지압력

【해설】   암기법 : 절대계

① 압력 P = $\dfrac{F}{A}$ (단위면적당 작용하는 힘)

  - 단위 관계 : $1\,Pa = \dfrac{N}{m^2}$

❷ 1 bar = 10^5 Pa

③ 1 atm = 1.01325 bar

④ 절대압력 = 대기압 + 게이지압(계기압력)

【참고】 ※ 표준대기압(1 atm)의 단위 환산

- 1 atm = 76 cmHg = 760 mmHg = 29.92 inHg

  = 10332 mmH₂O = 10332 mmAq

  = 10332 kgf/m² = 1.0332 kgf/cm²

  = 101325 Pa = 101.325 kPa ≒ 0.1 MPa

  = 1.01325 bar = 1013.25 mbar = 14.7 psi

11

430 K에서 500 kJ의 열을 공급받아 300 K에서 방열시키는 카르노사이클의 열효율과 일량으로 옳은 것은?

① 30.2 %, 349 kJ 　② 30.2 %, 151 kJ

③ 69.8 %, 151 kJ 　④ 69.8 %, 349 kJ

【해설】 ※ 카르노사이클의 열효율(η_c)

- $\eta_c = \dfrac{W}{Q_1} = \dfrac{Q_1 - Q_2}{Q_1} = 1 - \dfrac{Q_2}{Q_1} = 1 - \dfrac{T_2}{T_1}$

  $= 1 - \dfrac{300}{430} = 0.302 \fallingdotseq$ **30.2 %**

- $\eta_c = \dfrac{W}{Q_1}$ 에 의하여, $0.302 = \dfrac{W}{500\,kJ}$ ∴ $W = 151\,kJ$

【참고】 ※ 열기관의 원리

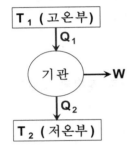

η : 열기관의 열효율

W : 열기관이 외부로 한 일

Q_1 : 고온부(T_1)에서 흡수한 열량

Q_2 : 저온부(T_2)로 방출한 열량

12

동일한 고온열원과 저온열원에서 작동할 때, 다음 사이클 중 효율이 가장 높은 것은?

① 정적(Otto) 사이클

② 카르노(Carnot) 사이클

③ 정압(Diesel) 사이클

④ 랭킨(Rankine) 사이클

【해설】

❷ 카르노사이클(Carnot cycle)은 열기관 사이클 중 가장 이상적인 사이클로서 최대의 효율을 나타내므로, 그 어떠한 열기관의 열효율도 카르노사이클의 열효율보다 높을 수는 없다!

13

어떤 이상기체가 체적 V_1, 압력 P_1 으로부터 체적 V_2, 압력 P_2 까지 등온팽창 하였다. 이 과정 중에 일어난 내부 에너지의 변화량($\Delta U = U_2 - U_1$)과 엔탈피의 변화량($\Delta H = H_2 - H_1$)을 옳게 나타낸 것은?

① $\Delta U = 0$, $\Delta H = 0$ 　② $\Delta U < 0$, $\Delta H = 0$

③ $\Delta U = 0$, $\Delta H < 0$ 　④ $\Delta U > 0$, $\Delta H > 0$

【해설】 ※ 등온과정($T_1 = T_2$, $dT = 0$)

- 등온과정에서 계(系)의 내부에너지와 엔탈피는 온도만의 함수이므로 변화가 없다.

  $\Delta U = dU = C_V \cdot dT = 0$

  $\Delta H = dH = C_P \cdot dT = 0$

- 계가 외부에 일을 함과 동시에 일에 상당하는 열량을 주위로부터 받아들인다면 계의 내부에너지가 일정하게 유지되면서 상태변화는 온도 일정하에서 진행되는 것을 말한다.

14

내부에너지와 엔탈피에 대한 설명으로 틀린 것은?

① 내부에너지 변화량은 공급열량에서 외부로 한 일을 차감한 것이다.

② 엔탈피는 유체가 가지는 에너지로서 내부에너지와 유동에너지의 합을 말한다.

③ 내부에너지는 시스템의 분자구조 및 분자의 운동과 관련된 운동에너지이다.

④ 내부에너지는 물체를 구성하는 분자운동의 강도와는 관련이 없다.

【해설】

① 열역학 제1법칙(에너지보존)에 의해 공급열량(δQ)

　　$\delta Q = dU + W$ 에서, $dU = \delta Q - W$

② 엔탈피(H) : 유체의 내부에너지와 유동에너지(유동일)의 합으로 정의된다.($H \equiv U + PV$)

③ 내부에너지(U) : 물체 내부의 모든 분자들의 운동에너지와 위치에너지를 모두 합한 역학적에너지의 총합을 말한다.

15

카르노사이클로 작동되는 기관이 250 ℃에서 300 kJ의 열을 공급받아 25 ℃에서 방열했을 때의 일은 얼마인가?

① 30 kJ   ② 129 kJ

③ 171 kJ   ④ 225 kJ

【해설】 ※ 카르노사이클의 열효율 공식(η)

- $\eta = \dfrac{W}{Q_1} = \dfrac{Q_1 - Q_2}{Q_1} = \dfrac{T_1 - T_2}{T_1} = 1 - \dfrac{T_2}{T_1}$ 에서,

$$\frac{W}{300\,kJ} = 1 - \frac{(273+25)K}{(273+250)K}$$

방정식 계산기 사용법으로 사이클의 일 W를 미지수 X로 놓고 구하면, $W = 129\,kJ$

【참고】 ※ 열기관의 원리

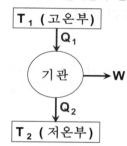

η : 열기관의 열효율

W : 열기관이 외부로 한 일

Q_1 : 고온부(T_1)에서 흡수한 열량

Q_2 : 저온부(T_2)로 방출한 열량

16

공기비(m)에 대한 설명으로 옳은 것은?

① 공기비가 크면 연소실 내의 연소온도는 높아진다.

② 공기비가 적으면 불완전연소의 가능성이 있어서 매연이 발생할 수 있다.

③ 공기비가 크면 SO_2, NO_2 등의 함량이 감소하여 장치의 부식이 줄어든다.

④ 연료의 이론연소에 필요한 공기량을 실제 연소에 사용한 공기량으로 나눈 값이다.

【해설】

- 일반적으로 공기비 $m = \dfrac{A}{A_0} \left(\dfrac{\text{실제공기량}}{\text{이론공기량}} \right) > 1$ 이다.

- 공기비가 클 경우

  ㉠ 완전연소 된다.

  ㉡ 과잉공기에 의한 배기가스로 인한 손실열이 증가한다.

  ㉢ 배기가스 중 질소산화물(NO_x)이 많아져 대기오염을 초래한다.

  ㉣ 연료소비량이 증가한다.

  ㉤ 연소실 내의 연소온도가 낮아진다.

  ㉥ 연소효율이 감소한다.

- 공기비가 **작을** 경우

  ㉠ 불완전연소가 되어 매연(CO 등) 발생이 심해진다.

  ㉡ 미연소가스로 인한 역화 현상의 위험이 있다.

  ㉢ 불완전연소, 미연성분에 의한 손실열이 증가한다.

  ㉣ 연소효율이 감소한다.

17

기체의 가역 단열 압축에서 엔트로피는 어떻게 되는가?

① 감소한다.   ② 증가한다.

③ 변하지 않는다.   ④ 증가하다 감소한다.

【해설】

- 엔트로피 변화량 $dS = \dfrac{\delta Q}{T}$ 에서,

  가역 단열변화는 $\delta Q = 0$ 이므로, $dS = 0$

  (즉, 엔트로피의 변화는 없다. 등엔트로피 변화)

18

다음 연소반응식 중 발열량 (kcal/kg-mol)이 가장 큰 것은?

① $C + \dfrac{1}{2}O_2 = CO$

② $CO + \dfrac{1}{2}O_2 = CO_2$

③ $C + O_2 = CO_2$

④ $S + O_2 = SO_2$

【해설】

① 탄소의 불완전연소 시 발열량

$$C + \frac{1}{2}O_2 \rightarrow CO + 29200 \, kcal/kmol$$

② 일산화탄소의 완전연소 시 발열량

$$CO + \frac{1}{2}O_2 \rightarrow CO_2 + 68000 \, kcal/kmol$$

❸ 탄소의 완전연소 시 발열량

$$C + O_2 \rightarrow CO_2 + 97200 \, kcal/kmol$$

④ 황의 완전연소 시 발열량

$$S + O_2 \rightarrow SO_2 + 80000 \, kcal/kmol$$

19
이상기체의 상태방정식은?

① $Pv = RT$ ② $PvT = R$

③ $Tv = RP$ ④ $PT = Rv$

【해설】 ※ 이상기체의 상태방정식 표현

- $PV = nRT$

   여기서, P : 압력(atm), V : 체적(m^3),
   n : 몰수(kmol). T : 절대온도(K),
   R : 기체상수(atm · m^3/kmol·K),
   v : 비체적(m^3/kg), $v = \frac{1}{\rho}$
   ρ : 밀도(kg/m^3), m : 질량(kg)

- $PV = mRT$

   여기서, $n = \frac{m}{M}\left(\frac{질량}{분자량}\right)$

- $P = \rho RT$

   여기서, $\rho = \frac{m}{V}\left(\frac{질량}{체적}\right)$

- $Pv = RT$

   여기서, $v = \frac{1}{\rho}\left(\frac{1}{밀도}\right)$

20
집진장치의 선택을 위한 고려사항으로 가장 거리가 먼 것은?

① 분진의 색상   ② 설치장소

③ 예상 집진효율   ④ 분진의 입자크기

【해설】 ❶ 분진의 색상은 집진장치의 선택을 위한 고려사항에 해당되지 않는다.

【참고】 ※ 집진장치의 선정 시 고려사항

㉠ 분진의 입경(입자크기) 분포

㉡ 분진입자의 밀도(또는, 비중)

㉢ 분진의 농도

㉣ 집진효율

㉤ 입자의 부착성

㉥ 집진장치에 의한 압력손실

㉦ 집진시설 설치장소, 관리 및 유지비

㉧ 집진 후 폐기물의 처리문제

제2과목	열설비 설치

21
미터 자체의 오차 또는 계측기가 가지고 있는 고유의 오차이며 제작 당시 가지고 있는 계통적인 오차는?

① 감차

② 공차

③ 기차

④ 정차

【해설】

- 기차 : 계측기가 가지고 있는 고유의 오차를 말하며, 계측기에는 법적으로 정해지는 기차로서 검정공차와 사용공차가 있다.

㉠ 검정공차 : 계량기에 허용하는 오차의 범위를 말하며, 기준계량기 검정공차는 일반계량기 검정공차보다 약 2배 정도 정확해야 한다.

㉡ 사용공차(또는, 허용공차) : 계측기의 기차에 대하여 계량법상 인정되는 최대허용 한도를 말하며, 사용중의 계량기에는 검정공차보다 큰 범위의 기차를 인정하고 있다.

22

면적식 유량계 중 로터미터에 대한 설명으로 틀린 것은?

① 부식성 유체나 슬러리 유체 측정이 가능하다.
② 고점도 유체나 소유량에 대한 측정도 가능하다.
③ 진동이 적고 수직으로 설치해야 한다.
④ 압력손실이 크며 가격이 저렴하다.

【해설】※ 면적식 유량계의 특징

<장점> ㉠ 다른 유량계에 비해 가격이 저렴하고, 사용이 간편하다.

㉡ 슬러리 유체나 부식성 액체의 유량 측정도 가능하다.

㉢ 직관길이는 필요하지 않다.

㉣ 유로의 단면적차이를 이용하므로 압력손실이 적어, 차압식 유량계에 비해 측정범위가 넓다. $(100 \sim 5000\,m^3/h)$

㉤ 현장지시계이면 동력원은 전혀 필요 없다. (폭발성 환경에서도 사용할 수 있다.)

㉥ 유량에 따라 측정치는 균등눈금(또는, 직선눈금)이 얻어진다.

㉦ 내식성 제품을 만들기 쉽다. (부식액 측정이 용이하다.)

㉧ 유량계수는 비교적 낮은 레이놀즈수(약 10^2)의 범위까지 일정하기 때문에 고점도 유체나 소유량에 대해서도 측정이 가능하다.

㉨ 유체의 밀도를 미리 알고 측정하며 액체, 기체, 증기 어느 것이라도 사용할 수 있다.

<단점> ㉠ 유체의 밀도가 변하면 보정해주어야 하기 때문에 정도는 ±1 ~ 2%로서 아주 좋지는 않으므로 정밀측정용으로는 부적합하다.

㉡ 고형물을 포함한 액체에는 그다지 적합하지 않다.

㉢ 전송형으로 하면 동력원이 필요하므로 가격이 비싸게 된다.

㉣ 수직 배관에만 사용이 가능하다.

㉤ 오염으로 인하여 플로트가 오염된다.

㉥ 대구경(Φ 100 mm) 이상의 것은 값이 비싸다.

23

열전대 온도계의 보호관 중 상용 사용온도가 약 1000 ℃로서 급열, 급냉에 잘 견디고, 산에는 강하나 알칼리에는 약한 비금속 온도계 보호관은?

① 자기관   ② 석영관
③ 황동관   ④ 카보런덤관

【해설】※ 열전대 보호관의 종류

㉠ 자기관은 급냉, 급열에 약하며 알카리에도 약하다. 기밀성은 좋다.(상용사용온도 : 1450 ℃)

㉡ 유리관은 급냉, 급열에 약하며 저온 측정에 쓰이며 알카리, 산성에도 강하다.(500 ℃)

㉢ 석영관은 급냉, 급열에 강하며, 알칼리에는 약하지만 산성에는 강하다.(1000 ℃)

㉣ 내열강관(스테인레스강)은 내열성, 내식성이 크고 유황가스를 포함하는 산화염, 환원염에도 사용할 수 있다.(1050 ℃)

㉤ 카보랜덤관은 다공질로서 급냉, 급열에 강하며 단망관이나 2중 보호관의 외관으로 주로 사용된다.(1600 ℃)

24

보일러의 열정산의 조건으로 가장 거리가 먼 것은?

① 측정시간은 3시간으로 한다.
② 발열량은 연료의 총발열량으로 한다.
③ 기준온도는 시험 시의 외기온도를 기준으로 한다.
④ 증기의 건도는 0.98 이상으로 한다.

【해설】

❶ 열정산 시 정상조업 상태에서 원칙적으로 1 ~ 2시간 이상을 연속 가동한 후에 측정하는데 측정시간은 1시간 이상의 운전 결과를 이용한다.

25

원인을 알 수 없는 오차로서 측정 때마다 측정치가 일정하지 않고 산포에 의하여 일어나는 오차는?

① 과오에 의한 오차　　② 우연 오차
③ 계통적 오차　　　　④ 계기 오차

【해설】 ※ 오차 (error)의 종류

㉠ 계통 오차 (systematic error)

　계측기를 오래 사용하면 지시가 맞지 않거나, 눈금을 읽을 때 개인적 습관에 의해 생기는 오차 등 측정값에 편차를 주는 것과 같은 어떠한 원인에 의해 생기는 오차이므로 원인을 알면 보정이 가능하다.

㉡ 우연 오차 (accidental error)

　측정실의 온도변동, 공기의 교란, 측정대의 진동, 조명도의 변화 등 오차의 원인을 명확히 알 수 없는 우연한 원인으로 인하여 발생하는 오차로서, 측정값이 일정하지 않고 분포(산포) 현상을 일으키므로 측정을 여러 번 반복하여 평균값을 추정하여 오차의 합이 0에 가깝도록 작게 할 수는 있으나 보정은 불가능하다.

㉢ 과오(실수)에 의한 오차 (과실오차, mistake error)

　측정 순서의 오류, 측정값을 읽을 때의 착오, 기록 오류 등 측정자의 부주의나 실수에 의해 생기는 오차이며, 우연오차에서처럼 매번마다 발생하는 것이 아니고 극히 드물게 나타난다.

26

제어대상과 그 제어장치를 짝지은 것 중 틀린 것은?

① 증기압력 제어 : 압력조절기
② 공기, 연료제어 : 모듀트럴모터
③ 연소제어 : 맥도널
④ 노내압 조절 : 배기댐퍼조절장치

【해설】

❸ 맥도널(Mcdonnell)은 플로트식 수위검출기의 일종이므로 급수제어 장치에 해당한다.

27

상당증발량(Ge)과 보일러 효율(η)과의 관계가 옳은 것은? (단, 연료 소비량은 G, 연료의 저위발열량은 H_L 이다.)

① $2257 \cdot Ge = G \cdot H_L \cdot \eta$
② $2257 \cdot H_L = Ge \cdot G \cdot \eta$
③ $2257 \cdot G = H_L \cdot Ge \cdot \eta$
④ $2257 \cdot \eta = G \cdot Ge \cdot H_L$

【해설】　　암기법 : (효율좋은) 보일러 사저유

• 보일러 효율(η) = $\dfrac{Q_s}{Q_{in}} \left(\dfrac{유효출열}{총입열량} \right)$

$= \dfrac{w_2 \cdot (H_2 - H_1)}{m_f \cdot H_L} = \dfrac{w_e \times R_w}{m_f \cdot H_L} = \dfrac{w_e \times 2257}{m_f \cdot H_L}$

• 상당증발량(w_e)과 실제증발량(w_2)의 관계식

$w_e \times R_w = w_2 \times (H_2 - H_1)$ 에서,

　한편, 물의 증발잠열(1기압, 100℃)을 R_w이라 두면

　　$R_w = 539 \, kcal/kg = 2257 \, kJ/kg$ 이므로

$w_e \times 2257 = \eta \cdot m_f \cdot H_L$ 로 표현된다.

따라서, 문제에서 제시된 기호로 나타내면

$2257 \times Ge = G \times H_L \times \eta$

28

보일러의 효율 계산과 관계가 없는 것은?

① 급수량　　　　　② 고위발열량
③ 연료반입량　　　④ 배기가스온도

【해설】　　암기법 : (효율좋은) 보일러 사저유

• 보일러 효율(η) = $\dfrac{Q_s}{Q_{in}} \left(\dfrac{유효출열}{총입열량} \right) \times 100$

$= \dfrac{w_2 \cdot (H_2 - H_1)}{m_f \cdot H_L} \times 100$

여기서, m_f : 연료사용량(연료소비량)

　　　　H_L : 연료의 저위발열량

　　　　w_2 : 실제증발량(= 급수량)

　　　　H_2 : 발생증기의 엔탈피

　　　　H_1 : 급수의 엔탈피

29

전열면 열부하를 가장 바르게 나타낸 것은?

① 보일러 연소실 용적 1m³ 당 연료를 소비시켜 발생한 총 열량 [kJ/m³·h]
② 보일러 전열면적 1m² 당 1시간 동안의 열출력 [kJ/m²·h]
③ 보일러 전열면적 1m² 당 1시간 동안의 실제 증발량 [kg/m²·h]
④ 화격자 면적 1m² 당 1시간 동안 연소시키는 석탄의 양 [kg/m²·h]

【해설】 ※ 전열면 열부하(또는, 전열면 열발생률 H_b)

• 보일러 전열면적 1 m² 에서 1시간 동안에 발생하는 열량(또는, 열출력)을 말한다.

• $H_b = \dfrac{w_2 \cdot (H_2 - H_1)}{A_b}$

$= \dfrac{발생증기량 \times (발생증기\ 엔탈피 - 급수엔탈피)}{전열면적}$

$= \dfrac{(\quad)\,kg/h \times (\quad - \quad)\,kJ/kg}{(\quad)\,m^2}$

[단위 : kJ/m²·h]

30

T 형 열전대의 (–)측 재료로 사용되는 것은?

① 구리 (Copper)
② 알루멜 (Alummel)
③ 크로멜 (Crommel)
④ 콘스탄탄 (Constantan)

【해설】 ※ 열전대의 종류 및 특징

종류	호칭	(+) 전극	(−) 전극	측정 온도 범위 (℃)	암기법
PR	R 형	백금 로듐	백금	0 ~ 1600	PRR
CA	K 형	크로멜	알루멜	– 20 ~ 1200	CAK (칵~)
IC	J 형	철	콘스 탄탄	– 200 ~ 800	아이씨 재바
CC	T 형	구리 (동)	콘스 탄탄	– 200 ~ 350	CCT(V)

31

SI 단위(국제단위)계의 기본단위가 <u>아닌</u> 것은?

① cd   ② A
③ V   ④ K

【해설】

• 전압(V)은 모두 SI 기본단위 및 다른 유도단위의 조합에 의한 SI 유도단위에 해당한다.

【참고】 ※ SI 기본단위(7가지) 암기법 : mks mKc A

기호	m	kg	s	mol	K	cd	A
명칭	미터	킬로 그램	초	몰	켈빈	칸 델 라	암 페 어
기본량	길이	질량	시간	물 질 량	절대 온도	광도	전류

32

목표값이 시간에 따라 미리 결정된 일정한 제어는?

① 추종제어   ② 비율제어
③ 프로그램제어   ④ 캐스케이드 제어

【해설】 ※ 추치제어(value control 또는, 측정제어)

• 목표값이 시간에 따라 변화하는 제어를 말한다.

• 추치제어(또는, 측정제어)의 종류

　㉠ 추종 제어 : 목표값이 시간에 따라 임의로 변화되는 값으로 주어진다.

　㉡ 비율제어 : 목표값이 어떤 다른 양과 일정한 비율로 변화된다.

　㉢ 프로그램 제어 : 목표값이 미리 정해진 시간에 따라 미리 결정된 일정한 프로그램으로 진행된다.

　㉣ 캐스케이드제어 : 2개의 제어계를 조합하여, 1차 제어장치가 제어량을 측정하여 제어명령을 발하고, 2차 제어 장치가 이 명령을 바탕으로 제어량을 조절하는 종속(복합) 제어방식으로 출력측에 낭비시간이나 시간지연이 큰 프로세스의 제어에 널리 이용된다.

2024

33

보일러에서 열전달 형태에 대한 설명으로 옳은 것은?

① 복사만으로 된다.

② 전도만으로 된다.

③ 대류만으로 된다.

④ 전도, 대류, 복사가 동시에 일어난다.

【해설】

❹ 보일러에서 열전달 형태는 전도, 대류, 복사를 통해 이루어진다.

【참고】 ※ 열의 전달(전열) 방법 3가지

- 전도(conduction) : 물질의 구성분자를 매개체로 하여 열이 고온에서 저온으로 이동하는 현상.

- 대류(convection) : 고체 벽이 온도가 다른 유체와 접촉하고 있을 때 유체에 유동이 생기면서 열이 이동하는 현상.

- 복사(radiation 또는, 방사) : 중간에 매개체가 없이 열에너지가 이동하는 현상.

34

자동제어에 대한 설명으로 <u>틀린</u> 것은?

① 제어장치의 전기식 조절기의 전류신호는 보통 4 ~ 20mA 이다.

② 검출계에서 측정한 양 또는 조건을 측정변수라고 한다.

③ 조작부는 조절기에서 나오는 신호를 조작량으로 변화시켜 제어대상에 조작을 가하는 부분이다.

④ 플래퍼 노즐은 변위를 공기압으로 바꾸는 일반적인 기구이다.

【해설】

❷ 검출계에서 측정한 양 또는 조건을 조작변수라고 한다.

35

광전관식 온도계의 측정온도 범위로 옳은 것은?

① 700 ~ 3000℃   ② -20 ~ 350℃

③ 50 ~ 650℃   ④ -260 ~ 1000℃

【해설】 ※ 광전관식(광전관) 온도계의 특징

<장점> ㉠ 온도의 연속적 측정 및 기록이 가능하여 자동제어에 이용할 수 있다.

㉡ 정도는 광고온계와 같다.

㉢ 온도계 중에서 가장 높은 온도의 측정에 적합하다. (측정온도 범위는 광고온계와 같은 범위인 700 ~ 3000℃ 이다.)

㉣ 이동물체의 온도측정이 가능하다.

㉤ 응답시간이 매우 빠르다.

㉥ 자동측정이므로 측정시 시간의 지연이 없으며, 개인에 따른 오차가 없다.

<단점> ㉠ 비교증폭기가 부착되어 있으므로 구조가 약간 복잡하다.

㉡ 주위로부터 빛 반사의 영향을 받는다.

㉢ 저온(700℃ 이하)의 물체 온도측정은 곤란하다. (∵ 저온에서는 발광에너지가 약하다.)

36

프로세스 계 내에 시간지연이 크거나 외란이 심할 경우 조절계를 이용하여 설정점을 작동시키게 하는 제어방식은?

① 프로그램 제어   ② 캐스케이드 제어

③ 피드백 제어   ④ 시퀀스 제어

【해설】

❷ 캐스케이드제어 : 2개의 제어계를 조합하여, 1차 제어장치가 제어량을 측정하여 제어명령을 발하고, 2차 제어 장치가 이 명령을 바탕으로 제어량을 조절하는 종속(복합) 제어방식으로 출력측에 낭비시간이나 시간지연이 큰 프로세스의 제어에 널리 이용된다.

37

측온 저항체로 사용할 수 <u>없는</u> 것은?

① 백금 ② 콘스탄탄
③ 고순도 니켈 ④ 구리

【해설】　　　　　　　암기법 : 써니 구백

※ 전기저항온도계의 측온저항체 종류에 따른 사용온도범위

써미스터	-100 ~ 300 ℃
니켈 (Ni)	-50 ~ 150 ℃
구리 (Cu)	0 ~ 120 ℃
백금 (Pt)	-200 ~ 500 ℃

38

중력을 이용한 압력 측정기는?

① 액주계 ② 부르동관
③ 벨로우즈 ④ 다이어프램

【해설】 ※ 액주식 압력계(또는, 액주계, 마노미터)

- 액주 속의 액체로는 물, 수은, 기름 등이 많이 이용되며 중력에 의해 두 액면에 미치는 압력의 차(ΔP)는 액체의 밀도(ρ)와 액주의 높이(h)를 측정하여, $P_2 - P_1 = \rho g h$ 공식에 의해 산정한다.

39

개방형 마노미터로 측정한 용기의 압력이 2000 mmH_2O 일 때, 용기의 절대압력은 약 몇 MPa 인가?

① 0.12 ② 1.21
③ 12.07 ④ 30.03

【해설】　　　　　　　암기법 : 절대계

- 절대압력 = 대기압 + 게이지압(계기압력)

    $= 10332 \, mmH_2O + 2000 \, mmH_2O$

    $= 12332 \, mmH_2O \times \dfrac{0.1 \, MPa}{10332 \, mmH_2O}$

    $= 0.119 \, MPa ≒ \textbf{0.12 MPa}$

【참고】 ※ 표준대기압(1 atm)의 단위 환산

- 1 atm = 76 cmHg = 760 mmHg = 29.92 inHg

    $= 10332 \, mmH_2O = 10332 \, mmAq$

    $= 10332 \, kgf/m^2 = 1.0332 \, kgf/cm^2$

    $= 101325 \, Pa = 101.325 \, kPa ≒ 0.1 \, MPa$

    $= 1.01325 \, bar = 1013.25 \, mbar = 14.7 \, psi$

40

극저온 가스저장탱크의 액면 측정에 주로 사용되는 것은?

① 로터리식 ② 슬립튜브식
③ 다이어램프식 ④ 햄프슨식

【해설】 ※ 햄프슨식 액면계

- 극저온 가스저장탱크의 상·하부를 U자관으로 연결하여 차압을 이용하여 액면을 측정하며, 주로 액체질소, 액체산소 등과 같이 극저온 저장탱크에 주로 사용된다.

제3과목	열설비 운전

41

보일러 급수펌프의 구비조건으로 <u>틀린</u> 것은?

① 고온, 고압에 견딜 것
② 저부하에서도 효율이 좋을 것
③ 병렬운전을 할 수 없을 것
④ 작동이 간단하고 취급이 용이할 것

【해설】

※ 급수펌프의 구비조건

　　㉠ 부하변동에 대한 대응이 좋아야 한다.
　　㉡ 고온·고압에서도 충분히 견디어야 한다.
　　㉢ 저부하 조건에서도 효율이 좋아야 한다.
　　㉣ 조작이 간편하고 작동이 확실하여야 한다.
　　㉤ 병렬운전이 가능하여야 한다.

42

보일러의 형식을 원통형, 수관식, 특수식 보일러로 구분할 때 원통형 보일러로만 구성되어 있는 것은?

① 코르니시 보일러, 베록스 보일러, 슈미트 보일러
② 코르니시 보일러, 코크란 보일러, 케와니 보일러
③ 스코치 보일러, 벤슨 보일러, 슐져 보일러
④ 베록스 보일러, 라몽트 보일러, 슈미트 보일러

【해설】 ※ 보일러의 종류

암기법 : 원수같은 특수보일러

① 원통형 보일러 (대용량 ×, 보유수량 ○)
　㉠ 입형 보일러 - 코크란.
　　암기법 : 원일이는 입·코가 크다
　㉡ 횡형 보일러
　　암기법 : 원일이 행은 노통과 연관이 있다 (횡)
　　　ⓐ 노통식 보일러　암기법 : 노랭코
　　　　- 랭커셔.(노통 2개), 코니쉬.(노통 1개)
　　　ⓑ 연관식 - 케와니(철도 기관차형)
　　　ⓒ 노통연관식
　　　　- 패키지, 스카치, 로코모빌, 하우든 존슨, 보로돈카프스.
② 수관식 보일러 (대용량 ○, 보유수량 ×)
　　　　　암기법 : 수자 강간(관)
　㉠ 자연순환식
　　암기법 : 자는 바·가·(야로)·다, 스네기찌 (모두 다 일본식 발음을 닮았음.)
　　　- 바브콕, 가르베, 야로, 다꾸마, 스네기찌, 스털링 보일러
　㉡ 강제순환식　암기법 : 강제로 베라~
　　　- 베록스, 라몬트 보일러
　㉢ 관류식
　　암기법 : 관류 람진과 벤슨이 앤모르게 슐쳐먹었다
　　　- 람진, 벤슨, 앤모스, 슐쳐 보일러
③ 특수 보일러　암기법 : 특수 열매전
　㉠ 특수연료 보일러
　　　- 톱밥, 바크(Bark 나무껍질), 버개스

㉡ 열매체 보일러　암기법 : 열매 세모다수
　　- 세큐리티, 모빌썸, 다우섬, 수은
㉢ 전기 보일러
　　- 전극형, 저항형

43

배관의 식별표시 중 물질의 종류와 식별색이 틀린 것은?

① 산, 알칼리 : 회보라색
② 기름 : 어두운 주황
③ 공기 : 흰색
④ 증기 : 어두운 파랑

【해설】 ※ 배관내 물질의 종류에 따른 식별 색상

물질의 종류	식별 색상
증기	암적색(어두운 빨강색)
물	청색(파랑색)
공기	백색(흰색)
기름	암황색(어두운 주황색)
가스	황색(연한 노랑색)
산 또는 알칼리	회자색(회보라색)
전기	담황적색(연한 주황색)

44

두께 200 mm인 콘크리트(열전도도 k = 1.6 W/m·K)에 두께 10 mm인 석고판 (열전도도 k = 0.2 W/m·K)을 부착하였다. 실내측 표면열전달계수 α_r = 8.4 W/m²·K, 실외측 표면열전달계수 α_o = 23.2 W/m²·K 라고 하면 열관류율은?

① 2.37 W/m²·K
② 2.57 W/m²·K
③ 2.77 W/m²·K
④ 2.97 W/m²·K

【해설】

● 열관류율 $K = \dfrac{1}{\sum R} = \dfrac{1}{\dfrac{1}{\alpha_\gamma} + \dfrac{d_1}{\lambda_1} + \dfrac{d_2}{\lambda_2} + \dfrac{1}{\alpha_o}}$

$= \dfrac{1}{\dfrac{1}{8.4} + \dfrac{0.2}{1.6} + \dfrac{0.01}{0.2} + \dfrac{1}{23.2}}$

$= 2.966 ≒ 2.97$ W/m²·K

45

다음 내화물 중 내화도가 가장 <u>낮은</u> 것은?

① 샤모트질 벽돌 ② 고알루미나질 벽돌

③ 크롬질 벽돌   ④ 크롬-마그네시아 벽돌

【해설】

❶ 샤모트질 벽돌 : SK 28 ~ 34

② 고알루미나질 벽돌 : SK 35 ~ 38

③ 크롬질 벽돌 : SK 38

④ 크롬-마그네시아 벽돌 : SK 42

【key】

• 내화물에서 산성 성분인 규산질(SiO_2) 함유량이 많을수록 내화도는 낮아지고, 염기성 성분(MgO, CaO) 함유량이 많을수록 내화도는 높아진다.

【참고】 ※ 화학조성에 따른 내화물의 종류 및 특성

㉠ 산성 내화물의 종류 암기법 : 산규 납점샤

   - 규석질(석영질, SiO_2, 실리카), 납석질(반규석질), 점토질, 샤모트질

㉡ 중성 내화물의 종류 암기법 : 중이 C 알

   - 탄소질, 크롬질, 고알루미나질(Al_2O_3계 50% 이상), 탄화규소질

㉢ 염기성 내화물의 종류 암기법 : 염병할~ 포돌이 마크

   - 포스테라이트질(Forsterite, $MgO-SiO_2$계),
   돌로마이트질(Dolomite, $CaO-MgO$계),
   마그네시아질(Magnesite, MgO계),
   마그네시아-크롬질(Magnesite Chromite, $MgO-Cr_2O_3$계)

46

부정형 내화물이 <u>아닌</u> 것은?

① 내화 모르타르   ② 플라스틱 내화물

③ 세라믹 화이버   ④ 캐스터블 내화물

【해설】   암기법 : 내 부모 몰래 플캐

• 일정한 형태나 규격을 갖지 않는 **부정형 내화물**의 종류에는 내화 **모르타르**(motar, 습식), 내화 **몰탈**(mortal, 건식), **래밍**(ramming), **플라스틱**(plastic), **캐스터블**(cast + able)이 있다.

47

다음과 같이 도면에 표기된 방열기의 방열량은 약 얼마인가?

(단, 표준 발열량 : 756 W/m², 방열량 보정계수 : 0.948, 1쪽당 방열면적 : 0.26 m² 이다.)

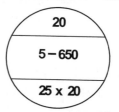

① 3546 W   ② 3627 W

③ 3727 W   ④ 4147 W

【해설】 ※ 방열기 호칭 및 도시법

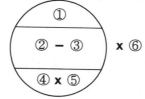

①: 쪽수(섹션수)

②: 종별

③: 형(치수, 높이)

④: 유입관 지름

⑤: 유출관 지름

⑥: 설치개수

• 난방부하(실내 방열기의 방열량)을 Q 라 두면

   Q = Q표준 × A방열면적

   = 표준 방열량 × 보정계수 × 쪽수 × 1쪽당 방열면적

   = 756 W/m² × 0.948 × 20 × 0.26 m²

   = 3726.77 ≒ **3727 W**

48

터널요(Tunnel kiln)의 구성요소가 <u>아닌</u> 것은?

① 예열대   ② 소성대

③ 냉각대   ④ 건조대

【해설】   암기법 : 예소냉

※ 터널요(Tunnel Kiln)의 구성요소

   - 가늘고 긴(70 ~ 100 m) 터널형의 가마로써, 피소성품을 실은 대차는 레일 위를 연소가스가 흐르는 방향과 반대로 진행하면서 **예열대**→**소성대**→**냉각대**의 과정을 거쳐 제품이 완성된다.

49

현장에서 많이 사용되며 상온에서 수동식은 50A 동력식은 100A 까지의 관을 벤딩할 수 있는 특징을 지닌 파이프 벤딩기는?

① 로터리식　　　② 다이헤드식

③ 램식　　　　　④ 호브식

【해설】

❸ 램식(ram type) 벤딩기는 상온에서 배관을 90°까지 구부림 가공할 때 사용하는 관 굽힘 기계로써, 배관공사 현장에서 수동식(유압식)은 50A까지 동력식(전동식)은 100A 까지 관 굽힘이 가능하다.

50

증기 축열기에 대한 설명으로 틀린 것은?

① 열을 저장하는 매체는 증기이다.

② 변압식은 보일러 출구 증기 측에 설치한다.

③ 저부하시 잉여증기의 열량을 저장한다.

④ 정압식 보일러 입구 급수 측에 설치한다.

【해설】

❶ 증기 축열기의 열을 저장하는 매체는 물(포화수)이다.

【참고】 ※ 증기 축열기(또는, 스팀 어큐뮬레이터)

• 보일러 연소량을 일정하게 하고 증기 사용처의 저부하 시 잉여 증기를 증기사용처의 온도·압력보다 높은 온도·압력의 포화수 상태로 저장하여 축적시켰다가 갑작스런 부하변동이나 과부하 시 저장한 증기를 방출하여 증기의 부족량을 보충하는 압력용기로서, 증기의 부하변동에 대처하기 위해 사용되는 장치이다.

　㉠ 정압식 축열기는 보일러 입구 급수계통에 배치되며 보일러수 또는 과잉증기를 급수로 축열하고 부하변동 시 열수를 보일러에 보내 보일러 증발량을 조절한다.

　㉡ 변압식 축열기는 보일러 출구 증기계통에 배치되며 과잉증기를 포화수에 축적하였다가 축열기 내 압력을 낮추어 포화증기를 발생시켜 부하변동에 대처한다.

51

다음 중 무기질 보온재가 아닌 것은?

① 석면　　　　　② 암면

③ 코르크　　　　④ 규조토

【해설】

❸ 유기질 보온재 - 양모 펠트, 탄화코르크, 기포성수지

【참고】

※ 최고 안전사용온도에 따른 무기질 보온재의 종류

　　-50　-100　◀사▶　+100　+50

　　탄　　G　　암,　　규　석면, 규산리

　　250, 300,　400,　500, 550, 650℃

탄산마그네슘

　　Glass울(유리섬유)

　　　　　　암면

　　　　규조토, 석면, 규산칼슘

　　650필지의 세라믹화이버 무기공장

　　650℃↓　(×2배) 1300↓ 무기질

펄라이트(석면+진주암),

　　　　세라믹화이버

52

일정량의 연료를 연소시킬 때 보일러의 전열량을 많게 하는 방법으로 틀린 것은?

① 연소가스의 유동을 빠르게 하고, 관수 순환을 느리게 한다.

② 전열면에 부착된 스케일 등을 제거한다.

③ 연소율을 증가시키기 위해 양질의 연료를 사용한다.

④ 적당한 양의 공기로 연료를 완전 연소시킨다.

【해설】 ※ 보일러의 전열량을 증가시키는 방법

　㉠ 연소가스(또는, 열가스)의 유동속도를 빠르게 한다.

　㉡ 보일러수의 순환을 촉진시킨다.

　㉢ 적당한 공기비로 연료를 완전 연소시킨다.

　㉣ 연소율을 높인다. (양질의 연료를 사용한다.)

　㉤ 전열면적을 증가시킨다.

　㉥ 스케일 및 그을음 등의 부착을 방지한다.

53

내화 모르타르의 구비 조건으로 <u>틀린</u> 것은?

① 필요한 내화도를 가질 것
② 건조, 소성에 의한 수축, 팽창이 적을 것
③ 화학조성이 사용 벽돌과 같지 않을 것
④ 시공성이 좋을 것

【해설】
❸ 일정한 규격을 갖지 않는 부정형 내화물의 일종인 내화 모르타르(motar)는 내화벽돌을 쌓아 올릴 때 결합제로 사용되는 메지(줄눈)용 재료로서 건조, 가열, 소성 등에 의한 수축·팽창이 적어야 하고 화학조성이 사용하는 벽돌과 같아야 한다.

54

과열기 설치 형식에서 대향류의 특징을 설명한 것으로 옳은 것은?

① 과열관은 고온가스에 의한 소손율이 적다.
② 가스와 증기의 평균 온도차가 적다.
③ 열전달량이 다른 배열에 비해 적다.
④ 열전달이 양호하고 고온에서 배열관의 손상이 크다.

【해설】 ※ 과열기에서 유체의 흐름 방식에 따른 분류
㉠ 병류형(또는, 평행류형)
  - 연소가스와 과열관 내 증기의 흐름방향이 같다. 연소가스에 의해 과열관의 부식 손상이 적고, 전열량도 적다.
㉡ 향류형(또는, 대향류형)
  - 연소가스와 과열관 내 증기의 흐름방향이 서로 반대이다. 연소가스에 의해 과열관의 부식 손상이 크지만, 열전달이 양호하여 전열량이 많다.
㉢ 혼류형(또는, 직교류형)
  - 병류형과 향류형이 혼합된 형식의 흐름이다. 연소가스에 의해 과열관의 부식 손상이 적지만, 전열량이 많다.

【참고】
※ 열전달에 의한 온도효율이 높은 순서
  - 향류형 > 직교류형 > 병류형
  (왜냐하면, 열전달은 유체의 흐름이 층류일 때보다 난류일 때 열전달이 더 양호하게 이루어진다.)

55

동관의 끝 부분을 확관 하는데 사용하는 공구는?

① 익스팬더
② 사이징 툴
③ 튜브 벤더
④ 티뽑기

【해설】 ※ 동관 작업용 공구
㉠ 사이징 툴 : 동관의 끝부분을 원형으로 정형하는 공구
㉡ 플레어링 툴 : 동관의 끝부분을 나팔형으로 압축·접합 할 때 사용
㉢ 튜브 벤더 : 동관을 굽힐 때 사용
㉣ 튜브 커터 : 동관을 절단할 때 사용
㉤ 토치램프 : 접합 및 납땜 시 가열을 할 때 사용
㉥ 익스펜더(확관기) : 동관의 끝부분을 확장할 때 사용
㉦ 리머 : 절단 이후, 관 내면의 거스러미를 제거할 때 사용
㉧ 티뽑기 : 직관에서 분기관을 성형할 때 사용

56

온수난방에서 방열기의 입구온도가 90℃, 출구온도가 75℃, 방열계수가 6.8 W/m²·℃ 이고, 실내온도가 18℃일 때 방열기의 방열량은?

① 352.7 W/m²
② 364.2 W/m²
③ 392.8 W/m²
④ 438.6 W/m²

【해설】
※ 방열기(radiator 라디에이터)의 방열량을 Q라 두면,
  $Q = K \times \Delta t$
    여기서, K : 방열계수
    Δt : 방열기 내 온수의 평균온도차
  $= 6.8 \ \text{W/m}^2 \cdot \text{℃} \times \left(\dfrac{90 + 75}{2} - 18 \right) \text{℃}$
  $= 438.6 \ \text{W/m}^2$

57

열관류율 K = 2 W/m^2·K 인 벽체를 사이에 두고 실내온도와 외기온도가 각각 20℃ 와 –10℃ 라고 한다. 실내표면 열전달계수 α_r = 8.34 W/m^2·K 라고 할 때 실내 측 벽면온도는?

① 11.3℃   ② 11.8℃

③ 12.3℃   ④ 12.8℃

【해설】   암기법 : 교관온면

- 평면 벽에서의 손실열(교환열) 계산 공식에서, 벽면체 전체의 열통과량은 실내 벽 표면의 열전달량과 같으므로 열평형식을 세우면

$$Q = K \cdot \Delta t \cdot A = \alpha_o \cdot \Delta t_s \cdot A$$

여기서, Q : 전달열량(손실열량)

K : 열통과율(또는, 총괄전열계수)

Δt : 벽면체 내·외부의 온도차

A : 전열면적

α_i : 내측표면 열전달계수(열전달률)

Δt_s : 실내온도와 내측표면온도의 차

$K \cdot \Delta t = \alpha_i \cdot \Delta t_s$ 에서

2 W/m^2·K × (20 – (–10)) = 8.34 W/m^2·K × (20 – t_s)

이제, 네이버에 있는 에너지아카데미 카페(주소 : **cafe.naver.com/2000toe**)의 "방정식 계산기 사용법 강의"로 t 를 미지수 X로 놓고 입력해 주면

∴ 실내 측 벽면온도 t_s = 12.805 ≒ **12.8** ℃

58

다음의 방열기 중 대류작용으로만 열 이동을 시키는 것은?

① 길드 방열기   ② 주형 방열기

③ 벽걸이형 방열기   ④ 컨벡터

【해설】

❹ 컨벡터(Convector)는 강판제 케이싱 속에 가열 히터를 설치한 것으로서, 차가운 공기를 하부로 유입하여 히터로 가열시켜 상부로 토출함으로써 자연대류 작용을 이용하는 난방방식의 방열기이다.

59

관류보일러의 특징에 대한 설명으로 **틀린** 것은?

① 수관군의 배치가 자유롭다.

② 전열면적당 보유수량이 적어 시동기간이 적다.

③ 부하변동에 따른 압력변화가 적다.

④ 드럼이 없어 순환비가 1 이다.

【해설】 ※ 관류식 보일러의 특징

＜장점＞ ㉠ 순환비가 1 이므로 드럼이 필요 없다.

㉡ 드럼이 없어 초고압용 보일러에 적합하다.

㉢ 관을 자유로이 배치할 수 있어서 전체를 합리적인 구조로 할 수 있다.

㉣ 전열면적당 보유수량이 가장 적어 증기발생 속도와 시간이 매우 빠르다.

㉤ 보유수량이 대단히 적으므로 파열 시 위험성이 적다.

㉥ 보일러 중에서 효율이 가장 높다.(95% 이상)

＜단점＞ ㉠ 긴 세관 내에서 급수의 거의 전부가 증발하기 때문에 철저한 급수처리가 요구된다.

㉡ 일시적인 부하변동에 대하여 관수 보유수량이 적으므로 압력변동이 크다.

㉢ 따라서 연료연소량 및 급수량을 빠르게 하는 고도의 자동제어장치가 필요하다.

㉣ 관류보일러에는 반드시 기수분리기를 설치해 주어야 한다.

60

증기트랩 불량으로 인한 증기 누출 원인으로 가장 거리가 **먼** 것은?

① 간헐적 작동   ② 밸브 개폐 불량

③ 오리피스의 고장   ④ 트랩 작동부의 고장

【해설】

❶ 응축수량이 적을 때 증기트랩은 간헐적으로 작동 하여 응축수를 배출한다.

【참고】

※ 증기트랩 불량으로 인한 증기 누출 원인

ⓐ 밸브의 개폐 작동 불량

ⓑ 오리피스의 고장

ⓒ 트랩 작동부의 고장

ⓓ 캐리오버에 의한 트랩 내 스케일 부착

ⓔ 산성 응축수에 의한 트랩의 부식

ⓕ 트랩의 정비 불량

제4과목 열설비 안전관리 및 검사기준

61

검사대상기기의 검사를 받지 아니하고 사용한 자에 대한 벌칙으로 옳은 것은?

① 오백만원 이하의 벌금

② 이천만원 이하의 벌금

③ 2년 이하의 징역

④ 일천만원 이하의 벌금

【해설】 [에너지이용합리화법 제73조.]

❹ 검사대상기기의 검사를 받지 아니한 자는 **1년** 이하의 징역 또는 **1천만원** 이하의 벌금에 처한다.

【참고】 ※ 위반행위에 해당하는 벌칙(징역, 벌금액)

2.2 - 에너지 **저장, 수급 위반**
　　암기법 : 이~이가 저 수위다.

1.1 - **검사대상기기 위반**
　　암기법 : 한명 한명씩 검사대를 통과했다.

0.2 - **효율기자재 위반**
　　암기법 : 영희가 효자다.

0.1 - **미선임, 미확인, 거부, 기피**
　　암기법 : 영일은 미선과 거부기피를 먹었다.

0.05 - **광고, 표시 위반**
　　암기법 : 영오는 광고표시를 쭉~ 위반했다.

62

보일러 급수처리의 목적을 설명한 것으로 **틀린** 것은?

① 전열면의 스케일의 생성을 방지하기 위하여

② 점식 등의 내면부식을 방지하기 위하여

③ 보일러 수의 농축을 방지하기 위하여

④ 라미네이션 현상을 방지하기 위하여

【해설】　　　　　　　　암기법 : 청스부, 캐농

※ 급수처리의 목적 (청관제 사용목적)

ⓐ 슬러리 및 스케일의 생성·고착을 방지한다.

ⓑ 보일러의 부식을 방지한다.

ⓒ 프라이밍(비수), 포밍(물거품), 캐리오버(기수 공발) 현상을 방지한다.

ⓓ 보일러수의 농축을 방지한다.

ⓔ 가성취화 현상을 방지한다.

ⓕ 분출작업 횟수를 감소시켜 열손실을 감소한다.

❹ 라미네이션(Lamination) : 보일러 강판이나 배관 재질의 두께 속에 제조 당시의 가스체 함입으로 인하여 2장의 층을 형성하며 분리되는 현상을 말한다.

63

다관 원통형 열교환기에서 U자관형 열교환기의 특징으로 옳은 것은?

① 구조가 복잡하다.

② 제작비가 비싸다.

③ 열팽창에 대해 자유롭다.

④ 고압유체에는 부적합하다.

【해설】

※ U자관형(U-Tube Type) 열교환기 특징

ⓐ 열팽창에 대해 영향을 받지 않으므로 자유롭다.

ⓑ 관내 청소가 곤란한다.

ⓒ 고압유체에 적당하다.

ⓓ 구조 및 제작이 간단하여 비용이 저렴하다.

64

가스용 보일러의 연료배관에 대한 설명으로 <u>틀린</u> 것은?

① 배관은 외부에 노출하여 시공해야 한다.
② 배관이음부와 절연전선과의 거리는 5 cm 이상 유지해야 한다.
③ 배관이음부와 전기접속기와의 거리는 30 cm 이상 유지해야 한다.
④ 배관이음부와 전기계량기와의 거리는 60 cm 이상 유지해야 한다.

【해설】　　　　　　　[열사용기자재의 검사기준 22.1.4.1.]

※ 배관의 설치

　㉠ 배관은 외부에 노출하여 시공하여야 한다. 다만, 동관, 스테인리스 강관, 기타 내식성 재료로서 이음매(용접이음매를 제외한다)없이 설치하는 경우에는 매몰하여 설치할 수 있다.

　㉡ 배관의 이음부(용접이음매를 제외한다)와 전기계량기 및 전기개폐기와의 거리는 60 cm 이상, 굴뚝(단열조치를 하지 아니한 경우에 한한다). 전기점멸기 및 전기접속기와의 거리는 30 cm 이상, 절연전선과의 거리는 **10 cm** 이상, 절연조치를 하지 아니한 전선과의 거리는 30 cm 이상의 거리를 유지하여야 한다.

65

증기보일러에서 안전밸브는 2개 이상 설치하여야 하지만 전열면적이 몇 m² 이하이면 1개 이상으로 해도 되는가?

① 10 m² 이하　　　　② 30 m² 이하
③ 50 m² 이하　　　　④ 100 m² 이하

【해설】 ※ 안전밸브의 설치개수

● 증기보일러에는 2개 이상의 안전밸브를 설치하여야 한다. (다만, 전열면적 **50 m² 이하**의 증기보일러에서는 **1개 이상**으로 한다.)

66

보일러 사고 중 취급상의 원인으로 가장 거리가 <u>먼</u> 것은?

① 공작시공 및 사용재료의 불량
② 저수위로 인한 보일러의 파열
③ 보일러수의 처리불량 등으로 인한 내부 부식
④ 보일러수의 농축이나 스케일 부착으로 인한 과열

【해설】

❶ 공작시공 및 사용재료의 불량은 보일러 안전사고 중 취급상의 원인이 아니라, 제작상의 원인에 해당한다.

【참고】 ※ 보일러 안전사고의 원인

　㉠ 제작상의 원인
　　- 재료불량, 강도부족, 구조불량, 설계불량, 용접불량, 부속장치의 미비, 안전장치 고장 등

　㉡ 취급상의 원인
　　- 저수위에 의한 과열, 압력초과, 미연가스폭발, 역화, 급수처리불량으로 인한 부식, 부속장치 및 부속기기의 정비 불량 등

67

에너지다소비사업자가 에너지 손실요인의 개선명령을 받은 때는 개선 명령일로부터 며칠 이내에 개선 계획을 수립하여 제출하여야 하는가?

① 20일　　　　　　② 30일
③ 50일　　　　　　④ 60일

【해설】　　　　[에너지이용합리화법 시행령 제40조3항]

　암기법 ： 6·15 선언

● 에너지다소비사업자는 에너지손실 요인의 개선명령을 받은 경우에는 개선명령일부터 **60일** 이내에 개선 계획을 수립하여 산업통상자원부장관에게 제출하여야 하며, 그 결과를 개선 기간 만료일부터 15일 이내에 산업통상자원부장관에게 통보하여야 한다.

68

보일러 관수의 pH 값이 산성인 것은?

① 4　　　　　　② 7
③ 9　　　　　　④ 12

【해설】 ※ pH (수소이온농도지수)

㉠ pH는 물에 함유하고 있는 수소이온(H+) 농도를 지수로 나타낸 것이다.

㉡ pH는 0에서 14까지 있으며, 수용액의 성질을 나타내는 척도로 쓰인다.

　　ⓐ 산성 : pH 7 미만

　　ⓑ 중성 : pH 7

　　ⓒ 염기성(또는, 알칼리성) : pH 7 초과

㉢ 고온의 보일러수에 의한 강판의 부식은 pH 12 이상에서 부식량이 최대가 된다. 따라서 보일러수의 pH는 10.5 ~ 11.8의 약알칼리 성질을 유지한다.

69

보일러의 용수처리는 관내처리와 관외처리로 분류되는데 다음 중 관내처리에 해당되는 것은?

① pH 조절　　　　② 이온교환
③ 진공탈기　　　　④ 침강분리

【해설】

※ 보일러 급수의 내처리 방법(내처리제 투입)

㉠ 관외처리인 1차 처리만으로는 완벽한 급수처리를 할 수 없으므로 보일러 동체 내부에 청관제(약품)을 투입하여 불순물로 인한 장애를 방지하는 것으로 "2차 처리"라고도 한다.

㉡ pH 조정제, 탈산소제, 슬러지 조정제, 경수 연화제, 기포 방지제(포밍 방지제), 가성취화 방지제

【참고】

※ 보일러 급수의 외처리 방법

　　암기법 : 화약이, 물증 탈가여?

㉠ 물리적 처리 : 증류법, 탈기법, 가열연화법, 여과법, 침전법(침강법), 응집법, 기폭법(폭기법)

㉡ 화학적 처리 : 약품첨가법(석회-소다법), 이온교환법

70

에너지이용 합리화법에 따라 제3자로부터 에너지절약형 시설투자에 관한 사업을 위탁받아 수행하는 자를 무엇이라고 하는가?

① 에너지진단기업
② 수요관리투자기업
③ 에너지절약전문기업
④ 에너지기술개발전담기업

【해설】　　　　　　　　　[에너지이용합리화법 제25조.]

※ 에너지절약전문기업의 지원

• 정부는 제3자로부터 위탁을 받아 다음 각 호의 어느 하나에 해당하는 사업을 하는 자로서 산업통상자원부장관에게 등록을 한 자(이하 "에너지절약전문기업"이라 한다)가 에너지절약사업과 이를 통한 온실가스의 배출을 줄이는 사업을 하는 데에 필요한 지원을 할 수 있다.

　1. 에너지사용시설의 에너지절약을 위한 관리·용역사업

　2. 제14조제1항에 따른 에너지절약형 시설투자에 관한 사업

　3. 그 밖에 대통령령으로 정하는 에너지절약을 위한 사업

71

보일러 급수 중의 용해 고형물을 제거하기 위한 방법이 아닌 것은?

① 약품 처리법　　　② 이온 교환법
③ 탈기법　　　　　④ 증류법

【해설】

※ 불순물의 종류에 따른 외처리 방법의 종류

　㉠ 현탁질 고형물 : 응집법, 침전법, 여과법, 침강법

　㉡ 용해 고형물 : 증류법, 이온교환법, 약품첨가법, 전염탈염법

　㉢ 용존 가스 : 탈기법, 기폭법 등

2024

72

보일러 수격작용의 방지법이 <u>틀린</u> 것은?

① 응축수가 고이는 곳에 트랩을 설치한다.
② 증기관을 경사지게 설치한다.
③ 증기관의 보온을 잘 한다.
④ 주증기밸브를 열 때는 신속히 개방한다.

【해설】　　　　　　　**암기법** : 증수관 직급 밸서

※ 수격작용(워터햄머)의 방지대책

　㉠ 증기배관 속의 응축수를 취출하도록 **증기트랩**을 설치한다.
　㉡ 토출 측에 **수격방지기**를 설치한다.
　㉢ 배관의 **관**경을 크게 하여 유속을 낮춘다.
　㉣ 배관을 가능하면 **직**선으로 시공한다.
　㉤ 펌프의 **급**격한 속도변화를 방지한다.
　㉥ 주증기**밸**브의 개폐를 천천히 한다.
　　(프라이밍, 포밍에 의한 캐리오버 현상이 발생하지 않도록 한다.)
　㉧ 관선에 **서**지탱크(Surge tank, 조압수조)를 설치한다.
　㉨ 비수방지관, 기수분리기를 설치한다.
　㉩ 방열에 의한 응축수 생성을 방지하기 위해 증기배관의 보온을 철저히 한다.
　㉪ 증기트랩은 항상 열어 두어야 응축수가 배출된다.
　㉫ 환수관 등의 배관 구배를 크게 하여 관 내 응축수 회수가 양호하도록 한다.

73

관로 속을 흐르는 물 등의 유체속도를 급격히 변화시킬 때 생기는 압력변화로 밸브를 급격히 개폐시 발생하는 이상 현상은?

① 수격 작용　　　　② 캐비테이션
③ 맥동 현상　　　　④ 포밍

【해설】

● 관로 내 유속이 급변하면 베르누이 정리에 의해 물에 압력변화가 크게 생겨 밸브를 급격히 개폐 시 배관에 충격을 가하는 수격작용(워터햄머) 현상이 발생한다.

74

에너지법상 지역에너지계획은 5년마다 수립하여야 한다. 이 지역에너지계획에 포함되어야 할 사항은?

① 국내외 에너지수요와 공급추이 및 전망에 관한 사항
② 에너지의 안전관리를 위한 대책에 관한 사항
③ 에너지 관련 전문인력의 양성 등에 관한 사항
④ 에너지의 안정적 공급을 위한 대책에 관한 사항

【해설】　　　　　　　　　　[에너지법 제7조2항.]

※ 지역에너지계획에는 다음 사항이 포함되어야 한다.

　㉠ 에너지 수급의 추이와 전망에 관한 사항
　㉡ **에너지의 안정적 공급을 위한 대책**
　㉢ 신·재생에너지 등 환경친화적 에너지 사용을 위한 대책
　㉣ 에너지 사용의 합리화와 이를 통한 온실가스의 배출 감소를 위한 대책
　㉤ 집단에너지 공급대상지역으로 지정된 지역의 경우 그 지역의 집단에너지 공급을 위한 대책
　㉥ 미활용 에너지원의 개발·사용을 위한 대책
　㉧ 그밖에 에너지시책 및 관련 사업을 위하여 시·도지사가 필요하다고 인정하는 사항

75

검사대상기기설치자는 검사대상기기 관리자를 해임하거나 관리자가 퇴직하는 경우 다른 검사대상기기 관리자를 언제까지 선임해야 하는가?

① 해임 또는 퇴직 후 5일 이내
② 해임 또는 퇴직 후 10일 이내
③ 해임 또는 퇴직 후 20일 이내
④ 해임 또는 퇴직 이전

【해설】　　　[에너지이용합리화법 시행규칙 제40조의4항.]

※ 검사대상기기관리자의 선임

- 검사대상기기설치자는 검사대상기기관리자를 해임하거나 검사대상기기관리자가 퇴직하는 경우에는 해임이나 퇴직 이전에 다른 검사대상기기관리자를 선임하여야 한다. 다만, 산업통상자원부령으로 정하는 사유에 해당하는 경우에는 시·도지사의 승인을 받아 다른 검사대상기기관리자의 선임을 연기할 수 있다.

76

에너지이용 합리화법에 따라 에너지사용계획을 수립하여 제출하여야 하는 대상사업이 <u>아닌</u> 것은?

① 도시개발사업　② 공항건설사업
③ 철도건설사업　④ 개발제한지구 개발사업

【해설】　　　[에너지이용합리화법 시행령 제20조1항]

암기법 : 에관공 도산

- 에너지사용계획을 수립하여 산업통상자원부장관에게 제출하여야 하는 사업은 **에**너지개발사업, **관**광단지개발사업, **공**항건설사업, **도**시개발사업, **산**업단지개발사업, 항만건설사업, 철도건설사업, 개발촉진지구개발사업, 지역종합개발사업 이다.

77

신재생에너지 설비 설치전문기업의 설비 설치 대상이 되는 에너지원이 두 종류 이상인 경우 기술인력에 대한 신고기준으로 옳은 것은?

① 국가기술자격법에 따른 기계·전기·토목·건축·에너지·환경 분야 등의 기능사 2명 이상
② 국가기술자격법에 따른 기계·전기·토목·건축·에너지·환경 분야 등의 기사 2명 이상
③ 국가기술자격법에 따른 기계·전기·토목·건축·에너지·환경 분야 등의 기능사 3명 이상
④ 국가기술자격법에 따른 기계·전기·토목·건축·에너지·환경 분야 등의 기사 3명 이상

【해설】　　[신·재생에너지 개발·이용·보급 촉진법 시행령 별표7.]

※ 신재생에너지 설비 설치전문기업의 등록기준

에너지원의 종류별	자본금 및 기술인력
1. 태양에너지	가. 자본금 1억원 이상 나. 기계·전기·건축 분야의 기사 2명 이상
2. 풍력	가. 자본금 1억원 이상 나. 기계·금속·화공 및 세라믹·전기·토목·건축·에너지·환경 분야의 기사 2명 이상
3. 지열에너지	가. 자본금 1억원 이상 나. 기계·전기·토목·건축·에너지·환경 분야의 기사 2명 이상
4. 설비 설치대상이 되는 에너지원이 두 종류 이상인 경우	가. 자본금 1억원 이상 나. 기계·금속·화공 및 세라믹·전기·토목·건축·에너지·환경 분야의 **기사 3명 이상**

78

산업통상자원부장관이 에너지관리지도결과 에너지다소비사업자에게 개선명령을 할 수 있는 경우는?

① 3% 이상의 효율개선이 기대되고 투자 경제성이 인정되는 경우
② 5% 이상의 효율개선이 기대되고 투자 경제성이 인정되는 경우
③ 7% 이상의 효율개선이 기대되고 투자 경제성이 인정되는 경우
④ 10% 이상의 효율개선이 기대되고 투자 경제성이 인정되는 경우

【해설】　　　[에너지이용합리화법 시행령 제40조1항.]

❹ 에너지다소비사업자에게 개선명령을 할 수 있는 경우는 에너지관리지도 결과 **10% 이상**의 에너지 효율 개선이 기대되고 효율 개선을 위한 투자의 경제성이 있다고 인정되는 경우로 한다.

79

가마울림 현상의 방지 대책이 <u>아닌</u> 것은?

① 2차 공기의 가열, 통풍 조절을 개선한다.
② 연소실과 연도를 개조한다.
③ 수분이 많은 연료를 사용한다.
④ 연소실내에서 완전연소 시킨다.

【해설】 ※ 가마울림 방지대책

㉠ 수분이 적은 연료를 사용한다.
㉡ 공연비를 개선한다. (연소속도를 느리게 하지 않는다.)
㉢ 연소실이나 연도를 개조하여 연소가스가 원활하게 흐르도록 한다.
㉣ 2차공기의 가열 및 통풍의 조절을 적정하게 개선한다.
㉤ 연소실내에서 연료를 신속히 완전연소 시킨다.

80

보일러 수처리에서 이온교환체와 관계가 있는 것은?

① 천연산 제올라이트 ② 탄산소다
③ 히드라진   ④ 황산마그네슘

【해설】 ※ 이온교환법(또는, 이온교환수지법)

• 경수를 연수로 만드는 급수처리 방법 중 화학적 처리 방법인 이온교환법 중에서 양이온 교환수지로 제올라이트(Zeolite, 규산알루미늄 Al_2SiO_5)를 사용하는 것을 제올라이트법이라고 하는데, 탁수에 사용하면 수지의 오염으로 인하여 경수 성분인 Ca^{2+}, Mg^{2+} 등의 양이온 제거 효율이 나빠진다.

인생의 희망은
늘 괴로운 언덕길 너머에서 기다린다.
-폴 베를렌(Paul Verlaine)-
☆
어쩌면 지금이 언덕길의 마지막 고비일지도 모릅니다.
다시 힘을 내서 힘차게 넘어보아요.
희망이란 녀석이 우릴 기다리고 있을 테니까요.^^

에너지관리산업기사 필기

2025. 1. 8. 초 판 1쇄 인쇄
2025. 1. 15. 초 판 1쇄 발행

지은이 | 이어진
펴낸이 | 이종춘
펴낸곳 | BM ㈜도서출판 **성안당**
주소 | 04032 서울시 마포구 양화로 127 첨단빌딩 3층(출판기획 R&D 센터)
　　 | 10881 경기도 파주시 문발로 112 파주 출판 문화도시(제작 및 물류)
전화 | 02) 3142-0036
　　 | 031) 950-6300
팩스 | 031) 955-0510
등록 | 1973. 2. 1. 제406-2005-000046호
출판사 홈페이지 | www.cyber.co.kr
ISBN | 978-89-315-8457-8 (13530)
정가 | 28,000원

이 책을 만든 사람들

책임 | 최옥현
기획 | 구본철
진행 | 이용화
전산편집 | 이다혜, 전채영
표지 디자인 | 박현정
홍보 | 김계향, 임진성, 김주승, 최정민
국제부 | 이선민, 조혜란
마케팅 | 구본철, 차정욱, 오영일, 나진호, 강호묵
마케팅 지원 | 장상범
제작 | 김유석